# Sensing the world

## Integrierte Magnet- und Drucksensor-ICs von Infineon

Weltweit führendes Technologie- und Produktportfolio

Als Technologieführer bieten wir hochinnovative Sensor-ICs basierend auf einem exzellenten Technologie-Portfolios: Hall, AMR, GMR und TMR.

Mit unseren ISO 26262-Produkten und der zugehörigen Dokumentation unterstützen wir unsere Kunden dabei, das höchste ASIL auf Systemebene zu erreichen.

> Integrierte Magnet- und Drucksensor-ICs von Infineon.
> Weltweit führendes Technologie- und Produktportfolio.
> Mehr als 4.000.000.000 ausgelieferte Sensoren.

Innovative Low-Power-3D-Magnetsensoren für Industrie-, Consumer- und Automobil-Anwendungen.

Zahlreiche neue Produkte wie z. B. kosteneffizite Hall-Schalter für den Consumer-Bereich und 5 V-Hall-Schalter für Automobil- und Industrie-Anwendungen unterstützen unseren erfolgreichen Wachstumskurs.

www.infineon.com/sensors

# Sensoren in Wissenschaft und Technik

Ekbert Hering · Gert Schönfelder
(Hrsg.)

# Sensoren in Wissenschaft und Technik

Funktionsweise und Einsatzgebiete

2., überarbeitete und aktualisierte Auflage

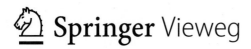

*Herausgeber*
Ekbert Hering  Gert Schönfelder
Heubach, Deutschland  Dresden, Deutschland

ISBN 978-3-658-12561-5   ISBN 978-3-658-12562-2 (eBook)
https://doi.org/10.1007/978-3-658-12562-2

Die Deutsche Nationalbibliothek verzeichnet diese Publikation in der Deutschen Nationalbibliografie; detaillierte bibliografische Daten sind im Internet über http://dnb.d-nb.de abrufbar.

Springer Vieweg
© Springer Fachmedien Wiesbaden GmbH 2012, 2018
Das Werk einschließlich aller seiner Teile ist urheberrechtlich geschützt. Jede Verwertung, die nicht ausdrücklich vom Urheberrechtsgesetz zugelassen ist, bedarf der vorherigen Zustimmung des Verlags. Das gilt insbesondere für Vervielfältigungen, Bearbeitungen, Übersetzungen, Mikroverfilmungen und die Einspeicherung und Verarbeitung in elektronischen Systemen.
Die Wiedergabe von Gebrauchsnamen, Handelsnamen, Warenbezeichnungen usw. in diesem Werk berechtigt auch ohne besondere Kennzeichnung nicht zu der Annahme, dass solche Namen im Sinne der Warenzeichen- und Markenschutz-Gesetzgebung als frei zu betrachten wären und daher von jedermann benutzt werden dürften.
Der Verlag, die Autoren und die Herausgeber gehen davon aus, dass die Angaben und Informationen in diesem Werk zum Zeitpunkt der Veröffentlichung vollständig und korrekt sind. Weder der Verlag noch die Autoren oder die Herausgeber übernehmen, ausdrücklich oder implizit, Gewähr für den Inhalt des Werkes, etwaige Fehler oder Äußerungen. Der Verlag bleibt im Hinblick auf geografische Zuordnungen und Gebietsbezeichnungen in veröffentlichten Karten und Institutionsadressen neutral.

Gedruckt auf säurefreiem und chlorfrei gebleichtem Papier

Springer Vieweg ist Teil von Springer Nature
Die eingetragene Gesellschaft ist Springer Fachmedien Wiesbaden GmbH
Die Anschrift der Gesellschaft ist: Abraham-Lincoln-Str. 46, 65189 Wiesbaden, Germany

# Vorwort

Im Zeitalter des Internets, in dem alle Informationen in mehr oder weniger guter Qualität im Netz zugänglich sind und die Unternehmen viele Informationen in Bild und Text zur Verfügung stellen, ein umfassendes Werk über Sensorik zu verfassen, ist eine besondere Herausforderung. Wir haben ein Buch geschrieben von Praktikern für Praktiker und von Wissenschaftlern für die Studierenden und angehenden Wissenschaftler der technischen, biologischen und medizinischen Fakultäten. Unser Ziel war es, das Gebiet der Sensorik umfassend darzustellen und auch deren Randgebiete wie Schnittstellen und Sicherheitsaspekte mit abzuhandeln. Die Fülle an Informationen haben wir strukturiert gegliedert sowie übersichtlich, kompakt und anschaulich aufbereitet. Zusammen mit einem Netzwerk aus Hochschulen und Industrie haben wir die Kompetenzen zusammengebracht, die dieses Werk in der Breite und in der Tiefe einzigartig dastehen lassen. Auf diese Weise ist es für Studierende wie für den Praktiker gleichermaßen ein wertvolles Lehrbuch, ein umfassendes Nachschlagewerk und eine wichtige Orientierungshilfe in der Vielfalt der Anwendungs- und Einsatzmöglichkeiten der Sensoren.

Das vorliegende Werk gibt einen umfassenden Überblick über die Sensoren physikalischer, chemischer, klimatischer, meterologischen sowie biologischen und medizinischen Größen. Nach einer Einführung in Kapitel 1 werden im zweiten Kapitel die physikalischen Effekte besprochen, die zur Sensornutzung herangezogen werden. In den folgenden 11 Kapiteln werden die Einsatzbereiche der Sensoren vorgestellt: Die Erfassung geometrischer Größen wie Weg und Winkel (Kapitel 3), mechanische Messgrößen (Kapitel 4), zeitbasierte Größen (Kapitel 5), thermische Sensoren (Kapitel 6), Sensoren für elektrische und magnetische Messgrößen (Kapitel 7), optische und akustische Messgrößen (Kapitel 8 und Kapitel 9), Sensoren für klimatische und meterologische Zwecke (Kapitel 10), Sensoren in der Chemie (Kapitel 11) sowie in der Biologie und Medizin (Kapitel 12), Messung von ionisierender Strahlung (Kapitel 13) sowie fotoelektrische Sensoren in Kapitel 14. Die elektrischen Ausgangssignale müssen verarbeitet werden und die Sensoren müssen kalibriert werden, um die Sensorsignale wahrheitsgetreu zu messen (Kapitel 15). Die Interfaces zur Weiterleitung und Weiterverarbeitung sowie die Vernetzung verschiedener Sensoren spielen eine ganz wichtige Rolle (Kapitel 16). Sicherheitsaspekte bei Sensoren werden in Kapitel 17 und Messfehler und Messgenauigkeiten werden in Kapitel 18 abgehandelt. Nach jedem Kapitel sind Hinweise auf weiterführende Literatur oder Internetadressen angegeben. Damit wird es dem Leser ermöglicht, weitere detailliertere Informationen zu erhalten.

Dieses umfassende Werk zu erarbeiten war uns eine große Freude und Herausforderung zugleich. Unser Dank gilt an dieser Stelle Herrn *Ewald Schmitt* und Herrn *Reinhard Dapper* vom Vieweg+Teubner Verlag. Sie haben uns in jeder Hinsicht unterstützt und uns in vielen Entscheidungen freie Hand gelassen. Ein solches umfangreiches Werk ansprechend zu gestalten sowie den Inhalt gut zu präsentieren, dies hat in dankenswerter Weise das Unternehmen *Fromm MediaDesign* ausgezeichnet umgesetzt. Für die professionelle und freundliche Unterstützung danken wir Frau *Angela Fromm*.

Bei der Erstellung des Werkes haben über 20 Unternehmen und noch viel mehr Fachexperten aus der Industrie und den Hochschulen mitgewirkt. Deren Kompetenz ist es zu verdanken, dass wir dem Leser ein übersichtliches, kompaktes und klar strukturiertes Werk vorstellen können. Von Industrieseite ist dabei besonders Herr Dipl.-Ing. *Albert Feinäugle* vom Unternehmen *Balluff GmbH* zu nennen. Er hat es meisterhaft verstanden, die vielen Experten seines

Unternehmens für einen Beitrag in diesem Werk zu begeistern. Sein besonderes Engagement möchten wir hier ausdrücklich lobend und dankend erwähnen. Den vielen anderen Mitautoren aus Industrie und der Wissenschaft möchten wir ebenfalls herzlich danken.

Einen ganz besonderen Dank möchten wir unseren Ehefrauen und Kindern abstatten, die auf viele schöne und gemeinsame Tage verzichten mussten. Zu vielen Zeiten hat uns das Werk völlig in Beschlag genommen und wir mussten mit all unserer Kraft die Qualität dieses Werkes sicherstellen. Ohne die Geduld unserer Familien, ihre moralische Unterstützung und ihr großes Verständnis wäre dieses Werk nicht entstanden.

Wir hoffen, dass dieses Buch für die Studierenden, die wissenschaftlich Arbeitenden und für die Praktiker in der Industrie eine wertvolle Informations- und Orientierungsquelle darstellt. Gerne nehmen wir Kritik und Verbesserungsvorschläge entgegen.

Heubach und Dresden im Oktober 2017

Ekbert Hering
Gert Schönfelder

# Herausgeber und Autoren

| | |
|---|---|
| Prof. Dr. rer. pol. Dr. rer. nat. Ekbert Hering | Hochschule Aalen (Rektor i. R.) www.htw-aalen.de |
| Dr. Gert Schönfelder | Prignitz Mikrosystemtechnik, Wittenberge www.prignitz-mst.de |
| Prof. Dr. Hartmut Bärwolff | Hochschule Köln www.gm.fh-koeln.de |
| Stefan Basler | ehemals SICK STEGMANN GmbH |
| Dr. Karl-Ernst Biehl | PIL Sensoren GmbH www.pil.de |
| Thomas Burkhardt | Balluff GmbH, Neuhausen a.d.F. www.balluff.com |
| Dr. Thomas Engel | Carl Zeiss IMT GmbH, Oberkochen www.zeiss.de |
| Albert Feinäugle | Balluff GmbH, Neuhausen a.d.F. www.balluff.com |
| Dr. Sorin Fericean | Balluff GmbH, Neuhausen a.d.F. www.balluff.com |
| Dr. Alexander Forkl | Balluff GmbH, Neuhausen a.d.F. www.balluff.com |
| Dr. Carsten Giebeler | Pyreos Ltd, Edinburgh (UK) www.pyreos.com |
| Prof. Dr. Ulrich Guth | Kurt-Schwabe-Institut für Messtechnik, Meinsberg www.ksi-meinsberg.de |
| Bernhard Hahn | Balluff GmbH, Neuhausen a.d.F. www.balluff.com |
| Ernst Halder | Novotechnik Messaufnehmer OHG, Ostfildern www.novotechnik.de |
| Christopher Herfort | PIL Sensoren GmbH www.pil.de |
| Stefan Hubrich | Novotechnik Messaufnehmer OHG, Ostfildern www.novotechnik.de |

| | |
|---|---|
| Robert Krah | Krah&Grote Messtechnik, Otterfing<br>www.krah-grote.com |
| Thomas Kubasta | Balluff GmbH, Neuhausen a.d.F.<br>www.balluff.com |
| Prof. Dr. Martin Liess | Hochschule RheinMain, Rüsselsheim<br>www.hs-rm.de |
| Prof. Dr. Lothar Michalowski | Universität Göttingen<br>www.uni-goettingen.de |
| Jürgen Reichenbach | SICK AG, Freiburg<br>www.sick.de |
| Dr. Michael Röbel | Deutz AG, Köln<br>www.deutz.de |
| Stefan Sester | Novotechnik Messaufnehmer OHG, Ostfildern<br>www.novotechnik.de |
| Dr. Elfriede Simon | Siemens AG, München<br>www.siemens.com |
| Gerd Stephan | Quantum Hydrometrie Gesellschaft für Mess- und Systemtechnik, Berlin<br>www.quantum-hydrometrie.de |
| Dr. Stefan Vinzelberg | Atomic Force F&E GmbH, Mannheim<br>www.atomicforce.de |
| Prof. Dr. Winfried Vonau | Kurt-Schwabe-Institut für Messtechnik, Meinsberg<br>www.ksi-meinsberg.de |
| Dr. Roland Wernecke | Dr. Wernecke Feuchtemesstechnik GmbH, Potsdam<br>www.dr-wernecke.de |
| Dr. Andreas Wilde | Fraunhofer Institut für Integrierte Schaltungen Dresden<br>www.eas.iis.fraunhofer.de |
| Frank Winkens | Balluff GmbH, Neuhausen a.d.F.<br>www.balluff.com |

# Inhaltsverzeichnis

| | | |
|---|---|---|
| Vorwort | | V |
| Herausgeber und Autoren | | VII |

**1 Sensorsysteme** ............................................................................................. 1
    1.1    Definition und Wirkungsweise .......................................................... 1
    1.2    Einteilung ........................................................................................... 2

**2 Physikalische Effekte zur Sensornutzung** ............................................... 3
    2.1    Piezoelektrischer Effekt ..................................................................... 3
        2.1.1    Funktionsprinzip und physikalische Beschreibung ............. 3
        2.1.2    Materialien .......................................................................... 5
        2.1.3    Anwendungen ..................................................................... 6
    2.2    Resistiver und piezoresistiver Effekt ................................................. 6
        2.2.1    Funktionsprinzipien und physikalische Beschreibung ........ 6
        2.2.2    Resistiver Effekt und dessen Anwendung
                durch Dehnmess-Streifen (DMS) ...................................... 8
        2.2.3    Piezoresistiver Effekt und dessen Anwendung
                durch Silicium-Halbleiter-Elemente .................................. 10
    2.3    Magnetoresistiver Effekt ................................................................... 12
        2.3.1    Funktionsprinzip und physikalische Beschreibung ............. 12
        2.3.2    Vorteile der XMR-Technologie .......................................... 17
        2.3.3    Anwendungen der XMR-Technologie ............................... 18
    2.4    Magnetostriktiver Effekt ................................................................... 21
        2.4.1    Funktionsprinzip und physikalische Beschreibung ............. 21
        2.4.2    Vorteile der magnetostriktiven Sensor-Technologie .......... 22
        2.4.3    Anwendungen der magnetostriktiven Sensor-Technologie ... 23
    2.5    Effekte der Induktion ........................................................................ 25
        2.5.1    Funktionsprinzip und physikalische Beschreibung ............. 25
        2.5.2    Vorteile der induktiven Sensor-Technologie ...................... 30
        2.5.3    Anwendungen der induktiven Sensor-Technologie ............ 30
    2.6    Effekte der Kapazität ........................................................................ 32
        2.6.1    Funktionsprinzip und physikalische Beschreibung ............. 32
                2.6.1.1    Kondensator und Kapazität ................................. 32
                2.6.1.2    Kapazität im Wechselstromkreis ........................ 36
        2.6.2    Vorteile der kapazitiven Sensor-Technologie ..................... 41
        2.6.3    Anwendungen der kapazitiven Sensor-Technologie ........... 42
    2.7    Gauß-Effekt ....................................................................................... 43
        2.7.1    Funktionsprinzip und physikalische Beschreibung ............. 43
        2.7.2    Anwendung des Gauß-Effektes .......................................... 45
    2.8    Hall-Effekt ......................................................................................... 47
        2.8.1    Funktionsprinzip und physikalische Beschreibung ............. 47
        2.8.2    Anwendung des Hall-Effektes ............................................ 49
    2.9    Wirbelstrom-Effekt ........................................................................... 52
        2.9.1    Funktionsprinzip und physikalische Beschreibung ............. 52
        2.9.2    Anwendung des Wirbelstrom-Effektes ............................... 53
    2.10  Thermoelektrischer Effekt ................................................................ 56

| | | |
|---|---|---|
| 2.11 | Thermowiderstands-Effekt | 60 |
| | 2.11.1 Funktionsprinzip und physikalische Beschreibung | 60 |
| | 2.11.2 Vorteile der Sensorik mit dem Thermowiderstands-Effekt | 62 |
| | 2.11.3 Einsatzgebiete | 63 |
| 2.12 | Temperatureffekte bei Halbleitern | 64 |
| | 2.12.1 Funktionsprinzip und physikalische Beschreibung | 64 |
| | 2.12.2 Kaltleiter (PTC-Widerstände) | 65 |
| | 2.12.3 Heißleiter (NTC-Widerstände) | 67 |
| 2.13 | Pyroelektrischer Effekt | 69 |
| | 2.13.1 Funktionsprinzip und physikalische Beschreibung | 69 |
| | 2.13.2 Materialien | 71 |
| | 2.13.3 Anwendungen | 72 |
| 2.14 | Fotoelektrischer Effekt | 75 |
| | 2.14.1 Funktionsprinzipien und physikalische Beschreibung | 75 |
| | 2.14.2 Fotoelektrische Sensorelemente | 79 |
| | 2.14.3 Fotoelektrische Sensorelemente | 80 |
| 2.15 | Elektrooptischer Effekt | 87 |
| | 2.15.1 Funktionsprinzip und physikalische Beschreibung | 87 |
| | 2.15.2 Materialien | 88 |
| | 2.15.3 Anwendungen | 90 |
| 2.16 | Elektrochemische Effekte | 92 |
| | 2.16.1 Funktionsprinzip und Klassifizierung | 92 |
| | 2.16.2 Potenziometrische Sensoren | 92 |
| | 2.16.3 Amperometrische Sensoren | 96 |
| | 2.16.4 Konduktometrische und impedimetrische Sensoren | 97 |
| | 2.16.5 Anwendungsbereiche | 97 |
| 2.17 | Chemische Effekte | 99 |
| | 2.17.1 Physikalisch-chemische Wechselwirkungen von Gasen mit Oberflächen | 99 |
| | 2.17.2 Gaslöslichkeit (Absorption) | 100 |
| | 2.17.3 Gastransport zur Festkörperoberfläche | 102 |
| | 2.17.4 Adsorption und Chemisorption | 103 |
| | 2.17.5 Reaktionen mit adsorbierten Spezies | 104 |
| | 2.17.6 Reaktion des Gases mit dem Festkörper | 104 |
| | 2.17.7 Die Mischphasenfehlordnung | 106 |
| 2.18 | Akustische Effekte | 108 |
| | 2.18.1 Definition und Einteilung des Schalls | 108 |
| | 2.18.2 Charakterisierung akustischer Wellen | 108 |
| | 2.18.3 Schallgeschwindigkeit in idealen Gasen | 109 |
| | 2.18.4 Intensität oder Schallstärke | 110 |
| | 2.18.5 Absorption von Schall in Luft | 110 |
| | 2.18.6 Reflektion und Transmission | 111 |
| 2.19 | Optische Effekte | 112 |
| | 2.19.1 Physikalische Effekte | 112 |
| | 2.19.2 Aufbau optischer Sensoren | 116 |
| | 2.19.3 Kategorien optischer Sensoren | 118 |
| | 2.19.4 Anwendungsfelder optischer Sensoren | 119 |
| 2.20 | Doppler-Effekt | 120 |
| | 2.20.1 Funktionsprinzip und physikalische Beschreibung | 120 |
| | 2.20.2 Anwendungsbereiche | 122 |
| Weiterführende Literatur | | 125 |

# 3 Geometrische Größen ... 127

## 3.1 Weg- und Abstandsensoren ... 127

### 3.1.1 Induktive Abstands- und Wegsensoren ... 128
- 3.1.1.1 Funktionsprinzip und morphologische Beschreibung der Induktivsensoren ... 128
- 3.1.1.2 Berührungslose induktive Abstandssensoren (INS) ... 130
- 3.1.1.3 Berührungslose induktive Wegsensoren (IWS) ... 137
- 3.1.1.4 Differenzialtransformatoren mit verschiebbarem Kern (LVDT) ... 140
- 3.1.1.5 Gepulster induktiver Linear-Positionssensor (Micropulse® BIW) ... 145
- 3.1.1.6 Signalverarbeitung durch Phasenmessung (Sagentia) ... 148
- 3.1.1.7 PLCD-Wegsensoren (Permanent Linear Contactless Displacement Sensor) ... 152
- 3.1.1.8 Berührungslose magnetoinduktive Wegsensoren (smartsens-BIL) ... 156

### 3.1.2 Optoelektronische Abstands- und Wegsensoren ... 162
- 3.1.2.1 Übersicht ... 162
- 3.1.2.2 Optoelektronische Bauteile ... 163
- 3.1.2.3 Optische Grundlagen von Abstandssensoren ... 167
- 3.1.2.4 Messprinzip: Triangulation ... 170
- 3.1.2.5 Messprinzip: Pulslaufzeitverfahren ... 171
- 3.1.2.6 Messprinzip: Phasen- oder Frequenzlaufzeitverfahren ... 171
- 3.1.2.7 Messprinzip: Fotoelektrische Abtastung ... 174
- 3.1.2.8 Messprinzip: Interferometrische Längenmessung ... 176

### 3.1.3 Ultraschallsensoren zur Abstandsmessung und Objekterkennung ... 177
- 3.1.3.1 Funktionsprinzipien und Aufbau ... 177
- 3.1.3.2 Aufbau des Ultraschallwandlers ... 178
- 3.1.3.3 Erfassungsbereich eines Ultraschallsensors ... 179
- 3.1.3.4 Umlenkung des Ultraschalls ... 181
- 3.1.3.5 Objekt- und Umwelteinflüsse ... 181
- 3.1.3.6 Anwendungen ... 182

### 3.1.4 Potenziometrische Weg- und Winkelsensoren ... 184
- 3.1.4.1 Einleitung ... 184
- 3.1.4.2 Funktionsprinzip und Kenngrößen von potenziometrischen Sensoren ... 185
- 3.1.4.3 Technologie und Aufbautechnik ... 188
- 3.1.4.4 Produkte und Applikationen ... 193

### 3.1.5 Magnetostriktive Wegsensoren ... 194
- 3.1.5.1 Wirkprinzip und Aufbau magnetostriktiver Wegsensoren ... 195
- 3.1.5.2 Gehäusekonzepte und Anwendungen ... 198

### 3.1.6 Wegsensoren mit magnetisch codierter Maßverkörperung ... 204
- 3.1.6.1 Messprinzip ... 204
- 3.1.6.2 Aufbau und Funktionsweise inkrementeller und absoluter Mess-Systeme ... 206
- 3.1.6.3 Kennwerte ... 209
- 3.1.6.4 Sensortypen im Vergleich ... 212
- 3.1.6.5 Anwendungsbeispiele ... 213

## 3.2 Sensoren für Winkel und Drehbewegung ... 214

|  |  |  |  |
|---|---|---|---|
| | 3.2.1 | Optische Drehgeber .................................................................. | 224 |
| | | 3.2.1.1 Physikalische Prinzipien ............................................ | 224 |
| | | 3.2.1.2 Aufbau optischer Drehgeber ..................................... | 227 |
| | | 3.2.1.3 Besondere Eigenschaften optischer Drehgeber ......... | 231 |
| | 3.2.2 | Magnetisch codierter Drehgeber ............................................... | 232 |
| | 3.2.3 | Umdrehungszählende Winkelsensoren ..................................... | 237 |
| | | 3.2.3.1 Allgemeines Funktionsprinzip und morphologische Beschreibung von Umdrehungen zählenden Winkelsensoren ... | 237 |
| | | 3.2.3.2 Getriebebasierende Umdrehungszählverfahren ......... | 238 |
| | | 3.2.3.3 Umdrehungszählverfahren auf induktiver Basis ........ | 240 |
| | | 3.2.3.4 Batteriepufferung der Umdrehungsinformation ......... | 242 |
| | | 3.2.3.5 Neuartiges GMR-System zur Detektion und Speicherung von Umdrehungsinformation ................................. | 242 |
| | 3.2.4 | Kapazitive Drehgeber ............................................................... | 247 |
| | 3.2.5 | Variable Transformatoren, Resolver ........................................ | 250 |
| | | 3.2.5.1 Allgemeines Funktionsprinzip des VT ....................... | 250 |
| | | 3.2.5.2 Signifikante Varianten von VT ................................... | 252 |
| | | 3.2.5.3 Resolver, eine repräsentative Variante von VT ......... | 252 |
| | 3.2.6 | 1Vpp oder sin/cos-Schnittstelle ................................................ | 257 |
| | 3.2.7 | Inkrementelle Geber ................................................................. | 259 |
| 3.3 | Neigung | ................................................................................................... | 261 |
| | 3.3.1 | Magnetoresistive Neigungssensoren ........................................ | 262 |
| | 3.3.2 | Kompass-Sensoren ................................................................... | 263 |
| | 3.3.3 | Elektrolytische Sensoren .......................................................... | 264 |
| | 3.3.4 | Piezoresistive Neigungssensoren/DMS-Biegebalkensensoren .. | 265 |
| | 3.3.5 | MEMS ...................................................................................... | 265 |
| | 3.3.6 | Servoinclinometer .................................................................... | 266 |
| | 3.3.7 | Übersicht und Auswahl von Neigungssensoren ....................... | 267 |
| 3.4 | Sensoren zur Objekterfassung ............................................................... | | 268 |
| | 3.4.1 | Näherungsschalter .................................................................... | 268 |
| | 3.4.2 | Objekterkennung und Abstandsmessung mit Ultraschall ........ | 278 |
| | 3.4.3 | Objekterkennung mit Radar ..................................................... | 280 |
| | 3.4.4 | Pyroelektrische Sensoren für die Bewegungs und Praesenzdetektion .. | 281 |
| | 3.4.5 | Objekterkennung mit Laserscanner .......................................... | 284 |
| | 3.4.6 | Sensoren zur automatischen Identifikation (Auto-Ident) ......... | 285 |
| | | 3.4.6.1 Übersicht .................................................................... | 285 |
| | | 3.4.6.2 Barcodescanner .......................................................... | 285 |
| | | 3.4.6.3 Auto-Ident-Kameras .................................................. | 292 |
| | | 3.4.6.4 RFID-Systeme und Lesegeräte .................................. | 296 |
| 3.5 | Dreidimensionale Messmethoden (3D-Messung) ................................. | | 301 |
| | 3.5.1 | Tastende 3D-Messmethoden .................................................... | 302 |
| | 3.5.2 | Optisch tastende 3D-Messmethoden ........................................ | 304 |
| | 3.5.3 | Bildgebende 3D-Messmethoden .............................................. | 308 |
| | 3.5.4 | Übersicht zu 3D-Messmethoden .............................................. | 312 |
| Weiterführende Literatur ................................................................................. | | | 313 |
| **4** | **Mechanische Messgrößen** ............................................................................. | | 316 |
| 4.1 | Masse ..................................................................................................... | | 316 |
| | 4.1.1 | Definition ................................................................................. | 316 |
| | 4.1.2 | Anwendungen ........................................................................... | 317 |

# 3D-Magnetsensoren

## Für kleinere, genauere und robustere Designs

Unsere neuen 3D-Magnetsensoren wurden speziell für hochpräzise, dreidimensionale Messungen bei möglichst geringem Stromverbrauch konzipiert. Da sie sowohl 3D- als auch Linear- und Drehbewegungen messen können, eignen sie sich ideal für eine Vielzahl von Automobil-, Industrie- und Consumer-Anwendungen, wie z. B. Blinker, Schalthebel, elektronische Zähler, Joysticks sowie Bedienknöpfe von Haushaltsgeräten.

Zu den Highlights unserer 3D-Magnetsensor-Familie gehören ein kleines Gehäuse mit 6 Anschlüssen, eine berührungslose Positionserfassung, eine hohe Temperaturstabilität und Kommunikationsgeschwindigkeit sowie die bidirektionale Kommunikation zwischen Sensor und Mikrocontroller. Eine integrierte Wakeup-Funktion ermöglicht den geringsten Energieverbauch des System.. Darüber hinaus werden die höchsten Qualitäts- und Umweltstandards erfüllt. Mit den neuen 3D-Magnetsensoren setzen wir neue Maßstäbe im Hinblick auf die Größe, Genauigkeit und Robustheit Ihrer Designs!

www.infineon.com/3Dmagnetic

| | | | |
|---|---|---|---|
| | 4.2 | Kraft | 318 |
| | | 4.2.1 Definition | 318 |
| | | 4.2.2 Effekte für die Anwendungen | 319 |
| | | 4.2.3 Anwendungsbereiche | 323 |
| | 4.3 | Dehnung | 326 |
| | | 4.3.1 Definition | 326 |
| | | 4.3.2 Messung der Dehnung | 327 |
| | 4.4 | Druck | 329 |
| | | 4.4.1 Definition | 329 |
| | | 4.4.2 Messprinzipien | 331 |
| | | 4.4.3 Messanordnungen | 332 |
| | 4.5 | Drehmoment | 335 |
| | | 4.5.1 Definition | 335 |
| | | 4.5.2 Messprinzipien | 335 |
| | | 4.5.3 Anwendungsbereiche | 336 |
| | 4.6 | Härte | 337 |
| | | 4.6.1 Definition | 337 |
| | | 4.6.2 Makroskopische Härtebestimmung | 338 |
| | | 4.6.3 Härtebestimmung durch Nanoindentation | 338 |
| | | 4.6.4 Sensoren für die Nano-Härtemessung | 339 |
| | | 4.6.5 Modell und Auswertung | 340 |
| | | 4.6.6 Anwendungen | 341 |
| | Weiterführende Literatur | | 342 |
| **5** | **Zeitbasierte Messgrößen** | | **343** |
| | 5.1 | Zeit | 343 |
| | 5.2 | Frequenz | 343 |
| | 5.3 | Pulsbreite | 349 |
| | 5.4 | Phase, Laufzeit und Lichtlaufzeit | 351 |
| | 5.5 | Visuelle Darstellung von Messgrößen | 356 |
| | 5.6 | Drehzahl und Drehwinkel | 365 |
| | 5.7 | Geschwindigkeit | 368 |
| | 5.8 | Beschleunigung | 371 |
| | 5.9 | Durchfluss (Masse und Volumen) | 376 |
| | Weiterführende Literatur | | 380 |
| **6** | **Temperaturmesstechnik** | | **381** |
| | 6.1 | Temperatur als physikalische Zustandsgröße | 381 |
| | 6.2 | Messprinzipien und Messbereiche | 382 |
| | 6.3 | Temperaturabhängigkeit des elektrischen Widerstandes | 384 |
| | | 6.3.1 Metalle | 384 |
| | | 6.3.2 Metalle mit definierten Zusätzen (Legierungen) oder Gitterfehlern | 387 |
| | | 6.3.3 Ionenleitwerkstoffe für hohe Temperaturen | 388 |
| | | 6.3.4 Thermistoren | 388 |
| | | 6.3.5 Engewiderstand-Temperatur-Sensoren (Spreading Resistor) | 389 |
| | | 6.3.6 Dioden | 391 |
| | 6.4 | Thermoelektrizität (Seebeck-Effekt) | 392 |
| | 6.5 | Wärmeausdehnung | 396 |
| | | 6.5.1 Wärmeausdehnung fester Körper | 396 |
| | | 6.5.2 Wärmeausdehnung von Flüssigkeiten | 399 |
| | | 6.5.3 Wärmeausdehnung von Gasen | 400 |

| | | |
|---|---|---|
| 6.6 | Temperatur und Frequenz | 400 |
| 6.7 | Thermochromie | 401 |
| 6.8 | Segerkegel | 401 |
| 6.9 | Berührungslose optische Temperaturmessung | 402 |
| | 6.9.1 Strahlungsthermometer (Pyrometer) | 402 |
| | 6.9.2 Faseroptische Anwendungen | 405 |
| |     6.9.2.1 Intrinsische Sensoren, DTS (Distributed Temperature Sensing) | 405 |
| |     6.9.2.2 Extrinsische Sensoren | 406 |
| Weiterführende Literatur | | 407 |

# 7 Elektrische und magnetische Messgrößen .......... 408

| | | |
|---|---|---|
| 7.1 | Spannung | 408 |
| | 7.1.1 Definition | 408 |
| | 7.1.2 Messanordnungen | 412 |
| 7.2 | Stromstärke | 416 |
| | 7.2.1 Definition | 416 |
| | 7.2.2 Messanordnungen | 417 |
| 7.3 | Elektrische Ladung und Kapazität | 419 |
| | 7.3.1 Definition | 419 |
| | 7.3.2 Messanordnungen | 422 |
| 7.4 | Elektrische Leitfähigkeit und spezifischer elektrischer Widerstand | 425 |
| | 7.4.1 Definition | 425 |
| | 7.4.2 Messanordnungen | 426 |
| 7.5 | Elektrische Feldstärke | 429 |
| | 7.5.1 Definition | 429 |
| | 7.5.2 Messprinzipien für die elektrische Feldstärke | 429 |
| 7.6 | Elektrische Energie und Leistung | 431 |
| | 7.6.1 Definitionen | 431 |
| | 7.6.2 Formen von Leistung | 431 |
| | 7.6.3 Messprinzipien | 433 |
| 7.7 | Induktivität | 437 |
| | 7.7.1 Definition | 437 |
| | 7.7.2 Messprinzipien | 437 |
| 7.8 | Magnetische Feldstärke | 438 |
| | 7.8.1 Definition | 438 |
| | 7.8.2 Messprinzipien magnetischer Größen | 439 |
| | 7.8.3 Messanordnungen | 440 |
| | 7.8.4 Mehrdimensionale Messungen mit dem Hall-Effekt | 441 |
| Weiterführende Literatur | | 443 |

# 8 Radio- und fotometrische Größen .......... 444

| | | |
|---|---|---|
| 8.1 | Radiometrie | 444 |
| | 8.1.1 Radiometrische Größen | 444 |
| | 8.1.2 Messung elektromagnetischer Strahlung | 448 |
| 8.2 | Fotometrie | 448 |
| | 8.2.1 Fotometrische Größen | 449 |
| | 8.2.2 Messung fotometrischer Größen | 453 |
| 8.3 | Anwendung von Helligkeitssensoren | 454 |

## 8.4 Farbe ... 455
### 8.4.1 Farbempfinden ... 455
### 8.4.2 Farbmodelle ... 458
### 8.4.3 Farbsysteme ... 459
### 8.4.4 Farbfilter für Sensoren ... 459
### 8.4.5 Farbsensoren ... 461
Weiterführende Literatur ... 462

# 9 Akustische Messgrößen ... 463
## 9.1 Definition wichtiger akustischer Größen ... 463
## 9.2 Menschliche Wahrnehmung ... 464
### 9.2.1 Pegel ... 464
### 9.2.2 Lautstärke ... 466
### 9.2.3 Lautheit ... 467
## 9.3 Schallwandler ... 467
## 9.4 Anwendungsfelder ... 470
Weiterführende Literatur ... 472

# 10 Klimatische und meteorologische Messgrößen ... 473
## 10.1 Feuchtigkeit in Gasen ... 473
### 10.1.1 Definitionen und Gleichungen ... 473
### 10.1.2 Feuchtemessungen in Gasen ... 477
#### 10.1.2.1 Psychrometer, Aufbau und Funktionsweise ... 477
#### 10.1.2.2 Taupunktspiegel ... 480
#### 10.1.2.3 Kapazitive Feuchtemessung ... 482
#### 10.1.2.4 Integrierte kapazitive Feuchtesensoren mit Bus-Ausgang ... 483
## 10.2 Feuchtebestimmung in festen und flüssigen Stoffen ... 484
### 10.2.1 Direkte Verfahren zur Bestimmung der Materialfeuchte ... 485
#### 10.2.1.1 Prozentualer Wassergehalt einer Materialprobe ... 485
#### 10.2.1.2 Wasseraktivität einer Materialprobe ... 486
#### 10.2.1.3 Karl-Fischer-Titration ... 487
#### 10.2.1.4 Calciumcarbid-Methode ... 487
#### 10.2.1.5 Calciumhydrid-Methode ... 488
### 10.2.2 Indirekte Messverfahren zur Bestimmung der Materialfeuchte ... 488
#### 10.2.2.1 Messung der elektrischen Eigenschaften ... 488
#### 10.2.2.2 Erfassen der optischen Eigenschaften von Wasser und Wasserdampf ... 489
#### 10.2.2.3 Messung des Saugdruckes in feuchten Materialien (Tensiometrie) ... 490
#### 10.2.2.4 Messung der atomaren Eigenschaften ... 491
#### 10.2.2.5 Nuklear-Magnetisches-Resonanz-Verfahren (NMR) ... 491
#### 10.2.2.6 Messung der Wärmeleitfähigkeit ... 492
## 10.3 Messung von Niederschlägen im Außenklima ... 493
## 10.4 Feuchtemessung in geschlossenen Räumen ... 495
### 10.4.1 Messung des Klimas in Wohnungen und am Arbeitsplatz ... 495
### 10.4.2 Klima in Museen und Ausstellungsräumen ... 496
### 10.4.3 Klima in elektrischen Anlagen ... 498
### 10.4.4 Beeinflussen des Raumklimas ... 498
## 10.5 Luftdruck ... 500

| | | |
|---|---|---|
| 10.6 | Wind- und Luftströmung | 501 |
| | 10.6.1 Definition | 501 |
| | 10.6.1 Methoden zur Windmessung | 501 |
| 10.7 | Wasserströmung | 505 |
| | 10.7.1 Definition | 505 |
| | 10.7.2 Direkte und indirekte Durchflussmessung | 505 |
| Weiterführende Literatur | | 510 |

## 11 Ausgewählte chemische Messgrößen — 511

| | | |
|---|---|---|
| 11.1 | Redoxpotenzial | 511 |
| | 11.1.1 Allgemeines | 511 |
| | 11.1.2 Edelmetallische Redoxelektroden | 513 |
| | 11.1.3 Redoxglaselektroden | 516 |
| | 11.1.4 Bezugselektroden | 517 |
| 11.2 | Ionen einschließlich Hydroniumionen | 520 |
| | 11.2.1 Allgemeines | 520 |
| | 11.2.2 pH-Messung | 521 |
| | 11.2.3 Weitere Ionen | 525 |
| 11.3 | Gase | 529 |
| | 11.3.1 Allgemeines | 529 |
| | 11.3.2 Gase im physikalisch gelösten Zustand bzw. bei Normaltemperatur | 529 |
| |     11.3.2.1 Festelektrolytsensoren | 532 |
| |     11.3.2.2 Elektrochemische Zellen mit festen Elektrolyten | 532 |
| | 11.3.3 Halbleiter-Gassensoren – Metalloxidhalbleitersensoren (MOS) | 542 |
| | 11.3.4 Pellistoren | 544 |
| 11.4 | Elektrolytische Leitfähigkeit | 544 |
| | 11.4.1 Allgemeines | 544 |
| | 11.4.2 Kohlrausch-Messzellen | 545 |
| | 11.4.3 Mehrelektroden-Messzellen | 546 |
| | 11.4.4 Elektrodenlose Leitfähigkeitsmesszellen | 546 |
| | 11.4.5 Beispiele zur Anwendung von Leitfähigkeitssensoren | 547 |
| Weiterführende Literatur | | 549 |

## 12 Biologische und medizinische Sensoren — 551

| | | |
|---|---|---|
| 12.1 | Biologische Sensorik | 551 |
| | 12.1.1 Biosensorik | 551 |
| | 12.1.2 Echte biologische Sensoren | 553 |
| 12.2 | Funktionsprinzipien der Biosensoren | 554 |
| | 12.2.1 Kalorimetrische Sensoren | 556 |
| | 12.2.2 Mikrogravimetrische Sensoren | 556 |
| | 12.2.3 Optische Sensoren | 558 |
| | 12.2.4 Elektrochemische Sensoren | 560 |
| | 12.2.5 Immobilisierungsmethoden | 562 |
| 12.3 | Physikalische und chemische Sensoren in der Medizin | 563 |
| | 12.3.1 Physikalisch-chemische Blutanalysen | 564 |
| | 12.3.2 Klinisch-chemische Blutanalysen | 567 |
| 12.4 | Enzymatische Methoden – Enzymsensoren | 568 |
| | 12.4.1 Enzymbasierter Analytnachweis | 570 |
| | 12.4.2 Bestimmung der Enzymaktivität | 571 |
| | 12.4.3 Anwendungsfelder enzymatischer Tests | 572 |

12.5 Immunologische Methoden – Immunosensoren ................................................. 573
    12.5.1 Direkte Immunosensoren ................................................................. 576
    12.5.2 Indirekte Immunosensoren ............................................................. 576
    12.5.3 Anwendungsfelder von Immunosensoren ..................................... 578
12.6 DNA-basierte Sensoren .................................................................................. 579
    12.6.1 Hybridisierungsdiagnostik .............................................................. 580
    12.6.2 Anwendung und Einsatz von DNA-Sensoren ............................... 581
12.7 Zellbasierte Sensorik ...................................................................................... 583
    12.7.1 Metabolischer Zellchip ................................................................... 583
    12.7.2 Neuro-Chip ...................................................................................... 584
Weiterführende Literatur .......................................................................................... 585

# 13 Messgrößen für ionisierende Strahlung ................................................. 587
13.1 Einführung und physikalische Größen ......................................................... 587
13.2 Wechselwirkung von ionisierender Strahlung mit Materie ....................... 591
13.3 Einteilung der Sensoren ................................................................................. 595
13.4 Gasgefüllte Strahlungssensoren .................................................................... 598
13.5 Strahlungssensoren nach dem Anregungsprinzip ....................................... 602
13.6 Halbleitersensoren .......................................................................................... 604
Weiterführende Literatur .......................................................................................... 612

# 14 Fotoelektrische Sensoren ............................................................................. 613
14.1 Strahlung ......................................................................................................... 613
14.2 Szintillatoren ................................................................................................... 614
14.3 Äußerer Fotoeffekt ......................................................................................... 615
    14.3.1 Fotomultiplier .................................................................................. 615
    14.3.2 Channel-Fotomultiplier .................................................................. 616
    14.3.3 Bildaufnahmeröhren ....................................................................... 617
14.4 Innerer Fotoeffekt ........................................................................................... 617
    14.4.1 Fotoleiter .......................................................................................... 618
    14.4.2 Fotodioden ....................................................................................... 619
    14.4.3 Fototransistor, Fotothyristor und Foto-FET ................................. 621
    14.4.4 CMOS-Bildsensoren ....................................................................... 622
    14.4.5 Hochdynamische CMOS-Bildsensoren ........................................ 622
14.5 CCD-Sensoren ................................................................................................ 624
    14.5.1 Zeilensensoren ................................................................................. 624
    14.5.2 CCD-Matrixsensoren ...................................................................... 626
14.6 Quantum Well Infrared Photodetector QWIP ............................................ 627
14.7 Thermische optische Detektoren .................................................................. 628
    14.7.1 Thermosäulen .................................................................................. 629
    14.7.2 Pyroelektrische Detektoren ............................................................ 631
    14.7.3 Bolometer ......................................................................................... 632

# 15 Signalaufbereitung und Kalibrierung ..................................................... 633
15.1 Signalaufbereitung ......................................................................................... 633
    15.1.1 Analoge (diskrete) Signalaufbereitung ......................................... 633
    15.1.2 Signalaufbereitung mit Systemschaltkreisen ............................... 634
    15.1.3 Signalaufbereitung mit ASICs ....................................................... 635
    15.1.4 Signalaufbereitung mit Mikrocontrollern .................................... 635

| | | | |
|---|---|---|---|
| | 15.2 | Sensorkalibrierung | 636 |
| | | 15.2.1 Passive Kompensation | 637 |
| | | 15.2.2 Justage mit analoger Signalverarbeitung | 637 |
| | | 15.2.3 Justage mit digitaler Signalverarbeitung | 638 |
| | 15.3 | Energiemanagement bei Sensoren | 640 |
| | | Weiterführende Literatur | 642 |
| **16** | **Interface** | | **643** |
| | 16.1 | Analoge Interfaces | 643 |
| | | 16.1.1 Spannungsausgang | 644 |
| | | 16.1.2 Ratiometrischer Spannungsausgang | 644 |
| | | 16.1.3 Stromausgang | 644 |
| | | 16.1.4 Frequenzausgang und Pulsweitenmodulation | 646 |
| | | 16.1.5 4-/6-Draht-Interface | 647 |
| | 16.2 | Digitale Interfaces | 648 |
| | | 16.2.1 CAN-Gruppe | 650 |
| | | 16.2.2 LON | 651 |
| | | 16.2.3 HART | 652 |
| | | 16.2.4 RS485 | 652 |
| | | 16.2.5 IO-Link | 653 |
| | | 16.2.6 Profibus | 655 |
| | | 16.2.7 $I^2C$ | 655 |
| | | 16.2.8 SPI | 656 |
| | | 16.2.9 IEEE 1451 | 657 |
| | | Weiterführende Literatur | 660 |
| **17** | **Sicherheitsaspekte bei Sensoren** | | **661** |
| | 17.1 | Eigenschaften zur Funktionsüberwachung | 661 |
| | 17.2 | Elektromagnetische Verträglichkeit (EMV) | 664 |
| | 17.3 | Funktionale Sicherheit (SIL) | 667 |
| | 17.4 | Sensoren in explosiver Umgebung (ATEX) | 669 |
| | | 17.4.1 Grundlagen des ATEX | 669 |
| | | 17.4.2 Zündschutzart Eigensicherheit | 671 |
| | | 17.4.3 Zündschutzart druckfeste Kapselung | 673 |
| | | Weiterführende Literatur | 673 |
| **18** | **Messfehler, Messgenauigkeit und Messparameter** | | **674** |
| | 18.1 | Einteilung der Messfehler nach ihrer Ursache | 674 |
| | 18.2 | Darstellung von Messfehlern | 675 |
| | | 18.2.1 Arithmetischer Mittelwert, Fehlersumme und Standardabweichung | 675 |
| | | 18.2.2 Absoluter Fehler | 676 |
| | | 18.2.3 Relativer Fehler | 677 |
| | 18.3 | Messparameter | 679 |
| | | 18.3.1 Streuung von Messwerten | 679 |
| | | 18.3.2 Auflösung von Messwerten | 680 |
| | | 18.3.3 Signal-Rausch-Abstand und Dynamik von Messwerten | 681 |
| | | Weiterführende Literatur | 681 |
| **Sachwortverzeichnis** | | | **682** |

# 1 Sensorsysteme

Um das tägliche Leben mit seinen Aufgaben zu meistern, muss der Mensch die ihn umgebenden Prozesse beeinflussen können, d. h. er muss sie nach seinen Zielen steuern können. Um dies zu ermöglichen, muss der aktuelle Istzustand erfasst, deren Informationen ausgewertet und die Maßnahmen ergriffen werden können, die zur Zielerreichung dienen. Die Elemente, mit denen die *Erfassung der Messgrößen der Umwelt* möglich ist, sind die Sensoren. Sie bilden damit die Voraussetzung für alle Veränderungen und Entwicklungen im natürlichen oder technischen Umfeld der Menschen. Unterschiedliche Effekte in Physik, Chemie, Biologie und Medizin ermöglichen eine Vielfalt an Sensoren und Anwendungsmöglichkeiten. Diese werden in diesem Werk umfassend dargestellt, ohne jedoch dem Anspruch an Vollständigkeit zu genügen.

## 1.1 Definition und Wirkungsweise

Das Wort „Sensor" stammt aus dem Lateinischen (sensus: Sinn) und bedeutet *Fühler*. Bild 1-1 zeigt die Wirkungsweise von Sensoren.

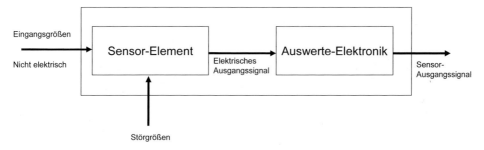

**Bild 1.1-1** Wirkprinzip von Sensoren

Ein Sensor dient zur quantitativen und qualitativen Messung von physikalischen, chemischen, klimatischen, biologischen und medizinischen Größen. Wie Bild 1-1 zeigt, besteht der Sensor aus zwei Teilen: dem *Sensor-Element* und der *Auswerte-Elektronik*. Die zu messenden, *nicht elektrische Eingangsgrößen* werden im Sensor-Element durch naturwissenschaftliche Gesetze in ein *elektrisches Ausgangs-Signal* gewandelt. In einer *Auswerte-Elektronik* werden diese Ausgangssignale durch Schaltungselektronik oder auch Softwareprogramme so bearbeitet, dass ein *Sensor-Ausgangssignal* entsteht, das zu Steuerungs- oder Auswertezwecken zur Verfügung steht. Dabei können die äußeren Störgrößen, die ein Sensor-Element beeinflussen, rechnerisch berücksichtigt werden (z. B. Berücksichtigung der Temperaturabhängigkeit oder Linearisierung von nicht linearen Zusammenhängen). Dies besorgt in der Regel ein Mikroprozessor. Die fortschreitende Miniaturisierung erlaubt es zunehmend, dass beide Teile, das Sensor-Element und die Auswerte-Elektronik, in einem einzigen Sensor untergebracht sind. Diese *intelligenten* Sensoren werden auch als *smart sensors* bezeichnet.

## 1.2 Einteilung

Wird die Umwandlung der Messgröße in eine elektrische Größe ohne äußere Hilfsspannung vorgenommen, dann sind dies *aktive Sensoren* (z. B. wird beim piezoelektrischen Effekt der Druck direkt in eine elektrische Größe verwandelt, siehe Abschnitt 2.1). *Passive Sensoren* hingegen benötigen zur Umwandlung eine äußere Hilfsspannung (z. B. bei der Messung von Abständen durch Ultraschallsensoren).

Eine weitere Einteilung kann durch die *naturwissenschaftlichen Gesetze* erfolgen, welche die Eingangsgröße in ein elektrisches Ausgangssignal wandeln. Diese Gesetze sind ausführlich in Abschnitt 2 des Werkes dargestellt.

Eine Einteilung kann aber auch durch die zu *messenden Größen* selbst erfolgen (z. B. Messen geometrischer Größen wie Länge oder zeitliche Größen wie Frequenzen). Dies ist in den Abschnitten 3 bis 14 nachzulesen.

Die Digitaltechnik spielt für die weitere Verarbeitung der Sensor-Ausgangssignale eine immer wichtigere Rolle. Deshalb erwartet man häufig *digitale* Sensor-Ausgangssignale. Dies wird oft dadurch realisiert, dass Analog-Digital-Wandler (A/D-Wandler) in die Auswerte-Elektronik des Sensorsystems integriert werden.

Werden aus den Messwerten realer Sensor-Elemente mittels Software die gewünschten Messgrößen errechnet, dann spricht man von *virtuellen* Sensoren. Diesen liegen ein umfangreiches *mathematisches Rechenmodell* oder auch *empirisch erfasste Zusammenhänge* zugrunde (z. B. das subjektive Hörempfinden). Da solche Rechner heute sehr platzsparend unterzubringen, kostengünstig herzustellen und in rauen Industrieumgebungen problemlos einsetzbar sind, werden die virtuellen Sensoren überall dort eingesetzt, wo es gilt, Kosten zu sparen, die naturwissenschaftlichen Zusammenhänge nur empirisch vorliegen oder in Anwendungsfällen, in denen reale Sensoren zerstört oder zu schnell verschleißen würden (z. B. in Kernkraftwerken).

# 2 Physikalische Effekte zur Sensornutzung

## 2.1 Piezoelektrischer Effekt

### 2.1.1 Funktionsprinzip und physikalische Beschreibung

Werden bestimmte Materialien durch Einwirkung von äußeren Kräften oder Drücken *verformt*, dann entsteht eine *elektrische Spannung*. Wie Bild 2.1-1 zeigt, verschieben die Kraft bzw. der Druck die Ladungen im Inneren des Materials. Die Schwerpunkte der positiven und negativen Ladungen fallen nicht mehr zusammen. Dadurch entsteht eine *elektrische Polarisation* $P$. An der Oberfläche der Materialien sammeln sich Ladungen, so dass eine *elektrische Spannung* gemessen werden kann.

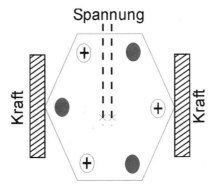

**Bild 2.1-1** Prinzip des longitudinalen, piezoelektrischen Effektes

Je nachdem, welche Richtung die Vektoren Kraft $F$, die Polarisation $P$ und der Oberflächen-Normalenvektor $n$ zueinander einnehmen, gibt es drei Kategorien des piezoelektrischen Effektes (Bild 2.1-2):

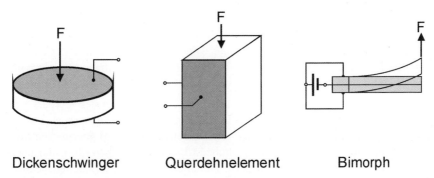

**Bild 2.1-2** Die drei Prinzipien des piezoelektrischen Effektes

Im umgekehrten Fall (*inverser piezoelektrischer* Effekt) wird durch Anlegen einer elektrischen Spannung der Kristall verformt. Wenn dies Wechselspannungen sind, dann führen piezoelektrische Körper *mechanische Schwingungen* aus. Diese können in Spannungsrichtung (longitudinale Schwingungenl, *Dickenschwinger*) oder senkrecht zur Spannungsrichtung (transversale Schwingungen, *Querdehnelement*) erfolgen. Im Folgenden wird nur der *direkte piezoelektrische Effekt* behandelt.

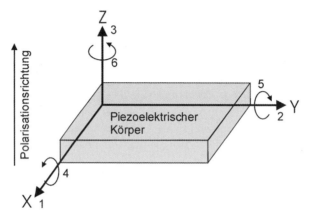

**Bild 2.1-3** Koordinatensystem zur Beschreibung des piezoelektrischen Effektes

Bild 2.1-3 beschreibt den piezoelektrischen Effekt im Raum. Durch eine Kraft ***F*** entsteht eine Ladungs-Verschiebung in Längsrichtung (l: 1, 2, 3) und im Winkel um die Achsen (l: 4, 5, 6). Die Polarisationsrichtungen seien k: 1, 2, 3. Die Kraft ***F*** bewirkt dann eine Ladungsverschiebung ***Q***, für die gilt:

$$Q = d_{kl}\, F\,,$$

wobei $d_{kl}$ der *piezoelektrische Koeffizient* ist.

Zwischen Polarisation ***P*** und der Spannung $\sigma$ gilt:

$$P = e\,\sigma,$$

wobei e der *piezoelektrische Dehnungskoeffizient* ist und für $\sigma$ gilt:

$$\sigma_{ij} = \frac{F_i}{A_j}\,,$$

wobei $A$ die Fläche und ***F*** die Kraft bezeichnet. Die Richtung der Kraft ist mit den Indizes i (1,2,3) und die Richtung der Fläche mit den Indizes j (1,2,3) bezeichnet. Der piezoelektrische Effekt ist *temperaturabhängig* und teilweise stark nichtlinear.

Eine konstante Kraft, die keine zusätzliche geometrische Änderung des Körpers verursacht, bewirkt keinen piezoelektrischen Effekt. Beim piezoelektrischen Effekt ist also nur die *zeitliche Änderung* der Kraft proportional zum gemessenen Strom. Wird über diesen Strom nach der Zeit integriert, so erhält man die verschobene Ladung ( $Q = \int I(t)\,dt$ ), die nach obiger Gleichung proportional zur Kraftänderung ist. Durch eine spezielle Schaltungselektronik können aber auch quasistationäre Vorgänge von einigen Minuten gemessen werden.

## 2.1.2 Materialien

Nur in *nicht leitenden Materialien* tritt der piezoelektrische Effekt auf. Diese Materialien dürfen kein Symmetriezentrum besitzen, weil sonst keine Verschiebung der Ladungen möglich ist. (Bei einer Punktspiegelung wird der Kristall in sich selbst übergeführt). Bei den Materialien unterscheidet man:

- *Piezoelektrische Kristalle*

    Dazu gehören der α-Quarz ($SiO_2$), Turmalin, Lithiumniobat ($LiNbO_3$), Lithium-Tantalat ($LiTaO_3$), Gallium-Orthophosphat ($GaPO_4$), Bariumtitanat ($BaTiO_3$: BTO) und Blei-Zirkonat-Titanat (Pb,O,Ti/Zr: PZT). Diese Kristalle haben sehr geringe piezoelektrische Koeffizienten; dafür zeigen sie aber eine höhere Temperaturstabilität, geringere Verluste und eine kleinere Hysteresekurve.

- *Piezoelektrische Keramiken*

    Die meisten piezoelektrischen Materialien werden synthetisch hergestellt. Typische Vertreter sind Blei-Zirkonat-Titanate (PZT). Sie kristallisieren, wie Bild 2.1-4 zeigt, in einer *Perowskit-Kristallstruktur* aus.

- *Sonstige piezoelektrische Materialien*

    Es ist möglich, piezoelektrische Dünnschichten, wie Zinkoxid (ZnO) oder Aluminiumnitrid (AlN), durch die Halbleitertechnologie als Dünnschichten auf Silicium abzuscheiden. Ebenfalls im Einsatz befindet sich Polyvinylidenfluorid (PVDF).

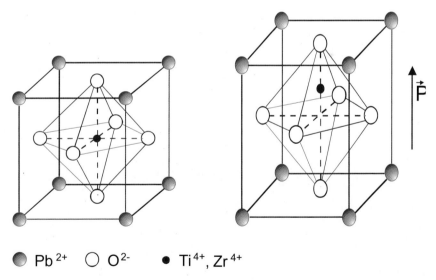

● $Pb^{2+}$   ○ $O^{2-}$   • $Ti^{4+}, Zr^{4+}$

**Bild 2.1-4** Perowskit-Struktur der piezoelektrischen Keramiken

Tabelle 2.1-1 zeigt den piezoelektrischen Koeffizienten ausgewählter Materialien.

**Tabelle 2.1-1** Piezoelektrischer Koeffizient ausgewählter Materialien

| Material | Piezoelektrischer Koeffizient $d_{ij}$ | Wert in pC/N |
|---|---|---|
| Lithium-Niobat | $d_{22}$ | 0,67 |
| Turmalin | $d_{33}$ | 1,83 |
| Quarz | $d_{11}$ | 2,3 |
| Lithium-Tantalat | $d_{33}$ | 9,2 |
| PVDF-Folie | $d_{13}$ | 23 |
| PZT-Keramik | $d_{33}$ | 593 |

### 2.1.3 Anwendungen

In Bild 2.1-5 sind die wichtigsten Anwendungsfelder zusammengestellt. Die konkreten Anwendungen werden im Abschnitt 3 ausführlich dargestellt.

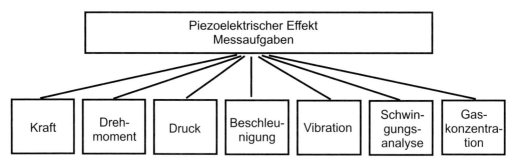

**Bild 2.1-5** Anwendungsfelder piezoelektrischer Materialien

Piezoelektrische Materialien werden darüber hinaus in vielen Spezialanwendungen eingesetzt, von denen hier nur wenige genannt werden können:

- Einspritzdüsen für Dieselmotoren,
- Druckköpfe in Tintenstrahldruckern,
- Mikro- und Nano-Positioniersysteme und
- Mikroskopie (Rasterelektronen-, Rasterkraft- und Rastertunnelmikroskope).

## 2.2 Resistiver und piezoresistiver Effekt

### 2.2.1 Funktionsprinzipien und physikalische Beschreibung

Der *resistive* Effekt beschreibt die Abhängigkeit des spezifischen elektrischen Widerstandes $\rho$ eines Leiters von der mechanischen Spannung $\sigma$ ($\sigma = F/A$, wobei $F$ die Kraft ist die auf die senkrechte Fläche $A$ wirkt). Bei Metallen ist der *spezifische elektrische Widerstand* $\rho$ *unabhängig von der Spannung* $\sigma$, wie Bild 2.2-1 zeigt.

## 2.2 Resistiver und piezoresistiver Effekt

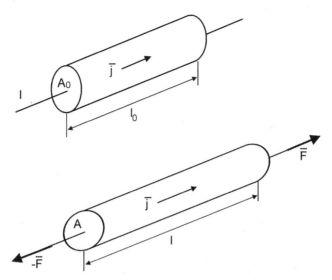

**Bild 2.2-1** Leiter unter mechanischer Spannung

Der elektrische Widerstand $R$ eines metallischen Leiters der Länge $l_0$ und dem Querschnitt $A$ lautet:

$$R = \rho \frac{l_0}{A_0}.$$

Das bedeutet:
- Der Widerstand wird größer, wenn die Länge zunimmt ($R$ proportional zu $l_0$).
- Der Widerstand wird kleiner, wenn der Querschnitt zunimmt ($R$ proportional zu $1/A_0$).

Das heißt, wenn ein elektrischer Leiter gedehnt wird, d. h., wenn seine Länge zunimmt und gleichzeitig sein Querschnitt abnimmt, dann steigt der elektrische Widerstand. Wird das Material im elastischen Bereich beansprucht, dann gilt dieses auch umgekehrt: Wird ein elektrischer Leiter gestaucht (Verkürzung der Länge und Erhöhung des Querschnitts), dann nimmt der elektrische Widerstand ab. Diese Effekte werden bei *Dehnmess-Streifen* (DMS) ausgenutzt (Abschnitt 4.3).

Wirkt eine mechanische Spannung auf den metallischen Leiter, so gilt:

$$\sigma = E \frac{\Delta l}{l} = E\,\varepsilon,$$

wobei E der Elastizitätsmodul und $\Delta l/l$ die relative Längenänderung (*Dehnung $\varepsilon$*) ist.

Wirkt eine Kraft $F$ auf die Leiterfläche $A$, so gilt für den Widerstand $R_F$ entsprechend:

$$R_F = \rho \frac{l_F}{A_F}.$$

Die Widerstandsänderung errechnet sich dann zu:

$$\frac{\Delta R}{R} = k \frac{\Delta l}{l} = k\,\varepsilon,$$

wobei bei gleichem Volumen k etwa 2 ist (der Faktor k steht für die *Empfindlichkeit*). Dieser Effekt wird *resistiver Effekt* genannt und hängt lediglich von der Änderung der geometrischen Größen Länge und Querschnitt ab. Er findet seine Anwendung in *Dehnmess-Streifen (DMS, Abschnitt 4.3)*. Bei Halbleitern hingegen, wie beispielsweise Silicium, verändert sich der spezifische elektrische Widerstand $\rho$ bei Anlegen einer Spannung $\sigma$ (*piezoresistiver Effekt* (Abschnitt 2.2.3). Der Grund liegt darin, dass mechanische Spannungen die Beweglichkeit der Ladungsträger und die Besetzungswahrscheinlichkeiten der Leitungs- und Valenzbänder beeinflussen.

### 2.2.2 Resistiver Effekt und dessen Anwendung durch Dehnmess-Streifen (DMS)

Am häufigsten werden *Folien-DMS* eingesetzt. Auf einer dünnen Kunststoff-Folie (meist aus Polyimid) wird ein hauchdünner Widerstandsdraht (3 µm bis 8 µm dick) mäanderförmig als *Messgitter* aufgebracht und mit elektrischen Anschlüssen versehen (Bild 2.2-2). Meistens besitzen die DMS auch noch eine Kunststoff-Folie auf der Oberfläche, damit das Messgitter mechanisch geschützt ist. Für die unterschiedlichsten Einsatzbereiche können die verschiedensten Geometrien eingesetzt werden (Bild 2.2-2). Für jeden Einsatzbereich werden die DMS entsprechend optimiert.

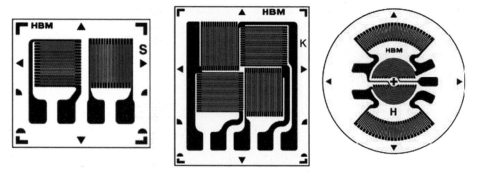

**Bild 2.2-2** Folien-DMS unterschiedlichster Geometrien (Werkfoto: HBM)

Tabelle 2.2-1 zeigt die k-Faktoren verschiedener DMS-Werkstoffe.

**Tabelle 2.2-1** Empfindlichkeiten (k-Faktoren) verschiedener DMS-Werkstoffe

| Bezeichnung | Zusammensetzung | k-Faktor |
|---|---|---|
| Konstantan | 54Cu, 45Ni, 1Mn | 2,05 |
| Karma | 73Ni, 20Cr, Rest Fe und Al | 2,1 |
| Nichrome V | 80Ni, 20Cr | 2,2 |
| Chromol C | 65Ni, 20Fe, 15Cr | 2,5 |
| Platin-Wolfram | 92Pt, 8W | 4,0 |
| Platin | 100Pt | 6,0 |

Die Widerstandsänderung $\Delta R$ einer handelsüblichen DMS ist relativ klein. Bei einem DMS von 120 Ω und einer Dehnung um 1/1.000 beträgt die Widerstandsänderung $\Delta R = 0{,}24$ Ω. Mit entsprechenden Messvorrichtungen können diese Änderungen gut bestimmt werden. Ein DMS wird entweder durch *Punktschweißen* (eher selten) oder durch *Kleben* an der Anwendung befestigt. Je nach Temperatur werden *heiß-* oder *kalthärtende Klebstoffe* eingesetzt. Dazu zählen im Wesentlichen Cyanoacrylate, Methylmethacrylate und Epoxidharze. Das Einsatzgebiet wird häufig durch die Temperaturbeständigkeit der Klebstoffe bestimmt.

Die Widerstandsänderung $\Delta R$ wird meist durch eine *Wheatstonesche Brückenschaltung* bestimmt (Bild 2.2-3).

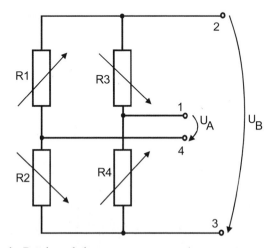

**Bild 2.2-3** Wheatstonesche Brückenschaltung

In den vier Zweigen der Brückenschaltung befinden sich die Widerstände $R_1$ bis $R_4$. An den Punkten 2 und 3 wird eine *Brückenspeisespannung* $U_B$ angelegt, die zu einer *Brückenausgangsspannung* $U_A$ führen kann. Die Spannungen $U_A$ und $U_B$ teilen sich in den beiden Brückenteilen $R_1$ und $R_2$ sowie $R_3$ und $R_4$ folgendermaßen auf:

$$\frac{U_A}{U_B} = \frac{R_1}{R_1 + R_2} - \frac{R_4}{R_3 + R_4}.$$

Für den Fall, dass alle Widerstände gleich groß sind, ($R_1 = R_2 = R_3 = R_4$), ist die Brücke *abgeglichen*, d. h. $U_A = 0$, und es gilt: $R_1/R_2 = R_4/R_3$.

Wenn sich die Widerstände ändern, so tritt eine Ausgangsspannung $U_A$ auf. Ist zusätzlich die Änderung relativ klein ($\Delta R_i \ll R_i$), wie es bei den DMS der Fall ist, so gilt:

$$\frac{U_A}{U_B} = \frac{1}{4}\left(\frac{\Delta R_1}{R_1} - \frac{\Delta R_2}{R_2} + \frac{\Delta R_3}{R_3} - \frac{\Delta R_4}{R_4}\right).$$

Mit $\dfrac{\Delta R}{R} = k\varepsilon$ gilt: $\dfrac{U_A}{U_B} = \dfrac{k}{4}(\varepsilon_1 - \varepsilon_2 + \varepsilon_3 - \varepsilon_4)$.

Das bedeutet: Es subtrahieren sich die Änderungsbeiträge benachbart liegender DMS, wenn sie gleiches Vorzeichen haben. Bei verschiedenem Vorzeichen addieren sie sich.

**Anwendungen**

Nach Bild 2.2-4 unterscheidet man bei den Anwendungen zwei Hauptgebiete:

- Aufnehmer für die *mechanischen Messgrößen*: Masse, Kraft, Drehmoment und Druck (Abschnitt 4) und
- Möglichkeiten der *experimentellen Analyse*. Diese Analysen finden sowohl in Forschung und Entwicklung zur Optimierung von Werkstoffen und deren Einsatzbereiche Eingang, als auch in der Praxis in den Branchen Automobilbau, Luft- und Raumfahrt, im Schienenbereich sowie im Bauwesen (z. B. Setzungen oder geodynamische Kontrollmessungen im Tunnelbau). Häufig dienen Spannungsanalysen dazu, die Spannungs-Simulationen mit Finiten Elementen experimentell zu überprüfen.

**Bild 2.2-4** Anwendungsgebiete der DMS-Biegebalken (Werkfoto: HBM)

### 2.2.3 Piezoresistiver Effekt und dessen Anwendung durch Silicium-Halbleiter-Elemente

Wegen der Anisotopie des Si-Kristalls sind die Änderungen des spezifischen elektrischen Widerstandes auch stark richtungsabhängig. Dies beschreibt der *Tensor* der *piezoresisitiven Konstanten*:

$$\begin{Bmatrix} r_1 \\ r_2 \\ r_3 \end{Bmatrix} = \begin{bmatrix} \pi_{11} & \pi_{12} & \pi_{12} \\ \pi_{12} & \pi_{11} & \pi_{12} \\ \pi_{12} & \pi_{12} & \pi_{11} \end{bmatrix} \cdot \begin{Bmatrix} \sigma_1 \\ \sigma_2 \\ \sigma_3 \end{Bmatrix}.$$

Es sind $r_i$ die Änderungen des spezifischen elektrischen Widerstandes: $r_i = \Delta\rho_i/\rho_i$ und $\pi_{ij}$ die *piezoresisitiven Konstanten*. Diese hängen von der Kristallrichtung, der Dotierung (n-Typ oder p-Typ) und von der Temperatur ab. Tabelle 2.2-2 zeigt die Werte für Raumtemperatur.

**Tabelle 2.2-2** Piezoresistive Konstanten in Abhängigkeit von der Richtung und der Dotierung (bei Raumtemperatur: $T = 300$ K)

|      | $\rho$ in $\Omega$cm | $\pi_{11}$ in $10^{-11}$ Pa$^{-1}$ | $\pi_{12}$ in $10^{-11}$ Pa$^{-1}$ |
|------|------|-------|------|
| p-Si | 7,8  | 6,6   | −1,1 |
| n-Si | 11,7 | −102  | 53,4 |

Als groben Richtwert kann man bei Silicium erwarten, dass bei einer Spannung $\sigma$ von 1 GPa die Änderung des spezifischen elektrischen Widerstandes $\Delta\rho/\rho$ etwa 10 % beträgt.

## 2.2 Resistiver und piezoresistiver Effekt

*Materialien*

Das wichtigste Material ist Silicium. Folgende Parameter bestimmen, wie bereits erwähnt, die Eigenschaften des piezoelektrischen Effektes:

- Dotierungsart (p- oder n-Dotierung),
- Dotierungsdichte und
- Kristallrichtung und Temperatur.

Die Belastungsfälle Zug und Druck, Biegung und Torsion sowie deren Überlagerungen ergeben Belastungsfälle, die in kartesischen Koordinaten als Zug- und Schubspannungen darstellbar sind (Abschnitt 4.3).

Die Messzellen bestehen im Wesentlichen aus vielen, auf einem Silicium-Chip aufgebrachten Widerständen. Ihr Einsatzbereich liegt bei einer Temperatur zwischen –50 °C und +150 °C. Bei höheren Temperaturen wird die *SOS-Technik* (SOS: Silicon on Saphire) eingesetzt, bei der die Widerstände auf einem Isolator (in diesem Fall ein Saphir) aufgebracht werden und nicht in das Siliciumsubstrat eindiffundiert sind.

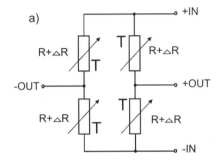

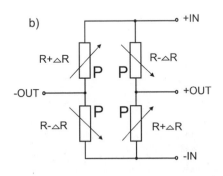

Ist der Tensor der piezoresistiven Konstanten bekannt, dann können *Membrane* in den Chip integriert werden. Ort und Richtung der Widerstände und Membrane relativ zur Kristallrichtung im Silicium-Chip bilden den Sensor. Durch Druck oder durch Spannung wird die Membrane ausgelenkt, wodurch sich eine Widerstandsänderung ergibt. Weil die Halbleiterwiderstände stark temperaturabhängig sind, wird in der Regel eine Beschaltung zu einer *Wheatstoneschen Brücke* vorgenommen (Bild 2.2-3). Bild 2.2-5 zeigt, wie der Einfluss der Temperatur kompensiert werden kann (Teilbild a)) und wie ein äußerer Druck vom Sensor als Änderung des Widerstandes gemessen werden kann.

**Bild 2.2-5**
Wheatstonesche Brückenschaltung a) zur Kompensierung der Temperatur; b) zur Messung des Druckes

Die Brückenschaltung bietet folgende, in der Praxis häufig verwendete Möglichkeiten:

- vier Widerstände im Randbereich der Membrane (z. B. messen zwei Radialspannungen und zwei Tangentialspannungen),
- vier Widerstände im Zentrum der Membrane und
- je zwei Widerstände im Randbereich und zwei im Zentrum der Membrane.

## Anwendungen

Der piezoresistive Effekt wird zur Messung von *Druck, Kraft, Drehmoment* und *Dehnung* (Abschnitt 4) verwendet. Silicium-Sensoren haben folgende Besonderheiten:

- *höhere Genauigkeit* als andere Materialien und Methoden, insbesondere die der Dehnmess-Streifen (DMS; Abschnitt 2.4),
- sehr kostengünstige Herstellungsweise (etwa 10-mal günstiger als Dünnfilmsensoren oder DMS)
- Begrenzung der maximalen messbaren Kraft auf 1 GN und
- begrenzte Verformbarkeit, da Silicium ein sprödes Material ist.

## 2.3 Magnetoresistiver Effekt

### 2.3.1 Funktionsprinzip und physikalische Beschreibung

Wird an einen Werkstoff, durch den ein Strom fließt, ein äußeres Magnetfeld angelegt und es ändert sich dadurch der elektrische Widerstand, so liegt ein magnetoresistiver Effekt vor. Die Stärke des magnetoresistiven Effektes $\Delta R/R$ wird durch den Quotienten aus der Änderung des Widerstandes $(R(H) - R(0))$ und des Widerstandes ohne Magnetfeld $R(0)$ beschrieben:

$$\frac{\Delta R}{R} = \frac{R(H) - R(0)}{R(0)}.$$

$R(H)$: elektrischer Widerstand in einem Magnetfeld $H$.

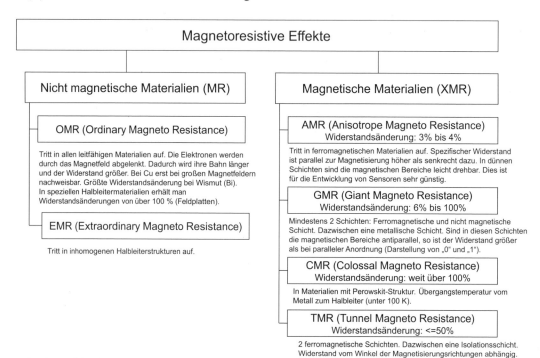

Bild 2.3-1 Übersicht über magnetoresistive Effekte

## 2.3 Magnetoresistiver Effekt

Bild 2.3-1 zeigt eine Übersicht. Magnetoresistive Effekte gibt es in nicht magnetischen und in magnetischen Materialien.

Bei nicht magnetischen Materialien müssen Elektronen beweglich sein. Wirkt ein äußeres Magnetfeld $B = \mu_0 H$ ($\mu_0$: magnetische Feldkonstante = $4\pi \cdot 10^{-7}$ (Vs)/(Am), $H$: magnetisches Feld) auf die elektrische Ladung $Q$, die sich mit der Geschwindigkeit $v$ bewegt, dann entsteht die *Lorentz-Kraft* $F_L$. Diese wirkt senkrecht zu dem Vektor der Geschwindigkeit $v$ und senkrecht zum Vektor des magnetischen Flusses $B$, so dass gilt:

$$F_L = Q\,(v \times B).$$

Diese Lorentz-Kraft bewirkt, dass die Elektronen abgelenkt werden. Deshalb wird ihr Weg durch das Material länger und damit steigt der Widerstand an. Bei Metallen merkt man die Änderung des Widerstandes erst bei großen Magnetfeldern; bei Halbleitern wegen der höheren Beweglichkeit der Elektronen bereits bei geringen Magnetfeldern. Bei magnetischen Materialien treten, wie Bild 2.3-2 zeigt, unterschiedliche Effekte auf.

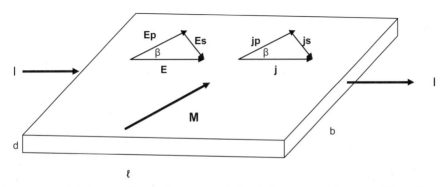

**Bild 2.3-2** Abhängigkeit des Widerstandes vom Winkel zwischen Magnetisierung und Stromfluss

### AMR (Anisotrope Magneto Resistance)

In ferromagnetischen Materialien existieren Kristallbereiche mit gleicher Magnetisierung $M$, die *Weiss'schen Bezirke*. Fließt ein Strom $I$ durch einen Körper mit der Länge $l$, der Breite $b$ und der Dicke $d$, so ergeben sich folgende Zusammenhänge (für den Fall, dass das elektrische Feld $E$ parallel zur Stromdichte $j$ ist (Bild 2.3-2):

$$E = E_p \cos\beta + E_s \sin\beta \text{ sowie } j_p = j \cos\beta \text{ und } j_s = j \cos\beta.$$

(Index p: parallel und Index s: senkrecht)

Nach dem Ohmschen Gesetz gilt:

$$E_p = \rho_p\, j_p \text{ und } E_s = \rho_s\, j_s \quad (\rho\text{: spezifischer elektrischer Widerstand}).$$

Werden obige Zusammenhänge berücksichtigt, so ergibt sich:

$$E(\beta) = j\,\rho_s\left(1 + \frac{\rho_p - \rho_s}{\rho_s}\cos^2\beta\right).$$

Die Winkelabhängigkeit des Widerstandes $R(\beta)$ errechnet sich dann folgendermaßen:

$$R(\beta) = \frac{l}{bd}\rho_s + \frac{l}{bd}(\rho_p - \rho_s)\cos^2\beta.$$

Durch weitere Berechnungen und unter Berücksichtigung, dass die y-Komponente der Magnetisierung $M_y$ dieselbe Richtung wie das äußere Magnetfeld $H$ hat (Vektor $\mathbf{H} = 0, H_y, 0$), ergibt sich für die Abhängigkeit des longitudinalen Widerstandes $R(H_y)$ vom angelegten Magnetfeld $H_y$:

$$R(H_y) = \frac{l}{bd}\rho_s\left(1 + \frac{\rho_p - \rho_s}{\rho_s}\left[1 - \left(\frac{H_y}{H_k}\right)^2\right]\right) \text{ für } |H_y| \leq H_k \text{ und}$$

$$R(H_y) = \frac{l}{bd}\rho_s \text{ für } |H_y| > H_k.$$

($H_k$: kritisches Magnetfeld, d. h. alle Weiss'schen Bezirke sind in Richtung des äußeren Magnetfeldes ausgerichtet (umgeklappt)).

Die Kennlinie des Widerstandes in Abhängigkeit vom Magnetfeld ist, wie obige Formel zeigt, quadratisch. Um diese Kennlinie zu linearisieren, werden auf das Material in einem Winkel von 45° (zur Stromrichtung $I$, die meist parallel zur Längskante des Materials ist) metallische Schichten (z. B. Al auf Permalloy) aufgedampft (*Barber-Pole-Anordnung*). Dadurch wird die Stromrichtung $I$ um 45° gegen die Widerstandsachse gedreht. Diese Kennlinie ist dann für $H_y \ll H_k$ linear und weist folgenden Zusammenhang auf:

$$R(H) = R_0 + \Delta R \frac{H_y}{H_k}\sqrt{1 - \left(\frac{H_y}{H_k}\right)^2}.$$

Bild 2.3-3 zeigt den Zusammenhang. Links ist die Barber-Pole-Anordnung gezeigt. Auf dem rechten Bild beschreibt die durchgezogene Kennlinie die quadratische Abhängigkeit des Widerstandes. Die gestrichelt gezeichnete Kennlinie ist wegen der Barber-Pole-Anordnung linear (innerhalb der oben angegebenen Grenzen).

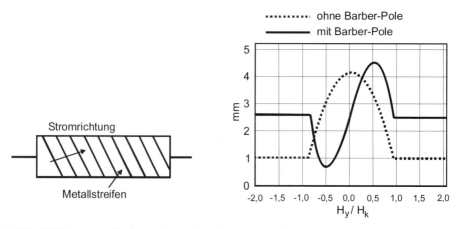

**Bild 2.3-3** AMR-Sensor in Barber-Pole-Struktur (links). Kennlinie ohne Barber-Pole (durchgezogen) und mit Barber-Pole (gestrichelt)

## 2.3 Magnetoresistiver Effekt

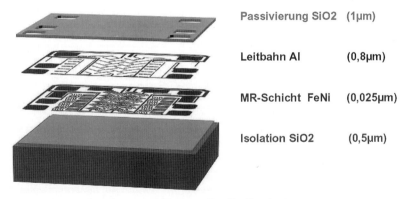

**Bild 2.3-4** Typischer Aufbau eines AMR-Sensors (Quelle: Sensitec)

### *GMR (Giant Magneto Resistance)*

Der GMR-Effekt ist ein quantenmechanischer Effekt zwischen dünnen ferromagnetischen und nicht magnetischen Schichten. Die Elektronen drehen sich um sich selbst. Deshalb haben sie einen Eigendrehimpuls, den *Spin*. Dieser wirkt wie ein kleiner Magnet. In ferromagnetischen Materialien sind die Spin-Magnete nach außen magnetisch wirksam. In Schichten mit paralleler Magnetisierung des Ferromagnetikums bewegen sich die Elektronen nahezu ungehindert über die Schichten hinweg (*geringerer Widerstand*). Weisen die Schichten *antiparallel* ausgerichtete Spins auf, so werden die Elektronen bei der Bewegung durch die Schichten stark gestreut (*größerer Widerstand*). Diesen Effekt zeigt Bild 2.3-5.

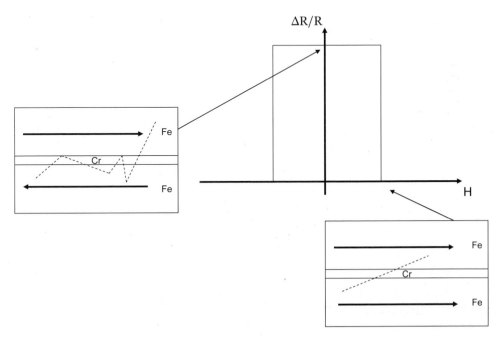

**Bild 2.3-5** Aufbau eines GMR-Sensors und Wirkungsweise des GMR-Effektes

Der Aufbau eines GMR-Bauelementes besteht beispielsweise aus drei dünnen Schichten von etwa 2 nm Dicke. Zwischen zwei ferromagnetischen Schichten (z. B. Fe) liegt eine metallische Schicht, die man *Spacer* nennt (z. B. Cr). In Bild 2.3-5 ist der Weg eines Elektrons durch die Schichten gestrichelt dargestellt. Bei der antiparallelen Anordnung wird das Elektron wesentlich mehr gestreut und legt einen längeren Weg zurück. Dies hat eine größere Widerstandsänderung zur Folge. Für den Fe/Cr-GMR-Sensor gilt, dass das Widerstandsverhältnis $\Delta R/R$ bei Raumtemperatur etwa 20 % höher ist und bei Heliumtemperatur (4,2 K) etwa 80 % höher liegt.

Höhere Widerstandsänderungen erreicht man dadurch, dass die beiden ferromagnetischen Schichten unterschiedlich sind (*Spin-Valve-Prinzip*): eine Schicht ist *magnetisch weich* (leichte Ausrichtung der Elementarmagneten in einem Magnetfeld) und eine *andere* ist *hartmagnetisch* (Ausrichtung der Elementarmagnete erst mit höheren magnetischen Feldstärken). Die Schichtsysteme nach dem Spin-Valve-Prinzip arbeiten wie *Spin-Ventile*: Sie lassen bei einer parallelen Magnetisierung die Elektronen schneller durch (Ventil ist auf) als bei einer antiparallelen (Ventil geschlossen). Eine höhere Widerstandsänderung kann auch durch eine Multilayer-Anordnung erreicht werden (Bild 2.3-6).

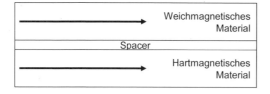

**Bild 2.3-6** Drei-Lagen-GMR nach dem Spin-Valve-Prinzip (links) und Multilayer-GMR (rechts)

Tabelle 2.3-1 zeigt die wesentlichen Unterschiede in den Eigenschaften von AMR- und GMR-Sensoren.

**Tabelle 2.3-1** Unterschiede zwischen AMR- und GMR-Sensoren

| Eigenschaft | GMR | AMR |
|---|---|---|
| Größe | Sehr klein | Klein |
| Kosten | Hoch | Niedrig |
| Empfindlichkeit | Hoch | Hoch |
| Ausgangssignal | Sehr gut | Gut |
| Temperaturstabilität | Sehr gut | Gut |
| Leistungsverbrauch | Sehr gering | Mittel |

## 2.3 Magnetoresistiver Effekt

*CMR (Colossal Magneto Resistance)*

Durch spezielle Materialien mit Perowskit-Struktur entstehen Übergänge vom Metall zum Halbleiter. Dadurch werden sehr große Widerstandsänderungen möglich (bis über 1.000).

*TMR (Tunnel Magneto Resistance)*

Zwei ferromagnetischen Schichten sind durch eine *Isolationsschicht* getrennt. Durch diese Isolationsschicht können die Elektronen *tunneln*, wobei ihr Spin in Betrag und Richtung gleich bleibt (Bild 2.3-7). Die Schichtdicken betragen dabei üblicherweise etwa 100 nm. Im Regelfall treten Widerstandsänderungen bis 50 % auf. Im Labor sind bereits Widerstandsänderungen bis 1.000 beobachtet worden. Allerdings sind die Anwendungen noch nicht marktreif.

### 3-Layer TMR

**Bild 2.3-7** Prinzipieller Aufbau eines TMR-Sensors (in der unteren Schicht ist das Elektron samt Spin getunnelt)

### 2.3.2 Vorteile der XMR-Technologie

In Tabelle 2.3-2 sind die Vorteile der XMR-Technologie in einer Übersicht zusammengestellt.

**Tabelle 2.3-2** Vorteile der XMR-Technologie

| Bereiche | Vorteile |
|---|---|
| Einsatzmöglichkeiten | Hohe Sensorwiderstände (> 1 k$\Omega$): <br> • Einsatz in batteriebetriebenen Systemen <br> • Einsatz in Low-Power-Systemen. <br> Leseköpfe in Magnetspeichern. <br> Automobilbranche: <br> • Sicherheit (z. B. ESP, ESR, ARS, ABS, Airbag) <br> • Fahrerassistenz-Systeme <br> • Motormanagement (z. B. $NO_2$-Sensor, $\lambda$-Sonde) <br> • Komfortfunktionen (z. B. Temperatur, Feuchte). |
| Berührungsloses Messverfahren | Kein mechanischer Verschleiß des Mess-Systems. <br> Keine Kapselung wegen Umwelteinflüssen nötig. |
| Dünne Schichten | Einsatz bei höheren Temperaturen. <br> Vorteile bei Raumfahrtprojekten (Abschirmung der kosmischen Strahlung; Miniaturisierung, geringes Gewicht). <br> Herstellung auf Si-Wafern. Dadurch sehr kleine Bauelemente und Integration der Systemelektronik. |

**Tabelle 2.3-2** Fortsetzung

| Bereiche | Vorteile |
|---|---|
| Geringe Fehler | Unterdrückung homogener Fremdfelder.<br>Ausgleich von Nichtlinearitäten der Magnetfelder.<br>Hohe Reproduzierbarkeit.<br>Selbstdiagnose des Sensors (Überwachung der Ausgangsamplituden durch die Summenformel: $\sin^2\alpha + \cos^2\alpha = 1$).<br>Keine Temperaturabhängigkeit der Amplitude.<br>Hohe Genauigkeit. |
| Kosten | Günstige Herstellkosten der mechanischen Komponenten und der Führungen.<br>Günstige Herstellkosten bei Massenproduktion in Zusammenhang mit Si-Wafer. |
| Flexibilität | Entwicklung und Anpassung für bestimmte Anwendungen durch Wahl der Schichtstrukturen („Spin-Engineering"). |
| Robust | Unempfindlich gegen Staub, Feuchtigkeit und Öl.<br>Einfache Justierung. |

## 2.3.3 Anwendungen der XMR-Technologie

In Tabelle 2.3-3 sind die wesentlichen Einsatzfelder in einer Übersicht zusammengestellt.

**Tabelle 2.3-3** Einsatzbereiche der XMR-Technologie (sortiert nach häufigstem Einsatz)

| Bereiche | Messaufgabe |
|---|---|
| Geometrisch<br>(Abschnitt 3) | 1. Winkel<br>2. Neigung<br>3. Füllstand<br>4. Längen- und Positionsmessung |
| Dynamisch<br>(Abschnitt 5) | 1. Drehzahl<br>2. Strömung<br>3. Durchfluss |
| Thermisch<br>(Abschnitt 6) | 1. Temperatur<br>2. Füllstand<br>3. Energie |
| Elektrisch<br>(Abschnitt 7) | 1. Strom<br>2. Magnetfeld |
| Festplattenlaufwerke | Schreib-Lesekopf-Systeme |

Im Folgenden werden einige spezielle Anwendungen vorgestellt.

## 2.3 Magnetoresistiver Effekt

### Winkelmessung

**MR- Winkelsensor mit Inkremental-Ausgang**
**Anordnung am Wellenumfang in einem Motor**

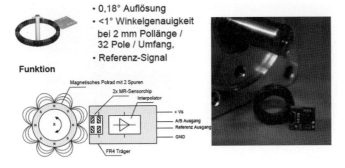

- 0,18° Auflösung
- <1° Winkelgenauigkeit bei 2 mm Pollänge / 32 Pole / Umfang,
- Referenz-Signal

**Bild 2.3-8**
Winkelsensor
(Werkfoto: Sensitec)

### Längenmessung

**Messprinzip eines AMR-Sensors**
zur Längenmessung

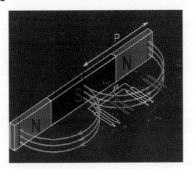

Durch Verschieben der Widerstände im Magnetfeld ändern sich deren Widerstandswerte entsprechend der Feldrichtung.

**Bild 2.3-9**
Längensensor
(Werkfoto: Sensitec)

### Drehzahlmessung

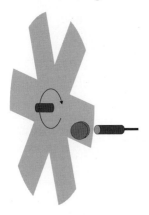

**Bild 2.3-10**
Drehzahlsensor
(Werkfoto: Sensitec)

## Strom-Messung

**Messaufgabe: Potentialfreie Strommessung von 1A bis kA**

(Quelle: Sensitec)

**Bild 2.3-11** Stromsensor (Werkfoto: Sensitec)


## Schreib-Leseköpfe mit dem GMR-Effekt

**Lesevorgang mit GMR-Sensoren**

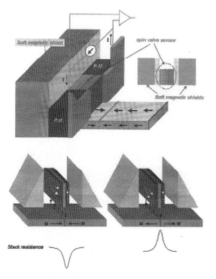

- GMR-Sensor ist senkrecht zur Oberfläche der HD-Disk und zur Scanrichtung orientiert
- er sieht ein Magnetfeld nur an der Grenze zwischen zwei benachbarten entgegengesetzt magnetisierten Bereichen der HD-Disk
- Magnetisierung der weichmagnetischen Schicht der GMR-Sensoren liegt für den magnetfeldfreien Fall parallel zur Disk-Oberfläche

**Bild 2.3-12** GMR-Effekt für die Schreib-Leseköpfe (Quelle: IBM)

## 2.4 Magnetostriktiver Effekt

### 2.4.1 Funktionsprinzip und physikalische Beschreibung

Wird in ferromagnetischen Materialien ein lineares Magnetfeld angelegt, so kommt es zur Längenänderungen $\Delta l/l$. Dieser Effekt wird *Magnetostriktion* genannt. Bei einer *Längenvergrößerung* liegt eine *positive* Magnetostriktion vor, bei einer Verkürzung eine *negative* Magnetostriktion. Die Längenänderungen liegen im Allgemeinen zwischen $-3 \cdot 10^{-5}$ bei Nickel und $+5 \cdot 10^{-5}$ (das entspricht bei einem 1 m langen Stab eine Längenvergrößerung um 50 µm) bei Eisen. Wie Bild 2.4-1 zeigt, kommt die Längenänderung dadurch zustande, dass sich die ferromagnetischen Bereiche (*Weiß'sche Bezirke*) in Richtung des außen angelegten Magnetfeldes drehen. Das Volumen des Körpers bleibt dabei konstant. Es gilt für die *elastische Verformung* $\varepsilon$:

$$\varepsilon = \Delta l/l = \kappa^* \cdot H/E,$$

wobei $\kappa^*$ die Magnetostriktionskonstante, $H$ die magnetische Feldstärke und E der Elastizitätsmodul des Stabes ist.

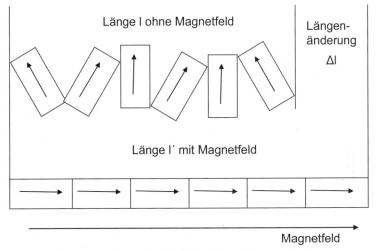

**Bild 2.4-1** Erklärung der Magnetostriktion durch die Längenänderung

Bild 2.4-2 zeigt noch andere Effekte der Magnetostriktion. Ein lineares Magnetfeld bewirkt eine Längen- oder Volumenänderung, wie dies Bild 2.4-1 zeigt. Dieser Effekt wird nach seinem Entdecker auch *Joule-Effekt* genannt. Befinden sich die magnetostriktiven Materialien in einer Spule, durch die ein Wechselstrom fließt, so ändert sich die Länge mit der Frequenz des Wechselstromes. Dadurch lassen sich *Ultraschallwellen* erzeugen. In Umkehrung des Joule-Effektes lassen sich durch Längen- oder Volumenänderungen magnetische Felder verändern (*Villary-Effekt*). Bei einem *spiralförmigen* Magnetfeld findet eine *Torsionsbewegung* statt (*Wiedemann-Effekt*). Diese *Torsionswelle* pflanzt sich mit einer Geschwindigkeit von 2.800 m/s fort. Im umgekehrten Falle bewirkt eine Torsionsbewegung ein spiralförmiges Magnetfeld (*Matteucci-Effekt*).

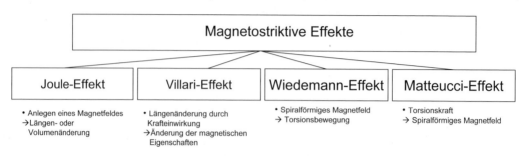

**Bild 2.4-2** Effekte der Magnetostriktion

In Tabelle 2.4.1 sind die Materialien und ihre magnetostriktiven Effekte zusammengestellt.

**Tabelle 2.4-1** Magnetostriktion verschiedener Materialien

| Material | Maximale Längenänderung $\Delta l/l\ 10^{-6}$ | Effekt |
|---|---|---|
| $Fe_{90}Al_4$ | 24 | Joule |
| $Fe_{84}Al_{16}$ | 86 | Joule |
| $Fe_{60}Co_{40}$ | 147 | Joule |
| $Fe_{83}Ga_{17}$ | 207 | Joule |
| $FeTb_{0,3}Dy_{0,7}Fe_2$ (Terfenol-D) | 1.600 | Joule |
| $Fe_{55}Pd_{45}$ | 148 | Wiedemann |
| $Fe_{70}Pd_{30}$ | 12.000 | Wiedemann |
| NiMnGa | 50.000 | Wiedemann |

## 2.4.2 Vorteile der magnetostriktiven Sensor-Technologie

Der Einsatz magnetostriktiver Sensoren hat folgende Vorteile:

- Berührungslos und damit verschleiß- und wartungsfrei sowie lange Lebensdauer.
- Absolute Messung; d. h. kein Anfahren von Referenzmarken.
- Hochgenaue Messung (bis zu 1 µm).
- Messung in Echtzeit.
- Viele Positionen gleichzeitig und unabhängig messbar (bis zu 20 Positionen).
- Hohe Wiederholgenauigkeit (bis zu 0,001 % oder 4 µm).
- Sehr gute Störfestigkeit (Schockfestigkeit, vibrationsunempfindlich).
- Unempfindlich gegen extreme Temperaturen.
- Unempfindlich gegen Schmutz und Feuchtigkeit.
- Schnelle Installation ohne Kalibrierung.
- Breites Einsatzspektrum (Medizintechnik, Maschinen- und Anlagenbau, mobile Arbeitsmaschinen, Verkehrsmittel).

## 2.4.3 Anwendungen der magnetostriktiven Sensor-Technologie

Bild 2.4-3 zeigt, welche physikalischen Größen mit magnetostriktiven Sensoren gemessen werden können.

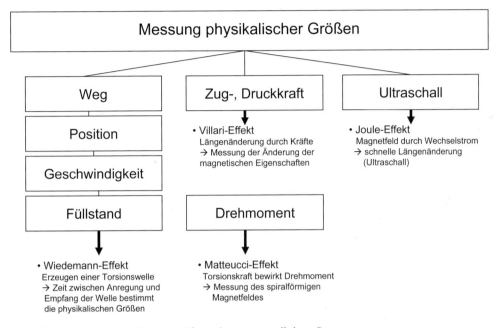

**Bild 2.4-3** Messung physikalischer Größen mit magnetostriktiven Sensoren

Zur Weg- Positions- und Füllstandsmessung wird der *Wiedemann-Effekt* ausgenutzt: Ein spiralförmiges Magnetfeld erzeugt eine Torsionswelle, die mit einer Geschwindigkeit von 2.800 m/s durch den Stab läuft. Die Zeit zwischen dem Senden und dem Empfang der Welle wird gemessen. Nach der Beziehung: Weg = Geschwindigkeit · Zeit wird der Weg errechnet. Bild 2.4-4 zeigt die prinzipielle Anordnung. Der Sensor besteht aus folgenden vier wesentlichen Bestandteilen:

- Wellenleiter als Messelement,
- Positionsgebender Permanentmagnet,
- Torsionsimpulswandler und
- Sensorelektronik.

Mit diesen Sensoren können auch Geschwindigkeiten gemessen werden.

Mit dem *Villari-Effekt* können *Zug-* und *Druckkräfte* gemessen werden (Abschnitt 4.2 und Abschnitt 4.4). Die Kräfte bewirken eine Längenänderung, die wiederum das magnetische Feld verändert. Für die Messung des *Drehmomentes* (Abschnitt 4.5) wird der *Metteucci-Effekt* herangezogen. Die Torsionskraft bewirkt ein spiralförmiges Magnetfeld, das zur Auswertung herangezogen wird. Mit dem Joule-Effekt können Messungen mit Ultraschall vorgenommen werden. Tabelle 2.4.2 zeigt einige Einsatzbereiche.

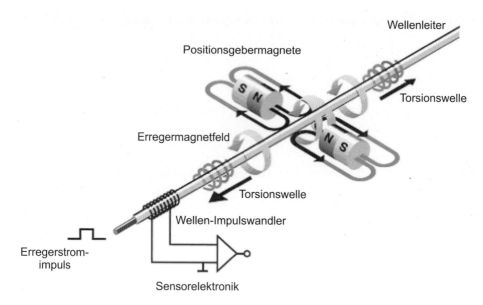

**Bild 2.4-4** Aufbau eines magnetostriktiven Sensors zur Positionsbestimmung (Werkfoto: Balluff GmbH)

**Tabelle 2.4-2** Einsatzbereiche magnetostriktiver Sensoren

| Bereiche | Messaufgabe |
|---|---|
| Umformtechnik | • Einsatz bei Schmiedepressen, da schockfest.<br>• Wegüberwachung bei Hammerpressen. |
| Verfahrenstechnik | • Erfassung von Weg und Geschwindigkeit von Kolbendosierpumpen. |
| Handhabungstechnik | • Überwachen des Klemmhubs von Spannsystemen.<br>• Überwachen der Schweißpunktstärke von Schweißzangen. |
| Kunststofftechnik | • Multipositionsmessung bei Schließeinheiten von Spritzgussmaschinen. |
| Mobilhydraulik | • Positionsbestimmung von Auslegern von Baggern und Raupen.<br>• Elektrohydraulische Weichenverstellungen des Schienennetzes ohne Servicearbeit.<br>• Lenkung von Sportbooten. |
| Medizintechnik | • Erfassen des Hubs einer Injektionseinheit zur feinsten Dosierung in der minimal-invasiven Chirurgie. |

## 2.5 Effekte der Induktion

### 2.5.1 Funktionsprinzip und physikalische Beschreibung

Folgende induktive Effekte spielen bei den Sensoren eine wichtige Rolle:

- Induktionsgesetz und
- Verhalten der Induktivität von Spulen im Wechselstromkreis.

*Induktionsgesetz*

Das Induktionsgesetz lautet:

$$U_{ind} = -\frac{d\Phi}{dt}.$$

Das bedeutet: Jede zeitliche Änderung des magnetischen Flusses $\Phi$ durch eine Fläche $A$, die von einer Randlinie $s$ begrenzt wird, induziert eine Spannung. Der magnetische Fluss $\Phi$ durch eine Fläche $A$ ändert sich, wenn

- der Wert (Betrag oder Richtung) des die Fläche $A$ durchdringenden Magnetfeldes sich zeitlich ändert oder
- sich die vom Magnetfeld durchsetzte Fläche $A$ sich zeitlich ändert.

Der magnetische Fluss ist die Summe aller durch ein Flächenstück d$A$ hindurchgehenden magnetischen Feldlinien, welche durch die magnetische Flussdichte $B$ beschrieben werden. Somit gilt:

$$\Phi = \int B \, dA.$$

Die *Spule* spielt als Bauelement eine wichtige Rolle. Sie ist ein kreisförmig aufgewickelter elektrisch leitender Draht, durch den ein Strom geschickt wird (Bild 2.5-1). Dadurch entsteht eine magnetische Flussdichte $B$, die bei einer langen Spule über den gesamten Querschnitt konstant ist und folgendermaßen beschrieben werden kann:

$$B = \mu_0 \mu_r \frac{N\,I}{\ell}.$$

Dabei ist $N$ die Windungszahl der Spule, $I$ die Stromstärke, welche die Spule durchfließt, $\ell$ die Länge der Spule, $\mu_0$ die magnetische Feldkonstante ($\mu_0 = 4\pi \cdot 10^{-7}$ (Vs)/(Am) $\approx 1{,}257 \cdot 10^{-6}$ (Vs)/(Am)) und $\mu_r$ die relative Permeabilität (gibt den Beitrag der Materie zum Magnetfeld an).

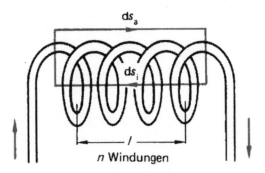

**Bild 2.5-1** Magnetfeld einer stromdurchflossenen Spule

Mit dieser Formel ergibt sich für den magnetischen Fluss innerhalb der Spule:

$$\Phi = \int \boldsymbol{B}\, \mathrm{d}\boldsymbol{A} = B \cdot A = \mu_0\, \mu_r\, \frac{NI}{\ell}\, A = L\, \frac{1}{N}.$$

Man bezeichnet den Ausdruck $\mu_0\, \mu_r\, \dfrac{N^2}{\ell}\, A$ als *Induktivität L* einer Spule.

Es gilt also: $L = \mu_0\, \mu_r\, \dfrac{N^2}{\ell}\, A = \dfrac{N^2}{R_{\text{magn}}}$.

Der magnetische Widerstand $R_{\text{magn}}$ ist ein Maß für die Durchlässigkeit eines Materials für den magnetischen Fluss und ist definiert als:

$$R_{\text{magn}} = \frac{\ell_m}{\mu_0\, \mu_r\, A}.$$

Bild 2.5-2 zeigt eine stromdurchflossene Spule, welche einen U-förmigen Eisenkern magnetisiert. Ein bewegliches, elektrisch leitendes Plättchen (Joch) befindet sich in einem Abstand $s$ (Luftspalt) des Magneten.

| | elektrischer Stromkreis | magnetischer Stromkreis | |
|---|---|---|---|
| Skizze | (Schaltbild mit $U$, $R_1$, $R_2$, $I$) | (Spule mit Eisenkern, $\Theta$, $I$, $I_2$, $R_{m1}$, $R_{m2}$, $\Phi$) | |
| Ursache | elektrische Spannung $U$ in V | magnetische Spannung $\Theta = \oint \boldsymbol{H}\,\mathrm{d}\boldsymbol{s} = NI$ in A | |
| Wirkung | elektrische Stromstärke $I$ in A $\quad I = \dfrac{U}{R_1 + R_2} = \dfrac{U}{R_{\text{ges}}}$ | magnetischer Fluss $\varnothing$ in Wb $\quad \varnothing = \dfrac{NI}{R_{m1} + R_{m2}} = \dfrac{\Theta}{R_{m\text{ges}}}$ | (4.238) |
| Ohm'sches Gesetz | $R = \dfrac{U}{I}$ | $R_m = \dfrac{\Theta}{\varnothing}$ | (4.239) |
| Widerstand | $R = \dfrac{l}{\varkappa A}$ in $\Omega$ | $R_m = \dfrac{l}{\mu_0 \mu_r A}$ in $\dfrac{A}{\text{Wb}}$ | (4.240) |
| Leitfähigkeit | $\varkappa$ in $\dfrac{A}{Vm}$ | $\mu_0 \mu_r$ in $\dfrac{Wb}{Am}$ | |

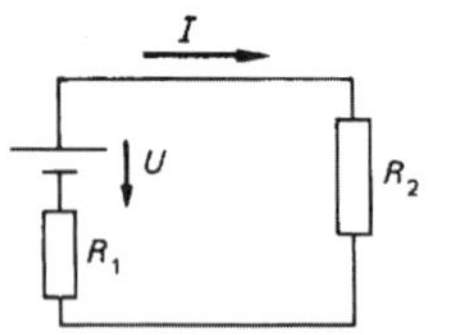

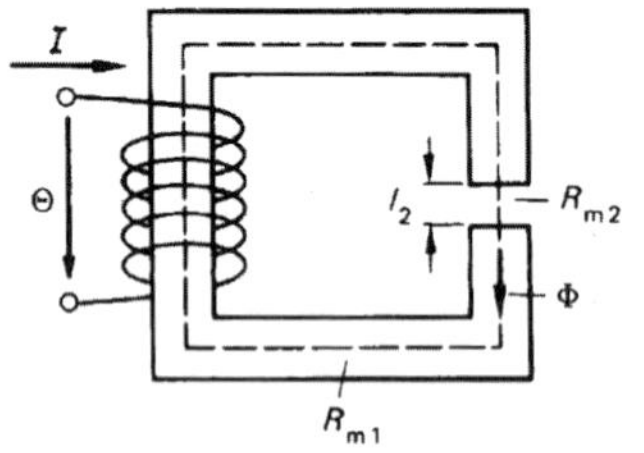

**Bild 2.5-2** Vergleich des elektrischen mit dem magnetischen Stromkreis (Quelle: Hering, Martin, Stohrer, Physik für Ingenieure, 10. Auflage)

## 2.5 Effekte der Induktion

Der magnetische Widerstand $R_m$ hat nach Bild 2.5-2 zwei Anteile, den magnetischen Widerstand beim Durchgang durch den *Eisenkern* $R_{m1}$ und den magnetischen Widerstand im *Luftspalt* $R_{m2}$. Es gilt:

$$R_m = R_{m1} + R_{m2} = \frac{\ell_{Fe}}{\mu_0 \mu_{Fe} A} + \frac{2s}{\mu_0 \mu_{Luft} A}.$$

Die relative Permeabilität $\mu_{Fe}$ ist sehr groß und $\mu_{Luft}$ ist etwa 1. Deshalb kann der erste Ausdruck vernachlässigt werden und es ergibt sich für die Induktivität $L$:

$$L = \frac{\mu_0 A N^2}{2s}.$$

Das bedeutet aber, dass die Induktivität nicht linear zur Luftspaltbreite ist. Man erreicht eine Linearisierung dadurch, dass man zwei Spulen in *Differenzialschaltung* betreibt. Dann wird die Änderung des Weges $\Delta s$ proportional zur Spannungsänderung $\Delta U$. Mit dieser Schaltung werden Wege induktiv gemessen (Wegsensoren, Abschnitt 3.1.1). Diese Sensoren werden auch *LVDT* (Linear Variable Differential Transformer, Abschnitt 3.1.1.4) – Sensoren genannt.

Wie bereits oben erwähnt, wird bei der Änderung eines Magnetfeldes eine Spannung induziert. Dies kann zur Messung der Drehzahl $n$ (nach dem Generatorprinzip) verwendet werden. Bei konstanter Winkelgeschwindigkeit $\omega$ ($\omega = d\varphi/dt$; wobei $\varphi$ der Drehwinkel ist) wird der Anker sinusförmig vom Feld des Permanentmagneten mit der magnetischen Flussdichte $B$ durchdrungen. Dadurch wird folgende Spulenspannung $u_S$ induziert:

$$u_S = K_G (B \sin(\omega t)) \frac{d\varphi}{dt}.$$

$K_G$ ist eine Konstante, die vom Generator abhängt.

Für den Scheitelwert der sinusförmigen Spannung $\hat{u}_S$ gilt mit $\omega = 2\pi n$:

$$\hat{u}_S = 2\pi K_G B n.$$

Damit lässt sich durch den Scheitelwert der induzierten Spannung die *Drehzahl* bestimmen (Abschnitt 5.6).

Eine andere Möglichkeit, Drehzahlen oder Frequenzen mit dem Induktionsprinzip zu bestimmen besteht darin, ein ferromagnetisches Zahnrad entlang einer Spule oder eines Dauermagneten zu bewegen. Wie Bild 2.5-3 zeigt, dreht sich ein ferromagnetisches Zahnrad mit Z Zähnen mit einer Winkelgeschwindigkeit $\omega$. Oberhalb dieses Zahnrades befindet sich ein Permanentmagnet in einer Spule mit $N$ Windungen. Kommt die Zahnspitze in die Nähe des Magneten, dann wird die magnetische Flussdichte maximal ($B_{max}$); zwischen den Zähnen ist sie minimal ($B_{min}$). Der magnetische Fluss durch die Spule hat näherungsweise einen sinusförmigen Verlauf. Für diesen Fall gilt für den magnetischen Fluss $B$:

$$B = \left(\frac{B_{max} + B_{min}}{2}\right) + \left(\frac{B_{max} - B_{min}}{2}\right) \sin(Z\omega t) = B_0 + \hat{B} \sin(Z\omega t).$$

Die induzierte Spannung $u_{ind}$ in der Spule mit dem Querschnitt $A$ beträgt nach dem Induktionsgesetz dann:

$$u_{ind} = N \hat{B} A Z \omega \cos(Z\omega t).$$

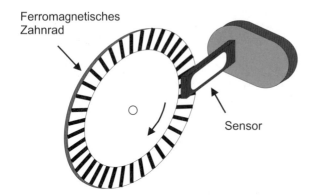

**Bild 2.5-3**
Ferromagnetisches Zahnrad im Feld einer Spule

Die induzierte Spannung ist in ihrer Amplitude und Frequenz proportional zur Drehzahl. Diese Anordnung dient als Sensor für die Messung von Drehzahlen oder Frequenzen. Dieser Sensor benötigt keine Hilfsenergie und ist äußerst robust sowie unempfindlich gegen Verschmutzungen und Temperaturschwankungen.

### *Erzeugung von Wirbelströmen in elektrisch leitenden Materialien*

Mit diesem Effekt kann ein kontaktloser Positionssensor gebaut werden. Bild 2.5-4 zeigt den Aufbau. Der Stator besteht aus einer Sender- und Empfängerspule. Der Rotor ist eine Leiterschleife mit einer bestimmten Geometrie. Er lässt sich durch ein Stanzteil aus einem elektrisch leitfähigen Material oder durch ein Leiterplattenelement realisieren. Durch die Senderspulen fließt ein Wechselstrom. Dieser erzeugt ein elektromagnetisches Feld, welches den Rotor beeinflusst. Dort entsteht ebenfalls ein Wechselstrom, der ein elektromagnetisches Feld erzeugt. Dadurch werden in den Empfängerspulen Spannungen induziert, die von der Position des Rotors abhängig sind. Eine Elektronik wertet diese Spannungen aus und kann daraus sowohl die Position, als auch den Winkel bestimmen.

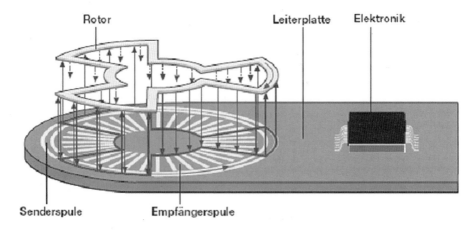

**Bild 2.5-4** Kontaktloser Positionssensor (Werkfoto: Hella)

## 2.5 Effekte der Induktion

### *Elektromagnetische Schwingkreise*

Bei diesem Verfahren werden die Energieverluste durch induzierte Wirbelströme gemessen. Der Sensor besteht aus einem *LC-Schwingkreis* (Bild 2.5-6 links), der von einem Oszillator angeregt wird. Die Spule des Sensorelementes erzeugt ein hochfrequentes elektromagnetisches Feld, das an der *aktiven Fläche* des Ferritkernes austritt. Dieses elektromagnetische Feld wirkt über einen räumlich begrenzten Bereich (*aktive Schaltzone*). Nähert sich ein metallisches Objekt (*Schaltfahne*) der aktiven Schaltzone, so werden dort Wirbelströme induziert, welche die Schwingungen stark dämpfen. Unterschreitet die Schwingungsamplitude durch diese Dämpfung einen bestimmten Wert, so spricht ein Komparator an und gibt über die Endstufe ein Ausgangssignal aus. Bild 2.5-5 zeigt den Aufbau des Sensors.

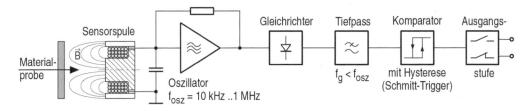

**Bild 2.5-5** Aufbau eines induktiven Sensors (Lehrmaterial Fachhochschule Düsseldorf)

Der Sensor hat in dieser Bauweise nur zwei Zustände und wirkt daher wie ein Ein-Aus-Schalter:

- ungedämpfte Schwingung mit großer Amplitude und
- gedämpfte Schwingung mit sehr kleiner oder keiner Amplitude.

Diese Betriebszustände können leicht in ein elektrisch auswertbares Signal (Strom, Spannung, Frequenz) umgewandelt werden.

Diese Sensoren werden in der Praxis häufig als *Näherungs-* oder *Endschalter* eingesetzt (Abschnitt 3.4.1). Die Sensoren sind für maschinenbauliche Anwendungen oft in Schrauben integriert. Die Vorteile dieses Sensors sind, dass er *berührungslos* und nach einer einmaligen Einstellung *verschleißfrei* in *rauer Industrieumgebung* zuverlässig mit *hoher Reproduzierbarkeit* arbeitet. Von Vorteil ist auch, dass das hochfrequente elektromagnetische Feld keine messbare Erwärmung und keine magnetische Beeinflussung hervorruft.

In der Norm DIN EN 50010 sind die Kenngrößen festgelegt. Vor allem die Abstände zwischen der aktiven Fläche und der Normplatte sind wichtig. Nach DIN EN 50010 wurde Folgendes festgelegt (Bild 2.5-6):

- Der *Schaltabstand* s ist der Abstand zwischen der *aktiven Fläche* des Näherungsschalters und der *Normmessplatte* (festgelegt in DIN EN 50010).
- Der *Bemessungsschaltabstand* $s_n$ ist die Kenngröße des Sensors. Davon leiten sich folgende Größen ab:
  - *Realschaltabstand* $s_r$. Es gilt: $0,9\ s_n \leq s_r \leq 1,1\ s_n$.
  - *Nutzschaltabstand* $s_u$. Es gilt: $0,81\ s_n \leq s_u \leq 1,21\ s_n$.
  - *Gesicherter Schaltabstand* $s_a$. Es gilt: $0 \leq s_a \leq 0,81\ s_n$.

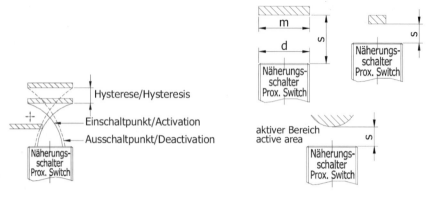

**Bild 2.5-6** Schaltabstände nach DIN EN 50010

## 2.5.2 Vorteile der induktiven Sensor-Technologie

Induktive Sensoren bieten folgende Vorteile:

- berührungslos,
- verschleiß- und wartungsfrei,
- schweißfest,
- hohe Schaltfrequenzen (bis 18.000 Hz),
- hohe Präzision der Schaltungen,
- hohe Wiederholgenauigkeit (< 1 %),
- Geringe Temperaturdrift (< 0,06 %/°C)
- hohe Betriebssicherheit,
- großer Messbereich (von 0,5 mm bis 1,1 m),
- hohe Linearität (0,3 % vom Endwert),
- hohe Temperaturbeständigkeit (–60 °C bis +200 °C),
- hohe EMV-Festigkeit,
- lange Lebensdauer,
- geringer Stromverbrauch,
- lernfähig und programmierbar,
- kostengünstig und
- unempfindlich in Industrieumgebung (Vibration, Staub, Feuchtigkeit, Reinigungsmittel, Kühlschmiermittel, Schneid- und Schleiföle).

## 2.5.3 Anwendungen der induktiven Sensor-Technologie

In Tabelle 2.5-1 sind die wesentlichen Einsatzfelder in einer Übersicht zusammengestellt. In der Automatisierungstechnik werden die induktiven Sensoren eingesetzt, um die Fertigungs-Prozesskosten zu senken und die Verfügbarkeit der Anlagen zu erhöhen. Dadurch wird die *Produktivität* in der Fertigung gesteigert.

## 2.5 Effekte der Induktion

**Tabelle 2.5-1** Einsatzbereiche induktiver Sensoren

| Bereiche | Messaufgabe |
|---|---|
| Automobilbranche | • Drehzahlerfassung (z. B. an Kurbelwelle und Getriebe, von 0 Umdrehungen/Minute bis 3.000 Umdrehungen/Minute)<br>• Stellung der Drosselklappe<br>• Impulsgeber für Zündung<br>• Niveausensor (z. B. Fahrwerksregelung, Leuchtweitenregelung)<br>• Elektronische Fahr-Assistenten<br>  ▪ Lenkwinkel (steer by wire)<br>  ▪ Fahrpedalgeber (E-Gas, Fahrerwunsch)<br>  ▪ Bremspedalgeber (E-Bremse) |
| Maschinenbau/ Automatisierungstechnik | • Erkennung unterschiedlicher Materialien<br>• Erkennung von Werkstücken unterschiedlicher Größe<br>• Positionierung und Positionskontrolle von Werkstücken oder Teilen (z. B. Chipmontage)<br>• Abstandsmessung (z. B. von Werkzeugen)<br>• Breiten- und Dickenmessung von Folien und Rollen<br>• Spalt- und Distanzmessung<br>• Messen der Verformung einer Gussform<br>• Zugspannungsregelung<br>• Messung anormaler Vibrationen<br>• Steuern von Öffnen und Schließen (z. B. von Pressformen)<br>• Hochgeschwindigkeitsmessungen (40.000 Abtastungen/ Sekunde) in der Fertigungslinie (z. B. Exzentrizität einer Walze, Parallelität eines Festplattenlaufwerkes)<br>• Positionserkennung und -steuerung von Roboterarmen |
| Nahrungsmittel-/Pharmazeutische Industrie | • Prüfen des Dosenvakuums<br>• Messung der Vibrationen einer Füllmaschine<br>• Erkennung von zugeführten Papier- und Kunststofftüten |
| Verfahrenstechnik | • Leitfähigkeitsmessung<br>• Durchflussmessung |
| Sonder-Einsätze | • Unterwassereinsatz (bis 500 m Wassertiefe)<br>• Einsatz bei hohen Drücken, extremen Umgebungsbedingungen, hohen mechanischen Beanspruchungen<br>• Magnetfeldfeste Sensoren |

In Bild 2.5-7 sind Einbaubeispiele für Schrauben mit induktiven Sensoren zusammengestellt.

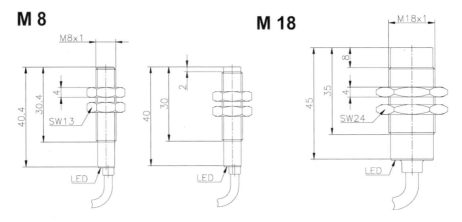

**Bild 2.5-7** Beispiele für induktive Sensoren als Schrauben (Quelle: Katalog Dietz Sensortechnik)

## 2.6 Effekte der Kapazität

### 2.6.1 Funktionsprinzip und physikalische Beschreibung

Folgende kapazitive Effekte spielen bei den Sensoren eine wichtige Rolle:
- Zusammenhang der Kapazität mit elektrischen und geometrischen Größen im Gleichstromfall und
- Verhalten der Kapazität im Wechselstromkreis.

#### 2.6.1.1 Kondensator und Kapazität

Kondensatoren sind zwei gegeneinander isolierte, entgegengesetzt geladene Leiteroberflächen beliebiger Geometrie, zwischen denen eine Spannung $U$ herrscht. Die *Kapazität C* gibt an, wie groß die Ladungsmenge $Q$ ist, die bei einer Spannung $U$ auf den Kondensatoroberflächen gespeichert werden kann. Es gilt also:

$$C = \frac{Q}{U}.$$ Die Einheit ist Farad [F].

Sind die beiden Leiteroberflächen Platten mit der Fläche $A$ im Abstand $d$, dann liegt ein *Plattenkondensator* vor. Dessen Kapazität errechnet sich zu:

$$C = \varepsilon_0\, \varepsilon_r\, \frac{A}{d},$$

wobei $\varepsilon_0$ die elektrische Feldkonstante ist ($\varepsilon_0 = 8{,}854 \cdot 10^{-12}$ (A s)/(V m) und $\varepsilon_r$ die materialabhängige Permittivitätszahl (Dielektrizitätszahl, Dielektrizitätskoeffizient) ist. In Tabelle 2.6-1 sind die Permittivitätszahlen verschiedener Werkstoffe zusammengestellt.

## 2.6 Effekte der Kapazität

**Tabelle 2.6-1** Permittivitätszahlen verschiedener Materialien

| Material | Permittivitätszahl $\varepsilon_r$ |
|---|---|
| Vakuum, Luft | 1 |
| Holz (je nach Feuchte) | 2 bis 7 |
| Paraffin, Petroleum, Terpentinöl, Trafoöl | 2,2 |
| Papier, Polyethylen, Polypropylen | 2,3 |
| Weichgummi, Polystyrol | 2,5 |
| Zelluloid | 3 |
| Polyester, Plexiglas | 3,3 |
| Quarzglas | 3,7 |
| Hartgummi, Ölpapier, Press-Span | 4 |
| Porzellan, Hartpapier, Quarzsand | 4,5 |
| Glas, Poliamid | 5 |
| Marmor | 8 |
| $Al_2O_3$ | 12 |
| Alkohol | 26 |
| $Ta_2O_5$ | 27 |
| Wasser | 81 |
| Keramik (NDK: niederer Dielektrizitätskoeffizient) | 10 bis 200 |
| Keramik (HDK: hoher Dielektrizitätskoeffizient) | $10^3$ bis $10^4$ |

Nach der Formel für einen Plattenkondensator kann die Kapazität $C$ durch folgende Maßnahmen beeinflusst werden (Bild 2.6-1):

1. Veränderung des *Plattenabstandes d*. Die Beziehung zur Kapazität ist nicht linear (Bild 2.6-1 a)). Durch geeignete Schaltungen (z. B. Differenzial-Kondensator) kann sie linearisiert werden (Bild 2.6-1 b)).

2. Veränderung der *aktiven Fläche A* (Fläche, auf der die elektrischen Feldlinien enden). Diese Beziehung zur Kapazität ist linear (Bild 2.6-1 c)).

3. Veränderung des *Dielektrikums*, d. h. der Permittivitätszahl $\varepsilon_r$. Die Kapazität des Kondensators hängt davon linear ab (Bild 2.6-1 d)). Die Änderung der Permittivitätszahl kann mit einer Längenänderung verknüpft werden. In diesem Fall wird ein zusätzliches Medium zwischen die Kondensatorplatten geschoben. Je nach Stellung ergibt sich eine mittlere Permittivitätszahl. Zu dieser verhält sich die Kapazität linear. So werden *Füllstände* bestimmt. Sind die Flüssigkeiten nicht leitend, dann kann man zwei Elektroden einbringen. Die gemessene Permittivitätszahl ist dann abhängig vom Anteil der Flüssigkeit und der Luft im Kondensatorspalt.

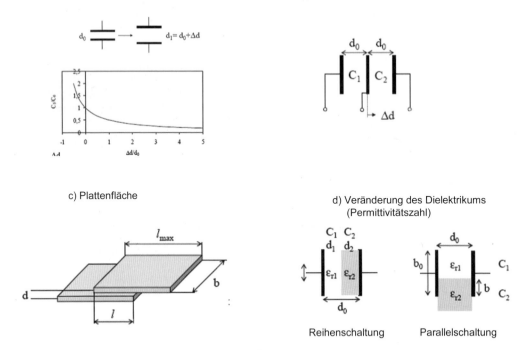

**Bild 2.6-1** Kapazität eines Plattenkondensators a) Änderung des Plattenabstandes; b) Schaltung als Differenzial-Kondensator; c) Änderung der Fläche; d) Änderung des Dielektrikums

Mit dem Prinzip des *Differenzial-Kondensators* (Bild 2.6-1 b)) kann der Einfluss des Abstandes auf die Kapazität *linearisiert* werden. Zudem kann er auch *Beschleunigungen* erfassen: Zwischen den beiden Kondensatorplatten befindet sich in der Mitte eine bewegliche Elektrode, welche die seismische Masse darstellt. Bei einer Beschleunigung ändern sich die Abstände um $\Delta d$ ($d_0 + \Delta d$ oder $d_0 - \Delta d$). Dadurch ändern sich auch die beiden Kapazitäten $C_1$ und $C_2$ gegenläufig. Diese Kapazitätsänderung wird detektiert und misst die *Beschleunigung* (Bild 2.6-11).

Sensoren, die auf der Änderung der Permittivitätszahl $\varepsilon_r$ beruhen, können Folgendes bestimmen:

- Art des Materials (z. B. Papier, Holz, Metall, Kunststoff, Keramik),
- Zählen der Anzahl von Objekten unterschiedlicher Materialien,
- Bestimmung des Feuchtegehaltes von Materialien (z. B. von Luft: ein Polymer-Dielektrikum absorbiert das Wasser in der Luft und verändert so die Permittivitätszahl),
- Messung der Schichtdicke von Materialien (Reihenschaltung der Kapazitäten nach Bild 2.6-1 d)),
- Füllstandsmessung von festen, flüssigen und pulverförmigen Stoffen. Je nach Höhe des Füllstandes ändert sich die Permittivitätszahl (Parallelschaltung der Kapazitäten nach Bild 2.6-1 d)).

## 2.6 Effekte der Kapazität

Bei den *Füllstandsmessung*en ist es wichtig, zwischen einem *nicht leitenden* und einem *leitenden* Füllgut zu unterscheiden. Bild 2.6-2 zeigt das Schema für die berührungslose Messung eines nicht leitenden Füllgutes. Die Elektroden bestehen aus einer messenden Elektrode (*aktive Elektrode*) und einer zweiten Elektrode auf Erdpotenzial (*Erdelektrode*). Die Erdelektrode ist kreisförmig um die aktive Elektrode angeordnet. Wie Bild 2.6-2 zeigt, befindet sich ein Teil des elektrischen Feldes (dargestellt als gestrichelte Linien) im Dielektrikum der Gefäßwand und ein Teil innerhalb des Gefäßes. Wenn das Füllgut beide Elektroden erreicht hat, dann macht sich durch das Füllgut die größere Permittivitätszahl $\varepsilon_r$ bemerkbar. Die Kapazität steigt und der vorher eingestellte Schwellenwert wird überschritten. Der Sensor löst ein Signal aus, welches das Erreichen des Füllstandes anzeigt.

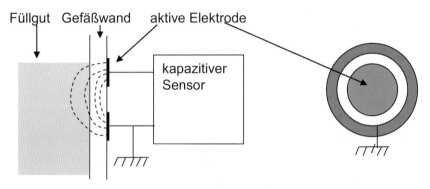

**Bild 2.6-2** Schema für eine Füllstandsmessung bei einem nicht leitenden Füllgut

Voraussetzung für diese Messung ist, dass das Füllgut einen $\varepsilon_r$-Wert > 2 aufweist, und der Schwellenwert der Kapazität für das Auslösen des Sensorsignales voreingestellt wird. Die kapazitiven Veränderungen sind meist sehr gering ($10^{-14}$ F bis $10^{-13}$ F). Deshalb benötigt man häufig eine große aktive Fläche, die ab Bauform M18 gegeben ist. Bild 2.6-3 zeigt einen Füllstandssensor, wie er typischerweise in der chemischen und Lebensmittelindustrie als Tauchsensor eingesetzt wird.

**Bild 2.6-3**
Füllstandssensor (Werkfoto: EasyTeach)

Befinden sich in dem Behälter *elektrisch leitende* Flüssigkeiten, dann liegen Verhältnisse wie in Bild 2.6-4 vor.

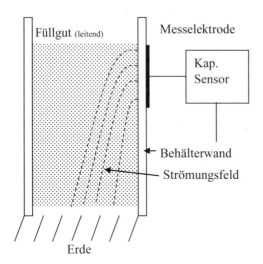

**Bild 2.6-4**
Schema für eine Füllstandsmessung bei einem leitenden Füllgut

Das *leitende Füllgut* stellt in diesem Fall die *zweite Kondensatorplatte* dar. Die Behälterwand ist das Dielektrikum. Im Leerzustand ist die zweite Kondensatorplatte so weit von der Messelektrode entfernt, dass man praktisch keine Grundkapazität misst. Im Vollzustand entsteht ein idealer Plattenkondensator. Die Kapazität ist deutlich höher als im Leerzustand ($0{,}5 \cdot 10^{-12}$ F bis $3 \cdot 10^{-12}$ F). Dadurch sind auch Wandstärken der Behälter bis 15 mm möglich (für nicht leitende Materialien nur bis zu 5 mm). Das große Problem ist die Messung des Füllstandes von elektrisch leitenden Materialien, wenn bei Entleeren des Füllgutes an der Innenwand des Behälters Reste des Füllgutes als Film oder sonstigen Anhaftungen hängen bleiben. In diesem Fall werden Kapazitäten gemessen, welche die Füllstände nicht richtig wiedergeben. Um die Füllstände trotzdem richtig zu messen, wird neben der Kapazität auch der *Leitwert* gemessen. Der Leitwert ist groß bei Befüllung mit der ganzen Flüssigkeit. Sind nur noch Reste (z. B. an den Außenwänden) vorhanden, dann sinkt der Leitwert deutlich ab. Durch die Kombination von Kapazitäts- und Leitwertmessung können problemlos *reale Befüllungszustände* von *Anhaftungen* an der Behälterwand unterschieden werden. Die entsprechenden Messungen erfolgen mit oszillatorischen oder fremdgesteuerten Mess-Schaltungen (Abschnitt 2.6.1.2).

### 2.6.1.2 Kapazität im Wechselstromkreis

Befindet sich eine Kapazität $C$ im Wechselstromkreis mit der Frequenz $\omega$, dann ergibt sich ein imaginärer Blindwiderstand $X_C$ zu:

$$X_C = -j\frac{1}{\omega C}.$$

Mit $C = \varepsilon_0 \varepsilon_r \dfrac{A}{d}$ ergibt sich:

$$X_C = -j\frac{d}{\omega \varepsilon_0 \varepsilon_r A} = \text{Konstante} \cdot d.$$

Das bedeutet, dass sich der Blindwiderstand proportional zum Abstand $d$ ändert.

## 2.6 Effekte der Kapazität

Der Sensor besteht aus einem RC-Oszillator, einer Elektrodenanordnung als Aufnehmer, einem Komparator und einer Ausgangsstufe (Bild 2.6-5).

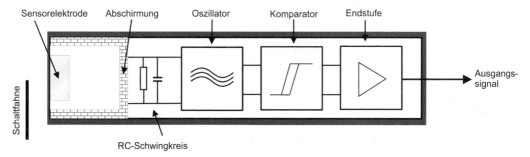

**Bild 2.6-5** Aufbau eines kapazitiven Sensors im Wechselstromkreis

Nähern sich Metalle oder nicht metallische Materialien der aktiven Zone (Bereich, in dem das hochfrequente Sensorfeld wirkt), dann bewirkt dies eine Kapazitätsänderung und der *RC-Oszillator* beginnt zu *schwingen*. Ein Komparator erkennt dies und sendet ein Signal an die Ausgangsstufe. Wird der Sensor als Näherungsschalter eingesetzt, dann ergibt sich ein einfacher Schalter: Bei großer Entfernung ist die Amplitude gering (keine Schwingung) und bei geringer Entfernung ist die Amplitude groß (schwingender Zustand). Die Schaltfrequenzen *f* liegen bei 10 Hz bis 100 Hz. Bild 2.6-6 zeigt den mechanischen Aufbau eines kapazitiven Sensorelementes (Bild 2.6-6 a)). Ist kein Objekt (Schaltfahne) in der Nähe des Kondensators, dann ist der Kondensator *offen* (Bild 2.6-6 b)). Kommt ein Objekt (Schaltelfahne) in seine Nähe, dann ändert sich die Kapazität proportional zu $\varepsilon_r$ und umgekeht proportional zum Abstand zur aktiven Fläche (Bild 2.6-6 c)). Der Abstand, in dem der RC-Oszillator schwingt, d. h. der Sensor schaltet, nennt man *Bemessungsschaltabstand* $s_n$.

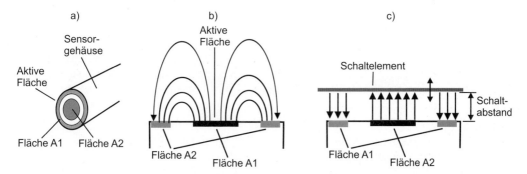

**Bild 2.6-6** Funktionsweise eines kapazitiven Sensors a) mechanischer Aufbau; b) offener Kondensator; c) Kondensator mit Schaltfahne: Schaltvorgang bei Anwesenheit eines Betätigungselementes
(Quelle: Hering, Gutekunst, Martin, Kempkes: Elektrotechnik und Elektronik für Maschinenbauer)

Nicht metallische Materialien haben stets einen geringeren Bemessungsschaltabstand zur Folge. Diesen nennt man den *gesicherten Schaltabstand* $s_a$. Er wird durch empirisch ermittelte Korrekturfaktoren bestimmt ($s_a$ = Korrekturfaktor · $s_n$). Tabelle 2.6-2 zeigt einige Werte.

**Tabelle 2.6-2** Korrekturfaktoren für nichtmetallische Schaltelemente

| Material | Korrekturfaktor |
|---|---|
| Metall, Wasser | 1 |
| Holz (je nach Feuchte) | 0,2 bis 0,7 |
| PVC | 0,6 |
| Glas | 0,5 |
| Öl | 0,1 |

Der gesicherte Schaltabstand kapazitiver Sensoren ist von folgenden Faktoren abhängig:
- *Durchmesser* des Sensors.
- *Material* des angenäherten Körpers. Die Materialeigenschaften müssen vorher bestimmt werden. Dazu dient ein Potenziometer, mit dem die entsprechende Empfindlichkeit eingestellt wird.
- *Masse* des angenäherten Körpers.
- *Einbauart* (bündig oder nicht bündig).

Bei kapazitiven wie bei induktiven Sensoren ist der Einschaltpunkt beim Annähern $p_a$ verschieden vom Ausschaltpunkt beim Entfernen $p_e$. Dies wird *Schalthysterese H* genannt und wird in Prozent des Nennschaltabstandes $s_n$ angegeben. Es gilt für die Schalthysterese *H*:

$$H = \frac{p_a - p_e}{s_n} \cdot 100 \text{ in \%}.$$

Die im vorigen Abschnitt erwähnte Problematik, bei leitenden Materialien reale Befüllungszustände von Rückständen oder Anhaftungen an Wänden zu unterscheiden, wurden sogenannte *Smart-Level-Technologien* entwickelt. Mit dem Sensor wird es möglich, den Unterschied des elektrischen Widerstandes des Füllstandes vom elektrischen Widerstand der Anhaftung berührungslos zu erkennen. Die Anhaftung hat einen höheren elektrischen Widerstand als das Füllgut. Bild 2.6-7 zeigt die Anordnung für die *Smart-Level 15* Technologie (Messung der spezifischen Leitfähigkeit bis 15 mS/cm).

Es sind in dieser Schaltung zwei Elektroden (Mess- und Kompensationselektrode) und zwei elektrische Felder (aktives Feld und Kompensationsfeld) zu betrachten (Bild 2.6-7a)). Das aktive Feld misst die Kapazität $C_F$ zwischen aktiver Elektrode und Erde, d. h. den Füllstand. Das elektronisch erzeugte Kompensationsfeld wirkt als Gegenfeld (Bild 2.6-7 b)). Dadurch wird beispielsweise die nicht leitende Behälterwand kompensiert. Die Schaltung zeigt Bild 2.6-7 c). Die Amplitude der Schwingungen wird durch die beiden Kapazitäten $C_{komp}$ und $C_F$ gegenläufig beeinflusst. Das Ausgangssignal Schwingung (Füllstand leer) oder Nullsignal (Füllstand voll) werden ausgewertet und auf diese Weise die Befüllung genau angegeben. Betauungseffekte, Anhaftungen und Flüssigkeitsfilme sowie Verschmutzungen werden ausgeblendet. Die Arbeitsfrequenz liegt bei etwa 6 MHz und liegt damit etwa 6-mal höher als bei einer kapazitiven Standardmessung (1 MHz).

## 2.6 Effekte der Kapazität

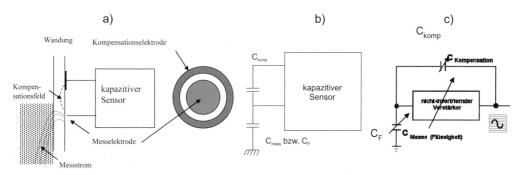

**Bild 2.6-7** Anordnung zur Messung des elektrischen Widerstandes der Anhaftung und des Füllgutes

Bild 2.6-8 zeigt die Unabhängigkeit der Füllstandsmessung von äußeren Störeinflüssen (Bild 2.6-8 a)) und den SmartLevel-Sensor zur Temperatureinstellung in der Mischbatterie in den Waschräumen des Airbusses A 380.

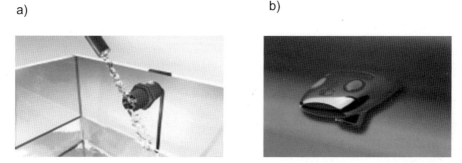

**Bild 2.6-8** a) Messung des Füllstandes unabhängig von äußeren Störeinflüssen; b) SmatLevel-Sensor in einer Mischbatterie in den Toiletten im Airbus 380 (Werkfoto: Balluff GmbH)

Die *Smart-Level 50 Technologie* ist eine konsequente Weiterentwicklung der Smart-Level 15 Technologie und ergänzt das Anwendungsspektrum auf leitfähigere Medien bis zu 50 mS/cm (daher die Bezeichnung Smart-Level 50). Hiermit ist es erstmals möglich, exkorporales Blut berührungslos zu erfassen.

Dieses Verfahren arbeitet mit *steilen Signalflanken*. Dabei wird die Messkapazität $C_f$ durch einen steilen Spannungsabfall in wenigen ns entladen. Durch die steile Spannungsänderung d$U$/d$t$ entstehen selbst in kleinsten Messkapazitäten hohe, kurzzeitige Pulsströme. Schon kleinste Widerstandserhöhungen $R_f$ im Messpfad reduzieren den Pulsstrom deutlich. Leitwertunterschiede zwischen kompaktem Füllgut und Anhaftungsfilm können deshalb noch besser unterschieden werden. Bild 2.6-9 zeigt das Blockschaltbild für die Smart-Level 50 Technologie.

Die hohen Pulsströme im Messpfad verursachen an dem Shuntwiderstand $R$ entsprechende Spannungspulse. Diese werden durch einen schnellen Verstärker angehoben und in einer Spitzenwertgleichrichtung zu einer proportionalen Gleichspannung umgeformt. *Unterschreitet* diese einen *voreingestellten Schwellenwert* $U_{ref}$ (Empfindlichkeitseinstellung), so gibt der Sensor ein Schaltsignal ab.

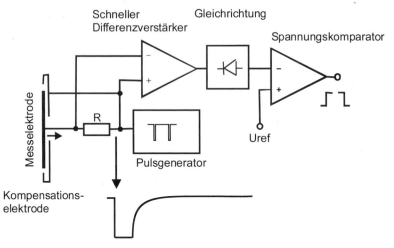

**Bild 2.6-9** Blockschaltbild Smart-Level 50

| Elektrische Daten | | Allgemeine Daten | |
|---|---|---|---|
| Bemessungsbetriebsspannung DC | 24 DC V | Betriebsspannungsanzeige | nein |
| Bemessungsbetriebsstrom (Ie) | 250 mA | Funktionsanzeige | ja |
| Restwelligkeit max. von Ue | <15% von Ue % | Kurzschlußschutz | ja |
| Schaltausgang | PNP | Schutzart IP | IP 67 |
| Schaltfunktion | Schließer (NO) | Schutzklasse | II |
| Anschluss | Steckverbinder | Empfohlener Steckverbinder | BKS-S 19-3-05 |
| Leerlaufstrom bedämpft | 15 mA | Verpolungssicher | ja |
| Betriebsspannung | 10... 35 V | Zulassung | CE |
| Bem. Isolationsspannung (Ui) | 250 AC V | | |
| Bereitschaftsverzug max. (tv) | 17 ms | | |
| elektrische Ausführung | DC, Gleichspannung | Anschlussbild | Steckerbild |
| Gebrauchskategorie | DC 13 | | |
| Schaltfrequenz (f) | 50 Hz | | |
| Spannungsfall statisch max. | 2,5 V | | |
| | | | |
| Mechanische Daten | | | |
| Durchmesser | M18x1.0 | | |
| Umgebungstemperatur min. | -25 °C | | |
| Verschmutzungsgrad | 3 | | |
| Werkstoff der aktiven Fläche | PBT | | |
| Werkstoff Gehäuse | PBT | | |
| Mechanische Einbaubedingung | nicht bündig | | |
| Umgebungstemperatur max. | 80 °C | | |
| Umgebungstemperaturbereich | -25...80 °C | | |
| Wiederholgenauigkeit max. (R) | 10% von Sr | | |
| Arbeitsbereich max. (sa) | 6,5 mm | | |
| Arbeitsbereich min. (sa) | 0 mm | | |
| Anzahl der Leiter | 3 | | |
| Bemessungsschaltabstand (sn) | 1...8 mm | | |

**Bild 2.6-10** Typische Eigenschaften kapazitiver Sensoren (Quelle: Balluff GmbH)

## 2.6 Effekte der Kapazität

Die Wiederholfrequenz der Pulse ist gering (etwa 500 kHz). Dadurch sinkt die Störaussendung (wichtig für die Medizintechnik) bei gleichzeitig höherer Störfestigkeit (EMV). In den steilen Flanken sind höchste Frequenzanteile enthalten. Dadurch können noch Rückstände von Flüssigkeiten mit einem 3fach höheren Leitwert als bei der Smart-Level 15 Technologie vom echten Vollzustand unterschieden werden. In Bild 2.6-10 sind die kapazitive Sensoren und ihre Eigenschaften zusammengestellt.

Von den vielen Anwendungen zeigt Bild 2.6-11 die kapazitive Messung von Beschleunigungen (Abschnitt 5.8).

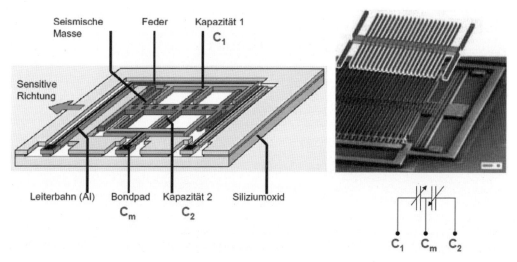

**Bild 2.6-11** Kapazitive Messung der Beschleunigung (Werkfoto: BOSCH)

### 2.6.2 Vorteile der kapazitiven Sensor-Technologie

Kapazitive Sensoren bieten folgende Vorteile:

- berührungslos,
- kontaktlos,
- verschleiß- und wartungsfrei,
- rückwirkungsfrei,
- robust und zuverlässig,
- prellfreies Ausgangssignal,
- schweißfest,
- hohe Wiederholgenauigkeit (2 % bis 5 % vom Realschaltabstand),
- geringe Temperaturabweichung (± 0,02 mm/°C),
- hohe Temperaturstabilität ($5 \cdot 10^{-6}$ /K),
- hohe Betriebssicherheit durch Verschmutzungskompensation,
- hohe Linearität (bis 0,01 % vom Endwert),
- höchste Auflösung im Nanometerbereich (0,01 nm),
- hohe EMV-Festigkeit,

- lange Lebensdauer,
- geringer Stromverbrauch,
- lernfähig und programmierbar sowie
- kostengünstig, da einfache Bauweise.

Kapazitive Sensoren weisen jedoch auch folgende Nachteile auf:

- Beeinträchtigung im Industrieeinsatz durch Staub und Feuchtigkeit (kann aber meist kompensiert werden) und
- kleine Schaltabstände (15 mm bis maximal 50 mm).

### 2.6.3 Anwendungen der kapazitiven Sensor-Technologie

Die Standard-Anwendungen beziehen sich im Wesentlichen auf folgende vier Gebiete:

1. Füllstandskontrolle,
2. Stapelhöhenkontrolle,
3. Anwesenheitskontrolle und Objekterkennung
4. Inhaltskontrolle.

In Tabelle 2.6-3 sind einige Einsatzfelder und Anwendungen in einer Übersicht zusammengestellt.

**Tabelle 2.6-3** Einsatzbereiche kapazitiver Sensoren

| Bereiche | Messaufgabe |
|---|---|
| Maschinenbau/ Automatisierungstechnik | • Erkennung unterschiedlicher Materialien (leitende und nicht leitende Materialien) durch Wandungen aus Glas oder Kunststoff hindurch<br>• Erkennung von Werkstücken unterschiedlicher Größe<br>• Erkennen von Stapelhöhen (z. B. Papier, CD)<br>• Positionierung und Positionskontrolle von Werkstücken oder Teilen (z. B. Chipmontage)<br>• Erkennung des Fehlens von Teilen (Anwesenheitskontrolle)<br>• Abstandsmessung (z. B. von Werkzeugen)<br>• Wegmessung<br>• Überwachung von Materialstärken<br>• Kontrolle der Breite von Stanzteilen<br>• Messung von Abweichungen von der Rundheit<br>• Spalt- und Distanzmessung<br>• Messung von Beschleunigungen<br>• Messung von Vibrationen<br>• Steuern von Öffnen und Schließen (z. B. von Pressformen)<br>• Zählaufgaben für Metalle und Nichtmetalle |

**Tabelle 2.6-3** Fortsetzung

| Bereiche | Messaufgabe |
|---|---|
| Lebensmittel-/pharmazeutische und chemische Industrie/ Medizintechnik | • Füllstände fester (z. B. Pellets, Kunststoff-Granulate, PVC, Glas, Pulver, Grafit, Schüttgut) und flüssiger Substanzen (Hydrauliköle, Wasser, Säuren, Laugen, Desinfektionsmittel, Blut, hochviskose Medien wie Leime, Pasten und Klebstoffe)<br>• Messung der Vibrationen einer Füllmaschine<br>• Druck in Behältern |
| Halbleiterindustrie | • Kontrollieren von Füllständen von Säuren beim Bearbeiten von Wafern und Solarzellen<br>• Anwesenheitskontrolle Wafer |
| Sonder-Anwendungen | • PC-Touchpads<br>• Portable Media-Player<br>• Handys<br>• Feuchtigkeit |

Bild 2.6-12 zeigt kapazitive Sensoren, wie sie für ein ultra-präzises 6D-Nanopositioniersystem in der Rastermikroskopie eingesetzt werden.

**Bild 2.6-12**
Kapazitive Positionssensoren
(Werkfoto: Physik Instrumente (PI))

## 2.7 Gauß-Effekt

### 2.7.1 Funktionsprinzip und physikalische Beschreibung

Der *Gauß-Effekt* gehört zu den *galvanomagnetischen Effekten*. Diese treten auf, wenn sich *stromdurchflossene* Plättchen von Leitern oder Halbleitern in einem *Magnetfeld* befinden. Dieses Magnetfeld darf nicht parallel zur Stromrichtung sein, sondern muss senkrechte Komponenten aufweisen. Beim Gauß-Effekt erhöht sich der elektrische Widerstand mit wachsender magnetischer Flussdichte $B$. Dies rührt daher, dass eine *Lorentz-Kraft* wirkt, welche die Elektronen ablenkt und diese deshalb einen größeren Weg durch das Material zurücklegen müssen. Bild 2.7-1 a) zeigt, dass die Elektronen ohne Magnetfeld gerade durch den Leiter laufen. Wirkt ein Magnetfeld mit der magnetischen Flussdichte $B$, dann verläuft die Bahn der Elektronen zick-zack-förmig. Der Weg der Elektronen wird länger und dadurch wird auch der Widerstand größer.

Die Erhöhung des Widerstandes wird durch die Gleichungen für die *Lorentz-Kraft* $F_L$ und für das *Ohmsche Gesetz* ermittelt.

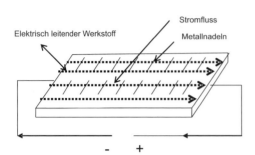 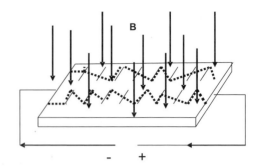

a) Bewegung der Elektronen ohne Magnetfeld  b) Bewegung der Elektronen mit Magnetfeld

**Bild 2.7-1** Entstehung des Gauß-Effektes a) ohne Magnetfeld; b) mit Magnetfeld

Die Lorentzkraft ist diejenige Kraft, die auf eine Ladung $q$ wirkt, wenn diese sich mit einer Driftgeschwindigkeit $v$ durch einen Leiter bewegt, der einem magnetischen Fluss $B$ ausgesetzt ist. Für die Lorentzkraft $F_L$ gilt:

$$F_L = q\,(E + v \times B).$$

Dabei ist $E$ die elektrische Feldstärke.

Für das Ohmsche Gesetz gilt die allgemeingültige Formulierung:

$$j = \sigma E.$$

Dabei ist $j$ die elektrische Stromdichte und $\sigma$ die elektrische Leitfähigkeit. Für diese kann für den mikroskopischen Bereich auch geschrieben werden:

$\sigma = q\,n\,\mu$, wobei $q$ die Ladung der Teilchen, $n$ die Teilchendichte und $\mu$ die Beweglichkeit der Teilchen beschreibt. Die Ladungsdichte $\rho$ ist das Produkt aus der Ladung $q$ und der Teilchendichte $n$, so dass gilt: $\rho = q\,n$. Dadurch ergibt sich für die elektrische Leitfähigkeit $\sigma$:

$$\sigma = \rho\,\mu.$$

Die elektrische Stromdichte $j$ kann auch geschrieben werden:

$$\mathbf{j} = \rho\,\mathbf{v}.$$

Für das Ohmsche Gesetz gilt dann:

$$\rho\,\mathbf{v} = \rho\,\mu\,\mathbf{E}.$$

Damit gilt für die Driftgeschwindigkeit $v$:

$$v = \mu\,E.$$

Die Kraft $F$, die in einem elektrischen Feld $E$ auf eine Ladung $q$ wirkt, ist: $F = q\,E$ oder $E = F/q$. Damit ergibt sich für die Teilchengeschwindigkeit $v$:

$$v = \mu\,F/q.$$

Damit ergibt sich für die Lorentz-Kraft $F_L$ in Koordinatenschreibweise:

$$F_L = q\left[\begin{pmatrix} E_x \\ 0 \\ 0 \end{pmatrix} + \begin{pmatrix} v_x \\ v_y \\ 0 \end{pmatrix} \times \begin{pmatrix} 0 \\ 0 \\ B_z \end{pmatrix}\right] = q\begin{pmatrix} E + v_y\,B \\ -v_x\,B \\ 0 \end{pmatrix}.$$

## 2.7 Gauß-Effekt

Werden diese Ergebnisse in die Formel für die Driftgeschwindigkeit $v$ eingesetzt, so erhält man für die Driftgeschwindigkeit in x- und in y-Richtung:

$$\begin{pmatrix} v_x \\ v_y \end{pmatrix} = \mu \begin{pmatrix} E + v_y B \\ -v_x B \end{pmatrix}.$$

Es ist $v_x = \mu E + \mu v_y B$ und $v_y = -\mu v_x B$.

Daraus ergibt sich für die Driftgeschwindigkeit in x-Richtung:

$v_x = \mu E - v_x \mu^2 B^2$ oder

$$v_x = \frac{\mu E}{1 + \mu^2 B^2}.$$

Verringert sich die Driftgeschwindigkeit, so muss sich die Stromdichte verkleinern und bei gleichbleibendem elektrischen Feld $E$ auch die elektrische Leitfähigkeit $\sigma$ verkleinern. Da aber der elektrische Widerstand $R$ reziprok zur elektrischen Leitfähigkeit $\sigma$ ist ($R = 1/\sigma$), vergrößert sich der elektrische Widerstand $R$ auf:

$$R(B) = R_0 (1 + \mu^2 B^2).$$

Der Widerstand erhöht sich also quadratisch zum $B$-Feld (Bild 2.7-2).

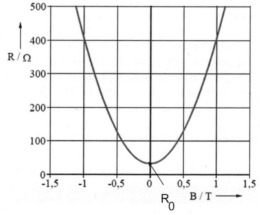

**Bild 2.7-2** Änderung des elektrischen Widerstandes in Abhängigkeit des magnetischen Flusses $B$

### 2.7.2 Anwendung des Gauß-Effektes

Der Gauß-Effekt findet seine Anwendungen zum einen in der Bestimmung von *Magnetfeldern* und in der *Feldplatte*. Sie ist eine der häufigsten Anwendungen. Der elektrische Widerstand $R$ hängt vom magnetischen Fluss **B** ab, wie oben gezeigt wurde. Deshalb kann der elektrische Widerstand durch ein Magnetfeld gesteuert werden. Es liegt ein *MDR* (magnetic dependent resistor) vor. Bild 2.7-3 zeigt den Aufbau und Funktionsweise einer Feldplatte.

Die Feldplatte besteht aus einer Keramikplatte, auf der mäanderförmig eine dünne Halbleiterschicht aus gut leitendem Indiumantimonid (InSb) aufgebracht ist. Eingebettet in diesen Halbleiter sind nadelförmige Bereiche aus metallischem Nickelantimonid (NiSb). Diese Nadeln sind parallel zu den Anschlusskanten der Feldplatte ausgerichtet (Bild 2.7.3 a)).

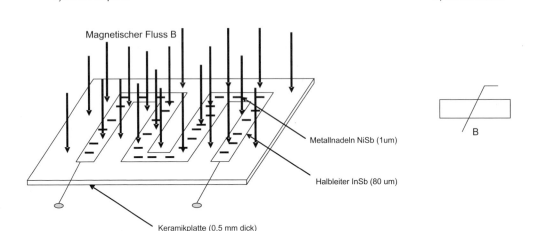

**Bild 2.7-3** Feldplatte (MDR) a) Aufbau; b) Schaltzeichen

Liegt eine Spannung an der Feldplatte, so fließt ein geradliniger Strom, der vom Widerstand abhängig ist. Die parallel zur Stromrichtung eingebetteten metallischen Nadeln haben keinen Einfluss. Der Widerstandsbereich bewegt sich zwischen 10 Ω und 1 kΩ. Wirkt ein Magnetfeld mit der magnetischen Flussdichte $B$ senkrecht zum Stromfluss, so werden die Ladungsträger (in diesem Fall die Elektronen von InSb) wegen der Lorentz-Kraft seitlich abgelenkt. Der Ablenkwinkel wird *Hallwinkel* genannt und beträgt bei InSb bei einer magnetischen Flussdichte von 1 Tesla etwa 80°. Die abgelenkten Ladungsträger treffen auf die metallisch leitenden Nadeln. Diese wirken wie ein Kurzschluss und die Ladungsträger werden in Leitungsrichtung abgelenkt. Dadurch bewegen sich die Ladungsträger zick-zack-förmig durch das Material (Bild 2.7-1 b)). Diese Bahnverlängerung hat einen erhöhten Widerstand zur Folge (Anstieg bis auf das Zwanzigfache).

Als Basismaterial kommen Halbleiter mit *hoher Ladungsträgerbeweglichkeit* zum Einsatz. Dies sind im Wesentlichen neben InSb auch InAs, Si und GaAs. Der elektrische Widerstand der Halbleiterwerkstoffe ist auch temperaturabhängig. Die genannten Basiswerkstoffe haben einen *negativen Temperaturkoeffizienten*. Oftmals werden die Halbleiterwerkstoffe noch mit Tellur dotiert, um die Widerstandsänderung dem Einsatzfall anzupassen. In Tabelle 2.7-1 sind einige Kennwerte für Feldplatten zusammengestellt.

**Tabelle 2.7-1** Grenz- und Kennwerte von Feldplatten

| Größe | Wert |
|---|---|
| Ausgangswiderstand $R_0$ ($B = 0$) | 10 Ω bis 10 kΩ |
| Temperaturbeiwert | $\alpha \approx -0{,}004$ K$^{-1}$ |
| Maximale Betriebstemperatur | $T_{max} \approx 95$ °C |
| Zulässige Höchstbelastung | $P_{max} \approx 0{,}5$ W |

Mit dem Gauß-Effekt lassen sich Sensoren bauen, die Magnetfelder, Ströme, Winkel, Positionen und Drehgeschwindigkeiten bestimmen (wie bei den Hall-Sensoren auch, Abschnitt 2.8).

## 2.8 Hall-Effekt

### 2.8.1 Funktionsprinzip und physikalische Beschreibung

Der *Hall-Effekt* gehört, wie der Gauß-Effekt, zu den *galvanomagnetischen Effekten*. Diese treten auf, wenn sich stromdurchflossene Plättchen von Leitern oder Halbleitern in einem Magnetfeld befinden. Dieses Magnetfeld darf nicht parallel zur Stromrichtung sein, sondern muss senkrechte Komponenten aufweisen. Bild 2.8-1 zeigt die Entstehung des Hall-Effektes. Durch eine leitende Platte der Breite $b$ und der Dicke $d$ fließt in x-Richtung ein Strom $I_x$. Senkrecht dazu wirkt ein Magnetfeld $B_z$. Auf jedes Elektron wirkt dann eine *Lorentz-Kraft* $F_L$:

$$F_L = -q\, v_x\, B_z$$

($q$: Ladung, $v_x$: Geschwindigkeit der Ladungsträger in x-Richtung).

Die Lorentzkraft verschiebt die Ladungsträger in y-Richtung. Es entsteht, wie Bild 2.8-1 zeigt, in diesem Fall an der linken Stirnseite ein Elektronenüberschuss (- Ladungen) und an der rechten ein Elektronenmangel (+ Ladungen). Dadurch wird ein elektrisches Gegenfeld $F_{el}$ aufgebaut:

$$F_{el} = -q\, E_y$$

($E_y$: Elektrische Feldstärke in y-Richtung).

Der Lorentz-Kraft wirkt die elektrische Kraft so lange entgegen, bis ein Gleichgewicht herrscht. Es gilt:

$$-q\, E_y = -q\, v_x\, B_z$$

Es ist $E_y = U_y / b$. In y-Richtung entsteht eine Spannung $U_y$, die *Hall-Spannung* $U_H$ genannt wird. Für diese Hallspannung gilt:

$$U_H = v_x\, B_z\, b$$

Die Geschwindigkeit der Ladungsträger $v_x$ hängt von der Stromdichte $j_x$ folgendermaßen ab:

$$j_x = n\, e\, v_x$$

($n$: Anzahl der Elektronen pro Volumen; e: Elementarladung: $e = 1{,}602 \cdot 10^{-19}$ As). Es ist dann:

$$U_H = \frac{1}{n\,e} j_x\, B_z\, b$$

Der Faktor $1/(n\,e)$ wird Hall-Koeffizient $A_H$ genannt. Es ist also:

$$A_H = \frac{1}{n\,e}$$

Somit kann geschrieben werden:

$$U_H = A_H\, j_x\, B_z\, b$$

Für die Stromdichte gilt: $j_x = I_x/(b \cdot d)$. Damit wird obige Gleichung:

$$U_H = \frac{A_H\, B_z}{d} I_x = R_H\, I_x$$

Der Ausdruck $(A_H \cdot B_z)/d$ ist der *Hall-Widerstand* $R_H$. Dieser ist keinesfalls der gemessene elektrische Widerstand eines Hall-Elementes. Er ist vielmehr das Verhältnis der Querspannung (Hallspannung) $U_H$ zum elektrischen Strom $I_x$.

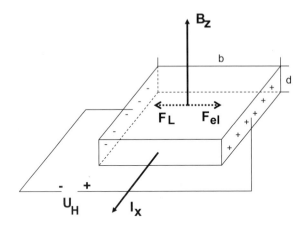

**Bild 2.8-1** Entstehung des Hall-Effektes

Die Hall-Spannung $U_H$ steigt mit dem magnetischen Fluss $B_z$ *linear* an, sie ist *umgekehrt proportional* zur vorzeichenbehafteten *Ladungsträgerdichte n* und ist *unabhängig* vom *spezifischen elektrischen Widerstand*. Tabelle 2.8-1 zeigt die Werte der Hall-Koeffizienten einiger Materialien.

**Tabelle 2.8-1** Hall-Koeffizienten $A_H$ einiger Materialien

| Werkstoff | $A_H$ in $10^{-11}$ m³/C |
|---|---|
| **Elektronenleiter** | |
| Kupfer (Cu) | –5,5 |
| Gold (Au) | –7,5 |
| Silber (Ag) | –8,4 |
| Natrium (Na) | –25 |
| Caesium (Cs) | –28 |
| **Löcherleitung** | |
| Cadmium (Cd) | +6 |
| Zinn (Sn) | +14 |
| Beryllium | +24,4 |
| **Halbleiter** | |
| Wismut (Bi) | $-5 \cdot 10^4$ |
| Silicium (Si) und Germanium (Ge) | $10^8$ bis $10^{10}$ |
| Indium-Antimonid (InSb) | $-2,4 \cdot 10^7$ |
| Indium-Arsenid (InAs) | $-10^7$ |

Aus dieser Tabelle ist erkennbar, dass die *Halbleiter* einen vergleichsweise *hohen Hall-Koeffizienten* aufweisen. Dies hängt damit zusammen, dass die Beweglichkeit der Ladungsträger höher ist. Aus diesem Grund wird der Hall-Effekt auch sehr oft mit Halbleiterbauelementen in CMOS-Technik realisiert. Mit diesen Elementen können auch Temperaturabhängigkeiten kompensiert und die Signale digital aufbereitet und ausgewertet werden.

### 2.8.2 Anwendung des Hall-Effektes

Wird ein Hall-Sensor von einem Strom durchflossen und wirkt senkrecht darauf ein Magnetfeld, dann ergibt sich die Hallspannung $U_H$. Diese ist proportional zum Produkt aus Stromstärke $I_x$ und magnetischem Fluss $B_z$. Das bedeutet, bei bekannter Stromstärke kann der magnetische Fluss bestimmt werden. Wird das Magnetfeld durch eine stromdurchflossene Spule erzeugt, dann kann potenzialfrei die Stromstärke in dieser Spule ermittelt werden. Eine hohe Hallspannung $U_H$ entsteht dann, wenn in einem Halbleiter die Ladungsträgerdichte klein und deshalb die Geschwindigkeit der Ladungsträger groß ist. Hall-Sensoren sind in *Chips integrierbar*. Dort kann eine Temperaturkompensation erfolgen sowie eine Signalverstärkung. Diese Chips mit integrierten Hall-Sensoren dienen unter anderem zur Steuerung von elektrischen Antrieben (z. B. des Antriebs von Diskettenlaufwerken). Als typische Bauformen werden eingesetzt:

- Rechteckform,
- Kreuzform und
- Schmetterlingsform.

Folgende Anwendungen sind wichtig:

- Magnetfeldmessung,
- Strommessung,
- berührungslose und kontaktlose Signalgeber,
- Bestimmung der Lage von bewegten Teilen (Position),
- Erfassung von Bewegungen (Geschwindigkeit und Beschleunigung) und
- Messung von Schichtdicken.

In der Automobilindustrie finden Hall-Sensoren eine vielfältige Verwendung. Beispiele hierfür sind:

- Bestimmung der Stellung von Pedalen (z. B. des Bremspedals),
- Steuerung der Zündzeitpunkte,
- Erkennung der Position eines Gurtschlosses oder eines Handbremshebels oder
- Messung der Drehzahl von Motoren.

Hall-Sensoren sind relativ unempfindlich gegen Flüssigkeiten und Schmutz, allerdings nicht gegen äußere magnetische Felder. Gegenüber induktiven Sensoren haben Hall-Sensoren folgende Vorteile:

- Es werden Rechtecksignale gesendet, die direkt elektronisch auswertbar sind. Sie müssen nicht, wie bei induktiven Sensoren, erst aufbereitet werden.
- Die Signalspannung ist von der Drehzahl unabhängig. Dadurch können sehr langsame und sogar statische Zustände detektiert werden.

Die folgenden Bilder zeigen einige Anwendungen.

**Bild 2.8-2** Gerät zur Messung a) von Magnetfeldern und b) Stromstärken (Werkfotos: Cunz GmbH & Co)

a)                                                                       b)

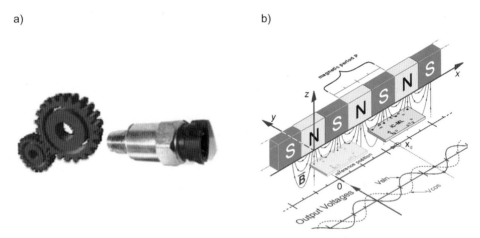

**Bild 2.8-3** Prinzip der Zahnradsensoren a) Stellungsgeber von Nocken- und Kurbelwelle, Raddrehzahlgeber und Kilometerzähler; b) Entstehung der Hallspannungs-Signale (Werkfoto: ICHaus)

a) Aufbau                                                               b) Einsatz als Gaspedalsensor

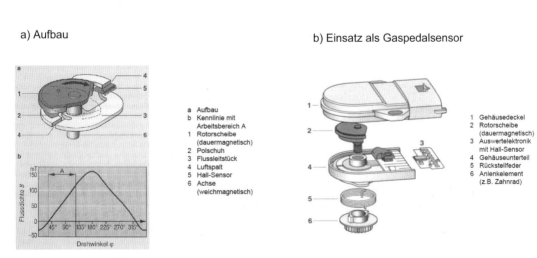

**Bild 2.8-4** Hall-Winkelsensor a) Prinzipieller Aufbau; b) Einsatz als Gaspedalsensor (Werkfoto: BOSCH)

## 2.8 Hall-Effekt

Bild 2.8-5 zeigt verschiedene Ausführungsformen, wie sie typischerweise für eine Zustandserkennung (z. B. Auf – Zu bei Fensterhebern), Annäherungsmeldungen, Zutrittskontrollen oder Füllstandsmessungen eingesetzt werden.

**Bild 2.8-5** Typische Bauformen von Hall-Sensoren

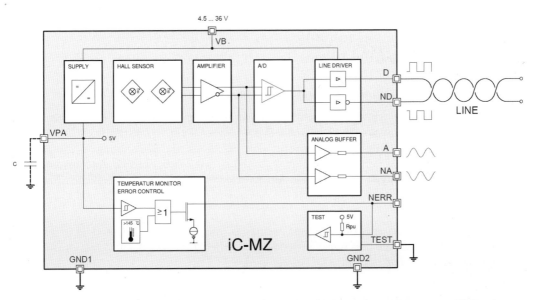

**Bild 2.8-6** Hallsensoren als ICs: Chipbelegung und Blockschaltbild (Werkfoto: iC-MZ von IC-Haus)

Zur Auswahl und zur richtigen Dimensionierung von Hallsensor-Systemen können *3D-Feldsimulationen* nach der Finite Element Methode (FEM) durchgeführt werden. Diese erlauben die präzise Berechnung der elektrischen und magnetischen Größen zur optimalen Auslegung entsprechender Hall-Sensoren. Bild 2.8-7 zeigt die Ergebnisse einer Simulation zur Auslegung von Hallsensor-Systemen für die Drehzahlmessung mit einem ferromagnetischen Zahnrad.

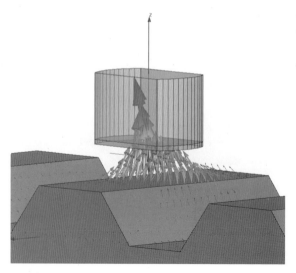

**Bild 2.8-7** 3D-Simulation zur optimalen Auslegung von Hallsensor-Systemen
(Quelle: SSG Semiconductor Systems GmbH)

## 2.9 Wirbelstrom-Effekt

### 2.9.1 Funktionsprinzip und physikalische Beschreibung

Wird eine Spule von einem elektrischen Wechselstrom gespeist, so entsteht ein *magnetisches Wechselfeld*. Dringt dieses in ein *elektrisch leitendes* Material ein, so entsteht nach dem *Induktionsgesetz* ein *Strom* (Bild 2.9-1). Diese in sich geschlossenen, kreisförmigen Stromlinien nennt man *Wirbelstrom*, weil die Induktionsstromlinien wie Wirbel in sich geschlossen sind. Die Wirbelströme erzeugen wiederum ein Magnetfeld, welches dem ursprünglichen Magnetfeld der stromdurchflossenen Spule nach der *Lenzschen Regel* entgegenwirkt und die Bewegung hemmt.

Der Wirbelstrom-Effekt entsteht nicht nur, wenn das Magnetfeld ein Wechselfeld ist (wie in Bild 2.9-1 dargestellt und für Sensoranwendungen üblich), sondern auch, wenn ein *Magnet* sich *bewegt* oder das *leitende Material bewegt* wird.

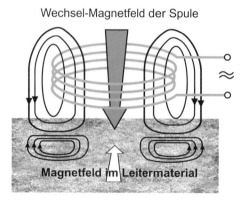

**Bild 2.9-1**
Entstehung des Wirbelstrom-Effektes

## 2.9.2 Anwendung des Wirbelstrom-Effektes

Folgende Anwendungen sind wichtig:
- Geometrische Größen (Abschnitt 3)
  - Position, Weg, Verschiebung, Abmessung, Ausdehnung, Auslenkung, Spiel, Schmierspalt, Spalten (Luftspalt, Schmierspalt), Teilung (z. B. Zahnradprofile).
- Dynamische, zeitbasierte Größen (Abschnitt 5)
  - Schwingungen (z. B. Lager, Welle), Drehzahl (bis 400.000 Umdrehungen/Minute), Kollektor-Rundlauf, Lage von bewegten Teilen.
- Sonstiges
  - Schlag, Verschleiß, Schichtdicken, Leitfähigkeit,
  - Korrosion,
  - Rissprüfung,
  - Sortieren nach Materialeigenschaften und
  - Bestimmung des Ferritgehaltes.

Wirbelstromverfahren werden in vielen Branchen erfolgreich eingesetzt, als Beispiele:
- Maschinenbau,
- Automobilbranche,
- Metallhalbzeugindustrie,
- Flugzeugindustrie,
- Chemie-, Kesselbau- und Kraftwerksindustrie,
- Gießerei- und Schmiedeindustrie und
- Wartungsindustrie.

Wirbelstromsensoren weisen folgende Vorteile auf:
- Messung an statischen und rotierenden Objekten;
- berührungslose und verschleißfreie Messung, häufig eingesetzt für die Onlie-Qualitätssicherung;
- unempfindlich gegen Flüssigkeiten und Schmutz, d. h. geeignet für raue industrielle Umgebungen;
- unbeeinflusst von nicht metallischen Medien;
- schnelle Bewegungsänderungen (bis 35 kHz) sowie
- hohe Auflösungen bis zu 100 nm.

Die folgenden Bilder zeigen einige Anwendungen.

Mit der Anordnung nach Bild 2.9-3 können Relativbewegungen zwischen Welle und Sensor gemessen werden. Werden zwei Sensoren um 90° versetzt angeordnet, dann kann man die Unrundheit und den Radialschlag messen.

Bild 2.9-3 b) zeigt die Möglichkeiten, Verzahnungen oder Nutwellen zu messen oder Aufschluss über ausgefallene Zähne oder den Verschleiß zu geben.

Mit Wirbelstromsensoren kann man den Zustand dauernd laufender Maschinen überwachen. Dies ist wichtig, um den Verschleiß zu erkennen und eventuelle Wartungs- oder Reparaturzeiten festzulegen.

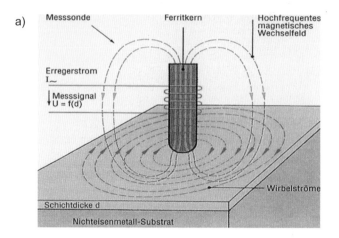

**Bild 2.9-2**
Schichtdickenmessung
a) Prinzip; b) Bauformen der Sonden (Quelle: Helmut Fischer)

| Bauform | Bezeichnung | Messbereich |
|---|---|---|
| | ETA3.3H | 0-1200 µm |
| | EAW3.3 | 0-1200 µm |
| | EAI3.3-150 | 0-800 µm |
| | EA9 | 0-3,5 mm |
| | EA30 | 0-20 mm |
| | ETD3.3 | 0-800 µm |

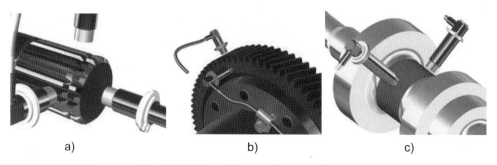

**Bild 2.9-3** a) Prüfung von rotierenden Wellen auf Unwucht, Unrundheit, Radial- oder Axialschlag und Vibration (Quelle: Waycon); b) Zahnradprüfung (Quelle: Waycon); c) Maschinenüberwachung (Quelle: Waycon)

## 2.9 Wirbelstrom-Effekt

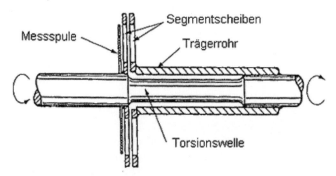

**Bild 2.9-4** Drehmomentmesser (Quelle: Tschan)

Eine Mess-Spule wird von einem hochfrequenten Strom durchflossen. Dadurch entstehen Wirbelströme auf den Segmentscheiben, die auf einer Welle angebracht sind. Durch ein Drehmoment ändern sich die Überdeckungen der Scheiben und dadurch tritt eine Impedanzänderung der Spule auf, die ein Maß für das Drehmoment darstellt. Die Impedanz $Z$ errechnet sich nach folgender Formel:

$$Z = \frac{\hat{U}}{\hat{I}} = \frac{U_{\text{eff}}}{I_{\text{eff}}} = \sqrt{R^2 + X_L^2} \; .$$

Dabei sind $\hat{U}$ und $\hat{I}$ die Amplituden der Wechselspannung $u(t)$ und des Wechselstromes $i(t)$, $U_{\text{eff}}$ und $I_{\text{eff}}$ die Effektivwerte, $R$ der ohmsche Anteil des Wechselstromwiderstandes und $X_L$ die *Reaktanz*, d. h. der Blindanteil des Wechselstromwiderstandes der Spule.

Die Messbereiche des Drehmomentes reichen von 1 Nm bis 1 kNm bei einer Genauigkeit von 0,5 % (Abschnitt 4.5).

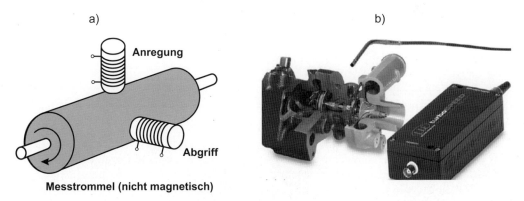

**Bild 2.9-5** Prinzipien von Drehzahlmessern a) Mess-Spannung proportional zur Drehzahl (Quelle: Tränkler); b) Zählung der Schaufelimpulse (Quelle: Mikro-Epsilon)

Auf einer zylindrischen Welle aus gut leitendem, nicht magnetischem Material (meist Kupfer oder Aluminium) werden senkrecht zu seiner Drehachse eine Erreger- und eine Empfängerspule angebracht, die 90° gegeneinander versetzt sind (Bild 2.9-5 a)). An der Erregerspule liegt eine konstante Spannung (5 V bis 100 V) mit konstanter Frequenz (50 Hz bis 500 Hz).

Dadurch entstehen Magnetfelder, die an der Oberfläche des Rotors Wirbelströme induzieren. Bei einer Drehbewegung entsteht eine transformatorische Kopplung zwischen Erreger- und Empfängerspule. Die sinusförmige Mess-Spannung an der Empfängerspule ist der Drehzahl proportional.

Im zweiten Fall (Bild 2.9-5 b)) durchfließt ein hochfrequenter Wechselstrom eine im Sensorgehäuse eingegossene Spule. Bei Annäherung einer Turboladerschaufel entsteht wegen der Änderung des Wirbelstromes ein elektrischer Impuls. Ein Controller zählt diese Impulse und rechnet an Hand der Schaufelzahl die Drehzahl aus.

## 2.10 Thermoelektrischer Effekt

Werden verschiedene Leiter an beiden Enden elektrisch verbunden (z. B. durch Schweißen) und diese Enden unterschiedlichen Temperaturen ($T_{AB}$, $T_{BA}$) ausgesetzt (Bild 2.10-1), dann wird eine *Thermospannung* $U_{th}$ messbar, die proportional zum Temperaturunterschied $\Delta T = T_{BA} - T_{AB}$ ist. Dieser Effekt wird *Seebeck-Effekt* genannt. Er hat bei Metallen folgende Ursache: Die Wärmeenergie eines Leiters ist zu einem gewissen Anteil in der Schwingungsenergie der Atome und zu einem weiteren Anteil in der kinetischen Energie des freien Elektronengases gespeichert. Die *kinetische Energie* des Elektronengases führt zur *Thermodiffusion* der Elektronen im Leiter. Besteht ein Temperaturgradient, ist die Elektronendichte im Gleichgewicht an der warmen Seite geringer als an der kalten Seite. Der daraus resultierende *Potenzialunterschied* ist für verschieden Leiter unterschiedlich und ergibt die *Thermospannung* eines Kontaktpaars. Relevant für die Funktion von Thermoelementen ist also die Tatsache, dass die beiden elektrisch verbundenen Leiter eine *unterschiedliche Thermodiffusion* aufweisen. Klassisch betrachtet ist der theoretische *Seebeck-Koeffizient* $S'_A$ eines Materials A:

$$S'_A = -\frac{1}{3 \cdot e} \cdot \frac{d}{dT} \cdot \left\langle \frac{1}{2} m v^2 \right\rangle \qquad (2.10.1)$$

$\left\langle \frac{1}{2} m v^2 \right\rangle$ : mittlere kinetische Energie der Elektronen

$S'_A$ : theoretischer Seebeck-Koeffizient des Materials A
e : Elementarladung (e = 1,6021 · $10^{-19}$ As)
$T$ : Temperatur.

Der Seebeck-Koeffizient setzt zwei unterschiedlich elektrisch leitfähige Materialien voraus. Als Referenzmaterial wird *Platin* genommen.

Elektronen verhalten sich als *Fermi-Teilchen*, jedoch nicht klassisch. Daher haben sie zu einem Großteil eine temperaturunabhängige kinetische Energie, während einige Elektronen mit kinetischen Energien nahe der Fermienergie eine temperaturabhängige Wärmeenergie aufweisen. Im einfachsten Fall gilt für den Seebeck-Koeffizienten bei einer energieunabhängigen freien Weglänge:

$$S'_A = -\frac{\pi^2 k_B}{2e} \cdot \frac{k_B T}{E_F} \qquad (2.10.2)$$

$k_B$ : Boltzmann-Konstante ($k_B$ = 1,38 $10^{-23}$ J/K)
$E_F$ : Fermi-Energie.

Es wird deutlich, dass der Seebeck-Koeffizient materialabhängig ist.

## 2.10 Thermoelektrischer Effekt

Haben die beiden Kontaktstellen im Stromkreis unterschiedliche Temperaturen, entsteht zwischen den Metallen kurzzeitig ein *Diffusionsstrom*, der eine entgegengesetzt wirkende *Thermospannung* $U_{th}$ aufbaut. Bild 2.10-1 zeigt schematisch den Versuchsaufbau. Für die Thermospannung gilt:

$$U_{th} = \int_{T_{AB}}^{T_{BA}} S_{AB}(T) dT . \qquad (2.10.3)$$

Dabei ist:

$T_{AB}$ : Geringere Temperatur
$T_{BA}$ : Höhere Temperatur ($T_{AB} < T_{BA}$)
$S_{AB}(T)$ : Temperaturabhängiger Seebeck-Koeffizient zwischen Material A und Material B.

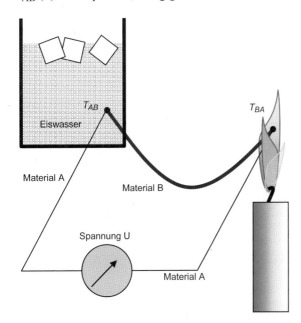

**Bild 2.10-1**
Anwendung eines Thermopaars zur Temperaturmessung

Die temperaturabhängige Proportionalitätskonstante $S_{AB}(T)$ wird *Seebeck-Koeffizient, differenzielle Thermokraft* oder *Thermospannung* genannt und hängt von den beiden Materialien ab. Sie ist positiv, wenn im Stromkreis der Thermostrom (konventionelle Stromrichtung) an der kälteren Kontaktstelle vom Leiter A zum Leiter B fließt. Sie wird experimentell aus der Änderung der integralen Thermospannung mit der Temperatur bestimmt:

$$S_{AB} = \frac{dU(T_{AB})}{dT_{AB}} . \qquad (2.10.4)$$

Dabei entspricht $dT$ einer infinitesimal kleinen Erwärmung der Kontaktstelle AB bei konstanter Temperatur der anderen Kontaktstellen im Stromkreis. Die differenzielle Thermospannung setzt sich aus zwei virtuellen Einzelspannungen zusammen, die sich jeweils aus der Größe der *Thermodiffusion* in den Materialien ergeben:

$$S_{AB}(T) = S_A(T) - S_B(T) . \qquad (2.10.5)$$

In p-Halbleitern ist sie positiv und in n-Halbleitern negativ und vom Betrag her umso größer, je geringer die Ladungsträgerdichte in dem Material ist. Laut Definition ist der differenzielle Seebeck-Koeffizient für Platin Null. Deshalb kann man anhand zweier Kontaktstellen zwischen einem Platindraht und einem zu beschreibenden Draht die Thermospannung des zu beschreibenden Materials bestimmen. Die folgende Liste zeigt beispielhaft die Thermospannungen verschiedener Materialien gegenüber Platin bei Kontaktstellen von 0 °C und 100 °C:

- Platin: 0,0 mV
- Konstantan: −3,2 mV
- Nickel: −1,9 mV
- Wolfram: 0,7 mV
- Kupfer: 0,7 mV
- Eisen: 1,9 mV
- Nickelchrom: 2,2 mV

Zwei Thermoelemente aus Kupfer-Konstantan (100Cu–45Ni55Cu) liefern also eine Spannung von 0,7 mV + 3,2 mV = 3,9 mV, wenn sich der eine Kontakt auf 0 °C und der andere Kontakt auf 100 °C befindet. Thermospannungen für bestimmte Thermopaare sind nach DIN EN 60584 genormt. Tabelle 2.10-1 zeigt die Einsatzbereiche und die Eigenschaften von Standard-Legierungen für Thermoelemente.

**Tabelle 2.10-1** Standard-Legierungen für Thermoelemente (Quelle: DIN EN 60584-1)

| Typ | Materialien | Temperatur Bereich °C für Dauerbetrieb | Temperatur Bereich °C für Kurzzeitbelastung | Bemerkungen |
|---|---|---|---|---|
| K | Nickel-Chrom / Nickel-Aluminium „Chromel / Alumel" | 0 bis +1.100 | −180 bis +1.300 | Gebräuchlichster Sensor. Gut geeignet für oxidierende Atmosphäre. |
| J | Eisen / Kupfer-Nickel „Eisen / Konstantan" | 0 bis +700 | −180 bis +800 | Gut geeignet für trockene und reduzierende Atmosphäre. |
| N | Nickel-14.2 % Chrom-1.4 % Silicium / Nickel -4.4 % Silicium-0.1 % Magnesium „Nicrosil / Nisil" | 0 bis +1.100 | −270 bis +1.300 | Relativ neu. Hohe Stabilität. |
| R | Platin-13 % Rhodium / Platin | 0 bis +1.600 | −50 bis +1.700 | Hohe Temperaturen. Wird im keramischen Hüllrohr verwendet. |
| S | Platin-10 % Rhodium / Platin | 0 bis +1.600 | −50 bis +1.750 | Hohe Temperaturen. Wird im keramischen Hüllrohr verwendet. |
| B | Platin-30 % Rhodium / Platin-6 % Rhodium | +200 bis +1.700 | 0 bis +1.820 | Sehr hohe Temperaturen. Wird immer im hochreinen keramischen Hüllrohr verwendet. |
| T | Kupfer / Kupfer-Nickel „Kupfer / Konstantan" | −185 bis +300 | 250 bis +400 | Sensor für tiefe bis kyrogene Temperaturen. Stabilität in Anwesenheit von Wasser. |
| E | Nickel-Chrom / Kupfer-Nickel („Chromel / Konstantan") | 0 to +800 | −40 to +900 | Hohes Signal. |

## 2.10 Thermoelektrischer Effekt

Die differenzielle Thermospannung zeigt bei geringen Temperaturen eine *lineare Abhängigkeit* und hat am absoluten Nullpunkt den Wert Null (Bild 2.10-2). Bei höheren Temperaturen nimmt die differenzielle Thermospannung immer mehr ab. Zur Bestimmung der Thermokraft nach Gl. (2.10-3) muss dann über den gewünschten Temperaturbereich integriert werden.

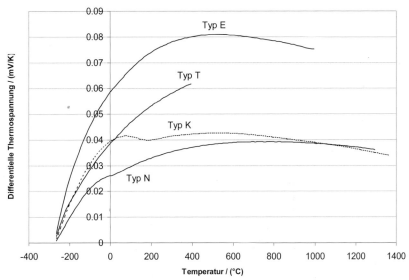

**Bild 2.10-2** Differenzielle Thermospannung in Abhängigkeit der Temperatur für verschiedene Thermopaare

Der Seebeck-Effekt eignet sich einerseits zur Messung von *Temperaturunterschieden* zwischen zwei Punkten, bzw. zur Messung von *Temperaturen*, wenn eine bekannte Referenztemperatur zur Verfügung steht. Andererseits eignet er sich aber auch zur Messung von *Materialeigenschaften*, wenn ein Temperaturunterschied vorgegeben wird. So kann man anhand des Vorzeichens der Thermospannung mit einfachen Mitteln schnell erkennen, ob ein Halbleiter eine Elektronen- oder eine Löcherleitung aufweist.

Eines der wenigen Beispiele, bei denen der Seebeck Effekt nicht zur Messung einer Temperatur, sondern zur Messung einer Materialeigenschaft verwendet wird, ist folgendes: Ein Verfahren zur Bestimmung von Verunreinigungen in der Luft beruht auf elektrisch leitfähigen chemisch empfindlichen Schichten. Die *Chemisorption* (Anhaften von Molekülen auf einer Oberfläche auf Grund eines (partiellen) Ladungsaustausches zwischen Molekül und Oberfläche) der Verunreinigungen beeinflusst die Ladungsträgerkonzentration im Material. Diese modifiziert die Fermienergie und damit die differenzielle Thermospannung des Materials (Gl. (2.10-3)). Durch deren Messung kann also die *Konzentration* der *Verunreinigungen* bestimmt werden. Dabei wird einem Thermopaar mit mindestens einem chemisch empfindlichen Leiter ein bekannter Temperaturunterschied vorgegeben und die Thermospannung gemessen. Diese ist – bei vorgegebenem festem Temperaturunterschied – abhängig von der Konzentration der nachzuweisenden Gasmoleküle. Bei der praktischen Anwendung sind Thermoelemente meist relativ niederohmig. Im Allgemeinen erhält man sehr geringe Spannungen. Bei der Vorverstärkung solcher Spannungen benutzt man daher Verstärker mit niedrigen Offsetspannungen. Gut geeignet sind *Chopper*- oder *chopperstabilisierte* Verstärker, die als integrierte Schaltkreise angeboten werden.

Eine Möglichkeit, die Ausgangsspannung des Sensors zu erhöhen und damit Temperaturunterschiede empfindlicher zu messen, ist die Hintereinanderschaltung mehrer Thermoelemente zu einer *Thermosäule*. Bild 2.10-3 zeigt einen Sensor, der als Thermosäule arbeitet. Diese misst den Temperaturunterschied auf der Oberfläche des Bauteils zwischen Zentrum und Peripherie. Die einzelnen Thermoelemente (knapp 100) sind in der Peripherie deutlich sichtbar.

**Bild 2.10-3** Anwendung des thermoelektrischen Effektes in einem Wärmestrahlungssensor (Werkfoto: PerkinElmer Optoelectronics)

Der Sensor für die *Wärmestrahlung* nach Bild 2.10-3 besitzt eine dünne Membran in der Mitte des Chips, die mit einem Infrarot-Absorber beschichtet ist. Diese erwärmt sich durch Wärmestrahlung. Eine Kette aus hintereinandergeschalteten Thermoelementen (Thermosäule) misst den Temperaturgradienten zwischen der Membran in der Mitte und in der Peripherie des Chips und bestimmt dadurch die empfangene Wärmestrahlung. Die peripheren Thermoelemente sind auf dem Bild sichtbar. Die zentralen Elemente sind vom Absorber verdeckt.

## 2.11 Thermowiderstands-Effekt

### 2.11.1 Funktionsprinzip und physikalische Beschreibung

Der elektrische Widerstand eines Materials hängt von der Zusammensetzung des Materials, von der Homogenität des kristallinen Zustandes und vor allem von der Temperatur ab. Legt man an *isotopen* Materialien eine Spannung an, so entsteht eine elektrische Feldstärke, welche die Elektronen beschleunigt. Die Streuung der Elektronen an den schwingenden Atomen, den Störstellen im Material und an deren Korngrenzen führt dazu, dass ein Widerstand den Strom begrenzt. Für *Metalle* und *Metall-Legierungen* gilt zwischen dem elektrischen Widerstand $R$ und der Temperatur $T$ folgender nicht linearer Zusammenhang:

$$R(T) = R_0 (1 + a(T - T_0) + b(T - T_0)^2)$$

mit   $R_0$   : Widerstand bei der Bezugs-Temperatur $T_0$ (meist 20 °C, aber auch 0 °C)
         a, b : Materialkoeffizienten.

## 2.11 Thermowiderstands-Effekt

Wird b = 0 gesetzt, so beschreibt die *Steigung* der *Widerstandskennlinie* den *Temperaturkoeffizienten* a. Es gilt: $dR(T)/dT = a\, R_0$, womit sich a errechnet zu:

$a = R_0\, (dR(T)/dT)$.

Der Temperaturkoeffizient a ist stark abhängig von der Art des Metalls oder der Metall-Legierung (a = $3{,}89 \cdot 10^{-3}$ K$^{-1}$ bei Platin und a = $0{,}02 \cdot 10^{-3}$ K$^{-1}$ bis $0{,}05 \cdot 10^{-3}$ K$^{-1}$ bei Chromnickel). Der Temperaturkoeffizient a ist aber auch von der Temperatur $T$ abhängig, wie Tabelle 2.11-1 für Pt 100 zeigt.

**Tabelle 2.11-1** Temperaturabhängigkeit des Temperaturkoeffizienten a für Pt 100

| Temperatur in °C | Widerstand $R$ in $\Omega$ | Temperaturkoeffizient a in $10^{-3}$/K |
|---|---|---|
| –40 | 84,21 | 3,96 |
| –20 | 93,13 | 3,95 |
| 0 | 100,00 | 3,90802 |
| 20 | 107,80 | 3,89 |
| 40 | 115,54 | 3,86 |
| 100 | 138,50 | 3,80 |

Der Koeffizient b spielt erst bei Temperaturen über 100 °C eine Rolle und kann aus den Datenblättern für die Sensoren entnommen werden.

*Platin* (Pt) spielt bei der Temperaturmessung mit dem Thermowiderstands-Effekt eine besondere Rolle (Abschnitt 6.1). Pt ist sehr *widerstandsfähig* gegenüber chemisch aggressiven Substanzen, hat einen *hohen Schmelzpunkt* ($T$ = 1.772 °C) und einen *sehr hohen spezifischen elektrischen Widerstand* ($\rho = 9{,}81 \cdot 10^{-6}$ $\Omega$cm). Die Zahl hinter der Bezeichnung Pt gibt den Wert des Widerstandes in $\Omega$ bei $T$ = 0 °C an. So bedeutet:

Pt 100: Widerstand von 100 $\Omega$ bei 0 °C oder
Pt 1.000: Widerstand von 1.000 $\Omega$ bei 0°C.

Übliche Pt-Widerstände sind: Pt 100, Pt 200, Pt 500, Pt 1.000 und Pt 10.000.

Hergestellt werden die Pt-Widerstände entweder als Drähte oder als dünne Schichten. In Bild 2.11-1 Mitte ist die Struktur der Widerstandsbahn zu erkennen. Das rechte Bauteil misst 2,1 mm × 1,3 mm (Bauform 0805).

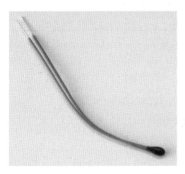  

**Bild 2.11-1** Bauformen gängiger Pt-Widerstände

Widerstandsthermometer können in unterschiedlichen Temperaturbereichen eingesetzt werden, wie Tabelle 2.11-2 zeigt.

**Tabelle 2.11-2** Bevorzugte Temperatur-Einsatzbereiche von Widerstandsthermometern

| Material | Temperatur-Einsatzbereich |
|---|---|
| Platin (Pt) | –220 °C bis +1.000 °C |
| Nickel (Ni) | –60 °C bis +180 °C |
| Kupfer (Cu) | –50 °C bis +150 °C |

### *Thermische Ansprechzeiten*

Für den Einsatz von Thermowiderstands-Sensoren in Dünnschichttechnologie spielen die *thermischen Ansprechzeiten* eine wichtige Rolle. Darunter versteht man die Zeit, die vergeht, bis ein Platinsensor auf eine stufenförmige Temperaturänderung mit einer Änderung des Widerstandes reagiert hat, die einem bestimmten prozentualen Anteil der Temperaturänderung entspricht. In DIN EN 60751 werden die Änderung der Zeiten für eine 50%-ige ($t_{0,5}$) bzw. 90%-ige ($t_{0,9}$) Änderung für Wasser- und Luftströme von 0,4 m/s bis 2,0 m/s empfohlen. Die Werte für andere Medien lassen sich mit dem VDI/VDE-Handbuch 3522 umrechnen. Genaue Werte für die thermischen Ansprechzeiten finden sich in den Datenblättern der Sensorhersteller.

### *Selbsterwärmung und Mess-Strom*

Der durchfließende Strom erwärmt den Platin-Dünnschichtsensor. Der Messfehler der Temperatur $\Delta T$ ergibt sich aus: $\Delta T = P \cdot S$. Dabei ist $P$ die Verlustleistung ($P = I^2R$) und S der *Selbsterwärmungs-Koeffizient* in K/mW. Die Werte für S sind in den Datenblättern der Sensor-Hersteller zu finden. Der Messfehler hängt neben dem thermischen Kontakt zwischen Sensor und umgebenden Medium sehr stark vom Stromfluss durch den Sensor ab. Die Hersteller empfehlen, je nach Messbereich, folgende Stromstärken (Tabelle 2.11-3):

**Tabelle 2.11-3** Mess-Ströme für Pt-Sensoren (Empfehlung: Heraeus)

| Messbereich in Ω | Bereich der Mess-Ströme |
|---|---|
| 100 Ω | 0,3 mA bis max. 1,0 mA |
| 500 Ω | 0,1 mA bis max. 0,7 mA |
| 1.000 Ω | 0,1 mA bis max. 0,3 mA |
| 2.000 Ω | 0,1 mA bis max. 0,3 mA |
| 10.000 Ω | 0,1 mA bis max. 0,25 mA |

## 2.11.2 Vorteile der Sensorik mit dem Thermowiderstands-Effekt

Die Pt-Widerstände werden in vielen Bereichen der Technik eingesetzt, weil sie
- sehr genau sind,
- eine hohe Stabilität in thermischer, mechanischer und klimatechnischer Hinsicht aufweisen (typischerweise beträgt nach 5 Betriebsjahren bei 200 °C die Abweichung 0,04 %),

## 2.11 Thermowiderstands-Effekt

- schwingungs- und stoßfest sind (Schwingungen: 10 Hz bis 2 kHz und Bescheunigungs-Stöße bis 100 g),
- eine hohe Hochspannungsfestigkeit aufweisen (< 1.000 V bei 20 °C und > 25 V bei 500 °C),
- die Kennlinien standardisiert sind,
- resistent gegenüber Umwelteinflüssen sind (Klima, Feuchte, aggressive Chemikalien),
- eine hohe Langzeitstabilität aufweisen (mehrere tausend Messzyklen) sowie
- schnell und fehlerfrei ihre Signale weiterverarbeiten können.

### 2.11.3 Einsatzgebiete

Zur besseren Kennzeichnung verschiedener Sensorfamilien und deren Einsatzbereiche werden bei Pt-Dünnschichtsensoren oft *Farbcodes* eingesetzt, wie an einem Beispiel Tabelle 2.11-4 zeigt.

Tabelle 2.11-4 Farbcodierung (Quelle: Heraeus Sensor Technology GmbH)

| Bereich | Temperaturbereich in °C | Farbe |
|---|---|---|
| Fixierung | Cryo (C) (ab –200 °C) | Hellblau |
| | Low (L) (bis 400 °C) | Hellblau |
| | Medium (M) (bis 600 °C) | Blau |
| | High (H) (ab 600 °C) | Weiss |
| | **Widerstandswert in Ω** | |
| Mäanderabdeckung | Pt 100 | Transparent |
| | Pt 500 | Rosa |
| | Pt 1.000 | Blau |
| | Pt 10.000 | Opak |

Ein Beispiel für eine Sensorcodierung zeigt Bild 2.11-2.

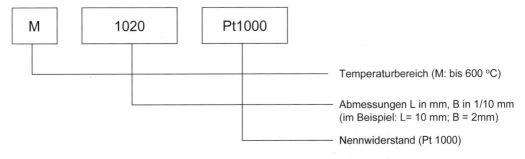

Bild 2.11-2 Codierung von Sensoren (Quelle: Heraeus Sensor Technology GmbH)

Bild 2.11-3 zeigt den vielfältigen Einsatz von Pt-Dünnschicht-Sensoren und einige wichtige Anwendungsgebiete.

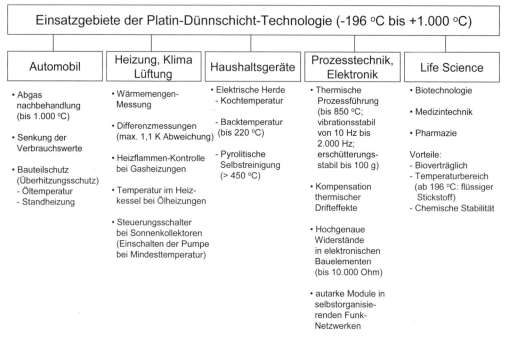

**Bild 2.11-3** Übersicht über die Anwendungsfelder der Pt-Dünnschicht-Sensoren

## 2.12 Temperatureffekte bei Halbleitern

### 2.12.1 Funktionsprinzip und physikalische Beschreibung

Neben den metallischen Sensoren für die Temperatur gibt es auch Sensoren zur Temperaturmessung aus *halbleitenden, polykristallinen Keramiken*. Diese Sensoren werden *Thermistoren* genannt (Abschnitt 6.1). Die Effekte werden durch die elektrischen und magnetischen Eigenschaften der Materialien bestimmt. Dabei spielt die *Curie-Temperatur* eine wichtige Rolle. Unterhalb dieser sind die *magnetischen Eigenschaften* der Materialien maßgebend. Wird die Curie-Temperatur überschritten, dann spielen die magnetischen Effekte kaum eine Rolle. Wenn in diesen Werkstoffen, wie bei Metallen (Abschnitt 2.11), der Widerstand bei steigender Temperatur zunimmt, sind es Werkstoffe mit *positivem Temperatur-Koeffizienten*. Man nennt sie *Kaltleiter* oder *PTC-Widerstände* (PTC: *Positive Temperature Coefficient*). Werkstoffe, bei denen der Widerstand bei zunehmender Temperatur abnimmt, haben einen *negativen Temperatur-Koeffizienten*. Diese Werkstoffe heißen *Heißleiter* oder *NTC-Widerstände* (NTC: *Negative Temperature Coefficient*). Bild 2.12-1 zeigt die Kennlinien der verschiedenen Widerstände. Es ist erkennbar, dass Pt und Si annähernd lineare Kennlinien mit positivem Temperatur-Koeffizienten aufweisen. Die *halbleitenden Keramikwiderstände* sind grundsätzlich viel stär-

## 2.12 Temperatureffekte bei Halbleitern

ker temperaturabhängig, d. h. der Temperaturkoeffizient A ist *wesentlich höher* (bis zu 50-mal größer als bei Metallen). Der PTC-Widerstand zeigt in einem bestimmten Temperaturbereich ein *S-förmiges* Verhalten. Im Bereich des Wendepunktes kann deshalb die Kennlinie mit guter Näherung *linearisiert* werden. Beim NTC-Widerstand fällt der Widerstand mit steigender Temperatur exponentiell ab.

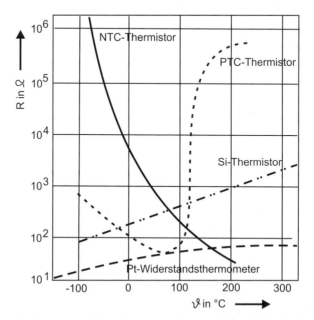

**Bild 2.12-1** Widerstands-Temperatur-Kennlinien verschiedener Widerstände (Quelle: Hesse, Schnell: Sensoren für die Prozess- und Fabrikautomation, Vieweg+Teubner, 2009)

### 2.12.2 Kaltleiter (PTC-Widerstände)

PTC-Widerstände bestehen aus *Titanatkeramik*. Die gängigsten Materialien sind Bariumtitanat ($BaTiO_3$) oder Stromtiumtitanat ($SrTiO_3$). Zur Herstellung werden Bariumcarbonat und Titan(IV)-Oxid zusammen mit anderen Materialien, welche die gewünschten elektrischen und thermischen Eigenschaften bestimmen, gemahlen, gemischt und bei hohen Temperaturen (1.000 °C bis 1.400 °C) gesintert. Bild 2.12-2 zeigt das Schaltzeichen und die typische Kennlinie. Weitere Eigenschaften sind in DIN 44080 beschrieben. Das Schaltzeichen zeigt als Rechteck den Widerstand. Die schräge Linie bedeutet, dass der Widerstand variabel ist und die gerade Linie in der Fortsetzung zeigt an, dass der Widerstandsverlauf nicht linear ist. Der Widerstand ist, wie die Bezeichnung „+T" ausdrückt, positiv von der Temperatur abhängig. Oben rechts sind zwei Pfeile in dieselbe Richtung nach oben zu sehen. Sie besagen, dass bei steigender Temperatur der Widerstand ebenfalls steigt.

*Physikalische Zusammenhänge*

Die Kennlinie weist zwei Abschnitte auf. Bei niedrigen Temperaturen *unterhalb* der *Curie-Temperatur* (die magnetischen Eigenschaften sind maßgebend) nimmt die Ladungsträgerdichte bei steigender Temperatur zu, d. h. der *Widerstand nimmt ab* (wie bei den NTC-Widerständen). *Oberhalb* der Curie-Temperatur (magnetische Eigenschaften spielen keine wesentliche Rolle mehr) wirken die vielen, isolierend wirkenden Korngrenzen des Sintermaterials mit steigender Temperatur stark *widerstandserhöhend*. Für diesen Bereich gilt folgender Zusammenhang zwischen Temperatur und Widerstand $R(T)$:

$$R(T) = R_N \cdot \exp(A(T - T_N)).$$

Dabei ist:

$R_N$ : Nennwiderstand bei der Nenntemperatur $T_N$
$T_0$ : Bezugstemperatur (meist 25 °C)
A : Temperaturkoeffizient in $K^{-1}$
Exp $(x)$ steht für $e^x$.

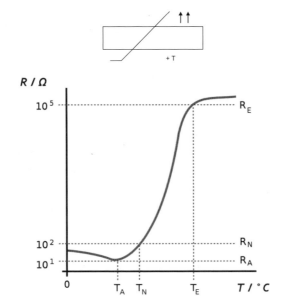

**Bild 2.12-2** Schaltzeichen (oben) und Kennlinie von PTC-Widerständen nach DIN 44080 (unten)

Die Temperatur im Wendepunkt der steil ansteigenden Kennlinie wird *Nenn-Ansprechtemperatur* genannt. Der Wert für den Temperaturkoeffizienten an dieser Stelle beträgt beispielsweise $A = 0{,}16\ K^{-1}$. Sein Wert ist also etwa 40-mal größer als bei metallischen Widerständen.

*Vorteile und Anwendungsgebiete*

Diese Widerstände haben die Vorteile, dass sie kostengünstig zu fertigen sind, kleine Abmessungen haben und sehr schnell auf Temperaturänderungen reagieren (wesentlich höherer Temperaturkoeffizient als bei Metallen). Bild 2.12-3 zeigt die üblichen Bauformen von PTC-Widerständen.

Die PTC-Sensoren werden meist für folgende Aufgaben eingesetzt:

- Temperaturkompensation,
- Temperaturwächter, d. h. Schutz vor thermischer Überlastung (von 60 °C bis 190 °C in Schritten von jeweils 10 °C),
- Überstromsicherung (ein hoher Strom erzeugt im Kaltleiter einen höheren Widerstand, der den Strom wiederum begrenzt).

## 2.12 Temperatureffekte bei Halbleitern

**Bild 2.12-3** Bauformen von PTC-Widerständen (Werkfoto Polyswitch)

### 2.12.3 Heißleiter (NTC-Widerstände)

Heißleiter sind halbleitende, polykristalline Keramiken, bei denen mit *zunehmender Temperatur* der *Widerstand sinkt*. Bild 2.12-4 zeigt das Schaltzeichen und die Kennlinien von NTC-Widerständen. Das Schaltzeichen ist ähnlich zum PTC-Widerstand mit folgenden Unterschieden: Der Widerstand ist, wie die Bezeichnung „-T" ausdrückt, negativ von der Temperatur abhängig, d. h. bei steigender Temperatur sinkt der Widerstand. Dies zeigen auch die beiden gegenläufigen Pfeile oben rechts. Weitere Eigenschaften sind in DIN 44070 beschrieben.

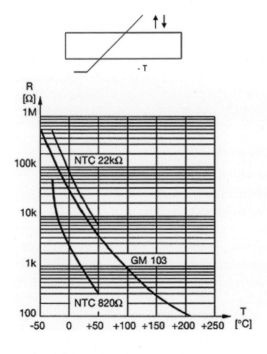

**Bild 2.12-4**
Schaltzeichen (oben) und Kennlinie von NTC-Widerständen nach DIN 44070 (unten)

Viele NTC-Widerstände haben eine sogenannte *Spinell-Struktur* und sind nach folgende Strukturformel aufgebaut: $A^{2+} B^{3+}_2 O^{2-}_4$. Dabei sind A zweiwertige und B dreiwertige Metalle. Die Sinter-Keramik aus Mischoxiden besteht meist aus Eisenoxid ($Fe_2O_3$), Magnesiumdichromat ($MgCr_2O_4$) und Bariumnitrat. Der negative Widerstand bei steigender Temperatur kommt folgendermaßen zustande: Bei höherer Temperatur werden mehr Ladungsträger freigesetzt, wodurch der Widerstand sinkt.

Der Widerstand $R(T)$ hängt folgendermaßen von der Temperatur $T$ ab:

$$R(T) = R_N \, e^{B\left(\frac{1}{T} - \frac{1}{T_N}\right)}.$$

Dabei sind:

$R_N$ : Nennwiderstand bei der Nenntemperatur $T_N$ (meist 25 °C)
B : Materialkonstante (von 2.900 K bis 3.950 K).

Aus obiger Formel folgt für den Temperaturkoeffizienten A als Steigung der Temperatur-Widerstands-Kennlinie: $A = -(B/T^2)$. Tabelle 2.12-1 zeigt einige Werte.

**Tabelle 2.12-1** Temperaturabhängigkeit des Temperaturkoeffizienten A für den NTC-Widerstand B3920/2K mit $R_0 = 2$ k$\Omega$, $T_0 = 293$ K und B = 2.600 K

| Temperatur in °C | Widerstand $R$ in $\Omega$ | Temperaturkoeffizient A in $10^{-3}$/K |
|---|---|---|
| −40 | 19.651 | −48 |
| −20 | 8.134 | −41 |
| 0 | 3.831 | −35 |
| 20 | 2.000 | −30 |
| 40 | 1.134 | −26 |
| 60 | 688,8 | −23 |

Es ist zu berücksichtigen, dass beim Pt-Widerstand (Tabelle 2.11-1) die Bezugstemperatur bei 0 °C liegt, während die Bezugstemperatur beim NTC-Widerstand und beim PTC-Widerstand 25 °C beträgt. Der Temperatur-Widerstandsverlauf kann näherungsweise auch mit der *Steinhart-Hart-Gleichung* (Abschnitt 6) beschrieben werden. Danach gilt:

$$1/T = a + b \ln(R) + c \ln^3(R).$$

Dabei sind a, b und c Koeffizienten, die das Verhalten des NTC-Widerstandes beschreiben.

*Vorteile und Anwendungsgebiete*

Die Vorteile sind dieselben wie bei den PTC-Widerständen. Bild 2.12-5 zeigt dieselben Bauformen wie bei den PTC-Widerständen. NTC-Widerstände spielen in der Praxis eine wesentlich größere Rolle als PTC-Widerstände. Die Anwendungsbereiche sind sehr vielfältig. Um die Bauteile schnell und sicher klassifizieren zu können, kennzeichnet der erste Buchstabe den Anwendungsfall. Es bedeuten:

- F : Fremdgeheizte NTC-Widerstände,
- K : Temperaturkompensation,
- M : Temperaturmessung,
- R : Regelung von Spannungen.

**Bild 2.12-5**
Bauformen von NTC-Widerständen

NTC-Widerstände werden meist für Schutz- und Kompensationsaufgaben eingesetzt. In Bild 2.12-6 sind die wichtigsten Einsatzgebiete zusammengestellt.

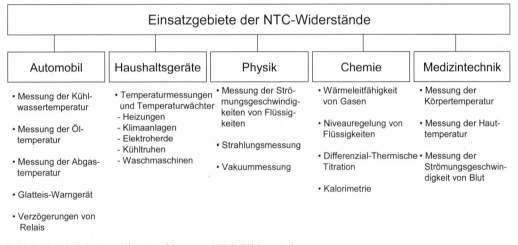

**Bild 2.12-6** Wichtigste Einsatzgebiete von NTC-Widerständen

## 2.13 Pyroelektrischer Effekt

### 2.13.1 Funktionsprinzip und physikalische Beschreibung

In pyroelektrischen Materialien ändert sich bei *Temperaturänderungen* (Abkühlung oder Erwärmung) die *elektrische Polarisation* $P_{el}$. Dadurch entstehen *Oberflächenladungen,* weshalb an den gegenüberliegenden Flächen ein positiver elektrischer Pol (*analoger* Pol) und ein negativer elektrischer Pol (*antiloger* Pol) erzeugt werden (Bild 2.13-1). Die dadurch entstehende Spannung kann abgegriffen werden. Der pyroelektrische Effekt tritt dadurch auf, dass wegen der Temperaturänderung sich der *Abstand der Gitterionen* verändert (ähnlich wie beim piezoelektrischen Effekt, bei dem die Ursache Kräfte oder Drücke sind, Abschnitt 2.1). Diese Abstandsänderung der Gitterionen bewirkt zweierlei (Voraussetzung: die Richtung der elektrischen Polarisation P zeigt in Richtung der Kristallachse):

1. *Längenänderung* (bei Erwärmung eine Ausdehnung) in der Achse der pyroelektrischen Kristalle, welche die gleiche Richtung wie die elektrische Polarisation aufweist.
2. Änderung der *elektrischen Polarisation* mit der Temperatur.

Beide Effekte wirken in gleicher Richtung und verstärken sich deshalb.

Konstante Temperatur

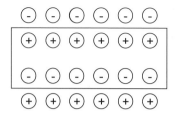

Ausgeglichene elektrische Ladung, keine Änderung der elektrischen Polarisation

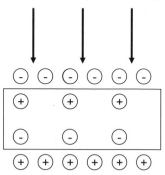

Temperaturänderung führt zur Änderung der elektrischen Polarisation und damit zu einer Ladungsänderung

**Bild 2.13-1** Prinzip des pyroelektrischen Effektes

Die Änderung der elektrischen Polarisation $\Delta P$ mit der Temperaturänderung $\Delta T$ lässt sich wie folgt beschreiben:

$$\Delta P = k_p \cdot \Delta T,$$

wobei $k_p$ der *pyroelektrische Koeffizient* ist. Er wird in C K$^{-1}$m$^{-2}$ gemessen und beschreibt die *pyroelektrische Empfindlichkeit*.

Ein pyroelektrischer Sensor besteht aus einem pyroelektrischen Plättchen mit einer metallisierten Ober- und Unterseite der Fläche $A$, an denen die elektrischen Anschlüsse angebracht sind. Erwärmt man das Plättchen um die Temperatur $\Delta T$, dann entsteht an den gegenüberliegenden Flächen ein Ladungsunterschied $\Delta Q$. Es gilt:

$$\Delta Q = k_p \cdot A \cdot \Delta T.$$

Mit elektrischen Schaltungen analog zum piezoelektrischen Effekt (Abschnitt 2.1) errechnet sich die pyroelektrische Kapazität $C_p$ für ein Plättchen mit der Dicke $d$, der Fläche $A$ und der Permittivitätszahl $\varepsilon_r$ zu:

$$C_p = \varepsilon_0 \cdot \varepsilon_r \cdot A/d \text{ (elektrische Feldkonstante } \varepsilon_0 = 8{,}854187817 \text{ C V}^{-1}\text{m}^{-1}).$$

Damit gilt für die Spannung $\Delta U$:

$$\Delta U = \frac{\Delta Q}{C_p} = k_p \cdot A \cdot \Delta T \cdot \frac{d}{\varepsilon_0 \varepsilon_r A} = \frac{k_p}{\varepsilon_0 \varepsilon_r} \cdot d \cdot \Delta T.$$

Für ein Sensorplättchen der Dicke $d = 15$ µm aus Litium-Tantalat ((LiTaO$_3$)) mit einer Permittivitätszahl $\varepsilon_r$ von 45 und einem pyroelektrischen Koeffizienten von $k_p = 2 \cdot 10^{-4}$ CK$^{-1}$m$^{-2}$ ergibt sich bei einer Temperaturänderung von $\Delta T = 1$ K eine Spannung von 7,5 V.

Die entstehenden Oberflächenladungen werden normalerweise durch entsprechende Ladungsträger aus der Umgebung neutralisiert. Besonders empfindlich reagieren die Pyrosensoren daher auf zeitliche und räumliche Veränderungen der Strahlungsintensität. Bevorzugtes Einsatzgebiet sind daher beispielsweise Bewegungs- oder Feuermelder (Abschnitt 2.14).

Da pyroelektrische Materialien auch piezoelektrische Eigenschaften aufweisen, reagieren sie besonders empfindlich auf mechanische Spannungen oder Vibrationen. Hier empfängt der Pyrosensor *piezoelektrische Störsignale*. Diese Störungen werden üblicherweise dadurch kompensiert, dass zwei mechanisch gekoppelte Sensoren elektrisch gegeneinander geschaltet werden. Eine weitaus bessere, aber wesentlich aufwändigere Möglichkeit besteht darin, dass mehrere pyroelektrische Schichten (2n Schichten) in Stapelanordnung aufgebracht werden. Die elektrische Polarisation steht senkrecht zur Schichtebene und die Polarisationsrichtung unterscheidet sich von Schicht zu Schicht um 180 Grad. Es sind 2n + 1 Elektroden jeweils zwischen den Schichten und an den Außenseiten des Stapels angeordnet. Durch diese elektrisch symmetrische, aber mechanisch asymmetrische Anordnung der Schichten, werden auch die piezoelektrischen Störsignale kompensiert, die nicht linear sind.

### 2.13.2 Materialien

Piezoelektrische Materialien müssen permanente elektrische Dipole besitzen, welche durch Temperaturänderungen beeinflusst werden. Als Materialarten kommen feste und flüssige Kristalle, Keramik und polymere Kunststoffe in Frage. Alle pyroelektrischen Materialien zeigen auch den piezoelektrischen Effekt (Abschnitt 2.1), aber nicht alle piezoelektrischen Materialien zeigen den pyroelektrischen Effekt (z. B. ist Quarz nicht pyroelektrisch).

Bei den Materialien unterscheidet man:

- *Pyroelektrische Kristalle*

    Dazu gehören Turmalin, Lithium-Tantalat (LiTaO$_3$), Bariumtitanat (BaTiO$_3$: BTO) und Blei-Zirkonat-Titanat (Pb,O,Ti/Zr: PZT).

- *Pyroelektrische Keramiken*

    Die meisten pyroelektrischen Materialien werden synthetisch hergestellt. Typische Vertreter sind Blei-Zirkonat-Titanate (PZT).

- *Pyroelektrische, polymere Kunststoffe*

    Der am häufigsten eingesetzte Werkstoff ist Polyvinylidenfluorid (PVDF).

Tabelle 2.13-1 zeigt die Kennwerte einiger pyroelektrischen Materialien.

**Tabelle 2.13-1** Kennwerte ausgewählter pyroelektrischer Materialien bei Raumtemperatur (20 °C)

| Material | Pyroelektrischer Koeffizient $k_p$ in $10^{-4}$ C K$^{-1}$ m$^{-2}$ | Permittivitätszahl $\varepsilon_r$ | Curie-Temperatur in °C |
|---|---|---|---|
| Triglycinsulfat (TGS) | 3,5 | 30 | 49 |
| Lithium-Tantalat (LiTaO$_3$) | 2 | 45 | 618 |
| Barium-Titanat (BaTiO$_3$) | 4 | 1.000 | 120 |
| Blei-Zirkonat-Titanat (Pb (Zr,Ti)O$_3$) | 4,2 | 1.600 | 340 |
| Bleititanat (PbTiO$_3$) | 2,3 | 200 | 470 |
| Polyvinylidenfluorid-Folie (PVDF) | 0,4 | 12 | 80 |

## 2.13.3 Anwendungen

Bild 2.13.-2 zeigt die Anwendungsfelder von pyroelektrischen Sensoren.

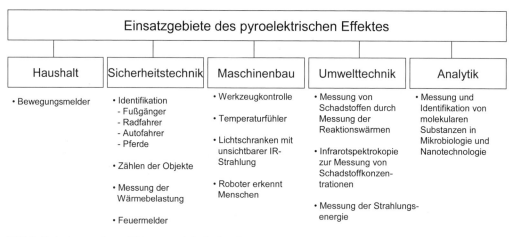

**Bild 2.13-2** Anwendungsfelder pyroelektrischer Sensoren

Der pyroelektrische Effekt findet derzeit im Haushalts- und Sicherheitsbereich seine hauptsächliche Anwendung bei *Bewegungsmeldern*. Ein Mensch mit einer Körpertemperatur von 36 °C erzeugt nach dem Wienschen Verschiebungsgesetz ($\lambda_{max} \cdot T$ = konstant = 2.898 µm K) bei einer maximalen Energieabstrahlung eines schwarzen Körpers eine Wärmestrahlung mit der Wellenlänge von etwa 10 µm. Den schematischen Aufbau zeigt Bild 2.13-3 a) und ein fertiges Bauteil eines Bewegungsmelders Bild 2.13-3 b). Bei Bewegungsmeldern wird die *Wärmestrahlung* (IR-Strahlung) von Objekten im Bereich von –20 °C bis +200 °C berührungslos gemessen. Die Messungen laufen sehr schnell ab (im Bereich ms), so dass auch sehr schnelle Temperaturverläufe detektiert werden können. Die Pyrosensoren können auch als IR-Feuer-

## 2.13 Pyroelektrischer Effekt

melder eingesetzt werden. Diese Pyrosensoren werden auch als *Passiv-Infrarot-Sensor* (PIR) bezeichnet. Das Wort „Passiv" bedeutet, dass nur abgestrahlte Wärmeenergie „empfangen", aber nicht ausgestrahlt wird.

a) b)

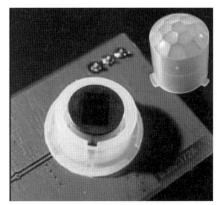

Aufbau eines Pyrosensors mit zwei Pyroelementen (Werkfoto: Sensitec)

Pyrosensor und zweiteilige Fresnellinseals Bewegungsmelder
(PIR 13: Quelle: ELV Elektronik AG)

**Bild 2.13-3** Pyrosensoren als Bewegungsmelder a) Aufbau eines Pyrosensors mit zwei Pyroelementen (Werkfoto: Sensitec); b) Pyrosensor mit vorgeschalteter Fresnellinse als Bewegungsmelder (Werkfoto: PIR 13 von ELV Elektronik AG)

Ein *Zwei-Elemente-Sensor* nach Bild 2.13-3 a) eignet sich besonders gut zur *Bewegungserfassung*. Dadurch, dass sie nebeneinander liegen, kann eine besonders gute Unterscheidung zwischen Hintergrund und vorbeilaufenden Personen unterschieden werden. Nur wenn die Sensorelemente abweichende Wärmestrahlung aufnehmen, wird ein Effekt detektiert. Die vom Objekt abgestrahlte Wärme wird durch eine Fresnel-Linse auf das Sensorelement fokussiert, dort mit einer Referenzwärmequelle verglichen und entsprechend detektiert und verstärkt. Um den Beobachtungsbereich des Sensors zu vergrößern, werden mehrere Linsen vorgeschaltet, wie dies in Bild 2.13-4 dargestellt ist. Die Linsen werden so angeordnet, dass sie Licht aus verschiedenen Zonen erfassen können.

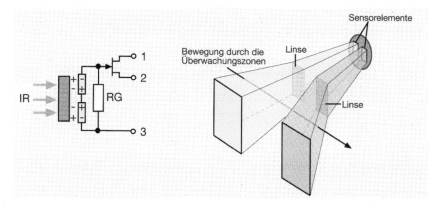

**Bild 2.13-4** Aufbau eines Zwei-Element-Pyrosensors und die Wirkung von vorgeschalteten Linsen (Werkfoto: PIR 13 von ELV Elektronik AG)

In Bild 2.13-3 b) wird eine vorgeschaltete Fresnel-Linse gezeigt, die aus 17 einzelnen Linsen besteht. Damit wird ein Erfassungsbereich von mindestens 90 Grad ermöglicht. Bewegt sich eine Personen durch die einzelnen Zonen, dann werden auf den beiden Sensorflächen unterschiedliche Ladungsdifferenzen erzeugt. Es wird möglich, eine Bewegung über einen großen Bereich und in relativ großer Entfernung (etwa 4 m) zu erfassen. Die Linsen müssen Bildeigenschaften im Bereich der Wärmestrahlung aufweisen. Moderne Pyrosensoren erreichen eine Bandbreite von 3,3 kHz bei einem Spektralbereich von 1,8 µm bis 23 µm.

Pyrosensoren sind *thermische Detektoren* und sind deshalb auch geeignet, Wärmeenergie unabhängig von der Wellenlänge der auftreffenden Strahlung zu messen. Der koaxiale Aufbau der Wärmedetektoren macht diese weitgehend unempfindlich gegen elektromagnetische Strahlung (Bild 2.13-5). Die schwarze Absorptionsschicht ermöglicht eine gleichmäßige Absorption im Bereich der Wellenlängen von 185 nm bis 25 µm. Wiederholfrequenzen über 100 Hz sind möglich. Je nach Größe der Absorptionsschicht und Sensormaterial sind bestimmte maximale thermische Belastungen möglich. Diese Wärmedetektoren erlauben Energiemessungen zwischen 1 µJ und 2 J, bei einer maximalen Leistungsdichte von 8 MW/cm$^2$ für einen Impuls von 10 ns.

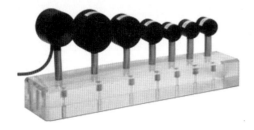

**Bild 2.13-5**
Energiemessköpfe (Werkfoto: Sensor- und Lasertechnik Dr. W. Bohmeyer)

Bei chemischen Reaktionen können *Reaktionswärmen* auftreten. Eine Messung dieser Wärmemenge erlaubt eindeutige Rückschlüsse auf die an der Reaktion beteiligten Substanzen und ihre Konzentrationen. Diese Methode wird erfolgreich zur Messung von *Konzentrationen* beispielsweise von Sauerstoff und Wasserstoff sowie $NO_x$-Konzentrationen und anderen Schadstoffen angewandt.

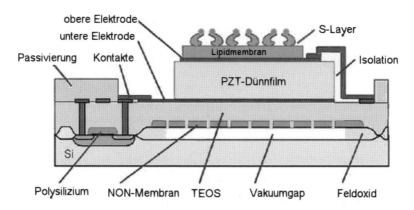

**Bild 2.13-6** Pyroelektrisches Detektorarray auf der Basis mikrobiologischer Substanzen. NON: Nitridoxidnitrid, TEOS: Tetraoxysilan; PZT: Bleizirkontitanat (Quelle: Wolfgang Pompe, Institut für Werkstoffwissenschaft TU Dresden)

Besonders erfolgversprechend sind *künstliche Nanostrukturen*, die auf biologisch basierten Oberflächen (S-Layer: Surface Layer) aufgebracht werden können. Ideal dazu sind bakterielle Membranproteine als Basis-Layer. Auf ihnen können definiert regelmäßig angeordnete, nanometergroße Metalle (z. B. Platin) abgeschieden werden. Bild 2.13-6 zeigt einen möglichen Aufbau. Die Funktionsflächen liegen dabei in der Größenordnung von 100 µm × 100 µm. Die aufgebrachten pyroelektrischen Detektorstrukturen betragen im Durchmesser 2 nm bis 30 nm bei einer extrem hohen Packungsdichte von größer als $10^{12}$ pro cm$^2$.

## 2.14 Fotoelektrischer Effekt

### 2.14.1 Funktionsprinzipien und physikalische Beschreibung

Der fotoelektrische Effekt beschreibt folgendes Phänomen: Ein *Lichtquant*, d. h. ein Photon, wird von einem *Elektron absorbiert*. Dadurch wird das Elektron aus seiner *Bindung gelöst*. Dabei muss die *kinetische Energie* des Photons mindestens so groß wie die *Bindungsenergie* dieses Elektrons sein. Wie Bild 2.14-1 zeigt, werden folgende Arten von Fotoeffekt unterschieden:

- *Äußerer Fotoeffekt*

  Durch Bestrahlung mit kurzwelliger elektromagnetischer Strahlung (z. B. Licht) werden Elektronen aus Metalloberflächen herausgelöst. Dadurch entsteht ein *Fotostrom*.

- *Innerer Fotoeffekt*

  Bei Lichteinstrahlung werden in einem Halbleiter Elektronen vom Valenzband in das *Leitungsband* gehoben. Dadurch nimmt die elektrische Leitfähigkeit zu. Zwei Effekte werden dabei unterschieden:

  – *Fotoleitung* (Elektron wird aus seiner Bindung gelöst).

  – *Optokoppler* (optische Übertragung eines elektrischen Signals zwischen zwei galvanisch getrennten Stromkreisen).

  – *Fotovoltaischer Effekt* (Ladungstrennung).

- *Fotoionisation*

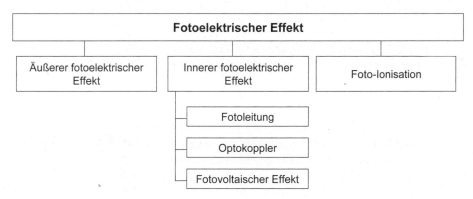

**Bild 2.14-1** Arten des fotoelektrischen Effektes

## Äußerer Fotoeffekt

Bild 2.14-2 zeigt den Effekt. Die Energie einer Lichtquelle wird in einzelnen Lichtquanten transportiert, den *Photonen*. Jedes emittierte Elektron wird von einem Photon ausgelöst (Bild 2.14-2 a)). Dieses Photon gibt seine Energie an das emittierte Elektron ab. Die einzelnen Photonen können mit einem *Fotomultiplier* bestimmt werden (Abschnitt 14.3.1, Bild 14.3-1).

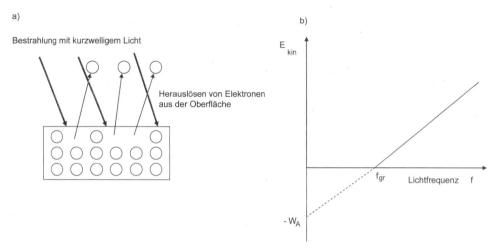

**Bild 2.14-2** Äußerer fotoelektrischer Effekte a) Prinzip b) Kinetische Energie der emittierten Fotoelektronen in Abhängigkeit von der Frequenz des eingestrahlten Lichtes

Die Abhängigkeit der kinetischen Energie $E_{kin}$ der emittierten Fotoelektronen von der Frequenz $f$ des eingestrahlten Lichtes stellt eine Gerade dar, deren Gleichung wie folgt lautet:

$$E_{kin} = h \cdot f - W_A.$$

Wie Bild 2.14-2 b) zeigt, ist dabei h die Steigung der Geraden, $-W_A$ der Achsenabschnitt und der Nulldurchgang entspricht der Grenzfrequenz $f_{gr}$. Diese Gleichung ist nach dem Energiesatz folgendermaßen zu deuten:

Die Energie des Photons $E_{ph}$ ist $h \cdot f$. Dabei ist h das *Planck'sche Wirkungquantum* (h = 6,626 · $10^{-34}$ Js = 4,136 · $10^{-15}$ eVs. Sie ist die Steigung der Geraden in Bild 2.14-2 b). Damit ein Elektron austreten kann, muss eine *Austrittsarbeit* $W_A$ aufgebracht werden. Dann steht für das Elektron die oben ausgeführte kinetische Energie $E_{kin}$ zur Verfügung und es ist:

$$E_{kin} = E_{ph} - W_A.$$

Damit erklärt sich auch die *Grenzfrequenz* $f_{gr}$. Das Elektron wird nur emittieren, wenn die Photonenenergie $E_{pk}$ größer ist als die erforderliche Austrittsarbeit $W_A$. Im Grenzfall gilt:

$$h f_{gr} = W_A.$$

Diese Zusammenhänge bedeuten, dass

- die *kinetische Energie* der emittierten Elektronen (Fotoelektronen) nicht von der Intensität des eingestrahlten Lichtes abhängt, sondern nur von der *Frequenz*.
- Die Fotoemission kommt zum Erliegen, wenn die Lichtfrequenz einen unteren Grenzwert $f_{gr}$ erreicht.
- Erhöht man die Intensität des Lichtes, dann nimmt zwar der Strom der emittierten Fotoelektronen zu, aber nicht deren kinetische Energie.

## 2.14 Fotoelektrischer Effekt

Da die Energie der Photonen $E_{ph}$ proportional zur Frequenz $f$ des Lichtes ist, muss sie umgekehrt proportional zur Wellenlänge $\lambda$ sein, so dass gilt:

$$E_{ph} = h \cdot f = (h \cdot c) / \cdot \lambda.$$

Für das Produkt aus den beiden Naturkonstanten schreibt man gewöhnlich $h' = h \cdot c$ ($h' = 1{,}24$ eVµm), so dass für die Photonenenergie gilt:

$$E_{ph} = h' / \lambda.$$

Einzelne Photonen können mit dem Fotomultiplier bestimmt werden (Abschnitt 14.3, Bild 14.3-1).

### *Innerer Fotoeffekt: Fotoleitung*

Die Fotoleitung kann bei *Halbleitern* beobachtet werden. Ein auftreffendes Photon löst ein Elektron aus seiner Bindung. Dadurch wird es im Material beweglich, es tritt aber nicht aus dem Material aus. Fotoleitung bedeutet in diesem Fall, dass die Lichtenergie der Photonen die elektrische Leitfähigkeit erhöht. Dieser Effekt kann im *Bändermodell* folgendermaßen erklärt werden: Durch die Absorption eines Photons wird ein Elektron vom Valenzband in das energetisch höher gelegene Leitungsband gehoben, es entsteht ein *Elektronen-Loch-Paar* mit dem Effekt, dass mehr elektrische Ladungsträger zur Verfügung stehen (Bild 2.14-3). Die Energie der Photonen muss dazu mindestens so groß wie Energielücke $E_g$ zwischen Leitungs- und Valenzband sein:

$$E_{ph} \geq E_g.$$

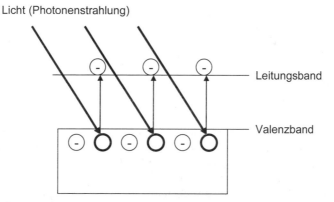

**Bild 2.14-3** Erklärung der Fotoleitung mit dem Bändermodell

Mit dem obigen Zusammenhang der Photonenenergie $E_{ph}$ mit der Wellenlänge $\lambda$ ($E_{ph} = (hc)/\lambda = 1{,}24$ µmeV/$\lambda$) für die Wellenlänge $\lambda$:

$$\lambda \leq (h\,c)/E_g \leq 1{,}24 \text{ µmeV}/E_g.$$

Das bedeutet, dass die elektrische Leitfähigkeit ab der Bandlückenenergie $E_g$ deutlich ansteigt.

### *Innerer Fotoeffekt: Optokoppler*

Ein Optokoppler überträgt ein *elektrisches Signal* zwischen *zwei galvanisch getrennten* Stromkreisen. Dazu befinden sich in einem Optokoppler zwei Bauelemente in einem Gehäuse: ein *lichtemittierendes* Element (meist eine Leuchtdiode, LED) und ein *lichtempfangendes* Element (meist ein Fototransistor). Weitere Ausführungen siehe Abschnitt 14.4.

### *Innerer Fotoeffekt: Fotovoltaischer Effekt*

Strahlt Licht auf den pn-Übergang eines Halbleiters, so findet eine Ladungstrennung statt. Die Elektronen wandern zum n-Kontakt und die Löcher zum p-Kontakt. Die *Solarzelle* hat an der Oberfläche ein Gitter dünner Kontaktfinger, die den erzeugten Fotostrom ableiten. Bild 2.14-4 zeigt den Aufbau einer Solarzelle. Wegen des hohen Reflexionsgrades der Halbleiter besitzt die Oberfläche der Solarzelle stets eine Antireflexschicht.

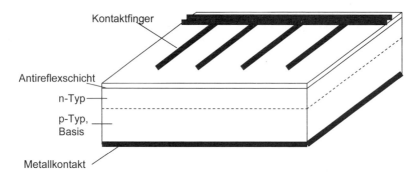

**Bild 2.14-4** Aufbau einer Solarzelle für den fotovoltaischen Effekt

Im Kurzschlussbetrieb fließt durch die Solarzelle ein Fotostrom $I_K$, der proportional zur eingestrahlten Leistung $\Phi_e$ ist, so dass gilt:

$I_K \sim \Phi_e = E_e A$ ($E_e$: eingestrahlte Photonenenergie; $A$: Fläche).

### *Fotoionisation*

Tritt ein Lichtstrahl (Photonenstrom) auf Atome oder Moleküle, so können eine oder mehrere Elektronen aus dem Atom- oder Molekülverband geschlagen werden, so dass die zurückbleibenden Atome oder Moleküle Ionen darstellen (geladene Teilchen). Gibt ein Photon seine ganze Energie an ein Elektron ab, dann wird dies in der Kernphysik als Fotoeffekt bezeichnet. Absorbiert das Elektron nur ein Teil der Photonenenergie und wird die restliche Energie als Photon geringerer Frequenz bzw. größerer Wellenlänge wieder emittiert, dann ist dies der *Compton-Effekt*.

Der *Wirkungsquerschnitt* $\sigma$ für die Fotoionisation ist folgendermaßen abhängig von der Ordnungszahl Z und der Photonenenergie $E_{ph}$:

$\sigma \sim Z^5 E_{ph}^{-7/2}$.

Weil der Wirkungsquerschnitt $\sigma$ proportional der fünften Potenz der Ordnungszahl Z ist, absorbieren Materialien mit hohen Ordnungszahlen besonders gut Röntgen- und γ-Strahlen (z. B. Blei mit Z = 82).

Wie die negative Potenz bei der Photonenenergie zeigt, nimmt mit steigender Photonenenergie $E_{ph}$ der Wirkungsquerschnitt $\sigma$ ab. Dies jedoch nur solange auch Elektronen zur Ionisation zur Verfügung stehen. Sobald die Photonenenergie die Bindungsenergie der nächst höheren Elek-

## 2.14 Fotoelektrischer Effekt

tronenschale erreicht, erhöht sich schlagartig der Wirkungsquerschnitt, der dann mit zunehmender Photonenenergie wieder abnimmt, bis die nächste Elektronenschale erreicht wird. Dieser *kammartige* Verlauf des Wirkungsquerschnitts $\sigma$ von der Photonenenergie $E_{ph}$ zeigt Bild 2.14-5.

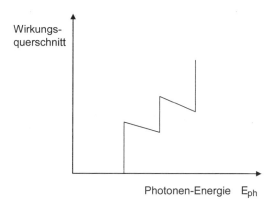

**Bild 2.14-5** Wirkungsquerschnitt $\sigma$ in Abhängigkeit von der Photonenenergie $E_{ph}$

### 2.14.2 Fotoelektrische Sensorelemente

Der innere Fotoeffekt bietet die häufigsten sensorischen Anwendungen (Tabelle 2.14-1).

**Tabelle 2.14-1** Fotoelektrische Elemente auf der Grundlage des inneren Fotoeffektes

| Innerer Fotoeffekt | Beschreibung |
|---|---|
| Fotoelement | Aktiver Zweipol (benötigt keine Spannungsquelle), liefert bei Bestrahlung eine Spannung (hängt logarithmisch von Bestrahlungsstärke ab). |
| Fotodiode | Benötigt Hilfsspannung, liefert bei Bestrahlung einen Strom, der linear zur Beleuchtungsstärke ist. |
| Fotolawinendiode (Avelange-Foto-Diode, APD) | Eine hohe Sperrspannung (zwischen 6 V und 10 V) verursacht eine Stoßionisation in der Sperrschicht. Dadurch tritt eine lawinenartige Vervielfachung der Leitungselektronen statt. Die Verstärkung beträgt 1:$10^5$. Deshalb steigt die Stromstärke steil an. Es ist der Nachweis sehr geringer Leistungen ($10^{-12}$ W) und eine Frequenzauflösung bis hin zu GHz ($10^9$ Hz) möglich. |
| Fotowiderstand | Bei Bestrahlung verändert sich der Ohmsche Widerstand. |
| Fototransistor | Benötigt Hilfsspannung, liefert bei Bestrahlung einen Strom, der linear zur Beleuchtungsstärke ist. Empfindlichkeit 100- bis 500-fach größer als bei der Fotodiode. |
| Fotothyristor | Schaltspannungen sind wesentlich höher als beim Fotowiderstand, Fotodiode und Fototransistor. |

Bild 2.14-6 zeigt die verschiedenen halbleitenden Fotoelemente und die Abhängigkeit der elektrischen Eigenschaften von der Beleuchtungsstärke.

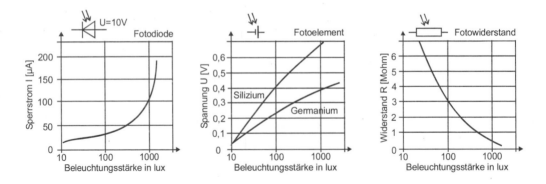

**Bild 2.14-6** Halbleitende Fotoelemente und die Abhängigkeit der elektrischen Eigenschaften von der Beleuchtungsstärke (Quelle: Hesse, Schnell: Sensoren für die Prozess- und Fabrikautomation, 4. Auflage, Vieweg+Teubner 2009; Bild 2-66)

### 2.14.3 Fotoelektrische Sensorelemente

Bild 2.14-7 zeigt die Anwendungsbereiche von fotoelektrischen Sensoren.

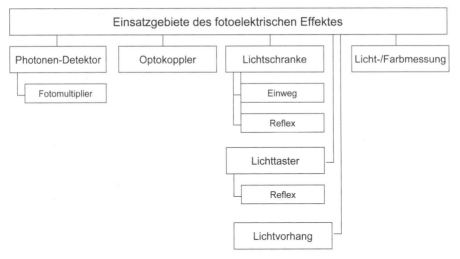

**Bild 2.14-7** Anwendungsfelder elektrooptischer Sensoren

*Fotomultiplier*

Er besteht aus einer *Fotokathode* und einem nachgeschalteten *Sekundärelektronenvervielfacher* (SEV, Abschnitt 14.3.1). Die Photonen treffen auf die Fotokathode und schießen Elektronen frei. Diese treffen auf weitere Elektroden (Dynoden), bei denen ebenfalls Elektronen herausgelöst werden. Deshalb nimmt die Zahl der freigesetzten Elektronen von Dynode zu Dynode *lawinenartig* zu. Um dies zu erreichen, wird eine Hochspannung angelegt, die über Spannungsteiler so verteilt wird, dass von Dynode zu Dynode eine Beschleunigung der Elektronen stattfindet. Zum Schluss treffen die Elektronen auf eine Anode und erzeugen in einem Widerstand

## 2.14 Fotoelektrischer Effekt

einen Spannungsabfall, der das Mess-Signal darstellt. Der Verstärkungsfaktor wächst exponentiell mit der Anzahl der Dynoden. Typische Fotomultiplier haben etwa 10 Dynoden. Werden an jeder Dynode pro auftreffendes Elektron 5 weitere herausgeschlagen, dann entstehen zum Schluss $5^{10}$ Elektronen (etwa 10 Millionen). Bild 2.14-8 b) zeigt einen 80 mm langen Fotomultiplier. Auf der linken Seite ist das Eintrittsfenster und in der Mitte sind die an Isolierkörpern befestigten Dynoden zu sehen.

a)
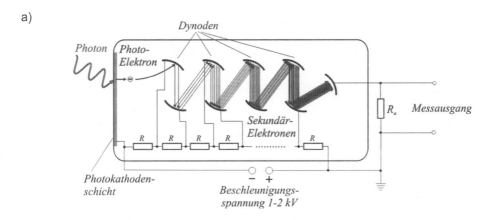

b)
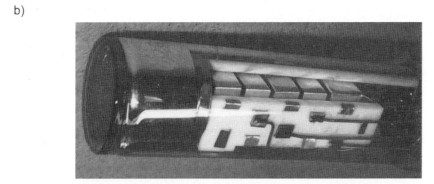

**Bild 2.14-8** Fotomultiplier a) Funktionsweise; b) Bauelement (Foto: Ulf Seifert)

Fotomultiplier dienen zur Messung schwacher Lichtsignale, bis hin zu einzelnen Photonen. Sie werden bei der Detektion von Elementarteilchen oder auch zur Messung kosmischer Strahlung eingesetzt.

### *Optokoppler*

Wie in Abschnitt 14 ausführlich erläutert, überträgt der Optokoppler ein elektrisches Signal, wenn Eingangs- und Ausgangsstromkreise galvanisch getrennt sind. Aktor (z. B. LED) und Detektor (z. B. Fototransistor) befinden sich in einem Bauteil. Bild 2.14-9 a) zeigt das Schaltsymbol und die Funktionsweise. Wird der Schalter links oben geschlossen, dann leuchtet die LED. Dieses Leuchtsignal wird von einem Fototransistor registriert und als elektrisches Signal weitergegeben. Bild 2.14-9 b) zeigt ein geschlossenes Bauteil als Solid State Relay (SSR) und Bild 2.14-9 c) mit offenem optischem Strahlengang. Das linke Bauteil stammt aus einem Videorecorder und das rechte aus einem Drucker.

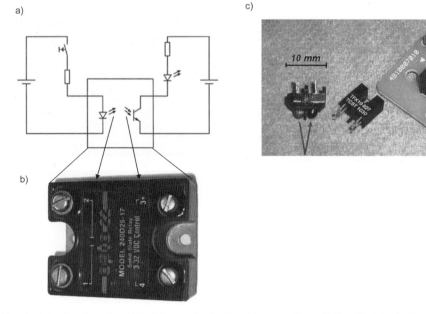

**Bild 2.14-9** Optokoppler a) Funktionsweise b) Geschlossenes Bauteil (Quelle: Martin Broz); c) Bauteile mit offenem optischen Strahlengang (Gabelkoppler und Reflexkoppler; Quelle: Ulf Bastel)

Folgende Kennwerte sind für Optokoppler typisch:

- *Isolationsspannung* (üblich: 1,4 bis 4 kV; bis maximal 25 kV),
- *Isolationswiderstand* (sehr hoch, bis $10^{13}$ Ω),
- *Sperrspannungen* (Sendediode: 5 V; Empfänger: Fototransistor: 30 V bis 50 V; Fotothyristoren: bis 400 V),
- *Grenzfrequenz* (höchste Arbeitsfrequenz: 50 kHz bis 200 kHz; Fotodiode bis 10 MHz) und
- *Schaltzeiten* (Fototransistor am langsamsten: im Bereich ms).

Optokoppler weisen folgende Vorteile auf: *Digitale* und *analoge* Signale sind übertragbar, *kleine* Abmessungen, *keine störenden Induktivitäten* (Magnetfelder), *geringe Koppelkapazitäten* und *kein mechanischer Verschleiß* (d. h. extrem viele Schaltzyklen).

Optokoppler werden meistens dort eingesetzt, wo Stromkreise elektrisch voneinander getrennt sein müssen. Typische Anwendungsgebiete sind daher:

- *Netzwerkkarten* und *Schnittstellenkarten* in Rechnern (verbundenen Geräte haben unterschiedliche Spannungen und müssen daher elektrisch getrennt werden).
- *Schutzvorkehrungen* in Baugruppen vor Überspannungen und Störimpulsen (z. B. bei Industriesteuerungen, bei SPS oder in medizinischen Geräten); wird der Eingangsteil (LED) zerstört, dann bleibt der Ausgangsteil geschützt und nur der Optokoppler muss ausgewechselt werden.
- In *Schaltnetzteilen* die Übertragung von Steuerinformationen vom Sekundär- zum Primärteil.
- *Ansteuerungen* von Schaltungsteilen, die unterschiedliche Spannungen aufweisen.

## Lichtschranken

Bei *Einweg-Lichtschranken* (Abschnitt 3.4, Tabelle 3.4-1) sind *Sender* und *Empfänger* räumlich und optisch *getrennt* (DIN 44030). Wird der Lichtstrahl zwischen Sender und Empfänger durch ein Objekt unterbrochen, dann schalte der Ausgang. Ein Vorteil besteht darin, dass kein Mindestabstand zwischen Sender und Empfänger erforderlich ist. Bei Laserlicht ist eine hohe Auflösung möglich (Objekt bis 0,1 mm groß). Dann ist allerdings die Einweg-Lichtschranke auch für kleine störende Objekte empfindlich (z. B. wenn eine Fliege in den Lichtstrahl fliegt). Ein weiterer Vorteil liegt in der sehr hohen Schaltgeschwindigkeit. Ein Einsatz ist bis zu 100 m möglich; allerdings sind in der Praxis Entfernungen bis 10 m üblich.

Bei *Reflex-Lichtschranken* sind Sender und Empfänger in *einem Gehäuse* untergebracht (Bild 2.14-10 b)). Ein Reflektor reflektiert das ausgesendete Licht. Wird der Lichtstrahl zwischen Sender und Empfänger durch ein Objekt unterbrochen, dann schaltet der Sensor. Die Reflex-Lichtschranke lässt sich besser einstellen als die Einweg-Lichtschranke, weil der Reflektor entsprechend groß ausgelegt werden kann. Üblicherweise liegen die Abstände zwischen Empfänger bis zu 5 m. Mit speziellen Polarisationsfiltern kann sichergestellt werden, dass auch blanke Metallteile und gläserne Oberflächen als Objekte erkannt werden.

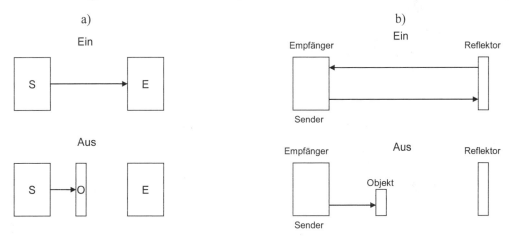

**Bild 2.14-10** Lichtschranke a) Einweglichtschranke; b) Reflektorlichtschranke

Mit einer *positionsempfindlichen Fotodiode* (PSD: position sensitive device) können nach dem Prinzip der *Triangulation* auch *Entfernungen* gemessen werden. Bild 2.14-11 a) zeigt das Prinzip. Es ist eine Berechnung in einem Dreieck (daher: Triangulation). Von zwei verschiedenen Positionen aus wird der Messpunkt P angepeilt. Ist der Abstand $d$ zwischen den Positionen bekannt, dann können aus den Winkeln $\alpha$ und $\beta$ die Koordinaten des Messpunktes P berechnet werden. Allgemein gilt in einem Dreieck: Von zwei Punkten einer Geraden, deren Abstand bekannt ist, lassen sich durch Winkelmessungen die Koordinaten beliebiger Punkte im Raum bestimmen. Wird ein Lichtstrahl schräg ausgesandt und von einem Objekt reflektiert, dann trifft, je nach Position des Objektes, der reflektierte Strahl beim Detektor eine andere Stelle (Bild 2-13-11 b)). Aus dieser Stelle werden die Koordinaten des Abstandes des Objektes errechnet. Voraussetzung dafür ist, dass eine *PSD* eingesetzt wird, die den Fotostrom genau an der Eintreff-Stelle des reflektierten Strahles misst. Wie Bild 2.14-11 c) zeigt, können mit Reflex-Lichtschranken nach dem Triangulationsprinzip verschiedene Objekte auf einem Transportband unterschieden werden.

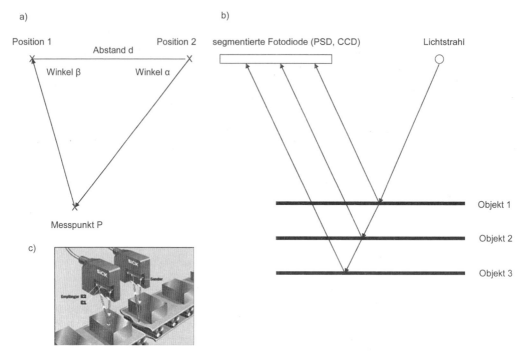

**Bild 2.14-11** Triangulation a) Prinzip; b) Abstandsmessung mit einer PSD; c) Sensor zur Unterscheidung von Objekten auf einem Transportband (Werkfoto: Sick)

## *Lichttaster*

Sender und Empfänger sind in einem Gehäuse untergebracht. Das Objekt wirkt als Reflektor. Erreicht das Objekt eine definierte Entfernung, dann schaltet der Ausgang. Diese Sensoren arbeiten auch nach dem Prinzip der Triangulation. Die Messung erfolgt nur aufgrund der Entfernung und nicht wegen der Reflexionseigenschaften. Deshalb haben Form und Oberflächenbeschaffenheit des Objektes keinen Einfluss auf die Tastentfernung. Bild 2.14-12 zeigt die Wirkungsweise. Setzt man eine 2-Segment-Fotodiode ein, so wird eine sichere Objekterkennung möglich.

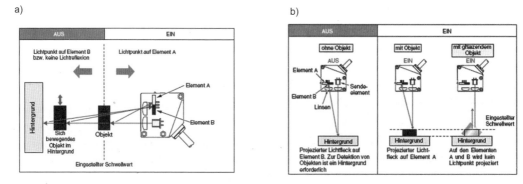

**Bild 2.14-12** Lichttaster a) mit Hintergrundausblendung; b) mit Vordergrundausblendung (Werkfotos: Samsung)

## 2.14 Fotoelektrischer Effekt

Bei der *Triangulation* wird der Winkel zwischen dem ausgesandten und dem reflektierten Lichtstrahl gemessen. Ein zu erkennendes Objekt und ein Hintergrund reflektieren das Licht unter verschiedenen Winkeln, wenn sie räumlich voneinander getrennt sind. Der Taster wird auf die Entfernung des abzutastenden Objektes eingestellt. Dann werden alle Teile, die sich hinter dem eingestellten Schwellwert für die Tastweite des Objektes befinden, sicher ausgeblendet. Dies ist das Prinzip der *Hintergrundausblendung* HGA.

Fällt der reflektierte Lichtstrahl auf das *Segment A*, dann *erkennt* der Sensor das Objekt. Bei Segment B wird das Objekt nicht erkannt (Bild 2.14-12 a)).

Liegen *Objekt* und *Hintergrund* sehr *nahe* beieinander oder ist das Objekt glänzend oder uneben, dann eignet sich die *Vordergrundausblendung* (VGA). Fällt der reflektierte Lichtstrahl auf das Segment B, dann registriert der Sensor „kein Objekt vorhanden" (Bild 2.14-12 b)). Deshalb kann die Vordergrundausblendung nur bei vorhandenem Hintergrund richtig funktionieren.

Das Licht kann bei Lichtschranken und Lichttaster auch über *Lichtwellenleiter* zum Lichtempfänger oder Reflektor geführt werden. Dies ist für Anwendungen in schwierigen räumlichen Gegebenheiten oder rauen industriellen Umgebungen sehr interessant.

### *Lichtvorhang*

Werden einzelne Lichtschranken in Reihen angeordnet, dann entstehen *Lichtgitter* oder *Lichtvorhänge*. Bild 2.14-13 zeigt die Bestandteile eines Lichtgitters (Bild 2.14-13 a)) und eine Sicherheitsanwendung (Bild 2.14-13 b)). Für den Einsatz im Schutzbereich gelten im Wesentlichen die internationalen Sicherheitsnormen: EN ISO 13849, EN ISO 13855 und EN ISO 13857 sowie die Europanormen EN 292, EN 294, EN 954-1, EN 1050 und EN 61496. Für die Auslegung sind folgende Punkte zu berücksichtigen:

- *Auflösung*. Sie beträgt beim *Fingerschutz* 14 mm und beim *Handschutz* 30 mm.
- *Schutzfeldhöhe*. Ein Über- oder Untergreifen darf nicht möglich sein. Genauere Bestimmungen sind in der Norm EN 294 niedergelegt.
- *Reichweite*. Sie hängt von der Auflösung ab. Für den Fingerschutz beträgt sie in der Regel bis 9 m und für den Handschutz bis 30 m.
- *Ansprechzeit*. Sie hängt von der Auflösung ab. Die normale Ansprechzeit liegt bei 60 ms.

Mit Lichtvorhängen können auch *Messungen* vorgenommen werden. Durch die *winkelabhängigen Reflexionen* kann man auf den Verlauf von *Konturen* schließen.

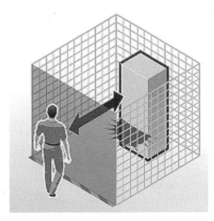

**Bild 2.14-13** Lichtvorhang a) Bauteile; b) Anwendung (Werkfotos: Sick)

## Lichtmessung

Bei der Lichtmessung spielt das *Helligkeitsempfinden* des Auges (je nach Wellenlänge) eine wichtige Rolle. Ein Maß für den Helligkeitseindruck ist der *Lichtstrom*. Er wird in lm (Lumen) gemessen (Abschnitt 8.2). Für die praktischen Anwendungen spielt die *Beleuchtungsstärke* die wichtige Rolle. Sie ist ein Maß für den Lichtstrom pro m² und wird in lx (Lux: 1 lx = 1 lm/m²) gemessen. Die beleuchtungstechnischen Vorschriften für Büros, Fabrikhallen, Schulen, Bildschirmarbeitsplätzen und ähnlichen Bereichen werden im Fachnormenausschuss Lichttechnik (FNL) erarbeitet. Europäische Vorschriften werden durch das CEN/TC (CEN: Europäisches Komitee für Normung; TC: Technisches Komitee). Für den Bereich „Licht und Beleuchtung" gilt die Norm CEN/TC 169. Für die Beleuchtung mit künstlichem Licht ist die DIN 5035-6:2006-11 maßgebend (Beleuchtung mit künstlichem Licht; Teil 6: Messung und Bewertung). Die wichtigsten Messgeräte sind die Luxmeter (Bild 2.14-14).

**Bild 2.14-14**
Lichtmessung mit Luxmeter
(Werkfoto: Beha Amprobe)

## Farberkennung

Die Farbsensoren arbeiten meistens nach dem *Dreibereichsverfahren*. Sie senden Licht (rot, blau, grün) auf die zu prüfenden Objekte, bestimmen aus den reflektierten Strahlen die Farbanteile. Liegen die Farbanteile innerhalb einer festgelegten Toleranz, dann wird der Farbwert erkannt und eine Schaltung ausgelöst. Bild 2.14-15 a) zeigt einen Farbsensor bei einer Bauteilprüfung und Bild 2-15 b) die Anwendung bei der Positionierung einer Dose. Ausführliche Informationen sind in Abschnitt 8.4 nachzulesen.

a)

b)

**Bild 2.14-15** Farbsensoren a) Bauteile; b) Anwendung für die Positionierung (Werkfotos: SICK)

## 2.15 Elektrooptischer Effekt

Bild 2.14-16 zeigt die Anwendungsgebiete des fotoelektrischen Effektes. Vor allem im Bereich des Maschinenbaus, der Automatisierungstechnik und Robotik sowie in der Sicherheitstechnik, aber auch bei der Bestimmung von Elementarteilchen oder kosmischer Strahlung spielen die fotoelektrischen Sensoren eine wichtige Rolle.

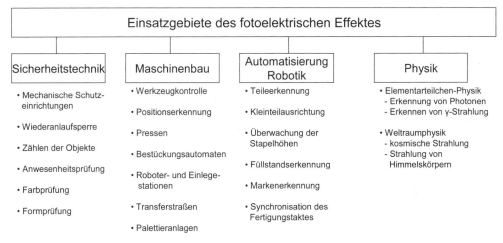

**Bild 2.14-16** Anwendungsgebiete des fotoelektrischen Effektes

## 2.15 Elektrooptischer Effekt

### 2.15.1 Funktionsprinzip und physikalische Beschreibung

Elektrooptische Effekte treten allgemein dann auf, wenn *elektrische Größen* Auswirkungen auf *optische Eigenschaften* haben (z. B. Umwandlung von elektrischer Energie in Licht oder umgekehrt). Im hier vorliegenden speziellen Fall versteht man unter dem elektrooptischen Effekt die *Änderung der Brechzahl n* bei Anwesenheit eines elektrischen Feldes *E*. Es gilt dann folgender Zusammenhang:

$$n(E) = n_0 + r \cdot E + K \cdot E^2,$$

wobei gilt:

$n_0$ : Brechzahl ohne elektrisches Feld
r  : elektrooptische Konstante
K  : Kerr-Konstante.

Es ist darauf hinzuweisen, dass die Konstanten r und K im Allgemeinen *Tensoren* sind, d. h. in verschiedenen Raumrichtungen unterschiedliche Werte aufweisen. Dies liegt in der Symmetrie der Kristalle begründet. Es gibt aber immer eine bevorzugte Richtung. Für diese Richtung sind die Konstanten maßgebend.

Obige Gleichung beschreibt zwei Effekte:

*Pockels-Effekt* : $n(E) = n_0 + r \cdot E$.

Es ist K = 0, d. h. der Effekt ist *linear* abhängig von der elektrischen Feldstärke *E*.

*Kerr-Effekt* : $n(E) = n_0 + K \cdot E^2$.

Es ist r = 0. Der Kerr-Effekt zeigt eine *quadratische* Abhängigkeit des Brechungsindexes von der elektrischen Feldstärke $E$.

In Bild 2.15-1 ist die Lichtmodulation bei einer Pockels-Zelle dargestellt.

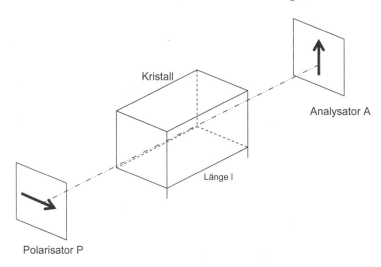

**Bild 2.15-1** Prinzip der Lichtmodulation in einer Pockels-Zelle

Die Pockels-Zelle nach Bild 2.15-1 besteht aus einem Kristall, auf dessen Stirnseiten ein transparenter Metallfilm aufgebracht wird. Vor ihm ist ein Polarisator P und hinter ihm ein Polarisations-Analysator A angebracht, der eine Polarisation um 90 Grad vollständig durchlässt. Wird eine Spannung $U$ und damit ein elektrisches Feld $E$ in longitudinaler Richtung angelegt, dann wird der Kristall *doppelbrechend*. Das hat zur Folge, dass die ordentliche und außerordentliche Welle, deren Schwingungsrichtung senkrecht aufeinander stehen, mit *verschiedenen Geschwindigkeiten* durch den Kristall laufen. Am Kristallende kommen daher zwei Wellen mit einem *Gangunterschied* $\Delta$ an. Die Überlagerung ergibt *elliptisch polarisiertes* Licht, das vom Analysator A nicht vollständig zurückgehalten werden kann. Je nach Polarisationsrichtung wird das Licht mehr oder weniger durchgelassen. Bei einem Gangunterschied von einer halben Wellenlänge ($\Delta = \lambda/2$) ergibt sich wieder linear polarisiertes Licht. Es ist gegenüber der ursprünglichen Polarisationsrichtung um 90 Grad gedreht und wird daher durch den Analysator komplett durchgelassen.

Mit dem Pockels- und auch dem Kerr-Effekt können *Phasen-* und *Amplitudenmodulationen* vorgenommen werden. Damit ist es auch möglich, mit dem elektrooptischen Effekt Informationen durch Licht zu übertragen.

### 2.15.2 Materialien

In Tabelle 2.15-1 sind die Unterschiede des Pockels- und Kerr-Effektes zusammengestellt. Tabelle 2.15-2 zeigt die Werkstoffe und ihre Eigenschaften von Pockels-Zellen, Tabelle 2.15-3 von Kerr-Zellen. Hingewiesen werden muss, dass die entsprechenden Konstanten Ausprägun-

## 2.15 Elektrooptischer Effekt

gen in verschiedenen Raumrichtungen aufweisen, also Tensoren sind. In den Tabellen wird nur die wichtigste Richtung ausgewählt.

**Tabelle 2.15-1** Vergleich des Pockels- und des Kerr-Effektes (Quelle: Hering, Martin, Stohrer, Physik für Ingenieure, 10. Auflage, Springer Verlag)

| Eigenschaften | Pockels-Effekt | Kerr-Effekt |
|---|---|---|
| Erklärung | Piezoelektrische Kristalle ohne Symmetriezentrum werden im elektrischen Feld doppelbrechend | Optisch isotropisches Material wird im transversalen elektrischen Feld doppelbrechend |
| Abhängigkeit vom elektrischen Feld $E$ | $\|n_0 - n_e\| = r \cdot E$ | $\|n_0 - n_e\| = K \cdot E^2$ |
| Gangunterschied $\Delta$ nach Durchlaufen der Länge $\ell$ | $\Delta = r \cdot \ell \cdot E \cdot n_0^3$ | $\Delta = K \cdot \ell \cdot E^2 \cdot \lambda$ |
| Geometrie | Elektrisches Feld $E$ meist in longitudinaler Richtung (auch transversal möglich) | Elektrisches Feld $E$ senkrecht zur Ausbreitungsrichtung des Lichtes |
| Typische Feldstärke für den Gangunterschied $\Delta = \lambda/2$ | $U \approx 4$ kV (longitudinale Zelle von KD·P (deuteriertes Kaliumhydrogenphosphat) | $E \approx 10^6$ V/m |
| Modulationsfrequenz | Modulierbar bis über 1 GHz | Bis etwa 200 MHz |

**Tabelle 2.15-2** Brechzahl $n_0$ und elektrooptische Konstante r in Materialien mit dem Pockels-Effekt

| Material | Brechzahl $n_0$ | Elektrooptische Konstante r in $10^{-12}$ m/V |
|---|---|---|
| Quarz | 1,54 | 1,4 |
| Galliumarsenid (GaAs) ($\lambda = 10{,}6$ μm) | 3,3 | 1,51 |
| Zinksulfid (ZnS) ($\lambda = 600$ nm) | 2,36 | 2,1 |
| Ammoniumdihydrogenphosphat $(NH_4)H_2PO_4$ (ADP) ($\lambda = 546$ nm) | 1,48 | 8,56 |
| Kaliumdihydrogenphosphat $KH_2PO_4$ (KDP) | 1,51 | 11 |
| Kaliumdihydrogenphosphat deuterisiert $KH_2PO_4$ (KD*P) | 1,51 | 24,1 |
| Lithiumtantalat ($LiTaO_3$) | 2,18 | 30,5 |
| Lithiumniobat ($LiNbO_3$) | 2,29 | 30,9 |

**Tabelle 2.15-3** Kerr-Konstante in ausgewählten Materialien

| Material<br>(20 °C; $\lambda = 589$ nm) | Kerr-Konstante K<br>in $10^{-12}$ m/V$^2$ |
|---|---|
| Stickstoff (N$_2$) bei Normalbedingungen | $4 \cdot 10^{-6}$ |
| Sonstige Gase | $10^{-3}$ |
| Schwefelkohlenstoff (CS$_2$) | 0,036 |
| Wasser (H$_2$O) | 0,052 |
| Nitrotoluol (C$_7$H$_7$NO$_2$) | 1,4 |
| Nitrobenzol (C$_6$H$_5$NO$_2$) | 2,4 |

### 2.15.3 Anwendungen

Bild 2.15-2 zeigt die Anwendungsbereiche von elektrooptischen Sensoren. Elektrooptische Zellen können Licht *trägheitslos* schalten. Dadurch sind vor allem Anwendungen in der *Hochgeschwindigkeitsfotografie* (z. B. Echtzeitaufnahmen von molekularen Bewegungen oder Atomschwingungen) oder bei der Lichtmodulation im Tonfilm und im Bildfunk interessant. Im militärischen Bereich sind vor allem eine schnelle und zuverlässige *Objekterkennung* (z. B. Raketen) und *Objektklassifizierung* (Freund/Feind; Rakete, Flugzeug, U-Boot) möglich. Deshalb spielt dieser Sensortyp für die Aufklärung zu Wasser und in der Luft eine wichtige Rolle.

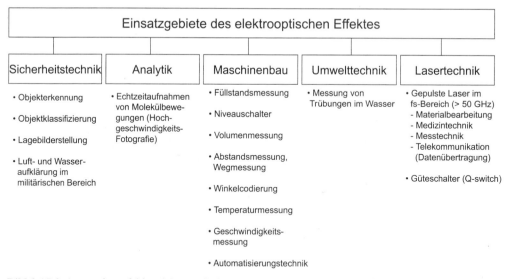

**Bild 2.15-2** Anwendungsfelder elektrooptischer Sensoren

Im Maschinenbau ist ebenfalls eine Fülle von Anwendungen denkbar, vor allem in der Automatisierungs- und Fertigungstechnik (z. B. Bearbeitung mit ultrakurzen Laserimpulsen). Bild 2.15-3 zeigt eine Füllstandsmessung mit einem elektrooptischen Sensor. Dieser besteht aus einem Infrarot-LED und einem Lichtempfänger. Solange die Spitze nicht in die Flüssigkeit eingetaucht ist, wird das Licht innerhalb des Sensors zum Empfänger reflektiert. Steigt der Flüs-

## 2.15 Elektrooptischer Effekt

sigkeitsstand und umgibt die Spitze, dann wird Licht in der Flüssigkeit gebrochen, so dass nur ein Teil des Lichtes den Empfänger erreicht. Dieser Lichteinfall wird detektiert und elektronisch ausgewertet, um entsprechende Maßnahmen einzuleiten (z. B. Alarm oder Abschaltung).

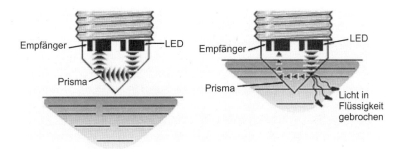

**Bild 2.15-3** Füllstandsmessung mit einem elektro-optischer Sensor (Werkfoto: Meyer Industrie-Elektronik GmbH – Meyle)

Um äußerst intensive Laserimpulse im Bereich von femto-Sekunden (fs = $10^{-15}$ s) zu erhalten, müssen Laserpulse, die eine höhere Intensität aufweisen, verstärkt werden. Bild 2.15-4 zeigt eine solche Anordnung. Ein Laserstrahl hat eine *gaußförmige Intensitätsverteilung*, d. h. im mittleren Bereich ist die Strahlungsintensität am größten und lässt dann an den Rändern nach. Die Brechzahl eines Kerr-Elementes ist abhängig von der Lichtintensität. Deshalb wird intensives Licht stärker fokussiert als nicht intensives. Die intensiven Laserimpulse sind auch wesentlich kürzer. Es stellt sich folgender Effekt ein: Das *intensive Laserlicht* in der Mitte wird *stärker fokussiert*. Eine Blende stellt sicher, dass nur dieses intensivere Licht durchgelassen wird und durch einen Spiegel wieder zurückreflektiert wird. In den nächsten Läufen wird es weiter fokussiert, so dass *immer intensivere* und *kürzere Laserimpulse* entstehen. Auf diese Weise kann man Laserimpulse im fs-Bereich erzeugen. Die Verstärkung hat dann ein Ende, wenn das Material (Blende, Spiegel, Kerr-Linse) zerstört wird.

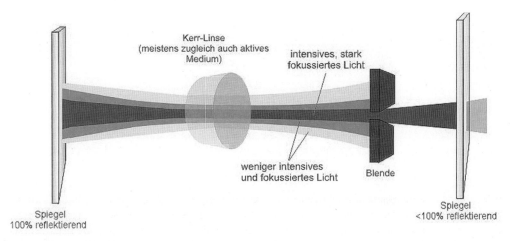

**Bild 2.15-4** Selbstfokussierung von Laserstrahlen durch eine Kerr-Linse (Foto: Forschungszentrum Dresden-Rossendorf)

## 2.16 Elektrochemische Effekte

### 2.16.1 Funktionsprinzip und Klassifizierung

Wenn eine *chemische Reaktion* mit einem *elektrischen* Strom verknüpft ist (Verbindung von Stoff- mit Ladungstransport), so ist dies ein *elektrochemischer Vorgang*, welcher für *elektrochemische Sensoren* nutzbar sein kann. Man unterscheidet oft zwischen *potenziometrischen, amperometrischen und konduktometrischen* bzw. *impedimetrischen* Sensoren. Zuweilen werden auch auf den Prinzipien der *Coulometrie und der Voltammetrie arbeitende* Messanordnungen einbezogen. Neuerdings empfiehlt man auch eine Unterteilung in voltammetrische und potenziometrische Sensoren sowie chemisch sensibilisierte Feldeffekt-Transistoren und potenziometrische Festkörperelektrolyt-Gassensoren. Bild 2.16-1 zeigt eine häufig genutzte Übersicht über die elektrochemischen Sensoren. Vor allem die Potenziometrie und die Amperometrie spielen für eine Reihe von *Biosensoren* (Abschnitt 12) als Grundelemente eine wesentliche Rolle. Mit potenziometrischen Sensoren ist man unter anderem in der Lage, die Aktivitäten spezieller Ionen zu bestimmen. Man spricht in diesen Fällen von *ionenselektiven* Elektroden, die auch als *Feldeffekttransistor* realisiert werden können (ISFET: Ionensensitiver Feldeffekttransistor).

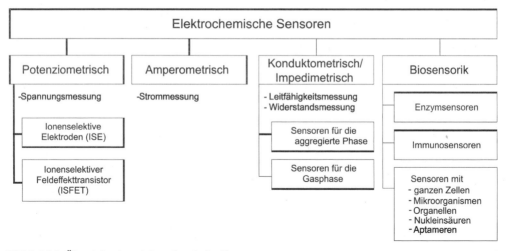

**Bild 2.16-1** Übersicht über elektrochemische Sensoren

### 2.16.2 Potenziometrische Sensoren

Der potenziometrischen Sensorik, bei der es um die Messung einer *Potenzialdifferenz* zwischen einer Mess- und einer Bezugselektrode geht, liegt die für die physikalische Chemie fundamentale *Nernst'sche Gleichung* zu Grunde, die in ihrer allgemeinen Form in Gl. (2.16.1) formuliert ist. $\Delta_R G$ bzw. $\Delta_R G^{\ominus}$ stellen dabei die Änderung der freien Enthalpie bzw. deren Wert für den Standardzustand in Bezug auf die durch Gl. (2.16.2) gegebene Reaktion, an der k Stoffe $A_i \ldots A_k$ beteiligt sind, dar. R ist die allgemeine Gaskonstante (R = 8,314 Ws mol$^{-1}$ K$^{-1}$), $T$ die Temperatur, $\{a_i\}$ die auf die Standardaktivität bezogene Aktivität des Stoffes i und $v_i$ der stöchiometrische Koeffizient des Stoffes i in der Reaktionsgleichung.

## 2.16 Elektrochemische Effekte

$$\Delta_R G = \Delta_R G^{\ominus} + RT \ln \prod_{i=1}^{k} \{a_i\}^{v_i} \tag{2.16.1}$$

$$v_1 A_1 + v_2 A_2 + \ldots \rightarrow \ldots + v_{k-1} A_{k-1} + v_k A_k . \tag{2.16.2}$$

Bezieht man die sogenannte *elektromotorische Kraft E* enthaltende Gl. (2.16.3) in die Betrachtungen ein, die zum Ausdruck bringt, dass die elektrische Energie ein Vielfaches ($z$) der einem Äquivalent entsprechenden Ladungsmenge von 96.493 Coulomb/val (= 1 F) ist, so gelangt man unter der Vorraussetzung $U = -E$ ($U$: Zellspannung) zu der für den Spezialfall der potenziometrischen Sensorik gebräuchlichen Gl. (2.16.4) mit der Standardspannung $U^{\ominus}$ (Spannung, die sich für 1 mol/l des zu analysierenden Spezies ergibt) und der Aktivität der elektrochemisch zu bestimmenden chemischen Komponente $a_x$.

$$\Delta_R G = zFE \tag{2.16.3}$$

$$U = U^{\ominus} + \frac{RT}{zF} \ln a_x . \tag{2.16.4}$$

Potenziometrische Sensoren kommen für eine Reihe von Analyten zum Einsatz und dies sowohl im Normal- als auch im Hochtemperaturbereich, wozu im Abschnitt 11 spezielle Ausführungen gemacht werden. Einen Schwerpunkt bildet dabei die *Ionenanalytik*. Aus der in Bild 2.16-2 gezeigten schematischen Darstellung einer potenziometrischen Messkette für diesen Einsatzzweck ist ersichtlich, dass die ionenselektive Membran das Kernstück dieser Sensorart darstellt. Die potenziometrischen Messungen müssen mit Messwertverstärkern ausgeführt werden, die extrem hohe Eingangswiderstände ($R_E > 10^{12}$ Ω) besitzen und eine möglichst geringe Strombelastung ($I < 10^{-12}$ A) aufweisen.

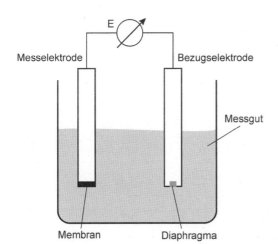

**Bild 2.16-2** Schema einer potenziometrischen Messkette

Man unterscheidet zwischen *Festkörper-* und *Flüssig-* oder *Gelmembranen*. Erstgenannte sind aus amorphen Materialien bzw. aus schwerlöslichen Salzen in Form von Ein- und Polykristallen zusammengesetzt. Letztere basieren auf organischen Verbindungen, wobei zwischen flüssigen und Gelmembranen eine enge methodische Verwandtschaft besteht. In beiden Fällen werden dieselben ionenaktiven Lösungen verwendet; zur Verbesserung der Handhabbarkeit werden zur Bildung der *Gelmembran* lediglich geeignete *organische Hochpolymere* zugesetzt.

Somit wird im Vergleich zu flüssigen Membranen vorteilhafterweise eine mechanisch stabilere Grenzfläche Membran/Probe erhalten, das Potenzial der Messelektrode ist weniger strömungsabhängig und die Elektrodenwartung ist einfacher. Demgegenüber ist das Angebot an ionenaktiver Substanz geringer, was die Lebensdauer des Sensors einschränkt. Des Weiteren ist keinerlei Regenerationsvermögen der Membran bei einer „Vergiftung" mit Störionen in hoher Konzentration gegeben. *Störioneneinflüsse* stellen generell ein Problem bei der Messung mit ionenselektiven Elektroden dar. So gibt es praktisch überhaupt keinen potenziometrischen Sensor, der vollkommen selektiv auf nur ein einziges Spezies reagiert, wobei es bei den einzelnen Membranmaterialien signifikante Unterschiede in Bezug deren Querempfindlichkeit gegenüber chemisch ähnlichen Komponenten gibt. Diesem Umstand trägt die *Nikolskij-Gleichung* (Gl. (2.16.5)) Rechnung, welche eine Erweiterung der *Nernst'schen Gleichung* darstellt und den potenzialbildenden Einfluss der Aktivitäten des zu detektierenden Ions i mit der Wertigkeit z sowie des Störions j mit der Wertigkeit m beschreibt. Die Größe $k_i$ repräsentiert den Selektivitätskoeffizienten.

$$U = U\ominus + \frac{RT}{zF}\ln a_i + k_i a_j^{\frac{z}{m}}.$$ (2.16.5)

Bei den potenziometrischen Sensoren für den Normaltemperaturbereich dominiert seit längerer Zeit die im Jahre 1906 erstmals beschriebene *pH-Glaselektrode* in der Ausführungsform nach Bild 2.16-3. Aus dem Grunde wird ihre Funktionsweise als potenziometrischer Sensor etwas ausführlicher dargestellt werden. Wie aus dem schematischen Aufbau in Bild 2.16-3 zu erkennen ist, dient als sensitives Element eine dünne (0,1 mm bis 0,2 mm dicke) Oxidglasmembran, die in der Praxis je nach Applikationszweck in unterschiedlicher Geometrie gestaltet sein kann (Bild 2.16-4). Eine mögliche Glaszusammensetzung beinhaltet 72 Ma % $SiO_2$, 22 Ma % $Na_2O$ und 6 Ma % CaO.

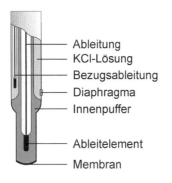

**Bild 2.16-3**
Schema einer Glaselektrodeneinstabmesskette, bestehend aus Indikatorelektrode in konstruktiver Einheit mit der (äußeren) Bezugselektrode (hier: Ag/AgCl, Cl⁻)

**Bild 2.16-4**
Ausführungsformen von Glasmembranen

Im Innern der Glaselektrode befindet sich eine Lösung mit bekannter $H_3O^+$-Konzentration (*Pufferlösung*). In diese taucht die innere Referenzelektrode als Ableitelement ein; die Glas-

## 2.16 Elektrochemische Effekte

elektrode selbst taucht in die Messlösung ein. Die äußere Referenzelektrode steht mit der Probelösung über ein Diaphragma (z. B. poröse Keramik, verdrillte Platindrähte oder Glasschliff) in Verbindung und vervollständigt die potenziometrische Messkette. An den Oberflächen der Glasmembran bilden sich Quellschichten aus, in die sich $H_3O^+$-Ionen ein- und auslagern können. Im Idealfall herrschen im Falle der Übereinstimmung von Innenpuffer- und Messlösung an den Phasengrenzflächen zwischen beiden Quellschichten und den korrespondierenden Lösungen vollkommen identische Verhältnisse. Für das dann vorliegende System *innere Referenzelektrode ($B_i$)//Innenpuffer/Quellschicht-Glas-Quellschicht/Messlösung//äußere Referenzelektrode ($B_a$)* sollte im Falle eines symmetrischen Messkettenaufbaus ($B_i = B_a$) gemäß der die *pH*-Definition ($pH = -\lg a_{H_3O^+}$) enthaltenden Gl. (2.16.6) ein Potenzial von 0 Volt gemessen werden. In der Realität sind jedoch äußere und innere Quellschicht in der Regel nicht völlig gleich aufgebaut. Gründe hierfür sind beispielsweise die *Alkaliverdampfung* auf der äußeren Glasmembranoberfläche während der glasbläserischen Elektrodenherstellung, die unterschiedliche Vorgeschichte der *Auslaugschichten*, große Unterschiede der *osmotischen Drücke* zwischen Messlösung und Innenpuffer sowie *elektrochemische Blockierungen* an Glasoberflächen durch Adsorbate (z. B. Korrosionsprodukte des Glases). Dies führt zur Ausbildung von *Gegenpotenzialen* und äußert sich im Auftreten einer *Asymmetriespannung* ($U_{as}'$), welche in Gl. (2.16.7) Berücksichtigung findet (k: Steilheit der Glaselektrodenmesskette).

$$U = U(B_i) - U(B_a) + \frac{2{,}3RT}{F} pH_i - \frac{2{,}3RT}{F} pH_a \tag{2.16.6}$$

$$U = k \frac{2{,}3RT}{F}(pH_i - pH_a) + U_{as}'. \tag{2.16.7}$$

Für die praktische Anwendung bedeutet dies, dass vor dem Einsatz der Sensoren stets eine *Kalibrierung* erfolgen muss, um die Abweichungen vom theoretischen Verhalten gerätetechnisch zu kompensieren.

Zu den potenziometrischen Sensoren gehören auch die auf dem Prinzip des *Feldeffekttransistors* basierenden *ionenselektiven Feldeffekttransistoren (ISFET)*. Gemessen wird die Veränderung der Größe der Raumladungszone zwischen Source S und Drain D, die durch die Ionenkonzentration der Messlösung verursacht wird. Bild 2.16-5 zeigt den schematischen Aufbau.

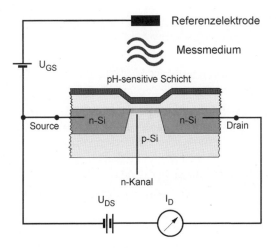

**Bild 2.16-5**
Aufbau eines ionensensitiven Feldeffekttransistors (ISFET)

Anstelle des elektrischen Kontaktes am Gate wird eine ionensensitive Schicht aufgebracht, die im Falle der pH-Wert-Messung beispielsweise aus $Si_3N_4$, $Al_2O_3$ oder $Ta_2O_5$ besteht. Sie kommt direkt mit der Messlösung in Berührung. An die Referenzelektrode, die ebenfalls in die Messlösung eintaucht, wird eine Spannung angelegt. Die Ionenkonzentration in der Messlösung erzeugt am Kontakt zwischen der Messlösung und der ionensensitiven Schicht nach der Nernst'schen Gleichung ein zusätzliches Potenzial ($U_{GS}$: Gate-Spannung, $U_{DS}$: Drain-Spannung). Dieses beeinflusst die Raumladungszone zwischen Source und Drain. Dadurch entsteht ein Drainstrom $I_D$, der gemessen wird und proportional zu der Ionenkonzentration der Messlösung ist. Der Vorteil dieser Sensoren besteht in der *geringen Baugröße*, der *leichten Veränderbarkeit* der *Sensitivität*, der *mechanischen Stabilität* und den *geringen Kosten* aufgrund der hohen Stückzahlen. Auf die biochemischen Anwendungen wird in Abschnitt 12 eingegangen.

### 2.16.3 Amperometrische Sensoren

Amperometrische Sensoren, die es meist in Gestalt von 2- oder 3-Elektroden-Anordnungen gibt, messen den *Strom*, der durch eine elektrochemische Reaktion des Analyten entsteht. Zu diesem Zweck wird an den Sensor eine konstante Spannung (Polarisationsspannung) angelegt und dieser Strom gemessen. Die an der Messelektrode wirksame Polarisationsspannung setzt sich bei einer 2-Elektroden-Anordnung aus der äußeren Spannung und der Spannung der Gegenelektrode zusammen. Bei einer 3-Elektroden-Anordnung entfällt der Beitrag der Gegenelektrode. Als über ein amperometrisches Messgerät oder über einen Potenziostaten zu realisierende Polarisationsspannung wird ein Wert gewählt, der sich im Bereich des Plateaus des Diffusionsgrenzstromes für das jeweils konkrete System befindet. Bild 2.16-6 zeigt das Schema eines Sauerstoffsensors.

Der Strom ist ein Maß für die Reaktionsgeschwindigkeit der Reaktionen in der Elektrode. Er ist der *Konzentration* direkt proportional und besitzt eine *kurze Ansprechzeit*, weil die Elektrode nicht im thermodynamischen Gleichgewicht mit dem Analyten sein muss. Zudem lässt sich dieser Sensortyp relativ einfach und damit auch kostengünstig *miniaturisieren*. Amperometrische Sensoren sind prinzipiell *wenig selektiv*, da bei ein und derselben Polarisationsspannung häufig unterschiedliche elektrochemische Reaktionen ausgelöst werden können. Die Selektivität wird daher in den meisten Fällen durch zusätzliche, nachfolgend aufgeführte zwei Maßnahmen erreicht:

1. Vorschaltung von Filterschichten, die nur bestimmte Spezies an die Elektrodenoberfläche gelangen lassen, um dort umgesetzt zu werden (*permselektive Membrane* bzw. *Monoschichten* mit *intermolekularen Kanälen*);
2. Anbringung von *selektiv* wirkenden *Katalysatoren* auf der Oberfläche der Elektroden, die unter mehreren möglichen chemischen Reaktionen nur die gewünschte bevorzugen.

Bild 2.16-6 zeigt den schematischen Aufbau einer 2-Elektroden-Anordnung eines (membranbedeckten) amperometrischen Sensors, der von *Clark* insbesondere für die Sauerstoffmessung vorgeschlagen wurde. Er besteht aus einer Platinkathode, einer Silberanode und einer KOH-Lösung als Elektrolyt. Bei der chemischen Reaktion wird an der Kathode Sauerstoff zu $OH^-$ reduziert, und an der Anode bilden sich Silberionen (Gln. (2.16.8) und (2.16.9)).

$$O_2 + 2H_2O + 4e^- \rightarrow 4OH^- \qquad (2.16.8)$$

$$4Ag + 4Cl^- \rightarrow 4AgCl + 4e^-. \qquad (2.16.9)$$

## 2.16 Elektrochemische Effekte

Entscheidend ist eine *gaspermeable Membran*, die häufig aus einer PTFE-Folie besteht. Dieses Material ist stark hydrophob, so dass das Wasser die Poren nicht durchdringen kann, sondern nur das Gas. Die Membran trennt den Sensor von der Messlösung und ist unmittelbar vor der Arbeitselektrode angebracht. In Bild 2.16-7 ist ein kommerzieller *Clark-Sensor* dargestellt.

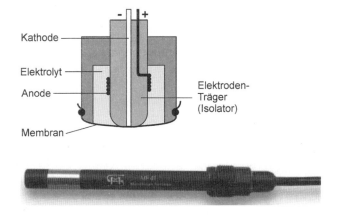

**Bild 2.16-6**
Amperometrischer Sensor
in 2-Elektroden-Ausführung

**Bild 2.16-7**
Amperometrischer Sauerstoffsensor nach Clark

### 2.16.4 Konduktometrische und impedimetrische Sensoren

Die Konduktometrie befasst sich mit der Messung der *Leitfähigkeit* von Medien. Sie kommt dadurch zustande, dass Substanzen mit ionogener oder stark polarer Bindung in geeigneten Lösungsmitteln durch elektrolytische Dissoziation Kationen und Anionen bilden. Diese sind in der Lage, den elektrischen Strom zu leiten. Die Leitfähigkeit setzt sich additiv aus den Einzelleitfähigkeiten aller in der Lösung vorhandenen Ionen zusammen. Damit ist es in solchen Fällen nicht möglich, mittels Leitfähigkeitsmessung eine bestimmte Ionenart zu identifizieren. Man ermittelt den Widerstand der Lösung.

Auch die *Leitfähigkeit* oder die *Impedanz* eines (Sensor-)Materials können die Messgrößen von Sonden sein (Taguchi- oder Figaro-Sensor), worauf in Abschnitt 11.3.4 näher eingegangen wird.

### 2.16.5 Anwendungsbereiche

Elektrochemische Sensoren sind in der Lage, *Konzentrationen* von Substanzen in *Boden, Wasser* und *Luft* zu messen. Damit spielen sie vor allem in folgenden Anwendungsfeldern eine wichtige Rolle:

- Umweltdiagnostik,
- Prozesskontrolle und -steuerung und
- Sicherheit am Arbeitsplatz.

Der Sensortyp wird häufig auch in der Lebensmitteltechnologie und in der Medizintechnik verwendet. Es ist ebenfalls in vielen Fällen eine Überwachung der gesetzlich vorgeschriebenen *Arbeitsplatz-Grenzwerte* (AGW) und der *biologischen Grenzwerte* (BGW) möglich, welche die früheren *MAK-Grenzwerte* (MAK: Maximale Arbeitsplatz-Konzentration) ersetzen.

Beispielhaft zeigt Tabelle 2.16-1 hierfür eingesetzte Gassensoren, ihre typischen Messbereiche und ihre Anwendungsgebiete.

**Tabelle 2.16-1** Wichtige Gassensoren, Messbereiche und Anwendungsfelder
(Quelle: Honold Umweltmesstechnik)

| Sensor | Messbereich | Anwendungsfeld |
|---|---|---|
| $AsH_3$ (Arsin) | 0 ppm bis 1 ppm | AGW-Überwachung, Halbleiterindustrie |
| $C_4H_{10}$ (Butan) | 0 ppm bis 1.000 ppm | AGW-Überwachung, Lackiererei |
| $Cl_2$ | 0; 5 ppm bis 50 ppm | AGW-Überwachung, Gaswäscher, Wasserbehandlungsanlagen, Schwimmbäder, kontinuierliche Überwachung bei hohen $Cl_2$-Konzentrationen |
| $ClO_2$ | 0 ppm bis 1 ppm | AGW-Überwachung bei der Papierherstellung, in Schwimmbädern und Abwasserbehandlungsanlagen |
| CO | 0; 500 ppm bis 1.000 ppm | AGW-Überwachung in Tunneln, Bergwerken, Parkhäusern |
| $CO_2$ | 0 ppm bis 5.000 ppm | AGW-Überwachung, Lebensmitteltechnologie, Getränketechnik |
| $COCl_2$ | 0 ppm bis 1 ppm | Personenbezogene AGW-Überwachung, stationäre Überwachung in der chemischen Industrie |
| $F_2$ | 0 ppm bis 1 ppm | Lecksuche |
| $GeH_4$ | 0 ppm bis 50 ppm | Halbleiterindustrie |
| $H_2$ | 0; 1 % bis 4 % | AGW-Überwachung, Brennstoffzellen |
| $H_2S$ | 0; 30 ppm bis 5.000 ppm | AGW-Überwachung, Bodenluftmessung, Deponiegasüberwachung, keine Reaktion von $H_2$ mit ungesättigten Kohlenwasserstoffen bei 40 °C bis 60 °C |
| HBr | 0 ppm bis 30 ppm | AGW-Überwachung, Lecksuche, Pharmaindustrie |
| HCl | 0 ppm bis 30 ppm | AGW-Überwachung, Lecksuche, Pharmaindustrie |
| HCN | 0 ppm bis 30 ppm | AGW-Überwachung, Goldminenüberwachung |
| HF | 0 ppm bis 10 ppm | AGW-Überwachung, Lecksuche, Halbleiterindustrie |
| $NH_3$ | 0; 100 ppm bis 1.000 ppm | AGW-Überwachung, Lecksuche, Kühlhäuser, Kompressoren |
| NO | 0; 100 ppm bis 500 ppm | AGW-Überwachung, medizinische Anwendungen |
| $NO_2$ | 0 ppm bis 50 ppm | AGW-Überwachung, medizinische Anwendungen |
| $O_2$ | 0; 1 %vol bis 100 %vol | AGW-Überwachung, Bodenluftmessung, Deponiegasüberwachung |
| $O_3$ (Ozon) | 0 ppm bis 1 ppm | AGW-Überwachung |
| $SO_2$ (Silan) | 0 ppm bis 2 ppm | AGW-Überwachung, Lebensmitteltechnologie, Textilindustrie |
| $SiH_4$ | 0 ppm bis 50 ppm | AGW-Überwachung, Halbleiterindustrie |

## 2.17 Chemische Effekte

### 2.17.1 Physikalisch-chemische Wechselwirkungen von Gasen mit Oberflächen

Gase stehen mit kondensierten Phasen (Flüssigkeiten und Festkörper) in beträchtlicher *Wechselwirkung*. Durch *Diffusion* und *Strömung* gelangen sie aus dem Gasvolumen an die Oberfläche von kondensierten Phasen, können sich in diesen lösen oder werden an deren Oberflächen mehr oder weniger stark gebunden. Nach Art der Kräfte, die zwischen dem Gaspartikel und der Oberfläche wirken, unterscheidet man zwischen *Physisorption* und *Chemisorption*.

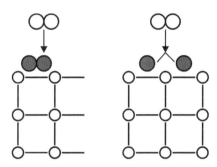

**Bild 2.17-1** Chemisorption (links) und Physisorption (rechts) von molekularem Sauerstoff an einer Festkörperoberfläche

Welche der Mechanismen wirksam ist, hängt von der Art des Gases und des Festkörpers ab. Zum Beispiel wird Sauerstoff an Goldoberflächen hauptsächlich physisorbiert (Bild 2.17-1, rechts)

$$O_2(g) \xrightarrow{Au} O_2(ad),\qquad(2.17.1)$$

während unter gleichen Bedingungen bei einer Temperatur von $\vartheta > 500$ °C an Platin die chemische Bindung im Sauerstoffmolekül aufgebrochen und Sauerstoff also chemisorbiert (Bild 2.17-1, links) wird:

$$O_2(g) \xrightarrow{Pt} 2O(ad).\qquad(2.17.2)$$

Bei der Physisorption sind relativ *schwache Dispersionskräfte*, die *van-der-Waals'schen Kräfte*, bei der Chemisorption echte *chemische Bindungen* aufgrund *elektrostatischer Wechselwirkungen* wirksam. Sorbierte (sowohl ad- wie auch chemisorbierte) Teilchen können miteinander oder auch mit anderen Gaspartikeln chemisch reagieren; die entstandenen Reaktionsprodukte können teilweise oder vollständig desorbiert werden. Bei hohen Temperaturen beobachtet man eine chemische Reaktion des Gases mit daraus gebildeten Ionen im Festkörper.

Im Folgenden werden die einzelnen Erscheinungen, die zum tieferen Verständnis von Sensormechanismen notwendig sind, phänomenologisch behandelt und die zur ihrer Beschreibung verwendeten physikalisch-chemischen Gesetze aufgeführt. Eine Übersicht über die hier diskutierten Wechselwirkungen, ihre Einordnung sowie die sie beschreibenden Gesetze wird in Tabelle 2.17-1 gegeben.

**Tabelle 2.17-1** Wechselwirkungen Gas – kondensierte Phase (MWG: Massenwirkungsgesetz)

| Art der kondensierten Phase | Gas – Flüssigkeit | | Gas – Festkörper | | | |
|---|---|---|---|---|---|---|
| Räumliche Ausdehnung | Volumen | | Oberfläche | | Volumen | |
| Beschreibung | Keine Reaktion mit Flüssigkeit | Reaktion mit Flüssigkeit | Adsorption | Chemisorption | Lösung im Festkörper-Gas in Polymer | Aufnahme und Abgabe von Gas unter Defektbildung |
| Gesetz | HENRY-sches Gesetz | HENRY-sches Gesetz, MWG | LANGMUIR-, FREUNDLICH- BET-Isotherme | LANGMUIR- FREUNDLICH- Isotherme | HENRY-sches Gesetz | MWG |
| Beispiel | $O_2/H_2O$ | $CO_2/H_2O$ | $O_2/Au$ | $O_2/Pt$ | $O_2$ in Polyethylen | $O_2$/Oxid |
| Energetischer Effekt in kJ/mol | 20 bis 35 | | < 50 | 70 bis 100 | 30 bis 50 | 100 |

## 2.17.2 Gaslöslichkeit (Absorption)

Gase lösen sich in Flüssigkeiten, aber auch in Kunststoffen nach Maßgabe des Gaspartialdrucks. Je höher dieser ist, umso größer ist die Konzentration des gelösten Gases. Für konstante Temperatur gilt die *Nernst'sche Gleichung* in folgender Formulierung:

$$a_{xb} = K_H p_{gas},\qquad(2.17.3)$$

wobei $a_{xb}$ die Molenbruchaktivität ($a_{xb} = x_b f_x$) darstellt. Der Index b steht für den gelösten Stoff. $K_H$ ist die *Henry-Konstante* und $f_x$ der konzentrationsabhängige *Aktivitätskoeffizient*. In idealen Lösungen, in denen die gelösten Teilchen in großer Verdünnung vorliegen, beispielsweise permanente Gase wie $N_2$ oder Ar in Wasser, kann man näherungsweise die Aktivität (die thermodynamisch wirksame Konzentration) der Konzentration gleichsetzen und man erhält mit $a_{xb} \gg x_b$:

$$x_b = K_H p_{gas}.\qquad(2.17.4)$$

Der Molenbruch des gelösten Stoffes ist seinem Partialdruck in der darüber befindlichen Gasphase proportional. Für die Henry-Konstante $K_H$ ergibt sich bei konstanter Temperatur ein konstanter Wert.

$$\frac{x_b}{p_{gas}} = \text{const} = K_H(T).\qquad(2.17.5)$$

Diese Löslichkeitskonstante $K_H$ wird in verschiedenen Einheiten und unter verschiedenen Bedingungen angegeben, beispielsweise in cm³g⁻¹ atm⁻¹ oder mgl⁻¹. Die Löslichkeit permanenter Gase ist gering und nimmt mit steigender Temperatur ab. Die Sättigungskonzentration beispielsweise von Sauerstoff in Wasser beträgt bei Umgebungsluft und 20 °C unter Normaldruck (101.325 Pa) 9,08 mg $O_2$/l. Die Temperaturabhängigkeit der Sättigungskonzentration von Luftsauerstoff in Wasser ist im Bild 2.17-2, links gezeigt.

## 2.17 Chemische Effekte

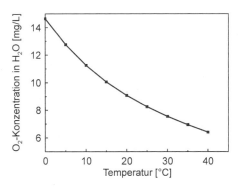
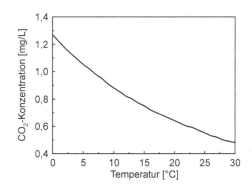

**Bild 2.17-2** Temperaturabhängigkeit der Sättigungskonzentration von Sauerstoff [$p(O_2) = 21.177$ Pa, links] und von $CO_2$ [$p(CO_2) = 38$ Pa, rechts] im System Wasser-Luft

Leicht lösliche Gase, wie die Anhydide $CO_2$, $SO_2$, $H_2S$ oder $NH_3$, reagieren dagegen chemisch mit Wasser. Die $CO_2$-Konzentration beträgt etwa nur 1/10 von der der Sauerstoffkonzentration, obwohl der Sauerstoffpartialdruck etwa 557-mal (21.177Pa/38Pa) größer als der des $CO_2$ ist. Bei der Lösung von $CO_2$ können sich Säure-Basen-Gleichgewichte einstellen, die mit dem Massenwirkungsgesetz (MWG) beschrieben werden. Das Henry'sche Gesetz gilt in diesem Falle nur eingeschränkt. Am Beispiel des Systems $CO_2 - H_2O$ erhält man:

$$CO_2 + H_2O \rightleftharpoons H^+ + HCO_3^- \tag{2.17.6}$$

$$HCO_3^- \rightleftharpoons H^+ + CO_3^{2-} \tag{2.17.7}$$

$$K_1 = \frac{[H^+][HCO_3^-]}{[CO_2]} \tag{2.17.8}$$

$$K_2 = \frac{[H^+][CO_3^{2-}]}{[HCO_3^-]}. \tag{2.17.9}$$

Die Gleichgewichtskonstanten und deren negative dekadische Logarithmen (pK-Werte) betragen für $K_1 = 4{,}3 \cdot 10^{-7}$ mol/l (p$K_1 = 6{,}36$) und für $K_2 = 5{,}61 \cdot 10^{-11}$ mol/l (p$K_2 = 10{,}25$) bei 25 °C. An Hand der quantitativen Behandlung der Gleichgewichte lässt sich zeigen, dass ungebundenes „freies" $CO_2$ in Lösung nur bei einem pH-Wert < 4,3 vorliegt (Bild 2.17-3).

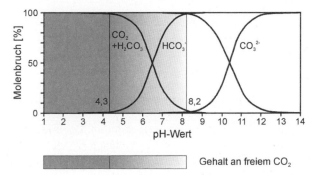

**Bild 2.17-3** Freies und gebundenes $CO_2$ in Wasser in Abhängigkeit vom pH-Wert

Die Angabe der Gaskonzentration hat in diesen Fällen nur zusammen mit dem pH-Wert einen Sinn. Es ist leicht vorstellbar, dass $CO_2$ in realen Systemen wie in Oberflächen- und Seewasser mit einer Vielzahl natürlich vorkommender Säure-Base-Systeme reagieren kann, die dann Senken oder auch Quellen für dieses Gas darstellen. Deshalb ist die Interpretation von Messungen gelöstem $CO_2$ schwierig. Oberflächenwasser enthält meist weniger als 10 mg/l $CO_2$, das aus der Atmosphäre und von biologischen Prozessen stammt. Grundwasser kann Konzentrationen bis zu 100 mg/l $CO_2$ aufweisen. Für die Temperaturabhängigkeit der Sättigungskonzentration von Luft-$CO_2$ in Wasser erhält man eine abfallende Kurve (Bild 2.17-2, rechts).

### 2.17.3 Gastransport zur Festkörperoberfläche

Zum Verständnis von Gasreaktionen an den Oberflächen von Festkörpern sind Kenntnisse der Gesetze des Gastransports aus einem Gasvolumen an die Oberfläche und durch poröse Körper notwendig. Transportgleichungen lassen sich im Allgemeinen wie folgt formulieren:

Strom = empirischer Koeffizient · Fläche · treibende Kraft.

Im Falle des Stoffstroms gilt:

Stoffstrom = empirischer Koeffizient · Fläche · Gradient der treibenden Kraft.

Die Diffusion wird durch die *Fick'schen Gesetze* beschrieben. Für den stationären Fall, für einen zeitlich und örtlich konstanten Gradienten gilt das *1. Fick'sche Gesetz*:

$$j_b = -\frac{dn_b}{dt} - D_b \cdot A \cdot grad\, \mu_b. \qquad (2.17.10)$$

Der Stoffstrom $j_A$ erfolgt nach Maßgabe des Gradienten des chemischen Potenzials des Stoffes b. D ist der Diffusionskoeffizient. Das negative Vorzeichen resultiert daraus, dass der Stofftransport dem Gradienten entgegengesetzt ist, diesen also abbaut. Da das chemische Potenzial vom Partialdruck oder der Konzentration (genau der Aktivität) des jeweiligen Stoffes abhängt,

$$\mu_b = \mu_b^o + RT \ln p_b \quad \text{oder} \qquad (2.17.11)$$

$$\mu_b = \mu_b^o + RT \ln c_b, \qquad (2.17.12)$$

kann man auch den Gradienten des Partialdrucks oder der Konzentration einsetzen und erhält für den Fall der Diffusion in eine Raumrichtung:

$$j_b = -D_b \cdot A \cdot \frac{dp_b}{dx}. \qquad (2.17.13)$$

Näherungsweise lassen sich die differenziellen Größen durch Differenzen ersetzen:

$$j_b = -D_b \cdot A \cdot \frac{\Delta p_b}{l}. \qquad (2.17.14)$$

Dabei wird eine lineare und konstante Partialdruckdifferenz in der Diffusionslänge $l$ angenommen. Erfolgt die Diffusion dagegen in alle drei Raumrichtungen, so muss man

$$\boldsymbol{j} = -D\nabla c = grad\, c \quad \text{ansetzen.}$$

Dabei ist $\nabla = \frac{\partial}{\partial x} + \frac{\partial}{\partial y} + \frac{\partial}{\partial z}$ der Nabla-Operator.

Bei den meisten Diffusionsvorgängen ist der Gradient weder zeitlich noch räumlich konstant. Für diesen Ansatz gilt das *2. Fick'sche Gesetz*:

$$\frac{dc}{dt} = D \frac{d^2 c}{dx^2}. \tag{2.17.15}$$

In diesem wird die Änderung des Gradienten (2. Ableitung) berücksichtigt. Infolge des Stofftransports baut sich der Konzentrationsunterschied immer mehr ab; der Gradient wird also immer kleiner. Das *zweite Fick'sche Gesetz* ist nur unter Annahme bestimmter Randbedingen analytisch nicht immer einfach lösbar.

Für praktische Belange versucht man allerdings Bedingungen zu schaffen, die mit dem 1. Fick' schen Gesetz zu behandeln sind. Von Bedeutung ist die Berechnung des *Diffusionsstroms* an einer Strom durchflossenen Elektrode unter der Annahme, dass jedes elektrochemische Spezies, das die Elektrode erreicht, auch umgesetzt wird. Dann kann man für die *Grenzstromdichte* $i_{d,\lim}$, die in weitem Bereich unabhängig von der Spannung ist, schreiben:

$$i_{d,\lim} = -z_b D_b \frac{c_b}{\delta}. \tag{2.17.16}$$

Dabei ist $z_b$ die Anzahl der umgesetzten Ladungen, $D_b$ der Diffusionskoeffizient, $c_b$ die Konzentration in der Lösung und $\delta$ die Diffusionslänge, innerhalb derer die Konzentration linear abfällt Gl. (2.17.16).

### 2.17.4 Adsorption und Chemisorption

Zur Beschreibung der Adsorption an Oberflächen wird ein dynamischer Vorgang zwischen den Molekülen angenommen, die adsorbiert werden und denen, die desorbiert werden. Im Gleichgewicht sind die Geschwindigkeiten der Ad- und Desorption gleich. Wie viel an der Oberfläche adsorbiert wird, ist vom Partialdruck abhängig. Bei kleinen Partialdrücken beobachtet man zunächst einen proportionalen Anstieg, der bei höheren Drücken, wenn sich zunehmend eine monomolekulare Adsorptionsschicht ausbildet, in einen druckunabhängigen Bereich mündet. Dieses Verhalten wird durch die *Langmuirsche Adsorptionsisotherme* ausgedrückt:

$$\Theta = \frac{v_B}{v_m} = \frac{k_1 p_b}{1 + k_2 p_b}. \tag{2.17.17}$$

$\Theta$ ist der Bedeckungsgrad – das Verhältnis des adsorbierten Gasvolumens zum Gasvolumen, das für die Ausbildung einer totalen Bedeckung notwendig ist. Ist der Druck klein gegenüber 1, also $k_2 p_b < 1$; dann wird der Nenner 1 und die Funktion beschreibt den linearen Anstieg der Oberflächenkonzentration mit dem Druck. Gilt dagegen $k_2 p_b \gg 1$, so kann man die 1 im Nenner vernachlässigen und man erhält einen konstanten druckunabhängigen Wert. Das Verhalten zwischen den beiden Grenzzuständen wird nur unzureichend durch die Langmuir-Isotherme wiedergegeben. Die Isotherme nach der *Freundlich-Gleichung* (2.17.18) spiegelt gerade diesen Bereich gut wider.

$$v = k p^{1/n} \quad n > 1. \tag{2.17.18}$$

Zur Beschreibung der Physisorption in einer Multischicht, einem Kondensat, wird die Isotherme nach *Brunauer, Emmet und Teller (Bet)* verwendet:

$$\frac{p}{v(p_0 - p)} = \frac{1}{v_m c} + \frac{c-1}{v_m c} \frac{p}{p_0}. \tag{2.17.19}$$

Dabei ist $p_0$ der Dampfdruck des flüssigen Adsorptionsmittels und $p$ der Dampfdruck im Gleichgewichtszustand. Diese Isotherme ist die Grundlage der sehr häufig verwendeten Geräte zur Bestimmung von Oberflächen von Pulvern (*BET-Methode*).

### 2.17.5 Reaktionen mit adsorbierten Spezies

Zwischen den physisorbierten und chemisorbierten Teichen an der Festkörperoberfläche und Gasen können nach Maßgabe der katalytischen Aktivität und der Temperatur auch chemische Reaktionen stattfinden. Mit Hilfe kinetischer Untersuchungen lassen sich *zwei Mechanismen* unterscheiden. Wenn zunächst *beide Reaktionspartner* an der Oberfläche adsorbiert werden und zwischen diesen dann die Reaktion erfolgt, spricht man vom *Langmuir-Hinshelwood-Mechanismus*. Ist der Reaktionspartner dagegen ein *Gas*, das mit einem adsorbierten Teilchen reagiert, so handelt es sich um den *Eley-Rideal-Mechanismus*. Diese Betrachtungen spielen eine große Rolle, um die Vorgänge an heißen Sensoroberflächen beispielsweise von Halbleiter-Gassensoren zu verstehen, die in einem Multigas-Komponentensystem betrieben werden.

### 2.17.6 Reaktion des Gases mit dem Festkörper

Neben der reinen physikalischen Lösung können Gase auch chemisch mit dem Festkörper reagieren und die Zusammensetzung der Oberfläche und des Festkörpervolumens punktuell bei Erhalt der Kristallstruktur verändern. Dadurch entstehen gegenüber dem geordneten Gitter *Fehlstellen* (Defekte), welche die elektrischen Eigenschaften des Festkörpers erheblich beeinflussen. Diese Phänomene treten bei höheren Temperaturen auf ($\vartheta > 450\ °C$) und können zu chemischen Gleichgewichten zwischen Gas und Festkörper führen.

Um die Funktionsweise von Festkörpersensoren verstehen zu können, ist eine kurze Einführung in die Fehlordnung von Festkörpern sinnvoll. Mit *Fehlordnungsmodellen* lassen sich die elektrische Eigenschaften, aber auch die Diffusion im und durch den Festkörper erklären. Dabei spielen die Punktfehlordnungen die größte Rolle.

Exemplarisch sei auf die Wechselwirkung zwischen einem Oxid und dem Sauerstoff aus der umgebenden Gasphase näher eingegangen.

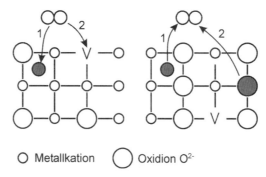

○ Metallkation   ◯ Oxidion $O^{2-}$

**Bild 2.17-4** Einbau (links) und Ausbau (rechts) von gasförmigem Sauerstoff (schematisch). Ein- und Ausbau auf oder vom Zwischengitterplatz 1 und auf oder von regulären Oxidplätzen 2

Ist der Sauerstoffpartialdruck über dem Oxid klein, so erfolgt ein Sauerstoffausbau aus dem Festkörper unter Bildung von Überschusselektronen e′ (Bild 2.17-4, rechts). Im anderen Fall

## 2.17 Chemische Effekte

kann man den Sauerstoffeinbau bei Bildung von Defektelektronen h (von engl. holes) beobachten (Bild 2.17-4, links). Im Zinnoxid wird bei Temperaturen von > 450 °C und kleinen Sauerstoffpartialdrücken das Zinnoxid partiell reduziert. Unter Erhalt des $SnO_2$-Gitters (Rutilstruktur) wird nur ein wenig Sauerstoff ausgebaut, und es entstehen Überschusselektronen, die man sich lokalisiert als $Sn^{3+}$ vorstellen kann. Nach einer von *Kröger* und *Vink* eingeführten relativen Notation kann man für $Sn^{3+}_{Sn^{4+}}$ auch $Sn'_{Sn} = e'$ schreiben. Als Index steht das Ion, das ursprünglich auf diesem Gitterplatz vorhaben war, hier $Sn$, und im Exponent die Ladung. Das reduzierte $Sn^{3+}$ hat eine positive Ladung weniger als das ursprünglich vorhandene $Sn^{4+}$. Diese stellt dann, relativ zum ungestörten Oxid, eine negative Ladung dar. Durch den Sauerstoffausbau entstehen Sauerstoff- oder Oxidionenleerstellen, die mit $V_O$ (von engl. *vacancies*) bezeichnet werden. Diese sind, da zwei negative Ladungen fehlen, zweifach positiv geladen ($V_O^{\circ\circ}$).

$$2Sn + O_O^x \xrightarrow{T, pO_2} 2Sn'_{Sn} + V_O^{\circ\circ} + \tfrac{1}{2} O_2 \,. \tag{2.17.20}$$

Verkürzt nur auf die Oxidionen $O^{2-} = O_O$ ($x$ bedeutet: keine Ladungsänderung gegenüber dem Normalzustand; $x$ wird meist weggelassen) lässt sich formulieren:

$$O_O^x \xrightarrow{T, p} 2e' + V_O^{\circ\circ} + \tfrac{1}{2} O_2 (gas) \,. \tag{2.17.21}$$

Mit dem Massenwirkungsgesetz erhält man:

$$K_{p,c,x} = \frac{[e']^2 [V_O^{\circ\circ}] p_{O_2}^{1/2}}{x_{O_O}} \,. \tag{2.17.22}$$

Wenn der Molenbruch für die normalen Oxidionen als konstant angesehen wird (der Sauerstoffausbau beträgt bei 1.000 K nur etwa 0,001) und die Konzentration der Oxidionenleerstellen ebenfalls konstant ist, dann erhält man:

$$[e'] \propto \sigma \propto const \cdot p_{O_2}^{-\tfrac{1}{4}} \,. \tag{2.17.23}$$

Im Fall variabler Leerstellenkonzentration führt eine Äquivalenzbetrachtung der Ladungsträger dazu, dass die Konzentration der Oxidionenleerstellen halb so groß wie die der Überschusselektronen

$\left[V_O^{\circ\circ}\right] = \dfrac{[e']}{2}$ ist, zu

$$[e'] \propto \sigma \propto const \cdot p_{O_2}^{-\tfrac{1}{6}} \,. \tag{2.17.24}$$

Die elektrische Leitfähigkeit $\sigma$ ist das Produkt aus der Elementarladung e, der Konzentration der Ladungsträger $c$ und ihrer Beweglichkeit $u$:

$$\sigma = e c u \,. \tag{2.17.25}$$

Die elektrische Leitfähigkeit, die proportional zur Konzentration der Überschusselektronen ist, nimmt also mit der 4. oder 6. Wurzel des Sauerstoffs ab oder, je kleiner der Sauerstoffpartialdruck ist, umso größer wird die Leitfähigkeit. Das steht in Übereinstimmung mit der Vorstellung der partiellen Reduktion des $SnO_2$. Experimentell werden beide Abhängigkeiten gefunden, wie aus Bild 2.17-5 zu sehen ist.

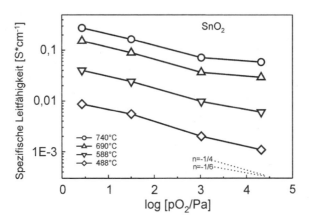

**Bild 2.17-5** Abhängigkeit der elektrischen Leitfähigkeit von SnO$_2$ vom Sauerstoffpartialdruck (Prof. Dr. U. Guth, KSI Meinsberg)

Umgekehrt entstehen durch den Sauerstoffeinbau in ein Oxid, beispielsweise auf Zwischengitterplätze (Symbol i), Defektelektronen h° (von engl. *holes*):

$$\tfrac{1}{2}O_2 + V_i \xrightarrow{p,T} O_O'' + 2\,h° \qquad (2.17.26)$$

$$K_{p,c,x} = \frac{[h°]^2 [O_O'']}{x_{V_i} p_{O_2}^{1/2}}. \qquad (2.17.27)$$

Da Konzentrationen freier Zwischengitterplätze sich praktisch nicht ändern, erhält man bei konstanter Oxidionenkonzentration auf den Zwischengitterplätzen

$$[h°] \propto \sigma \propto const \cdot p_{O_2}^{\tfrac{1}{4}}. \qquad (2.17.28)$$

Sind letztere nicht konstant, so folgt aus der Ladungsäquivalenz $\dfrac{[h°]}{2} = [O_i'']$ :

$$[h°] \propto \sigma \propto const \cdot p_{O_2}^{\tfrac{1}{6}}. \qquad (2.17.6\text{-}29)$$

Die Erzeugung der elektronischen Defekte lässt sich auch mit Hilfe des Bändermodells verstehen, wenn man delokalisierte Überschuss- oder Defektelektronen annimmt. Gitterdefekte verursachen außer den hier geschilderten elektrischen Effekten Verzerrungen in ihrer unmittelbaren Umgebung, was durch eine veränderten Ionenradius und der Wirkung der veränderten Ladung auf die Nachbarionen erklärbar ist.

### 2.17.7 Die Mischphasenfehlordnung

Neben den hier behandelten Fehlordnungen, die aufgrund der thermodynamischen Bedingungen Temperatur und Partialdruck entstehen und deshalb häufig auch als *intrinsische Fehlordnungen* bezeichnet werden, sind auch solche von großer Bedeutung, die durch die gezielte Wahl der Zusammensetzungen von Mischphasen erzeugt werden. Die *Mischphasenfehlordnung* wird auch als *extrinsische Fehlordnung* bezeichnet, da man diese von außen durch die Wahl der chemischen Zusammensetzung erzeugt.

## 2.17 Chemische Effekte

Am Beispiel des stabilisierten ZrO₂, das als Festelektrolyt in *Lambdasonden* verwendet wird, soll dieser Fehlordnungstyp näher erläutert werden. Mischt man dem Zirconiumoxid ein Oxid eines zwei- oder dreiwertigen Metalls wie CaO, MgO oder Y₂O₃ zu und tempert diese Mischung bei Temperaturen > 1.200 °C, so wird innerhalb der Grenzen der Löslichkeit das zwei oder dreiwertige Metallion anstelle des vierwertigen Zr-Ions in den Festkörper eingebaut. Das im Vergleich zum vierwertigem $Zr^{4+}$-Ion zweiwertige $Ca^{2+}$- oder dreiwertige $Y^{3+}$-Ion benötigt nicht zwei Oxidionen ($2O^{2-}$), sondern im Falle von $Ca^{2+}$ ein und für $Y^{3+}$ nur 3/2 Oxidionen ($3/2\ O^{2-}$). Bei gleicher Gitterstruktur bleiben deshalb $O^{2-}$-Positionen unbesetzt. Die Einbaugleichungen, die zu der hier geschilderten chemischen Fehlordnung führt, kann man wie folgt formulieren:

$$CaO \xrightarrow{ZrO_2} Ca''_{Zr} + O^x_O + V^{\circ\circ}_O \qquad (2.17.30)$$

$$Y_2O_3 \xrightarrow{ZrO_2} 2Y'_{Zr} + 3O^x_O + V^{\circ\circ}_O . \qquad (2.17.31)$$

$Ca''_{Zr}$ bedeutet: Ein zweiwertiges $Ca^{2+}$-Ion sitzt auf einem $Zr^{4+}$-Platz. Da ersteres nur zwei positive Ladungen besitzt, also zwei weniger als das $Zr^{4+}$ hat, fehlen zwei positive Ladungen. Somit ist diese Fehlstelle formal zweifach negativ geladen.

Chemisch lässt sich die Zusammensetzung von solchen Phasen durch die Formeln

$$(ZrO_2)_{0.84}(CaO)_{0.16} = Zr_{0.84}Ca_{0.16}O_{1.84} \text{ und} \qquad (2.17.32)$$

$$(ZrO_2)_{0.84}(YO_{1.5})_{0.16} = Zr_{0.84}Y_{0.16}O_{1.92} . \qquad (2.17.33)$$

wiedergeben. In beiden Fällen ist das Kationengitter vollständig (0.84+0.16=1), das Anionen- also Sauerstoffionengitter dagegen unvollständig besetzt. Die Fehlstellenmenge beträgt im ersten Fall 2 – 1,84 = 0,16 mol und im zweiten 2 – 1,92= 0,08 mol. Insgesamt muss die Elektroneutralität gewährleistet sein, d. h. in der Ladungsbilanz müssen gleich viele positive und negative Ladungen vorhanden sein. Weil diese Beimengungen das ZrO₂, das beim Erhitzen in reiner Form mehrere Phasenübergange (monoklin-tetragonal-kubisch) durchläuft, über einen weiten Temperaturbereich (von Raumtemperatur bis 1.500 °C) phasenstabil (kubische Fluoritphase) machen, bezeichnet man diese Mischphasen auch als *stabilisiertes Zirconiumoxid* (abgekürzt: YSZ engl. für *yttria stabilized zirconia*; die Endung -ia bedeutet Oxid des jeweiligen Metalls).

Die Leitfähigkeit von stabilisiertem ZrO₂ ist proportional der Konzentration der Sauerstoffleerstellen und der Beweglichkeit der Oxidionen über diese Leerstellen:

$$\sigma = z F c_{V^{\circ\circ}_O} u_{O_O} . \qquad (2.17.34)$$

Da die Beweglichkeit exponentiell von der Temperatur abhängt, ist auch die elektrische (ionische) Leitfähigkeit durch eine Exponentialfunktion darstellbar:

$$\sigma_{ion} = Const \cdot \exp[-\frac{E_a}{RT}] . \qquad (2.17.35)$$

Mit den ermittelten Werten für ZrO₂ mit einer Dotierung von 8 mol-% Y₂O₃ erhält man:

$$\sigma_{ion} = 1.63 \cdot 10^2 \exp[-\frac{0.79 eV}{kT}] . \qquad (2.17.36)$$

Bei 1.000 °C beträgt somit die Ionenleitfähigkeit etwa 0.1 Ohm⁻¹ cm⁻¹= 0.1 S/cm und liegt damit in der Größenordnung der Leitfähigkeit verdünnter anorganischer Säuren bei 25 °C.

Intrinsische Fehlordnungen entstehen im Gegensatz dazu durch *entropische Effekte*. Mit zunehmender Temperatur verlassen Teilchen ihre Gitterplätze und wandern in Zwischengitterplätze (*Frenkel'sche Fehlordnung*) oder an die Oberfläche des Festkörpers (*Schottky'sche Fehlordnung*). So leitet festes $Na_2CO_3$ bei Temperaturen > 300 °C den elektrischen Strom, weil Natriumionen Zwischengitterplätze besetzen.

$$Na_2CO_3 \rightarrow 2\,Na_i^\circ + 2\,V_{Na}' + CO_{3_{CO3}}{}^x. \tag{2.17.37}$$

Festen Carbonaten sind bei höheren Temperaturen (> 350 °C) Festelektrolyte, mit denen man galvanische $CO_2$-Sensoren aufbauen kann.

## 2.18 Akustische Effekte

### 2.18.1 Definition und Einteilung des Schalls

Schall ist die Ausbreitung von *lokalen Druckschwankungen*. Diese können sich, im Gegensatz zu elektromagnetischen Wellen, nur in Materie ausbreiten und sind *Longitudinalwellen* (Schallgeschwindigkeit ist in Richtung der Druckschwankungen). Je nach Schallfrequenz werden die Schallbereiche folgendermaßen eingeteilt:

- *Infraschall*: nicht hörbarer Bereich bis zu 16 Hz,
- *Hörbarer Schall*: von 16 Hz bis 20 kHz,
- *Ultraschall*: 20 kHz bis 1 GHz und
- *Hyperschall*: ab 1 GHz.

### 2.18.2 Charakterisierung akustischer Wellen

Die akustischen Wellen breiten sich mit einer Schallgeschwindigkeit c aus. Ihre Wellenlänge $\lambda$ ergibt sich aus dem Produkt aus der Frequenz $f$ und der Schallgeschwindigkeit c, so dass gilt:

$$\lambda = c \cdot f.$$

Die Schallwellen können beschrieben werden als *periodische Änderungen* der *Geschwindigkeit* und des *Druckes* der Teilchen. Teilchengeschwindigkeit $u_T$ und Druck $p_T$ setzen sich zusammen aus dem statischen Anteil $u_S$, $p_S$ und dem sich periodisch ändernden Anteil $u$ und $p$. $u$ wird auch als *Schallschnelle* bezeichnet. Daher gilt:

$u_T = u_S + u$ und

$p_T = p_S + p$.

Die Schallschnelle $u(x,t)$ und die periodischen Druckänderungen $p(x,t)$ lassen sich durch harmonische Wellen in Abhängigkeit des Ortes $x$ und der Zeit $t$ wie folgt beschreiben:

$u(x,t) = u_0 \sin(kx - \omega t)$ und

$p(x,t) = p_0 \sin(kx - \omega t)$

mit     $u_0$ : Amplitude der Schallschnelle
           $p_0$ : Druckamplitude
           $\omega$ : Kreisfrequenz: $\omega = 2\pi / T = 2\pi f$
           k : Wellenzahl:    $k = 2\pi / \lambda = \omega / c$
           $T$ : Periodendauer: $T = 1/f$.

## 2.18 Akustische Effekte

Der Quotient aus Schalldruck und Schallschnelle ist die *akustische Impedanz* $Z_a$. Sie ist in einer ebenen Welle eine Konstante:

$Z_a = p / u = \rho\, c$.

### 2.18.3 Schallgeschwindigkeit in idealen Gasen

Die *Abstandsmessung* mit Ultraschall basiert auf einer *Laufzeitmessung* eines Schallpulses. Eine genaue Kenntnis der Schallgeschwindigkeit ist für die Messungen unabdingbar. Die Schallgeschwindigkeit in idealen Gasen ist abhängig von

- der Temperatur $T$,
- der relativen Luftfeuchte und
- Druck (sie ist nicht abhängig vom statischen Druck).

*Abhängigkeit von der Temperatur*

Für die Schallgeschwindigkeit für ideale Gase gilt:

$c = c_0\, (1 + T/273{,}15\ °C)^{1/2}$.

Die Schallgeschwindigkeit $c$ ist proportional zur *Wurzel der absoluten Temperatur T*. Die Schallgeschwindigkeit von Luft beträgt nach dieser Gleichung: 331,5 m/s. Näherungsweise gilt dann:

$c \approx (331{,}5 + 0{,}6\, \delta/°C)$ m/s (mit $\delta$ als Temperatur in °C: $\delta = T - 273{,}15$ K).

Bild 2.18-1 zeigt den Zusammenhang.

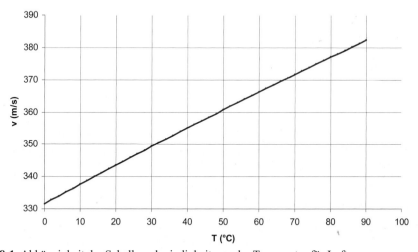

**Bild 2.18-1** Abhängigkeit der Schallgeschwindigkeit von der Temperatur für Luft

**Tabelle 2.18-1** Schallgeschwindigkeit in verschiedenen Gasen

| Gas | c bei 20 °C in m/s | c Messungen in m/s |
|---|---|---|
| Luft | 344 | 343 |
| Wasserstoff | 1.307 | 1.280 |
| Sauerstoff | 308 | 316 |

In Tabelle 2.18-1 sind die Schallgeschwindigkeiten (aus der Formel berechnet und gemessen) anderer Gase zusammengestellt.

### *Abhängigkeit von der relativen Luftfeuchte*

Mit zunehmender Luftfeuchte *erhöht* sich die Schallgeschwindigkeit. Diese Abhängigkeit zeigt Bild 2.18-2.

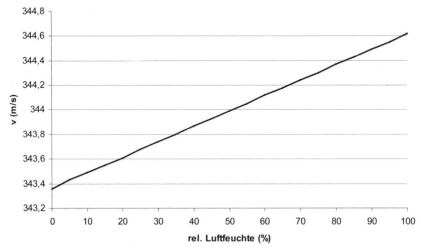

**Bild 2.18-2** Abhängigkeit der Schallgeschwindigkeit von der relativen Luftfeuchte bei 20 °C

### *Abhängigkeit vom Druck*

Die Schallgeschwindigkeit ist in idealen Gasen *nicht* vom statischen Druck abhängig. Der Luftdruck $p$ und die Dichte $\rho$ sind bei gleicher Temperatur proportional zueinander: Der Quotient $p/\rho$ ist eine Konstante.

### 2.18.4 Intensität oder Schallstärke

Mit *Intensität I* bezeichnet man die mittlere Leistung $<P>$, die auf eine Fläche $A$ abgestrahlt wird, die senkrecht zur Ausbreitungsrichtung der Welle steht. Dann gilt:

$$I = <P>/A.$$

Weitere Rechnungen ergeben:

$$I = \tfrac{1}{2}\, p_0^2/Z_A = \tfrac{1}{2}\, p_0\, u_0 = \tfrac{1}{2}\, Z_A\, u_0^2$$

mit  $p_0$ : Amplitude des Druckes
  $Z_A$ : akustische Impedanz.

### 2.18.5 Absorption von Schall in Luft

Die Intensität $I$ einer Schallwelle nimmt mit dem zurückgelegten Weg $x$ ab. Diese *Dämpfung* ist abhängig von der verwendeten Schallfrequenz. Je *höher* die Frequenzen der Schallwellen sind, um so *mehr verkürzt* sich ihre Reichweite. Für die Intensität $I$ in Abhängigkeit von der Entfernung $x$ der Schallquelle gilt:

## 2.18 Akustische Effekte

$I(x) = I_0 \cdot e^{-\alpha x} = I_0 \cdot \exp(-af^{*2}x)$.

Der Absorptionskoeffizient α ist proportional dem Quadrat der Schallfrequenz $f^2$, so dass gilt:

$\alpha = a\, f^2$   mit dem Proportionalitätsfaktor a.

Bild 2.18-3 zeigt dieses Verhalten in Abhängigkeit von der Frequenz über eine Strecke von einem Meter. Die Intensität $I$ an der Schallquelle hat den Wert: $I_0$, die Intensität im Abstand von einem Meter $I$.

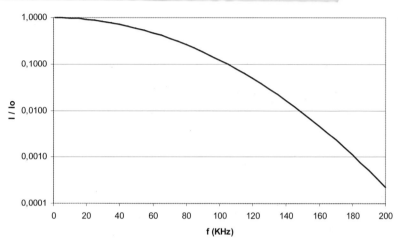

**Bild 2.18-3** Abhängigkeit der Intensität $I$ von der Frequenz über eine Strecke von einem Meter

Die Dämpfung von Schall in Luft ist stark vom *Luftdruck* abhängig. Bei höherem Luftdruck nehmen die Schallabsorption ab und die Reichweite der Sensoren zu.

### 2.18.6 Reflektion und Transmission

Trifft eine Schallwelle, die sich in Luft ausbreitet, auf eine Grenzschicht zu einem anderen Medium, so geht ein Teil der Welle durch diese Schicht in das andere Medium (wird *transmittiert*) und der andere Teil wird *reflektiert*.
Es gilt:

$u_r = r\, u$ und
$u_t = t\, u$.

mit   $u_r$ : Schallschnelle der reflektierten Welle
$u_t$ : Schallschnelle der Schallwelle im anderen Medium
r : Reflektionsfaktor
t : Transmissionsfaktor

Da keine Energie und damit Intensität verloren gehen kann, muss gelten:
$r + t = 1$.

Für den Reflektionsfaktor r gilt:
$r = (Z_L - Z_M) / (Z_L + Z_M)$.

Damit gilt für das Verhältnis Intensität der reflektierten Schallwelle $I_r$ zu der auf die Grenzfläche auftreffenden Schallwelle $I$:

$I_r / I = ((Z_L - Z_M) / (Z_L + Z_M))^2$.

Akustische Impedanzen und der daraus berechnete Anteil der Intensität der reflektierten Wellen, die von Luft auf die Grenzfläche treffen zeigt Tabelle 2.18-2. Aus Tabelle 2.18-2 ist ersichtlich, dass – außer in Luft – bei Wasser und in Feststoffen fast die gesamte Intensität an den Grenzflächen reflektiert wird. Der Anteil, der durch die Grenzfläche in das andere Medium gelangt, ist in diesen Fällen vernachlässigbar.

**Tabelle 2.18-2** Intensität reflektierter Schallwellen

| Medium | Akustische Impedanz $Z_a$ | Reflektierte Intensität $I_r$ |
|---|---|---|
|  | kg /s m² | Luft – Medium |
| Luft 20°C | $4{,}142 \cdot 10^2$ | 0,000 % |
| Wasser 20° | $1{,}484 \cdot 10^6$ | 99,888 % |
| Holz Fichte | $2{,}860 \cdot 10^6$ | 99,942 % |
| Aluminium | $1{,}377 \cdot 10^7$ | 99,988 % |
| Eisen | $3{,}866 \cdot 10^7$ | 99,996 % |
| Piezokeramik | $1{,}865 \cdot 10^7$ | 99,991 % |

## 2.19 Optische Effekte

### 2.19.1 Physikalische Effekte

Die Optik beschäftigt sich mit den Eigenschaften des Lichtes, wie es das Auge wahrnimmt. Das Licht kann zum einen als *elektromagnetische Welle* verstanden und zum anderen als *Teilchenstrom* von *Photonen* interpretiert werden. Die Einteilung der Bereiche von elektromagnetischen Wellen zeigt Bild 2.19-1.

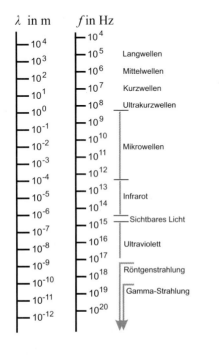

**Bild 2.19-1**
Einteilung elektromagnetischer Strahlung
(Quelle: Hering, Martin, Stohrer: Physik für Ingenieure, 12. Auflage, Springer Verlag)

Sichtbares Licht ist eine sichtbare elektromagnetische Welle im Bereich der Wellenlänge von $\lambda = 380$ nm bis $\lambda = 780$ nm. Dies entspricht einem Frequenzbereich von $f = 3{,}84 \cdot 10^{14}$ Hz bis $f = 7{,}89 \cdot 10^{14}$ Hz. Licht breitet sich im Vakuum mit einer konstanten Geschwindigkeit aus, der *Lichtgeschwindigkeit* c ($c = 299{,}792458 \cdot 10^6$ m/s, etwa 300.000 km/s). Für den Zusammenhang zwischen der Lichtgeschwindigkeit c, der Wellenlänge $\lambda$ und der Frequenz $f$ gilt:

$$c = \lambda \cdot f.$$

## 2.19 Optische Effekte

$$c = \lambda \cdot f.$$

Die elektromagnetische Strahlung wird nach Bild 2.19-1 in folgende weitere Bereiche unterteilt:

- Wellenlängen kleiner als das sichtbare Licht (oder höhere Frequenzen)
  - *UV-Licht* (Ultraviolettes Licht: zwischen $f = 10^{15}$ Hz und $f = 10^{17}$ Hz),
  - *Röntgenstrahlung* (Frequenzen $f > 10^{17}$ Hz) und
  - *γ-Strahlung* (Frequenz $f > 10^{19}$ Hz.

- Wellenlängen größer als das sichtbare Licht (oder geringere Frequenzen)
  - *Infrarot* (Wärmestrahlung: Frequenzen $f$ bis $10^{13}$ Hz),
  - *Mikrowellenstrahlung* (Frequenzen $f$ bis $10^9$ Hz) und
  - *Radiofrequenzen* (Frequenzen $f$ ab $10^9$ Hz bis $f = 10^5$ Hz.

In Bild 2.19-2 sind die Eigenschaften für Licht als *Welle* und Licht als Teilchenstrom (*Photonenstrom*) zusammengestellt.

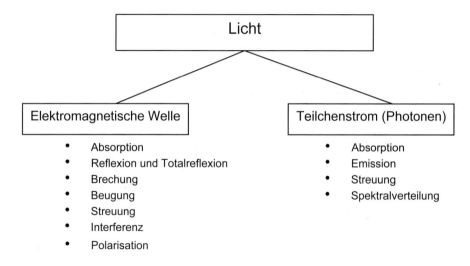

**Bild 2.19-2** Eigenschaften des Lichtes als Welle und Teilchen

Eine elektromagnetische Welle kann *absorbiert* oder *reflektiert* werden. Bei der Absorption verschwindet wird das Licht völlig und es herrscht Dunkelheit. Auf einer *spiegelnden Fläche* wird der Lichtstrahl *reflektiert*. Dabei liegen der einfallende Strahl, das Einfallslot (Flächennormale beim Auftreffpunkt) und der reflektierte Strahl in einer Ebene und es gilt: *Einfallswinkel = Ausfallswinkel*. Diese Eigenschaft ist ein wichtiges Prinzip in der *geometrischen Optik* und erklärt die Bildentstehung bei gekrümmten Flächen (z. B. Parabolspiegel). Ist der Einfallswinkel größer als 90°, dann wird das Licht total reflektiert, d. h. der einfallende Strahl wird in diesem Medium gehalten. Dies ist das Prinzip des *Lichtwellenleiters* (LWL). Er besteht aus vielen Glasfasern, die einen großen Einfallswinkel ermöglichen. Das Licht wird bis zu 20.000-mal pro Meter Glasfaser total reflektiert und damit durch die Glasfaser transportiert.

Bild 2.19-3 zeigt den Effekt der *Brechung*.

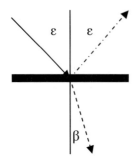

**Bild 2.19-3**
Brechung eines Lichtstrahls

Trifft ein Lichtstrahl unter einem Winkel $\varepsilon$ auf eine Grenzfläche zwischen einem optisch dünneren und einem optisch dichteren Medium, so gibt es neben einem reflektierenden Strahl (strichpunktiert in Bild 2.19-3) mit dem gleichen Ausfallswinkel $\varepsilon$ auch einen *gebrochenen* Strahl, der einen Winkel $\beta$ zur Lotrechten einschließt. Dabei gilt:

$\sin(\varepsilon)/\sin(\beta)$ = konstant.

Die Lichtgeschwindigkeit $c'$ in Materie ist immer kleiner als die Lichtgeschwindigkeit im Vakuum c. Das Brechungsgesetz lautet dann:

$\sin(\varepsilon)/\sin(\beta) = c/c'$.

Das heißt, dass das Verhältnis der Sinuswerte von Einfalls- und Brechungswinkel gleich dem Verhältnis der beiden Lichtgeschwindigkeiten ist. Als *Brechungsindex n* eines Materials bezeichnet man den Quotienten aus der Lichtgeschwindigkeit im Vakuum $c_0$ und der Lichtgeschwindigkeit $c$ im betreffenden Material. Es gilt:

$n = c_0/c$.

In obige Gleichung eingesetzt, ergibt sich das *Snellius'sche Brechungsgesetz*:

$\sin(\varepsilon)/\sin(\beta) = n'/n$.

Der Brechungsindex hängt von der Wellenlänge (Farbe) des Lichtes ab und von der Temperatur. Tabelle 2.19-1 zeigt die Brechzahlen einiger Materialien.

**Tabelle 2.19-1** Brechzahlen gasförmiger, flüssiger und fester Stoffe

| Material | Brechzahl $n$ |
|---|---|
| Luft | 1,0003 |
| Kohlendioxid ($CO_2$) | 1,0045 |
| Wasser | 1,333 |
| Ethylalkohol | 1,362 |
| Benzol | 1,501 |
| Eis | 1,310 |
| Quarzglas | 1,459 |
| Flintglas F 3 | 1,613 |
| Bariumoxid | 1,980 |
| Diamant | 2,417 |

## 2.19 Optische Effekte

Auf der Brechung des Lichts beruhen alle optischen Abbildungen, die mit Linsen realisiert werden. Die Instrumente dazu sind vor allem Fotoapparate, Fernrohre und Mikroskope.

Der Wellencharakter des Lichtes zeigt sich auch bei den *Interferenzen*. Schwingen zwei Wellen (z. B. Sinuswellen) in *gleicher Phase*, so *verstärken* sich die Wellentäler und Wellenberge. Sind die beiden Welle um 180° *phasenverschoben*, dann *löschen* sich Wellentäler und Wellenberge gegenseitig. Auf diese Weise entstehen Muster von hellen und dunklen Streifen, die *Interferenzmuster*. Aus den Abständen der Muster kann man mit *Interferometern* physikalische Größen bestimmen (z. B. Atomabstände oder Gitterabstände, Winkel, Längen und Brechzahl). In Abschnitt 3.1.2.8 wird die interferometrische Längenmessung ausführlich erläutert. Auch in optischen Drehgebern (Abschn.3.2.1) spielen Interferenzmuster eine wichtige Rolle.

Licht ist eine *elektromagnetische Welle*. Es breiten sich die *elektrische Feldstärke E* und die *magnetische Feldstärke H* in Lichtgeschwindigkeit aus. Die beiden Feldvektoren stehen dabei senkrecht aufeinander. Beim natürlichen Licht breiten sich kurze Wellenzüge aus, die in verschiedenen Richtungen weisen. Da im statistischen Mittel jede Schwingungsrichtung vertreten ist, kann man keine Richtungsabhängigkeit der Schwingung feststellen. Durch einen *Polarisator* kann man beispielsweise die elektrische Feldstärke zwingen, nur in eine Richtung zu schwingen. Stellt man senkrecht dazu einen *Analysator* auf, so tritt kein Licht durch diesen hindurch. Mit polarisiertem Licht können Materialoberflächen und deren Eigenschaften studiert werden (z. B. Korngrößen bestimmter Einschlüsse festgestellt werden).

Wie Bild 2.19-2 zeigt, kann Licht auch als Teilchenstrom, dem *Photonenstrom* beschrieben werden. Jedes Photon hat eine Energie von $E_{ph} = h \cdot f$. Dabei ist h das *Plancksche Wirkungsquantum* (h = 6,626 · 10$^{-34}$ Js) und $f$ die Frequenz. Trifft ein Photonenstrahl auf eine Werkstoffoberfläche, so können entweder *Elektronen frei* werden (*äußerer Fotoeffekt*) oder nicht. In diesem Fall wird die Photonenenergie absorbiert und die im Material befindlichen Elektronenzustände werden energetisch angehoben (*innerer Fotoeffekt*). Welcher Effekt eintritt, hängt von der *Austrittsarbeit* $W_A$ ab. Es gelten folgende Zusammenhänge:

- *Äußerer Fotoeffekt*: $h \cdot f \geq W_A$ (die Photonenenergie ist größer als die Austrittsarbeit).
- *Innerer Fotoeffekt*: $h \cdot f < W_A$ (die Photonenenergie ist kleiner als die Austrittsarbeit).

Tabelle 2.19-2 zeigt die Höhe der Austrittsarbeit $W_A$ und die entsprechenden *Grenzwellenlängen* $\lambda_{gr}$ einiger Materialien.

**Tabelle 2.19-2** Austrittsarbeit und Grenzwellenlänge einiger Werkstoffe

| Werkstoff | Austrittsarbeit $W_A$ in eV | Grenzwellenlänge $\lambda_{gr}$ in nm |
|---|---|---|
| Cs$_3$Sb | 0,45 | 2,755 |
| GaAs-Cs | 0,55 | 2,254 |
| Cs | 2,14 | 2,254 |
| Ru | 2,16 | 574 |
| Ka | 2,30 | 539,1 |
| Na | 2,75 | 450,9 |
| Li | 2,90 | 427,5 |

In Abschnitt 2.14 werden die Zusammenhänge und ihre Anwendungen in der Sensortechnik ausführlich behandelt, insbesondere die Wirkungsweise von Fotoelementen wie Fotodiode, Fototransistor und Fotothyristor (Tabelle 2.14-1 und Abschnitt 14.4.3). Die Anwendung von

Halbleiter-Laser Dioden zur Abstands- und Wegmessung wird in Abschnitt 3.1.2 ausführlich erläutert. Eine besonders wichtige Anwendung einer Diode dient der Positionsbestimmung (PSD: Position Sensitive Device, Abschnitt 3.1.2.2, Bild 3.1.2-5).

### 2.19.2 Aufbau optischer Sensoren

Die optischen Sensoren bestehen prinzipiell aus einem *Sender* und einem *Empfänger*. Beide sind über ein *Übertragungsmedium* miteinander verbunden. Tabelle 2.19-3 zeigt die verschiedenen Möglichkeiten in diesem Bereich.

**Tabelle 2.19-3** Aufbau optischer Sensoren

| Sender (Lichtquellen) | Übertragungs-Medium | Empfänger |
|---|---|---|
| Weißes Licht (Sonne, Glühbirne) | Vakuum | Fotodiode (Punktdiode, Flächendiode, Quadrantendiode) |
| Laser | Luft | Fototransistor |
| Leuchtdioden (LED) | Fluid | Fotothyristor |
|  | Festkörper | CMOS-Bildsensoren |
|  | Glas | CCD-Array (Zeilen, Matrix) |
|  | Lichtwellenleiter (LWL) |  |

Als Sender spielen *Laser* eine immer größere Rolle. Bild 2.19-4 zeigt die Wirkungsweise eines Lasers. In Bild 2.19-4 a) wird gezeigt, wie ein Photon mit der Energie $E_{ph} = h \cdot f$ absorbiert wird. Dadurch wird ein Elektron vom Energiezustand $E_1$ auf den Energiezustand $E_2$ gehoben. Bei einer *spontanen* Emission fällt ein Elektron vom Zustand $E_2$ auf den Energiezustand $E_1$. Dabei wird die Photonenenergie $E_{ph} = h \cdot f$ frei. Bei der *stimulierten* oder *induzierten* Emission stimuliert ein Photon mit der Energie $E_{ph} = h \cdot f$ ein Elektron zu einem Übergang von $E_2$ nach $E_1$. Dabei wird ein Photon erzeugt, welches das erste verstärkt.

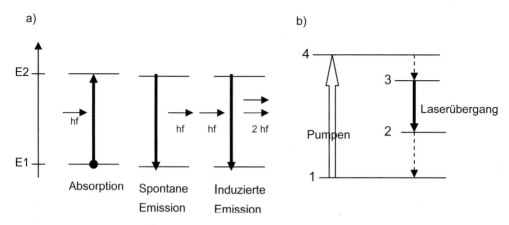

**Bild 2.19-4** Wechselwirkung zwischen Photonen und Energiezuständen
a) Absorption und Emission; b) Laserprinzip

## 2.19 Optische Effekte

Nach diesem Prinzip arbeitet ein Laser (LASER: Light Amplification by Stimulated Emission of Radiation: Lichtverstärkung durch stimulierte Emission von Strahlung). Beim realen Laser sind drei oder vier Energieniveaus beteiligt, wie Bild 2.19-4 b) zeigt. Die gestrichelten Linien sind strahlungslose Übergänge. Der Laser hat die Eigenschaft, dass er eine Lichtquelle mit einer *kohärenten Strahlung* darstellt. Damit der Laser dauernd leuchten kann, müssen immer Photonen hochgepumpt werden.

In Bild 2.19-5 sind einige wichtige Lasertypen zusammengestellt. Die Laser spielen in der Logistik vor allem bei der automatischen Identifikation (z. B. beim Barcode oder beim Laserscanner) eine bedeutende Rolle (Abschnitt 3.4.5 und Abschnitt 3.4.6).

Der Fotoeffekt als wichtiger physikalischer Effekt, der die optischen Signale in elektrische umwandelt, wurde bereits in Abschnitt 2.19.1 behandelt. Wichtige Detektoren optischer Signale sind die *CMOS-Bildsensoren* und die *CCDs* (CCD: Charged Coupled Device).

Bei den CMOS-Bildsensoren sind die Fotodioden in einer Zeile oder in einer Matrix angeordnet und können als *Pixel* adressiert werden. Dort können entsprechenden Informationen ein- oder ausgelesen werden (Abschnitt 14.4 und Abschnitt 14.5).

Die Ladungsverteilung auf einer Fläche kann mit den CCD-Sensoren abgebildet und ausgelesen werden (Abschnitt 14.5).

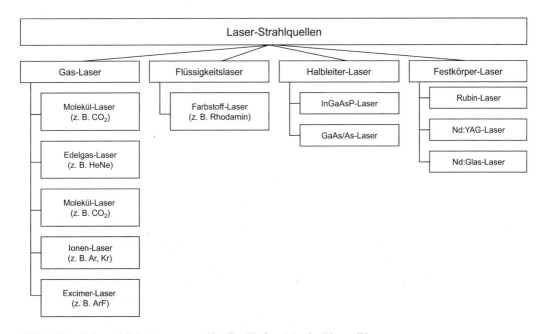

**Bild 2.19-5** Gebräuchliche Lasertypen (Quelle: Hering, Martin: Photonik)

## 2.19.3 Kategorien optischer Sensoren

Bild 2.19-6 zeigt eine Einteilung der optischen Sensoren.

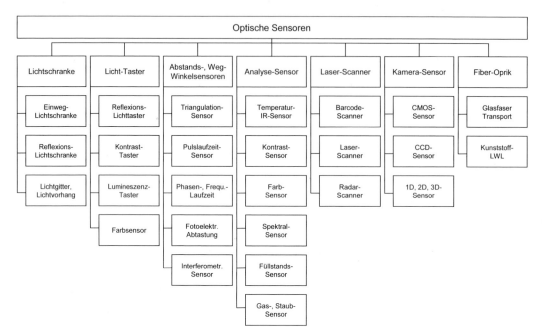

**Bild 2.19-6** Einteilung optischer Sensoren

Die wichtigsten Sensortypen sind:

- *Einweg-Lichtschranke*: Es sind Sender und Empfänger getrennt. Ein Lichtstrahl wird ausgesendet und in der Regel von einer Fotodiode registriert. Die Lichtschranke schaltet, wenn der Lichtstrahl durch ein Objekt unterbrochen wird (Abschnitt 2.14).
- *Reflexions-Lichtschranke*: Sender und Empfänger sind in einem Gehäuse. Detektiert wird der reflektierte Strahl. Die Reichweiten sind kürzer als bei der Einweg-Lichtschranke. Dafür sind diese Lichtschranken wegen des geringeren Verkabelungs- und Justieraufwandes wesentlich kostengünstiger (Abschnitt 2.14).
- *Lichtgitter, Lichtvorhang*: Bei einem Lichtgitter sind mehrere Einweg-Lichtschranken aneinandergereiht. Alle Sender und alle Empfänger sind jeweils in einem gemeinsamen Gehäuse untergebracht (Abschnitt 2.14).
- *Lichttaster*: Der Lichtstrahl wird nicht von einem Reflektor zurückgespiegelt, sondern von einem Objekt. Der von diesem reflektierte Strahl wird gemessen und ausgewertet. Ein wichtiges Anwendungsfeld sind die *Lumineszenz-Taster*. Man kann Lumineszenzfarbstoffe in Klebern, chemische Substanzen oder auf Festkörper aufbringen (z. B. als Etikette). Mit bloßem Auge sind diese Markierungen nicht sichtbar. Mit UV-Licht bestrahlt, erkennt der Sensor die Markierung. Bei hochwertigen Markenartikeln kann eine solche Kennung aufgebracht werden, um die Echtheit der Objekte zu erkennen.

## 2.19 Optische Effekte

- *Abstands-, Weg- und Winkelsensoren*: Die Funktionsprinzipien und die Anwendungen dieser Sensoren sind ausführlich in Abschnitt 3.1 und Abschnitt 3.2 beschrieben.
- *Analyse-Sensor*: Mit optischen Sensoren könne sehr viele Mess- und Identifikationsaufgaben gelöst werden. Ein großes Anwendungsfeld bietet die Messung von Temperaturen und Temperaturfeldern durch die *Infrarot-Strahlung* (Abschnitt 6). Mit *Spektralsensoren* können schädliche Chemikalien oder Stäube nachgewiesen werden. Dies ist vor allem in der *Umwelt-Analytik* wichtig. Die Analyse-Sensoren dienen auch zur Farberkennung oder als Füllstandsanzeige (Abschnitt 2.14, Bild 2.14-3).
- *Laser-Scanner* dienen zur Identifikation von Objekten (Abschnitt 3.6).
- *Kamera-Sensoren*: Sie dienen zur Erfassung und Auswertung von Bildinformationen und beruhen auf der CMOS- oder CCD-Technologie (Abschnitt 14.4 und Abschnitt 14.5). Diese Sensoren sind auch in der Lage, Positionen (1D), Flächen (2D) oder räumlich ausgedehnte Objekte (3D) zu identifizieren und zu messen (Abschnitt 3.4.5 und Abschnitt 3.4.6).
- *Fiber-Optik*: Die optischen Informationen können mit Glasfaser-Lichtwellenleitern (LWL) oder Kunststoff-LWL an die Stelle transportiert werden, an denen sie problemlos und sicher ausgewertet werden können.

### 2.19.4 Anwendungsfelder optischer Sensoren

Die Anwendungsfelder optischer Sensoren sind sehr vielfältig, wie Bild 2.19-7 zeigt. Eine große Rolle spielen sie vor allem in der Sicherheitstechnik, auf dem Gebiet der Qualitätssicherung, der Logistik, der Messtechnik sowie der Chemie- und Umweltanalytik.

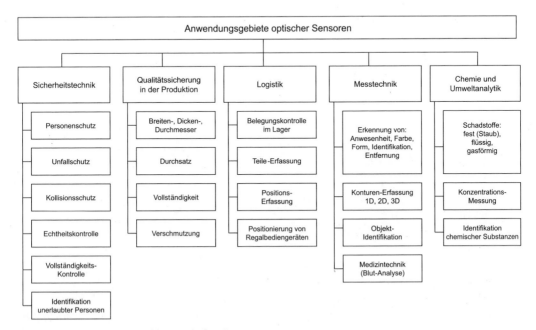

**Bild 2.19-7** Anwendungsgebiete optischer Sensoren

## 2.20 Doppler-Effekt

### 2.20.1 Funktionsprinzip und physikalische Beschreibung

Bewegen sich eine Quelle, die eine Welle mit der Frequenz $f_Q$ aussendet, relativ zu einem Beobachter, so empfängt dieser eine Frequenz $f_B$, die von $f_Q$ verschieden ist. Diese *Frequenzverschiebung* wird *Doppler-Effekt* genannt. Folgende Bewegungskonstellationen gibt es:
- Beobachter bewegt sich, die Quelle ruht,
- Quelle bewegt sich, der Beobachter ruht und
- Beobachter und Quelle bewegen sich.

*Beobachter bewegt sich, die Quelle ruht*

Bild 2.20-1 a zeigt die Zusammenhänge. Bewegt sich ein Beobachter mit der Geschwindigkeit $v_B$ auf die Quelle zu, so nimmt er die aufeinanderfolgenden wellenförmigen Verdichtungen in schnellerer Folge wahr. Der zeitliche Abstand $T_B$ der auftreffenden Wellen verkürzt sich. Es gilt:

$$T_B = \lambda/(c + v_B)$$

mit  $\lambda$ : Wellenlänge der Welle,
 $c$ : Geschwindigkeit der Welle,
 $v_B$ : Geschwindigkeit des Beobachters auf die Quelle zu.

Der Beobachter nimmt dann die Frequenz $f_B$ wahr:

$$f_B = ((c + v_B)/\lambda.$$

Da gilt: $c = \lambda \cdot f_Q$, wird vom Betrachter folgende *höhere* Frequenz $f_B$ wahrgenommen:

$$f_B = f_Q(1 + v_B/c).$$

Bewegt sich der Beobachter mit der Geschwindigkeit $v_B$ von der Quelle weg, dann erniedrigt sich die Frequenz zu:

$$f_B = f_Q(1 - v_B/c).$$

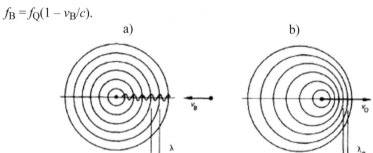

**Bild 2.20-1** Prinzip des Doppler-Effektes a) Ruhende Quelle, bewegter Beobachter b) Bewegte Quelle, ruhender Beobachter (Quelle: Hering, Martin, Stohrer: Physik für Ingenieure, 10. Auflage, Springer Verlag)

## 2.20 Doppler-Effekt

### Quelle bewegt sich, der Beobachter ruht

In Bild 2.20-1 b) ist zu sehen, wie sich das Wellenfeld einer nach rechts laufenden Schallquelle verändert. Der Abstand der Wellenberge wird auf der Vorderseite geringer (die Wellenlänge $\lambda_B$ wird kleiner und auf der Rückseite größer.

Strömt die Welle auf den Beobachter zu, dann gilt:

$f_B = f_Q / (1 - v_Q/c)$.

Entfernt sich sich Welle vom Beobachter, so gilt:

$f_B = f_Q / (1 + v_Q/c)$.

### Beobachter und Quelle bewegen sich

Wenn sich sowohl der Beobachter, als auch die Quelle bewegen, dann gibt es je nach Bewegungsrichtung mehrere Möglichkeiten der Frequenzverschiebung (Tabelle 2.20-1). Die angegebenen Formeln gelten nur, wenn sich der Beobachter *radial* auf die Quelle zu bzw. sich von ihr fort bewegt. Erfolgt die Bewegung auf einem zur Quelle konzentrischen Kreis, so findet kein Doppler-Efekt statt. Für beliebige Bewegungen müssen in die obigen Formeln die entsprechenden *Radialkomponenten* der Geschwindigkeit $v_B$ eingesetzt werden.

Die Doppler-Frequenz $f_B$ lässt sich allgemein folgendermaßen formulieren:

$$f_B = f_Q \left( \frac{c \pm v_B}{c \mp v_Q} \right).$$

Es ist $v_B$ die Geschwindigkeit des Beobachters und $v_Q$ die Geschwindigkeit der Schallwelle. Das obere Vorzeichen gilt für die Bewegung aufeinander zu und das untere Vorzeichen für die Entfernung von Beobachter und Sender.

Tabelle 2.20-1 Frequenzverschiebungen

| Quelle | Beobachter | Beobachtete Frequenz |
|---|---|---|
| • | ← • | $f_B = f_Q \left(1 + \dfrac{v_B}{c}\right)$ |
| • | • → | $f_B = f_Q \left(1 - \dfrac{v_B}{c}\right)$ |
| • → | • | $f_B = \dfrac{f_Q}{1 - \dfrac{v_Q}{c}}$ |
| ← • | • | $f_B = \dfrac{f_Q}{1 + \dfrac{v_Q}{c}}$ |
| • → | ← • | $f_B = f_Q \dfrac{c + v_B}{c - v_Q}$ |
| ← • | • → | $f_B = f_Q \dfrac{c - v_B}{c + v_Q}$ |
| ← • | ← • | $f_B = f_Q \dfrac{c + v_B}{c + v_Q}$ |
| • → | • → | $f_B = f_Q \dfrac{c - v_B}{c - v_Q}$ |

Aus der obigen Formel ist zu erkennen, dass es keinen Doppler-Effekt gibt, wenn $v_B = -v_Q$ ist. Dies ist der Fall, wenn sich Beobachter und Sender in dieselbe Richtung mit derselben Geschwindigkeit relativ zum Medium bewegen, oder wenn sich das Medium bewegt, aber Beobachter und Sender in Ruhe sind. Dies ist der Fall, wenn ein Wind weht. Dabei tritt kein Doppler-Effekt auf.

### Doppler-Effekt des Lichtes (Doppler-Effekt ohne Medium)

Die Ausbreitung von Licht als *elektromagnetische Welle* bedarf es *keines Übertragungsmediums*, Deshalb gelten die obigen Formeln nicht. Für die Doppler-Frequenzverschiebung sind nur die *Relativgeschwindigkeiten v* von Beobachter und Quelle maßgebend.

Bei einer Annäherung gilt:

$$f_B = f_Q \sqrt{\frac{c+v}{c-v}}.$$

Dabei ist c die Vakuum-Lichtgeschwindigkeit (c = 2,99792458·10$^8$ m/s).

Wenn sich Beobachter und Quelle entfernen, gilt:

$$f_B = f_Q \sqrt{\frac{c-v}{c+v}}.$$

Bewegen sich Beobachter und Quelle in einem Winkel α zueinander, so ergibt sich die Frequenz für den Beobachter $f_B$ zu:

$$f_B = f_Q \frac{\sqrt{1-\frac{v^2}{c^2}}}{1-\frac{v}{c}\cos\alpha}.$$

Setzt man für α = 0°, so erhält man für den *longitudinalen* Doppler-Effekt obige Formeln. Für α = 90° wird cosα = 0, so dass für den *transversalen* Doppler-Effekt folgende Formel gilt:

$$f_B = f_Q \sqrt{1-\frac{v^2}{c^2}}.$$

Der transversale Dopplereffekt kann bei Geschwindigkeiten weit unterhalb der Lichtgeschwindigkeit c vernachlässigt werden.

### 2.20.2 Anwendungsbereiche

Bei Echos von akustischen oder elektromagnetischen Signalen ist der Doppler-Effekt zu beobachten. Bild 2.20-2 zeigt eine Übersicht über die Anwendungen. Sie werden im Folgenden kurz beschrieben.

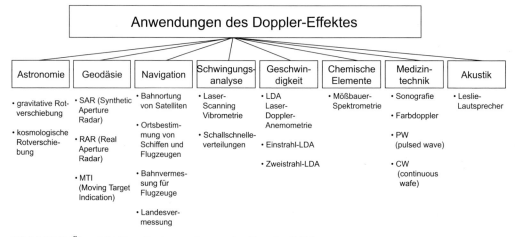

**Bild 2.20-2** Übersicht über die Anwendungen des Doppler-Effektes

## 2.20 Doppler-Effekt

### *Astronomie*

Der Doppler-Effekt wird in der Astronomie als *Rotverschiebung* beobachtet. Man unterscheidet zwei Arten:

- *Gravitative Rotverschiebung*

    Nach der allgemeinen und speziellen Relativitätstheorie von Einstein hat die *Gravitation* Einfluss auf die Sendefrequenz. Wird Licht vom Gravitationszentrum weg, also nach oben ausgestrahlt, dann misst man eine *geringere* Frequenz. Anders ausgedrückt, wird der *zeitliche Abstand* zwischen dem Beginn und dem Ende des Signals größer. Dies beschreibt die *Zeitdilatation* in der Relativitätstheorie. Auswirkungen hat dies für Uhren. Die Zeit bei Satelliten und die Zeit auf der Erde sind verschieden. Dies muss entsprechend berücksichtigt werden.

- *Kosmologische Rotverschiebung*

    Das Licht von Galaxien ist in den meisten Fällen nach Rot verschoben. Dies bedeutet, dass sich die Galaxien *von der Erde entfernen*, d. h. dass das Weltall sich ausdehnt. Die Geschwindigkeit der Ausdehnung kann mit dem Doppler-Effekt berechnet werden.

### *Geodäsie (Landvermessung)*

Die Landvermessung von Flugzeugen, Raumfähren oder Satelliten aus geschieht durch *abbildende Radarmessungen*. Dabei wird unterschieden zwischen dem *SAR (Synthetic Aperture Radar)* und dem *RAR (Real Aperture Radar)*. Beide Radare haben gegenüber optischen Messungen folgende Vorteile: Sie sind unabhängig von Tag und Nacht sowie von Witterungseinflüssen wie Nebel, Regen oder Schnee. Das SAR ist dem RAR vorzuziehen, da es eine höhere Auflösung besitzt.

Bei SAR bewegt sich senkrecht zur Strahlrichtung eine Antenne, deren Position bekannt ist. Bei der *synthetischen Apertur* ersetzen viele kleine Antennen eine große Antenne. Das Zielgebiet wird unter verschiedenen Blickwinkeln angestrahlt. Aus den Echowerten des Doppler-Effektes werden Bilder erzeugt, aus denen ein Abbild der Landschaft errechnet werden kann.

Mit dem Doppler-Effekt der Radarstrahlen können auch bewegte Objekte in der Landschaft erkannt und deren Bewegungsrichtung und Geschwindigkeit ermittelt werden. Diese Methode wird *MIT (Moving Target Indicator)* genannt.

### *Navigation*

Mit sogenannten *Doppler-Navigations-Satelliten* können die Orte von anderen Satelliten, von Flugzeugen und Schiffen bestimmt werden. Die Genauigkeit liegt bei wenigen Metern. Ein Einsatz ist ebenfalls als Landehilfe in Flughäfen oder auch bei der Landesvermessung denkbar.

### *Schwingungsanalyse*

Ein Laserstrahl trifft auf einen schwingenden Bereich. Das rückgestreute Licht weist einen Doppler-Effekt auf. Aus der Doppler-Frequenz lassen sich *berührungslos* Weg und Geschwindigkeit der Schwingungen berechnen. Zum Einsatz kommen sogenannte *Laser-Doppler-Vibrometer*. Es lassen sich die Schwingungsverhältnisse sowohl in Mikrostrukturen, als auch bei schnell ablaufenden Prozessen analysieren. Diese Geräte kommen in der Produktion und der Qualitätssicherung zum Einsatz, aber auch bei Schwingungsuntersuchungen im Maschinen-, Automobil- und Flugzeugbau.

## Geschwindigkeitsmessung

Komponenten der Geschwindigkeiten von Partikeln in Flüssigkeiten und Gasen können berührungslos durch die *LDA (Laser-Doppler-Anemometrie)* gemessen werden. Dazu wird der Laserstrahl in zwei Teilstrahlen aufgeteilt. Ein Teilchen, das sich bewegt, erzeugt ein Streulicht und damit einen Doppler-Effekt. Werden beide Strahlen wieder zusammengefügt, so entsteht ein Streulichtsignal. Seine Frequenz ist nach dem Doppler-Effekt proportional zur Geschwindigkeit. Setzt man drei Laser-Doppler-Geräte ein, so kann man alle drei räumlichen Komponenten der Geschwindigkeit bestimmen. Es kommen *Einstrahl-Laser-Doppler-Systeme* und *Zweistrahl-Laser-Doppler-Systeme* zum Einsatz. Die Einstrahl-Systeme kommen in der Medizintechnik zum Einsatz (z. B. bei der Bestimmung der Geschwindigkeit des Blutflusses), für die Strömungsmesstechnik werden ausschließlich Zweistrahl-Systeme eingesetzt. Diese müssen nicht kalibriert werden, weil sie auf einer Differenzmessung beruhen.

## Bestimmung chemischer Elemente

Die *Mößbauer-Spektroskopie* setzt neben dem Mößbauer-Effekt auch den Doppler-Effekt ein. Ein Gammastrahler wird mechanisch bewegt und damit eine *hyperfeine* Modulation erzeugt. Mit dieser modulierten Gammastrahlung ist es möglich, die in einer Probe enthaltenen Elemente und deren elektronische Eigenschaften zu analysieren. Mit einer solchen Miniatursonde wurde Wasser auf dem Mars nachgewiesen.

## Medizintechnik

In der Medizintechnik spielt bei der *Sonografie* der Doppler-Effekt im Ultraschallbereich die wichtige Rolle. Mit einem *Farbdoppler* kann die Strömung des Blutes gemessen werden. Die Farbe „Rot" zeigt an, dass das Blut sich auf die Schallsonde zu bewegt. Bei der Farbe „Blau" bewegt sich das Blut von der Sonde weg. Beim *PW-Doppler* (PW: puls wave) arbeitet der Schallkopf *abwechselnd* als Sender und Empfänger. Er wird für Gefäßuntersuchungen eingesetzt. Bild 2.20-3 zeigt ein tragbares Sonografiegerät.

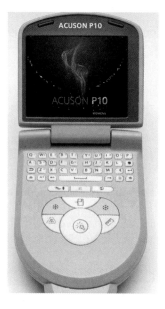

**Bild 2.20-3**
Tragbarer Ultraschall-Sonograf
(Werkfoto: SIEMENS)

Ein CW-Doppler (CW: Continuous Wave) hat einen Schallkopf, der gleichzeitig als Sender und Empfänger arbeitet. Er wird hauptsächlich bei Herzuntersuchungen (z. B. Untersuchung der Funktion der Herzklappen) eingesetzt, weil er auch hohe Geschwindigkeiten messen kann.

## Akustik

Sich bewegende Lautsprecher (*Leslie-Lautsprecher*) erzeugen eine *Modulation* der Tonhöhe nach dem Doppler-Effekt. Das Ohr nimmt diese Schwebung als *Vibrato* wahr. In einer Hammond-Orgel sind solche rotierende Leslie-Lautsprecher eingebaut. Sie geben dem Instrument seinen unverwechselbaren Klang.

## Weiterführende Literatur

Albrecht, H. E.; Borys, M.; Damaschke, N.; Tropea, C.: Laser Doppler and Phase Doppler Measurement Techniques, Springer Verlag, 2003

Ashcroft, N. W.; Mermin, N. D.: Solid State Physics, International Edition, Saunders College, Philadelphia, 1976 (Kap. 1, S. 24–25 und Kap. 13, S. 253–261)

Atkins, P. W.; de Paula, J.; Bär, M.; Schleitzer, A.: Pyhsikalische Chemie, 4. Auflage Wiley-VCH-Verlag 2006

Ayadi-Mießen, A.: Doppler-Effekte in UWB-basierten Rotortelemtrie-Systeme, Leibniz Universität Hannover, 2011

Baumann, J.: Einspritzmengenkorrektur in Common Rail Systemen mit Hilfe magnetoelastischer Drucksensoren, KIT Scientific Publishing 2006

Bergveld, P.: IEEE Trans. Biomed. Eng. **19** (1972) 340

Bouwens, R. J. et al.: A candidate redshift $z \approx 10$ galaxy and rapid changes in that population at an age of 500 Myr. In: Nature 469, S. 504-507, 2011

Bucher-Gruppe: Geoinformatik, 2010

Camman, C.; Galster, H.: Das Arbeiten mit ionenselektiven Elektroden, Springer Verlag, Berlin 1995

Chefki, M.: Untersuchungen von Eu-Verbindungen mit ungewöhnlichen Valenzzuständen mit Hilfe der 151Eu-Hochdruck-Mößbauerspektroskopie, Shaker Verlag, 1998

Cremer, M.: Z. Biol. **47** (1906) 562

DIN EN 60584-1 Oktober.1996 Thermopaare – Teil 1: Grundwerte der Thermospannungen

Engel, T.; Reid, P.: Physikalische Chemie, Rearson Studium Verlag, 2009

Galaxienentfernungsrekord erneut gebrochen. SpektrumDirekt, 26. Januar 2011

Gevatter, H.-J.: Automatisierungstechnik 1. Mess- und Regeltechnik, Springer Verlag, 2000

Gunther B.; Hansen K. H.; Veith I.: Technische Akustik – Ausgewählte Kapitel, Grundlagen, aktuelle Probleme und Messtechnik, 8. Auflage, Expert Verlag, Renningen 2010

Hering, E.; Gutekunst, J.; Martin, R.; Kempkes, J.: Elektrotechnik und Elektronik für Maschinenbauer, Springer Verlag, 2. Auflage 2011

Hering, E.; Martin, R.: Photonik, Grundlagen, Technologie und Anwendung, Springer Verlag 2005

Hering, E.; Martin, R.; Stohrer, M.: Physik für Ingenieure, Springer Verlag, 10. Auflage 2007

Hesse, S.; Schnell, G.: Sensoren für die Prozess- und Fabrikautomation: Funktion – Ausführung – Anwendung, 4. Auflage, Vieweg+Teubner Verlag, Wiesbaden 2009

Hilleringmann, U.: Mikrosystemtechnik: Prozessschritte, Technologien, Anwendungen, Vieweg+Teubner Verlag, Wiesbaden 2006

Hofer, M.: Sono Grundkurs, Thieme Verlag, 2009

Hoffmann, J.: Taschenbuch der Messtechnik, Carl Hanser Verlag, 2010

Honold, F.; Honold, B.: Ionenselektive Elektroden, Birkhäuser Verlag, Basel-Boston-Berlin 1991

Hütter, L. A.: Wasser und Wasseruntersuchung, Frankfurt am Main, Otto Salle Verlag, 1990, S. 92

Janocha, H.: Unkonventionelle Aktoren: Eine Einführung. Oldenbourg Verlag 2010

Krenn, H.: Magnetische Nanostrukturen. Institut für Exoerimentalphysik, Universität Graz, 2003

Langmann, R.: Taschenbuch der Automatisierung, Carl Hanser Verlag, 2010

Lauber, R.; Göhner, P.: Prozessautomatisierung, Springer Verlag, 1999

Lehnert, M. D. et al.: Spectroscopic confirmation of a galaxy at redshift $z = 8.6$. In: Nature 467, S. 940–942, 2010

Lerch R.; Sessler G.; Wolf, D.: Technische Akustik Grundlagen und Anwendungen, Springer Berlin 2009
Liess, M.; Steffes, H.: The modulation of thermoelectric power by chemisorption – A new detection principle for microchip chemical sensors, Journal of the Electrochemical Society (2000), 147, (8), pp. 3151–3153
Maier, J.: Festkörper – Fehler und Funktionen, Teubner Verlag, Stuttgart und Leipzig 2000
Mc Innes, D. A.; Dole, M.: Ind. Engng. Chem. Analyt. Edn. **1** (1929) 57
Meyer E., Neumann E.-G.: Physikalische und Technische Akustik. Vieweg Verlag, Braunschweig 1967
Möller, C.: Magentosresistive Sensoren zur Bewegungssteuerung und -kontrolle, TTN-Jahrestagung 2007
Möser, M.: Technische Akustik, 6. erweiterte und aktualisierte Auflage. Springer Verlag, Berlin 2005
Pedrotti, F.; Pedrotti, L.; Bausch, W.; Schmidt, H.: Optik für Ingenieure, Springer Verlag, 2. Auflage 2002
Pelster1, R.; Pieper, R; Hüttl, I.: Thermospannungen – viel genutzt und fast immer falsch erklärt. In: Physik und Didaktik in Schule und Hochschule 1/4 (2005), S. 10–22
Raith, W.: Bermann-Schaefer, Bd. 2, Elektromagnetismus, 8. Auflage, Walther de Gruyter, 1999 (Kap. 8.3.2)
Reif, K.: Automobilelektronik: Eine Einführung für Ingenieure. Vieweg+Teubner Verlag, Wiesbaden 2008
Reif, K.: Sensoren im Kraftfahrzeug, 1. Auflage, Vieweg+Teubner Verlag, Wiesbaden 2010
Rühl, J.: Nanotechnologie als Basis präziser und robuster Sensorik für Automobil und Automation, Lust Antriebstechnik 2007
Schanz, G. W.: Sensoren: Sensortechnik für Praktiker, Hüthig Verlag, 5. Auflage 2004
Schrüfer, E.: Elektrische Messtechnik: Messung elektrischer und nichtelektrischer Größen, Carl Hanser Verlag, 2007
Stimson, G. W.: Introduction to Airborne Radar; Hughes Aircraft Comp., El Seghundo, California, 1983
Turk: Induktive Sensoren, Turk Industrial Automation, Firmenbroschüre S1015, 2006
US 2913 386 (1959)
Wecker, J.; Kinder, R.; Richter, R.: Sandwiches mit riesigem Magnetwiderstand, Physik in unserer Zeit, Heft Nr. 5, 2002
Wedler, G.: Lehrbuch der physikalischen Chemie, Wiley-VCH Verlag 2004

# 3 Geometrische Größen

## 3.1 Weg- und Abstandsensoren

In den folgenden Abschnitten werden Weg- und Abstandsensoren mit verschiedenen physikalischen Wirkprinzipien vorgestellt. *Wegsensoren* unterscheiden sich von *Abstandsensoren* dadurch, dass sie ein *positionsgebendes Element* besitzen. Dies kann beispielsweise ein Magnet sein, der fest mit dem bewegten Teil verbunden ist und dessen lineare Verschiebung gemessen werden soll. *Abstandsensoren* dagegen messen die *Entfernung* zwischen der *aktiven Fläche* des *Sensors* und einem *Target*, das mit gewissen Einschränkungen beliebiger Natur sein kann. Man spricht hier von einem *nicht kooperativen Target*. Beispiele finden sich im Werkstück-Handling durch Roboter. Durch eine Abstandsmessung auf das zu greifende Teil können Zykluszeiten drastisch gesenkt werden. Die genaue Kenntnis des Abstands erlaubt ein Anfahren mit Maximalgeschwindigkeit und ein gezieltes Abbremsen kurz vor dem Teil.

Kann auf ein *kooperatives Target* gemessen werden, ist damit meist eine Leistungssteigerung verbunden. So lässt sich die Reichweite eines optischen Abstandssensors wesentlich erhöhen, wenn die Messung nicht auf ein Objekt beliebiger Natur erfolgen muss, sondern auf einen Reflektor mit definierten und optimierten Reflexionseigenschaften erfolgen kann. Der Reflektor *kooperiert* während der Messung in gewisser Weise mit dem Sensor, woraus sich der Begriff *kooperatives Target* ableitet. Eine ähnliche Situation ergibt sich bei der Abstandsmessung mit Hilfe von Mikrowellen. Auch hier kann die Messung auf ein beliebiges Objekt erfolgen, oder eben auch auf einen entsprechend geformten Reflektionskörper mit optimierten Reflexionseigenschaften.

Tabelle 3.1-1 gibt einen Überblick über diejenigen Kennwerte der Sensoren, die üblicherweise zur Auswahl eines geeigneten Sensorprinzips herangezogen werden. Diese Tabelle stellt typische Werte für messende Sensoren dar. Zugrunde liegen marktgängige Sensoren, die etwa 80 % des Marktes ausmachen.

**Tabelle 3.1-1** Kennwerte ausgewählter Weg- und Abstandsensoren

| Sensor-prinzip | Weg | Ab-stand | absolut/ inkre-mental | Mess-Strecke maximal | Typische Marktan-forderung* | Genauig-keits-klasse | Schnitt-stellen | Typische Applikationen |
|---|---|---|---|---|---|---|---|---|
| induktiv (LVDT) | X | | a | 2 mm bis 1.000 mm | 4 mm bis 1.000 mm | 2-3 | analog | Messtaster, Hydraulik-Ventil |
| induktiv | | X | a | 0,1 mm bis 100 mm | 0,1 mm bis 50 mm | 4-3 | analog | Spannwegkontrolle in Werkzeugmaschinen |
| kapazitiv | | X | a | 0 mm bis 20 mm | 0 mm bis 10 mm | 4-3 | analog | Höhenkontrolle, Materialselektion |
| optisch Tri-angulation | | X | a | 20 mm bis 5.000 mm | 20 mm bis 2.000 mm | 7-5 | analog digital Bus | Objekterkennung, Handling, Montage |
| optisch Lichtlauf-zeit | | X | a | 0 mm bis 10.000mm | 0 mm bis 4.000 mm | 7 | analog digital Bus | Roboterhandling, Lager, Logistik |

**Tabelle 3.1-1** Fortsetzung

| Sensor-prinzip | Weg | Ab-stand | absolut/ inkre-mental | Mess-Strecke | | Genauig-keits-klasse | Schnitt-stellen | Typische Applikationen |
|---|---|---|---|---|---|---|---|---|
| | | | | Mess-Strecke maximal | Typische Marktan-forderung* | | | |
| optisch Interfero-metrie | X | | i | 0 mm bis ∞ | 0 mm bis 4.000 mm | 1 | digital Bus | Messmaschine, Qualitätskontrolle |
| fotoelektri-sche Abtas-tung | X | | i, a | 0 mm bis 10.000 mm | 0 mm bis 1.000 mm | 1-2 | analog 1 Vss digital Bus | Geregelte Vorschub-achse, Messtaster, Linearantriebe |
| Ultraschall | | X | a | 25 mm bis 8.000 mm | 250 mm bis 4.000 mm | 5-6 | analog digital | Füllstandskontrolle, Abstandskontrolle, Höhenkontrolle |
| magneto-induktiv | X | | a | 25 mm bis 300 mm | 0 mm bis 150 mm | 4 | analog | Spannwegskontrolle |
| magne-tostriktiv | X | | a | 25 mm bis 8.000 mm | 25 mm bis 2.000 mm | 3-2 | -analog -digital -Bus | hydraulische Achsen, Automation u. Handling, Füllstandskontrolle |
| magneto-elektrische Abtastung | X | | i, a | 0 mm bis endlos | 10 mm bis 10.000 mm | 2-1 | -analog 1 Vss -digital -Bus | Linearantriebe, Automa-tion u. Handling, Linear-führungen |
| potenzio-metrisch | X | | a | 0 mm bis 5.000 mm | 0 mm bis 1.000 mm | 4-3 | analog | Fahrzeugtechnik, Taster, hydraulische Achsen |

Es befindet sich eine große Varianz messender Produkte am Markt, von einfachen Sensoren angefangen bis hin zu komplexen, teuren Messgeräten. Tabelle 3.1-2 listet die Einteilung der Genauigkeitsklassen auf.

**Tabelle 3.1-2** Genauigkeitsklassen ausgewählter Weg- und Abstandssensoren

| Genauigkeit | <1 µm | <10 µm | <50 µm | <100 µm | <500 µm | <1 mm | <5 mm |
|---|---|---|---|---|---|---|---|
| Klasse | 1 | 2 | 3 | 4 | 5 | 6 | 7 |

## 3.1.1 Induktive Abstands- und Wegsensoren

### 3.1.1.1 *Funktionsprinzip und morphologische Beschreibung der Induktivsensoren*

Im Sinne der allgemeinen Definition des Sensors besteht das Sensorelement der induktiven Sensoren aus mindestens einem reaktiven Bauteil (klassisches Beispiel: die *Spule*).

Die *Reaktanz* dieses Bauteils wird bei den Induktivsensoren (IS) für Weg-, Abstands- bzw. Positionserfassung von einem Positionsgeber (*Target*) beeinflusst. Das Resultat ist eine detektier-bare Veränderung entweder eines Hauptparameters des Sensorelements (*Induktivität L, Verlustwiderstand* – im Falle einer Spule) oder einer hergeleiteten Größe (meistens: *Spulenimpedanz $\underline{Z}$* bzw. *Spulengüte $Q_L$*):

$$\underline{Z} = R_S + j\omega L, \tag{3.1.1}$$

# WIR BRINGEN INDUSTRIE 4.0 AUF DEN WEG.
## THIS IS **SICK**
### Sensor Intelligence.

Das Informationszeitalter hat für die Industrie erst begonnen. Intelligente, robuste und zuverlässige Sensorik ist unverzichtbar für Herausforderungen wie sichere Mensch-Maschine-Interaktion, immer individuellere Kundenwünsche, hohe Varianz und die Beherrschung kurzfristiger Nachfrageschwankungen. Wir zeigen Ihnen, was heute schon möglich ist. Gehen Sie mit uns gemeinsam den Weg in eine effizientere Zukunft. www.sick.de/i40

## 3.1 Weg- und Abstandsensoren

$$Q_L = \frac{\text{Im}(\underline{Z})}{\text{Re}al(\underline{Z})} = \frac{\omega \cdot L}{R_S}. \tag{3.1.2}$$

Dabei sind Im($\underline{Z}$) der Imaginärteil und Real($\underline{Z}$) der Realteil der Spulenimpedanz $\underline{Z}$, $\omega$ die Kreisfrequenz des Spulenerregerstroms und $R_S$ der Spulen-Serienverlustwiderstand, der alle Verluste in der Spule zusammenfasst. Eine systematische Gliederung der Induktivsensoren enthält im Wesentlichen folgende Hauptklassen:

- *Wirbelstrom-Induktivsensoren* (Eddy/Foucault Current Sensoren),
- Induktivsensoren mit *variabler Reluktanz* (magnetischem Widerstand),
- *LVDT-Differenzialtransformator-Sensoren* (Linear Variable Differential Transformer),
- *M-In-Track* und *R-In-Track® Sagentia*-Technologien,
- *Variable Transformatoren*: Resolver, Synchro, Induktosyn, Mikrosyn (Abschnitt 3.2.5).

Für eine systematische Darstellung verschiedener Varianten zeigt die Tabelle 3.1-3 die charakteristischen Ausprägungen der Induktivsensoren sowie die unterschiedlichen Ausführungen dieser Ausprägungen. Jeder Sensortyp lässt sich in diesem morphologischen Baukastensystem durch einen „Realisierungspfad" funktionell und inhaltlich beschreiben.

**Tabelle 3.1-3** Morphologisches Baukastensystem induktiver Sensoren (Realisierungspfade der INS mit Karolinie, der IWS mit Tupfenlinie, der LVDT mit Strichpunkt-Karolinie und der BIW-Sensoren mit Strichpunkt-Tupfenlinie)

| Ausprägung, Funktion etc. | Bekannte Ausführungen, Realisierungen | | | | |
|---|---|---|---|---|---|
| 1. Geometrische Messgröße | Abstand | Weg | Position | | |
| 2. Wirkprinzip | Elektromagnetische Bedämpfung (passiv/aktiv) | Kopplungsfaktor-Beeinflussung (passiv/aktiv) | Luftspalt-Veränderung | Kernverschiebung | Kerneigenschaften-Beeinflussung |
| 3. Positionsgeber (Target) | Nicht kooperativ | Kooperativ | Magnetisches Joch | Taucherkern | |
| 4. Mechanische Verbindung: Target – Sensor | Berührungslos (ohne Verbindung) | Feste Verbindung | | | |
| 5. Elektrische Verbindung: Positionsgeber-Sensor | Kontaktfrei | Kontaktbehaftet | | | |
| 6. Sensorelement-Struktur | Einzelspule | Mehrere Spulen | | | |
| 7. Sensorelement-Spule(n) | Mit ferritischen Kern | Mit ferromagnetischem Kern | Kernlos | | |
| 8. Topologie Sensorelement-Spule(n) | Volumetrisch (dreidimensional) | Planar (zweidimensional) | | | |
| 9. Sensorelement-Ersatzkreis | Geschlossener magnetischer Kreis | Offener magnetischer Kreis | | | |
| 10. Sensorausgangssignal SAS | Binär | Analog | Digital codiert | Bus-Schnittstelle | |

## 3.1.1.2 Berührungslose induktive Abstandssensoren (INS)

Sie sind auch unter dem Namen „*Induktive Näherungssensoren*" (*INS*) bekannt und gehören zu den meist eingesetzten IS. Die spezifischen Haupteigenschaften sind Zuverlässigkeit, Robustheit, Verschmutzungsunempfindlichkeit, kompakte Bauform, elektrische Stabilität und ein sehr günstiges Preis-Leistungs-Verhältnis. Deshalb werden sie in allen industriellen Bereichen bevorzugt eingesetzt.

Der morphologische Realisierungspfad der INS ist mit der *Karo-Linie* in der Tabelle 3.1-3 illustriert. Demnach führen die INS eine *berührungslose Abstandserfassung* zu einem nicht kooperativen Positionsgeber (beliebiges Metallobjekt) durch. Zweckmäßigerweise kann das Target unmittelbar das zu detektierende Metallobjekt sein. Die Funktionsweise von INS basiert auf der Wechselwirkung einer dem Sensorelement gehörenden und ein elektromagnetisches Feld erzeugenden Spule mit dem metallenen Objekt, das im Erfassungsbereich der Spule platziert ist.

### Sensorelement und Blockschaltbild der INS

Die einteiligen INS bestehen aus dem *Sensorelement* mit der Sensorspule und aus einer im Sensor integrierten *Sensorelektronik* (Bild 3.1-1). Ihren Hauptfunktionen entsprechend ist die Sensorelektronik in zwei funktionelle Bereiche aufgeteilt: Im *Front-End* erfolgt die Spulenerregung, die Messung der Spulengüte und eine erste Signalverarbeitung (z. B. Linearisierung und Temperaturkompensation); im *Back-End* die Signalverarbeitung, die Generierung genormter Sensorausgangssignale und die Ausführung der Vielzahl der durch die Normen verlangten Schutzfunktionen.

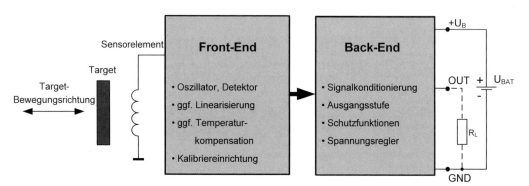

**Bild 3.1-1** Blockschaltbild eines INS

Bild 3.1-2 zeigt eine perspektivische Schnittdarstellung der Struktur eines typischen Sensorelements für zylindrische Sensorausführungen im Metallrohr (gängige Bauform). Der essenzielle Bestandteil ist die runde, rotationssymmetrische Spule in Form einer Wicklung (1) auf einem Wickelkörper (2). Die in einem Schalenkern (3) mit dem externen Durchmesser $D$ eingebaute Spule wird durch das Metallrohr (4) und, in der Sensorblickrichtung, durch eine Kunststoffkappe (5) geschützt; diese Komponenten spielen keine bedeutende Rolle für die Abstandsmessung, beeinflussen jedoch die Sensorleistung.

Mit dieser Sensorelementtopologie lassen sich die genormten zylindrischen Bauformen im Metallgewinderohr M8 bis M30 (bündig oder nicht bündig einbaubare Versionen) realisieren (Bild 3.1-3).

3.1 Weg- und Abstandsensoren

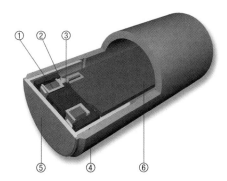

**Bild 3.1-2** Perspektivische Darstellung des Sensorelements eines genormten INS (Werkfoto: Balluff GmbH)

**Bild 3.1-3** Genormte INS in zylindrischen Metallgehäusen (Werkfoto: Balluff GmbH)

Neben diesen Varianten existieren auch sehr kompakte zylindrische oder quaderförmige Ausführungen der INS. Charakteristischer Trend für alle Ausführungen ist der starke Miniaturisierungsgrad, der sich bei den genormten Bauformen in kurzen Sensorlängen widerspiegelt (bis hin zu der in der Norm spezifizierten minimalen erlaubten Länge). Die kleinsten INS haben Durchmesser von 3 mm bis 8 mm, die mit dem Durchmesser des Anschlusskabels vergleichbar sind und Längen ab etwa 30 mm aufweisen.

*Messprinzip der INS*

Grundsätzlich sind die INS *Wirbelstrom-IS*. Elektrotechnisch betrachtet ist das Sensorelement der INS eine Spule mit Verlusten, die durch das zu erfassende Objekt, aber auch durch die Bestandteile Wicklung, Kern und Metallrohr (Eigenverluste) entstehen. Diese Spule wird von der Sensorelektronik mit hochfrequentem Strom erregt und erzeugt ein *magnetisches Feld*, dessen Verteilung und Stärke von der Spulenausführung (Geometrie, Windungszahl) bzw. den Stromparametern (Amplitude, Frequenz) abhängen (Bild 3.1-4). Dieses Feld induziert in dem zu detektierenden Objekt *Wirbelströme* (Abschnitt 2.9). Die *elektrischen Verluste* im Objekt hängen von der Stärke des magnetischen Felds, von den Materialeigenschaften des Objekts (elektrische bzw. magnetische Leitfähigkeit) und vor allem vom Abstand des Objekts zur Sensorspule ab. Sie führen zu einer Veränderung der elektrischen Parameter der Spule, die allerdings abhängig von der ausgewählten Spulenersatzschaltung sind. Eine bevorzugte elektrische Ersatzschaltung der Spule ist die *Jordan-Reihenersatzschaltung*. Diese vereinfachte und pragmatische Darstellung besteht aus der Spuleninduktivität $L$ in Reihe mit dem Verlust- oder auch Serienwiderstand $R_S$ (Bild 3.1-5).

Das Funktionsprinzip der INS ist durch die Wirbelstromeffekte in der Regel noch nicht vollständig beschrieben; denn in der Mehrzahl besitzen sie eine Spule mit Kern. Die Geometrie des Kerns wird grundsätzlich so gewählt, dass der INS eine bevorzugte „Blickrichtung" aufweist. Im Fall eines ferromagnetischen Objekts bildet der Kern mit dem zu detektierenden Objekt einen *geschlossenen magnetischen* Kreis, dessen magnetischer Widerstand $R_M$ vom Abstand abhängt. Die Variation dieses Widerstands wirkt sich in einer zusätzlichen, prägnanten Veränderung der Spuleninduktivität $L$ aus.

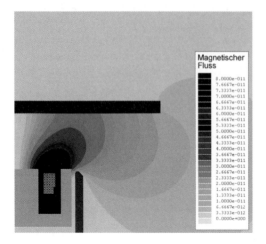
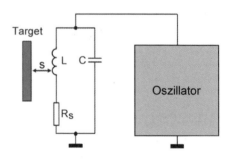

**Bild 3.1-4** Magnetisches Feld der rotationssymmetrischen Spule – rechte Hälfte – eines INS (zweidimensionale spektrale Darstellung von Simulationsergebnissen der Finiten- Elemente-Methode). Messeinheit des magnetischen Flusses: [Vs]

**Bild 3.1-5** Darstellung der Spule des Sensorelements durch die Jordan-Reihenersatzschaltung L – $R_S$ und die Erregung des Sensorelements durch einen Oszillator

Die Komponenten dieser Ersatzschaltung können sehr leicht durch Messungen bestimmt und in die Gl. (3.1.2) zur Berechnung der Güte eingesetzt werden. Bild 3.1-6 zeigt die Abhängigkeiten der Parameter $L$ und $R_s$ vom Abstand $s$ zu einem genormten ferromagnetischen Messobjekt. $D$ ist der Kerndurchmesser und entspricht in etwa dem Sensordurchmesser (Bild 3.1-2). Setzt man diese Verläufe in die Gl. (3.1.2) ein, erhält man den Verlauf der Güte $Q_L$ des Sensorelements (Bild 3.1-6, rechts).

Eine rein theoretische Alternative für die Güteberechnung besteht aus der Auswertung der FEM-Simulationsergebnisse (Bild 3.1-4). Im diesem Fall gilt für die Spulengüte:

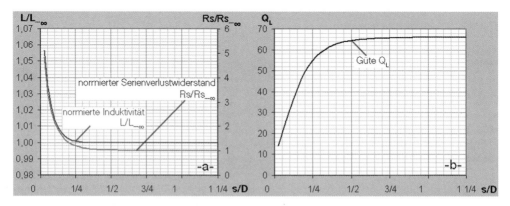

**Bild 3.1-6** Links: Normierte Induktivität und normierter Verlustwiderstand in Abhängigkeit vom normierten Abstand ($L_{\infty}$, $R_{S\_\infty}$ sind die Induktivität und Verlustwiderstand im nicht betätigten Zustand: s = ∞). Rechts: Güte des Sensorelements in Abhängigkeit vom normierten Abstand

$$Q_L = \frac{\omega \cdot \sum_{i=1}^{n} \mu_i \iiint_{dv_i} H_i(p) \cdot H_i^*(p) \, dv}{\sum_{i=1}^{n} \frac{1}{\sigma_i} \iiint_{dv_i} J_i(p) \cdot J_i^*(p) \, dv}. \qquad (3.1.3)$$

Die Vektoren **H** und **J** zusammen mit den komplex konjugierten Vektoren **H*** und **J*** repräsentieren die magnetische Feldstärke bzw. die elektrische Stromdichte in Abhängigkeit vom Positionsvektor **p** und vom finiten Element $i$ ($i \in [1, n]$). Die Skalar-Größen $\mu_i$ und $\sigma_i$ sind die magnetische Permeabilität bzw. die elektrische Leitfähigkeit des Elements $i$.

*Funktionsweise und Sensorelektronik der INS*

Für die physikalische Umwandlung des zu erfassenden Abstands in eine elektrische Größe führen die INS grundsätzlich eine kontinuierliche Messung der Spulengüte $Q_L$ durch.

Die Grenzen und die Herausforderungen dieser Alternative der Gütemessung sind aus Bild 3.1-6, rechts ersichtlich. Durch systematische Optimierungen und adäquates Design des Sensorelements kann man Abstände in einem Bereich berührungslos erfassen, der durch den Spulenkerndurchmesser nach oben praktisch begrenzt ist. Für den Fall $s \approx D$ beträgt der Hub der Güte bezogen auf den Wert im nicht betätigten Zustand ($s = \infty$) nur 1 % bis 2 %.

Die genaue Auswertung dieser minimalen Variation in industriellen Umgebungen und bei großen Temperaturschwankungen stellt eine große Herausforderung für die Sensorelektronik dar. Trotz aller Optimierungen weist die *Güte* des Sensorelements stets eine *nichtlineare Abstandsabhängigkeit* auf, die für analoge INS-Versionen in der Sensorelektronik linearisiert werden muss.

Die meist eingesetzte Methode zur Messung der Spulengüte $Q_L$ und Auswertung ihrer Abstandsabhängigkeit basiert auf dem Einbau der Sensorelementspule in einen Parallelresonanzkreis, dessen Schwingkondensator ein hochwertiger Bestandteil mit minimalen Verlusten ist (Bild 3.1-5). Dieser Schwingkreis wird bei seiner eigenen Resonanzfrequenz (*Sensorarbeitsfrequenz*) von einem Oszillator versorgt, um die durch das Target verursachten Verluste zu kompensieren und die eingeschwungenen Schwingungen aufrechtzuerhalten.

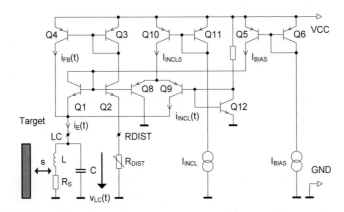

**Bild 3.1-7** Typische Darstellung des Oszillators mit negativem Eingangswiderstand in einer bipolaren Version

Ein Beispiel für neuere Implementierungen ist der spezielle Oszillator mit negativem Eingangswiderstand. Diese Schaltung ist sehr adäquat für monolithische Integrationen in anwendungsspezifischen integrierten Kreisen (kurz ASIC: application specific integrated circuit). Charakteristisch für diesen Oszillator ist die Realisierung der Mitkopplung auf elektronischem Wege, sodass man auf die Spulenanzapfung verzichten kann. Dies führt zu einer vorteilhaften zweiadrigen Verbindung zwischen Oszillator und Schwingkreis: Anschlüsse LC und GND in Bild 3.1-7.

Der Einfluss des LC-Eingangs ist bei diesem Oszillator vernachlässigbar, so dass der Schwingkreis unbelastet und frei schwingt. Die resultierende Schwingfrequenz $f_R$ hängt neben der Kapazität $C$ nur von den Spulenparameter $L$ und $R_S$ ab und wird geringfügig durch den Target-abstand beeinflusst:

$$f_R = \frac{1}{2\pi}\sqrt{\frac{L - C \cdot R_S^2}{L^2 \cdot C}} \, . \tag{3.1.4}$$

Die Evaluierung der Güte $Q_L$ in den INS erfolgt indirekt durch die Messung der Amplitude $\hat{u}_{LC}$ der Resonanzkreisspannung $u_{LC}(t)$ und basiert auf folgenden Zusammenhängen:

Die Spannung ist abhängig von der Impedanz des Resonanzkreises, wobei diese Impedanz bei der eigenen Resonanzfrequenz dem Realteil entspricht. Für den Realteil $R_P$ ergibt sich:

$$u_{LC}(t) = R_P I_E \sin(2\pi f_R \cdot t) \, , \tag{3.1.5}$$

wobei $I_E$ der vom Oszillator gelieferte Erregerstrom ist.

Die allgemeine Gleichung des Realteils $R_P$ lautet:

$$R_p = \frac{Q_L}{2\pi \cdot f_R \cdot C} \, . \tag{3.1.6}$$

Der Realteil $R_P$ zeigt eine Proportionalität zur Güte $Q_L$, wenn $C$ und $f_R$ konstant sind.

Das sinusförmige Oszillatorausgangssignal $u_{LC}(t)$ wird einem Spitzenwertpräzisionsgleichrichter zugeführt. Diese Stufe wandelt die Oszillatorausgangsspannung, die abhängig von der Güte des Sensorelements ist, in eine Gleichspannung um, dessen Wert gleich der Amplitude $\hat{u}_{LC}$ ist. Dieses unkonditionierte Signal, das die Abstandsinformation beinhaltet, repräsentiert den Front-End-Ausgang. Seine Konditionierung, d. h. seine Umwandlung in das genormte Sensorausgangssignal, findet in der Sensorausgangsstufe des Back-Ends statt (Bild 3.1-1). Die hier beschriebenen INS haben entweder einen Spannungsausgang 0 V bis 10 V oder einen Stromausgang 0 mA bis 20 mA bzw. 4 mA bis 20 mA. Der Lastwiderstand $R_L$ in Bild 3.1-1 symbolisiert die Applikation. Im Front-End-Teil können optionale Zusatzfunktionen wie beispielsweise die Linearisierung der Abstands-Ausgangs-Charakteristik des INS und/oder die Temperaturkompensation durchgeführt werden. Geeignete Temperaturkompensationen gewährleisten eine minimale Drift der Abstands-Ausgangs-Charakteristik und erlauben dadurch den Einsatz des INS in einem breiteren Temperaturbereich.

*Kalibrierung der INS*

Eine genaue Kalibrierung der INS und damit geringe Exemplarstreuung der Abstands-Ausgangs-Charakteristik lässt sich durch die Einstellung der Sensoren im fertig montierten Zustand durch ein *Teach-in-Verfahren* erreichen. Zu diesem Zweck beinhaltet der Sensor in seinem Front-End eine Kalibriereinrichtung (Bild. 3.1-1). Diese ist ein programmierbares Widerstandsnetzwerk, das mit dem Oszillatoranschluss RDIST (Bild 3.1-7) verbunden ist und die Abstands-Ausgangs-Charakteristik des INS festlegt.

## 3.1 Weg- und Abstandsensoren

Wird eine Kalibrierung ausgelöst, so wird die Amplitude $\hat{u}_{LC}$ des Oszillatorausgangssignals durch das Widerstandsnetzwerk, dessen Wert nach dem Start des Kalibrierungsvorgangs kontinuierlich variiert, so lange verändert, bis das Sensorausgangssignal die geforderte Grenze erreicht. Der ermittelte Widerstandswert wird im nichtflüchtigen Speicher (kurz EEPROM: electrically erasable programmable memory) der Kalibriereinrichtung abgespeichert. Durch dieses Teach-in-Verfahren werden alle streuenden Größen, die das Oszillatorausgangssignal beeinflussen, exemplarspezifisch berücksichtigt und kompensiert.

Das Diagramm in Bild 3.1-8 zeigt als Beispiel die justierte Abstands-Ausgangs-Charakteristik und den Verlauf des Linearitätsfehlers für einen INS mit dem Messbereich: 2 mm bis 8 mm. Die INS werden zunehmend als *miniaturisierte Sensoren* eingebaut. Bild 3.1-9 zeigt das Innenleben solcher Sensoren.

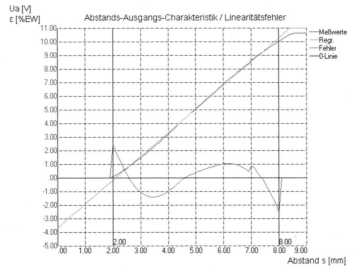

**Bild 3.1-8** Abstands-Ausgangs-Charakteristik und Verlauf des Linearitätsfehlers nach der Kalibrierung (Werkfoto: Balluff GmbH)

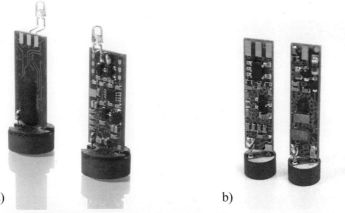

**Bild 3.1-9** Teilmontierte INS (jeweils Vorder- und Rückseite), bestehend aus einer Topfkernspule und der Sensorelektronik (Werkfoto: Balluff GmbH). a) ASICs durch Wire-Bonding unter dem Globtop verdrahtet. b) ASICs durch Flip-Chip-Technologie kontaktiert (ohne Schutzabdeckung)

### Anwendungen und Hauptkenndaten der INS

Die INS sind ursprünglich konzipiert und dadurch prädestiniert für die *frontale Erfassung* eines Objekts, das sich entlang der Spulensymmetrieachse, senkrecht zur aktiven Fläche bewegt. Sie werden kalibriert und vermessen für eine solche *axiale Annäherung* mit der genormten Messplatte.

Dennoch ist auch eine *radiale Bewegung* (vorbei an der aktiven Sensorfläche) des Objekts möglich. Bei dieser *seitlichen Annäherung* hängt das Sensorausgangssignal auch vom Abstand des Objekts zur aktiven Sensorfläche und von der Überdeckung ab, sodass die Sensorcharakteristik durch eine Kurvenschar mit diesen Parametern darstellbar ist.

Die Erfahrung zeigt, dass das Spektrum der Anwendungen der INS laufend erweitert wird. Einige Beispiele für die vielfältigen industriellen Einsatzmöglichkeiten sind in Bild 3.1-10 zu sehen:

a) *Dickenmessung* eines beliebigen Objektes mit aufgelegter Metallfahne.
b) *Detektion inhomogener Zonen* ebener Metallflächen (z. B. Spalt, Nut, Steg).
c) *Lageerkennung* und *Konturverfolgung* kleiner Teile bei der Werkstückprüfung.
d) *Abtasten rotierender Objekte* (z. B. Exzenter, Nocken, Unwuchten). Ist das Objekt rotationssymmetrisch, so kann man es mit zwei um 90° versetzten Abstandssensoren zentrieren.
e) Erkennen *unterschiedlicher Werkstoffe*; denn die Sensorempfindlichkeit hängt unter anderem von den physikalischen Eigenschaften des zu erfassenden Objekts ab. Bei konstant gehaltenem Abstand wird das Sensorausgangssignal grundsätzlich vom Objektwerkstoff bestimmt.
f) Seitliches Anfahren einer *schiefen Ebene*. Das ist ein klassisches Anwendungsbeispiel für die Erfassung größerer Wege mit INS. Bei einer senkrechten Anordnung des Sensors zur Basis der schiefen Ebene hängt der Anfahrweg ($w$) folgendermaßen vom Abstand ($s$) und Neigungswinkel ($\beta$) der schiefen Ebene ab:

$$\Delta w = \frac{\Delta s}{\tan \beta} . \tag{3.1.7}$$

Diese Übersetzungsfunktion ermöglicht deutliche Vergrößerungen des Erfassungsbereichs, beispielsweise um den Faktor 10 bei $\beta = 6{,}34°$. Darauf basiert die traditionelle Anwendung der INS für die Spannwegüberwachung an Werkzeugspindeln bzw. Werkstückspannzylindern.

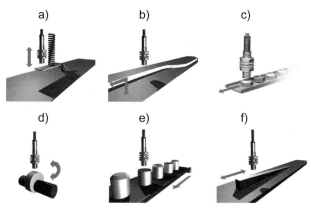

**Bild 3.1-10** Anwendungsbeispiele für INS

## 3.1 Weg- und Abstandsensoren

Die *kompakten, einteiligen* induktiven Abstandssensoren INS zeichnen sich durch *sehr gute Eigenschaften* und *Kosten-Nutzen-Verhältnis* aus und sind für industrielle Anwendungen bestens geeignet. Ihre Parameter sind grundsätzlich bauformabhängig. Die Tabelle 3.1-4 fasst die Hauptkenndaten der INS zusammen.

**Tabelle 3.1-4** Technische Daten von INS

| Kenndaten (elektrische bzw. mechanische) | Wert, Wertebereich |
|---|---|
| Linearitätsbereich | bis 50 mm |
| Linearitätsfehler (Trendgerade: Regressionsgerade) | unter ± 3 % von der oberen Grenze |
| Wiederholgenauigkeit (uni- oder bidirektionale Annäherungen) | zwischen ± 5 µm und ± 15 µm |
| Auflösungsgrenze | typisch ± 0,1 % von der oberen Grenze |
| 3dB-Grenzfrequenzen | bis hin zu 1 kHz |
| Elektrische Schutzklasse | II |
| Schutzart | IP67 |
| Arbeitstemperaturbereich | –25 °C (–40 °C) bis +75 °C (+125 °C) |

### 3.1.1.3 Berührungslose induktive Wegsensoren (IWS)

**Messprinzip der IWS**

Der morphologische Realisierungs-Pfad der IWS ist in der Tabelle 3.1-3 mit *Tupfenlinie* dargestellt. Das Wirkprinzip, die Targeteigenschaften und die mechanischen bzw. die elektrischen Verbindungen bleiben grundsätzlich unverändert gegenüber INS.

**Sensorelement und Blockschaltbild der IWS**

Der IWS arbeitet berührungslos und detektiert die Position eines *schlanken, metallischen Targets*, das eine translatorische Linearbewegung entlang der Symmetrieachse der aktiven Sensorfläche und bei konstantem Luftspalt parallel zu dieser Fläche durchführt. Die Spule wird in vergleichbarer Weise von der Sensorelektronik erregt (Bild 3.1-1), das Target verursacht eine Spulendämpfung und die wegabhängige Spulengüte $Q_L$ wird wiederum von der Sensorelektronik ausgewertet.

Das Sensorelement ist in diesem Fall eine flache, kernlose Spule, die planparallel zur aktiven Sensorfläche liegt. Weil die Target-Abmessungen deutlich geringer als die Spulenabmessungen sind, hat das Target lediglich einen lokalen Einfluss auf die Spule und verursacht eine Änderung der Spulengüte $Q_L$ (Abschnitt 3.1.1.2). Diese Beeinflussung ist direkt proportional zur Targetprojektion auf der Spulenfläche. Hat die Spule eine wegabhängige Geometrie (Implementierung der Weginformation), so ergibt sich eine monotone eindeutige Korrelation zwischen Spulengüte und Weg *s*.

Die entsprechende Topologieänderung der Spule eines IWS gegenüber INS ist durch den Vergleich vom Bild 3.1-11 mit dem Bild 3.1-2 erkennbar. Anstatt einer klassischen, rotationssymmetrischen bewickelten Drahtspule mit Topfkern handelt sich jetzt um eine Planarstruktur auf einer Dielektrikum-Trägerplatine (in der Regel ohne Kern). Eine ferritische Folie auf der Spulenrückseite könnte als Flachkern aufgebracht werden. Solche Topologien erlauben eine zweckmäßige, günstige Implementierung der Weginformation, sind mechanisch sehr flexibel und lassen sich analytisch und/oder rechnerisch simulieren bzw. optimieren (Bild 3.1-11), um eine linearisierte Wegabhängigkeit der Funktion $Q_L$ erreichen.

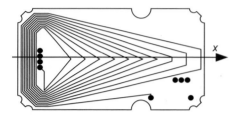

**Bild 3.1-11**
Schematische Darstellung der Einzelspule eines IWS (Abmessungen 30 mm × 10 mm)

Das Blockschaltbild eines IWS (Bild 3.1-12) hat viele Ähnlichkeiten mit dem Blockschaltbild eines INS (Bild 3.1-1).

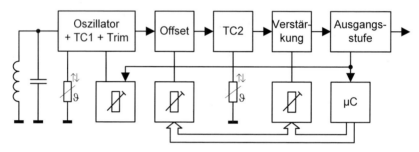

**Bild 3.1-12** Blockschaltbild eines IWS

Die Messung der Güte der *Sensorelement-Planarspule* erfolgt weiterhin indirekt mit Hilfe eines Parallelresonanzkreises.

Wesentliche Fortschritte in Bezug auf die Erweiterung des Erfassungsbereichs (Faktor 10 und mehr), der Verbesserung der Kenndaten: Linearität, Temperaturdrift und der Unterdrückung der Abhängigkeit von der Luftspaltgröße zwischen Sensoraktivfläche und Target erreicht man durch den Einsatz des *Differenzverfahrens*. Das Sensorelement besteht nunmehr aus zwei identischen wegabhängigen Planarspulen, die zueinander entgegengesetzt auf einer gleichen Ebene liegen (Bild 3.1-13). Die Spulen sind in einer Doppelresonanzbrücke mit zwei Schwingkondensatoren und zwei Widerständen verbunden (Bild 3.1-14) und werden vom Target gleichzeitig beeinflusst.

**Bild 3.1.-13**
Schematische Darstellung des Sensorelementen des verbesserten IWS

Für identische Kapazitäten $C_1 = C_2$ ergibt sich eine günstige Übertragungsfunktion $H_0$ der Brücke:

$$H_0 = \frac{V_{OUT}}{V_{IN}} = \frac{1}{2}\frac{Q_{L1} - Q_{L2}}{Q_{L1} + Q_{L2}} - \frac{1}{2}\frac{R_3 - R_4}{R_3 + R_4} \qquad (3.1.8)$$

mit $V_{IN}$ und $V_{OUT}$ als Eingangs- bzw. Ausgangsspannung und $R_3$, $R_4$ als Brückenwiderstände.

## 3.1 Weg- und Abstandsensoren

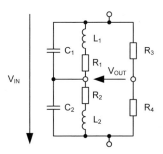

**Bild 3.1-14** Doppelresonanzbrücke (Spulen durch Serienersatzschaltungen dargestellt)

Abgesehen vom konstanten zweiten Term ist die Übertragungsfunktion proportional zum Quotienten: Differenz/Summe der Spulengüten $Q_{L1}$ bzw. $Q_{L2}$. Die Targetbewegung parallel zum Sensorelement und entlang dessen Längsrichtung verursacht entgegengesetzte Veränderungen von $Q_{L1}$ und $Q_{L2}$ und dadurch eine *monotone* und *lineare Wegabhängigkeit* von $H_0$. Die Wegerfassung reduziert sich zur Messung der Übertragungsfunktion.

### Sensorelektronik und Realisierung der IWS

Eine Baugruppe, umfassend das Sensorelement und eine FR4-Trägerplatine mit der Sensorelektronik, ist in Bild 3.1-15 zu sehen. Diese Einheit lässt sich in zwei unterschiedliche kompakte Sensorgehäuse einbauen (Bild 3.1-16) und gewährleistet einen Erfassungsbereich von 14 mm für Luftspalt zwischen Sensoraktivfläche und Target $d = 1$ mm bis 2 mm.

**Bild 3.1-15** Baugruppe eines IWS (die vertikale Elektronikträgerplatine ist senkrecht auf dem Sensorelement montiert)

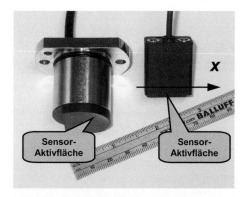

**Bild 3.1-16** Robuste IWS-Ausführung im Metallgehäuse mit Plastikkappe als Aktivfläche (links) und miniaturisierte Kunststoffversion ohne Montageflansch (rechts)

### Kenndaten und Anwendungen der IWS

Mit Ausnahme des Erfassungsbereichs, der mehrfach erhöht wird, zeichnen sich die oben beschriebenen IWS durch Leistungsmerkmale aus, die vergleichbar mit den Kenndaten von INS sind (Tabelle 3.1-1).

Besonders finden die IWS Anwendung in der Spannwegüberwachung bei der Spannung von Werkstücken bzw. Werkzeugen in modernen Werkzeugmaschinen (Bild 3.1-17).

**Bild 3.1-17** Konkreter Einsatz eines analogen induktiven Wegsensors IWN für die Spannwegüberwachung in einer Werkzeugmaschine

Die Schließbewegung des Spannmittels wird in eine lineare Bewegung entlang der Drehachse umgesetzt. Die Funktion des Targets wird von einer dünnen Metallscheibe übernommen, die sich auf der Drehachse befindet und während der kontinuierlichen Rotation eine translatorische Bewegung erfährt. Mithilfe der linearen Abstands-Ausgangs-Charakteristik des IWNs können in der Steuerung verschiedene Schaltpunkte gesetzt werden. So entfällt das mechanische Neujustieren der Spannwegüberwachung. Dies ist besonders von Vorteil, wenn das Spannmittel an schwer zugänglichen Stellen sitzt.

### 3.1.1.4 Differenzialtransformatoren mit verschiebbarem Kern (LVDT)

Eine zweite markante Klasse von Induktivsensoren nutzt die *Beeinflussung* des *Kopplungsfaktors* zwischen zwei oder mehreren Spulen des Sensorelements. Eine einfache Messmöglichkeit ergibt sich aus der allgemeinen Gleichung für den Kopplungsfaktor $k$:

$$k = \frac{M}{\sqrt{L_1 \cdot L_2}}. \tag{3.1.9}$$

Falls die beteiligten Induktivitäten $L_1$ und $L_2$ geringfügig beeinflusst werden, lässt sich die Änderung des Kopplungsfaktors durch die Messung der Gegeninduktivität $M$ in linearer Art und Weise bestimmen. Besonders beachtenswert ist die Lebensdauer der LVDTs. Sie beträgt bis zu 228 Jahren.

#### Sensorelement und Messprinzip der LVDTs

Der morphologische Realisierungs-Pfad eines LVDTs ist in der Tabelle 3.1-3 mit Strichpunkt-Karolinie dargestellt. Der Positionsgeber ist nun kooperativ, bewegt sich innerhalb des Sensorgehäuses und hat eine starre mechanische Verbindung mit dem zu detektierenden Objekt.

In der schematischen Darstellung des LVDT-Sensorelements (Bild 3.1-18) erkennt man eine primäre Wicklung, zwei sekundäre Wicklungen und einen verschiebbaren weichmagnetischen Kern, der durch eine nicht ferromagnetische Zugstange mit dem externen Objekt verbunden ist. Generell haben die gewickelten Spulen eine zylindrische Form. Die sekundären Spulen sind beidseitig zur primären Spule platziert und der zylindrische Kern erfährt eine translatorische Bewegung entlang der Systemrotationsachse. Die Objektbewegung in die $x$-Richtung verursacht eine Kernverschiebung und dadurch eine stetige, monotone und gegenläufige Variation der Gegeninduktivitäten $M_1$ und $M_2$ zwischen der primären Wicklung und der jeweiligen sekundären Wicklungen.

## 3.1 Weg- und Abstandsensoren

Das System wird mit einer Wechseleingangsspannung:

$$u_E(t) = \hat{u}_E \cos \omega t \qquad (3.1.10)$$

versorgt, mit $\omega$ = Kreisfrequenz und $x$ = Verfahrweg des Kerns.

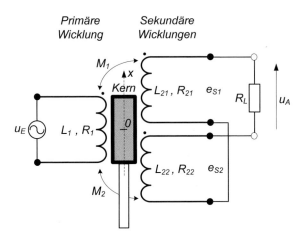

**Bild 3.1-18** Schematische Darstellung des Sensorelements eines LVDT

Das Sensorelement ist symmetrisch gebaut, so dass in der mittigen Kernposition zwei gleiche Ausgangsspannungen in die sekundären Wicklungen induziert werden. Bewegt sich der Kern in eine Richtung, nimmt eine Ausgangsspannung zu und die andere Ausgangsspannung ab. Um eine gute Linearität der LVDT-Ausgangsspannung zu gewährleisten, sind üblicherweise die sekundären Wicklungen in Reihe gegeneinander geschaltet (*antivalent*) und die Ausgangsspannung $u_A$ resultiert als Differenz der induzierten Sekundärspannungen.

Für die Darstellung im Bild 3.1-18 mit $L_{21}$ bzw. $L_{22}$ und $R_{21}$ bzw. $R_{22}$ als Parameter jeder Wicklung ergibt sich die LVDT-Übertragungsfunktion:

$$u_A = \frac{j\omega\left[M_2(x) - M_1(x)\right]R_L}{R_1(R_2 + R_L) + j\omega\left[L_2 R_1 + L_1(R_2 + R_L)\right] - \omega^2\left\{L_1 L_2 + \left[M_1(x) - M_2(x)\right]^2\right\}} \cdot u_E, \qquad (3.1.11)$$

wobei: $L_2 = L_{21} + L_{22}$ und $R_2 = R_{21} + R_{22}$, j die komplexe Variable und $M_1(x)$ bzw. $M_2(x)$ die Gegeninduktivitäten in Abhängigkeit vom Weg $x$ sind. In der Praxis für eine hochohmige Ausgangsbelastung ($R_L \geq 50$ k$\Omega$) vereinfacht sich die Gl. (3.1.11). Die Ausgangsspannung $u_A$ ist dann direkt proportional zur Differenz beider Gegeninduktivitäten $M_1$ und $M_2$:

$$u_A = \frac{j\omega\left[M_2(x) - M_1(x)\right]}{R_1 + j\omega L_1} \cdot u_E. \qquad (3.1.12)$$

Die Gleichung zeichnet ein Hochpassfilter-Verhalten aus, wobei die –3dB-Systemgrenzfrequenz grundsätzlich von den Parametern der primären Wicklung bestimmt ist.

## Funktionsweise und Blockschaltbild der LVDTs

In Bild 3.1-19 (rechte Ausführung) wird eine verbesserte Bauweise gegenüber der koaxialen Struktur (linke Ausführung) gezeigt.

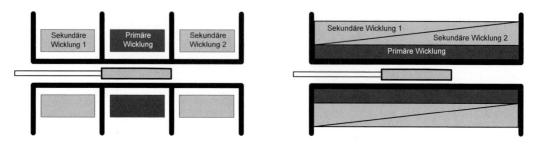

**Bild 3.1-19** Aufbauvarianten des Sensorelements eines LVDT

Die Wicklungen sind überlappend angeordnet. Die Primärwicklung ist uniform; die Sekundärwicklungen haben steigende bzw. fallende Windungszahlen pro Wegeinheit und sind entgegengesetzt. Das führt zu einer markanten Nutzverhältniserhöhung bis etwa 0,8.

Auf dem Markt findet man sowohl zweiteilige LVDT-Ausführungen als auch einteilige kompakte Ausführungen. Bei den ersten Typen ist eine elektronische Extraeinheit (z. B. Hutschienenmodul) für die Versorgung des Sensorelements sowie die Auswertung der Ausgangsspannungen zuständig. Die Elektronik führt grundsätzlich folgende Funktionen durch (Bild 3.1-20):

a) Erzeugung der Erregerspannung (typische Bereiche: 1 V bis 24 V, 50 Hz bis 20 kHz).
b) Versorgung der primären Wicklung mit stabilisierter Amplitude und Frequenz.
c) Synchrone Detektion der Sensorelement-Ausgangsspannung/en und ggf. Differenzbildung, um eine Unterscheidung der positiven und negativen Kernverschiebung zu erreichen.
d) Signalkonditionierung, Filterung und Kompensationen.
e) Generierung des Sensorausgangssignals, Sensorversorgung und Schutzfunktionen.

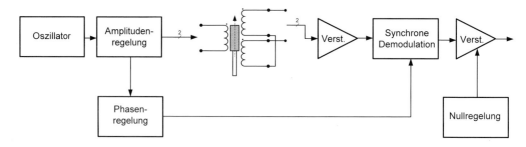

**Bild 3.1-20** Allgemeines Blockschaltbild der Front-End-Auswerteelektronik eines LVDT

Die einteiligen Modelle mit integrierter Elektronik sind praktischer, zuverlässiger und benötigen einen geringeren Installationsaufwand. Weil diese Systeme mit einer Gleichspannung aus dem Schaltschrank direkt zu versorgen sind, heißen sie auch DCLVDT.

3.1 Weg- und Abstandsensoren 143

Die große Verbreitung der LVDT-Systeme hat die Halbleiterindustrie motiviert, kommerzielle integrierte Schaltungen für die LVDT-Systeme zu produzieren. Zwei solche ICs (*Integrated Circuit*) mit ihrer schematischen dargestellten Signalverarbeitung zeigt Bild 3.1-21 als Blockschaltbild.

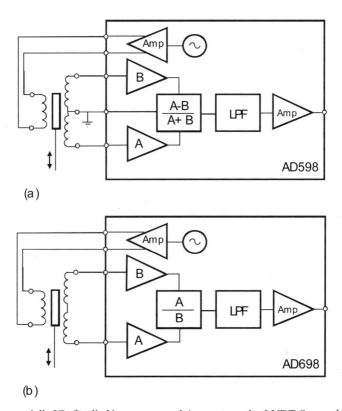

**Bild 3.1-21** Kommerzielle ICs für die Versorgung und Auswertung des LVDT-Sensorelements

Der Baustein AD598 von Analog Devices führt eine getrennte Gleichrichtung der Sekundärspannungen durch, bildet die Summe sowie die Differenz der gleichgerichteten Signale und führt das bewährte (A–B)/(A+B) Verfahren durch. Dies führt auf Grund der Asymmetrie zur Eliminierung aller Gleichtaktstörungen. Der Baustein AD698 nutzt die klassische Differenz-Ausgangsspannung ($u_A$ in Bild 3.1-18) sowie die Eingangsspannung und führt eine Quotientenbildung durch, die eine sehr effiziente Kompensation der Versorgungsschwankungen gewährleistet.

### Realisierung der LVDTs

Auf dem Sensormarkt gibt es ein reichliches Angebot von LVDT-Systemen für extrem kleine bis sehr große Messbereiche und mit oder ohne integrierte Elektronik. Die typische äußere Erscheinung eines LVDTs ist die Pumpengestaltung (Bild 3.1-22) mit charakteristischen Merkmalen: rundes, zylindrisches Metallgehäuse (glatt oder mit Befestigungsmöglichkeiten wie z. B. Gewinde und Gelenkauge) und Zugstange (ebenfalls mit diversen Ankopplungsmöglichkeiten).

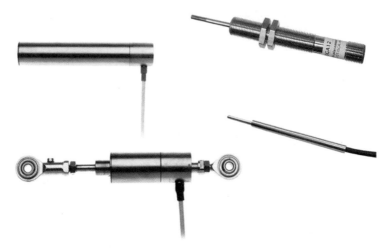

**Bild 3.1-22** Verschiedene kommerzielle LVDT Varianten (Werkfoto: Inelta Sensorsysteme)

## *Anwendungen und Haupkenndaten der LVDTs*

Das Anwendungsspektrum der LVDTs ist sehr groß. Die LVDTs werden grundsätzlich für die Erfassung von Wegen oder Positionen eingesetzt. Sie eignen sich auch als *Nulldetektoren* für *Feedback-Positioniersysteme* von zivilen Einsätzen bis hin zu Unterseebooten oder Flugzeugen. LVDTs finden oft in Werkzeugmaschinen und Konturkopieranlagen Anwendung.

Eine zweite Anwendungsgruppe bezieht sich auf die *Messung physikalischer Größen*, die eine Bewegung des Kernes verursachen können (z. B. Beschleunigung, Neigung und Druck).

Die LVDTs zeichnen sich durch *hervorragende Linearität*, *Auflösung* und *Genauigkeit* aus. Dank ihrer Robustheit und Zuverlässigkeit finden sie eine breite Anwendung in der Industrie, vor allem in rauen, korrosiven oder radioaktiven Umgebungen. Zusätzlich sind sie leicht zu montieren bzw. zu justieren und gewährleisten eine galvanische Trennung. Tabelle 3.1-5 fasst die Hauptkenndaten der LVDTs zusammen.

**Tabelle 3.1-5** Technische Daten von LVDT

| Kenndaten (elektrische bzw. mechanische) | Wert, Wertebereich |
|---|---|
| Messbereich | $\pm$ 1 mm bis $\pm$ 500 mm |
| Linearitätsfehler | 0,05 % bis 1 % vom Endwert (F.S.) |
| Empfindlichkeit | 1 bis 500 mV / V· mm |
| Wiederholgenauigkeit | 0,002 % bis 0,05 % F.S. |
| Eingangsspannung | 1 $V_{eff}$ bis 50 $V_{eff}$ |
| Eingangsfrequenz | 50 Hz bis 25 kHz |
| Temperaturkoeffizient | 0,02 bis 0,05 % F.S. / °C |
| Schutzart | IP64 bis IP 65 |
| Arbeitstemperaturbereich | −250 °C bis +600 °C |
| Luftdruck | bis 200 bar |

## 3.1 Weg- und Abstandsensoren

### 3.1.1.5 Gepulster induktiver Linear-Positionssensor (Micropulse® BIW)

Die BIW-Positionssensoren repräsentieren eine neue Sensorfamilie in der Klasse der IS, basierend auf der Beeinflussung des Kopplungsfaktors zwischen zwei oder mehreren Spulen (Abschnitt 3.1.1.4). Ihr morphologischer Realisierungs-Pfad ist mit Strichpunkt-Tupfenlinie in der Tabelle 3.1-3 dargestellt.

#### Sensorelement und Messprinzip der BIWs

Das BIW-Messprinzip ist grundsätzlich einsetzbar, auch wenn der Positionsgeber nicht kooperativ ist – und dadurch eine neutrale nicht zweckbestimmte Wechselwirkung mit dem Sensorelement hervorruft – und außerdem keine mechanische Verbindung mit dem Sensor hat. Dennoch, um parasitäre Kopplungen zu unterdrücken (z. B. Luftkopplung) und unerwünschte Einflüsse auf den Kopplungsfaktor $k$ zu minimieren (z. B. mechanische Schwankungen), favorisiert man Ausführungen mit *kooperativem, frequenz-selektivem Positionsgeber*. Darüber hinaus ist er mit dem zu erfassenden Objekt *mechanisch verbunden* und wird in Bezug auf die Spulen *sehr präzise mechanisch geführt*.

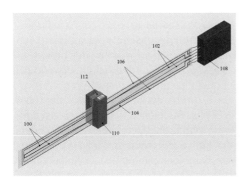

Markante Unterschiede zu dem verwandten LVDT erkennt man in den Ausführungen der Wicklungen des Sensorelements bzw. des Kerns. Das Sensorelement besteht aus drei Planarwindungen, die auf einer vertikalen harten Trägerplatine (104 in Bild 3.1-23) gedruckt sind.

**Bild 3.1-23**
Schematische Darstellung des Sensorelements und des Positionsgebers des BIW-Positionssensors

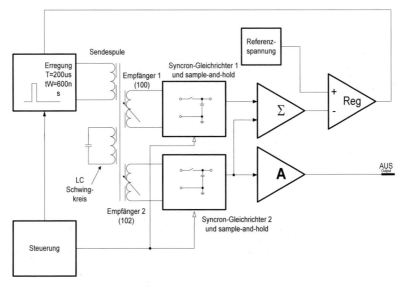

**Bild 3.1-24** Teilblockschaltbild des BIW-Positionssensors

Eine rechteckige Windung (106) umrandet zwei trapezförmigen Windungen (100 bzw. 102) und bildet die Sendespule. Die Empfängerspulen (100) und (102) sind identisch, aber entlang der Bewegungsrichtung räumlich um 180° gegeneinander versetzt. Der schlanke Positionsgeber besteht aus einem ferritischen Joch (110), das die Trägerplatine beidseitig überdeckt. Seine im Bild nicht dargestellte mechanische Führung sorgt für eine translatorische Linearbewegung entlang der Platinenachse mit Konstanthaltung der beidseitigen Luftspalte. Das System hat eine doppelte Symmetrie, so dass Schwankungen in den Querrichtungen Y und/oder Z ausbalanciert werden. Der Positionsgeber (110) trägt einen passiven LC-Schwingkreis (112), dessen Resonanzfrequenz auf die Frequenz der Sendespuleerregung abgestimmt ist.

Unter diesen Voraussetzungen darf man annehmen, dass die *Kopplungsfaktoren* zwischen der Primärschleife (106) und den Sekundärschleifen (100) und (102) *eine lineare Abhängigkeit* vom *Weg x* aufweisen. Dementsprechend sind die induzierten Sekundärspannungen eindeutig und direkt proportional zum Weg $x$. Die Erzeugung des Erregerstroms und die Auswertung der induzierten Signale aus den Empfängerspulen (100) und (102) erfolgen in der Sensorelektronik, die im Bild 3.1-23 durch (108) gekennzeichnet ist.

### *Funktionsweise und Blockschaltbild der BIWs*

Das Blockschaltbild der Front-End-Elektronik ist in Bild 3.1-24 dargestellt. Die rechteckige Sendespule wird mit rechteckigen Stromimpulsen (typische Pulsbreite $t_W$ = 0,6 μs, Wiederholperiode ca. $T$ = 0,02 ms) angeregt. Das resultierende elektromagnetische Feld aktiviert den passiven LC-Schwingkreis des Positionsgebers. Der Umladestrom, der zwischen der Induktivität $L$ und dem Kondensator $C$ pendelt, sorgt für eine *Rückinduktion* in den Sekundärwicklungen. Demzufolge ergeben sich die zwei induzierten Sekundärspannungen, deren Werte theoretisch direkt proportional zur Schnittfläche zwischen der Kernüberdeckung (konstant über den Weg $x$) und den jeweiligen Sekundärschleifen sind. Zwei phasengleiche Gleichrichter, nachgefolgt von „Sample-and-hold"-Schaltungen, sorgen für die synchrone Detektion der Sekundärspannungen und Speicherung deren Werte während der Pause zwischen den Versorgungsimpulsen. Der Regler Reg vergleicht die Summe beider Sekundärspannungen (konstant über Weg) mit einer Referenzspannung und regelt die Amplitude der Versorgungsimpulse nach, so dass Schwankungen in den Querrichtungen ausgeglichen werden. Die im BIW-Positionsgeber integrierte Back-End-Elektronik liefert wahlweise ein Standard Analog-Spannungs- oder Stromsignal (M12 Industriestandard-Stecker) und sorgt auch für die Erfüllung der Normsensoranforderungen (Bild 3.1-1).

### *Realisierung der BIWs*

Im BIW-Positionssensor befinden sich das Sender-/Empfänger-Sensorelement, der Positionsgeber mit dem Schwingkreis und die Auswerteelektronik, geschützt durch ein Strangpressprofil aus Aluminium (Bild 3.1-25). Der Positionsgeber ist an einer Schubstange befestigt, die mit dem Maschinenteil verbunden ist, dessen Position bestimmt werden soll. Der Schwingkreis wird über das Sender-Sensorelement mit einer Messwertrate von 32 kHz kurz angeregt und koppelt an der aktuellen Position ein Signal in das Empfänger-Sensorelement ein. Die Position steht sofort am Ausgang zur Verfügung und ist absolut. Die Richtung des Ausgangssignals, d. h. eine steigende bzw. fallende Kennlinie, ist über Programmiereingänge invertierbar. Bei der Standard-Steigungsauswahl hat der Ausgang 0 V bei vollständig ausgezogener Schubstange.

**Bild 3.1-25**
BIW als Wegaufnehmer in einem genormten Aluminiumstrangpressprofil (Werkfoto: Balluff GmbH)

## 3.1 Weg- und Abstandsensoren

*Anwendungen und Hauptkenndaten der BIWs*

Das neuartige patentierte Funktionsprinzip ermöglicht Positionserfassungen mit hoher Auflösung und Reproduzierbarkeit und vor allem mit beeindruckend *hoher Messwertrate*. Darüber hinaus zeichnet sich der Sensor aus durch:

a) *Lineare Kennlinie, potenzialfreie Messung*.
b) *Unempfindlichkeit* gegenüber Erschütterungen, Vibrationen und Störfelder.
c) Überlegene *Betriebszuverlässigkeit* und Leistungsdaten ohne zusätzliche Kosten. Daraus resultieren vergleichbare Preise zu Potenziometern.
d) *Kontaktlose Alternative* zu klassischen Potenziometern ohne Reibung zwischen Bestandteilen des Sensorelements (verschleißfreies Sensorelement).
e) Gleiche oder ähnliche Bauform (inklusive Befestigungsklammern) sowie Ausgangssignale gewährleisten die *Kompatibilität* zu Potenziometern.

Typische Anwendungen sind:

a) Spritzgießmaschinen für Kunststoffe (Bild 3.1-26).
b) Blasformmaschinen, Pressen für Kautschukteile.
c) Pneumatisch betätigte Montagepressen.
d) Kolbenpositionserfassung in pneumatischen bzw. hydraulischen Zylindern.

**Bild 3.1-26**
BIW-Positionssensor ersetzt verschleißbehaftete Potenziometer

Schließlich sind die BIW-Positionssensoren ein ideales, verschleißfreies *Drop-in-Replacement* für lineare kontaktbehaftete Potenziometer. Die Tabelle 3.1-6 fasst die Hauptkenndaten der BIW zusammen.

**Tabelle 3.1-6** Technische Daten der BIW-Positionssensoren

| Kenndaten (elektrische bzw. mechanische) | Wert, Wertebereich |
|---|---|
| Ausgangssignale | 0 V bis 10 V; -10 V bis +10 V; 0 mA bis 20 mA; 4 mA bis 20 mA |
| Standard-Nennlängen | 75 mm bis ± 750 mm (16 Stufen) |
| Linearitätsfehler | ≤ 0,02 % vom Endwert (F.S.) |
| Auflösung | 5 µm |
| Wiederholgenauigkeit | 10 µm |
| Messwertrate | typ. 32 kHz |
| Schutzart | IP54 |
| Arbeitstemperaturbereich | −20 °C bis +85 °C |

## 3.1.1.6 Signalverarbeitung durch Phasenmessung (Sagentia)

Insbesondere bei magnetischen Prinzipien für induktive Abstands- und Wegsensoren sind *Kosten-Nachteile* gegeben durch:

- Kosten sowie Verfügbarkeit magnetischer Materialien, insbesondere Magnete auf der Basis Seltener Erden.
- Komplexe und damit kostenrelevante Aufbau- und Verbindungstechnik zur Kombination der magnetischen Werkstoffe mit den stromführenden Komponenten wie Leiterplatte bzw. Spule.

*Technische Nachteile* magnetischer Prinzipien sind gegeben durch:

- Gefahr der Ansammlung magnetischer Fremdpartikel am magnetischen Geber.
- Beeinflussbarkeit des Sensors durch statische Fremd-Magnetfelder.

Um diese Nachteile zu vermeiden, entwickelte das Unternehmen Sagentia ein induktives Messprinzip. Dieses bietet den Vorteil, dass die Signalverarbeitung auf einer *Phasenmessung* beruht und nicht auf einer Vermessung von Amplituden, die in der Regel aufwändige Mess-Schaltungen (Gleichrichter, hochwertige, teure Operationsverstärker) erfordert.

### Funktionsweise

Auf einer Signalleiterplatte befinden sich über den Messweg $x$ je eine *sinus-* und eine *cosinusförmige Leiterschleife* (sin(x),-cos(x)-Sendeschleife; Bild 3.1-27). Diese werden jeweils mit einer zeitlich um *90° phasenverschobenen Wechselspannung* ($u \cdot \sin(\omega t)$, $u \cdot \cos(\omega t)$) versorgt. Dadurch entstehen *senkrecht* zur Leiterplatte *magnetische Wechselfelder $H(\omega t)$*, deren Stärke über den Messweg $x$ ebenfalls sinus- bzw. cosinusförmig ausgeprägt ist (Bild 3.1-28).

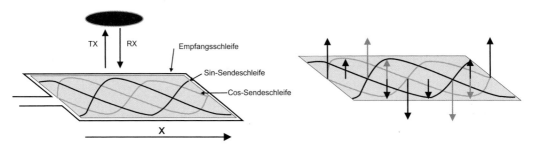

**Bild 3.1-27** sin/cos-Sendeschleifen     **Bild 3.1-28** Feldkomponenten

Bild 3.1-27 und Bild 3.1-28 zeigt die prinzipielle Funktionsweise: Für die ortsabhängige Summe beider Magnetfelder gilt nach dem trigonometrischen Additionstheorem folgender Zusammenhang:

$$H \cdot \sin(x) \cdot \cos(\omega t) + H \cdot \cos(x) \cdot \sin(\omega t) = H \cdot \sin(\omega t + x). \qquad (3.1.13)$$

Es ist: $H$: magnetische Feldstärke und $x$ eine Weginformation.

Es entsteht also ein Signal, dessen *Phasenverschiebung* bezogen auf das Sendesignal direkt zum *Weg x proportional* ist.

Als *Summations-Element* der beiden Sendesignale dient der *Positionsgeber*, welcher als Schwingkreis ausgebildet ist. Dieser „schwebt" über der Signalleiterplatte (Bild 3.1-27.). Seine Resonanzfrequenz ist auf die Sendefrequenz der beiden eingespeisten Signale abgestimmt. Er wird von ihnen angeregt (TX) und sendet seinerseits sein magnetisches Feld an die Leiterplatte zurück (RX). Die ebenfalls in der Signalleiterplatte integrierte rechteckige Empfangsspule empfängt dieses Signal und leitet es an die Auswerteelektronik weiter. Hier wird das Empfangssignal mit einem der beiden Sendesignale verglichen. Die daraus resultierende Phaseninformation verarbeitet die Auswerteelektronik zu einem über den Messweg linearen analogen Spannungssignal als Weginformation.

Die Auswertung der Phase erfolgt als Zeitmessung des Versatzes der beiden Signale im Nulldurchgang (Bild 3.1-29).

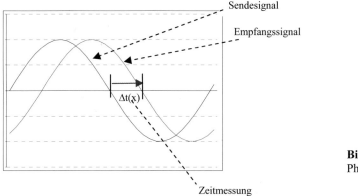

**Bild 3.1-29**
Phasenmessung

Hier lassen sich Signale im Frequenzbereich 1 kHz bis 10 kHz mit vertretbarem Schaltungsaufwand gut auswerten, um einen vernünftigen Kompromiss zwischen Mess-Auflösung und Update-Rate des Signals (Dynamik des Mess-Systems) einzugehen. Wählt man als Beispiel eine Mess-Signal-Frequemz von 4 kHz und eine Auflösung von 12 Bit, so ergeben sich:

Update- Zeit = 1/(4 kHz) ≙ 250 µs,
Kleinstes Zeitinkrement = 250 µs / $2^{12}$ ≙ 61,035 ns,
Interne Taktrate = 1/61,035 ns ≙ 16,38 MHz.

Der für die Positionsauswertung günstige Frequenzbereich 1 kHz bis 10 kHz eignet sich jedoch nicht zur Signal-Übertragung zwischen Sende-Signalleitungen (sin(x), cos(x)) und Positionsgeber, da die (als Leiterbahn ausgeführten) erforderlichen Induktivitätswerte und Schwingkreisgüten nicht mehr auf einen akzeptablen Raum unterzubringen wären.

Als Lösung werden die Nutzsignale auf einen Träger im MHz–Bereich amplituden-moduliert übertragen. Dies hat darüber hinaus den Vorteil, dass mehrere Systeme *parallel* auf *unterschiedlichen Trägerfrequenzen* ohne gegenseitige Beeinflussung betrieben werden können, was redundant ausgeführte Sensoren ermöglicht. Gl. (3.1.13) wird somit erweitert zu:

$$H \cdot \sin(x) \cdot [1 + \cos(\omega_m t)] \cdot \cos(\omega_0 t) + H \cdot \cos(x) \cdot [1 + \sin(\omega_m t)] \cdot \cos(\omega_0 t)]$$
$$= H \cdot \sin(\omega_m t + x) \cdot \cos(\omega_0 t) + H \cdot (\sin(x) + \cos(x)) \cdot \cos(\omega_0 t)$$
$$= H \cdot [\sin(\omega_m t + x) + \sin(x) + \cos(x)] \cdot \cos(\omega_0 t). \qquad (3.1.14)$$

Es ist: $H$: magnetische Feldstärke; $x$: Weginformation; $\omega_m$: Modulationsfrequenz im kHz-Bereich; $\omega_0$: Trägerfrequenz. Die Weginformation $x$ lässt sich aus der *Phasenanalyse* des Wechselanteils der Hüllkurve herauslösen. Mit diesem Mess-Prinzip ist ein weiterer Messlängen-Bereich abdeckbar (Strukturlänge von 15 mm bis 800 mm; Bild 3.1-30).

Die Abweichung der sin(x)- und cos (x)-Strukturen vom mathematischen Idealverlauf nimmt mit kürzer werdenden Messlängen designbedingt zu, da die notwendigen Durchkontaktierungen und Leitungsbrücken nicht beliebig klein ausfallen können.

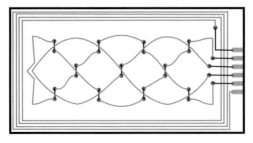

**Bild 3.1-30** 25-mm-Signalleiterplatte mit Positionsgeber

Ein über den Messweg sin- bzw. cos-förmiger Feldverlauf kann auch mit anderen nicht trigonometrischen (z. B. rechteckförmigen) Strukturen erzeugt werden. Des Weiteren ist das Messprinzip nicht auf lineare Wegmessung begrenzt, sondern kann auch zur Auswertung von *rotativen* Bewegungen umgesetzt werden (Bild 3.1-31). Die trigonometrischen Wegabhängigkeiten $\sin(x)$, $\cos(x)$ werden dann winkel- und radienabhängig in $\sin(\varphi, r)$, $\cos(\varphi, r)$ umgesetzt.

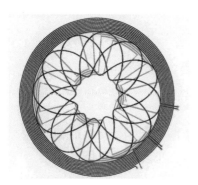

**Bild 3.1-31**
Beispiel für eine Rotativ-Struktur
(Werkfoto: Sagentia)

Der induktive Sensor lässt sich durch folgendes Blockschaltbild (Bild 3.1-32) beschreiben:

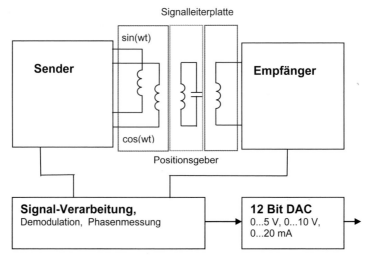

**Bild 3.1-32** Blockschaltbild Gesamtsensor

## 3.1 Weg- und Abstandsensoren

Die Elektronik ist für einen Temperaturbereich von –40 °C bis +125 °C ausgelegt. Die Begrenzung der Temperatur für das eigentliche Mess-System „Signalleiterplatte – Positionsgeber" ist im Wesentlichen nur vom Leiterplatten-Material und der Aufbau- und Verbindungstechnik abhängig. Da der Sensor berührungslos arbeitet, ist eine Ausführung in der IP69k-Schutzklasse möglich. Im Folgenden wird ein Anwendungsbeispiel gezeigt.

### Istwert-Erfassung an einem hydraulischen Lenkzylinder für Gabelstapler

Es eignen sich die heute üblichen, für die direkte Integration in Zylindern ausgelegten magnetostriktiven Sensoren für diesen Einsatzbereich in der Regel nicht, da die durchgehende Kolbenstange eine Hohlbohrung zur Sensoraufnahme unmöglich macht. Auch eine externe Montage solcher Sensoren, bei denen für eine Messung durch die Zylinderwand ein Magnet oder Magnetring als Positionsgeber am Kolben befestigt wird, scheidet in diesem Einsatzbereich aus. Die hydraulischen Lenkzylinder bestehen aus Stahl und sind somit selbst magnetisierbar; eine Messung durch die Zylinderwand hindurch mit Hilfe magnetischer Verfahren ist damit nicht möglich.

Der induktive Sensor (Bild 3.1-33) wird außen an den Lenkzylinder montiert (Bild 3.1-34). Der Positionsgeber ist an einem Metallbügel befestigt, welcher mit den beiden Enden der Kolbenstange verbunden ist. Eine Lenkbewegung führt somit zu einem linearen Verfahren des Positionsgebers über dem Sensorgehäuse, welches auf der Oberseite in Kunststoff, ansonsten in Aluminium, ausgeführt ist. Die Messlänge des Sensors beträgt 170 mm. Der Abstand des Positionsgebers zum Sensorgehäuse beträgt wenige Millimeter. Die Position des Gebers kann aufgrund von Montagetoleranzen des Gesamtsystems hinsichtlich Abstand und seitlichem Versatz im mm-Bereich variieren. Wichtig ist, dass dies sich nicht negativ auf die Sensorfunktion auswirkt.

Weil der induktive Sensor innerhalb des elektronischen Lenksystems des Gabelstaplers eingesetzt wird, muss er sicherheitstechnischen Kriterien genügen. Der Sensor wurde deshalb vollständig *redundant* ausgelegt. Sowohl die Leiterschleifen als auch der Positionsgeberkreis und die Auswerteelektronik sind doppelt vorhanden. Am Ausgang steht das analoge 0,5 V- bis 4,5 V-Signal mit gegenläufiger linearer Kennlinie zur Verfügung. Die Summe beider Signale ist also konstant; damit ist eine einfache Plausibilitätskontrolle möglich. Eine gegenseitige Beeinflussung beider Messkanäle ist durch eine entsprechende Wahl der Trägerfrequenzen (MHz-Bereich) ausgeschlossen.

**Bild 3.1-33**
Induktiver Sensor
(Werkfoto: Novotechnik)

**Bild 3.1-34**
Sensor an Lenkzylinder montiert;
Positionsgeber an beweglichem
Bügel montiert
(Werkfoto: Novotechnik)

Die Auflösung beträgt < 0,1 mm. Durch den Komplettverguss ist der Sensor *sehr robust* bezüglich *Vibrationsbelastung* und *unempfindlich* gegenüber *Feuchtigkeit* und *Verschmutzungen*. Der Sensor ist dampfstrahlfest, resistent gegenüber allen in diesem Einsatz potenziell auftretenden chemischen Substanzen und eignet sich für ein Umfeld mit rasch wechselnden Temperaturen, wie es typischerweise im Kühlhauseinsatz der Fall ist.

### 3.1.1.7 PLCD-Wegsensoren (Permanent Linear Contactless Displacement Sensor)

Die PLCDs werden als sehr geeignete berührungslose Wegsensoren im Bereich von etwa 20 mm bis über 250 mm mit Ansteuerabständen im cm-Bereich eingesetzt. Die magnetische Ansteuerung ist flexibel und an die Anwendung anpassbar. Das System wurde weiter entwickelt, so dass heute sehr kompakte, kostengünstige und mit spezifischen integrierten Schaltungen realisierte PLCDs auf dem Markt verfügbar sind. Der Treiber für die Weiterentwicklung dieses Systems ist eindeutig die Automobilindustrie; der Wegsensor wird in großer Zahl im Automobil eingesetzt.

Die PLCDs führen eine berührungslose Wegerfassung eines kooperativen Targets (Permanentmagnet) durch und beruhen auf der Kopplungsfaktorbeeinflussung infolge einer punktuellen Kernsättigung.

#### Sensorelement und Messprinzip der PLCDs

PLCDs bestehen aus einem weichmagnetischen Kern, der aus seiner gesamten Länge von einer langen Sekundärspule und an den beiden Enden von kurzen Primärspulen umwickelt ist (Bild 3.1-35). Die Primärspulen werden mit Wechselspannung angesteuert. Bei Annäherung des Positionsgebers an den Sensor entsteht lokal die erwähnte magnetische Sättigung des Kerns. Dieser wird gewissermaßen magnetisch aufgetrennt und die Primärspulen wirken nur noch jeweils auf den Teil der Sekundärspule, der zwischen der Primärspule und der Trennstelle liegt (Bild 3.1-35).

Aus der *Amplitude* und der *Phasenlage* der Sekundärspannung relativ zur Primärspannung ergibt sich durch eine phasengleiche Demodulation eine Gleichspannung, die linear von der momentanen Position des Dauermagneten abhängt.

Es sind dabei verschiedene Anordnungen des Magneten und damit der Magnetfeldrichtung in Bezug zum Sensor möglich sowie eine umgekehrte Ausführung mit einer einzigen langen Primärspule und zwei Sekundärspulen, die jeweils Vor- und Nachteile haben.

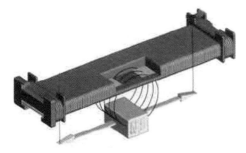

**Bild 3.1-35** Sensorelement eines PLCDs mit dem permanentmagnetischen Target (Werkfoto: Tyco)

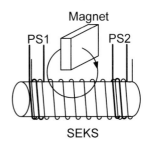

**Bild 3.1-36** Schematische Darstellung des PLCD-Sensorelementsaufbaus

## 3.1 Weg- und Abstandsensoren

Das PLCD-Messprinzip wird anhand der Darstellung in Bild 3.1-36 erklärt, wobei PS1 und PS2 zwei mit Wechselstrom gegenphasig erregte Primärspulen sind. Die dritte Spule SEKS ist die Sekundärspule. Grundsätzlich erzeugt jede Primärspule ein magnetisches Wechselfeld, das weiterhin jeweils eine Spannung in die Sekundärspule induziert.

Im Fall ohne Permanentmagnet ist die resultierende Sekundärspannung gleich Null, weil das magnetische Wechselfeld, das von PS1 erzeugt wird, von dem Wechselfeld von PS2 wegen der gegenphasigen Erregung aufgehoben wird.

Wird der Permanentmagnet in unmittelbarer Nähe platziert, so entsteht die oben erwähnte lokale Sättigung, die zu einer virtuellen Kernteilung bzw. zu einem virtuellen Luftspalt LS im Kern führt. Der resultierende räumliche Verlauf der AC-Feldlinien ist im Simulationsbild 3.1-37 dargestellt; sie verlassen den Kern kontinuierlich an der Mantelfläche. Der Streufluss verursacht eine Abnahme des Hauptflusses im Kern bis hin zu einem ganz auf null abgefallenen Wert im virtuellen Luftspalt LS.

Die Feldliniendichte (Induktion) entlang der PLCD-Längsachse nimmt stetig ab; dieser Verlauf ist idealisiert im Bild 3.1-38 gezeigt. Der Hauptfluss hat im linken Teil des gesplitteten Teils des Kerns ein entgegengesetztes Vorzeichen zum rechten Teil.

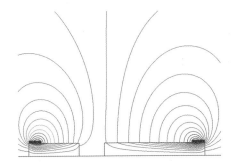

**Bild 3.1-37** AC-Feldlinien des rotationssymmetrischen PLCD-Sensorelements – obere Hälfte (zwei dimensionale Darstellung von Simulationsergebnissen der Finiten-Elemente-Methode)

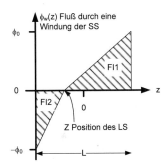

**Bild 3.1-38** Magnetischer AC-Fluss durch eine Windung der Sekundärspule entlang der PLCD-Längsachse (in Abhängigkeit der x-Targetposition)

Die induzierte Spannung $u_{SEK}$ in der Gesamtsekundärspule mit $N$ Windungen lässt sich für eine Kreisfrequenz $\omega$ der Erregung mit dem Induktionsgesetz und durch Superposition als Summe der induzierten Spulen in allen Einzelwindungen ($w \in 1 \ldots N$) berechnen:

$$u_{SEK} = \omega \sum_{w=1}^{N} \Phi_w , \tag{3.1.41}$$

wobei: $\Phi_w$ der Fluss durch die $w$-Windung ist. Für den idealisierten, linearen Verlauf (unendliche Luftspaltbreite) im Bild 3.1-38 lässt sich die Summe durch Flächenintegrale ersetzen und diese führen zu einer sehr günstigen Gleichung:

$$u_{SEK} = \frac{\omega N}{L} \int_{-L/2}^{L/2} \Phi_w(x) \cdot dx = -\frac{\omega N}{L} \Phi_0 \cdot x \tag{3.1.15}$$

mit: $L$ = Spulenlänge, $\Phi_0$ = Ursprungswert des magnetischen Flusses und $x$ = Targetposition.

Dementsprechend ist die *induzierte Spannung* $u_{SEK}$ *linear* von der *Magnetposition* abhängig.

### Funktionsweise und Blockschaltbild der PLCDs

Die auf dem Markt verfügbaren PLCD-Wegsensoren sind ausschließlich einteilige kompakte Ausführungen, die sowohl das Sensorelement als auch die Sensorelektronik enthalten. Der Aufbau entspricht gänzlich der allgemeinen Sensordefinition.

Die Elektronik führt grundsätzlich folgende Standardfunktionen eines Wegsensors durch (Abschnitt 3.1.1.4):

- Erzeugung der Erregerspannungen,
- Versorgung der primären Wicklungen mit stabilisierter Amplitude und Frequenz,
- synchrone Detektion der Sekundärspannung,
- Signalkonditionierung, Filterung und Kompensationen sowie
- Generierung des Sensorausgangssignals, Sensorversorgung und Schutzfunktionen.

Auf diesem Weg kann man sowohl ein Analogausgangssignal, als auch ein pulsbreiten moduliertes Ausgangssignal (PWM: Pulse Width Modulation) gewährleisten.

Die Analogausführungen können Ausgänge für genormte Ausgangssignale (Abschnitt 3.1.1.2), aber auch ratiometrische Ausgänge haben. In zweiten Fall ist die obere Grenze der Sensor-Weg-Ausgangs-Charakteristik direkt abhängig von der Höhe der Versorgungsspannung (Bild 3.1-39).

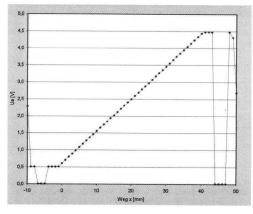

**Bild 3.1-39** Kennlinie eines ratiometrischen PLCD-Sensors bei 5,0 V Versorgung. Die zusätzliche End-of-Range-Funktion liefern 0-V-Alarmwerte außerhalb des Messbereichs

**Bild 3.1-40** Baureihe von PLCDs für allgemeine Wegmessungen (Werkfoto: Tyco)

Die PWM-Versionen liefern einen Pulszug mit digitalen Impulsen, deren Wiederholfrequenz fest ist (0,25 / 0,5 / 1,0 / 2,0 kHz) und die Breite direkt proportional zum Weg variiert. Dieses Signal hat eine höhere Störfestigkeit; in der Steuerung kann man sowohl die Pulsbreite als auch das Tastverhältnis auswerten.

Die für die Anwendung wichtigste Eigenschaft des PLCD-Wegsensors ist die *völlige Anbindungsfreiheit* zwischen Ansteuermagnet und Sensor. Das ansteuernde Magnetfeld ist nur ein Indikator für die Targetposition. Die Feldstärke geht in erster Ordnung nicht in das Mess-Signal ein, solange sie groß genug ist, um den Kern zu sättigen. Dadurch ergibt sich eine *hohe*

*Systemtoleranz* gegenüber Schwankungen des Luftspaltes zwischen Magnet und Sensor. Die möglichen Magnetanordnungen mit entsprechenden Anwendungen sind in der Tabelle 3.1-7 gezeigt.

## *Realisierung*

Auf dem Sensormarkt sieht man miniaturisierte PLCD-Systeme für kleine bis große Messbereiche und mit integrierter, aber auch mit getrennter Auswerteelektronik. Die typische äußere Erscheinung eines PLCDs ist die Quadergestaltung (Bild 3.1-40) in der Regel im Kunststoffgehäuse. Die elektrischen Verbindungen können sowohl durch Kabelabgang als auch durch Steckverbinder realisiert werden.

## *Anwendungen und Kenndaten*

Die *kompakten, einteiligen* PLCDs zeichnen sich durch *gute Eigenschaften* (Tabelle 3.1-7) aus und werden oft in der Automobilenmechanik eingesetzt. Sie sind effizient, robust, recht tolerant gegenüber den Schwankungen der Permanentmagnetstärke bzw. des Luftspaltes zwischen Target und Sensor, umweltfreundlich (geringe Stromaufnahme) und lassen sich einsetzen bei hohen Temperaturen bis zu 160 °C.

**Tabelle 3.1-7** Zusammenfassung der Magnetanordnungen und entsprechenden Anwendungen

| Anordnung mit: | Vorteile | Typische Applikationen |
|---|---|---|
| parallelem Verlauf der DC-Feldlinien zur Längsachse | • ermöglicht den größten Luftspalt,<br>• weist eine geringe Querabstandsabhängigkeit auf,<br>• benötigt eine unkritische Justierung,<br>• ist verdrehinvariant bei Benutung von Magnet-Ronden | • Durchflussmessung<br>  - Messwerteerfassung<br>  - Ersatz komplizierten mechanischer Lösungen<br>• Steuerung von Aufzügen und Förderanlagen<br>  - Direkte Positionsregelung<br>  - Kostengünstigere Ersatzlösung<br>• Kolben-/Ventilstellung, Positioniersysteme<br>  - Ansteuerung durch Trennwände<br>  - Einsatz in „rauer Umgebung" |
| senkrechtem Verlauf der DC-Feldlinien zur Längsachse | • hat die geringste Ausdehnung senkrecht zur Bewegungsrichtung,<br>• ist geeignet für kleine Magnete, die auch auf eine Stahlfläche montiert werden dürfen. | • KWZ: automatische Niveau-Regulierung, aktive Fahrwerke<br>  - Berührungslos, verschleißfrei<br>  - Einfach adaptierbar |
| senkrechtem Verlauf der DC-Feldlinien zur Längsachse und geschlossenem Magnet-Joch | • zeichnet sich durch geringe magnetisch Störempfindlichkeit und geringes Streufeld aus,<br>• ermöglicht die beste Ausnutzung der Messlänge,<br>• ist geeignet für kleine Magnete, die auch auf eine Stahlfläche montiert werden können. | • Ersatz von Linearpotenziometern<br>  - kontaktlos, verschleißfrei<br>  - Einsatz in „rauer Umgebung"<br>• Linienschreiber<br>  - Betriebssicher, wartungsfrei<br>  - Unbegrenzte Lebensdauer |
| axialem Verlauf der DC-Feldlinien (Ringmagnet um den Sensor herum) | • ist eine absolut verdrehinvariante Anordnung<br>• hat eine unkritische Justierung. | • Füllstandmessung<br>  - Berührungslos, verschleißfrei<br>  - Hohe Auflösung<br>  - Unabhängig vom Medium |

Typische Anwendungen sind:

- Kolbenüberwachung in Zylindern (elektrisch, hydraulisch, pneumatisch),
- Füllstandüberwachung,
- Überwachung von Ventilstellungen,
- Handhabungs- und Montagebereich,
- Anlagen- und Prozesstechnik,
- Automotive-Anwendungen, wie beispielsweise in:
  - Hauptbremszylindern als Bremsassistent,
  - Kupplungspedalen,
  - Getrieben oder
  - Automatik-Getrieben als „Drive-mode-status"-Sensor.

**Tabelle 3.1-8** Technische Daten von PLCDs

| Kenndaten (elektrische bzw. mechanische) | Wert, Wertebereich |
|---|---|
| Linearitätsbereich | bis über 400 mm |
| Linearitätsfehler (Trendgerade: Regressionsgerade) | typisch ± 1 % bis 2 % von der oberen Grenze |
| Wiederholgenauigkeit (uni- oder bidirektionale Annäherungen) | zwischen ± 5 µm und ± 15 µm |
| Auflösungsgrenze | typisch ± 0,1 % von der oberen Grenze bzw. 10 Bit |
| Ansteuerfeldstärke | 20 mT bis 30 mT |
| Ansteuerabstand | bis ca. 20 mm |
| 3-dB-Grenzfrequenzen | bis hin zu 1 kHz |
| Temperaturdrift | typisch ± 2 % |
| Schutzart | IP69K |
| Arbeitstemperaturbereich | –40 °C bis +150 °C |

### 3.1.1.8 Berührungslose magnetoinduktive Wegsensoren (smartsens-BIL)

Dieser Abschnitt stellt einen innovativen IS vor: einen neuen, schlanken, quaderförmigen Sensor mit vollständig integrierter Auswerteelektronik und mit einem dauermagnetischen Geber, dessen Position in ein absolutes, zum Weg proportionales Standardsignal umgewandelt wird.

Grundsätzlich gilt weiter der *zweistufige Wechselwirkungsmechanismus*. Der Positionsgeber wirkt lokal auf eine weichmagnetische Folie, die als Kern einer durch einen hochfrequenten Strom erregten Planarspule fungiert. Hierdurch erfolgt eine positionsabhängige Änderung der Spuleninduktivität, die wiederum von der Sensorelektronik ausgewertet wird. Der wesentliche Unterschied und Vorteil der BIL-Wegsensoren im Vergleich zu anderen bekannten IS liegt im Sensorprinzip und Aufbau. Die Umsetzung eines patentierten neuen Prinzips ermöglicht eine hochflexible Bauweise (z. B. für Linear-, Drehbewegungen) und miniaturisierte Bauformen. Das System weist eine große Toleranz gegenüber den Eigenschaften des Gebers auf (z. B. Geometrie, Konfiguration, Ausrichtung und Stärke des Magnetfelds). Der Sensor zeichnet sich durch eine hohe Empfindlichkeit in Messrichtung bei gleichzeitig geringer Querempfindlichkeit aus.

## 3.1 Weg- und Abstandsensoren

### *Sensorelement und Messprinzip der BIL-Sensoren*

Das Sensorelement besteht wiederum aus zwei Teilen: Aus einer Planarspule und einem weichmagnetischen Kern in Form von zwei dünnen Folien, die die Ober- und Unterseite der Spule bedecken (Bild 3.1-41 a).

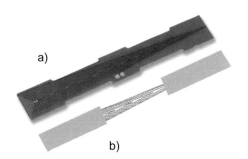

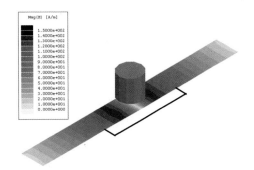

**Bild 3.1-41** BIL-Sensorelement
a) Foto der Planarspule ohne weichmagnetische Folie; b) Simulationsmodel (gesättigte Zone als virtuelles, durchsichtiges Fenster dargestellt)

**Bild 3.1-42** Spektrale Darstellung der magnetischen DC-Feldstärke in der Folie (drei dimensionale Darstellung von Simulationsergebnissen mit Finiten Elementen)

Die Umwandlung der geometrischen Messgröße (Weg) in eine primäre elektrische Größe (Induktivität), die von der Sensorelektronik ausgewertet und in ein elektrisches Sensorausgangssignal umgewandelt wird, erfolgt in zwei Schritten:

1. Wirkung des magnetischen Gebers auf den Folienkern: *teilweise Sättigung*. Als Material für den Folienkern wird ein amorphes, weichmagnetisches Material mit einer geringen Koerzitivfeldstärke ($H_C$ < 1 A/m) und einer sehr hohen Anfangspermeabilität (etwa 25.000) benutzt. Bei geeigneter Auswahl des Gebers entsteht eine gesättigte Zone in der Folie. Diese Zone reduziert die wirksame Folienfläche und dadurch die Induktivität des Sensorelements im Vergleich zum Fall ohne Magnet (Bild 3.1-41b).

   Aus den Ergebnissen einer magnetostatischen Feldsimulation für eine Folie (91 mm x 10 mm x 25 μm) mit einem Hartferritmagneten (Remanenz 365 mT, Koerzitivfeldstärke 175 kA/m, Durchmesser 10 mm, Länge 10 mm, Abstand zur Folie 3 mm) erkennt man die gesättigte Zone mit einer Länge von etwa 30 mm (Bild 3.1-42).

2. Wirkung des Folienkerns auf die Spule: *Wegabhängige Änderung der Spuleninduktivität*. Die Spule mit Folienkern wird von einem Wechselstrom mit der Frequenz im Bereich MHz erregt und erzeugt ein Magnetfeld, das im Luftraum zwischen den Folien nahezu senkrecht zur Spulenebene und in der Folie in der Ebene verläuft.

   Um die Position des Magnetes in eine Induktivitätsänderung umzusetzen und dadurch eine Weginformation zu gewinnen, muss im Sensorelement eine Ortsabhängigkeit eingebaut werden. Dazu wird die Spulengeometrie entlang der Messrichtung variiert, beispielsweise in Form eines Dreiecks mit mehreren Wicklungen ineinander (Bild 3.1-43).

Betrachtet man ein idealisiertes Modell, bestehend aus einer Spule mit einer einzigen dreieckigen Wicklung bzw. aus zwei vollständig spulenüberdeckenden Kernfolien (kein Magnet → keine lokale Sättigung → kein virtuelles Fenster), so lassen sich mit Hilfe der Maxwell'schen Gleichungen die magnetischen Feldstärken in der Fläche $A_a$ und in der Fläche $A_i$, außerhalb bzw. innerhalb der dreieckigen Wicklung (Bild 3.1-43), bei Vernachlässigung der Streufelder außerhalb der Folien, analytisch berechnen. Daraus resultiert die Induktivität einer solchen Anordnung:

$$L = \frac{\mu_0 \cdot A_i}{h \cdot (1 + A_i / A_a)}, \tag{3.1.16}$$

wobei $\mu_0$ die magnetische Feldkonstante und $h$ der Kernfolienabstand sind.

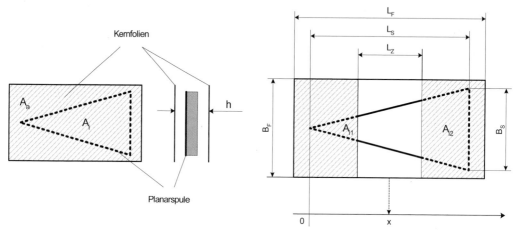

**Bild 3.1-43** Schematische Darstellung (Draufsicht und Querschnitt) des idealisierten Modells

**Bild 3.1-44** Berücksichtigung der gesättigten Zone für das Modell in Bild 3.1-43

Die räumlich partielle Sättigung der Kernfolien durch den Magneten öffnet den Fensterbereich (gesättigte Zone) in den Folien, der eine unmittelbare Auswirkung auf die Spuleninduktivität hat. Je breiter die Spule unterhalb des Magneten und der gesättigten Zone, desto mehr wird die Induktivität $L$ im Vergleich zum Fall ohne Magnet reduziert, da breite Bereiche der Spule mehr zur Induktivität $L$ beitragen als schmale. Für das idealisierte Modell bedeutet das eine Reduzierung der wirksamen Folienfläche (schraffierter Bereich in Bild 3.1-43) und dadurch der Flächen $A_a$ bzw. $A_i$.

Bei der Vernachlässigung des minimalen Induktivitätsanteils in der gesättigten Zone ergibt sich eine Berechnungsformel für die Spuleninduktivität, die nur von den geometrischen Abmessungen der rechteckigen Kernfolie (Index F), der dreieckigen Spule (Index S) und der rechteckigen gesättigten Zone (Index Z) bzw. der Position x der gesättigten Zone entlang der Messrichtung abhängt:

$$L = \frac{\mu_0}{h} \cdot \frac{(L_F - L_Z) \cdot B_F \cdot A_i - A_i^2}{(L_F - L_Z) \cdot B_F}, \tag{3.1.17}$$

wobei die Innenfläche $A_i$ aus zwei Anteilen besteht und abhängig von der momentanen Position $x$ ist:

$$A_i = \frac{L_S \cdot B_S}{2} - \frac{L_Z \cdot B_S}{L_S} x. \tag{3.1.18}$$

## 3.1 Weg- und Abstandsensoren

Die quadratische Polynom-Funktion $L = F(x)$, die die Sensorelement-Wegabhängigkeit beschreibt, lässt sich analysieren. Die Ableitungen dieser Funktion führen letztendlich zum richtigen konstruktiven Sensorelementdesign zur Erfüllung der Hauptanforderungen: Unbedingte Eindeutigkeit (Monotonie der Funktion im gesamten Messbereich) und optimale Linearität.

In der Realität bestehen die Bild-Spulen aus mehreren ineinander liegenden, dreieckigen Windungen, deren Geometrie nach obigem Verfahren ausgelegt wird. 3D-Simulationen ermöglichten weitere Optimierungen bezüglich des Spulenweggangs $L = F(x)$.

### *Funktionsweise und Blockschaltbild des BIL-Wegsensors*

Bild 3.1-45 zeigt das Blockschaltbild des BIL-Wegsensors. Die erste Hauptfunktion der Front-End-Elektronik ist die Erregung der Planarspule des Sensorelements und die gleichzeitige Messung ihrer Induktivität. Durch den Einsatz eines *Differenzverfahrens* mit Zwei-Spulen-Gegentaktoszillator *verdoppelt* sich der Messeffekt. Zugleich werden die Gleichtaktstörungen unterdrückt, wie beispielsweise die Änderung der Umgebungstemperatur.

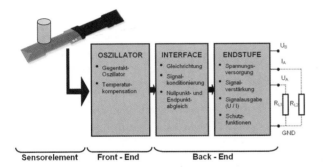

**Bild 3.1-45** Blockdiagramm des BIL-Wegsensors

**Bild 3.1-46** Vordere Seite des BIL-Sensorelements mit der Spule $L_1$ und Anschlussflächen ($L_2$ liegt auf der Rückseite)

Das Ausgangssignal des Oszillators wird im Back-End-Teil mit Hilfe eines Spitzenwertdetektors gleichgerichtet. Das auf diese Weise gewonnene Signal durchläuft zwei Verstärker mit Einstellmöglichkeiten für Offset und Verstärkung und wird anschließend in der Ausgangsstufe in zwei standardisierte Sensor-Ausgangssignale umgewandelt (Strom und Spannung). Die Kalibrierung des Sensors durch iterativen Nullpunkt- und Endpunktabgleich kann manuell durch zwei Miniaturpotenziometer oder durch elektronisches Teach-in-Verfahren mit einem Einstell-IC durchgeführt werden.

Der Einsatz des Zwei-Spulen-Gegentaktoszillators setzt voraus, dass das Sensorelement aus zwei dreieckigen, räumlich entgegengesetzten Spulen $L_1$ und $L_2$ realisiert wird. Diese werden beidseitig auf der FR-4-Trägerplatine des Sensorelements gedruckt (Bild 3.1-46; $L_1$: oberhalb und $L_2$: unterhalb).

Zur Auswertung der Spuleninduktivitäten wird ein besonders einfaches, bewährtes Verfahren eingesetzt. Es nutzt die Eigenschaften einer verstimmten Schwingkreisbrücke und liefert eine *analoge, zeitkontinuierliche Spannung*, die nur vom *Verhältnis zweier Induktivitäten* abhängt. Hierzu werden die Sensorspulen und zwei Kondensatoren zu einer Brückenschaltung verschaltet (Bild 3.1-47).

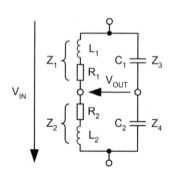

**Bild 3.1-47** Schwingkreisbrücke

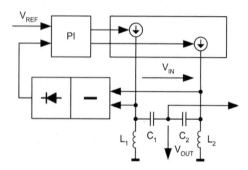

**Bild 3.1-48** Gegentaktoszillator mit Schwingkreisbrücke und Amplitudenregelung

Die *Übertragungsfunktion* der Schwingkreisbrücke lautet:

$$\underline{A} = \frac{V_{OUT}}{V_{IN}} = \frac{\underline{Z}_1 \underline{Z}_4 - \underline{Z}_2 \underline{Z}_3}{(\underline{Z}_1 + \underline{Z}_2)(\underline{Z}_3 + \underline{Z}_4)} \qquad (3.1.19)$$

mit den Impedanzen $\underline{Z}_1$, $\underline{Z}_2$, $\underline{Z}_3$ und $\underline{Z}_4$. Hierbei sind $R_1$ und $R_2$ die Verlustwiderstände und $L_1$ und $L_2$ die Induktivitäten der Spulen, $C_1$ und $C_2$ die Kapazitäten der Kondensatoren. Die Verluste der Kondensatoren können gegenüber den Spulenverlusten vernachlässigt werden.

Für Spulen großer Güte und geringer Verluste ist der Realteil $A_R$ der Brücken-Übertragungsfunktion näherungsweise nur noch von Induktivitäten bzw. Kapazitäten abhängig:

$$A_R = \Re\left(\frac{V_{OUT}}{V_{IN}}\right) = \frac{1}{2}\frac{L_1 - L_2}{L_1 + L_2} + \frac{1}{2}\frac{C_1 - C_2}{C_1 + C_2}. \qquad (3.1.20)$$

Durch unterschiedliche Kondensatoren kann eine Asymmetrie der Schwingkreisbrücke erreicht werden. Bei ausreichend großer Verstimmung ist $A_R$ so groß, dass der Imaginärteil $A_I$ vernachlässigt werden kann. Die Übertragungsfunktion wird dadurch reell. Sie hängt nicht von der Frequenz und nicht von den stark temperaturabhängigen Verlustwiderständen der Spulen ab.

Die direkte Bestimmung der reellen Übertragungsfunktion als Verhältnis zweier Spannungen ist entweder aufwändig oder ungenau. Eine einfache Methode zur präzisen Auswertung besteht darin, die Eingangsgröße $V_{IN}$ mit Hilfe einer Regelung konstant zu halten. Dann ist die Ausgangsgröße $V_{OUT}$ proportional zur Übertragungsfunktion:

$$V_{OUT}(s) = V_{IN}\, A_R(L_1(x), L_2(x)), \qquad (3.1.21)$$

wobei $L_1(x)$ und $L_2(x)$ die Abhängigkeiten der Sensorelement-Spuleninduktivitäten $L_1$ und $L_2$ vom Weg $x$ beschreiben.

Die Anregung der Schwingkreisbrücke kann durch einen externen Oszillator erfolgen. Es ist aber günstiger, wenn die Schwingkreisbrücke selbst als Schwingkreis eines Oszillators eingesetzt wird. Der im Bild 3.1-48 schematisch dargestellte Oszillator ist als Gegentaktoszillator ausgeführt. Das hat den Vorteil, dass die Ausgangsspannung $V_{OUT}$ bezogen auf Masse ist. Die Oszillatoramplitude $V_{IN}$ wird durch eine Regelung konstant gehalten, die aus einem Subtrahierer, einem Peak-Detektor und einem PI-Regler besteht. Der konstante Wert der Brückeneingangsspannung $V_{IN}$ wird durch die Referenzspannung $V_{REF}$ eingestellt. Erfährt die Eingangs-

## 3.1 Weg- und Abstandsensoren

spannung eine geringfügige Veränderung, so regelt der PI-Regler die Ansteuerung der gegengetakteten Stromquellen für die Erregung der Resonanzbrücke derart nach, dass die Spannung $V_{IN}$ auf den ursprünglichen konstanten Wert nachgeregelt wird.

### Realisierung

Das patentierte BIL-Verfahren ermöglicht einen serienfertigungstauglichen und sehr zuverlässigen Aufbau: Beispielsweise ohne gewickelte Drahtspulen und ohne brüchige Ferritkerne. Das Innenleben eines BIL-Sensors besteht aus zwei gedruckten Schaltungen: Sensorelement- und Auswerteelektronik (Bild 3.1-49). Die Bestückungen werden senkrecht stumpf gelötet; damit entstehen sowohl die mechanische Fixierung als auch die elektrischen Verbindungen Sensorelement zu Auswerteelektronik (minimale Anzahl von nur drei Kontakten notwendig). Die resultierende Baugruppe wird in eine Kunststoffwanne (Sensorgehäuseunterteil) eingebaut. Ein Deckel mit integrierten Befestigungsbuchsen und Stecker schließt das Gehäuse ab. Die Komponenten werden durch Vergießen befestigt. Eine Nut im Deckel bildet den elektrischen sowie mechanischen Nullpunkt.

**Bild 3.1-49** Magnetoinduktive BIL-Wegsensoren und Teilbaugruppe und Referenzgeber (Werkfoto: Balluff GmbH)

Nach der Endmontage erfolgt die iterative Kalibrierung und Endkontrolle (Bild 3.1-50).

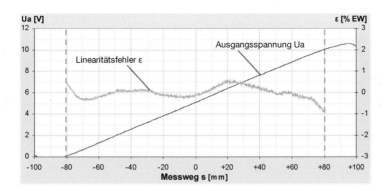

**Bild 3.1-50** Ausgangskennlinie und Linearitätsfehlerkurve eines BIL-Wegsensors

### Anwendungen

Das Spektrum der typischen Anwendungen reicht vom *Handling-* und *Robotikbereich* über die *Förder-* und *Gebäudetechnik* bis hin zu *Dosier-* und *Durchflussmessaufgaben*.

Eine fundierte Analyse der Anwendungsvoraussetzungen zeigt ein hohes Integrationspotenzial dieses Sensors. Betrachtet man den Sensor als System, das aus den drei Komponenten: Positionsgeber, Sensor (Hardware) und Auswerteverfahren (Software) besteht, so erkennt man folgende vier anwendungsorientierte Integrationsebenen – beginnend mit Standardkomponenten und endend mit applikationsspezifischen Gestaltungen dieser drei Komponenten (Tabelle 3.1-9).

**Tabelle 3.1-9** Variationsmöglichkeiten für BIL-Sensoren

| Integrationsebene | Sensor | Auswertung | Geber |
|---|---|---|---|
| 1 | Standard | Standard | Standard |
| 2 | Standard | Standard | angepasst |
| 3 | Standard | angepasst | angepasst |
| 4 | Spezial | angepasst | angepasst |

### BIL-Hauptkenndaten

Die BIL-Wegsensorfamilie erfüllt alle Anforderungen an moderne robuste Industriesensorik. Die wichtigsten Kenndaten sind in Tabelle 3.1-10 zusammengefasst.

**Tabelle 3.1-10** Technische Daten von BIL-Sensoren

| Kenndaten (elektrische bzw. mechanische) | Wert, Wertebereich |
|---|---|
| Linearitätsbereich | 60 mm bis 160 mm |
| Linearitätsfehler (Trendgerade: Regressionsgerade) | ≤ ±0,3 mm bis ±2,4 mm |
| Wiederholgenauigkeit (uni- oder bidirektionale Annäherungen) | ≤ ±30 µm bis ±500 µm |
| Temperaturkoeffizient | typ. +4 µm/K bis −40 µm/K |
| 3dB-Grenzfrequenzen | 1,5 kHz bis 300 Hz |
| Messgeschwindigkeit | ≤ 5 m/s |
| Schutzart | IP67 |
| Arbeitstemperaturbereich | −10 °C bis +70 °C |

## 3.1.2 Optoelektronische Abstands- und Wegsensoren

### *3.1.2.1 Übersicht*

Optoelektronische Abstands- und Wegsensoren erfassen Abstände bzw. Wege mit Hilfe von *sichtbarem* (in der Regel rotes Licht) oder *infrarotem Licht*. Licht besitzt vielfältige Eigenschaften, beispielsweise geradlinige Ausbreitung, hohe Ausbreitungsgeschwindigkeit oder Interferenz. Es lässt sich mit einfachen Mitteln erzeugen, formen, führen und detektieren. Dies ergibt eine Vielzahl an Möglichkeiten zur Vermessung von Abständen und Wegen (Bild 3.1-51).

# BALLUFF

## ES IST SCHON FASZINIEREND, WAS PRÄZISIONS-SENSORIK ERMÖGLICHT.

*innovating automation*

**Durch überragende Präzision entsteht außergewöhnliche Technik.**

www.balluff.com

# 3.1 Weg- und Abstandsensoren

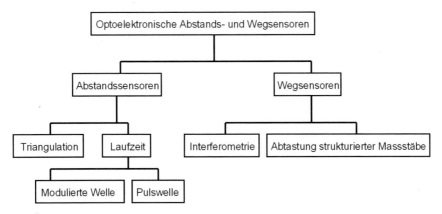

**Bild 3.1-51** Übersicht über die unterschiedlichen Messprinzipien

### 3.1.2.2 Optoelektronische Bauteile

Zur Erzeugung und Detektion des Lichts werden in der Regel *Halbleiterbauelemente* verwendet (z. B. Leucht-, Laser- und Fotodioden).

*Leuchtdioden* (*LED*: Light Emitting Diode) werden in großer Zahl als *Lichtquellen* eingesetzt. Die Dioden werden in Durchlassrichtung betrieben. Hierbei wird Licht in einem gewissen Spektralbereich emittiert; entweder rotes (sichtbares) oder infrarotes (unsichtbares) Licht. Im Allgemeinen sind die Dioden in einem Kunststoffgehäuse gekapselt. Die Gehäuseoberfläche wirkt als Linse, die das Licht in einen Abstrahlkegel bündelt und somit eine Richtwirkung besitzt. Bild 3.1-52 zeigt zwei typische Ausführungsformen.

Abstandsensoren werden aufgrund der hohen Anforderungen in zunehmendem Maße mit Halbleiter-Laserdioden ausgestattet. Mit dem gebündelten Lichtstrahl der Laserdiode lassen sich Objekte hochpräzise detektieren. *Rotes Laserlicht* hat bei der Ausrichtung der Sensoren Vorteile gegenüber dem der LED, da dieses durch die Fokussierung für das menschliche Auge über große Distanzen gut erkennbar ist.

Halbleiter-Laserdioden besitzen den in Bild 3.1-53 a) und b) gezeigten Aufbau.

Kernstück ist ein Kristall (Laserchip) mit unterschiedlich dotierten Schichten. Der *Laserkristall* ist auf einem Metallblock (Wärmesenke) angebracht, der die entstehende Wärme abführt. Bei Anlegen einer Vorwärtsspannung fließt senkrecht zu den Schichten ein Strom, der wie bei einer LED *Photonen* (Lichtquanten) erzeugt. Bei Überschreiten eines Stromschwellwerts tritt in der hoch dotierten Sperrschicht eine Lichtverstärkung durch *stimulierte Emission* auf. Die in dieser Schicht laufende Lichtwelle wird an den polierten und verspiegelten Enden teilweise reflektiert. Die reflektierte Welle wird in der Schicht wieder verstärkt, wodurch das eigentliche Laserlicht – Strahlung *einer Wellenlänge* und *einer Phasenlage* – entsteht. Dieses tritt an der Stirnfläche (typischerweise 1×3 µm²) mit *hoher Leuchtdichte* aus. In der Gegenrichtung strahlt das Laserlicht auf eine Monitordiode, die den Lichtstrom kontinuierlich misst und so eine Regelung des Laserchipstroms erlaubt, um die abgestrahlte Leistung konstant zu halten.

Der Laserstrahl tritt in der Hauptrichtung durch das am Gehäuse angebrachte Glasfenster aus und besitzt bei marktüblichen Laserdioden einen Öffnungswinkel von typischerweise 10° bis 30°. Um hieraus eine parallele oder fokussierte Strahlung zu erhalten, bedarf es einer präzisen *asphärischen* Optik, die mit geringen Toleranzen auf die Laserdiode einjustiert sein muss.

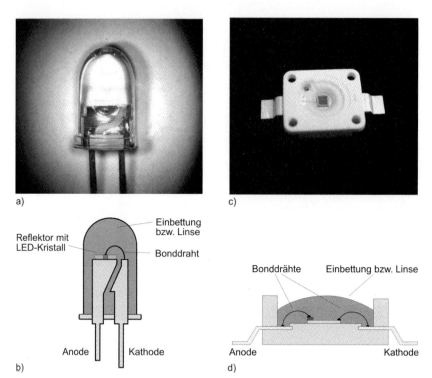

**Bild 3.1-52**  a) Realisierung einer bedrahteten, sogenannten T-Type LED und b) schematische Darstellung sowie c) Realisierung einer SMD LED für direkte Anbringung auf der Leiterplattenoberfläche (SMD: Surface Mounting Device) und d) schematischer Aufbau (Werkfotos: Firma Balluff GmbH)

Aufgrund der hohen Leuchtdichten im optisch gebündelten Strahlengang sind beim Umgang mit Lasersensoren die erforderlichen Maßnahmen für den *Personenschutz* einzuhalten und entsprechende Vorsicht ist geboten. Lasereinrichtungen werden nach EN 60825-1 (Sicherheit von Lasereinrichtungen) in unterschiedliche Klassen eingeteilt. Marktübliche optische Abstandssensoren sind in der Regel Geräte der Laserklassen 1 oder 2. EN 60825-1 definiert die maximal zulässigen Grenzwerte der emittierten Lichtleistung sowie die erforderlichen Schutzmaßnahmen und Kennzeichnungen dieser Geräte, wie es beispielsweise in Bild 3.1-54 dargestellt ist. Die Einteilung der LED-Geräte in unterschiedliche Gefährdungsklassen erfolgt nach der EN 62471 (fotobiologische Sicherheit von Lampen und Lampensystemen).

Zur Detektion des Lichts werden Halbleiterbauelemente verwendet. Es existiert eine Vielzahl an Typen und Bauformen.

Im einfachsten Fall sind es Fotodioden, also pn-Übergänge, die in Sperrrichtung gepolt sind. In diesen wird ein dem Lichteinfall entsprechender Fotostrom erzeugt. Dieser wird dann in eine dem Strom proportionale Spannung umgesetzt, verstärkt und ausgewertet.

*Avalanche-Fotodioden* (Lawineneffektdioden, kurz APD) sind besonders für *höchst empfindliche* Messungen bei *hohen Modulationsfrequenzen* geeignet, wie sie beispielsweise bei Lichtlaufzeitmessungen erforderlich sind. Es wird eine hohe interne Verstärkung erreicht, in dem die durch das Licht freigesetzten Ladungsträger durch eine hohe Spannung derart beschleunigt werden, dass weitere Elektron-Loch-Paare lawinenartig erzeugt werden.

3.1 Weg- und Abstandsensoren 165

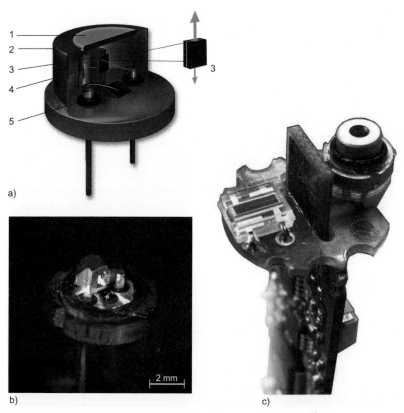

**Bild 3.1-53** a) Schematischer Aufbau einer Laserdiode, 1: Glasfenster, 2: Gehäuse, 3: Laserchip, 4: Wärmesenke, 5: Monitordiode, b) Laserdiode mit entferntem Gehäuse und c) Laserdiode und PSD-Element auf einem Leiterplattenkopf eines Distanzsensors, Triangulationsverfahren (Werkfotos: Firma Balluff GmbH)

**Bild 3.1-54** Optoelektronischer Abstandssensor der Laserklasse 2 nach dem Pulslaufzeitverfahren (Frontmaße 35×70 mm, Werkfoto: Firma Balluff GmbH)

Ein *PSD-Element* (PSD: Position Sensitive Device) ist eine Lateraleffektdiode mit ausgedehnter lichtempfindlicher Fläche (Bild 3.1-53c und 3.1-55). Der auf diese Fläche auftreffende Lichtstrahl erzeugt in der Diode einen Gesamtstrom $I$, der sich in zwei Teilströme $I_1$ und $I_2$ aufspaltet. Das Verhältnis dieser Teilströme wird durch die Lage $x$ des Schwerpunkts der Lichtverteilung bestimmt. Besitzt die aktive Fläche eine Gesamtlänge $L$, so gilt:

$$\frac{I_1 - I_2}{I_1 + I_2} = \frac{L - 2x}{L}. \tag{1}$$

Durch Messung der Teilströme kann die Position des Schwerpunkts ermittelt werden. Aufgrund der Verhältnisbildung ist das Ergebnis *unabhängig* von der *einfallenden Lichtintensität*, also von $I_1+I_2$ und somit vom Reflexionsvermögen der Objektoberfläche. Dagegen geht die räumliche Verteilung der Reflexion ein. Die Lateraleffektdiode reagiert auf den Schwerpunkt des Lichts und kann dadurch als Sensorelement für *Triangulationssensoren* verwendet werden.

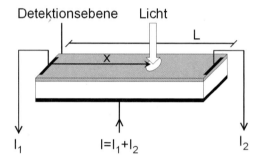

**Bild 3.1-55**  Schematischer Aufbau und Funktionsweise eines PSD-Elements (L: Länge der aktiven Fläche, x: Lage des Schwerpunkts der auftreffenden Intensitätsverteilung)

CCD-Zeilen (CCD: Charge Coupled Device) werden ebenfalls in Triangulationssensoren verwendet und bestehen aus einer Vielzahl von aneinandergereihten Fotodetektoren (Bild 3.1-56). Jedem Detektor ist eine Kapazität zugeordnet. Durch Lichteinwirkung findet in den Fotodetektoren eine Ladungstrennung statt. Die freigesetzten Elektronen laden die zugeordnete Kapazität auf. Durch einen Steuerimpuls werden die Ladungspakete in ein analoges Schieberegister transferiert. Die Ladungsverteilung im Schieberegister entspricht der Intensitätsverteilung des Lichts entlang der CCD-Zeile, das während der Belichtungszeit auf die Zeile einfällt.

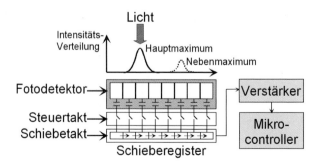

**Bild 3.1-56**  Schematischer Aufbau und Funktionsweise einer CCD-Zeile

Mit dem Steuersignal werden zugleich die Detektoren entladen. Damit ist die CCD-Zeile bereit für eine erneute Belichtung. Parallel dazu erfolgt im Schieberegister durch den Schiebetakt ein schrittweiser, ladungsgekoppelter Transport aller Ladungspakete von einem Element zum nächsten. Die Ladungsverteilung wird einem Ausgangsverstärker zugeführt. Ein nachgeschalteter Mikrocontroller analysiert die Lichtverteilung.

### 3.1.2.3 Optische Grundlagen von Abstandssensoren

Die Sensoren strahlen sichtbares, im Allgemeinen rotes Licht oder unsichtbares, infrarotes Licht aus (Bild 3.1-57). Dieses wird vom Objekt reflektiert und vom Sensor erfasst. Aus der gesammelten Information wird der Objektabstand $d$ ermittelt, wie Bild 3.1-57 zeigt.

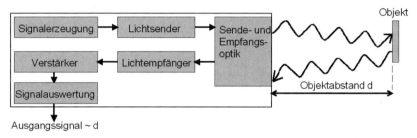

**Bild 3.1-57** Prinzipielles Schema beim Triangulations-, Puls-, Phasen- und Frequenzmessverfahren

Die heute verfügbaren Sensoren sind aufgrund ihres Aufbaus und entsprechend ausgewählter Elektronik für unterschiedliche Einsatzgebiete optimiert, beispielsweise hohe Reichweite oder geringe Blindzone, hohe Wiederholgenauigkeit oder hohe Schaltfrequenz, Kleinteileerkennung oder Unempfindlichkeit gegenüber Verschmutzung und Fremdlicht.

### *Nutzsignal*

Das Empfangselement wandelt das ankommende Licht in ein elektrisches Signal $S_{el}$. Dieses setzt sich zusammen aus dem vom Objekt reflektierten Nutzsignal $S_{Nutz}$, dem vom Umgebungslicht bzw. Fremdlicht (z. B. benachbarter Sensor, der dieselbe Pulsfrequenz benutzt) erzeugten Signal $S_{Fremd}$ und dem internen optischen Übersprechsignal $S_{Ü}$ (Bild 3.1-58):

$$S_{el} = S_{Nutz} + S_{Fremd} + S_{Ü}. \qquad (3.1.21)$$

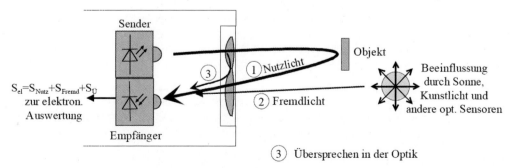

**Bild 3.1-58** Elektrisches Signal $S_{el}$ und seine Bestandteile

## Verschmutzungsanzeige

Optoelektronische Abstandsensoren besitzen oft eine sogenannte *Verschmutzungsanzeige*: entweder eine Anzeige-LED oder ein Schaltsignal. Diese zeigt an, ob das Nutzsignal auswertbar ist, d. h., ob das Nutzsignal zwischen dem Rauschanteil und dem Übersteuern der Auswerteelektronik liegt. Übersteuerung kann auftreten bei spiegelnden Objekten oder zu hohem Fremdlicht. Zu wenig Licht kann von schwach reflektierenden Objekten, von Verschmutzung der Optik oder des Lichtwegs (z. B. Staub, Nebel) herrühren.

Die Höhe des Nutzsignals wird zum einen beeinflusst durch die Sendeleistung und die geometrische Anordnung des Strahlengangs. Zum anderen durch den Objektabstand, die Oberflächenbeschaffenheit des Objekts und die Objektgeometrie.

## Strahlengang

Für den Strahlverlauf wird entweder eine *biaxiale Optik* oder eine *Autokollimationsoptik* verwendet (Bild 3.1-59). Bei der biaxialen Optik sind die optischen Achsen des Sende- und Empfangsstrahls um die Basis B voneinander getrennt und in der Regel gegeneinander verkippt, um die abstandsabhängige Energie am Empfangselement zu optimieren. Bild 3.1-59 zeigt den vom Objekt reflektierten, abstandsabhängigen Nutzsignalanteil. Im Nahbereich gelangt wenig Energie auf den Empfänger, so dass eine Blindzone entsteht.

Bei der Autokollimationsoptik ist die Sendeachse identisch mit der Empfangsachse, was in der Regel durch einen Strahlteiler realisiert wird. Dadurch erhält der Empfänger im Nahbereich ebenfalls Licht vom Objekt, also keine Blindzone vor dem Sensor. Nachteilig ist, dass der Strahlteiler eine Transmission von 50 % besitzt und somit, gegenüber der biaxialen Optik, die maximalen Reichweiten der Sensoren reduziert sind.

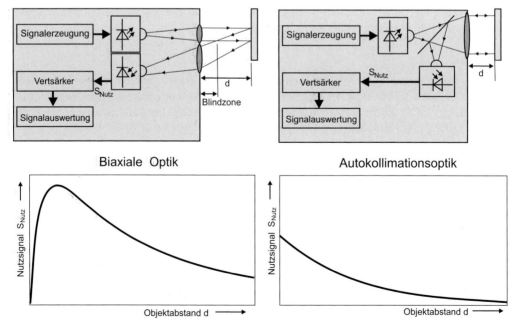

**Bild 3.1-59**  Schematische Darstellung des Strahlverlaufs und des Nutzsignalverlaufs am Empfänger für die biaxiale Optik und die Autokollimationsoptik

# Photonic Devices for LIDAR Applications

Hamamatsu Photonics, leading in cutting edge photon detectors and light sources for LIDAR and measurement applications

**Consumer**

**Automotive**

**Industrial**

### Short Range (10 m)

- Near Infrared LED
- Si PIN Photodiode with COB Package
- Si PIN Photodiode Array
- CMOS Distance Linear Image Sensors

### Mid-Range (150 m)

- Pulsed Laser Diodes
- Si APD + TIA
- Si APD Array + TIA
- SiPM / MPPCs (Ceramic, Plastic and TSV package types)
- Si APD
- IR Enhanced Si APD

### Long Range (300 m plus)

- Pulsed Laser Diodes
- InGaAs APD + PIN Photodiode
- SiPM / MPPCs

**HAMAMATSU**
PHOTON IS OUR BUSINESS

www.hamamatsu.com

## 3.1 Weg- und Abstandsensoren

### Einfluss der Beschaffenheit der Objektoberfläche

Unterschiedliche Eigenschaften des Objekts beeinflussen das Nutzsignal. Hierzu zählen die *Größe* und *Krümmung* der *reflektierenden Fläche*, deren *Reflexionsverhalten* und *Reflexionsvermögen* sowie die *Farbe* des Objekts.

Je größer die bestrahlte Objektfläche, desto größer das Nutzsignal. Hersteller geben in der Regel eine *Minimalfläche* an, die für eine sichere Erkennung nicht unterschritten werden soll (Kleinteileerkennung). Das Reflexionsverhalten kann einerseits rein diffus sein oder einen spiegelnden bzw. glänzenden Anteil beinhalten, welcher das Licht unter Umständen nicht zum Sensor zurückstrahlt.

Die *Objektfarbe* wird beschrieben durch das elektromagnetische Reflexionsspektrum $R(\lambda)$. Um den Einfluss der Objektfarbe auf das Nutzsignal abzuschätzen, muss das elektromagnetische Spektrum des Senders $S(\lambda)$ und die wellenlängenabhängige Empfindlichkeit $E(\lambda)$ des Empfängers betrachtet werden. Das Nutzsignal ist gegeben durch die Überlappung aller drei Spektren:

$$S_{\text{Nutz}} \propto \int S(\lambda) \cdot R(\lambda) \cdot E(\lambda) d\lambda. \tag{3.1.22}$$

Bild 3.1-60 zeigt das typische Spektrum $S(\lambda)$ einer rot strahlenden LED sowie die Empfindlichkeit $E(\lambda)$ von gängigen Fotodioden und das Reflexionsvermögen $R(\lambda)$ einer blauen und roten Oberfläche. Das blaue Objekt liefert das kleinere Nutzsignal, da es im roten Wellenlängenbereich (625 nm bis 740 nm) weniger als 5 % reflektiert.

Werden Infrarot-LEDs (Wellenlänge $\lambda > 800$ nm) eingesetzt, so erhöht sich die Empfindlichkeit der Fotodioden und es ergeben sich höhere Nutzsignale, was sich in höheren Reichweiten bemerkbar macht. Jedoch ist die Justierung der Sensoren aufgrund des nicht sichtbaren Strahls aufwändiger.

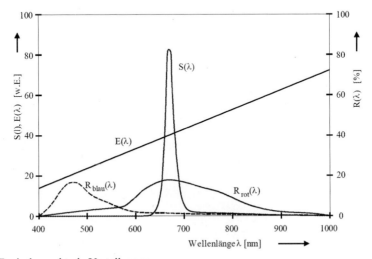

**Bild 3.1-60** Typische spektrale Verteilungen

### Grauwertverschiebung

Die Herstellerangaben über die Ausgangskennlinien von Sensoren beziehen sich in der Regel auf plane Objektflächen, sogenannte *90-%-Graukarten*, die das Licht diffus reflektieren mit einem Reflexionsgrad von 90 % über das gesamte elektromagnetische Spektrum. Werden Objekte mit anderen Reflexionsgraden detektiert, so verschieben sich die Ausgangskennlinien innerhalb des vom Hersteller angegebenen Toleranzbereichs. Als untere Grenze werden die Kennlinien für Objekte mit 18 % bzw. 6 % Reflektivität angegeben. Das Verhältnis zwischen den Werten bei 90 % und 18 % bzw. 6 % wird als *Grauwertverschiebung* bezeichnet.

### 3.1.2.4 Messprinzip: Triangulation

Das Triangulationsverfahren ist ein rein *geometrisches Messverfahren*. Das vom Sender (LED oder Laserdiode) erzeugte Licht wird über die Sendeoptik in ein eng begrenztes Lichtbündel geformt und trifft im Abstand $d$ auf das zu detektierende Objekt. Von dessen Oberfläche wird das Licht entsprechend den Oberflächeneigenschaften reflektiert. Der in Richtung Empfangsoptik reflektierte Anteil wird in die Detektionsebene abgebildet und ergibt dort eine Lichtverteilung mit der Schwerpunktsposition $x$. Verschiebt sich das Objekt, so wandert der Schwerpunkt in der Detektionsebene. Durch Vermessen des Auftreffpunkts $x$ in der Detektionsebene ergibt sich der Objektabstand $d$ (Bild 3.1-61). Es gilt folgender Zusammenhang:

$$x = \frac{B \cdot F}{d}, \qquad (3.1.23)$$

wobei $F$ der Abstand zwischen Detektionsebene und Optik bedeutet sowie $B$ der Basisabstand zwischen der optischen Achse der Sende- und Empfangsoptik.

Für die Bestimmung des Schwerpunkts $x$ werden im Allgemeinen positionsempfindliche Halbleiterbauelemente, also PSD-Elemente oder CCD-Zeilen, eingesetzt.

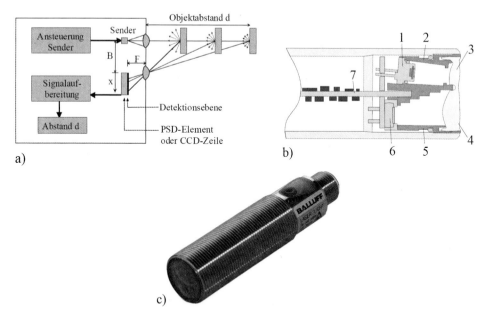

**Bild 3.1-61** a) Schematische Darstellung des Triangulationsmessprinzips b) Querschnitt durch den Optikkopf eines zylindrischen Lasertriangulationssensors mit PSD-Element entsprechend Bild 3.1-61 b) (1: Laserdiode, 2: Tubus für die Laserstrahlung, 3: Kollimatorlinse, 4: Empfangslinse, 5: Tubus mit Lichtfallen, 6: PSD-Element, 7: Platinen mit Elektronikbauteilen) und c) Zylindrischer Lasersensor nach dem Triangulationsverfahren (Baulänge 70 mm) (Werkfotos: Firma Balluff GmbH)

Die Ausgangskennlinie wird aufgrund des nichtlinearen Zusammenhangs zwischen Schwerpunkt $x$ und Objektabstand $d$ linearisiert. Die Signalaufbereitung erfolgt dann in der Regel in einem Mikrocontroller.

Generell gilt, je *größer* der Basisabstand $B$, desto *höhere Reichweiten* sind möglich. Damit wird die maximale Reichweite unter anderem durch die Sensorbaugröße begrenzt. Je nach Baugröße, Lichtart und Strahlformung werden maximale Reichweiten zwischen 20 mm und 5.000 mm erzielt.

### 3.1.2.5 Messprinzip: Pulslaufzeitverfahren

Beim Pulslaufzeitverfahren sendet der Sensor einen Lichtpuls aus und misst die Zeit $\Delta t$, die das Licht benötigt, bis es wieder vom Objekt zurückkommt. Diese Zeit ist ein Maß für den Objektabstand $d$ (Bild 3.1-62 a)).

Mithilfe der Lichtgeschwindigkeit c und des Brechungsindexes $n$ des durchlaufenen Mediums (in der Regel Luft mit $n = 1$) errechnet sich der Objektabstand $d$ mit der Formel:

$$d = \frac{c \cdot \Delta t}{2 \cdot n}. \tag{3.1.24}$$

Die Auflösung wird im Wesentlichen durch die elektronische Vermessung der Zeit $\Delta t$ bestimmt. Eine Verschiebung des Objekts um 10 mm bedeutet (in Luft mit $n = 1$) eine Änderung der Laufzeit von 66,7 ps.

Für die Signalaufbereitung und Zeitmessung wurden im Laufe der Zeit verschiedene elektronische Verfahren entwickelt. Ein häufig verwendetes Verfahren ist in Bild 3.1-62 b dargestellt. Beim Aussenden des Lichtpulses wird durch ein internes Startsignal die elektronische Uhr getriggert. Trifft der Lichtpuls am Empfänger ein, so wird die Uhr ausgelesen. Signale, die von weiter entfernten Objekten zurückkommen, werden elektronisch ausgeblendet. Für die reine Zeitmessung werden digitale und analoge Verfahren angewendet, wie man sie aus der Radartechnik kennt.

Für eine korrekte Arbeitsweise ist eine gewisse *Mindestlichtintensität* am Empfänger notwendig. Diese begrenzt die maximale Reichweite. Beim Pulslaufzeitverfahren werden bei diffus reflektierenden Oberflächen Reichweiten bis zu 6 m erzielt und bei spiegelnden Oberflächen und Reflektoren bis zu mehreren 100 m.

### 3.1.2.6 Messprinzip: Phasen- oder Frequenzlaufzeitverfahren

Das Phasen- oder Frequenzlaufzeitverfahren ist vom Prinzip her ebenfalls ein Laufzeitverfahren. Die Intensität des Lichts wird mit der Periodendauer $T_m$ bzw. Modulationswellenlänge $\lambda_m$, mit

$$\lambda_m = \frac{c \cdot T_m}{n} \tag{3.1.25}$$

amplituden- bzw. frequenzmoduliert. Durch Vermessen der Phasendifferenz $\Delta \varphi$ bzw. Frequenzdifferenz $\Delta f$ zwischen ausgesendetem und empfangenem Licht wird der Objektabstand $d$ ermittelt. Für das *Phasenlaufzeitverfahren* ergibt sich:

$$d = \frac{\Delta \varphi}{2 \cdot \pi} \cdot \frac{\lambda_m}{2} + i \cdot \frac{\lambda_m}{2}, \; i = 0, 1, 2, \ldots \tag{3.1.26}$$

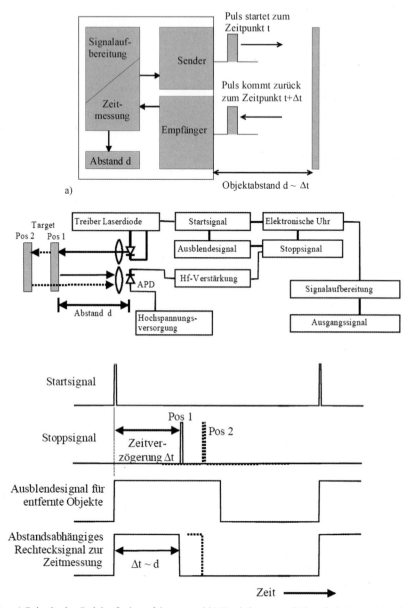

**Bild 3.1-62** a) Prinzip des Pulslaufzeitverfahrens und b) Funktionen und Signale beim Pulslaufzeitverfahren

Die Phasenverschiebung wiederholt sich periodisch mit dem Objektabstand. Eindeutigkeit ist nur bis zum Abstand der halben Modulationswellenlänge $\lambda_m/2$ gegeben. Je kürzer die Wellenlänge umso kleiner der Eindeutigkeitsbereich, umso genauer die Messung. Aus diesem Grunde werden mehrere Modulationswellenlängen verwendet (Bild 3.1-63).

Beim Frequenzlaufzeitverfahren haben sich unterschiedliche Messprinzipien entwickelt, die sich an bekannte Verfahren der Radartechnik anlehnen.

## 3.1 Weg- und Abstandsensoren

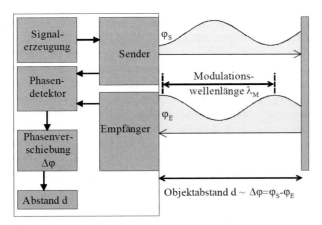

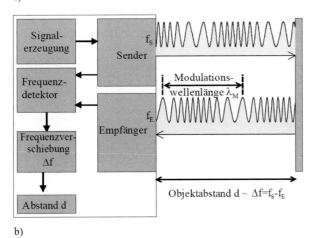

**Bild 3.1-63**
Prinzip des a) Phasen- und
b) Frequenzlaufzeitverfahrens

Im einfachsten Fall wird die Frequenz mit konstanter Frequenzänderung ±d$f$/d$t$ bei einem Frequenzhub $H$ zwischen dem minimalen und maximalen Wert verändert. Aus der aktuellen Sendefrequenz $f_S$ und Empfangsfrequenz $f_E$ wird die Frequenzdifferenz $\Delta f = f_S - f_E$ gemessen. Hieraus ergibt sich der Objektabstand $d$ zu:

$$d = \frac{\Delta f}{2 \cdot H} \cdot \frac{\lambda_m}{2} + i \cdot \frac{\lambda_m}{2}, \quad i = 0,1,2,... \tag{3.1.27}$$

Auch hier ergeben sich Mehrdeutigkeitsprobleme, welche durch Verwendung von mehreren Frequenzen behoben werden können. Beim Phasen- bzw. Frequenzmessverfahren werden bei diffus reflektierenden Oberflächen Reichweiten bis zu 10 m erzielt.

Das Triangulationsverfahren und die Laufzeitverfahren sind prädestiniert für die *Dicken-, Höhen-* und *Volumenmessung* an Holz, Blech und anderen Werkstoffen, die *Konturbestimmung* bei bewegten Objekten, in der Qualitätskontrolle oder zum *Sortieren* nach unterschiedlichen Kriterien, die *Positionskontrolle* von Werkzeugen, die *Lageerkennung* von Teilen sowie die *Toleranzmessung* in der Produktion. Typische Anwendungsfelder sind in Tabelle 3.1-11 aufgezeigt.

**Tabelle 3.1-11** Anwendungsfelder der optoelektronischen Abstandssensoren (Triangulation und Laufzeit)

| Anwendung | Anwendungsfeld/Branche | |
|---|---|---|
| Abstands-/Positionskontrolle (Entfernungs- und Höhenmessung). Zum Beispiel Auffahrkontrolle an Hängebahnförderern, Bahnkantensteuerung, Positionskontrolle von Werkzeugen. Insbesondere Kleinteileerkennung auf große Distanzen. Schlagmessung an rotierenden Gegenständen. | Maschinenbau, Lager-, Fördertechnik, Produktionsbereiche (Automobil), Kunststoffverarbeitung, Eisen- und Stahlerzeugung, Strassen- und Luftfahrzeugbau, Schiffbau, Elektrotechnik, Papierverarbeitung, Druckerei, Umwelttechnik | Abstandsmessung |
| Konturenbestimmung beim Durchfahren von Objekten. Zum Beispiel in der Qualitätskontrolle oder zum Sortieren nach unterschiedlichen Kriterien. | Qualitätskontrolle, Produktionsbereiche | Konturenbestimmung |
| Dicken- oder Volumenmessung an Holz, Blech usw. durch Differenzbildung der Messwerte gegenüberliegender Sensoren. | Holzbe- und -verarbeitung, Zellstoff-, Papier- und Papperzeugung, Gebaudetechnik | Dickenmessung |
| Füllstandskontrolle und Pegelmessung, insbesondere zur Regelung des Befüllvorgangs, Containerhandling. | Allgemeine Energiewirtschaft, Wasserversorgung, chemische Industrie, Nahrungs- und Genussmittelgewerbe, Umwelttechnik, Prozessüberwachung | Füllstandskontrolle |

### 3.1.2.7 Messprinzip: Fotoelektrische Abtastung

Es handelt sich hierbei um ein *abbildendes Messprinzip*. Mithilfe einer Optik und einer Maske (Abtastplatte) werden eng begrenzte Lichtbündel erzeugt, die jede für sich auf eine Fotodiode strahlen (Bild 3.1-64 a)). Beim Einschieben einer Maßverkörperung, die eine regelmäßige Struktur, eine sogenannte Teilung besitzt, werden diese Lichtbündel periodisch unterbrochen. Der Fotodiodenstrom fluktuiert entsprechend der Verschiebung $\Delta d$. Die Anzahl $N$ der Unterbrechungen ergibt die zurückgelegte Strecke:

$$\Delta d = N \cdot TP, \tag{3.1.28}$$

wobei $TP$ die Teilungsperiode der Struktur bedeutet.

## 3.1 Weg- und Abstandsensoren

Die Bewegungsrichtung der Maßverkörperung wird ermittelt durch eine zweite Fotodiode, die um ¼ TP versetzt ist oder die einer zweiten Spur zugeordnet ist, deren Struktur um ¼ TP zur ersten Spur angeordnet ist. Eine entsprechende Logik in der Signalauswertung erkennt die Bewegungsrichtung.

Durch Verwendung mehrerer Fotodioden, die gegenüber der Teilungsperiode versetzt sind, lässt sich die Auflösung vervielfachen.

Eine spezielle Ausführungsform sind *rotatorische Maßverkörperungen* (Bild 3.1-64 b)), die eingesetzt werden, beispielsweise zur Messung von Winkelstellungen an Motoren. Diese Messgeräte, sogenannte *Drehgeber*, liefern in der Regel als Ausgangssignal nicht den Abstand $d$, sondern die elektronisch aufbereiteten Impulsfolgen der Fotodioden. Bei diesen kann eine Referenzspur angebracht werden, mit deren Hilfe nach Einschalten des Messgeräts der Winkel-Nullpunkt angefahren wird oder während des Betriebs der Nullpunkt angezeigt wird.

Neben diesen inkrementalen Messverfahren wird auch das *absolute Messverfahren* realisiert. Hierbei trägt die Struktur einen *seriellen Code* (Bild 3.1-64 c), der mit mehreren Lichtbündeln bestrahlt wird, die einem entsprechenden Fotodiodenarray zugeordnet sind. Sofort nach Einschalten eines Messgeräts kann die aktuelle Position der Maßverkörperung durch Auslesen der Ein-/Aus-Zustände der einzelnen Fotodioden abgefragt werden.

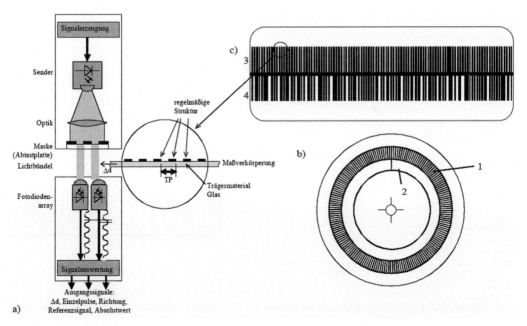

**Bild 3.1-64** Schematische Darstellung von a) Abtasteinheit, bestehend aus Sender, Optik, Abtastplatte und Fotodiodenarray, b) rotatorischem Maßstab mit 1: inkrementeller Teilung und 2: Referenzspur sowie c) Maßstab mit 3: inkrementeller Teilung und 4: absoluter Codierung

Das *Trägermaterial* für den Maßstab besteht üblicherweise aus *Glassubstraten* oder *Metallbändern*. Der Maßstab wird mittels fotolithografischer Verfahren aufgebracht, entweder als dünne, nicht transparente Schicht oder als eingeätzte, nicht reflektierende Struktur. Beim Glasmaßstab strahlen die Lichtbündel durch das Glas hindurch auf die Fotodioden und bei den

Metallbändern werden sie in die Fotodioden hineinreflektiert. Die Teilungsperioden liegen üblicherweise zwischen 4 μm und 40 μm. Durch die bekannten Interpolationsverfahren können Genauigkeiten bis in den Sub-μm-Bereich erreicht werden.

Die Länge der Maßstäbe variiert je nach Anwendung zwischen 50 mm und 1.000 mm, in manchen Fällen sogar bis zu mehreren 10 m.

Lineare Wegmessgeräte finden in *Linearantrieben*, in *Werkzeugmaschinen*, in der *Handhabungstechnik* und *Automatisierungstechnik* ebenso ihren Einsatz wie an *Mess-* und *Prüfeinrichtungen*. Drehgeber werden in elektrischen Antrieben eingesetzt, insbesondere an *geregelten Servoantrieben* in der Automatisierungstechnik, Robotik und Handhabungstechnik sowie in der Werkzeug- und Produktionstechnik.

### 3.1.2.8 Messprinzip: Interferometrische Längenmessung

Bei der *interferometrischen Längenmessung* wird der *Wellencharakter* des Laserlichts ausgenutzt. Hierzu wird das Laserlicht mittels Strahlteiler (z. B. ein teildurchlässiger Spiegel) in zwei Teilbündel aufgeteilt (Bild 3.1-65). Nach Durchlaufen unterschiedlicher optischer Wegstrecken $s_1$ und $s_2$ werden diese wieder überlagert und deren überlagerte Lichtintensität *LI* mit einem Detektor gemessen.

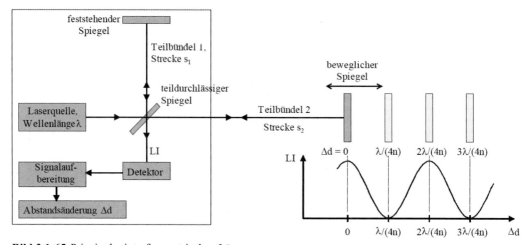

**Bild 3.1-65** Prinzip der interferometrischen Längenmessung

Auf Grund der herausragenden Eigenschaften des Laserlichts (Kohärenz) kommt es bei der Überlagerung zu *Interferenzerscheinungen*. Das bedeutet, dass die Lichtintensität periodisch schwankt, wenn sich eine der beiden optischen Wegstrecken verändert. Der optische Weg des Teilbündels 1 liegt innerhalb des Sensors und ist durch einen feststehenden Spiegel eingestellt. Der optische Weg des Teilbündels 2 führt zum Objekt, beispielsweise ein Spiegel oder ein Reflektor, und zurück zum Sensor. Wird das Objekt um den Abstand $\Delta d$ verschoben, so ändert sich die Lichtintensität *LI* am Detektor periodisch mit der Wellenlänge $\lambda$:

$$LI \propto \cos\left(\frac{2\pi}{\lambda} \cdot n \cdot 2\Delta d\right), \qquad (3.1.29)$$

wobei $n$ der Brechungsindex des durchlaufenen Mediums ist. Die Anzahl $N$ der durchlaufenen Maxima ergibt die zurückgelegte Strecke:

$$\Delta d = N \cdot \frac{\lambda}{2n}. \tag{3.1.30}$$

Um von einem Maximum der Lichtintensität zum benachbarten Minimum zu gelangen, muss der Spiegel um $\Delta d = \lambda/(4n)$ verschoben werden. Bei Verwendung eines Helium-Neon-Lasers mit der Wellenlänge $\lambda_{He-Ne}$ = 632,8 nm können damit Verschiebungen von 0,158 µm (Luft, $n$ = 1) detektiert werden. Durch die Anwendung von Interpolationsverfahren werden höhere Auflösungen erreicht. Bei Messungen in Luft muss der Einfluss der Lufttemperatur, -feuchte und -druck auf den Brechungsindex berücksichtigt werden.

*Interferometer* bieten die *höchste Auflösung* und werden überall dort eingesetzt, wo Maschinen und Anlagen im µm-Bereich eingestellt oder vermessen werden. Als berührungslose Form- und Oberflächenvermessung finden sie ihren Einsatz in der Qualitätskontrolle.

### 3.1.3 Ultraschallsensoren zur Abstandsmessung und Objekterkennung

Ultraschall liegt im Frequenzbereich von 20 kHz bis 1 GHz. Die akustischen Grundgrößen wurden bereits in Abschnitt 2.18 behandelt. Im Folgenden werden die Funktionsprinzipien, der Aufbau und die Einsatzgebiete von Ultraschallsensoren vorgestellt.

#### *3.1.3.1 Funktionsprinzipien und Aufbau*

**Tastbetrieb mit Echo-Laufzeit-Messung**

Sensoren im Tastbetrieb sind als *Einkopfsystem* ausgeführt. Hier arbeitet der Ultraschallwandler zuerst als *Lautsprecher* und sendet einen Wellenzug aus, der sich mit der Schallgeschwindigkeit des umgebenden Mediums ausbreitet. Nach dem Senden des Ultraschalls schaltet der Sensor den Wandler in den *Mikrofonbetrieb* um. Die Zeit, die der Wandler zum Ausschwingen benötigt, bestimmt die *Blindzone*, da während des Ausschwingvorgangs und Umschalten in den Mikrofonbetrieb kein Echo empfangen werden kann. Der ausgesendete Ultraschall-Wellenzug wird teilweise von dem zu messenden Target reflektiert und gelangt wieder zum Sensor zurück. Im Sensor wird das zurückkommende Echo im Mikrofonbetrieb detektiert, verstärkt und ausgewertet.

Die Ermittlung des Objektabstands basiert somit auf einer Laufzeitmessung zwischen ausgesendetem Ultraschall und Empfang des Echos. Aus *Echolaufzeit* und *Schallgeschwindigkeit* errechnet der integrierte Controller den Abstand (Bild 3.1-66).

**Schrankenbetrieb**

Beim Schrankenbetrieb arbeitet der Sensor als *Zweikopfsystem* mit einem Sender und Empfänger, die gegenüberliegend angeordnet sind. Der Vorteil bei diesem System ist, dass beim Zweikopfsystem *keine Blindzone* auftritt. Im Gegensatz dazu müssen Sender und Empfänger zueinander *ausgerichtet* werden. Dieses System ist allerdings nur zur Anwesenheitskontrolle geeignet, d. h., hier können keine Abstände gemessen werden.

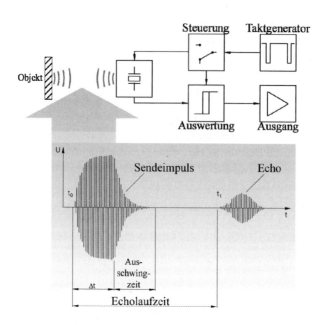

**Bild 3.1-66** Funktionsweise eines Ultraschallsensors

### 3.1.3.2 Aufbau des Ultraschallwandlers

Der Ultraschallwandler ist das Herzstück des Sensors. Er ist für die Ein- und Auskopplung des Schalls zuständig. Daraus resultiert auch die Empfindlichkeit und die Reichweite des Sensors. Die Koppelschicht wird aus einem Epoxidharz-Glashohlkugel-Gemisch (microballons) hergestellt, um eine optimale Anpassung des Schalls in das Medium Luft zu erreichen (wirkt wie eine elektrische $\lambda / 4$ Antenne; Bild 3.1-67).

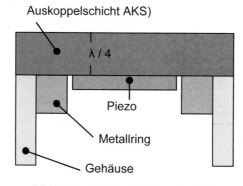

**Bild 3.1-67** Aufbau der Koppelschicht

Der Ultraschallwandler wird über einen piezoelektrischen Kristall durch einen Leistungsverstärker periodisch angesteuert. Durch das Anlegen einer äußeren Spannung des Verstärkers an das Piezoelement ändert dieses seine geometrischen Abmessungen und regt den Ultraschallwandler zum Schwingen an. Dieser Effekt ist umkehrbar. Das auf den Ultraschallwandler als

# microsonic

**Dipl.-Ing. Harry Pilz**
Entwicklung

# UNSER HERZ
# SCHALLT ULTRA.

Seit mehr als 25 Jahren entwickeln unsere Ingenieure Ultraschallsensoren für die industrielle Automatisierungstechnik. Zum Beispiel den **nano** – den kürzesten Ultraschallsensor in einer M12-Gewindehülse am Markt –, unseren Alleskönner **mic+** mit Digitaldisplay oder den **esf** für die Spleiß- und Etikettenerkennung.

microsonic.de

äußere Kraft einwirkende Echo bewirkt auf diesem Oberflächenladungen, die als Spannung messbar sind. Es wird also im Sendebetrieb elektrische in mechanische Energie und im Empfangsbetrieb mechanische in elektrische Energie umgewandelt. Luft und Piezokeramiken haben sehr unterschiedliche Impedanzen. Wie in Abschnitt 2.18 gezeigt, werden nur 0,009 % der Schallintensität abgestrahlt. Mit einer geeigneten Koppelschicht aus einem Epoxidharz-Glashohlkugel-Gemisch wird die Impedanz angepasst und somit eine optimale Anpassung des Schalls an das Medium Luft erreicht. Die Spannungsamplitude während des Sendens des Schallpulses liegt bei etwa 80 V PP. Die Länge des Schallpulses ist abhängig von der Länge des Sendepulses und von der *Ausschwingzeit* des Wandlers. Die Spannungsamplitude des empfangenen Echos liegt im µV-Bereich

### 3.1.3.3 Erfassungsbereich eines Ultraschallsensors

Der *Öffnungswinkel* der *Schallkeule*n beträgt typisch zwischen 5° bis 8°. Er entspricht in etwa der 3-dB-Grenze, d. h. der Schalldruck fällt hier auf die Hälfte des ursprünglichen Wertes zurück. Auch außerhalb dieses Winkels können Objekte mit entsprechender Größe, Form und Oberflächenbeschaffenheit aber noch erkannt werden. Bild 3.1-68 zeigt den Erfassungsbereich einer ebenen Norm-Messplatte (A) 100×100 mm senkrecht zur Ausbreitungsrichtung des Ultraschalls sowie den Erfassungsbereich eines Rundstabs (B) mit einem Durchmesser von 25 mm. Innerhalb dieser Bereiche ist die Erfassung der angegebenen Objekte gewährleistet.

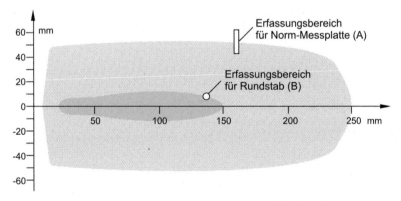

**Bild 3.1-68** Erfassungsbereiche eines Ultraschallsensors (Quelle: Balluff GmbH)

Der Bereich, in dem der Sensor Objekte erkennen kann, wird von der kleinsten und größten Reichweite begrenzt. Diese wird von der verwendeten Frequenz bestimmt, von der auch die Größe der Blindzone abhängt (Bild 3.1-69). In der Blindzone kann der Ultraschall-Sensor kein Objekt erkennen. Sie wird von Sendeimpulsdauer und Ausschwingzeit des Schallwandlers verursacht, da während des Sendens des Ultraschallpulses kein Echo empfangen werden kann.

Durch den Einsatz geeigneter Fokussieraufsätze kann der Ultraschall gebündelt werden und somit auch sehr kleine Objekte im Nahbereich des Sensors erkannt werden. Bild 3.1-70 zeigt eine typische Bauform eines Ultraschallsensors mit Fokussieraufsatz.

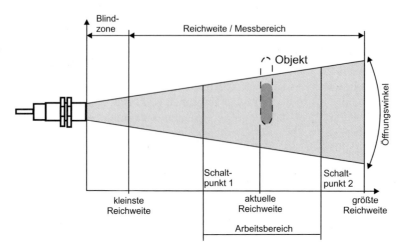

**Bild 3.1-69** Einteilung der Schallkeule

**Bild 3.1-70** Bauform eines Ultraschallsensors mit Fokussieraufsatz (Werkfoto: Balluff GmbH)

Um genaue Messergebnisse bei der Abstandsmessung mit Ultraschall zu erzielen, muss die *Schallgeschwindigkeit der Luft* bestimmt werden. Für industrielle Sensoren ist es ausreichend, die Schallgeschwindigkeit an die aktuelle Temperatur anzupassen. Die Abhängigkeit von der Luftfeuchte ist vernachlässigbar. Ultraschallsensoren arbeiten mit einer festen Ultraschallfrequenz. Diese legt den maximalen Messabstand fest. Je höher die Ultraschallfrequenz, umso größer ist die Absorption und umso geringer ist die maximale Reichweite. Der nächste Schallpuls kann eher ausgesendet werden, die Zykluszeit – der zeitliche Abstand zwischen den einzelnen Messungen – kann mit steigender Frequenz verringert werden. Sensoren mit kurzen Reichweiten können deshalb kurze Ansprechzeiten haben. Typische Reichweiten für einige Ultraschallfrequenzen sind in Tabelle 3.1-12 angegeben:

**Tabelle 3.1-12** Reichweiten in Abhängigkeit von der Ultraschallfrequenz

| Ultraschallfrequenz [kHz] | Maximale Messentfernung [mm] | Wellenlänge [mm] | Zykluszeit [ms] |
|---|---|---|---|
| 80 | 6.000 | 4,1 | 64 |
| 130 | 3.500 | 2,5 | 20 |
| 180 | 2.000 | 1,8 | 16 |
| 220 | 1.500 | 1,5 | 12 |
| 300 | 600 | 1,1 | 8 |
| 360 | 300 | 0,9 | 4 |

## 3.1 Weg- und Abstandsensoren

### 3.1.3.4 Umlenkung des Ultraschalls

Ein planes Objekt, das um γ = 45° gegenüber der Wandlerachse verkippt ist, lenkt den Schallstrahl um 90° um (Bild 3.1-71).

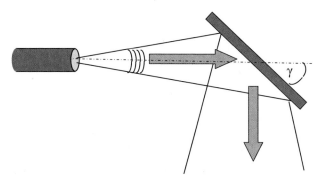

**Bild 3.1-71** Umlenkung des Ultraschalls

Mit einem solchen Schall-Umlenkwinkel kann der Wandler geschützt und die Blindzone zwischen Wandler und Reflektor gelegt werden.

**Bild 3.1-72** Umlenkung des Ultraschalls (Werkfoto: Balluff GmbH)

### 3.1.3.5 Objekt- und Umwelteinflüsse

**Objekteinflüsse:**

Fast alle Objekte (Festkörper, Flüssigkeiten, Schüttgüter) reflektieren Schall und können somit erfasst werden. Auch schalldämmende Stoffe, wie beispielsweise Schaumstoffe lassen sich bei eingeschränkter Reichweite erfassen. Generell können feste, flüssige oder pulverförmige Medien bzw. Objekte unabhängig von ihrer Farbe, ihrer Transparenz sowie ihrer Oberflächenbeschaffenheit erkannt werden. Einige Beispiele werden nachfolgend ausgeführt.

Bei *konvexen (zylindrischen und kugelförmigen) Oberflächen* hat jedes Flächenelement einen anderen Winkel zur Keulenachse. Die reflektierte Keule divergiert dadurch und der Anteil der zum Empfänger reflektierten Schallenergie verkleinert sich entsprechend. Die maximale Reichweite nimmt mit kleiner werdendem Zylinder (Kugel) ab.

*Rauigkeit und Oberflächenstrukturen* des zu erfassenden Objektes bestimmen zusätzlich die Abtasteigenschaften von Ultraschall-Sensoren. Oberflächenstrukturen, die größer als die Ultraschall-Wellenlänge sind, sowie grobkörnige Schüttgüter reflektieren Ultraschall diffus und werden unter Umständen von Ultraschall-Sensoren nicht optimal erkannt.

*Hartes Material* reflektiert in Ultraschall-Anwendungen nahezu die gesamte gepulste Energie, sodass es sich sehr gut mit Ultraschall detektieren lässt.

*Weiches Material* hingegen absorbiert fast die gesamte gepulste Energie. Es wird mit Ultraschall daher schlechter erkannt, was eine Reduzierung der Reichweite bedeutet. Zu diesen Materialien zählen beispielsweise Filz, Watte und Schaumstoffe.

*Dünnwandige Folien* verhalten sich wie weiche Materialien. Um Ultraschall einsetzen zu können, sollte die Folienstärke deshalb mindestens 0,01 mm betragen.

*Flüssigkeiten* verhalten sich wie hartes Material. Schaum auf der Oberfläche kann die Erkennung negativ beeinflussen.

*Heiße Tastobjekte* verursachen eine Wärmekonvektion in der sie umgebenden Luft. Dadurch kann unter Umständen die Schallkeule senkrecht zu ihrer Achse so stark abgelenkt werden, dass das Echo geschwächt oder gar nicht mehr empfangen werden kann. Auch wird ein Teil des Schalls an den Grenzflächen zwischen den Luftmassen unterschiedlicher Temperatur reflektiert.

### *Umwelteinflüsse*

Ultraschall-Sensoren sind zur Anwendung in atmosphärischer Luft konzipiert. *Umwelteinflüsse* wie Feuchte, Staub und Rauch beeinträchtigen ihre *Messgenauigkeit nicht*. Der Betrieb in anderen Gasen, wie beispielsweise $CO_2$ ist nicht möglich, da der Schall sehr stark absorbiert wird. Auch Flüssigkeiten, die Lösungsmittel ausdampfen, können die Sensorfunktion beeinträchtigen.

*Starke Luftbewegungen und Turbulenzen* führen zu Instabilität in der Messung, können aber unter üblichen Bedingungen in Produktionsstätten außer Acht gelassen werden. Denn Strömungsgeschwindigkeiten bis zu einigen m/s werden problemlos verkraftet, sodass auch Anwendungen im Freien nichts entgegensteht.

*Niederschläge wie Regen oder Schnee* in normaler Dichte führen zu keiner Funktionsbeeinträchtigung des Ultraschall-Sensors und seines Ausgangssignals. Die Wandleroberfläche sollte jedoch nicht benetzt werden.

### 3.1.3.6 Anwendungen

Ultraschallsensoren sind in fast jeder Branche einsetzbar. Wichtige und häufige Anwendungsbereiche sind:
- Auf- und Abwickelsteuerung/Durchmessererfassung,
- Durchhangregelung,
- Höhenmessung,
- Lageregelung,
- Kollisionsschutz,
- Füllstandserfassung und
- Objekterkennung/Objekte zählen.

Die folgenden Bilder zeigen einige Anwendungsmöglichkeiten für Ultraschallsensoren.

## 3.1 Weg- und Abstandsensoren

Bild 3.1-73 zeigt eine Auf- und Abwickelsteuerung mit einem analogen Ultraschallsensor, unabhängig von Farbe, Verspiegelungen und Oberflächenbeschaffenheit. Ultraschallsensoren können außerdem leichte Verschmutzungen, wie beispielsweise Papierstaub, problemlos kompensieren.

**Bild 3.1-73**
Auf- und Abwickelsteuerung
(Werkfoto: Balluff GmbH)

In Bild 3.1-74 ist eine Durchhangregelung mit einem analogen Ultraschallsensor zu sehen. Einige analoge Ultraschallsensoren verfügen zusätzlich über einen oder mehrere Schaltpunkte. Dadurch können Schaltpunkte für Min- und Max-Durchhänge oder Folienrissüberwachung parametriert werden

**Bild 3.1-74**
Durchhangregelung mit einem analogen Ultraschallsensor (Werkfoto: Balluff GmbH)

Bild 3.1-75 zeigt eine Höhenmessung mit einem analogen Ultraschallsensor unabhängig von Farbe und Oberflächenbeschaffenheit des Objekts. Ein Einsatz auch unter rauen Umgebungsbedingungen (z. B. Staub, Sägespäne oder Feuchtigkeit) ist möglich.

**Bild 3.1-75**
Höhenmessung mit einem analogen Ultraschallsensor (Werkfoto: Balluff GmbH)

Mit einem Ultraschallsensor kann auch die Füllhöhe gemessen werden (Bild 3.1-76). Es können nahezu alle flüssigen, pulverförmigen und pastösen Medien erkannt werden.

**Bild 3.1-76**
Messung der Füllhöhe mit einem analogen Ultraschallsensor (Werkfoto: Balluff GmbH)

In Bild 3.1-77 ist dargestellt, wie mit Ultraschallsensoren Objekte erfasst und gezählt werden können. Dies erfolgt mit mehreren nebeneinander angeordneten Ultraschallsensoren. Damit sich die Sensoren gegenseitig nicht beeinflussen, gibt es die Möglichkeit der Synchronisation.

**Bild 3.1-77**
Objekte erfassen und zählen mit einem Ultraschallsensor (Werkfoto: Balluff GmbH)

### 3.1.4 Potenziometrische Weg- und Winkelsensoren

*3.1.4.1 Einleitung*

In der Weg- und Winkelmesstechnik werden kontaktlose Verfahren immer beliebter. Allerdings sind Sensoren auf Potenziometerbasis wegen ihrer positiven Eigenschaften und ihres günstigen Preis-Leistungs-Verhältnisses in vielen automotiven, mobilen und industriellen Anwendungsbereichen immer noch ohne ernstzunehmende Konkurrenz. Daran wird sich wohl auch in absehbarer Zukunft nichts ändern. Schließlich lassen sich vergleichbare Messgeschwindigkeiten, Linearitätswerte, Auflösungen, Hysteresewerte und Temperaturbereiche sonst nur mit deutlich höherem Aufwand erreichen.

*Leitplastik-Potenziometer* haben in zahlreichen Anwendungsbereichen einen festen Platz, sowohl in der Industrie als auch bei mobilen Arbeitsmaschinen oder im Automobilbau. Potenziometrische Weg- und Winkelmesser haben vermutlich einen größeren Marktanteil (etwa mehr als 20 Millionen Stück/Jahr) als alle alternativen kontaktlosen Techniken zusammen. Oft wird das Argument der Zuverlässigkeit ins Feld geführt, um einer kontaktlosen Sensorik gegenüber der potenziometrischen Lösung den Vorrang zu geben. So konnte nachgewiesen werden, dass mit einer ausgereiften Technologie Felddaten erreicht werden, die mit kontaktlosen Lösungen noch nie erreicht wurden und auch in Zukunft nicht erreicht werden können. Beispielsweise sind in einer Bosch-Drosselklappenanwendung 50 Millionen redundante Sensoren im Feld, die in einem Temperaturbereich von –40 °C bis +150 °C arbeiten und über 10 Millionen Schaltzyklen absolvieren müssen und dies mit einer Feldrückläuferquote von 0 ppm.

**Präzision für Ihr Design**

# Präzisions-Potentiometer

## Leitplastik-, Draht- und Hybridpotentiometer

Breites Spektrum an Winkel- und Wegsensoren
Zahlreiche Varianten und Optionen
Höchste Qualität und Lebensdauer

MEGATRON Elektronik GmbH & Co. KG ▪ Hermann-Oberth-Straße 7 ▪ 85640 Putzbrunn / München
Tel.: +49 89 46094-0 ▪ Fax: +49 89 46094-201 ▪ info@megatron.de ▪ www.megatron.de

## 3.1.4.2 Funktionsprinzip und Kenngrößen von potenziometrischen Sensoren

### Linearitätsfehler

Bild 3.1-78 a) zeigt einen *unbelasteten Spannungsteiler*. Die Ausgangsspannung ist direkt proportional zur Weg- oder Winkelposition $x$. Bei einer linearen Widerstandsfunktion ergibt sich ein *linearer Zusammenhang* zwischen der angelegten Spannung $U_1$ und der Ausgangsspannung $U_x$. Es gilt:

$$U_x = U_1 \frac{R_2}{R_1 + R_2} = U_1 \frac{R_2}{R_{ges}} = U_1 \cdot x. \tag{3.1.31}$$

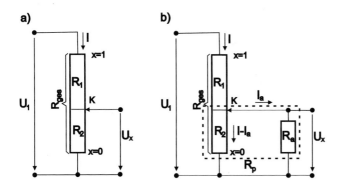

**Bild 3.1-78**
Potenziometerschaltung

In der Praxis wird das Potenziometer belastet, d. h. es fließt ein Schleiferstrom $I_a$, der das Ausgangssignal beeinflusst. Damit ist:

$$U_x = U_1 \frac{R_2 \cdot R_a}{R_1 R_2 + R_a (R_1 + R_2)}. \tag{3.1.32}$$

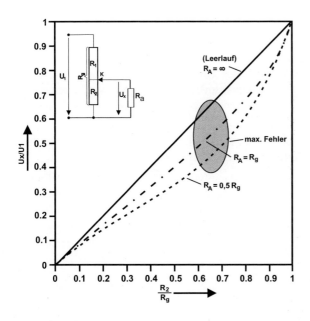

**Bild 3.1-79**
Belasteter Spannungsteiler

Durch die Schleiferlast „hängt" die Kennlinie durch (Bild 3.1-79) und es entsteht bei etwa 2/3 der Schleiferposition (grauer Bereich) ein maximaler Fehler von:

$$F_{max} \approx 0{,}15 \frac{R_{ges}}{R_a} \quad (3.1.33)$$

Bei einem Präzisionspotenziometer mit einer typischen Linearität von 0,03 % sollte der Lastwiderstand $R_a$ zwischen 1.000 und 5.000 mal größer sein als der Anschlusswiderstand $R_{ges}$, um eine deutliche Beeinflussung der Linearität zu vermeiden. Dadurch ergeben sich bei typischen Anschlusswiderständen ($R_{ges}$) zwischen 1 kΩ und 5 kΩ Lastwiderstände von 1 MΩ bis 5 MΩ. Der Schleiferstrom bleibt dann unter 1 µA. In automotiven Anwendungen werden üblicherweise Linearitätswerte im Prozentbereich gefordert, sodass auch Lastwiderstände von 100 kΩ bis 470 kΩ eingesetzt werden können. Auch besteht bei Massenanwendungen die Möglichkeit, bei bekannter Last diesen „Linearitätsdurchhang" vorzuhalten.

*Auflösung und Hysterese*

In Datenblättern von vielen Potenziometerherstellern findet man die Aussage, dass die Auflösung eines Potenziometers unendlich sei. Diese Aussage ist nicht richtig und wurde abgeleitet von der Drahtpotenziometertechnologie (Abschnitt 3.1.4.3), bei der die Auflösung durch die verwendete Drahtdicke *d* bestimmt ist (Bild 3.1-80).

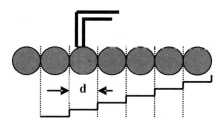

**Bild 3.1-80** Auflösung beim Drahtpotenziometer

Man kann nicht davon ausgehen, dass bei Leitplastikpotenziometern diese Grenze wegfällt, da auch hier unterschiedliche Parameter der Auflösung Grenzen setzen. Hinzu kommt, dass bei einem analogen System auch das Systemrauschen Grenzen setzt. Ein Wegmess-System mit 500 mm Länge, beispielsweise eingesetzt an Kunststoffspritzmaschinen, wird heute mit 16 Bit ausgelesen, was einer Auflösung, bei 10 V Versorgungsspannung, von 0,15 mV oder 8 µm entspricht.

Die Hysterese wird hauptsächlich durch die mechanischen Größen wie Lagerung, Steifheit des Schleifersystems und den Reibungswerten zwischen Schicht und Schleifer festgelegt.

Bild 3.1-81 zeigt einen Ausschnitt der Ausgangskennlinie eines rotativen Leitplastikpotenziometers. Die Messung wurde im und gegen den Uhrzeigersinn dreimal wiederholt. Während sich die Messkurven in einer Richtung (unidirektional) fast decken, zeigen sie bei Richtungsumkehr (bidirektional) eine Hysterese von etwa 4/1.000°. Dies entspricht einem Weg von etwa 1 µm.

## 3.1 Weg- und Abstandsensoren

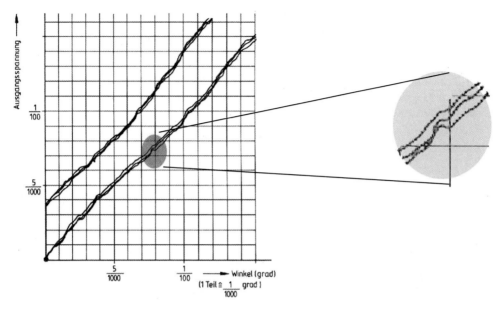

**Bild 3.1-81** Auflösung und Hysterese von Leitplastikpotenziometern

Im grau markierten Bereich zeigt diese hochaufgelöste Kennlinie, dass die Ausgangsspannung im Mikrobereich nicht unbedingt zwingend monoton ansteigt. Der Gradient wird in diesem Bereich negativ, d. h. hier ist die Auflösungsgrenze erreicht.

### Temperaturkoeffizient

Geht man von einem linearen Temperaturkoeffizienten aus, so wird sich der Gesamtwiderstand $R_{ges}$ wie folgt verhalten:

$$R_{ges}(T) = R_{ges}(T_0)[1 + \alpha(T - T_0)] \tag{3.1.34}$$

mit $\alpha < 300$ ppm/K.

Der Temperaturgang hängt sehr stark vom Aufbau des Sensorsystems ab, so dass nicht unbedingt nur ein linearer Temperaturkoeffizient α vorhanden sein wird, sondern auch noch Koeffizienten höherer Ordnung (β,γ) eine Rolle spielen können. Der lineare Fall beschreibt aber das Verhalten in erster Näherung recht genau.

Betrachet man die Änderung der Teilerspannung $\Delta U_x/\Delta T$, so kommt jetzt nur noch die Differenz der Koeffzienten zum Tragen. In erster Näherung gilt:

$$\frac{\Delta\left(\dfrac{U_x}{U_1}\right)}{\Delta T} = \alpha_{ges} - \alpha_2, \tag{3.1.35}$$

wobei $\alpha_{ges}$ den Temperaturkoeffizienten des Gesamtwiderstandes $R_{ges}$ beschreibt und $\alpha_2$ den Temperaturkoeffizienten des Teilwiderstandes $R_2$.

Da davon ausgegangen werden kann, dass kein wesentlicher Temperaturunterschied zwischen dem Teilerwiderstand $R_2$ und $R_{ges}$ besteht, und dass auch die Koeffizienten identisch sein werden, da mit gleichen Prozessparametern erzeugt, ist diese Differenz idealerweise gleich Null. In der Praxis erreicht man Werte in der Größenordnung von < 5ppm/°K. Dies gilt auch analog für den belasteten Spannungsteiler, da bei richtiger Beschaltung der Lastwiderstand $R_a$ den Gesamtwiderstand $R_{ges}$ um drei Größenordnungen übertrifft und der Einfluss somit vernachlässigt werden kann.

In Tabelle 3.1-13 sind wichtige technische Daten von potenziometrischen Sensoren zusammengestellt.

**Tabelle 3.1-13** Technische Daten von potenziometrischen Sensoren

| Kenndaten | Werte |
|---|---|
| Messbereich | bis 4.000 mm, bzw. 345° |
| Linearitätsfehler (unabhängig) | ± 0,03 % , ±1 % (automotive) |
| Auflösung | < ± 1 µm |
| Hysterese | < ± 5 µm |
| Temperaturkoeffizient | typisch ± 5ppm/K |
| Maximale Verstellgeschwindigkeit | 10 m/s |
| Lebensdauer | bis 100 Millionen Zyklen |
| Funktionale Sicherheit | ISO 26262 ASIL D bzw. IEC 61508 SIL 3 möglich |
| EMV | keine Maßnahmen notwendig, da passiv |
| Versorgungsspannung | Typ. 5 V bis 24 V |
| Stromaufnahme | Typ. 5 mA |
| Ausgangssignal | analog, Spannung, ratiometrisch |
| Schutzart | IP65, Sondergehäuse IP 69K |
| Arbeitstemperaturbereich | −40 °C bis +150 °C |

### 3.1.4.3 Technologie und Aufbautechnik

**Drahtpotenziometer**

Drahtpotenziometer werden schwerpunktsmäßig in der Leistungselektronik verwendet. Als Sensor- oder Einstellpotenziometer werden in großen Mengen sogenannte *Wendel-Potenziometer* eingesetzt. Der Vorteil dieser Technologie liegt darin, dass mit sehr geringem Aufwand bis zu $n = 30$ Umdrehungen realisiert werden können, d. h. es kann ein Winkelbereich von $n \cdot 360°$ erfasst werden.

Der Widerstandsdraht wird auf einen linearen Kunststoffträger oder auf einen isolierten Kupferdraht gewickelt, der dann als Helix in das Gehäuse eingebaut wird (Bild 3.1-82). Durch die Verwendung eines Kupferdrahtes als Träger kann das Temperaturverhalten deutlich verbessert werden, da die Teilwiderstände mit der gleichen Temperatur beaufschlagt werden.

**Bild 3.1-82**
Wendelpotenziometer

*Cermetschichtsystem*

Heutige Sensoren werden mehr und mehr als planare Systeme auf Dickschicht-Cermet- oder Polymerbasis aufgebaut. Die planare Cermet-Technologie wird hauptsächlich noch für Tankfüllstandsensoren (Fuel Card; Bild 3.1-83) eingesetzt. Die Sensoren sind dabei direkt dem Kraftstoff wie Diesel, Benzin oder Äthanol ausgesetzt. Polymerschichtsysteme können in einer solchen Anwendung nicht eingesetzt werden. Üblicherweise werden diese Sensoren im *Rheostatmodus* (2 Draht) betrieben.

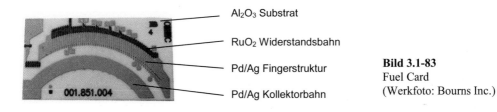

$Al_2O_3$ Substrat

$RuO_2$ Widerstandsbahn

Pd/Ag Fingerstruktur

Pd/Ag Kollektorbahn

**Bild 3.1-83**
Fuel Card
(Werkfoto: Bourns Inc.)

Das Trägermaterial ist eine porenfreie Aluminiumoxid-Keramik ($Al_2O_3$, 96 %), auf welches die Potenziometerstruktur per Siebdruck aufgebracht wird. Die Dickfilmleiterbahnen werden mit einer Palladiumsilber(Pd/Ag)-Mischung realisiert. Die Mischung enthält noch Glasanteile, die eine gute Haftung auf der Keramik sicherstellen. Mit dem Silber kann ein niedriger Leitungswiderstand erreicht werden. Das Palladium erhöht die Verschleißfähigkeit des Silbers und schützt es vor chemischer und elektrolytischer Korrosion. Für höhere Ansprüche, speziell für sogenannte „Flex-Fuel"-Fahrzeuge, die mit einem hohen Äthanolgehalt (85 %) fahren, wird ein tertiäres Mischungssystem (Pd/Au/Ag) verwendet. Allerdings ist dieses System deutlich teurer.

Die Widerstandsbahn wird auf Ruthenium-Oxid-Basis gedruckt. Der Widerstand kann durch Zugabe von Pd/Ag-Schuppen eingestellt werden. Die Widerstands- und Leiterbahnen werden bei 850° gesintert.

Durch den Rheostatmodus ist es wichtig, einen sehr niedrigen Kontaktwiderstand mit der Widerstands- und Kollektorbahn zu realisieren. Deshalb wird die Widerstandsbahn nicht direkt, sondern über eine Fingerstruktur (30 bis 100 Finger) aus Pd/Ag kontaktiert. Damit können Kontaktwiderstandswerte von 100 m$\Omega$ erreicht werden. Die Auflösung eines solchen Sensors hängt direkt mit der Anzahl der Finger zusammen. Die Ausgangskennlinie ist üblicherweise nichtlinear; vielmehr wird diese der Tankgeometrie angepasst und kann über das *Fingerlayout* und einer Lasertrimmung festgelegt werden.

## Polymerschichtsysteme

Mit modernen Epoxid- und Polyesterharzen in Verbindung mit Spezialrußen bis hin zu *Carbon-Nanotubes* (CNT) können heute sehr leistungsfähige und kostengünstige Sensoren aufgebaut werden. Im Siebdruckverfahren, mit Arbeitsflächen von 300 mm x 1.200 mm, können im sogenannten Mehrfachnutzen bis zu 200 Sensoren pro Druckvorgang hergestellt werden (Bild 3.1-84).

**Bild 3.1-84**
Mehrfachnutzen mit 4 × 5 Winkelpotenziometern
(Werkfoto: Novotechnik)

Als Substratmaterial wird inzwischen ausschließlich hochwertiges FR4-Material (FR = Flameretardant) verwendet. Die Qualität 4 beschreibt die Komponenten Epoxidharz + Glasfasergewebe.

FR1-3-Qualitäten werden teilweise noch für preisgünstige Einstellpotenziometer eingesetzt. Die notwendigen Leiterbahnen können entweder als Standard-Kupferkaschierung oder per Siebdruck mit Leitsilber ausgeführt werden. Die Einbrenntemperaturen bei Polymerschichtsystemen betragen üblicherweise 220 °C.

## Schichtaufbau und Linearisierung

Wie Tabelle 3.1-13 zeigt, können mit Potenziometern Linearitätswerte von < 0,05 % erreicht werden. Mit modernen Siebdruckmaschinen erhält man Schichtdickengenauigkeit von etwa 2 µm. Bei einer Gesamtschichtdicke von etwa 20 µm entspricht dies 10 %. Wie theoretisch gezeigt werden kann, gibt es einen linearen Zusammenhang zwischen der prozentualen *Schichtdickenstreuung* $\Delta d/d$ und dem daraus resultierenden *Linearitätsfehler F*. Es gilt:

$$F = \frac{\Delta d / d}{10}. \tag{3.1.36}$$

Das bedeutet: Um oben genannte Linearitätswerte zu erreichen, darf die Schichtdickentoleranz bei 20 µm Schichtdicke nicht größer 0,1 µm sein. Da dies technologisch nicht machbar ist, muss die Widerstandsbahn linearisiert werden. Es gilt:

$$\frac{\Delta U_x}{\Delta U_1} \alpha \frac{\Delta R}{\Delta x} = \frac{\kappa}{b(x)d(x)}. \tag{3.1.37}$$

Solange pro Weginkrement $\Delta x$ die Widerstandsänderung $\Delta R$ konstant bleibt, ist die Ausgangskennlinie streng linear und somit der Linearitätsfehler $F$ gleich Null. Mit der Bedingung

$$b(x)d(x) = \text{const.} \tag{3.1.38}$$

kann dies erreicht werden. Hier kommt der Vorteil der planaren Struktur zum Tragen. Mit Hilfe eines Lasers oder eines mechanischen Fräsers kann die Bedingung nach Gl. (3.1.38) leicht erfüllt werden, indem man die Breite $b(x)$ über dem Weg bzw. Winkel korrigiert (Bild 3.1-85) und somit Schichtdickenschwankungen $d(x)$ kompensiert. Führt man diesen Linearisiervorgang bei einem Winkelsensor erst dann durch, wenn das Widerstandselement bereits im Gehäuse eingebaut ist, dann kann gleichzeitig auch ein möglicher Exzenterfehler korrigiert werden.

*Schleifersysteme*

In der Schleifergeometrie gibt es grundsätzlich zwei Arten der Ausführung: den sogenannten *Kratzschleifer* (Bild 3.1-85 a)) und den *Kufenschleifer* (Bild 3.1-85 b)) mit einer kalotten- oder V-förmigen Geometrie (Bild 3.1-85).

a)    b)

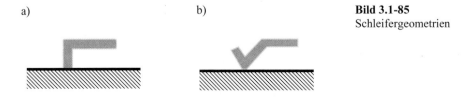

**Bild 3.1-85**
Schleifergeometrien

Für Präzisionspotenziometer hat sich der Kratzschleifer durchgesetzt, der als Stanzschleifer (4 Finger) oder als Drahtschleifer (4 x 3 Drähte) ausgeführt sein kann. Die Vorteile gegenüber einem Kufenschleifer sind:

- gleichbleibende Auflagefläche über die Lebensdauer,
- kein Aufschwimmen auf Abriebmaterial und
- identische Kontaktposition aller Finger über die Lebensdauer.

Kamen früher einfache Legierungen wie Neusilber (Cu,Ni,Zn) oder Kupferberyllium (Cu,Be) als Schleifermaterial zum Einsatz, werden heute fast ausschließlich Edelmetall-Legierungen (Au, Pt,Pd,Ag) wie Paliney 6 oder Paliney 7 eingesetzt. Diese Legierungen zeigen auch bei schwierigen Umweltbedingungen ein sehr gutes Kontaktverhalten und garantieren eine hohe Lebensdauer (Tabelle 3.1-13).

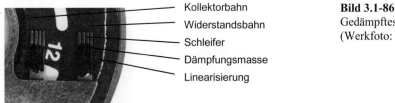

Kollektorbahn
Widerstandsbahn
Schleifer
Dämpfungsmasse
Linearisierung

**Bild 3.1-86**
Gedämpftes Schleifersystem
(Werkfoto: Novotechnik)

Für hohe Schwingbelastungen kann das System durch Aufbringen einer Kautschukmasse (Bild 3.1-86) gedämpft werden, was das Kontaktverhalten deutlich verbessert.

*Folienpotenziometer*

Eine weitere, sehr interessante Variante des Potenziometers ist das Folienpotenziometer. An die Stelle des Schleifers tritt eine Kollektorfolie, die entweder mittels eines mechanischen Stiftes oder eines Magneten gegen die Widerstandsbahn gedrückt wird und diese mechanisch kontaktiert (Bild 3.1-87).

**Bild 3.1-87** Folienpotenziometer, mechanisch betätigt (Werkfoto: Metallux)

Die Sensoren zur Weg- und Winkelmessung bestehen aus verschiedenen Folien, die durch einen Abstandhalter, dem *Spacer*, miteinander elektrisch isolierend verbunden sind. Auf einer der Folien oder auch auf einem FR4-Substrat, wird die Widerstandsbahn im Siebdruckverfahren aufgebracht. Auf der gegenüberliegenden Folie, der Kollektorfolie, ist eine niederohmige Kollektorbahn aufgedruckt. Ein mechanischer Druck, meist durch ein einfaches Druckstück aufgebracht, bringt die Kollektorfolie mit der Widerstandsfolie in Kontakt.

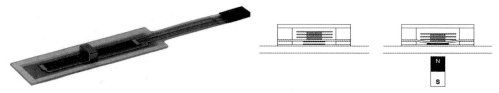

**Bild 3.1-88** Folienpotenziometer, magnetisch betätigt (Werkfoto: Metallux)

Ausgangspunkt für ein *magnetisch* betätigtes Folienpotenziometer ist ein konventionelles Folienpotenziometer (Bild 3.1-88). Auf der Kollektorfolie wird ein Stapel aufgebaut, der aus mehreren dünnen, hochelastischen Metallfolien besteht. Die Dicke der Einzelfolien beträgt typischerweise weniger als 50 µm. Wird ein Permanentmagnet unterhalb des Folienpotenziometers geführt, so wird der elastische *ferromagnetische Folienstapel* von dem magnetischen Feld angezogen und bringt die biegeelastische Kollektorfolie des Folienpotenziometers in Kontakt mit der Widerstandsbahn. Abhängig von der Anzahl der Metallfolien sowie der Feldstärke des Betätigungsmagneten lassen sich Arbeitsabstände bis zu 10 mm realisieren.

Zum Schutz des Folienpakets gegen mechanische Beschädigungen von außen werden diese Abdeckfolien in bewährter Klebetechnik in das Folienpotenziometer integriert. Folienpotenziometer können auf ebenen Flächen in der jeweils erforderlichen Form aufgeklebt werden. Neben linearen Ausführungsformen sind auch rotative Systeme herstellbar. Der Einsatztemperaturbereich wird durch das verwendete Folienmaterial bestimmt. Standardausführungen aus hochwertiger Polyesterfolie erlauben den Betrieb im Temperaturbereich bis +85 °C. Verwendet man als Kollektorträger ein FR4 Prepreg, können auch Einsatztemperaturen von +125 °C erreicht werden.

Folienpotenziometers sind sehr flach, je nach Ausführung zwischen 0,5 mm und 2 mm dick. Ein weiterer Vorteil liegt darin, dass die Einzelfolien des Folienpotenziometers *hermetisch dicht* miteinander verklebt sind. Schmutz, Staub oder Feuchtigkeit können nicht eindringen und ermöglichen somit auch den Einsatz in schwieriger Umgebung. Mit dem magnetisch betätigen Potenziometer ist auch ein sogenannter *transmissiver Betrieb* möglich, d. h. zwischen Magnet und Sensor darf sich ein nichtmagnetisches Material befinden (z. B. Alu-Gehäusewand eines Zylinders).

## 3.1.4.4 Produkte und Applikationen

**Anwendungen im Automobilbau**

**Bild 3.1-89** Drosselklappen- und Fahrpedalmodul (Werkfoto:Novotechnik)

Heutige Pkws fahren mit einem E-Gassystem, das aus einem Fahrpedal und einer elektrisch angetriebenen Drosselklappe besteht, beide mit einem redundanten potenziometrischen Sensorsystem bestückt.

Die Euro 5- oder zukünftig die Euro 6-Anforderung kann nur mit solchen elektronisch geregelten Systemen erreicht werden, bei denen der Fahrer keinen direkten Eingriff auf relevante Parameter hat. Der Fahrer kann einen Wunsch äußern, beispielsweise zu beschleunigen; den optimalen Öffnungswinkel der Drosselklappe legt aber die Motormanagementelektronik fest. Wie man aus Bild 3.1-89 sieht, ist das Potenziometergehäuse ein Teil des Komplettbauteils. Man spricht hier von einer *offenen Sensorlösung*.

In den asiatischen Märkten spielt nach wie vor das Zweirad (Moped, Motorrad, Motorroller) als Fortbewegungsmittel eine wichtige Rolle. In Indien wurden 2010 etwa 8 Millionen Fahrzeuge gebaut und diese Zahl wird sich bis 2015 verdoppeln.

**Bild 3.1-90** Drosselklappensensoren (TPS) für Zweiradanwendungen (Werkfoto: Novotechnik)

Auch in diesen Ländern gewinnt der Umweltschutz mehr und mehr an Bedeutung, d. h. Abgas- und Verbrauchswerte müssen reduziert werden. Es werden zwar noch so gut wie keine E-Gassysteme eingesetzt. Die mechanische Bowdenzugverbindung zur Drosselklappe ist noch vorhanden, aber mit den Informationen Drosselklappenwinkel, Temperatur und Druck im Ansaugstutzen kann ein optimaler Zündzeitpunkt errechnet werden. In diesen Märkten werden heute noch ausschließlich Komplettsensoren (bolt on) eingesetzt (Bild 3.1-90).

Typische Anwendungen für Folienpotenziometer im Automobilbau sind: Stellsysteme für PKW- und LKW-Sitze, Fensterheber, Cabrioverdecke und Spiegelsysteme.

## Industrielle Anwendungen

Die Einsatzmöglichkeiten für potenziometrische Sensoren im industriellen Umfeld sind so vielfältig, dass hier nur exemplarisch Schwerpunktbereiche erwähnt werden (Tabelle 3.1-14 und Bild 3.1-91). Man kann davon ausgehen, dass alle Branchen potenziometrische Sensoren einsetzen.

**Tabelle 3.1-14** Einsatzbereiche potenziometrischer Sensoren

| Bereich | Anwendungen |
| --- | --- |
| Maschinenbau und Automatisierungstechnik | Stellantriebe, Füllstandsmessung, Robotersteuerungen, Ventilpositionierung, Einsatz in Pneumatik- und Hydraulikzylindern, Tür- und Torantrieben, Werkzeugmaschinen, Kunststoffspritzmaschinen, Förder- und Hubfahrzeuge, Verpackungsmaschinen, Hydraulikpressen, elektrohydraulische Hebezeug- und Fördertechnik, Druckmaschinen Steinformmaschinen und Ultraschallschweißmaschinen |
| Medizintechnik | Operationstische, Spritzenpumpen, Beatmungsgeräte, Mammografiegeräte, Dialysesysteme, Kernspintomografen |
| Schiffsbau | Steuerung von Schiffsantrieben, Einsatz im Joystick |
| Luft- und Raumfahrt | Sitzposition in Flugzeugen, Fahrwerkpositionierung, Handlingsroboter auf der ISS, Positionierung von Solarpanels in Satelliten |
| Mobile Arbeitsmaschinen | Gabelstapler, Agrarmaschinen, Strandreinigungsfahrzeuge, Gleisverlegemaschinen |

**Bild 3.1-91** Sensoren für industrielle Anwendungen (Werkfoto: Novotechnik)

### 3.1.5 Magnetostriktive Wegsensoren

Berührungslos, präzise und absolut messend sind die entscheidenden Vorteile beim breiten industriellen Einsatz von *linearen, magnetostriktiven Wegsensoren* (Tabelle 3.1.15). Durch die berührungslose und damit verschleißfreie Arbeitsweise werden teure Serviceeinsätze und Stillstandszeiten vermieden. Das Wirkprinzip dieser Wegsensoren erlaubt es, sie in hermetisch dichte Gehäuse einzubauen; denn die aktuelle Positionsinformation wird über Magnetfelder berührungslos durch die Gehäusewand auf das innen liegende Sensorelement übertragen. Prinzipiell ist das gleichzeitige Messen von mehreren Positionen mit einem Mess-System möglich.

3.1 Weg- und Abstandsensoren                                                                                195

Ohne umständliche, aufwändige und fehleranfällige Dichtungskonzepte erreichen magnetostriktive Wegsensoren die Schutzarten IP67 bis IP69K. Die große Unempfindlichkeit gegenüber Schock- und Vibrationsbelastungen erweitert die industriellen Einsatzbereiche bis weit in den Schwermaschinen und Anlagenbau. Mess- und Positionswerte die nach dem Einschalten des Systems als absolute Werte sofort zur Verfügung stehen, sind in vielen Anwendungen zwingend. Sie erhöhen zusätzlich durch das Wegfallen der Referenzfahrten die Maschinenverfügbarkeit. Tabelle 3.1-15 zeigt die Vorteile.

**Tabelle 3.1-15** Vorteile magnetostriktiver Wegsensoren

| Absolut messend | Keine Referenzfahrt, Signal sofort verfügbar. |
|---|---|
| Berührungslos | Verschleißfrei. |
| Robust/zuverlässig | Hohe Schutzart(IP67/69k), druckfest, vibrations- und schockunempfindlich. |
| Multipositionsfähig | Bis zu 30 Positionen können mit einem System erfasst werden. |
| Flexibel einsetzbar durch viele Zulassungen | Explosionsgefährdete Bereiche , Hygiene, Fahrzeugtechnik , Marine. |
| Fähig, durch die „Wand" zu messen | Positionsgeberposition kann durch nichtmagnetische Materialien erkannt werden. |
| Einfach zu installieren | Passiver Positionsgeber, keine Verkabelung notwendig; mechanische Adaption ist grob toleriert. |

### *3.1.5.1 Wirkprinzip und Aufbau magnetostriktiver Wegsensoren*

Durch Magnetostriktion lassen sich auf rohr- oder drahtförmigen Körpern *torsionale Körperschallwellen* anregen. Dies ist ein Grundprinzip für die Konstruktion magnetostriktiver Wegsensoren. Bild 3.1-92 zeigt den prinzipiellen Aufbau für die Erzeugung torsionaler Körperschallwellen: In ein Rohr aus magnetostriktivem Material ist ein Kupferleiter (Kupferlitze) eingefädelt. Die imaginäre Linientextur in der grafischen Darstellung des Rohrs soll die Beschreibung der Funktionsweise erleichtern. Am Umfang des Rohrs sind ein oder mehrere Permanentmagnete platziert. Für die Funktionsweise sind lediglich die in der Wandung des Rohrs gebündelten und in axialer Richtung verlaufenden Feldkomponenten $H_p$ dieser Permanentmagnete interessant. Wird durch den Kupferleiter ein Strom $I$ geschickt, umgibt sich dieser mit einem zirkularen Magnetfeld, wie in Bild 3.1-93 gezeigt. Auch dieses Magnetfeld wird zu einem großen Teil in der Wandung des Rohrs gebündelt und durch den Pfeil $H_I$ repräsentiert. Durch Überlagerung der beiden Felder ergibt sich das resultierende Magnetfeld $H_{res}$. Idealerweise werden die Feldstärken so gewählt, dass $H_{res}$ um etwa 45° ausgelenkt wird. Da es sich bei dem Rohr um ein positiv magnetostriktives Material handelt, wird sich das Material in Richtung des resultierenden Magnetfelds strecken. Es bildet sich ein ringförmiger Bereich aus, der gegenüber dem restlichen Rohr leicht tordiert ist, sichtbar gemacht durch die Verformung der imaginären Linientextur.

Um die erwünschte Körperschallwelle auszulösen, wird die Torsion durch einen kurzen Stromimpuls von wenigen Mikrosekunden Dauer auf- und sofort wieder abgebaut. Vergleichbar ist dieser Vorgang mit der Auslösung einer transversalen Welle in einem gespannten Seil, erzeugt durch eine schnelle Auf- und Abwärtsbewegung. Wie man aus Erfahrung weiß, entscheidet die zeitliche Abfolge der Auf- und Abwärtsbewegung über die erreichbare Amplitude der Seilwelle. Nicht anders ist es bei der magnetostriktiv ausgelösten Welle auf dem Rohr. Auch hier ist eine exakte Abfolge der positiven und negativen Flanke des auslösenden Stromimpulses entscheidend für die Amplitude der Welle.

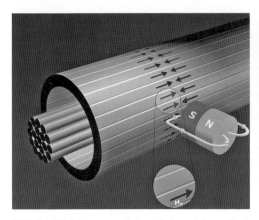 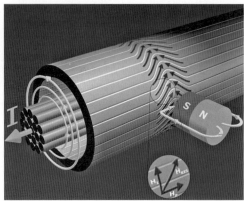

**Bild 3.1-92** Magnetostriktives Rohr mit innenliegendem Kupferleiter und permanentmagnetischem Positionsgeber

**Bild 3.1-93** Der angelegte Stromimpulses bewirkt eine elastische torsionale Verformung des Wellenleiterrohres

Bild 3.1-94 zeigt in einer Bildsequenz den Auf- und Abbau der Torsion und die darauf folgende Ausbreitung der Welle.

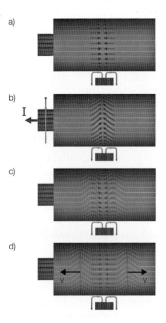

a) Ausgangssituation. Im Bereich des Positionsgebers ist der Wellenleiter magnetisiert.

b) Das Magnetfeld des angelegten Stromimpulses überlagert das Magnetfeld des Permanentmagneten. Die magnetostriktive torsionale Verformung ist bereits ausgeprägt.

c) Nach dem Abschalten des Stromimpulses baut sich die Verformung in der Mitte beginnend ab, die Ausbreitung der torsionalen mechanischen Körperschall-Welle in beide Richtungen beginnt.

d) Die torsionale Welle pflanzt sich in beide Richtungen mit 2.850 m/s fort.

**Bild 3.1-94** Ausbreitung der torsionalen Welle

## 3.1 Weg- und Abstandsensoren

Die torsionale Körperschallwelle läuft vom Ort der Auslösung in beide Richtungen zu den Rohrenden. Ihre Fortpflanzungsgeschwindigkeit $v$ errechnet sich aus dem Schubmodul G und die Dichte $\rho$ des magnetostriktiven Materials:

$$v = \sqrt{\frac{G}{\rho}}. \tag{3.1.39}$$

Die Fortpflanzunggeschwindigkeit marktüblicher Wegsensoren beträgt 2.850 m/s. Sie ist durch die verwendete Legierung weitgehend *unabhängig* von der *Temperatur*. Torsionale Wellen lassen sich, anders als Transversalwellen, von außen weder durch Schock noch durch Vibration anregen. Dies wirkt sich positiv auf die *Störungssicherheit* magnetostriktiver Wegsensoren aus.

Die grundlegende Idee für den Aufbau eines linearen, berührungslos arbeitenden magnetostriktiven Wegsensors ist einfach. Die am Ort des Magneten erzeugte Torsionswelle läuft auf dem Rohr in beide Richtungen bis zu den Enden. An dem einen Ende des Rohres ist die Welle unerwünscht und wird deshalb durch Reibung weggedämpft. Am anderen Ende befindet sich ein *Detektor* in Form einer *Induktionsspule*, der das Eintreffen der Torsionswelle anzeigt (*umgekehrter magnetostriktiver Effekt*, Abschnitt 2.4). Die Zeit zwischen dem Auslösen der Welle und dem Eintreffen bei der Detektorspule wird über eine hochauflösende Laufzeitmessung erfasst. Aus der *gemessenen Zeit* kann direkt die zurückgelegte Strecke und damit die gesuchte Position des Magneten errechnet werden. Das in digitaler Form verfügbare Zeitsignal wird mit der integrierten Schnittstellenelektronik in die gewünschte analoge oder digitale Ausgangssignalform gewandelt. Bild 3.1-95 zeigt das Blockschaltbild eines magnetostriktiven Systems mit analogem Ausgang.

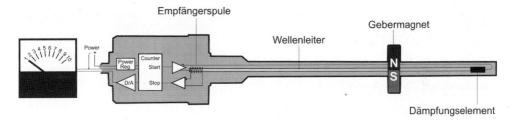

**Bild 3.1-95** Blockschaltbild eines magnetostriktiven Wegsensors (Werkfoto: Balluff GmbH)

In Bild 2.2-4 wurde der grundsätzliche Aufbau magnetostriktiver Wegsensoren dargestellt. Zentrale Elemente sind der rohr- oder drahtförmige Wellenleiter und ein oder mehrere zylindrische Permanentmagnete am Umfang des Wellenleiterröhrchens. Diese sind in einem Träger (nicht dargestellt), dem so genannten *Positionsgeber*, fixiert, der entlang des Wellenleiters axial frei verschiebbar ist. Der rohrförmige Wellenleiter hat einen Außendurchmesser von 0,7 mm bei einem Innendurchmesser von 0,5 mm. Die Länge entspricht der gewünschten Nennmesslänge, zuzüglich einiger Millimeter für die Dämpfungsstrecke und den Detektor. In das Wellenleiterröhrchen ist ein Kupferleiter eingefädelt, durch die der auslösende *Stromimpuls* geschickt wird. Der Kupferleiter wird außerhalb des Wellenleiters zurückgeführt. Besteht der Wellenleiter nicht aus einem Röhrchen, sondern aus einem massiven Draht, wird der Strom direkt durch den Draht geschickt.

Eine Messung wird zum Zeitpunkt $t_{Start}$ durch einen Startimpuls ausgelöst. Abhängig von der elektrischen Schnittstelle des Wegsensors kann der Startimpuls zur Auslösung einer Messung von außen kommen (*synchrone Auslösung* der Messung) oder auch intern generiert werden (*freilaufende zyklische Messwertgenerierung*). In jedem Fall löst der Startimpuls einen Stromimpuls in der Kupferlitze von einigen Mikrosekunden Dauer aus. Der Stromimpuls erzeugt wie beschrieben eine torsionale Körperschallwelle. Trifft die Welle auf der Detektorseite ein, induziert sie einen Spannungsimpuls in der Detektorspule, der über eine Triggerschaltung zum Zeitpunkt $t_{Stopp}$ einen Stoppimpuls generiert. Die gesuchte Ortsinformation lässt sich nun über die folgende einfache Beziehung Gl. (3.1.40) mit $v$ aus Gl. (3.1.39) bestimmen.

$$s = v \, (t_{Stopp} - t_{Start}) \tag{3.1.40}$$

Bei der *Multipositionsmessung*, das bedeutet bei der gleichzeitigen Messung mehrerer Positionen mit einem System, erzeugt der Stromimpuls *pro Positionsgeber* eine torsionale Körperschallwelle. Die Körperschallwellen treffen nacheinander auf der Detektorseite ein und lösen entsprechend ihrer Anzahl *Stoppimpulse* aus. Die Ortsinformation der einzelnen Positionen wird wiederum mit Gl. (3.1.40) bestimmt.

**Tabelle 3.1-16** Typische Kenndaten magnetostriktiver Wegsensoren

| | |
|---|---|
| Messlängen | 25 mm bis 8.000 mm |
| Auflösung | 1 µm digital / 1µm analog |
| Wiederholbarkeit | 1 µm |
| Linearitäsabweichung +/– | 30 µm |
| Messwertrate | bis 4 kHz |
| Abstand System – Positionsgeber axial/radial | bis 15 mm |
| Mehrmagnettechnik | bis 20 Magnete |
| Gehäuse | Metall/Alu/Edelstahl |
| Schutzrohr druckfest | 1.000 bar |
| Vibrationsfestigkeit | 20g (10 Hz bis 2 kHz) IEC60068-2-6 |
| Schockfestigkeit | 150g (6ms) IEC60068-2-27 |

Ein entscheidendes Merkmal linearer Wegsensoren ist die Auflösung der Ortsinformation. Industrielle Applikationen erfordern teilweise Auflösungsgrenzen im Mikrometerbereich. Die erforderliche Zeitauflösung $\Delta t$ für eine Ortsauflösung $\Delta s$ von 1 µm beträgt 350 Picosekunden ($10^{-12}$ s). Dank moderner elektronischer Zeitmessverfahren lassen sich magnetostriktive Wegsensoren mit Auflösungsgrenzen in der Größenordnung 1 µm bereits heute wirtschaftlich herstellen. Tabelle 3.1-16 zeigt einige typische Kenndaten.

*3.1.5.2 Gehäusekonzepte und Anwendungen*

**Profilbauformen**

Bild 3.1-96 zeigt Wegsensoren in *Profilbauform*. Die Elektronik ist in einem Aluminiumprofil untergebracht, das zugleich einen zylindrischen Kanal zur Aufnahme der Mess-Strecke zur Verfügung stellt. Das Aluminiumprofil wird mit zwei Endkappen verschlossen und man erhält ein hermetisch dichtes Gehäuse der Schutzart IP67. Die Magnete des Positionsgebers wirken durch die Wand des Aluminiumprofils auf den Wellenleiter.

3.1 Weg- und Abstandsensoren

Zwei Varianten des Positionsgebers sind zu unterscheiden: *freie* oder *geführte* Positionsgeber. Freie Positionsgeber werden direkt an dem zu messenden bewegten Maschinenteil befestigt und bewegen sich mit dem Teil in einem bestimmten Abstand zum Profil an diesem entlang. Vorteilhaft ist, dass keine großen Anforderungen an die Führungspräzision zu stellen sind. Die Sensoren tolerieren einen seitlichen Versatz entsprechend der Länge des Positionsgebers ebenso wie einen Höhenversatz bis zu 20 mm. Können selbst diese großzügigen Toleranzen nicht eingehalten werden, wird gerne auf geführte Positionsgeber zurückgegriffen. Bei diesen wirkt das Profilgehäuse des Wegsensors zugleich als Gleitschiene, auf der der Positionsgeber als Schlitten läuft. Eine Gelenkstange mit Kugelköpfen gleicht selbst stark unparallele Bewegungen aus.

**Bild 3.1-96** Wegsensoren in Profilbauform

*Stabbauformen*

In Bild 3.1-97 sind Beispiele magnetostriktiver Wegsensoren in *Stabbauform* zu sehen. Diese Bauform findet ihre wichtigste Anwendung in *hydraulischen Antrieben*. Der Einbau in den Druckbereich eines Hydraulikzylinders erfordert vom Wegsensor die gleiche Druckfestigkeit wie für den Hydraulikzylinder. In der Praxis werden Drücke bis zu 1.000 bar erreicht. Die Elektronik ist in ein Gehäuse aus Aluminium oder Edelstahl eingebaut, der Wellenleiter in ein druckfestes Rohr aus unmagnetischem Edelstahl, das stirnseitig durch einen eingeschweißten Stopfen verschlossen wird. Der Flansch auf der gegenüberliegenden Seite dichtet den Hochdruckbereich über eine O-Ring-Dichtung ab. Auf dem Rohr mit dem Wellenleiter gleitet ein Positionsgeberring mit darin eingesetzten Magneten.

**Bild 3.1-97** Wegsensoren in Stabbauformen

## Explosionsgeschützte Ausführungen

Viele Applikationen erfordern den Einsatz von Wegsensoren in explosionsgefährdeten Bereichen. Für den Einsatz in Zone 0 oder 1 stehen druckgekapselte magnetostriktive Wegaufnehmer in unterschiedlichen Bauformen zur Verfügung.

## Redundant aufgebaute Sensoren für Sicherheitsanwendungen

Magnetostriktive Wegsensoren eignen sich hervorragend für Anwendungen, die *hohe Sicherheit* oder *Verfügbarkeit* voraussetzen. Oft werden sie zweifach oder gar dreifach redundant aufgebaut, um die Selbstüberwachung sicherzustellen oder gegebenenfalls über einen Reservekanal zu verfügen.

Um einen dreifach redundant aufgebauten Sensor zu erhalten, werden drei Mess-Strecken nebeneinander um 120° versetzt in einem gemeinsamen Schutzrohr untergebracht, über das, wie bei den Standardbauformen, ein Positionsgeber geführt wird. Die Magnete des Positionsgebers wirken auf alle drei Mess-Strecken. Die Auswertung der Positionen geschieht durch drei voneinander unabhängige und vollständig getrennte Elektroniken, die jedoch im selben Gehäuse untergebracht sein dürfen. Anwendungen finden sich in *Schiffsantrieben*, *Kraftwerken* oder in der *Neigetechnik* von Zügen.

## Mehrere Positionen – ein Sensor

Magnetostriktive Wegsensoren bieten, wie oben beschrieben, die Möglichkeit, mit einem einzigen Wegsensor zwei oder mehr unabhängige Positionen zu erfassen. Wird beispielsweise ein zweiter Positionsgebermagnet über dem Wellenleiter platziert, können mit einem initiierenden Stromimpuls gleichzeitig zwei torsionale Körperschallwellen ausgelöst werden, jeweils am Ort des positionsgebenden Magneten. Diese Wellen treffen zeitlich versetzt bei der Detektorspule ein und erzeugen zwei Stoppimpulse. Sofern die Elektronik in der Lage ist, beide Stoppimpulse zu verarbeiten, erfolgen zwei voneinander unabhängige Ortsbestimmungen. Anwendung findet diese Technik häufig bei *Spritzgießmaschinen* (Bild 3.1-98) für die Erfassung der Position der Schließeinheit und des Auswerfers mit einem einzigen Wegsensor. Für diese Aufgabe kamen früher beispielsweise zwei Potenziometer-Wegsensoren zum Einsatz.

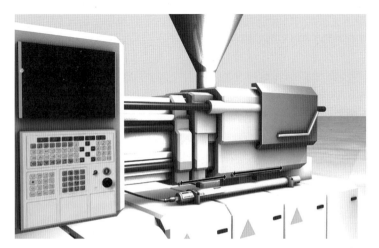

**Bild 3.1-98** Spritzgießmaschine. Die Positionen von Schließeinheit und Auswerfer werden mit einem Wegsensor mit zwei Positionsgebern erfasst

## 3.1 Weg- und Abstandsensoren

Bild 3.1-99 zeigt einen Wegsensor in runder Profilbauform mit zwei Positionsgebern. Die Lage des jeweiligen Messbereichs ist für beide Positionsgeber über die gesamte Nennmesslänge des Wegsensors beliebig programmierbar; selbst Überlappungen der Messbereiche sind erlaubt.

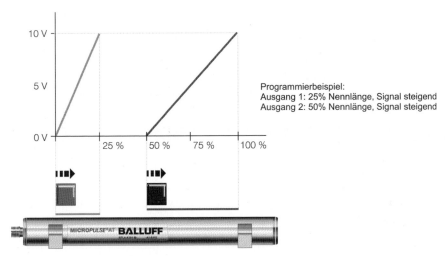

**Bild 3.1-99** Wegsensor zur unabhängigen Erfassung zweier Positionen (Werkfoto: Balluff GmbH)

### *Lagegeregelter hydraulischer Antrieb*

Mit Hilfe magnetostriktiver Wegsensoren lassen sich lagegeregelte hydraulische Antriebe bauen, die die überlegene Kraftentfaltung und Dynamik hydraulischer Antriebe mit der feinen Positionierbarkeit elektrischer Achsen vereinen. Für die Lageregelung ist eine ständige Rückmeldung der Istposition erforderlich. In den meisten Fällen übernehmen magnetostriktive Wegsensoren in Stabbauform, die direkt in den Zylinder integriert sind, diese Aufgabe.

Das Schutzrohr des Wellenleiters steckt in einer Langlochbohrung im Kolben (Bild 3.1-100). Der Kolben trägt den ringförmigen Positionsgeber mit den Permanentmagneten.

Das Edelstahlschutzrohr des Wellenleiters ist dem Hydraulikdruck ausgesetzt und deshalb druckfest bis zu 1.000 bar ausgeführt. Die Abdichtung des Hochdruckbereichs erfolgt am Flansch des Wegsensors mit einer O-Ring- oder Flachdichtung.

Ein ausgezeichnetes Regelverhalten mit hoher Dynamik wird durch die Synchronisation der Wegmessung mit der Reglerelektronik erreicht. Die Reglerelektronik löst dabei, synchron mit dem Einlesetakt der aktuellen digitalen Weginformation, den Startimpuls $t_{Start}$ zur nächsten Wegmessung und damit der neuen Ortsbestimmung des im Kolben integrierten Positionsgebers aus. Mit der Synchronisation werden fließende Zeitdifferenzen, die im asynchronen Modus durch Unterschiede der internen Taktung des Wegmess-System und der Zykluszeit der Regelelektronik entstehen, verhindert.

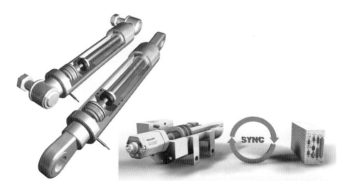

**Bild 3.1-100** Magnetostriktive Wegsensoren als Positions-Feedback in hydraulischen Achsen (Werkfoto: Balluff GmbH)

## *Regelung des Anstellwinkels in der Strömungstechnik*

Die Einstellung des idealen Arbeitspunkts erfordert bei vielen strömungstechnischen Maschinen und Anlagen eine Regelung des Anstellwinkels des umströmten Maschinenteils. Beispiele finden sich in *Wind-, Wärme-* und *Wasserkraftwerken* sowie bei *Schiffsantrieben* und *Großlüftern*. Bei allen Applikationen ist eine positionsgeregelte lineare Bewegung in eine drehende Bewegung um die Längsachse des Maschinenteils umzusetzen. Als Antrieb wird deshalb meist ein geregelter hydraulischer Antrieb eingesetzt, der die erforderliche – in der Regel recht große – Kraft und Dynamik auf kleinstem Raum zur Verfügung stellt.

In Windkraftanlagen (Bild 3.1-101) ist die Kontrolle des *Anstellwinkels* der Rotorblätter entscheidend für die erzielbare *Energieausbeute* und für die *Sicherheit* der Anlage unter Starkwindbedingungen. Es kommt darauf an, den idealen Anstellwinkel der Rotorblätter einzuregeln, bei dem die erzielte Energieausbeute bei zugleich relativ konstanter Drehzahl maximal ist. Je größer die Windkraftanlage ist, desto eher amortisieren sich die Kosten für diese Maßnahmen. Bei großen Windkraftanlagen finden sich daher heute schon Rotoren, deren Blätter *einzeln* in ihrem Anstellwinkel geregelt werden; denn die Windverhältnisse in der Höhe unterscheiden sich merklich von den Verhältnissen in Bodennähe. Demzufolge variiert der ideale Anstellwinkel während jeder Umdrehung und wird folgerichtig im Verlauf der Umdrehung dauernd optimiert. Als bevorzugter Wegsensor für die Positionsrückmeldung in diesen hydraulischen Antrieben kommen magnetostriktive Wegsensoren zum Einsatz. Diese können als Stabbauform direkt in den Hydraulikzylinder eingebaut oder als Profilbauform neben dem Hydraulikzylinder angebaut sein.

**Bild 3.1-101** Regelung des Anstellwinkels der Rotorblätter einer Windkraftanlage

## Fazit

Magnetostriktive Wegsensoren haben sich einen festen Platz im Anlagenbau und der Automatisierungstechnik erobert. Einsatzgebiete, in denen hohe Zuverlässigkeit gepaart mit Präzision gefragt sind, sind typische Anwendungsbereiche für magnetostriktive Wegaufnehmer (Tabelle 3.1-17).

**Tabelle 3.1-17** Typische Einsätze von magnetostriktiven Wegaufnehmern

| Märkte | Anwendung und Aufgaben von magnetostriktiven linearen Wegmess-Systemen |
|---|---|
| Energie | Messung der Verstellwege von Großventilen. |
| Energie | Kontrolliert die Rotorblattstellung von Windkraftanlagen. |
| Energie | Misst die Turbinenstellung und den Zulauf von Kaplanturbinen in Fließwasserkraftwerken. |
| Maschinenbau | Erfasst zuverlässig den Schließvorgang in Spritzgießmaschinen. |
| Maschinenbau | Kontrolliert die Werkzeugposition in Betonformsteinmaschinen unter extremen Bedingungen. |
| Automobilproduktion | Misst den hochdynamischen Verbindungsprozess in nietfreien „Clinching" Systeme. |
| Automobilproduktion | Sorgt im Dosierzylinder für eine tropfenfreie Klebeverbindung. |
| Lebensmittelherstellung | Kontrolliert präzise, reproduzierbar und schaumunabhängig die Füllmengen von Dosen in Abfüllanlagen. |

Integrierbar oder kompakt mit Messlängen von 25 mm bis 8.000 mm sind diese Wegsensoren universell einsetzbar. Das berührungslose Wirkprinzip der Systeme garantiert Verschleißfreiheit und eine annähernd unendliche Lebensdauer. Das hochpräzise Ausgangssignal steht der Steuerung als Absolutsignal zur Verfügung.

Die funktionsspezifische Taktung des Ausgangssignals und das Verhältnis der Gehäuselänge zur Messlänge bei kurzen Messwegen (< 50 mm) sowie der starre Aufbau des Wellenleitersystems begrenzen das Anwendungsspektrum geringfügig (Tabelle 3.1-18).

**Tabelle 3.1-18** Prinzipielle Grenzen magnetostriktiver Wegsensoren

| Linearitätsabweichung | Werden Messergebnisse mit Unlinearitäten < +/− 30 µm gefragt, sind andere Technologien besser geeignet (z. B. optische Glasmaßstäbe oder Magnetbandsysteme). |
|---|---|
| Messwertrate | Magnetostriktive Wegaufnehmer sind getaktete Systeme. Die Messwertrate ist längen- und von der Laufzeit der Körperschallwelle abhängig. Die typische Geschwindigkeit der Körperschallwelle ist 2.850 m/s. Wenn Messwertraten > 4 kHz gefordert sind, sind andere Wirkprinzipien zweckmäßiger. |
| Kurze Messlängen (unter 50 mm) | Durch die notwendige Dämpfungszone und den nicht nutzbaren Bereich am Wandlersystem ergibt sich bei kurzen Längen ein ungünstiges Verhältnis der Gehäuselänge zum Messweg. |
| Große Messlängen (über 8.000 mm) | Technisch machbar. Die Handhabung und Installation ist jedoch sehr aufwändig und nicht unproblematisch. |

Energieeffizienz, Flexibilität, Sicherheit, höhere Genauigkeit und Schnelligkeit sind die Anforderungen an zukünftige Maschinengenerationen. Um dies zu erreichen, ist eine effiziente, flexible, geregelte und schnelle Antriebstechnik notwendig. Magnetostriktive Wegaufnehmer zur Istwertaufnahme im Antriebsstrang schaffen hervorragende Voraussetzungen dafür, dies zu erreichen.

### 3.1.6 Wegsensoren mit magnetisch codierter Maßverkörperung

#### 3.1.6.1 Messprinzip

Dieses Mess-System besteht aus zwei Teilen, einer *Maßverkörperung* und einem *Sensorkopf* (Bild 3.1-102). Der Sensorkopf bewegt sich berührungslos über die Maßverkörperung. Die Maßverkörperung wird im Folgenden als Maßkörper bezeichnet. Er besteht aus einem unterschiedlich magnetisierten permanentmagnetischen Material, beispielsweise Ferrit oder magnetischer „Kunststoff" auf einem Träger. Als mechanischer Schutz kann der Maßkörper von einem Edelstahlband bedeckt sein.

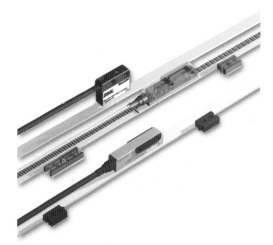

**Bild 3.1-102**
Maßkörper und Sensorkopf

In Verfahrrichtung sind abwechselnde magnetische Pole im permanentmagnetischen Material eingebracht. Die Polbreite in Verfahrrichtung ist konstant und bewegt sich je nach Typ im Bereich von 0,5 mm bis über 10 mm. In Querrichtung ist die Ausdehnung der Pole meist etwa 50% oder 100% der Maßkörperbreite. Diese beträgt üblicherweise 5 mm bis 20 mm. Der gesamte Maßkörper hat eine Dicke von etwa 1,3 mm. Davon entfällt auf das magnetische Material 1 mm. Im Abstand von nahezu 0 mm bis zu 5 mm oder 10 mm bewegt sich darüber der Sensorkopf. Dieser misst über zwei Sensoren das Magnetfeld des Maßkörpers. Die gemessenen Signale haben einen sinus- und cosinusförmigen Verlauf über jedem Pol. Bei einer *analogen* Schnittstelle werden diese Signale als analoge Differenzsignale ausgegeben. Die Steuerung berechnet daraus die Position innerhalb des Poles. Bei einer inkrementellen *digitalen* Schnittstelle bildet der Sensor selbst daraus in *Echtzeit*, innerhalb einiger ns, seine *Position* innerhalb eines Pols. Jede Positionsänderung gibt ein digitaler Sensor in Form von positiven oder negativen Inkrementen über zwei Signale aus. Die Signale werden üblicherweise als A/B oder 90° Impulse bezeichnet. Die Codierung der Inkremente ist in Abschnitt 3.2.7 beschrieben. Der Sensor „*meldet sich*" von sich aus – immer dann wenn er eine Positionsänderung erkannt hat, in Form eines *vorzeichenbehafteten Inkrements*. Dadurch kennt die angeschlossene Steuerung zu jedem Zeitpunkt *(Echtzeitfähigkeit)* die genaue Position des Sensors. Die Steuerung muss den Sensor nicht „abfragen".

Folgende Schnittstellen stehen für inkrementelle Mess-Systeme zur Verfügung:

- Ein digitales A/B Spannungs-Signal, das entweder physikalisch als Differenzsignal (RS422) oder Single Ended Signal (HTL) übertragen wird.

  Dieses Signal hat zwei wichtige Kenngrößen:

  1. Die *Auflösung* (Weg / Inkrement) des Sensorkopfes. Sie bewegt sich im Bereich von weniger als 1 µm bis zu einigen mm. Diese gegenüber der Polbreite deutlich höhere Auflösung ermittelt der Interpolator. Seine prinzipielle Funktionsweise ist in Abschnitt 3.2.7 beschrieben.

  2. Die minimale zeitliche Auflösung, der Flankenabstand, ist im Bereich von etwa 100 ns bis 100 ms wählbar. Er muss an die nachfolgende Auswerteelektronik angepasst werden; denn Impulse dürfen nie schneller ausgegeben werden, als sie die nachfolgende Steuerung zählen kann. Je nach Auflösung und minimalem Flankenabstand ergibt sich die maximale Verfahrgeschwindigkeit. Der Zusammenhang ist in Abschnitt 3.2.7 beschrieben.

- Ein analoges sinus- und cosinusförmiges *Spannungsdifferenzsignal*, dessen Periode die Polbreite des Maßkörpers ist. Es wird üblicherweise als sin/cos- oder 1Vpp-Signal bezeichnet. Die Digitalisierung findet in der nachfolgenden Auswerteelektronik statt. Die technische Beschreibung findet sich in Abschnitt 3.2.6.

Optional bietet das inkrementelle Mess-System auch einen Referenzimpuls. Dann ist der Maßkörper in zwei Spuren, die *Inkremental-* und *Referenzspur* geteilt (siehe Bild 3.1-102, mittleres System). Jede Spur wird von einem eigenen Sensor abgetastet. An der Stelle, an der sich ein Referenzpol auf der Referenzspur im Maßkörper befindet, wird bei digitalen Systemen für den Weg eines Inkrements ein Referenzimpuls ausgegeben. Dieser Referenzimpuls hat eine Wiederholgenauigkeit, die besser als ein Inkrement ist. Bei analogen (1Vpp) Systemen ist die Breite des Referenz-Signals etwa ½ Polbreite.

Beim Einschalten des Mess-Systems muss eine *Referenzfahrt* bis zum Referenzimpuls durchgeführt werden. Dies kann im schlechtesten Falle die gesamte Messlänge sein. Falls die Zeitdauer für diesen maximalen Verfahrweg zu lange ist, können mehrere Referenzpunkte an definierten Positionen im Maßkörper eingebracht werden: Bei diesem abstandscodierten Maßkörper ist der Abstand zwischen zwei Referenzpunkten immer unterschiedlich und damit eindeutig. Die Referenzbewegung muss dann nur noch über zwei Referenzpunkte ausgeführt werden; dann ist die absolute Position eindeutig bestimmt. Mit dieser Maßnahme lässt sich der maximale Verfahrweg zum Referenzieren deutlich verringern.

In Bild 3.1-103 ist links der Abstand zwischen je zwei Referenzpunkten bei einem *abstandscodierten Maßkörper* mit einer 5 mm Polteilung dargestellt. Der Abstand zwischen zwei Referenzimpulsen ist eine Polbreite bzw. ein Vielfaches davon. Rechts ist die Position der Referenzpunkte maßstäblich abgebildet. Der Grundabstand, der maximale Abstand zwischen zwei Referenzpunkten, beträgt in dem Beispiel 80 mm. Die nächsten Abstände sind dann jeweils eine Polbreite, hier 5 mm, unterschiedlich zum vorigen, bzw. vor-vorigen Abstand. Der erste Abstand entspricht dem halben Grundabstand. Die Abstände betragen damit 40 mm – 45 mm – 35 mm – 50 mm bis 5 mm – 80 mm. Es ist erkennbar, dass hier 16 eindeutige Abstände zwischen zwei Referenzpunkten existieren. Die maximale Messlänge, in der die Abstände zwischen den Referenzpunkten eindeutig ist, ist eine Funktion der Polbreite (des minimalen Abstandes der Referenzimpulse) und des Grundabstandes.

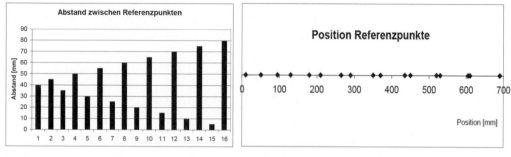

**Bild 3.1-103** Position Referenzpunkte bei abstandscodiertem Maßkörper

### 3.1.6.2 Aufbau und Funktionsweise inkrementeller und absoluter Mess-Systeme

**Inkrementelle magnetische Mess-Systeme**

Der Sensorkopf wertet das Magnetfeld über spezielle Sensoren aus, die meist nach dem magnetoresistiven (MR) Effekt arbeiten. Je nach Anwendungsfall kommen Sensoren mit speziellen MR-Effekten zum Einsatz: AMR-Anisotroper MagnetResistiv, GMR GiantMagnetResistiv, TMR TunnelMagnetResistiv, CMR CollosalMagnetResistiv (Kapitel. 2.3).

Zwei Sensorbrücken, die mechanisch um 90°, bezogen auf das gemessene Signal (normalerweise eine Polbreite), versetzt sind, bilden die Grundlage für die Messung. Sie werden im Folgenden als *Sin- und Cos-Sensoren* bezeichnet. Meist ist die Struktur des Sensors an die Polbreite angepasst. Bei kleinen Polbreiten ist die Länge des Sensors sogar größer als ein Pol. Dann ist eine Mittelung des Signals über mehrere Pole möglich. Dies erhöht den Signal-Rauschabstand und reduziert bei geeigneter Geometrie die gemessenen Oberwellen. Für Polbreiten bis zu etwa 5mm befinden sich die Sin- und Cos-Sensoren gemeinsam in einem Chip. Bei größeren Polbreiten werden diskrete Sensoren benutzt. In der Auswerteelektronik im Sensorkopf wird der Offset, die Amplitude und teilweise die Phase der Sin- und Cos-Signale zueinander abgeglichen. Dieser Abgleich geschieht zum Teil adaptiv während der Bewegung. Diese Signale bilden die Basis für die Positionsmessung. Als Schnittstelle wird entweder das Sin- und Cos-Signal (Abschnitt 3.2.6) oder ein digitalisiertes A/B-Signal (Abschnitt 3.2.7) benutzt.

Ein Referenzsensor gibt an einer definierten Position im Pol einen Referenzimpuls aus.

Manche Sensoren besitzen noch zwei weitere magnetisch geschaltete Ausgänge, die in Verbindung mit zusätzlichen Dauermagneten, die Funktion von Endschaltern am Bewegungsbereich übernehmen können.

Es existieren zwei prinzipielle Ausführungsformen:

- *inkrementelles Mess-System* mit optionalem Referenzpunkt und optionalen Endschaltern und ein und
- *absolutes Mess-System* mit optionaler Echtzeitschnittstelle.

Folgende messtechnische Daten sind erreichbar:

- Echtzeitsystem mit einer Wandlungszeit von einigen zig ns,
- Auflösung $\leq 1$ µm,
- Systemgenauigkeit (Linearitätsabweichung) bis unter $\pm 5$ µm,

- Hysterese ≪ 1 µm,
- Maximale Verfahrgeschwindigkeit über 20 m/s.

Übliche inkrementelle Echtzeitschnittstellen:

- 1Vpp (sin/cos),
- RS422,
- HTL (single ended).

Übliche absolute Schnittstellen:

- SSI,
- BiSS,
- Hiperface.

Der mögliche Luftspalt bewegt sich je nach Polbreite von nahezu 0 mm bis über 5 mm (ca. 30 % der Polbreite). Es gibt extrem kleine Bauformen, bis hinab zu ($b \cdot h \cdot l$) 12 · 13 · 35 mm³. Selbst bei dieser Bauform ist keine zusätzliche Verstärkerelektronik nötig. Stecker und Kabelvarianten sind verfügbar.

### *Absolute magnetische Mess-Systeme*

Bei inkrementellen Systemen, deren Magnetfeldsensoren auf einem MR Effekt beruhen, kann der Sensorkopf nicht zwischen den einzelnen Polen unterscheiden. Jeder Pol ist für den Sensorkopf gleich. Die Position innerhalb des Pols ist eindeutig. Für ein absolutes Mess-System muss zusätzlich zur Position innerhalb des Pols die *Polnummer* $n_{pol}$ erkannt werden. Gl. (3.1.41) zeigt den Zusammenhang:

$$s_{abs} = s_{pol} + n_{pol} \cdot P. \tag{3.1.41}$$

Dabei entspricht P der Polbreite. Zur Bestimmung der Polnummer existieren verschiedene Verfahren. Denkbar wäre eine *parallele Codierung*, wobei jedem Bit eine eigene Spur und ein eigener Sensor zugeordnet wären. Dies hätte jedoch eine hohe Anzahl paralleler Spuren und damit eine sehr breite Bauform des Sensors und des Maßkörpers zur Folge.

Stattdessen ist es üblich, die absolute Codierung in *serieller Form* in einer Spur anzuordnen. Beispielhaft ist in Bild 3.1-104 eine 4 Bit PRC-Codierung (Pseudo Random Code oder Kettencode) beschrieben.

In der oberen waagrechten Spalte in Bild 3.1-104 ist eine serielle Anordnung für 16 Werte/Positionen für einen PRC Code abgebildet. Die serielle 4-Bit-Codierung wird durch 4 digitale Sensoren (s1, s2, s3, s4) abgetastet. Die 16 möglichen Positionen der 4 Sensoren sind untereinander durch jeweils die waagrechte Kennung s1, s2, s3, s4 symbolisiert. In der Mitte unterhalb der Codierung ist die Position der Sensoren in den 16 möglichen Positionen angedeutet. In der Zeile der jeweiligen Positionen ist links und rechts die fortlaufende Polnummer angegeben. Rechts im Bild sind die Sensorwerte der vier Sensoren in der jeweiligen Position eingetragen. Die daraus abgeleitete Polnummer, die die vier Sensoren sehen, ist jeweils in der rechten Tabelle links neben der binären Sensorwertdarstellung eingetragen. Man sieht, dass alle möglichen 16 Positionen auch in der seriellen Form auftauchen. Damit lässt sich an jeder Stelle beispielsweise über eine Lookup-Tabelle aus den 4 Sensoren auf die Polnummer zwischen 0 und 15 schließen. Wenn die binären Werte 0 und 1 durch N- und S-Pole repräsentiert werden, kann über Sensoren, die N- und S-Pole unterscheiden können (z. B. Hallsensoren), eindeutig auf die Zahl 0 bis 15 geschlossen werden. Auf diesem Weg lässt sich die Polnummer, die in Gl. (3.1.41) benötigt wird, bestimmen.

**Bild 3.1-104** Beispiel für 4 Bit PRC-Code

| PRC Code | 0 | 0 | 0 | 0 | 1 | 1 | 1 | 1 | 0 | 0 | 1 | 0 | 1 | 1 | 0 | 1 | 0 | 0 | 0 |
|---|---|---|---|---|---|---|---|---|---|---|---|---|---|---|---|---|---|---|---|
| Position, Pol-Nr | | | | | | | | | | | | | | | | | | | |
| 0 | s1 | s2 | s3 | s4 | | | | | | | | | | | | | | | |
| 1 | | s1 | s2 | s3 | s4 | | | | | | | | | | | | | | |
| 2 | | | s1 | s2 | s3 | s4 | | | | | | | | | | | | | |
| 3 | | | | s1 | s2 | s3 | s4 | | | | | | | | | | | | |
| 4 | | | | | s1 | s2 | s3 | s4 | | | | | | | | | | | |
| 5 | | | | | | s1 | s2 | s3 | s4 | | | | | | | | | | |
| 6 | | | | | | | s1 | s2 | s3 | s4 | | | | | | | | | |
| 7 | | | | | | | | s1 | s2 | s3 | s4 | | | | | | | | |
| 8 | | | | | | | | | s1 | s2 | s3 | s4 | | | | | | | |
| 9 | | | | | | | | | | s1 | s2 | s3 | s4 | | | | | | |
| 10 | | | | | | | | | | | s1 | s2 | s3 | s4 | | | | | |
| 11 | | | | | | | | | | | | s1 | s2 | s3 | s4 | | | | |
| 12 | | | | | | | | | | | | | s1 | s2 | s3 | s4 | | | |
| 13 | | | | | | | | | | | | | | s1 | s2 | s3 | s4 | | |
| 14 | | | | | | | | | | | | | | | s1 | s2 | s3 | s4 | |
| 15 | | | | | | | | | | | | | | | | s1 | s2 | s3 | s4 |

| Polnummer | Signale der vier Sensoren | | | |
|---|---|---|---|---|
| | s1 | s2 | s3 | s4 |
| 0 | 0 | 0 | 0 | 0 |
| 1 | 0 | 0 | 0 | 1 |
| 2 | 0 | 0 | 1 | 1 |
| 3 | 0 | 1 | 1 | 1 |
| 4 | 1 | 1 | 1 | 1 |
| 5 | 1 | 1 | 1 | 0 |
| 6 | 1 | 1 | 0 | 0 |
| 7 | 1 | 0 | 0 | 1 |
| 8 | 0 | 0 | 1 | 0 |
| 9 | 0 | 1 | 0 | 1 |
| 10 | 1 | 0 | 1 | 1 |
| 11 | 0 | 1 | 1 | 0 |
| 12 | 1 | 1 | 0 | 1 |
| 13 | 1 | 0 | 1 | 0 |
| 14 | 0 | 1 | 0 | 0 |
| 15 | 1 | 0 | 0 | 0 |

In Bild 3.1-105 ist ein absoluter Maßkörper dargestellt. Unten befindet sich die Inkrementalspur, oben die Absolutspur mit PRC Code. Die Codierung der Absolutspur ist unten mit 0 und 1 symbolisiert. Wie im linken Teil dargestellt, kann es vorkommen, dass beim Einschalten die Absolutsensoren (Dig0_b, Dig1_b, Dig2_b, Dig3_b) genau auf der Mitte zwischen zwei Polen der oberen Absolutspur befinden. Bei einem Polwechsel sind die genutzten Magnetfelder dort genau Null und damit nicht gültig. Aus diesem Grund wird jeder Absolutsensor als *Sensorpaar* ausgebildet (Digi_a, Digi_b, rechts im Bild). Die beiden Sensoren haben einen Abstand von ½ Polbreite. Einer der beiden Sensoren befindet sich immer in einem gültigen Bereich über dem Maßkörper. In Abhängigkeit vom Inkrementalsensor (in Bild 3.1-105 als Inc bezeichnet) kann der Sensorkopf entscheiden, an welcher Stelle im Pol er sich befindet, und dann zur Bestimmung der absoluten Position die jeweils gültigen Sensoren der Reihe a oder b nutzen.

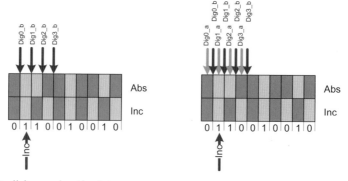

**Bild 3.1-105** Realisierung der Absolutsensoren

Schnittstellen von absoluten Wegmess-Systemen übertragen die absolute Position in einer digitalisierten seriellen Form (z. B. SSI, BiSS, CAN, Profibus, Endat, Hyperface) Diese Werte können – da seriell – nicht in Echtzeit übertragen werden. Das serielle Protokoll benötigt immer eine endliche Zeit.

Verschiedene Schnittstellen (SSI, BiSS) frieren den Messwert zum Zeitpunkt des Beginns der Anfrage ein und übertragen anschließend diesen eingefrorenen Wert. Damit kennt die Steuerung, nachdem die Daten übertragen worden sind, die Position zu dem Zeitpunkt, an dem die Anfrage gestartet wurde, und kann entsprechend einen Regelkreis aufbauen. Die *Positionsdaten* stehen jedoch *nicht in Echtzeit* zur Verfügung.

Bei Echtzeitfähigkeit muss zusätzlich zum digitalisierten Positionssignal ein Echtzeitsignal (sin/cos oder A/B) übertragen werden. Dies ist prinzipiell bei jeder Schnittstelle möglich, realisiert wurde es bisher bei EnDat, Hiperface und BiSS-sin/cos BiSS-A/B SSI-sin/cos, SSI-A/B.

Häufig reicht es aus, die absolute Position nur beim Einschalten zu lesen und danach nur mit den echtzeitfähigen, inkrementellen Signalen weiter zu arbeiten. In diesem Fall werden an die Geschwindigkeit der absoluten Schnittstelle keine besonderen Anforderungen gestellt. Nach dem Einschalten dient sie meist nur noch als redundantes System.

Für die absolute Positionsübertragung haben sich verschiedene Hardwarestandards, die alle mit Differenzsignalen arbeiten, durchgesetzt, einige davon seien beispielhaft benannt: Bidirektionaler Bus (Hiperface), eine unidirektionale Clock- und eine bidirektionale Datenleitung (EnDat), eine unidirektionale Clock- und Datenleitung (SSI, BiSS). In Tabelle 3.1-19 sind die wichtigsten Eigenschaften einer Auswahl der absoluten Schnittstellen angegeben.

**Tabelle 3.1-19** Eigenschaften von absoluten Schnittstellen

| | SSI | BiSS | EnDat | Hiperface | CAN | Profibus |
|---|---|---|---|---|---|---|
| **Hardware** (jedes Signal ist als Differenzsignal übertragen) | Clock (unidir) Daten (unidir) | Hardware kompatibel zu SSI Clock (unidir) Daten (unidir) | Clock (unidir) Daten (bidir) | Bidirektionaler Bus | Bidirektionaler Bus | Bidirektionaler Bus |
| **Topologie** | Stichleitung | Stichleitung mit 8 Slaves | Stichleitung | Stichleitung | Bus | Bus |
| **Übertragungsrichtung der Daten** | Sensor → Steuerung | Bidirektional | Bidirektional | Bidirektional | Bidirektional | Bidirektional |
| **Elektronisches Datenblatt möglich** | Nein | Ja | Ja | Ja | Ja | Ja |
| **Optionales Echtzeitsignal** | SSI-sin/cos, SSI-A/B | BiSS-sin/cos BiSS-A/B | Ja | Ja | Nein | Nein |

### 3.1.6.3 Kennwerte

***Linearitätsabweichung***

Generell definiert man die Linearitätsabweichung (LA) oder Systemgenauigkeit als *Unterschied* zwischen dem *Mess-System* und einem *Referenzsystem*.

Bei magnetischen Mess-Systemen ist die LA von der Maßverkörperung und vom Sensorkopf abhängig. Beim Vergleich verschiedener Mess-Systeme darf nicht nur der reine Zahlenwert betrachtet werden; es ist wichtig, wie der Zahlenwert definiert ist. Grundsätzlich gibt es in dem Bereich verschiedene Definitionen für die Linearitätsabweichung. Die wichtigsten Definitionen seien hier genannt:

Die weichere (kumulative) oder qualitativ weniger anspruchsvolle: Hier wird die Linearitätsabweichung *je Meter* angegeben. Je länger die Messlänge, umso größer wird die maximale Linearitätsabweichung. Beispielsweise gilt:

$$LA = \pm(k_0 + k_1 \cdot l) \qquad (3.1.42)$$

mit $k_0, k_1$ : Konstanten, $l$: Messlänge in m.

Die Konstante $k_0$ steht für die *Nichtlinearität* des Sensorkopfes. Sie wiederholt sich in jedem Pol und hat deshalb ein sehr kurzwelliges Verhalten. $k_1$ repräsentiert den *Maßkörper*. Für $k_1$ gibt es üblicherweise verschiedene Qualitätsstufen des Maßkörpers. Der Einfluss des Maßkörpers ist sehr langwellig (im Dezimeterbereich). Beispielhaft sei angenommen $k_0 = 2$ µm, $k_1 = 10$ µm/m. Eine Mess-Strecke von 4 m Länge hat somit eine LA von etwa maximal ±40 µm. Mit dieser Zahl ist jedoch noch nichts über den tatsächlichen Verlauf der LA ausgesagt. Die LA könnte den Verlauf wie in Bild 3.1-106 haben: Innerhalb eines kurzen Stücks kann der gesamte Linearitätshub von ±40 µm durchfahren werden (*Mikrolinearität*). Diese Definition stellt keine Anforderungen an die Mikrolinearität.

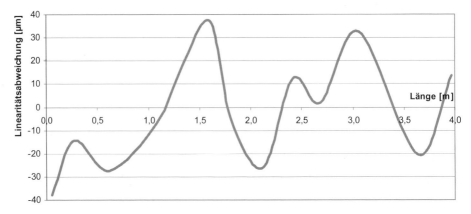

**Bild 3.1-106** Weiche Linearitätsdefinition

Bei der strengeren Definition, die in Bild 3.1-107 dargestellt ist, wird garantiert, dass die maximale Linearitätsabweichung innerhalb eines *beliebigen Meters* nie größer als die maximale LA ($k_1$) ist. Zur Verdeutlichung des Sachverhalts der harten Definition sind 5 Rechtecke mit einer Länge von je 1 m und einer LA von ±10 µm an verschiedenen Stellen an der dunklen Kurve in das Diagramm eingezeichnet. Diese harte Definition erreicht zwar im schlechtesten Falle auch über die *gesamte Länge* die Grenzen von ±40 µm (durchgezogene dunkle Kurve bis etwa 2,7 m und dann die gestrichelte hellere Kurve). Typischerweise ist die gesamte LA jedoch geringer (durchgezogene Kurve). Bei dieser erhöhten Anforderungen an die Linearität ist die Ableitung der Linearität $\Delta LA/\Delta s$ deutlich geringer als in Bild 3.1-106. Dieser Qualitätsunterschied, der aus der unterschiedlichen Definition kommt, wirkt sich beispielsweise in der Geräusch- oder Wärmeentwicklung bei Linearantrieben oder in der Haltbarkeit der Lager der Antriebe deutlich aus. Verschiedene Hersteller benutzen die unterschiedlichen Definitionen der Linearitätsabweichung.

## 3.1 Weg- und Abstandsensoren

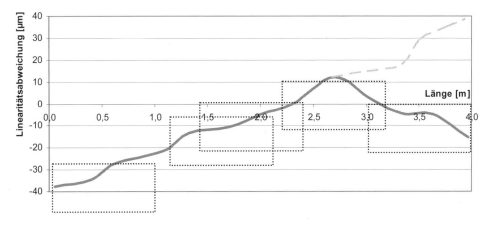

**Bild 3.1-107** Harte Linearitätsdefinition

### Hysterese

Die Hysterese bei (magnetischen) Mess-Systemen lässt sich leicht bestimmen, indem die Linearitätsabweichung in Vorwärts- und in Rückwärtsrichtung aufgenommen wird. (Bild 3.1-108 und 3.1-109) Die Breite der Kurve (kurze Pfeile) entspricht der Auflösung des Prüflings, hier 1 µm. Die Breite entsteht, weil das Referenzsystem eine wesentlich höhere Auflösung als der Prüfling hat. Die Linearitätsabweichung entspricht einer *Hüllkurve* der breiten Kurve. Die maximale Linearitätsabweichung bestimmt sich deshalb aus der Differenz zwischen dem Maximum und dem Minimum der Hüllkurve. Genauso entspricht die Hysterese der Differenz der Hüllkurven zwischen der Linearitätsabweichung der Vorwärts- und Rückwärtsrichtung (lange Pfeile). In Bild 3.1-109 beträgt die Hysterese etwa 0,2 µm.

Zusätzlich zur Hysterese wird gegebenenfalls noch der *Schleppfehler* (geschwindigkeitsabhängig) gemessen.

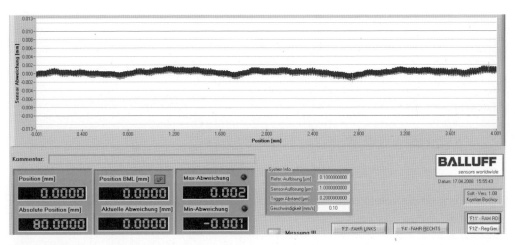

**Bild 3.1-108** Messung der Hysterese

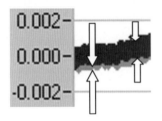

**Bild 3.1-109**
Gezoomter Messbereich links Hysterese wird sichtbar

*Schleppfehler*

Durch Lauf- oder Totzeiten in dem Signalpfad im Sensorkopf entsteht ein Schleppfehler, der einen deutlich höheren Wert als die Hysterese erreichen kann. Der Einfluss des Schleppfehlers auf die Hysteresemessung kann leicht durch Veränderung der Geschwindigkeit gemessen werden. Bei sehr langsamer Bewegung hat ein Schleppfehler einen sehr geringen Einfluss auf die gemessene Hysterese.

*3.1.6.4 Sensortypen im Vergleich*

Das Prinzip der Messung des Magnetfeldes lässt sich für Linearbewegungen und auch für Rotativbewegungen anwenden. Magnetische Sensoren müssen zunächst in *inkremental* und *absolut* messende Systeme unterschieden werden. Für beide Systeme ist die *Polbreite* (PB) – und mit ihr der maximale Abstand (je größer PB, um so größer der maximale Luftspalt) und die erreichbare Genauigkeit (je größer die PB, um so geringer die Genauigkeit) – entscheidend.

**Tabelle 3.1-20** Auswahl von Sensortypen und ihre Eigenschaften

|  | BML-S1A | BML-S1B/E | BML-S1F1 | BML-S1F2 |
|---|---|---|---|---|
| Polbreite [mm] | 1 | 5 | 1 | 1 |
| Luftspalt [mm] | 0,01 bis 0,35 | 0,01 bis 2 | 0,01 bis 0,35 | 0,01 bis 0,35 |
| Systemgenauigkeit [µ] | ± 10 | ± 20 | ± 10 | ± 10 |
| Schnittstelle | RS422/1Vpp | RS422/HTL | RS422/1Vpp | RS422/1Vpp |
| Endschalter verfügbar | Ja | Ja | Nein | Nein |
| Steckerversion verfügbar | Ja | Nein | Nein | Nein |
| Versorgungsspannung [V] | 5 | 5, 10 … 30 | 5 | 5 |
| Baugröße $(l \cdot b \cdot h)$ [mm³] | 60 · 11 · 14 | 35 · 10 · 25 | 35 · 12 · 13 | 35 · 12 · 13 |

## 3.1 Weg- und Abstandsensoren

Die *elektrische Schnittstelle* ist wichtig für die zulässige Kabellängen bzw. die erreichbaren Verfahrgeschwindigkeiten. Meist spielt auch die *mechanische Bauform* mit der zugehörigen *Verfahrrichtung* eine große Rolle. Je nach Anwendung sind im Sensorkopf integrierte *Endschalter* hilfreich. Manche Bauformen sind mit Stecker erhältlich. In Tabelle 3.1-20 sind die Eigenschaften verschiedener Sensortypen aufgeführt.

### 3.1.6.5 Anwendungsbeispiele

Im Bild 3.1-110 ist ein 3D-Modell eines Linearantriebs abgebildet. Unten rechts im Bild kann man den Sensorkopf erkennen. Der Linearantrieb wird ausschließlich mit dem magnetischen Mess-System geregelt.

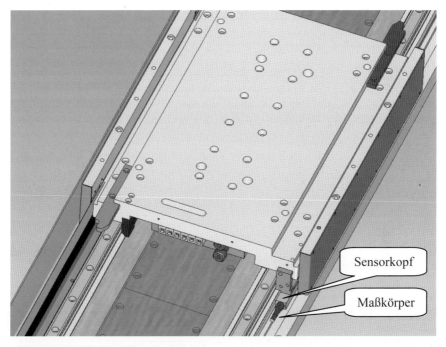

**Bild 3.1-110** 3D-Modell eines Linearantriebs

In Bild 3.1-111 ist eine weitere Spezialanwendung eines Maßkörpers abgebildet, bei dem der magnetische Maßkörper in eine Stange integriert, und mit einer Edelstahlschicht überzogen ist (rechtes Bild). Der Maßkörper ist in Achsrichtung abwechselnd auf dem Umfang magnetisiert. Die Magnetpole sind im linken Bild mit einer Pole-Pitch-Display-Card sichtbar gemacht. Sie verdunkelt sich an den Polen und wird zwischen den Polen hell. Mit dem entsprechenden Sensorkopf lässt sich die Position, und daraus abgeleitet die Geschwindigkeit und die Beschleunigung der Stange sehr genau und dynamisch erfassen. Dabei spielt eine Drehung um die Stangenachse keine Rolle für die Messung.

**Bild 3.1-111** Bild eines Maßkörpers auf einer Stange (Werkfoto: Magnopol GmbH & Co. KG)

## 3.2 Sensoren für Winkel und Drehbewegung

*Übersicht*

Sensoren für Winkel und Drehbewegung wandeln einen *mechanischen Winkel* in ein *elektrisches Signal* um. Für diese Sensoren gibt es verschiedene Begriffe, wie beispielsweise: Encoder, Winkelencoder, Winkelcodierer, Drehwinkelsensor, Drehwinkelmess-Systeme, Inkrementalgeber/Absolutgeber oder Drehgeber. In diesem Abschnitt wird vorzugsweise der Begriff Drehgeber verwendet.

Ein Drehgeber besteht grundsätzlich aus *drei Elementen* (Bild 3.2-1; $\varphi$: Winkel). Der *Sender* bringt Energie in das System ein; der *Modulator* verändert proportional zum mechanischen Winkel die eingebrachte Energie und dient somit als Maßverkörperung und der *Empfänger* wandelt die modulierte physikalische Größe in ein elektrisches Signal.

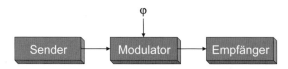

**Bild 3.2-1** Schematische Darstellung eines Drehgebers

Wie Bild 3.2-2 zeigt, können die Drehgeber in berührende und berührungslose Drehgeber eingeteilt werden und werden entsprechend des physikalischen Prinzips weiter unterteilt.

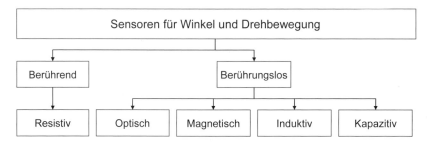

**Bild 3.2-2** Einteilung der Drehgeber nach dem Wirkprinzip

## 3.2 Sensoren für Winkel und Drehbewegung

Die Eigenschaften der unterschiedlichen Drehgebertechnologien sind in Tabelle 3.2-1 zusammengestellt.

**Tabelle 3.2-1** Eigenschaften der verschiedenen Drehgeber (–: unter Durchschnitt; 0: Durchschnitt; +: über dem Durchschnitt und ++: sehr gut)

| Eigenschaft | Resistiv | Optisch | Magnetisch | Induktiv | Kapazitiv |
|---|---|---|---|---|---|
| Genauigkeit | – | ++ | + | + | + |
| kompakte Bauform | – | O | O | + | + |
| Unempfindlich gegen Schock- / Vibration | + | – | + | + | + |
| Eigenverbrauch | + | O | – | – | + |
| Montagetoleranzen | O | - | O | O | + |
| Störfestigkeit auf magnetische Felder | + | + | – | O | + |
| Temperaturverhalten | – | O | O | + (Resolver) | O |
| Empfindlichkeit auf Feuchte | – | – | + | + | + |
| Lebensdauer | – | – | + | + | + |

### Ausführungen von Drehgebern

Drehgeber unterscheiden sich aber auch in den verwendeten elektrischen Schnittstellen (Bild 3.2-3). Grundsätzliche Drehgebereigenschaften lassen sich anhand der elektrischen Schnittstelle erläutern.

Bei Drehgebern mit *inkrementaler Schnittstelle* (Inkrement als Elementarschritt oder abzählbares Intervall) wird die *Winkelinformation relativ* ausgegeben. Das heißt, es wird nicht die absolute Winkelinformation sondern nur Winkeländerungen mittels Signaländerungen angezeigt. Es gibt zwei Ausprägungen: *Rechteck-* und *sinusförmige Signale*.

Bei den inkrementalen Drehgebern mit Rechtecksignalen wird in der einfachsten Form eine einzige Pulsleitung zur Verfügung gestellt (Bild 3.2-4 links). Dies erlaubt nur die Ermittlung einer Winkeländerung. Erweitert man diese eine Pulsleitung um eine zweite, um 90° phasenverschobene, bekommt man ein *Quadratursignal*. Dies erlaubt, zusätzlich zur Winkeländerung die *Drehrichtung* anhand der Signalflankenfolge zu erkennen. Gleichzeitig wird die Auflösung verdoppelt bei gleicher Anzahl an Impulsen pro Leitung pro Umdrehung. Um die Zuordnung zu einem Bezugspunkt zu bekommen, kann noch eine Nullimpulsinformation zur Verfügung gestellt werden, wodurch eine *quasi-absolute Position* ermittelt werden kann (Bild 3.2-4 mitten). Allerdings muss durch eine Referenzfahrt beim Einschalten des Drehgebers dieser Bezugspunkt einmalig durchfahren werden. Die elektrische Spezifikation für die Pulsleitung für ein- oder mehrkanalige inkrementale Drehgeber kann die unterschiedlichsten Ausprägungen haben (z. B. TTL, HTL, open collector).

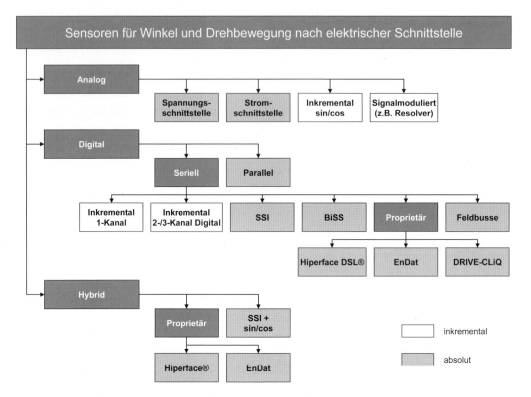

**Bild 3.2-3** Ausführungen von Sensoren für Winkel und Drehbewegung, unterschieden nach eingesetzten elektrischen Schnittstellen

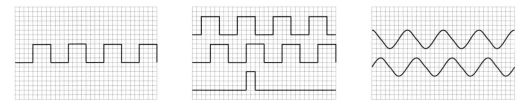

**Bild 3.2.-4** Inkrementalsignale – 1-kanalig (links), 3-kanalig (mitten) und sin/cos (rechts)

Bei inkrementalen Drehgebern mit analogen Quadratursignalen werden *analoge Sinus- und Cosinus-Signale* zur Darstellung eines Winkels genutzt (Bild 3.2-4 rechts). Diese werden von der Steuerung gleichzeitig abgetastet, digital gewandelt und interpoliert, um eine Winkelposition innerhalb einer Sinus-/Cosinusperiode zu ermitteln. Unter Interpolation versteht man in diesem Zusammenhang folgende Rechnung:

$$a = \frac{1}{n}\arctan\left(\frac{A_{\sin}}{B_{\cos}}\right)$$

## 3.2 Sensoren für Winkel und Drehbewegung

Es ist dabei $A_{sin}$ bzw. $B_{cos}$ der Momentanwert des Sinus- bzw. Cosinussignals; $n$ die Anzahl Sinus-/Cosinusperioden pro Umdrehung; $a$ der errechnete Winkel. Dadurch wird die *Auflösung* gegenüber digitalen Inkrementalsystemen mit gleicher Codescheibe bei gleicher Grundauflösung (d. h. Anzahl von Sinus-/Cosinusperioden gegenüber Anzahl Inkremente pro Umdrehung) *wesentlich erhöht*. So kann man beispielsweise bei einem System mit 1.024 Sinus-/Cosinusperioden und einer 10-Bit A/D-Wandlung eine Auflösung von 22 Bit ($2^{22}$ = 4.194.304), entsprechend 86 µgrad oder 0,3 Winkelsekunden pro Umdrehung erreichen (2 Bit erhält man aus der Quadratur von Sinus und Cosinus).

Außerdem kann man bei analogen Quadratursignalen eine *Zustands-* und *Fehlerüberwachung* anhand der folgenden Formel durchführen, die für jede Winkelstellung gilt:

$$\sin^2 + \cos^2 = 1 \quad \text{bzw.} \quad \sin^2 + \cos^2 = \text{const.}$$

Ein weiterer Vorteil analoger Inkrementalsysteme gegenüber digitalen ist die *geringere Anforderung* an die Übertragung, da die Signalfrequenz der Signale wesentlich geringer ist. Bei einem analogen Inkrementalsystem mit 1.024 Sinus-/Cosinusperioden pro Umdrehung beträgt die Signalfrequenz bei 12.000 Umdrehungen pro Minute 204,8 kHz. Bei einem vergleichbaren digitalen Inkrementalsystem für 22-Bit Auflösung (20-Bit Inkremente) würde diese etwa 210 MHz betragen. Dies ist nicht praktikabel, da speziell heutige Steuerungseinheiten im industriellen Umfeld eine maximale Zählfrequenz von kleiner einem MHz bereitstellen und für gewöhnlich die Leitungen vom Drehgeber zur Auswerteeinheit mehrere Meter bis zu 100 m lang sind.

Ausgewertet werden analoge Inkrementalsignale auf zwei Arten (Bild 3.2-5). Zum einen wird über die Position innerhalb einer Periode über die zuvor genannte Interpolation fein aufgelöst. Um über mehrere Perioden die Position zu erfassen, werden die über Schmitt-Trigger digitalisierten Signale gezählt. Die elektrische Spezifikation für die Signalleitung ist meist so, dass die Signale differentiell mit 1 Vss zur Verfügung gestellt werden.

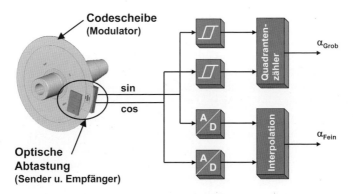

**Bild 3.2-5** Auswertung analoger inkrementaler Drehgebersignale

Im Gegensatz zu inkrementalen Systemen zeigen absolute Drehgeber zu jeder Zeit, insbesondere beim Einschalten, eine absolute Winkelposition an. Dies ist wichtig, wenn auf eine Referenzfahrt anwendungsbedingt verzichtet werden muss.

Der interne Aufbau von absoluten und inkrementalen Drehgebern unterscheidet sich dadurch, dass zur inkrementalen Auswertung *weitere Codespuren* abgetastet werden. So kann die absolute Information für eine Umdrehung ermittelt werden. Mögliche absolute Codes sind etwa Binär-, Gray-, Nonius- oder Pseudo-Random-Codes. Diese werden im Drehgeber verrechnet, so dass eine absolute Information zur Verfügung gestellt werden kann.

Im einfachsten Fall wird die *absolute Winkelinformation* als *paralleles Codewort* übertragen. Diese Form ist allerdings heute nicht mehr sehr weit verbreitet, da sie in der Verdrahtung sehr aufwändig und kostspielig ist. Üblich sind heute eher *serielle Schnittstellen*, die entweder speziell für Drehgeber entwickelt wurden, wie beispielsweise SSI (synchron serielles Interface), EnDat, BiSS und Hiperface DSL® oder *Feldbusse*, welche in industriellen Anlagen üblich sind.

Eine weitere Ausführungsform von Drehgebern arbeitet mit *hybriden Schnittstellen*. Dabei wird ein *serieller* Datenkanal mit *inkrementellen Analogsignalen* kombiniert. Beim Einsatz solcher Schnittstellen wird nach dem Einschalten die absolute, gering aufgelöste Information erfasst und auf dem Datenkanal übertragen. Gleichzeitig wird die inkrementelle Position von der Steuerung erfasst und mit der absoluten Information verrechnet. Damit ist das System *initialisiert* und es kann mit der inkrementellen Information der Analogsignale weiter gearbeitet werden. Je nach Schnittstelle können neben absoluten Winkelinformationen auch noch andere Daten, beispielsweise zur Diagnose oder Parametrierung über den Datenkanal übertragen werden.

Ein Vorteil inkrementaler Schnittstellen im Allgemeinen ist, dass die Winkelinformation quasi in *Echtzeit* gemessen werden kann, da die Information des Sensors direkt an der Schnittstelle zur Verfügung steht und nicht erst noch langwierig verrechnet und in ein Protokoll umgesetzt werden muss. Die hybriden Schnittstellen vereinen somit die Vorteile der inkrementalen und absoluten Drehgeber.

## Auf- und Anbau von Drehgebern

Der Aufbau von Drehgebern hängt im Wesentlichen von der verwendeten Sensortechnologie ab. Darauf wird in den entsprechenden Abschnitten diese Buchs eingegangen. Es gibt aber einige allgemeingültige Aspekte, die an dieser Stelle beschrieben werden.

Für Drehgeber ist es oft notwendig, dass die Grundelemente: Sender / Modulator / Empfänger in ausreichender *Präzision* aufeinander abgestimmt sind. Da dies in der Endanwendung selten mit der erforderlichen Genauigkeit gewährleistet werden kann, werden Drehgeber mit *Eigenlagerung* aufgebaut. Dazu wird die Welle, die den Modulator trägt, über Kugellager mit dem Drehgeberflansch gekoppelt, der wiederum mit dem Stator der Anwendung verbunden wird. Bei einem solchen *eigengelagerter Drehgeber* kann der Hersteller des Drehgebers die Einheit Sender / Modulator / Empfänger präzise aufeinander ausrichten. In der Anwendung ist darauf zu achten, dass der Drehgeber nicht starr mit der Welle und dem Stator verbunden wird. Kleine mechanische Versätze führen sonst zu hohen mechanischen Belastungen, welche das schwächste Glied in der Kette, für gewöhnlich den Drehgeber, in kurzer Zeit zerstören würde. Entsprechend werden *Kupplungselemente* verwendet.

Als Verbindungselement zwischen der Antriebswelle und der Drehgeberwelle werden *Wellenkupplungen* eingesetzt. Bei dynamischen Antrieben werden die Wellen jedoch bevorzugt über eine starre Welle direkt verbunden und statt der Wellenkupplung wird eine *Statorkupplung* als Drehmomentstütze zur drehfesten Verbindung des Drehgebergehäuses mit dem Stator der Antriebseinheit verwendet (Bild 3.2-6).

## 3.2 Sensoren für Winkel und Drehbewegung

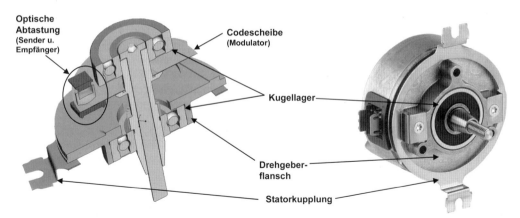

**Bild 3.2-6** Aufbau eines Drehgebers am Beispiel eines eigengelagerten optischen Systems (Werkfoto: SICK STEGMANN GMBH)

Zu beachten ist, dass die Stator- bzw. Wellen-Kupplung zusammen mit dem Stator bzw. der Welle ein schwingungsfähiges Feder-Masse-System bildet. Ihre Eigenfrequenz $f$ ist:

$$f = \frac{1}{2\pi}\sqrt{\frac{k}{J}}$$

Dabei ist $k$ die Federkonstante der Kupplung und $J$ das wirkende Massen-Trägheitsmoment. Bei der Dimensionierung der Anwendung ist darauf zu achten, dass die Eigenfrequenz deutlich oberhalb der maximalen Drehzahl liegt.

Die *Statorkupplung* ist dabei vorteilhaft als Federparallelogramm ausgestaltet und kompensiert radiale und axiale Bewegungen der Antriebswelle, ist jedoch gleichzeitig verdrehsicher. Auch werden Exzentrizitäten sowie Winkelfluchtungsfehler der Wellen des Antriebs- und des Mess-systems weitgehend ausgeglichen. Die Montage der Drehgeber ist vereinfacht, da neben der Welle lediglich die Statorkupplung mittels Schrauben mit dem Stator des Antriebssystems verbunden werden muss.

Zur starren Verbindung der Drehgeberwelle mit der auszumessenden Antriebswelle ist der Drehgeber mit unterschiedlichen Flanschen, Wellenarten und Wellendurchmessern ausgestattet. Neben *Vollwellen* gibt es *Hohlwellen in Aufsteck- und Durchsteckversionen*.

Heute ist zumeist mechanischer *Verschleiß*, speziell des Kugellagers, für den Ausfall von Drehgebern verantwortlich, so dass auch *Drehgeber ohne Eigenlagerung* berechtigte Einsatzgebiete haben. Bei leistungsfähigen, eigenlagerlosen Einbau-Drehgebern sind die Maßverkörperung und die Sensorelektronik nicht werksseitig fest zueinander positioniert. Daher benötigt man Anbauhilfen, um die Maßverkörperung relativ zu dem Empfänger in die richtige Position zu bringen. Bei einer hohen geforderten Genauigkeit des Drehgebers ist diese Positionierung zuverlässig und genau auszuführen.

Es gibt aber auch eigenlagerlose Drehgeber, welche bauartbedingt auf Einstellhilfen verzichten können. Dies gilt für Systeme, welche zwar eine relativ geringe Grundauflösung besitzen, aber mechanische Fehler der Anwendung recht gut tolerieren können. Klassisch wären hier die Resolver zu nennen (Abschn. 3.2.5). Inzwischen sind auch kapazitive Drehgeber (Abschn. 3.2.4) erhältlich, bei denen sich durch die *holistische* Abtastung mechanische Fehler nur in geringem Maße als Positionsfehler bemerkbar machen.

## Auflösung und Genauigkeit

Wichtige *Kenndaten* zur Beschreibung der Leistungsfähigkeit von Drehgebern sind Angaben zu Auflösung und Genauigkeit. In diesem Abschnitt werden diese Angaben für digitale und analoge Inkrementaldrehgeber behandelt. Da absolute Drehgeber auf solchen aufbauen, pflanzen sich die entsprechenden Fehler fort, wobei aber bei absoluten Systemen, wenn sie einen digitalen Kern haben, Fehlerkompensationen durchgeführt werden können.

Die *Auflösung* beschreibt, wie viele Messschritte pro mechanische Umdrehung aufgelöst werden können. Bei Drehgebern mit digitaler inkrementaler Schnittstelle ist die Auflösung durch die Anzahl der Inkremente definiert. Bei Drehgebern mit analoger Sinus-/Cosinusschnittstelle ergibt sich die Auflösung aus der Anzahl der Sinus-/Cosinusperioden und der Qualität der Analogsignale. Diese hängt davon ab, wie gut die Signale digital gewandelt werden können, somit primär von deren Signal-Rausch-Verhältnis.

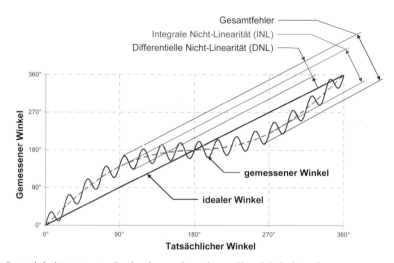

**Bild 3.2-7** Genauigkeitswerte von Drehgebern mit analoger Signal-Schnittstelle

Bei der *Genauigkeit* unterscheidet man mehrere Angaben. Der *Gesamtfehler* ist die maximale Abweichung eines Messwertes von seinem wahren Wert innerhalb einer Umdrehung. Bei Drehgebern mit analoger inkrementaler Schnittstelle wird noch unterschieden zwischen integraler und differentieller Nicht-Linearität. Die *integrale Nicht-Linearität* gibt die Messabweichung über eine volle Umdrehung wieder. Sie beschreibt eine Eigenschaft, die sich hauptsächlich auf die Genauigkeit eines Positionswertes bezieht und hat ihre Ursache meist im mechanischen Aufbau, wie beispielsweise der Exzentrizität der Codescheibe. Die *differentielle Nicht-Linearität* definiert die Abweichung innerhalb einer Sinus-/Cosinusperiode. Diese ist vor allem bei der Ableitung einer Drehzahlinformation aus der Positionsinformation relevant, da sie Ungenauigkeiten beschreibt, welche sich je Maßstabsperiode wiederholen, also eine vergleichsweise hohe Fehlerfrequenz in den Regler eintragen können. Die Ursache dieser Nichtlinearität liegt meist in der unvollkommenen Kalibrierung von Signaloffsets und -amplituden, der Phasenbeziehung von Sinus- zu Cosinussignal oder aus geringfügigen Schwankungen des Strichmusters. Bild 3.2-7 zeigt Details für die Genauigkeitsangaben von Drehgebern.

## 3.2 Sensoren für Winkel und Drehbewegung

Zu beachten ist, dass die Genauigkeit von Drehgebern nicht nur durch das Gerät selbst beeinflusst wird sondern auch durch die Anwendung. So können *Störungen* auf den Übertragungsleitungen zu sporadischen Fehlern führen. Auch die *Eingangsbeschaltung der Auswerteeinheit* kann, speziell bei Drehgebern mit analoger Schnittstelle, Fehler ins System einleiten. Sind die Signalpfade zueinander nicht optimal stimmig, so können dadurch erzeugte Offset-, Amplituden- oder Phasenfehler die Genauigkeit des Gesamtsystems reduzieren. Der mechanische Anbau des Drehgebers hat ebenso großen Einfluss auf die Genauigkeit der Messung.

**Einsatzgebiete**

Einsatzgebiete für Drehgeber gibt es unzählig viele: Überall dort, wo sich Achsen drehen oder rotative Bewegungen in lineare umgesetzt werden, kommen sie zum Einsatz. Als Beispiele sind zu nennen: In Servomotoren als Motorfeedback Systeme, im Maschinen- und Anlagenbau, in der Lager- und Fördertechnik, in Verpackungsmaschinen, der Robotik und Automation, in der Druck- und Papiertechnik, in Gießereimaschinen, der Automobilindustrie, in Aufzügen und im Bereich der erneuerbaren Energien. Welche Bauart an Drehgeber eingesetzt wird, hängt stark von der jeweiligen Anwendung ab.

Hochauflösende optische Drehgeber sind als Inkrementalgeber deshalb vorteilhaft, weil ihre Leistungsfähigkeit nur unwesentlich durch äußere Bedingungen, wie beispielsweise Temperatur, beeinflusst wird. Dies liegt ursächlich daran, dass bei optischen Drehgebern, die hohen Auflösungen physikalisch in der Maßverkörperung vorliegen, Offset- und/oder Amplitudenänderungen damit fast ohne Auswirkung bleiben.

Bei absoluten Drehgebern tritt die schnelle, echtzeitfähige und dennoch einfache Schnittstelle *SSI®* immer mehr in den Hintergrund, da heutzutage die bidirektionale Kommunikationsfähigkeit und Eigenschaften wie beispielsweise Diagnosefunktionen in den Vordergrund rücken. Hier kommen die üblichen Feldbusse zum Einsatz, in den letzten Jahren verstärkt solche, die auf *Industrial Ethernet* basieren. Speziell die letztgenannten Feldbusse stellen einen so großen Kostenblock dar, dass die für den Drehgeberkern verwendete Technologie den Komplettgerätepreis nur unwesentlich beeinflusst. Deshalb entscheidet sich der Anwender immer häufiger für die leistungsfähigeren optischen Drehgeber.

Ein wichtiges Einsatzgebiet für Drehgeber liegt innerhalb der Motorregelung. Drehgeber besonderer Bauart, sogenannte *Motorfeedback Systeme* werden direkt in einen *Servomotor* eingebaut. Aus dem (Echtzeit-)Positionssignal werden alle für die klassische Kaskadenregelung notwendigen Informationen, d. h. Position, Drehzahl und Kommutierung abgeleitet (Bild 3.2-8).

Bei der Regelung hochdynamischer Servomotoren steht vor allem die Drehzahlmessung im Vordergrund. Der Drehzahlregelkreis wird oft mit Zykluszeiten von 62,5 µs betrieben. Diese kurze Zykluszeit verschärft die Anforderungen an die Drehzahlauflösung. Um eine Umdrehung pro Minute (Upm) aufzulösen, bedarf es schon mindestens einer Positionsauflösung von 20 Bit. Damit wird auch klar, dass die anspruchsvolle Antriebstechnik die Domäne optischer Drehgeber ist. Weitere Anforderungen in diesem Anwendungsbereich sind:

- hoher Betriebstemperaturbereich bis nahe 150 °C,
- hohe Schock- und Vibrationsbelastung von 50 g und mehr,
- hohe Drehzahlen bis über 12.000 Upm,
- Verschmutzungsrisiko, beispielsweise durch Bremsstaub,
- Risiko der Kondensationsnässe.

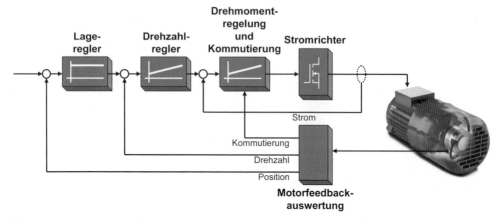

**Bild 3.2-8**  Servomotor mit Kaskadenregelung und eingebautem Motorfeedback System

Traditionell kamen früher Resolver zum Einsatz, welche jedoch heute aufgrund ihres Totzeitverhaltens einerseits und der geringen Genauigkeit/Auflösung andererseits nur noch für Servoantriebe im unteren Leistungsbereich zum Einsatz kommen. Bei optischen Drehgebern wirkt sich vor allem der eingeschränkte Temperaturbereich von max. 120 °C limitierend aus. Diese Grenztemperatur wird zusätzlich dadurch beeinflusst, dass die bei hochwertigen optischen Drehgebern notwendigen Kugellager bei höheren Drehzahlen zusätzliche Wärme ins Gerät einbringen. Abgedichtete Lager können deshalb zumeist nicht verwendet werden, was wiederum das Verschmutzungsrisiko erhöht. Die hohe Vibrationsfestigkeit kann mittlerweile durch Vermeidung relevanter Resonanzfrequenzen oder durch Einsatz von Codescheiben aus Nickel realisiert werden.

Antriebssysteme mit Motorfeedback System benötigen zwei Leitungsstränge. Der eine dient zur Übertragung der elektrischen Leistung an den Motor, der andere für die Anbindung des Motorfeedback Systems (Spannungsversorgung, Datenaustausch). Klassisch werden diese beiden Stränge als zwei separate Kabel zwischen Umrichter und Servomotor verlegt, was ein hoher Kostenfaktor ist und hohe Anforderungen an die Kabelführung stellt. Neue Entwicklungen erlauben die Kombination des Leistungsstrangs und des Strangs für das Motorfeedback System in einem Kabel. Die Einkabeltechnologie basierend auf HiperfaceDSL® ist dabei Vorreiter. Hier werden zwei geschirmte Adern in das eine verbleibende hybride Leistungskabel eingebracht (siehe Bild 3.2-9).

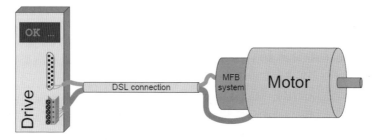

**Bild 3.2-9**  Servo-Antriebssystem mit Einkabeltechnologie basierend auf HiperfaceDSL®

## 3.2 Sensoren für Winkel und Drehbewegung

Verstärkt findet der sogenannte „sensorless" Ansatz den Weg aus der Wissenschaft in die Industrialisierung. Ziel hierbei ist es, das Motorfeedback System aus dem Antrieb zu entfernen und die Information zur Kommutierung und Drehzahlregelung des Motors durch Strom- und Spannungsmessungen, gepaart mit anspruchsvoller Algorithmik, zu ersetzen. Verschiedene Methologien kommen hier zum Einsatz. Weit verbreitet ist die Messung der elektrischen Gegenspannung eines sich drehenden Motors. Bei einer anderen Methode werden Signale in die Wicklung des Motors eingeprägt und die Rückwirkung dieser erfasst. Somit wird der Motor auch wie ein Resolver eingesetzt. Diese „sensorless" (besser „encoderless") Ansätze haben aber nur einen beschränkten Funktionsumfang gegenüber Servosystemen mit Motorfeedback System und reichen auch nicht an deren Güte heran. Oft erfordert eine Anwendung, dass nicht nur auf eine Umdrehung die Winkellage absolut erfasst werden kann, sondern über mehrere. Insbesondere, wenn eine rotative Bewegung mechanisch in eine lineare umgesetzt wird, ist diese Erweiterung zwingend erforderlich. Für sogenannte *Multiturn-Drehgeber* wird der Singleturn-Drehgeber mit einer zusätzlichen Technologie für die Multiturn-Erweiterung kombiniert. Eine gängige Kombination ist dadurch realisiert, dass mehrere Maßstäbe mittels einer oder mehrerer Untersetzungsgetriebestufen miteinander verbunden sind, wobei die erste Getriebestufe an die Drehgeberwelle ankoppel. Diese Maßverkörperungen sind meist optische oder magnetische (Bild 3.2-10).

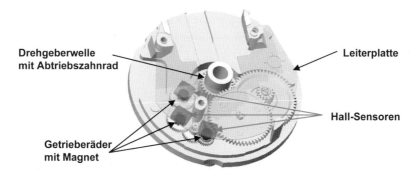

**Bild 3.2-10**   Multiturn-Drehgeber mit Magnet-behafteten Getriebestufen

Getriebebasierende Multiturn-Drehgeber sind *absolut kodiert*, d. h. zu jeder Zeit kann eine Absolutposition gebildet werden, ohne dass das System auf die Vergangenheit angewiesen ist. Im Gegensatz dazu stehen *absolut zählende* Systeme, welche beim Initialisieren des Drehgebers die Absolutposition einmalig bilden und von dort aus, basierend auf der Singleturn-Information, umdrehungszählend weiter arbeiten. Bei diesem Ansatz wird der Singleturn-Drehgeber mit einer Batterie, einem Reedkontakt, oder einem Wiegand-Draht-Sensor kombiniert, um nur einige mögliche Technologien zu nennen.

Eine Spezialvariante für Drehgeber sind *Seilzug-Drehgeber*. Bei diesen werden Inkremental- oder Multiturn-Drehgeber mit einem Seilzugmechanismus kombiniert. Ein Seil wird auf eine Trommel aufgewickelt. Die Trommel ist zum einen axial mit der Drehgeberwelle verbunden und zum anderen über eine Rückhaltefeder mit dem Gehäuse, wodurch das Seil gespannt wird. Das freie Ende des Seiles wird an ein bewegtes Objekt angebracht, eventuell auch über Umlenkrollen. Somit kann sehr einfach eine lineare Bewegung gemessen werden. Seilzug-Drehgeber gibt es für kurze Längen aber auch für Anwendungen mit Messlängen von mehreren Dutzend Metern.

## 3.2.1 Optische Drehgeber

Technisch höchst anspruchsvolle Drehgeber in Bezug auf *hohe Auflösungen* und *Genauigkeiten* verwenden optische Abtastungen. Die Mehrzahl der Drehgeber verwendet *Strichscheiben* mit abbildenden Optiken; bei sehr hohen Auflösungen kommen auch auf Diffraktion basierende Systeme (Beugungsgitter) zum Einsatz. Bild 3.2-11 zeigt den Aufbau eines eigengelagerten optischen Drehgebers.

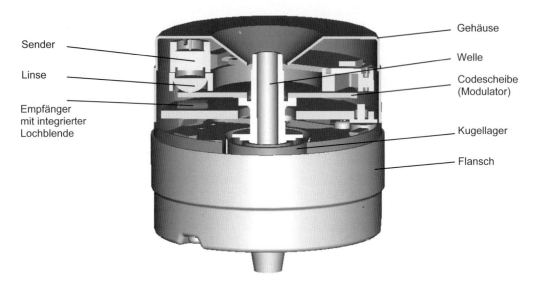

**Bild 3.2-11** Aufbau eines eigengelagerten optischen Drehgebers (Werkfoto: SICK STEGMANN GMBH)

### 3.2.1.1 Physikalische Prinzipien

#### Drehgeber mit abbildender Optik

Am Häufigsten wird die *Abbildungsoptik* als Abtastprinzip verwendet. Dabei wird mittels einer Lichtquelle ein auf einer Codescheibe befindliches Hell-Dunkel-Muster 1:1 auf einen fotoelektrischen Empfänger projiziert (Bild 3.2-12).

Zur vereinfachten Auswertung wird üblicherweise jedem Spursignal der Codescheibe ein Empfängerelement zugeordnet, das in Form und Größe mit der Spur selbst übereinstimmt. Häufig werden auch zusätzliche Blenden verwendet, welche die exakte Größe einnehmen, oder sogar so angepasst sind, dass bestimmte Fehleranteile im Signal (z. B. durch Beugung) kompensiert werden.

Wichtige Merkmale dieses Prinzips sind:

- Im Vergleich zu anderen optischen Prinzipien *hohe mechanische Toleranzen* zulässig.
- Vergleichsweise *geringe Auflösung*.
- Strukturgrößen üblicherweise nicht unter 10 μm.

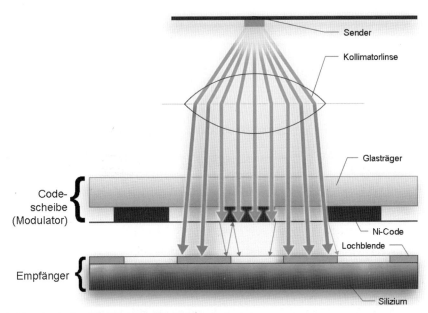

**Bild 3.2-12** Prinzip der Abbildungsoptik als Abtastprinzip

- Je kleiner die Strukturen, desto besser müssen *Randbedingungen* eingehalten werden, wie
  - Geringe Abstände zwischen Codescheibe und Empfänger,
  - Geringe Abstandstoleranzen und
  - Parallelität des Lichts.

Weiterhin gehen Effekte wie Beugung und Reflektion stark in die Signalgüte ein.

Die Abbildung kann auch auf einen *neutralen Sensor* geschehen, der in seiner Form nicht an die optischen Strukturen der Codescheibe angepasst ist (z. B. ein pixelbasierter Kamerasensor). Dieses Verfahren benötigt *aufwändige Algorithmik* und *hohe Rechenleistung*, da das Codemuster aus der Bildinformation rekonstruiert werden muss. Der Preisverfall im Bereich von Mikroprozessoren und FPGA (Field programmable gate array) erlaubt es aber, dieses Prinzip auch im industriellen Umfeld umzusetzen.

### *Drehgeber unter Ausnutzung des Moiré-Effekts*

Die im vorigen Abschnitt beschriebenen Strukturen können durch Ausnutzung des *Moiré-Effekts optisch vergrößert* und damit *höher aufgelöst* werden. Verdreht man zwei aufeinanderliegende Gitter mit demselben Gitterabstand g um einen Winkel δ, so entstehen *Moiré-Streifen* (Bild 3.2.13). Für den Streifenabstand *d* gilt:

$$d = \frac{g}{2 \cdot \sin\frac{\delta}{2}} \approx \frac{g}{\delta}$$

Werden die Gitter in konstanter Winkellage zueinander verschoben, so wandern diese Streifen quer zur Bewegungsrichtung. Bei diesem Prinzip ist zu beachten, dass sich bereits bei geringfügigen Änderungen in der Verkippung der Gitter zueinander eine Änderung der Periodenlänge ergibt. Dadurch ist die Auswertung entsprechend aufwändig.

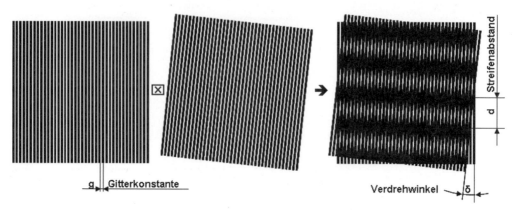

**Bild 3.2-13** Zustandekommen des Moiré-Effektes

*Drehgeber mit diffraktiver Optik*

Zur Erreichung *höchster Auflösungen* bis in die Größenordnung *weniger nm* wird das optische *Beugungsprinzip* verwendet. Als Maßverkörperung dienen sogenannte Beugungsgitter mit Gitterkonstanten im Bereich weniger µm. Bei der Beugung am Beugungsgitter erfährt der Lichtstrahl eine Ablenkung (Beugungsordnungen ≠ 0) und eine positionsabhängige Phasenverschiebung.

Wird ein Strahl kohärenten Lichts in zwei Teilstrahlen aufgeteilt und nach Durchlaufen unterschiedlicher optischer Pfade wieder überlagert, so entsteht eine *Interferenz* und bei geeigneter optischer Anordnung ein Interferenzmuster (Bild 3.2-14). Die Interferenz wird hier also nur zur Messung der Phasenverschiebung verwendet, die *drehwinkelabhängige Modulation* resultiert jedoch aus der *Beugung*.

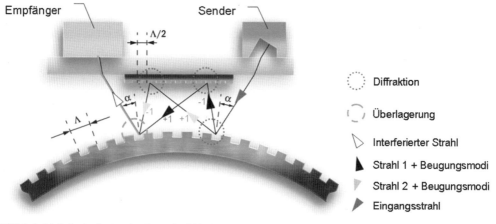

**Bild 3.2-14** Prinzip der Drehgeber mit diffrativer Optik

## 3.2.1.2 Aufbau optischer Drehgeber

### Anordnung

Bei optischen Drehgebern können Maßverkörperung, Sender und Empfänger sowohl in radialer als auch in axialer Richtung zueinander angeordnet sein. Meist liegt eine zur Codescheibe axiale Abtastung vor.

*Radial abgetastete* Systeme, bei denen die Codespur auf einem trommelförmigen Träger aufgebracht ist, sind im Prinzip nur für *reflexive Systeme* bekannt, bei denen Sender und Empfänger auf der gleichen Seite der Maßverkörperung gruppiert sind. Bei einfacheren Drehgebern besteht der Maßstab aus einem Band, welches auf einen zylinderförmigen Grundkörper aufgebracht wird. Die Genauigkeit wird hierbei durch die Stoß-Stelle am Umfang limitiert. Hochwertige Systeme werden direkt auf dem Grundkörper hergestellt (z. B. Laserablation oder Laserbelichtung).

Optische Drehgeber sind teilweise auch *lagerlos* verfügbar. Speziell hochaufgelöste Drehgeber erfordern allerdings hohe Präzision, gute Rundlaufeigenschaften der Welle, die Einhaltung geringer Toleranzen sowie Sorgfalt und Erfahrung bei der Montage. Diese Systeme werden hauptsächlich bei Drehgebern geringer Auslösung oder bei großen Hohlwellendurchmessern eingesetzt.

### Lichtquelle

Im Bereich optischer Drehgeber werden zumeist auf *GaAs* basierende *LED* eingesetzt. Diese LED emittieren infrarotes (IR) Licht (etwa 880 nm). Dies ist in mehrfacher Hinsicht vorteilhaft:

- Sensoren auf Si-Basis haben hier die höchste spektrale Empfindlichkeit.
- Die Sender müssen deshalb nur mit geringer Leistung betrieben werden, was die Lebensdauer erhöht.
- Die auf IR ausgelegte Sensorik wird durch Tageslicht nur wenig beeinflusst.

In Drehgebern mit abbildender Optik wird zumeist eine Kollimatorlinse zur Formung eines parallelen Lichtbündels eingesetzt, damit das Codemuster möglichst ohne Abbildungsfehler auf dem Empfänger abgebildet wird (Bild 3.2-15). Die Auslegung auf paralleles Licht bedingt, je nach zu beleuchtender Fläche, eine vergleichsweise große Baulänge in Richtung der optischen Achse. Speziell bei *absolut codierten Drehgebern* sind deshalb kleine Strukturen und kompakte Codeformen, wie beispielsweise der *PRC* (Pseudo-Random-Code) vorteilhaft (siehe auch Bild 3.2-18). Die Linsen selbst sind teilweise Bestandteil der käuflichen LED.

In Ausnahmenfällen werden auch möglichst punktförmige Strahler verwendet. Die Geometrien von Codescheibe und Empfänger sind dann gemäß Strahlengang aufeinander abgestimmt. Nachteilig ist hierbei die Empfindlichkeit auf Abstandsänderungen zwischen Codescheibe und Empfänger.

Als weitere Leuchtquelle kommen Laserdioden zum Einsatz. Dies vor allem dort, wo die Kohärenz des Strahls prinzipbedingt vorausgesetzt wird: bei den oben beschriebenen, auf Diffraktion und nachfolgender Interferenz beruhenden Prinzipien.

Nachteilig ist, dass der Betriebsstrom einer Laserdiode deutlich höher liegt, was teilweise durch den gepulsten Betrieb aufgefangen wird.

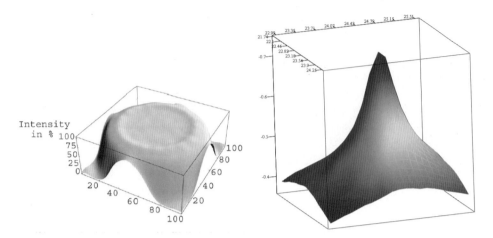

**Bild 3.2-15** Strahlcharakteristik(relative. Lichtintensität) einer LED mit und ohne Kollimatorlinse

*Codescheibe*

Für Codescheiben stehen im Drehgeberbereich hauptsächlich drei Basismaterialien zur Auswahl:

1. transparenter Kunststoff, Metall oder Glas.
2. Im Bereich der abbildenden Drehgeber müssen auf dem Träger Hell- und Dunkelfelder, d. h. transparente und intransparente bzw. reflektierende und absorbierende Flächen aufgebracht werden.
3. Bei Glas- und Kunststoff wird hierzu eine einseitige Chrom-Schicht aufgebracht, darüber ein lichtempfindlicher Lack aufgetragen, das Codemuster belichtet und anschließend die Chromschicht in einem nasschemischen Prozess strukturiert.

Kunststoffscheiben sind aufgrund der einfachen Verarbeitung und Handhabung günstiger als Glasscheiben. Sie werden jedoch meist nur bei niederen Strichzahlen und leichten Einsatzbedingungen verwendet, da deren ausreichende thermische Stabilität und optische Homogenität nicht einfach zu erreichen ist.

Bei Glasscheiben wiederum sind in der Konstruktion geeignete Maßnahmen zu treffen, um Scheibenbruch bei hohem Schock und/oder Vibrationen zu vermeiden.

Bei metallischen Scheiben, zumeist galvanisch aus Nickel (Ni) hergestellt, sind die Funktionen Maßverkörperung und Träger in einem Material, in einem Prozess verwirklicht. Im Unterschied zur Beschichtung sind hier relativ dicke Schichten (bis zu 100 µm) zu strukturieren. Bis vor wenigen Jahren wurden Ni-Codescheiben deshalb nur im Bereich niederer Auflösung verwendet (bis etwa 1.024 Striche/Umdrehung). Die Weiterentwicklung und Optimierung der galvanischen Prozesse erlaubt es inzwischen, sehr homogene Codescheiben für hochauflösende Drehgeber herzustellen.

Bei der galvanischen Strukturierung lassen sich zwei Hauptverfahren unterscheiden: die *abtragende*, bei dem die späteren Schlitze *freigeätzt* (Etching) werden und die *aufwachsende* (Electroforming), bei denen die Stege im Ni-Bad abgeschieden werden (Bild 3.2-16).

Neben der Bruchfestigkeit ist vor allem die Möglichkeit selbstzentrierender Metallcodescheiben ein markanter Vorteil gegenüber Glasscheiben.

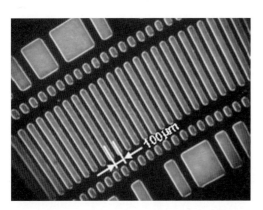 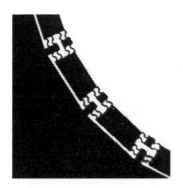

**Bild 3.2-16** Elektroformierte Federstruktur am Innendurchmesser (galvanisch aufgewachsene) Ni-Codescheibe zur Selbstzentrierung (Werkfotos: SICK STEGMANN GMBH)

Im Bereich *diffraktiver Optik* werden *mikrostrukturierte Scheiben* aus Metall oder Kunststoff eingesetzt. Die Strukturtiefen und -breiten liegen dabei ungefähr im Bereich der Wellenlänge des verwendeten Lichts. Die Strukturen werden entweder durch mikromechanische Verfahren, wie beispielsweise Mikro-Diamantfräsen oder Laser-Ablation, oder durch lithografische Verfahren erzeugt. Kunststoff-Scheiben lassen sich außerdem im Heißprägeverfahren oder per Mikrospritzguss herstellen.

*Empfänger*

Für einfache Inkrementalgeber werden *einfache Diodenstrukturen* mit zusätzlichen *Blech-Lochblenden* verwendet. Die Lochblende lässt sich einfach und günstig an die Strichzahl/Strukturgröße der Codescheibe anpassen (Bild 3.2-17).

**Bild 3.2-17** Beispiel eines einfachen Opto-Abtasters (Quelle: OPTOLAB) mit Lochblende und zugehöriger Codescheibe (Quelle: SICK STEGMANN GMBH)

Für Inkrementaldrehgeber mit Quadratur-Ausgang dienen rechteckige Schlitze als Lochblende; bei Sinusgebern werden $sin^2$-ähnliche Formen verwendet. Bei komplexeren *Opto-ASICs* (Application Specific Integrated Circuit) muss die Blende meist nicht mehr als separater Prozess auf dem Empfänger ausgerichtet und verklebt werden, sondern ist direkt in der Metallisierungsmaske realisiert (Bild 3.2-17).

Die verwendeten ASICs beinhalten außerdem den Signalabgleich (Offset, Amplitude), die Signalaufbereitung (AD-Wandler, Komparatoren, Arctan-/Berechnung), sowie teilweise Überwachungs- und Fehlererkennungsfunktionen für den zuverlässigen Betrieb von Drehgebern.

Die Erfassung des absoluten Codemusters wird üblicherweise mit nur einem Sender realisiert. Für die sichere Codelesung wird jedoch eine möglichst gleichmäßige Ausleuchtung benötigt. Traditionelle Anordnungen radialer Spuren unterschiedlicher Periodizität (Bild 3.2-18, re.) haben ein ungünstiges Längen-Seiten-Verhältnis. Besonders vorteilhaft ist die tangentiale Anordnung des Codemusters als Pseudo-Random-Code (Bild 3.2-18, li.), da eine nahezu runde Fläche auszuleuchten ist.

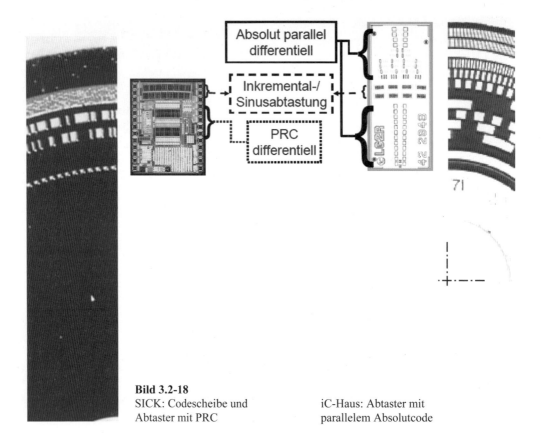

**Bild 3.2-18**
SICK: Codescheibe und
Abtaster mit PRC

iC-Haus: Abtaster mit
parallelem Absolutcode

Häufig ist in den Opto-ASICs zusätzlich eine Senderstromregelung integriert, welche die eintreffende Lichtmenge über Temperatur, Alterung und Verschmutzung konstant regelt und so den Arbeitspunkt der Empfängerschaltung stabilisiert.

Die Lichtmenge wird dabei entweder über eine separate Spur erfasst, oder aus dem Gleichlichtanteil oder der Vektorlänge ($\sin^2+\cos^2$) der Inkrementalsignale ermittelt.

### 3.2.1.3 Besondere Eigenschaften optischer Drehgeber

*Einsatzbedingungen*

Durch ihre hohe Auflösung und die sehr geringen Totzeiten werden optische Drehgeber vor allem für Einsätze höchster Präzision und Leistung eingesetzt (z. B. als Motorfeedback zur Drehzahlregelung von Servomotoren).

*Nichtlinearität*

An dieser Stelle lohnt es sich, auf die Begriffe integrale bzw. differenzielle Nichtlinearität einzugehen.

Die *integrale Nichtlinearität* beschreibt eine Eigenschaft, die sich hauptsächlich auf die *Genauigkeit* eines Positionswertes bezieht. Sie hat ihre Ursache meist im mechanischen Aufbau (z. B. Exzentrizität der Codescheibe).

Die *differenzielle Nichtlinearität* ist vor allem bei der *Ableitung der Drehzahlinformation* relevant, da sie Ungenauigkeiten beschreibt, welche sich je Maßstabsperiode wiederholen. Damit kann eine vergleichsweise hohe Fehlerfrequenz in den Regler gelangen. Die Ursache dieser Nichtlinearität liegt meist in der unvollkommenen Kalibrierung von Signaloffsets und – amplituden oder aus geringfügigen Schwankungen des Strichmusters. Bei Inkrementalgebern fließen diese Nichtlinearitäten in die Spezifikationsgröße „*Jitter*" ein.

*Allgemeiner Maschinenbau und Automatisierungstechnik*

In diesem Anwendungsbereich werden die technischen Anforderungen bezüglich Auflösung und Genauigkeit häufig durch niederpreisige Systeme erfüllt (z. B. magnetische Abtastungen). Im Bereich der Inkrementalgeber sind hochauflösende optische Drehgeber deshalb vorteilhaft, weil ihre Leistungsfähigkeit nur unwesentlich durch äußere Bedingungen beeinflusst wird (z. B. Temperatur). Dies liegt daran, dass bei optischen Drehgebern die hohen Auflösungen physikalisch in der Maßverkörperung vorliegen, weshalb Offset- und/oder Amplitudenveränderungen fast ohne Auswirkung bleiben.

*Lebensdauer*

Durch die begrenzte Haltbarkeit des Kugellagerfetts wird das Kugellager geschädigt, was zu einem Ausfall der Drehgeber führt. Will man die zu erwartende Lebensdauer genauer bestimmen, so müssen die genauen Einsatzbedingungen, vor allem die Betriebstemperatur, aber auch das Bewegungsprofil, die Drehzahlen oder die Lagerbelastungen bekannt sein. Generelle Aussagen zur Lebensdauer lassen sich deshalb nur schwer ableiten. Häufig können jedoch mehrere 10.000 Betriebsstunden realisiert werden.

Noch vor wenigen Jahren war(en) die Lichtquelle(n) eine der Hauptausfallursachen, speziell bei Absolut-Drehgebern. Dies kann heutzutage nahezu ausgeschlossen werden, da zusammen mit den eingesetzten ASICs meist nur noch eine Lichtquelle benötigt wird und diese aufgrund der hochsensitiven Empfänger auch mit nur geringer Leistung betrieben wird. Alterung und Temperaturabhängigkeit der LED sowie gleichmäßige Verschmutzungen der Codescheibe werden mit Hilfe der vorher gezeigten Senderregelung kompensiert.

## 3.2.2 Magnetisch codierter Drehgeber

In Kapitel 3.1.6 wurde die Funktionsweise von magnetisch codierten Mess-Systemen bei Linearbewegungen beschrieben. In diesem Kapitel wird eine rotative Messung näher betrachtet. Mit diesem Prinzip lassen sich sehr einfach kleine, kompakte Drehgeber aufbauen, die gleichzeitig sehr robust gegen Verschmutzung sind. Je nach Applikation bieten sich verschiedene Varianten des runden Maßkörpers an.

Bei linearen Bewegungen handelt es sich um ein Messverhalten, das nicht vom Abstand zwischen Maßkörper und Sensorkopf abhängig ist. Bild 3.2-19 zeigt das Prinzip. Der Sensor ist genau auf die Polbreite P abgestimmt. Die Polbreite ändert sich nicht mit dem Luftspalt, dem Abstand zwischen dem Sensor und dem Maßkörper. Sie bleibt konstant.

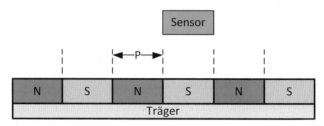

**Bild 3.2-19** Magnetfelder bei linearem Maßkörper

Im Gegensatz zu Linearbewegungen treten beim Messen von Drehbewegungen, speziell Drehwinkeln, verschiedene Effekte auf, die bei der Messung berücksichtigt werden müssen. Der Anwender muss sich darüber im Klaren sein und seinen Messaufbau bzw. die Applikation entsprechend wählen.

**Tabelle 3.2-2** Vergleich aufmagnetisierter Ring zu linearem Maßkörper auf runder Oberfläche

|  | Realisierung der Winkelmessung | |
| --- | --- | --- |
| Prinzip | Ring aufmagnetisiert | Linearer Maßkörper auf runder Oberfläche (konvex, konkav). |
| Magnetisierung | Jeder Pol hat eine bestimmte Bogenlänge (Winkel). | Jeder Pol hat eine konstante Länge. |
| Wichtigste Einflussgrößen auf die Messgenauigkeit | Unterschied des Mittelpunktes beim Magnetisieren und im Betrieb Luftspalt | Effektiver Radius, Abstand zwischen Drehachse und neutraler Faser des Maßkörperträgermaterials Luftspalt. |
| Bewegungsbereich | > 360° | < 360° mit normaler Genauigkeit<br>> 360°, wenn auf Genauigkeitsanforderungen verzichtet werden kann. |
| Mechanische Stabilität | Gut | Enden des Maßkörpers sollten mechanisch fixiert sein. |

## 3.2 Sensoren für Winkel und Drehbewegung

In Tabelle 3.2-2 sind einige wichtige Eigenschaften runder Maßkörperkonzepte zusammengestellt. Bei einem magnetisierten Ring hat jeder Pol eine bestimmte Bogenlänge. Diese Bogenlänge wird so gewählt, dass bei einem definierten Luftspalt im aktiven Bereich des Sensors die Pollänge genau der Pollänge entspricht, für die der Sensor ausgelegt ist. Dies ist bei einem linearen Maßkörper, der auf dem Umfang angebracht ist, nicht möglich. Seine Polbreite entspricht nur bei einer linearen Applikation oder bei sehr großen Radien exakt der Polbreite, für die der Sensor ausgelegt ist. Den Zusammenhang kann man in Bild 3.2-20 erkennen: Die *Polbreite P* wird mit steigendem Luftspalt bei einer konvexen Applikation zwischen Sensorkopf und Maßkörper *größer*.

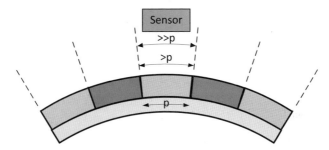

**Bild 3.2-20** Magnetfelder bei radial gebogenem Maßkörper

Diese Polbreite im aktiven Bereich des Sensors wird im Folgenden als *effektive magnetische Polbreite* bezeichnet.

Bei der Montage auf der runden Oberfläche wird der Maßkörper um die neutrale Faser des (Stahl-)Trägermaterials verformt. Die Magnetpole werden je nach konvexer oder konkaver Biegerichtung größer oder kleiner. Entsprechend verhalten sich die Magnetfelder. Es entsteht im Sensor, der auf eine feste Polbreite angepasst ist, eine zusätzliche *Linearitätsabweichung* innerhalb jedes Pols. Diese Linearitätsabweichung ist umso *größer*, je *größer* der *Luftspalt* und je *kleiner* der *Biegeradius* ist. Die Anzahl der Impulse bei einer vollen Umdrehung ist davon jedoch nicht beeinflusst; denn der Sensor interpretiert jeden Pol beispielsweise als 1.000 Inkremente. Solange die Magnetfelder richtig erkannt werden, ist die Anzahl der Inkremente je Umdrehung trotzdem konstant, da sich die Anzahl der Pole nicht geändert hat.

Wenn mit dieser Applikation der *Drehwinkel* einer Achse bestimmt wird, geschieht dies über den *Weg*, der an der Oberfläche gemessen wird. Auf den Drehwinkel kann über den Radius geschlossen werden. Je größer der Radius, um so höher die erreichbare Genauigkeit für den Drehwinkel. Nachdem sich der Weg an der Oberfläche mit einer Genauigkeit von einigen Zig-µm reproduzierbar messen lässt, lässt sich der effektive Radius (von der Drehachse zur neutralen Faser des Trägermaterials) nur mit großem Aufwand mit einer reproduzierbaren Genauigkeit von einigen zig µm fertigen. Die erreichbare reproduzierbare Genauigkeit des Radius ist eine wichtige Einflussgröße für die Genauigkeit des gemessenen Drehwinkels.

Andere Verhältnisse stellen sich ein, wenn der Maßkörper zuerst auf einer gebogenen Oberfläche angebracht und anschließend winkelgenau magnetisiert wird. Dann kann die *Polbreite* in weiten Grenzen exakt auf die vom Sensor erwartete Polbreite bei entsprechendem Luftspalt *angepasst* werden. Mit der Anzahl der Polpaare auf dem Umfang und dem geplanten Luftspalt ergibt sich der Radius und die *rechnerische Polbreite/Bogenwinkel*, mit der das Material magnetisiert wird. Sie wird so gewählt, dass sich am Sensor mit einem definierten Luftspalt genau die erwartete Polbreite einstellt. Je nach konvexer oder konkaver Wölbung ist die physikalische Polbreite an der Oberfläche größer oder kleiner als diese. Mit dieser Dimensionierung stellt sich eine minimale Linearitätsabweichung ein.

Eine weitere wichtige Einflussgröße auf die Genauigkeit ist bei einem magnetisierten Ring der Unterschied der Achse, um die der Ring aufmagnetisiert wurde, und die Achse, auf der er betrieben wird. Dieser Effekt tritt besonders bei den Ringen auf, die große Toleranzen beispielsweise des Innendurchmessers aufweisen (z. B. preiswerte Keramikringe). Bei Ringen kleiner Toleranz (z. B. Passungen) braucht man diesen Effekt nicht zu beachten. In Bild 3.2-21 ist sehr vereinfacht und stark übertrieben die Auswirkung von verschiedenen Achsen beim Magnetisieren und beim Messen dargestellt.

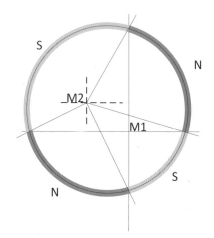

**Bild 3.2-21**
Magnetringes mit unterschiedlichen Magnetisierungs- und Betriebsachsen

Ein Magnetring sei um die Achse M1 mit zwei Polpaaren, magnetisiert. Jeder Pol hat beim Magnetisieren ein Bogenmaß von 90°. Wenn sich der Ring bei der Montage um die Achse M2 dreht, sind die gemessenen Bogenmaße nicht mehr 90°. Der Sensor interpretiert jeden Pol beispielsweise mit 1.000 Inkrementen. Im Vergleich zu idealen Verhältnissen sind die Inkremente im Bereich des Südpols links oben zu groß, im Bereich des Südpols rechts unten zu gering. Es stellt sich wieder ein Messfehler ein. Die Anzahl der Inkremente je Umdrehung ist jedoch richtig.

Wenn ein linearer Maßkörper über 360° auf einem Umfang angebracht wird, müssen auch die Effekte an der Stoßstelle der beiden Maßkörperenden beachtet werden. Grundsätzlich muss der Umfang des Rings so gewählt sein, dass er einem Vielfachen der Polpaare entspricht. Ansonsten hätte der Pol über die Stoßstelle eine abweichende Breite. Er sei beispielsweise statt 5 mm nur 4 mm breit. Im Beispiel interpretiert der Sensor jeden Pol als eine Länge von 5 mm und macht daraus durch Interpolation 1.000 Inkremente. Im Bereich der Stoßstelle werden nun Inkremente nicht auf 5 µm sondern auf einer Länge von 4 µm ausgegeben.

Auf die Gesamtanzahl Inkremente je Umdrehung hat dieser Effekt glücklicherweise keinen Einfluss, sie ist nur von der Anzahl der Polpaare abhängig. Es spielt dafür keine Rolle, wenn ein Pol eine abweichende Breite hat. Wohl aber besteht ein Einfluss auf die gemessene *Verfahrgeschwindigkeit*. Dies ist in Bild 3.2-22 dargestellt. Im Bereich der Stoßstelle, zwischen den Maßkörperenden G1 und G2 gibt es bei obigem Beispiel eine Abweichung (Bleibende

LA) beim gemessenen Weg. S_ist sei 4 mm, S_mess sei 5 mm. Die gestrichelten Kurven entsprechen dem idealen Zusammenhang der Messung (gemessener Weg über dem tatsächlichen physikalischen Weg). Die durchgezogene Kurve stellt den gemessenen Weg mit der Linearitätsabweichung dar. Die Steigung der Kurve entspricht der *gemessenen Verfahrgeschwindigkeit*. Im Bereich von G1 und G2 ist diese konstant, im Bereich zwischen G1 und G2 erscheint sie erhöht. Dies ist durch das strich-punktierte Dreieck dargestellt. (1.000 Inkremente werden hier über 4 mm ausgegeben).

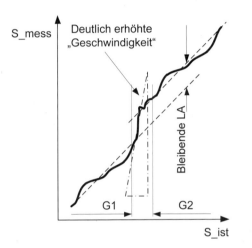

**Bild 3.2-22**
Verhältnisse an der Stoßstelle bei einem linearen Maßkörper der über 360° angebracht ist

Die maximale Verfahrgeschwindigkeit des Mess-Systems ist durch den Weg je Inkrement und den minimalen Flankenabstand (minimale Zeit je Inkrement) definiert (vgl. Kapitel 3.2.7). Bei Geschwindigkeiten die darüber liegen kann es nämlich passieren dass Impulse verloren gehen. Besondere Gefahr besteht nach obigen Ausführungen im Bereich der Stoßstelle. Es fehlen dann die Inkremente eines ganzen Pols (z. B. 1.000). Eine einfache Prüfung besteht darin eine Position auf G1 zu markieren und den Bereich der Stoßstelle schnell in Vorwärtsrichtung und anschließend langsam in Rückwärtsrichtung zu durchfahren. Ist dann an der gleichen Position die gemessene Position identisch, sind die Verhältnisse in der Applikation für diesen Effekt hinreichend gut.

Ein weiterer Effekt für die Genauigkeit im Bereich der Stoßstelle liegt in der Verformung des magnetischen Materials beim Trennen des Maßkörpers.

Können all diese Effekte toleriert werden, spricht nichts gegen eine Messung über 360° mit einem auf einen Ring aufgeklebten linearen Maßkörper. Dann muss nur noch sichergestellt werden, dass der Maßkörper, insbesondere im Bereich der Stoßstelle, gut fixiert ist.

*Anwendungen*

Im Folgenden werden einige Beispiele für das magnetische Mess-System beschrieben. Bild 3.2-23 zeigt eine lineare und rotative Anwendung. Bei der linearen Bewegung sind zusätzlich Endschaltermagnete angebracht.

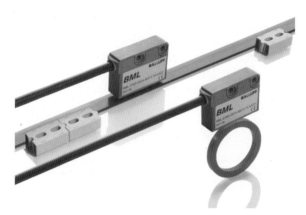

**Bild 3.2-23** Bild eines Sensorkopfes mit linearem und rundem Maßkörper

Bild 3.2-24 zeigt einen runden Maßkörper, der einen großen axialen Versatz bei der Messung erlaubt. Die Magnetpole mit einer Polbreite von 5 mm haben eine seitliche Ausdehnung von 30 mm. Die Pole sind mit einer Pole-Pitch-Display-Card sichtbar gemacht. Sie verdunkelt sich an den Polen und wird zwischen den Polen hell. Eine Applikation mit diesem Maßkörper ist in der Druckindustrie, bei der die Drehzahl einer Achse genau gemessen wird. Dabei kann sich die Achse um einige cm in axialer Richtung bewegen, ohne die Messung zu beeinflussen.

**Bild 3.2-24**
Bild eines Maßkörpers mit einer sehr breiten Polteilung, sichtbar gemacht durch eine Pole-Pitch-Display-Card

In Bild 3.2-25 ist eine Nabe abgebildet, bei der sich der Maßkörper am Umfang befindet. Diese Nabe wird im Handlingsbereich eingesetzt, bei der eine große Anzahl von Medien mit Schläuchen in den bewegten Bereich geführt werden muss. Der Durchmesser wurde hinsichtlich der geforderten Genauigkeit entsprechend groß gewählt (siehe Größenvergleich mit Kreditkarte). Der Maßkörper befindet sich im Bereich des Pfeils.

In Bild 3.2-26 ist eine Edelstahlschlauchschelle abgebildet, in der sich, durch die Schlauchschelle verdeckt, ein Maßkörper befindet. Seine Magnetfelder „schauen" durch die Schlauchschelle nach außen. Die Schlauchschelle lässt sich sehr einfach an einem Umfang befestigen. Mit einem Sensorkopf lässt sich die *Rotationsbewegung einer Achse* dann sehr einfach und genau erfassen. Bei der dargestellten Bauform können nur Bewegungen <360° gemessen werden. Falls sich die Befestigung seitlich des Maßkörpers befindet, lassen sich auch mechanische Be-

## 3.2 Sensoren für Winkel und Drehbewegung

wegungsbereiche >360° realisieren. Wie bereits erwähnt, ist jedoch die Stoßstelle des Maßkörpers messtechnisch problematisch. Bei Bewegungen, die >360° gemessen werden, ist eine Lösung mit einem geschlossenen Magnetring empfehlenswert.

**Bild 3.2-25** Bild eines Maßkörpers (Pfeil) auf einer großen Nabe (Werkfoto: Balluff GmbH)

**Bild 3.2-26** Maßkörper in einer Schlauchschelle (durch Schlauchschelle verdeckt) auf einer Welle montiert (Bild: Balluff GmbH)

### 3.2.3 Umdrehungszählende Winkelsensoren

#### *3.2.3.1 Allgemeines Funktionsprinzip und morphologische Beschreibung von Umdrehungen zählenden Winkelsensoren*

Eine häufig vorkommende Messaufgabe in industriellen Systemen ist das Messen mehrerer Umdrehungen mit folgenden zusätzlichen Anforderungen:

1. Die Information der Umdrehung darf bei einem Ausfall der Versorgungsspannung nicht verlorengehen.
2. Falls im stromlosen Zustand eine Verdrehung des Messobjektes auch über mehr als eine Umdrehung erfolgt, soll dies detektiert werden können.

Eine diese Anforderungen erfüllende Sensorik wird häufig auch *True-Power-On-Sensor* genannt, d. h., er zeigt beim Einschalten (Power On) immer die wahre Position (True) an.

Zur Lösung von umdrehungszählenden Systemen, welche diese Anforderungen nicht oder nur zum Teil erfüllen, gibt es viele unterschiedliche Lösungen. Diese wenden alle folgendes Prinzip an: Ein Sensor misst nur *eine Umdrehung* (oder Teile dessen). Bei jedem Übergang der Maßverkörperung zählt er dieser Übergang. Dies ist eine *inkrementelle Arbeitsweise*. Diese Information geht allerdings bei Spannungsverlust verloren.

Um diese Aufgabe mit einem *True-Power-On-Sensor* (TPO-Sensor) zu lösen, gibt es wenige Realisierungsmöglichkeiten speziell für Umdrehungszählungen, welche meist zusammen mit einer separaten *Singleturn-Sensorik* auch innerhalb einer Umdrehung Winkel hoch auflösend messen können.

**Tabelle 3.2-3** Morphologisches Baukastensystem von TPO Umdrehungszählern (Karo-Linie: Realisierungspfad des GMR-Mehrgangwinkelsensors von Novotechnik)

| Ausprägung, Funktion | Bekannte Ausführungen, Realisierungen | | | |
|---|---|---|---|---|
| 1. Geometrische Messgröße | Winkel (> 360° bzw. n · 360°) | | | |
| 2. Übertragungsprinzip | Mechanisch: Getriebe/Mitnahme | Magnetfeld | Optisch | Induktiv |
| 3. Detektion (bez. auf Umdrehungsinformation) | Erfassung Position untersetztes Zahnrad/Sekundärrad  Umwandlung Winkelinformation in Weginformation | z. B. mit Reedsensoren | GMR-Struktur  Erfassung: Domänenverschiebung -> Änderung von Widerständen einer Sensorstruktur  Weitergabe: Messung von Widerständen | Erzeugung eines Spannungspulses mittels: a) Spulenumwickelter Wieganddraht b) Spulenumgebene Blattfeder c) Spulenumgebener Klappmagnet |
| 4. Speicherung der Umdrehungsinformation | Stellung der Getriebeelemente | Dynamischer Speicher, gepuffert über Batterie | GMR-Struktur | FRAM |

Folgende Umsetzungen sind bekannt:
1. *Mechanisch* mittels Nutzung eines Getriebes oder anderer mechanischer Mitnahmen.
2. *Induktiv*: Die Detektion wird mit Energiegewinnung kombiniert.
3. *Inkrementelle* Detektion durch Batteriepufferung für Umdrehungsinformation.
4. Messung und Speicherung der Umdrehungsinformation mit einem neuartigen *GMR-System* (Tabelle 3.2-3).

### 3.2.3.2 Getriebebasierende Umdrehungszählverfahren

Eine sehr einfache Lösung ist ein Getriebe, das den gewünschten Winkelbereich n · 360 Grad auf 360 Grad abbildet. Speziell bei industriellen Anwendungen werden teilweise deutlich mehr als 10 Umdrehungen gefordert. Für diese Applikationen werden heute hauptsächlich *digitale Multiturndrehgeber* auf Encoderbasis mit einem mehrstufigen Getriebe eingesetzt, die üblicherweise eine Winkelauflösung von 12 Bit bis 18 Bit haben und bis zu 16.384 Umdrehungen (14 Bit) erfassen können. In Bild 3.2-27 ist ein solches Getriebe dargestellt. Es werden je nach Anforderung unterschiedliche Stufen des Getriebes positionsdetektiert.

Wollte man nur mit einer Winkelerfassung auskommen, so ist bei Getrieben nachteilig, dass die Auflösung entsprechend verringert wird und zudem über die Getriebestufen hinweg Hystereseeffekte auftreten.

Dieser Nachteil wird mit einem *Mehrgangpotenziometer* (Bild 3.2-28) einfach und kostengünstig beseitigt. Hier wird die Mehrgängigkeit dadurch erzeugt, dass die Maßverkörperung in

Form eines *helixförmigen Widerstandselementes* mehrere Umdrehungen abbildet. Der Schleifkontakt wird meist vom Widerstandselement selbst geführt und greift eine positionsabhängige Spannung ab. Ähnliche Ausführungen des gleichen Prinzips wandeln die Drehbewegung über eine *Spindel* in eine translatorische Bewegung um, welche anschließend potenziometrisch erfasst wird, oder es erfolgt eine Positionserfassung über einen beweglichen Magneten und einen fixen Hallsensor (Abschnitt 2.8) auf magnetischem Wege.

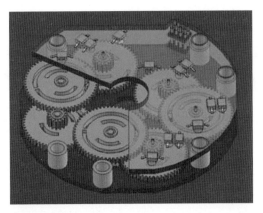

**Bild 3.2-27**
Mehrstufiges Getriebe zur Erfassung von Umdrehungen
(Werkfoto: Posital)

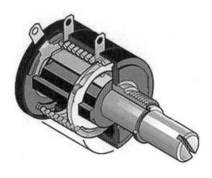

**Bild 3.2-28**
Mehrgangpotenziometer

In Anwendungen im Automobilbereich, wie beispielsweise der Erfassung des Lenkwinkels, kommt man mit deutlich weniger Umdrehungen aus. Die Umdrehungszahl beträgt bei Pkws und Lkws weniger als 8 Umdrehungen. Bild 3.2-29 zeigt eine Lösung, die das klassische *Noniusprinzip* verwendet. Die Positionen der Zahnräder m und m+1 werden beispielsweise mit 2 AMR-Winkelsensoren erfasst (AMR: Anisotrope Magneto Resistance; Abschnitt 2.3). Eine Auswerteschaltung errechnet den entsprechenden Winkelwert.

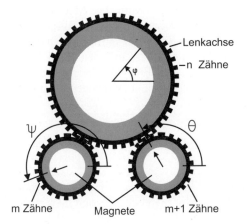

**Bild 3.2-29**
Multiturnwinkelsensor
(Werkfoto: Bosch)

Eine weitere Unterart für eine Getriebelösung ist das *Malteserkreuz-Getriebe* (Bild 3.2-30). Eine an der zu messenden Welle montierte Kurbel erzeugt für ein hiermit verbundenes Kreuz eine periodische, durch Raststellungen unterbrochene Drehbewegung. Die Abfrage des Malteserkreuzes kann nun mit sehr einfachen Mitteln wie beispielsweise Hall-Schaltern (Abschnitt 2.8) erfolgen. Auch mit dieser Variante sind Anwendungen beispielsweise bei Lenkwinkelsensoren möglich.

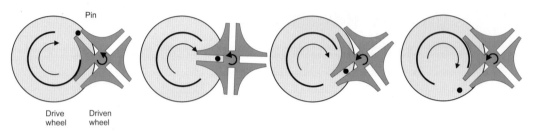

**Bild 3.2-30** Malteserkreuz-Getriebe (Quelle: Wikipedia)

### 3.2.3.3 Umdrehungszählverfahren auf induktiver Basis

Auch auf induktiver Basis (Abschnitt 2.5) können Umdrehungszähler arbeiten: Die Drehbewegung der Welle erzeugt als Generator elektrische Energie, um eine Zählelektronik zu versorgen, welche die Anzahl der Umdrehungen erfasst. Bei einer Drehzahl nahe Null scheitert allerdings diese Form der Energiegewinnung, da die generierte Spannung nicht ausreicht, um Halbleiterschaltungen zu versorgen. Ein Lösungsansatz, um auch bei langsamen Drehbewegungen ausreichend Energie zur Verfügung zu stellen, ist der Einsatz von *Wiegand-Sensoren*.

Kernstück eines Wiegand-Sensors ist ein *Wieganddraht*. Dieser Draht besteht aus einer ferromagnetischen Legierung, die durch eine spezielle Nachbehandlung eine äußere magnetisch harte Zone (*Schale*) und eine innere magnetisch weiche Zone (*Kern*) erhält. Mit einem kräftigen äußeren Magnetfeld in Drahtrichtung können Schale und Kern in gleicher Richtung magnetisiert werden. Die Magnetisierungsrichtung des magnetisch weichen Kerns kehrt sich um, wenn der Draht relativ schwach entgegengesetzt magnetisiert wird. Die Magnetisierungsrichtung der Schale bleibt unbeeinflusst. Bei Erhöhung der magnetischen Feldstärke kehrt sich auch die magnetische Polarität der Schale um. In einer Spule, die auf diesen Draht gewickelt ist, induziert das *Umklappen* der Magnetisierungsrichtung der einzelnen Bereiche des Wieganddrahtes einen *Spannungsimpuls*. Spannungshöhe und Energie dieses Impulses werden somit nicht von der Änderungsgeschwindigkeit des von außen einwirkenden Magnetfeldes beeinflusst.

Wird das den Wiegandsensor durchflutende Magnetfeld von einem *Permanentmagneten* erzeugt, der fest mit der Welle eines Drehgebers verbunden ist, erzeugt die *Drehung* der Welle eine *Umkehrung* der Magnetisierungsrichtung und damit der Spannungsimpulse. Diese werden genutzt, um eine Zählelektronik kurzeitig mit Energie zu versorgen. Das Kernstück der Zählelektronik ist ein nichtflüchtiger Speicher, in dem die Anzahl der erfolgten Umdrehungen gespeichert wird. Die Zählelektronik wertet die *Richtung* der Drehung aus und inkrementiert oder dekrementiert entsprechend der Drehrichtung die im Speicher gespeicherte Anzahl der Umdrehungen.

Die gesamte Energie, die für den Zähl- und Abspeichervorgang zur Verfügung steht, liegt in der Größenordnung von lediglich 100 nJ. Daher wurden Ideen zur Nutzung des Wiegandsensors als Teil der absoluten Positionserfassung von Drehgebern erst realisierbar mit der Entwicklung von entsprechend *energieeffizienten nichtflüchtigen Speichern*. Weitere Anforderungen an diese sind eine hohe Anzahl an Schreibzyklen und eine lange Datenerhaltzeit.

Oft werden in Drehgebern magnetische Singleturntechnologien gemeinsam mit dem Wiegandsensor-basierten Multiturnteil eingesetzt. Bei richtiger Auslegung (Bild 3.2-31) kann ein *einzelner Erregermagnet* genutzt werden, um sowohl die Winkelinformation für den Singleturnteil, als auch das Magnetfeld für den Betrieb des Wiegandsensors zu liefern.

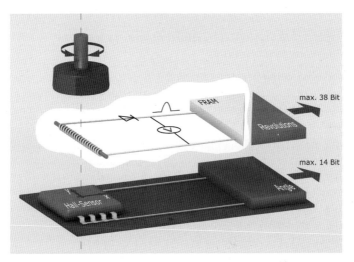

**Bild 3.2-31** Aufbau eines Sensorsystems mit Wiegand-Umdrehungserfassung (Werkfoto: Posital)

Die *Vorteile* der Wiegand-Technologie liegen in der rein *elektronischen Zählung* der Umdrehungen. Es werden außer dem drehenden Magneten keinerlei mechanisch bewegten Teile benötigt. Dadurch werden Wiegandsensor-basierte Drehgeber oft in Bereichen mit *hohen mechanischen Beanspruchungen* eingesetzt. Im Gegensatz zu Drehgebern, die die Umdrehungen mit Hilfe eines mechanischen Getriebes erfassen, ist es bei Wiegandsensor-basierten Drehgebern möglich, alle elektronischen Baugruppen hermetisch zu kapseln und dadurch sehr hohe Widerstandsfähigkeit gegenüber Umwelteinflüssen wie Staub und Feuchtigkeit zu erreichen. Weiterhin ist die Anzahl der erfassbaren Umdrehungen nur durch den zur Verfügung stehenden Speicher begrenzt und damit für den praktischen Einsatz praktisch unbegrenzt einsetzbar. Es sind auf Basis der induktiven Umdrehungsdetektion bzw. gleichzeitigen Energiegewinnung noch folgende weitere Ausführungsformen bekannt:

- Eine *magnetisierbare Blattfeder* führt, über einen drehenden Magneten betätigt, spontane Bewegungen aus.
- Ein *beweglich gelagerter Magnet* führt, auch über einen drehenden Magneten betätigt, spontane Bewegungen aus (Klapp-Magnet).

In beiden dieser Fälle werden *dynamische Magnetfelder* erzeugt, deren Dynamik ähnlich wie beim Wiegand-Prinzip nicht direkt von der Drehgeschwindigkeit der Antriebswelle abhängt und die induktiv abgegriffen werden können.

## 3.2.3.4 Batteriepufferung der Umdrehungsinformation

Um ein *True-Power-On-Mehrgangsystem* zu betreiben, reicht es prinzipiell aus, wenn eine Mehrgangsensorik Umdrehungen erfassen und diese speichern kann; im günstigsten Fall ohne externe Versorgungsspannung. Ein vom Grundgedanken her sehr einfacher Ansatz ist eine *Batteriespeisung* und *-pufferung* einer Mehrgangsensorik. Für eine technisch sinnvolle Ausführung des Gedankens ist die wichtigste Anforderung an dieses System, dass es extrem stromsparend ausgeführt ist. Heutige Ausführungen arbeiten beispielsweise mit Reedschaltern, einer langlebigen Lithiumbatterie und sehr stromsparenden dynamischen Speicherbausteinen. Der Betrieb der Mehrgangsensorik ist dann über einen in vielen Anwendungen akzeptabel langen Zeitraum gewährleistet.

## 3.2.3.5 Neuartiges GMR-System zur Detektion und Speicherung von Umdrehungsinformation

Im Folgenden soll eine völlig neuartige Methode vorgestellt werden, die erlaubt, Umdrehungen auch im *stromlosen Zustand* und *ohne Getriebe* zu erfassen. Kombiniert mit einer entsprechenden Singleturnsensorik (z. B. Hall) kann ein getriebeloser batteriefreier Multiturngeber aufgebaut werden.

Die Grundlage für diese Entwicklung bildet die *Magnetoelektronik*, die neben der Ladung des Elektrons auch noch das magnetische Moment (gekoppelt an den Spin) ausnutzt. Heute werden solche Bauelemente, die Magnetowiderstandseffekte ausnutzen, unter dem Sammelbegriff XMR beschrieben (Abschnitt 2.3). Dazu wurde ein Multiturn-Sensor entwickelt, der den GMR-Effekt nutzt. Dieser kann zusätzlich zum Drehwinkelsignal im stromlosen Zustand ohne Pufferbatterie und ohne Getriebe derzeit bis zu 16 Umdrehungen zählen und dauerhaft speichern. Er arbeitet durch das magnetische Prinzip berührungslos und damit praktisch verschleißfrei. Dabei liefert er *absolute Positionswerte* und stellt den Messwert als echtes „True-power-on"-System sofort nach dem Start zur Verfügung. Im Prinzip funktioniert der Multiturnsensor dabei wie ein Schieberegister.

### Sensorelement und Messprinzip des GMR-Umdrehungszählers

Der GMR-Effekt (Giant Magneto Resistance: Riesen-Magnetwiderstand, Abschnitt 2.3, Bild 2.3-5) ist ein quantenmechanisches Phänomen, das in *dünnen Filmstrukturen* aus *ferromagnetischen* (FM) und *nicht ferromagnetischen* (NM) Schichten beobachtet wird: Hat man einen solchen heterogenen Aufbau aus zwei magnetischen Schichten (eine weichmagnetische Sensorschicht und als Referenzschicht eine hartmagnetische Schicht), die durch eine nur wenige Atomlagen dicke, nichtmagnetische Schicht getrennt sind, so lässt sich der Widerstand des Stapels durch externe Magnetfelder ändern.

Die Referenzschichtorientierung wird, solange die Magnetfelder nicht extrem groß werden, festgehalten. Der Schichtstapel selbst (Bild 3.2-32) ist in Streifen mit einer Breite von unter 200 nm strukturiert. Durch die entstehende Formanisotropie kann sich die Sensorschicht nur entweder parallel oder antiparallel zum Streifen ausrichten. Der elektrische Widerstand ändert sich deutlich, wenn die magnetischen Momente in dieser Sensorschicht *umklappen*. Stehen sie parallel zueinander, sinkt der Widerstand auf den Minimalwert, bei antiparalleler Ausrichtung erreicht er sein Maximum (Bild 3.2-33). Der Magnetisierungszustand einer solchen Struktur lässt sich leicht durch eine Widerstandsmessung bestimmen.

## 3.2 Sensoren für Winkel und Drehbewegung

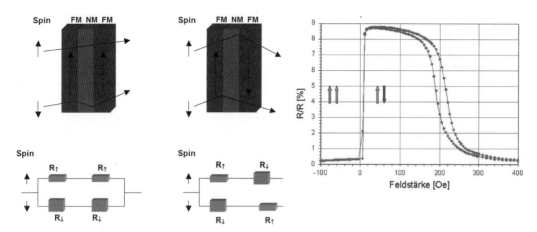

**Bild 3.2-32** Streuverhalten und Ersatzschaltbild bei paralleler und bei antiparalleler Ausrichtung der beweglichen Schicht

**Bild 3.2-33** Relativer Widerstand des GMR-Systems in Abhängigkeit der angelegten magnetischen Feldstärke

Generell besteht der Sensor aus zwei Strukturen (Bild 3.2-34):

1. Einem so genannten *Domänenwandgenerator*: Durch die große geometrische Ausdehnung (keine Formanisotropie) kann in dieser Fläche die Magnetisierung leicht dem äußeren Magnetfeld folgen.
2. Einer bestimmten Anzahl von *Spiralarmen*. Diese stellen eine sehr dünne Struktur dar, bei der zur Ummagnetisierung wesentlich größere Feldstärken notwendig sind (wegen der hohen Formanisotropie). Dabei bestimmt die Anzahl der Spiralarme die maximal zu detektierende Anzahl an Umdrehungen.

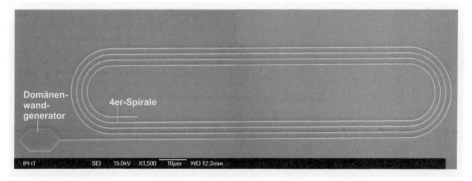

**Bild 3.2-34** Struktur eines GMR-Umdrehungszählers (Werkfoto: Novotechnik)

Durch Drehung eines externen Magnetfeldes mit geeigneter Stärke werden im *Domänenwandgenerator* 180°-Domänen erzeugt und in die Spiralstruktur injiziert bzw. bei einer Rückwärtsdrehung wieder gelöscht. Die Magnetisierung der Sensorschicht in den Spiralarmen richtet sich dabei entweder parallel oder antiparallel zur Referenzschicht aus (Bild 3.2-35).

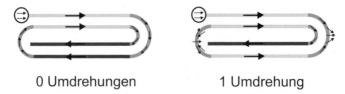

**Bild 3.2-35** Zustand des GMR-Umdrehungszählers im Ausgangszustand (keine Domänen) und nach einer Umdrehung (2 injizierte Dömänen)

Durch Messen des Widerstands der kompletten Struktur bzw. von einzelnen Geradenstücken der Struktur kann auf die aktuelle Umdrehung rückgeschlossen werden (Bild 3.2-36).

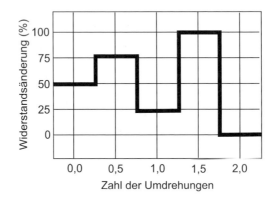

**Bild 3.2-36** Relative Widerstandsänderung bei Umdrehungsänderungen bei Messung des Widerstandes der kompletten Struktur

Mit dem beschriebenen Sensorelement kann man somit Umdrehungen zählen und speichern. Eine Ermittlung des Absolutwinkels über mehrere Umdrehungen ist so jedoch noch nicht möglich, da die Widerstands- oder Spannungsänderungen des GMR-Sensorelements an den Sprungstellen keine eindeutigen Werte annehmen. Mit zwei um *90° versetzten Multiturn-Elementen* lässt sich dieses Problem lösen.

Es geht jedoch noch eleganter, wenn man diese zwei um 90° verdrehten Strukturen zu einer *Raute* "verschmilzt". Bei ihr lässt sich durch einen entsprechenden Auswertealgorithmus in jeder Winkelstellung eine eindeutige Position über mehr als 360° ableiten (Bild 3.2-37).

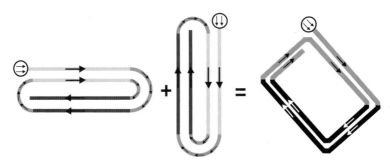

**Bild 3.2-37** Verschmelzung zweier um 90° versetzter Spiralen zu einer rautenförmigen Struktur

## 3.2 Sensoren für Winkel und Drehbewegung

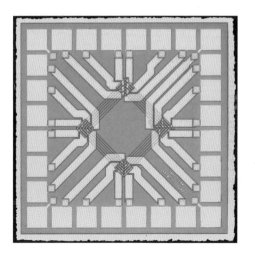

Durch Kombination eines Sensors dieses Prinzips mit einem weiteren 360°-Sensor, der den Drehwinkel im Singleturnbereich erfasst (z. B. Hall, AMR, induktiv, potenziometrisch), kann man nun über mehrere Umdrehungen Winkel und Umdrehungszahl ermitteln. Bild 3.2-38 zeigt die Sensoransicht im Mikroskop. Deutlich größer als die Struktur sind die Bondflächen der Kontaktierung.

**Bild 3.2-38**
Mikroskopansicht der Sensorstruktur

*Anwendungen und Kenndaten des GMR-Umdrehungszählers*

*Kompakte Lösung für viele Anwendungsbereiche*

Der Umdrehungszähler arbeitet durch das magnetische Prinzip berührungslos und damit verschleißfrei. Dabei liefert er *absolute Positionswerte* und stellt den Messwert als echtes „True-power-on"-System sofort nach dem Start zur Verfügung.

Kombiniert mit einem kontaktlosen 360°-Winkelsensor lässt sich so beispielsweise in automobilen oder mobilen Arbeitsmaschinen der *aktuelle Lenkwinkel* über mehrere Umdrehungen direkt erfassen. Obendrein spart die Lösung Platz und ist auch noch kostengünstig. Die Technik ist so robust, dass sie auch in der Formel 1 härtesten Bedingungen standhält.

Ähnliche Vorteile ergeben sich auch in anderen Anwendungen, beispielsweise bei Antrieben für gewerbliche Rolltore. Um individuelle *Öffnungspositionen* zu erfassen (Memoryfunktion), übernimmt der Multiturn die Stellungserfassung, ohne dass zusätzliche Komponenten für eine mechanische Übersetzung notwendig sind.

Der Sensor lässt sich bei unterschiedlichsten linearen oder rotativen *Stellantrieben* nutzen, um die Position der Antriebsspindel über mehrere Umdrehungen zu erfassen. In vielen industriellen Bereichen kann man dadurch kompakte und kostengünstige Antriebe für Armaturen, Klappen oder Ventile realisieren.

Auch für die *Fördertechnik* erschließen sich neue Möglichkeiten: Kombiniert man die Sensorwelle mit der Wickeltrommel eines Seillängengebers, sind hier extrem kompakte Sensorsysteme zur Positionserfassung selbst für große Längen möglich.

*Kenndaten des GMR-Umdrehungszählers am Beispiel der Ausführung in der Baureihe RSM2800*

Bild 3.2-39 zeigt einen GMR-Umdrehungszähler der Baureihe RSM2800. Der Messbereich ist einstellbar und deckt einen Bereich von 1 bis 16 Umdrehungen ab. Mit einem Linearitätsfehler bis unter ± 0,03 % und einer Auflösung besser als 0,05° empfiehlt sich der Sensor mit einem guten Preis-Leistungs-Verhältnis für eine Vielzahl von Mess- und Positionieraufgaben.

Die Wiederholgenauigkeit ist besser als ±0,2°. Dabei zeichnet sich der RSM-Mehrgangwinkelsensor durch hohe Grenzfrequenzen aus, d. h. er ist einsetzbar auch für Anwendungen mit hohen Anforderungen an die Dynamik.

**Bild 3.2-39**
Mehrgangwinkelsensor Baureihe RSM 2800 (Werkfoto: Novotechnik)

Der Winkelsensor hat eine sehr kompakte mechanische Bauform und ist vollständig vergossen, so dass eine Schutzart IP67 bezüglich Wasser- und Staubdichtheit (6: staubdicht, 7: zeitweiliges Eintauchen für 1 h und 1 m Tiefe) problemlos zu erreichen ist. Dadurch eignet sich der Winkelsensor hervorragend für *raue Umgebungsbedingungen* im industriellen oder mobilen Einsatz. EMV-Störfestigkeit, Temperaturstabilität, Kosteneffektivität, Zuverlässigkeit, Robustheit und Dichtheit sind weitere Vorteile dieses Sensors.

Tabelle 3.2-4 fasst die wichtigsten technischen Daten des Winkelsensors RSM2800 zusammen.

**Tabelle 3.2-4** Technische Daten des GMR-Winkelsensors der Ausführungsform RSM2800 von Novotechnik

| Eigenschaften | Werte |
|---|---|
| Messbereich | >1 bis 16 Umdrehungen |
| Linearitätsfehler | Bis 0,03 % |
| Wiederholgenauigkeit (uni- oder bidirektionale Annäherungen) | ≤ 0,1° |
| Update rate am Sensorausgang | 1 kHz |
| Messgeschwindigkeit | Bis 1.000 °/s |
| Schutzart | Bis IP67 |
| Arbeitstemperaturbereich | –40 °C bis +85 °C |

## 3.2.4 Kapazitive Drehgeber

Für das Erfassen von Winkeln und Drehbewegung eignet sich auch die kapazitive Sensorik. Einige der Vorteile sind: *kompakte Bauform, hohe Lebensdauer* und *Unempfindlichkeit* gegenüber mechanischen Toleranzen sowie gegen Schmutz und magnetische Felder.

Ein Kondensator besteht aus zwei parallel zueinander angebrachten Elektroden, zwischen denen ein elektrisches Feld erzeugt wird. Davon ausgehend gibt es zwei Konfigurationen, welche für den Aufbau eines Drehgebers relevant sind. Zum einen können die *Elektrodenstrukturen* zueinander *bewegt*, bzw. verdreht werden. Hierdurch wird die *effektive Fläche A* zwischen den Elektroden variiert, was zu einer Änderung der Kapazität führt. Zum anderen durch Einbringen eines *geformten Dielektrikums*, welches sich zwischen zwei stationären Elektroden bewegt, bzw. dreht. Dadurch ändert sich die effektive Permittivitätszahl $\varepsilon_r$ zwischen den Elektroden, was wiederum zu einer Kapazitätsänderung führt. Diese Ansätze werden schematisch in Bild 3.2-40 zusammen mit der Formel für die Kapazität dargestellt. Es ist dabei $\varepsilon_0$: elektrische Feldkonstante ($\varepsilon_0 = 8{,}854187817 \cdot 10^{-12}$ (As)/(Vm)); $d$: Plattenabstand; $A$: effektive Fläche zwischen den Platten.

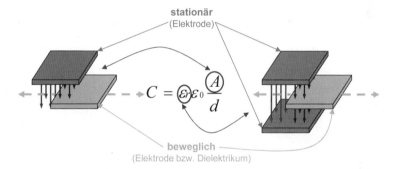

**Bild 3.2-40** Prinzipien kapazitiver Sensoren – variable Elektrodenfläche (links) bzw. variable Permittivität (rechts)

Wie diese Prinzipien in einen Drehgeber umgesetzt werden können, zeigt Bild 3.2-41.

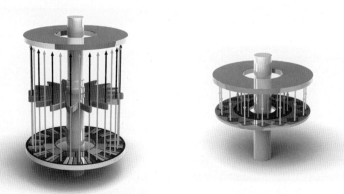

**Bild 3.2-41** Aufbau kapazitiver Drehgeber – 3-Platten (links) und 2-Platten (rechts) (Quelle: SICK STEGMANN GmbH)

In Bild 3.2-41 wird links eine 3-Platten-Konfiguration dargestellt. Hier sind die *drei Grundelemente* des Drehgebers, d. h. Sender, Modulator und Empfänger als *einzelne Komponenten* ausgeprägt. Der *Sender* ist eine *stationäre Leiterplatte* mit einer zirkularen leitenden Plattenstruktur. Die leitende Struktur ist in radialer Richtung segmentiert, um sogenannte Lamellen auszuprägen (Bild 3.2-42 links). Die *Lamellen* werden durch hochfrequente Signale angeregt, um eine *Signalmodulation* (Zeitbereich) zu erhalten. Jede vierte der Lamellen ist elektrisch miteinander verbunden, um eine Multi-Elektroden-Struktur zu erhalten (Bild 3.2-42 links). Der *Empfänger* basiert ebenfalls auf einer zirkularen, leitenden, stationären Platte (Bild 3.2-42 rechts). Wie der Sender, so wird auch der Empfänger als *Standardleiterplatte* hergestellt. Die *dritte Platte* ist der *Rotor* (Bild 3.2-42 mittig). Dieser ist aus *dielektrischem Material* und *moduliert (räumlich)* das elektrische Feld zwischen Sender und Empfänger, abhängig von der Winkelposition der Achse, auf der er angebracht ist. Dieser Rotor wird aus Kunststoff hergestellt und ist sinusförmig ausgeprägt, wenn sinusförmige Ausgangssignale vom Sensor erforderlich sind. Die stationären Platten werden durch mechanische Elemente, beispielsweise einem metallischen Distanzring, auf einen definierten Abstand gehalten.

Jeweils vier Lamellen überdecken den Bereich für eine Sinusform auf dem Rotor (s. Signalverarbeitung weiter unten). Die Anzahl der Sinusformen auf dem Rotor definiert die Anzahl der Sinus-/Cosinusperioden pro Umdrehung für den kapazitiven Drehgeber. In den Bildern 3.2-41 (links) und 3.2-42 ist eine Konfiguration mit 16 Perioden dargestellt.

**Bild 3.2-42**  Elektroden- und Dielektrikumstruktur eines kapazitiven 3-Platten Drehgebers – schematisch (oben) und mit realen Komponenten (unten); (Werkfoto: SICK STEGMANN GmbH)

Die in Bild 3.2-41 rechts dargestellte 2-Platten-Anordnung repräsentiert einen *Messkondensator* mit *variabler Elektrodenfläche*. Auf der *Statorplatine* sind die *Strukturen* für den *Sender* und den *Empfänger* aufgebracht. Der Rotor trägt die sinusförmig ausgeprägte Kupferstruktur für die Feldmodulation, welche dem Sender gegenübersteht und eine zirkulare Kopplungsspur, welche elektrisch mit der Modulationsstruktur verbunden ist und auf die Empfängerstruktur kapazitiv rückkoppelt. Durch eine solche Anordnung wird vermieden, im Gegensatz zu der Prinzipdarstellung in Bild 3.2-40, dass auf dem Rotor elektronische Komponenten verschaltet werden müssen, die dann über eine induktive Kopplung oder Schleifkontakte mit dem Stator

## 3.2 Sensoren für Winkel und Drehbewegung

zu verbinden wären. Ein Nachteil dieser Konfiguration ist die hohe Amplitudenempfindlichkeit in Bezug auf Axialbewegungen des Rotors.

Beiden Anordnungen gemeinsam sind die *holistische* (ganzheitliche) *Abtastung*, d. h. die kapazitive Abtastung ist auf die *gesamte zirkulare Fläche* verteilt und somit nicht auf einen räumlichen Punkt beschränkt, wie beispielsweise bei den meisten optischen Abtastanordnungen. Dieses Design macht den Sensor in seinem Verhalten sehr unempfindlich für mechanische Änderungen.

Die Signalverarbeitung ist für beide Anordnungen identisch (Bild 3.2-43). Ein *Anregegenerator* erzeugt vier hochfrequente Spannungen. Diese Rechteckspannungen sind 90° elektrisch zueinander phasenverschoben. Die Anregefrequenz ist deutlich höher als die maximale Drehzahl des entsprechenden Drehgebers, aber doch so gering, dass typische Hochfrequenzprobleme vermieden werden. Die Anregesignale werden an den Multi-Elektroden-Sender angelegt, wohingegen der Empfänger die induzierten elektrischen Ladungen des modulierten elektrischen Feldes empfängt. Ein *Ladungsverstärker* wandelt die Ladungen in eine Spannung, welche durch einen nachgeschalteten Verstärker verstärkt und in ein differenzielles Signal umgesetzt wird. Der Synchrondemodulator demoduliert (Zeitbereich) das differenzielle Signal, wobei die Synchronisationssignale vom Anregegenerator abgeleitet werden. Zwei Demodulatoren können dabei zur Generierung je eines Sinus- und eines Cosinus-Signals eingesetzt werden. Die nachfolgenden Tiefpassfilter unterdrücken Störungen der Demodulation sowie das Signalrauschen. Allerdings haben diese Tiefpassfilter ein Laufzeitverhalten, welches durch die Gruppenlaufzeit beschrieben wird. Diese sogenannte *Latenz* äußert sich dadurch, dass der mechanische Winkel zeitverzögert an der elektrischen Schnittstelle angezeigt wird. Je tiefer die Grenzfrequenz des Tiefpassfilters, desto größer ist die Latenz. Entsprechend werden eher breitbandige Filter eingesetzt, wodurch jedoch die zuvor genannten Störungen weniger unterdrückt werden. Die Latenz muss je nach Einsatzgebiet beachtet, oder eventuell kompensiert werden. Neuere Entwicklungen zielen darauf ab, die Latenz zu reduzieren, ohne dass auf Stör- und Rauschunterdrückung verzichtet werden muss. Bild 3.2-43 zeigt, wie die Signale kapazitiver Drehgeber verarbeitet werden.

Beschrieben wurden bisher nur Einspursysteme. Werden *mehrere Auswertespuren* integriert und ausgewertet, so ist es möglich, einen *Absolutwert-Drehgeber* zu realisieren. Dies ist in den Bildern 3.2-41 und 3.2-42 bereits erkennbar.

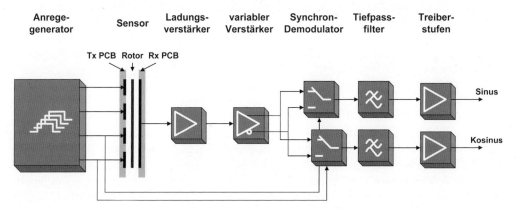

**Bild 3.2-43** Signalverarbeitung kapazitiver Drehgeber

Bei geringen Kapazitätswerten im pF- oder fF-Bereich müssen die Messkerne vor externen Störungen geschützt werden. Dies geschieht, indem man den Messkern durch einen Faraday'schen Käfig schützt. Dazu wird um den Messkern eine geschlossene Hülle aus leitend verbundenen Elementen gelegt. Da dieser Käfig nicht zu 100% geschlossen werden kann – schließlich muss der Rotor an die Drehachse mechanisch angebunden werden – ist darauf zu achten, dass elektrische Störquellen einen ausreichend hohen Abstand zu den offenen Stellen haben (Bild 3.2-44). Ein weiterer Schutzmechanismus wird durch das *Bandpassverhalten* des synchronen Demodulators bereitgestellt. Somit können nur Störungen in einem eng definierten Frequenzband und genügend großer Störamplitude das Messergebnis beeinflussen.

**Bild 3.2-44** Integrierte Schirmung bei kapazitiven Drehgebern (Werkfoto: SICK STEGMANN GmbH)

Da kapazitive Drehgeber recht unempfindlich auf mechanische Toleranzen reagieren, können diese grundsätzlich *ohne Eigenlagerung* aufgebaut werden. Dies verringert das Massenträgheitsmoment deutlich und erhöht die Lebensdauer des Drehgebers wesentlich, da das anfällige Bauelement Kugellager nicht vorhanden ist.

### 3.2.5 Variable Transformatoren, Resolver

Die *variablen Transformatoren* (VT) können entweder als Familie innerhalb der großen Klasse von Induktivsensoren (Abschnitt 3.1) betrachtet werden oder als Sondergruppe von elektrischen Maschinen. Die variablen Transformatoren zeichnen sich durch besondere Vorteile bei der Dreh- und Winkelmessungen aus und bilden auch heutzutage eine harte Konkurrenz zu den moderneren Systemen, wie beispielsweise magnetisch codierte bzw. optische Drehgeber oder potenziometrische Winkelgeber.

#### *3.2.5.1 Allgemeines Funktionsprinzip des VT*

Das Konzept variabler Transformator beschreibt grundsätzlich einen klassischen Transformator, bei dem die *relative Position* zwischen der *primären* und der *sekundären* Wicklung *variierbar* ist (Drehung und/oder translatorische Verschiebung). Die relative Bewegung einer Wicklung zu der anderen führt zu einer *Änderung des Kopplungsfaktorss* zwischen den Wicklungen. Wird eine Wicklung mit Wechselstrom versorgt, so ändern sich die Gegeninduktivität und dadurch auch die induzierte Spannung in die zweite Wicklung.

## 3.2 Sensoren für Winkel und Drehbewegung

Die schematische Darstellung im Bild 3.2-45 zeigt, wie der Winkel $\alpha$ zwischen den Symmetrieachsen der Transformatorwicklungen verändert werden kann.

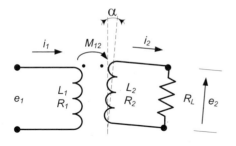

**Bild 3.2-45**
Schematische Darstellung eines VT mit variablem Winkel $\alpha$ zwischen den Wicklungen ($L_1$, $R_1$: primäre Wicklung; $L_2$, $R_2$: sekundäre Wicklung)

Für die Gegeninduktivität $M_{12}$ gilt:

$$M_{12} = N_2 \frac{\Phi_2}{i_1}. \tag{3.2.1}$$

Dabei ist $N_2$ die Windungszahl der sekundären Wicklung, $i_1$ der Strom in der primären Wicklung und $\Phi_1$ der magnetische Fluss in der sekundären Wicklung. Die Drehung der zweiten Wicklung ändert den wirksamen Querschnitt und dadurch den magnetischen Fluss $\Phi_2$ in folgender Weise:

$$\Phi_2 = \mu \frac{N_1 i_1}{l} A \cos\alpha, \tag{3.2.2}$$

wobei $A$ der geometrische Querschnitt der sekundären Wicklung, $N_1$ die Windungszahl der primären Wicklung, $l$ die Länge und $\mu$ die Permeabilität sind. Mit dieser Gleichung ergibt sich für die Gegeninduktivität:

$$M_{12} = N_2 N_1 \frac{\mu}{l} A \cos\alpha = M \cos\alpha, \tag{3.2.3}$$

wobei M eine Systemkonstante ist, die von den konstruktiven Parametern: $N_1$, $N_2$, $\mu$, $l$ und $A$ abhängt.
Erregt man die primäre Wicklung mit einem Wechselstrom der Amplitude $I_1$ und der Kreisfrequenz $\omega$:

$$i_1 = I_1 \cos\omega t, \tag{3.2.4}$$

so ergibt sich eine induzierte Leerlaufspannung in der sekundären Wicklung von:

$$e_2 = M_{12} \frac{di_1}{dt} = j\omega M_{12} I_1 \cos\omega t = j\omega (M \cos\alpha) I_1 \cos\omega t. \tag{3.2.5}$$

Das bedeutet: Die induzierte Spannung $e_2$ ist in ihrer Amplitude proportional zu ($\cos\alpha$), so dass gilt:

$$e_2 = E_2 \cos\omega t = K(\cos\alpha)\cos\omega t. \tag{3.2.6}$$

Diese Abhängigkeit erlaubt die genaue Bestimmung des Drehwinkels α durch die Messung der Amplitude $E_2$ der induzierten Spannung:

$$\alpha = arc\cos\frac{E_2}{K}. \quad (3.2.7)$$

### 3.2.5.2 Signifikante Varianten von VT

Auf Grund der bedeutenden Vorteile wurden etliche physikalische Anordnungen entwickelt und – sehr oft – unter registrierten Marken eingesetzt. Die wichtigsten drei repräsentativen VT-Ausführungen sind in Tabelle 3.2-5 zusammengefasst.

### 3.2.5.3 Resolver, eine repräsentative Variante von VT

Im Folgenden werden die wichtigsten Varianten der Resolver nach Tabelle 3.2-5 als Winkelgeber (der Rotor erfährt maximal eine Drehung) näher erläutert.

#### a) Sin/Cos-Resolver (Vektorzerleger)

Die Ersatzschaltung des sin/cos-Resolvers ist in Bild 3.3-46 dargestellt.

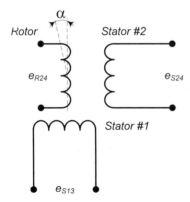

**Bild 3.2-46**
Schematische Darstellung eines sin/cos-Resolvers

Der Rotor agiert als primäre Wicklung; der Stator enthält zwei sekundäre Wicklungen. Die Ausgangsspannungen bilden ein Quadratursystem (Gl. (3.2.6)):

$$e_{S13} = K(\sin\alpha)\cos\omega t$$
$$e_{S24} = K(\cos\alpha)\cos\omega t. \quad (3.2.8)$$

Die Quotientenbildung der Amplituden beider Ausgangsspannungen ermöglicht die Berechnung der Funktion $\tan\alpha$ und dadurch die Ermittlung des Winkels α. Durch die Quotientenbildung werden alle Gleichtaktstörungen wie beispielsweise Temperatur, Alterung stark unterdrückt bzw. eliminiert.

## 3.2 Sensoren für Winkel und Drehbewegung

**Tabelle 3.2-5** Signifikante Varianten von variablen Transformatoren

| VT-Varianten | Struktur | Wirkungsweise | Ausführungen, Vorteile, Kenndaten | Anwendungen |
|---|---|---|---|---|
| **Dreiphasen-Synchron-transformator (Synchro)** | • Zylindrischer Stator bzw. Gabelrotor (H-Form) aus ferromagnetischen Materialien<br>• 3-Phasen, sternförmige Sekundärwicklungen (120° räumlich versetzt im Stator)<br>• Drehbare Einzelspule im Rotor | • Rotor wird mit Wechselstrom versorgt<br>• Ausgang: drei induzierte Statorspannungen. Sie bilden ein 3-Phasen geometrisches System (nicht zeitlich!) d. h.:<br>- Frequenzen und Phasen identisch<br>- Amplituden prop. zu $\sin\alpha$, $\sin(\alpha+120°)$ und $\sin(\alpha-120°)$ | • Zwei *Haupttypen* sind bekannt:<br>*1. Drehwinkelsynchros* (übertragen Drehwinkelinformation von einer Welle zu einer zweiten Welle und beliefern Leistung der 2. Welle)<br>*2. Standardsynchros* (fungieren als Winkelpositionssensor in Regelsystem)<br>• *Typische Kenndaten*:<br>- Empfindlichkeit ca. 200 mV/°<br>- Fehler $\leq (10/60)°$<br>- Arbeitsfrequenz: $n \cdot 100$ Hz | Übertragungs- bzw. Feedbacksysteme in:<br>• Radarsystemen<br>• Cockpits<br>• Roboter<br>• Solarzellenkollektoren<br>• Werkzeugmaschinen |
| **Resolver** | • Ähnlicher mechanischer Aufbau wie Synchro<br>• Zweiphasige Statorwicklungen (räumlich um 90° gegeneinander versetzt)<br>• In der Regel auch zweiphasige Rotorwicklungen (gleicher räumlicher Versatz) | • Rotor- und Statorwicklungen sind reversibel<br>• Zwei Wicklungen werden mit Wechselstrom versorgt<br>• Die anderen zwei Wicklungen liefern induzierte Spannungen mit unterschiedlichen Beziehungen, deren Phasen und Amplituden | • Zwei *Haupttypen* sind bekannt:<br>*1. Sin-/Cos-Resolver* (enthält nur eine Windung im Rotor)<br>*2. Elektrischer Resolver* (enthält jeweils zwei Windungen im Rotor bzw. Stator)<br>• *Typische Kenndaten*:<br>- Empfindlichkeit ca. 300 mV/°<br>- Fehler $\leq (5/60)°$<br>- Arbeitsfrequenz: $n \cdot 100$ Hz bis $n \cdot 10$ kHz | • Winkelmessungen in Feedbacksystemen (typische, unmittelbare Applikation)<br>• Koordinatentransformation:<br>- Polar → Kartesisch<br>- Kartesisch → Polar<br>• Achsendrehungen des kartesisches Systems<br>• Phasenverschiebung von Quadraturspannungen |
| **Inductosyn™ [Farrand Industries]** | • Zweiteiliges System bestehend aus zwei rotierenden Scheiben (Stator und Rotor) oder aus zwei verschiebbaren Leisten bzw. Bändern (Maßstab und Läufer)<br>• Jeder Teil trägt eine gedruckte, mäanderförmige Schleife/Leiterzug (Haarnadelkurve)<br>• Ein elektrostatischer Schirm zw. Teilen verhindert parasitäre kapazitive Kopplungen | • Funktionsweise wie beim Resolver<br>• Der Fixteil wird mit Wechselspannung $u_e$ versorgt<br>• Der bewegliche Teil wird mit konstantem Luftspalt zum ersten Teil bewegt (Rotation oder Translation)<br>• Amplitude der induzierten Spannung ist weg- bzw. drehwinkelabhängig<br>• Inkrementales System; die Anzahl der durchlaufenen Wellenlängen wird zusätzlich ausgewertet | • Zwei *Haupttypen* sind bekannt:<br>*1. Mit einem Schieber* → Amplitude der Ausgangsspannung:<br>$U_a = kU_e \cos 2\pi \dfrac{s}{P}$<br>*2. Mit zwei versetzten Schiebern (P/4)* → Amplituden der Ausgangsspannungen:<br>$U_{a1} = kU_e \cos 2\pi \dfrac{s}{P}$<br>$U_{a2} = kU_e \sin 2\pi \dfrac{s}{P}$<br>($P$ ist das Rastermaß – typ. 2 mm –, $s$ ist der Weg innerhalb einer geometrischen Wiederholperiode und k ist eine Systemkonstante gleichartig zu K in Gl. (3.2.6))<br>• *Typische Kenndaten*:<br>- Wiederholgenauigkeit bis $\pm 0{,}5$ µm<br>- Fehler $\leq (5/3600)°$<br>- Arbeitsfrequenz: $n \cdot 100$ Hz bis $n \cdot 100$ kHz | Präzise Positionierung in:<br>• Computer-Festplatten<br>• Werkzeugmaschinen<br>• Laser-Beamer<br>• Radarsysteme<br>• Scanner<br>• Antennen und Radioteleskope<br>• Flugzeuge<br>• Fernsteuerungs-Systeme der Space Shuttle |

## b) *Standard-Resolver (elektrischer Resolver)*

Die Ersatzschaltung des sin/cos-Resolvers ist in Bild 3.2-47 dargestellt. Sowohl der Stator als auch der Rotor enthalten jeweils zwei Wicklungen, die um 90° zueinander versetzt sind.

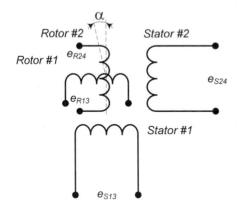

**Bild 3.2-47**
Schematische Darstellung eines Standard-Resolvers

Es sind mehrere Betriebsmodi eines Standard-Revolvers bekannt (Tabelle 3.2-6).

**Tabelle 3.2-6** Betriebsmodi des Standard-Resolvers

| Resolver-Betriebs-Modus | 1. Stator-Wicklung | 2. Stator-Wicklung | 1. Rotor-Wicklung | 2. Rotor-Wicklung | Funktionsweise, Merkmale |
|---|---|---|---|---|---|
| 1A | Beide Ausgänge | | Eingang | Kurzge-schlossen | Funktion entspricht einem klassischen VT. |
| 1B | Eingang | Kurzge-schlossen | Beide Ausgänge | | Funktion entspricht einem klassischen VT. |
| 2 | Eingang | Eingang | Ausgang | | Die Statorwicklungen sind mit zwei phasengleichen Wechselspannungen erregt, die unterschiedliche Amplituden haben. |
| 3 | Eingang | Eingang | Ausgang | | Die Statorwicklungen sind mit zwei Wechselspannungen gleicher Amplitude erregt, die um 90° elektrisch zueinander versetzt sind. |

Im **Betriebsmodus 1A** bildet die erste Rotorwicklung den Eingang und wird mit einer Spannung:

$$e_{R13} = E_1 \cos \omega t \qquad (3.2.9)$$

versorgt. Dabei sind: $\omega$ die Kreisfrequenz der Erregung und $E_1$ die Amplitude der Eingangsspannung. Die zweite Rotorwicklung ist kurzgeschlossen.

## 3.2 Sensoren für Winkel und Drehbewegung

Die Resolver-Ausgänge bilden die zwei Statorwicklungen (Bild 3.2-47) und die Ausgangssignale sind zwei um 90° versetzte Spannungen:

$$e_{S13} = \omega K E_1 (\cos \alpha) \cos \omega t$$
$$e_{S24} = \omega K E_1 (\sin \alpha) \cos \omega t \tag{3.2.10}$$

mit $\alpha$ als Drehwinkel zwischen dem Rotor und Stator und K als Systemkonstante, welche die Spannungsübersetzung Stator-Rotor-Wicklung berücksichtigt.

Der **Betriebsmodus 1B** ist reversibel zu 1A, nur die Rollen sind getauscht. Die Statorwicklungen sind Systemeingänge und werden mit der Spannung:

$$e_{S13} = E_1 \cos \omega t \tag{3.2.11}$$

versorgt bzw. kurzgeschlossen. In den Rotorwicklungen werden die Ausgangsspannungen:

$$e_{R13} = \omega K E_1 (\cos \alpha) \cos \omega t$$
$$e_{R24} = \omega K E_1 (\sin \alpha) \cos \omega t \tag{3.2.12}$$

induziert (Gl. (3.2.11)).

Im **Betriebsmodus 2** werden an den Eingängen (Stator-Anschlüsse) zwei synchrone Wechselspannungen gleicher Frequenz, aber mit unterschiedlichen Amplituden: $E_1$ bzw. $E_2$ angelegt. Es gilt:

$$e_{S13} = E_1 \cos \omega t$$
$$e_{S24} = E_2 \cos \omega t. \tag{3.2.13}$$

Es ergibt sich eine phasengleiche Ausgangsspannung:

$$e_{R13} = E_{R13} \cos \omega t \;, \tag{3.2.14}$$

deren Amplitude $E_{R13}$ eine trigonometrische Abhängigkeit vom Drehwinkel $\alpha$ aufweist:

$$E_{R13} = \omega K E \cos(\alpha - \vartheta) \;. \tag{3.2.15}$$

In die Formel (3.2.16) tritt der künstliche „elektrischer Verstellwinkel" $\vartheta$ auf, definiert durch:

$$\vartheta = \arctg \frac{E_2}{E_1} \tag{3.2.16}$$

und eine Amplitude $E$:

$$E = \frac{E_1}{\cos \vartheta} = \frac{E_2}{\sin \vartheta}. \tag{3.2.17}$$

Im **Betriebsmodus 3** legt man an die Eingänge (Stator-Anschlüsse) Wechselspannungen gleicher Amplitude und Frequenz, die aber um 90° elektrisch zueinander versetzt sind. Dann gilt:

$$e_{S13} = E \cos \omega t$$
$$e_{S24} = E \sin \omega t \tag{3.2.18}$$

Es ergibt sich eine phasengleiche Ausgangsspannung:

$$e_{R13} = \omega K E \sin(\omega t - \alpha), \tag{3.2.19}$$

deren Phase eine trigonometrische Abhängigkeit vom Drehwinkel $\alpha$ aufweist und dadurch eine Zeitverzögerung $\tau$ erfährt. Es gilt dann:

$$e_{R13} = \omega K E \sin \omega (t - \tau) \;. \tag{3.2.20}$$

Für die Zeitverzögerung $\tau$ gilt:

$$\tau = \alpha/\omega.\qquad(3.2.21)$$

Im Betriebsmodus 3 wurde die Winkelmessung auf eine *Phasenmessung* zurückgeführt. Das Phasenmessverfahren ist ein *Zählverfahren* und beruht meist auf der Umwandlung der Zeitdifferenz der Nulldurchgänge von $e_{S13}$ und $e_{R12}$ in Rechtimpulse, die ein Torsignal bilden. Die Zählung hochfrequenter Impulse mit bekannter Frequenz beginnt beim Nulldurchgang von $e_{S13}$ und endet beim Nulldurchgang von $e_{R12}$. Die Anzahl der Zählungen gibt die gemessene Phase.

Zwei Standard-Revolver lassen sich auch *kaskadieren*, um ein *synchro-ähnliches* Verhalten zu ermöglichen. Eine klassische Anwendung ist eine Kaskade, bestehend aus einem *Vektorzerleger* und einem *Standard-Resolver* im Betriebmodus 2 für die Versorgung eines Servomotors. Der Vektorzerleger wird mit Wechselstrom versorgt. Sein Drehwinkel $\alpha$ ist der Sollwert und wird manuell justiert. Der Vektorzerleger liefert die zwei bekannten Spannungen, deren Amplituden abhängig von $\alpha$ sind (Gl. (3.2.8)). Diese zwei ungleichen Spannungen versorgen die Statorwicklungen des zweiten Resolvers. Die resultierende Rotorspannung (Gl. (3.2.14) und Gl. (3.2.15)) wird verstärkt und versorgt den Servomotor, dessen Achse wiederum den Rotor dreht (Rückkopplung). Wenn der Servomotor den Sollwert erreicht, ergibt sich eine Rotorspannung gleich null und der Motor stoppt.

### c) Resolver-Ausführungen für industrielle Anwendungen und ihre Kenndaten

Eine Vielzahl von Unternehmen stellen VTs her oder vertreiben diese. Beispielsweise bietet die Firma LTN Servotechnik GmbH sowohl gekapselte Systeme als auch komplett vergossene, einbaubare Revolver-Komponenten an (Bild 3.2-48).

**Bild 3.2-48** Verschiedene Resolversysteme (Werkfotos: LNT Servotechnik)

Die Resolver sind sehr *kostengünstig* und äußerst *robust*. Sie weisen eine hohe Zuverlässigkeit unter rauen Bedingungen wie mechanische Schocks und Vibrationen auf, sind relativ unempfindlich gegen extreme Temperaturschwankungen und gegen hohe toxische Belastungen von Chemikalien und Kühlmitteln. Die modernen bürstenlosen Ausführungen haben eine deutlich *längere Lebensdauer*; denn die Eingangsspannung wird mit Hilfe eines drehbaren Transformators kontaktlos auf die Rotorwicklung übertragen. Der Resolver misst *absolute* Werte, im Gegenteil zu den inkrementell messendenen Geräten (z. B. das lineare Induktosyn). Der Resolver liefert immer den *tatsächlichen Wert*, auch nach der Unterbrechung seiner Versorgung.

3.2 Sensoren für Winkel und Drehbewegung  257

Die *Kosten* sind *günstig*, die *Bauformen* sind extrem *miniaturisiert* und die Elektronik-Halbleiterindustrie bietet eine breite Palette von integrierten Schaltkreisen für die weitere Signalverarbeitung der primären Resolverausgangssignale an, ggf. direkt im Resolver. Die Resolver sind *reversible* Systeme, allerdings gelten die Herstellerangaben für eine in der Regel spezifizierte Eingang-Ausgang Zuordnung (unidirektionale Anwendung). Tabelle 3.2-7 zeigt die typischen technischen Daten von Resolvern.

**Tabelle 3.2-7** Technische Daten von Resolvern

| Wellen- bzw. Hohlwellendurchmesser | 3 mm bis 165 mm |
|---|---|
| Außendurchmesser | 20 mm bis 200 mm |
| Länge | 10 mm bis 100 mm |
| Außentemperaturbereich | −55 °C bis 155 °C |
| Drehzahl | bis 20.000 min$^{-1}$ |
| Absolute Genauigkeit | bis ± 5′ |
| Eingangsfrequenz | bis 12 kHz |
| Signalhöhe | bis 12 V$_{eff}$ |

### 3.2.6 1Vpp oder sin/cos-Schnittstelle

Diese Schnittstelle kann nur innerhalb einer Periode absolut ausgewertet werden. Bei mehreren Perioden gibt es für die Schnittstelle nur eine inkrementelle Auswertung.

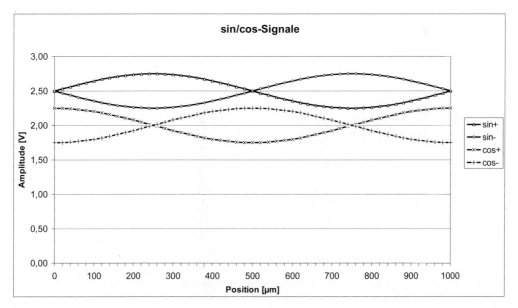

**Bild 3.2-49** Analoge sin/cos-Schnittstelle

Beim Mess-System mit *analoger sin/cos-Schnittstelle* wird die Weginformation über zwei analoge Werte (sin und cos) jeweils als Differenzsignal über vier analoge Signale ausgegeben. Die Signale haben etwa den in Bild 3.2-49 dargestellten Verlauf als Funktion des Weges bei einer Polbreite von 1 mm. Beispielhaft sei der Offset der sin-Signale 2,5 V, der der cos-Signale 2,0 V. Dieser Offset ist zulässig.

$$U_{\sin}(s) = \hat{U} \cdot \sin(\omega \cdot s) + U0_{\sin} \tag{3.2.22}$$

$$U_{-\sin}(s) = -\hat{U} \cdot \sin(\omega \cdot s) + U0_{\sin} \tag{3.2.23}$$

$$U_{\cos}(s) = \hat{U} \cdot \cos(\omega \cdot s) + U0_{\cos} \tag{3.2.24}$$

$$U_{-\cos}(s) = -\hat{U} \cdot \cos(\omega \cdot s) + U0_{\cos} \tag{3.2.25}$$

mit  $\omega = 2 \cdot \pi / P$ Kreisperiode, wobei P die Polbreite des Maßkörpers ist.

$\hat{U} \approx 0,25$ V

$U0_{\sin} \approx 2,5$ V

$U0_{\cos} \approx 2$ V.

In der Kundensteuerung bzw. in Mess-Systemen mit digitalem Ausgang übernimmt ein *Interpolator* die Digitalisierung der sin/cos-Signale. Er bildet zunächst aus den Differenzsignalen Einzelsignale:

$$(1)-(2) \quad \begin{aligned} U_{si}(s) &= U_{\sin}(s) - U_{-\sin}(s) \\ &= (\hat{U} \cdot \sin(\omega \cdot s) + U0_{\sin}) - (-\hat{U} \cdot \sin(\omega \cdot s) + U0_{\sin}) \\ &= 2 \cdot \hat{U} \cdot \sin(\omega \cdot s) \end{aligned} \tag{3.2.26}$$

$$(3)-(4) \quad \begin{aligned} U_{co}(s) &= U_{\cos}(s) - U_{-\cos}(s) \\ &= (\hat{U} \cdot \cos(\omega \cdot s) + U0_{\cos}) - (-\hat{U} \cdot \cos(\omega \cdot s) + U0_{\cos}) \\ &= 2 \cdot \hat{U} \cdot \cos(\omega \cdot s) \end{aligned} \tag{3.2.27}$$

Über trigonometrische arctan- und arccot- Funktionen lässt sich der aktuelle Winkel bestimmen:

$$\begin{aligned} \alpha &= \arctan(U_{si}(s) / U_{co}(s)) \\ &= \arctan(2 \cdot \hat{U} \cdot \sin(\omega \cdot s) / 2 \cdot \hat{U} \cdot \cos(\omega \cdot s)) \\ &= (\hat{U} \cdot \cos(\omega \cdot s) + U0_{\cos}) - (-\hat{U} \cdot \cos(\omega \cdot s) + U0_{\cos}) \\ &= 2 \cdot \hat{U} \cdot \cos(\omega \cdot s) \end{aligned}$$

$$\begin{aligned} \alpha &= \arctan(U_{si}(s) / U_{co}(s)) \\ &= \arctan(2 \cdot \hat{U} \cdot \sin(\omega \cdot s) / 2 \cdot \hat{U} \cdot \cos(\omega \cdot s)) \\ &= \arctan(\sin(\omega \cdot s) / \cos(\omega \cdot s)). \end{aligned} \tag{3.2.28}$$

In Bild 3.2-50 sieht man, dass sich die arctan-Funktion zwei Mal innerhalb einer Periode wiederholt. Es muss noch die Unterscheidung getroffen werden, ob das cos-Signal > 0 oder < 0 ist Je nachdem muss zum Winkel, der über arctan bestimmt wurde, eine halbe Periode addiert werden.

## 3.2 Sensoren für Winkel und Drehbewegung

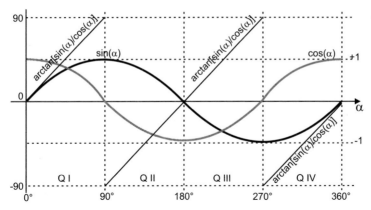

**Bild 3.2-50** Auswertung des sin- und cos-Signals

Um vom Winkel $\alpha$ (Gl. (3.2.28)) auf die Position $s$ innerhalb des Pols zu kommen, muss der Winkel mit der Kreisfrequenz $\omega$ dividiert werden.

$$s = \alpha / \omega. \tag{3.2.29}$$

Die Position innerhalb eines Pols ist eindeutig. Jeder Pol wird jedoch identisch gemessen.

In Gl. (3.2.28) erkennt man, dass bei der Winkelbestimmung die Amplitude $\hat{U}$ keine Rolle mehr spielt. Sie ist nur noch insofern relevant, als $\hat{U}$ wegen des Signal-Rauschabstandes genügend groß sein sollte. Üblicherweise wird die Winkelbestimmung nicht ausschließlich über die trigonometrische Funktion bestimmt, sondern über *Nachlaufverfahren*. Hier braucht dann auf die singulären Stellen (Division durch Null) keine Rücksicht genommen werden Es existieren verschiedene bereits fertig integrierte Chips, die diese Interpolation ausführen. Ein Hersteller ist beispielsweise die Firma IC-Haus (www.ichaus.de). Bei der Digitalsierung der sin/cos-Signale sind über 10 Bit ohne Rauschen oder zusätzliche Hysterese möglich. Die digitalisierten Signale stehen nach einer Wandlungszeit von einigen 10 ns zur Verfügung. Bei einer Polbreite von 1 mm lässt sich bei 10 Bit eine Auflösung von 1 µm erreichen.

### 3.2.7 Inkrementelle Geber

Bei einem Mess-System mit *digitaler Schnittstelle* wird das Positionssignal über zwei digitale Signale: A und B ausgegeben. Eine übliche Bezeichnung dafür ist „*A/B-Schnittstelle*" oder „90°(Impuls)-Schnittstelle". Der physikalische Pegel ist entweder ein 5-V-Differenzsignal (RS422) oder ein single Ended Signal, das entweder den Pegel der Versorgungsspannung oder Null annimmt.

Bild 3.2-51 sind die logischen Signale einer digitalen A/B-Schnittstelle dargestellt. Jede Flanke beim Signal A oder Signal B bedeutet die Übertragung eines Inkrements. In der dritten Zeile ist die Zählrichtung dargestellt. In der fünften Zeile die Zählerposition, die beispielsweise bei dem Wert 40 startet. Innerhalb einer Periode des Signals A oder B werden 4 Inkremente gezählt. Für die Entscheidung ob die Flanke ein positives oder ein negatives Inkrement bedeutet, gibt es zwei Betrachtungsweisen:

Wenn das Signal A *vor* dem Signal B kommt, entspricht jede Flanke einem Inkrement in *positiver* Richtung, wenn das Signal A *nach* dem Signal B kommt, entspricht dies einem Inkrement in *negativer* Richtung.

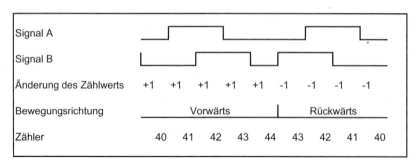

**Bild 3.2-51** Digitale Schnittstelle

Die Zählrichtung der einen Signalflanke ist durch den Pegel des anderen Signals definiert. Beispielhaft sei die steigende Flanke von A in Bild 3.2-51 an der Zählerposition 41 bei der Bewegungsrichtung Vorwärts betrachtet. Hier ist der Pegel von B „low". Die Flanke wird als positives Inkrement gewertet. Bei der steigenden Flanke von A bei der Position 42 während der Rückwärtsbewegung ist der Pegel von B „high". Entsprechend wird diese Flanke als negatives Inkrement ausgewertet. Für die Interpretation einer Bewegung muss noch der Weg $s_{ink}$ definiert werden, der einem Inkrement entspricht. Für magnetische Mess-Systeme sind hier Werte zwischen etwa 1 µm und mehreren mm üblich.

Eine weitere wichtige Größe ist der minimale Flankenabstand $t_{min}$, den die Steuerung noch erkennen kann. Da die Schnittstelle nur inkrementell arbeitet, darf in der Steuerung kein Inkrement verloren gehen. Die minimale Flankenzeit, die eine Steuerung noch zählen kann, darf bei der Ausgabe der Inkremente nicht unterschritten werden. Durch den Weg je Inkrement und den minimalen Flankenabstand ist die maximale Verfahrgeschwindigkeit definiert. Dieser Wert muss aus einer Tabelle des Sensorherstellers (Bild 3.2-52) entnommen werden.

| min. Flankenabstand X | mechanische Auflösung Y: | | | |
|---|---|---|---|---|
| | D = 1 µm | E = 2 µm | F = 5 µm | G = 10 µm |
| | $V_{max}$ entsprechend Flankenabstand und Auflösung | | | |
| D = 0,12 µs | 5 m/s | 10 m/s | 20 m/s | 20 m/s |
| E = 0,29 µs | 2 m/s | 4 m/s | 10 m/s | 10 m/s |
| F = 0,48 µs | 1 m/s | 2 m/s | 5,41 m/s | 5,41 m/s |
| G = 1 µs | 0,65 m/s | 1,3 m/s | 2,95 m/s | 2,95 m/s |
| H = 2 µs | 0,3 m/s | 0,6 m/s | 1,54 m/s | 1,54 m/s |
| K = 4 µs | 0,15 m/s | 0,3 m/s | 0,79 m/s | 0,79 m/s |
| L = 8 µs | 0,075 m/s | 0,15 m/s | 0,34 m/s | 0,34 m/s |
| N = 16 µs | 0,039 m/s | 0,079 m/s | 0,19 m/s | 0,19 m/s |
| P = 24 µs | 0,026 m/s | 0,052 m/s | 0,13 m/s | 0,13 m/s |

**Bild 3.2-52** Zusammenhang zwischen mechanischer Auflösung, minimalem Flankenabstand und maximaler Geschwindigkeit

Die maximale Geschwindigkeit $v_{max}$ lässt sich nicht durch die Formel (3.2.30) bestimmen. Der Grund dafür liegt unter anderem in den Bauteiltoleranzen:

$$v_{max} = s_{ink} / t_{min}. \tag{3.2.30}$$

Die digitalen A/B-Signale werden üblicherweise als RS422 Differenz- oder als HTL (Single-Ended)-Signal übertragen. Bei RS422 lassen sich größere Entfernungen bzw. höhere Übertragungsraten als bei HTL überbrücken.

## 3.3 Neigung

*Zusammenfassung der Eigenschaften inkrementeller Schnittstellen*

Für das inkrementelle Mess-System existieren verschiedene Schnittstellen, deren wichtigste Eigenschaften in Tabelle 3.2-8 zusammengefasst sind.

**Tabelle 3.2-8** Schnittstellen inkrementeller Mess-Systeme

|  | Inkrementelles Mess-System | |
|---|---|---|
| Schnittstelle | digital | sin/cos analog |
| Bezeichnung | RS422 / HTL | 1 Vpp |
| Übertragene Frequenzen | Hoch | Nieder |
| Oberwellen | Hoch | Gering |
| Erreichbare Störsicherheit | Mittel/gering | Hoch |
| Applikationen | Maschinenbau | Antriebstechnik |
| Flexibilität in der Auswertung | Gering | Je nach Geschwindigkeit kann unterschiedlich interpoliert werden. |

## 3.3 Neigung

Viele Anwendungen erfordern das Messen von *Neigung*en. Sensoren für die Neigungsmessung werden in sehr vielen Branchen eingesetzt, beispielsweise in der Unterhaltungselektronik oder im Automobil- und im Straßenbau. Aus diesem Grunde sind die Anforderungen an die Sensoren sehr unterschiedlich. Während beispielsweise für die Unterhaltungselektronik der niedrige Preis im Vordergrund steht, sind für den Einsatz bei der Bauwerksüberwachung die Genauigkeit und die Zeitstabilität von Bedeutung.

Die Winkel- bzw. Neigungssensoren können in drei Gruppen eingeteilt werden. Die erste Gruppe sind die *Rotationssensoren*, die aus der Wegmessung her bekannt sind (Abschnitt 3.1.1). Diese Sensoren werden an einem starren Bezugssystem angebracht und sind mechanisch mit dem zu messenden, rotierend gelagerten Messobjekt verbunden.

Die zweite Gruppe von Sensoren ist nicht auf eine starre Verbindung mit einem Bezugssystem angewiesen, sondern nützt *physikalische Effekte* aus. Die gängigste Methode ist die Ausnutzung der *Gravitationskraft* der Erde als Bezugssystem. Der Vorteil ist dabei, dass man weitgehend unabhängig von der Einbausituation ist. Es lassen sich auf diese Weise sehr kleine Sensoren realisieren, die verschiedene Messprinzipien nutzen, auf die im Folgenden näher eingegangen werden wird. Die Messung der Neigung mit Hilfe der Erdbeschleunigung stellt jedoch in beschleunigten Systemen wie beispielsweise in einem Auto ein Problem dar, da sich diese Beschleunigung mit der Erdbeschleunigung überlagert. *Magnetsensoren* lösen dieses Problem. Allerdings ist deren Genauigkeit im Vergleich zu anderen Sensoren beschränkt.

Bei der dritten Gruppe von Sensoren wird nicht die Neigung bestimmt, sondern die Abweichung eines *Drehimpulses* von einer Richtung. Sie funktionieren wie ein *Gyroskop*. Das ist ein Kreisel, der sich in einem beweglichen Lager dreht. Diese Drehung erzeugt einen Drehimpuls, der seine Richtung immer beibehält, wenn keine äußeren Momente auf ihn einwirken. Die Richtung relativ zur Richtung des Drehimpulses ist als Winkel messbar.

## Neigung

Definition: *Als Neigung bezeichnet man die relative Lage einer Richtung in Bezug auf die Horizontale bzw. auf die Lotrechte.*

Neigungssensoren, auch *Inclinometer* oder *Tilt-Sensoren* (engl.) genannt, machen sich das Prinzip des „Fällen eines Lotes" zunutze. Diese Messung wird meist in Bezug auf die *Gravitationskraft* oder ein *Magnetfeld* vorgenommen. Beim Gravitationsfeld kann es sich um ein mechanisches Pendel, einen Biegebalken oder, wie in einer Wasserwaage, um eine elektrisch leitende Flüssigkeit in einer Gasblase handeln.

### 3.3.1 Magnetoresistive Neigungssensoren

Magnetoresistive Inclinometer nutzen den Effekt aus, dass sich der Widerstand eines Leiters in Abhängigkeit eines Magnetfeldes ändert (Abschnitt 2.3). Als Material hierfür wird üblicherweise „permalloy" (81 % Ni, 19 % Fe) verwendet. Der Widerstand ist dann am größten, wenn der Winkel zwischen dem ladungstragenden Material und dem Magnetfeld 0° beträgt. Am kleinsten ist der Widerstand, wenn das Magnetfeld senkrecht zu der Fläche (Winkel von 90°) steht. Die Änderung des Widerstandswertes ist relativ klein und liegt in der Größenordnung von 2 % bis 3 %. Es gilt näherungsweise:

$$R = R_0 + \delta R \cdot \cos(2 \cdot \alpha).$$

Hierbei ist $R$ der Wert des Widerstandes, $R_0$ und $\delta R$ sind materialabhängige Parameter und $\alpha$ der Winkel zwischen der Stromstärke und dem Magnetfeld (gemessen als magnetische Flussdichte $B$).

Bild 3.3-1 zeigt den prinzipiellen Aufbau eines magnetoresistiven Sensors. Links dargestellt ist das Material, welches seinen Widerstandswert in Abhängigkeit eines Magnetfeldes $B$ ändert. Rechts dargestellt ist der schematische Aufbau eines Sensors, bestehend aus magnetoresistiven Elementen. Der Pfeil stellt die sensitive Achse dar.

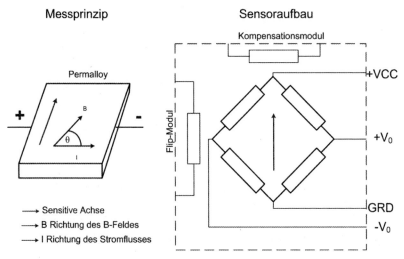

**Bild 3.3-1** Darstellung des magnetoresistiven Messprinzips

## 3.3 Neigung

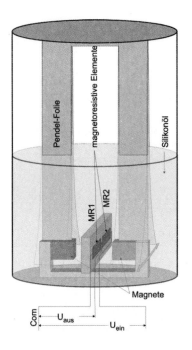

Der Aufbau eines typischen Neigungssensors ist in Bild 3.3-2 dargestellt. Es werden *zwei Magnete pendelnd* in der Nähe zweier magnetoresistiven Elemente angebracht.

Die pendelnd aufgehängten Magnete richten sich im Schwerefeld aus. Dies entspricht dem Fällen eines Lotes. Das Ausgangssignal ist proportional zur Neigung. Diese magnetischen Elemente bilden einen Spannungsteiler. Bei 0° sind die Magnete genau in der Mitte. Neigt man dieses System, ändert sich die Lage der Magnete relativ zu den Elementen. Dadurch ändert sich der Widerstand, was eine Änderung des Ausgangssignals (proportional zur Neigung) zur Folge hat. Meist sind diese Sensoren mit einer Flüssigkeit (z. B. Silikonöl) gefüllt, die als Dämpfung dient.

**Bild 3.3-2**
Aufbau eines typischen magnetoresistiven Neigungssensors

Allerdings ist zu bedenken, dass die *Viskosität* von Flüssigkeiten *stark temperaturanhängig* ist. Das bedeutet, dass auch die Dämpfung von der Temperatur abhängen wird. Die Dämpfung ist umso höher, je zähflüssiger diese Flüssigkeit ist. Eine zusätzliche Steuerelektronik bei Sensoren dieses Typs ist nicht notwendig. Das Ausgangssignal ist in aller Regel proportional zur Neigung. Typischerweise beträgt das Ausgangssignal zwischen 40 % und 60 % des Eingangssignals. Bei einigen Sensoren dieser Bauform kann man ein ungünstiges Verhalten des Sensorsignals beobachten, wenn der Sensor aus seinem Messbereich gekippt wird.

Magnetoresistive Sensoren eignen sich beispielsweise für die Überwachung von Ampeln oder zum Ausrichten von sich langsam bewegenden Nachführsystemen von Sonnenkollektoren. Durch die einfache Bauform sind die Fertigungskosten für ein gesamtes Sensorsystem relativ gering.

Weitere Systeme, die jedoch auf ein extern anwesendes Magnetfeld reagieren, sind magnetoresistive Sensoren, die in IC-Gehäusen integriert sind. Diese Sensoren finden ihren Einsatz auch in strahlenden Umgebungen. Im Gegensatz zu Systemen mit hoch integrierter Elektronik sind diese Sensoren nicht empfindlich gegen Strahlungseinflüsse. Magnetoresistive Sensoren besitzen in aller Regel eine *gute Sensitivität*. Die Sensoren können aber nicht eingesetzt werden, wenn starke magnetische Felder herrschen. Auf den Einsatz von stromdurchflossenen Kompensations-Spulen sollte deshalb verzichtet werden.

### 3.3.2 Kompass-Sensoren

Als Kompass-Sensoren bezeichnet man magnetoresistive Sensoren, die das *externe Magnetfeld* der Erde messen. Dies ist jedoch aus zwei Gründen recht schwierig. Einerseits ist das Magnetfeld der Erde relativ schwach und unterliegt geografischen Abweichungen. Andererseits sind die Magnetflusslinien geneigt, d. h. sie verlaufen nur in Äquator-Breiten parallel zur Erdoberfläche. Ein Einsatzgebiet dieser Sensoren liegt vornehmlich in mobilen Anwendungen. Eine genaue Kalibrierung dieser Sensoren mit der Messelektronik ist immer dann notwendig, wenn die Messumgebung magnetische Materialien wie beispielsweise Eisen enthält. Aus diesen Gründen werden Kompass-Sensoren häufig mit *MEMS-Inclinometer*n (Abschnitt 3.3.5) kombiniert.

### 3.3.3 Elektrolytische Sensoren

*Elektrolytische* Sensoren arbeiten im Prinzip wie eine *Wasserwaage*. In einer Luftblase befindet sich eine elektrolytische Flüssigkeit (Bild 3.3-3). Die Flüssigkeit strebt immer danach, „im Wasser" zu stehen, d. h. ihre Oberfläche im ruhenden System horizontal auszurichten.

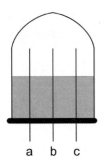 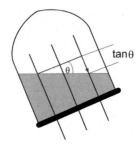

**Bild 3.3-3**
Schematische Darstellung des elektrolytischen Messprinzips

Wie Bild 3.3-3 zeigt, befinden sich in der elektrolytischen Flüssigkeit drei Elektroden (a, b und c). Wird die Kuppel gekippt, so ist die Eintauchtiefe der Elektroden unterschiedlich. Der elektrische Strom zwischen den Elektroden a und b ist größer als der Strom zwischen den Elektroden b und c. Somit verhält sich der elektrolytische Sensor wie ein *Spannungsteiler* (Potenziometer), dessen *Widerstand* sich *proportional zum Kippwinkel* ändert.

Obwohl das Prinzip einfach ist, kann an diesen Aufbau nicht einfach eine Spannung angelegt werden wie an ein normales Potenziometer. Dies hätte zur Folge, dass in der elektrolytischen Flüssigkeit eine chemischen Reaktion ablaufen würde, bei der die positiven Ionen der Flüssigkeit zur Kathode wandern würden, um dort mit Elektronen zu rekombinieren. Damit würde die Leitfähigkeit verringert werden und schließlich ganz zum Erliegen kommen. Um dies zu verhindern, wird an die Elektroden eine *Wechselspannung* mit Frequenzen zwischen 25 Hz bis 4.000 Hz angelegt.

Die elektrolytischen Sensoren weisen noch weitere Besonderheiten auf: Ihre Signale sind wegen der elektrolytischen Flüssigkeit *temperaturabhängig*, ferner spielen die *Befüllung* und die *Größe der Luftblase* eine große Rolle. In aller Regel sind diese Sensoren nicht für Systeme geeignet, die Erschütterungen ausgesetzt sind. In diesen Fällen existiert kein klarer Neigungswinkel zwischen Flüssigkeitsspiegel und Horizontalen, so dass das Messprinzip versagt.

Ein großer Vorteil dieses Sensors ist, dass er auch als *zweidimensionaler Sensor* gebaut werden kann (Bild 3.3-4).

Hierzu sind zwei Lösungen denkbar: Einerseits kann im einfachsten Fall immer nur *eine Achse* elektrisch angesteuert werden. In dieser Zeit ist die andere Achse inaktiv. Andererseits besteht die Möglichkeit, *zwei Anregungsfrequenzen* anzulegen, bei der die eine doppelt so hoch gewählt wird wie die andere. Hierbei werden alle Pins angesteuert. Der Vorteil der erstgenannten Methode, bei der jeweils nur eine Achse aktiv ist, besteht in der einfacheren Elektronik und im geringeren Stromverbrauch. Weiterhin ist das Mess-Signal entlang der Messachsen proportional zur Neigung. Dies führt in aller Regel zu einer höheren Sensitivität.

## 3.3 Neigung

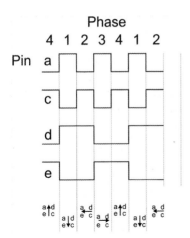

**Bild 3.3-4**
Darstellung der Phasen und der Richtung des Stromflusses (unten) bei einem zweidimensionalen elektrolytischen Sensor

### 3.3.4 Piezoresistive Neigungssensoren/DMS-Biegebalkensensoren

Neigungssensoren, die auf der Basis eines *Biegebalkens* funktionieren, bestehen aus einem Steg, an dem eine Masse angebracht ist. Wird die Masse beschleunigt, dann verbiegt sich der Steg. Der Biegebalken des Sensors ist mit geeigneten Dehnungsmess-Streifen (DMS) versehen. Damit ergibt sich eine *Wheatstonesche Brücke*. Das Ausgangssignal ist proportional zur Verbiegung des Balkens und somit proportional zur Dehnung des DMS. Das Verhalten eines solchen Sensors bezüglich der Sensitivität und des Frequenzverhaltens ist abhängig von der Wahl geeigneter Materialen und der passenden DMS (Abschnitt 2.2.2 und Abschnitt 4.2). Wird Silikonöl eingebracht, dann kann man das System dämpfen. Erschütterungen wirken sich in diesem Fall nicht mehr auf das Messverhalten aus. Allerdings sind die Messungen temperaturabhängig. Mit *elektronischen Tiefpassfiltern* (z. B. durch kleine Kapazitäten) können die Signale *temperaturunabhängig* gedämpft werden.

### 3.3.5 MEMS

MEMS (*Micro-Electro-Mechanical System*)-Sensoren sind Systeme, bei denen elektronische Schaltungen und mechanische Eigenschaften auf kleinsten Raum integriert sind, meist auf einem Substrat bzw. einem Chip. In aller Regel sind diese Sensoren zur Messung von kleinen Beschleunigungen entwickelt worden und können somit in relativ statischen Fällen zur Messung von Neigungen herangezogen werden. Das Mess-Prinzip ist *kapazitiv* (Abschnitt 2.6). Hierbei sind die beschleunigte Masse und der Sensorkörper voneinander isoliert. Die Masse und der Sensorkörper bilden die Kondensatorplatten. Die Ladung bzw. die Kapazität dieses Systems wird gemessen. Verringert sich die Entfernung zwischen der Masse und dem Sensorgehäuse, so nimmt die Kapazität zu, weil das System mehr Ladung speichern kann. Auf der anderen Seite hat die Entfernung zugenommen, was zu einer Verringerung der Kapazität beiträgt (Bild 3.3-5).

MEMS-Sensoren bieten viele Vorteile: Sie weisen eine *hohe Sensitivität* auf und sind sehr *temperaturstabil*, d. h. es treten über einen längeren Zeitraum nur kleine Driften auf. Aufgrund ihrer Bauweise können diese Sensoren mit *Überlastanschlägen* konstruiert werden, so dass auch hohe Erschütterungen von einigen hundert g (g: Erdbeschleunigung) diese Systeme nicht beschädigen. Nachteilig ist, dass die Elektronik nahe dem sensitiven Element untergebracht werden muss. Parasitäre Ströme sind für diese Systeme sehr störend.

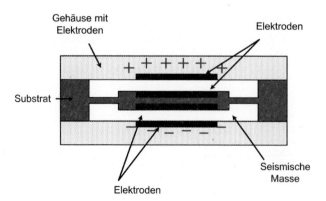

**Bild 3.3-5** Darstellung eines kapazitiven Sensorprinzips eines MEMS. Die seismische Masse und das Gehäuse des Sensors bilden einen Kondensator. Je näher die seismische Masse dem Deckel des Sensors kommt, um so größer ist die Kapazität dieses Kondensators

Zunehmend werden jedoch schon komplette Beschleunigungssensoren als *Einchiplösung* beispielsweise für Anwendungen in der Consumer-Elektronik oder für den Automobilbau angeboten. Diese sind sehr preisgünstig.

### 3.3.6 Servoinclinometer

*Servoinclinometer* können als MEMS Neigungs-Sensoren mit besonders hoher Sensitivität ohne Gleichstrom (DC)-Ausgang betrachtet werden (Bild 3.3-6: ASIC ist eine anwendungsspezifische Schaltung (ASIC: Application Specific Integrated Circuit)). Die hohe Sensitivität wird dadurch erreicht, dass das System *rückgekoppelt* ist: Bei einem mechanischen, klassischen Sensor wird ein Permanentmagnet in einer Spule mit seiner Masse beschleunigt, so dass ein Stromfluss in der Spule induziert wird. Dieses Signal wird gemessen und ein Strom in entgegensetzter Richtung erzeugt. Dieser Strom baut ein Magnetfeld in den Spulen auf, welches dem Magnetfeld des Magneten entgegengerichtet ist. Somit wird dieser in seine alte Position zurückgebracht. Die seismische Masse wird also durch eine der Neigung proportionalen Spannung in der Null-Lage gehalten. Das rückkoppelnde System erlaubt es, *sehr kleine Beschleunigungen* exakt zu messen und damit auch die Neigung sehr genau ermitteln zu können. Dieser Aufbau ermöglicht Messungen oberhalb der Eigenfrequenz des Systems.

Kapazitive Sensoren auf MEMS-Basis messen Beschleunigungen *unterhalb* ihrer *Eigenfrequenz*. Das Arbeitsprinzip hierbei ist jedoch identisch. Die seismische Masse, welche als Kondensator zwischen dem Gehäusedeckel liegt, wird mit Hilfe einer aufgebrachten Ladung in der neutralen Position gehalten. Die Ladung, die benötigt wird, um dies zu erreichen, ist ebenfalls proportional zu der Beschleunigung des Sensorelementes.

Um eine maximale Sensitivität zu erreichen, werden die Federkonstanten der rückstellenden mechanischen Elemente möglichst klein gewählt. Hierdurch können Werte für eine maximale Beschleunigung von 0,2 g erreicht werden. Die Frequenzbereiche gelten für Beschleunigungen zwischen 3 g und 200 g. Die minimale Auflösung, die solche Systeme in der Praxis erreichen, liegen bei 30 ng/$\sqrt{Hz}$ und bei einem dynamischen Bereich von 115 dB. Das Rauschen solcher Systeme ist 66-mal kleiner als bei Systemen mit hochauflösenden MEMS-Beschleunigungsaufnehmern.

3.3 Neigung

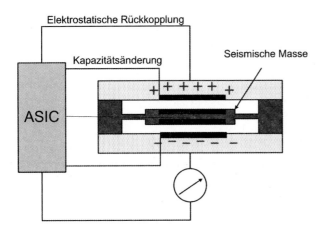

**Bild 3.3-6**
Schematische Darstellung
eines MEMS Servo-Inclinometers

## 3.3.7 Übersicht und Auswahl von Neigungssensoren

Die Wahl des passenden Neigungssensors hängt von folgenden Parametern ab:

- *Genauigkeit* in der Auflösung und der Wiederholbarkeit,
- *Erschütterungen* und
- *Temperaturabhängigkeit*.

Tabelle 3.3-1 zeigt die Zusammenhänge.

**Tabelle 3.3-1** Eigenschaften und Anwendungen der Neigungssensoren

| Sensor | Anwendung |
| --- | --- |
| Servo-Inclinometer | Bei hochgenauen Messungen in geophysikalischen Bereichen, z. B. bei Nivellierungen und in der Gebäudeüberwachung,<br>– zur Ausrichtung von Präzisionsantennen oder<br>– bei Vermessungen von Schienen und Achsen. |
| MEMS | Bei Systemen, die schnelle Bewegungen ausführen und Stößen ausgesetzt sind (z. B. bei der Consumerelektronik, Fahrzeugsteuerung und in Robotik-Anwendungen). |
| Elektrolytische Neigungssensoren | Hohe Auflösung (z. B. bei der Kontrolle von Baufahrzeugen oder für vibrationsarme Anwendungen). |
| Magnetoresistive Neigungssensoren | Als kostengünstigste Lösung in vibrationsarmen Umgebungen (z. B. zur Steuerung oder Nachführung von Sonnenkollektoren sowie zur Kontrolle von Offshoreanlagen). |
| Kompass-Sensoren | Einsatz bei mobilen Anwendungen (z. B. bei der Fahrzeugnavigation). |

| Sensor | Auflösung | Nichtlinearität | Wiederholbarkeit |
| --- | --- | --- | --- |
| Servo-Inclinometer | 0,00005° | < 0,05° | < 0,001° |
| MEMS | 0,005° | < 0,03° | < 0,06° |
| Elektrolytische Neigungssensoren | 0,001° | < 0,10° | < 0,01° |
| Magnetoresistive Neigungssensoren | 0,005° | < 0,05° | < 0,01° |
| Kompass-Sensoren | 0,1° | < 0,05° | < 0,01° |

## 3.4 Sensoren zur Objekterfassung

### 3.4.1 Näherungsschalter

Die berührungslose Objekterfassung wird kostengünstig und äußerst zuverlässig auf allen Anwendungsgebieten – von der traditionellen Industrie bis hin zu Medizin- und Luftfahrt – mit den *Näherungsschaltern NS* (*proximity switches*) durchgeführt. Er stellt die binäre Variante des Abstandssensors dar, weshalb die grundlegenden Aussagen von diesen übernommen werden können (Abschnitt 3.1.1). Grundsätzlich enthält die NS-Familie *Ausführungen* sämtlicher Abstandssensoren (z. B. induktiv, kapazitiv, optoelektronisch) mit *binären Ausgängen* (Bild 3.4-1).

**Bild 3.4-1** Sämtliche Typen und Bauformen von Näherungsschaltern (Werkfoto: Balluff GmbH)

Wegen des breiten Einsatzfeldes und der hohen Stückzahlen und, um Kompatibilität bzw. Austauschbarkeit zu gewährleisten, werden die NS ausführlich in der Norm DIN EN 60947-5-2 „Niederspannungsschaltgeräte/Steuergeräte und Schaltelemente/Näherungsschalter" spezifiziert. Die Norm bezieht sich auf Tabelle 3.4-1:

- *Induktive* und *kapazitive* NS, die die Anwesenheit von Objekten aus Metall und/oder nicht metallischen Objekten erfassen.
- *Ultraschall*-NS, welche die Anwesenheit von schallreflektierenden Objekten erfassen.
- *Fotoelektrische* NS, welche die Anwesenheit von sämtlichen Gegenständen erfassen.
- *Nichtmechanisch magnetische* NS, welche die Anwesenheit von Objekten mit einem magnetischen Feld erfassen.

Gemäß EN 60947-5-2 ist der NS ein *Positionsschalter*, der ohne mechanische Berührung mit dem beweglichen Teil betätigt wird und die folgenden Kennzeichen aufweist:

a) Der NS bildet *eine Einheit*.
b) Der binäre Schaltausgang des NSs enthält ein *Halbleiterschaltelement*.
c) Der NS ist für den Einsatz in Stromkreisen vorgesehen, deren Bemessungsspannung *DC 300 V* oder *AC 250 V – 50/60 Hz* nicht überschreitet.

## 3.4 Sensoren zur Objekterfassung

Eine Übersicht über die Möglichkeiten, NS zu realisieren, zeigt Tabelle 3.4-1.

**Tabelle 3.4-1** Übersicht über Näherungsschalter

| Näherungssensor-Typ und Definition | Erfassungsart | Funktions-Prinzip | Hauptteil des Sensorelements | Hauptstufe/n im Elektronik Front-End | Siehe Buchabschnitt: |
|---|---|---|---|---|---|
| **Induktive NS** (erzeugen ein elektromagnetisches Feld) | induktiv | Taster | Spule | Oszillator | 3.1.1.2 |
| **Kapazitive NS** (erzeugen ein elektrisches Feld) | kapazitiv | Taster | strukturierter Kondensator | Oszillator | 2.6 |
| **Ultraschall NS** (senden Ultraschallwellen aus) | Ultraschall | Taster | piezoelektrischer Ultraschall-Wandler | Oszillator | 3.1.3 |
| **Magnetfeld NS** (erfassen die Anwesenheit eines magnetischen Feldes) | magnetisch | Taster | Hall, MR, GMR | Messbrücke, Verstärker | 2.3 und 2.8 |
| **Optoelektronische NS (Typ D)** • **Lichttaster** (erfasst Gegenstände, die sichtbare/unsichtbare optische Strahlung reflektieren) | fotoelektrisch | Taster; Target reflektiert Licht | Sende- und Empfangshalbleiter | Sender und Empfänger in einem Sensor | 3.1.2 |
| **Optoelektronische NS (Typ R)** • **Reflexionslichtschranke** (erfasst Gegenstände, die sichtbare/unsichtbare optische, reflektierte Strahlung unterbrechen) | fotoelektrisch | Taster; Target unterbricht Lichtweg zwischen Sender und Reflektor | Sende- und Empfangshalbleiter | Sender und Empfänger in einem Sensor | 3.1.2 |
| **Optoelektronische NS (Typ T)** • **Einweglichtschranke** (erfasst Gegenstände, die sichtbare/unsichtbare optische, direkte Strahlung unterbrechen) | fotoelektrisch, direkter Lichtstrahl | Einweg-Lichtschranke; Target unterbricht Lichtweg zwischen Sender und Empfänger | Sende- und Empfangshalbleiter | Sender und Empfänger getrennt in zwei Einheiten | 3.1.2 |

### Blockschaltbild der NS, Erfassungsart und Funktionsweise der NS

Der einteilige NS besteht aus dem *Sensorelement* und aus einer im Sensor vollkommen integrierten *Sensorelektronik*. Ihren Hauptfunktionen entsprechend ist die Sensorelektronik in zwei *funktionelle Bereiche* aufgeteilt. Im *Front-End-Bereich* erfolgt:

- die Erregung/Versorgung des Sensorelements,
- die Evaluierung der gewonnenen Abstandsinformation und
- die Umwandlung dieser Antwort in ein elektrisches Analogsignal (Bild 3.4-2).

Im *Back-End-Bereich* finden statt:
- die Erzeugung eines primäres Schaltsignals aus dem Analogsignal,
- weitere Signalverarbeitung,
- die Generierung des genormten NS-Ausgangssignals und
- die Ausführung der Vielzahl der durch die Norm geforderten Schutzfunktionen.

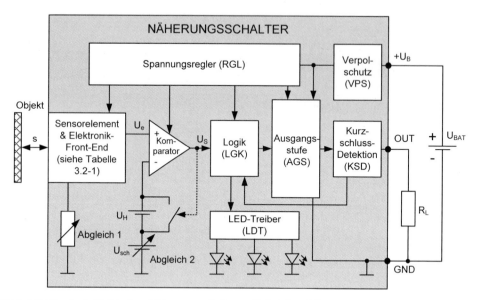

**Bild 3.4-2** Blockschaltbild eines Näherungsschalters mit drei Anschlüssen

Die Realisierung des Sensorelements und des Front-Ends hängt vollkommen von der *Erfassungsart* ab. In Bild 3.4-2 sind diese Stufen als „black-box" zusammengefasst. Details und Literaturquellen in diesem Buch zu diesen Bestandteilen sind aus der Tabelle 3.4-1 zu entnehmen.

Die Elektronik im Back-End hat eine nahezu identische Struktur und Funktionsweise unabhängig vom Näherungsschalter-Typ. Das elektrische Analogsignal $U_e$ wird einem *Schwellenwertkomparator* zugeführt. Dieser vergleicht das Signal mit einer Schwellspannung $U_{sch}$ und erzeugt das primäre Schaltsignal $U_s$, das von der Logik-Stufe weiter verarbeitet wird. Diese Stufe liefert Eingangsschaltsignale sowohl für die Sensorausgangsstufe als auch für den LED-Treiber. In der ersten Stufe findet eine entsprechende Verstärkung und Konditionierung statt, so dass das endgültige prellfreie NS-Ausgangssignal die Norm erfüllt. Der LED-Treiber generiert logische Signale für die Versorgung der optischen Indikatoren:
- gelbe LED (Voraussetzung) als NS-Zustandsanzeige,
- grüne LED (Option) als NS-Versorgungsspannungsanzeige,
- rote LED (seltene Option) für die NS-Fehlermeldung,
- eine dieser Farben (blinkend statt dauernd) oder eine andere Farbe (dauernd) als Anzeige anderer Funktionen (z. B. Kurzschlussmeldung, Verschmutzungsanzeige, Funktionsreserve, Einstellhilfe).

Ein Spannungsregler stabilisiert die breiten erlaubten Schwankungen der Versorgungsspannung $U_{BAT}$ und versorgt das NS-Innere mit konstanter niedriger Spannung.

## 3.4 Sensoren zur Objekterfassung

Die Anwendung des NS ist in Bild 3.4-2 durch die Spannungsquelle $U_{BAT}$ und den Lastwiderstand $R_L$ schematisch dargestellt, die an den NS-Anschlüssen: $+U_B$, OUT und GND angeschlossen sind. Die Quelle symbolisiert das Netzteil (DC/AC: geregelt/ungeregelt) für die NS-Versorgung, der Lastwiderstand den tatsächlichen Verbraucher (Relais, SPS-Eingang, ohmscher Widerstand, oder komplexe Impedanz).

### *Hauptmerkmale der NS*

Betrachtet man den NS abstrakt als *binärer Umwandler* einer *Weginformation* in ein elektrisches Schaltsignal, so haben folgende Merkmale die höchste Bedeutung für die System-Beschreibung:

a) Schaltabstand und Betätigungsbedingungen,
b) Hysterese (Schaltumkehrspanne),
c) Schaltelementfunktion und
d) Ausgangsart (Ausgangsschaltrichtung).

### *Schaltabstände*

Die Norm definiert generell den *Schaltabstand* ($s$) als Abstand, bei dem durch die Annäherung einer Norm-Messplatte:

- an die aktive Fläche, durch die das NS-Feld austritt, und
- entlang der Bezugsachse, die senkrecht auf dieser Fläche ist (axiale Annäherung),

ein Signalwechsel am NS-Ausgang OUT verursacht wird.

Der allgemeine Begriff wird durch folgende Normgrößen näher definiert (Bild 3.4-3):

1. *Bemessungsschaltabstand* ($s_n$): konventionelle Größe zur Festlegung der Schaltabstände. Er berücksichtigt weder Exemplarstreuungen noch Änderungen durch Einflüsse wie Versorgungsspannung und Temperatur. Der Äquivalentbegriff für optoelektronische NS ist der *Erfassungsbereich* ($s_d$); dieser zeichnet den Bereich aus, in dem der Schaltabstand eingestellt werden kann.

2. *Realschaltabstand* ($s_r$): der Schaltabstand eines einzelnen NS, der bei festgelegten Testbedingungen gemessen wird. Sein Wert muss folgende Gleichung erfüllen:

$$0{,}9\, s_n \leq s_r \leq 1{,}1\, s_n. \tag{3.4.1}$$

3. *Nutzschaltabstand* ($s_u$): der Schaltabstand eines einzelnen NS, gemessen über den spezifizierten Temperatur- bzw. Versorgungsspannungsbereich. Sein Wert liegt im Bereich:

$$0{,}9\, s_r \leq s_u \leq 1{,}1\, s_r. \tag{3.4.2}$$

4. *Gesicherter Schaltabstand* ($s_a$): Abstand von der aktiven Fläche, in dem die Betätigung des NS unter Berücksichtigung aller Umweltbedingungen und Exemplarstreuungen garantiert ist. Sein Wert erfüllt die Gleichung:

$$0 \leq s_a \leq 0{,}9 \cdot 0{,}9\, s_n. \tag{3.4.3}$$

### *Hysterese*

Die Definitionen der Schaltabstände gelten für eine Annäherung der Norm-Messplatte zum NS und entlang der Bezugsachse. Um ein stabiles, prellfreies Umschalten des NS-Ausgangs zu gewährleisten, weist der NS bei einer Entfernung der Norm-Messplatte *erhöhte Schaltabstände* auf. Diese Erhöhung bezeichnet man als *NS-Hysterese*; ihr Wert ist in der Norm durch die folgende Gleichung festgelegt:

$$H \leq 0{,}2\, s_r. \tag{3.4.4}$$

Bild 3.4-3 zeigt den Zusammenhang zwischen den Schaltabständen bei induktiven und kapazitiven NS.

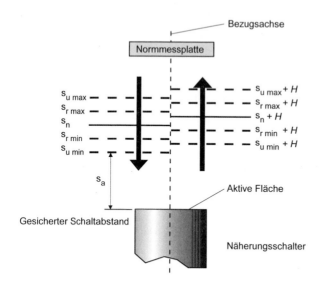

**Bild 3.4-3**
Schaltabstände induktiver
und kapazitiver NS

Grundsätzlich gibt es zwei mögliche Implementierungen der Hysterese:
1. Durch die sprungartige Erhöhung der Schwellenspannung $U_{sch}$ (Bild 3.4-4 a)). In Bild 3.4-2 ist dieser Mechanismus symbolisch durch einen Schalter parallel zur zusätzlichen Spannungsquelle $U_H$ dargestellt. Startet die Messung beim Abstand $s \geq 3\ s_r$ und erreicht man bei der Annäherung des Targets den Schaltpunkt ($U_e = U_{sch}$), so wird das Komparatorausgangssignal $U_s$ umgeschaltet und der Schalter geöffnet. Dementsprechend macht die Schwellenspannung einen Sprung nach oben mit dem Wert $U_H$. Die Bewegung wird fortgesetzt bis zum Abstand $s \leq 0{,}3\ s_r$. Bei der Targetentfernung muss man einen höheren Abstand $s$ erreichen, um die Umschaltbedingung $U_e = U_{sch} + U_H$ zu erfüllen und die Umkehr des Schaltausgangs $U_S$ zu erlangen (Bild 3.4-4 a)).
2. Gleiches Verhalten erreicht man mit konstanter Schwellenspannung $U_{sch}$ und mit umgekehrter, sprungartiger Änderung des Komparator-Eingangssignals $U_e$ (Bild 3.4-4 b)).

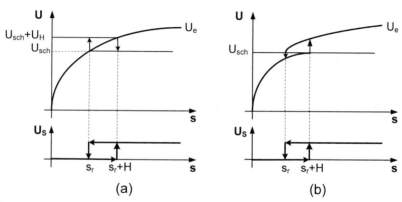

**Bild 3.4-4** Erzeugung der Hysterese durch Schwellensprung (a) bzw. Nutzsignalsprung (b)

## 3.4 Sensoren zur Objekterfassung

*Schaltelementfunktion*

Dieser Parameter beschreibt den Zusammenhang zwischen dem augenblicklichen Objekt-Sensor-Abstand und NS-Ausgangszustand (Tabelle 3.4-2). Die Norm sieht drei Schaltelementfunktionen vor:

*Schließerfunktion*: sie bewirkt das Fließen des Laststroms, wenn das Objekt erfasst wird, und das Nichtfließen des Laststroms, wenn das Objekt nicht erfasst wird.

*Öffnerfunktion*: sie ist die invertierte Funktion der Schließerfunktion.

*Wechslerfunktion*: setzt die Kombination zweier Schaltelemente voraus und enthält eine Schließer- und eine Öffnerfunktion (*antivalente* Schaltausgänge).

**Ausgangsart**

Die Norm spezifiziert grundsätzlich zwei Ausgangsarten für NS mit DC-Versorgungsspannung:

*Plusschaltender Ausgang (PNP-Ausgang)*: die Last $R_L$ ist elektrisch mit der Masse GND fest verbunden. Wird der NS betätigt, so wird der Laststrom vom $+U_B$-Anschluss durch die Ausgangsstufe des NS, durch den NS-Ausgang OUT und durch $R_L$ nach GND fließen. Diese Ausgangsart ist üblich in Europa.

*Minusschaltender Ausgang (NPN-Ausgang)*. Er beschreibt die umgekehrte Ausführung: die Last $R_L$ ist elektrisch mit dem + Pol fest verbunden und wird durch den NS gegen die Masse GND geschaltet, solange der NS betätigt ist. Diese Ausgangsart ist üblich in Asien.

Die möglichen Kombinationen der Parameter Schaltfunktion und Ausgangsart sind in Tabelle 3.4-2 zusammengefasst.

**Tabelle 3.4-2** Zusammenfassung der Kombinationen der Parameter Schaltfunktion und Ausgangsart

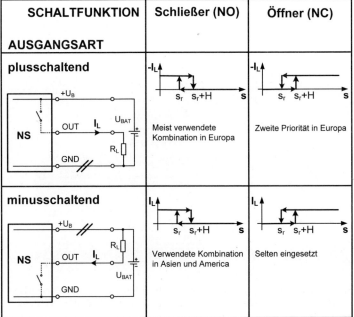

Bei NS für AC-, aber auch DC-Versorgungsspannung existieren auch Ausführungen mit nur zwei Anschlüssen. Der NS wird in Reihe mit der Last $R_L$ und der Versorgungsspannungsquelle angeschlossen. Die Schaltfunktionen bleiben bestehen.

*Bauform und Größe*

Die NS sind einteilige Einheiten und weisen in der Regel folgende Gehäuse auf:
- *Zylindrische Gewindehülse* aus Metall oder Kunststoff mit Durchmesserwerten im Bereich 5 mm bis 36 mm und Längen deutlich unter 100 mm.
- *Glatte zylindrische Hülse* aus Metall mit Durchmesserwerten im Bereich 3 mm bis 34 mm und Längen unter 80 mm. Durch die permanente Miniaturisierung der inneren Elektronik wurden minimalen Längen von etwa 25 mm bis 30 mm erreicht (Bild 3.4-5 und 3.4-6).
- *Rechteckiges Gehäuse* mit *quadratischem Querschnitt* aus Kunststoff oder Metall.
- *Rechteckiges Gehäuse* mit *rechteckigem Querschnitt* aus Kunststoff oder Metall.

*Kenndaten der NS*

Folgende Kenndaten sind neben den Hauptmerkmalen charakteristisch für die industriellen NS:
- *Wiederholgenauigkeit (R)*.
- *Bemessungsspannungen* mit folgenden Definitionen:
  - *Bemessungsbetriebsspannung* $(U_e)$,
  - *Bemessungsisolationsspannung* $(U_i)$ und
  - *Spannungsfall* $(U_d)$ über dem Ausgang bei Nennbelastung.
- Kennzeichnende Ströme sind unter anderem:
  - Bemessungsbetriebsstrom $(I_e)$,
  - Reststrom $(I_r)$ des gesperrten Ausgang und
  - *Leerlaufstrom* $(I_0)$ aus dem Versorgungsnetz ohne Last (Eigenstrombedarf).
- Ansprechverzug.
- Schaltfrequenz $(f)$.
- *Bereitschaftsverzug* $(t_v)$ oder auch Start-up-Zeit.
- Hauptschutzfunktionen:
  - die *Kurzschluss-Schutzfunktion*,
  - die *Drahtbruch-* und
  - die *Verpolungs-Schutzfunktion*.

**Bild 3.4-5** Miniaturisierte NS in Metallgehäusen: glatt bzw. gewindeförmig mit Durchmessern 3 mm bis 5 mm (Werkfoto: Balluff GmbH)

**Bild 3.4-6** Metallgewindegehäuse M12: extrem kurz (Werkfoto: Balluff GmbH)

## 3.4 Sensoren zur Objekterfassung

Die Normvorgaben bzw. die üblichen zeitaktuellen Werte von diesen Kenngrößen für die meist eingesetzten Metallgewinde Bauformen M12 und M18 sind in der Tabelle 3.4-3 zu finden.

**Tabelle 3.4-3** Technische Daten von NS (@ wird zur Definition der Messbedingungen verwendet)

| Kenndaten (elektrische bzw. mechanische) | Norm-Werte und -Wertebereiche | Aktuelle marktübliche Werte und Wertebereiche |
|---|---|---|
| Bemessungsschaltabstand ($s_n$) | • Induktive NS: 2 mm bis 5 mm<br>• Kapazitive NS: 2 mm bis 5 mm<br>• Ultraschall-NS: 60 mm bis 800 mm | 8 mm bis 20 mm<br>1 mm bis 15 mm<br>30 mm bis 3.500 mm |
| Erfassungsbereich ($s_d$) von fotoelektrischen NS | • Lichttaster: nicht spezifiziert<br>• Reflexions-Lichtschranke nicht spezifiziert<br>• Einweg-Lichtschranken: nicht spezifiziert | 600 mm<br>7.000 mm<br>20.000 mm |
| Hysterese ($H$) | $\leq 0{,}2\ s_r$ | $\leq 0{,}1\ s_r$ |
| Wiederholgenauigkeit ($R$) | $\leq 0{,}1\ s_r$ @ $(23 \pm 5)$ °C | $\leq 0{,}1\ s_r$ @ $(23 \pm 5)$ °C |
| Bemessungsbetriebsspannung ($U_e$) | $\leq 300$ VDC bzw. $\leq 250$ VAC | 10 bis 30 VDC; 10 bis 55 VDC<br>20 bis 250 VAC; 20 bis 250 VAC/DC |
| Spannungsfall ($U_d$) | $\leq 8$ V/10V DC/AC @ 2 Anschlüssen<br>$\leq 3{,}5$ V DC @ 3/4 Anschlüssen | $\leq 2{,}5$ V/6 V DC/AC @ 2 Anschlüssen<br>$\leq 2$ V DC @ 3/4 Anschlüssen |
| Bemessungsbetriebsstrom ($I_e$) | 50 mA DC bzw. 200 mA$_{eff}$ AC | |
| Kleinster Betriebsstrom ($I_m$) | $\leq 5$ mA DC/AC @ 2 Anschlüssen | $\leq 3$ mA DC/AC @ 2 Anschlüssen |
| Reststrom ($I_r$) | $\leq 0{,}5$ mA DC @ 3/4 Anschlüssen | $\leq 0{,}1$ mA DC @ 3/4 Anschlüssen |
| Leerlaufstrom ($I_0$) | $\leq 5$ mA DC @ 3/4 Anschlüssen | $\leq 5$ mA DC @ 3/4 Anschlüssen |
| Ansprechverzug | $\leq 1$ ms | $\leq 1$ ms |
| Schaltfrequenz ($f$) | $\leq 1.000$ Hz (induktiv NS) | $\leq 5.000$ Hz (induktiv NS) |
| Bereitschaftsverzug ($t_v$) | $\leq 300$ ms | $\leq 10$ ms bis 20 ms |
| Dauer des Fehlsignals während $t_v$ | $\leq 2$ ms | $\leq 1$ ms |
| Umgebungstemperaturbereich | $-25$ °C bis $+70$ °C (Normwerte)<br>$-5$ °C bis $+55$ °C (fotoelektrische NS) | $-40$ °C bis $+125$ °C |
| Schutzart | min. IP65, IP54 (fotoelektrische NS) | IP67, IP68 (x bar), IP69K |

### *Sonderausführungen und deren Anwendungen*

Die NS enthalten in der Regel einen einzigen Schaltausgang, der eine binäre Wertigkeit aufweist. Die Schaltausgangszustände sind AUS/AN oder HIGH/LOW entsprechend der oben genannten Produktnorm DIN 60947-5-2.

Die ständige Komplexitätserhöhung der automatisierten Prozesse hat zu einer kontinuierlichen Dezentralisierung und Verlagerung einiger Funktionen auf die unterste Sensorik-Ebene geführt. Der Begriff „intelligente Sensoren" gilt heute auch für die NS. Weiterhin werden einige Trends und Realisierungen in Richtung Erhöhung der Intelligenz und Komplexität dargestellt.

*NS mit mehreren Schaltausgängen*

Die Erhöhung der Anzahl der Schaltausgänge führt implizit zur Erhöhung der Applikationszuverlässigkeit oder den Informationsgehalt vom NS. Repräsentative Ausführungen sind:

a) *Induktive* und *optoelektronische NS* mit *antivalenten Schaltausgängen*. Die Implementierung im NS der beiden Schaltelementfunktionen: Schließer und Öffner und die gleichzeitige Zuführung der entsprechenden Schaltsignale bis hin zur Signalverarbeitung ist eine verbreitete Methode zur Systemüberwachung. Die empfangenen Signale müssen *immer antivalent* sein, unabhängig von der Sensorbetätigung. Die Verletzung der Antivalenz zeigt einen Fehler im Sensor oder in den Zuleitungen an.

b) *Induktiver NS mit 3 Schaltausgängen*. Die Schaltausgänge des Sensors haben gleiche Schaltfunktion (Schließer), sind freiprogrammierbar in einem definierten Erfassungsbereich und ermöglichen dadurch die Aufteilung dieses Bereichs in vier Unterbereiche.

c) *Induktiver NS mit kombinierten Schaltausgängen*. Grundsätzlich handelt es sich um eine Version mit zwei Schließer-Schaltausgängen DA2 und DA3 sowie mit einem Öffner-Schaltausgang DA1.

d) *Induktiver NS mit 4-Bit digitaler Schnittstelle*. Der kompakte Sensor umfasst in einer M12-Metallgewindehülse mit der Länge 75 mm eine komplexe Innenelektronik mit drei Ausgangsfunktionen:

1. 4-Bit-Parallelport: Ausgänge D0 bis D3. Dementsprechend wird der sehr breite Erfassungsbereich von 1 mm bis 5 mm in 14 gleiche Intervalle aufgeteilt. Die Target-Anwesenheit in einem Intervall wird durch das entsprechende Bitmuster ausgegeben. Die Bitmuster 0000 bzw. 1111 werden ausgegeben, wenn das Target sich außerhalb des Erfassungsbereichs befindet – *Out-of-Range* Funktion.
2. Analogausgang A.
3. Temperaturausgang T.

Dadurch können Abstandsänderungen analog gemessen und digital erfasst werden. Die Umgebungstemperatur wird überwacht und der NS liefert eine DC-Spannung, die sich äußerst linear um –9 mV/K in einem Gesamttemperaturbereich – 10 °C bis + 70 °C ändert.

*NS mit Diagnose-Information*

Die Dezentralisierung der Datenverarbeitung erfolgt durch die Übertragung und Erhöhung der Intelligenz auf der untersten Ebene, der Sensoren- und Aktuatoren-Ebene. Dies erfordert zusätzliche Funktionen zur Parametrierung und Diagnose der Systeme von zentraler Stelle aus. Sicherheitsaspekte werden in Abschnitt 17 behandelt.

*Anwendungen der NS*

Je einfacher die Funktionsweise und die Inbetriebnahme der Näherungssensoren sind, desto verbreiteter ist deren Einsatz und die Nutzung. Jährlich werden Millionen von Näherungssensoren produziert und in der industriellen Automatisierung eingesetzt. Grund dafür ist das besonders gute Preis-Leistungsverhältnis dieser Sensoren. Für Stückpreise zwischen 5 € und

200 € findet man gängige Sensoren für Applikationen mit geringen Ansprüchen bis hin zu Problemlösern für Anwendungen mit hohem Sensor-Intelligenzbedarf.

Die NS sind *kompakt, präzise, schnell, zuverlässig* und *verschleißfrei*. In entsprechenden Ausführungen sind sie auch in extrem rauer Umgebung beständig gegen aggressive Reinigungsmittel sowie bei hohen Temperaturschwankungen, starken Vibrationen und Drücken einsetzbar.

Die Erkennung der metallischen bzw. nichtmetallischen Objekte unabhängig von der Größe, d. h. auch sehr klein und filigran, ist eine Hauptaufgabe in der Fabrikautomation und wird überwiegend mit den oben beschriebenen NS durchgeführt.

Zahlreiche Applikationen sind hauptsächlich in folgenden Einsatzgebieten zu finden:

a) *Werkzeugmaschinen.* Fortschritte in der Automatisierungstechnik und Sensortechnologie führen dazu, dass die Leistungsfähigkeit und Flexibilität der Werkzeugmaschinen ständig verbessert werden. Die NS spielen eine wichtige Rolle und führen neben Standard Positionserfassungen folgende klassische Funktionen durch:

- Spannwegüberwachung und -erfassung,
- Positionsschaltung mit Sicherheitsschaltstellen,
- Qualitätskontrolle an Werkstücken, Vollständigkeitskontrolle,
- Produktberührende Füllstandüberwachung von verschiedenen Medien (pulverförmig, pastös oder flüssig),
- berührungslose Füllstandabfrage in durchsichtigen/undurchsichtigen Behältern,
- Erkennung verschiedener Durchmesser,
- Identifizierung bzw. Erkennung bestimmter Merkmale eines Werkstückes/Werkzeuges,
- Bruchkontrolle der Werkzeuge, wie Bohrer, Gewindeschneider,
- Nut- bzw. Gewindeerkennung, Gewindekontrolle und
- Kleinteileerkennung, Bestückungskontrolle.

b) *Robotik* und *Materialfluss, Montage* und *Handhabung*. NS überwachen, regeln, messen und automatisieren Abläufe und Zustände in der Kunststoffindustrie, in Textilmaschinen, in der Holz- und Metallverarbeitung. Wichtige Anwendungen sind:

- Zählen von Objekten,
- Durchgangs-, Verpackungs- und Verschlusskappenkontrolle,
- Teilepositionierung und -sortierung,
- Abfrage von Verpackungsinhalten,
- Abfrage von Größe und Inhalt von Behältern,
- Abfrage der Stapelhöhe,
- Nachführung einer Hebebühne oder eines Staplers in Hochregallagern,
- Abfrage einer Lesemarke und
- Endkontrolle, Abdeckung.

c) *Automobilindustrie*

- Drehzahlerfassung,
- Regensensor,
- Sitzbelegungserkennung und
- Parksensoren.

d) *Fluidtechnik*
- Endlagenerfassung in hydraulischen Zylindern zum Positionieren von Hubeinheiten, Zuführkomponenten oder Spannelementen,
- Kolbenpositionsüberwachung in pneumatischen Aktoren wie Pneumatikzylindern oder Greifern sowie
- Überwachung der Ventilstellungen.

e) *Energiegewinnung.* Wegen steigender Ölpreise und begrenzter Ressourcen ist die Energieerzeugung wichtiger denn je. Sowohl herkömmliche Kraftwerke für konventionelle Energien als auch Wind-, Solar-, und Wasserkraftanlagen für erneuerbare Energien benötigen immer bessere NS mit langer Lebensdauer und hoher Robustheit bzw. Zuverlässigkeit. Einige Beispiele dafür sind:

- Drehzahl- und Drehrichtungsüberwachung des Rotors in Windenergieanlagen,
- Füllstandüberwachung und
- Sonnenstandsfolgen von Spiegeln und Solarmodulen.

### 3.4.2 Objekterkennung und Abstandsmessung mit Ultraschall

*Ultraschall* sind akustische Wellen über 20 kHz, die sich – im Gegensatz zu elektromagnetischen Wellen – nur in Materie ausbreiten können (Abschnitt 3.1.3 und Bild 3.4-7). Bei Ultraschallsensoren für Industrieanwendungen ist das Trägermedium hauptsächlich Luft. Stoßen Ultraschallwellen auf Festkörper, wird der Schall reflektiert. Dieses Prinzip macht sich die Sensorik zunutze. *Reflektierte Schallwellen* empfängt der Sensor als *Echo*, bestimmt daraus die *Entfernung* und setzt diese in ein Ausgangssignal um.

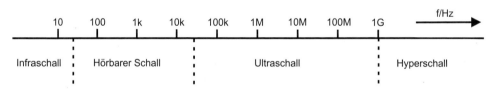

**Bild 3.4-7** Spektrale Verteilung von Schallwellen

Industrielle Anwendungen arbeiten mit hochfrequentem Ultraschall ab ca. 80 kHz. Bei diesen hohen Frequenzen bilden sich *gebündelte Schallkeulen*, die von Gegenständen – je nach Oberflächenbeschaffenheit, Form und Ausrichtung – mehr oder weniger stark reflektiert werden (Abschnitt 3.1.3.3 und Bild 3.1-68. Niederfrequenter Ultraschall hingegen breitet sich kugelförmig in alle Richtungen aus und ist deshalb für industrielle Anwendungen ungeeignet.

Bei tieferen Frequenzen ist die Distanz und die Schallkeule breiter. Dies ist beispielsweise bei Anwendungen zur Kollisionsdetektion erforderlich und gewünscht. Mit zunehmender Frequenz wird die messbare Distanz geringer, hervorgerufen durch die Dämpfung der Luft. Erkennbar ist auch die kleiner werdende Öffnung der Schallkeule, bedingt durch die Bauform des Wandlers. Hier ist auch der Totbereich wesentlich kleiner und ideal für *Füllstandskontrollen* in schmalen Umgebungen. Die folgenden Bilder 3.4-8 zeigen beispielhaft Ultraschallkeulen bei unterschiedlichen Frequenzen.

## 3.4 Sensoren zur Objekterfassung

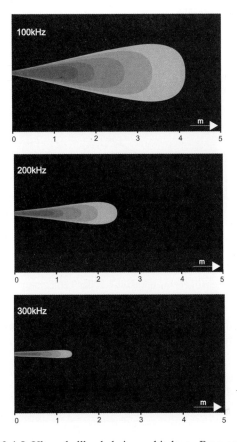

**Bild 3.4-8** Ultraschallkeule bei verschiedenen Frequenzen

### Schallgeschwindigkeit in Luft:

Da bei den meisten Ultraschall-Sensoren das *Echo-Laufzeit-Verfahren* genutzt wird, ist darauf zu achten, dass die Schallgeschwindigkeit von einigen Umgebungs-Bedingungen beeinflusst werden kann, beispielsweise von

- der Temperatur,
- dem Luftdruck oder
- der relativen Luftfeuchte.

Für den Temperatureinfluss gilt die folgende Gleichung:

$$c = c_0 (1 + T/273)^{1/2}$$

mit  $c_0$  Schallgeschwindigkeit bei $T = 0$ °C (331,6 m/s)
 $T$  Temperatur in °C.)

Anhand der Grafik kann man die starke Abhängigkeit der Schallgeschwindigkeit von der Temperatur erkennen (Bild 3.4-9).

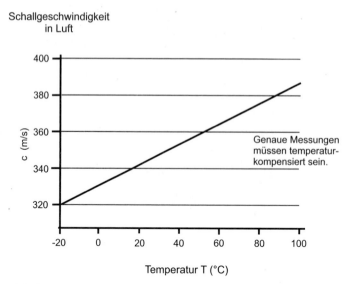

**Bild 3.4-9** Abhängigkeit der Schallgeschwindigkeit von der Temperatur

Der Einfluss der relativen Luftfeuchte ist eher gering und erfordert keine Kompensationsmaßnahmen für genaue Messungen (Bild 3.4-10).

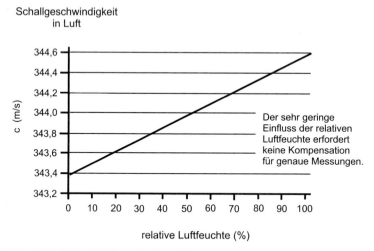

**Bild 3.4-10** Abhängigkeit der Schallgeschwindigkeit von der Luftfeuchte

### 3.4.3 Objekterkennung mit Radar

Der Begriff *Radar* steht für **Ra**dio **D**etection **A**nd **R**anging. Mit einem Radar können Geschwindigkeiten, Entfernungen sowie Form und Größe bestimmt werden. Bei den Anwendungen wird dabei zwischen einem *Impuls-Radar* und einem *CW-Radar* (continuous wave) unterschieden.

## 3.4 Sensoren zur Objekterfassung

### *Impuls-Radar*

Beim Impuls-Radar werden in definierten Abständen Schwingungspakete ausgesendet, die von den davor liegenden Objekten reflektiert werden. Über eine *Laufzeitmessung* ist die Entfernung bestimmbar und über die Amplitude die Menge der reflektierten Energie und damit die Größe $R$ des Objektes.

$$R = \frac{c}{2} \cdot \tau$$

mit $\tau$ : Laufzeit und c : Lichtgeschwindigkeit.

Die Auflösung der Messung wird dabei von der Impulsbreite bestimmt. Den maximalen Messbereich definiert der Abstand der Schwingungspakete.

### *CW-Radar*

Der CW-Radar besteht aus einem Sender und Empfänger, welche kontinuierlich arbeiten. Um eine Laufzeit zu bestimmen, wird der Sender frequenzmoduliert und dieses Signal zeitversetzt empfangen. Diese als *chirp* bezeichnet Methode bezeichnet eine Modulationsperiode.

Bewegt sich das Objekt während dieser Messung, verändert sich die empfangene Frequenz gegenüber der gesendeten. Dies beruht auf dem *Doppler-Effekt* (Abschnitt 2.20). Aus dieser Frequenzverschiebung kann damit außer dem Abstand auch die Geschwindigkeit bestimmt werden.

### *Anwendung*

Die Bestimmung von Abstand und Geschwindigkeiten mittels Radar überstreicht einen großen Bereich. Typische Einsatzgebiete sind dabei:

Flugsicherung: Bestimmung von Flughöhe und Geschwindigkeit.

KfZ: Abstandswarner – im Gegensatz zu Ultraschall sind diese unempfindlicher gegen Wettereinflüsse.

Meteorologie: Bestimmung von Höhe, Geschwindigkeit und Wassergehalt von Wolken.

Gebäudetechnik: Steuerung von Türen und Sicherheitsabschaltungen (im Gegensatz zum Bewegungsmelder spielt hier die Temperatur des Objektes keine Rolle).

Bewegungsmelder auf Radarbasis reagieren bereits auf Geschwindigkeiten ab 0,1 m/s.

Je nach Antennenform kann der Öffnungswinkel der Messanordnung variiert werden. Durch die Rotation des Senders und des Empfängers oder durch eine Verrechnung der Werte mehrerer Sensoren kann die Abstandsbestimmung auch 2- oder 3-dimensional erfolgen (Abschnitt 3.5).

### 3.4.4 Pyroelektrische Sensoren für die Bewegungs und Praesenzdetektion

#### *Materialeigenschaften von gesputterten PZT-Filmen*

Ein Technologie für pyroelektrische Sensoren basiert auf *gesputterten PZT* (Blei, Zirkon, Titanat)-Filmen, die auf einen Siliciumwafer mit geeigneter Elektrode bei hohen Temperaturen (>500 °C) aufgebracht werden, wie in Bild 3.4-11 dargestellt. Die PZT-Filme werden so aufgebracht, dass sie während des Sputterprozesses polarisiert werden und daher nach dem Entladen aus der Sputteranlage keine weiteren Polaristionsschritte mehr benötigen. Die PZT-Filme bilden sich auf dem Wafer in einer Perrovskit-Struktur (111) aus und haben typischer Weise einen pyroelektrischen Koeffizienten von $2 \cdot 10^{-4}$ C/mK.

**Bild 3.4-11** 6-Zoll-Silicium-Wafer mit Infrarotsensorchips, basierend auf gesputtertem PZT-Filmen. Auf dem Wafer sieht man Einkanalsensoren, Liniensensoren für Infrarotspektroskopie und pyroelektrische Arrays

Die gesputterten pyroelektrischen Schichten haben eine Filmdicke zwischen 0,4 μm und 1,5 μm und können daher mit herkömmlichen und etablierten Fertigungsprozessen aus der Halbleiter/MEMs Industrie strukturiert und weiterverarbeitet werden. Aufgrund der schon existierenden Infrastruktur für solche Prozesse können hohe Stückzahlen zu geringen Kosten hergestellt werden.

Die Curie-Temperatur der geputterten PZT-Filme liegt bei etwa 550 °C. Da die Filme nach dem Sputterprozess schon polarisiert sind, bleibt diese *Polarisation* auch bei Einwirkung von hohen Temperaturen (bis 450 °C) erhalten. In herkömmlichen pyroelektrischen Sensoren (keramisches PZT oder $Li_3TaO_4$) wird die Polarisation des Materials durch einen externen Polarisierungsschritt in einem elektrischen Feld durchgeführt. Die Polarisation der extern polarisierten pyroelektrischen Sensoren ist stark temperaturabhängig. Die Polarisation (und damit auch die Grundlage für den IR-Sensor) geht verloren, wenn diese Filme Temperaturen von >150 °C ausgesetzt sind. Daher können herkömmliche pyroelektrische Sensoren nicht voll automatisierten Bestückungs- und Lötapparaten (SMD-Technologie) verarbeitete werden. Dort treten Temperaturen bis zu 400 °C auf.

**Bild 3.4-12** SMD-kompatibler pyroelektrischer Sensor geeignet für vollautomatische Bestückungs- und Lötanlagen (Werkfoto: Pyreos.com)

Die gesputterten PZT-Filme können Temperaturen bis 450 °C ohne jeglichen Schaden ertragen und können daher in einen vollautomatischen Verpackungsprozess integriert werden. Ein Beispiel für einen SMD kompatiblen Sensor ist in Bild 3.4-12 zu sehen. Diese produktionstechnische Möglichkeit ist besonders vorteilig bei sehr hohen Stückzahlen.

## 3.4 Sensoren zur Objekterfassung

### *Auswirkung auf die Elektronik*

Wie oben beschrieben, zeichnen sich die gesputterten PZT-Filme durch eine sehr geringe Filmdicke und eine relative hohe Permittiritätszahl $E_r$ von 270 aus. Daher haben Sensorchips, basierend auf gesputtertem PZT, eine relative hohe Kapazität. Deshalb ist es vorteilhaft, die Ladungen, die durch Wärmestrahlungsabsorption auf der Kontaktoberfläche des Sensorchips entstehen, mit Hilfe eines Transimpedanzwandlers auszulesen, anstatt die herkömmliche Source-Follow-Schaltung zu benutzen.

Verglichen mit keramischen PZT-Sensoren haben die gesputterten Dünnfilmsensoren eine wesentlich *geringere thermische* Masse, da die Filmdicke um einen Faktor 50 bis 100 geringer ist. Dies führt zu einem unterschiedlichen Frequenzverhalten, was bei der Integration der Sensoren in ein System beachtet werden muss. Die maximale *Responsivity* (V/W) tritt bei keramischen pyroelektrischen Sensoren bei 0,2 Hz bis 0,5 Hz auf und fällt bei höheren Frequenzen stetig ab. Die maximale Responsivity(V/W) für gesputterte PZT-Filme tritt bei Frequenzen zwischen 5 Hz und 10 Hz auf und kann durch die geschickte Wahl der elektronischen Bauteile bis in den kHz-Bereich erweitert werden.

Die einzigartige Kombination von MEMs-Prozesstechnologie mit den gesputterten und selbstpolarisierten PZT-Filmen eröffnet neue Anwendungsgebiete, die mit den herkömmlichen keramischen Sensoren bisher nicht realisiert werden konnten.

Bild 3.4-13 zeigt pyrotechnische Sensorarrays. Die Arrays werden mit Standard MEMs-Prozessen strukturiert. Der Sensor erzeugt 16 indivudelle Signale und hat eine Chipgröße von 2 mm x 2 mm. Wie in Bild 3.4-13 dargestellt, kann man pyroelektrische Sensorarrays (z. B. 4x4) herstellen, die dem Anwender 16 Bit an Information zur Verfügung stellen. Dies ist sehr viel, verglichen mit den typischen Einkanalsensoren, bei denen nur 1 Bit an Information zur Verfügung steht. Die Anwendung von pyroelektrischen Arrays in der *Bewegungs-Präsenzdetektion* ermöglicht es, mehr Informationen zu erfassen, als es mit den konventionellen Sensoren bisher möglich war.

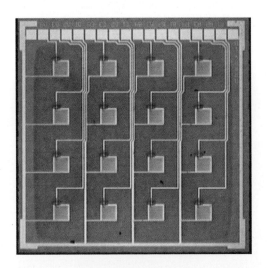

**Bild 3.4-13** Pyroelektrische Sensorarrays basierend auf gesputterten PZT-Filmen (Werkfoto: Pyreos.com)

Pyroelektrische Sensorarrays ermöglich das Erfassen der *Bewegungsrichtung*, das Zählen/Verfolgen von Personen und die genaue Anwesenheitsdetektion einer Person im Raum. Diese zusätzlichen Informationen können durch die Auswertung der 16 individuellen Sensorsignale sehr genau bestimmt werden. Ein Beispiel für eine solche Anwendung in der Personenzählung findet sich auf YouTube unter http://www.youtube.com/watch?v=sqw34TyHwVw.

Für Anwendungen der pyroelektrischen Sensorarrays für die Bewegungsmeldung oder für die Anwesenheitsdetektion muss der unterschiedliche Frequenzgang der Dünnfilmsensoren, verglichen mit dem der herkömmlichen Sensoren, im optischen Design berücksichtigt werden, um optimale Resultate erzielen zu können.

Viele Anwendungen, wie die *Verkehrszählung* oder die *Gestenerkennung*, benötigen jedoch Infrarotsensoren, die schnell sind und die eine sehr gute Empfindlichkeit bei höheren Frequenzen haben. Für obige Anwendungsbeispiele liegen die generierten Infrarotsignale (durch vorbeifahrende Autos oder durch eine Handbewegung) im Frequenzbereich von 8 Hz bis 80 Hz. Dies passt genau in den optimalen Frequenzbereich der Sensoren, die auf PZT-Filmen basieren. Der folgende Link http://www.youtube.com/watch?v=0YpI3J2lThA zeigt ein Beispiel für die Gestenerkennung, die sich durch sehr hohe Genauigkeit und einem sehr geringem Stromverbrauch auszeichnet, da diese Anwendung nur auf passiven Komponenten beruht.

Der *zusätzliche Informationsgehalt*, der durch Sensorarrays erzeugt werden kann, kann für die Bewegungsmeldung oder die Anwendungsdetektion von großem Nutzen sein. Die Datenanalyse der generierten Signale wird in der Zukunft einen immer größeren Stellenwert einnehmen.

### 3.4.5 Objekterkennung mit Laserscanner

*Laserscanner* sind Systeme zur Entfernungsmessung, welche auf dem Prinzip der *Lichtlaufzeitmessung* beruhen (Abschnitt 5.4). Den technischen Kern des Systems bildet ein Laufzeit-Mess-System, dessen Strahl durch ein Spiegelsystem abgelenkt wird. Dabei können Abstände in einem Öffnungswinkel zwischen 180° und 270° erfasst werden. Der Arbeitsradius kann zwischen wenigen Metern und mehreren 10 m liegen, was vom Modell abhängt.

Bild 3.4-14 zeigt die Zusammenhänge zwischen dem Scan-Bereich und einem Messwertverlauf. Der Scanner gibt dabei in zeitlicher Reihenfolge die Entfernungsmesswerte aus. Durch die Rotationsbewegung des Spiegelsystems beziehen sich diese auf einen zentralen Punkt und müssen demzufolge in Polarkoordinaten aufgetragen werden. Aus diesem Grund entstehen auch in der Abstandsfunktion die bizarren Ecken, da der Abstand immer radial aufgetragen werden muss. Ein typischer Laserscanner ist in Bild 4.4-15 zu sehen.

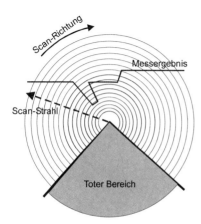
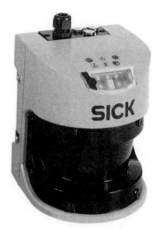

**Bild 3.4-14** Funktionsbild eines Laserscanners    **Bild 3.4-15** Laserscanner S3000 (Werkfoto: SICK)

## 3.4 Sensoren zur Objekterfassung

*Anwendung*

Laserscanner werden vor allem auf dem Gebiet der *Sicherheitstechnik* eingesetzt. Dabei erfolgt dies sowohl mobil als auch stationär.

Bei autonomen Transportsystemen dienen sie dem Fahrzeug zur Erkennung von *Kollisionen* mit dem Umfeld. Damit ist es möglich, auszuweichen oder stehen zu bleiben.

Der stationäre Einsatzfall sichert meist Anlagen gegen *Annäherung*, was auch in diesen Fällen vorzugsweise zur Abschaltung führt.

### 3.4.6 Sensoren zur automatischen Identifikation (Auto-Ident)

#### 3.4.6.1 Übersicht

Folgende drei Sensortechnologien ermöglichen eine *automatische Identifikation* von Objekten:

- Barcode-Laserscanner,
- Auto-Ident-Kameras und
- RFID-Lesegeräte.

Im Folgenden werden diese verschiedenen Technologien dargestellt und die Anwendungen anhand von Beispielen erläutert (Bild 3.4-16). Während die Barcodescanner schon lange eingesetzt werden, sind neuere Technologien die kompakten industriellen Kameras mit integrierter Auswertung und vor allem die RFID-Leser. Die unterschiedlichen Vorteile der einzelnen Technologien haben in speziellen Anwendungen ihren Platz.

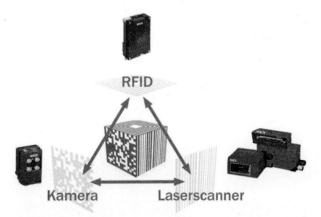

**Bild 3.4-16** Drei Technologien zur automatischen Identifikation (Werkfoto: Sick AG)

#### 3.4.6.2 Barcodescanner

**Klassifizierung von Barcodelesern**

Es gibt verschiedene Typen von Geräten zur Identifikation von Strichcodes:

- *manuelle* Lesestifte (*pen*),
- *Handlesegeräte* (hand held barcodereader; hand held barcodescanner) und
- *festmontierte* Lesegeräte an der Förderstrecke (fixed mount barcodereader).

In jedem Lesegerät werden in einem *optoelektronische Bauteil* die optischen Empfangssignale in ein elektrisches gewandelt. Man unterscheidet:

- auf *CCD-* oder *CMOS-Zeilensensoren* basierende Lesegeräte und
- *Barcodescanner mit Laserabtastung* (flying spot scanner).

Heutige Barcodescanner verwenden zur Erzeugung des Laserstrahls in der Regel eine Halbleiterlaserdiode im roten Spektralbereich mit einer Sendeleistung von etwa 1 mW bis 10 mW. Man unterscheidet hier zwei Bauprinzipien, die sich im Empfangsprinzip unterscheiden:

- Scanner mit *Rundumempfänger* und
- Scanner nach dem *Autokollimationsprinzip*.

Geräte mit Rundumempfänger benötigen weniger Bauraum im Gehäuse und sind sehr preiswert und ohne aufwändige Justage aufzubauen.

Scanner nach dem Autokollimationsprinzip haben diesbezüglich zwar Nachteile, bieten aber gegenüber dem Rundumempfänger folgende entscheidende Vorteile:

- Wesentlich *bessere SNR* (Signal zu Rauschverhältnis); daher größere Leseabstände möglich und
- geringere *Umgebungs-* bzw. *Fremdlichtempfindlichkeit*.

*Anwendungen von fest montierten Barcodescannern*

In der Logistik- und Fabrikautomation liegen die wesentlichen Anwendungen. Bild 3.4-17 zeigt einen fest montierten Scanner an einer Förderstrecke zur automatischen Identifikation von vorbeitransportierten Objekten auf einer Palette (Logistikautomation). In der Fabrikautomation werden die Geräte beispielsweise in Automobilfertigungsstraßen zur Identifikation von Karosserien im Fertigungsprozess eingesetzt. Ein allseits bekanntes Beispiel ist auch das Barcode-Scannen an der Supermarktkasse.

**Bild 3.4-17** Festmonierter Barcodescanner zur Identifikation von bewegten Objekten (Werkfoto: Sick AG)

## 3.4 Sensoren zur Objekterfassung

### *Aufbau und Funktionsmodule eines Barcodescanners*

Bild 3.4-18 zeigt die wesentlichen Funktionsblöcke eines Scanners zur Identifikation eines Strichcodes:

- Eine *Halbleiterlaserdiode* (1) generiert den Laserstrahl, der über einen Umlenkspiegel (3) auf das Polygonspiegelrad gelenkt wird. Die optionale Fokussiereinrichtung (1) kann den Laserstrahl auf unterschiedliche Abstände fokussieren.
- Das *drehende Spiegelrad* (2) lenkt den Strahl zeilenförmig ab. Die Abtastfrequenz, auch Scanfrequenz genannt, liegt bei gängigen Geräten im Bereich von 200 Hz bis 1.200 Hz.
- Der *abgelenkte Laserstrahl* (5) tritt in einem Öffnungswinkel (4) aus und tastet in der Leseebene (6) den Strichcode (7) ab. Durch die Ablenkung wird der Laserstrahl zum „Lesestrahl".
- Geräte mit *Schwingspiegel* (9) lenken den Laserstrahl zusätzlich senkrecht zur Zeilenablenkung ab. Hierdurch können beispielsweise auch Güter im Stillstand gelesen werden. Gängige Frequenzen dafür liegen im Bereich 0,1 Hz bis etwa 5 Hz.
- Das vom Strichcode (7) remittierte Licht gelangt wiederum über das Spiegelrad und einem optischen Filter (10) auf den Fotoempfänger. Hier wird das *optische Empfangssignal* in ein *elektrisches Signal* umgewandelt. Ein Verstärker (12) bringt das geringe Empfangssignal in einen nutzbaren bzw. auswertbaren Bereich.
- Die *Binarisierungsstufe* (13) wandelt das analoge, verstärkte Empfangssignal in ein digitales um. Häufig wird nur in ein zweiwertiges Binärsignal (8) verwandelt.
- Dieses gelangt in die *Auswertung*. Das Binärsignal wird *lauflängencodiert* (die Dauer der 1/0-Phasen werden ermittelt) und das Ergebnis in einer Tabelle im Speicher abgelegt. Dieser Speicherbereich wird dann durch den Decoder ausgewertet und mit den möglichen Codezeichen eines Barcodetyps verglichen. Es entsteht die *decodierte Zeichenfolge* des Barcodes (Leseergebnis). Dieses kann nun über die (optionale) Anzeige im Gerät visualisiert und über die Geräteschnittstellen ausgegeben werden.

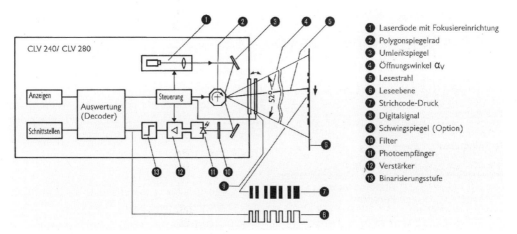

**Bild 3.4-18** Funktionsweise eines Barcodescanners

Es gelten folgende Formeln und Zusammenhänge:

(4) : Öffnungswinkel $\alpha_V$ = 720 Grad / $n$ mit $n$ = Anzahl der Flächen des Polygonspiegelrads.
(11) : Das Empfangssignal am Fotoempfänger ist für größere Entfernungen proportional zu $1/r^2$; mit $r$: Leseabstand. Für kleine Leseentfernungen ergeben sich Aperturbegrenzungen im Empfangsstrahlengang; hierbei ist der genaue Geräteaufbau zu beachten.

## Nominaler Leseabstand und Schärfentiefebereich eines Barcodescanners

Aufgrund der Beugungseffekte des Laserlichtes ergibt sich beim Halbleiterlaser die *Strahlkaustik*, die den Durchmesser des Strahls in Abhängigkeit vom Abstand beschreibt (Bild 3.4-19). Im Fokusabstand hat der Laserstrahl den geringsten Durchmesser. Dort ist auch das Lesevermögen für hochaufgelöste Barcodes am besten. Der Fokusabstand entspricht dem häufig angegebenen *nominalen Leseabstand* für Barcodelesung.

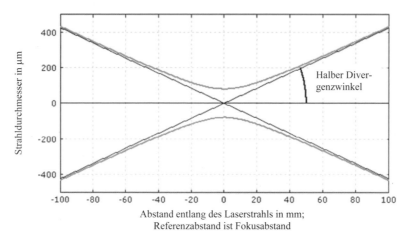

**Bild 3.4-19** Beispiel einer Laserstrahlkaustik (Quelle: Sick AG)

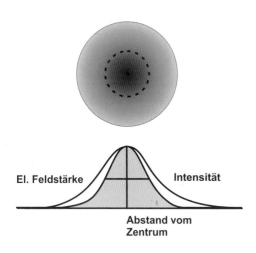

Im Fokusabstand und in der Nähe desselben ergibt sich näherungsweise eine Gauß'sche Verteilung der Lichtintensität des Laserstrahls (Bild 3.4-20).

Der Abtastvorgang des Barcodes durch den Laserstrahl kann mathematisch als *Faltung des Intensitätsprofils* im Strahl mit den Hell-/Dunkelbezirken des Barcodes beschrieben werden. Im Endeffekt ergibt sich eine *Tiefpassfilterung* des idealen Barcodesignals.

**Bild 3.4-20** Gauß'sche Verteilung der Lichtintensität in der Nähe des Fokus (Quelle: Wikipedia)

Durch die Strahlkaustik und die Tiefpassfilterung bei der Abtastung ist die Lesefähigkeit eines Barcodes außerhalb des nominalen Leseabstands auf einen *Abstandsbereich* beschränkt. Dieser Bereich der Lesefähigkeit vor und hinter dem Fokusabstand wird als *Schärfentiefebereich* oder auch *DOF* (depth of field) bezeichnet. Die DOF für einen bestimmten Fokusabstand ist direkt abhängig von der *Code-Druckauflösung*. Für einen Code mit hoher Druckauflösung (geringe Balkenbreite) ergibt sich eine geringere DOF.

## 3.4 Sensoren zur Objekterfassung

Da der Laserstrahl in geringen Leseabständen auf geringere Durchmesser fokussiert werden kann als bei großen, ist auch die prinzipielle Lesefähigkeit für Codes mit hoher Auflösung (high-density codes) nur für geringere Leseabstände gegeben. Das Prinzip wird in Bild 3.4-21 veranschaulicht.

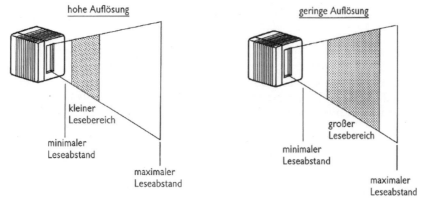

**Bild 3.4-21** Zusammenhang zwischen Auflösung und Lesebereich

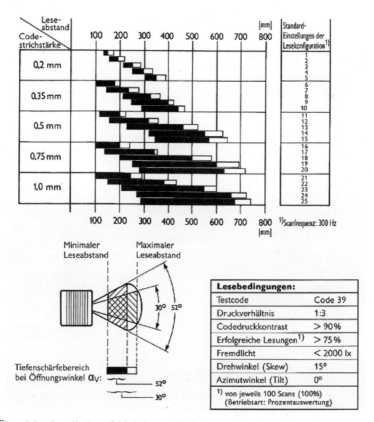

**Bild 3.4-22** Übersicht über die Lesefähigkeit von Codes

Bei Geräten mit integrierter Fokusverstellung können diese Lesebereiche dynamisch umgeschaltet werden. Daraus ergeben sich am Beispiel eines industriellen Barcodescanners folgende Zusammenhänge zur Lesefähigkeit von Codes unterschiedlicher Auflösung in unterschiedlichen Abständen und mit unterschiedlicher DOF (Bild 3.4-22; Auszug aus einer Betriebsanleitung).

Wichtige Bauarten und Anwendungen von fest montierten Barcodescannern werden im Folgenden beschrieben.

Man unterscheidet die Lesesituationen nach der Ausrichtung des Barcodes auf dem Objekt. Im einfachsten Fall ist der Barcode in „*Leiterform*" angeordnet (Bild 3.4-23). Der Vorteil dieser Anordnung nach Bild 3.4-23 ist, dass eine Zuordnung des Leseergebnisses zum Objekt problemlos möglich ist, die Höhenplatzierung des Barcodes unkritisch ist und mit sehr kurzen Objektlücken gefahren werden kann.

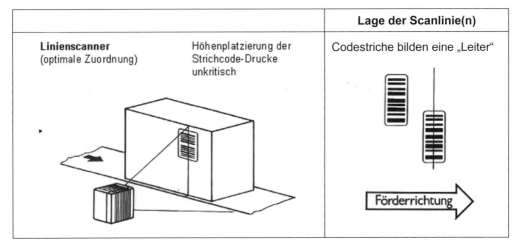

**Bild 3.4-23** Funktionsweise eines Linienscanners

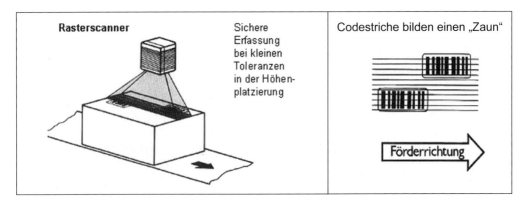

**Bild 3.4-24** Einsatz eines Rasterscanners für „zaunförmige" Codestriche

## 3.4 Sensoren zur Objekterfassung

Bild 3.4-24 zeigt einen *Rasterscanner* für „zaunförmige", um 90 Grad gedrehte Codes. Im Gegensatz zur Anordnung nach Bild 3.4-23 müssen die Lücken zwischen den Objekten größer sein, um eine eindeutige Zuordnung zu gewährleisten. Die Barcodeplatzierung muss in einem relativ engen Band erfolgen.

Der Vorteil dieser Anordnung nach Bild 3.4-24 ist, dass eine Zuordnung des Leseergebnisses zum Objekt problemlos möglich ist, die Höhenplatzierung des Barcodes unkritisch ist und mit sehr kurzen Objektlücken gefahren werden kann.

Bild 3.4-25 zeigt einen Rasterscanner für „zaunförmige", um 90 Grad gedrehte Codes. Im Gegensatz zur Anordnung nach Bild 3.4-24 müssen die Lücken zwischen den Objekten größer sein, um eine eindeutige Zuordnung zu gewährleisten. Die Barcodeplatzierung muss in einem relativ engen Band erfolgen.

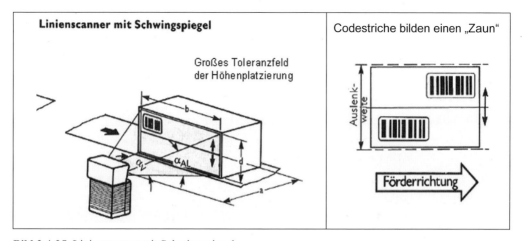

**Bild 3.4-25** Linienscanner mit Schwingspiegel

Geräte mit Schwingspiegel lenken den Laserstrahl vor dem Austritt aus dem Gerät senkrecht zur Zeilenablenkung ab. Hierdurch können beispielsweise auch Güter im Stillstand gelesen werden. Gängige Schwingfrequenzen dafür liegen im Bereich von 0,1 Hz bis etwa 5 Hz (Bild 3.4-26).

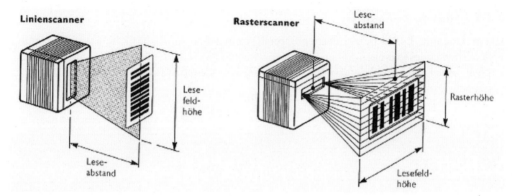

**Bild 3.4-26** Funktionsprinzip von Linien- und Raster- bzw. Schwingspiegelscanner

## Wichtige Begriffe für die optimale Ausrichtung der Scanner

Häufig werden in Zusammenhang mit der Barcodelesung die Winkel *Skew*, *Tilt* und *Pitch* verwendet. Bild 3.4-27 veranschaulicht deren Definitionen.

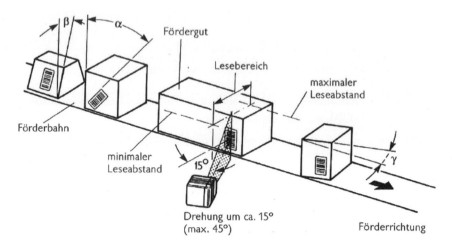

α: Azimutwinkel (Tilt)
β: Neigungswinkel (Pitch)
γ: Drehwinkel (Skew)

**Bild 3.4-27** Definition der Winkel bei der Barcodeablesung

Mit folgenden Maßnahmen werden optimale Leseergebnisse erzielt:
- Der *Skew-Winkel* sollte etwa 15 Grad betragen (nahe 0 Grad ergibt sich eine Reflexion und dadurch Nichtlesungen).
- Der *Tilt-Winkel* muss bei Geräten ohne Coderekonstruktion so gering sein, dass in ausreichend vielen Scans alle Codeelemente überstrichen werden. Geräte mit Coderekonstruktion erlauben einen wesentlich größeren Tilt-Winkel.
- Der *Pitch-Winkel* sollte für optimale Ergebnisse < 45 Grad sein.

### 3.4.6.3 Auto-Ident-Kameras

Die in Abschnitt 3.4.6.2 beschriebenen Barcodescanner sind zur Identifikation von konventionellen Strichcodes geeignet. Sollen jedoch sogenannte *Matrixcodes* (auch 2D-Codes) erkannt werden, oder ist Schrifterkennung (OCR) erforderlich, so sind systembedingt *Kamerasysteme* notwendig (Bild 3.4-28).

In Tabelle 3.4-4 werden die Vorteile für die Anwendungsbereiche der Kamerasysteme und des Laserscanners gegenübergestellt.

## 3.4 Sensoren zur Objekterfassung

**Bild 3.4-28** Kompaktkamera Lector 620 mit integrierter Beleuchtung zur Lesung von Strichcodes, Matrixcodes und OCR (Werkfoto: Sick AG)

**Tabelle 3.4-4** Gegenüberstellung der Vorteile sowie der Anwendungsbereichen von Kamerasystemen und Laserscannern

| Kamerasysteme | Laserscanner |
| --- | --- |
| Liest 1D/2D-Codes und OCR | Liest nur 1D-Codes |
| Liest direkt markierte Codes (DPM: direct part marked) | Größere Lesehöhe (größeres Lesefeld) und größere Schärfentiefe |
| | (Laserstrahleigenschaft) |
| Bessere Lesefähigkeit von zerstörten Codes oder geringem Kontrast | Implizite, lokale, monochromatische Beleuchtung mit hoher Fremdlichtunempfindlichkeit |
| Mechanische Robustheit, d. h., keine Motoren oder bewegliche mechanische Teile | |

### *Aufbau von Auto-Ident-Kameras*

Das Blockdiagramm in Bild 3.4-29 zeigt die wesentlichen Komponenten einer Auto-Ident-Kamera:

- Der *Bildsensor* (image sensor) nimmt das Bild auf. Dabei wird die Szene von der integrierten Beleuchtung (illumination flash) beleuchtet.
- Die Daten aus dem Bildsensor gehen ins *FPGA* (field programmable gate array) und werden dort *vorverarbeitet*. Die Zentraleinheit des Rechners (CPU) wird dadurch von rechenintensiven Vorverarbeitungsoperationen entlastet (z. B. Filteroperationen oder Binarisierung).
- Die *CPU* nimmt die vorverarbeiteten Daten vom FPGA entgegen und *speichert* die Bilddaten im *RAM*. Die *Erkennungsalgorithmen* werden durchgeführt. Es entsteht analog zum Barcodescanner eine Zeichenkette mit dem Leseergebnis.
- Die Ergebnisdaten werden über die *Schnittstellen ausgegeben*. In diesem Fall sind vorhanden: Ethernet, seriell (RS232/422) und CAN.
- Optional können *Bilddaten* mit ausgegeben werden. Wegen der hierzu nötigen hohen Datenrate bietet sich die Ethernet-Schnittstelle an.

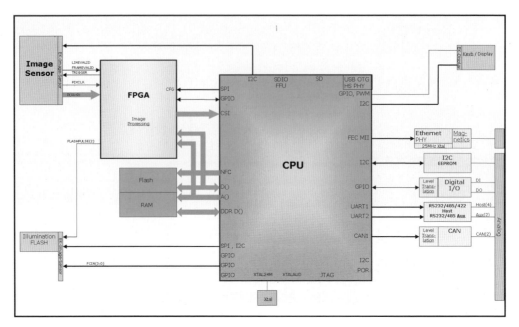

**Bild 3.4-29** Blockdiagramm einer Auto-Ident-Kamera (Werkfoto: Sick AG)

Die Lesebereiche ergeben sich ähnlich der Situation bei den Barcodescannern in Abhängigkeit von der Codedruckauflösung und dem Leseabstand. Bei einer *Matrixkamera* ergeben sich *rechteckige Lesefelder*. Geräte mit integrierter Fokusverstellung können diese Lesebereiche flexibel an die Gegebenheiten anpassen. Tabelle 3.4-5 zeigt, wie der Leseabstand die Auflösung beeinflusst.

**Tabelle 3.4-5** Beispiel für mögliche Leseabstände der Auto-Ident-Kamera Lector 620 (Quelle: Sick AG)

Max. Leseabstand bei min. Auflösung

| Maximaler Leseabstand | Minimale Auflösung |
|---|---|
| 50 mm | 0,10 mm |
| 80 mm | 0,15 mm |
| 110 mm | 0,20 mm |
| 135 mm | 0,25 mm |
| 165 mm | 0,30 mm |
| 280 mm | 0,50 mm |
| 430 mm | 0,75 mm |

*Wichtige Anwendungsfelder von Auto-Ident-Kameras*

Die Vorteile von Auto-Ident-Kameras wurden bereits in Tabelle 3.4-4 dargestellt. Dies bedeutet, dass 1D- und 2D-Codes gelesen werden können und die Schrift erkennen (OCR-Fähigkeit). Ferner können *direkt markierte Codes* (*DPM*: direct part marked) gelesen werden. Bei

3.4 Sensoren zur Objekterfassung

*DPM* werden die Codierungen nicht auf ein Papierlabel gedruckt, sondern direkt auf die zu kennzeichnenden Teile. Häufig wird hier eine Lasermarkierung, ein Tintenstrahl-Druck oder ein direkter Nadeldruck (dot peening) verwendet. Solche Codierungen sind dauerhafter als Papierlabels.

Im Folgenden werden einige wichtige Beispiele für Anwendungen von Auto-Ident Kameras vorgestellt.

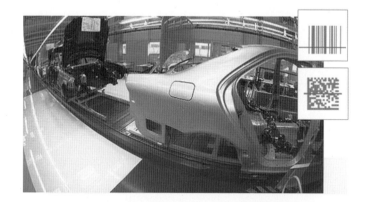

**Bild 3.4-30** Fabrikautomation: Einzelfertigung und Rückverfolgbarkeit (traceability) von Komponenten, eingesetzt in der Motorfertigung, Karosseriefertigung und Endmontage

**Bild 3.4-31** Elektronikfertigung: Rückverfolgbarkeit von Komponenten, eingesetzt in der Modulfertigung bei der Verfolgung und Identifizierung von Elektronikkarten und Komponenten

**Bild 3.4.-32** Verpackungsindustrie: Fälschungserkennung von Gütern und speziell von Medikamenten Codelesung und Schrifterkennung: Seriennummer und Datumscode

## 3.4.6.4 RFID-Systeme und Lesegeräte

*RFID* ist die Abkürzung für *Radiofrequenzidentifikation* oder englisch *radio frequency identification*. Ein RFID-System besteht aus einem *Datenträger*, der sich am zu identifizierenden Gegenstand befindet und einen kennzeichnenden Code enthält, sowie einem *Lesegerät* zum Auslesen dieser Kennung. RFID-Lesegerät und RFID-Transponder mit Antenne bilden ein einfaches RFID System (Bild 3.4-33).

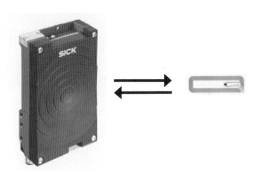

**Bild 3.4-33**
Interaktion des HF-Lesegerätes RFH 620 mit dem Tag (Werkfoto: Sick AG)

Die Informationen werden im Datenträger, dem sogenannten *Transponder* (RFID-Transponder, häufig auch kurz *RFID-Tag* genannt) gespeichert. Das Lesegerät aktiviert den Tag und liest Information aus. Im Gegensatz zu den beschriebenen optischen Verfahren kann der Tag vom *Lesegerät* auch *beschrieben* werden. Dies macht einen prinzipiellen Unterschied zur optoelektronischen Identifikation aus.

Ein weiterer wichtiger Unterschied ist, dass die *gesamten Produktdaten* mit RFID im Tag *am Produkt gehalten* und bei Bedarf *aktualisiert* werden können (modular, lokal), während die optoelektronischen Ident-Verfahren meist nach dem *License-Plate–Verfahren* arbeiten: Die Information im gelesenen Code wird als Schlüssel zu einem (zentralen) Datenbankeintrag verwendet, d. h. eine lokale, umfassende Informationsspeicherung am Objekt ist hier nicht möglich. Daten müssen zentral durch Aktualisierung der Datenbankeinträge geändert werden.

**Kategorisierung der Tags**

Man unterscheidet die Tags nach der Art der Energieversorgung in:

- *passive* RFID-Transponder und
- *aktive* RFID-Transponder.

*Passive* RFID-Transponder haben *keine eigene Energieversorgung*; sie versorgen sich aus den Funksignalen des Abfragegeräts. Mit einer Spule als Empfangsantenne wird ein Kondensator aufgeladen, der es ermöglicht, die Antwort in Unterbrechungen des Abfragesignals zu senden (*Lastmodulation*). Die Reichweite ist durch die Aktivierungsenergie beschränkt.

*Aktive* RFID-Transponder haben eine *eigene Energieversorgung*. Sie ermöglichen höhere Reichweiten, sind aber auch wesentlich teurer.

*Batteriebetriebene Transponder* befinden sich meist im *Ruhezustand*, bis sie durch ein spezielles Aktivierungssignal aktiviert (getriggert) werden. Das erhöht die Lebensdauer der Energiequelle auf Monate bis Jahre. Es werden zwei Arten von gesondert mit Energie versorgten RFID-Transpondern unterschieden:

## 3.4 Sensoren zur Objekterfassung

1. *Aktive RFID-Transponder* nutzen ihre Energiequelle sowohl für die Versorgung des Mikrochips als auch für das Erzeugen des modulierten Rücksignals. Die Reichweite kann – je nach zulässiger Sendeleistung – Kilometer betragen.
2. *Semi-aktive* RFID-Transponder sind sparsamer; denn sie besitzen keinen eigenen Sender und modulieren lediglich ihren Rückstreukoeffizienten.

Typische Beispiele des Aufbaus von passiven HF- und UHF – Transpondern bzw. -Tags zeigt Bild 3.4-34 und Bild 3.4-35.

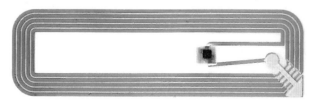

**Bild 3.4-34** 13,56 MHz HF-Transponderchip mit Antenne (Quelle: Wikipedia)

**Bild 3.4-35** UHF-Transponderchip mit Antenne (Werkfoto: Sick AG)

### *RFID-Frequenzbereiche*

Man unterscheidet folgende Frequenzbereiche für gebräuchliche RFID-Systeme:

LF: Niedrige Frequenzen (30 kHz bis 500 kHz).

HF: Hohe Frequenzen (3 MHz bis 30 MHz; meist 13,56 MHz).

UHF: Sehr hohe Frequenzen (850 MHz bis 950 MHz; auch 433 MHz DOD, USA).

SHF: Mikrowellen-Frequenzen (2,4 GHz bis 2,5 GHz, 5,8 GHz).

Am Gebräuchlichsten sind in der Industrie derzeit HF (13,56 MHz) und UHF (850 MHz bis 950 MHz). Die unterschiedlichen Frequenzen eignen sich für unterschiedliche Anwendungen:

### *Hohe Frequenzen (HF, meist 13,56 MHz)*

Diese Frequenzen decken kurze bis mittlere Reichweiten ab und erreichen eine mittlere Übertragungsgeschwindigkeit. Die Lesegeräte sind in der mittleren bis günstigen Preisklasse. In diesem Frequenzbereich befinden sich auch die sogenannten *Smart Tags* (meist bei 13,56 MHz).

### *Sehr hohe Frequenzen (UHF, 850 MHz bis 950 MHz*
### *(z. B. nach EPC: Electronic Product Code))*

Man erreicht mit diesen Frequenzen eine *hohe Reichweite* (2 m bis 6 m für passive Transponder ISO/IEC 18000–6C; 6 m und bis 100 m für semi-aktive Transponder) und eine hohe Lesegeschwindigkeit. Kurzlebige passive Transponder sind sehr preisgünstig. Eingesetzt wird RFID beispielsweise im Bereich der manuellen, halbautomatischen und voll automatisierten Warenverteilung mit Paletten- und Container-Identifikation (Türsiegel, License-Plates) und zur Kontrolle von einzelnen Versand- und Handelseinheiten (EPC-Tags).

Der *Elektronische Produktcode (EPC)* ist ein international verwendetes Codierungssystem für eine eindeutige Identifikationsnummer, mit dem Produkte und logistische Einheiten (z. B. Transportpaletten und Umverpackungen) sowie Mehrwegtransportbehälter weltweit eindeutig gekennzeichnet und identifiziert werden können.

Durch die weltweite Standardisierung nach EPC werden eine *durchgängige Identifikation* in der Warenverteilkette (supply chain) sowie das „Internet der Dinge" in absehbarer Zeit möglich.

### Eigenschaften und Beispiele von HF-RFID-Lesegeräten

Wichtig für die Auslegung einer HF-RFID-Anwendung sind die *möglichen Leseabstände* bzw. *-bereiche*. Diese sind abhängig vom Lesegerät, aber auch von der Art und Größe der Datenspeicher (Tags).

Bild 3.4-36 zeigt für 3 verschiedene Tagarten die Lesebereiche eines *Nahbereichslesers* (proximity-reader) als horizontalen Schnitt durch die zweidimensionale „Lesekeule".

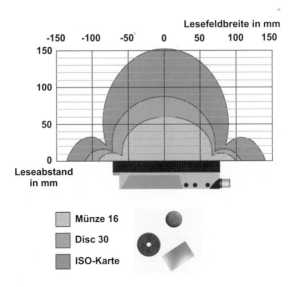

**Bild 3.4-36** Lesebereiche des Nahbereichslesers RFH620 für verschiedene Tags (Werkfoto: Sick AG)

Typische, erprobte Anwendungen für RFID im HF-Bereich (Leseabstand typischerweise von 50 mm bis etwa 400 mm) sind:

- Identifikation von *Transportboxen* in der Lager-Fördertechnik,
- Identifikation am *Hängeförderer* in der Lager-Fördertechnik,
- Identifikation im *KANBAN-Prozess* und
- Ortsbestimmung bzw. Navigation bei Gabelstaplern.

## 3.4 Sensoren zur Objekterfassung

Bei der Entscheidung für RFID zur Güteridentifikation sollte schon zu einem sehr frühen Zeitpunkt das Kosten-Nutzen-Verhältnis betrachtet werden. Bild 3.4-37 gibt einen Überblick über dieses Verhältnis bei der Anwendung von RFID. Wirtschaftlich lohnende Anwendungen sind tendenziell links oben zu finden.

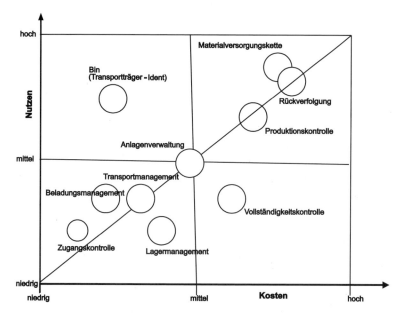

**Bild 3.4-37** Kosten-/Nutzen-Relation unterschiedlicher RFID-Anwendungen (Quelle: Sick AG)

### Eigenschaften und Einsatzbereiche von UHF-RFID-Lesegeräten

In Bild 3.4-38 ist ein kompaktes UHF-Lesegerät mit integrierter Antenne zu sehen.

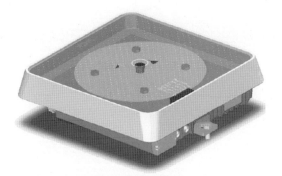

**Bild 3.4-38**
UHF-Lesegerät mit integrierter Antenne (Werkfoto: Sick AG)

Mögliche Lesebereiche werden mit der *Richtcharakteristik* der Antenne beschrieben, zusammen mit der Angabe der minimalen und maximal möglichen *Leseabstände*. Typische Leseabstände bei UHF-Lesegeräten liegen zwischen 0,2 m und 6 m (bei passiven Tags). Die Richtcharakteristik zeigt die Lesefähigkeit in Abhängigkeit vom Winkel (Bild 3.4-39). Häufig wird zur Charakterisierung auch der *3-dB-Öffnungswinkel* (beam width) angegeben.

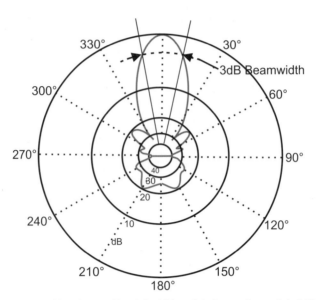

**Bild 3.4-39** Lesefähigkeit (Feldstärkeverteilung) in Abhängigkeit vom Lesewinkel (Quelle: Sick AG)

In der Richtcharakteristik ist über den gesamten 360-Grad-Raumwinkel die Feldstärke (im logarithmischen Maß dB: Dezibel) und damit die räumliche Lesefähigkeit einer Antenne angegeben. Man erkennt die sogenannte *Hauptkeule* mit der Richtung der höchsten Lesefähigkeit bei 0 Grad. Die „Nebenkeulen" im Diagramm sind in der Regel unerwünscht, aber bauartbedingt häufig nicht zu vermeiden.

UHF-Readerantennen können *linear polarisiert* abstrahlen oder *zirkular polarisiert*. Bei linearer Polarisierung ist eine eindeutige Ausrichtung der Tagantenne nötig (Bild 3.4-40 rechts).

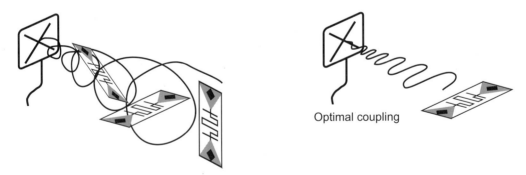

**Bild 3.4-40** Mögliche Tagorientierungen bei zirkularer (links) und linear polarisierter Strahlung

Sowohl bei linearer als auch bei zirkularer Polarisierung ist eine Ausrichtung der Tagantenne in Wellenausbreitungsrichtung nicht möglich, da an der Antenne keine Anregung entsteht: die elektrische Feldkomponente in dieser Richtung ist gleich Null (Bild 3.4-41).

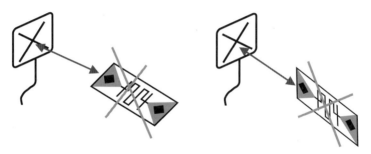

**Bild 3.4-41** Die gezeigten Tagorientierungen sind generell nicht möglich (keine Anregung, Feldstärke = 0)

Durch Reflexionen an metallischen oder anderen elektrisch leitfähigen Materialien im Lesebereich können *konstruktive* oder *destruktive Überlagerungen* der Wellen an verschiedenen Punkten im Lesefeld entstehen (Bild 3.4-42). Bei konstruktiven Überlagerungen ergeben sich Überreichweiten (Bild 3.4-42: Kreise rechts), bei destruktiven Überlagerungen entstehen „Leselöcher" im regulären Lesefeld. Daher müssen Konstellationen mit Metall im Lesefeld bei einer geforderten hohen Zuverlässigkeit der Lesung möglichst vermieden werden.

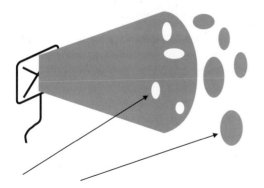

**Bild 3.4-42**
Leselöcher und Bereiche mit Überreichweiten bei RFID-Systemen
(Quelle: Sick AG)

## 3.5 Dreidimensionale Messmethoden (3D-Messung)

Die 3-dimensionale Koordinatenmessung dient zur *vollständigen Erfassung* der Geometrie von Werkstücken oder Teilen von Werkstücken in einem *einheitlichen Koordinatensystem*. Dabei werden die einzelnen Merkmale in geeigneter Weise mit unterschiedlichen Sensoren und/oder Taststiften erfasst, um eine vollständige Vermessung des gesamten Werkstückes zu erhalten.

Als Messmethoden haben sich sowohl *taktile*, also berührende, als auch *berührungslose* Messmethoden etabliert. Zu den *berührungslosen* Messmethoden zählen *lichtoptische* Sensoren als Einzelpunktsensoren und *bildgebende* – zumeist auf Kameras basierende – Sensoren. Bei den bildgebenden Sensoren werden die üblichen Beleuchtungsmethoden über koaxiale Hell- oder Dunkelfeldbeleuchtungen eingesetzt. Dies geschieht zumeist im *Auflicht*, aber auch *Durchlicht* ist gebräuchlich. Zur Vermeidung von störenden Abschattungseffekten beim Auflicht können diese Beleuchtungen auch *segmentiert* angesteuert werden. Ferner werden strukturierte Beleuchtungsarten (z. B. Streifenprojektion) oder die schiefe Beleuchtung mit mindestens einer Laserlinie zur sogenannten *Lasertriangulation* verwendet, um aus einem Bild unmittelbar topografische Informationen zu erhalten. Diese Methoden werden in den folgenden Abschnitten ausführlich dargestellt.

Die Sensoren werden *schrittweise* oder *scannend* am Werkstück entlang geführt. Die einzelnen gemessenen Punkte, Scans und/oder Bilder werden dann anhand der bei der jeweiligen Messung verwendeten Koordinateneinstellung und Orientierung des Sensors *koordinatenrichtig kombiniert* und zum *gesamten Messergebnis* des Werkstückes zusammengefasst. Um die Koordinaten des Sensors bei der Messung bestimmen zu können, werden die Sensoren zumeist an Koordinatenmessgeräten verwendet. Beispiele für solche Koordinatenmessgeräte sind in Bild 3.5-1 dargestellt.

**Bild 3.5-1** Gebräuchliche Koordinatenmessgeräte mit unterschiedlichen Anforderungen und Genauigkeiten. Von Links nach Rechts: Gelenkarm, Horizontalarm Koordinatenmessgerät, Portal-Koordinatenmessgerät, Gantry-Koordinatenmessgerät (Werkfotos: Faro Technologies Inc., Carl Zeiss IMT GmbH)

### 3.5.1 Tastende 3D-Messmethoden

*Schaltender Sensor*

Schaltende Sensoren sind die einfachsten *taktilen Sensoren*, die in der Koordinatenmesstechnik eingesetzt werden. Sie arbeiten nach einem einfachen Prinzip mittels *elektrischer Schaltkontakte*. Dazu ist der Taststift in einen Teller eingesetzt, der auf *drei Punkten* mechanisch eindeutig definiert gelagert ist. Über eine Kraft, die beispielsweise über eine Feder oder einen Magneten aufgebracht wird, wird der Teller in die Lagerstelle gedrückt. Ferner sind die drei Lagerstellen als elektrische Schaltkontakte ausgeführt und in Reihe geschaltet. Ein Prinzipbild zeigt Bild 3.5-2.

Wenn der Taststift das Messobjekt (z. B. ein Werkstück) berührt, wirkt eine Kraft. Je weiter der Sensor auf bzw. gegen das Werkstück fährt, desto stärker steigt diese Kraft an. In Folge dieser Kraft entsteht ein Drehmoment um die zwei Lagerstellen des Taststifttellers, die in entgegen gesetzter Richtung zur Antastrichtung des Sensors liegen. Sobald dieses Drehmoment so stark angestiegen ist, dass es das Moment übersteigt, mit dem der Taststiftteller über die zentrale Feder in die Lagerstelle gedrückt wird, öffnet sich einer der Schaltkontakte. Dadurch wird der Stromkreis unterbrochen, der die Lagerstellen überwacht und damit eine *Antastung* detektiert. Mit der Detektion der Antastung werden alle Koordinaten der Achsen des Koordinatenmessgerätes in *Echtzeit* bestimmt und so der Koordinatenwert des Messpunktes errechnet.

## 3.5 Dreidimensionale Messmethoden (3D-Messung)

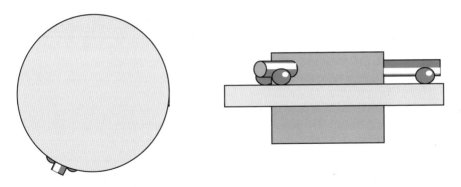

**Bild 3.5-2** Prinzipbild zu den 3 Schaltkontakten in einem schaltenden Sensor. Die drei Kontakte sind elektrisch überwacht und in Reihe geschaltet (Werkfoto: Carl Zeiss IMT GmbH)

Für die nächste Messung muss der Sensor wieder vom Werkstück entfernt werden, so dass sich der Kontakt im Sensor wieder schließt. Erst dann kann erneut angetastet werden und so ein neuer Messpunkt an einer anderen Position aufgenommen werden. Hier läuft der Messvorgang ebenso ab. Ein Messwert wird also mit folgenden drei Schritten erzeugt:

1. *Antastweg* – zur Annäherung an das Messobjekt bis zum Öffnen des Schaltkontaktes.
2. *Antastung* – und Auslesen der Koordinatenwerte des Messgerätes.
3. *Abtastweg* – zum Entfernen des Sensors vom Werkstück, Schließen der Kontakte im Sensor.

In Bild 3.5-3 sind typische schaltende Sensoren dargestellt.

**Bild 3.5-3** Schaltende Sensoren in verschiedenen Ausführungen. Links: TP 2, Rechts: TP 6. Die Taststifte werden direkt an die Sensoren angeschraubt (Werkfoto: Renishaw)

Misst man beispielsweise einen Lehrring von außen, so zeigt sich das folgende Bild (Bild 3.5-4). Die Messpunkte ergeben in einer Ebene senkrecht zur Mittelachse keinen Kreis, sondern eine Dreiecksform. Diesen Effekt nennt man *Lobing*. Er ergibt sich aufgrund der Dreipunktlagerung des Taststifttellers zusammen mit der konstanten Andruckkraft in der Mitte des Tellers über die Feder.

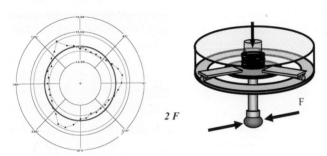

**Bild 3.5-4** Prinzipbild zum Effekt des Lobing bei einer Messung an einem Lehrring. Links: Messergebnis; Rechts: zugehörige Sensoranordnung mit Lagerung und Taststift (Werkfoto: Carl Zeiss IMT GmbH)

Der effektive Radius für das Haltemoment des Tellers variiert richtungsabhängig vom Maximalwert in Richtung der drei Kugeln um cos 60° = 0,5. Das entspricht 50 % des Maximalwertes in der Mitte zwischen zwei Kugeln. Ein symmetrisches, d. h. richtungsunabhängiges Biegeverhalten des Taststiftes vorausgesetzt, variiert durch das Lobing die Messkraft um 50 %.

*2-phasiger schaltender Sensor*

Um den Effekt des Lobing zu vermeiden, wurden zweitstufige schaltende Sensoren (*2-phase touch trigger probe*) entwickelt. Bei diesen Sensoren wird zusätzlich ein sehr empfindlicher *zweiter Sensor* hinzugefügt, der die Berührung des Taststiftes mit dem Werkstück detektiert, noch bevor die Kontakte des schaltenden Sensors öffnen. Dieser zweite, empfindliche Sensor kann beispielsweise ein *Dehnungsmess-Streifen* sein, der die Biegung des Tastsystems bzw. des Taststiftes detektiert, oder ein *Piezokristall*, der den Körperschall bei der Berührung des Taststiftes mit dem Werkstück erfasst. Der Messablauf erfolgt dann in folgenden 4 Schritten:

1. *Antastweg* – zur Annäherung an das Messobjekt bis zum Öffnen des Schaltkontaktes.
2. *Detektion* einer Antastung vom empfindlichen Sensor, Auslesen der Koordinatenwerte des Messgerätes.
3. *Antastung* durch Öffnen der Kontakte der Dreipunktlagerung vom Taststift im Sensor.
4. *Abtastweg* – zum Entfernen des Sensors vom Werkstück, schließen der Kontakte im Sensor.

Somit findet die eigentliche Messung statt, wenn der empfindliche Sensor einen Kontakt zwischen Taststift und Werkstück feststellt. Dabei ist dann die Kraft auf den Taststift noch vergleichsweise gering und unabhängig von der Antastrichtung. Das Öffnen der Kontakte im Sensor dient dann der Bestätigung, dass ein Kontakt mit dem Werkstück stattgefunden hat und dass der Messwert gültig ist. In der Signalauswertung kann für die Korrelation von Detektion und Bestätigung ein Zeitfenster vorgegeben sein, damit die *Messung* als *gültig* erkannt wird. Typische zweistufige schaltende Sensoren sind Bild 3.5-5 dargestellt.

**Bild 3.5-5** Zweiphasige schaltende Sensoren und ein Wechselmagazin für die Sensormodule (Quelle: Renishaw)

Um die Taststiftkonfigurationen, die unten an die Sensoren angeschraubt werden, an die Messaufgabe anzupassen, können bei diesen Sensoren die unteren Teile ausgetauscht werden, welche die Federmodule mit den Schaltkontakten enthalten. Dies kann über die Wechselvorrichtung mit der Koordinatenmessmaschine erfolgen. Ein solches Wechselmagazin ist beispielhaft im rechten Teil von Bild 3.5-5 dargestellt.

### 3.5.2 Optisch tastende 3D-Messmethoden

**Optischer, schaltender Einzelpunktsensor**

Neben den taktilen schaltenden Sensoren wurden auch *optische, schaltende Sensoren* entwickelt. Die Funktionsweise ist in Bild 3.5-6 zu erkennen. Ein Lichtpunkt wird auf das Messobjekt projiziert und dann über eine Ringlinse auf einen *positionsempfindlichen Detektor*

## 3.5 Dreidimensionale Messmethoden (3D-Messung)

(*PSD – Position Sensitive Detector*) abgebildet. Abhängig vom Abstand Detektor zur Werkstückoberfläche ändert sich der Durchmesser des Kreises, der auf dem Detektor abgebildet wird. Mit einem *Schwellenwert* für das Signal des PSD, der auf die Mitte des Messbereichs eingestellt ist, wird das Signal der Antastung ausgelöst und die Koordinaten des Koordinatenmessgerätes ausgelesen. Der Messablauf ist prinzipiell der gleiche, wie er für die taktilen schaltenden Sensoren verwendet wird. Vor dem nächsten Messpunkt muss wieder abgetastet werden.

Der Vorteil des optischen schaltenden Sensors ist, dass er *berührungslos* arbeitet und so auch für *empfindliche Oberflächen* angewendet werden kann. Der Sensor braucht kooperative Oberflächen, da er darauf angewiesen ist, dass genügend Licht reflektiert wird, um ein gutes Mess-Signal zu erhalten. An Kanten oder in Ecken kann es auch zu Abschattungen kommen, welche die Messgenauigkeit beeinflussen können, so dass bei der Einrichtung des Messplanes für ein Werkstück darauf geachtet werden muss, solche Effekte zu vermeiden.

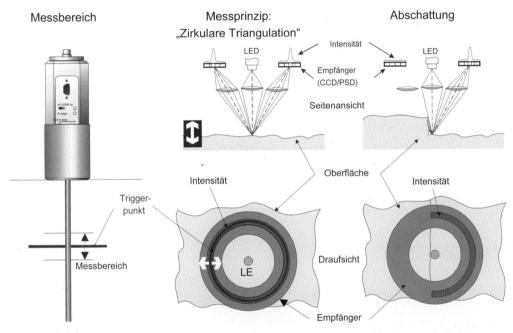

**Bild 3.5-6** Aufbau und Funktionsweise eines optischen Einzelpunktsensors auf nahezu ebenen Flächen und an Kanten (Werkfoto: Carl Zeiss IMT GmbH)

Die bisher beschriebenen ein- und zweiphasigen schaltenden Sensoren und auch die optischen schaltenden Sensoren werden gerne in Kombination mit *Dreh-Schwenk-Gelenken* eingesetzt, um mit diesen Sensoren das Werkstück mit unterschiedlichen Taststiftrichtungen antasten zu können. Vor der Messung müssen die Sensoren an einer *Einmesskugel* eingemessen werden, damit die in den unterschiedlichen Einstellungen gemessenen Daten in einem gemeinsamen Koordinatensystem zusammengefügt werden können.

### *Scannende Sensoren*

Mit kontinuierlich verfügbaren Messdaten wird ein Scannen, d. h. ein *kontinuierliches Abtasten* des Werkstücks entlang von Linien möglich. Die Linien werden als Folge von Einzelpunkten gemessen, wobei die Punktdichte auf der Linie von der *Scangeschwindigkeit* des Koordinatenmessgerätes und der *Messfrequenz* abhängt.

Der Sensor wird entlang der Kontur des Werkstücks geführt, indem der aktuelle Messwert des Sensors verwendet wird, um die *Sollposition* der Bahn des Koordinatenmessgerätes relativ zum Werkstück bei der Messung zu korrigieren. Ziel dieser Korrektur ist es, dass der Sensor möglichst immer in der Mitte bzw. einem Sollwert innerhalb seines Messbereiches betrieben wird. Dadurch ist das System möglichst robust gegen ein Verlassen des Messbereiches des Sensors und vermeidet den Verlust von Messwerten. Diese Anforderung an die Steuerung des Koordinatenmessgerätes besteht für optische und taktile scannende Sensoren in gleicher Weise.

Durch das Scannen vereinfacht sich der Messablauf im Vergleich zu den vorher beschriebenen Einzelpunktsensoren, da in diesem Fall nur zu Beginn der *Scanningbahn* das Werkstück angetastet werden muss. Anschließend folgt der Sensor der von der Steuerung des Koordinatenmessgerätes vorgegebenen Scanningbahn entlang des Werkstücks. Erst nach Abschluss des Scans wird wieder vom Werkstück abgetastet. Bei starken Krümmungen der Scanningbahn kann es notwendig werden, dass die Scangeschwindigkeit reduziert werden muss, damit der Taststift an der Werkstückoberfläche bleibt und nicht aufgrund von Bahnbeschleunigungen und Trägheitskräften abhebt.

Der Vorteil des Scanning gegenüber Einzelpunktmessungen liegt in der *größeren Punktdichte* und damit der zusätzlichen Informationen über das Werkstück. Dies soll an einem Beispiel gezeigt werden. Angenommen, es soll bewertet werden, ob bei einer Passung ein Zylinder in eine Bohrung passt. Dazu wird das Loch vermessen.

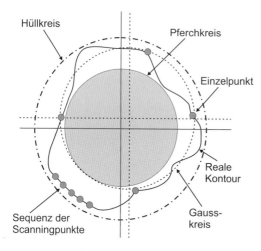

**Bild 3.5-7** Unterschied der Einzelpunktmessung zum Scanning für die Bewertung von Werkstückeigenschaften (Werkfoto: Carl Zeiss IMT GmbH)

Im taktilen Fall typischerweise mit 4 Einzelpunkten. Durch diese 4 Punkte kann dann ein Kreis eingepasst werden, dessen Durchmesser berechnet wird. Dieser wird dann mit dem des Zylinders verglichen. Ist der Durchmesser des Zylinders kleiner als der der Bohrung, so sollte der Zylinder passen. Es kann aber sein, dass der Zylinder trotzdem nicht passt. Bild 3.5-7 zeigt die Zusammenhänge.

Erst eine größere Zahl an Messpunkten auf der Scanningbahn zeigt, dass die Bohrung nicht rund ist. Der berechnete Pferchkreis ist kleiner als der Durchmesser des Zylinders, und somit kann der Zylinder nicht in die Bohrung passen. Die größere Punktmenge vom Scanning ermöglicht eine genauere Bewertung der vorliegenden Situation.

## 3.5 Dreidimensionale Messmethoden (3D-Messung)

### Weitere Taster- und Mess-Systeme

In diesem Abschnitt sollen noch weitere verfügbare Taster skizzenhaft vorgestellt werden, um die Übersicht zu vervollständigen. Dabei werden optische Messtechniken, wie chromatische *Weißlichtsensoren* als Weiterentwicklung der vorgestellten Punktsensoren, *konfokale Mikroskopiertechniken* wie *Laser-Scanning-Mikroskopie* und *konfokale Scanning-Mikroskopie* als Methoden erwähnt. Diese Messverfahren ermöglichen es, entlang der optischen Achse tiefenaufgelöste Bilder aufzunehmen, so dass man daraus punktweise oder flächig topografische Informationen erhalten kann.

Für die taktile Koordinatenmesstechnik geht ein Trend in die Richtung zur Vermessung von mikromechanischen und optischen Bauteilen. So nähert sich die verwendete Technik auch stärker der bei den Sonden- und Rastersondenmikroskopen eingesetzten Technologien an. Diese sind beispielsweise *AFM-Systeme* (*Atomic Force Microscope*), welche die Wechselwirkung von Probe und Objekt nahezu ohne mechanischen Kontakt nutzen, *SNOM* (*Surface Near Field Optical Microscope*) , welche die Wechselwirkung von Licht mit der Probenoberfläche ausnutzen. Andere Sensoren nutzen Messprinzipien der Interferometrie aus, beispielsweise der *WhitePoint-Sensor* von Bosch oder die *optische Kohärenztomografie OCT*, um eine hohe Tiefenauflösung zu erhalten.

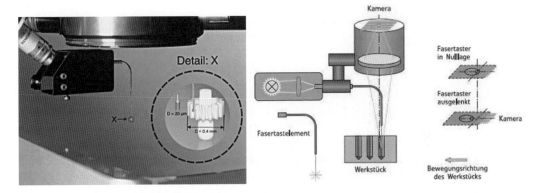

**Bild 3.5-8** Fasertaster zur Koordinatenmessung an Koordinatenmessmaschinen, links: Anordnung am Messgerät, rechts: Funktionsprinzip (Werkfoto: Werth Messtechnik GmbH)

In der Messtechnik werden beispielsweise *Fasertaster* verwendet, die eine Glasfaser mit einem aufgesetzten Glaskügelchen von bis zu 20 μm Durchmesser verwenden, um einen Lichtpunkt am Messort zu erhalten (Bild 3.5-8). Dieses leuchtende Glaskügelchen wird mit einer Kamera aufgenommen. Über das Kamerabild wird dann die Koordinatenmessung durchgeführt. Dieses Verfahren wird auch im Durchlicht eingesetzt, wobei die Glaskugel nur als lokale Sonde verwendet wird, die einen Schattenwurf für die optische Messung in der Objektebene bereitstellt. Die eigentliche Messung erfolgt über die Auswertung von Videobildern.

Ein weiterer kompakter Taster ist der SSP-Sensor, der auf Silicium-Chiptechnologie basiert. Dabei wird die gesamte elektrische und mechanische Funktionsstruktur auf Basis von Siliciumtechnologie hergestellt. Der Taster ist in Bild 3.5-9 zu sehen.

Auf der Siliciummembran und der Funktionsstruktur im zentralen Teil des Sensors sind Strukturen in der Art von Dehnungsmess-Streifen aufgebracht, welche die Auslenkung des Sensors erfassen. Am Rand der Membrane sind die Kontaktflächen für die elektrischen Anschlüsse zu sehen. Bei diesen hochauflösenden Sensoren besteht dann das Problem, dass es für eine vollständige Qualifizierung nach DIN/EN keine geeigneten rückführbaren Normale mehr gibt. Darum liegen in den Datenblättern die Angaben im Bereich von minimal 250 nm, auch wenn Reproduzierbarkeiten der Messungen zum Teil deutlich besser sind.

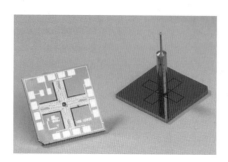

**Bild 3.5-9** Siliciumtaster mit integriertem Taststift mit Tastkugeln von bis zu 100 μm Durchmesser, Kantenlänge Chip 6,5 mm, rechts: Koordinatenmessgerät F25
(Werkfoto: Carl Zeiss IMT GmbH)

### 3.5.3 Bildgebende 3D-Messmethoden

*Optische 3D-Messung (Gitter- und Linienprojektion)*

Die Bestimmung räumlicher geometrischer Formen mittels *Linienprojektion* ist ein berührungsloses Messverfahren, welches die Möglichkeiten moderner Bildverarbeitung nutzt. Durch eine entsprechende Messanordnung mit dazugehöriger Bildauswertung können Objekte mit ihren Ausdehnungen in allen drei Koordinaten erfasst werden. Dieses Verfahren wird auch als *Lichtschnitt* bezeichnet.

*Messprinzip und Messanordnung*

Wenn man einen Gegenstand senkrecht von oben betrachtet, lässt sich aus seinem Abbild die Ausdehnung in x- und y-Richtung bestimmen. Dieses Bild enthält aber keine Information über den Abstand zum Messobjekt. Wird das Objekt mit einem definierten Muster unter einem bekannten Winkel beleuchtet, ergibt sich eine Verzerrung des Bildes durch die Kontur der Oberfläche. Diese Bildverzerrung kann mittels Bildverarbeitung erfasst und daraus die dritte Dimension der Oberfläche errechnet werden.

Die Wirkungsweise wird in Bild 3.5-10 an einem einfachen Quader erläutert. Mit einem Laser wird auf das Werkstück eine Linie im Winkel $a$ zur Grundfläche projiziert. Durch diesen Einstrahlungswinkel ergibt sich auf der tiefer gelegenen Fläche die projizierte Linie mit einem Versatz b im Vergleich zur oben liegenden Fläche. Der Versatz $b$ wird dabei mittels Bildverarbeitung ermittelt. Aus den Werten von Versatz $b$ und Winkel $a$ lässt sich die Höhe $h$ (Ausdehnung in der dritten Dimension) berechnen nach:

$$h = b \cdot \tan(a).$$

## 3.5 Dreidimensionale Messmethoden (3D-Messung)

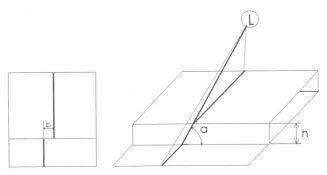

**Bild 3.5-10** Prinzipbild der Lichtschnittmessung bei Linienprojektion

Das Bild der gezeichneten Linie ändert sich mit der Form des Höhenwechsels, also Schrägen oder Bögen als Objektkante. Der Aufwand der Rückrechnung in die Objekthöhe steigt dabei mit komplizierter werdendem Profil. In Bild 3.5-11 werden dazu zwei Beispiele gezeigt.

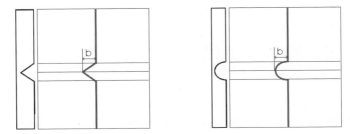

**Bild 3.5-11** Prinzipbild der Lichtschnittmessung bei unterschiedlichen Profilen

Bei den bisherigen Betrachtungen wurde von einem einfach gestalteten Objekt ausgegangen. Mit einer Linie wurde die Höhe bzw. das Höhenprofil nur an dieser Linie bestimmt. Aus diesem Grund werden auf das Werkstück mehrere Linien projiziert, so dass ein Höhenprofil in x-Richtung entsteht. Bei dieser Anordnung fehlen die Höhenverläufe in y-Richtung, welche über ein zweites, um 90° versetztes Liniennetz ermittelt werden können. Es entsteht somit über dem Objekt ein Gitter. Eine praktische Anwendung dazu wird in Bild 3.5-12 gezeigt. Das hier relativ grobe Gitter wird zur Identifizierung des Objektes verwendet. Durch einen Vergleich mit abgespeicherten Bildern lässt sich das entstehende Muster einem Produkt zuordnen. Im Fall einer messtechnischen Aufgabe müsste das Gitter wesentlich enger sein.

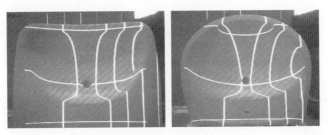

**Bild 3.5-12** Beispiel einer Linienprojektion zur Objekterkennung (Quelle: C. Schaarschmidt: „Der Laser bringt es ans Licht", Automation&Drives, Heft 4/2007, S. 106 ff.)

## *Streifenprojektion*

Als Alternative zur Linienprojektion können auch projizierte Bilder verwendet werden. In diesem Fall werden abwechselnd helle und dunkle Streifen verwendet, deren Kanten in der Bildebene vermessen werden. Diese Streifenbilder können ebenfalls um die zweite Dimension erweitert werden, so dass sich Karos ergeben. Durch den Wechsel des Musters, beispielsweise mit unterschiedlichen Streifenbreiten, kann die Messauflösung geändert werden. Auch die Verwendung von an das Objekt angepassten Mustern ist hier möglich.

In Bild 3.5-13 sind zwei Objekte mit unterschiedlich eingestellten Orientierungen der Projektion gezeigt. Durch diese Variation können Abschattungen ausgeglichen und die Auflösung gesteigert werden.

**Bild 3.5-13**
Beispiel einer Streifenprojektion zur 3D-Messung (Quelle: S. Winkelbach: Das 3D-Puzzle-Problem – Effiziente Methoden zum paarweisen Zusammensetzen von dreidimensionalen Fragmenten. Fortschritte in der Robotik. Band 10, Shaker-Verlag 2006)

Um die Auflösung zu erhöhen und die nachfolgenden mathematischen Berechnungen zu unterstützen, werden für eine Messung mehrere unterschiedliche Bilder projiziert. In Bild 3.5-14 wurden aus der Projektionssequenz von 6 Bildern die Bilder 3, 4 und 6 herausgenommen. Dabei ist links der Projektor und rechts die Kamera dargestellt.

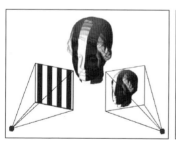
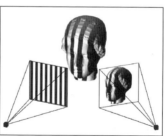
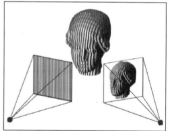

**Bild 3.5-14** Abfolge einer Messung mittels Streifenprojektion (Quelle: S. Winkelbach: Das 3D-Puzzle-Problem – Effiziente Methoden zum paarweisen Zusammensetzen von dreidimensionalen Fragmenten. Fortschritte in der Robotik, Band 10, Shaker-Verlag 2006)

Aus der Gesamtheit der gewonnenen Daten erfolgt die Berechnung eines 3D-Modelles als *Gitter-* oder *Volumenmodell*. Ein Ergebnisbild wird in Bild 3.5-15 gezeigt.

## 3.5 Dreidimensionale Messmethoden (3D-Messung)

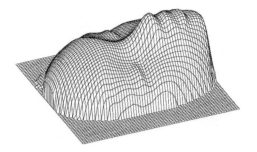

**Bild 3.5-15**
Aus den Messbildern berechnetes 3D-Modell (Quelle: S. Winkelbach: Das 3D-Puzzle-Problem – Effiziente Methoden zum paarweisen Zusammensetzen von dreidimensionalen Fragmenten. Fortschritte in der Robotik, Band 10, Shaker-Verlag 2006)

*Einschränkungen des Verfahrens*

Das Verfahren lässt sich prinzipiell einsetzen, wenn das Messobjekt eine Linienabbildung zulässt, also das Licht nicht absorbiert wird. Der Aufwand dieses Verfahrens wird durch die Bildverarbeitung und die mathematischen Modelle zur Rückrechnung der Bilddaten zur dritten Dimension des Objektes bestimmt. Es können einige Schwierigkeiten auftreten, die den mathematischen Aufwand erheblich erhöhen. Beispielsweise wird eine Laserlinie über eine Optik aus einer punktförmigen Quelle generiert. Dieser Strahl hat außer dem gewollten Anstellwinkel auch noch einen Projektionswinkel, welcher sich über die Linie ändert. Das Gleiche gilt für die Kamera und deren optischen Öffnungswinkel. Aus diesem Grund werden praktisch auf dem Hintergrund der Anordnung Messmarken angebracht, welche eine Korrektur der entstandenen räumlichen Verzerrungen erlauben.

Beide Verzerrungen lassen sich bei höheren messtechnischen Anforderungen durch den Einsatz *telezentrischer Optiken* (mit einem bildseitig parallelen Strahlengang) umgehen, die allerdings nur für kleine Objektgrößen verfügbar sind. Das hier vorgestellte Verfahren ist nur eingeschränkt nutzbar, wenn das betrachtete Objekt Hinterschneidungen besitzt. Diese erfordern dann einen Wechsel des Projektionsstandortes, was beispielsweise durch Drehen des Objektes erfolgen kann.

*Anwendungsfelder*

Im Gegensatz zu tastenden 3D-Messverfahren ist die optische Variante eine sehr schnelle Methode. Die Genauigkeit und Auflösung ist dabei nicht von der Objektgröße abhängig, sondern von den Eigenschaften – vor allem der Pixelzahl – der erfassenden Kamera. Diese optische Messmethode kann deshalb nicht nur bei großen Werkstücken (z. B. Maschinenteile), sondern auch bei kleinen Objekten (z. B. Bestimmung der Schichtdicke in der Halbleiterindustrie) eingesetzt werden. Die Nutzung erfolgt dabei in unterschiedlichen Bereichen der räumlichen Vermessung in der Industrie wie auch zur Klassifizierung und Erkennung von Objektformen. In Bild 3.5-16 ist ein mittels Lichtschnitt erstelltes Höhenprofil auf einem Siliciumwafer dargestellt.

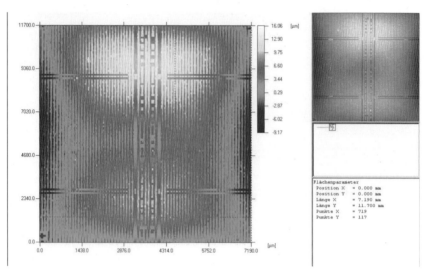

**Bild 3.5-16** Ergebnis der Oberflächenmessung mittels Lichtschnittmikroskop (Quelle: Werkfoto Qimonda)

### 3.5.4 Übersicht zu 3D-Messmethoden

Im Folgenden werden die unterschiedlichen Sensoren nach ihren Eigenschaften zusammengestellt. Die Übersicht (Bild 3.5-17) zeigt, wie viele unterschiedliche taktile und berührungslose Sensoren und Messprinzipien verwendet werden. Die Übersicht zeigt klar den Trend in der Koordinatenmesstechnik hin zur *Multi-Sensorik*, da für unterschiedliche Messaufgaben die Eigenschaften der Sensoren über die Eignung entscheiden.

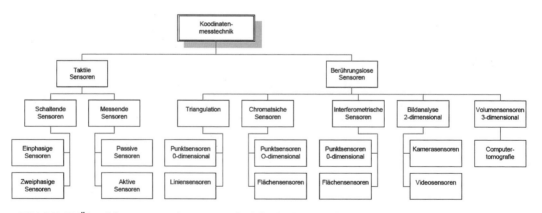

**Bild 3.5-17** Übersicht zu verwendeten Messprinzipien in der Koordinatenmesstechnik

# Weiterführende Literatur

Adam, W.; Busch M.; Nickoly B.: Sensoren für die Produktionstechnik. Springer Verlag, Berlin 1997

Allwood, D. A.; Xiong, G.; Faulkner, C. C.; Atkinson, D.; Petit, D.; Cowburn, R. P.: Science 309 (2005), 1688

Asch, G.: Les capteurs en instrumentation industrielle. Paris: Dunod, 2006

Balluff-Patent, EP1158266B1/2004: Wegmess-System

Barthélémy, A.; Fert, A. and Petroff, F.: „Giant Magnetoresistance in Magnetic Multilayers", in Handbook of Magnetic Materials, vol. 12, K.H.J. Buschow, Editor. Elsevier: Amsterdam, 1999, pp. 1–96.

Baxter, L.K.: Capacitive Sensors: Design and Applications. IEEE Press, New York, 1997

Beach, G.S.D.; Nistor, C.; Knutson, C.; Tsoi, M. and Erskine, J. L.: „Dynamics of ?eld-driven domain-wall propagation in ferromagnetic nanowires", Nat. Mater., 4, 741 (2005)

Belbachir, A. N.: Smart Cameras, Springer Verlag, New York, 1. Auflage, 2009

Bernstein, J.: An Overview of MEMS Inertial Sensing Technology, Sensors, Febr. 2003

Bhatt, H.; Glover, B.: RFID Essentials, O'Reilly Media; 1. Auflage, Februar 2006

Brasseur, G.; Fulmek, P. L.; Smetana, W.: Virtual rotor grounding of capacitive angular position sensors. IEEE Trans. Instrum. Meas., Vol. 49, No 5, Oct. 2000, pp. 1108–1111

Burkhardt, T.; Feinäugle, A.; Fericean, S.; Forkl, A.: Lineare Weg- und Abstandssensoren, Die Bibliothek der Technik – Band 271, München: Verlag Moderne Industrie, 2004

Diegel, M.; Mattheis, R.: DE 10 2004 020 149 A angemeldet

Diegel, M.; Mattheis, R., Halder, E.: „Multiturn counter using movement and storage of 180° magnetic domain walls", Sensor Letters, vol. 5, pp. 118–122, Jan. 2007

Diegel, M.; Mattheis, R.; Halder, E.: 360° Domain Wall Investigation for Sensor Applications, IEEE Trans. Magn. 404 (2004) 2655–2657

DIN EN 60947-5-2 (VDE 0660 Teil 208): Niederspannungsschaltgeräte – Teil 5-2: Steuergeräte und Schaltelemente – Näherungsschalter, November 2004

Dorf, C. R. (Hrsg.): Electrical Engineering Handbook, New York: IEEE Press, 2006

Droxler, R.: Berührungslos arbeitender Näherungsschalter, Balluff-Patent, DE 19611810 C2, 2000

Elwenspoek, M.; Wiegerink, R.: Mechanical Microsensors. Sprinkler-Verlag Berlin, Heidelberg New York. pp. 230–236

Fatikow, S.; Rembold, U.: Microsystem Technology and Microrobotics, pp. 224–229

Fericean, S.; Droxler, R.: New Noncontacting Inductive Analog Proximity and Inductive Linear Displacement Sensors for Industrial Automation. In: IEEE SENSORS JOURNAL, Vol. 7, No. 11, November 2007

Fericean, S.; Friedrich, M.; Fritton, M.; Reider, T.: Moderne Wirbelstromsensoren – linear und temperaturstabil. In: Elektronik Jahrgang 50 (April 2001), Nr. 8

Ferrari, V.; Ghisla, A.; Marioli, D.; Taroni, A.: Capacitive Angular-Position Sensor With Electrically Floating Conductive Rotor and Measurement Redundancy. IEEE Trans. Instrum. Meas., Vol. 55, No 2, Apr. 2006, pp. 514–520

Finkenzeller, K.: RFID-Handbuch, Hanser Fachbuchverlag, 4. Auflage, August 2006

Fraden, J.: Handbook of Modern Sensors – Physics, Designs, and Applications, 4. Auflage, Springer Verlag, New York, 2010

Gass, E.; Pali S.; Melles, A.: Induktiver Wegaufnehmer mit einem passiven Resonanzkreis aufweisendem Messkopf, Balluff-Patent, DE 102 19 678 C1, 2003

Gasulla, M.; Li, X.; Meijer, G.C.M.; Ham, L. van der; Spronck, J. W.: A Contactless Capacitive Angular-Position Sensor. IEEE Sensors Journal, Vol. 3, No 5, Oct. 2003, pp. 607-614

George, B.; Mohan, N. M.; Kumar, V. J.: A Linear Variable Differential Capacitive Transducer for Sensing Planar Angles, IMTC 2006 Conference, Sorrento, Italy, (2006), pp. 2070 – 2075

Glathe, S.; Mattheis, R.; Berkov, D.: „Direct observation and control of the Walker Breakdown process during a field driven domain wall motion", Appl. Phys. Lett. Vol. 93, pp. 072508, 2008

Glathe, S.; Mattheis, R.; Mikolajick, R.; Berkov, D.: „Experimental study of domain wall motion in long nanostripes under the influence of a transversal field", Appl. Phys. Lett. vol. 93, pp. 162–505, 2008

GS-14 geophone. Geospace Inc. 7334 N. Gessner Rd., Houston, TX 77040

Halder, E.; Diegel, M.; Mattheis, R.; Steenbeck, K.: DE 102 39 904 A angemeldet

Herold, H.: Sensortechnik – Sensorwirkprinzipien und Sensorsysteme. Heidelberg: Hüthig, 1993

Hesse, S., Schnell, G.: Sensoren für die Prozess- und Fabrikautomation. Vieweg Praxiswissen, 2004

Hoffmann, J.: Taschenbuch der Messtechnik, 2. Auflage, Fachbuchverlag Leipzig, München, 2000

Homburg, D.; Reiff, E.-Ch.: Weg- und Winkelmessung (Absolute Messverfahren), PKS, Homburg, 2003

Horst Siedle GmbH & Co. KG, European patent application EP 1 740 909, 2005

Horst Siedle GmbH & Co. KG., European patent application EP 1 532 425, 2003

http://www.amci.com

http://www.ltn.de

http://www.micronor-ag.ch

http://www.sick.com/

Hubert, A. and Schäfer, R.: Magnetic domains, Springer Verlag: Berlin, 1998, pp. 215–290

Hubert, A. and Schäfer, R.: Magnetic domains, Springer Verlag: Berlin, 1998, pp. 35–44

IPHT, German patent application DE 102006039490 A1, 2006

Jagiella, M.; Fericean, S.: Miniaturized Inductive Sensors for Industrial Applications. In: Proceedings of the first IEEE International Conference on Sensors. Orlando/USA: 2002

Jagiella, M.; Fericean, S.: Neues magnetoinduktives Sensor-Prinzip und seine Umsetzung in Sensoren für industrielle Anwendungen. In: Technisches Messen, Jahrgang 72, Heft 11. 2005

Jagiella, M.; Fericean, S.; Dorneich, A.: Progress and Recent Realizations of Miniaturized Inductive Proximity Sensors for Automation. In: IEEE SENSORS JOURNAL, Vol. 6, No. 6, December 2006

Jagiella, M.; Fericean, S.; Dorneich, A.; Droxler, R.: Die magneto-induktive Variante. In TECHNICA 7/2003, pp. 36–38, Juli 2003

Jagiella, M.; Fericean, S.; Dorneich, A.; Droxler, R.: Sensoren für kurze und mittlere Wege, In SENSOR report 2/2003, pp. 17–19, März 2003

Jagiella, M.; Fericean, S.; Droxler, R.; Dorneich, A.: New Magneto-inductive Sensing Principle and its Implementation in Sensors for Industrial Applications. In: Proceedings of the 4th IEEE International Conference on Sensors. Wien: 2004

Jagiella, M.; Fericean, S.; Friedrich, Dorneich, A.: Mehrstufige Temperaturkompensation bei induktiven Sensoren. In: Elektronik Jahrgang 52 (August 2003), Nr. 16

Kennel, R.: Encoders for Simultaneous Sensing of Position and Speed in Electrical Drives with Digital Control, 40th IEEE IAS 2005 Annual Meeting, Kowloon, Hong Kong, Oct. 2–6, 2005

Kennel, R.; Basler, S.: New Developments in Capacitive Encoders for Servo Drives, SPEEDAM 2008, Ischia, Italy, (2008), pp. 190–195

Kiel, E. (Hrsg.): Antriebslösungen – Mechatronik für Produktion und Logistik, Springer Verlag, Berlin, Heidelberg, New York, 2007

Kutruff, H.: Physik und Technik des Ultraschalls, Hirzel Verlag 1988

Mattheis, R.; Diegel, M.; Hübner, U. and Halder, E.: „Multiturn Counter Using the Movement and Storage of 180 Magnetic Domain Walls", IEEE Trans. Magn., Vol. 42, pp. 3297–3299, October 2006

MicroMagus – software for micromagnetic simulations, by D. V. Berkov & N. L. Gorn, http://www.micromagus.de

Müller, R. K.: Mechanische Größen elektrisch gemessen, Expert Verlag, Ehningen, 1990

N.N., Leitfaden Drehgeber – Begriffe und Kenngrößen, Publikation des ZVEI – Zentralverband Elektrotechnik- und Elektronikindustrie e.V., Fachverband Automation, Okt. 2008

Pallàs-Areny, R.; Webster, J. G.: Sensors and Signal Conditioning. 2. Auflage. New York: John Wiley & Sons, 2001

Pallàs-Areny, R.; Webster, J.G.: Sensors and Signal Conditioning. 2. Auflage. New York: John Wiley & Sons, 2001

Pfeiffer, D.; Powell., W. B.: „The Electrolytic Tilt Sensor", Sensors, May 2000
Prutton, M.: Thin ferromagnetic films, Butterworth: London, 1964, p. 41
Reif, K. (Hrsg.): Sensoren im Kraftfahrzeug. Vieweg+Teubner Verlag, Wiesbaden 2010, 176 S., mit 221 Abb., Br. ISBN 978-3-8348-1315-2
Röbel, M.: Pythagoras in der Moderne, IEE, September 2006, disynet GmbH
Rohling, H.: „Skriptum zur Vorlesung Radartechnik und -signalverarbeitung"; Technische Universität Hamburg-Harburg; http://www.et2.tu-harburg.de/lehre/Radarsignalverarbeitung/skriptul9.pdf
Schaarschmidt, C.: „Der Laser bringt es ans Licht", Automation&Drives, Heft 4/2007, S. 106 ff.
Schiessle, E.: „Industriesensorikeit – Automation, Messtechnik, Mechatronik", 1. Auflage, Vogel Buchverlag, Würzburg, 2010
Schröder, D.: Elektrische Antriebe – Regelung von Antriebssystemen, 2. Auflage, Springer Verlag, Berlin, Heidelberg, 2001
Shigeto, K.; Shinjo, T.; Ono, T.: Appl. Phys. Lett. 75 (1999), 2815
SICK Firmenseite: www.sick.de
Sorge, G.: Faszination Ultraschall, B.G. Teubner Verlag 2002
Stork, T.: Electric Compass Design using KMZ51 and KMZ52. Philips Semiconductors Systems Laboratory, Hamburg, January 2003
Sweeney, P. J.: RFID für Dummies (deutsch), Wiley-VCH Verlag, 1. Auflage, Juli 2006
Tamm, G.; Tribowski, C.: RFID, Springer Verlag, Berlin, 1. Auflage, März 2010
Thiaville, A. und Nakatani, Y.: „Domain wall dynamics in nanowires and nanostrips". In: Spin Dynamics in Confined Magnetic Structures III, Eds. B. Hillerbrands, A. Thiaville, Springer Verlag, New York (2006)
Tränkler, H. R.; Obermeier, E. (Hrsg.): Sensortechnik. Springer Verlag, Berlin 1998
Tyco Electronics, Global Automotive Division: Sensors Catalog, 2010
VAC-Vacuumschmelze: Magnetische Sensoren, PS-000 Broschüre
Webster J. G. (Hrsg.): Measurement, Instrumentation and Sensors. New York: IEEE Press, 1999
Winkelbach, S.: Das 3D-Puzzle-Problem – Effiziente Methoden zum paarweisen Zusammensetzen von dreidimensionalen Fragmenten. Fortschritte in der Robotik, Band 10, Shaker-Verlag 2006
www.balluff.de

# 4 Mechanische Messgrößen

## 4.1 Masse

### 4.1.1 Definition

Die Masse $m$ ist ein Maß für die Anzahl der Teilchen (z. B. Atome, Moleküle) eines Körpers. Die Massen können wie Mengen addiert werden. Die Maßeinheit der Masse ist ein Kilogramm (kg) und ist durch einen Eichkörper festgelegt. Die Masse ist sowohl unabhängig vom Ort als auch vom Bewegungszustand eines Körpers (in der relativistischen Physik ist die Masse von der Geschwindigkeit abhängig; dies macht sich aber erst bei sehr hohen Geschwindigkeiten in der Größenordnung von Lichtgeschwindigkeit bemerkbar).

Die Masse $m$ hat zwei Ausprägungen:

1. *Träge Masse*. Die Masse ist ein Maß für den Widerstand eines Körpers gegen eine Bewegungsänderung. Nach dem *Newtonschen Aktionsgesetz* gilt für konstante Massen:

$\boldsymbol{F} = m \cdot \boldsymbol{a}$ mit $\boldsymbol{F}$: Kraft und $\boldsymbol{a}$: Beschleunigung. Das heißt, dass eine Kraft $\boldsymbol{F}$ so wirkt, dass eine Masse mit der Beschleunigung $\boldsymbol{a}$ beschleunigt wird. Lässt man die gleiche Kraft auf zwei Massen $m_1$ und $m_2$ wirken, dann gilt:

$m_1/m_2 = \boldsymbol{a}_2/\boldsymbol{a}_1$.

Das bedeutet, dass das Bestimmen der Masse eines Körpers durch Messen der Beschleunigungen möglich ist.

Führt eine Masse $m$ eine Rotationsbewegung mit der Winkelgeschwindigkeit $\omega$ aus, dann wird sie durch eine *Zentripetalkraft* $\boldsymbol{F}_{zp}$ auf der Kreisbahn mit dem Radius $r$ gehalten. Es gilt dann:

$\boldsymbol{F}_{zp} = -m\,\omega^2 \cdot \mathbf{r}$. Auch über diese Kraft kann eine Massenbestimmung erfolgen.

Ein Feder-Masse-System führt *mechanische Schwingungen* aus. Für die Eigenfrequenz $\omega_0$ gilt:

$\omega_0 = \sqrt{\dfrac{k}{m}}$. Der Faktor k ist die Federkonstante.

Die Gleichung besagt, dass eine Masseänderung eine Frequenzänderung zur Folge hat. Auf diese Weise kann man atomare Massen bestimmen (Bild 4.1-2).

2. *Schwere Masse*. Zwischen zwei Massen $m_1$ und $m_2$ wirkt als anziehende Kraft die *Gravitationskraft* $F_G$. Es gilt für den Betrag der Gravitationskraft:

$|F_G| = G \dfrac{m_1 m_2}{r_{12}^2}$.

Es ist $r_{12}$ der Abstand der beiden Massen. G ist die Gravitationskonstante (G = 6,673 · $10^{-11}$ m$^3$/(kg s$^2$)). Aufgrund der Anziehungskraft gilt für die Gewichtskraft $F_G = m \cdot g$ (g: Fallbeschleunigung; g = 9,81 m/s$^2$). Somit kann über die Gewichtskraft die Masse eines Körpers ermittelt werden. Dies geschieht durch Kraftsensoren (Abschnitt 4.2).

## 4.1.2 Anwendungen

Im Folgenden werden einige besondere Anwendungen von Masse-Sensoren vorgestellt. Bild 4.1-1 zeigt einen Massesensor, der am Oberteil eines Körnertanks (Stelle A in Bild 4.1-1) angebracht ist. Die vom Mähdrescher geernteten Körner werden an ein Prallblech geschleudert. Die Aufschlagskraft der Körner erzeugt einen elektronischen Impuls. Dieser ist ein Maß für die Masse der Körner.

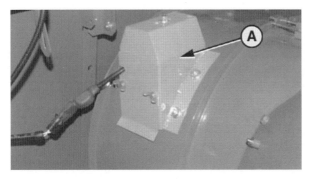

**Bild 4.1-1** Massesensor an einem Mähdrescher zur Bestimmung der Masse der geernteten Getreidekörner (Werkfoto: John Deere Harvester Works)

An der California Universität wurde am Institut von Alex Zettl ein Nano-Elektro-Mechanisches System (NEMS) entwickelt, mit dem die Messung der Masse eines einzigen Goldatomes möglich ist.

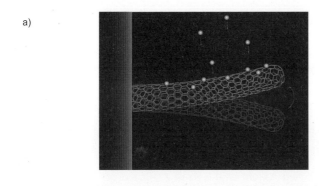

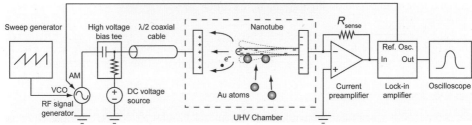

**Bild 4.1-2** Massesensor für Atome und Moleküle durch ein Nanoröhrchen. a) Nanoröhrchen, auf den Goldatome „regnen"; b) Schaltung zur Messung der Resonanzfrequenz (Quelle: Alex Zettl, California University USA)

Bild 4.1-2 a) zeigt ein doppelwandiges Kohlenstoff-Nanoröhrchen. Dieser bewegt sich an der einen Seite frei. Die andere Seite ist an einer Elektrode festgeklemmt. Durch Anlegen einer Gleichspannung wird an der Spitze des Nanoröhrchens eine negative Ladung erzeugt. Eine Wechselspannung im Bereich der Radiofrequenzen bringt das Nanoröhrchen zum Schwingen. Für die Resonanzfrequenz $\omega_{res}$ gilt, wie bereits in Abschnitt 4.1 erläutert:

$$\omega_{res} = \sqrt{\frac{k}{m}}$$, wobei k die Federkonstante und $m$ die Masse ist.

Trifft ein Atom oder ein Molekül auf das Nanoröhrchen, dann ändert sich nach obiger Gleichung wegen der Massenänderung auch die Resonanzfrequenz. Aus dieser Frequenzänderung kann die Masse bestimmt werden. In Bild 4.1-3 ist ein typisches Beispiel zu sehen, wie mit der Messung der Gewichtskraft die Masse bestimmt werden kann. Auf diesem Prinzip beruhen viele Waagen.

**Bild 4.1-3**
Scherstabwägezelle (Werkfoto: Bosche)

Die in Bild 4.1-3 gezeigte Scherstabwägezelle wird sehr häufig als Sensor in der Wägetechnik verwendet (z. B. als Behälterwaagen, Band-Dosierwaagen, Bodenwaagen oder Plattformwaagen). Sie sind sehr genau und in rauer Industrieumgebung problemlos einsetzbar. Ihre Nennlast beträgt zwischen 500 kg und 10.000 kg. Mit solchen Gewichtssensoren können auch die Gewichte von Lkws und Eisenbahnwaggons überprüft werden.

## 4.2 Kraft

### 4.2.1 Definition

Nach dem zweiten Newtonschen Axiom ist die Kraft *F* für Körper mit konstanter Masse proportional zur Momentanbeschleunigung *a*. Es gilt:

*F* = *m* · *a*.

Die Kraft *F* ist also ein *Vektor*, deren Richtung parallel zur Beschleunigung *a* ist. Die Einheit der Kraft ist: 1 N = 1 kgm/s$^{-2}$. Folgende Kräfte spielen in der Praxis eine wichtige Rolle:

#### *Gewichtskraft $F_G$*

Ein Körper fällt wegen der Schwerkraft (Abschnitt 4.1, schwere Masse) mit der Erdbeschleunigung **g** zu Boden oder besitzt eine Gewichtskraft $F_G$, für die gilt:

$F_G$ = *m* · **g**.

Die Erdbeschleunigung **g** ($g$ = 9,81 m/s$^2$) weist annähernd in Richtung Erdmittelpunkt.

## 4.2 Kraft

*Zentripetalkraft $F_{zp}$*

Die Zentripetalkraft hält einen Körper der Masse *m* auf einer gleichförmigen Kreisbewegung. Es ist:

$$F_{zp} = -m \cdot \omega^2 \cdot r.$$

Dabei ist $\omega$ die Winkelgeschwindigkeit der Kreisbewegung und *r* der Abstand des Massepunktes vom Kreismittelpunkt. Der Körper selbst spürt eine Kraft (Trägheitskraft), die ihn nach außen drängt, die *Zentrifugalkraft*. Sie wird durch die gleiche Formel beschrieben, der Vektor weist aber in entgegengesetzter Richtung (nach außen).

*Elastische Kraft oder Federkraft $F_{el}$*

Festkörper zeigen innerhalb gewisser Deformationsgrenzen ein *elastisches* Verhalten, das durch die Federkraft $F_{el}$ beschrieben wird:

$$F_{el} = -k \cdot s.$$

Dabei ist *s* die Längenänderung und k die *Federkonstante*. In der Praxis werden Federwaagen als Kraftsensoren eingesetzt.

*Reibungskraft $F_R$*

Bei Festkörpern ist die Reibungskraft von der *Normalkraft* $F_N$ abhängig. Das ist die Kraft, die senkrecht auf die Unterlage wirkt. Der Proportionalitätsfaktor ist die *Reibungszahl* $\mu$, so dass gilt:

$$F_R = \mu \cdot F_N.$$

Dabei unterscheidet man zwischen Rollreibung ($\mu_R$), Gleitreibung ($\mu_G$) und Haftreibung ($\mu_H$). Die Rollreibung führt zu geringeren Reibungskräften als die Gleit- und Haftreibung, weshalb gilt:

$$\mu_R < \mu_G < \mu_H.$$

### 4.2.2 Effekte für die Anwendungen

Es ist von großer Wichtigkeit, wie der Sensor eingebaut wird. Für die *direkte* Kraftmessung muss das Bauteil aufgetrennt werden, um den Kraftsensor anzubringen (Bild 4.2-1 a)). Durch diesen Eingriff darf das Bauteil hinsichtlich seiner mechanischen Eigenschaften (z. B. Festigkeit und Steifigkeit) nicht beeinträchtigt werden.

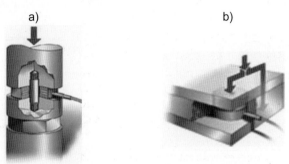

**Bild 4.2-1** Anordnungen zur Kraftmessung a) Direkte Kraftmessung; b) Indirekte Kraftmessung (Werkfotos: Kistler)

Der direkte Einbau hat aber den großen Vorteil, dass die *Absolutkraft* gemessen wird und dass die Kraft annähernd *linear* wirkt und *unabhängig* vom *Angriffspunkt* ist. Vor allem kleine Kräfte sind mit der direkten Kraftmessung richtig und genau messbar. Bild 4.2-1 b) zeigt die *indirekte* Kraftmessung. Sie wird angewandt, wenn eine Auftrennung des Werkstücks nicht sinnvoll ist und wenn sehr große Kräfte gemessen werden sollen. Bei der indirekten Kraftmessung wird der Sensor im Kraftfluss des Bauteils fest eingebaut. Der Sensor misst dabei nur einen Teil der wirklichen Kraft, weshalb er kalibriert und dies in der Auswerteelektronik berücksichtigt werden muss.

In Bild 4.2-2 sind die physikalischen Effekte zusammengestellt, die bei der Kraftsensorik eine wichtige Rolle spielen.

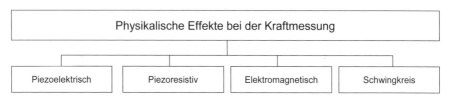

**Bild 4.2-2**   Physikalische Prinzipien bei der Kraftsensorik

*Piezoelektrischer Effekt*

Der in Abschnitt 2.1 beschriebene *piezoelektrische Effekt* wandelt die von außen wirkende Kraft *direkt* in ein elektrisches Signal um.

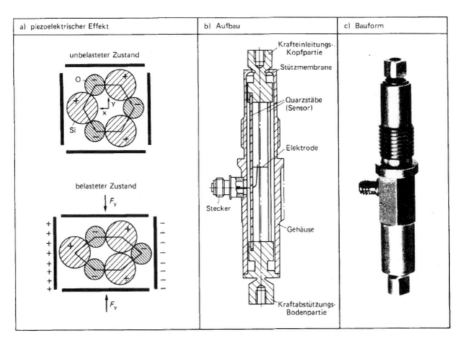

**Bild 4.2-3**   Piezoelektrisches Messprinzip und Sensoren a) Messprinzip; b) Aufbau eines piezoelektrischen Sensors; c) Bauform eines piezoelektrischen Sensors (Werkfoto: Kistler; Quelle: Hering, Bressler, Gutekunst: Elektronik für Ingenieure und Naturwissenschaftler)

Wie Bild 4.2-3 a) zeigt, verschiebt die äußere Kraft das Kristallgitter, so dass elektrische Ladungen an die beiden Außenseiten verschoben werden. Dadurch tritt eine Spannung auf, die der Kraft direkt proportional ist. Diese direkte Umwandlung hat den Vorteil, dass neben der einfachen Auswerte-Elektronik auch schnelle periodische Kraftschwankungen in Realzeit genau erfasst werden können.

Die piezoelektrischen Sensoren sind sehr robust bei Temperaturschwankungen (von –270 °C bis +400 °C) und umfassen einen großen Messbereich von 9 Zehnerpotenzen ($10^9$).

Bild 4.2-4 zeigt einen *piezoelektrischen Kraftmessring*, der zur Messung von Kräften im Bereich zwischen 20 kN und 200 kN dient. Die Messringe können eine hohe Überlast ohne Schaden und ohne Verlust an Genauigkeit und Linearität aushalten. Weitere Vorteile solcher Messringe bestehen darin, dass sie sich über den Innen- und Außendurchmesser *selbst zentrieren* und deshalb *keine Hysterese* in den Messungen aufweisen.

**Bild 4.2-4** Piezoelektrischer Kraftmessring (Werkfoto: HBM)

*Piezoresistiver Effekt*

Wirkt eine Kraft auf einen metallischen Leiter, dann erfolgt eine mechanische Verformung, eine *Dehnung*. Dadurch verändert sich der spezifische elektrische Widerstand $\rho$ des Leiters. Dieser *Widerstand-Dehnungs-Effekt* oder *piezoresistiver Effekt* beruht zum einen auf einer *Änderung* des *spezifischen elektrischen Widerstands* des Leiterwerkstoffes und zum anderen auf *Gefügeänderungen*. Spezielle Materialien (z. B. Konstantan: 54Cu45Ni1Mn) und Geometrien von sogenannten *Dehnmess-Streifen* (DMS) ermöglichen die Detektion einer Kraft und einer Dehnung (Abschnitt 4.5) an unterschiedlichsten Stellen und in verschiedenen Richtungen. Es gilt folgender Zusammenhang zwischen Widerstandsänderung $\Delta R/R$ und der Längenänderung oder Dehnung $\varepsilon$ ($\varepsilon = \Delta l/l$):

$$\Delta R/R = k \cdot \varepsilon.$$

In Abschnitt 2.2 werden die k-Faktoren einzelner Werkstoffe und der piezoresistive Effekt ausführlich erklärt. Bild 4.2-5 zeigt die verschiedenen Geometrien für unterschiedliche Anwendungen.

Für eine richtige Messung mit DMS sind die Wahl der Befestigungsmittel und die Aufbringungsart entscheidend. Sie stellen sicher, dass die durch die Kraftwirkung erfolgte Dehnung verlustlos auf den Dehnmess-Streifen übertragen wird.

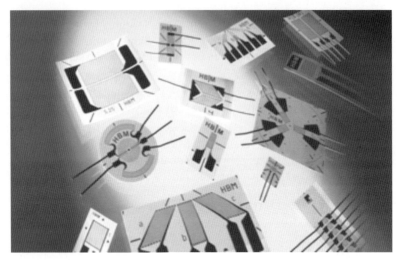

**Bild 4.2-5** Unterschiedliche Geometrien von Dehnmess-Streifen (Werkfoto: HBM)

*Elektromagnetische Kraftwirkung*

Befindet sich ein Leiter der Länge $\ell$, der von einem Strom der Stromstärke $I$ durchflossen wird, in einem Magnetfeld mit dem magnetischen Flussdichte $B$, dann wirkt auf diesen Leiter eine Kraft $F$, für die gilt:

- $F = I \cdot \ell \cdot B \cdot \sin\varphi$.

Dabei ist $\varphi$ der Winkel zwischen der magnetischen Flussdichte $B$ und dem stromdurchflossenen Leiter der Länge $\ell$. Auf diesem Effekt beruht die Wirkungsweise eines *elektrodynamischen* Lautsprechers (Abschnitt 9.3).

Dieser Effekt erlaubt die Messung sehr kleiner Kräfte. Seine Installation und Kalibrierung ist sehr aufwändig. Deshalb kommt dieser Effekt nur für Spezialanwendungen in Frage.

*Schwingkreis*

In einem Feder-Masse-System können mechanische Schwingungen entstehen. Für die Resonanzfrequenz $\omega_{res}$ gilt, wie bereits in Abschnitt 4.1 erläutert:

$$\omega_{res} = \sqrt{\frac{k}{m}},$$

wobei k die Federkonstante und $m$ die Masse ist.

Die Federkraft $F_{el'}$ ist im elastischen Bereich proportional zur Auslenkung $x$, so dass gilt:

$$F_{el'} = -k \cdot x.$$

Mit diesem Effekt können sehr kleine Kräfte gemessen werden. Dieses Prinzip wird im *Rasterkraftmikroskop* angewandt. Die Schwingfrequenz des Trägers der Abtastnadel ändert seine Resonanzfrequenz, wenn sich die Probe nähert. Ursache dafür sind die *Van-der-Waalsschen-Bindungskräfte* (Abschnitt 2. 17).

## 4.2.3 Anwendungsbereiche

Kraftmessungen spielen in vielen Bereichen eine wichtige Rolle. Die meisten Anwendungen beruhen auf dem piezoelektrischen und dem piezoresistiven Effekt. Bild 4.2-6 zeigt die wichtigsten Anwendungsgebiete der Kraftsensorik.

**Bild 4.2-6** Anwendungsgebiete für Kraftsensoren

### *Prozess-Steuerung*

Die Kraftmessung wird in den Fertigungsverfahren Urformen, Umformen, Trennen und Fügen zur optimalen Steuerung der Herstellungsprozesse eingesetzt. Für Werkzeugmaschinen und Handlingsgeräte ist die Kraftmessung unerlässlich, um die geforderte Qualität und Sicherheit während der Produktion zu garantieren. Im Folgenden werden einige Beispiele vorgestellt. Bild 4.2-7 zeigt die Messung der Kräfte im Fertigungsprozess.

**Bild 4.2-7** Kraftsensoren im Fertigungsprozess a) Messung der Schnittkraft, b) Werkzeugüberwachung, c) Steuerung der Walzenkräfte (Werkfotos: Kistler)

Die Presskraft spielt beim Pressen von Tabletten (Bild 4.2-8 a)), beim Extrudiervorgang in der Kunststofftechnik (Bild 4.2-8 b)) oder beim Einbringen von Stiften oder Deckeln die entscheidende Rolle (Bild 4.2-8 c)).

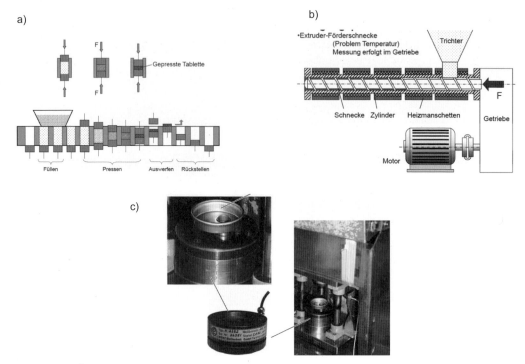

**Bild 4.2-8** Überwachung der Presskräfte a) in Tablettenmaschinen, b) beim Extrudieren von Kunststoffen c) beim Einpressen von Stiften und Deckeln (Werkfotos: Lorenz Messtechnik)

In Werkzeugmaschinen oder bei Handhabungsgeräten müssen die Kräfte oft in allen drei Raumdimensionen x, y und z gemessen werden können. Dazu werden 3D-Kraftsensoren eingesetzt, wie Bild 4.2-9 zeigt.

**Bild 4.2-9**
3D-Kraftsensoren (Werkfoto: ME-Messsysteme)

*Messmittel-Überwachung*

Eine regelmäßige Überwachung der Mess- und Prüfmittel ist für eine Fertigung mit gleichbleibend hoher Qualität unerlässlich. Die Kontrolle geschieht üblicherweise durch besonders geeichte *Kraft-Messringe* (Bild 4.2-10).

Diese Kraftaufnehmer werden insbesondere für *hochdynamische Kraftmessungen* eingesetzt (z. B. bei Zug- oder Zerreissmaschinen), weil sie sehr robust sind und keine Langzeitermüdung aufweisen.

## 4.2 Kraft

**Bild 4.2-10** Kraftsensoren zur Kalibrierung von Mess- und Prüfmitteln (Werkfoto: Soemer)

### Verkehrstechnik

Kraftsensoren werden im Schienen-, Schiffs- und Luftverkehr sowie in Automobilen eingesetzt. Bild 4.2-11 zeigt die Anwendungen im Bahnbereich, zur Überwachung der Haltekräfte bei Schienen (Bild 4.2-11 a)) und zur Kontrolle der Widerstandskräfte bei Weichenverstellungen (Bild 4.2-11 b)).

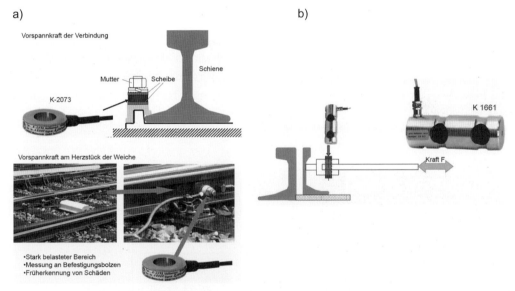

**Bild 4.2-11** Kraftsensoren zur Überwachung a) der Haltekräfte bei Schienen, b) der Kräfte bei Weichenverstellungen (Werkfotos: Lorenz Messtechnik)

### Medizintechnik und Biomechanik

In der Medizintechnik werden Kraftsensoren eingesetzt, um die Kräfte bei Bewegungsabläufen zu messen. Dies dient Sportlern zur Optimierung ihrer Leistungen oder Operateuren durch Kraftmessungen bei Ganganalysen zur richtigen Wahl von Fuß-, Hüft-, Knie- und Armprothesen. Auch in der Reha kranker Menschen werden Kraftsensoren eingesetzt bei Fitnessgeräten, bei Gleichgewichtsanalysen oder zur Bestimmung der Haltekräfte von Händen (Bild 4.2-12).

**Bild 4.2-12**  Kraftsensoren in der Medizintechnik: Handkraftmessung (Werkfotos: Lorenz Messtechnik)

## 4.3 Dehnung

### 4.3.1 Definition

Die Dehnung $\varepsilon$ beschreibt die Längenänderung eines Körpers bei Einwirkung einer äußeren Belastung. Dies kann sowohl eine Kraft als auch ein thermischer Einfluss sein. Hier wird speziell die Dehnung (alternativ auch Stauchung) durch Krafteinwirkung betrachtet.

$$\varepsilon = \frac{\Delta l}{l_0} \quad \text{mit} \quad \Delta l = \text{Längenänderung und} \quad l_0 = \text{Ausgangslänge}.$$

Die Dehnung ist einheitenlos und wird zumeist in Prozent oder ppm (part per million) angegeben. Die Dehnung ist für die meisten Werkstoffe im Bereich der elastischen Verformung *linear* zur Krafteinwirkung. Dies wird durch das *Hooke'sche Gesetz* beschrieben.

Bei Einwirkung einer Kraft auf einen Körper wird dieser nicht nur gestreckt oder gestaucht, er verändert sich gleichzeitig proportional dazu im *Durchmesser* (Bild 4.3-1). Das Verhältnis daraus wird mit der Poisson-Zahl m beschrieben.

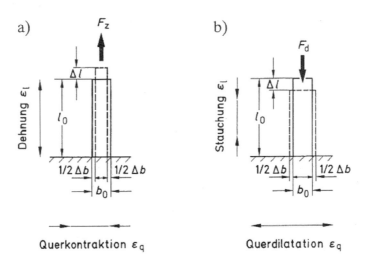

**Bild 4.3-1**  Querkontraktion und Querdilatation bei einer Krafteinwirkung (Quelle: Hoffmann; „Eine Einführung in die Technik des Messens mit DMS"; bei HBM)

## 4.3.2 Messung der Dehnung

Wirkt die Dehnung oder Stauchung auf einen elektrischen Leiter, so beeinflusst die entstehende Längen- und Querschnittänderung eine *Veränderung* des *elektrischen Widerstandes* (Abschnitt 2.2, Bild 2.2-1). Durch die Wahl geeigneter Materialien kann dieser Effekt verstärkt werden.

Die Nutzung des physikalischen Effektes ergibt als Bauelement den *Dehnmess-Streifen* (DMS), der auf unterschiedliche Aufgaben konstruktiv angepasst werden kann. Die grundlegende Konstruktion eines DMS zeigt Bild 4.3-2.

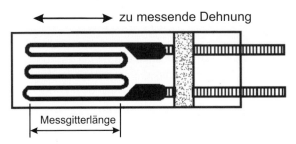

**Bild 4.3-2** Grundaufbau eines DMS

In der praktischen Anwendung werden DMS als Brückenschaltung eingesetzt. Damit erfolgt zum einen die *Kompensation* der *thermischen Effekte* am DMS und am Objekt und zum anderen die Nutzung der immer gemeinsam auftretenden Dehnung und Stauchung.

Die Empfindlichkeit k des DMS bestimmt sich zu

$$k = \frac{\Delta R / R_0}{\Delta l / l_0} = \frac{\Delta R/R_0}{\varepsilon}.$$

Bei Einsatz von vier DMS in einer Wheatstoneschen Brückenschaltung (Bild 4.3-3) ergibt sich näherungsweise für das Ausgangssignal:

$$\frac{U_A}{U_B} = \frac{k}{4} \cdot (\varepsilon_1 - \varepsilon_2 + \varepsilon_3 - \varepsilon_4).$$

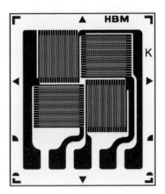

**Bild 4.3-3**
Messbrücke mit DMS (Werkfoto: HBM)

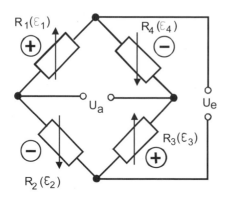

**Bild 4.3-4**
Brückenanordnung von 4 DMS
(Quelle: HBM)

Werden die DMS im Winkel von 90° zueinander auf dem Messkörper angebracht, so reagiert R1 auf die Dehnung im Umfang und R2 auf die Stauchung in der Länge. Für diesen häufig auftretenden Fall werden direkt komplette Brücken angeboten (Bild 4.3-4).

## Biegebalken

Ein weiteres Grundprinzip zum Einsatz der Dehnungsmessung ist die Kraftmessung mittels Biegebalken. Das Wirkschema zeigt Bild 4.3-5. Durch die einwirkende Kraft $F$ erfolgt eine Auslenkung des Biegebalkens nach unten. Dadurch tritt auf der *Oberseite* eine *Dehnung* und auf der *Unterseite* eine *Stauchung* auf. Diese werden durch die DMS erfasst und ausgewertet. Einen praktisch eingesetzten Biegebalken zeigt Bild 2.2-4.

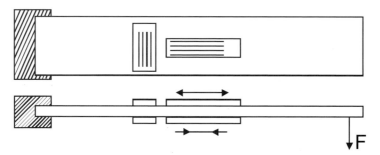

**Bild 4.3-5** Messprinzip des Biegebalkens

## Faser-Bragg-Gitter

Das Faser-Bragg-Gitter beruht auf einem eingeschriebenen Interferenzfilter in einer optischen Faser. Den Grundmechanismus zeigt Bild 4.3-6.

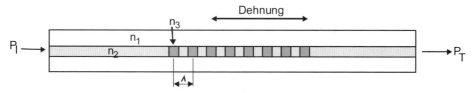

**Bild 4.3-6** Prinzip des Faser-Bragg-Gitters

In eine optische Faser wird Licht mit der Leistung $P_I$ mit einer definierten Wellenlänge $\lambda_B$ eingespeist. Die eingebrachte Struktur mit den Brechungsindizes $n_2$ und $n_3$ bewirkt eine Reflektion der Welle, wenn die Wellenlänge mit der durch die Gitterperiode $\Lambda$ bestimmten Wellenlänge übereinstimmt. Diese Wellenlänge berechnet sich aus

$$\lambda_B = \frac{n_2 + n_3}{2} \cdot 2\Lambda.$$

Stimmen Wellenlänge von Interferenzfilter und Licht überein, so ist die Ausgangsleistung $P_T$ am Faserende gering. Wird die Faser gedehnt, so ändert sich die Gitterperiode $\Lambda$ und verschiebt damit die Filterfrequenz. Im Ergebnis wird die eingespeiste Leistung weniger gedämpft und dadurch das Ausgangssignal ansteigen.

Weitere Beispiele aus dem Bereich der Kraftmessung mittels DMS sind in Abschnitt 4.2 und 4.5 zu finden.

## 4.4 Druck

### 4.4.1 Definition

Der Druck $p$ ist eine häufig verwendete physikalische Größe und beschreibt die *Kraft F, welche senkrecht auf eine Fläche A* wirkt. Wird der Druck durch ein Gas oder eine Flüssigkeit ausgeübt, so wirkt er auf alle umgebenden Flächen gleich stark.

Das Formelzeichen für den Druck ist „$p$". Es gilt: $p = F/A$ ($F$: Kraft; $A$: senkrecht zur Kraft stehende Fläche). Die Einheit des Druckes $p$ ist Pa (Pascal). Es gilt: 1 Pa = 1 N/m². Außer der SI-Einheit Pascal sind auch noch ältere und national geprägte Einheiten üblich. Dazu zählen unter anderem:

| | |
|---|---|
| bar | 1 bar = 100.000 Pa bzw. 1 mbar = 100 Pa = 1 hPa (Hekto Pascal). Hekto Pascal ist bei metereologischen Daten gebräuchlich. |
| psi | (pound per square inch) mit 1 bar = 14,5 psi. Ist im englischsprachigen Raum üblich. |
| Torr = mmHg | 1 mmHg = 133,3 Pa. Es wird historisch in der Medizin verwendet (Blutdruck). |
| mH$_2$O | 10,21 m Wassersäule entsprechen 1 bar. Wird vor allem bei Pegelmessungen angewandt. |

Diese Einheiten lassen sich mit Tabelle 4.4-1 ineinander umrechnen.

Tabelle 4.4-1 Umrechnung von Druckeinheiten

| | Pascal | bar | psi | mmHg = Torr | mH$_2$O |
|---|---|---|---|---|---|
| Pascal | 1 | $10^{-5}$ | 14,504*$10^{-5}$ | 0,00750 | 0,000102 |
| bar | $10^5$ | 1 | 14,504 | 750,0617 | 10,2110 |
| psi | 6.894,8 | 0,06895 | 1 | 51,715 | 0,704 |
| mmHg = Torr | 133,32 | 1,3332*$10^{-3}$ | 0.01934 | 1 | 0,0136 |
| mH$_2$O | 9.807 | 0,0980 | 1,422 | 73,796 | 1 |

## Anwendungsfelder

Drücke werden in vielen Anwendungsfeldern gemessen, wie Tabelle 4.4-2 in einer Übersicht zeigt.

**Tabelle 4.4-2** Anwendungsfelder der Druck-Sensoren

| Anwendungsfeld/Branche | Konkrete Anwendung |
|---|---|
| Automobil, Nutzfahrzeuge | Bremssysteme, ABS<br>Einspritztechnik<br>Hydraulik an Arbeitsgeräten |
| Luft- und Raumfahrt | Pneumatik und Hydraulik für Aktorik (z. B. Fahrwerk und Türen)<br>Klimatechnik |
| Maschinenbau | Hydraulik und Pneumatik an Maschinen<br>Druck an Pressen |
| Gebäudetechnik | Klimatechnik in Gebäuden<br>Steuerung von Druckketten in der Reinraumtechnik |
| Medizin | Diagnostik (z. B. Blutdruckmessung, Atmung) |
| Umwelttechnik | Luftdruckmessung<br>Pegelmessung in Gewässern |

Für bestimmte Druckbereiche gibt es unterschiedliche Anwendungen, wie Tabelle 4.4-3 zeigt.

**Tabelle 4.4-3** Zuordnung von Druckbereichen zu Anwendungsfeldern

| Druckbereiche | Konkrete Anwendung |
|---|---|
| < 1 mbar absolut<br>(< 100 Pa) | Hochvakuumtechnik in der Halbleiterindustrie<br>Raumfahrt |
| 0,1 mbar bis 10 mbar<br>(10 Pa bis 1000 Pa)<br>relativ/differenz | Gebäudetechnik, Klimatechnik |
| 1 mbar bis ca. 10 bar<br>(100 Pa bis 1 MPa)<br>absolut/relativ | Pegelsonden (1 mbar entspricht ca. 1 cm Wassersäule) |
| 1 bar bis 30 bar<br>(0,1 MPa bis 3 MPa) | Drucklufttechnik |
| bis 400 bar<br>(bis 40 MPa) | Druckgasspeicher (Gasflaschen typ. 200 und 300 bar)<br>Druckluftspeicher zum Start von Motoren |
| 100 bar bis 600 bar<br>(10 MPA bis 60 MPa) | Hydraulik |
| ab 500 bar<br>(bis 50 MPa) | Einspritzdruck beim Motor (typ. 1.000 bar) |
| ca. 3.000 bar<br>(ca. 300 MPa) | Wasserstrahlschneiden |

## 4.4.2 Messprinzipien

*Messprinzipien*

Drücke können *statisch* und *dynamisch* gemessen werden, wobei unterschiedliche physikalische Prinzipien zum Einsatz kommen. Ferner wird zwischen *absolutem* und *relativem* Druck unterschieden.

Die Messung des Druckes erfolgt vorzugsweise in Gasen und Flüssigkeiten. Bei festen Gegenständen erfolgt die Messung des Druckes über die Messung der Masse oder der Kraft. Die Druckmessung kann auf drei Arten erfolgen:

- als *Differenzdruck*,
- als *Relativwert* zum Luftdruck und
- als *Absolutwert*.

Fast allen Druckmesseinrichtungen ist gemeinsam, dass die Verformung einer Membran durch die Druckdifferenz zwischen Vorder- und Rückseite bestimmt wird. Damit unterscheiden sich die drei genannten Methoden nur in der technischen Ausführung des Sensors.

*Differenzdruckmessung*

Es werden an beide Seiten der Membran die zu messenden Drücke angelegt. Das kann als Beispiel der Anschluss vor und nach einem Filter sein. Der Filter verursacht in diesem Fall einen Druckabfall, der ein Maß für die Verschmutzung des Filters ist.

*Relativdruckmessung*

In diesem Fall wird auf einer Membranseite der zu messende Druck angelegt. Die Rückseite ist dabei offen gegenüber dem Luftdruck, welcher somit als Bezugsgröße dient. Das hat aber zur Folge, dass die Schwankungen des Luftdruckes als Fehler in die Messung eingehen. Daher ist die Relativdruckmessung für Drücke im Bereich des Luftdruckes ungeeignet oder sehr von der technischen Anwendung abhängig. Ein Spezialfall der Relativdruckmessung ist die *Pegelmessung*. Dies ist eigentlich eine Differenzmessung zwischen dem Druck der Wassersäule einschließlich der darauf stehenden „Luftsäule" und der „Luftsäule" allein. Für die Messung der Wassersäule muss der Sensor aber am tiefsten Punkt liegen. Damit ist es erforderlich, dass der als Referenz erforderliche Luftdruck über ein Rohr der Membranrückseite zugeführt wird.

*Absolutdruckmessung*

Um die Ungenauigkeit des Luftdruckes als Referenz auszuschalten, wird die *Membranrückseite* mit einem abgeschlossenen Volumen mit definiertem Druck belegt. Dies ist auch die einzige Möglichkeit, den Luftdruck selbst zu messen. Eine weitere Möglichkeit der Absolutdruckmessung ist die Verwendung von Messprinzipien, welche nicht auf dem Vergleich mit einem anderen Druck basieren, sondern die Referenz in der Materialstruktur begründet ist. Dazu zählen Messverfahren, welche auf dem piezoelektrischen Effekt beruhen oder die Druckabhängigkeit von Piezoresonatoren ausnutzen.

## 4.4.3 Messanordnungen

Die klassische Anordnung für die Druckmessung ist die Umsetzung einer *mechanischen Verformung*, beispielsweise einer Membran oder eines Balgs, auf eine Anzeige (Funktionsprinzip eines Manometers).

Der Klassiker unter den Druckmessgeräten ist das *Manometer* auf Basis von *Rohrfedern*. Diese werden heute noch verwendet, da sie robust sind und keine Hilfsenergie benötigen. Sie können überall dort eingesetzt werden, wo keine weitergehende Signalverarbeitung erforderlich ist. Ein Beispiel zeigen die Bilder 4.4-1 und 4.4-2. Diese Instrumente werden auch als elektromechanische Druckmesser angeboten. In diesem Fall erfolgt eine kombinierte Abtastung des Messwertes auf mechanischen und elektrischen Weg. Im einfachsten Fall wird die Drehbewegung des Zeigers in ein elektrisches Signal gewandelt (siehe magnetische Winkelsensoren, Abschnitt 3.2.2).

**Bild 4.4-1** Rohrfedermanometer (Quelle: WIKA)

**Bild 4.4-2** Innere Mechanik eines Rohrfedermanometer (Quelle: EMPEO)

Bei der elektronischen Signalverarbeitung wird diese mechanische Verformung durch elektrische Wirkprinzipien erfasst. Die verbreitetste Methode ist dabei die Erfassung der *Verformung* durch (piezo-)*resistive Brücken* oder eine *kapazitive Abstandsmessung* (Abschnitt 3.2.4 und 2.6.1). Bild 4.4-3 zeigt das Bauprinzip eines Drucksensors mit einer resistiven Messbrücke. Der Messbereich einer derartigen Zelle kann durch Variation des Membrandurchmessers und der Membrandicke angepasst werden. Als Membranmaterial werden vor allem Stahl, Keramik oder Halbleitermaterialien verwendet.

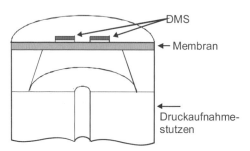

**Bild 4.4-3** Resistive Druckmessung über Membranverformung – Prinzipbild und Zellendraufsicht (Werkfoto ADZ Nagano GmbH)

Die Bilder 4.4-4 und 4.4-5 zeigen Schnittbilder eines Siliciumdrucksensors. Die Pins im Bild haben einen Abstand von 2,54 mm.

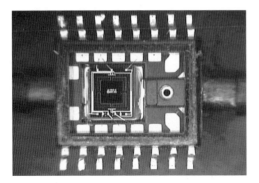

**Bild 4.4-4** Beispiel eines Silicium-Drucksensors – Draufsicht

**Bild 4.4-5** Beispiel eines Silicium-Drucksensors – Schnittbild

Die nachfolgenden Bilder 4.4-6 bis 4.4-8 zeigen Beispiele für komplette elektronische *Drucktransmitter*. Bild 4.4-6 zeigt einen kompakten Transmitter (Sensor mit Signalaufbereitung) mit einer Zelle auf Basis einer Edelstahl-Membran (Bild 4.4-3) mit der erforderlichen Auswerteelektronik. Der überstehende Steckverbinder wird nach der Fertigung abgebrochen. Er wird je nach Zelle im Bereich von 1 bar bis 2.000 bar eingesetzt. Bild 4.4-8 zeigt einen Differenzdruckschalter für Niederdruck mit der Zelle aus Bild 4.4-4.

**Bild 4.4-6**
Aufbau eines Drucktransmitters
(Werkfoto Prignitz-MST.de)

**Bild 4.4-7**
Aufbau eines Drucktransmitters
(Werkfoto ADZ-Nagano)

**Bild 4.4-8**
Aufbau eines Druckschalters für Niederdruck
(Werkfoto Prignitz-MST.de)

Eine ebenfalls weit verbreitete Form der Druckmessung ist die Nutzung der Membranverformung als veränderliche Kapazität. Dabei wird der Abstand zwischen der Membran und einer Referenzfläche gemessen. Die dabei auftretenden Kapazitäten liegen im Bereich weniger pF und können elektronisch mit einer Auflösung im Bereich von aF (atto Farad = $10^{-18}$ F) ausgewertet werden.

Ein kurzer Überblick über die Möglichkeiten der Druckmessung ist in Tabelle 4.4-4 dargestellt.

**Tabelle 4.4-4** Mögliche Methoden der Druckmessung

| Messelement | Funktionsprinzip |
|---|---|
| Membran (resistiv) | Mechanische Verformung der Membran. Erfassen der Verformung durch mit der Membran fest gekoppelten resistiver Messbrücken. |
| | Messung statischer und dynamischer Drücke. |
| Membran (kapazitiv) | Mechanische Verformung der Membran und Erfassen der Verformung durch kapazitive Änderungen. |
| | Messung statischer und (langsamer) dynamischer Drücke. |
| Membran (induktiv) | Mechanische Verformung der Membran und Erfassen der Durchbiegung durch induktive Abstandsmessung. |
| Piezokristall | Bei Druck entsteht eine Ladung auf der Kristalloberfläche. Diese Ladung ist zum Druck proportional. |
| | Nur Messung dynamischer Drücke. |
| Quarzresonatoren, Piezoresonatoren | Durch die Druckeinwirkung auf die Oberfläche ändert sich das Schwingverhalten der Elemente. |
| | Messung statischer und dynamischer Drücke. |
| Ionisationskammer | Druckmessung durch Ionisation des Messmediums und der sich damit ergebenden Leitfähigkeit. |
| | Messung statischer Drücke im Bereich des Hochvakuums (medienabhängig). |

Ein grundsätzlicher Nachteil der resistiv arbeitenden Messungen liegt in der Tatsache, dass immer *eine Membranseite* die *elektronischen Komponenten* trägt. Damit ist diese Seite empfindlich im Kontakt mit dem Messmedium, was Probleme bei Differenzmessungen (Medienkontakt beidseitig) ergibt. Des Weiteren kann auf dieser Seite kein Anschlag für die Membran realisiert werden.

Bei kapazitiven und induktiven Messverfahren ist die mechanische Konstruktion eines Anschlags der Membran möglich, welcher einen *Überlastschutz* ergibt, da die Signalgewinnung nicht auf der Membran stattfindet. Es lassen sich dadurch Überlastfestigkeiten erreichen, welche um den Faktor 1.000 über dem Arbeitsdruck liegen können.

## 4.5 Drehmoment

### 4.5.1 Definition

Das Drehmoment $M$ beschreibt die Krafteinwirkung auf rotierende Objekte. Es entspricht damit der Kraft bei geradlinigen Bewegungen.

Die Einheit ist das Nm (Newtonmeter)  $1\,\text{Nm} = 1\,\dfrac{\text{kg} \cdot \text{m}^2}{\text{s}^2}$.

Über die Drehzahl $n$ und das Drehmoment $M$ lässt sich bei Antriebswellen die übertragene Leistung $P$ bestimmen:

$$P = 2\pi \cdot n \cdot M \,. \tag{4.5.1}$$

### 4.5.2 Messprinzipien

An einer ruhenden Masse kann ein wirkendes Drehmoment durch Messung der an einem Hebel wirkenden Kraft erfolgen. Ein allgemein bekanntes Beispiel ist der *Drehmomentenschlüssel* zum Begrenzen bzw. Bestimmen des Anzugsmomentes von Schrauben. Eine Variante dazu ist die Auslegung eines Schraubenschlüssels als Biegebalken (Abschnitt 4.3), um die angelegte Kraft zu bestimmen und damit durch die geometrischen Auslegung auf das Drehmoment zu schließen. Alternativ kann auch die *Torsionskraft* in einem Steckschlüssel bestimmt werden. Ein System nach diesem Prinzip zeigt Bild 4.5-1.

**Bild 4.5-1**
Drehmomentsensor (nicht rotierend) zur Überprüfung von Schraubwerkzeugen
(Werkfoto: ATP Messtechnik)

Ein weiterer Weg zur Messung des Drehmoment ist eine Bestimmung der Winkelbeschleunigung $\alpha$. Dies setzt jedoch ein bekanntes Trägheitsmoment $J$ voraus. Es gilt für das Drehmoment $M$:

$$M = J \cdot \alpha \,.$$

Die Übertragung von Drehmomenten über eine Welle führt zu einer *Verwindung* dieser (Torsion). Diese lässt sich als Dehnung auf der Oberfläche mittels Dehnmess-Streifen (DMS) bestimmen. Bild 4.5-2 zeigt speziell dafür gestaltete DMS.

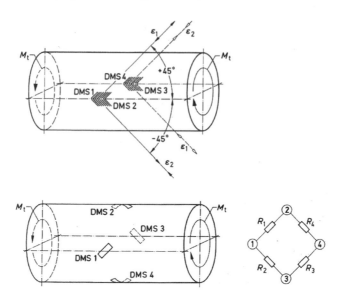

**Bild 4.5-2** Torsionswelle mit in den Hauptdrehrichtungen applizierten DMS. a) bei Verwendung spezieller X-Rosetten, b) bei Verwendung einzelner DMS (Quelle: Hoffmann; „Eine Einführung in die Technik des Messens mit DMS"; bei HBM)

### 4.5.3 Anwendungsbereiche

Messungen der Drehmomente spielen in vielen Bereichen eine wichtige Rolle. Bild 4.5-3 zeigt die wichtigsten Anwendungsgebiete der Drehmomentsensorik.

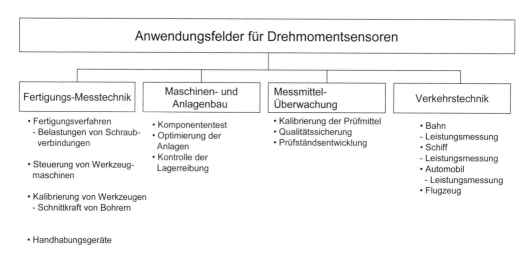

**Bild 4.5-3** Anwendungsfelder von Drehmomentsensoren

4.6 Härte                                                                                                          337

Die Messung des Drehmoments ist auch durch weitere Verfahren möglich (Bild 4.5-4).

**Bild 4.5-4** Methoden zur Drehmomentmessung

Ein Beispiel für eine magnetisch basierte Anwendung zeigt Bild 4.5-5.

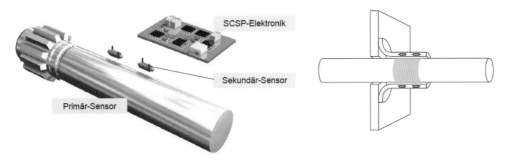

**Bild 4.5-5** Drehmomentsensor auf Induktionsbasis a) Sensorsystem, b) Drehmomentsensor für eine Getriebewelle (Werkfoto: NCT Engineering)

## 4.6 Härte

### 4.6.1 Definition

Der Begriff *Härte* bezeichnet eine Werkstoffeigenschaft, die phänomenologisch als *„Widerstand eines Materials gegen das Eindringen eines Prüfkörpers"* beschrieben wird. Materialien lassen sich durch eine geeignete Messvorschrift und darauf basierender Härtedefinition nach auf- bzw. absteigender Härte ordnen. So sortiert beispielsweise die *Mohs'sche Härteskala* nach dem Messverfahren „Material A ritzt Material B" Mineralien in einem Härtebereich von 1 (Talk) bis 10 (Diamant).

Die einem bestimmten Material zugeordneten Härtewerte unterscheiden sich je nach Definition zum Teil erheblich. Auch können Härteunterschiede mehrerer Materialien auf verschiedenen Härteskalen nichtlinear miteinander zusammenhängen. Daher dienen *Härteangaben* in erster Linie zum *Vergleich* von Materialien in einer bestimmten, gut definierten *Werkstoffklasse* (z. B. Metalle, Elastomere und Mineralien) und beruhen auf ein und derselben Härtedefinition, welche für diese Klasse geeignet ist.

Die heute gebräuchlichsten Härtedefinitionen basieren auf der Angabe einer *Prüfkraft F*, mit der ein Prüfkörper in das Material eindringt, und einem *Maß* für die *„Stärke des Eindringens"*, beispielsweise der *Tiefe* (Rockwell- oder Shore-Härte) oder der *projizierten Fläche* (Vickers-

Härte) des Eindrucks. Die *Prüfkörper* („*Indenter*") bestehen meist aus Hartmetall oder Diamant und haben eine in der jeweiligen Norm festgelegte Geometrie.

## 4.6.2 Makroskopische Härtebestimmung

Dem Prüfingenieur stehen je nach Einsatzbereich eine Reihe genormter Verfahren zur makroskopischen Härtebestimmung zur Verfügung, welche überwiegend zu Beginn des 20. Jahrhunderts zur Kontrolle industriell gefertigter Werkstücke entwickelt wurden. Die Auswahl des geeigneten Verfahrens hängt vom jeweiligen *Material*, dem erwarteten *Härtebereich*, der *Form* des Werkstücks und anderen Faktoren ab. Bei der Härtemessung nach *Brinell*, *Vickers* oder *Knoop* wird der verbleibende Eindruck mikroskopisch vermessen, während Testgeräte für *Rockwell-* oder *Shorehärte* Wegsensoren für die Eindringtiefe enthalten.

Im *Vickers*-Test wird eine *gleichseitige Diamantpyramide* mit Öffnungswinkel von 136° eingesetzt, während der *Knoop*-Indenter eine *vierseitige Pyramide* mit unterschiedlich langen Diagonalen darstellt. Die Härteprüfung nach *Brinell* oder *Rockwell* verwendet *Hartmetallkugeln* oder *konische Diamantindenter*.

Der *Knoop-Test* liefert bei dünnen Schichten die genauesten Messungen, setzt aber in der Regel eine polierte Oberfläche des Werkstücks voraus. Die *Brinellhärte* mit vergleichsweise hoher Prüfkraft wird bei rauen oder grobkörnigen Materialien verwendet. So genannte *Durometertests* nach *Shore* finden bei *Gummi* und *weicheren Polymerwerkstoffen* Einsatz.

Diesen Testverfahren ist gemein, dass lediglich die *maximale Prüfkraft* und die *maximale Eindringtiefe* gemessen werden. Sie geben daher nur über die plastische Verformung des Werkstoffs Aufschluss. Dagegen können *registrierende Härtemessverfahren* wie die *Martenshärte* auch Information über das elastische Rückfedern des Materials liefern.

## 4.6.3 Härtebestimmung durch Nanoindentation

Zunehmende Miniaturisierung von Bauteilen erfordert Messverfahren, bei denen die Eindringtiefe des Prüfkörpers im Bereich < 1 µm liegen kann. Daraus ergeben sich praktische Konsequenzen für eine sinnvolle Messvorschrift von Härte im Nanometerbereich:

- *Geometrie des Prüfkörpers:* Dreiseitige Pyramiden werden bevorzugt, da konische Indenter mit sehr kleinem Verrundungsradius an der Spitze schwer zu fertigen sind und vierseitige Pyramiden (z. B. Vickers-Indenter) oft nicht in einem Punkt, sondern in einer Dachkante enden. Beides führt besonders bei geringen Eindringtiefen zu fehlerhafter Bestimmung der Eindruckfläche.
- *Probenpräparation:* Damit aus der Eindringtiefe und der bekannten Indentergeometrie die Kontaktfläche berechnet werden kann, muss der Indenter senkrecht zur Werkstückoberfläche eindringen. Die kleinen lateralen und vertikalen Abmessungen des Eindrucks erfordern eine sehr geringe Rauheit der Oberfläche des Werkstücks.
- *Kombination mit mikroskopischen Verfahren:* Oft weisen zu untersuchende Proben Inhomogenitäten oder topografische Anomalien (z. B. Gräben, Kratzer, Korngrenzen oder Einschlüsse) auf. Daher ist die *Kombination* der *Nanoindentation* mit einem *Bild gebenden Verfahren* vorteilhaft, bei dem die Probe an der zu untersuchenden Stelle mit einer hohen Ortsauflösung abgebildet wird, um einen geeigneten Ort für die Indentation festzulegen. Hier ist besonders die *Rasterkraftmikroskopie* hervorzuheben, die mit einer Auflösung im Nanometerbereich eine dreidimensionale Karte der Oberflächentopografie erstellt.

## 4.6 Härte

- *Messverfahren für die „Stärke des Eindringens"*: Wie bei der Härtemessung nach Martens wird während der Nanoindentation kontinuierlich Kraft $F$ und Eindringtiefe $h$ gemessen (*registrierende Härteprüfung*). Eine genaue Vermessung des verbleibenden Eindrucks unter dem Mikroskop wie bei der Vickers-Härte ist aufgrund der geringen Abmessungen des Eindrucks nicht möglich. Die registrierende Härteprüfung ermöglicht dagegen die Bestimmung der projizierten Kontaktfläche $A_c$ des Indenters aus der gemessenen Eindringtiefe $h_c$ und der so genannten Indenter-Flächenfunktion $A(h)$ in Kombination mit einem geeigneten Modell für die elastische Deformation des Kontakts. Die registrierende Härteprüfung ist im Gegensatz zur Vickers-Härte auch auf Materialien anwendbar, welche sich rein elastisch verformen und nach Wegnahme der Prüfkraft keinen Eindruck hinterlassen (z. B. einige Elastomere).

Die aus Nanoindentation bestimmte Härte $H$ wird definiert als:

$$H = F_{max}/A_c,$$

wobei $F_{max}$ die maximal aufgebrachte Prüfkraft darstellt und die projizierte Kontaktfläche $A_c$ aus der Kontakttiefe $h_c$ bestimmt wird (Abschnitt 4.6.5). Die so definierte Härte entspricht dem mittleren Druck auf die Probe im Kontaktbereich.

Genauigkeit und Reproduzierbarkeit der Nanohärte-Messung werden aufgrund der geringen Eindringtiefe und Messkraft erheblich durch experimentelle Gegebenheiten beeinflusst, wie thermische Drift und mechanische Vibrationen. Nanoindent-Systeme sind daher häufig mit einem aktiven oder passiven Schwingungsisolationssystem und einer thermo-akustisch abschirmenden Einhausung ausgestattet.

### 4.6.4 Sensoren für die Nano-Härtemessung

Die Aufbringung der *Prüfkraft* geschieht je nach verwendetem System durch Anlegen eines *magnetischen* oder *elektrischen Feldes* bekannter Feldstärke oder durch kontrollierte Deformation einer Feder. Zur Wegmessung des Eindringweges werden meist kapazitive (Abschnitt 2.6) bzw. induktive (Abschnitt 2.5) Wegsensoren verwendet.

Das System in Bild 4.6-1 und Bild 4.6-2 stellt eine Besonderheit dar, weil hier die Kraft als optisch detektierte Auslenkung einer kalibrierten Feder gemessen und durch eine elektronische Regelschleife auf dem Sollwert gehalten wird. Die Kraftauflösung liegt unter 20 nN. Der Nanoindenter wird mit einem Piezoaktuator senkrecht auf die Probe gedrückt. Die Eindringtiefe ergibt sich als Differenz der gemessenen Piezobewegung und der mit dem optischen Detektor gemessenen Federauslenkung.

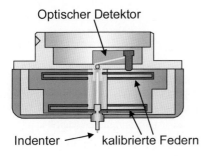

**Bild 4.6-1**
Schematischer Aufbau des Nanoindentmoduls

**Bild 4.6.-2**
Nanoindentmodul (Werkfoto: atomic force)

Die gesamte Nanoindent-Einheit mit etwa 3 cm Durchmesser ist am Messkopf eines Rasterkraftmikroskops befestigt und in dessen XYZ-Rastersystem integriert, so dass die Probentopografie mit der Indentspitze vor und nach der Messung abgerastert werden kann.

## 4.6.5 Modell und Auswertung

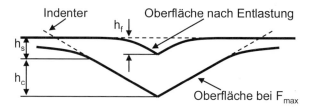

**Bild 4.6-3** Schnitt durch einen Nano-Eindruck in ein elastisch und plastisch verformbares Material bei maximaler Last und nach Wegnahme der Last

Zur Berechnung der Härte muss zunächst die projizierte Kontaktfläche $A(h_c)$ aus der Indenter-Flächenfunktion $A(h)$ bestimmt werden. Die Kontakttiefe $h_c$ ergibt sich als Differenz aus maximaler Eindringtiefe und der zunächst unbekannten elastischen Deformation $h_s$ (s für „sink-in") der Oberfläche an der Kontaktperipherie (Bild 4.6-3):

$$h_c = h_{max} - h_s.$$

Während der Belastung wird die Probe in der Regel sowohl plastisch, als auch elastisch verformt. Die Entlastkurve enthält dagegen ausschließlich Information über das elastische Rückfedern des deformierten Materials (Bild 4.6-4).

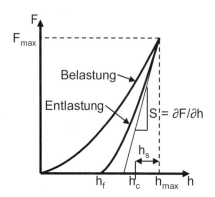

**Bild 4.6-4**
Schematische Darstellung der gemessenen Last- und Entlastkurve mit den im Text verwendeten Eindringtiefewerten $h$

Die elastische Deformation ist für einen kreisförmigen, flachen Indenter (sog. „Flat Punch") durch

$$h_s = F_{max}/S(h_{max})$$

gegeben, wobei die Steifigkeit $S$ als Steigung der Entlastkurve berechnet wird:

$$S = \partial F/\partial h.$$

Für andere Indentergeometrien verändert sich $h_s$ um einen geometrieabhängigen Faktor $\varepsilon$. Für die am häufigsten verwendeten Indentergeometrien stellt der Wert $\varepsilon = 0{,}75$ eine gute Näherung dar. Damit ist die Kontakttiefe

$$h_c = h_{max} - \varepsilon\, F_{max}/S(h_{max})$$

und schließlich die gesuchte Härte

$$H = F_{max}/A(h_c).$$

Die Analyse setzt voraus, dass kein Material an der Kontaktperipherie aufgeworfen wird („pile-up"). Diese Annahme kann gegebenenfalls durch Abbilden des Eindrucks verifiziert werden.

Die *Indenter-Flächenfunktion* $A(h)$ ist durch die Geometrie des Indenters gegeben. Für einen *Berkovich-Indenter* (dreiseitige Pyramide mit Winkel von 142° zwischen Kante und gegenüberliegender Seite) ergibt sich der Zusammenhang $A(h) = 24{,}5\, h^2$. Bei sehr geringen Eindringtiefen der Größenordnung $< 100$ nm sind Abweichungen von der Idealgeometrie wie beispielsweise die unvermeidliche Verrundung der Indenterspitze zu berücksichtigen.

### 4.6.6 Anwendungen

Bild 4.6-5 zeigt eine typische Messkurve an einer Hartstoffschicht von einem nur 50 nm tiefen Nanoindent-Eindruck mit einem *Berkovich-Indenter*. Bei maximaler Last wurde eine Wartezeit von 4 Sekunden eingelegt, um das Abklingen plastischer Kriechvorgänge in diesem Material abzuwarten. Der Fit-Bereich zur Bestimmung der Steifigkeit $S = \partial F/\partial h$ ist mit einer dicken schwarzen Linie hervorgehoben. Die aus der Messkurve bestimmte Härte beträgt 3,2 GPa.

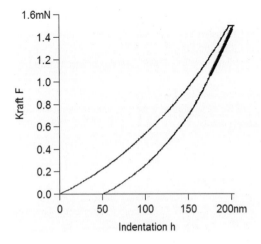

**Bild 4.6-5**
Messdaten einer Nanohärtemessung an einer Hartstoffschicht

In der rasterkraftmikroskopischen Abbildung eines Indents auf einer Leichtmetall-Legierung (Bild 4.6-6) sind seitliche Aufwürfe zu erkennen, die zu einer Erhöhung der Kontaktfläche $A(h_c)$ führen. Außerdem deuten die unterschiedlich hohen Aufwürfe auf eine Anisotropie des Materials hin. Dieses Beispiel illustriert die Stärke der Kombination von Nanohärte-Messung mit einer hoch auflösenden Abbildung.

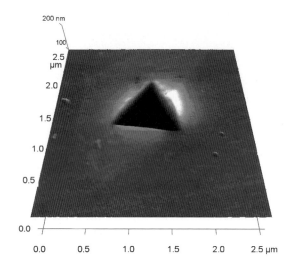

**Bild 4.6-6**
Rasterkraftmikroskopische Aufnahme des verbleibenden Eindrucks nach Indentierung einer Leichtmetall-Legierung (Werkfoto: atomic force)

# Weiterführende Literatur

Blohm, R.: „Praktikum Messtechnik – Dehnmess-Streifen"; Fachhochschule Osnabrück

Ferber, F.: „Experimentelle Methoden der Spannungsanalyse"; Experimentelle-Methoden-der-Mechanik. PDF; Universität Paderborn, Wikipedia: Faser-Bragg

HBM: Grundlagen und optimierte Anwendung der modernen Dehnungsmess-Streifen (DMS)-Technik, Firmenbroschüre 2010

Hering, E., Martin, R.; Stohrer, M.: Physik für Ingenieure, Springer Verlag, 10. Auflage 2007

Herrmann, K. et al.: Härteprüfung an Metallen und Kunststoffen: Grundlagen und Überblick zu modernen Verfahren, Expert-Verlag, 1. Auflage September 2007

Hoffmann, K.: „Eine Einführung in die Technik des Messens mit DMS"; Herausgeber: Hottinger Baldwin Messtechnik GmbH, Darmstadt 1987

Lorenz Messtechnik: Elektrisches Messen mechanischer Größen, Firmenbroschüre 2011

Oliver, W. C.; Pharr, G. M.: An improved technique for determining hardness and elastic modulus using load and displacement sensing indentation measurements, J. Mater. Res. 7 (6), 1564–1583 (1992)

www.hbm.com

www.kistler.com

www.lorenz-messtechnik.de

www.me-systeme.de

www.soemer.de

# 5 Zeitbasierte Messgrößen

## 5.1 Zeit

*Definition*

Die Sekunde ist das 9.192.631.770-fache der Periodendauer der dem Übergang zwischen den beiden Hyperfeinstrukturniveaus des Grundzustandes von Atomen des Nukleids $^{133}$Cs entsprechenden Strahlung. Die Zeit hat als Formelzeichen $t$ und *die Einheit Sekunde* [s]. Die relative Messunsicherheit beträgt $10^{-14}$. Wegen dieser hohen Mess-Sicherheit ist die Zeit für viele Messverfahren die entscheidende Bezugsgröße.

*Messprinzipien*

Die absolute Zeit lässt sich nur über eine Atomuhr bestimmen, welche ihrerseits auf der Basis astrophysikalischer Abläufe eingestellt wird. Um diesen Referenzwert zugänglich zu machen, erfolgt die Verbreitung durch *Zeitzeichensender*, welche Zeitmarken senden – beispielsweise Sekundenimpulse – sowie absolute Zeitinformationen in codierter Form. Mit diesen Signalen lassen sich Zeit- und Frequenzreferenzen lokal abgleichen. Man erhält dadurch zumindest eine Referenz mit einer hohen relativen Genauigkeit. Für eine absolute Referenzzeit müssen die Laufzeiten der Übertragung von den Zeitzeichensendern beachtet werden.

In Deutschland arbeitet als Zeitzeichensender der *DCF77* mit einer Trägerfrequenz von 77,5 kHz, welcher außer den Sekundenimpulsen zusätzlich in jeder Minute die Informationen zu Zeit und Datum überträgt. Zum Empfang dieser Signale werden spezielle Module angeboten, welche die codierten Signale als digitalen Datenstrom ausgeben. Es erfolgt mit dem Beginn einer neuen Sekunde eine Absenkung der Trägeramplitude auf 25 %. Die Absenkung der 59. Sekunde fehlt, womit die folgende Absenkung den Beginn einer neuen Minute anzeigt. Die Länge der Absenkungen stellt eine binäre Codierung dar, welche Informationen zu Betriebsdaten und der aktuellen Uhrzeit und Datum darstellt. Eine weitere Quelle für ein relatives Zeitnormal sind die Informationen von *Navigationssatelliten*.

Für die Praxis ist allgemein eine genaue *relative Zeitreferenz* ausreichend. Diese gewinnt man durch *Teilung* der Frequenz von Schwingquarzen. Quarze liefern eine sehr stabile Schwingung, haben aber den Nachteil, dass sie thermisch sehr empfindlich sind. Durch technologische und schaltungstechnische Maßnahmen werden hierbei Genauigkeiten im Bereich von $10^{-4}$ bis $10^{-9}$ erreicht. Auf die Messanordnungen wird im folgenden Abschnitt bei der Frequenz ausführlicher eingegangen.

## 5.2 Frequenz

*Definition*

Die *Frequenz f* ist das Verhältnis aus einer Anzahl von Ereignissen $\Delta N$ in einem definierten Zeitraum $\Delta t$. Es gilt:

$$f = \frac{\Delta N}{\Delta t} \qquad [f] = \frac{1}{s} = 1[\text{Hz}].$$

Die Einheit ist [1/s] oder [Hz]. Da sich die Frequenz auf die Basiseinheit der Zeit bezieht, gilt auch hier die relative Messunsicherheit von 10⁻¹⁴. Sie ist damit eine zur Zeit gleichwertige Messgröße.

Vom physikalischen Standpunkt aus können alle periodisch wiederkehrenden Ereignisse als Frequenz bezeichnet werden. In der Praxis wendet man den Begriff der Frequenz nur auf *periodische Schwingungen* an – beispielsweise von Oszillatoren mit digitalem oder analogem Ausgangssignal. Bei anderen periodischen Signalen, welche sich auch auf die Zeit beziehen, werden oft andere Begriffe verwendet, wie beispielsweise:

- *Baud: Bit je Sekunde* in einem digitalen Datenstrom (Baudrate serielles Interface).
- *SPS* (Samples per Second): Anzahl der Abtastungen von Werten je Sekunde in der Messtechnik (Abtastrate, Samplerate).
- *U/min*: Drehzahl in Umdrehungen pro Minute (auch als 1/min).
- *Bit/s*: Datenübertragungsrate in der Digitaltechnik.

*Messprinzipien*

Die Frequenz kann man nur durch das *Zählen der Perioden* (Anzahl von Schwingungen) in einer *vorgegebenen Zeit* bestimmen. Dabei kann es erforderlich sein, das Signal durch Filterung und/oder Triggerung aufzubereiten. Die damit diskret heraus gestellten Ereignisse werden innerhalb einer definierten Zeit – z. B. 1 Sekunde – gezählt. Die dafür erforderliche Referenzzeit wird durch Teilung aus der Frequenz eines Schwingquarzes gewonnen. Wie anschließend an der Fehlerbetrachtung gezeigt wird, ist es wichtig, die Messzeit so zu wählen, dass während der Messung eine große Zahl von Ereignissen erfasst wird.

*Messanordnungen zur Frequenz- und Zeitmessung*

Bild 5.2-1 zeigt das Prinzip einer Frequenzmessung.

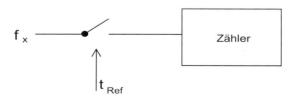

**Bild 5.2-1**
Grundprinzip der Frequenzmessung

Die mit der Frequenz $f_x$ anliegenden Impulse werden durch Schließen des Schalters für eine definierte Zeitspanne $\Delta t$ mit dem Zähler erfasst. Das Ergebnis ist eine Impulszahl pro Zeit. Es erfolgt damit die Bestimmung von $\Delta N$ in einer vorgegebenen Zeit $\Delta t$ ($f = \Delta N/\Delta t$).

Tauscht man die Bezugsgröße und zählt die Impulse einer bekannten Frequenz für eine unbekannte Zeit, so erhält man eine Zeitmessung. Man erfasst dabei die Anzahl der Periodendauern, d. h. die Frequenz während der Schließzeit $\Delta t$ des Schalters (Bild 5.2-2).

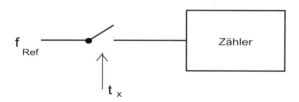

**Bild 5.2-2**
Grundprinzip der Zeitmessung

## 5.2 Frequenz

Aus diesen Anordnungen lässt sich die Messung eines Frequenzverhältnisses einfach ableiten, da die Frequenzmessung im Grunde eine Verhältnisbestimmung ist. Es wurde beschrieben, dass die *Torzeit* durch Teilung der Frequenz eines Referenzgenerators gewonnen wird. Da der Zähler nur ganzzahlige Ereignisse darstellen kann, müssen die beiden Frequenzen weit genug auseinander liegen, was durch Teilung der tor-steuernden Frequenz erreicht wird. Das sich damit ergebende Schalt-Schema zeigt Bild 5.2-3.

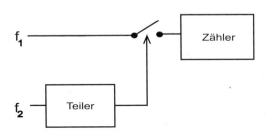

**Bild 5.2-3**
Grundprinzip der Frequenz-Verhältnis-Messung

### Messfehler zeitdiskreter Messungen

Da bei der Frequenzmessung zwischen den beiden Eingangssignalen kein zeitlicher Zusammenhang besteht, kann das Messergebnis um +/−1 schwanken. Die Ursache ist die zufällige Lage der Signalflanken zueinander. Wie Bild 5.2-4 zeigt, kann je nach Lage der Torzeit ein Impuls mehr oder weniger erfasst werden. Da nicht bekannt ist, welcher der beiden Fälle bei der konkreten Messung eingetreten ist, rechnet man mit einer Abweichung in beide Richtungen. Dieser immer auftretende Fehler wird als *digitaler Restfehler* bezeichnet. Da er immer mit dem Wert von +/−1 bezogen auf die Gesamtanzahl der gemessenen Ereignisse auftritt, sinkt er mit der steigenden Anzahl von gemessenen Impulsen. Er wird dargestellt durch das Verhältnis dieses Fehlimpulses zur Gesamtzahl der Impulse.

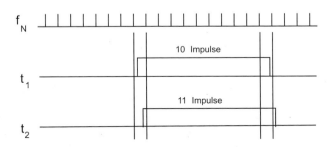

**Bild 5.2-4**
Darstellung des digitalen Restfehlers

Der gesamte relative Fehler $F_{rel}$ einer Zeit- oder Frequenzmessung setzt sich damit aus dem *Fehler der Normalfrequenz* $f_{rel}$ und dem digitalen Restfehler zusammen. Da diese nicht korrelieren, erfolgt ihre Addition quadratisch. Dabei sinkt die Wirkung des digitalen Restfehlers mit wachsendem Messwert, so dass er mit dem Reziprok des Messwertes angesetzt wird. Es gilt also:

$$F_{rel} = \sqrt{\frac{1}{Messwert^2} + F_{rel}(f_{ref})^2} \:. \tag{5.2.1}$$

Mit dieser Fehlerbetrachtung lässt sich auch der Punkt bestimmen, an dem man von der Frequenzmessung auf die Periodendauermessung umschalten sollte, da der Messwert für die Frequenz zu klein und dadurch der Fehlereinfluss zu groß wird.

Für die in der Praxis üblichen *Frequenznormale* werden Quarze eingesetzt. Bei diesen kann man von etwa den folgenden Genauigkeiten ausgehen:

| | |
|---|---|
| Uhrenquarz | $10^{-4}$ bis $2\cdot 10^{-5}$ |
| ausgesuchte Quarze | bis $5\cdot 10^{-6}$ |
| Quarz und Oszillator temperaturstabilisiert | bis $10^{-8}$ |
| Quarznormale | $10^{-9}$ bis $10^{-11}$ |

*Messanordnungen*

In der Praxis werden diese Messaufgaben mit Zählern gelöst, welche als Geräte angeboten werden. Da sie über standardmäßige Schnittstellen verfügen, können sie in Messanordnungen jederzeit integriert werden. Sie verfügen mindestens über die Grundfunktionen der Frequenz- und Zeitmessung und bieten die Möglichkeit der *Ereigniszählung* – was einer Messzeit von unendlich entspricht. Die im Gerät enthaltene hochgenaue Referenzfrequenz sollte zum Anzeigeumfang passen, das heißt ein Gerät mit 7-stelliger Anzeige sollte in der Referenzfrequenz mindestens eine Genauigkeit von $10^{-8}$ aufweisen.

Bei komfortablen Systemen besteht durch einen zusätzlichen Eingang auch die Möglichkeit, weitere Messaufgaben zu lösen. Dazu zählen die *Frequenzverhältnismessung* und die in den folgenden Abschnitten beschriebenen Funktionen der *Impuls- und Phasenmessung*.

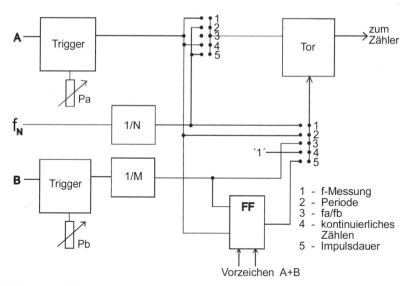

**Bild 5.2-5** Blockschaltbild einer Steuerung für Digitalzähler

Bild 5.2-5 zeigt die Schaltung einer einfachen Zählersteuerung. Sie lässt die Messung von Frequenz, Periodendauer, Impulslänge und das Zählen von Ereignissen zu. Da die Eingangssignale in der Praxis selten Rechtecksignale sind, ist eine Triggerung, das heißt die Umwandlung in ein Rechtecksignal, erforderlich. Über die Potenziometer erfolgt dabei die Einstellung der Triggerschwelle. In Schalterstellung 1 entspricht die Messanordnung dem Bild 5.1-1. Die bereitgestellte Normalfrequenz wird mit dem Teiler 1/N geteilt, so dass sich beispielsweise eine Torzeit von 1s ergibt. Dem Eingang A wird das Mess-Signal zugeführt, dessen Periodenanzahl erfasst wird. Das angezeigte Ergebnis entspricht damit der Frequenz des Mess-Signals in [Hz].

## 5.2 Frequenz

Die Schalterstellung 2 ergibt eine Zeit- oder Periodendauermessung entsprechend Bild 5.2-2. Die Normalfrequenz wird dazu wenig oder nicht geteilt und beispielsweise mit 1 MHz auf den Zähleingang gelegt. Das Mess-Signal von Eingang A öffnet mit der steigenden Flanke das Tor zum Zähler und schließt dieses mit der folgenden steigenden Flanke. Als Ergebnis steht in der Anzeige die Anzahl von µs (1/1 MHz), in denen das Tor geöffnet war, was in diesem Fall der Periodendauer des Eingangssignals entspricht. Für die Messung von Impulsdauern muss die Kombination der auslösenden Flanken in der Torsteuerung variiert werden (z. B. von steigender bis fallender Flanke).

Bei Schalterstellung 3 wird das Verhältnis von Frequenz A zu Frequenz B gebildet. Um einen ausreichenden Anzeigewert zu erhalten, wird der Pfad B mit einem Teiler 1/M herabgesetzt. Die Schaltung entspricht damit Bild 5.2-3.

In Schalterstellung 4 wird das Tor permanent offen gehalten, was dem Zählen von periodischen oder nicht periodischen Ereignissen dient.

Die Schalterstellung 5 entspricht technisch der Stellung 2. Es bestehen aber getrennte Eingänge für das Öffnen und Schließen der Torschaltung. Damit können durch Kombination der Triggerpolarität und der Schaltschwellen (Pegel Pa und Pb) weitere Werte wie Phase, Laufzeit, Flankenanstiegszeit und Impulsdauer für „low" und „high" bestimmt werden.

Bild 5.2-6 zeigt die Front eines Zählers. Es handelt sich hier um eine einfache Ausführung ohne den Kanal B. Damit sind keine Frequenzverhältnismessungen durchführbar.

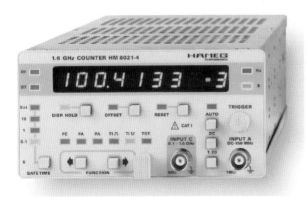

**Bild 5.2-6**
Digitalzähler (Werkfoto: HAMEG)

Eine Alternative zum Zähler ist der Einsatz von *Mikrocontrollern* zur Frequenz- und Zeitmessung. Diese enthalten allgemein eine *Capture-Einheit,* welche über eine geringere Auflösung verfügt und nicht den Komfort der Signalaufbereitung bietet. Sie bilden die Schaltung eines Zählers für Frequenzmessung nach. Es werden als Referenzfrequenz Ableitungen aus dem Quarz des Controllers genutzt, wodurch diese nicht dekadisch geteilt ist. Ihr Einsatz bietet sich vor allem als preiswerte Alternative bei kleinen Auflösungen und definierten Erwartungswerten an.

Bis jetzt wurde nur die digitale Messung der Frequenz abgehandelt. Es existieren aber auch klassische analoge Methoden dafür. Eine einfache analoge Schaltung ergibt sich, wenn mit dem Mess-Signal ein *Monoflop* getriggert wird. Ein Monoflop reagiert auf eine Signalflanke und generiert daraus einen Impuls definierter Länge. Dieser Impuls muss dabei sehr kurz gegenüber der größten zu erwartenden Periodendauer sein und kürzer als die kleinste zu erwartende Periodendauer. Es ergeben sich Impulsfolgen am Ausgang Q, deren Abstand mit der Periodendauer variiert. Die Integration dieser Folge durch den ohmschen Widerstand *R* und die Kapazität *C* ergibt dann eine Ausgangsspannung, welche proportional zur Frequenz ist – es wurde eine *Frequenz-Spannungs-Wandlung* ausgeführt (Bild 5.2-7).

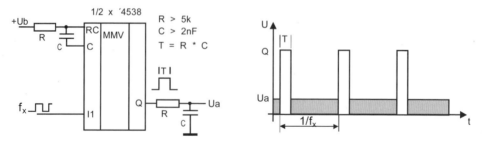

**Bild 5.2-7** Frequenzmessung durch Frequenz-Spannungs-Wandlung

Der Nachteil dieser Anordnung ist ihre geringe Genauigkeit in der Größenordnung von 10 Bit. Sie verschlechtert sich durch die Impulsbreite zudem in Richtung hoher Messfrequenzen. Ihr Einsatz bietet sich daher im Bereich der Niederfrequenz an.

Ein altes analoges Verfahren mit guter Genauigkeit ist die Messung der *Schwebung*. Dabei erfolgt die Subtraktion der Messgröße von einer Referenzfrequenz mittels Mischer. Durch Abstimmung der Referenz wird das Ergebnis zu Null eingestellt, womit die Messgröße gleich der Referenzfrequenz ist. Die dafür erforderlichen geeichten Generatoren lassen sich mit moderner Technik gut realisieren. Seit einigen Jahren werden Generatoren auf der Basis von *DDS-Schaltkreisen* (*direct digital synthesis*) angeboten, welche die Erzeugung von Sinusschwingungen mit Schrittweiten im mHz-Bereich erlauben. Da die Schwingungserzeugung auf einer Quarzreferenz aufbaut, erreichen sie eine *hohe Genauigkeit* und *Stabilität*. Beispiele zu diesen Schaltkreisen findet man unter www.analog.com. Ein Beispiel ist der AD9833, dessen Blockschaltbild in Bild 5.2-8 gezeigt wird.

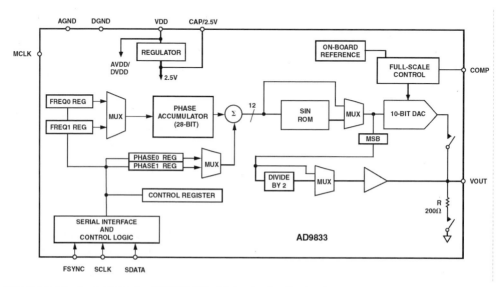

**Bild 5.2-8** Blockschaltbild der AD9833 (Werkfoto: Analog Devices)

In dem in Bild 5.2-8 gezeigten funktional kleinen *DDS-System* sind in der waagerechten Mittelachse deutlich die Hauptkomponenten zu erkennen. Sie bestehen aus dem *Phasenakkumulator*, welcher aus einem großen *Adder* besteht. Zu dessen Inhalt wird der Frequenzschritt FREQ0 addiert, woraus sich die nächste Stützstelle in der Sinusinterpolation ergibt. Die oberen 12 Bit des Akkumulators werden dem Sinusgenerator übermittelt, welcher den DA-Wandler ansteuert. Die Ausgangsfrequenz ergibt sich dabei zu:

$$F_{out} = \frac{MCLK \cdot FREQ0}{2^{28}}.$$

Der Wert von FREQ0 muss dabei kleiner als $2^{27}$ sein, da auch hier das *Abtasttheorem* gilt.

## 5.3 Pulsbreite

*Definition*

Als *Pulsbreite* $P_W$ wird das Verhältnis von Dauer des High-Teils einer Rechteckschwingung $t_{Puls}$ zur Periodendauer $t_{Periode}$ bezeichnet (Bild 5.3-1). Sie ist das Verhältnis von zwei Zeitgrößen und ist daher dimensionslos. Es gilt:

$$P_W = \frac{t_{Puls}}{t_{Periode}}.$$

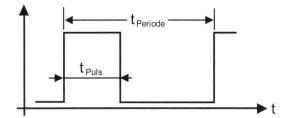

**Bild 5.3-1**
Definition der Impulsbreite

Das Ergebnis bewegt sich im Bereich von $P_W = [0, 1]$.

In der Prozesstechnik ist sie unter dem Begriff der *PWM* (*Puls-Weiten-Modulation*) häufig anzutreffen, da sie eine Reihe von Vorteilen in der Signalübertragung bringt:

- als digitales Signal lässt sie sich *gut* am *Empfangsort* rekonstruieren;
- man benötigt *keine Referenzgröße* am Empfangsort, da es sich um eine Verhältnisgröße handelt;
- die in der *Pulsbreite* hinterlegte Information lässt sich sowohl *digital* als Zeitinformation als auch *analog* durch Integration des Signals entnehmen.

*Messprinzipien*

Die Pulsbreite lässt sich mit analogen und digitalen Methoden auswerten.

*Analoge Auswertung*

Das PWM-Signal wird zur Demodulation einem Tiefpass zugeführt. Im Ergebnis erhält man den Mittelwert der Puls-Flächen, bezogen auf die Periodendauer (Bild 5.3-2).

$$U_a = U_{Puls} \cdot \frac{t_{Puls}}{t_{Periode}}.$$

$U_a$: Ausgangsspannung nach der Integration
$U_{Puls}$: Signalamplitude des Rechtecksignals
$t_{Puls}$: Zeitdauer des Impulses
$t_{Periode}$: Periodendauer des Rechtecksignals

Gleiches gilt für den Strom als Übertragungsgröße. Für die Messung kann dabei das Signal verstärkt und begrenzt werden, da die Amplitude keine Information trägt.

*Digitale Auswertung*

Bei der digitalen Messung werden eine *Impulsdauermessung* und eine *Periodendauermessung* durchgeführt (Abschnitt 5.2). Diese beiden Werte ergeben bei Division das *Impulsverhältnis*. Wenn die Periodendauer hinreichend stabil ist, kann auf deren Messung verzichtet werden. Diese Messungen können mit einem Frequenzzähler oder mit der Capture-Einheit eines Mikrocontrollers durchgeführt werden.

*Messanordnungen*

Die analoge Variante der Pulsweitenmessung zeigt Bild 5.3-2. Das Mess-Signal wird dazu auf einen festen Pegel gebracht, indem es getriggert wird oder die Umschaltung zwischen einer Referenzspannung $U$ und einer Bezugsspannung (Masse) vornimmt. Die Amplitude des Mess-Signals spielt dadurch keine Rolle mehr. Durch die Integration der Impulsfolge erhält man eine zur Pulsbreite proportionale Ausgangsspannung, welche sich zwischen 0 V und der angelegten Referenzspannung bewegt.

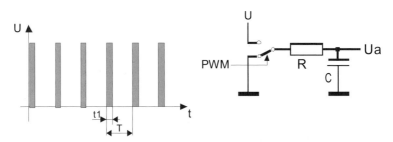

**Bild 5.3-2** Grundprinzip der Pulsweitenmessung

Bei der digitalen Auswertung eines PWM-Signales erfolgen zwei Zeitmessungen: die der *Pulsbreite* und die der *Periodendauer* des Mess-Signals. Soll die Doppelmessung und Verrechnung entfallen, dann kann man die Messung auf eine Zeitverhältnismessung zurückführen. Dafür wird der Impuls selbst zur Toröffnung an einem Digitalzähler verwendet. Die Impulse der Zeitbasis werden aus der Periodendauer des Mess-Signals mittels einer PLL (*Phase Locked Loop*) gewonnen. Bei der in Bild 5.3-3 gezeigten Anordnung ergäbe sich dann eine Anzeige in Prozent.

Da in diesem Fall die Referenzfrequenz und das Mess-Signal phasenstarr gekoppelt sind, tritt der digitale Restfehler hier nicht auf.

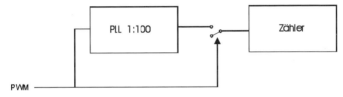

**Bild 5.3-3** Referenzbildung durch eine PLL-Stufe

## 5.4 Phase, Laufzeit und Lichtlaufzeit

*Definition*

Die *Phase* und die *Laufzeit* beschreiben den *zeitlichen Versatz* eines Signals $U_2$ gegenüber einem Referenzsignal $U_1$ (Bild 5.4-1).

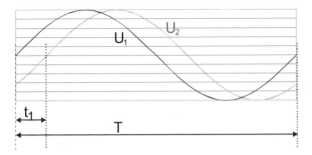

**Bild 5.4-1** Phasenversatz periodischer Signale

Von einer *Phasenverschiebung* spricht man bei *periodischen harmonischen Schwingungen*. Hergeleitet von der Kreisfrequenz $\omega = 2\pi f$ erfolgt die Angabe in Grad oder im Verhältnis zu $\pi$, wobei $2\pi = 360°$ entsprechen. Der Begriff der *Laufzeit* wird angewandt, wenn es sich um *Signale* handelt, die *nicht sinusförmig* sind oder die Zeit einer *Periode überschreiten*. Als Maßeinheit wird die Zeit verwendet.

*Messprinzipien*

Die Phase kann durch den Einsatz von Zählern mit zwei getrennten Eingängen für Start und Stopp bestimmt werden. Hierfür muss die Periodendauer bekannt sein oder ebenfalls gemessen werden. Bei der Laufzeit wird nur der *Signalversatz* bestimmt. Die Messanordnungen entsprechen denen in Abschnitt 5.3.

Ebenfalls bedeutend ist der Einsatz von *Oszilloskopen* (Bild 5.5-9), die eine visuelle Darstellung der Signalverläufe ermöglichen. Bei modernen digitalen Geräten können alle dabei ermittelten Parameter auch numerisch abgefragt werden. Die Messmöglichkeiten von Oszilloskopen werden im Abschnitt 5.5 ausführlich behandelt.

Ein spezieller Weg ist der Einsatz von Schaltkreisen zur Zeitmessung mit Auflösungen im Bereich bis 20 ps, wie sie von ACAM (www.acam.de) angeboten werden. Bild 5.4-2 zeigt eine Variante zur Messung von sehr kurzen Zeiten. Die Laufzeit von Logikgattern lässt sich definiert einstellen und liegt im Bereich um 700 ps. Für die *relative Laufzeitmessung* nutzt man zwei Ketten von Gattern mit unterschiedlicher Laufzeit.

Man nimmt für die Funktionsdarstellung der „Start"-Kette eine Laufzeit von 700 ps je Gatter an und bei der „Stopp"-Kette eine von 690 ps. Wird an „Start" eine 0-1-Flanke angelegt, so pflanzt sich diese mit der Laufzeit von 700 ps von Eingang zu Eingang fort. Wird um den Messwert verzögert, dieser 0-1-Übergang auch an der „Stopp"-Kette angelegt, dann werden, um die Laufzeit versetzt, die inzwischen anliegenden „1-sen" an den Flipflops übernommen. An der Stelle, wo die untere Kette die oberen durch ihre geringere Laufzeit eingeholt hat, werden keine 1-Werte eingespeichert, sondern nur noch die 0-Zustände. Aus der Position dieses Schnittpunktes und den bekannten Laufzeiten kann dann auf die *Zeitdifferenz* zwischen Start und Stopp geschlossen werden – sie ergibt sich zu Position · Laufzeitdifferenz der Gatter.

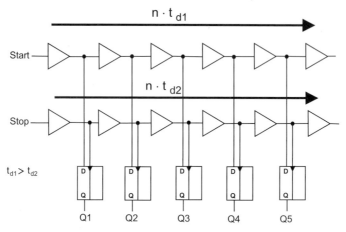

**Bild 5.4-2** Prinzip des relativen Time Delay Converter (TDC)

*Messanordnungen*

Ein weiterer einfacher Weg der Phasenmessung ist die Erzeugung eines PWM-Signals aus dem Phasenversatz, welches einfach analog auswertbar ist. Dies ist jedoch nur bei periodischen Signalen sinnvoll (Bild 5.4-3).

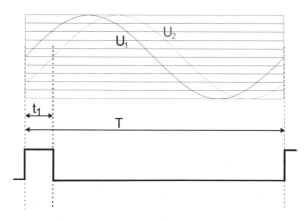

**Bild 5.4-3** Ableitung eines PWM-Signals aus einem Phasenversatz

## 5.4 Phase, Laufzeit und Lichtlaufzeit

Für die zu erfassenden Signale werden aus den positiven Nulldurchgängen Triggerimpulse abgeleitet. Der erste Impuls (von $U_1$) schaltet dann ein Ausgangssignal zu, welcher durch den Impuls aus $U_2$ wieder rückgesetzt wird. Da sich dieser Vorgang mit der Periode T wiederholt, erhält man eine Ausgangsimpulsfolge, deren Länge vom Phasenversatz abhängig ist. Wird dieser Impuls durch einen Tiefpass gefiltert (integriert), erhält man ein Ausgangssignal, welches proportional zum Phasenversatz ist (Abschnitt 5.3).

### *Lichtlaufzeit*

Die Lichtlaufzeit stellt auf Grund ihrer physikalischen Eigenschaften ein gesondertes Gebiet dar. Das Licht breitet sich im Vakuum und in gasförmigen Medien mit der Lichtgeschwindigkeit c aus. Es gilt:

$$c = 2{,}99792458 \cdot 10^8 \text{ m/s} \quad \text{(rund } 300.000.000 \text{ m/s)}.$$

Diese Unabhängigkeit der Ausbreitung in diesen Medien ermöglicht den Einsatz von Licht zur *Entfernungsmessung*. Es soll hier auf drei technisch gängige Verfahren kurz eingegangen werden:

1. die *direkte* Laufzeitmessung durch Zeitmessung,
2. die Laufzeitmessung durch *Impulsintegration* und
3. die Laufzeitmessung mit *moduliertem Licht* (Phasenmessung).

Es sei hier daran erinnert, dass sich Elektronen in Leitern ebenfalls mit Lichtgeschwindigkeit bewegen. Bei Messungen in diesen physikalischen Bereichen sind bei allen Anordnungen die Laufzeiten innerhalb der Schaltungen und Komponenten bereits von Bedeutung.

### *Direkte Lichtlaufzeitmessung*

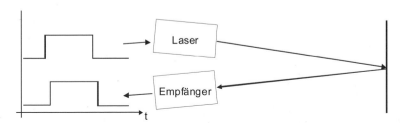

**Bild 5.4-4** Direkte Laufzeitmessung

Bei der direkten Messung wird ein *Lichtpuls* ausgesandt, z. B. mit Laser, dessen *reflektierter Strahl* mit einem Sensor empfangen wird (Bild 5.4-4).

Einige Zahlen sollen die Realisierbarkeit zeigen: Man erkennt sehr schnell, dass sich bei *kleinen Entfernungen sehr kleine Zeiten* ergeben. Als Beispiel: Ein Weg von 30 cm wird in nur 1 ns zurückgelegt. Mit dem Schaltkreis TDC-GP2 von ACAM (www.acam.de) können Zeitmessungen im Bereich von 3,5 ns bis 1,8 µs bei einer Schrittweite von 65 ps durchgeführt werden. Das entspricht einem Objektabstand von 52,5 cm bis 270 m bei einer Auflösung von etwa 1 cm. Das zeigt, dass mit den verfügbaren technischen Mitteln eine gute Auflösung möglich ist.

## *Laufzeitmessung durch Impulsintegration*

Eine Methode, die im Zusammenhang mit Bildsensoren eingesetzt wird, ist die *Abstandsmessung* durch die *Integration* von *Lichtimpulsen* (Bild 5.4-5 und Bild 5.4-6). Von der Lichtquelle wird ein Impuls zum Objekt gesendet und gleichzeitig im Bildsensor die Integration, d. h. die Belichtungszeit, gestartet. Mit dem Eintreffen des reflektierten Lichtes beginnt die Integration des Signals. Im Fall des weiter entfernten Objekts 2 verzögert sich dieser Vorgang um die längere Laufzeit, was am Ende der Integrationszeit zu einer geringeren Ausgangsspannung führt. Die *Ausgangsspannung* ist damit *umgekehrt proportional* zur *Entfernung* des Objektes.

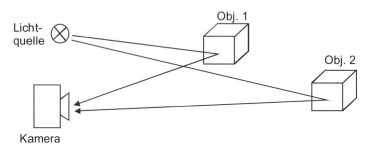

**Bild 5.4-5** Lichtlaufzeitmessung durch Pulsintegration

In Bild 5.4-6 wird der Verlauf der Spannungen auf den *Pixeln* der Kamera gezeigt, wobei die Grundhelligkeit hierbei vernachlässigt wird. Mit dem Beginn der Belichtung wird die zusätzliche Lichtquelle eingeschaltet. Da aber das Licht einen Weg zurück zu legen hat, trifft die Reflexion von Objekt 1 kurz nach dem Beginn der Belichtungszeit ein und wird im Sensor integriert. Die Reflexion von Objekt 2 trifft später ein, womit sich bis zum Ende der Belichtung nur eine geringere Ladung ansammeln kann. Die reflektierten Lichtstrahlen haben eine „Nachlaufzeit", welche bei der Messung nicht berücksichtigt wird.

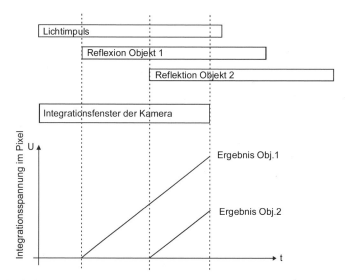

**Bild 5.4-6** Lichtlaufzeitmessung durch Pulsintegration

## 5.4 Phase, Laufzeit und Lichtlaufzeit

Für die praktischen Anwendungen setzt sich eine Messung aus mehreren Teilmessungen zusammen, um Toleranzen zu kompensieren und die Hintergrundbeleuchtung heraus zu rechnen. In einer ersten Messung wird ein Bild ohne den Lichtimpuls aufgenommen. Man erhält dabei ein normales Kamerabild. Bei einer unmittelbar folgenden zweiten Belichtung kommt der Lichtimpuls hinzu, wobei die Helligkeitsänderungen in den einzelnen Pixeln zur Entfernung des Objektes proportional sind. Man erhält damit außer der visuellen Information auch die über die *räumliche Verteilung* der Objekte und deren Bewegung im Raum. Dies ist beispielsweise bedeutend im Bereich der Sicherheitstechnik.

**Bild 5.4-7**
Entfernungsmesser mit Lichtlaufzeitmessung
(Werkfoto: Pepperl+Fuchs)

In Bild 5.4-7 wird ein solcher Sensor gezeigt. Dieser ist mit den Abmessungen von etwa 100 mm × 140 mm × 170 mm verhältnismäßig groß.

### *Laufzeitmessung mit moduliertem Licht*

Bei der *Impulsintegration* handelt es sich um ein *diskontinuierliches Messverfahren*, bei dem moduliertes Licht *kontinuierlich* gemessen wird. Dabei wird in einer Anordnung wie in Bild 5.4-4 die Lichtquelle mit einem Sinussignal moduliert. Der Empfänger nimmt dieses Signal um die Laufzeit versetzt auf, wobei sich die Laufzeit als Phasenversatz gegenüber dem Sendesignal äußert.

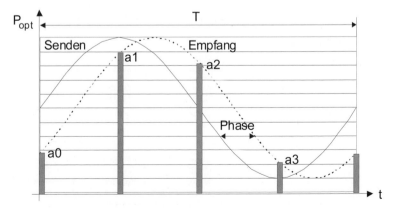

**Bild 5.4-8** Lichtlaufzeitmessung mit moduliertem Licht

Bild 5.4-8 zeigt diesen Vorgang. Der Verlauf „Senden" entspricht der Ansteuerung der Laserdiode. In Bezug zu diesem Signal werden die Abtastpunkte für den Empfangskanal definiert – hier bei 0°, 90°, 180° und 270°. Zu diesen Zeitpunkten erfolgt die Messung der Amplitude auf den Empfangskanal (Verlauf „Empfang"). Mittels einer *diskreten Fouriertransformation* lässt sich aus vier Abtastpunkten innerhalb einer Periode die Phase $\varphi$ bestimmen. Sie ergibt sich aus den Amplituden $a_0$, $a_1$, $a_2$ und $a_3$ zu:

$$\varphi = \arctan\left(\frac{a_0 - a_2}{a_1 - a_3}\right).$$

Die Entfernung $d$ des Objektes wird dann aus der Modulationsfrequenz $f_{mod}$, und damit der Periodendauer der Modulation, sowie der Phasenverschiebung $\varphi$ berechnet:

$$d = \frac{c \cdot \varphi}{4\pi f_{mod}} \quad \text{mit der maximalen Distanz von} \quad d_{max} < \frac{c}{2 f_{mod}}$$

mit der Lichtgeschwindigkeit c im verwendeten Medium.

Bei einer typischen Modulationsfrequenz von 20 MHz ergibt sich somit eine maximale Distanz von 15 m. Bei einer Auflösung der Phasenmessung von 1° wird dann eine Entfernungsauflösung von etwa 4 cm erreicht.

## 5.5 Visuelle Darstellung von Messgrößen

Bei allen über die Zeit veränderlichen Messgrößen besteht das Ziel, nicht nur deren Kennwerte zu erfassen, sondern auch deren *zeitlichen Verlauf*. Das System muss in der Lage sein, den zeitlichen Verlauf von Strömen und Spannungen zu erfassen und unter gegebenen Bedingungen darzustellen. Um vor allem *Relationen* zwischen Signalen zu sehen, muss die Messung *mehrkanalig* erfolgen.

Dieser Abschnitt befasst sich dabei mit der elektronischen Darstellung von Signalen durch *Oszilloskope*, die auch als *Oszillografen* bezeichnet werden. Der Bereich der *Signalschreiber*, welche ebenfalls eine Darstellung langsamer zeitlicher Signalverläufe erlauben, wird hier ausgeklammert.

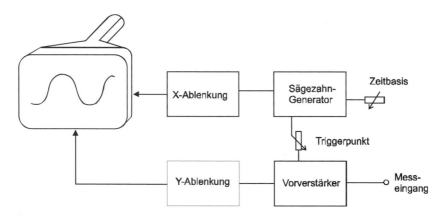

**Bild 5.5-1** Blockschaltbild eines Oszillografen

## Messprinzip

Die technische Grundlage bildet die Ablenkbarkeit von *Elektronenstrahlen* durch *elektromagnetische* und *elektrostatische* Felder (Abschnitt 7.5). Ordnet man zwei derartige Systeme im rechten Winkel zueinander an, so kann der Strahl in X- und Y-Richtung abgelenkt werden. Dabei ordnet man entsprechend der mathematischen Darstellungsweise der *X-Achse* die *Zeitfunktion* und der *Y-Achse* den *Messwert* zu. Da die Ablenkspannungen an der Bildröhre im Bereich von 100 V liegen, sind entsprechende Verstärkungen erforderlich. Bild 5.5-1 zeigt das Blockschaltbild eines Oszillografen.

Der Zweig der Y-Ablenkung kann aus mehreren Eingangsstufen bestehen, die in einem *Multiplexverfahren* sequenziell zur Anzeige gebracht werden.

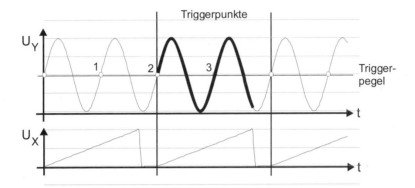

**Bild 5.5-2** Prinzip der Signaltriggerung

Die Auslenkung in X-Richtung erfolgt mittels eines *Sägezahngenerators*. Er ist in seiner Anstiegsgeschwindigkeit einstellbar und erlaubt dadurch die *Veränderung* des *Darstellungszeitraumes*. Da der Bildaufbau ständig wiederholt werden muss, um gut visuell wahrnehmbar zu sein, muss die Zeitablenkung so eingestellt werden, dass die erfassten Kurven exakt übereinander liegen. Dies erreicht man durch eine *Triggerung*, welche die Zeitablenkung an einem definierten Punkt der Kurve startet. Das Triggersignal wirkt dabei nur, wenn der Generator im Stopp steht.

Bild 5.5-2 zeigt das Prinzip der Signaltriggerung. Ein *Triggerimpuls* wird ausgelöst, wenn das Mess-Signal die *einstellbare Triggerschwelle* in einer vorgegebenen Richtung schneidet. Da die X-Ablenkung nur im Stopp-Zustand darauf reagiert, bleibt der Impuls 1 (und 3) ohne Wirkung. Bei Triggerimpuls 2 wird ein neuer Ablenkvorgang gestartet und der fett gezeichnete Teil des Eingangssignals gezeichnet. Die Darstellung endet mit der fallenden Flanke der Ablenkspannung und startet im Beispiel bei jedem geraden Triggerpunkt neu.

Dieses beschriebene Wirkungsprinzip ist die Basis aller Oszillografen, unabhängig von ihrer technischen Ausführung. Bei modernen digitalen Geräten besteht zwar der durchgängige Signalpfad nicht mehr, das Ergebnis ist aber das gleiche.

## Analoge Oszillografen

Die „alten" analogen Geräte haben aus heutiger Sicht eine Reihe von technischen Nachteilen, von denen einige beispielhaft genannt werden:

- ungünstiges Triggerverhalten bei komplexeren Signalen;
- die Darstellung einmaliger Vorgänge ist nahezu unmöglich oder erfordert Spezialgeräte;
- die Bestimmung von Signalparametern ist nicht oder nur mit hohem Aufwand möglich;
- schlechter werdende Bildqualität bei hohen Frequenzen, da die Strahlverweildauer auf der Leuchtschicht zu gering wird;
- selten sind mehr als 2 Kanäle vorhanden, da die Messqualität durch den Strahlmultiplex sinkt. Die Ausnahme bilden hier Bildschreiber für niederfrequente Abläufe, wie z. B. beim EKG.

Ein analoger Oszillograf hat aber einen nicht zu unterschätzenden Vorteil – er zeigt das *wirkliche Signal*. Da der Signalpfad im Oszillografen nur durch seine Grenzfrequenz limitiert wird, wird alles frequenzmäßig darunter Liegende dargestellt. Bei einem digitalen System ist es, bedingt durch die zeitdiskrete Abtastung der Eingangsgröße, nur mit großem Aufwand möglich, beispielsweise Spikes oder hochfrequente Überlagerungen sichtbar zu machen.

*Digital Storage Oscilloscopes (DSOs)*

Digitale Oszillografen sind technisch immer Speicheroszillografen. Sie erreichen die Darstellung durch eine Art offline-Betrieb, die den Signalpfad in die Schritte der Datenerfassung, -verarbeitung und -darstellung teilen (Bild 5.5-3).

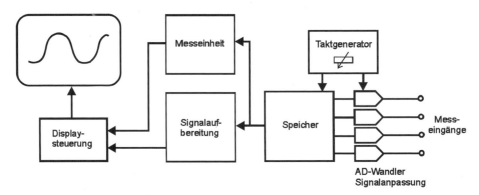

**Bild 5.5-3** Prinzip eines DSOs

Die Messeingänge durchlaufen eine *Pegelanpassung*, bei der Offset und Verstärkung angepasst werden. In den nachfolgenden AD-Wandlerstufen wird das Signal in einen Digitalwert umgesetzt, welcher sequenziell im Speicher abgelegt wird. Die „X-Ablenkung" wird hier durch einen Taktgenerator ersetzt, welcher die Signalerfassung steuert. Die Abtastung erfolgt äquidistant in einem grob gestuften Raster. Die Daten aller Kanäle werden parallel im Speicher abgelegt, wobei Datenmengen im Bereich von Megapoints (Mpt) je Kanal, also Millionen Messpunkte, nicht unüblich sind. Durch dieses Verfahren ist es auch möglich, nachträglich Informationen im Speicher zu suchen und die Einstellungen daraufhin zu optimieren.

Auf den Speicher greifen die beiden Einheiten zur visuellen Darstellung und zur messtechnischen Auswertung zu. Zur Darstellung werden vom Speicher die zusammengehörigen Bereiche aller Kanäle herausgezogen und zur Anzeige gebracht. Dabei kann eine Verdichtung oder Streckung der Daten im Zeitbereich erfolgen. Die Messeinheit wertet den Speicherinhalt numerisch aus, d. h., es werden Zeiten zwischen bestimmten Ereignissen oder die Amplituden von Signalen bestimmt. Diese Funktionen sind oft sehr umfangreich und können beispielsweise umfassen:

- Frequenz
- Periodendauer
- Phase
- Anstiegszeiten
- Impulsdauer

- Amplitude
- Signal-Mittelwert
- Spitzenspannung
- Minimum/Maximum
- RMS (Effektivwert)

- Datenanalyse serieller Datenströme
- Mathematische Beziehungen zwischen den Kanälen
- FFT (Fast Fourier Transformation)

Die Displaysteuerung entspricht der eines Computers. Genau betrachtet ist ein moderner DSO ein *Computer* mit einer *analogen Datenerfassungskarte*. Vor diesem Hintergrund erscheinen alle zusätzlichen Funktionen, wie die Datenausgabe auf Speichermedien, der Druckeranschluss, die Einbindung ins Netzwerk und die Ausgabe aller Mess- und Bilddaten über Schnittstellen als logische Folge.

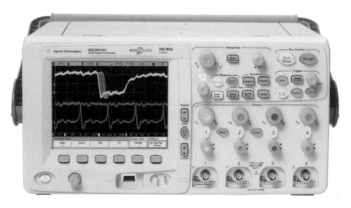

**Bild 5.5-4** Oszilloskop (Werkfoto: Agilent Technologies)

Die Funktionsblöcke eines DSO (bzw. MSO) zeigen sich deutlich am Gerät (Bild 5.5-4). Im rechten unteren Teil befinden sich die Eingangsstufen, welche die Einstellung von Offset und Verstärkung ermöglichen. Darüber befindet die Triggereinstellung (rechts) und die Auswahl von unterschiedlichen Zusatzfunktionen, wie Speicherung der Bilddaten, der Aufruf von Messfunktionen und die Auswahl von Betriebsmodi. Die Auswahl der „Ablenkfrequenz" erfolgt nur noch über einen Knopf. Auf der linken Seite befindet sich die Bilddarstellung. Diese, einschließlich der Messfunktionen, wird über die 6 Tasten gesteuert, welche abhängig vom Bildinhalt belegt werden.

Durch diesen technologischen Schritt ist es möglich geworden, ein Oszilloskop als normales Messgerät in die Signal- und Verarbeitungskette mit auf zu nehmen.

### *Mixed Signal Oscilloscopes (MSOs)*

Das MSO unterscheidet sich vom DSO dadurch, dass zu den analogen Eingängen der Speichereingang direkt verfügbar ist. Es können damit digitale Signale, bei denen nur die zeitliche Zuordnung von Interesse ist, nach Triggerung mit aufgezeichnet werden. Der MSO stellt damit eine Verschmelzung von DSO und *Logicanalyser* dar. Üblich sind hier Kombinationen von 2 oder 4 analogen mit 8 oder 16 digitalen Eingängen.

## Das Sampling-Prinzip

Es ist technisch nicht möglich, mit einem Oszilloskop eine Abtastrate im Bereich von GHz direkt zu realisieren, da die Signallaufzeiten auf einem Board und die Zugriffzeiten von Speicherschaltkreisen das nicht zulassen. Die Zugriffszeit von diskreten Speichern bewegt sich im Bereich von 5 ns. Alle höheren Abtastraten werden durch Integration in Spezialschaltkreisen, zeitgeschachtelten Parallelstrukturen oder durch das *Sampling-Verfahren* erreicht.

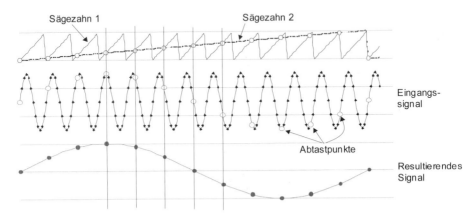

**Bild 5.5-5** Sampling-Prinzip zur Abtastung schneller Signale

Für die Abtastung eines schnellen Signals werden aus zwei überlagerten Sägezahnfunktionen *„wandernde" Triggerpunkte* generiert. Der Sägezahn 1 läuft dabei synchron mit der zu erfassenden Schwingung. Ein zweiter Sägezahn steigt erheblich langsamer – in Bild 5.5-5 mit 1/12tel von Sägezahn 1. Die Schnittpunkte beider Generatoren im steigenden Teil der Flanken lösen die Abtastung aus. Da diese wandern, erfolgt die Abtastung in jeder Periode an einem anderen Punkt des Mess-Signals. Diese ergeben zusammen eine neue Funktion, welche um den Quotienten der Anstiegszeiten der beiden Sägezähne langsamer ist als das Original. In Zahlen bedeutet das für das im Bild gezeigte Beispiel, dass ein Eingangssignal von 1 GHz herabgesetzt wird auf etwa 83 MHz, welches sich gut erfassen und verarbeiten lässt. Wollte man das Signal direkt erfassen, so wären nach dem Abtasttheorem mindestens 2, praktisch eher 5 Abtastungen je Periode erforderlich. Der Nachteil dieser Messmethode ist, dass sie streng periodische Signale voraussetzt. Auch ist die Wahrscheinlichkeit, dass Störungen nicht erfasst werden, hier sehr groß. Diese Methode wird auch genutzt, um beispielsweise *Anstiegszeiten* von Schaltkreisausgängen zu bestimmen.

## Messanordnungen

Im folgenden Teil werden für Messungen mit dem Oszilloskop einige Beispiele angeführt, um einen Einblick in die vielfältigen Möglichkeiten zu geben. Der Umfang der Messfunktionen unterscheidet sich dabei zwischen den Geräten. Die hier aufgeführten Grundfunktionen sind aber auf allen (digitalen) Geräten grundsätzlich vorhanden.

## 5.5 Visuelle Darstellung von Messgrößen

### Spannungs- und Periodendauermessung

Die Messung von Amplituden und Periodendauern ist die einfachste Messung. Diese kann über von Hand positionierte Cursor-Linien oder automatisch erfolgen. Bild 5.5-7 zeigt die verwendete Mess-Schaltung.

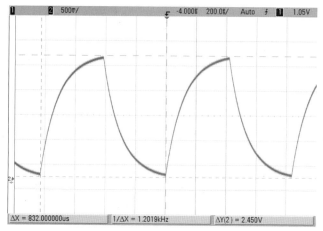

**Bild 5.5-6** Amplituden- und Periodenmessung

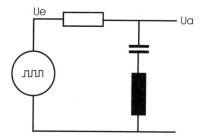

**Bild 5.5-7** Mess-Schaltung

Die Messergebnisse werden in der Fußzeile des Bildes angezeigt. In der Kopfzeile stehen die Einstellwerte des Oszillografen. Von links nach rechts sind das: die *Eingangsempfindlichkeit* der Kanäle, der *Offset* des Triggerpunktes im Bild, die *Ablenkgeschwindigkeit*, der *Triggermode* mit -richtung und die *Triggerschwelle*. Die Eingangsempfindlichkeit und die Ablenkgeschwindigkeit werden dabei auf Rastereinheiten bezogen, welche dem Bild als Gitter hinterlegt ist.

### Messung von Anstiegszeiten

In den Bildern 5.5-8 und 5.5-9 werden die Messung von Anstiegszeiten dargestellt. Auch dies kann von Hand erfolgen, ist aber in der automatischen Form genauer, da die Bestimmung der Messpunkte von 10 % und 90 % der Signalamplitude vom System erfolgt. In Bild 5.5-8 sind die automatisch bestimmten Messpunkte für 10 % und 90 % der Amplitude als waagerechte Strichlinien eingetragen. Die senkrechten Strichlinien stellen die Schnittpunkte des Eingangssignals mit den Amplitudenlinien dar und ergeben damit die Punkte für die Messung der Anstiegszeit. Die Ergebnisse werden in der Fußzeile für die steigende und fallende Flanke ausgegeben.

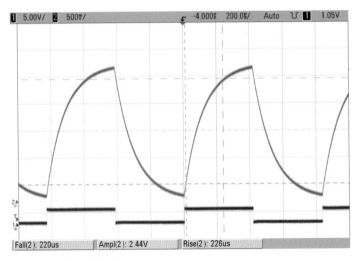

**Bild 5.5-8** Anstiegszeiten eines Signals

In Bild 5.5-9 ist die Möglichkeit des *Zooms* gezeigt. Auf Grund der großen Speichertiefe kann in das Signal in normaler Darstellung (oben) hinein gezoomt werden. Der oben schwarz gerahmte Ausschnitt wird unten auf die ganze Bildbreite gespreizt, so dass sehr gute Detailauflösungen erzielt werden. Hier wurde die durch die Induktivität verursachte Nadel hervorgehoben und vermessen.

In Bild 5.5-9 ist der gleiche Vorgang wie in Bild 5.5-8 dargestellt. Die zeitliche Auflösung wurde hier von 200 µs/Raster auf 100 µs/Raster gesenkt. Der am Umschaltpunkt von Laden und Entladen bestehende Nadelimpuls ist im Bild nicht zu erkennen. Erst durch die Spreizung der gespeicherten Daten wird dieser sichtbar und kann vermessen werden. Er ist mit 80 ns für die fallende Flanke um mehrere Größenordnungen kürzer als die eigentlichen Anstiegszeiten des Signals.

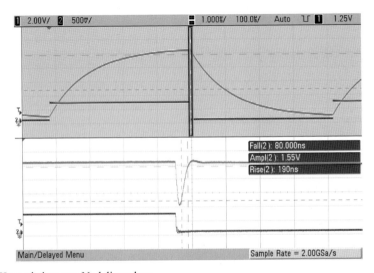

**Bild 5.5-9** Hervorheben von Nadelimpulsen

## 5.5 Visuelle Darstellung von Messgrößen

*Messung von Phasen*

Für die Messung von Phasenverschiebungen gibt es zwei Methoden:
1. die Vermessung von *Zeitversätzen* zwischen zwei Messkanälen und
2. die Erzeugung von *Lissajous-Figuren*.

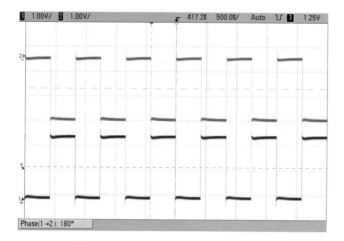

**Bild 5.5-10**
Phasenmessung

Die Phasenmessung kann wie in Bild 5.5-10 ebenfalls durch das Gerät erfolgen. Das Benutzen der Handeinstellung ist notwendig, wenn Laufzeiten in nicht periodischen Signalen bestimmt werden sollen. Sie erfolgt immer als Bezug zwischen zwei Kanälen. In Bild 5.5-10 wird zwischen den steigenden Flanken von Signal 1 und 2 gemessen. In diesem Fall der Signalinvertierung sind das 180° Phasenversatz.

Der andere Weg ist die Erzeugung von *Lissajous-Figuren* – so genannten *Schwebungsbildern*. Sie entstehen, wenn der Oszillograf in X und Y getrennt mit harmonischen Schwingungen angesteuert wird. Wenn die beiden Eingangssignale in einem *festen Frequenzverhältnis* zu einander stehen, ergeben sich stehende Kurvenbilder, deren Form von der Phasenlage der beiden Signale bestimmt wird. Eine Auswahl für das Frequenzverhältnis 1 : x zeigt Bild 5.5-11.

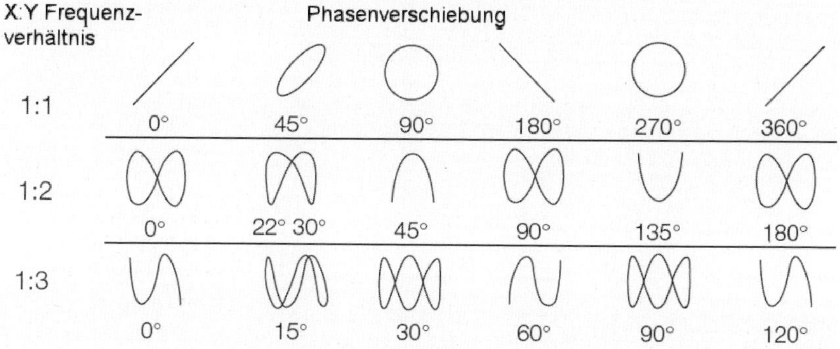

**Bild 5.5-11** Lissajous-Figuren für das Frequenzverhältnis 1 : x

Es sind auch andere Frequenzverhältnisse möglich, wie z. B. 2 : 3 oder 3 : 4, wodurch die Figuren zunehmend komplizierter werden. Wenn die Frequenzen nicht ganz exakt zueinander stehen, erhält man eine *wandernde Phasenverschiebung*, wodurch sich die Figuren bewegen. Auf diese Weise kann man Systeme durch Abgleich auf ein stehendes Bild einstellen.

Diese Bilder können auch durch Spiegelsysteme mit Servoansteuerung und Laserlicht erzeugt werden, was im Bereich der *Veranstaltungstechnik* auch erfolgt.

### *Messung von Impulsdauer und Impulsverhältnissen (PWM)*

In den folgenden beiden Bildern 5.5.-12 und 5.5-13 werden unterschiedliche Ansätze für die Messung gezeigt. Beide Geräte erlauben die Messung von Impulsbreite und Periodendauer. Aus beiden Werten zusammen kann das Tastverhältnis und damit den PWM-Wert bestimmt werden. In Bild 5.5-12 werden die Periodendauer und die Pulsbreite gemessen. Das System bestimmt dabei die Impulsbreite und die Periodendauer des Signals (rechte Spalte). Aus diesen beiden Werten lässt sich der *PWM-Wert* bestimmen. Durch die Mittelwertbildung (Integration) über das Signal ergibt sich eine resultierende Ausgangsspannung, welche in Relation zur Spitzenspannung zu sehen ist. Wenn man die Werte im Bild nachrechnet, kommt man zu einer Abweichung. Die Ursache ist, dass die Spitzen-Spitzen-Spannung $U_{ss}$ sich aus den Minimal- und Maximalwerten errechnen und die auf dem Signal vorhandenen Störungen mit erfassen. Außerdem geht als Fehler ein, wenn der low-Pegel nicht exakt auf 0 V liegt.

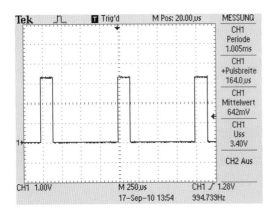

**Bild 5.5-12**
PWM-Bestimmung
über den Mittelwert

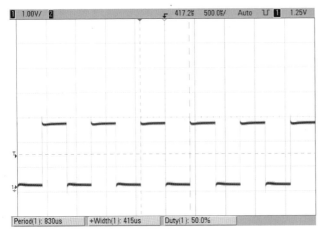

**Bild 5.5-13**
Direkte Auswertung
des PWM-Wertes

Die Bestimmung des PWM-Wertes aus den *Zeitverhältnissen*, wie in Bild 5.5-13 gezeigt, ist der genauere Weg. Hier werden auch beide Zeiten gemessen und daraus das Verhältnis von Impulsbreite zu Periode berechnet.

## 5.6 Drehzahl und Drehwinkel

### *Definition*

Die *Drehzahl n* gibt die Anzahl der Umdrehungen pro Zeiteinheit an. Damit hat sie die gleiche Einheit wie die Frequenz, wird aber in der Praxis zur Unterscheidung von der Frequenz einer Schwingung in [Umdrehung/Minute; Upm] angegeben. Für die Drehzahl gelten grundsätzlich alle in Abschnitt 5.2 angegebenen Mess-Methoden.

### *Messprinzipien*

Bei der Messung einer Drehzahl findet dies meist an einer Welle oder einem Rad statt. Es muss damit technisch eine Erfassung der Anzahl der Drehungen erfolgen, was durch Markierungen auf dieser Welle realisiert wird.

### *Messung durch Ereigniserfassung*

Die Markierung einer Welle zur Drehzahlerfassung kann abhängig von der Anwendung auf unterschiedlichem Weg erfolgen:

- Anbringen von *Markierungen* zur *optischen* Abtastung,
- Einbringen von *magnetisch erfassbaren* Materialien in die oder an der Welle,
- Anbringung von *Lochscheiben* oder *Flügelrädern* zur optischen oder magnetischen Abtastung oder
- Anbringung oder Nutzung von *Zahnrädern*.

Die Ereigniserfassung erfolgt mittels Lichtschranken oder magnetischen Abstandssensoren (Abschnitt 3.1.5 und Abschnitt 3.1.7).

### *Messung durch Positionserfassung*

Soll außer der Drehzahl auch die *Richtung* oder der *Drehwinkel* (Teildrehungen) erfasst werden, so ist ein Bezugspunkt für die Nullposition und eine feinere Auflösung der Drehung mit mehreren Messkanälen erforderlich. Dies kann erfolgen durch:

- *Winkelcodierer*, die auf einer Scheibe über einen binären Positionscode verfügen, der optisch abgetastet wird. Für einfache Anwendungen mit geringer Auflösung kann diese Signalcodierung auch über Schleifkontakte erfolgen.
- Durch *Strichscheiben* und phasenversetzte Abtastung kann eine relative Winkel- und Richtungserfassung erfolgen.

### *Drehzahlbestimmung durch Schwebung (Stroboskop)*

Die Schwebung basiert auf der Subtraktion zweier – nahe liegenden - Frequenzen, die optisch sichtbar gemacht werden. Die sich drehende Welle erhält dafür eine Markierung, z. B. eine Kerbe, welche mit einer frequenzgesteuerten Blitzlampe angeleuchtet wird. Bei *Gleichheit* der *Blitzperiode* und der *Drehung* erscheint die *Markierung stehend* an stabiler Position. Stimmen die beiden Frequenzen nicht überein, so wandert die Markierung optisch mit der *Differenzfrequenz*. Mit dieser Methode können auch Winkelpositionen bestimmt werden, wie es bei der

Einstellung des Zündzeitpunktes beim PKW-Motor erfolgt. Da das Ergebnis der Operation nicht elektrisch vorliegt und damit nicht elektrisch steuerbar ist, hat es an Bedeutung verloren. Ein heute noch üblicher Einsatzfall ist die Drehzahlkontrolle an hochwertigen Plattenspielern (Bild 5.6-1).

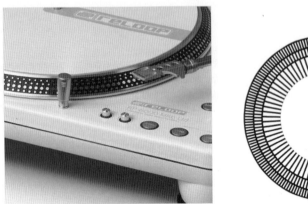
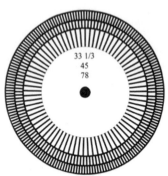

**Bild 5.6-1** Muster für Stroboskop-Messungen der Drehzahl an Plattenspielern (Werkfoto: RELOOP)

## *Messanordnungen*

### *Magnetische und optische Abtastung*

Die Abtastung einer Drehung kann einfach mittels Lichtschranken oder induktiven Abstandssensoren (Abschnitt 3.1.1) erfolgen. Dabei können Abstandsänderungen während der Umdrehung oder Lücken in Komponenten genutzt werden. Bild 5.6-2 zeigt ein Beispiel.

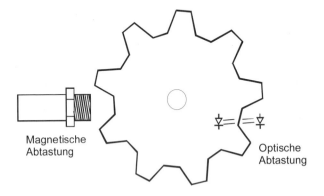

**Bild 5.6-2** Optische und magnetische Abtastung von Drehbewegungen

### *Digitale oder A/B Schnittstelle (Inkrementalgeber)*

Werden an einer Welle mindest zwei phasenversetzte Abtastungen vorgenommen, so kann man aus der *Phasenlage* die *Drehrichtung* bestimmen. Durch eine vorzeichenrichtige Addition der Impulse kann zusätzlich die *Drehposition* ermittelt werden, was auch über mehrere Umdrehungen erfolgen kann. Bild 5.6-3 zeigt die Anordnung und Bild 5.6-4 das dazugehörige Impulsmuster.

## 5.6 Drehzahl und Drehwinkel

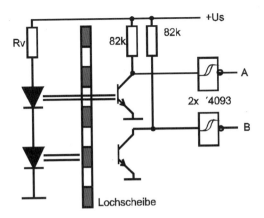

**Bild 5.6-3**
Inkrementaler Aufnehmer

Bei einem Mess-System mit *digitaler Schnittstelle* wird das Positionssignal über zwei digitale Signale A und B ausgegeben. Eine übliche Bezeichnung dafür ist „A/B-" oder „90° (Impuls)-Schnittstelle". Der physikalische Pegel ist entweder ein 5 V Differenzsignal (RS422) oder ein *single ended-Signal*, das entweder den Pegel der Versorgungsspannung oder Null annimmt.

Wenn das Signal A vor dem Signal B kommt, entspricht jede Flanke einem Inkrement in positiver Richtung. Kommt das Signal A nach dem Signal B, entspricht dies einem Inkrement in negativer Richtung.

Die Zählrichtung der einen Signalflanke ist durch den *Pegel* des anderen Signals definiert. Beispielhaft sei die steigende Flanke von A in Bild 5.6-4 an der Zählerposition 41 bei der Bewegungsrichtung „Vorwärts" betrachtet. Hier ist der Pegel von B low. Die Flanke wird als positives Inkrement gewertet. Bei der steigenden Flanke von A bei der Position 42 während der Rückwärtsbewegung ist der Pegel von B high. Entsprechend wird diese Flanke als negatives Inkrement ausgewertet.

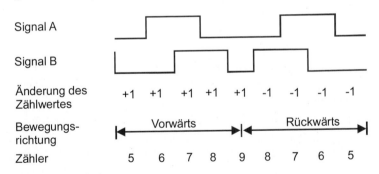

**Bild 5.6-4** Inkrementeller Aufnehmer

Werden vier Lichtschranken mit einem Phasenversatz von je 90° zur Gitterstruktur verwendet und die Ausgangssignale der optischen Aufnehmer analog heraus geführt, so erhält man entsprechend dem optischen Aufbau dreieck- bis sinusförmige Ausgangssignale für jeden Kanal. Durch die Auswertung der analogen Amplituden ist damit eine Interpolation der Zwischenposition der Gitterstruktur möglich, was die Positions- und Winkelauflösung erheblich erhöht. Beispiele inkrementeller Aufnehmer zeigt Bild 5.6-5. Weitere Ausführungen dazu finden sich in Abschnitt 3.2.5 und Abschnitt 3.2.6.

**Bild 5.6-5** Auswahl inkrementeller Aufnehmer (Werkfoto: Pepperl+Fuchs)

## 5.7 Geschwindigkeit

*Definition*

Die *Geschwindigkeit* $v$ ist das Verhältnis aus dem zurückgelegten Weg $s$ und der dafür benötigten Zeit $t$, wenn eine gleichförmige Bewegung zu Grunde gelegt wird.

$$v = \frac{s}{t}.$$

Sonderfälle von Geschwindigkeiten sind die Bahngeschwindigkeit bei Kreisbewegungen

$$v = 2\pi f \cdot r$$

mit  $v$  Bahngeschwindigkeit  m s$^{-1}$
      $r$  Radius der Kreisbahn  m
      $f$  Drehzahl, Frequenz  s$^{-1}$
und die Winkelgeschwindigkeit $\omega = 2\pi f = v/r$.

*Messprinzip Geschwindigkeit*

Die Messung der Geschwindigkeit basiert immer auf einer *Weg-Zeit-Messung*. Bei Systemen mit einem variablen Aufbau erfolgen dafür die getrennte Messung der beiden Grundgrößen Weg und Zeit und ihre Verrechnung. Bei einer stabilen Messanordnung kann auch mit einer definierten Mess-Strecke gearbeitet werden, so dass nur noch die Zeit gemessen werden muss. Die Zeitmessung kann dabei durch binäre Signale (z. B. Lichtschranken) ausgelöst und gestoppt werden.

Ein grundlegend anderer Weg ist die Nutzung des *Doppler-Effektes* (Abschnitt 2.20). Er beschreibt die Änderung der Frequenz einer reflektierten Welle durch ein bewegtes Objekt. Dieses Verfahren lässt sich je nach gefordertem Messbereich und Genauigkeit mit Schall, Ultraschall, Radar oder Lichtwellen einsetzen.

Ein weiterer Weg ist die Bestimmung der Geschwindigkeit durch eine *doppelte Abstandsmessung* in definiertem Zeitabstand. Hier bietet sich eine Abstandsbestimmung mittels *Laser-*

## 5.7 Geschwindigkeit

*Laufzeitmessung* an, welche eine hinreichende Messrate bei guter Auflösung – auch auf große Distanzen – erlaubt.

Bei allen drei Verfahren muss konkret abgeschätzt werden, wo der Messfehler liegt. Bei der Weg-Zeit-Messung wird – je nach Wegstrecke – eine mittlere Geschwindigkeit bestimmt, wogegen man beim Doppler-Effekt eine momentane Geschwindigkeit misst.

### *Messanordnungen für Geschwindigkeitsmessung*

Auf eine Beschreibung der Weg- und Zeitmessung wird hier verzichtet, da sie an anderen Stellen des Werkes erfolgt. Beschrieben wird ein spezielles Verfahren zur Wegbestimmung mittels *Korrelationsmesstechnik*. Das technische Problem besteht darin, dass eine Geschwindigkeitsmessung nach dem Doppler-Effekt nur exakt ist, wenn sich das Messobjekt genau in Richtung des Mess-Strahls bewegt. Bei der Geschwindigkeitsmessung für ein Fahrzeug scheidet auch die Verwendung der Raddrehzahl aus, da der Umfang vom Reifenzustand und dem Reifendruck abhängen, sowie die Drehzahl auch vom Fahrtweg (z. B. Innen- oder Außenkurve).

Eine objektive Aussage bringt an dieser Stelle die Korrelationsmesstechnik. Dazu erfolgt die optische Abtastung der Strasse unter dem Fahrzeug. Die Oberflächenstruktur der Straße ergibt im Mess-Signal eine Modulation. In einem definierten Abstand (in Fahrtrichtung) erfolgt die zweite Abtastung (Bild 5.7-1). Die Abtastung erfolgt mit einer *festen Abtastrate*, welche die Zeitbasis für die Messung darstellt. In Bild 5.7-2 ist ein möglicher Kurvenverlauf aus dieser Messung gezeigt. Diese beiden Funktionsverläufe werden durch eine Korrelationsfunktion in Deckung gebracht. Dazu wird für den Abschnitt $X_1$ bis $X_n$ der Korrelationskoeffizient zwischen beiden Messreihen für die Verschiebung k = 0 gebildet. Der Vorgang wird für steigende k-Werte wiederholt.

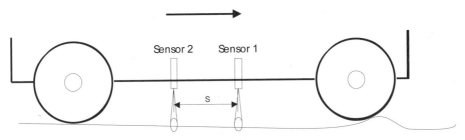

**Bild 5.7-1** Sensoranordnung für die Geschwindigkeitsmessung

Der Korrelationskoeffizient wird dabei durch die Funktion

$$r(k) = \frac{\sum_{i=1}^{n}(X_i - \bar{X}) \cdot (Y_{i+k} - \bar{Y})}{\sum_{i=1}^{n}(X_i - \bar{X})^2 \cdot \sum_{I=1}^{n}(Y_{i+k} - \bar{Y})^2}$$

gebildet. Dabei ist

- $X_i$  der Messwert von Sensor 1 des Elements i aus dem Bereich [$X_i$, $X_n$]
- $Y_{i+k}$  der Messwert von Sensor 2 des Element i um die Zeit k versetzt
- $\bar{X}$  der Mittelwert der Messwerte von Sensor 1 im Bereich [$X_i$, $X_n$]
- $\bar{Y}$  der Mittelwert der Messwerte von Sensor 2 im Bereich [$Y_i$, $Y_n$].

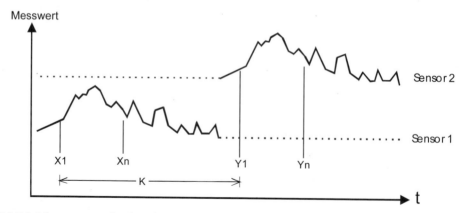

**Bild 5.7-2** Messwerte aus der Anordnung in Bild 5.7-1

Der Korrelationskoeffizient kann einen Wert zwischen −1 und +1 annehmen. Dabei entspricht +1 einer *vollständigen Übereinstimmung* der Funktionsverläufe und −1 zeigt eine Übereinstimmung von zueinander inversen Funktionen an. Der Wert Null beschreibt eine Zusammenhanglosigkeit beider Funktionsverläufe.

Trägt man die Ergebnisse der Korrelationskoeffizienten über einen veränderten Abstand k in ein Diagramm ein, dann erhält man eine Korrelationsfunktion (Bild 5.7-3).

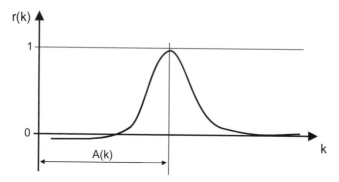

**Bild 5.7-3** Korrelationsfunktion zur Messung in Bild 5.7-1

An der Abtaststelle A(k) hat der Funktionsverlauf ein Maximum, was eine Übereinstimmung der Funktionsverläufe anzeigt. Das bedeutet, dass nach k Abtastungen mit dem Zeitabstand $t$ das erfasste Profil von Sensor 1 am Sensor 2 wieder erkannt wurde. Anders gesagt – das Fahrzeug hat den Abstand $s$ in der Zeit k·t zurückgelegt, womit sich die Fahrzeuggeschwindigkeit berechnen lässt.

## 5.8 Beschleunigung

*Definition*

Die *Beschleunigung a* beschreibt die Änderung der Geschwindigkeit eines Objektes und wird durch die erste Ableitung der Geschwindigkeit nach der Zeit beschrieben.

$$a(t) = \frac{dv(t)}{dt} = \frac{d^2 x(t)}{dt^2}.$$

| | | |
|---|---|---|
| $a$ | Beschleunigung | m s$^{-2}$ |
| $dv$ | Änderung der Geschwindigkeit in der Zeit $t$ | m s$^{-1}$ |
| $dt$ | Zeitraum der Geschwindigkeitsänderung s | |
| $x$ | zurückgelegter Weg in der Zeit $t$ | m |

Beschleunigung kann sowohl positiv (Beschleunigung) als auch negativ (Verzögerung) sein. Grundsätzlich beruhen alle Messungen von Beschleunigungen auf dem Newton'schen Bewegungs-Gesetz:

$$\boldsymbol{F} = m \cdot \boldsymbol{a}.$$

Hierbei ist $F$ die Kraft, $m$ die Masse und $a$ die Beschleunigung. Einen Beschleunigungssensor kann man sich vorstellen als eine federnd gelagerte Masse und einer Dämpfung. Dieses kann durch die Differenzialgleichung

$$F_{ext} = m \frac{dx^2}{d^2 t} + D \frac{dx}{dt} + Kx$$

beschrieben werden. Hierbei ist D der Dämpfungsfaktor, K die Federkonstante, $F_{ext}$ die von außen wirkende Kraft und $x$ der Weg, um den die Masse in der Zeit $t$ verschoben wurde (Bild 5.8-1).

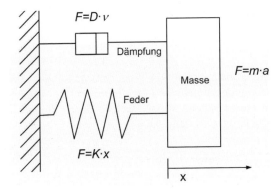

**Bild 5.8-1**
Physikalische Beschreibung eines Beschleunigungssensors

Für die Winkelbeschleunigung $\alpha$ gilt analog: Sie berechnet sich aus der Ableitung der Winkelgeschwindigkeit nach der Zeit:

$$\alpha = \frac{d\omega}{dt}.$$

## Anwendungsfelder

Beschleunigungen werden in vielen Anwendungsfeldern gemessen, wie Tabelle 5.8-1 in einer Übersicht zeigt.

**Tabelle 5.8-1** Anwendungsfelder der Beschleunigungs-Sensoren

| Anwendungsfeld/Branche | Konkrete Anwendung |
|---|---|
| Automobil | Sicherheitssysteme (z. B. Airbag, Gurtstraffer, Wegfahrsperren) <br> Fehler im Getriebe <br> Speicherung von Beschleunigungswerten bei Unfällen <br> Wartungsaufforderung |
| Luft- und Raumfahrt | Steuerung der Flugzeuge oder Bewegungen von Körpern im All |
| Seismologie | Bodenbewegungen und Erdbeben-Messungen |
| Maschinenbau | Navigation von Roboterarmen <br> Neigungsmessungen <br> Vorbeugende Wartung von Verschleißteilen <br> Unwucht, sich lockernde Verbindungen, Fehler in Getrieben <br> Fehler in Kugellagern <br> Modalanalyse |
| Bau | Belastungsmessung von Gebäuden, Türmen, Brücken und Dämmen |
| Medizin | Bewegungs-Analyse <br> Diagnostik |
| Konsumerbereich | Wägetechnik zur Eliminierung des Einflusses der Erdbeschleunigung <br> Bewegungsanalyse und -steuerung (z. B. Waschmaschine, Videorekorder) <br> Spielkonsolen <br> Navigation |
| Militärischer Bereich | Steuerung in der Ballistik (z. B. Fluggeräte oder Geschosse) |

## Messprinzip lineare Beschleunigung

Das einfachste Messprinzip ist die Ableitung einer Folge von Weg-Zeit-Messungen. Im Allgemeinen werden zur Messung *Beschleunigungsaufnehmer* (*Akzelerometer*) verwendet. Sie basieren auf einer federnd aufgehängten (seismischen) Masse, welche durch die beim Beschleunigungsvorgang wirkende Kraft ausgelenkt wird (Bild 5.8-1).

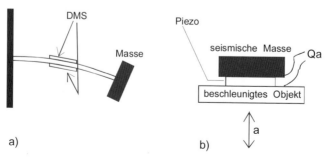

**Bild 5.8-2** Grundaufbau eines Beschleunigungssensors

## 5.8 Beschleunigung

Diese mechanische Auslenkung kann durch piezoelektrische oder magnetische Systeme erfasst werden. In Bild 5.8-2 werden zwei grundlegende Varianten der Anordnung gezeigt.

Im Zuge der Miniaturisierung dieser Sensoren mittels *MEMS-Technologien* (MEMS: Micro-Electro-Mechanical System) erfolgt die Lageerfassung der Masse auch durch piezoresistive oder kapazitive Systeme (Bild 5.8-3).

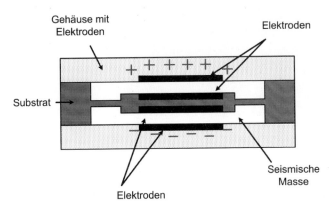

**Bild 5.8-3** Aufbau eines kapazitiven MEMS Beschleunigungssensors

Bild 5.8-4 zeigt die Frequenzanalyse bei Vibrationen in einer Fertigungsanlage. Mögliche Schäden oder Fehler in den Anlagen können damit im Vorfeld erkannt und damit auch vermieden werden.

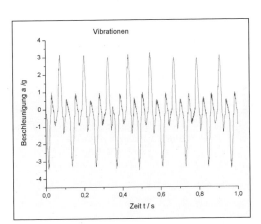 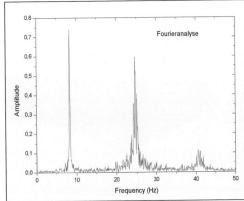

**Bild 5.8-4** Vibrationsanalyse für eine Fertigungsanlage

Da bei den Systemen immer die Erdbeschleunigung wirkt, ergibt sich für die Sensoren eine vorgeschriebene Einbaulage. Bei mehrachsigen Systemen tritt die Erdbeschleunigung bei mindestens einem Kanal als Störgröße auf. Die Genauigkeit eines Beschleunigungssensors erhöht sich mit steigender seismischer Masse. Im Gegenzug sinkt aber deren Grenzfrequenz.

**Bild 5.8-5**
Einsatz eines kapazitiven MEMS-Beschleunigungssensors

Betreibt man einen Beschleunigungssensor mit sehr niedriger Grenzfrequenz, so erhält man einen *Neigungssensor* (*Inklinometer*), welcher die Abweichung zu einer vorgegebenen Achse bestimmt. Hierbei wird ausgenutzt, dass die Erdbeschleunigung immer senkrecht zur Erdoberfläche wirkt.

Ein großer Anwendungsbereich für Neigungssensoren sind mobile Maschinen, wie Bagger, Hebebühnen und Kräne. Bei diesen muss überwacht werden, dass die Belastung an den Auslegern nicht zum Kippen der Einrichtung führt. Bild 5.8-6 zeigt einen Neigungssensor für zwei Achsen.

**Bild 5.8-6**
2-Achs-Neigungssensor
(Werkfoto: Pepperl+Fuchs)

*Messprinzip Winkelbeschleunigung*

Die Bestimmung der Winkelbeschleunigung erfolgt mit einem eigenständigen Sensorprinzip, dem *Gyroskop*. Den Kern bildet dabei eine rotierende oder schwingende Masse. Wirkt auf diese von außen ein Drehmoment, so entsteht eine Kraft (*Coriolis-Kraft*), welche die schwingende Masse seitlich auslenkt. Diese Relativbewegung wird als Messgröße erfasst. Das bekannteste System auf dieser Basis ist der *Kreiselkompass*. Es existieren seit einigen Jahren auch mikroelektronische Lösungen, wie beispielsweise der CMR3000 (VTI Technologies aus Finnland) oder der MPU-6000 (InvenSense Inc., USA). Das Wirkprinzip zeigt Bild 5.8-7 für die X-Achse.

5.8 Beschleunigung 375

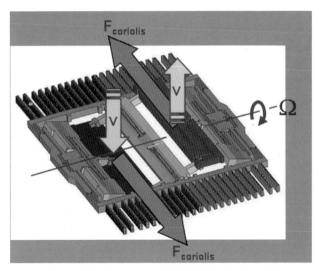

**Bild 5.8-7** Gyroskop-Zelle für die Drehung um die X-Achse (Werkfoto: InvenSense Inc., USA)

Bild 5.8-8 zeigt das Chipfoto des MPU-3000, in dem die Bereiche der Mikromechanik deutlich erkennbar sind.

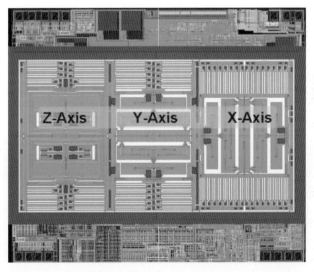

**Bild 5.8-8** Chipfoto des 3-Achs-Gyroskop MPU-3000 (Werkfoto: InvenSense Inc., USA)

Als Hauptanwendung können zwei Gebiete benannt werden – die *Nahfeld-Navigation* und der Einsatz bei *Spielkonsolen*. Bei Spielkonsolen dienen die Informationen aus der Winkelbeschleunigung der Ansteuerung von Spielbewegungen im Sportbereich. Es lässt sich damit in Kombination mit linearen Beschleunigungen eine gute Nachbildung komplexer Bewegungen erreichen. Bei heutigen Navigationssystemen bestehen zwei Nachteile: die *Ortsauflösung* ist relativ *gering* (im Bereich weniger als 10 m) und sie setzt die *Sichtverbindung* zu den Satelliten voraus. Damit ist sie in Tunneln oder Gebäuden nicht anwendbar. Durch die Erfassung von Drehbewegungen mit Gyroskopen kann eine Richtungsänderung im Bereich von Dezimetern nachvollzogen werden und ermöglicht so eine Navigation in geschlossenen Objekten.

*Messanordnung für die Beschleunigungsmessung*

Da die Messung der Beschleunigung auf eine unter Krafteinwirkung verschobenen Masse zurück geführt wird, erfolgt die Auswertung am Ende durch das Bestimmen dieser Bewegung. Damit kommen alle bereits beschriebenen Verfahren zur Bestimmung von Weg und Kraft zum Einsatz. Es kann somit piezoelektrisch, piezoresistiv, induktiv oder kapazitiv abgetastet werden. In der Praxis wird man auf Mikrosysteme mit 1 bis 3 Achsen zurückgreifen, welche in der Größe von wenigen Kubikmillimetern angeboten werden. Als Beispiel sei hier der ADXL335 (www.analog.com) genannt. Es handelt sich dabei um einen Beschleunigungssensor mit analogen Ausgängen für 3 Achsen. Er kann Beschleunigungen im Bereich von +/–3g erfassen. Seine Abmessungen betragen lediglich 4 mm x 4 mm x 1,5 mm (Bild 5.8-5).

## 5.9 Durchfluss (Masse und Volumen)

*Definition*

Durchfluss impliziert meist die Messung bei Flüssigkeiten und Gasen. Eine Vielzahl unterschiedlicher Messprinzipien zur Messung der *Menge*, des *Massedurchflusses* und des *Volumens pro Zeiteinheit*, ermöglichen heute die individuelle Anpassung an die Bedürfnisse verschiedenster Messaufgaben. Durch die unterschiedlichen Vor- und Nachteile der Messprinzipien ist eine Anwendungsvielfalt entstanden.

*Masse*

Die SI-Einheit für die Masse ist Kilogramm [kg] und bezeichnet die Menge eines Körpers oder Stoffes (Abschnitt 4.1). Neben der Messung mit einer Referenzmasse bei ruhenden Körpern wird auch mit der Newtonschen Grundgleichung über die Kräfte und Beschleunigung eine Proportionalität zur Masse hergestellt.

$$F = m \cdot a \text{ (Kraft = Masse} \cdot \text{Beschleunigung)} \rightarrow m = F / a$$

*Volumen*

Bei festen Körpern ist das Volumen der Raumbedarf eines Körpers mit dem Formelzeichen *V*. Die SI-Einheit ist der Kubikmeter ($m^3$). Für Gase und Flüssigkeit ist auch die Einheit Liter üblich. Technisch wird zwischen einem Hohlvolumen beispielsweise eines Behälters oder einem Raumvolumen bei festen, flüssigen und gasförmigen Stoffen unterschieden.

Das ist beispielsweise beim Transport von Stoffen und Materialien sehr wichtig. Bei festen Stoffen (z. B. Kohle) ist das für den Transport benötigte Hohlvolumen größer als das Raumvolumen der zu transportierenden Kohle. Bei flüssigen Stoffen ist es nahezu gleich, während man beim Transport von Gasen die Möglichkeit der Kompression nutzt und somit ein Vielfaches des Volumens bezogen auf den Normaldruck transportieren kann. Gleiches wird auch beim Tauchen mit Pressluftflaschen genutzt.

*Volumenstrom*

Volumenstrom definiert ein Medium (fest, flüssig oder gasförmig) das sich in einer Zeiteinheit innerhalb eines bekannten Profils oder Querschnitts bewegt.

## 5.9 Durchfluss (Masse und Volumen)

### Massenstrom

Der Massenstrom definiert die Bewegung eines Mediums mit seiner Masse durch einen Querschnitt in einer Zeiteinheit.

### Hauptgruppen

Bei Durchfluss-Messgeräten wird in der Praxis meist zwischen *Volumen-* und *Massedurchflussgeräten* unterschieden.

Bei gasförmigen Stoffen und Luft liefern Volumenmessgeräte in Abhängigkeit von Druck und Temperatur Messwerte mit der Einheit Betriebsliter/Zeiteinheit, die dann auf die Normbedingung umgerechnet werden. Das Messergebnis von Massemessgeräten liefert Messwerte mit der Einheit Gramm/Liter. Der Durchfluss von Flüssigkeiten und Gasen wird im Kapitel 10 ausführlich erklärt und mit Beispielen belegt. Im Folgenden wird gezeigt, wie der *trockene Durchfluss* gemessen wird, d. h. die Masse und das Volumen von bewegtem Schüttgut oder die Portionierung in der Verpackungsindustrie.

### Messmethoden und Anwendung

Die Erfassung von bewegten festen Stoffen und Körpern und deren Beurteilung nach Masse und Volumen je Zeiteinheit spielt auch in der chemischen und insbesondere der pharmazeutischen Industrie eine große Rolle. In diesen Branchen werden mittels *Wägetechnik* Chemikalien, Granulate und Pulver abgefüllt oder für die Produktion bereitgestellt. Im Kontrollbereich von beispielsweise Tablettenproduktionen wird so die Abfüllung gewährleistet und die Vollständigkeit geprüft.

**Bild 5.9-1**  Hochleistungskontrollwaage TC8410 für die Pharmaindustrie (Werkfoto: Collischan)

Bild 5.9-1 zeigt die Kontrollwaage TC8410 der Firma Collischan. Auch sehr schnelle Zählmaschinen für verschiedenste Tabletten und Kapseln sind während der Produktion im Einsatz und gewährleisten so die Umsetzung der strengen Vorschriften in diesen sensiblen Bereichen.

*Schüttstrommesser*

Sogenannte Schüttstrommesser, entsprechend der Skizze in Bild 5.9-2, kommen in vielen Bereichen der Industrie zur Anwendung. Zum Beispiel in der Lebensmittelindustrie, der Baustoffindustrie, der Zellstoff- und Papierindustrie. Dabei werden die Stoffe auf Förderbändern, Stahlplattenbändern, auf Trogkettenförderern, auf Förderschnecken sowie in Schächten und Röhren im freien Fall transportiert und gemessen.

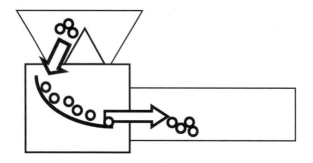

**Bild 5.9-2**
Schema eines Schüttstrommessers

Bei geschlossenen Wiegesystemen wird das fließfähige und homogene Schüttgut während des Durchgangs gemessen. Über den angepassten Zulauf wird das zugeführte Schüttgut auf eine radial gekrümmte Fläche gelenkt. Der Zentrifugalkraft des Schüttgutes tritt die gleichgroße Zentripetalkraft entgegen. Das Schüttgut bleibt auf seiner Kreisbahn. Der Durchsatz wird mit Kraftsensoren gemessen und ist direkt proportional zur Zentripetalkraft.

*Prallplattenwaagen*

Bei Prallplattenwaagen wird der Impuls des aufprallenden Schüttgutes auf einer Prallplatte erfasst. Dabei rutscht das Schüttgut auf einem schräg nach unten gestellten Rohr oder einer offenen Rutsche eine definierte Schräge hinab.

*Dosierbandwaagen*

Dosierbandwaagen erfüllen die Funktion des Wiegens, des Transportes und können Teil einer Regelkette mit Messfunktionen sein. Ihre Anwendungsfelder liegen vor allem bei der Dosierung von verschiedensten Gemischen der Futtermittel und Baustoffbranche.

*Bandwaagen*

Bandwaagen werden in bestehende Förderbänder als Wiegesysteme eingebaut (Einbau-Förderbandwaagen). Langzeitstabil werden so *Materialströme* gemessen. Ein Beispiel für den Einsatz ist die Förderbandwaage für Kartoffelsortieranlagen.

*Differenzialwaagen*

Bei Differenzialwaagen wird gleichzeitig die Abnahme des Materials in einem Behälter gewogen und die Geschwindigkeit des Dosierers gemessen. Daraus wird über einen Prozessor die Menge des ausgehenden Materials in kg/h ermittelt. Es ist ein staubdichtes System zur Dosierung und zum Messen mit geringem Wartungsaufwand. In der Getreide- und Futtermittelindustrie findet man es in Stallungen zur vollautomatischen Kraftfütterung der Rinder, wobei jedes Tier an seinem Chip erkannt wird und eine Doppeldosierung ausgeschlossen werden kann.

### *Optische Bandwaage*

Bei der optischen Bandwaage FLO-3D Sensor (EmWeA Prozessmesstechnik e. K.) werden mittels einer 3D-Kamera kontinuierlich Bilder des bewegten Schüttgutes auf dem Förderband gemacht. Das wird einem vorab eingespeichertem Profil zugeordnet. Daraus wird der aktuelle Volumendurchsatz in m³/h ermittelt. Bild 5.9-3 zeigt ein 3D-Bild eines Förderbandabschnittes.

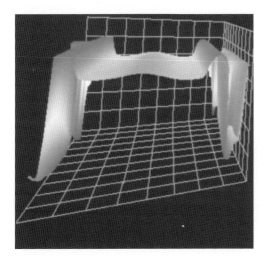

**Bild 5.9-3**
3D-Bild eines Förderbandabschnittes
(Quelle: EmWeA Prozessmesstechnik e. K.)

### *Bulk-Durchflussmessung*

Hierbei wird ebenfalls völlig berührungslos gemessen. Bild 5.9-4 zeigt eine Skizze für eine Bulk-Durchflussmessung.

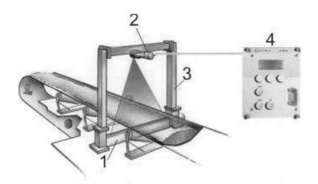

**Bild 5.9-4**  Skizze einer Bulk-Durchflussmessung (Werkfoto: BERTHOLD TECHNOLOGIES GmbH & Co. KG)

Eine einfach zu installierende Rahmenkonstruktion (3) komplettiert die Messeinrichtung. Eine abgeschirmte Strahlungsquelle (1) ist unterhalb des Förderbandes fest montiert. Über dem Förderband gegenüber der Quelle befindet sich ein Szintillations-Detektor (2). Das Mess-Signal wird durch die ionisierende Strahlung bestimmt, die durch das Material auf dem Förderband beeinflusst wird. In Abhängigkeit von der Belastung des Förderbandes und der Geschwindigkeit des Materials wird von einer Auswerteeinheit (4) der Massenstrom berechnet. Es kann auch für Schächte und Rohrleitungen angewendet werden, sowie im Hochtemperaturbereich, bei verschiedenen Druckverhältnissen und für Gefahrstoffe verschiedenster Art.

Weitere hier nicht genannte Systeme sind Durchfahrwaagen, Stückzahlwaagen, Wägebalken, Wägebrücken oder Zählwaagen.

## Weiterführende Literatur

Berthold Technologies GmbH & Co. KG, www.berthold.com
Collischan GmbH & Co. KG, www.collischan.de
EmWeA Prozessmesstechnik e. K., www.emwea.de
Henkies, A.: „Entwurf und Optimierung fremdlichttoleranter Tiefenkamerasysteme auf der Basis indirekter Lichtlaufzeitmessung", Dissertation, Uni Duisburg, Fakultät der Ingenieurwissenschaften
Kutscher, N.; Mielke, B.: „3D Kameras – basierend auf Lichtlaufzeitmessung"; http://www.inf.fu-berlin.de/lehre/SS05/Autonome_Fahrzeuge/3dKameras.pdf
Lange, R.; Seitz, P.; Biber, A.; Schwartel, R.: „Time-of-Flight range imagung with a custom solid-state image sensor", Centre Suisse d'Electronique et de Microtechnique SA (CSEM), Uni Gießen, Institut für Nachrichtenverarbeitung

# 6 Temperaturmesstechnik

## 6.1 Temperatur als physikalische Zustandsgröße

Die thermodynamische Temperatur ist eine *physikalische Zustandsgröße* und ist eine der sieben Basisgrößen im Internationalen Einheitensystem (SI), auf die sämtliche metrologischen Größen zurückgeführt werden können. Ihre Maßeinheit ist das Kelvin (K).

Die *Internationale Temperaturskala* wurde am 1.1.1990 (ITS-90; ITS: Internationale Temperatur-Skala) verbindlich eingeführt und stellt die Grundlage für alle Kalibrierungen von Temperaturmessgeräten dar. Die Festlegung der Fixpunkte erfolgt auf der Grundlage bekannter Zusammenhänge des Druck-Temperatur-Diagramms für Stoffe, die in den drei Aggregatzuständen: gasförmig, flüssig und fest auftreten und sich durch die Existenz eines Tripelpunktes auszeichnen (Bild 6.1-1).

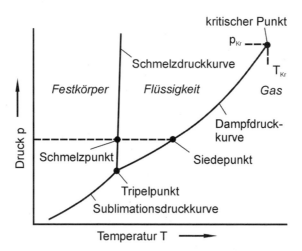

**Bild 6.1-1** Druck-Temperatur-Diagramm eines reinen Stoffes mit Tripelpunkt

Die definierten Fixpunkte stellen *thermodynamische Gleichgewichtszustände* zwischen den drei möglichen Aggregatzuständen dar. Die Erstarrungspunkte sind dabei immer für einen Druck von 101,325 kPa festgelegt. Im Tripelpunkt verbinden sich die Schmelzdruckkurve mit der Dampfdruck- und Sublimationskurve. Die gasförmige, flüssige und feste Phase eines Stoffes können am Tripelpunkt gleichzeitig existieren.

Zur Messung höherer Temperaturen als in der ITS 90 angegeben, wird die Thermospannung von Thermopaarungen auf Halbedelmetallbasis wie Platin und Rhodium bzw. der Überschwermetalle Wolfram und Rhenium bzw. ihrer Legierungen herangezogen (Abschnitt 6.4). In Tabelle 6.1-1 sind die nach ITS-90 definierten Temperaturfixpunkte angegeben.

**Tabelle 6.1-1** Temperaturfixpunkte nach IST-90

| Gleichgewichtszustand | $T_{90}$ in K | $T_{90}$ in °C |
|---|---|---|
| Dampfdruck des Heliums | 3 bis 5 | –270,15 bis 268,15 |
| Tripelpunkt des Gleichgewichts-wasserstoffs | 13,8033 | –259,3467 |
| Dampfdruck des Gleichgewichts-wasserstoffs | 17,025 bis 17,045<br>20,26 bis 20,28 | –256,125 bis –256,105<br>–252,89 bis –252,87 |
| Tripelpunkt des Neons | 24,5561 | –248,5939 |
| Tripelpunkt des Sauerstoffs | 54,3584 | –218,7916 |
| Tripelpunkt des Argons | 83,8058 | –189,3442 |
| Tripelpunkt des Quecksilbers | 234,3156 | –38,8344 |
| Tripelpunkt des Wassers | 273,16 | 0,01 |
| Schmelzpunkt des Galliums | 302,9146 | 29,7646 |
| Erstarrungspunkt des Indiums | 429,7485 | 156,5985 |
| Erstarrungspunkt des Zinns | 505,078 | 231,928 |
| Erstarrungspunkt des Zinks | 692,677 | 419,527 |
| Erstarrungspunkt des Aluminiums | 933,473 | 660,233 |
| Erstarrungspunkt des Silbers | 1.234,93 | 961,78 |
| Erstarrungspunkt des Goldes | 1.337,33 | 1.064,18 |
| Erstarrungspunkt des Kupfers | 1.357,77 | 1.058,62 |

Die übliche Maßeinheit für Temperatur ist *Celsius* (Formelzeichen t). Sie ergibt sich jeweils aus der Definition des Schmelz- und Siedepunktes des Wassers bei 0 °C und 100 °C. Auf der Basis dieser Temperaturfixpunkte gilt die Beziehung zwischen Temperatur $t$ in °C und $T$ in K:

$$t = T - 273{,}15.$$

Damit ist eine einfache Umrechnung der Kelvin- in die Celsiustemperatur und umgekehrt möglich. Aus dieser Gleichung ist auch ersichtlich, dass es keine realen negativen Kelvintemperaturen geben kann.

Im englischen Schrifttum wird häufig noch das Fahrenheit (°F) als Temperatureinheit verwendet. Als Umrechnungsgleichung ist folgende Beziehung gültig:

$$1°C = (9/5 + 32) \, °F.$$

## 6.2 Messprinzipien und Messbereiche

Für die Temperaturmessung können verschiedene physikalische Prinzipien herangezogen werden (Bild 6.2-1). Die wichtigsten Effekte werden in Abschnitt 2 ausführlich behandelt. Die *optischen Systeme* erlauben eine *berührungslose* Temperaturmessung.

Wie Bild 6.2-2 zeigt, decken die verschiedenen Messprinzipien unterschiedliche Temperaturbereiche ab. Im normalen Temperaturbereich zwischen –60 °C und 500 °C bis 1.000 °C sind

## 6.2 Messprinzipien und Messbereiche

Flüssigkeitsthermometer, elektrische Widerstandsthermometer oder Thermometer im Einsatz, welche die Ausdehnung der Metalle als Grundlage haben.

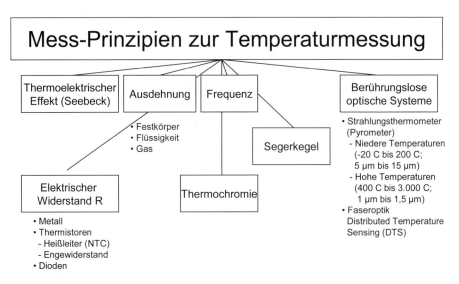

**Bild 6.2-1** Messprinzipien zur Temperaturmessung

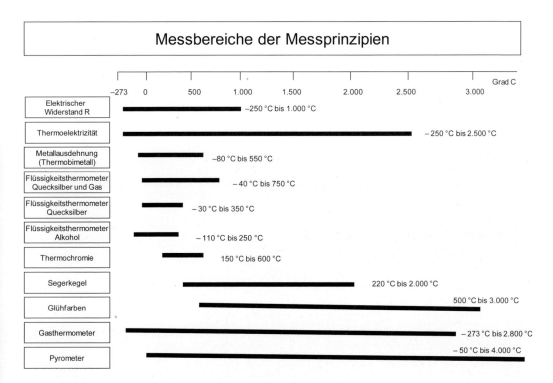

**Bild 6.2-2** Temperaturbereiche der einzelnen Messprinzipien

## 6.3 Temperaturabhängigkeit des elektrischen Widerstandes

### 6.3.1 Metalle

Bei Metallen erhöht sich der elektrische Widerstand $R$ mit zunehmender Temperatur $T$ (Abschnitt 2.11). Die Näherung mit einer Potenzreihe dritter Ordnung ist im Normalfall völlig ausreichend. Somit gilt:

$$R(T) = R(T_0) [\alpha T + \beta T^2 + \delta T^3 + .. ];$$

$\alpha$, $\beta$, und $\delta$ sind die entsprechenden Temperaturkoeffizienten.

In vielen Anwendungen im Temperaturbereich zwischen 0 °C und 100 °C ist die *lineare Abhängigkeit* des elektrischen Widerstandes $R$ von der Temperatur $T$ gültig. Dann gilt für den Widerstand $R$ bei Raumtemperatur von $t = 20$ °C:

$$R(t) = R_{20} (1 - \alpha (t - 20 \text{ °C})).$$

Für den spezifischen elektrischen Widerstand $\rho$ ($R = \rho (l/A)$, wobei $l$ die Länge des Leiters und $A$ dessen Querschnitt ist, gilt entsprechend:

$$\rho(t) = \rho_{20} (1 - \alpha (t - 20 \text{ °C})).$$

Der *Temperaturkoeffizient* des elektrischen Widerstandes $\alpha$ ist das Verhältnis der relativen Änderung des Widerstandes zur Temperaturänderung (Maßeinheit: 1/K). Es gilt:

$$\alpha = \frac{\Delta R}{R \Delta t} = \frac{(R_{20} - R_0)}{R_0 \, 20}.$$

Entsprechend gilt für den spezifischen elektrischen Widerstand $\rho$:

$$\alpha = \frac{\Delta \rho}{\rho \Delta t} = \frac{(\rho_{20} - \rho_0)}{\rho_0 \, 20}.$$

Tabelle 6.3-1 zeigt die spezifischen elektrischen Widerstandswerte verschiedener Metalle in Abhängigkeit von der Temperatur.

**Tabelle 6.3-1** Temperaturabhängigkeit des spezifischen elektrischen Widerstandes $\rho$ verschiedener Metalle

| Metall | Platin (Pt) | Nickel (Ni) | Kupfer (Cu) | Eisen (Fe) |
|---|---|---|---|---|
| Temperatur/°C | $\rho_0/10^6$ $\Omega$cm | $\rho_0/10^6$ $\Omega$cm | $\rho_0/10^6$ $\Omega$cm | $\rho_0/10^6$ $\Omega$cm |
| −200 | 0,178 | – | 0,117 | – |
| −100 | 0, 599 | – | 0,557 | – |
| 0 | 1,000 | 1,000 | 1,000 | 1,000 |
| 100 | 1,385 | 1,663 | 1,431 | 1,650 |
| 200 | 1,757 | 2,501 | 1,862 | 2,464 |
| 300 | 2,118 | 3,611 | 2,299 | 3,485 |
| 400 | 2,465 | 4,847 | 2,747 | 4,716 |
| 500 | 2,800 | 5,398 | 3,210 | 6,162 |
| 600 | 3,124 | 5,882 | 3,695 | 7,839 |

## 6.3 Temperaturabhängigkeit des elektrischen Widerstandes

Als Industriestandard für eine Temperaturmessung mit hoher Präzision hat sich ein *Pt100-* und *Pt1000-*, d. h. ein 100 Ω- oder 1.000 Ω-*Platinwiderstand* durchgesetzt. Vorteile sind der durch das Material definierte Temperaturverlauf, eine hohe Stabilität und damit verbunden eine hohe Genauigkeit. Bild 6.3-1 zeigt einen handelsüblichen Pt100-Widerstand in Drei-Leitertechnik (Schaltung nach Bild 6.3-3) mit einer etwa 2 m langen Zuleitung. Die Fühlerlänge ist 100 mm und der Durchmesser etwa 7 mm. Der Sensor eignet sich für Verschraubungen.

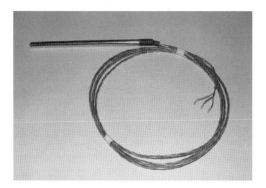

**Bild 6.3-1** Pt100-Temperatursensor aus Draht für –30 °C bis 250 °C (Werkfoto: Heraeus)

Alternativ wird auch *Nickel* als Ausgangsmaterial für Widerstände verwendet (z. B. Ni100). Vorteilhaft sind der *geringere Preis* des Materials und die *höhere Empfindlichkeit* (Änderung des Widerstandes mit der Temperatur). Nachteilig gegenüber Platin sind die höhere Nichtlinearität, die geringere Korrosionsstabilität und der geringere Temperaturbereich des Materials.

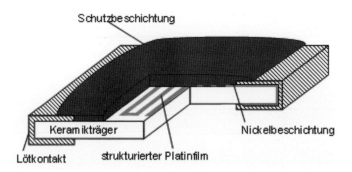

**Bild 6.3-2** Schematischer Aufbau eines Metall-(Nickel-)Dünnschichtwiderstandes

Während früher die Widerstände aus gewickeltem Draht hergestellt wurden (was immer noch bei Widerständen höchster Präzision Anwendung findet), werden heutzutage die meisten Metallwiderstände in *Dünnfilmtechnik* auf Keramiksubstraten hergestellt (Bild 6.3-2).

Insbesondere bei niederohmigen Temperaturmesswiderständen und bei Messungen mit hoher Präzision muss unter Umständen der Eigenwiderstand der Zuleitungen berücksichtigt werden. Dies wird mit einer *Brückenschaltung* in *Drei-* oder *Vierleitertechnik* erreicht (Bild 6.3-3).

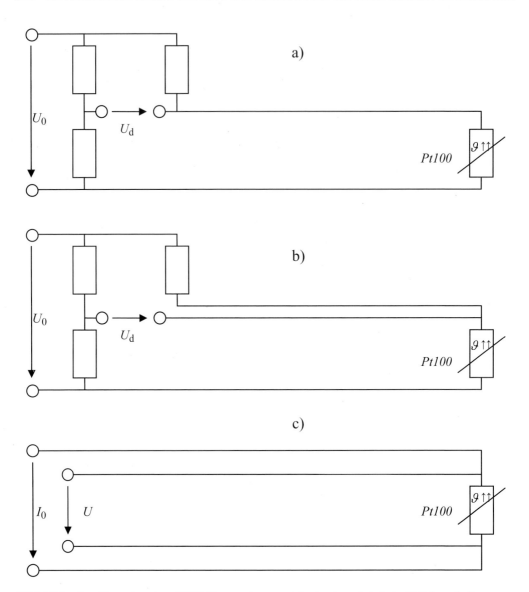

**Bild 6.3-3** Anschlussarten eines Pt100-Temperaturmesswiderstandes. a) einfache Brückenschaltung, b) Brückenschaltung mit 3-Drahtmessung, c) 4-Drahtmessung

In Bild 6.3-3 ist $U_0$ die an der Brücke angelegte Spannung, $U_d$ die Diagonalspannung, welche die Temperatur anzeigt. $I_0$ ist der angelegte Strom in der V4-Drahtmessung und $U$ ist die Ausgangsspannung, welche die Temperatur anzeigt.

Vorteile in einer Temperaturmessung mit Metall- Draht- oder Dünnschichtwiderständen aus Metall liegt in der hohen Stabilität und geringen Toleranz zwischen den Bauteilen.

Platin-Widerstände werden für Temperaturen zwischen –200 °C und +850 °C eingesetzt. Die Platin-Temperatursensoren werden durch ihren Nennwiderstand $R_0$ bei einer Temperatur von

0 °C charakterisiert. Üblich sind folgende Sensortypen: Pt100 ($R_0$ = 100 Ω), Pt200 ($R_0$ = 200 Ω), Pt500 ($R_0$ = 500 Ω), Pt1000 ($R_0$ = 1.000 Ω), Pt3000 ($R_0$ = 3.000 Ω), Pt6000 ($R_0$ = 6.000 Ω) und Pt9000 ($R_0$ = 9.000 Ω). Der Verlauf der Widerstandsänderung ist in DIN EN 60751 festgelegt. Aus den Gleichungen dieser Norm lassen sich aus dem gemessenen Widerstand $R$ die entsprechende Temperatur bestimmen. Folgende Näherungsverfahren werden eingesetzt:

- Temperaturbereich zwischen 0 °C und 100 °C (Näherung: Polynom 1. Ordnung)

  $R = R_0 (1 + \alpha T)$ mit $\alpha = 3{,}85 \cdot 10^{-3}$ K$^{-1}$.

- Temperaturbereich zwischen 100 °C und 850 °C (Näherung: Polynom 2. Ordnung)

  $R = R_0 (1 + \alpha T + bT^2)$ mit $\alpha = 3{,}85 \cdot 10^{-3}$ K$^{-1}$, $b = -5{,}775 \cdot 10^{-7}$ K$^{-2}$.

- Temperaturbereich unter 0 °C (Näherung: Polynom 4. Ordnung)

  $R = R_0 (1 + \alpha T + bT^2 + c(T - 100K)T^3))$ mit $\alpha = 3{,}85 \cdot 10^{-3}$ K$^{-1}$, $b = -5{,}775 \cdot 10^{-7}$ K$^{-2}$; $c = -4{,}183 \cdot 10^{-12}$ K$^{-4}$.

Die Platin-Temperatursensoren werden nach DIN 60751 je nach zulässigem Temperaturfehler d$T$ in Bezug auf die reale Temperatur $T$ in folgende *Genauigkeitsklassen* eingeteilt:

- Genauigkeitsklasse AA: d$T = \pm (0{,}1$ °C $+ 0{,}0017 \cdot T)$,
- Genauigkeitsklasse A:  d$T = \pm (0{,}15$ °C $+ 0{,}002 \cdot T)$,
- Genauigkeitsklasse B:  d$T = \pm (0{,}30$ °C $+ 0{,}005 \cdot T)$,
- Genauigkeitsklasse C:  d$T = \pm (0{,}6$ °C $+ 0{,}01 \cdot T)$.

## 6.3.2 Metalle mit definierten Zusätzen (Legierungen) oder Gitterfehlern

Der elektrische Widerstand von Metallen mit definierten Zusätzen oder auch Verunreinigungen besitzt eine charakteristische Temperaturabhängigkeit. In Abhängigkeit von der mechanischen und thermischen Vorbehandlung der Legierungen ist das *Produkt* aus *spezifischem elektrischen Widerstand* $\rho$ und *Temperaturkoeffizient* $\alpha$ für eine definierte Temperatur eine *Konstante* (*Matthiesen-Regel*):

$$\alpha \cdot \rho = \text{const. oder}$$

$$\alpha = \frac{1}{\rho} \cdot \frac{d\rho}{dT}.$$

Die Temperaturabhängigkeit des spezifischen elektrischen Widerstandes von Metallen mit definiertem Verunreinigungsgrad bzw. von Legierungen ist deshalb eine Funktion der Temperatur und es gilt:

$$d\rho/dT = f(T).$$

Die Integration dieser Gleichung führt zu der Darstellung

$$\rho = f(T) + \gamma.$$

Demzufolge setzt sich der elektrische Widerstand aus einem *temperaturabhängigen* Anteil f($T$) und einem *temperaturunabhängigen* Anteil $\gamma$ zusammen. Der temperaturunabhängige Anteil berücksichtigt dabei die Einflüsse von:

- Gitterfehlordnungen wie Leerstellen, Zwischengitteratomen, Versetzungen,
- Phasenneubildungen,

- Mischkristallbildungen bei Legierungen und
- elastische Spannungen, die zu einer erhöhten Streuung der Elektronen im Leitungsband führen.

Der *temperaturabhängige* Anteil *verringert* sich mit *abnehmender Temperatur* und ist durch die Bandstruktur der reinen metallischen Hauptkomponente bestimmt.

### 6.3.3 Ionenleitwerkstoffe für hohe Temperaturen

Die Temperaturmessung mit *Ionenleitern* ist insbesondere für den Höchsttemperaturbereich von 1.400 °C bis 3.000 °C von Bedeutung. Die *Hochtemperatur-Ionenleitung* wird durch die Bildung von wanderungsfähigen *Sauerstoffionen-Fehlstellen* im Kristallgitter möglich. Die *thermisch aktivierte Ionenleitfähigkeit* $\sigma_{ion}$ folgt der Gleichung:

$$\sigma_{ion} = \sigma_0 \cdot e^{(E_A/kT)}$$

mit $\sigma_0$ einer auf die Temperatur $T_0$ bezogenen Leitfähigkeit

$E_A$ der Aktivierungsenergie für die Ionenleitung (typisch 0,7 eV bis 1,0 eV)

k (Boltzmannkonstante) = $1{,}3806505 \cdot 10^{-23}$ J/K und

$T$ absolute Temperatur in K.

Die wichtigsten sauerstoffionen leitenden Verbindungen stellen das partiell stabilisierte *kubische Zirkoniumdioxid* mit Calciumfluoridstruktur und das *kubische Thoriumoxid* mit und ohne Stabilisierungsoxiden dar. Ionenleitung im Hochtemperaturbereich zeigen außerdem das *Urandioxid* $UO_2$ und das *Cerdioxid* $CeO_2$ sowie einige *Seltenerdmetalloxide* mit Sauerstoff-Fehlstellenbildung. Wichtige Ionenleiter sind in Tabelle 6.3-2 zusammengestellt.

**Tabelle 6.3-2** Ionenleiterwerkstoffe für Höchsttemperaturmessungen

| Werkstoff | X | Aktivierungsenergie in eV | Obere Einsatz-temperatur in°C |
|---|---|---|---|
| $(ZrO_2)_{1-x} (CaO)_x$ | 0,12 bis 0,20 | 0,67 | 1.500 |
| $(ZrO_2)_{1-x} (MgO)_x$ | 0,12 bis 0,26 | 0,68 | 1.500 |
| $(ZrO_2)_{1-x} (Y_2O_3)_x$ | 0,08 bis 0,35 | 0,70 | 2.200 |
| $(ZrO_2)_{1-x} (Yb_2O_3)_x$ | 0,08 bis 0,26 | 0,71 | 2.200 |
| $(ThO_2)_{1-x} (Y_2O_3)_x$ | 0,00 bis 0,15 | 1,00 | 3.000 |

### 6.3.4 Thermistoren

*Thermistoren* unterscheidet man nach *PTC* (positiver Temperaturkoeffizient; Abschnitt 2.12.2) und *NTC* (negativer Temperaturkoeffizient, Abschnitt 2.12.3). Beim üblicherweise zur Temperaturmessung verwendeten *NTC-Thermistor* führt *Wärme* zur Anregung von Ladungsträgern im Material, das im Allgemeinen aus einer polykristallinen, halbleitenden oder gesinterten Metalloxidkeramik (z. B. Eisenoxid, Zink-Titan-Oxid, Magnesiumdichromat) besteht. Der Widerstand wird durch Näherungsgleichungen, wie beispielsweise die *Steinhart-Hart-Gleichung* beschrieben:

## 6.3 Temperaturabhängigkeit des elektrischen Widerstandes

$$\frac{1}{T} = a + b \cdot \ln(R) + c \cdot \ln^3(R)$$

$R$ : Widerstand des NTC-Thermistors,
$T$ : Temperatur,
a, b, c : Konstanten, die das Verhalten des NTC-Thermistors beschreiben.

Thermistoren ändern ihren Widerstand bereits in kleinen Temperaturbereichen um mehrere Größenordnungen (Bild 6.3-4) und eignen sich daher gut zum Aufbau einfacher Schaltungen zur Temperaturmessung.

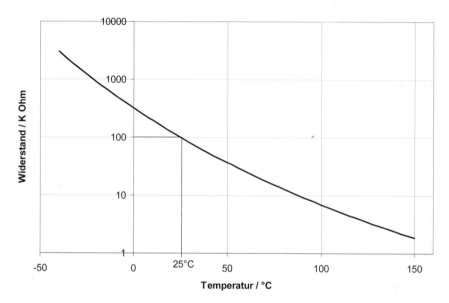

**Bild 6.3-4** Widerstandsverlauf eines 100 kΩ–Thermistors mit der Temperatur

Wie Bild 6.3-4 zeigt, wird der Nennwiderstand bei 25 °C erreicht. Deutlich sichtbar ist die hohe Empfindlichkeit (Abhängigkeit des Widerstandes von der Temperatur).

Thermistoren mit positiven Temperaturkoeffizient (PTC; Abschnitt 2.12.2) werden üblicherweise nicht zur Temperaturmessung verwendet. Sie dienen beispielsweise als selbst-rückstellende Sicherungen oder werden in ähnlichen nicht-messtechnischen Anwendungen (Überstromschutz, Anlaufwiderstand für Motoren) eingesetzt.

### 6.3.5 Engewiderstand-Temperatur-Sensoren (Spreading Resistor)

*Engewiderstand-Temperatur-Sensoren* (Bild 6.3-5 und Bild 6.3-6) werden in *Siliciumtechnologie* hergestellt. Dabei wird ein Strompfad zwischen einem Kontakt auf der Oberseite des Chips durch eine kleine, gut definierte Öffnung (*Engstelle*) in der isolierenden Oberflächenbeschichtung aus Siliciumoxid in das Bulkmaterial hergestellt. Im Bereich der Störstellenerschöpfung zwischen 60 K und 600 K werden im Silicium *Elektronen* an den *Gitterschwingungen gestreut* und dadurch gebremst. Dieser Effekt führt zu einem in kleinen Bereichen annähernd linearen positiven Widerstands-Temperaturverlauf.

Engewiderstände haben verglichen mit Thermistoren eine *hohe Reproduzierbarkeit* und *Stabilität*. Der Gesamtwiderstand wird von dem Durchmesser der kleinen Kontaktöffnung und dem spezifischen Widerstand des Halbleiters bestimmt und beträgt:

$$R = \frac{\rho}{\pi \cdot d},\qquad(2)$$

wobei $R$ : Widerstand des Sensors bei gegeben Temperatur,
$\rho$ : Spezifischer Widerstand des Materials bei gegebener Temperatur,
$d$ : Durchmesser der Öffnung.

Damit ist der Widerstand *unabhängig* von der *Chipgröße* und ihren *Toleranzen*. Oft werden zwei gegeneinander in Serie geschaltete Elemente verwendet, so dass der Strom bei der Messung durch einen Engewiderstand in das Material eintritt und durch einen weiteren wieder austritt (Bild 6.3-5).

Als Basismaterial wird sehr gleichmäßig und kontrolliert *dotiertes Siliziumgrundmaterial* verwendet. Dazu werden Siliciumwafer einer Neutronenstrahlung ausgesetzt. Im natürlichen Silicium befinden sich ungefähr 3,1 % des natürlichen Isotopes $^{30}_{14}Si$, das durch Neutroneneinfang zu $^{30}_{14}Si$ aktiviert wird. Dieses zerfällt mit einer Halbwertszeit von $T_{1/2}$ = 3,6 h in $^{31}_{15}P$ unter Abgabe von γ- und β-Strahlung. Der zurückbleibende *Phosphor* dient als *Dotierung*. Damit kann die Dotierung bis auf ca. 1 % genau eingestellt werden, im Gegensatz zu 15 % Toleranz bei herkömmlichen Dotierungsverfahren.

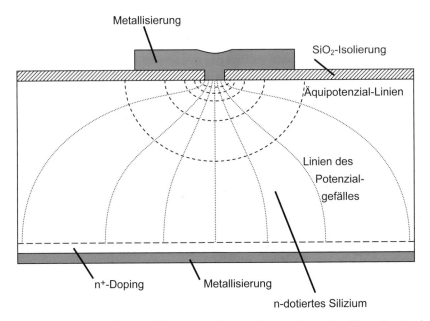

**Bild 6.3-5** Schematischer Aufbau und Funktionsweise eines Engewiderstandes (Spreading Resistor). Der Widerstand wird durch die Kontaktöffnung und nicht durch die Größe des Sensorchips bestimmt

Bild 6.3-6 zeigt die Engewiderstände bei einem gesägten Wafer auf einem Träger aus Klebeband „Blue-Tape". Da der Widerstand nur durch die Ein- und Austrittskontakte zum Silicium (auf der Oberseite der Chips sichtbar) bestimmt wird, hat die Toleranz beim Sägen keinen Einfluss auf den Grundwiderstand des Sensors.

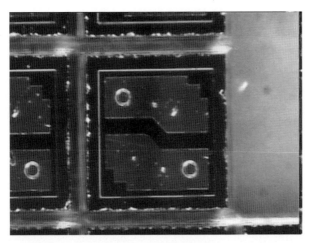

**Bild 6.3-6** Engewiderstände im gesägtem Wafer auf einem Träger aus Klebeband (Werkfoto: NXP Semiconductors)

## 6.3.6 Dioden

Die *Diodenkennlinie* ist *temperaturabhängig*. Der Spannungsabfall $U_D$ an einer Diode in Durchlassrichtung bei konstantem Strom $I$ beträgt:

$$U_D = \frac{kT}{e} \ln\left(\frac{I}{I_0} + 1\right) \qquad (3)$$

k : Bolzmannkonstante ($1{,}38 \cdot 10^{-23}$ Ws/K)
$T$ : Absolute Temperatur
e : Elementarladung ($1{.}602 \cdot 10^{-19}$ As)
$I$ : Eingeprägter Strom
$I_0$ : Sättigungsstrom (den Sättigungsstrom für eine ideale Diode $I_S$ beschreibt die Shockley-Gleichung:

$$I(U) = I_S \cdot (e^{\frac{eU}{kT}} - 1).$$

Der Sättigungsstrom liegt typischerweise zwischen 1 µA und 1 nA. Er bietet somit die Grundlage für eine lineare Temperaturmessung. Dieses Prinzip lässt sich einfach in elektronischen Schaltkreisen mit anderen Funktionen integrieren und miniaturisieren. Im Fall von integrierten Temperatursensor-Schaltungen ist der die Temperatur messende pn-Übergang Teil eines Transistors. Ein solcher Temperatursensor wird als „*PTAT*" („Proportional To Absolute Temperature")-Schaltkreis bezeichnet.

## 6.4 Thermoelektrizität (Seebeck-Effekt)

Zwei unterschiedliche Metalle A und B werden durch Löten oder Schweißen zu einem elektrisch geschlossenen Leiterkreis verbunden. Werden die Verbindungsstellen auf unterschiedlicher Temperatur gehalten, dann wird eine *Thermospannung* gemessen, die man *elektromotorische Kraft (EMK)* nennt (Bild 6.4-1). Dies ist der *Seebeck-Effekt* (Abschnitt 2.10).

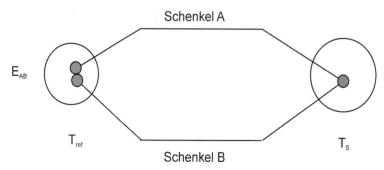

**Bild 6.4-1** Elektromotorische Kraft EMK) eines Thermoelementes mit der Schweißstelle $T_S$

Für die *elektromotorische Kraft* (EMK) $E_{AB}$ bzw. die Thermospannung $U_T$ gilt nach Bild 6.4-1:

$$U_T = \alpha_S (T_S - T_{ref})$$

mit  $\alpha_S$ : Seebeck-Koeffizient,
 $T_S$ : geschweißte (meist warme) Kontaktstelle,
 $T_{ref}$ : Referenztemperatur (meist kalte Kontaktstelle).

Tabelle 6.4-1 zeigt den Seebeck-Koeffizienten für ausgewählte Metalle, gemessen gegen Platin.

**Tabelle 6.4-1** Seebeck-Koeffizient gemessen gegen Platin

| Metall | $\alpha_S/\mu V K^{-1}$ |
|---|---|
| Wismut | −65 |
| CuNi44 | −35 |
| Nickel | −15 |
| Platin | 0 |
| Eisen | +18 |
| Antimon | +48 |

Mit dieser oben gezeigten einfachen Beziehung zwischen gemessener Spannung und Temperatur ist der thermoelektrische Effekt zur Temperaturmessung sehr gut geeignet. Die Temperaturmessung mit Hilfe von Thermoelementen gehört heute zum weit verbreiteten Stand der Technik. In Tabelle 6.4-2 sind die wichtigen Eigenschaften für in der Temperaturmesstechnik verwendete Thermoelementpaarungen zusammengestellt.

## 6.4 Thermoelektrizität (Seebeck-Effekt)

Tabelle 6.4-2 Eigenschaften für in der Temperaturmesstechnik verwendeter Thermoelementpaarungen

| Element | Pt-PtRh10 | Chromel P-Alumel | Fe-Konstantan | Cu-Konstantan | Chromel P-Konstantan |
|---|---|---|---|---|---|
| Zusammensetzung | 100Pt<br>90Pt10Rh | 90Ni10Mn<br>95Ni2Al2Mn1Si | 99,9Fe<br>55Cu45Ni | 99,9Cu<br>55Cu45Ni | 90Ni10Cr<br>55Cu45Ni |
| Temperaturbreich/°C | 0 bis 1.450 | –200 bis 1.200 | –200 bis 750 | –200 bis 350 | 0 bis 800 |
| Max. Temp.°C | 1.700 | 1.350 | 1.000 | 600 | 1.100 |
| Spez. Widerstand $10^{-6}$ Ωcm | 9,8 bis 18,3 | 69,4 bis 28,6 | 10 bis 49 | 1,71 bis 49 | 70 bis 49 |
| Temp.Koeff. 0 °C bis 100 °C | 0,0039<br>0,0018 | 0,00035<br>0,0000125 | 0,005<br>0,00002 | 0,0039<br>0,00002 | 0,00035<br>0,00002 |
| Schmelztemperatur/°C | 1.773<br>1.830 | 1.430 | 1.535<br>1.190 | 1.081<br>1.190 | 1.430<br>1.190 |
| EMK/mV auf 0°C bezogen | 100 °C: 0,643<br>200 °C: 1,436<br>400 °C: 3,251<br>600 °C: 5,222<br>800 °C: 7,330<br>1000 °C: 9,569<br>1.200 °C: 11,924<br>1.400 °C: 14,312<br>1.600 °C: 16,674 | 4,10<br>8,13<br>16,39<br>24,90<br>33,31<br>41,31<br>48,85<br>55,81 | 5,28<br>10,78<br>21,82<br>33,16<br>45,48<br>58,16 | 4,28<br>9,29<br>14,86 | 6,3<br>13,3<br>28,5<br>44,3 |
| Chemische Beständigkeit | oxidierende und reduzierende Atmosphäre, nicht beständig bei As-, Si- und P-haltigen Gasen, reduzier. Gase, $H_2$ | oxidierende Atmosphäre, nicht stabil in reduzierenden Gasen, Schwefel- und Wasserdampf-Atmosphäre | bis 400 °C in oxidierender Atmosphäre, nicht beständig gegen Schwefel und Schwefelverbindungen | oxidierende und reduzierende Atmosphäre bis 400 °C | oxidationsbeständig |
| Anwendungen | Standard bis 1.450 °C | elektrische Anwendungen in oxidierender Atmosphäre | industrielle Anwendungen in der Prozess- und Regel-Technik | industrielle Anwendungen in der Prozess- und Regeltechnik, tiefe Temperaturen | industrielle Temperatur-Messtechnik |

Die Thermoelemente sind nach DIN IEC 584-1 und DIN 43710 genormt. Einen Auszug aus diesen Normen ist in Tabelle 6.4-3 zusammengestellt.

**Tabelle 6.4-3** Thermoelementpaarungen nach DIN IEC 584-1 und DIN 43710

| Metallpartner | Element | KB | $T_{max}$/°C | $T_{Norm}$/°C | Anwendungsbereich/°C |
|---|---|---|---|---|---|
| Eisen-Konstantan | Fe-CuNi | J | 750 | 1.200 | −200 bis 700 |
| Kupfer-Konstantan | Cu-CuNi | T | 350 | 400 | −250 bis 300 |
| Nickelchrom-Nickel | NiCr-Ni | K | 1.200 | 1.370 | −250 bis 1.000 |
| Nickelchrom-Konstantan | NiCr-CuNi | E | 900 | 1.000 | −250 bis 700 |
| Nicrosil-Nisil | NiCrSi-NiSi | N | 1.200 | 1.300 | −250 bis 1.200 |
| Platinrhodium-Platin | Pt10Rh-Pt | S | 1.600 | 1.540 | −50 bis 1.400 |
| Platinrhodium-Platin | Pt13Rh-Pt | R | 1.600 | 1.760 | −50 bis 1.400 |
| Platinrhodium-Platin | Pt30Rh-Pt6Rh | B | 1.700 | 1.820 | 0 bis 1.600 |
| Eisen-Konstantan | Fe-CuNi | L | 600 | 900 | |
| Kupfer-Konstantan | Cu-CuNi | U | 900 | 600 | |

Legende:  KB   Kennbuchstabe der Thermoelementpaarung
$T_{max}$   Maximaltemperatur für festgelegte Grenzwertabweichungen
$T_{Norm}$   Obere Temperaturgrenze für die Gültigkeit der Normen

Das in der DIN-Norm aufgeführte Thermoelement Typ J besitzt als zweiten Schenkel reines Eisen. Beim Einsatz dieses Thermoelementes sind überdurchschnittlich Korrosionsprobleme zu erwarten, insbesondere dann, wenn das Thermopaar als direktes Element in die Schutzrohrböden eingeschweißt wird und das Schutzrohr in wasserführende Kühlwassernetze von Anlagen eingesetzt wird. Hier treten Durchrostungen innerhalb kürzester Zeit auf.

Bei den Standardtypen Cu-Konstantan/Fe-Konstantan, NiCr-Ni/Ni-Konstantan bzw. CuNi/FeCuNi ist eine Verminderung der Empfindlichkeit zu beobachten. In jedem Fall ist in diesem Bereich die *Kaltversprödung* zu berücksichtigen. Die Thermopaarkombination Gold/Eisen, NiCr eignet sich besonders für den Temperaturbereich 220 °C bis 270 °C und weist auch im Dauerbetrieb eine gute Stabilität und einen weitgehend linearen Kennlinienverlauf auf.

Für die Größe der Thermospannung gilt allgemein, dass die Unedelmetallpaarungen die höheren Thermospannungen im Vergleich zu den Halbedelmetallen Platin-Rhodium besitzen. Die Unedelmetallpaarungen sind kostengünstig am Markt verfügbar. Sie sind jedoch in der Regel ungeeignet für Anwendungen bei Temperaturen oberhalb 1.200 °C und für den Betrieb in aggressiven Medien, falls sie nicht in gasdichten Schutzrohranordnungen betrieben werden.

Für Präzisionstemperaturmessungen sind die Nichtlinearitäten zwischen Temperatur und Thermospannung zu beachten und bei digitaler Signalverarbeitung elektronische Korrekturen nach der Linearisierungstabelle vorzunehmen. Bei analoger Anzeige werden durch die Gerätehersteller entsprechend der Genauigkeitsklasse korrigierte Skalen verwendet. Die Normung der Elemente sichert die Austauschbarkeit derselben im Versagensfalle.

Die *Langzeitstabilität* von Thermoelementen wird wesentlich durch die konkreten thermischen, mechanischen, abrasiven, atmosphärischen und elektrischen Beanspruchungen bestimmt. Wichtigste Schädigungsprozesse sind:

- die Oxidation ungeschützter Thermoelemente;
- die Legierung durch eindiffundierende *Fremdatome*, beispielsweise die Silicierung von Platinum-Platinum/Rhodium Thermopaarungen;

## 6.4 Thermoelektrizität (Seebeck-Effekt)

- die *Rekristallisation* und *Entmischung*;
- die *Wasserstoffversprödung* der Überschwermetalle (Wolfram-Rhenium- und Molybdänium-Rhenium-Elemente ) und
- die *partielle Oxidation* von Chrom in Chrom/Nickel-Nickell-Elementen in Verbindung mit Grünfäule.

Diesen Schädigungprozessen ist durch periodische Kalibrierungen und eventuellen Austausch der Thermoelemente Rechnung zu tragen. Die zu beobachtende Drift der Thermospannung nimmt mit steigender Temperatur und Betriebsdauer zu. Nach IEC 584 sind die Grenzwertabweichungen in jeweils 3 Toleranzklassen unterteilt. Tabelle 6.4-4 zeigt die genormten Klassen mit den jeweiligen Grenzwertabweichungen:

**Tabelle 6.4-4** Klasseneinteilung für Grenzwertabweichungen von Thermoelementen

| Thermopaar | KB | Klasse | Temperaturbereich und Genauigkeit |
|---|---|---|---|
| Fe-CuNi | J | Klasse 1 | 40 °C bis +750 °C: ± 0.004t oder ± 1,5 °C |
| | | Klasse 2 | 40 °C bis +750 °C: ± 0,0075t oder ± 2,5 °C |
| | | Klasse 3 | |
| Cu-CuNi | T | Klasse 1 | 40 °C bis +350 °C: ± 0.004t oder ± 0,5 °C |
| | | Klasse 2 | 40 °C bis +350 °C: ± 0,0075t oder ± 1,0 °C |
| | | Klasse 3 | 200 °C bis + 40 °C: ± 0,015t oder ± 1,0 °C |
| NiCr-Ni | K | Klasse 1 | 40 °C bis +1.000 °C: ± 0.004t oder ± 1,5 °C |
| | | Klasse 2 | 40 °C bis +1.200 °C: ± 0,0075t oder ± 2,5 °C |
| | | Klasse 3 | 200 °C bis +40 °C: ± 0,015t oder ± 2,5 °C |
| NiCr-CuNi | E | Klasse 1 | 40 °C bis +800 °C: ± 0.004t oder ± 1,5 °C |
| | | Klasse 2 | 40 °C bis +900 °C: ± 0,0075t oder ± 2,5 °C |
| | | Klasse 3 | –200 °C bis +40 °C: ± 0,015t oder ± 2,5 °C |
| NiCrSi-NiSi | N | Klasse 1 | 40 °C bis +1.00 °C: ± 0.004t oder ± 1,5 °C |
| | | Klasse 2 | 40 °C bis +1.200 °C: ± 0,0075t oder ± 2,5 °C |
| | | Klasse 3 | 200 °C bis +40 °C: ± 0,015t oder ± 2,5 °C |
| Pt10Rh-Pt | S | Klasse 1 | 0 °C bis +1.00 °C: ±[1+(t-1.00)0,003] oder ± 0,5 °C |
| | | Klasse 2 | 40 °C bis +1.00 °C: ± 0,0025t oder ± 1,5 °C |
| | | Klasse 3 | |
| Pt30Rh-Pt6Rh | B | Klasse 1 | |
| | | Klasse 2 | 600 °C bis 1.700 °C: ± 0,0025t oder ± 1,5 °C |
| | | Klasse 3 | 600 °C bis 1.700 °C: ± 0,005t oder ± 4,0 °C |

*Thermopaarungen für sehr hohe Anwendungstemperaturen*

Für die Temperaturmessungen oberhalb der Spezifikationstemperaturen von Platinbasisthermoelementen (>1.500 °C) stehen metallische und anorganisch-nichtmetallische Werkstoffe für Thermopaarungen zur Verfügung.

## Metallische Thermopaarungen für sehr hohe Anwendungstemperaturen

Die Grundlage für den Aufbau von Thermopaarungen bilden die Überschwermetalle der 5d-Elemente des periodischen Systems der Elemente insbesondere Wolfram, Rhenium, Osmium, Iridium und Homologe wie beispielsweise das Molybdän, Rhodium, Ruthenium und das Palladium der 4d-Elemente. Diese Metalle zeichnen sich durch hohe Schmelzpunkte aus. Technisch interessante Thermopaarungen sind:

- Iridium-Iridium 40 Ruthenium,
- Iridium- Iridium 50 Wolfram,
- Molybdän-Molybdän 41 Rhenium,
- Molybdän 5 Rhenium-Molybdän 41 Rhenium,
- Wolfram 3 Rhenium-Wolfram 25 Rhenium und
- Wolfram 5 Rhenium-Wolfram 26 Rhenium.

Für extrem hohe Temperaturen (> 2.500 °C) empfehlen sich Thermopaarungen auf Basis Wolfram/Rhenium und Ruthenium/Osmium. Industrielle Anwendungen finden Wolfram/Rhenium-Thermopaarungen für Anwendungstemperaturen bis 2.500 °C in reduzierender und kohlenstofffreier Atmosphäre. Schutzrohre auf dieser Basis mit Zusätzen von Tantal, Molybdän oder Niob erhöhen die Standzeit und verhindern die Drift. Bei Temperaturen oberhalb 2.000 °C zeigen diese Thermoelemente Thermospannungen im Bereich von 30 mV bis 40 mV.

## Anorganisch-nichtmetallische Thermopaarungen für sehr hohe Anwendungstemperaturen

Die Grundlage für den Aufbau anorganisch-nichtmetallischer Thermopaarungen bilden Grafit und die bei hoher Temperatur sublimierenden Karbide. Verwendete Thermoelementpaarungen sind:

- Bortetracarbid ($B_4C$)-Grafit,
- Siliciumkarbid-Grafit,
- Grafit-Wolfram,
- Grafit-Tantalkarbid und
- Siliciumkarbid-siliciuminfiltriertes Siliciumkarbid.

Die Montage dieser Elementpaarungen erfolgt in Grafitrohren und der Betrieb setzt reduzierende Atmosphäre voraus. Nachteile dieser bis maximal 2.500 °C einsetzbaren Thermoelementen bestehen in der mechanische Anfälligkeit und der geringen Lebensdauer dieser Elemente

## 6.5 Wärmeausdehnung

### 6.5.1 Wärmeausdehnung fester Körper

Die Wärmeausdehnung fester Körper steht im engen Zusammenhang mit der *chemischen Bindung* und der sich ausbildenden *atomaren* bzw. molekularen Nahordnung. Die experimentellen Erfahrungen zeigen, dass mit *abnehmender Bindungsenergie* die *Wärmeausdehnung* fester Körper *zunimmt*. Dementsprechend wird die Wärmedehnung mit folgenden Bindungsformen zunehmen:

- Kovalente chemische Bindung,
- heteropolare chemische Bindung,
- metallische Bindung,
- Wasserstoffbrückenbindung und
- Van der Waals-Bindung.

## 6.5 Wärmeausdehnung

Für die *Längenänderung* $\Delta l$ eines Festkörpers gilt:

$\Delta l = l_1 \alpha \Delta t$ oder für die Temperaturmessung: $t_2 = \Delta l/(l_1 \alpha) + t_1$
$l_1$ : Länge des Körpers vor der Temperaturänderung
$l_2$ : Länge des Körpers nach der Temperaturänderung
$\Delta l$ : Längenänderung $(l_2 - l_1)$
$\Delta t$ : Temperaturänderung $(t_2 - t_1)$
$\alpha$ : Längenausdehnungskoeffizient in $K^{-1}$ ($\alpha = \Delta l/(l_1 \Delta t)$).

In Tabelle 6.5-1 sind die Wärmausdehnungskoeffizienten verschiedener Werkstoffe zusammengestellt.

**Tabelle 6.5-1** Ausdehnungskoeffizienten $\alpha$ ausgewählter Werkstoffe

| Metalle/metallische Bindung | $\alpha$ $10^{-7}$ $K^{-1}$ | Keramik/kovalente Bindung | $\alpha$ $10^{-7}$ $K^{-1}$ | Keramik/heterogene Bindung | $\alpha$ $10^{-7}$ $K^{-1}$ |
|---|---|---|---|---|---|
| Wolfram | 44 | Kieselglas $SiO_2$ | 5 | BeO | 80 |
| Molybdän | 45 | TiN[1] | 24 | $Al_2O_3$ | 75 |
| Platin | 90 | $Si_3N_4$ | 32 | $ZrO_2$ | 100 |
| Eisen | 122 | BN | 41 | Mn-Zn-Ferrit | 95 |
| Gold | 193 | AlN | 54 | Ni-Zn-Ferrit | 105 |
| Kupfer | 165 | TiC[1] | 21 | $MgTi_2O_4$ | |
| Nickel | 172 | $B_4C$ | 45 | $BaTiO_3$ | |
| Cadmium | 308 | SiC | 45 | | |
| Lithium | 580 | WC | 52 | | |
| Natrium | 725 | TaC | 63 | | |

Feste Körper dehnen sich in drei Dimensionen aus. Es gilt:

$\Delta V = V_1 \gamma \Delta t$ oder für die Temperaturmessung: $t_2 = \Delta V/(V_1 \gamma) + t_1$
$V_1$ : Länge des Körpers vor der Temperaturänderung
$V_2$ : Länge des Körpers nach der Temperaturänderung
$\Delta V$ : Volumenänderung $(V_2 - V_1)$
$\Delta t$ : Temperaturänderung $(t_2 - t_1)$
$\gamma$ : Volumenausdehnungskoeffizient in $K^{-1}$ ($\gamma = \Delta V/(V_1 \Delta t)$).

Für isotrope bzw. kubische Festkörper bei konstantem Druck ergibt sich dann der Volumenausdehnungskoeffizient $\gamma$ zu:

$\gamma = 3\alpha$.

Für Festkörper mit hexagonaler, trigonaler oder tetragonaler Kristallstrukrur gilt:

$\gamma = 2\alpha_x + \alpha_z$.

Für rhombische, monokline und trikline Kristallsysteme gilt dann analog:

$\gamma = \alpha_x + \alpha_y + \alpha_z$.

Die Wärmeausdehnung spielt in der Temperaturmesstechnik eine bedeutsame Rolle. In der *Präzisionsmesstechnik* tragen Unterschiede in der *Wärmeausdehnung* bei Schichtwiderständen auf Substraten, bei Sandwichanordnungen und Fügeverbindungen häufig zur *Hysterese* der

Messwerte, zur *Alterung* und zur *Degradation* der Sensorsysteme bei. Ursache sind dann in der Regel mechanische Spannungen, die zu subkritischem Risswachstum bzw. zu katastrophalem Bruch führen können. Für Hochtemperaturanwendungen trägt sie wesentlich zur *Thermoschockfestigkeit* bzw. *zur thermischen Ermüdung* bei. Die zulässige *Temperaturschockdifferenz* $\Delta T$ beim Auf- oder Abheizen ergibt sich zu:

$$\Delta T = \frac{\sigma_m \cdot (1-\nu)}{\alpha \cdot E}$$

$E_m$ : Elastizitätsmodul
$\nu$ : Poissonzahl
$\sigma_m$ : mechanische Festigkeit.

Thermoschockbeständige Werkstoffe müssen demnach eine kleine Wärmedehnung besitzen. Aufgrund der hohen Schmelz- bzw. Sublimationstemperaturen sind die kovalent gebunden Keramiken besonders für Schutzrohranwendungen in aggressiven Medien und bei hohen Temperaturen geeignet.

Besonders robust und kostengünstig sind *Bimetall-Thermometer* (Bild 6.5-1). *Thermobimetalle* bestehen aus fest miteinander verbundenen Metallen, die einen *unterschiedlichen Wärmeausdehnungskoeffizienten* besitzen. Wird das Thermobimetall erwärmt, so dehnen sich die Metalle verschieden aus (Bild 6.5-1 a)). Sind die Metalle fest miteinander verbunden (meist durch ein Plattierverfahren), so entsteht eine *Krümmung* in Richtung des Metalls mit der geringeren Wärmeausdehnung. Wird das Thermobimetall spiralförmig gewickelt, so dehnt sich die Spirale aus und ein Zeiger gibt die Temperatur an (Bild 6.5-1 b) und c)). Das Metall mit dem höheren Wärmeausdehnungskoeffizient wird *aktive Komponente* (Wärmeausdehnungskoeffizient $\alpha > 15 \cdot 10^{-6}$ K$^{-1}$), das Metall mit dem kleineren Wärmeausdehnungskoeffizient wird *passive Komponente* genannt (Wärmeausdehnungskoeffizient $\alpha < 5 \cdot 10^{-6}$ K$^{-1}$). Bimetall-Thermometer können zwischen –80 °C und +550 °C eingesetzt werden. Für die Thermobimetalle gilt die Norm DIN 1715.

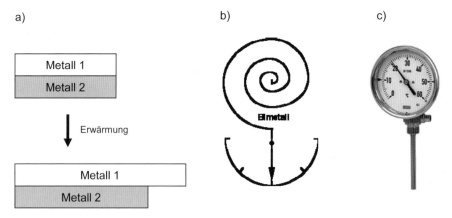

**Bild 6.5-1** Bimetall-Thermometer a) Prinzip; b) Funktionsweise; c) Thermometer (Werkfoto: WEKA)

In Tabelle 6.5-2 sind die Eigenschaften gängiger Thermobimetalle zusammengestellt.

## 6.5 Wärmeausdehnung

**Tabelle 6.5-2** Chemische und thermische Eigenschaften typischer Thermobimetalle (Quelle: VAC)

| Chemische Zusammensetzung Gewichts-% | Therm. Krümmung $10^{-6}$ $K^{-1}$ | Therm. Ausbiegung $10^{-6}$ $K^{-1}$ | Linearitätsbereich °C | Kritische Temperatur °C |
|---|---|---|---|---|
| 25,3 %Ni30,3 %Fe39, 1 %Mn5,3 %Cu | 39,0 | 20,8 | –20 bis +200 | 400 |
| 28,2 %Ni,68,6 %Fe, 3,2 %Mn | 28,5 | 15,2 | –20 bis +200 | 450 |
| 30,0 %Ni,1,3 % %Cr, 68,7 %Fe | 26,3 | 14,0 | –20 bis +200 | 450 |
| 31,2 %Ni,65,3 %Fe, 3,5 %Mn | 22,0 | 11,7 | –20 bis +380 | 450 |
| 32,8 %Ni,63,9 %Fe, 3,3 %Mn | 18,6 | 9,9 | –20 bis +425 | 450 |
| 32,8 %Ni,63,6 %Fe, 3,3 %Mn | 18,6 | 9,9 | –20 bis +425 | 500 |

### 6.5.2 Wärmeausdehnung von Flüssigkeiten

Die Ausdehnung von Flüssigkeiten wird sehr häufig zur Temperaturmessung eingesetzt. Man unterscheidet nach der VDI/VDE-Richtlinie 3511 zwischen *Flüssigkeits-Glasthermometern* (Messung der Volumenänderung) und *Flüssigkeits-Federthermometern* (Messung der Druckänderung; Verformung liefert einen Zeigerausschlag).

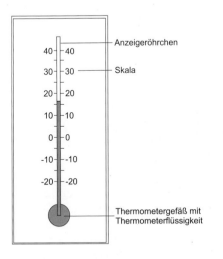

Im Flüssigkeits-Glasthermometer befindet sich in einem kleinen Glaskolben die Flüssigkeit. Bei einer bestimmten Temperatur steigt die Flüssigkeit in der Glaskapillare an und eine Skala zeigt den Wert (Bild 6.5-2). Die Flüssigkeiten müssen im zu messenden Temperaturbereich flüssig sein und die Wandungen der Messröhrchen nicht angreifen. Quecksilber ist besonders gut für Messungen geeignet (–40 °C bis +360 °C), wird heute aber wegen der hohen Giftigkeit nur im wissenschaftlichen Bereich eingesetzt.

**Bild 6.5-2**
Flüssigkeits-Glasthermometer
(Quelle: Wikipedia)

Folgende Flüssigkeiten werden hauptsächlich verwendet:
- Pentan (–200 °C bis +35 °C),
- Ethanol (–120 °C bis +60 °C) und
- Toluol (–90 °C bis +110 °C).

Weitere Angaben und Vorschriften für Flüssigkeits-Glasthermometer sind in DIN 12770 zusammengestellt.

## 6.5.3 Wärmeausdehnung von Gasen

Das *Gasthermometer* misst Druck $p$ und Volumen $V$ einer genau festgelegten Gasmenge. Die Zustandsgleichung für ideale Gase lautet: $p\,V = m\,R\,T$. Daraus ergibt sich für die Temperatur $T$:

$$T = (p\,V)/m\,R$$

mit $m$: Masse des Gases und R: spezifische Gaskonstante.

In der Praxis wird bei einem *Gasthermometer* die Temperatur $T$ durch den *Gasdruck $p$* gemessen. Es gilt:

$$T = \frac{(p - p_0)}{p_0\,\alpha_p}.$$

Es ist $p_0$: Gasdruck bei 0 °C und $\alpha_p$: Spannungskoeffizient (Verhältnis der relativen Druckänderung $\Delta p / p_0$ und der Temperatur $T$: $\alpha_p = (\Delta p/(p_0\,T))$. Der Spannungskoeffizient eines idealen Gases ist gleich dem Volumenausdehnungskoeffizienten $\gamma$ und beträgt: $\gamma = 3{,}661 \cdot 10^{-4}\,\text{K}^{-1}$.

Die Messung muss entweder bei konstantem Druck oder bei konstantem Volumen stattfinden. Das Gasthermometer hat einen sehr großen Einsatzbereich (von –273 °C bis +2.800 °C), wie Bild 6.2-2 zeigt. Die üblicherweise mit Helium (He) oder Stickstoff ($N_2$) gefüllten Thermometer haben einen Einsatzbereich von –200 °C bis +800 °C. Bild 6.5-3 zeigt ein Gasdruck-Thermometer. Das elektrische Ausgangssignal liefert ein im Mess-System integriertes Thermoelement.

**Bild 6.5-3** Gasdruck-Thermometer (Werkfoto: WIKA, Typ 75 mit Thermoelement Typ K)

In der Tieftemperatur-Messtechnik werden *Tensions-Thermometer* eingesetzt. Bei diesen ist der gemessene *Dampfdruck* nach der *Clausius-Clapeyronschen Gleichung* ein Maß für die Temperatur.

## 6.6 Temperatur und Frequenz

Viele physikalische Größen sind *temperaturabhängig*. Diese Tatsache muss bei den meisten Sensoren beachtet werden. Es gibt jedoch auch die Möglichkeit, die Temperaturabhängigkeit als *Messmethode* für Temperatur-Sensoren zu verwenden. Dazu misst man die *Kennlinie*, d. h. den Temperaturverlauf der physikalischen Größe (z. B. Druck, elektrischen Widerstand, Kapazität, Induktivität). Aus dem gemessenen Wert der physikalischen Größe lässt sich dann die Temperatur errechnen. Dies ist aber im Allgemeinen mit großem Aufwand verbunden und hat daher keine große praktische Bedeutung.

Eine im Patent DE4200578A1 aufgezeigte Methode ist mit herkömmlichen Bausteinen einfach und kostengünstig zu realisieren. Der dort beschriebene Sensor besteht aus *zwei piezoelektrischen Schwingquarzen*, einer Speichervorrichtung und einer elektronischen Auswerteschaltung. Der erste Schwingquarz zeigt eine hohe Temperaturabhängigkeit und der zweite

Schwingquarz ist temperaturunabhängig. Die Frequenzen des ersten Schwingquarzes und die des zweiten Schwingquarzes werden gezählt. Aus dem Vergleich der beiden Zählerstände wird die Temperatur ermittelt.

## 6.7 Thermochromie

Thermochrome Substanzen ändern bei bestimmten Temperaturen ihre *Farbe*. Dies kann reversibel oder irreversibel geschehen. Der Grund ist darin zu suchen, dass bei bestimmten Temperaturen *Phasenübergänge* stattfinden, in denen andere Bereiche des sichtbaren Spektrums absorbiert werden. Das reflektierte Licht hat deshalb eine andere Farbe. Als anorganische Materialien kommen Zinkoxid, Rutil und Quecksilber-Iodid (II)-Verbindungen in Frage. Als organische Stoffe kommen Bixanthyliden (9,9′) und Bianthronyliden (10,10′) in Frage. Folgende Anwendungen sind typisch:

- *Thermolacke*. Die Farbe einer lackierten Oberfläche ist ein Maß für die Temperatur. Dies dient zur Sicherheitsabschätzung für schwer zugängliche Teile in der chemischen Industrie.
- *Lebensmittelverpackungen*. Die Farbe zeigt an, ob die Kühlkette unterbrochen war oder nicht.
- *Endverbraucher*. *Stimmungsringe* zeigen die Hauttemperatur an, *Zaubertassen* geben einen Hinweis auf die Trink-Temperatur oder den Füllgrad eines Behälters. *Löffel* für Kleinkinder zeigen an, ob die Speise eine verträgliche Verzehrtemperatur aufweist. *Thermofolien* auf Aquarien geben einen Hinweis auf die Temperatur im Aquarium.

## 6.8 Segerkegel

*Segerkegel* dienen zur Überwachung und Kontrolle bei *Brennvorgängen*. Auch modernste Steuer- und Regelungstechnik sowie optische Überwachungs-Sensoren (Abschnitt 6.10) haben diese robusten Sensoren nicht verdrängen können. Der Grund liegt darin, dass die Segerkegel aus den *gleichen Rohstoffen* hergestellt werden wie die Brennmassen (meist aus Keramik). Sie unterziehen sich also während des Brennvorgangs den gleichen Einwirkungen von Temperatur und Zeit wie der Brennstoff. Diese komplexen Zusammenhänge lassen sich mit dieser einfachen Methode sehr gut erkennen. Bild 6.8-1 zeigt drei Segerkegel, links vor dem Einsatz und rechts nach dem Einsatz.

**Bild 6.8-1** Segerkegel: links vor ihrem Einsatz und rechts nach ihrem Einsatz (Werkfoto: Töpferhof Brockhagen)

Die Normkegel sind in der Regel 5 cm hoch und werden mit dem zu brennenden Material in den Ofen gestellt. Bei einer bestimmten Temperatur kippen die Kegel um berühren den Boden. Aus *Tabellen* kann daraus die Brenntemperatur abgelesen werden. In Bild 6.8-1 gibt der *mittlere Kegel* (*Führungskegel*) die *gewünschte Brenntemperatur* an, während der rechte als Beobachtungskegel bei einer höheren und der linke bei einer niedrigeren Temperatur kippen. Im rechten Bild ist zu sehen, dass der mittlere Kegel mit der Spitze auf dem Boden geschmolzen ist, der rechte aber nicht. Das bedeutet, dass die Brenntemperatur (und auch der gesamte Brennprozess) genau richtig war. Wäre der mittlere Kegel zu stark geschmolzen, so wäre ein *Überbrand* gewesen; wäre er nur angeschmolzen so wäre ein *Unterbrand* entstanden.

Statt Segelkegel werden auch *Temperatur-Messringe* eingesetzt. Aus dem *Durchmesser* des Rings wird auf die Temperatur (und den Verbrennungsprozess) im Brennofen geschlossen.

## 6.9 Berührungslose optische Temperaturmessung

Bei der optischen Temperaturmessung werden folgende zwei Effekte ausgenutzt:

- Die *Wärmestrahlung* des Objektes mit *Strahlungsthermometern (Pyrometer)* und
- die *Rückstreuung* der Lichtquanten (Photonen) an den *Phononen* (quantifizierte Gitterschwingungen). Der zugrunde liegende Effekt ist der *Raman-Effekt*.

### 6.9.1 Strahlungsthermometer (Pyrometer)

Jeder Körper sendet entsprechend seiner Temperatur eine Strahlung aus. Die *Strahlungsleistung* $P_s$ berechnet sich nach dem *Stefan-Bolzmannschen Gesetz* zu:

$$P_s = \varepsilon \, \sigma \, A \, (T_1^4 - T_2^4).$$

Es ist: $\varepsilon$: Emissionsgrad der strahlenden Fläche; $\sigma$: Strahlungskonstante ($5{,}671 \cdot 10^{-8}$ W/(m$^2$K$^4$))

$A$ : Strahlende Oberfläche eines Körpers
$T_1$ : Temperatur des Strahlers
$T_2$ : Temperatur der Umgebung (des Sensors).

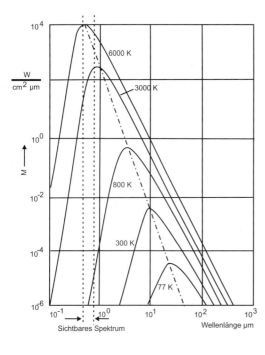

Die Strahlungsleistung $P_s$ beinhaltet die Wellenlängen des gesamten Spektrums. Dabei sind die Beiträge zur Strahlungsleistung wiederum von der Wellenlänge abhängig und verteilen sich nicht gleichmäßig über das Spektrum. Bild 6.9-1 zeigt die spezifische spektrale Emission $M$ in Abhängigkeit von der Wellenlänge $\lambda$ und der Temperatur $T$.

**Bild 6.9-1**
Spektrale Emission M in Abhängigkeit von der Wellenlänge und der Temperatur

## 6.9 Berührungslose optische Temperaturmessung

Das Produkt ε σ ist ein Maß für die *optische Kopplung* zwischen zu messender Oberfläche und dem Sensor. Ist die optische Kopplung, die strahlende Oberfläche $A$ sowie die Temperatur des Sensors $T_2$ bekannt, so kann durch die Messung der Strahlungsleistung $P_s$ die Temperatur an der Oberfläche des Strahlers gemessen werden. Dies geschieht mit einem *Pyrometer*. Bild 6.9-2 zeigt eine pyrometrische Anwendung in der Medizintechnik

**Bild 6.9-2**
Pyrometrischer Sensor (Ohrthermometer) zur kontaktlosen Temperaturmessung in der Medizintechnik (Werkfoto: PerkinElmer Optoelectronics)

Mit geeigneter Optik empfängt ein Sensor mit 0,5 mm² empfindlicher Membranoberfläche (Gesamtmembranfläche 1 mm²) bei 25 °C ungefähr 0,1 mW Strahlung von einem 40 °C warmen Objekt. Daraus resultiert ein elektrisches Signal von etwa 1,5 mV, mithilfe dessen sich die Temperatur des aussendenden Strahlers innerhalb von etwa einer Sekunde auf 0,1 °C genau bestimmen lässt. Dieses Verfahren wird in kommerziellen *Ohrthermometern* angewandt (Bild 6.9-2). Auf der Oberseite des Sensors ist das für Infrarotstrahlung transparente Fenster aus Silicium (mit zusätzlichen Beschichtungen zur Filterung der Wellenlängen und zur Minderung der Reflexion) zu sehen.

Die pyrometrische Temperaturmessung umfasst einen sehr großen Temperaturbereich (von –50 °C bis +4.000 °C.

Eine berührungslose, pyrometrische Temperaturmessung hat folgende Vorteile:

- *Berührungslose Messung*,
- *kein Verschleiß*,
- *keine mechanische Beschädigung* von empfindlichen Messobjekten (z. B. dünne Folien),
- *sehr schnelle Messung* (10 µs bis 1 s),
- sehr *große, zusammenhängende Messbereiche* (z. B. von 200 °C bis 3.000 °C),
- keine Probleme bei *bewegten Messobjekten* und
- Messung auch in *widrigen Umgebungen* (z. B. aggressive Medien, hohe elektrische oder magnetische Felder).

Die Nachteile sind:

- Der *Emissionsgrad* ε des Messobjektes muss bekannt sein und
- bei Metallen bereiten oft *starke Schwankungen des Emissionsgrades* (je nach Oberflächenbeschaffenheit) große Probleme bei der Genauigkeit der Messungen.

Die Pyrometer können portabel oder stationär eingesetzt werden. Die *portablen* Messgeräte werden zur *Diagnose* und zur *Inspektion* im Automotive-Bereich sowie in der Heizungs-, Klima- und Lüftungstechnik eingesetzt. Bild 6.9-3 zeigt ein solches portables Gerät.

**Bild 6.9-3**
Portables Pyrometer
(Werkfoto: Optris)

Mit dem Messgerät in Bild 6.9-3 können innerhalb einer Messzeit von 0,3 s und einer Messgenauigkeit von ±0,1 °C Temperaturen von –32 °C bis +530 °C gemessen werden. Der eingebaute Laser fixiert das Messobjekt, und durch einen Tastendruck wird die Messung ausgelöst.

In Tabelle 6.9-1 sind einige wichtige Anwendungen von mobilen Pyrometern zusammengestellt.

**Tabelle 6.9-1** Anwendungen von mobilen Pyrometern

| Einsatzbereich | Anwendungsbeispiele |
|---|---|
| Elektrische Maschinen und Anlagen | Elektrische Kontakte und Anschlüsse |
| | Kontrolle von Sicherungen |
| | Überlastungskontrolle |
| | Defekte in Kabelkanälen |
| | Wicklungs-Kurzschlüsse in Transformatoren |
| Automobil | Überprüfung der Bremsen, der Klimaanlage, der Heizung, des Kühlsystems |
| | Erkennen von Motorstörungen |
| Heizung-, Klima- und Lüftungstechnik | Aufspüren von Leckagen |
| | Prüfen von Zu- und Abluftauslässen und Sicherheitsventilen |
| | Einstellen des Raumklimas |
| | Prüfen von Brennern in Gas- und Ölheizungen |
| | Prüfen von Wärmetauschern und Heizkreisen |

*Stationäre Pyrometer* werden meist zur Qualitätssicherung in Fertigungslinien eingesetzt. Die Messwerte können nicht nur erfasst werden, sondern sie dienen auch zur *Steuerung* der Temperaturverläufe. Bild 6.9-4 zeigt einige Anwendungen bei Walzvorgängen in der Papier- und Glasindustrie, bei Laserschneidanlagen und bei Befüllungsautomaten.

6.9 Berührungslose optische Temperaturmessung

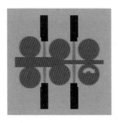 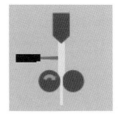 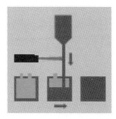

**Bild 6.9-4** Anwendungen von stationären Pyrometern in der Fertigung (Quelle: Optris)

Tabelle 6.9-2 zeigt typische Einsatzgebiete stationärer Pyrometer.

**Tabelle 6.9-2** Anwendungen von stationären Pyrometern

| Einsatzbereich | Anwendungsbeispiele |
|---|---|
| Maschinenbau | Kunststoff-, Glas- und Papierindustrie |
|  | Laserschweiß- und -schneidmaschinen |
|  | Kontrolle des Temperaturverlaufes an Walzen |
| Elektronik | Temperaturkontrolle bei der Waferherstellung und -prüfung |

Es können auch *Thermografiekameras* eingesetzt werden. Sie sind *ortsauflösende* Pyrometer.

Die verschiedenen Möglichkeiten der Detektierung sind in Abschnitt 14 (Fotoelektrische Sensoren) ausführlich beschrieben.

## 6.9.2 Faseroptische Anwendungen

### 6.9.2.1 Intrinsische Sensoren, DTS (Distributed Temperature Sensing)

*Distributed Temperature Sensing* (*DTS*) beruht auf der *Rückstreuung* von *Photonen* (Lichtquanten) an *Phononen* (Quanten mechanischer Schwingungen im Festkörper). Da die Verteilung von Photonen in einem Medium durch seine Temperatur bestimmt wird, können aus dem *zurück gestreuten Licht* Rückschlüsse auf die *Temperatur* der Faser an der Stelle der Streuung gezogen werden. Aufgrund der Laufzeit des Lichtes in der Faser kann der Ort der jeweiligen Streuung bestimmt werden. DTS erlaubt also die Messung einer *Temperaturverteilung* in einer *längeren optischen Faser* (bis etwa 20 km).

Der im Material vorherrschende Streumechanismus ist die elastische Rayleighstreuung, bei der die Energie und damit die Wellenlänge des gestreuten Photons konstant bleiben. Darüber hinaus gibt es die *Ramanstreuung*, bei der Energie zwischen den Photonen und dem Material ausgetauscht wird. Wird Energie an Materialschwingungen abgegeben, spricht man von einem *Stokes-Prozess*, im gegenteiligen Fall von einem *Anti-Stokes-Prozess*.

Während die *Amplitude der Stokes-Bande* (bei größerer Wellenlänge) nahezu *temperaturunabhängig* ist, hängt die Amplitude der *Anti-Stokes-Bande* (bei leicht kürzerer Wellenlänge) von der *Temperatur* des Streumediums ab. Aus diesem *Verhältnis* lässt sich die *Temperatur* berechnen.

Das Verfahren wird angewendet bei *Temperaturmessungen* über *längere Strecken* beispielsweise zur Leckageüberwachung in Pipelines, Brandüberwachung in Tunnels oder zur Temperaturkontrolle in nuklearen Endlagern. Andere Anwendungen sind die Temperaturüberwachung von *aushärtenden großen Betonstücken*, beispielsweise beim Bau von Staudämmen. Die Glasfasern kann man nach Abschluss der Messung einfach im Bauwerk belassen. Das Messgerät wird dann abgekoppelt.

Vorteile dieser Methoden sind:

- Der Sensor selbst (Multimode optische Faser aus Quarzglas) ist *kostengünstig* und kann bei Bedarf zurückgelassen werden.
- Die Messung ist *unabhängig von Beeinflussung* (Alterung, mechanischer Stress) des Sensors.
- *Kontinuierliche Messung über weite Strecken.*
- Der Sensor ist ein Nichtleiter, daher *keine Beeinflussung* durch *Mikrowellen* oder *elektrische Ströme*.

Nachteilig ist allerdings, dass diese Mess-Systeme sehr aufwändig und deshalb teuer sind.

Da beim DTS die optische Faser selbst auch der Temperatursensor ist, spricht man von einem *intrinsischen Sensor* (Bild 6.9-5).

**Bild 6.9-5**  DTS-System zur Temperaturmessung in einer Quarzglasfaser (intrinsischer Sensor) (Werkfoto: Sensornet)

### 6.9.2.2 Extrinsische Sensoren

Bei extrinsischen Sensoren ist der *Sensor nicht identisch* mit der *Faser*. Bild 6.9-6 zeigt ein Messgerät zur Temperaturmessung mittels faseroptischen Sonden (links). Die Fasern enden auf einem GaAs Kristall, dessen optische Absorptionskante temperaturabhängig ist (extrinsischer Sensor). Auf der rechten Seite des Bildes sieht man eine Röntgenaufnahme einer thermischen Krebstherapie. Faseroptische Sonden von 0,5 mm Durchmesser überwachen minimalinvasiv die Gewebetemperatur, während das Gewebe mit einem magnetische Wechselfeld erwärmt wird. Die dünnen Striche sind Metallnadeln, die ihre Leitfähigkeit oberhalb von 41 °C abschalten. Das dicke schwarze Teil ist eine Videokamera, die vor Beginn der Erwärmung entfernt wird. Grundlage der Therapie ist die geringere Wärmeresistenz des Krebsgewebes.

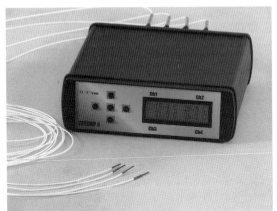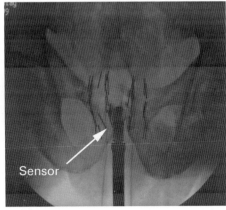

**Bild 6.9-6** Links: Messgerät zur Temperaturmessung mit faseroptischen Sonden. Rechts: Röntgenaufnahme einer thermischen Krebstherapie (Werkfoto: Dr. C. Renschen, Firma Optocon)

Faseroptische Methoden zur Temperaturmessung kommen auch dort zum Einsatz, wo aufgrund der besonderen Randbedingungen der Messung keine anderen Möglichkeiten verwendet werden können. Das ist zum Beispiel der Fall, wenn Mikrowellen zur Erwärmung eingesetzt werden und gleichzeitig die Temperatur überwacht werden muss, ohne dass sich die Temperaturmessung und Erwärmung gegenseitig beeinflussen. Anstatt der aufwändigen DTS-Technik können zum Beispiel temperaturempfindliche *optische Absorber* oder in die Faser eingebrannte *Bragg-Gratings* verwendet werden.

# Weiterführende Literatur

DIN IEC 60751:2005-03 Industrielle Platin-Widerstandsthermometer und Platin-Sensoren
H. Worch GmbH & Co. KgaA Weinheim, 9. Aufl. (2002), ISBN 3-527-30535-1
Huhnke, D.; Maier, U.: Temperaturmesstechnik, atp Praxiswissen kompkt, Oldenbourg Industrieverlag Wie, 4. Auflage 2006
ifm electronic: Schulungsunterlagen Temperaturmesstechnik, 2011
Michalowsky, L.: „Neue Technische Keramikwerkstoffe", Verlag für Grundstoffindustrie GmbH Leipzig, (1994), ISBN 3-342-00489-4
Physikalisch-Technische Bundesanstalt: Praktische Temperaturmessung, 2010
Physikalisch-Technische Bundesanstalt: Thermodynamische Temperaturen und die IST-90-Skala, 2010
VDI-Verlag: VDI/VDE-Richtlinien 3511, Blatt1-41, Technische Temperaturmessungen, Grundlagen und Übersicht über besondere Temperaturmessverfahren
Weber, D.; Nau, M.: Elektrische Temperaturmessungen, Verlag M. K. Juchheim, 6. Auflage 1997

# 7 Elektrische und magnetische Messgrößen

## 7.1 Spannung

### 7.1.1 Definition

Die Spannung $U$ ist ein Maß für die hineingesteckte Ladungstrennungsarbeit $W$ je Ladung $Q$. Es gilt:

$$U = W/Q. \tag{7.1.1}$$

Die Definition kann auch um die Dimension der Zeit erweitert werden. Wird die Arbeit $W$ als das Produkt aus der Leistung $P$ und der Zeit $t$ beschrieben ($W = P\,t$) und die Ladung $Q$ als Produkt aus Stromstärke $I$ und der Zeit $t$ ($Q = I\,t$), dann gilt: Die Spannung $U$ ist der Quotient aus der Leistung $P$ und der Stromstärke $I$:

$$U = P/I. \tag{7.1.2}$$

Die Maßeinheit für die Spannung ist 1 V. Ein Volt liegt dann zwischen zwei Punkten eines metallischen Leiters, wenn für Transport der Ladung von 1 C (Coulomb) eine Energie von 1 J (Joule) erforderlich ist (Gl. 7.1.1). Ein Volt liegt zwischen zwei Punkten eines metallischen Leiters, wenn bei einem konstanten Strom $I$ von 1 A zwischen den beiden Punkten eine Leistung $P$ von 1 W umgesetzt wird.

Für die Maßeinheit Volt sind daher folgende Einheiten gültig:

$$1\ V = 1\ J/C = 1\ W/A = 1\ m^2\ kg/(s\ A).$$

Die elektrische Spannung tritt in unterschiedlichen Formen auf:

- Als *elektrostatische Spannung* durch Ladungstrennung in einem begrenztem Umfeld (z. B. elektrische Aufladung von Gegenständen oder Gewitter);
- bei *chemischen Prozessen* durch Wanderung von elektrisch geladenen Teilchen (Ionen), beispielsweise bei Akkumulatoren oder galvanischen Effekten (Abschnitt 2.16 und Abschnitt 11);
- als *Kontakt-* und *Thermospannungen*;
- als *Rauschspannung* durch die Bewegung von Ladungsträgern.

Die Spannung kann statisch (Gleichspannung), dynamisch (Wechselspannung) oder als Mischung beider Formen auftreten. Als Normal gilt das *Weston-Normalelement*, welches ein chemisches Primärelement auf Basis von Cadmiumsulfat (Elektrolyt) sowie Quecksilber und Cadmiumamalgam als Elektroden ist. Es stellt eine Spannung von 1,01865 V bereit, welche aber temperaturabhängig ist.

Eine modernere Alternative stellt das *Josephson-Tunnelelement* dar, welches unter Mikrowellenbestrahlung eine Spannung von etwa 1 mV abgibt. Durch Reihenschaltung großer Mengen dieser Elemente können fast beliebige Referenzspannungen mit einer Reproduzierbarkeit von bis zu $10^{-12}$ erzeugt werden.

## Wechselspannung

Eine *Wechselspannung* ist durch einen sich ständig wiederholenden Wechsel der Polarität gekennzeichnet. Die Kurvenform kann dabei vielfältig sein, wie Sinus-, Rechteck-, Dreieck- oder Sägezahnschwingungen. Diese und weitere Kurvenformen können auch in Kombination und mit einer überlagerten Gleichspannung auftreten. Die häufigste Form ist die Sinusschwingung, da sie technisch die geringsten Verzerrungen und Verluste erzeugt.

Die Sinusschwingung stellt technisch die Grundform dar, da sich alle Kurvenformen mittels der *Fourier-Reihen* auf eine Zusammensetzung aus Sinusschwingungen unterschiedlicher Frequenz zurückführen lassen. Die Bestimmung der Frequenzanteile einer beliebigen Wechselspannung erfolgt mittels Fourier-Transformation (*FFT – fast fourier transformation*), welche als komplexe Darstellung das Frequenzspektrum und dessen Leistungsanteile ergibt. Die praktische Seite der Fourier-Analyse ist unter anderem die Dimensionierung von Bandbreiten bei der Übertragung nicht sinusförmiger Signale.

Wichtige Kennwerte einer Wechselspannung sind die *Periodendauer*, die *Spitzenspannung* und der *Effektivwert*, welche in Bild 7.1-1 dargestellt sind.

Die *Periodendauer* ist die Zeit zwischen zwei Nulldurchgängen in gleicher Richtung

Die *Spitzenspannung* ist der höchste auftretende Spannungswert $U_s$ der Schwingung. Bei unsymmetrischen Schwingungen wird auch der Wert von positiver zu negativer Spitzenspannung als $U_{ss}$ angegeben.

Der Effektivwert ist der Spannungswert einer Gleichspannung, der an einem ohmschen Widerstand die gleiche Wirkleistung wie die verwendete Wechselspannung erzeugen würde.

$$P = \frac{1}{T}\int_0^T I_m \sin \omega t \cdot U_m \sin \omega t \; dt \qquad P = \frac{1}{2}\frac{U_m^2}{R} = \frac{1}{\sqrt{2}} U_m \cdot \frac{1}{\sqrt{2}} I_m \qquad (7.1.3)$$

Dabei sind  $U_m, I_m$ : Maximalwerte (Spitzenwerte) von Spannung und Strom
  $T$ : Periodendauer
  $P$ : Wirkleistung.

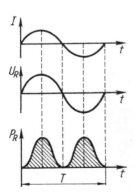

**Bild 7.1-1**
Kennwerte einer Sinusschwingung

## Messprinzipien

Ein altes Prinzip ist das *Elektrometer*, welches die Abstoßung gleich geladener Körper nutzt. Es ist eine sehr grobe Messung, findet aber in der Hochspannungstechnik immer noch Anwendung. Ein Elektrometer entnimmt der Quelle keine Energie. Dies kann ein großer Vorteil sein.

Die allgemein angewendeten Messverfahren *entnehmen* der Spannungsquelle *Energie*, welche zur Messung in eine andere Form gewandelt wird. Durch diese Belastung der Quelle entsteht ein Messfehler, welcher entsprechend berücksichtigt werden muss. Folgende Umwandlungen sind relevant:

*Umwandlung in ein elektromagnetisches Feld*

Hierzu zählt der größte Teil der klassischen *Zeigerinstrumente*, wie Dreh- und Tauchspuleninstrumente. Dabei erfolgt ein mechanischer Vergleich der durch das Feld entstehenden Kraft mit einer mechanischen Gegenkraft (z. B. in Form von Federn).

Diese Systeme eignen sich besonders zur Messung von *Gleichspannung*. Die Messung von Wechselspannung oder mit Wechselspannung überlagerter Gleichspannung erfordert zusätzliche Maßnahmen wie die Erzeugung einer phasenverschobenen Induktion oder Kapazität durch eine Kurzschlusswicklung.

*Umwandlung in Wärme*

Die Messgröße erzeugt an einem Heizelement eine Wärmemenge, welche als Temperaturänderung am Heizelement ausgewertet werden kann. Dieses Verfahren hat den Vorteil, dass es den Effektivwert der Spannung bestimmt und somit auch zur Messung von Wechselspannungen geeignet ist. Dabei spielt die Kurvenform der Spannung keine Rolle.

*Umwandlung in einen Strom*

Die zuvor genannten Methoden basieren zwar ebenfalls auf der Umwandlung der Spannung in einen Strom an einem definierten innerem Widerstand, entnehmen dabei aber für diesen Prozess eine nicht unerhebliche Leistung aus der Spannungsquelle.

Wird die zu messende Spannung über einen Widerstand in einen proportionalen Strom gewandelt und dieser integriert, so kann man durch eine Zeitmessung bei der Integration auf die angelegte Spannung schließen. Durch die damit erreichte Umwandlung der Spannung in eine Zeit ist ein Vergleich mit einem gut verfügbaren Normal gewährleistet. Die Eingangsströme können dabei sehr gering gehalten werden. (Bild 7.1-2)

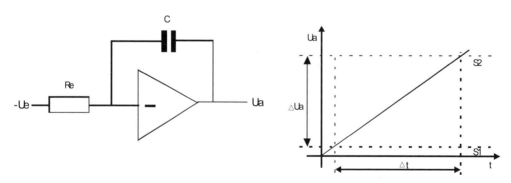

**Bild 7.1-2** Integration der Mess-Spannung

Die Ausgangsspannung folgt für eine Gleichspannung am Eingang der Gleichung

$$\Delta U_a = -\frac{U_e}{C \cdot R_e} \cdot \Delta t \quad \text{und ergibt damit} \quad U_e = -\frac{\Delta U_a \cdot C \cdot R_e}{\Delta t}.$$

# 7.1 Spannung

Da die Integration auf das Vorzeichen der Eingangsspannung reagiert, ist ableitbar, dass eine symmetrische Wechselspannung als Ergebnis den Wert 0 erbringen würde.

Diese Schaltung ist anfällig gegen Toleranzen und Drift der Komponenten und damit der Referenzpunkte. Um das auszugleichen, wird praktisch auf eine Doppelintegration zurück gegriffen, bei welcher die in einer festen Zeit aufgesammelte Ladung ($Q = I \cdot t$) in einer zweiten Integrationsphase mittels einer Referenzspannung abgebaut wird. Es ergibt sich damit die Konstruktion des *Zweiflankenumsetzers,* wie ihn Bild 7.1-3 zeigt.

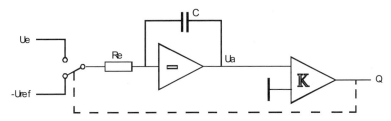

**Bild 7.1-3** Funktionsbild eines Zweiflankenumsetzers (Doppelintegrator)

In Bild 7.1-4 ist zu erkennen, dass das Ergebnis der Messung nur noch vom Verhältnis der beiden Zeiten und der Referenzspannung bestimmt wird.

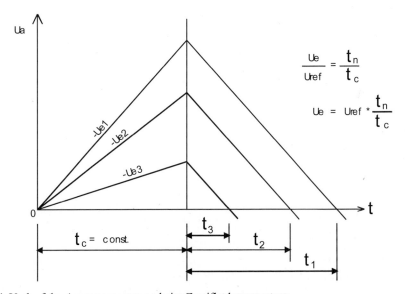

**Bild 7.1-4** Verlauf der Ausgangsspannung beim Zweiflankenumsetzer

## *Messung durch Vergleich mit einem Normal*

Um die Energieentnahme aus der Spannungsquelle für die Messung zu minimieren, kann die unbekannte Spannung durch einen Vergleich mit einem Normal bestimmt werden. Diese Methode ist zwar alt, gewinnt aber durch die Verfügbarkeit gestufter Normale – meist auf elektronischer Basis – wieder an Bedeutung. Auch hier besteht das Problem, dass die Messgröße während des Messvorganges stabil bleiben muss, was die Nutzung für Wechselspannungen ausschließt. Auswege daraus sind:

- die Messgröße wird während des Messvorgangs „*eingefroren*", was durch Abtast- und Haltestufen erfolgt. Es erfolgt damit aber die Messung eines *Momentanwertes*, welcher je nach Kurvenform erheblich vom tatsächlichen Wert abweichen kann.
- Es erfolgt eine Messung mit Hilfe *zusätzlicher* Baugruppen wie beispielsweise Gleichrichter oder Spitzenwertgleichrichter.
- Es erfolgt eine Messung mit ausreichender Abtastfrequenz, so dass aus dem gemessenen Spannungsverlauf auf mathematischem Weg die erforderlichen Kenngrößen bestimmt werden können.
- Man misst mit einer sehr hohen Abtastrate und vergleicht mit zufällig generierten Spannungswerten. Durch *statistische Verfahren* (z. B. mit der Monte-Carlo-Methode) lassen sich die Kennwerte des anliegenden Spannungssignal ermitteln, so beispielsweise der Mittelwert, der Effektivwert oder der Gleichanteil.

### 7.1.2 Messanordnungen

*Messung durch Energieentnahme*

Eine Spannungsmessung erfolgt durch die *Parallelschaltung* der Messeinrichtung zur Spannungsquelle. Da beide einen Innenwiderstand besitzen, ergibt sich elektrisch eine Reihenschaltung aus der eigentlichen Quelle, deren Innenwiderstand $R_{iq}$ und dem Innenwiderstand der Messeinrichtung $R_{im}$. Diese Innenwiderstände stellen damit einen Spannungsteiler dar, welcher eine Abweichung der gemessenen Spannung zur tatsächlichen Spannung hervorruft (Bild 7.1-5).

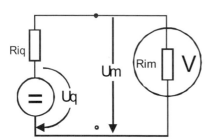

**Bild 7.1-5**
Anordnung bei der Spannungsmessung

Der relative Messfehler der Mess-Spannung $U_m$ beträgt somit:

Relativer Messfehler = $1 - (R_{im}/(R_{im} + R_{iq}))$.

Die Genauigkeit der Messung wird damit wesentlich vom Verhältnis der beiden Innenwiderstände $R_{im}$ und $R_{iq}$ bestimmt. Für eine fehlerfreie Messung muss der Quellwiderstand $R_{iq}$ den Wert Null annehmen oder der Widerstand des Messgerätes den Wert unendlich.

Die Innenwiderstände von Zeigerinstrumenten liegen im Bereich von einigen 10 kΩ/V, das heißt, der Innenwiderstand wurde im Bezug zum Messbereich angegeben. Der Innenwiderstand elektronischer Spannungsmesser liegt im Bereich einiger MΩ.

*Messung durch Integration*

Eine weitere Möglichkeit zur Spannungsmessung ist die Entnahme *kleiner Energiemengen* und deren *Integration*. Dadurch kann die momentane Belastung der Quelle gering gehalten werden und es werden Störungen durch den Integrationsvorgang unterdrückt.

## 7.1 Spannung

Mit dieser Methode arbeiten viele elektronische Spannungsmesser. Die wichtigsten schaltungstechnischen Vertreter sind hier der Zweiflankenumsetzer und der Sigma-Delta-Wandler.

Beim *Zweiflankenumsetzer* (Bild 7.1-3 und Bild 7.1-4) wird mit der Messgröße auf einem Kondensator innerhalb einer festen Zeit eine Ladung aufgebaut. In der zweiten Phase wird diese Ladung mittels einer bekannten Referenzspannung kompensiert und die erforderliche Zeit bestimmt. Aus den bekannten zwei Zeiten und der Referenzspannung lässt sich die Ladung und damit die Eingangsspannung bestimmen.

Auf dieser Grundlage arbeitet ein großer Teil der heute gebräuchlichen *Multimeter*, da die Messung durch die Integration störunanfällig ist und eine überlagerte Wechselspannung oder Rauschen eliminieren kann. Eine Messung reiner Wechselspannungen ist damit ohne Zusatzbaugruppen nicht möglich, da das Integral über eine symmetrische Schwingung Null ist.

Beim *Sigma-Delta-Wandler* (auch als 1-Bit-ADC bezeichnet) erfolgt ebenfalls eine Integration der Eingangsgröße. Überschreitet die Ausgangsspannung des Integrators einen *Schwellenwert*, so wird am Eingang eine Referenzspannung subtrahiert, bis der Schwellenwert wieder unterschritten wird. Die Abfrage des Schwellenwertes erfolgt dabei zeitdiskret. Der am Ausgang entstehende *Bitstrom* repräsentiert in seiner Verteilung der Zustände 0 und 1 das Verhältnis zwischen Messgröße und Referenzspannung, welches durch Filterung als numerischer Wert ausgegeben wird

Die Schaltung in Bild 7.1-6 besteht lediglich aus einem Integrator, einem getakteten Komparator und einem 1-Bit-DA-Wandler, welcher einem Analogschalter zwischen 0 V und einer Referenzspannung entspricht. Als Bedingung für die Funktion wird vorausgesetzt, dass die Eingangsspannung kleiner als die Referenzspannung ist.

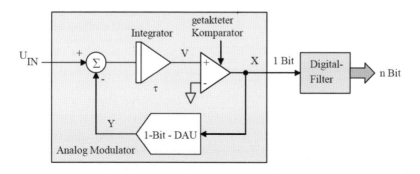

**Bild 7.1-6** Grundschaltung eines Sigma-Delta-Wandlers

Als Ausgangssignal beim Sigma-Delta-Wandler entsteht eine Impulsfolge, deren Verhältnis dem Verhältnis von Eingangsspannung zu Referenzspannung entspricht. (Bild 7.1-7) Diese Impulsfolge wird in der nach geschalteten Einheit gefiltert und als Zahlenwert ausgegeben.

Man kann davon ausgehen, dass fast alle integrierten AD-Wandlerschaltkreise mit einer Auflösung oberhalb 16 Bit nach diesem Prinzip arbeiten.

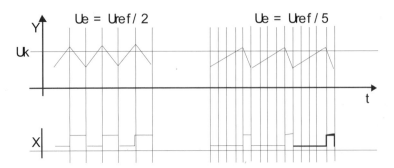

**Bild 7.1-7** Signalverlauf am Sigma-Delta-Wandler

## Messung durch Vergleich

Für den Vergleich wird die eine Seite durch die zu messende Spannung gebildet, die andere durch eine *veränderliche Referenzgröße*. Das Grundschema aller vergleichenden Messverfahren zeigt Bild 7.1-8. Den Kern bildet ein Digital-Analog-Wandler (DAU), welcher aus einer Referenzquelle gestufte Ausgangsspannungen ableitet. Diese werden mit der zu messenden Spannung verglichen. Über die Steuerung wird das dafür verwendete Verfahren bestimmt.

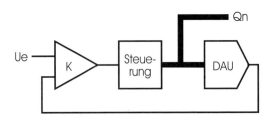

**Bild 7.1-8**
Grundschaltung einer Messung durch Vergleich

## Servoumsetzer

In diesem Fall besteht die Steuerung aus einem *Aufwärts-/Abwärts-Zähler*. Ist die Eingangsspannung größer als die Ausgangsspannung des DA-Wandlers, so wird der Zählerwert – und damit die Ausgangsspannung – erhöht, ist sie kleiner, erniedrigt. Der analoge Vergleichswert, und damit auch die digitale Repräsentation, pendelt um den Eingangswert. Diese Messmethode ist geeignet für statische oder sich langsam ändernde Spannungen.

## Die sukzessive Approximation

Diese Methode arbeitet ebenfalls mit der Anordnung aus Bild 7.1-8, verwendet aber ein anderes Verfahren der Ansteuerung des DAU. Es werden hier binär gestufte Spannungen zum Vergleich erzeugt. Nach jedem Schritt wird geprüft, ob die dabei entstandene Spannung größer oder kleiner als die Eingangsspannung ist und daran entschieden, ob die zuletzt zugeschaltete Stufe benötigt wird oder nicht. Den Ablauf zeigt Bild 7.1-9.

Der Vorteil des Vergleiches besteht darin, dass im Zustand der Spannungsgleichheit beider Seiten kein Strom fließt und damit der Quelle keine Energie entnommen wird. Dieser Zustand entspricht einem Innenwiderstand der Mess-Schaltung von unendlich. Der Vergleich der beiden Seiten erfolgt durch hochohmige Komparatoren oder Operationsverstärker – beispielsweise mit SFET-Eingang.

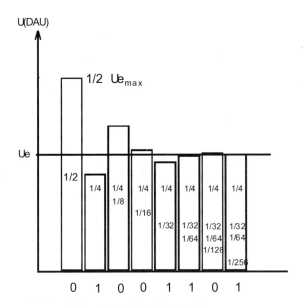

**Bild 7.1-9**
Spannungsverlauf am Komparator bei der sukzessiven Approximation

### Messung von Wechselspannungen

Bei der Messung von Wechselspannungen ist vor allem der *Effektivwert* und der *Spitzenwert* von Interesse. Die Bestimmung des Spitzenwertes ist durch eine Gleichrichtung möglich. Der Ladekondensator wird dabei auf die Spitzenspannung aufgeladen.

Die *Spitzenspannung* kann durch einen *Spitzenwert-Gleichrichter* gewonnen werden. Dieser Besteht im einfachsten Fall aus einer Diode und einem nachfolgenden Ladekondensator. Bei dieser einfachen Schaltung entsteht durch die Fluss-Spannung der Diode ein nicht unerheblicher Fehler, so das der Einsatz aktiver Gleichrichterschaltungen günstiger ist (Bild 7.1-10).

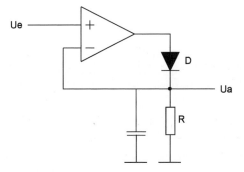

**Bild 7.1-10**
Spitzengleichrichter

Ist der Messwert unsymmetrisch oder von einer Gleichspannung überlagert, so muss die negative Spitzenspannung gesondert gemessen und beide verrechnet werden.

Für den Fall, dass es sich um eine Sinusschwingung handelt, ergibt sich der *Effektivwert* der Spannung *zu*:

$$U_{\text{eff}} = \frac{U_{\text{Spitze}}}{\sqrt{2}}$$

Dieser Wert ist aber dann zu ungenau, wenn die Sinusschwingung von einem Gleichspannungsanteil oder anderen Störungen überlagert wird. Für andere Kurvenformen gelten andere Umrechnungsfaktoren (siehe auch Gl. (7.1.3)).

Ein anderer Weg zur Messung von Wechselspannungen ist der Einsatz *statistischer Methoden*. Diese haben den Vorteil, dass sie von der Kurvenform völlig unabhängig sind. Sie erfordern zwar eine hohe Abtastrate der Messgröße, sind aber mit heutiger Elektronik gut zu beherrschen. Der Grundgedanke dieser nach der *Monte-Carlo-Methode* arbeitenden Messanordung beruht darauf, dass durch einen Zufallsgenerator Spannungswerte erzeugt und mit der Eingangsspannung verglichen werden. Durch Auszählen der Zufallswerte, die (vorzeichenrichtig) größer als die Messgröße sind, kann anschließend durch einfache mathematische Operationen der Effektivwert des Mess-Signals bestimmt werden.

## 7.2 Stromstärke

### 7.2.1 Definition

Wird die Ladung d$Q$ in der Zeitspanne d$t$ durch eine Querschnittsfläche hindurchbewegt, dann berechnet sich die Stromstärke $I$ zu:

$I = dQ/dt$.

Aus dieser Gleichung folgt, dass auch die Ladung, wie in Abschnitt 7.1 beschrieben, durch die Dauer des Stromflusses berechnet werden kann:

$$Q = \int_{t_1}^{t_2} I(t) dt. \quad (7.2.1)$$

Nach dieser Formel kann man die Ladung für zeitabhängige Ströme berechnen (Abschnitt 7.3). Anschaulich ist die Ladung als Fläche unter der $I(t)$-Kurve zu verstehen. Bei konstanter Stromstärke $I$ ergibt sich die bekannte Formel $Q = I\,t$ (Abschnitt 7.1).

Die Maßeinheit für die Stromstärke $I$ ist das Ampere (A). Die Stromstärke $I$ besitzt dann den Wert von 1 A, wenn durch zwei im Abstand von 1 m befindliche geradlinige, parallele Leiter (mit Durchmesser Null) fließende Stromstärke $I$ je Meter Länge eine Kraft von $2 \cdot 10^{-7}$ N hervorruft. Diese Definition wurde gewählt, um die elektrische und die mechanische Energie in gleichen Einheiten messen zu können. Es gilt dann:

1 V A = 1 J = 1 N m.

*Messprinzipien*

Der Transport elektrischer Ladung kann selbst nicht gemessen werden. Dies erfolgt immer an der Wirkung des Stromflusses. Daraus lassen sich auch die unterschiedlichen Messprinzipien ableiten:

*Stromfluss durch einen Widerstand*

Für viele Leiter gibt es einen linearen Zusammenhang zwischen dem Strom $I$ und der Spannung $U$. Die Proportionalitätskonstante ist der Widerstand $R$, so dass das *Ohm'sche Gesetz* gilt:

$U = R\,I$   oder, nach dem Strom $I$ aufgelöst: $I = U/R$.

Ein Stromfluss erzeugt nach diesem Gesetz an einem durchflossenen Widerstand $R$ einen Spannungsabfall $U$. Damit lässt sich jede Strommessung auf eine Spannungsmessung zurückführen – und umgekehrt, wie im vorherigen Kapitel beschrieben. Die Genauigkeit der Messung ist damit weitgehend von den Eigenschaften des verwendeten Widerstandes anhängig. Das bezieht sich außer auf die *Wert-Genauigkeit* vor allem auf sein *thermisches Verhalten*, da im Messwiderstand immer eine (Verlust-)Leistung umgesetzt wird. Diese führt zur Erwärmung desselben und damit zur Wertänderung.

Bei der Messung großer Ströme werden *Stromteiler* eingesetzt, welche den fließenden Strom auf zwei Pfade aufspalten. Durch die Gestaltung der Widerstandswerte in Messzweig und Shunt lässt sich das Verhältnis der Teilströme gestalten. Zudem wurden für diese Zwecke spezielle Bauformen von Messwiderständen in 4-Leiter-Technik entwickelt, welche ein Ausschalten der Störungen durch Anschluss-Stellen ermöglichen

### *Thermische Wirkung des Stromflusses*

Stromdurchflossene Leiter erwärmen sich, ändern dadurch ihre Länge (oder Volumen) und oft auch andere temperaturabhängige Größen, beispielsweise den elektrischen Widerstand oder die Farbe. Die an einem Messwiderstand umgesetzte Leistung führt zu seiner Erwärmung. Diesen Umstand kann man ebenfalls als Mess-Signal auswerten.

### *Magnetisches Feld durch Stromfluss*

Stromdurchflossene, gerade Leiter werden von einem zylindersymmetrischen Magnetfeld umgeben. Der Weg auf der geschlossenen Feldlinie mit dem Radius $r$ beträgt $s = 2\pi r$, so dass gilt: $I = H \cdot 2\pi r$.

Dieser Zusammenhang kann zur Strommessung herangezogen werden. Die Messungen über das magnetische Feld sind alle galvanisch vom zu messenden Signal getrennt und können somit auch bei *hohen* Spannungen und Strömen eingesetzt werden. Es sind zwei grundsätzliche Verfahren bekannt:

- Das magnetische Feld wird durch *Magnetsensoren* (Hall-Sensoren, Abschnitt 2.8) erfasst. Diese Methode wird oft als integrierte Schaltung angeboten. Da der stromführende Leiter unmittelbar am Sensor angebracht werden kann, eignet er sich auch für Ströme im Bereich von mA.
- Der Stromwandler ist ein *stromgespeister Transformator*, welcher eine Übersetzung des Stromes entsprechend dem Windungsverhältnis vornimmt. Der Ausgang des Transformators wird dazu mit einer definierten Last betrieben, über die eine dem Eingangsstrom proportionale Spannung abfällt. Das Verfahren eignet sich nur für Wechselströme.
- Ein stromdurchflossenes Leiterelement der Länge d$l$ übt eine Kraft d$F$ aus und es gilt: d$F = I$ (d$l \times B$). Dabei gilt für die magnetische Induktion $B = \mu H$ ($\mu$: Permeabilität).Die mit dem Magnetfeld einhergehende Kraftwirkung wird mechanisch mit einer Gegenkraft verglichen, wie beispielsweise bei einem Drehspuleninstrument.

## 7.2.2 Messanordnungen

Am Häufigsten erfolgt die Strommessung durch Umwandlung in einen Spannungsabfall an einem Widerstand. (Ohm'sches Gesetz: $I = U/R$). Da dieser Widerstand immer größer Null sein muss, um diesen Spannungsabfall zu generieren, wirkt er als zusätzlicher Innenwiderstand in Reihe zur Quelle.

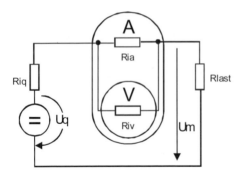

**Bild 7.2-1**
Anordnung zur Messung der Stromstärke

In Bild 7.2-1 ist die Grundstruktur einer Strommessung dargestellt. Bei der Erzeugung eines Spannungsabfalls an einem Messwiderstand erfolgt die Strommessung indirekt durch eine Spannungsmessung. Wenn man bei heutiger Technik davon ausgeht, dass der Innenwiderstand der Spannungsmessung ($R_{iv}$) um mehrere Potenzen über dem Innenwiderstand der Strommessung ($R_{ia}$) liegt, kann der Einfluss der Spannungsmessung vernachlässigt werden. Der Fehler bei der Strommessung entsteht durch die Erhöhung des Lastwiderstandes um den Innenwiderstand der Strommessung, wodurch der gemessene Strom niedriger ausfällt als im Fall ohne Messung. Er wird somit durch das Verhältnis von Lastwiderstand und Innenwiderstand des Mess-Systems bestimmt.

Eine weitere Fehlerquelle sind die thermischen Eigenschaften des Messwiderstandes $R_{ia}$. Hier führt die Erwärmung des Widerstandes zu einer Wertveränderung. Der Temperaturkoeffizient $T_k$ beschreibt die Temperaturabhängigkeit des Widerstandes als Verhältnis der relativen Änderung des Widerstandes $\Delta R/R$ und der Temperaturänderung $\Delta t$: $T_k = (\Delta R/R) \Delta t$. Wegen dieser Temperaturabhängigkeit sollten Bauelemente mit einem möglichst niedrigen Temperaturkoeffizient ($T_k$) eingesetzt werden. Der $T_k$ steht dabei in seiner Bedeutung höher als die Präzision des Wertes, da der durch die Werttoleranz entstehende Fehler meist in der nachfolgenden Verarbeitung einjustiert werden kann.

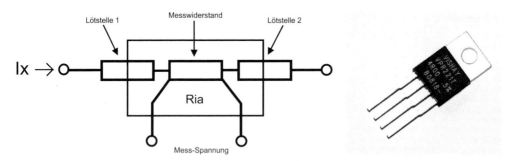

**Bild 7.2-2** Messung großer Ströme in 4-Leiter-Technik  **Bild 7.2-3** Messwiderstand

Mit steigenden Mess-Strömen nimmt der Einfluss der Kontaktstellen des Messwiderstandes zu. Der Widerstandwert der Löt- oder Klemmstelle liegt im Bereich von einigen mΩ und ist damit fast wertgleich mit dem eigentlichen Messwiderstand, welcher ebenfalls im Bereich einiger 10 mΩ bis 100 mΩ liegen kann. Um diese Störung zu beseitigen, werden spezielle Messwiderstände in 4-Leiter-Technik angeboten, welche zu den Anschlüssen für den Nutzstromkreis noch Anschlüsse für die Messung besitzen. Letztere sind direkt mit dem (inneren) Präzisionswiderstand kontaktiert. Da über sie kein Strom fließt, hat ihr Eigenwiderstand keine Bedeutung für die Messung. Die Bilder 7.2-2 und 7.2-3 zeigen den Aufbau und die Ausführung derartiger Widerstände – hier den VPR220 (www.vishay.com).

## 7.3 Elektrische Ladung und Kapazität

### 7.3.1 Definition

Bereits in Abschnitt 7.2 wurden die Zusammenhänge zwischen elektrischem Strom $I$ und Ladung $Q$ erläutert. Es gilt:

$$Q = \int_{t_1}^{t_2} I(t) \mathrm{d}t.$$

Bei konstantem Strom gilt dann: $Q = I \cdot t$.

Anschaulich ist die *elektrische Ladung* – oder auch Elektrizitätsmenge – ein Maß für die durch den Strom mit der Stärke $I$ transportierten Ladungsträger.

Die Einheit für die Ladung $Q$ ist das Coulomb (C): 1 [C] = 1 [A] · [s].

Die *Kapazität* $C$ gibt an, wie viel Ladung $Q$ je Spannungseinheit 1 V gespeichert werden kann. Es gilt: $C = Q/U$. Ein Bauelement, welches die elektrische Ladung speichern kann, nennt man *Kondensator*.

Die Einheit der Kapazität ist das Farad (F):

1 [F] = 1 [C]/[V] = 1 [A] [s]/[V].

Wenn man diese Beziehung umstellt, ergibt sich, dass ein Kondensator von 3.600 F aufgeladen auf 1 V eine Elektrizitätsmenge von 1 Ah trägt – ein anschaulicher Vergleich zwischen Akkumulator und Kondensator.

Der Kondensator als Bauelement für die Speicherung von Ladung erlaubt theoretisch den unendlich schnellen Austausch dieser Ladung. Durch *parasitäre Komponenten*, welche durch den technischen Aufbau bedingt sind, wird dieser schnelle Ladungsaustausch behindert. Der Kondensator besteht technisch aus zwei möglichst großen elektrisch leitenden Flächen, welche sich mit minimalem Abstand gegenüber stehen. Der dabei auftretende Isolationswiderstand $R_{iso}$ zwischen den Schichten verursacht eine Entladung und führt damit zu einem Ladungsverlust. Die leitenden Flächen besitzen durch ihre geometrischen Ausdehnungen einen ohmschen Widerstand ESR (Equivalen Series Resistance) und eine Induktivität ESL (Equivalen Series Inductance L). Durch beide wird der maximal fließende Strom beim Auf- oder Entladen begrenzt, da sie mit der Kapazität zusammen einen Tiefpass bilden. Das Ersatzschaltbild eines Kondensators wird in Bild 7.3-1 gezeigt.

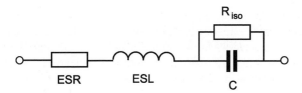

**Bild 7.3-1**
Ersatzschaltbild eines Kondensators

Dies soll am ESR verdeutlicht werden. Beim Anlegen einer Spannung über dem realen Kondensator erfolgt eine Aufladung nach der Gleichung

$$U_a = U_e \cdot (1 - e^{-\frac{t}{RC}})\tag{7.3.1}$$

umgestellt nach der Ladezeit

$$t = -RC \cdot \ln(1 - \frac{U_a}{U_e})\tag{7.3.2}$$

mit $U_a$ : Ladespannung am Kondensator
$U_e$ : angelegte Spannung
$R$ : Wert des ESR
$C$ : Kapazität des Kondensator.

Soll die Spannung am Kondensator 99 % der angelegten Spannung erreichen, so vergeht die Zeit

$$t(99\%) = RC \cdot 4,6\,.$$

Mit praktischen Werten für einen low-ESR-Ladekondensator in einem Schaltregler mit 220 µF und einem ESR von 100 mΩ ergibt sich eine Zeit von etwa 100 µs.

## *Messprinzip Ladung*

Folgende Messprinzipien sind denkbar:

- Die elektrische Ladung kann mittels eines Coulombmeters gemessen werden. Dies bestimmt, beruhend auf dem Faraday'schen Gesetz, die Menge der geflossenen Ladung anhand der dadurch galvanisch abgeschiedenen Massen (vergleiche auch alte Definition der Stromstärke).
- Nach Gl. (7.2.1) kann man aus der Kapazität $C$ und der Spannung $U$ ($C = Q/U$) die Ladung bestimmen. Ausgehend von der umgestellten obigen Gleichung zu $Q = C \cdot U$ führt eine Veränderung der Kapazität (bei gleichbleibender Ladung) zwangsläufig zu einer Änderung der Spannung. Wenn der ladungstragenden Kapazität eine weitere Kapazität bekannter Größe parallel geschaltet wird, so sinkt die Spannung proportional zum Verhältnis der Kapazitäten (Bild 7.3-2). Aus der Spannungsänderung und der zugeschalteten Kapazität lässt sich die unbekannte Kapazität bestimmen und daraus die vorhandene Ladung. Da die Ladung nicht verloren geht (unendlich hochohmiges Voltmeter), muss sie auf $C_x$ und $C_x + C_1$ gleich sein.

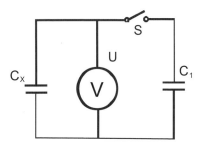

Bild 7.3-2
Ladungsbestimmung durch Ladungsteilung

## 7.3 Elektrische Ladung und Kapazität

$$Q = C_X \cdot U_X = (C_X + C_1) \cdot U_1$$

$$C_X = C_1 \cdot U_1 / (U_X - U_1)$$

$$Q_X = C_1 \cdot \frac{U_X \cdot U_1}{U_X - U_1}$$

mit $U_X$ : Spannung vor Schließen von S
$U_1$ : Spannung nach Schließen von S
$C_1$ : bekannte Kapazität.

Diese Messung setzt sehr hochohmige Messeingänge voraus, um keine Ladung über dem Eingangswiderstand zu verlieren. Das ist mit dem Einsatz von *Elektrometerröhren* oder *Halbleiterschaltungen* mit SFET-Eingang möglich.

- Die Bestimmung von großen Ladungsmengen – z. B. von Akkumulatoren – erfolgt durch *Schaltkreise*, welche mittels Strom- und Zeitmessung die bewegten Ladungsmengen bestimmen. Durch vorzeichenrichtige Integration dieser Werte lässt sich daraus der Ladezustand von Speicherkondensatoren oder Akkumulatoren errechnen.

*Messprinzip Kapazität*

Für die Messung von Kapazitäten haben sich eine Vielzahl von Methoden herausgebildet, deren Anwendung von der Größe der Kapazität, der technischen Ausführung und der Genauigkeit abhängen.

- Durch den Zusammenhang $C = Q/U$ können *Kapazitäten gemessen werden*. Dabei wird einer geladenen Kapazität unbekannter Größe eine ungeladene Kapazität mit bekannter Größe parallel geschaltet. Aus der sich einstellenden Spannungsänderung lässt sich die unbekannte Kapazität bestimmen (Bild 7.3-2).

Es kann der Zusammenhang ausgenutzt werden, dass die Definition der Kapazität die Zeit enthält.

$$C = \frac{Q}{U} = \frac{I \cdot t}{U} \quad \text{bzw.} \quad U = \frac{I \cdot t}{C}.$$

Wenn eine Kapazität mit einem konstanten Strom auf eine definierte Spannung geladen wird, dann ist die dafür benötigte Zeit der Kapazität proportional. Es kann der gleiche Effekt erreicht werden, wenn man die Ladezeit vorgibt und anschließend die entstandene Spannung misst (Bild 7.3-3).

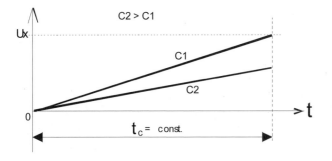

**Bild 7.3-3**
Kapazitätsbestimmung durch Ladung mit Konstantstrom

- Dieser oben geschilderte Weg kann auch mit konstanter Spannung durchgeführt werden. Dabei wird die Kapazität über einen bekannten Widerstand auf die angelegte Spannung aufgeladen. Da der Strom durch den Widerstand mit steigender Kondensatorspannung sinkt, erfolgt der Vorgang nach einer e-Funktion. Man bestimmt dabei die Zeit, welche für eine Ladung auf 63,2 % der Referenzspannung benötigt wird, da für diesen Fall der Logarithmus in Gl. (7.3.2) den Wert -1 hat. Aus der Gl. (7.3.2)

$$t = -RC \cdot \ln(1 - \frac{U_a}{U_e})$$

ergibt sich für diesen speziellen Fall

$$t = -RC \cdot \ln(1 - \frac{0{,}632 \cdot U_e}{U_e}) = RC \quad \text{und} \quad C = \frac{t}{R}.$$

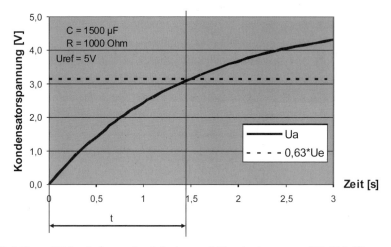

**Bild 7.3-4** Kapazitätsbestimmung durch Ladung mit Konstantspannung (Gl. (7.3.1))

- Die Kapazitätsbestimmung kann durch den Einsatz in schwingenden LC- oder RC-Schaltungen erfolgen. Als auswertbare Größe steht dann die *Frequenz f* zur Verfügung, welche proportional zur Kapazität ist (Bild 7.3-6).
- Es kann das Wechselspannungsverhalten einer Kapazität zu deren Bestimmung herangezogen werden. Ein Kondensator hat einen Wechselspannungswiderstand – den *Blindwiderstand*, welcher reziprok von der Frequenz und der Kapazität abhängt.

$$X_C = \frac{1}{\omega C} = \frac{1}{2\pi f \cdot C}.$$

Im Gegensatz zum vorherigen Punkt wird hier nicht auf der Resonanzfrequenz gearbeitet. Die zur Messung verwendete Frequenz sollte nach dem gewünschten Messbereich ausgewählt werden.

## 7.3.2 Messanordnungen

Im folgenden Abschnitt wird auf einige Beispiele zur praktischen Messung von Kapazität und Ladung eingegangen.

## Kapazitätsmessung durch Ladungsteilung

Die oben beschriebene Parallelschaltung bekannter Kapazitäten kann als diskreter Versuchsaufbau, in Form elektronischer Schaltungen oder als integrierter Schaltkreis eingesetzt werden. Das Grundprinzip zeigt Bild 7.3-5.

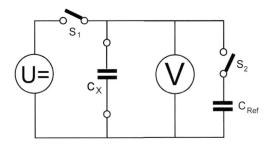

**Bild 7.3-5**
Kapazitätsmessung durch Ladungsteilung

Ausgehend von der Gleichung $Q = C\,U$ kann man unter Vernachlässigung der Verluste durch die Spannungsmessung für die Ladephase (S1 geschlossen) und die Messphase (S2 geschlossen) folgende Gleichungen aufstellen:

Phase 1: $\quad Q = C_x \cdot U_1$

Phase 2: $\quad Q = (C_x + C_{ref}) \cdot U_2$

nach Umstellung erhält man $\quad C_x = (C_{ref} \cdot U_2)/(U_1 - U_2)$.

## Kapazitätsmessung durch RC-Generatoren

Eine sehr einfache Methode ist der Einbau der unbekannten Kapazität in eine schwingende Schaltung. Der Bereich der bestimmbaren Kapazitäten durch die Schaltung in Bild 7.3-6 kann sich über 7 Dekaden erstrecken. In dieser Schaltung wird die *Hysterese* des logischen Gatters – eines Inverters – ausgenutzt. Beim Start mit ungeladenem Kondensator ist die Ausgangsspannung gleich der Betriebsspannung und der Kondensator wird geladen. Nach dem Übersteigen der Schwellspannung schaltet der Ausgang auf 0 V und entlädt den Kondensator, bis dessen Spannung unter den Schwellwert sinkt. Dieser Vorgang wiederholt sich zyklisch.

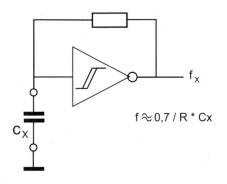

**Bild 7.3-6**
RC-Generator zur Kapazitätsbestimmung

## Komplexe Bauelemente zur Kapazitätsbestimmung

- Für die Messung sehr kleiner Kapazitäten sind vor allem zwei Beispiele interessant – der AD774x von Analog Devices und der PS02 von ACAM.
- Der AD774x stellt einen direkten *Kapazitäts-Digital-Wandler* dar (Bild 7.3-7). Bei ihm wird ausgenutzt, dass beim Laden eines Kondensators nur eine durch die Kapazität und die Spannung bestimmte Ladungsmenge bewegt werden kann. Diese Ladungsmenge wird auf einem größeren Kondensator am Eingang eines Analog-Digital-Wandlers gesammelt, welcher die sich dort bildende Spannung umsetzt. Mit diesem Prinzip ist es möglich, extrem kleine Kapazitätswerte im Bereich von einigen pF und einer Auflösung von 4 aF bis 10 aF (1 „Atto"-Farad aF entspricht $10^{-18}$ F) zu bestimmen.

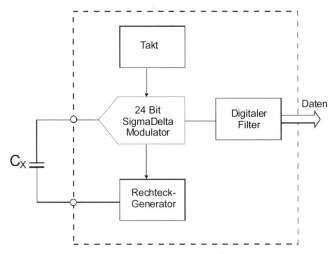

**Bild 7.3-7**  Vereinfachtes Blockschaltbild des AD7745  (Quelle: Analog Devices Inc.; www.analog.com)

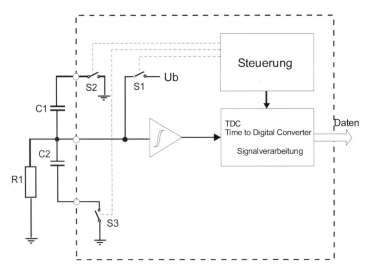

**Bild 7.3-8**  Vereinfachtes Blockschaltbild des PS02  (Quelle: ACAM-Messelektronik GmbH; www.acam.de)

- Beim PS02 wird die Bestimmung der Lade- und Entladezeit einer RC-Kombination durchgeführt. Dabei ist es möglich, sowohl $R$ als auch $C$ als Variable zu verwenden. Die Zeitmessung arbeitet dabei in Bereichen kleiner 1 ps und ermöglicht damit ebenfalls Kapazitätsmessungen im pF-Bereich (Bild 7.3-8).
- Es werden hier Lade- und Entladefunktionen wie in Bild 7.3-4 generiert. Dazu werden die Kapazitäten durch Schließen aller Schalter auf Betriebsspannung geladen. Die Entladung erfolgt einzeln durch S2 und S3, wobei die benötigte Zeit gemessen wird. Die Nutzung von S2 oder S3 erfolgt abwechselnd und dient der Kompensation der Temperaturdrift. Die Entladezeiten liegen dabei im Bereich von 2 µs bis 100 µs und werden mit einer Auflösung von 15 ps (ps: Pico-Sekunden; pico = $10^{-12}$) gemessen.

## 7.4 Elektrische Leitfähigkeit und spezifischer elektrischer Widerstand

### 7.4.1 Definition

Die *spezifische elektrische Leitfähigkeit* $\kappa$ (Kappa) beschreibt die Eigenschaft eines Stoffes, den elektrischen Strom zu leiten. Diese Eigenschaft wird durch die Zahl der frei beweglichen Elektronen in einem Stoff bestimmt. Da diese stark von der Temperatur abhängt, wird sie auf eine Temperatur von 25°C bezogen. Es besteht folgender Zusammenhang mit dem Widerstand $R$ der Länge $l$ und dem Querschnitt $A$:

$$\kappa = l/(A \cdot R).$$

Die Maßeinheit der elektrischen Leitfähigkeit $\kappa$ ist das Siemens je Meter, welches dem Kehrwert des Widerstandes entspricht und durch die SI-Einheit

$$1\ \text{S/m} = 1/\Omega = 1\ \text{s}^3\ \text{A}^2\ \text{m}^{-3}\ \text{kg}^{-1}$$

beschrieben wird. Sie entspricht dem *Kehrwert* des spezifischen elektrischen Widerstandes $\rho$ ($\rho = 1/\kappa$).

Der *elektrische Widerstand* $R$ beschreibt nach dem Ohm'schen Gesetz ($R = U/I$) die erforderliche Spannung $U$, welche notwendig ist, um durch einen Leiter einen bestimmten Strom $I$ zu transportieren. Der Widerstandswert sollte im Idealfall unabhängig von Strom, Spannung und Frequenz sein. Er ist immer von der Temperatur abhängig und wird praktisch durch weitere parasitäre Effekte beeinflusst. Die SI-Einheit ist

$$1\ \Omega = 1\ \text{m}^2\ \text{kg}\ \text{s}^{-3}\ \text{A}^{-2}.$$

Der Kehrwert des elektrischen Widerstandes $R$ ist der elektrische Leitwert $G$ mit der Maßeinheit Siemens [S]. Es gilt: $G = 1/R$.

Die elektrische Leitfähigkeit $\kappa$ bzw. der spezifische elektrische Widerstand $\rho$ variiert über 25 Zehnerpotenzen. Man teilt die Materialien in folgende drei Kategorien ein: *Leiter* ($\rho$ = von $10^{-10}\ \Omega\text{m}$ bis $10^{-5}\ \Omega\text{m}$), *Halbleiter* ($\rho$ = von $10^{-5}\ \Omega\text{m}$ bis $10^7\ \Omega\text{m}$) und *Isolatoren* ($\rho > 10^7\ \Omega\text{m}$).

*Messprinzipien für den Widerstand*

Die Messung des Widerstandes erfolgt allgemein durch eine Messung von *Strom* und *Spannung* eines Messobjektes. Ein weiterer Weg ist die Wertbestimmung durch Kompensation in einer *Brückenschaltung*. Dieses Verfahren kommt vor allem bei *sehr kleinen Widerständen* zum Einsatz.

Bei der Messung des Wechselstromwiderstandes kommen die parasitären Eigenschaften der Bauelemente zum Tragen. Der Widerstand wird dazu als *komplexe Größe* $X_R = R + jX$ beschrieben. Der Realteil $R$ entspricht dem *Wirkwiderstand* (Resistanz) und der Imaginärteil $jX$ dem *Blindwiderstand* (Reaktanz). Gemessen werden diese Werte in einer Vierpolanordnung mittels Wechselspannungsquelle und Vectorvoltmeter.

Die Messung des Leitwertes wird bei der Bestimmung der Eigenschaften von Lösungen gemessen (z. B. von Wasser). Hierbei sind aber gesonderte Maßnahmen zu treffen, damit galvanische oder chemische Effekte bei der Messung ausgeschlossen werden können.

### 7.4.2 Messanordnungen

#### Bestimmung von Strom und Spannung am Messobjekt

Im einfachsten Fall wird eine Spannung angelegt und der Strom gemessen. Da die variable Größe hier der Strom ist, ergibt sich als Messfunktion eine 1/x-Kennlinie ($I = U/R$), was zu einem *nichtlinearen* Ausgangssignal führt. Bei dieser Anordnung sind auch die *Innenwiderstände* der Messgeräte zu beachten, da diese zu einer Verfälschung der Strom- und/oder Spannungswerte führen (siehe stromrichtige/spannungsrichtige Messung).

Um ein zum Widerstand proportionales Ausgangssignal zu erhalten, kann das Messobjekt mit einem konstanten Strom gespeist werden. Das kann durch eine Stromquelle erreicht werden oder mit einer Anordnung nach Bild 7.4-1.

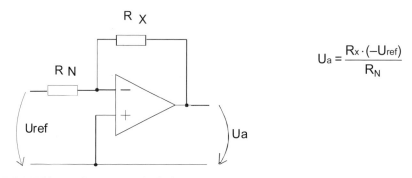

$$U_a = \frac{R_x \cdot (-U_{ref})}{R_N}$$

**Bild 7.4-1** Widerstandsmessung mittels OPV

Der Nachteil der Schaltung in Bild 7.4-1 ist, dass die Eigenschaften der Referenzspannung immer noch in die Messung eingehen. Will man dies ausschalten, so gelingt dies mit einer *ratiometrischen Messung* (Bild 7.4-2).

Der Ausgangswert des AD-Wandlers wird bestimmt durch die Gleichung

$$N = U_e \cdot N_{max}/U_{ref},$$

wobei gilt:  $N$    : Umsetzergebnis in Digit
$U_e$    : Eingangsspannung des Wandlers (hier Differenz zwischen Uin-H und Uin-L)
$N_{max}$ : maximale Stufenanzahl der Umsetzung = Auflösung des ADC
$U_{ref}$ : Bezugsspannung, welche der maximalen Auflösung entspricht.

## 7.4 Elektrische Leitfähigkeit und spezifischer elektrischer Widerstand

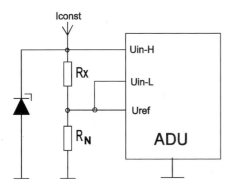

**Bild 7.4-2**
Ratiometrische Widerstandsmessung

Da in der Anordnung der Messwiderstand und der Referenzwiderstand vom gleichen Strom durchflossen werden, kann man obige Gleichung auf die Widerstände umstellen. Damit ergibt sich:

$$N = I \cdot R_x \cdot N_{max}/I \cdot R_n = R_x \cdot N_{max}/R_n.$$

Damit ist die Widerstandsmessung nicht mehr von der Qualität der Versorgung abhängig.

Um die Fehler bei der Messung kleiner, beziehungsweise genauer Widerstände klein zu halten, wird in diesen Fällen die *4-Draht-Messung* angewandt.

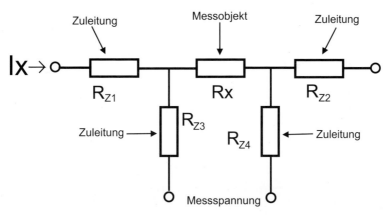

**Bild 7.4-3** 4-Draht-Messung zur Bestimmung kleiner Widerstände

Man trennt dabei die Speiseleitungen zum Messobjekt von den Messleitungen. Dadurch wird erreicht, dass der Widerstand der Speiseleitung und der Anschlusskontakte nicht mit in die Messung eingehen (Bild 7.4-3). Auf den Messleitungen selbst fließt kein Strom durch $R_{Z3}$ und $R_{Z4}$, so dass auch kein Spannungsabfall an diesen entstehen kann.

Aus gleichem Grund werden *Präzisions-Messwiderstände* als 4-polige Bauelemente angeboten. Sie besitzen dann außer dem Signalpfad auch noch getrennte Anschlüsse für die Messung. (Abschnitt 7.2)

Eine Sonderform der 4-Draht-Messung stellt die *4-Spitzen-Messung* dar. Diese wird vor allem in der Halbleiterfertigung verwendet, um den Widerstand von *Flächen* zu bestimmen. Dazu werden auf die Widerstandsschicht 4 Mess-Spitzen im gleichen Abstand aufgesetzt. Über die beiden äußeren Spitzen wird ein Mess-Strom eingeprägt und an den beiden inneren die Spannung über dem zu messenden Widerstand bestimmt.

*Widerstandsmessung durch Kompensation*

Die Widerstandsmessung durch Kompensation hat den Vorteil, dass in dieser Brückenschaltung im abgeglichenen Fall der *Querstrom Null* ist. Damit entsteht kein Fehler durch das Instrument.

Für den Abgleich gilt:

$R_2/(R_1+R_2) = R_x/(R_x+R_3)$.

Für $R_x$ ergibt sich:

$R_x = R_2 \cdot (R_3/R_1)$.

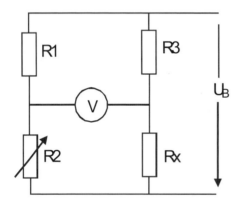

**Bild 7.4-4**
Widerstandsmessung durch Kompensation in einer Brücke

Da bei dieser Methode zwei Widerstandsverhältnisse miteinander verglichen werden, müssen die absoluten Werte auf beiden Seiten nicht gleich sein. Damit erlaubt die Anordnung auch das Messen *sehr niedriger* (und *sehr hoher*) Werte für $R_x$, was beispielsweise in Milliohmmetern zur Anwendung kommt. Eine einfache Anordnung zeigt Bild 7.4-4.

*Wechselspannung-Widerstandsmessung*

Der Widerstand selbst besitzt keine Frequenzabhängigkeit. Diese entsteht durch seinen *konstruktiven Aufbau*, also eine *Induktivität* durch die gestreckte oder gewickelte Anordnung der Widerstandsbahn bzw. eine *Kapazität* durch nebeneinander liegende Bahnen. Diese parasitären Werte bewegen sich in Bereichen, welche erst bei Hochfrequenzanwendungen Bedeutung erlangen. Sie werden in den Datenblättern allgemein nicht angegeben.

Den Grundaufbau einer *Vierpol-Messanordnung* zeigt Bild 7.4-5. Die Widerstände $R_1$ und $R_2$ dienen dabei auch der HF-mäßigen Anpassung der Signalpfade. Das Vectorvoltmeter misst für beide Eingänge die Beträge der Spannung und die Phase zwischen ihnen. Die Messung wird über ein *Frequenzspektrum* ausgeführt, da sich die Wirkung der parasitären Anteile mit der Frequenz ändern.

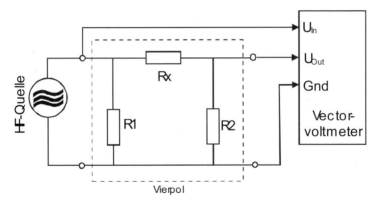

**Bild 7.4-5** Messung des Wechselspannungswiderstandes durch eine Vierpol-Messanordnung

## 7.5 Elektrische Feldstärke

### 7.5.1 Definition

Die *elektrische Feldstärke* ***E*** ist eine *vektorielle Feldgröße*, die nach Betrag und Richtung in einem Feld die auf die Ladung $Q$ wirkende Kraft ***F*** angibt. Sie wird mit dem Formelzeichen $E$ gekennzeichnet und es gilt: ***E*** = ***F***/$Q$. Sie kann ebenfalls dargestellt werden durch die differenzielle Änderung des Potenzials d$U$ über einen Wegabschnitt d***s***, womit sich ergibt

$$\boldsymbol{E} = -\mathrm{d}U/\mathrm{d}\boldsymbol{s}\,.$$

Die SI-Einheit ist 1 V/m = 1 m · kg · s$^{-3}$ · A$^{-1}$.

Es besteht ein enger Zusammenhang zwischen elektrischen und magnetischen Feld, welche durch die *Lorentz-Transformation* beschrieben wird.

### 7.5.2 Messprinzipien für die elektrische Feldstärke

Die Messung der elektrischen Feldstärke $E$ kann grundsätzlich durch mechanische Messung der Anziehungskräfte zwischen zwei unterschiedlich geladenen Elektroden erfolgen. Dies hat als industrielles Messverfahren jedoch keine Bedeutung.

Die Kraft im elektrischen Feld wirkt aber auch auf *frei bewegliche Ladungsträger*, welche sich in einem Leiter oder im Vakuum bewegen. Dieser Einfluss wird beispielsweise bei der *Elektronenstrahlröhre* (Oszillografenröhre, magisches Auge) genutzt und sichtbar gemacht. Die hier erfolgte Auslenkung des Elektronenstrahls ist proportional zur Feldstärke zwischen den Ablenkelektroden, welche in Form eines Platten-Kondensators aufgebaut sind. Die Feldlinien stehen dabei senkrecht zur Bewegungsrichtung der Elektronen.

Durch teilweise ineinander geschobene Zylinder(-Kondensatoren) ergeben sich Feldlinien, welche nahezu parallel zum Elektronenstrahl verlaufen. Sie wirken dadurch streuend oder konzentrierend auf den Elektronenstrahl und bilden somit durch die Feldlinien eine elektrostatische Optik zur *Strahlfokussierung*. Bild 7.5-1 zeigt das Wirkschema der Ablenkung eines Elektronenstrahls durch ein elektrisches Feld.

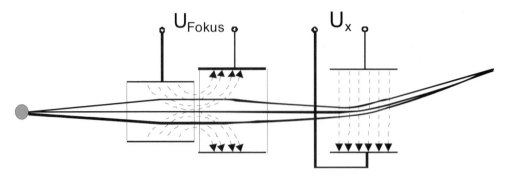

**Bild 7.5-1** Prinzip der elektrostatischen Ablenkung

Im praktischen Einsatz besteht die „Optik" aus mehreren elektrostatischen Linsen, wie in Bild 7.5-2 an den fünf Zylindern zu sehen ist.

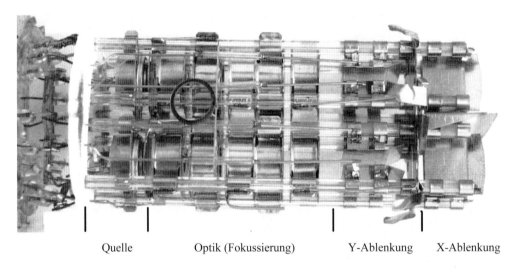

Quelle    Optik (Fokussierung)    Y-Ablenkung    X-Ablenkung

**Bild 7.5-2** Elektronenstrahlsystem einer Oszillographenröhre (Doppelsystem B7S22)

Die Darstellung des Verlaufes von Feldlinien kann im *elektrolytischen Trog* erfolgen. Dabei wird ein Gefäß mit (Leitungs-)Wasser gefüllt und die zu messende Elektrodenanordnung eingetaucht. Durch eine Messelektrode wird das Areal im Trog abgefahren und die Spannungspotenziale bestimmt. Die Abtastung erfolgt sehr hochohmig oder durch ein Kompensationsverfahren. Das Bild der Feldlinien kann einfach aus den gemessenen *Äquipotenziallinien* abgeleitet werden, da die Feldlinien senkrecht auf diesen stehen.

Im Bereich der elektromagnetischen Verträglichkeit (EMV, Abschnitt 17.2) erfolgt die Erzeugung und Messung elektrostatischer Felder. Dafür kommen spezielle Elektroden zum Einsatz, welche die Felder erzeugen oder Potenziale aufnehmen.

## 7.6 Elektrische Energie und Leistung

### 7.6.1 Definitionen

Die *Leistung P* beschreibt allgemein die Menge der verrichteten Arbeit d$A$ in einer Zeiteinheit d$t$. Die Maßeinheit ist Watt [W].

Leistung $P$ tritt in unterschiedlichen physikalischen Zusammenhängen auf. Diese Einheiten sind ineinander umrechenbar:

$$1 \text{ Watt} = 1 \text{ J/s} = 1 \text{ m}^2 \cdot \text{kg} \cdot \text{s}^{-3}$$

und auch

$$1 \text{ Watt} = 1 \text{ V} \cdot \text{A}.$$

Die *Energie* oder auch die *Arbeit* ist die in einer bestimmten Zeit erzeugte oder entnommene Leistung. Ihre Einheit ist das Joule [J]. Es gilt:

$$1 \text{ Joule} = 1 \text{ W} \cdot \text{s}.$$

*Praxisfall Akkumulator*

Für Batterien wird häufig der Energieinhalt in Ah angegeben. Diese Einheit beschreibt das *Ladungsspeichervermögen* eines Akkus. Die entnehmbare Leistung errechnet sich allerdings näherungsweise erst durch Multiplikation der Angabe mit der mittleren Klemmspannung (Abschnitt 7.3).

### 7.6.2 Formen von Leistung

*Leistung im Gleichstromkreis*

Im Gleichstromkreis mit statischen Verhältnissen ergibt sich die umgesetzte Leistung $P$ aus dem Produkt von gemessenem Strom $I$ und Spannung $U$:

$$P = U \cdot I.$$

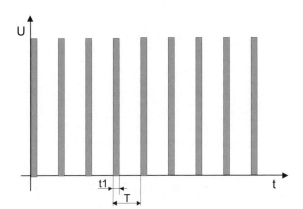

**Bild 7.6-1** Pulsweitenmodulation

Liegen Strom und Spannung zeitlich nicht kontinuierlich an (z. B. in geschalteten Systemen), so ergibt sich eine integrale Leistung über die Zeit, was bei konstanten $U$-$I$-Größen einen zeitlichen Mittelwert der Leistung ergibt. Dieser Umstand wird beispielsweise beim Dimmen von

Glühlampen (Gleich- wie Wechselstrom) mittels Pulsweitenmodulation (PWM) genutzt. Bild 7.6-1 zeigt das Grundprinzip. Bei kontinuierlich anliegender Spannung ergibt sich die Leistung am Verbraucher zu

$$P = U \cdot I = U \cdot (U/R) = U^2/R.$$

Im geschalteten System ist in diese Gleichung die Zeitdauer des Energieumsatzes als relativer Wert mit ein zu beziehen. Es ergibt sich damit:

$$UP = \frac{U^2}{R} \cdot \frac{t_1}{T}$$

mit   $t_1$ : Einschaltzeit
      $T$  : Periodendauer

### Leistung im Wechselstromkreis

Beim Gleichstromkreis wird von konstanten Werten für Strom und Spannung ausgegangen. Dies ist im Wechselstromkreis nicht der Fall.

Durchfließt der Strom eine ohmsche Anordnung, so entspricht die umgesetzte Leistung der Fläche unter der Kurve (graue Fläche A in Bild 7.6-2). Da ein Widerstand nicht auf die Fließrichtung des Stromes reagiert, ist der Betrag der Flächen unter den Halbwellen zu verwenden, was durch die linke Fläche A und die Fläche B dargestellt ist. Die Gleichverteilung der Flächen B über die Periode ergibt die resultierende Fläche C, welche der Wirkleistung entspricht (siehe auch Abschnitt 7.1).

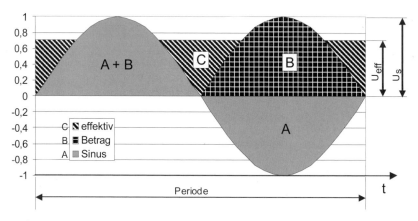

**Bild 7.6-2**  Leistung an einem ohmschen Widerstand

Für sinusförmige Signale gilt dann für die daraus resultierende *Wirkleistung*:

$$P_\mathrm{w} = U_\mathrm{eff} \cdot I_\mathrm{eff} = 0{,}5 \cdot U_\mathrm{max} \cdot I_\mathrm{max},$$

wobei $U_\mathrm{max}$ bzw. $I_\mathrm{max}$ dem Spitzenwert von Strom und Spannung entspricht.

Befinden sich im Stromkreis Kapazitäten und Induktivitäten, so existiert eine *Phasenverschiebung* zwischen Strom und Spannung. Das bedeutet, dass der maximale Strom nicht zum Zeitpunkt der maximalen Spannung auftritt ($I_{ind}$ in Bild 7.6-3). Damit entsteht an der Last nur eine Leistung, welche dem Produkt der Strom- und Spannungwerte zum Zeitpunkt $t$ entspricht. Die Phasenverschiebung kann zwischen 0° und 90° liegen.

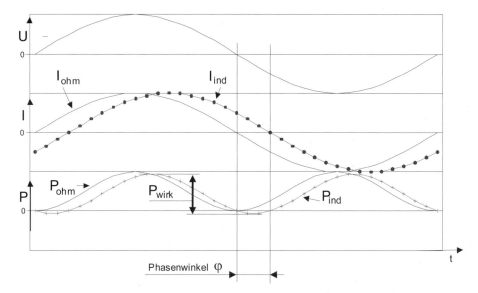

**Bild 7.6-3** Wirkleistung bei Phasenverschiebung

Im Ergebnis entsteht ein Teil *Wirkleistung* und ein Teil an *Blindleistung*, welche am Verbraucher nicht umgesetzt werden kann. Die vektorielle Überlagerung beider Größen ergibt die *Scheinleistung*.

Der Anteil der Wirkleistung an der Scheinleistung wird mit dem *Leistungsfaktor* cos $\varphi$ beschrieben.

Es ergeben sich damit folgende Zusammenhänge:

Wirkleistung $\quad P_w = U_{eff} \cdot I_{eff} \cdot \cos \varphi$,

Blindleistung $\quad P_b = U_{eff} \cdot I_{eff} \cdot \sin \varphi$ und

Scheinleistung $\quad P_s = U_{eff} \cdot I_{eff} = \sqrt{P_w^2 + P_b^2}$ .

Der mathematische und technische Aufwand vergrößert sich erheblich, wenn die zu messenden Signale durch Überlagerungen nicht sinusförmig sind oder diskontinuierlich.

### 7.6.3 Messprinzipien

Bedingt durch die physikalische Definition der Leistung muss immer eine Multiplikation von Strom und Spannung einschließlich der Berücksichtigung von Phasenlagen und zeitlichem Auftreten erfolgen. Daraus ergibt sich, dass fast alle Verfahren auf dieses Grundprinzip zurückgreifen.

## *Elektromechanisch*

Die älteste Methode der direkten Leistungsmessung stellt das *Kreuzspuleninstrument* dar. Es nutzt die multiplizierende Wirkung bei der Überlagerung magnetischer Felder aus.

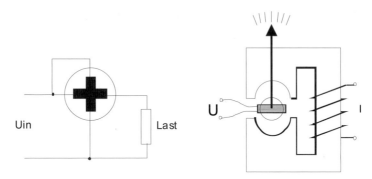

**Bild 7.6-4** Prinzip des Kreuzspuleninstruments

Bei einem mechanischen Drehspuleninstrument wird normalerweise die Kraftwirkung zwischen dem Magnetfeld in einer Spule, welches durch die Messgröße und einem konstanten Permanentmagnet erzeugt wird. Beim Kreuzspuleninstrument wird dieser Permanentmagnet durch eine vom Mess-Strom durchflossene Spule ersetzt und die Mess-Spannung an der Drehspule angelegt (Bild 7.6-4). Der Ausschlag des Instrumentes ist dann proportional dem Produkt aus Strom und Spannung. Die Mittelwertbildung erfolgt durch die mechanische Trägheit des Systems.

Ein weiteres Prinzip der mechanischen Leistungsmessung stellt der *Energiezähler* dar, welcher umgangssprachlich als *Stromzähler* bezeichnet wird. Er wird nach seinem Erfinder auch *Ferraris-Zähler* genannt. Bei ihm wirken die Strom- und Spannungsmess-Spule mit ihren Feldern auf einen Rotor – eine Aluminiumscheibe – und erzeugen dort ein Drehmoment (vergleichbar mit einem Synchronmotor). Durch eine Wirbelstrombremse wird erreicht, dass die Drehzahl dieses Rotor sich proportional zur Leistung verhält. Die Umdrehungen des Rotors werden gezählt, so dass im Ergebnis die Summe der verbrauchten Leistung über der Zeit – also die Energie – abgelesen werden kann.

Diese mechanischen Zähler werden zunehmend durch elektronische Systeme ersetzt.

## *Mit analoger Elektronik*

Der naheliegendste Weg ist der „Nachbau" der Gleichung, also eine *Multiplikation* der *Strom-* und *Spannungsmesswerte* und anschließender *Mittelwertbildung*. Dies kann durch *Multiplikationsschaltkreise* oder bei Wechselspannung durch *Vier-Quadranten-Multiplikatoren* erfolgen. Je nach Dynamik der Mess-Signale kann dies direkt erfolgen oder über eine Logarithmierung der Eingangssignale, deren Addition und einer anschließenden Delogarithmierung. In beiden Fällen erfolgt eine nachgeschaltete Mittelwertbildung.

Der Vorteil liegt in der *schnellen* analogen Signalverarbeitung. Die Dynamik des Ausgangssignals begrenzt jedoch die mögliche Eingangsdynamik der Messgrößen oder verringert die erreichbare Auflösung der Messung.

## 7.6 Elektrische Energie und Leistung

Ein anderer fast analoger Weg ist die Tatsache, dass die „Fläche unter der Strom-Spannungskurve" der Leistung entspricht. Wenn diese Fläche in der Amplitude der anliegenden Spannung entspricht und durch ein dem Strom proportionales *Pulsweitenmodukations* (PWM)-*Signal* moduliert wird, dann entstehen in zeitlicher Folge „Teilflächen" in der Größe $U \cdot I$. Die Integration (Mittelwertbildung) dieser Flächen entspricht dann der Leistung (Bild 7.6-5).

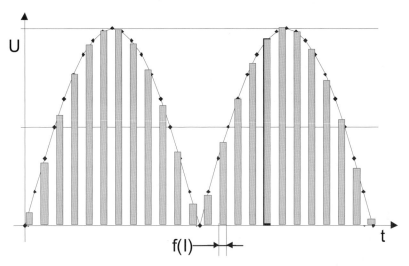

**Bild 7.6-5** Leistungsmessung durch Strom-Spannungs-Modulation

Diese Schaltung ist wesentlich einfacher, eignet sich aber nur für Signale mit begrenzter Dynamik, da diese durch die PWM-Bildung beschränkt wird. Bei der Messung im Bereich von 50 Hz ist sie gut einsetzbar.

### *Mit digitaler Elektronik*

Die digitalen Lösungen setzen gleichermaßen die Multiplikation von Strom und Spannung um. Dazu wird mit ausreichend *großer Abtastrate* Strom und Spannung mittels AD-Wandler gemessen. In der Software erfolgt anschließend die Multiplikation und Filterung. Aus den Messwerten lassen sich durch gezielte Verarbeitung auch weitere Werte bestimmen, wie Phasenlagen, Wirkleistung, Spitzenwerte oder überlagerte Gleichanteile.

Ein wichtiger Punkt bei der digitalen Erfassung der Eingangsgrößen ist die zeitgleiche Erfassung. Wenn ein Mikrocontroller mit multiplexen Eingängen verwendet wird, verliert man die Möglichkeit der Phasenmessung und kann somit zum Beispiel keine Wirkleistung mehr bestimmen. Aus diesem Grund gibt es spezielle Controller mit *DAS-Struktur* (Data Aquisition System), welche über mehrere parallel betriebene AD-Wandler verfügen. Nur damit ist die physikalische Forderung der zeitgleichen Messung/Abtastung gesichert.

Die Prozessorfamilie MSP430FE4xxx enthält mit der „E"-Option spezielle Prozessoren, welche für ein- und dreiphasige Energiemess-Systeme ausgelegt sind. In diesen Prozessoren ist die ESP430-Einheit implementiert, welche durch die mehrfachen AD-Wandler und Multiplikatoren mit nachgelagerter Signalverarbeitung diese Aufgaben auf Hardwareebene abarbeitet. Bild 7.6-6 zeigt das Blockbild einer solchen Verarbeitungseinheit.

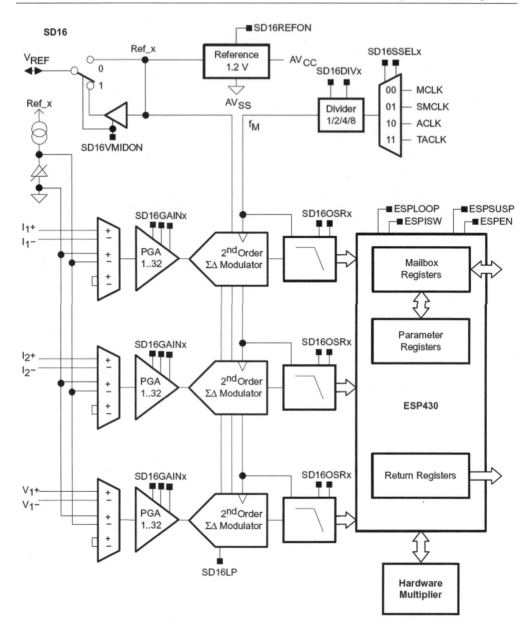

**Bild 7.6-6** ESP430-Einheit eines MSP430FE4xxx (Quelle: www.ti.com)

## *Mit statistischen Methoden*

Die Voraussetzung für eine genaue Bestimmung von Leistungen im Wechselstromkreis ist die Bestimmung des *Effektivwertes* von Strom und Spannung. Dies ist beispielsweise möglich mit der in Abschnitt 7.5 beschriebenen Messung nach dem *Monte-Carlo-Verfahren*, welches unabhängig von Kurvenform und Überlagerungen arbeitet.

## 7.7 Induktivität

### 7.7.1 Definition

Die *Induktivität L* beschreibt den Zusammenhang zwischen der Windungszahl und dem magnetischen Widerstand einer Anordnung. Die Maßeinheit ist das Henry (H). Die Induktivität ist eine abgeleitete SI-Einheit. Sie wird bestimmt durch:

$$L = \frac{w^2}{R_m} = \frac{w^2 \cdot \mu \cdot F}{l} \qquad [L] = 1\frac{Wb}{A(w)} = 1\frac{Vs}{A(w)} = 1H$$

mit  w : Windungszahl
 l : Länge des magnetischen Leiters = Weg des Magnetflusses
 F : Querschnitt des magnetischen Leiters
 µ : Permeabilität ( $\mu = \mu_0 \cdot \mu_r$)
 $\mu_0$ : magnetische Feldkonstante ($\mu_0$ = 1,256 · 10$^{-8}$ V s A$^{-1}$ cm$^{-1}$)
 $\mu_r$ : Permeabilitätszahl (Materialkonstante, außer bei Ferromagnetika meist 1).

Im Wechselstromkreis wirkt die Induktivität wie ein Widerstand, da die Spannungsänderung in der Spule eine durch das Magnetfeld verursachte Gegenspannung erzeugt. Der Stromfluss kann dadurch erst sein Maximum erreichen, wenn die Gegeninduktion abgeklungen ist. Aus diesem Grund eilt die Spannung dem Strom voraus, was einem *positiven Phasenwinkel* entspricht. Der induktive Widerstand $X_L$ ist frequenzabhängig und wird bestimmt durch:

$$X_L = \omega L = 2\pi f \cdot L$$

### 7.7.2 Messprinzipien

Die Messung der Induktivität erfolgt durch einen *Spannungsteiler*. Aus dem Verhältnis von Ein- und Ausgangs-Wechselspannung kann das Teilerverhältnis und damit der induktive Widerstand bestimmt werden. Über die verwendetete Messfrequenz lässt sich dann auf die Induktivität schließen (Bild 7.7-1).

$$L = \frac{R \cdot U_a}{(1 - U_a) \cdot 2\pi f}.$$

Dieser Weg wird meist bei *Multimetern* beschritten, bei denen keine hohen Anforderungen an die Messgenauigkeit gestellt werden.

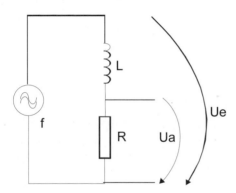

**Bild 7.7-1**
Spannungsteiler mit Induktivität

Der Nachteil der Methode ist, dass zum einen der Widerstand bei sehr kleinen Induktivitäten sehr gering ist und zum zweiten der dem Bauelement immer anhaftende ohmsche Widerstand (Widerstand der Wicklung) in diese Messung als Fehler mit eingeht.

Die Alternative ist der Aufbau eines *Schwingkreises* aus Induktivität und Kapazität (Bild 7.7-2). Die sich ergebende Frequenz wird nur durch die beiden Bauelemente bestimmt. Die ohmschen Anteile der Anordnung beeinflussen die *Güte* des Schwingkreises, nicht aber dessen Frequenz. Dadurch kann die Induktivität mit guter Genauigkeit über einen *großen Bereich* bestimmt werden. Die Resonanzfrequenz der Anordnung ist bestimmt durch:

$$f = \frac{1}{2\pi\sqrt{LC}} \quad \text{womit sich} \quad L = \frac{1}{(2\pi f)^2 \cdot C} \quad \text{ergibt.}$$

Die Schaltung in Bild 7.7-2 zeigt einen Colpitts-Oszillator, welcher mit einer ungeteilten Spule arbeitet. Die Resonanzfrequenz wird von den Komponenten L und C1 bis C3 bestimmt.

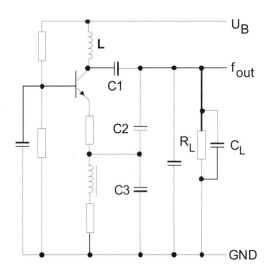

**Bild 7.7-2**
LC-Oszillator nach Colpitts

## 7.8 Magnetische Feldstärke

### 7.8.1 Definition

Die *magnetische Feldstärke H* ist definiert als das Produkt aus Stromstärke *I* und der Windungszahl *N* dividiert durch die Spulenlänge *l*. Es gilt:

$$H = \frac{I \cdot N}{l}. \quad \text{Die Einheit ist Henry (H):} \quad [H] = 1\frac{A}{m}.$$

Auch hier besteht ein Zusammenhang zwischen der magnetischen Feldstärke *H* und der *magnetischen Flussdichte B*. Die Flussdichte ist das Produkt aus Feldstärke *H* und der Permeabilität μ:

$$B = \mu \cdot H.$$

## 7.8 Magnetische Feldstärke

Die Einheit für die Flussdichte ist das Tesla T. 1 Tesla ist gleich der Flächendichte des homogenen magnetischen Flusses von 1 Wb, der die Fläche von 1 m² senkrecht durchsetzt.

$$[B] = 1\text{T} = 1\frac{\text{Vs}}{\text{m}^2} = 1\frac{\text{Ws}}{\text{Am}^2} = 1\frac{\text{Wb}}{\text{m}^2} = 1\frac{\text{kg}}{\text{A}\cdot\text{s}^2}$$

### 7.8.2 Messprinzipien magnetischer Größen

Für die Bestimmung magnetischer Größen existiert ein großes Spektrum an Sensoren, welche auf unterschiedliche Anwendungen spezialisiert sind. Die bekanntesten in der industriellen Anwendung sind der *Hall-Sensor* (Abschnitt 2.8) und die *Feldplatte* (Abschnitt 2.7).

*Hall-Sensor*

Der Hall-Sensor ist einer der häufigsten im industriellen Bereich anzutreffenden Sensoren. Er basiert auf dem von Edwin Hall entdeckten Effekt, dass an einem Halbleiterplättchen eine Spannung abgenommen werden kann, wenn dieses von einem Strom durchflossen wird und senkrecht dazu ein Magnetfeld einwirkt (Bild 2.8-1 in Abschnitt 2.8). Die entstehende Spannung ist proportional dem Produkt aus der magnetischen Feldstärke und dem fließenden Strom.

Wird der Strom konstant gehalten, so kann auf die magnetische Feldstärke geschlossen werden. Es ist aber auch die Umkehrung denkbar – die Feldstärke ist konstant und der Stromfluss ist die Messgröße.

*GMR-Sensor*

Der GMR-Effekt (Bild 2.3-1 und Bild 2.3-7 in Abschnitt 2.3) tritt bei dünnen Schichten von ferromagnetischen und nicht magnetischen Materialien auf. Der elektrische Widerstand dieser Struktur ist abhängig von der Magnetisierungsrichtung der Schichten untereinander, welche sich von äußeren Feldern beeinflussen lassen.

Der GMR-Effekt wird vor allem bei Lese-Schreib-Köpfen von Festplatten ausgenutzt.

*Feldplatte*

Bei der Feldplatte (Bild 2.7-3 in Abschnitt 2.7) wird ausgenutzt, dass sich der Weg der freien Ladungsträger durch ein Magnetfeld beeinflussen lässt. Dieser Effekt erscheint als Widerstandsänderung in Abhängigkeit vom Magnetfeld. Die Feldplatte wird zunehmend durch GMR-Sensoren ersetzt, die bessere technische Eigenschaften aufweisen.

*SQUID*

Der SQUID ist ein im Bereich der Supraleitung arbeitender Sensor, welcher vor allem auf kleinste Änderungen des Magnetfeldes reagiert. Es ist aber nicht möglich, absolute Feldstärkemessungen durchzuführen. Durch seine hohe Empfindlichkeit reagiert er auch auf natürliche und künstliche Störfelder, weshalb er meist als Doppelsystem zu Kompensation dieser Störungen aufgebaut wird.

Typische Einsatzgebiete sind die Messung von Feldern aus Gehirnströmen und die *Magnetresonanztomografie* (MRT). Es existieren aber auch Anwendungen im Bereich der Geologie und Archäologie zur Erkundung von Lagerstätten und Objekten.

## 7.8.3 Messanordnungen

*Hall-Schalter*

Die einfachste Ausführung sind *Hall-Schalter*, welche ein von der magnetischen Feldstärke abhängiges bistabiles Signal abgeben (Bild 7.8-1). Der Schaltpunkt und die Schalthysterese werden im Produkt vorgegeben oder können über ein Interface eingestellt werden. Die typischen Ansprechwerte liegen dabei im Bereich von wenigen zehn mT.

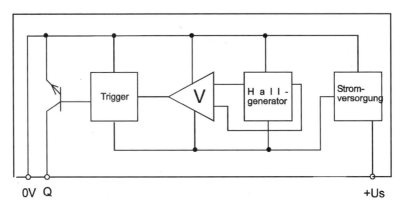

**Bild 7.8-1** Grundaufbau eines Hall-Schalters

Das Hauptanwendungsgebiet von Hall-Schaltern ist die *Positions-* und *Lageerkennung*. Sie ersetzen dabei allgemein mechanische Endlagenschalter, da sie den Vorteil haben, verschleißfrei zu sein.

*Hall-Sensoren*

Bei Hall-Sensoren (Bild 2.8-5 in Abschnitt 2.8) erhält man als Ausgangssignal ein zum Magnetfeld proportionalen Wert. Vom Schalter unterscheidet er sich in der *analogen Weiterverarbeitung* der Hall-Spannung. Dabei sind sowohl einfache Verstärker anzutreffen als auch komplexere Signalverarbeitungen zur Linearisierung der Kennlinie und thermischen Kompensation. Die Ausgangssignale sind dabei sensitiv auf die Feldrichtung. Typische Messbereiche liegen hier im Bereich bis 100 mT.

*Winkel-Sensoren*

Da das Ausgangssignal von der Feldrichtung abhängt, kann man durch einen entsprechenden (mikro-)mechanischen Aufbau mehrere Sensoren so anordnen, dass ein sich drehendes Feld erfasst wird (Bild 2.8-4 in Abschnitt 2.8). Dies wird beispielsweise technisch zur Bestimmung von Winkeln eingesetzt. Es kann aber ebenfalls zur Erfassung mehrdimensionaler Bewegungen – wie bei einem kontaktlosen Joystick – verwendet werden.

*Stromsensoren*

Um einen Strom berührungsfrei zu messen, wird typischer Weise das Magnetfeld des Leiters verwendet. Zwei Hauptanwendungen sind dabei die *Stromzange* und der *Stromwandler*.

## 7.8 Magnetische Feldstärke

Mit der *Stromzange* wird um den durchflossenen Leiter ein Kern gelegt, so dass sich eine Induktivität mit 1 Windung ergibt. Das sich im Kern konzentrierende Feld kann mittels Hall-Sensor erfasst werden.

Der *Stromwandler* benutzt das gleiche Prinzip, nur dass auf dem Kern auch mehrere Windungen aufgebracht werden können und dadurch die Empfindlichkeit steigt. Ein Beispiel zeigt Bild 7.8-2 mit einem Stromwandler vom Typ RAZC-2 (www.raztec.co.nz).

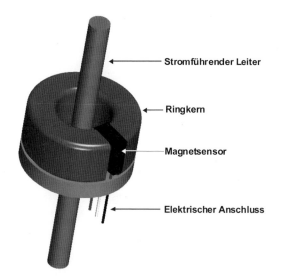

**Bild 7.8-2**
Grundaufbau eines Stromwandlers

Durch den Einsatz einer *programmierbaren Signalverarbeitung* am Hall-Schaltkreis lassen sich Nichtlinearitäten und Störungen kompensieren. Ein solcher spezialisierter Schaltkreis ist der CUR3105 (www.micronas.com).

### 7.8.4 Mehrdimensionale Messungen mit dem Hall-Effekt

*Grundlagen*

Mit einer einfachen *Hall-Platte* kann die Komponente des Magnetfeldes normal zur Stromrichtung und zur Hall-Spannung gemessen werden. Die Komponenten des magnetischen Feldvektors parallel zur Stromrichtung bzw. zur Hallspannung erzeugen keinen Messeffekt. Um die fehlenden Komponenten des magnetischen Feldvektors mit dem Hall-Effekt messen zu können, gibt es zwei Möglichkeiten: Man kann entweder durch *Flusskonzentrator*en aus ferromagnetischem Material das Feld lokal derart verzerren, dass sich die Richtung des Feldes lokal ändert und so für konventionelle Hallsensoren messbar wird, oder man kann spezielle Sensorgeometrien nutzen, die direkt sensitiv auf das angelegte Feld sind (Bild 7.8-3).

Während sich mit Flusskonzentratoren vergleichsweise empfindliche Sensoren realisieren lassen, können die speziellen, horizontalen Sensoren mehrfach nebeneinander angeordnet werden, beispielsweise um räumliche Änderungen des Magnetfeldes zu erfassen. Durch eine symmetrische Anordnung mehrerer Sensoren ist es auch möglich, alle drei Komponenten des Magnetfeldes virtuell in einem Punkt zu messen.

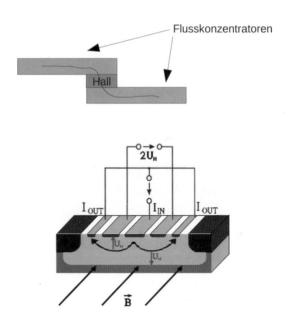

**Bild 7.8-3** Möglichkeiten für die Nutzung des Halleffekt in der dritten Dimension

*Anwendungen*

In der Praxis werden Hallsensoren oft zur Messung der *Position* eines Testmagneten eingesetzt. Dieses Verfahren hat den Vorteil, dass es berührungslos und damit verschleißfrei und unempfindlich gegen Verschmutzung ist. Für Positionsmessungen gibt es verschiedene Stufen: Im einfachsten Fall wird nur die Anwesenheit eines Körpers registriert, beispielsweise bei der Erkennung, ob ein Sicherheitsgurt geschlossen oder eine Tastatur am Mobiltelefon ausgeklappt ist. In diesem Fall kann die gesuchte Information durch eine einfache *Schwellwerterkennung* bestimmt werden. Oft soll jedoch eine Position genauer bestimmt werden (z. B. bei Winkelsensoren (Abschnitt 3.2), Drehgebern oder Weg-Sensoren (Abschnitt 3.1)). In diesem Falle eröffnen sich mehrere Möglichkeiten, die Position des Testmagneten anhand des gemessenen Feldes zu bestimmen. Bei der *Absolutwertmessung* wird das System aus Magnet und Sensor so ausgelegt, dass bei der Bewegung das messbare Magnetfeld in einem eindeutigen Zusammenhang mit der Position steht. Dann kann nach einer Linearisierung direkt aus dem Messwert für das Magnetfeld auf die Position des Magneten geschlossen werden. Problematisch ist bei diesem Verfahren, dass einerseits die Magnetmaterialien und damit das erzeugte Magnetfeld deutlich von der Temperatur abhängt, und dass durch magnetische Fremdfelder, Fehljustagen des Sensors oder Sensorfehler erhebliche Fehler bei der Positionsbestimmung entstehen können. Um die Messungen robuster gegen derartige Fehlerquellen zu machen, bieten sich folgende Wege an: Durch die gleichzeitige Messung des Magnetfeldes an mehreren Orten kann die räumliche Änderung des Magnetfeldes bestimmt werden. Bei der Betrachtung der Änderungen fallen überlagerte homogene Felder heraus. Da magnetische Störquellen normalerweise weiter vom Magnetsensor entfernt sind als der Testmagnet, ist ihr Störfeld oft in guter Näherung homogen. Dadurch wird der Störeinfluss deutlich reduziert. Eine andere Möglichkeit ist die Messung verschiedener Komponenten des magnetischen Feldvektors. Durch anschließende Bildung des Verhältnisses der Komponenten kann auf die lokale Richtung der Feldlinien geschlossen werden, was sich z. B. für Winkelmessungen ausnutzen lässt. Bei der Verhältnisbildung fällt die absolute Größe des Magnetfeldes heraus, so dass beispielsweise Temperaturgänge beim Magnetmaterial oder bei der Empfindlichkeit des Sensors keinen negativen Einfluss auf die Messungen mehr haben.

## Weiterführende Literatur

Bretschneider, J.; Wilde, A.; Schneider, P.; Hohe, H.-P. und Köhler, U.: Entwurf multidimensionaler Positionssensorik auf Basis von HallinOne(R) Technologie 7. GI/GMM/ITG-Workshop Multi-Nature Systems: Entwicklung von Systemen mit elektronischen und nichtelektronischen Komponenten, Günzburg, 3. Februar 2009, zu beziehen über http://www.eas.iis.fraunhofer.de

Germer, H.: Fachhochschule Wilhelmshaven; Bereich Elektrische Messtechnik, Elektronik; 1999

Sacklowski, A.: Einheitenlexikon, Anwendung, Erl. von Gesetz und Normen; Beuth-Verlag, Berlin, Köln 1986, Praktikumsunterlagen elektronische Messtechnik, Technische Universität Chemnitz, 2004, http://www.tu-chemnitz.de/etit/messtech/praktikum/adu.pdf

Texas Instruments: ESP430CE1, ESP430CE1A, ESP430CE1B peripheral Modules user guide (slau134b.pdf), Texas Instruments, 2008

# 8 Radio- und fotometrische Größen

## 8.1 Radiometrie

In der *Radiometrie* werden *strahlungsphysikalische* Größen gemessen. Sie sind objektiv gemessene physikalische Effekte und werden mit dem Index „e" (*energetisch*) versehen. Bewertet das *Auge* die Strahlung, dann entstehen *fotometrische* oder *lichttechnische* Größen, die mit dem Index „v" (*visuell*) gekennzeichnet werden. Im Gegensatz zu den radiometrischen Größen sind die fotometrischen Größen auf den sichtbaren Bereich des Spektrums begrenzt.

### 8.1.1 Radiometrische Größen

*Energiedichte*

Licht ist eine elektromagnetische Welle und transportiert Energie. Die *Energiedichte* einer elektromagnetischen Welle $w$ ist die Summe aus den Energiedichten des elektrischen Feldes $w_e$ und des magnetischen Feldes $w_m$. Es gilt deshalb:

$$w = w_e + w_m = \frac{\varepsilon_0}{2} E^2 + \frac{1}{2\mu_0} B^2.$$

Dabei ist $E$ die elektrische Feldstärke und $B$ die magnetische Induktion. Ferner gilt: $E = c\,B$ und für die Lichtgeschwindigkeit c gilt:

$$c = \frac{1}{\sqrt{\varepsilon_0\,\mu_0}}$$

mit der elektrischen Feldkonstanten $\varepsilon_0 = 8{,}854 \cdot 10^{-12}$ (As)/(Vm) und der magnetischen Feldkonstanten $\mu_0 = 4\pi \cdot 10^{-7}$ (Vs)/(Am).

Damit gilt für die *Energiestromdichte* $S$:

$$S = w\,c = \frac{1}{\mu_0} E\,B.$$

Die Energiestromdichte ist ein *Vektor*, der senkrecht zu den Vektoren des elektrischen Feldes $E$ und der magnetischen Induktion $B$ steht. Er wird als Poynting-Vektor bezeichnet, so dass in vektorieller Schreibweise gilt:

$$\boldsymbol{S} = \frac{1}{\mu_0} \boldsymbol{E} \times \boldsymbol{B}.$$

Für eine Messung ist der zeitliche Mittelwert $\overline{S}$ maßgebend, da der Poyntingvektor $\boldsymbol{S}$ mit der Frequenz des Lichtes sehr schnell variiert. Dieser zeitliche Mittelwert der Energiestromdichte ist die *Bestrahlungsstärke* $E_e$. Sie ist der Quotient aus der Strahlungsleistung $\Phi_e$ und der bestrahlten Fläche $A_2$:

$E_e = d\Phi_e/dA_2$ mit der Maßeinheit W/m².

## 8.1 Radiometrie

*Strahlungsleistung $\Phi_e$*

Die Strahlungsleistung $\Phi_e$ beschreibt die *Leistung* der elektromagnetischen Strahlung und gibt an, wie viel *Strahlungsenergie* $Q_e$ pro Zeiteinheit auf einen Empfänger trifft. Es ist:

$$\Phi_e = \frac{dQ_e}{dt}.$$

Gemessen wird die Strahlungsleistung in W oder in J/s.

*Raumwinkel $\Omega$*

Die Strahlungsleistung $\Phi_e$ hängt außer von seiner Fläche $A$ auch vom Abstand $r$ zwischen Leuchtquelle und betrachteter Fläche ab. Der *Raumwinkel $\Omega$* ist definiert als (Bild 8.1-1):

$\Omega = A/r^2 \; \Omega_0$, mit $\Omega_0 = 1$ sr.

Seine Maßeinheit ist der *steradiant*, für den gilt: 1 sr = 1m²/m². Der größte Raumwinkel $\Omega_{max}$ ist:

$\Omega_{max} = (4\pi \; r^2)/r^2$ sr $= 4\pi$.

In diesem Fall wirkt die Strahlung im ganzen Raum. Trifft die Strahlung in einen Halbraum, so ist der Raumwinkel $\Omega = 2\pi$ sr.

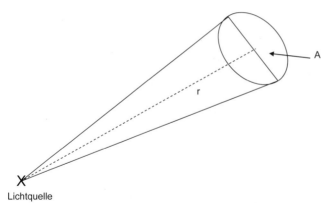

**Bild 8.1-1**
Definition des Raumwinkels $\Omega$

Ein Sender sendet mit einer Fläche von $A_1$ Licht aus. Dieses trifft auf einen Empfänger mit der Fläche $A_2$ (Bild 8.1-2). Dann gilt für den wirksamen Raumwinkel:

$$\Omega = \frac{A_2 \cos(\varepsilon_2)}{r^2} \Omega_0.$$

Es ist $A_2 \cos(\varepsilon_2)$ die Projektion der Fläche $A_2$ auf die Verbindungsgerade von Sender und Empfänger.

*Strahlstärke $I_e$*

Die Strahlungsleistung $\Phi_e$ ist proportional zum Raumwinkel $\Omega$, so dass gilt:

$\Phi_e = I_e \; \Omega$.

Die Proportionalitätskonstante ist die *Strahlstärke $I_e$*. Die Strahlstärke ist somit der Quotient aus der Strahlungsleistung und dem Raumwinkel, in den die Strahlung austritt. Es gilt:

$I_e = d\Phi_e/d\Omega_1 \approx \Phi_e/\Omega$ in W/sr.

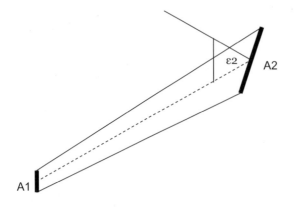

**Bild 8.1-2** Raumwinkel für einen Sender mit der Fläche $A_1$

Die Strahlstärke $I_e$ ist vom Werkstoff, von der Temperatur, von der Oberfläche und von den sonstigen Sendereigenschaften abhängig. In einem *Polardiagramm* werden in der Regel die Strahlstärke $I_e$ in Abhängigkeit vom Abstrahlwinkel $\varepsilon_1$ dargestellt (Bild 8.1-3).

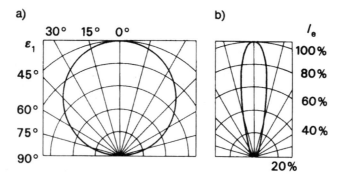

**Bild 8.1-3** Polardiagramm der Strahlstärke $I_e$ in Abhängigkeit vom Abstrahlwinkel $\varepsilon_1$ a) Lambert-Strahler; b) Leuchtdiode (Quelle: Hering, Martin, Stohrer: Physik für Ingenieure)

Bild 8.1-3 a zeigt einen sogenannten *Lambert-Strahler*, bei dem die Strahldichte $I_e$ im Raum konstant ist. Es gilt das *Lambert'sche Cosinus-Gesetz*:

$$I_e(\varepsilon_1) = I_e(0) \cos \varepsilon_1.$$

Alle Körper mit diffus reflektierenden Flächen (z. B. Gipskartonwände, weiße Rauhfaserwände, Betonwände, Papier oder Pappe) sind näherungsweise Lambert'sche Strahler. LEDs zeigen eine schlanke Keule der Lichtintensität nach vorwärts. Sie werden bevorzugt für Lichtschranken (Abschnitt 2.14.3) eingesetzt.

### Strahldichte $L_e$

Die Strahlstärke $I_e$ ist proportional zur Fläche des Senders $A_1$. Wird die Senderfläche unter dem Winkel $\varepsilon_1$ von der Seite betrachtet, dann wird nur die Projektion $A_1 \cos(\varepsilon_1)$ wirksam, so dass gilt:

$$I_e(\varepsilon_1) = L_e A_1 \cos(\varepsilon_1).$$

Damit gilt für die Strahldichte $L_e$:

$$L_e = I_e / (A_1 \cos(\varepsilon_1)).$$

8.1 Radiometrie

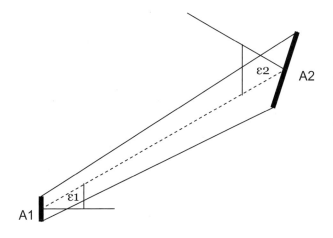

**Bild 8.1-4**
Zusammenhang zwischen Strahlstärke $I_e$ und Strahldichte $L_e$

Bild 8.1-4 zeigt die Zusammenhänge. Die Maßeinheit für die *Strahldichte* $L_e$ ist W/(m² sr). Sie gibt an, welche Strahlungsleistung pro Fläche und Raumwinkel ausgesandt wird.
In Tabelle 8.1-1 sind die radiometrischen Größen übersichtlich zusammengefasst.

**Tabelle 8.1-1** Zusammenstellung radiometrischer Größen. Die vereinfachten Gleichungen gelten unter der Voraussetzung, dass die Strahlungsenergie konstant ist bezüglich Zeit, Fläche und Raumwinkel. Wenn dies nicht der Fall ist, gelten die vereinfachten Gleichungen für die Mittelwerte (Quelle: Hering, Martin, Stohrer: Physik für Ingenieure)

| Größe | Symbol | Einheit | Beziehung | Erklärung |
|---|---|---|---|---|
| Strahlungsenergie | $Q_e$ | W s = J | $Q_e = \int \Phi_e \, dt$ | Energietransport durch elektromagnetische Strahlung |
| Strahlungsleistung | $\Phi_e$ | W = J/s | $\Phi_e = \dfrac{dQ_e}{dt}$ | Leistung der elektromagnetischen Strahlung |
| spezifische Ausstrahlung | $M_e$ | W/m² | $M_e = \dfrac{d\Phi_e}{dA_1} \approx \dfrac{\Phi_e}{A_1}$ | Quotient aus Strahlungsleistung und Senderfläche |
| Strahlstärke | $I_e$ | W/sr | $I = \dfrac{d\Phi_e}{d\Omega_1} \approx \dfrac{\Phi_e}{\Omega_1}$ | Quotient aus Strahlungsleistung und Raumwinkel, in den die Strahlung austritt |
| Strahldichte | $L_e$ | $\dfrac{W}{sr \cdot m^2}$ | $L_e = \dfrac{d^2\Phi_e}{d\Omega_1 \, dA_1 \cos \varepsilon_1}$ $= \dfrac{dI_e}{dA_1 \cos \varepsilon_1}$ $L_e \approx \dfrac{I_e}{A_1 \cos \varepsilon_1}$ | Quotient aus Strahlungsleistung und Raumwinkel (d. h. Strahlstärke) sowie Projektion der Senderfläche auf eine Ebene senkrecht zur Betrachtungsrichtung |
| Bestrahlungsstärke | $E_e$ | W/m² | $E = \dfrac{d\Phi_e}{dA_2} \approx \dfrac{\Phi_e}{A_2}$ | Quotient aus Strahlungsleistung und bestrahlter Fläche |
| Bestrahlung | $H_e$ | J/m² | $H_e = \int E_e \, dt \approx E_e t$ | Zeitintegral der Bestrahlungsstärke |

## 8.1.2 Messung elektromagnetischer Strahlung

Der Bereich elektromagnetische Strahlung erstreckt sich über einen sehr großen Bereich von etwa 22 Zehnerpotenzen: Maximal von den Photonen-Energien von über $10^{12}$ eV für *kosmische Gammastrahlung* bis minimal zu *Radiowellen niedriger Frequenz* mit Photonen-Energien von unter $10^{-10}$ eV. Dieser Abschnitt beschäftigt sich mit dem Bereich zwischen *Röntgenstrahlung* und *fernem Infrarot*.

Für diesen weiten Bereich der elektromagnetischen Strahlung gibt es je nach Wellenlänge verschiedene grundlegende Messprinzipien, die mit Ausnahme der thermischen Detektoren ihrerseits wiederum je nach Unterwellenlängenbereich auf den fotoelektrischen Eigenschaften verschiedener Materialien beruhen. Diese fotoelektrischen Sensoren werden in Abschnitt 14 ausführlich besprochen.

## 8.2 Fotometrie

Die fotometrischen Größen berücksichtigen das *Helligkeitsempfinden* des menschlichen Auges. Das Helligkeitsempfinden hängt nicht nur davon ab, welche physikalische Strahlungsleistung in W auf das Auge trifft, sondern ganz wesentlich von der Wellenlänge $\lambda$. So erscheint beispielsweise eine grüne LED bei gleicher Strahlungsleistung etwa 16-mal heller als eine rote LED. Bild 8.2-1 zeigt den Verlauf des Hellempfindlichkeitsgrades des menschlichen Auges für Tagessehen und für Nachtsehen. Mit einer großen Anzahl von Testpersonen wurden diese Verläufe experimentell ermittelt und von der CIE (Commission Internationale de l'Eclairage) festgelegt und in DIN 5031 in Tabellen dokumentiert.

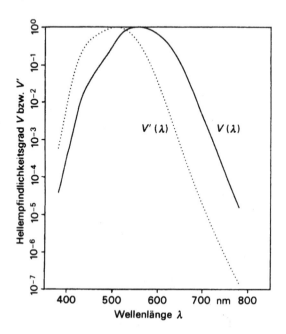

**Bild 8.2-1** Hellempfindlichkeitsgrad des Standard-Beobachters. $V(\lambda)$: Tagessehen (Zapfensehen), fotoptische Anpassung; $V'(\lambda)$: Nachtsehen (Stäbchensehen), skotopische Anpassung (Quelle: Hering, Martin, Stohrer: Physik für Ingenieure)

## 8.2.1 Fotometrische Größen

Im Folgenden werden die entsprechenden fotometrischen Größen erläutert. Der Index „v" zeigt an, dass es sich um an das Auge angepasste Größen handelt (v: visuell).

*Lichtstrom $\Phi_V$*

Der Lichtstrom $\Phi_V$ ist die von einer Lichtquelle in alle Richtungen abgestrahlte Lichtleistung. Er gibt den *Helligkeitseindruck* wieder und wird in *lumen* (lm) gemessen. Um den Lichtstrom zu bestimmen, wird die radiometrische Größe der Strahlungsleistung $\Phi_e$ mit der Hellempfindlichkeit V($\lambda$) bewertet. Für das Tagessehen gilt dann:

$$\Phi_V = K_m \Phi_e V(\lambda)$$

$K_m$ ist der Maximalwert des *fotometrischen Strahlungsäquivalentes* beim Tagessehen und beträgt: $K_m$ = 683 lm/W (lumen pro Watt).

Für das Nachtsehen gilt entsprechend:

$$\Phi_V' = K_m' \Phi_e V'(\lambda).$$

In diesem Fall ist $K_m'$ = 1.699 lm/W. Im Folgenden werden nur die Formeln für das Tagessehen genannt.

Wenn die Strahlung nicht nur eine Wellenlänge, sondern eine Vielzahl von Wellenlängen umfasst, d. h. breitbandig ist, dann ergibt sich der Lichtstrom $\Phi_V$ durch Integration über das sichtbare Spektrum, so dass gilt:

$$\Phi_V = K_m \int_{380\,nm}^{780\,nm} \Phi_{e,\lambda}(\lambda) V(\lambda) d\lambda.$$

Aus den radiometrischen Größen $X_e$ lassen sich durch diese Bewertung die entsprechenden fotometrischen Größen $X_v$ ermitteln. Allgemein gilt dafür:

$$X_V = K_m \int_{380\,nm}^{780\,nm} X_{e,\lambda}(\lambda) V(\lambda) d\lambda.$$

*Lichtmenge $Q_v$*

Die Lichtmenge entspricht der Strahlungsenergie einer Lichtquelle, gewichtet mit der Empfindlichkeitskurve $V(\lambda)$. Sie wird in lm s gemessen.

*Lichtstärke $I_v$*

Die fototechnischen Größen sind mit der SI-Basiseinheit *candela* (cd) als Maßeinheit für die *Lichtstärke $I_v$* verknüpft. Die Lichtstärke gibt die Lichtstrahlung einer Lichtquelle in einer bestimmten Richtung an. Es gilt:

$$I_v = \Phi_V/\Omega.$$

Die SI-Maßeinheit *candela* ist folgendermaßen definiert:

1 candela (cd) ist die *Lichtstärke* in einer bestimmten Richtung einer Strahlungsquelle, die monochromatische Strahlung der Frequenz 540 THz aussendet (entspricht einer Wellenlänge von 555 nm) und deren Strahlstärke in dieser Richtung 1/683 W/sr beträgt.

Damit gilt für die Lichtstärke von 1 cd:

$I_V = 1$ cd $= K_m I_e = K_m (1/683)$ lm/sr.

Die Konstante $K_m$ beträgt nach diesem Zusammenhang $K_m = 683$ lm/W. Die wird *fotometrisches Strahlungsäquivalent* genannt und betrifft das Tagessehen. Für das Nachtsehen beträgt die Konstante $K_m' = 1.699$ lm/W.

### *Leuchtdichte $L_v$*

Die Leuchtdichte gibt den *Helligkeitseindruck* wieder, der im Auge von einer leuchtenden Fläche hervorgerufen wird. Sie ist ein Maß für die Lichtstärke einer Lichtquelle, bezogen auf deren Fläche. Die Maßeinheit ist cd/m². Die Leuchtdichte $L_v$ ist das Verhältnis von Lichtstärke $I_v$ zur leuchtenden Fläche $A_{leucht}$. Es gilt folgender Zusammenhang:

$L_v = I_v / A_{leucht}$.

Die Leuchtdichte hängt von den Reflexionseigenschaften der angestrahlten Materialien ab. In der Lichttechnik wird deshalb die Beleuchtungsstärke $E_v$ als Planungsgröße angewandt.

### *Beleuchtungsstärke $E_v$*

Die Beleuchtungsstärke ist ein Maß dafür, wie *intensiv* eine Fläche beleuchtet wird. Die Beleuchtungsstärke $E_v$ ist das Verhältnis des Lichtstromes $\Phi_v$ zur Größe der beleuchteten Fläche $A$. Die Maßeinheit ist lm/m² oder Lux (lx). Es gilt:

$E_v = \Phi_v / A$.

### *Spezifische Lichtausstrahlung $M_v$*

Hier wird der emittierende Lichtstrom $\Phi_{v,emitt}$ ins Verhältnis zur Licht abstrahlenden Fläche $A_{emitt}$ gesetzt. Die Maßeinheit ist ebenfalls lm/m² oder lx. Es gilt:

$M_V = \Phi_{v,emitt} / A_{emitt}$.

### *Lichtausbeute $\eta$*

Sie gibt an, wie groß der *Lichtstrom* $\Phi_v$ in Bezug auf die elektrische Anschlussleistung $P$ ist:

$\eta_e = \Phi_v / P$,

gemessen in lm/W. Als radiometrische Größe gilt für die *Strahlungsausbeute*

$\eta_v = \Phi_e / P$

gemessen in W/W mit Maßeinheit 1. Mit 100 multipliziert gibt sie an, wieviel % der Anschlussleistung als Strahlungsleistung zur Verfügung steht.

Die Lichtausbeute ist ein Maß für die *Energieeffizienz* einer Lichtquelle. Je höher der Wert, desto mehr Licht wird je eingebrachter Leistung erzeugt. Tabelle 8.2-1 zeigt die Werte für verschiedene Lichtquellen.

**Tabelle 8.2-1** Lichtausbeute einiger Lichtquellen

| Lichtquelle | Lichtausbeute in lm/W |
|---|---|
| Flamme, Kerze, Öllampe | 0,2 |
| Leuchtdiode, blau | 8,5 |
| Leuchtdiode, rot | 47,5 |
| Glühlampe, 230 V, 40 W | 10,0 |
| Glühlampe, 230 V, 70 W | 12,0 |
| Halogen, 230 V, 500 W | 20,0 |
| Leuchtstofflampe, 230 V, 70 W | 75 |
| Leuchtstofflampe mit elektronischem Vorschaltgerät | 95 |
| Xenon-Höchstdruck-Gasentladungslampe (Videoprojektion) | 22,5 |
| Xenon-Höchstdruck-Gasentladungslampen (Kinoprojektion) | 47 |
| Xenon-Bogenlampe (Auto-Frontscheinwerfer) | 90 |
| Natriumdampf-Niederdrucklampe | 175 |
| Natriumdampf-Hochdrucklampe | 150 |

In Tabelle 8.2-2 sind die radiometrischen und die fotometrischen Größen gegenübergestellt.

**Tabelle 8.2-2** Gegenüberstellung der radiometrischen und der fotometrischen Größen

| Radiometrische Größe | Zeichen | Einheit | Fotometrische Größe | Zeichen | Einheit |
|---|---|---|---|---|---|
| Strahlungsenergie | $Q_e$ | W s | Lichtmenge | $Q_v$ | lm s |
| Strahlungsleistung | $\Phi_e$ | W | Lichtstrom | $\Phi_v$ | lm |
| Strahlungsstärke | $I_e$ | W/sr | Lichtstärke | $I_v$ | cd = lm/sr |
| Strahlungsdichte | $L_e$ | W/(m²sr) | Leuchtdichte | $L_v$ | cd/m² |
| Bestrahlungsstärke | $E_e$ | W/m² | Beleuchtungsstärke | $E_v$ | lx = lm/m² |
| Bestrahlung | $H_e$ | W s/m² | Belichtung | $H_v$ | lx s |
| Spezifische Ausstrahlung | $M_e$ | W/m² | Spezifische Lichtausstrahlung | $M_v$ | lm/m² |
| Strahlungsausbeute | $\eta_e$ | W/W=1 | Lichtausbeute | $\eta_v$ | lm/W |

In Tabelle 8.2-3 sind der Lichtstrom einiger Lichtquellen, in Tabelle 8.2-4 die Leuchtdichten und in Tabelle 8.2-5 die Beleuchtungsstärke einiger Leuchtkörper zusammengestellt.

**Tabelle 8.2-3** Lichtstrom $\Phi_V$ einiger Lichtquellen

| Lichtquelle | Lichtstrom in lm |
|---|---|
| LED (weiß) | 0,02 bis 200 |
| Glühlampe, 230 V, 60 W | 730 |
| Glühlampe, 230 V, 100 W | 1.380 |
| Leuchtstoffröhre, 230 V, 20 W | 1.200 |
| Leuchtstoffröhre, 230 V, 40 W | 2.300 |
| Quecksilberdampflampe, 230 V, 125 W | 5.400 |
| Quecksilberdampflampe, 230 V, 2.000 W | 125.000 |

**Tabelle 8.2-4** Leuchtdichte $L_V$ einiger Lichtquellen

| Lichtquelle | Leuchtdichte in cd/m² |
|---|---|
| Nachthimmel | $10^{-3}$ |
| Mond | 2.500 |
| Klarer Himmel | 3.000 bis 5.000 |
| Leuchtstofflampe | $1,3 \cdot 10^4$ |
| Glühlampe matt | $5 \cdot 10^4$ bis $4 \cdot 10^5$ |
| Glühlampe klar | $2 \cdot 10^6$ bis $2 \cdot 10^7$ |
| Halogen-Glühlampe | $5 \cdot 10^7$ |
| Halogen-Metalldampflampe | $10^8$ |
| Xenonlampe (Kurzbogen) | $1,5 \cdot 10^8$ bis $2,7 \cdot 10^9$ |
| Schwarzer Körper | $6 \cdot 10^5$ |
| Sonne (T = 2.200 K) | $1,5 \cdot 10^9$ |

**Tabelle 8.2-5** Beleuchtungsstärke $E_V$ einiger Leuchtquellen

| Leuchtquelle | Beleuchtungsstärke in lx |
|---|---|
| Straßenbeleuchtung | 1 bis 15 |
| Wohnzimmerbeleuchtung | 120 |
| Zum Lesen mindestens | 100 |
| Arbeitsplatz mit normalem Anspruch | 500 |
| Arbeitsplatz mit hohem Anspruch | 1.000 |
| Grenze der Farbwahrnehmung | 3 |
| Sterne, ohne Mond, klare Nacht | $10^{-3}$ |
| Vollmond | 0,25 |
| Tageslicht, bedeckter Himmel | 1.000 bis 2.000 |
| Sonne, Winter | 6.000 |
| Sonne, Sommer | 70.000 |

## 8.2.2 Messung fotometrischer Größen

Im Folgenden werden einige Messgeräte für fotometrische Größen dargestellt. In Abschnitt 2.14.3 (Anwendungen fotoelektrischer Effekte) sind ebenfalls Messmöglichkeiten fotoelektrischer Größen beschrieben (z. B. Bild 2.14-14: Luxmeter). In Bild 8.2-2 ist ein Messgerät für die Messung des Lichtstroms in lumen zu sehen. Damit können LEDs geprüft werden, indem ein Referenzwert eingestellt wird, an dem man sich orientiert. Dieses Messgerät kann auch in der Entwicklung von LED-Leuchtkörper eingesetzt werden. Die Daten können in einen Datenspeicher eingelesen und mit einem USB-Anschluss auf einen Rechner übertragen werden. Dort werden sie entsprechend weiterverarbeitet.

**Bild 8.2-2**
LED-Lichtstrom-Messgerät PCE-LED 1
(Werkfoto: PCE Instruments)

Bild 8.2-3 zeigt einen *Beleuchtungsmesser* (Luxmeter). Er kann mit einem Aufsatz auch als *Leuchtdichtemesser* ($cd/m^2$) eingesetzt werden. Dieses Gerät kommt in Industrie, Handwerk, bei Foto- und Filmstudios sowie in Forschung und Entwicklung zum Einsatz. Wegen seiner hohen Präzision und Empfindlichkeit ist es auch für Zertifizierungsanwendungen sehr gut geeignet.

**Bild 8.2-3**
Luxmeter und Beleuchtungsdichtemesser
Mavolux 5032 C (Werkfoto: Gossen,
Foto- und Lichtmesstechnik GmbH)

## 8.3 Anwendung von Helligkeitssensoren

Eine sehr komplexe Aufgabe für die Helligkeitssensoren ist die Steuerung von Beleuchtungseinrichtungen. Diese mehrdimensionale Optimierung umfasst die Fragen

- der optimalen Beleuchtung als Funktion der dort statt findenden Arbeitsaufgaben,
- der Energieeffizienz bei der Beleuchtung,
- dem Ausgleich der Lichtfarbe – auch unter dem Einfluss von Tageslicht und Tageszeit und
- der aktuellen Nutzungssituation des Raumes.

**Bild 8.3-1**
Energieeffiziente LED-Beleuchtung mit Slimpanel SP 595 (Werkbild Richter lighting technologies GmbH)

Durch den Einsatz von LED lassen sich neue Lichtkonzepte realisieren, welche außer dem Dimmen auch eine Veränderung der Lichtfarbe zulassen. In Bild 8.3-1 ist ein Raum mit sehr flachen, flächig strahlenden Leuchtmitteln zu sehen. Diese werden elektronisch geregelt über einen Helligkeitssensor (Bild 8.3-2), welcher zusätzlich die Anwesenheit von Personen erfasst.

Bereits der Einsatz dieser Sensorkombination – Helligkeit und Präsenz – bringen einen qualitativen Fortschritt und eine merkliche Energieeinsparung.

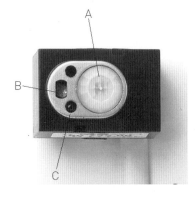

**Bild 8.3-2**
Kombinierter Präsenz- und Helligkeitssensor (Werkfoto: PEMA Elektro GmbH)
A – Bewegungsmelder
B – Helligkeitssensor
C – IR-Empfänger für Programmiergerät

## 8.4 Farbe

Durch den gezielten Einsatz spezieller LED kann zudem das Spektrum definiert werden und erlaubt durch elektronische Steuerung eine freie Auswahl in diesem verfügbaren Bereich. Das Spektrum der Raumleuchten zeigt Bild 8.3-3. Die CIE-Normfarbtafel zeigt die Farbkoordinaten und Farbtemperatur der Leuchte (Kreuz etwa mittig).

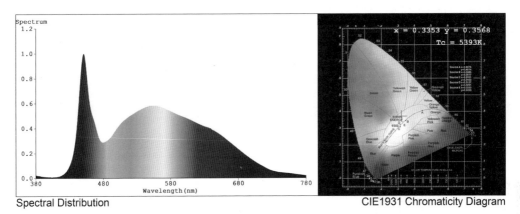

**Bild 8.3-3** Spektrum des Slimpanels SP 595 (Werkfoto: Richter lighting technologies GmbH)

## 8.4 Farbe

### 8.4.1 Farbempfinden

Trotz aller Schwierigkeiten ist es notwendig, Farben *eindeutig* und *objektiv* zu beschreiben. Mit diesen Zahlen können Farben von Bildschirmen ausgegeben, von Druckern ausgedruckt und als Farbe im Malerbereich eindeutig identifiziert werden. Die Wahrnehmung der Farben durch das Auge erfolgt durch *Rezeptoren*, die sich auf der Netzhaut befinden. Es sind dies die *Stäbchen* für den Hell-Dunkel-Kontrast und die *Zapfen* für die *Farberkennung*. Es gibt drei verschiedene Zapfen, die ihre maximale Empfindlichkeit bei *Rot*, *Grün* und *Blau* aufweisen. Jede beliebige Farbe kann durch *Mischen* dieser *Primärfarben* erzeugt werden. In Tabelle 8.4-1 sind die von der CIE (Commission Internationale de l'Éclairitage) bereits 1931 festgelegten *Primärvalenzen* zu sehen. Die relative Strahlenleistung bezieht sich auf die Primärfarbe Blau, deren Leistung mit 1 festgelegt wurde. Man sieht, dass die Farbe Rot eine etwa 72-mal größere Strahlungsleistung aufweist als die Farbe Blau.

**Tabelle 8.4-1** Primärvalenztripel für Rot, Grün und Blau mit ihrer relativen Strahlungsleistung

| Farbe | Wellenlänge in nm | Relative Strahlungsleistung |
|---|---|---|
| Rot $R$ | 700,0 | 72,096 |
| Grün $G$ | 546,1 | 1,3791 |
| Blau $B$ | 435,8 | 1,000 |

Eine Farbe **F** ist in einem dreidimensionalen Farbraum darstellbar. Es spannen die Vektoren **R**, **G** und **B** einen dreidimensionalen Raum aus, in dem die Bestandteile Rot (R) Grün (G) und Blau (B) in diesem Raum dargestellt werden es gilt demnach:

**F** = R**R** + G**G** + B**B**.

Für die Darstellung der Farben auf Monitoren und in Druckern wurden die Bestandteile normiert und können als hexadezimale Zahl im Rechner dargestellt werden (Tabelle 8.4-2).

**Tabelle 8.4-2** Farbtabelle für Rot, Grün und Blau mit hexadezimalem Code

| Farbe | R,G,B | Hexadezimale Zahl |
|---|---|---|
| Schwarz | 0,0,0 | 000000 |
| Blau | 0,0,128 | 000080 |
| Grün | 0,128,0 | 008000 |
| Rot | 255,0,0 | FF0000 |
| Weiß | 255,255,255 | FFFFFF |
| Gelb | 255,255,0 | FFFF00 |
| Purpur | 128,0,128 | 800080 |
| Olivgrün | 128,128,0 | 808000 |
| Grau | 128,128,128 | 808080 |
| Silber | 208,208,208 | C0C0C0 |

Um alle Farben einheitlich definieren zu können, wurde ein *Normvalenz-System* eingeführt. Dieses hat die *Normvalenzen* **X**, **Y** und **Z**. In diesem dreidimensionalen System kann jede Farbe **F** dargestellt werden, so dass gilt:

**F** = X**X**+ Y**Y**+ Z**Z**.

X, Y und Z sind die *Normfarbwerte*, die folgendermaßen berechnet werden:

$$X = k \int \Phi_\lambda \, \bar{x}(\lambda) \, d\lambda,$$

$$Y = k \int \Phi_\lambda \, \bar{y}(\lambda) \, d\lambda \text{ und}$$

$$Z = k \int \Phi_\lambda \, \bar{z}(\lambda) \, d\lambda \, .$$

Die Konstante k kann geeignet gewählt werden. Die *Normalspektralwerte* $\bar{x}(\lambda), \bar{y}(\lambda)$ und $\bar{z}(\lambda)$ wurden durch Messungen an Testpersonen ermittelt und sind in CIE (1931) und DIN 5033 festgelegt. Sie entsprechen einem *farbmetrischen Normalbeobachter* mit einer Gesichtsfeldgröße von 2°. Den Verlauf der Normalspektralwerte zeigt Bild 8.4-1. Die Kurven sind so gezeichnet, dass die Flächen unter der Kurve immer gleich groß sind.

Die Normspektralwertfunktion $\bar{y}(\lambda)$ ist identisch mit der Kurve für die Fellempfindlichkeit $V(\lambda)$ von Bild 8.2-1. Deshalb ist der Normfarbwert Y proportional zu den fotometrischen Größen.

8.4 Farbe

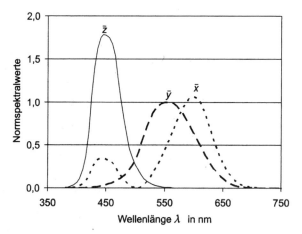

**Bild 8.4-1** Normspektralwertfunktionen für den farbmetrischen Normalbeobachter mit 2° Gesichtsfeldgröße (Quelle: Hering, Martin, Stohrer: Physik für Ingenieure)

Wird auf die *Helligkeit* verzichtet, dann kann die wirkliche Farbe durch *zwei Angaben* definiert werden. Auf diese Weise erhält man eine *Normfarbtafel*. Es werden die *Anteile* der Normfarbwerte ermittelt und *y* als Funktion von *x* aufgetragen. Den Wert für z braucht man nicht anzugeben, weil gilt: $x + y + z = 1$. Die *Normfarbwertanteile* werden errechnet zu:

$x = X / (X + Y + Z)$,
$y = Y / (X + Y + Z)$ und
$z = Z / (X + Y + Z)$.

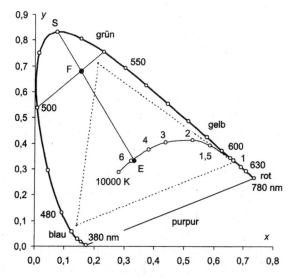

**Bild 8.4-2** Normfarbtafel für 2° Gesichtsfeldgröße (Quelle: Hering, Martin, Stohrer: Physik für Ingenieure)

In dieser zweidimensionalen Darstellung nach Bild 8.4-2 ist jeder *Farbe* ein *Punkt* zugeordnet. Die Normfarbenwertanteile der Spektralfarben bilden eine geschlossene Kurve, den *Spekt-*

*ralfarbenzug*. Die Verbindungsgerade seiner Eckpunkte ist die *Purpurgerade*. Alle *wirklichen (wahren)* Farben liegen *innerhalb* der umschlossenen Fläche. Die Kurve, die durch den *Farbort* E geht, zeigt die Farborte des schwarzen Strahlers bei 1.000 °C. Innerhalb des Dreiecks, das von gestrichelten Linien gebildet wird, befinden sich die *RGB-Farborte*, die sich mit einer Farbfernsehröhre realisieren lassen.

### 8.4.2 Farbmodelle

Wie im vorherigen Abschnitt erwähnt wurde, ist für die Farbmessung und –bewertung ein einheitlicher Standard erforderlich. Dieser wurde mit dem CIE1931 geschaffen, welcher auf dem *RGB-Farbmodell* beruht. Im Zuge der Weiterentwicklung wurde dieser durch den Lab-Standard 1976 erweitert. Eine Ursache dafür waren auch die messtechnischen Anforderungen an die Farberfassung.

Ein RGB-Farbmodell gilt immer für ein konkretes System, also einen Monitor, Drucker oder Scanner. Dabei muss technisch bedingt ein Ziegelrot auf dem Monitor noch lange nicht als solches auf dem Drucker erscheinen. Das Lab-System orientiert sich an der Wahrnehmung des Menschen und ist damit geräteunabhängig. Der *CIE-Lab-Farbraum* ist in der DIN 6174 standardisiert.

Der Lab-Farbraum basiert auf gleichen numerischen Abständen für empfindungsmäßig gleiche Abstände. Dabei wird der Farbraum in der Ebene a und b dargestellt. Die dritte Achse entspricht der Helligkeit (Luminanz L) mit den Endpunkten 0 für Schwarz und 100 für Weiß.

Der Lab-Raum wird für die Messung an *Nichtselbststrahlern* verwendet (*lineare subtraktive Mischung*). Die Umrechnung von RGB-Farben in den Lab-Raum erfolgt über die normierten Farbwert XYZ nach CIE1931.

Helligkeit $\quad L^* = 116 \cdot Y^* - 16$.

Grün-Rot-Differenz $\quad a^* = 500(X^* - Y^*)$.

Blau-Gelb-Differenz $\quad b^* = 200(Y^* - Z^*)$

mit $\quad X^* = \sqrt[3]{\dfrac{X}{X_n}} \quad$ für $\quad \dfrac{X}{X_n} > 0{,}008856$

bzw. $\quad X^* = 7{,}787 \sqrt[3]{\dfrac{X}{X_n}} + 0{,}138 \quad$ für $\quad \dfrac{X}{X_n} \leq 0{,}008856$.

Die Werte für $Y^*$ und $Z^*$ werden analog zu $X^*$ gebildet.
Der *Unbuntpunkt* liegt dann bei: $a^* = 0{,}0$ und $b^* = 0{,}0$.
Der *Farbabstand* $\Delta E^*_{ab}$ ergibt sich damit zu

$$\Delta E^*_{ab} = \sqrt{(\Delta L^*)^2 + (\Delta a^*)^2 + (\Delta b^*)^2}\ .$$

*Weitere Farbräume*

Für *Selbststrahler* (*lineare additive Mischung*) wird der *Luv-Farbraum* verwendet, welcher ebenfalls von der CIE 1976 definiert wurde. Der Lab- und Luv-Farbraum werden oft für die technische Bildverarbeitung verwendet, da für die maschinelle Auswertung von Bildern die gleichmäßigen Farbabstände eine bessere Merkmalsselektion bringen.

Ein weiteres System stellt der *LCh-Farbraum* dar, welcher dem Lab entspricht, die Darstellung jedoch nicht in kartesischen Koordinaten sondern in *Zylinderkoordinaten* erfolgt.

Ebenfalls in Zylinderkoordinaten ist das *HSB-Farbmodell* aufgebaut. Es setzt einen Farbwert aus den drei Komponenten *Farbton* (Hue), *Sättigung* (Saturation) und *Helligkeit* (Brightness) zusammen. Der Farbton wird dabei durch einen Winkel von 0° bis 360° beschrieben, die anderen beiden Größen durch einen Wert von 0 % bis 100 %.

*CMYK* ist ein Farbraum für den Druck, welcher auf der subtraktiven Farbmischung basiert.. Es werden dabei die Farben *Cyan*, *Magenta*, *Yellow* und *Black* verwendet. Der Farbwert deckt den Bereich von 0 % bis 100 % ab, wobei 0 % keine Farbe repräsentiert und 100 % eine vollfarbige Fläche.

### 8.4.3 Farbsysteme

Im Rahmen des industriellen Einsatzes sind unterschiedliche technische Farbsysteme entstanden. Diese dienen allgemein der Qualitätssicherung in einem bestimmten Marktbereich. Besonders zu nennen sind hier:

*RAL-Farben*     Teilt die Farbpalette über einen vierstelligen Zahlenschlüssel auf. Die Umrechnung in andere Farbsysteme erfolgt über Tabellen. Das System wird vor allem im Bereich der dekorativen Farbanwendung benutzt.

*Pantone-Farben*     Dieses System wird vor allem im Bereich der Druckindustrie verwendet und bildet dafür den verbindlichen Farbensatz ab. Es baut auf der Verwendung der CMYK-Kombination auf. In diesem System sind auch Sonderfarben zugelassen, welche außerhalb liegen und nicht mit dem Vierfarbdruck erreichbar sind. Im Pantone gibt es mehrere Substandards.

In der reinen Farbsensorik besteht oft das Ziel, die Messwerte auf eines dieser Systeme zurück zu führen.

### 8.4.4 Farbfilter für Sensoren

Beim Einsatz von Farbsensoren muss immer die für die Messung betrachtete Farbe aus dem Spektrum selektiert werden. Da Fotosensoren nur grob auf spektrale Bereiche reagieren, müssen sie mit einem *Farbfilter* ausgestattet werden. Es gibt dafür technisch zwei grundlegende Ansätze

- das *Aufdrucken* von farbigen Filtern in Form einer Lackfolie auf das Sensorelement oder
- das Aufbringen von *Beugungsgittern* als Filterstruktur.

Beide Methoden kommen bei Sensoren zum Einsatz. Die Farbfilter werden dabei allgemein bei Bildsensoren angewandt. Geht es um spezielle Farbmesstechnik, dann verwendet man Beugungsgitter, da diese trennschärfer sind und weniger Verluste ausweisen.

Für eine Festlegung des spektralen Arbeitsbereiches bei Halbleitern kommt noch ein weiterer Effekt zum Tragen. Strahlungen mit unterschiedlichen Wellenlängen haben in einer Halbleiterschicht unterschiedliche Eindringtiefen. Auf Basis dieser Eigenschaft lässt sich der spektrale Arbeitsbereich eines Sensors grundsätzlich einrichten (Abschnitt 14).

Die andere, auch technisch realisierte Umsetzung dieser Erkenntnis sind Sensoren, die ein Farbbild dadurch erzeugen, dass die Information in unterschiedlichen Tiefen der Halbleiterstruktur abgenommen werden. Der Vorteil besteht dabei darin, dass die Farbinformation des gesamten Spektrums an einem gemeinsamen Ort erfasst wird. Dies ist der Gegensatz zu den anderen Filtersystemen, bei denen die einzelnen Farben nebeneinander aufgelöst werden. Der Nachteil dieser Methode ist aber, dass, physikalisch bedingt, keine farblich schönen Bilder unter visuellen Gesichtspunkten entstehen. Der Einsatz erfolgt deshalb nur unter speziellen Bedingungen der Bildverarbeitung.

### Bayer-Pattern

Das B*ayer-Pattern* ist der bei Farbsensoren üblichste Filter (Bild 8.4-3). Es besteht aus einem Raster der drei Grundfarben RGB mit doppeltem Grün. Dieses ergibt sich aus der großen Bedeutung des Grünanteils für die menschliche Wahrnehmung.

|    | x1 | x2 | x3 | x4 | x5 |
|----|----|----|----|----|----|
| 1x | R  | G  | R  | G  | R  |
| 2x | G  | B  | G  | B  | G  |
| 3x | R  | G  | R  | G  | R  |
| 4x | G  | B  | G  | B  | G  |
| 5x | R  | G  | R  | G  | R  |

**Bild 8.4-3** Ausschnitt eines Bayer-Pattern

Der schon erwähnte Nachteil besteht darin, dass immer vier Pixel zusammen ein farbiges Pixel ergeben, wodurch sich die örtliche Auflösung reduziert. Der Sensor gibt die Pixelinformationen immer in dieser Rohform heraus – bei hochwertigen Kameras als raw-Format verfügbar.

Mittels moderner Interpolationsmethoden erfolgt die Berechnung nicht in Schritten aus Doppelpixeln, sondern dieser wird an die Pixelfolge angepasst. Wenn man die Farbpixel der ersten Zeile interpoliert, ergibt sich eine Rechnung der folgenden Form:

$C11 = \{ P11, P12, P21, P22\}$

$C12 = \{ P12, P13, P22, P23\}$

….

Die folgende Zeile beginnt mit der Interpolation von

$C21 = \{ P21, P22, P31, P32\}$.

Dabei sind Pxx die Pixelpositionen in Bild 8.4-3 und Cxx die daraus resultierenden Farbpixel.

Das Bayer-Pattern besitzt zwar die größte Verbreitung, es gibt aber auch noch andere Filter. Für spezielle Anwendungen existieren auch Sensoren mit Farbfiltern aus senkrechten oder diagonalen Streifen, welche sich einfacher herstellen lassen. In gleicher Weise sind andere Farbkombinationen zu finden, wie beispielsweise Filter mit den Komplementärfarben.

### Farbkorrektur (Color correction)

Da die einzelnen Farbfilter unterschiedliche Übertragungseigenschaften, und die Pixel unterschiedliche spektrale Empfindlichkeiten haben, muss anschließend eine Grundkorrektur erfolgen. Das erfolgt über die *Color correction matrix*, die vom Sensorhersteller in den Datenblättern dokumentiert sind.

$$\begin{bmatrix} R_{\text{cor}} \\ G_{\text{cor}} \\ B_{\text{cor}} \end{bmatrix} = \begin{bmatrix} K1 & K2 & K3 \\ K4 & K5 & K6 \\ K7 & K8 & K9 \end{bmatrix} \cdot \begin{bmatrix} R_{\text{raw}} \\ G_{\text{raw}} \\ B_{\text{raw}} \end{bmatrix}$$

Die Koeffizienten kommen vom Hersteller. Die Multiplikation einer Spalte entspricht einer Verstärkungsänderung des Kanals am Eingang.

Die Koeffizienten K1, K5 und K9 sind allgemein positiv, die anderen negativ.

*Weißabgleich*

Nach erfolgter Farbkorrektur ist der *Weißabgleich* eines Sensors erforderlich. Vereinfacht dargestellt geht dieser davon aus, dass in jedem Bild ein Weißpunkt – bzw. Graupunkt – vorhanden ist, welcher mit der Farbtemperatur der Lichtquelle korrespondiert. Bei einer Kamera äußert sich das in der Auswahl zwischen Tageslicht und Kunstlicht. Man erkennt aber hier auch bereits die Schwachstelle – wenn eine rein farbiges Objekt betrachtet wird (z. B. eine grüne Wand oder eine Beleuchtung mit farbigem Licht), führt dieser Abgleich meist nicht zum Erfolg. Die mathematisch sehr aufwändigen Rechnungen für den Weißabgleich kann man sich durch Bild 8.4-4 veranschaulichen.

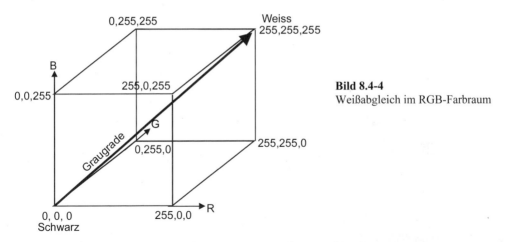

**Bild 8.4-4**
Weißabgleich im RGB-Farbraum

Beim Weißabgleich wird davon ausgegangen, dass sich alle Pixel im Farbraum befinden und sich dabei eine Häufung um die Graugrade einstellt. Die Graugrade repräsentiert dabei alle Schwarz-Weiß-Abstufungen.

Beim Abgleich wird aus den Pixeldaten eine Graugrade des Bildes berechnet und anschließend der Inhalt des gesamten Bildraumes so gedreht, dass die Grade des Bildes mit der idealen Grade so gut wie möglich überein stimmt. Bei der Drehung kann es jedoch vorkommen, dass Pixel die Wertgrenzen des Raumes verlassen, weshalb zusätzlich noch eine Anpassung der Verstärkung notwendig werden kann.

### 8.4.5 Farbsensoren

Da Bildsensoren im Abschnitt 14 ausführlich besprochen werden, wird im Folgenden auf eine Lösung mit Beugungsgitter verwiesen.

In Abschnitt 2.14.3 ist in Bild 2.14-15 ein Farbsensor nach dem RGB-Prinzip dargestellt. Bild 8.4-5 zeigt den Farbsensor vom Typ MTCSi der Firma MAZeT, der es erlaubt, Farben in ihrer physikalischen Erscheinung zu erfassen. Er wird vor allem für die Justage und Analyse von Displays und in der Druck- und Textilindustrie eingesetzt. Den Verlauf der Normfarbwerte zeigt Z (erster Peak von links), Y (zweiter Peak von links) und X (dritter Peak von links). In Bild 8.4-6 ist ein auf diesem Sensor basierender Farbscanner gezeigt, der die Farbwerte ermittelt.

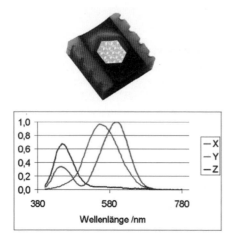

**Bild 8.4-5**
Farbsensor zur Messung wirklicher Farbwerte (Werkfoto: MAZeT GmbH)

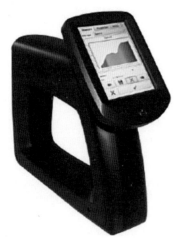

**Bild 8.4-6**
Jencolor Farbscanner zur Messung wirklicher Farbwerte (Werkfoto: MAZeT GmbH)

## Weiterführende Literatur

Hering, E.; Martin, R.; Stohrer, M.: Physik für Ingenieure, 10. Auflage 2007, Springer Verlag
http://farbe.wisotop.de/Arbeitsfarbraum.shtml
Umrechnung von Farbräumen:
    http://www.frank-schibilla.de/IT/RAL-Pantone-CMYK/RAL-Pantone-CMYK.php
    http://ngin.de/cmyk2pantone/index.php?c=50&m=10&y=50&k=25&hits=10
Wagner, P.: Farbmanagement; ScanDig GmbH; http://www.filmscanner.info/Farbmanagement.html

# 9 Akustische Messgrößen

In der Akustik werden das Auftreten, die Eigenschaften und das Messen von *Longitudinalwellen* (örtliche Verdichtungen und Verdünnungen schwingender Partikel) in Gasen, Flüssigkeiten und Festkörpern beschrieben. Von besonderer Bedeutung sind die *Ausbreitung* des Schalls in *Luft* und die menschliche *Schallempfindung*. Man unterscheidet je nach Amplitude und Frequenzverlauf:
- *Ton*: eine einzige Schallfrequenz und eine sinusförmige Amplitude.
- *Geräusch*: eine Vielzahl von unterschiedlichen Frequenzen und stark schwankender Amplitudenverlauf.
- *Knall*: sehr viele Frequenzen bei nahezu konstantem Amplitudenverlauf.

## 9.1 Definition wichtiger akustischer Größen

### Schalldruck p

Der Schalldruck $p$ ist ein Maß für die *Druckschwankungen* in einem Medium. Bei einem Ton (periodische Schwankung mit nur einer Frequenz) gilt:

$$p(t) = <p> \cos(\omega t - \varphi).$$

Es ist $<p>$: Amplitude des Schalldrucks; $\omega$: Kreisfrequenz ($\omega = 2\pi f$); $\varphi$: Phasenverschiebung. Der Schalldruck $p$ ist meist um viele Größenordnung kleiner als der statische Luftdruck. Er ist eine skalare Größe.

### Schallschnelle v

Sie beschreibt, mit welcher Geschwindigkeit die Teilchen um ihre Ruhelage schwingen. Wie beim Schalldruck kann man für einen Ton schreiben:

$$v(t) = <v> \cos(\omega t).$$

Die Schallschnelle ist ein Vektor.

### Schallgeschwindigkeit c

Sie gibt an, mit welcher Geschwindigkeit sich die Schallwelle im Medium fortpflanzt. Die Schallgeschwindigkeit ist vom Medium abhängig. Es gelten folgende Zusammenhänge:

- *Gase*: $c = \sqrt{\dfrac{\kappa p}{\rho}}$, mit $\kappa$: Isentropenexponent; $p$: Schalldruck; $\rho$: spezifische Dichte.

  Für Luft beträgt die Schallgeschwindigkeit $c_{Luft} = 331{,}2$ m/s.

- *Flüssigkeiten*: $c = \sqrt{\dfrac{K}{\rho}}$, wobei K: Kompressionsmodul.

  Die Schallgeschwindigkeit in Wasser beträgt: $c \approx 1.490$ m/s.

- *Festkörper*: $c = \sqrt{\dfrac{E}{\rho}}$, wobei E: Elastizitätsmodul.

  Für Stahl beträgt die Schallgeschwindigkeit $c \approx 5.800$ m/s.

*Schall-Leistung* $P_{Schall}$

Dies ist die pro Zeiteinheit von einer Schallquelle abgegebene Energie. Es gilt:

$$P_{Schall} = \int p(t)\, v(t)\, n \cdot dA,$$

mit $n \cdot dA$: Flächenelement $dA$ in Richtung des Flächen-Normalenvektors $n$.

*Schallintensität* $I_{Schall}$

Dies beschreibt die Schall-Leistung pro Flächeneinheit. Es gilt:

$$I_{Schall} = p(t)\, v(t).$$

*Schallimpedanz* $Z_A$

Sie ist der *Wellenwiderstand* des Mediums und gibt an, wie die Schallschnelle durch eine Druckerregung erzeugt wird. Es gilt:

$$Z_A = \rho\, c.$$

## 9.2 Menschliche Wahrnehmung

### 9.2.1 Pegel

Schalldruckwellen werden durch das menschliche Ohr aufgenommen und nach Frequenz und Schalldruck wahrgenommen. Der Hörbereich liegt zwischen 16 Hz und 20 kHz. Der Schalldruck für die *Hörschwelle* liegt bei $2 \cdot 10^{-5}$ Pa und die *Schmerzschwelle* bei etwa 20 Pa. Normale Töne liegen bei etwa 0,1 Pa. Wegen dieser großen Spannweite wird logarithmiert (10er-Logarithmen) und die *Pegel* berechnet. So gilt für den Schalldruck-Pegel $L_P$ beispielsweise:

$$L_P = 10 \log\left(\frac{p_{eff}^2}{p_0^2}\right) = 20 \log\left(\frac{p_{eff}}{p_0}\right), \text{ mit } p_{eff}: \text{Effektivwert des Schalldrucks;}$$

mit $p_0$: Bezugsdruck.

**Tabelle 9.2-1** Schallpegel in der Akustik (Quelle: Hering, Martin, Stohrer: Physik für Ingenieure)

| Schallpegel | Definition | Bezugsgröße | Beziehungen |
|---|---|---|---|
| Schalldruckpegel | $L_p = 20 \lg \frac{p_{eff}}{p_{eff,0}}$ dB | $p_{eff,0} = 2 \cdot 10^{-5}$ Pa | $p_{eff} = Z\, v_{eff}$ |
| Schallschnellepegel | $L_v = 20 \lg \frac{v_{eff}}{v_{eff,0}}$ dB | $v_{eff,0} = 5 \cdot 10^{-8}\, \frac{m}{s}$ | $I = \frac{p_{eff}^2}{Z}$ |
| Schallintensitätspegel | $L_I = 10 \lg \frac{I}{I_0}$ dB | $I_0 = 10^{-12}\, \frac{W}{m^2}$ | $p = S \frac{p_{eff}^2}{Z}$ |
| Schallleistungspegel | $L_W = 10 \lg \frac{p}{p_0}$ dB | $p_0 = 10^{-12}$ W | |

## 9.2 Menschliche Wahrnehmung

In Tabelle 9.2-1 sind die entsprechenden Schallpegel zusammengestellt. Die Messung der Pegel erfolgt in Dezibel (dB). Nach diesen Zusammenhängen ist der Schallintensitäts-Pegel an der Hörschwelle:

$$L_{\text{Hörschw}} = 10 \log (I_0/I_0) = 0 \text{ dB}.$$

Die Schall-Intensität der Schmerzschwelle liegt bei 1 W/m². Damit gilt:

$$L_{\text{Schmerzschw}} = 10 \log (1/10^{-12}) = 10 \log 10^{12} = 120 \text{ dB}.$$

Für den Schalldruck gilt:

- Schalldruck an der Hörschwelle: $p_{\text{Hörschw}} = 2 \cdot 10^{-5}$ Pa und
- Schalldruck an der Schmerzschwelle: $p_{\text{Schmerz}} = 200$ Pa.

Zwischen Hör- und Schmerzschwelle überstreicht der Schalldruck einen Bereich von 7 Zehnerpotenzen. Bild 9.2-1 zeigt den Zusammenhang zwischen Schalldruck und Schallpegel.

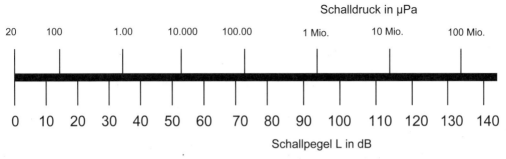

**Bild 9.2-1** Zusammenhang zwischen Schalldruck und Schallpegel

In Tabelle 9.2-2 sind die relativen Schall-Intensitäten einiger Schallquellen zusammengestellt.

**Tabelle 9.2-2** Relative Schallintensitäten und Pegel einiger Schallquellen

| Situationen | $I/I_0$ | dB | Beschreibung |
|---|---|---|---|
|  | $10^0$ | 0 | Hörschwelle |
| normales Atmen | $10^1$ | 10 | kaum hörbar |
| raschelnde Blätter | $10^2$ | 20 |  |
| leises Flüstern (5 m Entfernung) | $10^3$ | 30 | sehr leise |
| Bibliothek | $10^4$ | 40 |  |
| Ruhiges Büro | $10^5$ | 50 | leise |
| Normale Unterhaltung (1 m Entfernung) | $10^6$ | 60 |  |
| betriebsamer Verkehr | $10^7$ | 70 |  |
| Bürolärm mit Maschinen; Fabrikdurchschnittswert | $10^8$ | 80 |  |
| Schwertransporter (15 m Entfernung) Wasserfall | $10^9$ | 90 | Dauerbelastung führt zu Hörschäden |
| alte U-Bahn, Konzert | $10^{10}$ | 100 |  |
| Presslufthammer | $10^{11}$ | 110 |  |
| Rockkonzert | $10^{12}$ | 120 |  |
| Presslufthammer, Maschinengewehr | $10^{13}$ | 130 | Schmerzgrenze |
| Abheben Düsenflugzeug (unmittelbare Nähe) | $10^{15}$ | 150 | Taubheit nach 0,5 Sekunden möglich; Reißen des Trommelfells |
|  | $10^{20}$ | 200 |  |

## 9.2.2 Lautstärke

Wie bereits oben erwähnt, liegt der hörbare Bereich zwischen 16 Hz und 20 kHz. Die Lautstärke $L_S$ ist ein Maß für das *Lautheitsempfinden* des Ohres. Die Lautstärke wurde so festgelegt, dass bei der Schallfrequenz von 1.000 Hz der Wert der Lautstärke $L_S$ gleich dem Wert des Schalldruckpegels $L_P$ ist:

$$L_S \ (1.000 \ \text{Hz}) \ \text{in phon} = L_P \ (1.000 \ \text{Hz}) \ \text{in dB}.$$

Die Lautstärke wird in *phon* gemessen. Der Schalldruck, der das Ohr erreicht, wird je nach Frequenz als unterschiedliche Lautstärke wahrgenommen. Bild 9.2-2 zeigt die Kurven gleicher Lautstärken $L_S$ (in phon) für unterschiedliche Frequenzen $f$ und Schalldruckpegel $L_P$.

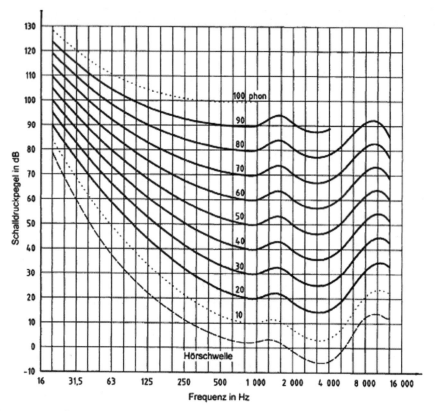

**Bild 9.2-2** Normalkurven gleicher Lautstärkepegel für reine Töne im freien Schallfeld (Quelle: DIN ISO 226)

Man erkennt aus Bild 9.2-2, dass die größte Empfindlichkeit des Ohres bei etwa 4 kHz liegt. Töne mit geringer werdender Frequenz werden als nicht so laut empfunden. Dieser Zusammenhang zwischen Schalldruckpegel und der Schallempfindung des menschlichen Ohres wird in *Bewertungskurven* nach DIN EN 61672-1 vorgenommen (Bild 9.2-3).

Die Bewertungskurve A wird in der Praxis am Häufigsten eingesetzt. Sie entspricht dem Schallempfinden für Lautstärken unter 90 phon. Bei tieffrequenten Schall-Signalen oder sehr lautem Schall (über 90 phon) kommt die Bewertungskurve C zum Einsatz. Die bewerteten Schallpegel werden dann als dB(A) und dB(C) angegeben.

## 9.3 Schallwandler

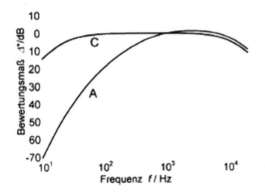

**Bild 9.2-3**
Bewertungskurven A und C nach
DIN EN 61672-1

### 9.2.3 Lautheit

Die logarithmischen Zusammenhänge der Pegel sind in der Praxis nicht ganz einfach zu verstehen. Deshalb wurde die *Lautheit L* in *sone* eingeführt, welche einen linearen Zusammenhang zwischen Lautstärke und Lautheit darstellt (Bild 9-4).

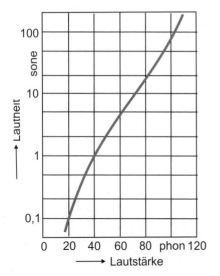

**Bild 9.2-4**
Zusammenhang zwischen Lautheit in sone und Lautstärke in phon (Quelle: Meyer, Neumann: Physikalische und technische Akustik)

Wie Bild 9.2-4 zeigt, entspricht ein Lautstärkepegel von 40 phon einer Lautheit von 1 sone (DIN 1320). Die Abhängigkeit der Lautheit $L_{sone}$ von der Lautstärke $L_{phon}$ lautet:

$$\log 10\,(L_{sone}) \approx 0{,}03010\,(L_{phon} - 40).$$

Aus dieser Gleichung ist erkenntlich, dass ein Zuwachs des Lautstärkepegels um 10 phon einer Verdoppelung der Lautheit und eine Verringerung um 10 phon einer Halbierung der Lautheit entspricht.

Der oben erwähnte Zusammenhang wurde im Bereich zwischen 20 phon und 120 phon experimentell bestätigt. Außerhalb dieser Grenzen müssen die Zusammenhänge experimentell und individuell geklärt werden.

## 9.3 Schallwandler

Die Schalldruckpegel umfassen mehr als sechs Zehnerpotenzen. In diesem Bereich wandeln *Schallwandler* den Wechseldruck über ein mechanisches Schwingungssystem (*Membran*) in *elektrische Spannungen* um. Bild 9.3-1 zeigt die unterschiedlichen Prinzipien elektroakustischer Wandler, ihre technischen Ausführungen und einige Anwendungsbeispiele.

| Elektroakustische Wandler | | technische Ausführungen | Anwendungsbereich |
|---|---|---|---|
| elektrostatisch | | Kondensatormikrofon (mit äußerer Polarisationsspannung an der Mikrofonkapsel) | Schallpegelmesser Studiomikrofon Ansteckmikrofon Tieftonmikrofon Handmikrofon Umhängemikrofon |
| | | Elektretmikrofon (permanente elektrische Polarisation an der Mikrofonmembran) | extrem breitbandige Kopfhörer |
| | | Speziallautsprecher | extrem breitbandige Kopfhörer |
| elektrodynamisch (Schwingspule) | | Tauchspulenmikrofon | Studiorichtmikrofon Handmikrofon Umhängemikrofon |
| | | Lautsprecher | Normschallquellen Beschallungsanlagen Kopfhörer |
| elektrodynamisch (Bändchen) 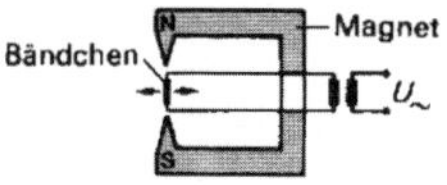 | | Bändchenmikrofon | Studiomikrofon für höchste Lautstärkepegel Vokalmikrofon Blechbläsermikrofon |
| elektromagnetisch 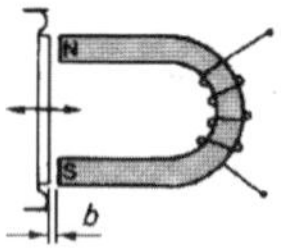 | | Lautsprecher | Telefonhörer Hörgeräte |
| piezoelektrisch 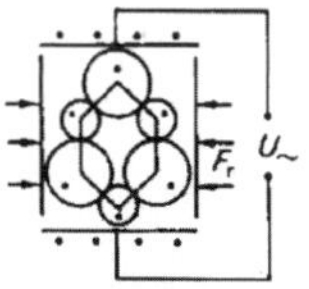 | | Kristallmikrofon Keramikmikrofon Piezopolymer-Mikrofon | Körperschallmikrofon Wasserschallmikrofon Beschleunigungsaufnehmer |
| piezoresistiv 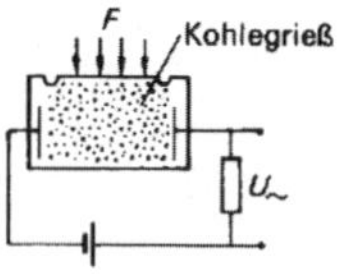 | | Kohlemikrofon | Fernsprechapparat |

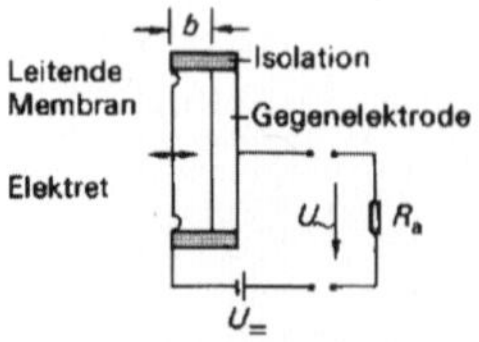

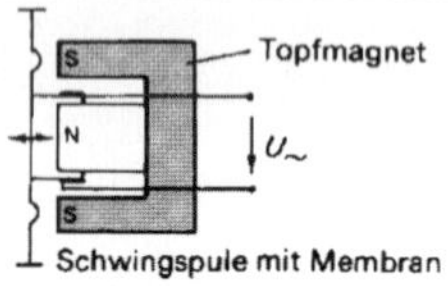

**Bild 9.3-1** Prinzipien elektroakustischer Wandler (Quelle: Hering, Martin, Stohrer: Physik für Ingenieure)

Während *Mikrofone* den Schalldruck in elektrische Spannung wandeln, arbeiten *Schallgeber* oder *Lautsprecher* umgekehrt. Sie wandeln elektrische Leistung in Schall-Leistung.

Folgende Wandlerprinzipien nach Bild 9.3-1 werden in der Technik realisiert:

- *Elektrostatischer Wandler:* Die Membran und eine Gegenkathode bilden einen Kondensator. Mit der Auslenkung der Membran ändert sich die Kapazität und damit die elektrische Spannung.

## 9.3 Schallwandler

- *Elektrodynamischer Wandler:* Die Membran bewegt eine Spule in einem Topfmagneten. Durch die Bewegung werden elektrische Spannungen in der Spule induziert.
- *Elektromagnetischer Wandler:* Durch die Schwingung im Luftspalt eines Magneten ändert sich der magnetische Fluss im Magneten und induziert in einer Wicklung eine elektrische Spannung.
- *Piezoelektrischer Wandler:* Der Schalldruck erzeugt eine Verschiebung der Ladungsträger und damit eine Spannung, die zum Schalldruck proportional ist.
- *Piezoresisitiver Wandler:* Durch den Schalldruck wird der elektrische Widerstand geändert (Abschnitt 2.2) und damit eine Spannungsänderung bewirkt.

### Richtcharakteristiken der Mikrofone

Die *Richtcharakteristik* eines Mikrofones gibt an, aus welchen Richtungen der Schall bevorzugt aufgenommen wird. Dabei unterscheidet man:

- *Kugelmikrofon:* Der Schall wird aus allen Richtungen gleichförmig aufgenommen.
- *Keulenmikrofon:* Es wird der frontal auftreffende Schall berücksichtigt, während der seitwärts einfallende Schall unterdrückt wird. Damit entsteht eine ausgeprägte *Richtwirkung*.
- *Achtermikrofon:* Hier werden Schalldrücke aus zwei gegenüberliegenden Richtungen empfangen.
- *Nierenmikrofon:* Dieses Mikrofon registriert die Schalldrücke zwischen Vorder- und Rückseite der Membran. Die maximale Empfindlichkeit ist vor dem Mikrofon und nimmt zu den Seiten hin ab.

Bild 9.3-2 zeigt Bauformen von Messmikrofonen, speziell von Multifeld-Mikrofonen. Diese messen Schall in unbekannten Schallfeldern für jede Schallrichtung und in jedem Schallfeld mit hoher Empfindlichkeit (65 mV/Pa), in einem Frequenzbereich von 5 Hz bis 20 kHz und einem Dynamikbereich von 20 dB bis 130 dB in einem Temperaturumfeld von –20 °C bis +80 °C.

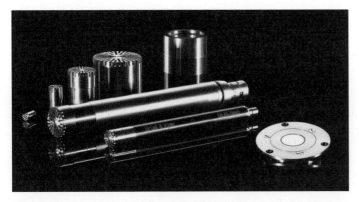

**Bild 9.3-2** Bauformen von Mess-Mikrofonen (Werkfoto: Brüel&Kjaer)

Bild 9.3-3 zeigt den Einsatz eines Multifeld-Mikrofones zur Messung des Schalls im Automobil.

**Bild 9.3-3**
Multifeld-Mikrofon zur Messung von Motorgeräuschen (Werkfoto: Brüel&Kjaer)

## 9.4 Anwendungsfelder

Die Erfassung von akustischen Größen spielt in der Technik eine wichtige Rolle. Im Folgenden werden einige Anwendungsfelder beschrieben:

### *Umweltlärm*

Umweltlärm sind unerwünschte Schallereignisse und Schwingungszustände. Die Einordnung ist von Land zu Land verschieden und hängt auch von der jeweiligen Kultur ab. Folgende Schallquellen kommen in Frage:

- Autolärm,
- Flugzeuglärm,
- Industrielärm,
- Transportlärm,
- Baulärm und
- Freizeitlärm.

Bild 9.4-1 zeigt die Grenzwerte für den Lärmpegel in dB(A) in verschiedenen Ländern.

Oft wird der Lärm auch kartiert, um besonders gefährdete Zonen festzustellen (z. B. Einflugschneisen von Flugzeugen).

Beim Industrielärm geht es im Wesentlichen darum, die Produktionsanlagen möglichst lärmarm zu gestalten und die Belegschaft vor schädlichem Lärm zu schützen (Arbeitssicherheit). Aber auch gefährliche Schwingungen während der Produktion können untersucht und entsprechend abgestellt werden. Dies kann mit einer *Modal-Analyse* erfolgen.

In Bild 9.4-2 sind die Grenzwerte der Schalldruckpegel für die Lärmschutzzonen in Deutschland zusammengestellt.

## 9.4 Anwendungsfelder

| Grenzwerte für Straßenlärm [dB] | | | | |
|---|---|---|---|---|
| Land | Kenngröße | Tag-Grenze | Abend-Grenze | Nacht-Grenze |
| Australien | $L_{10}$, 18h | 60 | | 55 |
| Österreich | $L_{Aeq}$ | 50–55 | | 40–45 |
| Kanada | $L_{Aeq}$ | 50 | | 50 |
| Dänemark | $L_{Aeq}$, 24h | 55 | 55 | 55 |
| Frankreich | $L_{Aeq}$ | 60–65 | | 55–57 |
| Deutschland | $L_r$ | 50–55 | | 40–45 |
| Niederlande | $L_{Aeq}$ | 50 | 45 | 40 |
| Spanien | $L_{Aeq}$ | 60 | | 50 |
| Schweden | $L_{Aeq}$, 24h | 55 | 55 | 55 |
| Schweiz | $L_r$ | 55 | | 45 |
| Großbritannien | $L_{Aeq}$ | 55 | | 43 |

**Bild 9.4-1** Grenzwerte für dem Lärmpegel in dB(A) bei Straßenlärm in verschiedenen Ländern (Quelle: Bruel & Kjaer Sound and Vibration Measurement A/S)

| Beispiel für die Anwendung der Lärmschutzzonen | | | | | | |
|---|---|---|---|---|---|---|
| Zone | Planung | | Änderung | | Alarm | |
| [dB] | Tag-Grenze | Nacht-Grenze | Tag-Grenze | Nacht-Grenze | Tag-Grenze | Nacht-Grenze |
| Erholung | 50 | 40 | 55 | 45 | 65 | 60 |
| Wohngebiet | 55 | 45 | 60 | 50 | 70 | 65 |
| Mischgebiet | 60 | 50 | 65 | 55 | 70 | 65 |
| Industrie | 65 | 55 | 70 | 60 | 75 | 70 |

**Bild 9.4-2** Grenzwerte der Pegel für Lärmschutzzonen (Quelle: Bruel & Kjaer Sound and Vibration Measurement A/S)

### Akustische Materialprüfung

Die akustischen Eigenschaften von Materialien spielen eine immer wichtigere Rolle. Sie werden hinsichtlich ihrer Absorption (Absorptionskoeffizient $a$), Reflexion (Reflexionskoeffizient $r$), der akustischen Impedanz ($Z$), der akustischen Admittanz ($G$) und des Durchgangsverlustes ($TL$: Transmission Loss) charakterisiert. Die Werte sind in den einschlägigen Normen (z. B. ISO 10534-2) festgelegt.

### Schalldämmung

Schalldämmung ist wichtig, weil die Schallenergie durch Wände und Gebäude dringt, oder auch als Trittschall übertragen wird. Dazu werden die Lärmpegel in zwei Räumen gemessen und verglichen. Bild 9.4-3 zeigt einen Zweikanal-Schallpegelmesser, der die Schallereignisse in den beiden Räumen erfassen kann und auswertet.

**Bild 9.4-3**
Zweikanal-Schallpegel-Messer (Quelle: Bruel & Kjaer Sound and Vibration Measurement A/S)

*Raumakustik*

Bei der Raumakustik werden die baulichen Gegebenheiten untersucht, welche für die in diesem Raum stattfindenden Schallereignisse optimal sind. So werden die Raumakustiken in Konzertsälen, in Konferenzräumen, in Schulen oder in Studios bei Funk und Fernsehen speziell entwickelt. Dabei spielen die *Nachhallzeit*, die *Sprachverständlichkeit* und die *Musikqualität* die entscheidende Rolle.

*Klang-Qualität*

Bei der Klang-Qualität wird ein Produkt so entwickelt, dass es für den Kunden einen optimalen Klang hat. Dazu dienen nicht nur physikalische Messung der Schall-Parameter, sondern auch psychologische Untersuchungen beim Kunden.

# Weiterführende Literatur

Brüel & Kjaer: Umweltlärm 2000
Gunther, B.; Hansen, K.H.; Veit, I.: Technische Akustik – Ausgewählte Kapitel, Grundlagen, aktuelle Probleme und Messtechnik. Expert-Verlag, 8. Auflage 2010
Henn, H.; Sinambari, G. R.; Fallen, M.: Ingenieurakustik: Physikalische Grundlagen und Anwendungsbeispiele, Vieweg+Teubner Verlag, Wiesbaden 2008
Hering, E.; Martin, R.; Stohrer, M.: Physik für Ingenieure. Springer Verlag, 10. Auflage 2007
Hering, E.; Modler, K.-H.: Grundwissen des Ingenieurs, Hanser Verlag, 14. Auflage 2007
Lerch, R.; Sessler, G.; Wolf, D.: Technische Akustik: Grundlagen und Anwendungen. Springer Verlag 2009
Maute, D.: Technische Akustik und Lärmschutz. Hanser Verlag 2006
Meyer, E.; Neumann, E.-G.: Physikalische und technische Akustik, Vieweg Verlag 1986
Möser, M.: Technische Akustik. Springer Verlag 2009
Veit, I.: Technische Akustik: Grundlagen der physikalischen, physiologischen und Elektroakustik. Vogel Verlag 2005

# 10 Klimatische und meteorologische Messgrößen

## 10.1 Feuchtigkeit in Gasen

### 10.1.1 Definitionen und Gleichungen

*Luftfeuchtigkeit*

Die Luftfeuchtigkeit, oder kurz Luftfeuchte, bezeichnet den Anteil des Wasserdampfes am Gasgemisch der Erdatmosphäre oder in Räumen.

*Wasserdampfpartialdruck*

In einem geschlossenen Behältnis, das zum Teil mit Wasser gefüllt ist, bildet sich Wasserdampf in der Luft über der Flüssigkeit. Der Wasserdampf übt dabei Druck auf die Wände des Gefäßes aus. Dieser wird als *Wasserdampfpartialdruck* $p_d$ bezeichnet. Die maximale erreichbare Dampfkonzentration bei einer Temperatur $T$ bezeichnet man als *Wasserdampfsättigungsdruck*. Die Entstehung von Wasserdampf ist unabhängig vom Medium Luft. Allgemein wird der Wasserdampfpartialdruck $p_d$ als Dampfdruck $e$ bezeichnet. Es gilt:

$$p_d \equiv e = \rho_d\, R_i\, T$$

mit $R_i$ : individuelle Gaskonstante ($R_i$ = 462 J (kg K)$^{-1}$)

$\rho_d$ : Dichte des Wasserdampfes.

Die Dichte des Wasserdampfes $\rho_d$ ist geringer als die trockener Luft.

Dieser Höchstwert wird als *Sättigungsdampfdruck* oder *Gleichgewichtsdampfdruck* bezeichnet. Die Konzentration des Wasserdampfes bei Sättigung hängt allein von der Temperatur ab. Die Berechnung des Sättigungsdampfdrucks über einer ebenen Wasserfläche $E_w$ bzw. über einer Eisfläche $E_e$ erfolgt in der Regel durch empirische Gleichungen.

Magnus-Formel, Bezeichnung nach Murray. Die WMO (World Meteorological Organisation) gibt an:

$$E_w(T) = 6{,}1070 \exp (17.15T/\, T + 234.9) \tag{10.1.1}$$

$$E_e(T) = 6{,}1064 \exp (21.88T/T + 265.5) \tag{10.1.2}$$

mit $T$ in °C und $E$ in hPa. Tabelle 10.1-1 gibt für $E_w(T)$ und $E_e(T)$ einige Zahlenwerte an.

Tabelle 10.1-1  Sättigungsdampfdruck über reinem Wasser (unendlich ausgedehnte, ebene Wasserfläche) und Eis

| $T$ in °C | 100 | 50 | 40 | 30 | 20 | 10 | 0 | −5 | −10 | −20 |
|---|---|---|---|---|---|---|---|---|---|---|
| $E_w(T)$ | 1.013,2 | 12,4 | 73,8 | 42,4 | 23,4 | 12,3 | 6,11 | 4,22 | 2,86 | 1,25 |
| $E_e(T)$ | | | | | | | 6,11 | 4,02 | 2,60 | 1,03 |

## Absolute und spezifische Luftfeuchtigkeit

Die *absolute Luftfeuchtigkeit* in [g/m³] gibt die *Masse des Wasserdampfes* in einem bestimmten *Luftvolumen* an. Sie ist unabhängig von der Temperatur. Die *spezifische Luftfeuchtigkeit* [g/kg] bezeichnet die *Feuchtemenge*, bezogen auf trockene Luft und ist unabhängig von Temperatur und Luftdruck.

Meteorologisch betrachtet kann ein Ansteigen der absoluten Feuchte unterschiedliche Gründe haben, wie Verdunstung über Wasseroberflächen (Meer, Seen oder Flussläufe), die Ausdunstung von Wasserdampf durch Pflanzen, durch Regenfälle und die nachfolgende Verdunstung des Oberflächenwassers oder ganz allgemein die Vermischung mit trockeneren oder feuchteren Luftmassen.

In Innenräumen kommen die menschlichen Einflussfaktoren hinzu, wie Atmung und Transpiration von Personen, Wassereintrag durch feuchte Kleidung oder Feuchteeintrag durch regelmäßige Arbeiten (z. B. Bodenreinigung) oder bei Sanierungsarbeiten (Verputzen oder Streichen der Wände).

## Sättigungsfeuchte

Die *Sättigungsfeuchte* ist die *Feuchtemenge*, welche die *Luft* bei einer bestimmten *Temperatur maximal* aufnehmen kann. Warme Luft kann deutlich mehr Feuchtigkeit aufnehmen als kältere. Bild 10.1-1 zeigt, dass die Sättigungsfeuchte mit steigender Temperatur zunimmt. Unterhalb der Kurve ist Wasserdampf in der Luft verteilt, oberhalb ist die Luft mit Wasserdampf gesättigt und Wasser fällt in flüssiger Form aus.

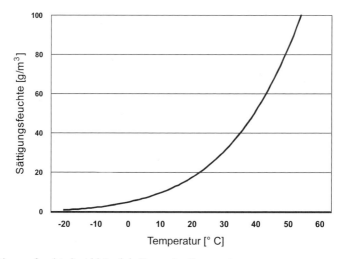

**Bild 10.1-1** Sättigungsfeuchte in Abhängigkeit von der Temperatur

## Relative Luftfeuchtigkeit $\varphi$

Die *relative Luftfeuchtigkeit* beschreibt das *Verhältnis* von *absoluter Feuchte* zur *Sättigungsfeuchte* bei einer bestimmten Temperatur und einen bestimmtem Luftdruck. Sie gibt an, in welchem Grad die Luft mit Wasser angereichert ist.

## 10.1 Feuchtigkeit in Gasen

Die relative Luftfeuchtigkeit $\varphi$ ist definiert als das Verhältnis von Wasserdampfpartialdruck ($p_d$) zu Wasserdampfsättigungsdruck ($p_s$) bei gleichem Luftdruck und gleicher Temperatur.

$$\varphi = p_d / p_s \cdot 100 \ [\%].$$

Mit Wasserdampf gesättigte Luft besitzt eine relative Luftfeuchte von 100 %. Beim Erwärmen der Luft ohne Veränderung der absoluten Feuchte sinkt die relative Feuchte, da der Wasserdampfsättigungsdruck mit der Temperatur ansteigt. Beim Abkühlen eines konstanten Luftvolumens erhöht sich die relative Luftfeuchte auf maximal 100 %.

### *Taupunkt*

Bei einem weiteren Abkühlen wird Wasserdampf als *Nebel* ausgeschieden oder an Oberflächen als Tauwasser niedergeschlagen. Die Temperatur, bei der es zum Ausscheiden von Wasserdampf kommt, heißt *Taupunkttemperatur* $\tau$. Sie ist die Temperatur, bei der der Wasserdampfpartialdruck $e$ zum Sättigungsdampfdruck $E$ wird. Es gilt:

$$e(T) = E(\tau).$$

Damit kann mit nachfolgender Formel der Taupunkt bestimmt werden:

$$\tau = 13.7 \ln (e/E(0))/1 - 0.058 \ln (e/E(0)).$$

Ein Beispiel: Im Frühjahr wird eine unbeheizte Kirche bei den ersten Sonnenstrahlen und Tauwetter gelüftet. Die warme Luft von außen, die entsprechend mehr Feuchte enthält, trifft im Inneren auf die kalten Gebäudeoberflächen. Im noch kühlen Gebäude steigt die relative Feuchte an. An Punkten, an denen die Oberflächentemperatur der Raumhülle unterhalb der Taupunkttemperatur der Raumluft liegt, kommt es zum Niederschlag von Feuchtigkeit (Kondensation).

### *Enthalpie*

Die Enthalpie gibt den Energiegehalt eines Gasgemisches in J/kg an.

### *Mollierdiagramm (h-x-Diagramm)*

Das Mollierdiagramm (*h-x*-Diagramm Bild 10.1-2) beschreibt grafisch die Zusammenhänge zwischen Temperatur, absoluter Feuchte, Sättigungsfeuchte, Enthalpie und relativer Feuchte.

- *h:* spezifische Enthalpie (kJ/kg) ist ein Maß für die Energie in einem thermodynamischen System, bezogen auf die Stoffmenge bzw. Masse.
- *x:* Wassergehalt (g/kg) gibt die Menge an Wasser an, die in einem bestimmten Volumen oder Masse Luft/Stoff enthalten ist (siehe absolute Feuchte).

In Bild 10.1-3 sind die verwendeten Achsen und Größen nochmals eingezeichnet. An den jeweiligen Schnittpunkten können die entsprechenden Kenngrößen für feuchte Luft bestimmt werden.

Beispiel: Folgende Messwerte wurden ermittelt:

| | |
|---|---|
| Relative Feuchte: | 50 % |
| Temperatur: | 25 °C |

Daraus ableitbare Kenngrößen:

| | |
|---|---|
| Absolute Feuchte: | 10,5 g/kg |
| Enthalpie: | 52,5 kJ/kg |
| Dichte: | 1,11 kg/m³ |

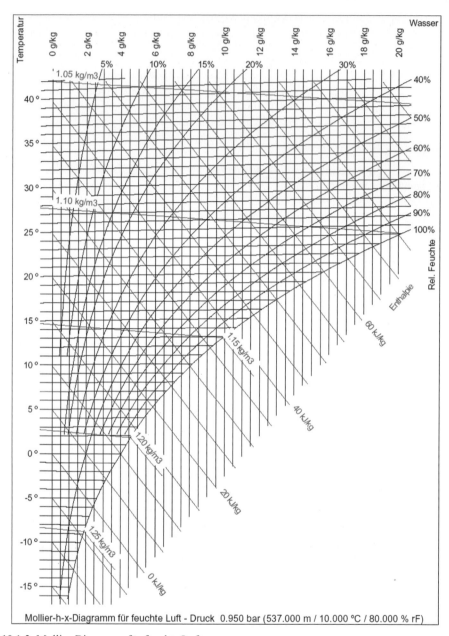

**Bild 10.1-2** Mollier-Diagramm für feuchte Luft

## 10.1 Feuchtigkeit in Gasen

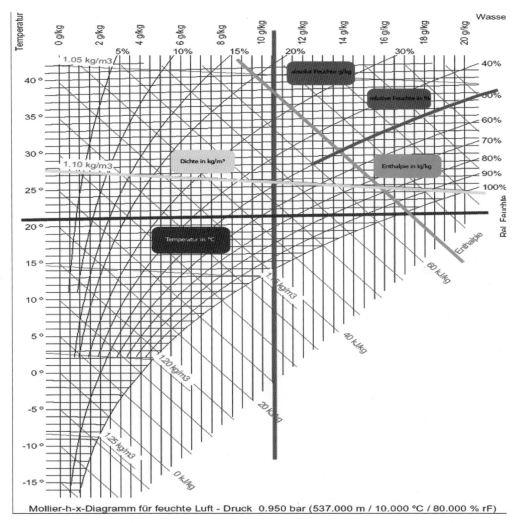

**Bild 10.1-3** Bestimmung von Kenngrößen aus dem Mollier-Diagramm

### 10.1.2 Feuchtemessungen in Gasen

#### 10.1.2.1 Psychrometer, Aufbau und Funktionsweise

Der Begriff „Psychrometer" kommt aus dem Griechischen und bedeutet kühl, kalt. Das *Psychrometer* ist ein meteorologisches Messgerät zur Bestimmung der *Luftfeuchtigkeit*. Es nutzt den physikalischen Effekt der *Verdunstungskälte* aus. Ein Psychrometer besteht aus *zwei Thermometern*, von denen eines mit einem feuchten Stoffstrumpf umwickelt ist (Bild 10.1-4). Je trockener die Luft, desto schneller verdunstet das Wasser und desto mehr Wärme wird dem einen Thermometer entzogen. Das heißt, es kühlt ab. Je *größer* die *Temperaturdifferenz* zwischen den beiden Thermometern ist, desto *niedriger* ist die *relative Luftfeuchtigkeit*.

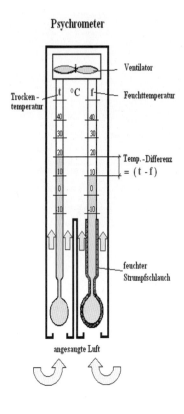

Aus der Temperaturdifferenz kann mit Hilfe von Psychrometertafeln die relative Luftfeuchtigkeit ermittelt werden. Das *psychrometrische Messprinzip* ist eines der genauesten und wird deshalb in Wetterstationen eingesetzt, wo es auf genaue Messungen ankommt, oder als Referenzgerät verwendet. Assmann-Psychrometer erreichen eine Messgenauigkeit von +/–0,5 %.

- *Trockentemperatur:* $\vartheta_L$ entspricht der Lufttemperatur.
- *Feuchttemperatur:* $\vartheta_L$ ist die Temperatur die das Luftpaket haben würde, wenn es adiabatisch bei konstantem Druck durch Verdunsten von Wasser in das Paket, bis zur Sättigung gekühlt, und dabei die benötigte latente Wärme dem Paket entzogen werden würde.

**Bild 10.1-4** Aufbau eines Psychrometers

Aus der beobachteten Temperaturdifferenz im Psychrometer $\vartheta_L - \vartheta_f$ lässt sich der Dampfdruck $e$ der Luft in guter Näherung nach folgender Psychrometerformel berechnen:

$$e = E_f - \gamma \cdot (\vartheta_L - \vartheta_f)$$

mit $E_f$: Sättigungsdampfdruck bei der Temperatur der feuchten Oberfläche in hPa
$\gamma$: Psychrometer Konstante ($\gamma = 0,67$ hPaK$^{-1}$ in Höhen bis 500 m kann vereinfacht mit diesem Wert gerechnet werden.)
$\gamma_{Wasser} = 0,653 \cdot 10^4 \cdot (1+0,000944t)$ pK$^{-1}$ bei feuchtem Thermometer
$\gamma_{Eis} = 0,575 \cdot 10^4 \cdot$ pK$^{-1}$ bei vereistem feuchten Thermometer.

## *Ausführungstypen und Einsatzgebiete*

Am Markt gibt es zwei gängige Ausführungen: das Aspirationspsychrometer und das Schleuder-Psychrometer.

## *Aspirationspsychrometer*

Das Aspirationspsychrometer besteht aus zwei gleichen Thermometern, die durch ein Metallrohr vor Strahlungswärme geschützt werden. An einem Thermometer befindet sich ein Stoffstrumpf, der mit destilliertem Wasser befeuchtet wird. Mit Hilfe eines Ventilators wird ein gleichmäßiger Luftstrom an beiden Thermometern vorbeigeführt (Bild 10.1-5).

Es ist darauf zu achten, dass die Strömungsgeschwindigkeit größer 2 m/s beträgt, um Stauungen zu vermeiden. Aus der Temperaturdifferenz zwischen Trocken- und Feuchtthermometer

## 10.1 Feuchtigkeit in Gasen

lässt sich nach obiger Formel die relative Luftfeuchtigkeit berechnen. Üblich ist ebenfalls die Bestimmung nach der *psychrometrischen Tabelle* (Tabelle 10.1-2).

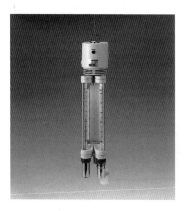

**Bild 10.1-5**
Aspirations-Psychrometer (Werkfoto: Mesadan)

Auf Grund ihrer hohen Zuverlässigkeit und Genauigkeit werden Aspirationspsychrometer als Referenzgeräte bei Feuchtenmessungen in der Meteorologie, im Heizungs- und Klimabereich sowie in Kalibrierlaboren eingesetzt.

**Tabelle 10.1-2** Psychrometrische Tabelle

| | | \multicolumn{22}{c}{**Psychrometrische Differenz [K]**} | | | | | | | | | | | | | | | | | | |
|---|---|---|---|---|---|---|---|---|---|---|---|---|---|---|---|---|---|---|---|---|---|---|---|
| | | 0,5 | 1 | 1,5 | 2 | 2,5 | 3 | 3,5 | 4 | 4,5 | 5 | 6 | 7 | 8 | 9 | 10 | 11 | 12 | 13 | 14 | 15 | 16 | 18 |
| T | 2 | 92 | 83 | 75 | 67 | 59 | 52 | 43 | 36 | 27 | 20 | | | | | | | | | | | | |
| R | 4 | 93 | 85 | 77 | 70 | 63 | 56 | 48 | 41 | 34 | 28 | 15 | | | | | | | | | | | |
| O | 6 | 94 | 87 | 80 | 73 | 66 | 60 | 54 | 47 | 41 | 35 | 23 | 11 | | | | | | | | | | |
| C | 8 | 94 | 87 | 81 | 74 | 68 | 62 | 56 | 50 | 45 | 39 | 28 | 17 | | | | | | | | | | |
| K | 10 | 94 | 88 | 82 | 76 | 71 | 65 | 60 | 54 | 49 | 44 | 34 | 23 | 14 | | | | | | | | | |
| E | 12 | 94 | 89 | 84 | 79 | 73 | 68 | 63 | 59 | 53 | 48 | 38 | 30 | 21 | 12 | 4 | | | | | | | |
| N | 14 | 95 | 90 | 84 | 79 | 74 | 69 | 65 | 60 | 55 | 51 | 41 | 33 | 24 | 16 | 10 | | | | | | | |
| T | 16 | 95 | 90 | 85 | 81 | 76 | 71 | 67 | 62 | 58 | 54 | 45 | 37 | 29 | 21 | 14 | 7 | | | | | | |
| E | 18 | 95 | 90 | 86 | 82 | 78 | 73 | 69 | 65 | 61 | 57 | 49 | 42 | 35 | 28 | 20 | 13 | 6 | | | | | |
| M | 20 | 96 | 91 | 87 | 82 | 78 | 74 | 80 | 66 | 62 | 58 | 51 | 44 | 36 | 30 | 23 | 17 | 11 | | | | | |
| P | 22 | 96 | 92 | 87 | 83 | 79 | 75 | 72 | 68 | 64 | 60 | 53 | 46 | 40 | 34 | 27 | 21 | 16 | 11 | | | | |
| E | 24 | 96 | 92 | 88 | 85 | 81 | 77 | 74 | 70 | 66 | 63 | 56 | 49 | 43 | 37 | 31 | 26 | 21 | 14 | 10 | | | |
| R | 26 | 96 | 92 | 89 | 85 | 81 | 77 | 74 | 71 | 67 | 64 | 57 | 51 | 45 | 39 | 34 | 28 | 23 | 18 | 13 | | | |
| A | 28 | 96 | 92 | 89 | 85 | 82 | 78 | 75 | 72 | 68 | 65 | 59 | 53 | 47 | 42 | 37 | 31 | 26 | 21 | 17 | 13 | | |
| T | 30 | 96 | 93 | 89 | 86 | 82 | 79 | 76 | 73 | 70 | 67 | 61 | 55 | 50 | 44 | 39 | 35 | 30 | 24 | 20 | 16 | 12 | |
| U | 32 | 96 | 93 | 90 | 86 | 83 | 80 | 77 | 74 | 71 | 68 | 62 | 56 | 51 | 46 | 41 | 36 | 32 | 27 | 23 | 19 | 15 | |
| R | 34 | 97 | 93 | 90 | 87 | 84 | 81 | 77 | 74 | 71 | 69 | 63 | 58 | 53 | 48 | 43 | 38 | 34 | 30 | 26 | 22 | 18 | 10 |
| | 36 | 97 | 93 | 90 | 87 | 84 | 81 | 78 | 75 | 72 | 70 | 64 | 59 | 54 | 50 | 45 | 41 | 36 | 32 | 28 | 24 | 21 | 13 |
| [° C] | 38 | 97 | 94 | 90 | 87 | 84 | 81 | 79 | 76 | 73 | 70 | 65 | 60 | 56 | 51 | 46 | 42 | 38 | 34 | 30 | 26 | 23 | 16 |
| | 40 | 97 | 94 | 91 | 88 | 85 | 82 | 79 | 76 | 74 | 71 | 66 | 61 | 57 | 52 | 48 | 44 | 40 | 36 | 32 | 29 | 25 | 19 |

## Schleuder-Psychrometer

Für den mobilen Einsatz verwendet man das *Schleuder-Psychrometer* (Bild 10.1-6). Hier wird durch das Schleudern der beiden Thermometer die notwendige Luftströmung erreicht. Am oberen Ende des Handgriffs ist der rotierende Messteil befestigt, der aus zwei Thermometern besteht. Die Thermometer haben eine Genauigkeit von 0,1 K. Eines wird durch ein mit destilliertem Wasser getränktes Gewebe feucht gehalten. An diesem kühlt sich die durchströmende Luft ab. Das zweite Thermometer dient als Trockenthermometer. Die vom Thermometer ermittelte Temperaturdifferenz ist das Maß für den Wasserdampfgehalt der Luft. Der hieraus resultierende Dampfdruck wird nach obiger Formel bestimmt.

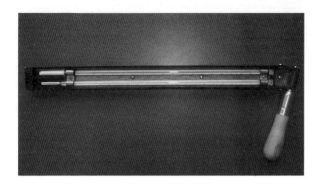

**Bild 10.1-6**
Schleuder-Psychrometer

## 10.1.2.2 Taupunktspiegel

### Funktionsweise

Durch Abkühlung eines Spiegels unter die Taupunkttemperatur (Bild 10.1-7) kann über die Temperatur, bei der Kondensation auftritt (Sättigungsdampfdruck), die genaue Feuchte bestimmt werden. Ein optisches System detektiert die Kondensation auf dem Spiegel. Ein Pt 100-Temperatursensor erfasst die genaue Temperatur im Bereich von ±0,1 °C Genauigkeit am Spiegel (Bild 10.2-4). Pt 100-Temperatursensoren basieren auf der Widerstandsänderung eines Pt-Widerstandes bei Temperaturänderungen. Pt 100 bedeutet den Widerstand von 100 Ω bei 0 °C. Der Taupunktspiegel eignet sich sehr gut zur Messung der absoluten Feuchte in Gasen.

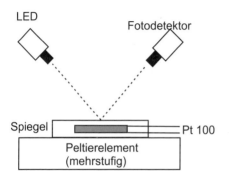

**Bild 10.1-7**
Funktionsschema Taupunktspiegel

## Aufbau des Taupunktspiegels

Auf der Rückseite eines kleinen Spiegels ist ein *Peltierelement* aufgebracht. Ein Peltier-Element nutzt den nach Jean Peltier benannten Peltier-Effekt, wonach bei miteinander verbundenen unterschiedlichen Metallen bei Stromfluss eine Temperaturdifferenz auftritt (bekannt auch unter thermoelektrischen Effekt, Abschnitt 2.10). Durch Umkehr der Stromrichtung kann der Wärmefluss ebenfalls gedreht werden. Bild 10.1-8 zeigt die Wirkungsweise eines Peltierelementes und Bild 10.1-9 einen Taupunktspiegel.

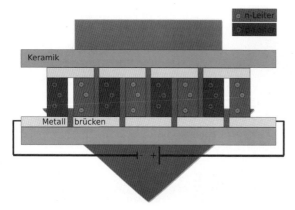

**Bild 10.1-8** Funktionsschema eines Peltierelementes

**Bild 10.1-9** Taupunktspiegel (Werkfoto Krah & Grote)

## Haarhygrometer

Das mechanische Verfahren beruht auf der Ausdehnung bzw. dem Zusammenziehen von verschiedenen (meist organischen) Messelementen. Solche Messelemente sind beispielsweise: Haare, Durometer oder Darmsaiten.

Die am meisten eingesetzten Messelemente sind Haarelemente oder der sogenannte *Durotherm*, ein künstliches, feuchteempfindliches Messelement. Über ein mechanisches Werk wird dann die Längenänderung des Messelementes auf den Zeiger übertragen.

*Haarhygrometer* (Bild 10.1-10) bedürfen einer regelmäßigen Wartung und Pflege. Zur Vermeidung des Austrocknens und damit einhergehender Drift müssen Haarhygrometer regelmäßig regeneriert werden. Hierzu wird die Haarharfe mit einem, mit destilliertem Wasser befeuchteten Tuch umhüllt oder mit destilliertem Wasser besprüht, so dass eine Sättigung eintritt. Nach etwa einer Stunde stellt sich ein Messwert von etwa 98 % rH ein. An den meisten Geräten kann über eine Stellschraube eine Einpunkt-Justage durchgeführt werden.

**Bild 10.1-10** Haarhygrometer

In Bild 10.1-11 ist ein Thermohygrometer dargestellt, wie es üblicherweise zur Messung von Luftfeuchtigkeit eingesetzt wird.

**Bild 10.1-11**
Thermohygrometer

### 10.1.2.3 Kapazitive Feuchtemessung

Die kapazitiven Feuchtesensoren arbeiten nach dem Prinzip eines Plattenkondensators, in dem als Dielektrikum eine sehr dünne feuchtenempfindliche Polymerschicht verwendet wird, deren Permittivitätszahl $\varepsilon_r$ sich abhängig von der aufgenommenen Feuchtigkeit ändert (Abschnitt 2.6). Diese Kapazitätsänderung bewirkt in einem Schwingkreis bei Änderung der Feuchte eine daraus resultierende Frequenzänderung.

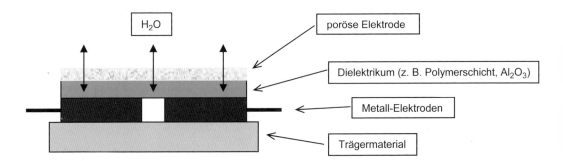

**Bild 10.1-12** Schema eines kapazitiven Feuchtesensors

Bild 10.1-12 zeigt den Aufbau eines kapazitiven *Feuchtesensors*. Auf einem leitfähigen Substrat, das die eine Elektrode des Plattenkondensators bildet, wird ein poröses Dielektrikum aufgebracht, das hygroskopisch ist. Darauf befindet sich die zweite durchlässige Elektrode. Durch geeignete Mess-Schaltung wird die Kapazitätsänderung gemessen und auf die relative Feuchte umgerechnet. Es haben sich verschiedene Materialkombinationen bewährt, beispielsweise ein Aluminiumträger, auf dem Aluminiumoxid als Dielektrikum mit einer Goldelektrode

## 10.1 Feuchtigkeit in Gasen

aufgebracht ist. In aggressiver Umgebung kommen tantalbeschichtete Glasplatten mit einem hygroskopischen Polymer als Dielektrikum und einer porösen Chromschicht als Gegenelektrode zum Einsatz.

Eine regelmäßige Überprüfung ist auch bei kapazitiven Feuchtefühlern notwendig, da auch sie der Alterung unterworfen sind und sich ihre Eigenschaften mit der Zeit ändern können. Es wird empfohlen, die Messfühler je nach Typ nach einem bestimmten Zeitraum zu überprüfen und dann nachzujustieren oder auszutauschen. In Tabelle 10.1-3 sind diese Zeiträume zusammengestellt.

**Tabelle 10.1-3** Orientierungswerte für die Überprüfung von kapazitiven Feuchtesensoren

| Kategorie | Toleranz | Prüfung | Austausch |
|---|---|---|---|
| preiswert | +/– 5 % r.F. | 3 Monate | 1 Jahr |
| mittleres Preissegment | +/– 3 % r.F. | 1 Jahr | 5 Jahre |
| hochwertige Sensoren | +/– 2 % r.F. | 5 Jahre | 10 Jahre |

### 10.1.2.4 Integrierte kapazitive Feuchtesensoren mit Bus-Ausgang

Diese Sensoren bestehen aus einem kapazitiven Feuchtesensor, dem analogen Teil, inklusive Schwingkreis und anschließender Signalverarbeitung mit Hilfe eines integrierten Mikro–Controllers (Bild 10.1-13). Sie zeichnen sich durch Laserkalibrierung, hohe Standzeiten und hoher Genauigkeit aus.

**Bild 10.1-13**
Integrierter kapazitiver Feuchtesensor (Werkfoto: Sensirion)

In Tabelle 10.1-4 sind die Einsatzgebiete der Sensoren zusammengestellt.

**Tabelle 10.1-4** Vergleich der einzelnen Sensortypen und deren Einsatzgebiete

| Einsatzgebiet | Beispiele | Sensorart |
|---|---|---|
| Papier- und Druckindustrie | Herstellen, Bearbeiten und Lagern (z. B. Museen) | anspruchsvolle und teure kapazitive Sensoren |
| Chemie | Überwachung (z. B. gefährlicher Stoffe) | anspruchsvolle und teure betaubare kapazitive Sensoren, Taupunktspiegel |
| Automobilindustrie | | preisgünstige kapazitive Sensoren |
| Nahrungsmittelindustrie | Produktion und Lager (z. B. Käsereien) | anspuchsvolle und teure betaubare kapazitive Sensoren, Taupunktspiegel |
| Landwirtschaft | Ställe, Trocknung, Bewässerungskontrolle | kapazitive Sensoren |

Tabelle 10.1-4 Fortsetzung

| Einsatzgebiet | Beispiele | Sensorart |
|---|---|---|
| Baustoffindustrie | Brennöfen (z. B. Keramik, Ziegel) | kapazitive Sensoren, |
| Bauteile | Brennstoffzellen, Hochspannungsschalter | anspruchsvolle und teure betaubare kapazitive Sensoren |
| Haushaltsgeräte | Waschmaschine, Trockner, Luftbefeuchter | Low cost betaubare kapazitive Sensoren |
| Bekleidungsindustrie | Textil- und Lederindustrie: Herstellen, Bearbeiten und Lagern | anspruchsvolle und teure betaubare kapazitive Sensoren |
| Feuchtegeneratoren | z. B. Schneekanonen, Klimaschränke | anspruchsvolle und teure kapazitive Sensoren |
| Klimabeobachtung | Wetterstationen | anspruchsvolle und teure betaubare kapazitive Sensoren, Taupunktspiegel, Aspirationspsychrometer |
| Klimatisierung in Gebäude und Automobil | Museen, Büros | anspruchsvolle und teure kapazitive Sensoren |
| Medizin | Operationssaal, Anästhesie | anspruchsvolle und teure betaubare kapazitive Sensoren, Taupunktspiegel |
| Pharmazie | Herstellung und Lagerung von Arzneimitteln (z. B. Tabletten) | anspruchsvolle und teure betaubare kapazitive Sensoren, Taupunktspiegel, Aspirationspsychrometer |

## 10.2 Feuchtebestimmung in festen und flüssigen Stoffen

In der *Gasfeuchte* wird Wasser ausschließlich in seinem gasförmigen Aggregatzustand als Wasserdampf betrachtet. Die *Materialfeuchte* (bzw. Feuchte in Flüssigkeiten) bezieht die flüssigen, festen und gasförmigen Zustände des Wassers ein. Bei Produktionsprozessen (z. B. Trocknen, Befeuchten) wird die Wechselwirkung der verschiedenen Zustände ausgenutzt, um gezielt Produkteigenschaften einzustellen. Dementsprechend gelten bei der Beschreibung der Materialfeuchte die Gesetze der Thermodynamik (Gasfeuchte), der Werkstoffkunde (Oberflächenspezifika, Materialzusammensetzung, Kapillareigenschaften) und der Chemie (Bindung des Wassers, Reaktion mit anderen Stoffen). Für die Darstellung des Wassers in festen Stoffen oder Flüssigkeiten müssen die folgenden Größen in die Betrachtung einbezogen werden:

- Materialzusammensetzung,
- Stoffdichte (Schüttdichte, Porosität),
- Temperatur,
- Stoffkonzentrationen und
- thermodynamische Größen (Wasserdampfdruck).

In flüssigen Stoffen kann Wasser in unterschiedlichen Formen enthalten sein:

- in kleinen Tröpfchen oder als Dampf (freies Wasser),
- gebunden an feste Teilchen im Gemisch Flüssigkeit/Feststoff/Wasser (dispergiert) oder als
- chemisch gebundenes Wasser.

10.2 Feuchtebestimmung in festen und flüssigen Stoffen

Analog zum Auftreten von Wasser in festen Stoffen wirken die Temperatur und der Druck als Parameter in Bezug auf den Gasaustausch mit der Umgebung und auf das Eingehen chemischer Verbindungen des Wassers mit der Trägerflüssigkeit. Stärker als beim Auftreten von Wasser in Feststoffgemischen wirkt sich aufgrund der hohen Beweglichkeit der einzelnen Komponenten die *Schwerkraft* auf die Anordnung der Stoffbestandteile in Flüssigkeiten aus. In ruhenden Flüssigkeiten ist deshalb in der Regel auch bei geringeren Konzentrationen eine inhomogene Verteilung der Wasserbestandteile zu beobachten.

### 10.2.1 Direkte Verfahren zur Bestimmung der Materialfeuchte

Die *direkten Messverfahren* bestimmen den Wassergehalt eines Materialgemisches, indem das enthaltene Wasser und die Trockensubstanz getrennt werden. Das Ergebnis ist ein direkter Messwert des prozentualen Wassergehaltes unabhängig von den Materialeigenschaften. Die direkten Messverfahren lassen sich kaum für online-Messungen im Prozess einsetzen. Sie haben aber große Bedeutung als *Referenzverfahren*, bei der Bestimmung von *materialspezifischen* Kennlinien und bei der *Rückführbarkeit* von Messwerten.

#### 10.2.1.1 *Prozentualer Wassergehalt einer Materialprobe*

Der *gravimetrische Wassergehalt* $WG_m$ bezeichnet die prozentuale Masse an Wasser, die in einem festen oder flüssigen Material enthalten ist. Es gilt:

$$WG_m = \frac{m_w}{m_{ges}} \cdot 100 ,$$

$m_w$: Masse des Wassers und $m_{ges}$: Gesamtmasse des Gemisches.

Maßeinheit:  % w/w.; g/kg; ppm (Part per million; $1:10^6$ Teilchen);
ppb (Parts per billion; $1:10^{-9}$ Teilchen)

Die thermogravimetrische Messung ist die klassische Methode zur Bestimmung des gravimetrischen Wassergehaltes. Je nach Aufgabenstellung haben sich für diese Messmethode verschiedene Bezeichnungen herausgebildet (z. B. *Darrwaage*-, Dörr-Wäge-Methode, ATRO). Ebenso werden die ermittelten Werte unterschiedlich interpretiert.

Der *volumetrische Wassergehalt* $WG_V$ ist der prozentuale Volumenanteil des Wassers am Gesamtmaterialvolumen. Dafür gilt:

$$WG_V = \frac{V_w}{V_{ges}} \cdot 100$$

$V_w$: Volumen des Wassers und $V_{ges}$: Trockenvolumen des Feststoffes.

Maßeinheit: %vol.; ml/l.

Die typische Messmethode für den volumetrischen Wassergehalt ist die *Karl-Fischer-Titration*.

Die Umrechnung der massebezogenen Feuchte in eine volumenbezogene Feuchte und umgekehrt erfolgt über die Dichte $\rho$. Diese drückt das Verhältnis zwischen Masse $m$ und Volumen $V$ eines Materials aus ($\rho = m/V$).

### Technische Ausführung zur Bestimmung des gravimetrischen Wassergehaltes

Das Messverfahren beruht darauf, dass von einer Materialprobe der Anteil Wasser vom Anteil der Trockensubstanz getrennt wird. Beim thermogravimetrischen Messverfahren wird zunächst die Gesamtmasse ($m_w$) der Probe durch Wägung bestimmt. Anschließend wird die Probe so lange erwärmt, bis alles Wasser verdampft und eine Massenkonstanz eingetreten ist. Es erfolgt eine erneute Wägung. Aus der Differenz beider Massen wird entsprechend der angegebenen Gleichung der gravimetrische Anteil Wasser der Probe bestimmt. Das Messgerät (Bild 10.2-1) wird auch als *Trockenschrank* oder *Materialfeuchtebestimmer* bezeichnet und besteht aus den Komponenten

- Waage (Analysenwaage),
- Wärmequelle (für Temperaturen $T > 100$ °C) und
- abgeschlossener Messraum.

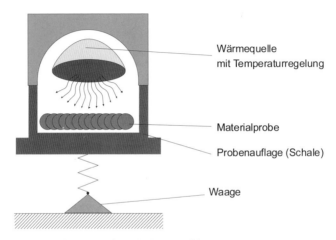

**Bild 10.2-1** Messprinzip des thermogravimetrischen Verfahrens

Als Wärmequellen werden unterschiedliche Strahler verwendet (Infrarotstrahler, Mikrowellengenerator, Halogenstrahler). Je nach Ausführung der Geräte kann der Wassergehalt an Proben bis 100 %w/w oder Teilbereiche (0 bis 10) %w/w bestimmt werden.

#### 10.2.1.2 Wasseraktivität einer Materialprobe

Vor allem bei hygroskopischen Materialien in der Lebensmittelindustrie und Pharmazie wird die sogenannte *Gleichgewichtsfeuchte* (GF), die *Ausgleichsfeuchte* (AF) oder die *Wasseraktivität* (aw-Wert) einer Probe bestimmt. Diese Größen sind dimensionslos oder werden als Prozent relativer Feuchte (% r.F.) angegeben.

Unter der Gleichgewichtsfeuchte (GF) wird der Zustand verstanden, in dem es zwischen dem Material und der Luftfeuchte der Umgebung zu *keinem Feuchteaustausch* mehr kommt. Die Wasserdampfdrücke in der Luft und im festen Stoff sind ausgeglichen. Die Gleichgewichtsfeuchte bezieht sich auf einen statischen Zustand. Es gilt:

- Wasseraktivität $aw(t)$ = relative Luftfeuchte/100 und
- Gleichgewichtsfeuchte $GF(t)$ = relative Luftfeuchte.

Diese Beziehung setzt voraus, dass sich das Umgebungsklima zeitlich ($t$) ausgeglichenen hat und die Temperatur konstant ist.

### *10.2.1.3 Karl-Fischer-Titration*

Die *Karl-Fischer-Titration* ist eine *chemische Methode* zur Bestimmung des volumetrischen Anteils von Wasser in Flüssigkeiten und Lösungen. Es beruht auf der Trennung von Wasser und der Trockensubstanz und wird überwiegend zur Feststellung von *geringen Wasserkonzentrationen* (Spurenfeuchte) eingesetzt. Es handelt sich um eine Labormethode. Die Titration wird in 2 Schritten vorgenommen. Sollen feste Stoffe analysiert werden, muss zunächst die Probe so aufbereitet werden, dass das Wasser in einer Lösung gebunden wird. Anschließend erfolgt die Titration, bei der folgende chemische Reaktion abläuft:

$$I_2 + SO_2 + 2H_2O \rightarrow H_2SO_4 + 2HI.$$

Die Ausgangsstoffe Iod ($I_2$) und Schwefeldioxid ($SO_2$) werden in definierter Menge gemischt. Das Gemisch nimmt aufgrund des vorhandenen Iods eine braune Farbe an. Anschließend wird das Titriermittel mit einer Bürette in die zu bestimmende Probe gegeben. Durch den Wasseranteil der Probe wird das Iod gebunden und das Gemisch entfärbt sich. Aus dem *Verhältnis* der zugegebenen Komponenten lässt sich errechnen, welcher *volumetrische Wasseranteil* in der Probe vorhanden war. Eine zweite Methode ist das *coulometrische Prinzip*, bei der der Abbau des Wassers nicht durch Farbumschlag sondern *elektrisch* gemessen wird.

Als technische Ausführung für die Titration sind Schnelltest-Kits erhältlich. Darin sind die notwendigen Chemikalien und Hilfsmittel für eine schnelle Wasserbestimmung (z. B. in der Umwelt oder im Produktionsprozess) enthalten.

Für Analysen im Labor werden automatische Titratoren eingesetzt. Die Messung ist stark automatisiert. Die Verfahrensweise zur Aufbereitung der Probe kann jedoch sehr aufwändig sein und bleibt dem Bediener vorbehalten. Der Messbereich liegt je nach Geräteausführung zwischen (0 bis 20) % vol Wassergehalt. Es werden geringe Materialproben, die üblicherweise zusätzlich erwärmt werden, für die Messung verwendet. Eine sehr genaue Bestimmung im Spurenfeuchtebereich ist mit diesem Messverfahren möglich.

### *10.2.1.4 Calciumcarbid-Methode*

Während bei der Karl-Fischer-Titration das Wasser in einer flüssigen Lösung bestimmt wird, erlaubt die Calciumcarbid-Methode eine *unmittelbare Wassergehaltsbestimmung* in Pulvern und Granulaten. In einen druckdichten Behälter wird eine definierte Masse der Probe gegeben und mit Calciumcarbid ($CaC_2$) vermischt. Als ein Reaktionsprodukt entsteht Acetylen ($C_2H_2$).

$$CaC_2 + 2H_2O \rightarrow C_2H_2 + Ca(OH)_2.$$

Je nach Menge des entstanden Acetylens bildet sich ein Überdruck im Behälter. Dieser *Überdruck* wird manometrisch gemessen; er ist ein direktes Maß für die Menge des umgesetzten Wassers in der Probe. Mittels Umrechnungstabellen und Skalierungen wird in den gravimetrischen Wassergehalt umgerechnet. Diese Messmethode wird vor allem in der Bauindustrie zur Messung des Feuchtegehaltes beispielsweise im Mauerwerk, im Estrich oder im Beton angewandt. Mobile Messkoffer ermöglichen einen Einsatz vor Ort auf der Baustelle.

*10.2.1.5 Calciumhydrid-Methode*

Das Messprinzip entspricht prinzipiell der Calziumcarbid-Methode nur mit anderen Reaktionsstoffen. Es läuft folgende chemische Reaktion ab:

$$CaH_2 + 2H_2O \rightarrow H_2 + Ca(OH)_2 \,.$$

In einem Messbehälter wird zunächst ein Vakuum erzeugt und Wärme zugeführt. Der bei der Reaktion entstandene Überdruck steht im direkten Zusammenhang mit dem Wassergehalt der Probe. Die Analysengeräte werden meist im Labor für die Bestimmung von Spurenfeuchten in Kunststoffen eingesetzt. Der typische Messbereich besteht von (0 bis 5) %w/w Wassergehalt.

## 10.2.2 Indirekte Messverfahren zur Bestimmung der Materialfeuchte

Diese Messverfahren sind dadurch gekennzeichnet, dass sie die Feuchte online im Prozess erfassen können und eine unmittelbare Steuerung des Wassergehaltes ermöglichen. Es werden einzelne spezifische Eigenschaften von Wasser erfasst (z. B. Permittivitätszahl $\varepsilon_r$, optische Absorption, Wärmeleitfähigkeit). Daraus wird ein dem Wassergehalt des Materialgemisches zuzuordnendes Signal erzeugt. Indirekte Messverfahren setzen die experimentelle Bestimmung einer materialspezifischen Kennlinie voraus, um eine Aussage über den Wassergehalt zu machen.

*10.2.2.1 Messung der elektrischen Eigenschaften*

Die elektrischen Eigenschaften von Wasser werden sehr häufig ausgenutzt, um den Feuchtegehalt von Stoffgemischen zu bestimmen. Diese indirekte Messmethode erfasst den komplexen elektrischen Widerstand des Messgutes. Es sind kontinuierliche Messungen in flüssigen und festen Stoffen auch bei hohen Materialflüssen möglich. Für eine genaue Messung ist es erforderlich, dass das Messgut möglichst homogen ist und keine metallischen oder sonstigen gut leitenden Bestandteile enthält.

**Bild 10.2-2**
Einstich-Messfühler für Böden, Schüttgüter und Granulate

Als Mess-Signal dienen elektromagnetische Felder oder elektromagnetische Wellen (Bild 10.2-2). Eine Unterscheidung der Messverfahren bezieht sich auf:
- die verwendete Messfrequenz und Signalleistung,
- die zeitliche Taktung (z. B. die Impulsbreite),
- die Art der Auswertung des Mess-Signals und
- die Art der Einkopplung des Mess-Signals in das Materialgemisch.

10.2 Feuchtebestimmung in festen und flüssigen Stoffen

Tabelle 10.2.1 zeigt, mit welchen Messprinzipien die Feuchtebestimmung mit elektromagnetischen Feldern erfolgen kann.

**Tabelle 10.2.1** Unterschiedliche Prinzipien der Feuchtebestimmung mit elektromagnetischen Feldern oder Wellen

| Bezeichnung der Messmethode | Mess-Signal/ Messprinzip | Technische Ausführung | Besonderheit/Beispiel |
|---|---|---|---|
| Niederfrequenz | Erfassung im Wesentlichen des ohmschen Widerstands Wirkwiderstand | Messfrequenz $f \leq 10$ kHz Handmessgeräte Festinstallationen | einfache Handmessgeräte Geräte, die auf bestimmte Materialien kalibriert sind |
| Hochfrequenz | Erfassen von Wirk- und Blindwiderstand | Messfrequenz bis 100 kHz | Schüttgüter, Baustoffe Handmessgeräte |
| FDR Frequence Domain Reflectometry | Dämpfung einer Schwingung | Messfrequenz ~100 MHz | Bodenfeuchte, Schüttgüter |
| TDR Time Domain Reflectometry | Laufzeitdifferenz der Schwingung | Messfrequenz ~ 1 GHz gepulste Messung | Bodenfeuchte, Schüttgüter Handsonde, Prozess-Einbausonde |
| Mikrowelle | Frequenzverschiebung Dämpfung | Messfrequenz 2,5 MHz bis 20 MHz | fest installierte Einbaugeräte |
| Radar radio detecting and ranging | Laufzeitmessung | | Hydrologie, Geologie, permanente Bauwerksüberwachung |

Bei der Messung mit *elektromagnetischen* Feldern wird der *volumetrische* Wassergehalt bestimmt. Das Messvolumen wird durch die Konstruktion der Mess-Sonde und die Eindringtiefe des Mess-Signals festgelegt. Den unterschiedlichen Messverfahren ist gemeinsam, dass die Permittivitätszahl von Wasser ($\varepsilon_r = 80,18$) sich wesentlich von anderen Stoffen unterscheidet ($\varepsilon_r \sim 5$ bei den meisten im Prozess verarbeiteten Stoffen).

### 10.2.2.2 Erfassen der optischen Eigenschaften von Wasser und Wasserdampf

Im gesamten spektralen Bereich gibt es verschiedene Wellenlängen, die auf Wasserdampf oder Wasser besonders selektiv sind. Die Auswahl einer geeigneten Wellenlänge für eine spezielle Messaufgabe hängt von folgenden Kriterien ab:
- Höhe der Selektivität für Wasser in Bezug auf Reflexion, Absorption oder Transmission und
- die im zu messenden Material vorkommenden weiteren Komponenten.

Eine Messung ist sowohl in Gasen, Flüssigkeiten und festen Stoffen möglich. Als Messeffekt werden die *optischen Eigenschaften* von Wasser oder Wasserdampf in Verbindung mit dem Messgut erfasst (Bild 10.2-3). Die Messung erfolgt berührungslos und kann aus größerer Entfernung und durch optisch durchlässige Stoffe (z. B. ein Quarzfenster) erfolgen. Vorteilhaft beim optischen Messverfahren ist, dass die Messungen auch unter *extremen Bedingungen* (z. B. hoher Druck, hohe Temperatur) verzögerungsfrei durchgeführt werden können. Die physikalische Grundlage für die Messung der Feuchte stellt das *Bougert-Lambert-Beer'sche Gesetz* dar. Dieses optische Gesetz beschreibt den Zusammenhang zwischen Absorption und Transmission beim Durchgang eines optischen Strahls durch einen Stoff. Gemessen wird die *Absorption* des Lichtes $I(0)$ durch das Messgut. Das Licht durchläuft im Messgut die Strecke $x$ und tritt mit der Intensität $I(x)$ wieder aus. Die optische Messung der Feuchte erfolgt im gesamten Frequenzspektrum des Lichtes (Ultraviolett-, sichtbarer, Nahinfrarot-, Infrarot-Bereich). Es werden einzelne Frequenzen, die besonders sensitiv gegenüber Wasser sind, in Kombination in den Messgeräten angewandt. Durch die Verwendung von Tunnel-Laser-Dioden ist es möglich, ein sehr *schmalbandiges* Mess-Signal zu verwenden, was die Messgenauigkeit wesentlich erhöht. Feste Materialien (z. B. Pulver, Schüttgüter) sind meist lichtundurchlässig. Eine Messung der Feuchte erfolgt bei diesen Materialien nur an der *Oberfläche*. Die Feuchte im Inneren des Materials kann nicht erfasst werden. Zur Kompensation von messwertverfälschenden Oberflächeneigenschaften (z. B. Farbe, Rauigkeit) werden mehrere Wellenlängen zur Messung verwendet. Schon geringe Veränderungen der Materialzusammensetzung können zu Messfehlern führen, was eine Neukalibrierung des Systems erfordert. Eine genaue Abstimmung zwischen Mess-System und Messgut sowie das Konstanthalten der Materialeigenschaften ist eine zwingende Voraussetzung für die Erzielung geringer Messfehler.

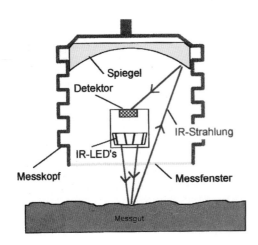

**Bild 10.2-3**
Schema der optischen Feuchtemessung

### 10.2.2.3 Messung des Saugdruckes in feuchten Materialien (Tensiometrie)

Wasser hat die Eigenschaft, entsprechend der *Braun'schen Molekularbewegung*, vom festen Stoff mit hoher Wasserkonzentration in den Stoff mit geringer Wasserkonzentration zu diffundieren. Das entstandene Konzentrationsgefälle kann als Druckunterschied erfasst werden. Die *tensiometrische* Messung basiert auf der Bestimmung dieses *Wasserdruckunterschiedes*. In ein luftentleertes abgeschlossenes Reservoir ist Wasser gefüllt. Die sensitive Fläche stellt eine feinporige Keramik dar (Bild 10.2-4). Wird dieser Sensor in das feuchte Messgut (z. B. Pulver, Böden, Faser) eingebracht, baut sich ein Unterdruck an der porösen Keramik auf (Saugdruck). Dieser Unterdruck ist abhängig vom Wassergehalt und den Materialeigenschaften des Messgutes. Ist das Messgut vollständig mit flüssigem Wasser gesättigt, ergibt sich ein Druckunterschied von $\Delta p = 0$ Pa. Bei sehr trockenen Materialien wird der Unterdruck zu groß und Wasser tritt über die Keramik aus dem Tensiometer aus und Luft dringt ein. Das Tensiometer ist nicht mehr messbereit; es muss neu mit Wasser befüllt werden.

**Bild 10.2-4**
Tensiometer zur Bodenfeuchtemessung mit digitaler Anzeige

In der Praxis werden Tensiometer vor allem in der Landwirtschaft, der Hydrologie und der Geologie für Langzeitmessungen angewandt.

### 10.2.2.4 Messung der atomaren Eigenschaften

Die *atomaren Messverfahren* werden in der Praxis immer seltener eingesetzt, weil der gerätetechnische und der personelle Aufwand bei der Anwendung sehr groß werden können (z. B. durch Strahlenbeauftragte, Zulassungsverfahren oder strahlungssichere Behälter). Außerdem bestehen erhebliche psychologische Vorbehalte gegenüber dem Einsatz dieser Technik.

Die verschiedenen Kernstrahlen:

- Alpha-Strahlung,
- Beta-Strahlung,
- Gamma-Strahlung und
- Neutronenstrahlung

lassen sich für die Materialfeuchtemessung ausnutzen. Technische Bedeutung haben jedoch die *Gamma-Strahlung* und die *Neutronenstrahlung*. Die theoretische Basis dieser Messverfahren ist der Aufbau der Atome. Bei der Messung mit Neutronenstrahlung durchdringen energiereiche („schnelle") Neutronen einer radioaktiven Strahlungsquelle das Messgut. Die in der Probe enthaltenen Wasserstoffatome „bremsen" diese schnellen Neutronen. Entsprechend der Atomtheorie sind 19 Zusammenstöße zwischen Neutronen und den Wasserstoffatomen erforderlich, damit die Neutronen vollständig gebremst sind und ihre Energie in Form von Wärme abgegeben haben. Mit anderen Atomen sind dafür wesentlich mehr Zusammenstöße erforderlich. Wasserstoff bzw. das in der Messprobe enthaltene *Wasser* bzw. *Wasserstoff* ist entscheidend für die Dämpfung des Neutroneneingangssignals. Die Anzahl der gebremsten Neutronen wird mit einem *Szintillationsdetektor* gemessen. Es kann ein direkter linearer Zusammenhang zwischen der Dämpfung des Stroms und dem im Messgut enthaltenen Wasser hergestellt werden.

Beim Gammastrahlverfahren dringt eine Strahlung durch das Messgut. In Abhängigkeit von der Menge an Wasserstoffatomen erfolgt eine Abschwächung des Mess-Signals. Mit einem Szintillationsdetektor wird die noch verbleibende Strahlung erfasst und in direkten Zusammenhang zum Wassergehalt im Messgut gesetzt.

### 10.2.2.5 Nuklear-Magnetisches-Resonanz-Verfahren (NMR)

Das Verfahren kann eingesetzt werden, um eine *räumliche Abbildung* der Feuchteverteilung in einem festen Stoff zu geben. Das Messprinzip basiert auf der Theorie vom Aufbau der Atome. Die Protonen (positiv geladene Teilchen) in einem Wasserstoffatom weisen einen Drehimpuls (Spin) und ein eigenes kernmagnetisches Moment auf. Wird ein äußeres konstantes magnetisches Feld angelegt, so richten sich die Protonen entsprechend ihrer magnetischen Polung in diesem Feld aus. Aufgrund des Aufbaues der Wasserstoffkerne führen die Protonen eine Kreiselbewegung (*Präzession*) in Richtung des Magnetfeldes aus. Die Ausrichtung ist dabei parallel bzw. antiparallel zum äußeren magnetischen Feld. Wird senkrecht dazu ein wechselndes magnetisches Feld mit einer bestimmten Frequenz und Impulsbreite angelegt, das in Resonanz mit der Protonenbewegung tritt, wird die Spinbewegung verstärkt. Durch gezieltes Abschalten (Pulsen) kann durch die Drehbewegung aller in der Probe enthaltenen Wasserstoffkerne und Wassermoleküle ein Induktionsstrom in eine Spule induziert werden. Dieser Strom ist direkt proportional zum volumetrischen Wassergehalt der Probe. Bild 10.2-5 zeigt die Anordnung. Der schwarz dargestellte Abschnitt stellt das Messvolumen dar. Durch horizontale und vertikale Bewegung des Prüfobjektes wird die räumliche Verteilung des Wassers bestimmt.

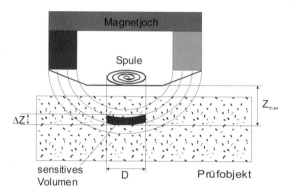

**Abb. 10.2-5** Technische Ausführung eines Feuchtemessgerätes nach dem NMR-Verfahren

Wird der Probekörper an der Messeinrichtung vorbeigeführt (Bild 10.2-5), kann ein Scan des Wassergehaltes durchgeführt werden, und die räumliche Verteilung des Wassers im Material wird sichtbar. Das Messverfahren wird vor allem für Labormessungen an Baumaterialien und Schüttgütern angewandt. Erfasst werden geringe Wassergehalte; prinzipiell können auch Werte bis 100 %w/w gemessen werden.

### *10.2.2.6 Messung der Wärmeleitfähigkeit*

Die Messung der Feuchte wird auf eine Bestimmung von *Temperaturdifferenzen* zurückgeführt. Genutzt wird der Effekt, dass Wasser und wasserhaltige Stoffe sich in ihrer *Wärmekapazität* und in ihrer *Wärmeleitfähigkeit* von anderen Materialien und von der Umgebung abheben. Weiterhin kann eine Unterscheidung durch die Verdunstungsenergie vorgenommen werden. An durchfeuchteten Materialien führt die Wasserverdunstung zu einer Absenkung der Oberflächentemperatur und ist mittels Temperatursensoren messbar. Als Messgeräte kommen optische Sensoren, Lichtwellenleiter und die bekannten Temperaturfühler (z. B. Halbleiter oder Thermoelement; Abschnitt 6) zum Einsatz. Angewendet wird dieses Messverfahren in der Hydrologie, der Umwelttechnik, im Bergbau und im Bauwesen. Es können Langzeitmessungen durchgeführt werden, um Bewegungen von Wasser im Boden/Gestein zu erfassen bzw. um Leckagen an Deponien, Rohrleitungen oder Dämmen zu registrieren.

## 10.3 Messung von Niederschlägen im Außenklima

Klimamessungen mit stationärer Messtechnik, Aufstiegsballonen, mobilen Wetterstationen und über Satelliten werden in einem flächendeckenden Netz weltweit durchgeführt. Neben dem täglichen Wetterbericht hat die Wetterbeobachtung große Bedeutung für:

- die Verkehrssicherheit (Flugwesen, Schifffahrt, Auto, Bahn),
- die Landwirtschaft,
- die Brandbekämpfung,
- die Unwetterwarnung und
- die Abschätzung der Umweltverschmutzung.

Die Messungen werden nach festen Szenarien und mit gleichwertigen Messgeräten durchgeführt. Nur so ist eine internationale Vergleichbarkeit der Daten möglich. Die wichtigsten Messdaten, die aufgezeichnet werden, sind:

- die Temperatur in unterschiedlichen Höhen,
- die Luftfeuchte,
- die Niederschlagsmenge,
- der Luftdruck,
- der Wind (Richtung und Geschwindigkeit) und
- die Sonnenstrahlung/Bewölkung.

### *Messung der relativen Luftfeuchte*

Die Standardtechnik zur Erfassung der relativen Luftfeuchte ist seit Beginn der gezielten meteorologischen Aufzeichnungen das *Assmann-Psychrometer* (Abschnitt 10.2; Bild 10.2-1). Es gilt auch heute noch weltweit als Mess-Standard für Außenklimamessungen. Die meisten automatischen Mess-Stationen sind mittlerweile mit kapazitiven Polymerfühlern zur Erfassung der relativen Luftfeuchte und Temperatur ausgerüstet.

### *Messung von Niederschlägen*

Die Regenmenge wird in Auffangbehältern mit einer definierten Öffnungsfläche erfasst (Bild 10.3-1) und bezogen auf die Fläche angegeben. Der durch die Öffnung einfallende Regen wird über einen Trichter in Tropfenform gebracht. Diese Tropfen können einzeln gezählt und als Niederschlagsmenge pro Zeiteinheit berechnet werden. Ebenso können die Tropfen auf eine Wippe fallen, an deren Enden kleine Auffangschalen mit definiertem Volumen angebracht sind. Ist Schale 1 gefüllt, kippt die Wippe, die Schale 1 wird entleert und die Tropfen fallen in Schale 2. Gezählt wird die Anzahl der Kippbewegungen als Maß für die gefallene Niederschlagsmenge. Die Niederschlagsmesser sind oft mit einer Heizung ausgerüstet. Damit ist auch teilweise die Messung von Schneemengen möglich. Der Messwert wird in [l/m$^2$] angegeben. Ebenso ist die Angabe [mm/m$^2$] üblich. Diese Bezeichnung beschreibt den Anstieg des Wasserpegels von einem Quadratmeter um einen Millimeter: 1 l/m$^2$ entspricht 1 mm/m$^2$. Im Regenmesser nach Bild 10.3-1 ist in der Mitte die Wippe mit den beiden Auffangschalen zu sehen; darüber wird der Auffangtrichter (hier abgenommen) gesetzt.

**Bild 10.3-1**
Erfassung der Niederschlagsmenge mit dem Regenmesser

## Messung der Betauung

Betauung tritt auf, wenn das in der Luft enthaltene Wasser (gasförmig) aufgrund von Temperaturabsenkungen kondensiert und sich als flüssiges Wasser auf Oberflächen niederschlägt. Die Folgen sind beispielsweise die Benetzung von Oberflächen, Nebel- und Reifbildung oder Eisglätte. Die Betauung hat wenig Bedeutung in Bezug auf die Menge an flüssigem Wasser, die freigesetzt wird. Vielmehr kann die Benetzung der Oberflächen zu folgenden Problemen führen:

- glatte Fahrbahnen,
- Nebel führt zu Verkehrsbehinderung,
- Tragflächen von Flugzeugen vereisen,
- Korrosion von Metallteilen oder
- Entwicklung von Schaderregern an Pflanzen.

Ebenso kann das Auftreten von Niederschlag als Ereignis wichtig sein, ohne dass die exakte Menge gemessen werden muss (z. B. Schließen von Fenstern, Einschalten von Scheibenwischern). Messtechnisch ist es in diesen Fällen relevant, die Zeiten (Beginn und Ende) für das Auftreten von Betauung/Benetzung zu erfassen, um auf die genannten Gefahrensituationen reagieren zu können. Sogenannte *Benetzungsfühler* erfassen den Zustand feucht/trocken auf einer Sensoroberfläche. Die Messprinzipien sind sehr unterschiedlich:

- die Messoberfläche ist ein *Kondensator*; bei der Benetzung ändern sich die dielektrischen Eigenschaften des Sensors;
- die Messoberfläche besitzt *Elektroden*, die bei der Benetzung leitend verbunden werden;
- die Messoberfläche ist eine *lichtdurchlässige Schicht*; beim Auftreten der Benetzung ändert sich die Reflexion/Brechungsindex an der Oberfläche;
- die Messoberfläche besteht aus *Spezialpapier*, deren elektrischer Widerstand sich bei Benetzung ändert.

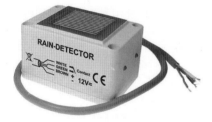

Durch das Anbringen einer Heizung und eines Temperaturfühlers an der Sensoroberfläche kann die Messgenauigkeit erhöht und eine Unterscheidung zwischen den Niederschlagsarten Regen und Schnee vorgenommen werden (Bild 10.3-2).

**Bild 10.3-2**
Sensor zur Messung von Niederschlagsereignissen

Eingesetzt werden Benetzungssensoren unter anderem in folgenden Bereichen:
- Überwachung von Schaderregern in der Landwirtschaft,
- Steuerung von Scheibenwischern,
- Bewertung von Straßenzuständen und
- meteorologische Messungen.

## 10.4 Feuchtemessung in geschlossenen Räumen

### 10.4.1 Messung des Klimas in Wohnungen und am Arbeitsplatz

Während bei der Messung des Feuchtegehaltes der Umgebungsluft die physikalischen Größen Taupunkt und absolute Feuchte wesentlich sind, ist das *Empfinden* des Menschen (feucht, angenehm, trocken) in Bezug auf Behaglichkeit abhängig von der relative Luftfeuchte, der Lufttemperatur und der Luftströmung. Die Einstellung von Klimaanlagen erfolgt unter Angabe der relativen Luftfeuchte, während die Regelgröße meist der Taupunkt ist. Ein optimaler Feuchtegehalt der Luft in der Wohn- und Arbeitsumgebung ist nicht nur in Bezug auf die Behaglichkeit wichtig. Vielmehr kommt es bei zu trockener Luft (relative Luftfeuchte < 30 %r.F.) zu:

- Reizung der Atemwege,
- statischen Aufladungen und
- vermehrter Staubbildung.

Eine permanent zu hohe Umgebungsfeuchte (relative Luftfeuchte > 70 %r.F.) führt zu:

- Erkrankungen der Atemwege,
- Wachstum von Schimmelpilzen, Bakterien, Krankheitserregern,
- Vernichtung von Materialien (z. B. Papier, Holz, Textilien),
- Ausfall elektronischer Geräte (z. B. durch Kurzschluss, Kriechstrom) und
- Schädigung mechanischer Baugruppen (z. B. durch Korrosion).

Für die Steuerung von *Klimaanlagen* finden hauptsächlich kapazitive Polymerfühler (Abschnitt 2.6) mit einem Temperatureinsatzbereich von –10 °C bis 120 °C und einem Feuchtebereich von 20 %r.F. bis 90 %r.F. Anwendung. Wenn eine separate Aufzeichnung und Dokumentation von Klimawerten gefordert ist, werden *Datenlogger* eingesetzt. Dabei handelt es sich um autarke Messgeräte mit Feuchte-, Temperaturfühlern, einer inneren Uhr sowie einem Datenspeicher und einer Schnittstelle (Bild 10.4-1).

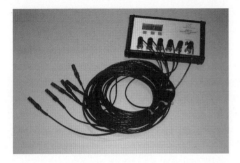

**Bild 10.4-1**
Datenlogger mit 6 Messfühlern für relative Feuchte und Temperatur (Werkfoto: Driesen + Kern)

Die Messwerte werden in vorprogrammierten Zeitintervallen und Zeiträumen erfasst und bis zum Auslesen im Datenlogger gespeichert. Beispielsweise kann in Streitfällen das Lüftungsverhalten von Mietern manipulationssicher aufgezeichnet werden.

### 10.4.2 Klima in Museen und Ausstellungsräumen

Historische Gebäude und Ausstellungsräume stellen besondere Anforderungen an die Messung bzw. Regelung der Luftfeuchte:

- Die einzuhaltenden Sollwerte sind mit engen Toleranzen vorgegeben.
- Es können große Temperaturunterschiede zwischen den Wänden und dem Innenraum auftreten.
- Die notwendige Klimatisierung (Heizung, Lüftung) kann nicht so optimal erfolgen wie bei modernen Gebäuden.
- Einzelne Ausstellungsstücke benötigen extremes Umgebungsklima (klimatisierte Vitrinen).

Für historische Gebäude und altes Mauerwerk kommt hinzu, dass diese heute anderen Umgebungsbedingungen und Einflüssen unterliegen als bei ihrer Errichtung. Die Räume werden vielfach für Ausstellungen und Veranstaltungen genutzt und sind mit Heizungsanlagen ausgerüstet. Ein großer Besucherstrom belastet zusätzlich das Innenraumklima, während die äußere Umgebung aufgrund der höheren Luftverschmutzung einer stärkeren Korrosion ausgesetzt ist. In Tabelle 10.4-1 sind die Richtwerte für die relative Luftfeuchte bei der Lagerung von Gegenständen zusammengestellt.

Tabelle 10.4-1 Richtwerte für die Lagerung von historischen und Kunstgegenständen

| Relative Luftfeuchte [ %r.F.] | | Mögliche Schäden bei ungünstigen Klimabedingungen |
|---|---|---|
| kritischer Wert | optimaler Wert | |
| > 25 | < 20 | Glas, Metalle, Mineralien und fotografische Materialien neigen verstärkt zum Korrodieren |
|  | 20 bis 40 | fotografisches Material, der optimale Wert ist von der Art des Fotomaterials abhängig |
| > 55 | 40 bis 45 | metallische Ausstellungsstücke können korrodieren |
| < 35 | 45 bis 55 | irreversible Formveränderungen, vor allem an papierhaltigen und textilen Materialien; |
|  |  | Blindwerden von alkalischen Gläsern |
| < 40 | 55 bis 65 | Schwinden oder Reißen von Holz |
| > 55 |  | Steine beginnen sich zu entfärben |
| > 65 |  | Schimmelbildung an organischen Materialien |

Für Kunstgegenstände oder historische Ausstellungsstücke, die in Räumen präsentiert, archiviert und gelagert werden sollen, sind bestimmte *Umgebungsklimawerte* einzustellen (Tabelle 10.4-1). Die Speicherwirkung der Wände gegenüber Wärme und Feuchte im Klimajahreszyklus muss beachtet werden. Nichtisolierte Außenwände können wesentlich kühler sein als die Raumtemperatur. Daher kann es genau dort, wo Gemälde und andere Kunstwerke angebracht sind, zum verstärkten Auftreten von Kondensationen kommen. An den nicht sichtbaren Stellen

## 10.4 Feuchtemessung in geschlossenen Räumen

(z. B. Rückseite von Gemälden oder Rahmen) kann Schimmelbildung auftreten. Es ist daher unbedingt notwendig, die Feuchte und ebenso die Temperatur an diesen Stellen zu erfassen bzw. bei der Klimatisierung der Räume zu berücksichtigen. Aus ästhetischen oder sachlichen Gründen soll die Anbringung von Sensorik in unmittelbarer Umgebung der Ausstellungsstücke vermieden werden. Miniaturisierte Temperaturfühler eignen sich sehr gut, um die Luftfeuchte auf der Oberfläche oder an der Rückseite von Kunstgegenständen zu überwachen oder zu regeln. Die Sensoren werden direkt an der Außenwand angebracht. Die relative Luftfeuchte des Gesamtraumes, deren Wert durch die Klimaanlage eingestellt ist, bildet in Verbindung mit dem Messwert des Wandtemperaturfühlers die Bezugsbasis. Aus beiden Werten kann die Feuchte in Wandnähe ermittelt bzw. abgeschätzt werden. Die zusätzliche Anbringung eines miniaturisierten Luftfeuchtesensors erhöht dabei die Messgenauigkeit. Bei den Sensoren handelt es sich meist um kapazitive Polymerfühler in Verbindung mit einem Temperatursensor. Mit Abmessungen von einigen Millimetern lassen sich diese Sensoren nahezu unsichtbar an besonders kritischen Stellen unterbringen (Bild 10.4-2).

**Bild 10.4-2** Miniaturisierter Sensor (5 × 2 × 1)mm für relative Luftfeuchte und Temperatur mit digitalem Signalausgang (Werkfoto: Sensirion)

Ein Problem bei Kunst- und Ausstellungsräumen ist die *Übertragung der Messdaten*. Auf eine Kabelführung muss oft verzichtet werden. Die Sensoren können mit Datenloggern ausgerüstet werden. Eine Klimaregelung ist mit Datenloggern jedoch nicht möglich. Zur Messwertübertragung werden Funkmodule eingesetzt, die Daten über einige hundert Meter senden können. Metallische Gegenstände und Wandarmierungen stören die Übertragung. Als weitere Möglichkeit der drahtlosen Messwertübertragung können Infrarot-Sender-Empfänger-Systeme eingesetzt werden. Die Reichweiten beziehen sich dabei auf den direkten Sichtkontakt von Sender und Empfänger.

Bei einer nicht vollständigen Klimatisierung von Ausstellungsräumen muss zu bestimmten Tages- oder Jahreszeiten eine Lüftung durch den Austausch mit dem Außenklima erfolgen (Öffnen von Türen, Toren, Fenstern). In der Regel soll dabei überschüssige Luftfeuchte aus den Innenräumen nach außen geleitet werden. Um den günstigen Belüftungszeitraum, in Abhängigkeit von der jeweiligen Witterungslage zu bestimmen, muss die absolute Feuchte ($a$) der Innen- und der Außenluft bestimmt werden. Die relative Luftfeuchte reicht als alleiniges Kriterium nicht aus. Erst wenn die Bedingung erfüllt ist, dass

$a_{in} > a_{out}$
$a_{in}$ : absolute Feuchte im Raum
$a_{out}$ : absolute Feuchte im Außenklima

kann die Feuchte, die sich in der Raumluft durch einen hohen Besucherstrom bzw. aus dem Gemäuer oder dem Mobiliar und aus anderen Quellen angereichert hat, nach außen geleitet werden. Die rechnerische Bestimmung der absoluten Feuchte erfolgt aus den gemessenen Werten der Lufttemperatur und der relativen Luftfeuchte. Bei dieser Art der Klimasteuerung ist jeweils ein Feuchte-Temperaturfühler im Innenraum und im Außenbereich notwendig.

## 10.4.3 Klima in elektrischen Anlagen

In Räumen, in denen hohe Spannungen und Ströme gewandelt, geschaltet oder verteilt werden, kann ein elektrischer Überschlag schwerwiegende Folgen für die nachfolgende Technik oder die zentrale Versorgung mit Elektroenergie haben. Da sich diese Anlagen häufig als unbeheizter Schaltkasten im Außenklima befinden, sind diese den täglichen und jährlichen *Temperatur-* und *Feuchteschwankungen* ausgesetzt. Je nach Einsatzort wird ein sehr hoher technischer Aufwand betrieben (z. B. Schaltschrankheizung, Trockenpatronen, Belüftungssysteme oder vollständiges Vergießen von Bauteilen), um eine Kondensation an elektrisch leitenden Teilen zu verhindern. Eine Überwachung spezieller Anlagenteile wie Isolatoren, Hohlräume oder Gehäuseteilen ist möglich; dies geschieht als Kombination einer Luftfeuchtemessung in Verbindung mit einer Temperaturmessung an dem speziellen Anlagenteil. Aus der Temperaturdifferenz zwischen Raumtemperatur und Oberflächentemperatur unter Berücksichtigung der relativen Raumluftfeuchte lassen sich kritische Zustände frühzeitig erkennen und Gegenmaßnahmen einleiten:

- Einschalten von Heizungen und Kühlungen,
- Abschalten von Anlagen bei kritischen Situationen oder
- Steuerung von Lüftern, Gebläsen und Trocknern.

Des Weiteren können sogenannte Benetzungsgeber direkt auf Isolatoren, Schaltanlagen oder der Außenseite von Kühlwasserleitungen angebracht werden. Diese Sensoren signalisieren die Kondensation von Wasser auf der Oberfläche (Tabelle 10.4-2).

**Tabelle 10.4-2** Parameter von Benetzungssensoren zur Detektion von Kondenswasser auf Oberflächen

| Parameter | Wertebereiche |
|---|---|
| Messbereich [%r.F.] | > 50, bis zur Bildung eines Kondensfilmes |
| Messfehler [%r.F.] | +/– 4 |
| Temperaturbereich [°C] | –20 bis 80 |
| mögliche Messprinzipien | Widerstandsänderung eines elektrisch leitenden Polymers; offener Streufeldkondensator |
| Ansprechzeit [s] | 10 s bis 200 s einstellbar |
| Ausgang | Analogsignal; Schaltsignal; potentialfreier Kontakt |
| Anbauart | schraubbar auf Rohrleitungen; klebbar auf ebenen Flächen |
| Einsatzgebiete | Warnung vor Feuchtebrücken an stromführenden Bauteilen; Erkennen der Betauung an Glasscheiben und Schaufenstern; Erkennen der Kondenswasserbildung an Kfz-Scheiben; Detektion der Betauung von Mauerwerksoberflächen und Wänden |

## 10.4.4 Beeinflussen des Raumklimas

*Befeuchtung der Luft*

Die Befeuchtung der Luft in Räumen kann vor allem in der Heizperiode von Bedeutung sein. Kühle Luft (mit niedriger absoluter Feuchte) strömt von außen in die beheizten Räumen. Hier wird sie erwärmt, was zu einer Verminderung der relativen Feuchte im Raum führt. Zur Ein-

## 10.4 Feuchtemessung in geschlossenen Räumen

stellung einer optimalen Luftfeuchte für den Menschen und die ihn umgebenden Gegenstände kann eine zusätzliche Befeuchtung erforderlich sein.

### *Verdunster*

Das Prinzip basiert auf dem natürlichen Effekt, bei dem Wasserdampf von einer befeuchteten Oberfläche an die Umgebung abgegeben wird. Unter der Voraussetzung von

$e_w < e_{wv}$
$e_w$: Dampfdruck der Umgebungsluft
$e_{wv}$: Dampfdruck an der Verdunstungsoberfläche

erfolgt die Anfeuchtung der Umgebungsluft. Unterstützt wird der Vorgang durch Zuschalten von Ventilatoren. Die Verdunstungsoberflächen sind meist Matten aus Gemischen von Pappe und textilen Geweben, die aufgrund ihrer porösen oder kapillaren Struktur eine große Oberfläche aufweisen. Bei der Verdunstung werden mögliche Verschmutzungen oder Bestandteile (z. B. Kalk) des Wassers nicht in den Raum abgegeben.

### *Dampfbefeuchter*

Eine höhere Effektivität der Befeuchtung wird durch eine zusätzliche *Beheizung des Wasserreservoirs* erreicht. Das Wasser wird bis nahe $T = 100\ °C$ erwärmt. Der entstandene Wasserdampf wird über Ventilatoren im Raum verteilt. Mineralische Rückstände des Wassers bleiben im Dampfbefeuchter zurück. Die Dampfleistung und damit die Anfeuchtung der Luft im Raum kann über die Temperatur und die Ventilation gesteuert werden. Durch den warmen Wasserdampf, der in die Umgebungsluft abgegeben wird, erfolgt eine Erwärmung des Raumes.

### *Zerstäuber*

Diese befeuchten die Umgebung nicht mit Wasserdampf, sondern mit *feinsten Wassertröpfchen*. Es findet somit kein Energieeintrag durch erwärmtes Wasser in die Klimaanlage statt. Die Restbestandteile (z. B. Staub oder Kalk) werden nicht im Befeuchtungssystem zurückgehalten, sondern an die Umgebung abgegeben. Für den Betrieb der Anlagen ist daher besonders aufbereitetes Wasser erforderlich. Nach der Art der Erzeugung dieser kleinen Partikel werden Zerstäuber unterschieden in:

- Ultraschallbefeuchter,
- Düsenluftbefeuchter und
- Scheiben- oder Rotationszerstäuber.

### *Entfeuchten von Räumen*

Um Räumen die Feuchte zu entziehen, werden unterschiedliche Prinzipien angewandt. Je nach der Größe der Raumes und der Leistung beim Luftaustausch werden die Entfeuchter als portable Geräte oder feste Installationen in Klimaanlagen eingesetzt.

### *Kondensationsentfeuchtung*

Die Luft wird an einem Kühlsystem bis an den Taupunkt abgekühlt. Der Taupunkt kann durch Abkühlung oder über die Kompression der Luft erreicht werden. Ein Teil des Wasserdampfes kondensiert und wird als Flüssigwasser aufgefangen. Anschließend wird die Luft an einem Wärmetauscher auf die Umgebungstemperatur erwärmt und dem Raum bzw. der Klimaanlage als trockene Luft zugeführt.

*Adsorptionsentfeuchter*

Stark *hygroskopische Oberflächen* (z. B. Molekularsieb oder Silikagel) nehmen den Wasserdampf der vorbeiströmenden Luft auf und binden ihn an der Oberfläche. Im Allgemeinen befindet sich das Adsorbat in einer Trockenpatrone, die von der Luft im Rohrsystem durchströmt wird. Ist das Adsorbat verbraucht, wird auf eine weitere Trockenpatrone umgeschaltet. Eine Regeneration des Adsorbates erfolgt durch Ausheizen.

*Absorptionsentfeuchter*

Die feuchte Luft wird über *Salze* bzw. *wässrige Salzlösungen* geleitet. Die Salze nehmen den Wasserdampf aus der Luft bis zum Erreichen ihres Sättigungspunktes auf und trocknen die vorbeiströmende Luft. Das Salz kann durch Trocknung regeneriert und erneut zur Entfeuchtung verwendet werden. Diese Art der Entfeuchtung wird eingesetzt, wenn nur geringe Mengen Luft zu trocknen sind. Es besteht die Gefahr, dass Salzkristalle in die vorbeiströmende Luft gelangen und sich an anderen Stellen in der Klimaanlage oder im Raum ablagern, was zu Korrosionsschäden führen kann.

## 10.5 Luftdruck

Unter dem Luftdruck versteht man den Druck, der durch das Gewicht der Atmosphäre auf die Erdoberfläche entsteht. Er dient durch seine ständige Verfügbarkeit für viele technische Anwendungen als Bezugsgröße (Relativdruck, Abschnitt 4.4).

*Anwendungsfelder*

Die Messung des Luftdruckes als Sonderfall der Druckmessung hat drei Schwerpunktanwendungen:

- *absoluter Druckwert* für meteorologische Messungen,
- als *Referenzwert* für *Pegelmessungen* und
- als allgemeiner *Referenzwert* für *Druckmessungen*.

Eine Bestimmung der geografischen Höhe ist ebenfalls über den Luftdruck möglich (z. B. in Uhren mit Höhenmesser).

*Messprinzipien*

Der Luftdruck dient als Referenz für die Druckmessung (Abschnitt 4.4). Es kommen alle dort beschriebenen Messprinzipien für absolute und relative Druckmessung zur Anwendung.

*Definitionen*

Der Normalwert des Luftdruckes wird auf die Höhe des Meeresspiegels bezogen und beträgt dort im Durchschnitt 101.325 Pa. Dieser Mittelwert schwankt über den Tag, wobei er der Lufttemperatur folgt, welche die Dichte der Luft beeinflusst. Die Schwankungen können im mitteleuropäischen Raum bis zu 100 Pa betragen. Diese geringen Änderungen werden jedoch durch meteorologische Einflüsse stark überdeckt, welche bis zu 10.000 Pa betragen können.

Bewegt man seinen Standpunkt vom Meeresspiegel aus nach oben, so wird die über einem verbleibende Luftsäule geringer, wodurch der Druck abnimmt. Da die Luft durch ihr eigenes Gewicht komprimiert wird, nimmt mit steigender Höhe auch ihre Dichte ab, so dass der Druck exponentiell abnimmt. Die mit der steigenden Höhe sinkende Temperatur beeinflusst ebenfalls deren Dichte. Für die Berechnung des Luftdruckes im Bereich der Troposphäre mit einer Höhe bis zu 11 km existiert die *internationale Höhenformel*:

$$p = p_0 (1 - (6{,}5 \cdot h)/288)^{5{,}256}$$

mit  $p$ : Druck in der Höhe $h$
  $p_0$ : Druck auf der Höhe 0
  $h$ : Höhe über 0 in km.

In dieser Gleichung wird die Temperatur als führende Größe verwendet. Der Wert 6,5 ist dabei die Temperaturabnahme je Höhenkilometer in Kelvin und der Wert 288 der Jahresmittelwert der Lufttemperatur am Boden in Kelvin.

## 10.6 Wind- und Luftströmung

### 10.6.1 Definition

*Anemometer* (abgeleitet von Anemos: Wind) ist die ursprüngliche Bezeichnung für Geräte zur Messung des Windes. Technisch ist es die Bezeichnung für Instrumente zur Messung des *Luftstromes*, des *Volumenstromes* und in Kombination auch der *Temperatur*. Inzwischen können damit auch Flüssigkeiten und Gase gemessen werden. Neben klimatischen Windmessungen wird auch in vielen anderen Bereichen der Messung des Luftstromes eine große Bedeutung beigemessen, beispielsweise in allen Lüftungsanlagen, bei Verbrennungsprozessen in Motoren und im Abluftbereich (z. B. im Schornstein), im Modellbau, beim Flugzeugbau und in vielen anderen Bereichen. In der Meteorologie werden Windmessgeräte häufig in Kombination mit *Windrichtungsmessern* und *Temperatursensoren* eingesetzt.

### 10.6.1 Methoden zur Windmessung

Sieben Hauptgruppen lassen sich nach den physikalischen Effekten und den daraus ergebenden Messverfahren definieren.

1. *Mechanische*, durch Wind in Bewegung versetzte Instrumente sind die ältesten und bekanntesten Formen zur Messung von Luftströmungen. Sehr weit verbreitet und auch oft zu sehen ist das klassische *Schalenanemometer* (Bild 10.6-1). Dazu sind Schalen (meist 3 oder 4) an Stäben mit einem drehbar gelagerten Stab in der Mitte verbunden. Durch den Wind in Rotation versetzt, drehen sich die Schalen um den Mittelstab, dessen Drehzahl proportional zur Luftgeschwindigkeit ist. Sie sind beispielsweise an vielen Wetterstationen, auf hohen Kränen und an Autobahnen zu finden. Bei Handmessgeräten wird meist ein propellerähnliches Flügelradanemometer verwendet.

**Bild 10.6-1** Schalenanemometer

2. Eine *Schätzung* der *Windstärke* ist mit der *Beaufort-Skala* üblich. Dabei wird zwischen 13 Windstärken (einschließlich Windstille = 0) unterschieden. Eingeführt wurden sie 1805 vom englischen Admiral Sir Francis Beaufort für die Schifffahrt unter Segeln. Die vielfach geänderte Tabelle wurde auch den *Landmessungen* zugrunde gelegt. Bewährt hat sich dort die Tabelle nach *Koppen*. Beginnend bei: Windstärke 0, das heißt, Windstille mit Windgeschwindigkeiten von 0 m/s bis 0,2 m/s (entspricht 0 km/h bis 1 km/h) und der Beschreibung: spiegelglatte See, bis zur Windstärke 12, d. h., Orkan mit Windgeschwindigkeiten von >32,7 m/s (>117 km/h) und der Beschreibung: Luft mit Gischt und schaumgefüllte Luft, die See ist weiß, bei stark herabgesetzter Sicht, ohne Fernsicht. 1949 wurden noch weitere 5 Orkanstufen bis über 200 km/h Windgeschwindigkeit hinzugefügt. Weitere hier nicht näher aufgeführte Skalen und Tabellen sind die Fujita-Skala, die Palles-Tabelle und die Saffir-Simpson-Skala. Gemessen und verglichen wurde früher auch mit der Wildschen Windstärketafel.

3. Ein weiteres großes Anwendungsfeld gibt es im Bereich der *Differenzdruck-Instrumente*. Laminare (geradlinige) und turbulente (verwirbelte) Strömung sind Begriffe, welche die Bewegung von Gasen, Flüssigkeiten und Dämpfen (sogenannte Fluiden) beschreiben. Hier wird die *Sog-* oder *Druckwirkung* eines Luftstrahls auf Fluide genutzt. Giovanni Battista *Venturi* entdeckte, dass die Geschwindigkeit eines Fluids, das durch ein Rohr strömt, dort am größten ist, wo es sich verengt (Strömungsgeschwindigkeit umgekehrt proportional zum Strömungsquerschnitt). Daniel Bernoulli entdeckte, dass der Druckabfall eines Fluids proportional zum Geschwindigkeitsanstieg in einem fluiddurchströmten Rohr ist (Gesetz von Bernoulli; Bild 10.6-2). Steigt also die Geschwindigkeit eines Fluids an einer Verengung (kleinerer Rohrquerschnitt A2 in Bild 10.6-2), fällt dort der Druck (Höhe $\Delta p$; Bild 10.6-2) ab.

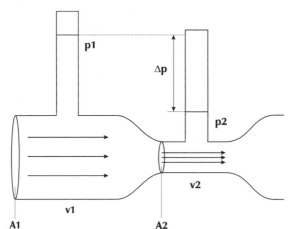

**Bild 10.6-2** Venturidüse

Die nach oben stehenden Säulen stellen in Bild 10.6-2 offene Verbindungen zum Rohr dar. Durch Verengungen (z. B. Venturirinnen oder -bleche und Prandtlrohr) werden in diesen Bereichen somit auch bewusst höhere Geschwindigkeiten erzielt (Abschnitt 10.7).

Venturi-Düsen sind hauptsächlich in geschlossenen Bereichen zu finden. Eine Weiterewicklung ist die Staudrucksonde deltaflowC von Systec-Control (Bild 10.6-3 und Bild 10.6-4). Sie wird für die Erfassung von Dampf-, Wasser- und Druckluftmengen in zahlreichen Industriebereichen (z. B. Kraftwerken, Klärbetrieben, Chemiebetrieben und Brauereien) verwendet und zeichnet sich durch *hohe Genauigkeit* und *geringe Druckverluste* aus.

## 10.6 Wind- und Luftströmung

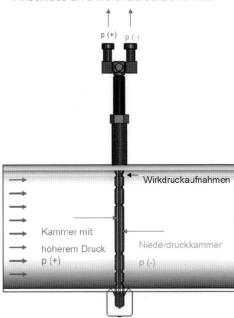

**Bild 10.6-3** Differenzdruckmesser deltaflowC (Werkfoto: Systec Control)

**Bild 10.6-4** Prinzip des Differenzdruckmessers deltaflowC (Werkfoto: Systec Control)

4. *Thermische Anemometer*: Bei diesen Messgeräten wird ein Hitzedraht durch den Windstrom gekühlt und die Differenz, also der *Wärmeverlust,* über den veränderten Widerstandswert gemessen. Daraus wird dann auf die Windgeschwindigkeit geschlossen. Neben Flügelrad-Anemometer sind thermische Anemometer die bislang am häufigsten verwendeten Messinstrumente zur Messung von Wind- bzw. Luftströmungen im Bereich von 0 m/s bis 5 m/s. Die Bezeichnung Hitzdrahtanemometer oder *Thermoanemometer* sind hier üblich. Bild 10.6.-5 zeigt das Thermoanemometer AVM-888 der Firma ATP-Messtechnik GmbH aus dem Bereich der Luft- und Klimatechnik für Windgeschwindigkeiten von 0 m/s bis 20 m/s.

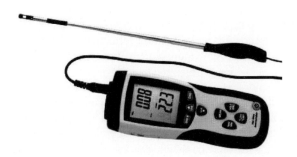

**Bild 10.6-5** Thermoanemometer AVM-888 (Werkfoto: ATP Messtechnik GmbH)

5. *Ultraschall-Windsensoren* bestehen aus 4 Ultraschallsendern und Empfängern, mit denen die Windrichtung und die Windstärke gemessen werden. Auch sehr kleine Windströmungen werden in Echtzeit erfasst und können innerhalb eines Netzes Auskunft über Windstärke und Richtung sowie deren Änderungen geben. Dies ist aus meteorologischer Sicht bedeutsam. Zusätzlich bieten kleinste Wetterstationen heute auch die zeitnahe Erfassung von Windböen, der Temperatur und Luftfeuchtigkeit. Beim Besprühen von Feldern und bei der Einschätzung von *Schadstofftransport* (z. B. bei Havarien und Naturkatastrophen) durch die Luft sind *akustische Sensoren* sehr zuverlässig. Damit ist ein schnelles Reagieren von Behörden zur Schadensbegrenzung möglich. Vorteil ist hier das Fehlen von drehenden bzw. rotierenden Teilen. Ein Beispiel dafür ist die Wetterstation der Firma Airmar Technology Corporation, die bereits alle oben genannten Funktionen vereint (Bild 10.6-6) und auch eine Software für zeitnahes Monitoring bietet (Bild 10.6-7).

**Bild 10.6-6** Airmar-System (Werkfoto: Airmar Technology Corporation)

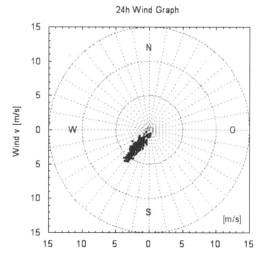

**Bild 10.6-7** Schema 24h Wind Graph einer LB150 (Werkfoto: Airmar Technology Corporation)

6. Eine weitere Anwendung ist das *Glimmentladungsanemometer*. Es funktioniert über die Messung der Stromstärke zwischen zwei Elektroden, durch die das Fluid strömt.

7. Ein weiteres optisches Messverfahren ist das *Laser-Doppler-Verfahren* (Abschnitt 2.20). Dabei werden Frequenzunterschiede zwischen ausgesandten und reflektierten Signalen registriert und über eine Auswertesoftware die Geschwindigkeit im Profil errechnet. Durch die 45°-Anordnung und Kreuzung der Sensoren (Laser) entsteht ein Muster aus Interferenzstreifen mit gleichmäßigen Höhen und Tiefen, oder besser gesagt mit Bereichen von minimalen und maximalen Lichtintensitäten. Wird darin ein Teilchen eines Fluids eingebracht, so reflektiert dieses innerhalb der betrachteten Ebene das Licht mit einer anderen Frequenz. Diese Änderung wird als Bewegung innerhalb der Ebene erfasst und als Geschwindigkeit dargestellt. Vorausgesetzt wird hier, dass sich das Teilchen ebenso schnell wie das ihn umgebende Fluid bewegt. Da aber eine Vielzahl von Partikeln gleichzeitig gemessen und ausgewertet wird, lässt sich zweifelsfrei die Gesamtbewegung darstellen.

## 10.7 Wasserströmung

### 10.7.1 Definition

Die Wasserströmung wird in der Hydrologie mit dem Begriff *Durchfluss* beschrieben. Unter dem Durchfluss $Q$ versteht man, wieviel Volumen Wasser $V$ pro Zeit $t$ in einem definierten Fließquerschnitt fließt. Es gilt:

$Q = V/t.$

Die Bestimmung von Durchflüssen in Oberflächengewässern an vorbestimmten Flussabschnitten ist ein wichtiger Anwendungsfall. Dabei wird die ermittelte Fließgeschwindigkeit $v$ mit dem Querschnitt des Gewässers multipliziert. Dann gilt:

$Q = v \cdot A.$

Das Ergebnis wird üblicherweise mit der Einheit m$^3$/s oder l/s angegeben.

Allgemein unterscheidet man zwischen *offenen* und *geschlossenen* Systemen. Dazu zählen offene Gerinne wie Flüsse und Kanäle, Druckrohre (z. B. in der Trinkwasserversorgung) und Rohre in Wasserkraftwerken. Teilgefüllte Rohre sind beispielsweise im Bereich Abwasser und bei Bewässerungsanlagen zu finden.

In teilgefüllten Rohrsystemen und offenen Gerinnen ist neben der Geschwindigkeitsermittlung auch die *Höhe des Wasserstandes* wichtiger Bestandteil der Messung, um daraus den durchflossenen Querschnitt zu errechnen. Neben dem Bereich der Lattenpegel findet sich hier die Wasserstandssensorik wieder (Abschnitt 3.1).

### 10.7.2 Direkte und indirekte Durchflussmessung

Die *direkte Durchflussmessung* erfolgt durch Messrinnen (Venturi-Düse in Bild 10.6-2), durch eine volumetrische Messung und durch Messwehre.

Bei *Messrinnen* wird durch bauliche Veränderungen eine Querschnittsverengung erreicht. Die veränderten Strömungsverhältnisse führen zu unterschiedlich hohen Wasserständen. Aus dem Höhenunterschied lässt sich der Durchfluss errechnen.

Die *volumetrische Messung* ist für *geringe Durchflüsse* geeignet. Die Menge wird durch die Größe des Messgefäßes bestimmt. Die zeitlich begrenzte Umleitung des Wasserstromes in das geeichte Messgefäß ist die Grundlage für die Berechnung des Durchflusses. Werden beispielsweise für die Füllung eines 10-l-Eimers 5 Sekunden benötigt, so beträgt der Durchfluss 2 l/s ($Q = V/t$).

*Messwehre* werden in kleinen Gerinnen (z. B. Bäche) eingebaut. Dabei kommt es zu einer Verengung des Querschnittes und damit einer Anhebung des Wasserstandes. Entsprechend der Geometrie des Wehres und der Überfallhöhe wird dann eine Durchflussgleichung erstellt und die Durchflussmenge ermittelt.

Die indirekte Durchflussmessung erfolgt durch eine Ultraschallmessung, durch eine elektromagnetische Messmethode, durch einen hydrometrischen Messflügel oder durch eine Messung mit Markierungsstoffen (Tracer).

*Ultraschallmessung*

Die Ultraschall-Durchflussmessung ist ein indirektes Messverfahren, d. h. der Durchfluss wird auf der Grundlage der *Kontinuitätsgleichung* aus einer Geschwindigkeitsmessung und einer dem Wasserstand zugeordneten Fließfläche berechnet.

Für die Messung der Geschwindigkeit mit Ultraschall kommen in der Praxis im Wesentlichen zwei Verfahren zur Anwendung:
- Ultraschall-Laufzeitmessung und
- Ultraschall-Dopplermessung.

*Laufzeitprinzip*

Das Messprinzip beruht auf der *direkten* Messung der *Laufzeit* eines akustischen Signals zwischen zwei Ultraschallköpfen, den sogenannten *hydroakustischen Wandlern*. Eine Schallwelle, die sich in einem Gewässer entgegen der Fließrichtung bewegt, benötigt eine längere Laufzeit als eine Schallwelle, die mit der Fließrichtung wandert. Die *Differenz* der Laufzeiten ist direkt *proportional* zur *Fließgeschwindigkeit* im Messpfad und damit bei bekannter Querschnitts- und Strömungsgeometrie proportional zum *Durchfluss*. Bei Fließquerschnitten mit freiem Wasserspiegel (Gerinneströmung) ist die durchströmte Querschnittsfläche vom Wasserstand abhängig, so dass zur Ermittlung der Querschnittsgeometrie immer auch der Wasserstand gemessen werden muss (Bild 10.7-1).

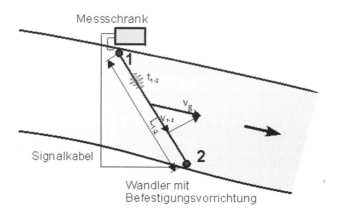

**Bild 10.7-1** Laufzeitmessung mittels Ultraschall

Die vom Sender (1) generierte Schallwelle breitet sich im Medium als kugelförmige Wellenfront aus. Bei stehendem Gewässer wäre die Zeit $t_0(1\text{-}2)$ zum Erreichen des anderen Ufers erforderlich. Bei fließendem Gewässer wird die Ultraschallwelle mit getragen, wodurch ihre Ausbreitungsgeschwindigkeit um die Fließgeschwindigkeit erhöht wird. Diese damit verkürzt erscheinende Laufzeit ist ein Maß für die Fliesgeschwindigkeit. Der Wert muss durch die überlagerten Bewegungen von Fluss und Schallwelle vektoriell korrigiert werden.

Bezüglich der Strömungsgeometrie sind geeignete Annahmen zu treffen, deren Gültigkeit durch Kalibriermessungen bestätigt werden müssen. Die *Laufzeitmessung* wird technisch mit unterschiedlichen Verfahren realisiert. Genannt seien hier das Frequenzbandverfahren und das Impulsverfahren. Beim *Frequenzbandverfahren* wird eine definierte Frequenzfolge in das Gewässer abgegeben und dessen Laufzeit vom Sender zum Empfänger gemessen. Beim *Impuls-*

## 10.7 Wasserströmung

*verfahren* wird die Laufzeit eines kurzzeitigen Schallimpulses mit einer definierten Frequenz gemessen. Das Prinzip der Laufzeitmessung mit dem Impulsverfahren ist im Bereich der *kontinuierlichen Ultraschalldurchflussmessung* in Flüssen und Kanälen weit verbreitet.

Die Alternative zur Kabelquerung in breiten Gewässern ist der Einsatz von *Wireless-Systemen*. Hierbei entfällt die Kabelverlegung durch das Gewässer. Es ist daher optimal zur Abflussermittlung in *breiten Gewässern* geeignet. Auf beiden Gewässerseiten werden autark arbeitende Mess-Syteme (Mastersystem und Slavesystem) installiert, die jeweils mit einem GPS-Empfänger gekoppelt sind. Die daraus erzeugte hochgenaue Normalfrequenz und ein auf beiden Seiten exakter Startimpuls sind die Voraussetzung für die Synchronizität und damit einer genauen Ultraschallmessung. Bild 10.7-2 und Bild 10.7-3 zeigen zwei Anwendungsfälle für den Einsatz solcher Systeme.

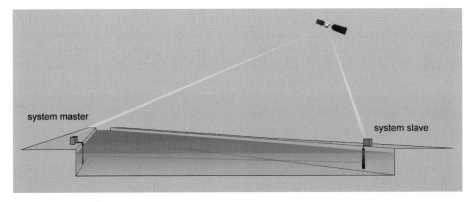

**Bild 10.7-2** Wireless-Mess-Stelle

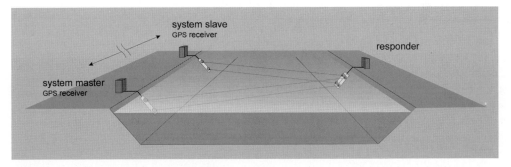

**Bild 10.7-3** Responder-Wireless-Mess-Stelle

### *Dopplerprinzip*

Beim Ultraschalldopplerprinzip (Abschnitt 2.20) wird die schallreflektierende Eigenschaft der im Wasser befindlichen Partikel ausgenutzt. Dabei wird vorausgesetzt, dass sich die Teilchen im Mittel wie die tragende Strömung bewegen. Der Ultraschallwandler empfängt die reflektierten Schallwellen bewegter Teilchen mit einer anderen Frequenz, als er sie ausgesandt hat (Bild 10.7-4).

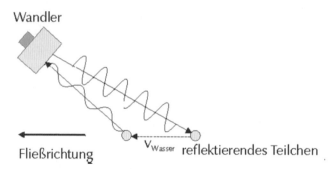

**Bild 10.7-4** Prinzip der Dopplermessung

Die Frequenzverschiebung wird als *Doppler-Verschiebung* (Abschnitt 2.20) bezeichnet und ist proportional zur *Geschwindigkeit* des reflektierenden Partikels. Außer der Frequenzverschiebung lässt sich die Zeit messen, die ein Signal benötigt, um zum Sender zurückzukehren. Aus dieser Zeit kann die Entfernung des Partikels bestimmt werden, womit letztlich auch die Bestimmung von *Geschwindigkeitsverteilungen* entlang einer Messlinie möglich wird.

Das Dopplerprinzip kommt in der Praxis beispielsweise in folgenden Bereichen zur Anwendung:

- *ADCP* (Acoustic Doppler Current Profiler)-Messgeräte zur *Durchflussmessung* in Flüssen und Kanälen,
- *ADCP*-Messgeräte für die *Strömungsmessung* in der Ozeanografie und
- *Ultraschalldopplersonden* für die Durchflussmessung in Abwasserkanälen und kleinen Gerinnen.

Der Acoustic Doppler Current Profiler (ADCP) besteht aus vier bis 9 Ultraschallwandlern (typ- und herstellerabhängig), die als Sender und Empfänger dienen.

*Elektromagnetische Messmethode*

Seit 1939 ist die *magnetisch-induktive Messmethode* (Abschnitt 2.5) bekannt und in vielen industriellen Bereichen im Einsatz. Messgeräte, die den Durchfluss magnetisch-induktiv erfassen, werden dort eingesetzt, wo elektrisch leitfähige Flüssigkeiten (>5 µS/cm) indirekt gemessen werden. In der Lebensmittelindustrie, bei der Wasser-, Abwasser- und Schlammerfassung, im Ex-Bereich der petrochemischen Industrie und in vielen anderen Bereichen (Abschnitt 3.1.1 und Abschnitt 3.1.5) sind Messgeräte verschiedenster Art von unterschiedlichen Herstellern zu finden.

Durch die Bewegung von leitfähigen Flüssigkeiten durch ein Magnetfeld wird elektrische Ladung verschoben und zwischen dem Anfang und dem Ende des Magnetfeldes (Länge) eine Spannung erzeugt. Die Höhe der Spannung ist direkt proportional zur Geschwindigkeit der Flüssigkeit, zur Weglänge und zur Stärke des Magnetfeldes (Abschnitt 2.5).

Eine langlebige Messtechnik hängt unter anderem von der Korrosion und der Auswahl des geeigneten Sensormaterials ab, die der Anwendungsumgebung entsprechen sollte. Hilfreich sind dabei die geltenden Standards für beispielsweise rostfreien und säurebeständigen Stahl und viele veröffentlichte Tests mit verschiedenen Flüssigkeiten.

## Hydrometrischer Messflügel

Das weit verbreitete und damit am häufigsten angewandte Verfahren zur Durchflussmessung beruht auf der Messung mit einem *hydrometrischen Flügel*, wobei die Fließgeschwindigkeit in einem Fließgewässer an vielen Punkten dokumentiert wird. Zusammen mit dem Durchflussquerschnitt $A$ und der Einzelgeschwindigkeiten $v$ im jeweiligen Messfeld errechnet man den Durchfluss $Q = A \cdot v$. Der hydrometrische Flügel kann sowohl bei sehr kleinen Fließgewässern, als auch bei großen Flüssen eingesetzt werden. Dort werden dann verschiedene Geschwindigkeiten in verschiedenen Tiefen gemessen und daraus ein *Geschwindigkeitsprofil* erstellt. Wie an den in Bild 10.7-5 dargestellten Messpunkten, wird in verschiedenen Ebenen, die einer festgelegten Tiefe entsprechen, jeweils in der Lotrechten gemessen. Aus den gewonnenen Werten kann ein Geschwindigkeitsprofil über den Querschnitt erstellt werden.

Der Messflügel besteht aus einer Stange mit einem propellerähnlichen, geeichten Messflügel am unteren Ende. Der Messflügel erzeugt mit jeder Umdrehung einen elektrischen Impuls, der über ein festgelegtes Zeitintervall von einem Zähler aufgenommen wird. Die sich daraus ergebende Fließgeschwindigkeit errechnet sich als *Impulse pro Zeiteinheit*.

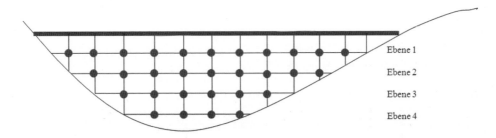

**Bild 10.7-5** Messgitter für die Messung des Strömungsprofils

Die mathematische Geschwindigkeitsdarstellung wird mit Hilfe der Extrapolation mit der Finiten-Elemente-Methode zur Modellierung einer numerischen Simulation – der SIMK-Kalibrierung erreicht. Dabei werden in Abhängigkeit des Profils, des Wasserstands und der Wandrauigkeit auch in stark bewegten Gerinnen die Sekundärströmungen berechnet. Im Ergebnis wird ein *wasserstandsabhängiger Faktor* $k(h)$ zur Berechnung der *mittleren Fließgeschwindigkeit* aus einer lokalen Fließgeschwindigkeit erzeugt, aus dem zuverlässige Gesamtdurchflüsse errechnet werden.

## Messung mit Markierungsstoffen (Tracer)

Es erfolgt die Markierung einer festgelegten Wassermenge über die einmalige Gabe eines Indikators (Tracer) oder als kontinuierlichen Eintrag über eine geregelte Pumpensteuerung. Als Tracer werden Elektrolyte, Farbstoffe und radioaktive Stoffe verwendet. Die Indikatoren durchmischen sich nach einer Strecke komplett mit dem Wasser. Die eigentliche Messung erfolgt nach der Durchmischung über die Messung der Leitfähigkeit (Elektrolyte), der Farbstoffmessung (Farbstoffeintrag) oder über einen Geigerzähler (radioaktive Markierung). In Bereichen, in denen ein hydrometrischer Messflügel nicht mehr zu zuverlässigen Ergebnissen führt, wird mit Tracern gemessen. Einsatzfelder sind *Gebirgsbäche* und *flache Gewässer* unter der Bedingung, dass von Anfang bis zum Ende der Messung keine Pegeländerung vorliegt.

Weitere in der Industrie verwendete, aber hier nicht aufgeführte Verfahren zur Messung von Durchflüssen sind Vortex, Coriolis und Delta P, wie sie die Firma Endress & Hauser entwickelt hat.

## Weiterführende Literatur

A Guide to the measurement of humidity; NPL London 1996
AIRMAR Technology Corporation www.airmar.com
ATP Messtechnik GmbH www.atp-messtechnik.de
Baumgartner, A.; Liebscher, H. J.: Allgemeine Hydrologie, Gebr. Borntraeger Verlag 1996
Durchfluss Handbuch: Herausgeber: Quantum Hydrometrie Gesell. f. Mess- und Systemtechnik mbH; www.quantum-hydrometrie.de
Ergonomie des Umgebungsklimas – Grundlagen und Anwendung relevanter Internationaler Normen (ISO 11399:195); DIN EN ISO 11399; 2001–04
Evapotranspiration nach Haude DIN 19685
Gasfeuchtemessung; Kenngrößen und Formelzeichen; VDI/VDE 3514
Herrmann, R.: Einführung in die Hydrologie, Teubner Verlag, 2001
Hölting, B.; Coldewey, W. G.: Hydrogeologie: Einführung in die Allgemeine und Angewandte Hydrogeologie, Spektrum Akademischer Verlag, 2008
Klima am Arbeitsplatz und in der Arbeitumgebung; DIN 33403; 2001–06
Krah & Grothe: Messtechnik, Grundlagen der Feuchtemesstechnik
Kupfer, K.: Materialfeuchtemessung, expert-Verlag, Renningen-Malmsheim 1997
Maniak, U.: Hydrologie und Wasserwirtschaft: Eine Einführung für Ingenieure, Springer Verlag, 2010
Parthier, R.: Messtechnik
Pegelvorschrift (LAWA, BMVIT), Anlage D 1998: Richtlinie für das Messen und Ermitteln von Abflüssen und Durchflüssen
Scheffer; Schachtschabel: Lehrbuch der Bodenkunde, Emke Verlag, Stuttgart 1992
Systec Controls Mess- und Regeltechnik GmbH, www.systec-controls.de
Wärme- und feuchteschutztechnisches Verhalten von Gebäuden-Klimadaten, DIN EN ISO 15927, 1999–07
Wernecke, R.: Fachbuch Industrielle Feuchtemessung, Wiley VCH Verlag, Weinheim, 2003
Wittenberg, H.: Praktische Hydrologie: Grundlagen und Übungen, Vieweg+Teubner Verlag, Wiesbaden 2011

# 11 Ausgewählte chemische Messgrößen

## 11.1 Redoxpotenzial

### 11.1.1 Allgemeines

Zur Beschreibung des Redoxpotenzials geht die *Nernst'sche Gleichung* (Abschnitt 2.15-1) in eine ihrer Spezialformen, die *Peters-Gleichung* (11.1.1) über, welche die Reduktions- bzw. Oxidationskraft eines Redoxsystems quantitativ beschreibt:

$$U = U_{\ominus} + \frac{RT}{zF} \ln \frac{a_{ox}}{a_{red}} \qquad (11.1.1)$$

$a_{ox}$ : Aktivität der oxidierten Spezies
$a_{red}$ : Aktivität der reduzierten Spezies

Häufig sind am Redoxgleichgewicht gemäß der nachfolgenden Formulierung neben $z$ Elektronen auch noch m Hydronium- (bzw. Hydroxid-)Ionen beteiligt.

$$ox + ze^- + mH_3O^+ \quad red \qquad (11.1.2)$$

Für ein solches in der Realität typisches Szenario lautet die *Peters-Gleichung* im Falle einer beispielsweise herrschenden Temperatur von $\vartheta = 25\ °C$:

$$U = U_{\ominus} - \frac{59{,}2\,m}{z} pH + \frac{59{,}2}{z} \lg \frac{a_{ox}}{a_{red}}. \qquad (11.1.3)$$

Es ist ersichtlich und von großer praktischer Bedeutung, dass über den pH-Wert die Oxidations- bzw. Reduktionswirkung von Redoxsytemen beeinflussbar ist.

Um Redoxsysteme unabhängig vom pH-Wert charakterisieren zu können, wurde als Rechengröße der in Gl. (11.1.4) definierte *rH-Wert* eingeführt, wobei unter $U_H$ der auf die Wasserstoffelektrode bezogene Wert des Redoxpotenzials verstanden wird.

$$rH = U_H - 2pH. \qquad (11.1.4)$$

Unter der Voraussetzung, dass in Gl. (11.1.3) $z = m$ ist, erlaubt die Kombination einer Redoxelektrode mit einer pH-Elektrode gleichfalls die Bestimmung des *rH-Wertes*. Obgleich dies nur in den seltensten Fällen gewährleistet ist, bedient man sich in einigen Branchen dieses Wertes. So findet zuweilen eine *Klassifizierung von Grundwässern* hinsichtlich deren reduzierender Eigenschaften anhand ihrer *rH-Werte* statt. Bereits früher wurde ein signifikanter Zusammenhang zwischen der Wasserqualität und der Gesundheit und Lebenserwartung der Bewohner in einzelnen Städten Frankreichs festgestellt. In Orten mit mineralienarmem, weichem Quellwasser gab es signifikant weniger Herz-, Kreislauf- und Krebserkrankungen. Einer der Faktoren, mit denen die Wasserqualität bestimmt wurde, war der rH-Wert. Der beste ermittelte Wert lag bei 22; in den meisten Städten wurde er jedoch weit übertroffen. Nachfolgend ist in diesem Zusammenhang die heute übliche Korrelation zwischen rH-Werten und elektrochemischen Wassereigenschaften angegeben, wobei eine Wertung hinsichtlich medizinischer Auswirkungen mangels fundierter Erkenntnisse hier nicht gegeben werden kann.

rH = 0 bis 9: stark reduzierende Eigenschaften,
rH = 9 bis 17: vorwiegend schwach reduzierend,
rH = 17 bis 25: indifferente Systeme,
rH = 25 bis 34: vorwiegend schwach oxidierend,
rH = 34 bis 42: stark oxidierend.

Es sei jedoch in diesem Kontext darauf verwiesen, dass in zahlreichen Publikationen bestimmten, meist Gletscherwässern eine besondere lebensverlängernde Wirkung zugeschrieben wird. Ein typisches Beispiel hierfür ist das sog. Hunzawasser (Vorkommen: im Hunzatal in Pakistan) mit einem rH-Wert von 21. Dies ist, die antioxidative Kraft betreffend, somit zehnmal stärker als das beste Wasser Frankreichs.

Neben der Zusammenschaltung von Redoxelektroden mit pH-Elektroden sind auch Kombinationen mit anderen elektrochemischen Halbzellen zu *potenziometrischen Messketten* möglich. Über viele Jahre wurde zur Beurteilung von Schwimmbadwasser hinsichtlich seines aktuellen Gehaltes an aktivem Desinfektionsmittel (vorzugsweise freies Chlor) alleinig das Redoxpotenzial herangezogen. Da dieses allenfalls eine Aussage über die keimtötende Wirkung der zugesetzten Chlormenge, jedoch nicht über dessen Konzentration macht, fordern neue Regularien nunmehr die spezifische Bestimmung von Chlor, wozu es mehrere sensorische Möglichkeiten gibt. Eine davon besteht vom Prinzip her im Aufbau einer aus Redox- und chloridselektiver Elektrode zusammengesetzten elektrochemischen Messkette. Für das interessierende Redoxsystem

$$Cl_2 + 2e^- \rightleftharpoons 2Cl^-, \tag{11.1.5}$$

dessen Potenzial $U_X$ vom Verhältnis *freies Chlor/ Chlorid* bestimmt wird, lässt sich die *Peters*-Gleichung für das an der Redoxelektrode gebildete Einzelpotenzial wie folgt formulieren:

$$U_X = U^\ominus + \frac{RT}{2F} \ln(\frac{Cl_2}{Cl^-})^2 . \tag{11.1.6}$$

Aus der zusätzlichen Messung des Chloridgehaltes mittels einer chloridselektiven Elektrode folgt eine weitere, zu berücksichtigende Gleichung:

$$U_X{'} = U^{\ominus}{'} - \frac{RT}{F} \ln Cl^- . \tag{11.1.7}$$

Das Elektrodenpotenzial der hier zugrunde liegende Kombinationselektrode ist somit ein durch Differenzbildung erreichtes Potenzial $U$, welches gemäß Gl. (11.1.8) den Zusammenhang zwischen dem Potenzial der Messkette und dem Chlorgehalt darstellt.

$$U = U_X - U_X{'} = K + \frac{RT}{2F} \ln Cl_2 . \tag{11.1.8}$$

Insbesondere die schlechte Reversibilität des Redoxsystems *Chlor/Chlorid* und die damit verbundene langsame und wenig reproduzierbare Redoxpotenzialeinstellung führten zu keiner weiten Verbreitung dieser Messmethode. Stattdessen ist es derzeit üblich, dem Analyten *Iodid* zuzugeben und durch die dabei stattfindende Bildung äquivalenter Mengen an Iod zum wesentlich reversibleren und damit besser detektierbaren Redoxsystem *Iod/Iodid* zu gelangen.

Das im analytischen Sinne als Summe der reduzierenden und oxidierenden Stoffe in einer Lösung aufgefasste *Redoxpotenzial* wird in Körperflüssigkeiten zuweilen mit dem Gehalt an *freien Radikalen* korreliert. *Antioxidantien* (auch als Radikalfänger bezeichnet) fungieren als Reduktionsmittel. Sie reagieren leicht mit oxidierenden Substanzen und schützen daher im Orga-

## 11.1 Redoxpotenzial

nismus wichtige andere Moleküle vor der Oxidation. Das Redoxpotenzial ist aus diesen Gründen ein häufig verwendeter Parameter für das Verständnis der (Bio-)Chemie von reaktiven Spezies. Redoxpotenziale geben auch Auskunft über die *Autoxidierbarkeit* von Verbindungen (Übergangsmetallkatalysatoren, wie Magnesium-, Eisen-, Kupferionen, erhöhen die Autoxidation). Viele biologisch wichtige Moleküle sind oxidierbar durch $O_2$ zu $O_2^-$ (Superoxid), wie Glyceraldehyd, $FMNH_2$, $FADH_2$, Adrenalin, Noradrenalin, L-DOPA, Dopamin, Tetrahydobiopterin und Thiolverbindungen, wie Cystein. Die Entstehung und der Verbrauch von Superoxid bewirken zum Teil signifikante Änderungen im Redoxpotenzial.

Man muss jedoch immer in Betracht ziehen, dass sich für die Messung hinreichend stabile und reproduzierbare Redoxpotenziale nur in sog. stark beschwerten und reversiblen Redoxsystemen ausbilden. Für den Fall identischer Aktivitäten von oxidierten und reduzierten Spezies herrscht maximale Beschwerung, wobei sich durch Zusatz von als Potenzialvermittler bezeichneten Substanzen zu schwach beschwerten Systemen Einstellzeit und Reproduzierbarkeit der Potenziale verbessern lassen. Sind ausschließlich Elektronen am Redoxgleichgewicht beteiligt und treten im elektrischen Feld hohe Austauschstromdichten auf, so herrscht im Redoxsystem eine optimale Reversibilität.

### 11.1.2 Edelmetallische Redoxelektroden

Zur Bestimmung des Redoxpotenzials werden bisher überwiegend *edelmetallbasierte* Elektroden eingesetzt (meist in kompakter DIN-gerechter Ausführungsform, aber bisweilen auch *schichttechnologisch* oder durch *galvanische Abscheidung* erzeugt). Während die normgerechten *stabförmigen Redoxelektroden* derzeit ihren Haupteinsatzbereich in der *Abwasser-*, *Wasser-* und *Schlammuntersuchung* haben und sicher zukünftig auch noch haben werden, spielen planare, miniaturisierte Messfühler mit edelmetallischen Schichten bei Messungen in der Biologie und Medizintechnik eine zunehmende Rolle . Bild 11.1-1 zeigt in diesem Zusammenhang einen Redox-Scanner mit Sensorpad als Gerätesystem zur Schnellbestimmung des Redoxpotenzials im Blut/Serum, wobei die Einweg-Indikatorelektrode aus einem planaren aluminiumoxidkeramischen Substrat mit siebgedruckter Gold-Dickschichtelektrode besteht.

**Bild 11.1-1**
„Redox-Scanner 04" und „Sensorpad" 02 (Quelle: FuE-Ergebnis des Kurt-Schwabe-Institutes Meinsberg)

Unabhängig von der äußeren Gestalt der edelmetallbasierten Indikatorelektrode handelt es sich beim für die Redoxpotenzialmessung üblichen Verfahren um die *Potenziometrie* (Abschnitt 2.15.2), wobei die stoffliche Basis für die Messelektrode von großer Bedeutung für das Messergebnis ist. So besteht in dieser Hinsicht ein nicht unwesentlicher Unterschied, ob Gold, Platin oder Palladium als Konstruktionsmaterial eingesetzt werden.

*Goldelektroden* sprechen beispielsweise unter bestimmten Umständen zusätzlich auf gegenenfalls im Messmedium vorhandene Chloride und Cyanide an, während hingegen Platinelektroden dieses Verhalten nicht zeigen. Sie bilden stattdessen ebenso wie Palladium in reduzierenden Lösungen Hydride. Dies hat gleichfalls Auswirkungen auf die *Elektrodeneigenschaften*, insbesondere auf die absolute Lage der den Redoxelektroden zuzuordnenden Potenzialen in identischen Analytlösungen sowie auf das Potenzialeinstellverhalten bei Veränderungen der Zusammensetzung der Messmedien. Zur von Hause aus schlechten Reproduzierbarkeit der Potenziale von edelmetallbasierten Redoxelektroden (Meßfehler von ± 25 mV) kommen mehrere weitere Nachteile dieser Elektrodensorte.

So werden die Elektroden *unbrauchbar*, wenn *katalytische Gifte*, wie $SO_2$ oder andere Schwefelverbindungen an deren Oberfläche gelangen. Auch *Eiweißstoffe* verursachen Inaktivierungen der Edelmetalloberflächen. Die Gegenwart von *gasförmigem Sauerstoff* bzw. *Wasserstoff* im Untersuchungsmedium beeinflusst das Halbzellenpotenzial. Die Edelmetalle selbst können in unerwünschter Weise in bestimmten Redoxmedien als Katalysator wirken (beispielsweise können sie die Zersetzung von $H_2O_2$ begünstigen). Der Edelmetallpreis ist hoch und die weitgehende Edelmetallsubstitution ein volkswirtschaftliches Erfordernis. Untersuchungen zum nahe liegenden Einsatz von Kohlenstoffelektroden (beispielsweise Grafitelektroden) haben gezeigt, dass dort keine hohe Reproduzierbarkeit der Elektrodenpotenziale gegeben ist und diese somit keine Alternative zu den Edelmetallelektroden bilden.

Es empfiehlt sich, die Elektroden regelmäßig, bei Labormessungen möglichst vor jeder Messreihe, durch Entfetten und Säubern mit Reinigungsmitteln, Spülen mit Wasser sowie Behandeln mit Salzsäure und abermaligem Spülen mit Wasser zu *konditionieren*. Eventuelle. weitere Vorbehandlungen richten sich nach der Höhe der zu erwartenden Redox-Spannung und nach der verwendeten Edelmetallelektrode. Während bei Goldelektroden auf weitere Maßnahmen verzichtet werden kann, wird für Platinelektroden empfohlen, diese bei Messungen in oxidierenden Medien mit einer Ammoniak-Lösung zu versetzen und bei Messungen in reduzierenden Medien eine Behandlung mit Eisen(II)-sulfat oder Eisen(III)-chlorid-Lösungen vorzunehmen, ehe in beiden Fällen wieder mit Wasser gespült wird.

Im Zusammenhang mit dem Betrieb des Gerätesystems gemäß Bild 11.1-1 ist es mit Bezug auf die vorgenannte Problematik hard- und softwaremäßig beispielsweise vorgesehen, im Zuge einer Konditionierung der Gold-Messelektrode durch *zyklische Polarisation* definierte Startbedingungen für jede Messung zu schaffen. Hierzu ist die Realisierung einer *Drei-Elektrodenmesszelle* (Bild 11.1-2a) erforderlich, die nach dem Schema gemäß Bild 11.1-2b betrieben wird. Bild 11.1-2c zeigt den Erfolg der entsprechenden Verfahrensweise, nämlich die Schaffung einer reproduzierbaren Messelektrodenoberfläche nach jeweils 20 Polarisationszyklen unter den in der Grafik angegebenen Versuchsbedingungen.

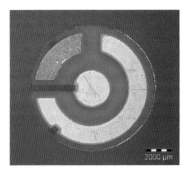

**Bild 11.1-2a** Sensorchip mit Drei-Elektrodenmess-System zur Bestimmung des Redoxpotenzials, hergestellt in Dickschichttechnik

## 11.1 Redoxpotenzial

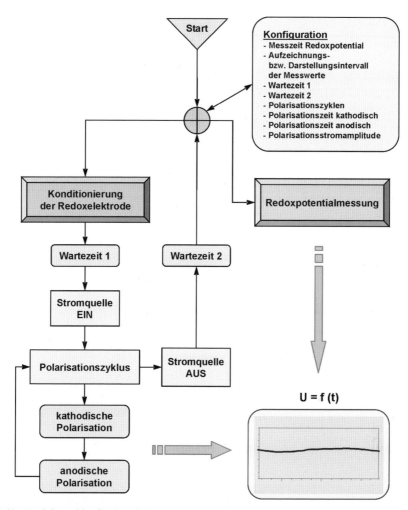

**Bild 11.1-2b** Funktionsablauf beim Tischmessgerät „Redox-Scanner"

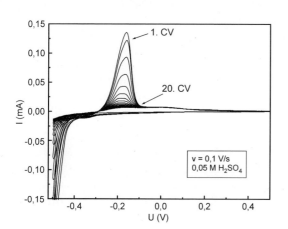

**Bild 11.1-2c** Konditionierung der Oberfläche der Dickchicht-Au-Redoxelektrode durch cyclische Polarisation (CV)

## 11.1.3 Redoxglaselektroden

Eine alternative Lösung zu herkömmlichen Messfühlern, bei der mehrere der oben genannten Unzulänglichkeiten nicht vorhanden sind, können prinzipiell auf Gläsern mit sehr hoher Elektronenleitfähigkeit basierende Redoxelektroden darstellen. Die Wirkungsweise dieser Elektroden beruht vor allem auf dem Vorhandensein von *Eisenoxiden* oder *Titanoxiden* im *Glasverband*, wobei beispielsweise in letztgenanntem Fall Titan in den Oxidationsstufen +3 und +4 in einem vordefinierten Verhältnis nebeneinander vorliegt. Insbesondere die eisenhaltigen Gläser weisen den gravierenden Nachteil auf, dass ihre Funktionalität in Redoxelektroden bei pH-Werten <3 und bei Temperaturen >60 °C nicht mehr vorhanden ist. Das Design aller bisher beschriebenen Redoxglaselektroden beschränkt sich derzeit auf mit der Glasmasse ummantelte Platindrähte und in den wenigen Fällen, in denen eine glasbläserische Verarbeitbarkeit der speziellen Gläser gegeben ist und deren thermische Ausdehnungskoeffizienten mit denen üblicher Elektrodenschaftgläser kompatibel sind, auf die von den konventionellen pH-Glaselektroden bekannten geometrischen Formen. Eine beispielhafte schematische Darstellung einer solchen Redoxglaselektrode zeigt Bild 11.1-3. Bild 11.1-4 weist aus, dass unter bestimmten Umständen identische Kennlinien von Redoxglas- und Platinelektroden erreicht werden können.

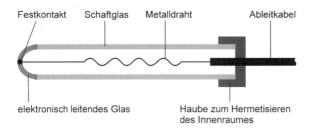

**Bild 11.1-3** Redoxglaselektrode

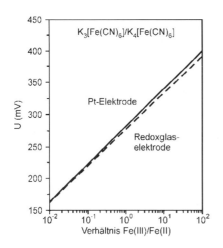

**Bild 11.1-4**
Redox-Verhalten eines Redoxsensors aus Oxidglas und einer Platinelektrode in $K_{3,4}[Fe(CN)_6]$-Lösungen vs. SSE (Quelle: M. Miloshova et al.: New redox sensors in: meeting abstracts of the 1997 Joint International meetimg of the Electrochemical Society)

Im Gegensatz zu konventionellen pH-Elektroden aus ionenleitfähigen Gläsern erfolgt die Potenzialableitung bei Redoxglaselektroden nicht über ein flüssiges Elektrolytsystem (Puffer + KCl oder dgl.), sondern im *Direktkontakt* über einen meist metallischen Elektronenleiter. Im

## 11.1 Redoxpotenzial

Unterschied zur pH-Glaselektrode, wo dadurch eine irreversible Phasengrenze *selektive Membran/innere Ableitung* geschaffen würde, stellt dieser Umstand hier keinen Nachteil dar.

Eine breite Variierbarkeit der stofflichen Zusammensetzung der Redoxglasmembran zur Optimierung der Elektrodenfunktion ist aus Gründen der maximal erlaubten Abweichung der thermischen Ausdehnungskoeffizienten von Elektroden- und Schaftglas, insbesondere im Falle der Herstellung klassischer Glaselektrodenformen (z. B. Kölbchen oder Kuppe), nicht gegeben. Bis heute spielen sich auf diesen Ansatz gründende Redoxelektroden allenfalls in Nischenanwendungen eine Rolle. Es liegen neuerdings auch in Planartechnologien gefertigte Elektroden vor. Konkret handelt es sich bei diesen Technologien um die Dickfilmtechnik und die Laserablation. Bild 11.1-5 zeigt schematisch den Aufbau einer Dickschicht-Redoxelektrode mit Glasmembran. Solche Sonden sind besonders für Messungen im erweiterten biologischen bzw. biomedizinischen Bereich von großem Interesse. Es besteht die Option, sie im Bedarfsfall auch in ein Ensemble mit weiteren in Siebdrucktechnik herstellbaren elektrochemischen Sensoren zum *planaren Multisensor* (*Lab-on-Chip*) zu integrieren.

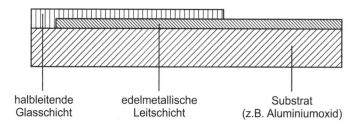

halbleitende        edelmetallische        Substrat
Glasschicht         Leitschicht            (z.B. Aluminiumoxid)

**Bild 11.1-5** Schema eines planaren Redoxglassensors in Dickschichttechnik

### 11.1.4 Bezugselektroden

Zur Komplettierung des Redox- wie auch jedes andern potenziometrischen Sensors ist zusätzlich eine *elektrochemische Bezugselektrode* erforderlich. Diese soll unabhängig von den Änderungen des Messmediums ein konstantes Potenzial vorgeben und aufrechterhalten. Für Elektroden mit wässrigen Elektrolyten dient generell die *Standard-Wasserstoffelektrode* (SHE) mit der Temperatur der Versuchselektrode als Bezugsbasis:

Pt/$H_2$ (101.3 kPa, $H_3O^+$ (aq; $c_{H_3O^+} = 1$ mol/l ).

Nach einem Vorschlag von W. NERNST kann man Einzelelektrodenpotenziale angeben, indem man sich jeden Elektrodenvorgang mit dem der Wasserstoffionisation gemäß Gl. (11.1.9) kombiniert denkt und deren Standardelektrodenpotenziale für alle Temperaturen Null setzt.

$$H_2 + 2H_2O \rightleftharpoons 2H_3O^+ + 2e^-. \tag{11.1.9}$$

Die meisten Ausführungsformen von Wasserstoffelektroden orientieren sich an der seit über 100 Jahren bekannten in Bild 11.1-6a dargestellten Urform. Neuere Entwicklungen führten zu Elektrodengeometrien, die denen normgerechter elektrochemischer stabförmiger Sensoren mit einem Schaftdurchmesser von 12 mm und einer Länge von 150 mm entsprechen oder sogar noch kleiner sind (Bild 11.1-6b). Allerdings besitzen sie nur eine begrenzte Lebensdauer. Abgesehen von letztgenannter Elektrodenvariante, für die es perspektivisch eine Reihe von speziellen zusätzlichen Einsatzfeldern geben könnte, kann man einschätzen, dass die SHE zwar nach wie vor als Bezugsgröße eine fundamentale Bedeutung besitzt, für praktische Messungen hingegen, beipielsweise aus Gründen ihrer Unhandlichkeit, durch andere Elektroden weitestgehend ersetzt wurde. An erster Stelle sind hier die sog. *Elektroden 2. Art* zu nennen, zu denen auch die in Kapitel 2.15.2 erwähnte Ag/AgCl-Elektrode gehört. Als solche werden im Allgemeinen Elektroden bezeichnet, an deren Elektrodengleichgewicht neben einem Metall und gelösten Ionen ein schwerlösliches Salz des betreffenden Metalls beteiligt ist. Sie grenzen sich damit deutlich von den Elektroden 1. Art ab, wozu auch eine Reihe von Gaselektroden einschließlich der SHE zählen. Das Potenzial von Elektroden 2. Art hängt von der *Anionenaktivität* ab, im Falle der Silberchloridelektroden also von der der Chloridionen.

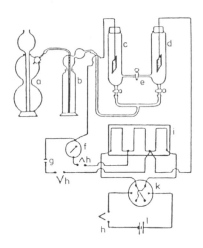

**Bild 11.1-6a**
Messexperiment mit Pt/H$_2$ Elektroden (c, d) (Quelle: M. Miloshova et al.: New redox sensors in: meeting abstracts of the 1997 Joint International meetimg of the Electrochemical Society)

**Bild 11.1-6b**
Wasserstoff-Referenzelektrode (Quelle: M. Miloshova et al.: New redox sensors in: meeting abstracts of the 1997 Joint International meetimg of the Electrochemical Society und US Patent 5 407 555 (1995))

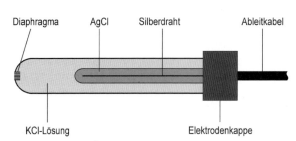

**Bild 11.1-7**
Silberchlorid-Referenzelektrode

## 11.1 Redoxpotenzial

Bild 11.1-7 zeigt den schematischen Aufbau einer *Silberchlorid-Referenzelektrode*, welcher auch für Bezugselektroden, die auf anderen stofflichen Systemen basieren, verallgemeinerungsfähig ist. Eine Reihe solcher Systeme mit praktischer Relevanz einschließlich ihrer Potenziale gegenüber der SHE bei 25 °C sind in Tabelle 11.1-1 zusammengestellt. Wenn man Potenzialmessungen bei anderen Temperaturen gegen elektrochemische Bezugselektroden vornimmt, muss man deren Temperaturkoeffizienten kennen. Um sogenannte Thermodiffusionspotenziale auszuschließen, empfiehlt es sich, Mess- und Bezugselektrode auf der gleichen Temperatur zu halten. So wurde beispielsweise für die *gesättigte Kalomelelektrode* (*SCE*), die neben der gesättigten Silberchloridelektrode (SSE) derzeit mit am häufigsten zum Einsatz kommt, folgende Temperaturfunktion ermittelt, wobei die Standardspannung der Wasserstoffelektrode, auf die sich der Term bezieht, definitionsgemäß für alle Temperaturen Null gesetzt ist:

$$U_{SCE} = 0,2410 - 6,61 \cdot 10^{-4} = (\vartheta - 25) - 1,75 \cdot 10^{-6} (\vartheta - 25)^2. \qquad (11.1.10)$$

Bezugselektroden lassen sich sowohl im Rahmen getrennter als auch als Bestandteil von sogenannten *Einstabmessketten* (*Kombinationselektroden*) in der Potenziometrie anwenden. Grundsätzlich ist es zu vermeiden, dass der Bezugselektrolyt dasjenige Ion enthält, welches es mit der korrespondierenden Indikatorelektrode zu bestimmen gilt oder welches im Falle der Redoxpotenzialmessung gegebenenfalls das interessierende Redoxpaar beeinflusst. Man wählt dann entweder alternative Bezugssysteme aus oder arbeitet mit *Elektrolytbrücken*.

**Tabelle 11.1-1** Spannungen einiger Referenzelektroden 2. Art gegenüber der SHE bei $\vartheta = 25$ °C

| Elektrode | U [V] |
|---|---|
| Hg/Hg$_2$Cl$_2$(s), KCl gesättigt | 0,2410 |
| Hg/Hg$_2$Cl$_2$(s), n/1 KCl (volummolar) | 0,2801 |
| Hg/Hg$_2$Cl$_2$(s), n/10 KCl (volummolar) | 0,3337 |
| Ag/AgCl(s), KCl gesättigt | 0,197 |
| Ag/AgCl(s), n/1 KCl (volummolar) | 0,236 |
| Ag/AgCl(s), n/10 KCl (volummolar) | 0,2895 |
| Hg/HgO(s), n/10 NaOH (volummolar) | 0,165 |
| Hg/Hg$_2$SO$_4$(s), m/1 H$_2$SO$_4$ (gewichtsmolar) | 0,6739 |
| Ag/Ag$_2$SO$_4$(s), m/1 H$_2$SO$_4$ (gewichtsmolar) | 0,7162 |

Alle bisher genannten Referenzelektroden beinhalten in Gestalt der Bezugselektrolytlösung *flüssige Systembestandteile*. Dies ist mit zahlreichen *Nachteilen* verbunden. Beispielhaft genannt seien die *Lageabhängigkeit* bei Lagerung und Gebrauch, Einschränkungen während des Einsatzes bei *tiefen* bzw. *hohen Drücken* und *Temperaturen*, die Gefahr einer *Diaphragmenverblockung* bei Verschmutzungen im Messmedium und *Begrenzungen* bei der *Miniaturisierbarkeit* der Elektroden. Daher wurden in den letzten Jahren intensive Anstrengungen unternommen, zu sogenannten *All-Solid-State*-Referenzelektroden zu kommen. Vor allem dann, wenn die Indikatorelektrode eine reine Feststoffelektrode ist, was unter anderem für Redoxelektroden oder den pH-ISFET-Sensor (Abschnitt 2.16.2, Bild 2.16-5 und Abschnitt 11.2) zutrifft, besteht dafür ein erheblicher Bedarf. An dieser Stelle seien hierfür abschließend in Tabelle 11.1-2 einige wenige Beispiele solcher Lösungsansätze aufgezählt. Einen nennenswerten kommerziellen Erfolg konnten dabei bisher lediglich die *gelversteiften Elektrodentypen* erlangen.

**Tabelle 11.1-2** Konzepte für Feststoff-Referenzelektroden in der elektrochemischen Sensorik

| Feststoffsystem | Referenz |
|---|---|
| Gel- bzw. Polymer-versteifte Bezugselektrolyte, beispielsweise durch Zusätze von Agar-Agar, Polyacrylamid, Polyvinylalkohol oder von Gemischen mehrerer Gelbildner, unter Umständen mit Verzicht auf das Diaphragma. | H. Galster: GIT-Fachzeitschrift Labor 24 (1980) 744<br><br>Patent DE 3 100 302 (1980), Patent DE 3 228 647 (1982) |
| Mit Elektrolytsalz gefülltes Epoxid- oder Polyesterharz oder anderes Polymer bei vollständigem Verzicht auf das Diaphragma. | Patent EP 0 247 535 (1987) und Patent DE 19533059 (1997) |
| Elektrolythaltige Siebduckpasten. | W. Vonau et al.: Electrochimica Acta 29 (2004), 3745 |
| Erstarrte Elektrolytsalzschmelze in diaphragmahaltigen Behältern. | Patent DE 103 05 005 (2003) |
| Übergangsmetalloxidische Bronzen. | Patent DE 102 52 481 |

## 11.2 Ionen einschließlich Hydroniumionen

### 11.2.1 Allgemeines

Ionen lassen sich sensorisch auf elektrochemische und nicht elektrochemische Weise bestimmen. An dieser Stelle erfolgt eine Konzentration auf die elektrochemische Analytik. Vom Grundsatz her kommen dabei *voltammetrische* bzw. als deren Spezialform *polarografische* (Quecksilbertropfelektroden verwendende) sowie *potenziometrische* Bestimmungen in Betracht. Die Voltammetrie, die auch in speziellen Ausgestaltungen, wie beispielsweise der differentiellen Puls- oder der *Square-Wave-Voltammetrie* durchgeführt werden kann, erfordert in der Regel relativ große Messaufbauten. Deren Kernstück stellt dabei die aus Arbeits-, Gegen- und Referenzelektrode (in bestimmter geometrischer Anordnung zueinander) bestehende elektrochemische Messzelle dar. Bild 11.2-1 zeigt das *Polarogramm* einer, verschiedene Metallionen enthaltenden Lösung und weist damit die Eignung dieser Methode für die simultane qualitative und quantitative *Ionenbestimmung* ausgewählter Ionen nach. Im engeren Sinne handelt es sich bei der Voltammetrie jedoch nicht direkt um eine sensorische Analysenmethode. Sie wird aus diesem Grunde hier nicht weiter betrachtet. Stattdessen wird nachfolgend auf den Einsatz einer Reihe *ionenselektiver Elektroden* (*ISE*) nach dem Prinzip der Potenziometrie näher eingegangen (Abschnitt 2.16.2).

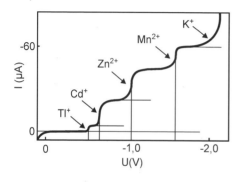

**Bild 11.2-1**
Polarogramm einer Lösung mit verschiedenen Ionen

## 11.2.2 pH-Messung

Für die Messung des pH-Wertes, eine der weltweit am häufigsten gelösten Analysenaufgaben, gibt es gemäß Bild 11.2-2 eine Reihe von Möglichkeiten.

Befüllt man beispielsweise eine der beiden Wasserstoffelektroden aus Bild 11.1-6a (c oder d) mit einer Lösung unbekannter Wasserstoffionenaktivität und verwendet man die jeweils andere als SHE, so ist man in der Lage, sehr genau pH-Werte zu bestimmen.

Insbesondere für die Überprüfung von Pufferlösungen wird auch heute noch diese aufwändige Messmethode eingesetzt. In der messtechnischen Praxis dominiert derzeit die weltweit jährlich in Millionenstückzahlen produzierte Glaselektrode (Abschnitt 2.16.2). In den meisten Ländern schreiben Normen ihren Einsatz zur Bestimmung des pH-Wertes vor. Dennoch gibt es Applikationen, bei denen auch andere der in Bild 11.2-2 dargestellten Systeme Einsatz finden. Trotz einiger Fortschritte bei der Entwicklung von pH-Optoden liegt die Präferenz immer noch eindeutig bei den elektrochemischen Messmethoden.

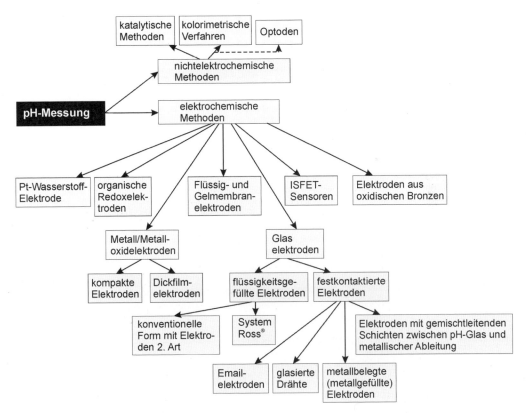

**Bild 11.2-2** Bestimmungsmethoden für den pH-Wert

So gibt es, motiviert durch die bereits für Referenzelektroden mit flüssigen Systembestandteilen beschriebenen Nachteile, eine Reihe von Entwicklungen zu *festkontaktierten Glaselektroden*. Wegen der Notwendigkeit des Vorhandenseins einer sehr dünnen pH-sensitiven Elektrodenglasmembran besitzen konventionelle Glaselektroden zusätzlich den deutlichen Mangel der mechanischen Instabilität. Bei festkontaktierten (all-solid-state) Glaselektroden sind besonders Elektroden mit silberverspiegelter interner Glasmembranoberfläche (Bild 11.2-3) für den Laboreinsatz bekannt. Es wurden auch auf *pH-Email* basierende Sonden (Bild 11.2-4), die seit längerem in der Prozessmesstechnik Bedeutung erlangt haben, und Glaselektroden in Dickschichttechnik (Bild 11.2-5), die perspektivisch zur Kontrolle der Fleischqualität Einsatz finden können, beschrieben.

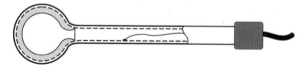

**Bild 11.2-3** Jenaer Kölbchenelektrode mit Metallbelag und abgestützter Membran (Quelle: L. Kratz: Die Glaselektrode und ihre Anwendungen, Verlag Steinkopf, Frankfurt/Main, 1950)

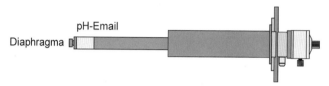

**Bild 11.2-4** pH-Einstabmesskette mit sensitivem Email als Membranmaterial (Quelle: Patent DE 213 3419 (1971))

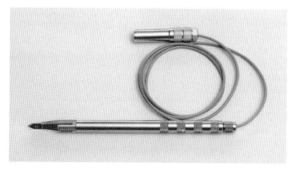

**Bild 11.2-5** pH-Einstichsonde in Dickschichttechnik auf Stahlsubstrat zur Kontrolle der Fleischqualität (Quelle: Patent DE 199 61 210 (1999))

Allerdings sind bei diesen Messfühlern verschiedene Einschränkungen vorhanden, was unter anderem bei den Email-Elektroden aufgrund der Korrosionsanfälligkeit des Spezial-Emails den begrenzten pH-Einsatzbereich und bei den Dickschichtelektroden wegen ihres hohen inneren Elektrodenwiderstandes deren minimale Einsatztemperatur anbelangt. Auf die hier vorgestellten Arten festkontaktierter pH-Elektroden ist, genauso wie auf die meisten anderen, die Phasengrenzpotenzialtheorie nicht anwendbar. Diese wird häufig herangezogen, um die Funktionsweise der konventionellen Glaselektrode mit flüssigem Innenelektrolyten, welche beidseitig der pH-selektiven Membran reversible Phasengrenzen aufweist (Bild 11.2-6 links), zu er-

## 11.2 Ionen einschließlich Hydroniumionen

klären. Die in Bild 11.2-6 rechts dargestellte Situation für einen direkten Metallkontakt zur inneren Oberfläche der pH-selektiven Glasmembran ist offenkundig vollkommen anders, wodurch häufig Messunsicherheiten und Potenzialdriften der all-solid-state Glaselektroden erklärt werden, wie sie beispielhaft in den Bildern 11.2-7 und 11.2-8 für silberkontaktierte pH-Glaselektroden aufgezeigt sind.

In neueren Entwicklungen werden zur Beseitigung dieses Mangels häufig *gemischtleitende Zwischenschichten* (z. B. halbleitende Gläser, Polypyrrol oder Zinkoxid) in die Ableitsysteme eingeführt. Für erstgenannten Lösungsansatz (Bild 11.2-9) wird in Bild 11.2-10 der Erfolg dieser Maßnahmen beispielhaft verdeutlicht.

In verschiedenen Nischenanwendungen der pH-Messung spielen auch die meisten anderen möglichen pH-Sensoren eine Rolle, wozu in Tabelle 11.2-1 einige Beispiele aufgezeigt sind.

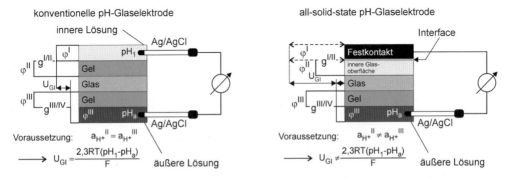

**Bild 11.2-6** Potenzialverlauf an pH-Glaselektroden mit unterschiedlichen inneren Ableitsystemen
I ... IV    Phasen innerhalb einer konventionellen und festkontaktierten pH-Glaselektrode
$\varphi^i$ ...    inneres elektrisches Potential der Phase i
$\varepsilon_{Gl}$ ...    Glaselektrodenpotential
$g^{i/j}$ ...    Galvanispannung an den Phasengrenzen

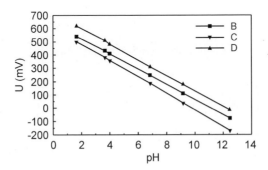

**Bild 11.2-7** Elektrodenfunktion dreier festkontaktierter pH-Glaselektroden (B, C, D) mit Silber-Ableitsystem gegen AG/AgCl, ges. KCl bei $\vartheta = 25\ °C$ (Quelle: W. Vonau, Kurt-Schwabe-Institut Meinsberg)

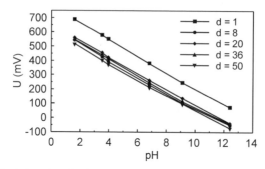

**Bild 11.2-8** Elektrodenfunktion einer festkontaktierten pH-Glaselektrode mit Silber-Ableitsystem gegen Ag/AgCl, ges. KCl bei $\vartheta = 25\,°C$ an mehreren Tagen d (Quelle: W. Vonau, Kurt-Schwabe-Institut Meinsberg)

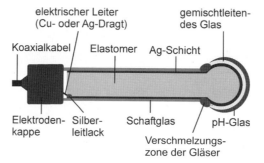

**Bild 11.2-9** Mechanisch stabile Glaselektrode mit innerem Festkontakt, versehen mit einem Kopf aus mehrschichtigem Glas mit Schichten unterschiedlichem Leitmechanismus (Quelle: W. Vonau, H. Kaden: Glastechnische Berichte, Glass Science Technologies 70 (1997), Nr. 5, 155)

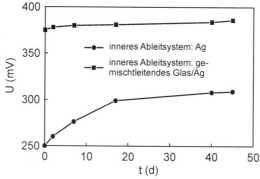

**Bild 11.2-10** Driftverhalten von festkontaktierten Glaselektroden mit unterschiedlichen inneren Ableitsystemen (Quelle: W. Vonau, H. Kaden: Glastechnische Berichte, Glass Science Technologies 70 (1997), Nr. 5, 155)

## 11.2 Ionen einschließlich Hydroniumionen

**Tabelle 11.2-1** Beispiele für Applikationen von pH-Sensoren jenseits der Glaselektrode

| pH-Sensor | Applikationsbeispiele |
|---|---|
| Organische Redoxsysteme (beispielsweise Chinhydronelektrode) | Medizinische Diagnostik, beispielsweise in Körperflüssigkeiten |
| Metall/Metalloxidelektroden [Antimon- und Bismutelektroden (kompakt und durch galvanische Abscheidung erzeugt), Rutheniumoxidelektroden in Dick- und Dünnschichttechnik], Iridiumoxidelektroden in allen Ausführungsformen | Medizinische Diagnostik, beispielsweise pH-Magensonden<br>Lab-on-Chipsysteme für biologische und medizinische Untersuchungen in geringvolumigen Analyten<br>Lebensmittelanalytik |
| Flüssig- und Gelmembranelektroden | Kaum verbreitet, selten in der Medizintechnik |
| ISFET | Lebensmittelanalytik und medizinische Diagnostik (vor allem in Regionen, wo Glasteile nicht eingesetzt werden dürfen)<br>Korrosionsuntersuchungen |
| Metalloxidische Bronzen | Derzeit nicht bekannt |

### 11.2.3 Weitere Ionen

Einige einwertige und zweiwertige Kationen, wie $Li^+$, $Na^+$, $K^+$, $Rb^+$, $Cs^+$, $NH_4^+$, $Ag^+$, $Zn^{2+}$ und $Ca^{2+}$ lassen sich mit Glaselektroden bestimmen, wobei hier der für die pH-Messung mit diesen Sonden eigentlich nachteilige Umstand des sog. *Alkalifehlers* (Bild 11.2-11) gezielt ausgenutzt wird. Der Begriff kam zustande, da eine Querempfindlichkeit der pH-Glaselektrode häufig gegenüber Natriumionen auftritt. Das Ausmaß entsprechender Fehlmessungen der Hydroniumionenaktivität lässt sich über die im Abschnitt 2.15.2 eingeführte *Nikolskij-Gleichung* (2.15.4) in Gestalt des Selektivitätskoeffizienten $K_{ij}$ abschätzen. Dieser entspricht im hier diskutierten Fall der Gleichgewichtskonstante nachfolgender Austauschreaktion von Ionen zwischen Membranoberfläche und Messlösung. Der Selektivitätskoeffizient liegt bei kommerziell erhältlichen pH-Elektroden unter $-13$.

$$[SiO_{2/3}]OH(m) + Na^+_{(aq)} \rightleftarrows [SiO_{2/3}]ONa(m) + H^+_{(aq)}. \qquad (11.2.1)$$

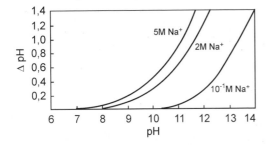

**Bild 11.2-11** Alkalifehlerkurven eines kommerziellen pH-Glases bei $\vartheta = 25\ °C$ und verschiedenen Natriumkonzentrationen im Analyten (Quelle: W. Vonau, Kurt-Schwabe-Institut Meinsberg)

Die Bedingung für eine andere als die $H_3O^+$-Selektivität der Elektrodenglasmembran ist das Vorhandensein bzw. der Einbau eines zweiten Glasbildners in das Material, wobei dessen Koordination das Auftreten von negativen Ladungen im Netzwerk bedingen muss. Diese Ladungen werden durch Alkali- oder Erdalkaliionen kompensiert. Typische netzwerkbildende Gruppen sind:

$[BeO_{4/2}]^{2-}$, $[BO_{4/2}]^{2-}$, $[AlO_{4/2}]^{2-}$, $[GaO_{4/2}]^{2-}$, $[SnO_{4/2}]^{2-}$, $[TiO_{6/2}]^{2-}$, $[ZrO_{6/2}]^{2-}$.

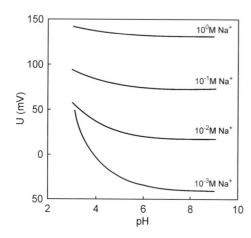

**Bild 11.2-12** pH-Einfluss auf die Alkaliionensensitivität (Quelle: W. Vonau, Kurt-Schwabe-Institut Meinsberg)

Insbesondere ein Zusatz von Aluminiumoxid in das Ausgangsglasgemenge bewirkt eine starke Ausbildung einer Natriumionenselektivität der Elektrodenmembran. Bei der späteren Messung ist ein bestimmter pH-Wert einzustellen, weil pH-Einflüsse auf das Sensorsignal auch weiterhin vorhanden sind (Bild 11.2-12).

Als Methode der Wahl, insbesondere zur K$^+$-Bestimmung, werden jedoch sowohl für dieses Ion als auch für eine Reihe anderer An- und Kationen ionenselektive Elektroden mit Flüssig- oder Gelmembranen verwendet, wobei es sich bei den elektrodenaktiven Komponenten entweder um organische Ionenaustauscher oder um ungeladene organische Verbindungen handelt. Mit Komponenten aus der zuletzt genannten, auch als *Ionophore* bezeichneten Stoffklasse, können die jeweils zu bestimmenden Ionen Einschluss- oder Komplexverbindungen bilden. Das *Valinomycin* (Bild 11.2-13), welches in einer Konzentration von ca. 0,7 % in eine Kunststoffmembran eingebettet (Polymermatrixelektrode) die sehr präzise und hochselektive K$^+$-Detektion ermöglicht, ist dabei die wohl wichtigste elektrodenaktive Substanz. Die Komplexbildungskonstante für den Kalium-Valinomycin-Komplex beträgt $10^6$, während sie für den Natrium-Valinomycin-Komplex lediglich 10 beträgt. In den letzten Jahren wurden immer wieder Versuche unternommen, Ringmoleküle (vorzugsweise Kronenetherverbindungen) mit für die Aufnahme bestimmter Ionen maßgeschneiderten Hohlräumen zu synthetisieren.

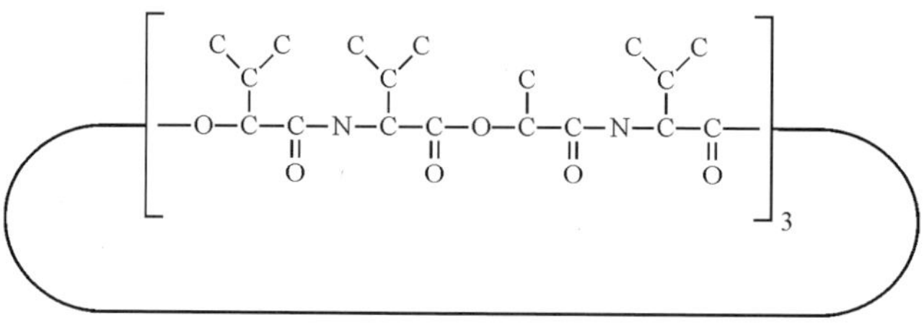

**Bild 11.2-13** Alinomycin als elektrodenaktive Verbindung in kaliumselektiven Elektroden

Als *Polymermatrixelektroden*, die es sowohl mit flüssiger innerer Ableitung und mit Festkontaktierung gibt, findet man am kommerziellen Markt derzeit vor allem *Messfühler* zur Bestimmung von *Calcium-, Magnesium-, Ammonium-* und *Nitrationen* vor. Es sind auch Kombinationen aus diesen ($Mg^{2+}$ und $Ca^{2+}$ zur Wasserhärtebestimmung) und mit anderen Elektroden (Ammonium, Nitrat und Chlorid) verfügbar. Dadurch kann die kontinuierliche und gleichzeitige Messung der beiden Stickstoffparameter, beispielsweise in Kläranlagen, durchgeführt werden und die Chloridelektrode wirkt als Elektrode zur Kompensation von Messwertverfälschungen.

Eine Alternative zur beschriebenen potenziometrischen Ionenbestimmung mit Polymermatrizen enthaltenden Elektroden stellt eine patentierte sensorische Lösung dar. Das auch unter *ISCOM* (ion-selective conductometric microsensors) bekannte Konzept betrifft einen kationselektiven Sensor, der eine kationselektive Beschichtung aufweist und bei dem die zu analysierenden Ionen eine detektierbare Änderung der elektrischen Eigenschaften der Schicht hervorrufen. Aufgrund einer Säure/Base-Komponente in der kationselektiven, vorzugsweise ionophoren Schicht wirkt der Sensor unabhängig von den in der zu analysierenden Lösung vorhandenen Anionen. Auf diese Weise soll die Messgenauigkeit verbessert und die Nachweisgrenze verringert werden.

Abschließend sei an dieser Stelle noch auf neuere Forschungen zum Einsatz von *Cyclodextrinen* und *Calixarenen* als komplexbildende Funktionselemente in ISE hingewiesen. Ein Beispiel hierzu stellt das Calix[4]aren-Krone-6 für die Bestimmung von *Cäsiumionen* dar.

Mehrere An- und Kationen sind der sensorischen Messung durch den Einsatz von ISE mit Einkristall- und Niederschlagsmembranen zugänglich. So bietet der Umstand, dass das Löslichkeitsprodukt des $LaF_3$ bei $\approx 10^{-29}$ Mol/l liegt, beste Voraussetzungen, mittels entsprechenden Einkristallen (die aus Gründen der Verringerung des Sensor-Innenwiderstandes mit 0,1 Mol-% $EuF_2$ dotiert sind) weitgehend störungsfrei Fluoridaktivitäten $> 10^{-7}$ Mol/l zu bestimmen. Aus Gründen der Reversibilität aller Phasengrenzen hat es sich als besonders vorteilhaft erwiesen, den konstruktiven Aufbau dieser festkontaktierten ISE wie folgt zu gestalten:

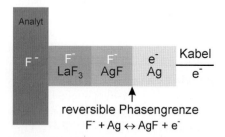

**Bild 11.2-14** Schematischer Aufbau einer Fluoridelektrode auf der Basis eines Lanthanfluorid-Einkristalls (Quelle: T.A. Fjedley, K. Nagy: Journ. Electrochem. Soc. 127 (180) 1299))

Für alle anderen Halogenide und eine Reihe weiterer Anionen, wie Sulfide, Thiocyanate, Cyanide sowie für Kationen, wie $Ag^+$, $Cu^+$, $Cu^{2+}$, $Pb^{2+}$ oder $Cd^{2+}$, setzt man häufig Elektroden mit sogenannten *Niederschlagsmembranen* (schwerlösliche Salze) ein. Sofern die Membranen als Pellets ausgebildet sind, unterscheidet man zwischen *homogenen Presslingen* und *heterogenen Presskörpern*. Im Falle der chloridselektiven Elektrode besteht der homogene Presskörper aus AgCl und der Mischpressling aus AgCl und $Ag_2S$. Letzterer weist bessere mechanische Eigenschaften, geringere Lichtempfindlichkeit und weniger Querempfindlichkeiten beispielsweise gegenüber Redoxsystemen auf. Eine Verlängerung der Lebensdauer von ISE mit

Niederschlagsmembranen kann gemäß Bild 11.2-15 erreicht werden, wenn in Analogie zur oben beschriebenen Füllung von Harzen mit KCl zum Zwecke der Herstellung von Feststoff-Referenzelektroden, Silberchlorid in die unausgehärtete Harzausgangsmasse eingebracht wird. Die Lebensdauer wird beispielsweise in stark strömenden Medien, bei hohen Chloridgehalten im Analyten und vor allem bei höheren Medientemperaturen herabgesetzt.

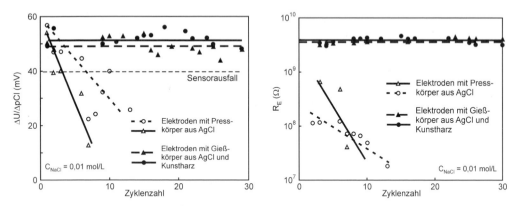

**Bild 11.2-15** Empfindlichkeit (links) und Widerstand (rechts) chloridsensitiver Elektroden im Einsatz in NaCl-Lösung bei $\vartheta = 80\ °C$ (Quelle: J. Zosel, Kurt-Schwabe-Institut Meinsberg)

Eine weitere Möglichkeit zur potenziometrischen Bestimmung von Ionen besteht in der Verwendung von Chalkogenidgläsern als selektive Membranen. Werden an Stelle von Sauerstoff die Elemente Schwefel, Selen oder Tellur in Gläser eingeführt und (oder) ersetzt man Silicium durch Germanium oder Arsen, gelangt man zu Stoffsystemen mit einer teilweise ausgeprägten Glasbildungstendenz, die als Chalkogenidgläser bekannt sind. Die Gläser werden durch Zusammenschmelzen der jeweiligen reinen Komponenten in zylindrischen, evakuierten Quarzampullen und Abschrecken in kaltem Wasser hergestellt. Zur Fabrikation der Elektroden sind die hierbei entstehenden Glasstücke in Harz einzubetten und zu kontaktieren. Dabei hat es sich aus Gründen der Erhöhung der Potenzialstabilität als vorteilhaft erwiesen, anstelle der bisher üblichen Verklebung von Ableitdrähten mit Gold- oder Silberleitlacken eine Zwischenschicht, bestehend aus Polypyrol und dem polymeren Kationenaustauscher Nafion® auf der Glasoberfläche auszubilden und darauf einen Platindraht zu kontaktieren. Dieser Vorteil wird in Bild 11.2-16 für eine silberionenselektive Chalkogenidglaselektrode der Zusammensetzung $Ag_{17}As_{25}S_{58}$ nachgewiesen. Chalkogenidglasbasierte ISE können vorzugsweise zur Bestimmung ein- und mehrwertiger Kationen, wie $Tl^+$, $Cu^{2+}$, $Cd^{2+}$, $Pb^{2+}$ und $Fe^{3+}$, beispielsweise in Abwässern appliziert werden, wobei in unterschiedlicher Ausprägung pH-Abhängigkeiten und Störioneneinflüsse zu berücksichtigen sind. In letzter Zeit wird auch über planare chalkogenidglasbasierte Multisensorarrays berichtet, bei denen die Glasschichten mittels Pulsed Laser Deposition (PLD) stöchiometrisch auf passivierte Siliziumsubstrate abgeschieden werden.

Es sei noch auf die Möglichkeit des Einsatzes von Elektroden mit passivierten Metallen der IV. bis VI. Nebengruppe der Elemente des Periodensystems als n-halbleitende Elektrodenmembran hingewiesen, die zuweilen auch als *teilselektive Redoxelektroden* bezeichnet werden. So ist es beispielsweise möglich, durch mehrmalige aufeinanderfolgende anodische Passivierung von Titanhalbzeugen mit einer Reinheit von mindestens 99,99 % in 50%iger $H_2SO_4$ bei einer Polarisationsspannung von $U_P = 4,3$ V vs. SSE bei $\vartheta = 25\ °C$ ein für die $Fe^{3+}$-Bestimmung sensitives Elektrodenmaterial zu präparieren. Allerdings liegt die Domäne der teilselektiven Redoxelektroden eher nicht in der Ionenanalytik, sondern in der *Detektion* von *Oxidationsmitteln*, wie Chlor und Wasserstoffperoxid. Auch hier ist die pH-Abhängigkeit des Sensorsignals zu berücksichtigen.

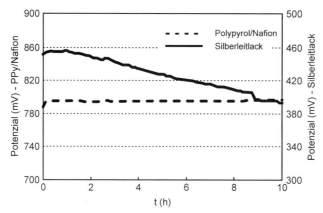

**Bild 11.2-16** Potenzialeinstellverhalten einer silberionenselektiven Chalkogenidglaselektrode mit unterschiedlicher Potenzialableitung (Quelle: W. Vonau, Kurt-Schwabe-Institut Meinsberg)

Zusammenfassend ist festzustellen, dass es für eine Reihe von Ionen, zum Teil auch alternative chemosensorische Bestimmungsmöglichkeiten gibt. Trotz größter Bemühungen ist es bis zum heutigen Tage noch nicht gelungen, solche auch für die bedeutsamen Anionen Sulfat und Phosphat bereit zu stellen, worin eine wichtige Forschungsaufgabe für die Zukunft besteht.

## 11.3 Gase

### 11.3.1 Allgemeines

Zahlreiche Gase besitzen eine Löslichkeit in Flüssigkeiten, so dass deren sensorische Bestimmung vielfach auch als *physikalisch gelöste Spezies* von Bedeutung ist. So besteht beispielsweise Interesse am *Sauerstoffgehalt* in Fischzuchtanlagen, Oberflächen-, Brauch- Ab- und Kesselspeisewässern oder am *Kohlensäuregehalt* in Mineralwasserquellen, Zellkulturmedien und Getränken. Beide Substanzen sind natürlich ebenfalls Bestandteile der Luft und anderer Gasgemische und somit auch dort von chemisch-analytischem Interesse. Während beispielsweise die in Abschnitt 2.16.3 erwähnten amperometrischen Clark-Sensoren zur Sauerstoffbestimmung und die nach dem Severinghaus-Prinzip arbeitenden potenziometrischen Sensoren, die unter anderem zur Kohlendioxidbestimmung genutzt werden, wegen ihrer Membranbedeckung in beiden Aggregatzuständen einsetzbar sind, existieren weitere elektrochemische Sensortypen, die ausschließlich in der Gasphase angewendet werden können. Auch diese werden nachfolgend vorgestellt.

### 11.3.2 Gase im physikalisch gelösten Zustand bzw. bei Normaltemperatur

Die *Gaslöslichkeit* in Flüssigkeiten ist unter anderem abhängig von Temperatur, (Luft-)Druck und der Gegenwart weiterer gelöster Spezies, was insbesondere durch das Henry'sche Gesetz verdeutlicht wird.

Für die amperometrische Sauerstoffbestimmung ist das in Bild 11.3-1 dargestellte Voltammogramm, aus dem das gut ausgeprägte Plateau des Diffusionsgrenzstromes im Bereich von –600 mV bis –900 mV deutlich erkennbar ist, eine wesentliche Grundlage. In der Gl. (11.3.1) wird der Zusammenhang zwischen Diffusionsgrenzstromdichte $i_D$ und Sauerstoffpartialdruck $p_{O_2}$ im Messmedium dargestellt.

$$i_D = K p_{O_2} + i_0 \text{ mit } K = zFP(T)/d \qquad (11.3.1)$$

z : Anzahl der umgesetzten Elektronen
F : *FARADAY*-Konstante
T : absolute Temperatur
d : Dicke der permeablen Membran
$i_0$ : Reststrom des Sauerstoffsensors bei dem Sauerstoffpartialdruck $p_{O_2} = 0$
P(*T*) : Permeationskoeffizient der Membran.

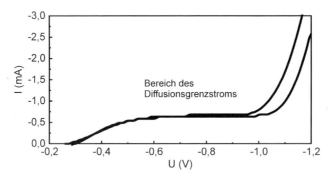

**Bild 11.3-1** Voltammogramm eines membranbedeckten Sauerstoffsensors mit Mikrokathode (Zweielektrodensystem); Messung in destilliertem Wasser bei ϑ = 23 °C, Scanrate: 0,5 mV/s

In Analogie zur amperometrischen Sauerstoffelektrode werden auch andere Elektroden mit jeweils angepassten gaspermeablen Membranen angeboten. Von ebenfalls großer Bedeutung sind in diesem Kontext beispielsweise *Chlorsensoren* zur bereits bei den Redoxelektroden diskutierten Bestimmung von aktivem Chlor beispielsweise in Schwimmbädern, *$H_2$-Sensoren* zum Einsatz in Biogasanlagen oder *CO-, $H_2S$-, $SO_2$-, HCN- und $NO_2$-Sensoren*. Die amperometrischen Messgeräte müssen die jeweils erforderliche Polarisationsspannung liefern und in ihrer Schaltungselektronik auf die Größen der Sensorelektroden abgestimmt sein. Unter bestimmten Umständen wird bei der Sensorkonstruktion auf die gaspermeable Membran verzichtet. Man spricht dann von *offenen Systemen* oder von Sensoren mit *freier Arbeitselektrode*. Diese steht dann in unmittelbarem Kontakt mit dem Messmedium, so dass neben der analytisch angestrebten Elektrodenreaktion durch sonstige Lösungsbestandteile auch unerwünschte Nebenreaktionen ablaufen können. Gleichfalls üben Änderungen der Leitfähigkeit Einfluss auf den Innenwiderstand des Sensors aus, so dass das Einsatzgebiet dieser Messfühler auf saubere Lösungen beschränkt ist.

Im Übrigen spielt insbesondere zur $O_2$-Bestimmung im Normaltemperaturbereich neben dem amperometrischen auch der *galvanische Sensor* gemäß Bild 11.3-2 eine Rolle. Wenn das darin enthaltene Kaliumhydroxid in Berührung mit Sauerstoff gerät, kommt es zu einer chemischen Reaktion. Daraus resultiert ein elektrischer Strom, der zwischen einer Blei-Anode und einer vergoldeten Kathode durch einen Lastwiderstand fließt. Die dabei produzierte Strom verhält sich proportional zur vorhandenen Sauerstoffkonzentration.

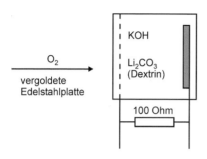

**Bild 11.3-2**
Galvanischer Sauerstoffsensor (Anodenreaktion:
$4OH^- + 2Pb \rightarrow PbO + 2H_2O + 4e^-$

Die Funktion des elektrochemischen Kohlendioxidsensors beruht auf dem potenziometrischen Messprinzip. $CO_2$ permeiert aus dem Messmedium durch eine dünne Polymermembran in den carbonathaltigen Sensorelektrolyten und bewirkt eine reproduzierbare Änderung des pH-Wertes, die beispielsweise mit einer pH-Glaselektrode gemessen wird. Nach Kalibrierung ist das Sensorspannungssignal über einen weiten Konzentrationsbereich dem Logarithmus der Kohlendioxidkonzentration im Messmedium proportional. Die nachfolgenden chemischen Gleichungen bilden die Grundlage für die chemosensorische $CO_2$-Bestimmung (siehe auch Abschnitt 2.16-2):

$$CO_2 + H_2O \rightleftharpoons H_2CO_3 \tag{11.3.2}$$

$$H_2CO_3 + H^+ \rightleftharpoons H^+ + HCO_3^- \tag{11.3.3}$$

$$HCO_3^- \rightleftharpoons H^+ + CO_3^{2-}. \tag{11.3.4}$$

Nach dem gleichen Prinzip lassen sich auch andere Gase, wie beispielsweise Ammoniak, bestimmen. Bild 11.3-3 zeigt einen $NH_3$-Sensor und Bild 11.3-4 als Applikationsbeispiel dieses Sensors Messergebnisse bei der Fermentation mit Aspergillus niger in unterschiedlichen Medien.

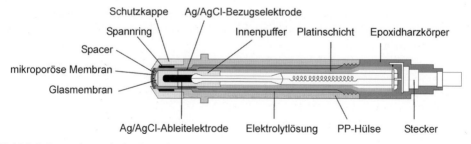

**Bild 11.3-3** Potenziometrischer $NH_3$-Sensor

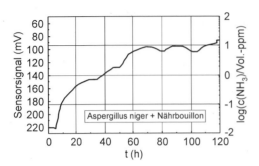 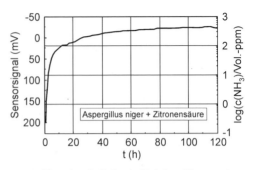

**Bild 11.3-4** NH$_3$-Emission bei der Fermentation mit „Aspergillus niger"; links: in Nährbouillon; rechts: in Zitronensäure (Quelle: U. Enseleit, Kurt-Schwabe-Institut Meinsberg)

### 11.3.2.1 Festelektrolytsensoren

**Einordnung und Bedeutung**

Festelektrolyt-Gassensoren werden zusammen mit Halbleiter-Gassensoren (MOS), resistiven Sensoren und Pellistoren häufig unter dem Begriff *Festkörper-Gassensoren* oder *keramische Gassensoren* zusammengefasst, mitunter auch als *Hochtemperatur-Gassensoren* bezeichnet.

### 11.3.2.2 Elektrochemische Zellen mit festen Elektrolyten

**Potenziometrische Sauerstoffmessung**

Festelektrolyt-Gassensoren in potenziometrischer Betriebsweise nehmen heute unter allen chemischen Sensoren einen führenden Platz ein sowohl hinsichtlich der produzierten Anzahl als auch bezüglich der aus ihrer Anwendung resultierenden Effekte. Grundlage der potenziometrischen Sauerstoffmessung ist die *stromlose Spannungsmessung* an einer Sauerstoffkonzentrationszelle mit festem oxidionenleitendem Elektrolyten (Bild 11.3-5). $V_O^{\circ\circ}$ (englisch vacancy) bezeichnet Sauerstoffionen- oder Oxidionenleerstellen, über die Sauerstoff als Oxidion ($O^{2-}$) bei höherer Temperatur wandern kann. Der Ladungstransport erfolgt also im Unterschied zu wässrigen Elektrolyten durch *eine Ionenart*. Dieses Phänomen wird als *unipolare Ionenleitung* bezeichnet.

Die Sauerstoff-Konzentrationszelle lässt sich durch folgendes Zellsymbol beschreiben:

$$-O_2(\varphi'_{O_2}), Pt / (ZrO_2)_{0.84}(Y_2O_3)_{0.08} / Pt, O_2(\varphi''_{O_2})+ \quad \text{für } \varphi'(O_2) < \varphi''(O_2)$$

## 11.3 Gase

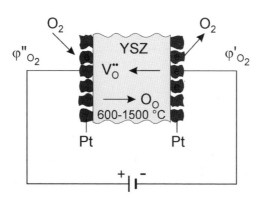

**Bild 11.3-5** Sauerstoffkonzentrationszelle (Quelle: U. Guth, Gas sensors in: A. J. Bard, G. Inzelt und F. Scholz (Eds): Electrochemical Dictionary, Spriner Berlin, Heidelberg (2008), 294–299)

Sauerstoff auf der Seite der höheren Konzentration (des größeren chemischen Potenzials) hat das Bestreben, auf die Seite mit der kleineren Konzentration zu wandern. Das ist aber bei einem gasdichten Festelektrolyten *nicht möglich*. Ausgleichen können sich aber die elektrochemischen Potenziale, indem Sauerstoff von der Seite mit dem größeren Partialdruck (pO$_2$") Elektronen aus dem Elektronenleiter, beispielsweise dem Platin aufnimmt (Reduktion, Kathode), als Oxidion (O$^{2-}$) über die Sauerstoffleerstellen V$_O^{\circ\circ}$ durch den oxidionenleitenden Festelektrolyten wandert und an der anderen Seite mit kleinerem Partialdruck (pO$_2$') als molekularer Sauerstoff unter Zurücklassung von Elektronen austritt (Oxidation, Anode). Es fließt bis zur Einstellung des elektrochemischen Gleichgewichts, beispielsweise nach Änderung der Sauerstoffkonzentration, nur ein differentiell kleiner Strom; der Stoffumsatz ist nahezu Null. Formelmäßig lassen sich diese Vorgänge wie folgt beschreiben:

$$\frac{1}{2} O_2 (g'') + 2\, e^- (Pt) \rightleftharpoons O^{2-} (YSZ) \tag{11.3.5}$$

$$O^{2-} (YSZ) \rightleftharpoons \frac{1}{2} O_2 (g') + 2\, e^- (Pt) \tag{11.3.6}$$

$$\frac{1}{2} O_2 (g'') \rightleftharpoons \frac{1}{2} O_2 (g') \tag{11.3.7}$$

Im Ergebnis der elektrochemischen Reaktion kann man eine Potenzialdifferenz oder eine Gleichgewichtsspannung $U_{eq}$ (oder eine elektrochemische Kraft $-E$) zwischen den beiden Elektroden mit einem Voltmeter großer Eingangsimpedanz (quasi stromlos) messen, die nach der Nernst'schen Gleichung dem Logarithmus des Sauerstoffpartialdrucks p(O$_2$) proportional ist.

$$-E = U_{eq} = \frac{RT}{4F} \ln \frac{p''_{O_2}}{p'_{O_2}}. \tag{11.3.8}$$

Bei gleichem Gesamtdruck in beiden Gasräumen *(p" = p')* und isothermen Bedingungen *(T" = T')* kann man den Partialdruck durch die Volumenkonzentration $\phi_{O_2}$ oder den Molenbruch $x_{O_2}$ ersetzen und erhält mit der Gaskonstante R und der Faradaykonstanten F:

$$\phi_{O_2} = \frac{p_{O_2}}{p} = \frac{v_{O_2}}{v} = x_{O_2} \tag{11.3.9}$$

$$-E = U_{eq} = \frac{RT}{4F} \ln \frac{\varphi''_{O_2} p''}{\varphi'_{O_2} p'}.  \quad (11.3.10)$$

Formulierung in Größengleichungen:

$$U_{eq} = \frac{8.314\,\mathrm{mVAsmol^{-1}} \, 2.303 \frac{T}{K}}{4 \cdot 96483\,\mathrm{Asmol^{-1}}} \lg \frac{\varphi''_{O_2}}{\varphi'_{O_2}} = 0.0496 \frac{T}{K} \lg \frac{\varphi''_{O_2}}{\varphi'_{O_2}}. \quad (11.3.11)$$

Verwendet man als Referenzgas Luft ($\varphi'_{O_2}$ = 20.63 Vol.-% $O_2$ bei 50 % r.F.), so ergibt sich dann:

$$\lg \varphi_{O_2} / vol.\text{-}\% = \left[\frac{-U_{eq}/mV}{0.0496\,T/K}\right] + 1.321 \quad (11.3.12)$$

$$\varphi_{O_2} = 20.63 \exp\left[\frac{-46.42\,U/mV}{T/K}\right]. \quad (11.3.13)$$

Durch die logarithmische Abhängigkeit der Spannung von der Konzentration existiert keine Konzentration Null. Sehr kleine Sauerstoffkonzentrationen ($\varphi_{O_2}$ < etwa 0.1 Vol.-ppm, $p_{O_2} \approx 10^{-7}$ bar bei 500 °C) lassen sich nicht mehr frei, beispielsweise mit Hilfe von Gasmischungen, verwirklichen. Die Sauerstoffkonzentration wird durch chemische Gleichgewichte wie Gasdissoziationsgleichgewichte bestimmt, die sich an den heißen Platinelektroden einstellen:

$$H_2O \rightleftarrows H_2 + \tfrac{1}{2} O_2 \quad (11.3.14)$$

$$CO_2 \rightleftarrows CO + \tfrac{1}{2} O_2. \quad (11.3.15)$$

Am Beispiel der Wasserdampfdissoziation soll die Berechnung der thermodynamischen Spannung näher erläutert werden. Nach dem Massenwirkungsgesetz gilt für den Gleichgewichtssauerstoffdruck bei T = const.:

$$p_{O_2}^{1/2} = K_p \frac{p_{H_2O}}{p_{H_2}}. \quad (11.3.16)$$

Mit der Temperaturabhängigkeit der Gleichgewichtskonstanten

$$\log K_p = 2.947 - 13.008\,K/T \quad (11.3.17)$$

ergibt sich dann für die Nernst'sche Gleichung:

$$U_{eq}/mV = 0.0496 \frac{T}{K} \lg \left[K_p \left(\frac{p_{H_2O}}{p_{H_2}}\right)\right]^2 \quad (11.3.18)$$

$$U_{eq}/mV = -1290.6 + \left[0.2924 - 0.0992 \log\left(\frac{p_{H_2O}}{p_{H_2}}\right)\right] T/K. \quad (11.3.19)$$

Die Zellspannung $U_{eq}$ [oder $-E$ (EMK)] ist demnach durch das Verhältnis der Partialdrücke bestimmt. Je *trockener* der Wasserstoff ist, umso *größer* ist die *absolute* Zellspannung. Bei konstantem Wasserdampf/Wasserstoffverhältnis wird mit steigender Temperatur die Zellspannung kleiner.

## 11.3 Gase

### *Sauerstoff in Abgasen*

Von den praktizierten Prinzipien sind die potenziometrischen Sensoren für „freien" Sauerstoff und Gleichgewichtssauerstoff aus weitgehend eingestellten Gasgleichgewichten an den Elektroden am Gebräuchlichsten. Ihre Funktionsfähigkeit in einem breiten Bereich von Temperatur (400 °C bis 1.600 °C) und Gaspartialdruck (10 bar bis $10^{-20}$ bar) gestattet die Anwendung in vielen Hochtemperaturprozessen und damit die direkte (*in situ, d. h. unmittelbar am Prozessort oder im Prozess*) Bestimmung prozessrelevanter Parameter in Echtzeit (*real time*). Hauptanwendung ist die *schnelle Sauerstoffmessung* in *Verbrennungsabgasen* von Kraft- und Heizwerken. Durch die Verknüpfung von Informationen der Festelektrolyt-Gassensoren mit stöchiometrischen und thermodynamischen Beziehungen für die Gasreaktionen ist die komplexe Beschreibung des Zustands von Gasphasen möglich.

Die in den Hochtemperaturprozess direkt (*in situ*) einsetzbaren Sensoren, die mit einem keramischen oder metallischen Schutzrohr versehen sind, werden als *Sonden* bezeichnet (Beispiele siehe Bild 2.10-29). Diese müssen im unbehandelten Abgas häufig extrem hohen Temperaturen (bis 1.500 °C), mechanischen Belastungen durch hohe Abgasströme und Staubpartikel, aber auch chemischen Einflüssen durch reduzierende und korrosive Gasbestandteile über mehrere Jahre hinweg ohne merkliche Alterung standhalten. Die Sonden sollten nach Möglichkeit ohne Kalibrierung betrieben werden, d. h. das Mess-Signal darf sich mit der Zeit nicht ändern und damit eine andere Abgaszusammensetzung vortäuschen. Der große *Vorteil* der potenziometrischen Sauerstoffmessung mit Festelektrolytzellen ist die *hohe Selektivität*, die zum einen auf den definierten elektrochemischen Vorgang und zum anderen auf die hohe Betriebstemperatur zurück zu führen ist. Letztere sorgt dafür, dass eventuelle Reaktionsprodukte nicht dauerhaft an der Sensoroberfläche adsorbiert werden und diese vergiften. Es wird der *Sauerstoffpartialdruck* gemessen, der tatsächlich thermodynamisch bei der Messtemperatur wirkt. Gasbestandteile wie Wasser, $CO_2$ haben keinen Einfluss auf das Mess-Signal.

Nachdem der Einsatz solcher Sensoren zunächst die Qualität der Verbrennungsregelung entscheidend verbessern half und diese als *Lambdasensoren* in der Automobiltechnik millionenfache Verbreitung gefunden haben, sind heute andere Hochtemperaturprozesse wie die Optimierung von Brennern, das Herstellen von Glas oder Porzellan und die Vergütung von Stählen (Aufkohlung) sowie die Bestimmung des in flüssigem Stahl gelösten Sauerstoffs Hauptfelder der Anwendung und weiterer Entwicklung.

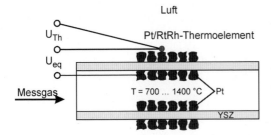

**Bild 11.3-6**
Schematischer Aufbau einer Rohrzelle

Als Festelektrolyt wird heute meist das mit $Y_2O_3$ stabilisierte $ZrO_2$ in Form von Rohren und Scheiben verwendet, das bei einer Temperatur > 400 °C merklich elektrisch (ionisch) leitend wird. Die um Größenordnungen kleinere Elektronenleitfähigkeit, die durch Sauerstoffausbau unter extrem reduzierenden Bedingungen oder durch Sauerstoffeinbau unter stark oxidierenden Bedingungen entsteht, spielt bei den meisten Anwendungen keine Rolle. Ein sehr einfacher Aufbau mit komplett getrennten Gasräumen erhält man mit einem beiderseits offenen Rohr (Bild 11.3-6). Das außen und innen mit Platinschichten versehene Festelektrolytrohr wird mit einem elektrischen Ofen auf 700 °C bis 900 °C beheizt. Messgas strömt durch das Rohr, während die Messzelle von außen mit ruhender Luft umgeben ist. Dieser Aufbau eignet sich für Gasanalysen, bei denen ein Teilstrom entnommen und der Festelektrolytzelle zugeführt wird, beispielsweise für die Bestimmung des Restsauerstoffs in Schutzgasen.

Bei Rauchgassensoren wird die Festelektrolytzelle mit einem keramischen oder metallischen Schutzrohr direkt als Sonde in dem Abgaskanal positioniert. Bei genügend hoher Temperatur (> 500 °C) in dem Kanal ist meist keine Heizung notwendig. Die Referenzluft wird durch das Innere des Rohres geleitet, während an die Außenelektrode Rauchgas durch Strömung und Diffusion gelangt. Das Messergebnis wird durch ein Einleiten der Vergleichsluft in das Rauchgas nicht verfälscht. Häufig werden für diesen Zweck auch einseitig geschlossene Festelektrolytrohre oder auch Metallrohre mit einer am Ende eingelöteten Festelektrolytscheibe verwendet.

Mit Hilfe von Festelektrolytsonden Hochtemperaturprozesse zu steuern, hat sich in vielen Bereichen der Industrie durchgesetzt. Zum Beispiel kann die Farbe von Ziegeln durch eine gezielte Zusammensetzung der Brenngasatmosphäre beeinflusste werden. Anhand eines Spannungs-(EMK) Temperaturdiagramm lassen sich die thermodynamisch stabilen Bereiche (berechnet und gemessen) von Metalloxiden eingrenzen (Bild 11.3-7). Aufgetragen ist die Spannung einer Sauerstoff-Konzentrationszelle über der Temperatur. Als Parameter ist der negative dekadische Logarithmus des Sauerstoffpartialdrucks eingetragen Die ansteigenden Linien ergeben sich rechnerisch nach der Nernstschen Gleichung, wenn man den jeweiligen Sauerstoffpartialdruck (z. B. $10^{-6}$ atm und Luft bei einer bestimmten Temperatur einsetzt: 495 mV bei 1600 °C).

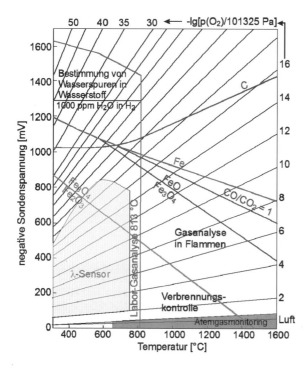

**Bild 11.3-7**
Spannungs-Temperaturdiagramm für potentiometrische Festelektrolyt-Sauerstoffsensoren

## 11.3 Gase

Misst man z. B. in einem Keramikbrennofen mit einer Festelektrolyt-Sauerstoffsonde in einem CO und $H_2$-haltigen Gasgemisch bei 800 °C 400 mV, so kann man sicher sein, dass das Eisen in der Keramik als $Fe_2O_3$ vorliegt, was dieser eine rote Farbe verleiht. Werden dagegen 700 mV gemessen, so ist $Fe_3O_4$ thermodynamisch stabil, das wiederum die Keramik grau bis schwarz färbt. Das Reduktionsvermögen wird durch das Verhältnis von reduzierenden zu oxidierenden Gasen bestimmt. Mit einer $CO/CO_2$-Mischung von 1:1 lässt sich bei Temperaturen >800 °C FeO nicht zu Fe reduzieren. Das Diagramm ist außerdem hilfreich, um die Anwendungsfelder für Sauerstoffsonden zu veranschaulichen. Weitere Anwendungsfelder, wie die Aufkohlung und Aufstickung (Nitridierung) von Stahloberflächen kann man der angegebenen Literatur entnehmen.

Am Beispiel der Verbrennungsregelung soll gezeigt werden, wie solche Sensoren für die Optimierung technologischer Prozesse eingesetzt werden können. Die Minimierung des Brennstoffbedarfs und die Verminderung der $CO_2$-Ausstoßes sowie Schadstoffemission aus technologischen Prozessen sind angesichts der Klimaziele und der Umweltbelastung heute wichtiger denn je. So werden beispielsweise mehr als 30 % der Emissionsbelastung in Ballungsgebieten während der Heizperiode von kleinen und mittleren Feuerungsanlagen hervorgerufen. Hauptemittenten sind Feuerungen, die auf Grund von Störungen oder Fehleinstellungen eine unzureichende Verbrennungsqualität aufweisen. Zu geringe Luftzufuhr führt zu einer unvollständigen Verbrennung und damit zu einem erhöhten Ausstoß von unverbrannten Schadstoffen (Ruß, CO und HC). Eine zu hohe Luftkonzentration vermindert dagegen den Wirkungsgrad und erhöht die $NO_x$-Emission. Die kontinuierliche Kontrolle und Einstellung der für die Verbrennung optimalen Luftmenge, die hauptsächlich von der Art des Brennstoffs und des Brenners abhängt, erfolgt vorteilhaft mit Hilfe einer schnellen *in situ*-Sauerstoffmessung im Abgas mit keramischen $ZrO_2$-Gassensoren.

### *Lambdasensor*

Große Bedeutung haben die Festelektrolytsensoren als Lambda-Sensoren für die katalytische Abgasbehandlung von Ottomotoren erlangt. Diese Sensoren werden als so genannte Fingerhutsensoren oder auch als planare Breitbandsensoren millionenfach produziert und praktisch in jedem Automobil mit Ottomotor eingesetzt. Über das Motormanagement trägt das Signal der Lambdasonde wesentlich zur Optimierung der Verbrennung und zur Verminderung des Schadstoffausstoßes bei. Das Messprinzip wurde mit Hilfe von Bild 11.3-5 ausführlich erklärt. Einen schematischen Querschnitt und die einbaubereite Sonde zeigt Bild 11.3-8.

Anhand des Bildes 11.3-9 wird der Spannungsverlauf an einer Lambdasonde näher erläutert. Die durchgezogene Kurve stellt den Spannungsverlauf einer Lambdasonde bei der Verbrennung von einem Kohlenwasserstoff, beispielsweise mit Propen als Modellgas in Abhängigkeit von der Brenngaskonzentration dar. Die gestrichelte senkrechte Linie markiert den Wert λ=1. Der Luftfaktor λ ist definiert als das Verhältnis der tatsächlichen bei der Verbrennung verwendeten Luftmenge zur der Luftmenge, die für die stöchiometrische Verbrennung notwendig ist [λ = m(Luft)/m(Luft, stöchiom.)].

Bei mageren Gemischen, also bei einem Überschuss von Luft (*λ> 1*) ist die Spannung klein, bei Brenngasüberschuss (*λ< 1*) dagegen groß. Am *Stöchiometriepunkt (λ= 1) ändert* sich die Spannung sprunghaft, weil des logarithmischen Zusammenhangs wegen kleine Änderungen der Sauerstoffkonzentrationen große Spannungsänderungen hervorrufen. Dieser Spannungssprung wird über das Motormanagement für die Steuerung des Dreiwegekatalysators genutzt. Durch entsprechende Stellglieder (Magnetventile) wird 10-mal in der Sekunde das Luftkraftstoffverhältnis von Luftüber- zu Luftunterschuss geändert und dadurch quasi simultan oxidierende (zur Oxidation von Kohlenwasserstoffen und CO) und reduzierende (zur Reduktion von Stickoxiden) Verhältnisse am Katalysator eingestellt.

Lambda-Sonde im Abgasrohr (Prinzip)
1 Sondenkeramik, 2 Elektroden
3 Kontakt, 4 Gehäusekontaktierung
5 Abgasrohr, 6 keramische Schutzschicht (Porös)

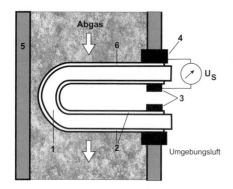

**Bild 11.3-8**
Lambda-Sonde: Schema der Sonde und Bauteil
(Werkfoto: REGETEC)

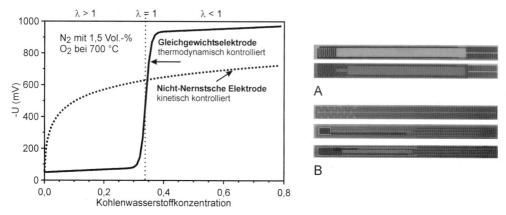

**Bild 11.3-9** Links: Konzentrationsabhängigkeit der Spannung an verschiedenen Elektroden; rechts: Zungenförmige Mischpotentialsensor (A) und impedimetrischer Sensor (B) mit jeweils integriertem Heizer

Die gestrichelt Kurve im Bild (11.3-9, links) zeigt den Spannungsverlauf, wenn sich das chemische Gleichgewicht in einer Gasmischung *nicht* einstellt. Sensoren, die diesen Effekt ausnutzen, werden *Mischpotenzialsensoren* (Bild 11.3-9, rechts) genannt und spielen zur Detektion von Unverbranntem (CO und HCs) aber auch von Stickoxiden ($NO_x$) eine Rolle. Bei diesen Sensoren wird eine katalytisch aktive Sauerstoffelektrode, beispielsweise Platin/YSZ mit einer brenngassensitiven, aber für die elektrochemische Sauerstoffreduktion inaktive Elektrode, Au/YSZ kombiniert. Beide Elektroden können direkt dem Messgas ausgesetzt werden oder sich in getrennten Gasräumen befinden. Alternativ zur Messung der Spannung lässt sich auch der komplexe Widerstand, die *Impedanz*, die über einen größeren Frequenzbereich gemessen wird, zur Auswertung heranziehen. Am günstigsten erweist sich dabei die Darstellung des Imaginärteils über den Realteil der Impedanz (die *Nyquist-Darstellung*), die meist zu einem Halbkreis (oder mehreren Halbkreisen) führt. Dessen konzentrationsabhängiger Radius kann leicht bestimmt werden. Sensoren in dieser Betriebsweise werden als impedimetrische, in der angelsächsischen Literatur auch als „impedancemetric sensors" (Bild 11.3-9, rechts) bezeichnet.

### *Bestimmung des Redoxpotenzials von Gasen*

Da auch in reduzierenden Gasen, in denen kein freier Sauerstoff vorliegt, die Sauerstoffbestimmung als Gleichgewichtssauerstoff möglich ist, kann auch das $H_2/H_2O$- oder $CO/CO_2$-Verhältnis ermittelt werden. Durch die gezielte Ausnutzung vor gelagerter Reaktionen (Zersetzungs- oder Oxydationsreaktionen) an speziellen Elektroden lassen sich weitere Gasbestandteile quantitativ bestimmen, die mit Sauerstoff durch Reaktionen gekoppelt sind, beispielsweise:

$$CO_2 + H_2 \rightleftharpoons CO + H_2O \tag{11.3.20}$$

$$C + CO_2 \rightleftharpoons 2\,CO \tag{11.3.21}$$

$$2\,NH_3 \rightleftharpoons N_2 + 3\,H_2 \tag{11.3.22}$$

$$CH_3OH \rightleftharpoons CO + 2\,H_2 \tag{11.3.23}$$

$$2\,NO \rightleftharpoons N_2 + O_2. \tag{11.3.24}$$

Mit einer schnellen Sauerstoffregelung kann häufig die Produktqualität entscheidend beeinflusst werden. Beispiele hierfür sind die Ziegel- und Porzellanherstellung. Das „Rot" eines gebrannten Ziegels, das auf den Oxidationszustand $Fe^{3+}$ zurückzuführen ist, erhält man mit einem Sauerstoffüberschuss, während reduzierende Bedingungen zu schwarzen Ziegeln führen. Die „Weiße" des Porzellans und damit seine Güte sind abhängig vom Oxidationszustand der im Kaolin/Ton-Gemisch enthaltenen Eisenspuren. Ein reduzierender Brand bei Luftmangel führt zu einer Reduktion der $Fe^{3+}$-Ionen in fein verteiltes $Fe^{2+}$, das aber in der Matrix des Silikats weiß erscheint. Durch den oxidierenden Brand bei Luftüberschuss werden dagegen die $Fe^{2+}$-Ionen zum $Fe^{3+}$ aufoxidiert, der Porzellanscherben weist dann eine graue Färbung auf. Eine gleich bleibende Produktqualität kann deshalb nur durch die Einstellung einer optimalen Brenngas-/Luftzusammensetzung gewährleistet werden. Früher wurde oft das Abgas über einen Bypass abgesaugt und mit optischen Verfahren die CO- oder $CO_2$-Konzentration gemessen. Bedingt durch dieses Verfahren ergibt sich eine relativ große Totzeit (ca. 3 min) und eine Verfälschung des Messergebnisses durch die Änderung der Gaszusammensetzung beim Abkühlen durch Auskondensieren von Wasser. Günstiger ist auch in diesem Fall die Echtzeit-Sauerstoffbestimmung direkt im Brennprozess mit einer keramischen Sauerstoffmess-Sonde.

Große Bedeutung haben Festelektrolyt-Sensoren bei der *Kontrolle des Oberflächenhärtens* von Stählen erlangt. Entsprechend dem jeweiligen Verfahren unterscheidet man Aufkohlen mit Propan bei Normaldruck, Gasnitrieren und -nitrocarburieren sowie das in jüngster Zeit sich durchsetzende Verfahren der *Niederdruckaufkohlung* mit *Ethin*. In einem Multikomponentensystem im Nichtgleichgewicht lassen sich mit Elektroden, an denen vorzugsweise eine Komponente umgesetzt wird, wertvolle Informationen gewinnen. Auf diese Weise gelingt es, beispielsweise $NH_3$ mit Festelektrolytzellen zu bestimmen.

### *Messung von Sauerstoff in flüssigen Metallen*

Eine wichtige Anwendungsmöglichkeit potenziometrischer $ZrO_2$-Festelektrolytsensoren, die mit herkömmlichen Verfahren nicht gelöst werden kann, ist die Bestimmung der Sauerstoffkonzentration in Metallschmelzen. Bekanntlich ist der Kohlenstoffgehalt von Stählen bestimmend für die Materialeigenschaften. Durch die gezielte Zugabe von Sauerstoff lässt sich die Kohlenstoffkonzentration, aber auch der Gehalt an Si, Mn, P, S innerhalb geringer Toleranzen genau einstellen. Zu viel Sauerstoff führt zu einer Verschlechterung der Stahlqualität. Zur Ermittlung des Optimums ist die schnelle Messung der Sauerstoffkonzentration notwendig, die alternativlos mit eintauchbaren $ZrO_2$-Festelektrolytzellen erfolgt. Man verwendet anstelle der Luft als Referenzsystem ein festes Bezugssystemen, ein Metall-, Metalloxidgemisch, beispielsweise $Cr$, $Cr_2O_3$, mit dem nach Maßgabe der Temperatur ein bestimmter, thermodynamisch definierter Gleichgewichts-Sauerstoffpartialdruck eingestellt werden kann.

$$Cr_2O_3(s) \rightleftharpoons 2Cr(s) + \tfrac{3}{2}O_2(g). \tag{11.3.25}$$

Im Falle reiner Stoffe ist der Molenbruch $x_s = 1$ und man erhält:

$$K_p(T) = p_{O_2}^{3/2} \tag{11.3.26}$$

$$p_{O_2}(T) = \text{const.} \tag{11.3.27}$$

Die Messzelle (Bild 11.3-10), deren zweiter Pol das flüssige Metall darstellt, befindet sich an der Spitze einer meterlangen Papphülse, die während des Messvorganges verbrennt. Solche in den flüssigen Stahl eintauchbaren Sonden arbeiten nur wenige Sekunden bis zu ihrer Auflösung, liefern aber in dieser Zeit die notwendigen Informationen zur Steuerung des Frischeprozesses. Diese Sonden werden in großen Stückzahlen produziert und heute weltweit bei der Stahlproduktion eingesetzt. In ähnlicher Weise wird Sauerstoff in flüssigem Kupfer bestimmt.

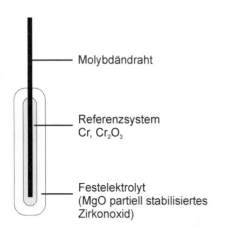

**Bild 11.3-10**
Schematischer Aufbau einer Mess-Sonde zur Bestimmung von Sauerstoff im flüssigen Stahl

*Stromdurchflossene Festelektrolyt-Gassensoren*

**Amperometrische Festelektrolyt-Gassensoren**

Sauerstoffsensoren mit oxidionenleitenden Elektrolyten lassen sich auch amperometrisch betreiben. Über die Elektroden wird eine so große Spannung gelegt, dass der an die Kathode gelangende gesamte Sauerstoff reduziert wird. Der fließende Strom ist infolge des diffusionskontrollierten Transports durch die poröse Elektrode proportional der Sauerstoffkonzentration. Große Sauerstoffkonzentrationen lassen sich messen, wenn der Kathode eine diffusionslimitierende Schicht, beispielsweise aus einer porösen Keramik oder eine Kapillare vorgeschaltet wird, die dafür sorgen, dass ein der Gesamtkonzentration proportionaler Sauerstoffteilstrom die Kathode erreicht und dort einen elektrischen Grenzstrom $I_{\lim}$ hervorruft, der in weitem Bereich unabhängig von der angelegten Polarisationsspannung ist.

$$I_{\lim} = -\frac{4F D_{O_2} A}{RTl} \tag{11.3.28}$$

Hierbei ist $D_{O_2}$ der Diffusionskoeffizient, $A$ der Diffusionsquerschnitt und $l$ die Diffusionslänge.

Verwendet man zwei hintereinander befindliche unterschiedlich polarisierte Elektroden, so lassen sich amperometrisch $O_2$ und $NO_x$ oder $O_2$ und HC simultan messen.

## *Coulometrische Sauerstoffbestimmung*

Mit der potenziometrischen Sauerstoffmessung kann man nur den Quotienten zwischen dem gemessenen Partialdruck und dem Referenzpartialdruck bestimmen. Unter reduzierenden Bedingungen erhält man den Quotienten der Partialdrücke zwischen unverbrannten und verbrannten Gasbestandteilen $\frac{p_{H_2} p_{CO}}{p_{H_2O} p_{CO_2}}$.

Für eine vollständige Gasanalyse ist deshalb noch die Kenntnis weiterer Parameter wie die der Ausgangskonzentration oder die Strömungsgeschwindigkeit notwendig. Die coulometrische Sauerstoffbestimmung arbeitet dagegen absolut, d. h. man erhält die absolute Masse des Sauerstoffs nach dem FARADAY'schen Gesetz:

$$I\,t = n\,z\,F = m/M\,z\,F \tag{11.3.29}$$

Dabei ist $n = m/M$ die Stoffmenge z die Anzahl der geflossenen elektrischen Ladungen und F die Faraday-Konstante. Das Prinzip wird anhand des Bildes 11.3-11 verdeutlicht.

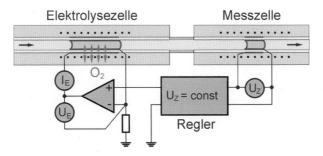

**Bild 11.3-11** Prinzip der coulometrischen Sauerstoffbestimmung

Das zu analysierende Gas passiert eine Festelektrolyt-Elektrolysezelle. Diese besteht aus einem Festelektrolytrohr, das innen und außen mit einer Platinschicht versehen ist. Über diese Elektroden wird eine Spannung angelegt, bei der Sauerstoff beispielsweise aus dem Gasstrom entfernt wird. Die geflossene Ladung $q = I\,dt$ ist der Stoffmenge des transportierten Sauerstoffs proportional. Der dabei fließende Strom wird als Funktion der Zeit gemessen. Mit den Werten für die Konstanten

$$k = \frac{m}{I\,t} = \frac{M(O_2)}{zF} = \frac{32 \text{ g/mol}}{4\cdot 96483 \text{ As/mol}} = 82{,}91\cdot 10^{-6} \text{ g} O_2/As \tag{11.3.30}$$

erhält man für k = *82,9 µg $O_2$/As*, d. h. pro As werden 82,9 µg Sauerstoff transportiert.

$$\Delta m = k \int_0^t (I_0 - I_t)\,dt \quad \text{<für } U_{\text{Messzelle}} = \text{const.>} \tag{11.3.31}$$

Der *Grad der Sauerstoffentfernung* kann mit Hilfe der Messzelle eingestellt und geregelt werden. Meist verwendet man eine Regelspannung von 400 mV, die an der Analysenzelle bei 750 °C gemessen wird. Unter Verwendung von Gl. (11.3.30) ergibt sich eine Sauerstoffkonzentration von etwa $3 \cdot 10^{-7}$ Vol.-%. Bis zu dieser Konzentration wird Sauerstoff aus dem Gasstrom heraus elektrolysiert. Neben der Messung von reinem Sauerstoff in Gasen kann man mit dieser Methode die temperaturabhängige Sauerstoffaufnahme oder -abgabe von Stoffen bestimmen, indem man diese aufheizt und den „Sauerstoffstoffwechsel" misst. Auf diese Weise lassen sich geringe Abweichungen von der Stöchiometrie oxidischer System $\delta$ ermitteln (z. B. ist 2-$\delta$ bei $SnO_{2-\delta}$ 0,197). Diese Abweichungen sind maßgebend für die Eigenschaften von Katalysatoren, Keramikmembranen und Elektrodenmaterialien für Hochtemperatur-Brennstoffzellen (SOFC). Auch zur Bestimmung der *Gasdurchlässigkeit* (Permeation) von Kunststoffen und der Sauerstoffaufnahme von Adsorptionsmitteln wird die Methode verwendet. Sie liefert ähnliche Ergebnisse wie die *Thermogravimetrie* (Thermowaage) mit dem Unterschied, dass mit letzterer unspezifische Massenänderungen ermittelt werden. Im kontinuierlichen Gasstrom kann mit einer Kombination von coulometrischen und potenziometrischen Sauerstoffsensoren auf eine bestimmte Konzentration Sauerstoff hinein oder heraus titriert werden.

Die Gascoulometrie ist auch geeignet, *Prüfgase* mit einer bestimmten und konstanten Sauerstoffkonzentration herzustellen.

### 11.3.3 Halbleiter-Gassensoren – Metalloxidhalbleitersensoren (MOS)

*Oberflächenleitfähigkeit*

Auf der *Chemisorption organischer Moleküle* an der Oberfläche eines oxidischen Halbleiters, beispielsweise von $SnO_2$ und der damit verbundenen Änderung der Elektronenkonzentration basieren die Halbleiter-Gassensoren (MOS, metal oxide sensor), die auch als *Tagushi-* oder *Figaro-Gassensoren* bekannt sind. Der Mechanismus der Leitfähigkeitsänderung wird durch die Verdrängung des chemisorbierten Sauerstoffs ($O_2^-$ und $O^-$) an der Oberfläche erklärt, der seine Elektronen in den Festkörper zurückgibt, somit also die Elektronenkonzentration in der Oberflächenschicht und damit den Leitwert

$$G = \frac{1}{R} \tag{11.3.32}$$

erhöht ($G$ = Leitwert, $R$ = elektrischer Widerstand).

Neben der Verdrängung von Sauerstoff spielt auch die *Sauerstoffzehrung* infolge von chemischen Reaktionen mit adsorbierten Brenngasen an der heißen $SnO_2$-Oberfläche eine Rolle. Metalloxid-Sensoren reagieren mehr oder weniger auf alle reduzierenden Gase sind daher wenig selektiv und am besten dort einsetzbar, wo man nur eine bestimmte Gasart erwartet. Der Zusammenhang zwischen Gaspartialdruck $p_{\text{Gas}}$ und Sensitivität $S$ ist durch folgende Beziehung gegeben:

$$S = \frac{G_{\text{Gas}} - G_{\text{Luft}}}{G_{\text{Luft}}} \tag{11.3.33}$$

$S = \text{const} \cdot p_{\text{Gas}}^n$. (11.3.34)

n ist der Empfindlichkeitsexponent und meist <1.

Diese Sensoren können isotherm bei Temperaturen zwischen 200 °C und 450 °C betrieben werden. Mit einer programmierten periodischen Aufheizung und Abkühlung in Form einer Dreiecks- oder Sinusfunktion lässt sich Selektivität beträchtlich steigern. Man erhält, abhängig vom Gasgemisch, charakteristische Leitwert-Temperaturkurven (CTP), die gut reproduzierbar sind.

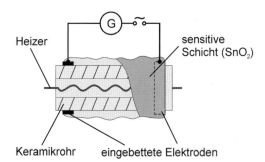

**Bild 11.3-12**
Aufbau eines Halbleiter-Gassensors

Diese Sensoren, deren klassischer Aufbau Bild 11.3-12 schematisch zeigt, lassen sich auch als planare Dickschichtsensoren in Siebdruck- oder Dispensertechnik fertigen. Sie werden für *halbquantitative Bestimmungen* in *Gaswarnsystemen, Rauchmeldern, Luftgütesensoren* in Automobilen und bei der *Arbeitsplatzüberwachung* eingesetzt.

*Volumenleitfähigkeit*

Ebenfalls halbleitende Oxide werden für Leitfähigkeitsgassensoren verwendet, die jedoch durch Änderung der Volumenleitfähigkeit (engl. bulk conductivity) auf die jeweilige Gasphase bei wesentlich höheren Temperaturen als die bei den MOS verwendeten reagieren.

Je nach Angebot von Sauerstoff in der Gasphase ändern bei Temperaturen > 500 °C Oxide ihre Sauerstoffstöchiometrie (Abschnitt 2.17.4), indem Sauerstoff aus dem Kristallgitter aus- oder eingebaut wird. Gut untersucht ist das $SrTiO_3$. Durch den Sauerstoffausbau entstehen Sauerstoffionenleerstellen und chemisch betrachtet, aus $Ti^{4+}$ und $Ti^{3+}$-Ionen oder

$$2Ti_{Ti}^x + O_O^x \rightarrow 2Ti_{Ti}' + V_O^{\circ\circ} + \frac{1}{2}O_2(g) \qquad (11.3.35)$$

Überschusselektronen [$Ti_{Ti}' = e'$], was zu einem Anstieg der elektronischen Leitfähigkeit $\sigma_e$ führt. Die Konzentration der Überschusselektronen und damit die Leitfähigkeit ist dabei thermodynamisch in Form einer Wurzelfunktion vom Sauerstoffdruck abhängig und nimmt mit abnehmendem Sauerstoffpartialdruck zu, beispielsweise:

$$\sigma_e = \text{const} \cdot p_{O_2}^{-1/4}. \qquad (11.3.36)$$

Titanate lassen sich mit aliovalenten Kationen dotieren, um bestimmte elektronische Defekte zu erzeugen. Bei der sogenannten Donatordotierung (Dotierung durch ein Ion höherer Wertigkeit) wird beispielsweise $La^{3+}$ in das System $Sr_{1-x}La_x TiO_3$ eingeführt. Das beutet, dass $La^{3+}$-Ionen $Sr^{2+}$-Plätze besetzen ($La_{Sr}^\circ = h^\circ$) und $V_{Sr}''$ Leerstellen entstehen. Die $La^{3+}$-Ionen wirken im Umfeld der zweiwertigen $Sr^{++}$-Ionen wie elektronische Fehlstellen. Im umgekehrten Fall der Akzeptordotierung (Dotierung durch ein Ion kleinerer Wertigkeit) $Sr Ti_{1-x}Fe_x O_{3-\delta}$ wird das $Ti^{4+}$-Ion durch $Fe^{3+}$-Ion ersetzt, d. h. es entstehen Überschusselektronen $Fe'_{Ti} = e'$ und Sauerstoff wird Bildung von Sauerstoffleerstellen $V_O^{\circ\circ}$ ausgebaut.

Die Leitfähigkeit ist exponentiell von der Temperatur abhängig, so dass man die Sauerstoffmessung mit einer Temperaturmessung kombinieren muss.

$$\sigma_e = \text{const} \cdot \exp(-\frac{E_a}{RT}) p_{O_2}^{-1/4}. \qquad (11.3.37)$$

Durch geeignete Dotierungen wurden Mischoxide wie $Sr_{0,95}La_{0,05}$ $(Ti_{0,7}Fe_{0,3})_{0,95}Ga_{0,05}$ $O_{3-\delta}$ hergestellt, die nur eine geringe Temperaturabhängigkeit der Leitfähigkeit, d. h. eine kleine Aktivierungsenergie $E_a$ der Leitfähigkeit aufweisen. Diese auf Änderung der Volumenleitfähigkeit basierenden Gassensoren stellen eine Alternative zu den gegenwärtig verwendeten Festelektrolyt-Lambdasensoren dar.

### 11.3.4 Pellistoren

Eine breite Anwendung haben auch nach konventionellen Methoden gefertigte Pellistoren gefunden, die aus keramischen, mit Katalysatoren getränkten Pillen (engl. pellets) bestehen, in die eine Platinwendel eingebettet ist. Letztere dient zur Beheizung und zur Temperaturmessung des Pellistors. Die bei der katalytischen Verbrennung, beispielsweise von Kohlenwasserstoffen entstehende Wärme bewirkt eine Temperaturerhöhung und damit eine Widerstandserhöhung des Platindrahts, die gegenüber einem Pellistor ohne Katalysatorschicht in einer Brückenschaltung gemessen wird. Man gewinnt auf diese Weise nach Kalibrierung einen Summenparameter über die Konzentration aller brennbaren Gase in einem Gasgemisch.

## 11.4 Elektrolytische Leitfähigkeit

### 11.4.1 Allgemeines

Alle Stoffe, die bewegliche Ladungsträger besitzen, haben einen endlichen *ohmschen Widerstand R* ($\Omega$). Dieser kann auch als *elektrischer Leitwert G* (S) oder als *elektrische Leitfähigkeit* $\sigma = \kappa$ (S cm$^{-1}$) gemessen werden. In der wässrigen Elektrochemie wird häufig auch das Symbol $\kappa$ verwendet. Durch die Gln. (11.4.1), (11.3.32) und (11.4.2) sind die erforderlichen physikalischen Zusammenhänge für die Charakterisierung der Leitfähigkeit eines Leiters mit der Länge $l$ und der Querschnittsfläche $A$ gegeben. Je nach der Art der die Leitfähigkeit verursachenden Ladungsträger spricht man von *elektronischer* (Elektronen), *elektrolytischer* oder *ionischer* (Ionen) oder gemischter Leitung (Elektronen und Ionen). Ausschließlich für Feststoffe kommt noch die *n- oder p-Halbleitung* hinzu.

$$R = \rho \frac{l}{A} \qquad (11.4.1)$$

$$R = \sigma \frac{A}{l} \qquad (11.4.2)$$

$\rho$: spezifischer elektrischer Widerstand.

Zu den Einsatzmöglichkeiten von Leitfähigkeitssensoren, die man häufig auch als Leitfähigkeitsmesszellen bezeichnet, in der elektrochemischen Analytik werden in Abschnitt 11.4.5 ei-

## 11.4 Elektrolytische Leitfähigkeit

nige Beispiele genannt. Die Leitfähigkeit dient, wie bereits in den Abschnitten 2.16.4 und 11.3.4 diskutiert, auch als *Transducerprinzip* für die elektrochemischer Sensorik.

Man bezeichnet das physikochemische Messverfahren als *Konduktometrie* (Abschnitt 2.16.4). Werden anstelle von Gleichstrom- Wechselstromwiderstände messtechnisch erfasst, spricht man von *Impedimetrie*. Widerstände von Sensorschichten werden fast immer durch Wechselstrommessungen ermittelt.

### 11.4.2 Kohlrausch-Messzellen

Eine *Kohlrausch-Messzelle* (schematische Darstellung in Bild 11.4-1) besteht aus zwei sich in einem Abstand l gegenüberliegenden beispielsweise quadratischen Elektroden aus Platin, Edelstahl oder Kohlenstoff. Ein wesentlicher Parameter von Leitfähigkeitssensoren ist deren Zellkonstante

$$K = \frac{l}{A}.$$  (11.4.3)

Für einen Hohlwürfel von 1 cm Kantenlänge, mit zwei gegenüberliegenden Flächen (A = a b) als Elektroden ausgebildet, beträgt diese demnach $K = 1$ cm$^{-1}$. Wird mit einer entsprechenden Zwei-Elektroden-Messzelle ein Leitwert $G = 100$ μS bestimmt, so beträgt die Leitfähigkeit des zu untersuchenden Mediums $\sigma = 100$ μScm$^{-1}$.

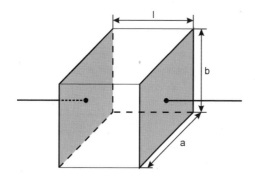

Im Handel erhältliche Messzellen weisen Zellkonstanten im Bereich von 0,01 cm$^{-1}$ bis 100 cm$^{-1}$ auf, wodurch die Möglichkeit gegeben ist, annähernd den gesamten Leitfähigkeitsbereich wässriger Lösungen (Bild 11.4-2) zu erfassen.

**Bild 11.4-1**
Schema für eine Kohlrauschmesszelle

Neben der Zellkonstante ist eine Leitfähigkeitsmesszelle durch *Polarisationserscheinungen* an den Elektrodenflächen gekennzeichnet, worunter alle bei Stromfluss an der Grenzfläche zwischen Elektrodenmaterial und Analyt auftretenden Effekte zu verstehen sind, die die Leitfähigkeit kleiner bzw. die Zellkonstante größer erscheinen lassen. Man kann diesen Effekten in gewissen Grenzen durch eine Steigerung der Messfrequenz und der Elektrodenfläche sowie der Auswahl des für die jeweils zu lösende Analysenaufgabe geeigneten Elektrodenmaterials begegnen.

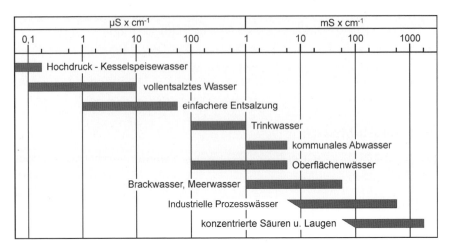

**Bild 11.4-2** Leitfähigkeiten wässriger Lösungen

### 11.4.3 Mehrelektroden-Messzellen

Die *Vier-Elektrodenmesszelle*, für die in Bild 11.4-3 das Schema einer möglichen Ausführungsform dargestellt ist, stellt eine Weiterentwicklung der Kohlrauschmesszelle dar. Es werden je zwei getrennte Strom und Spannnungselektroden eingesetzt, wobei letztere quasi als stromlose Potenzialsonden wirken. Über eine messtechnische Regelschaltung erfolgt ein präziser Abgleich an den Stromelektroden. Der entscheidende Vorteil besteht darin, dass gerade die bei höheren Leitfähigkeiten störenden Polarisationseffekte keinen Einfluss auf das Messergebnis ausüben. Auch durch Verschmutzung an den Elektroden auftretende Übergangswiderstände werden weitgehendst kompensiert. Wichtig ist, dass die Spannungselektroden an einem Ort niedriger Stromdichte platziert sind und der Spannungsabfall zwischen ihnen hinreichend hoch ist. Die Elektrodenpotenziale beider Spannungselektroden müssen stets identisch sein. Eine Zellkonstante kann über Kalibrierlösungen ermittelt werden.

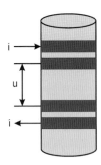

**Bild 11.4-3** Vier-Elektroden-Messzelle

### 11.4.4 Elektrodenlose Leitfähigkeitsmesszellen

Polarisationserscheinungen lassen sich bei Anwendung elektrodenloser Messverfahren vollständig eliminieren. Hierzu zählt die *induktive Leitfähigkeitsmessung* mit einem Geber gemäß Bild 11.4-4, der im Bereich $\sigma = 1$ mS cm$^{-1}$ bis 1.000 mS cm$^{-1}$ arbeiten kann. Hier ersetzen zwei Spulen die Elektroden, wobei eine davon als Erregerspule wirkt. In dieser Spule fließt ein

## 11.4 Elektrolytische Leitfähigkeit

Wechselstrom, der in ihrem Umfeld ein Magnetfeld erzeugt. Im Spulenkern befindet sich die Messlösung, in welcher das Magnetfeld den für die Messung erforderlichen Stromfluss induziert. Dieser erzeugt seinerseits ein weiteres Magnetfeld, das in der zweiten Spule (Empfängerspule) einen Wechselstrom mit der dazugehörigen Spannung induziert, welche direkt von dem in der Messlösung fließenden Strom, also von der Leitfähigkeit abhängt. Da das Magnetfeld auch über ein Kunststoffrohr wirkt, ist kein direkter Kontakt der Spulen mit dem Analyten erforderlich. Dadurch ergeben sich mit dieser *kontaktlosen Messtechnik* erhebliche Vorteile bei Messungen in aggressiven Medien. Zudem können hohe Leitfähigkeiten auch *keine Polarisationseffekte* verursachen. Allerdings sind die Konstruktionen induktiver Leitfähigkeitsmesszellen und der ebenfalls elektrodenlos arbeitenden kapazitiven Sensoren wesentlich aufwändiger als konventionelle Systeme.

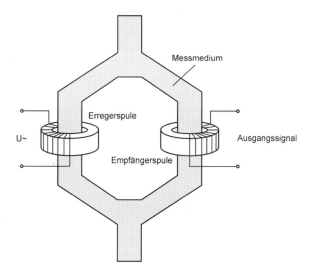

**Bild 11.4-4**
Schema einer induktiven Leitfähigkeitsmesszelle

### 11.4.5 Beispiele zur Anwendung von Leitfähigkeitssensoren

Die Leitfähigkeit stellt (wie das Redoxpotenzial) einen *unspezifischen Parameter* (Summenparameter) im Spektrum der chemosensorisch erfassbaren Größen dar. Dennoch rechtfertigt der häufig relativ geringe Aufwand der Etablierung entsprechender Sensortechnik oder die Nichtverfügbarkeit spezifischer Analysentechnik häufig deren Einsatz zur Charakterisierung von Stoffsystemen oder zur Kontrolle und Überwachung von Prozessabläufen. Hierzu werden nachfolgend einige wenige Beispiele genannt.

So lässt sich die *Reinheit* vieler Medien durch konduktometrische Messungen detektieren, sofern das reine Medium eine sehr geringe Eigenleitfähigkeit besitzt und die Verunreinigungen ionogener Natur sind. Dies trifft bei der Überwachung des *Entsalzungszustandes* von Wasser oder bei der *Reinheitskontrolle* nichtwässriger Flüssigkeiten (unter anderem Chloridbestimmung im Rohöl) zu. Auch können bei der *Betriebskontrolle* von Spülprozessen, beispielsweise von Rohrleitungen in Molkereien und Brauereien und von Dosiereinrichtungen Leitfähigkeitssensoren eingesetzt werden. In Analogie zur in Bild 11.2-5 dargestellten pH-Fleischsonde gibt es auch edelstahlbasierte Einstichsonden zur Leitwertbestimmung von Fleisch (Bild 11.4-5), wodurch der Fortschreitungsgrad der nach der Schlachtung auftretenden Glycolyse festgestellt werden kann. Somit kann zwischen gutem, indifferentem und mangelhaftem Fleisch unterschieden werden.

**Bild 11.4-5** Leitwert-Messzelle für Fleisch

Weitere Einsatzmöglichkeiten der konduktometrischen Sensorik im Lebensmittelbereich betreffen beispielsweise die Unterscheidung von Blüten- und Honigtauhonigen oder die Aufdeckung von *Verfälschungen* durch Zuckerfütterungshonig oder die *Aschebestimmung* in Zucker. Vor allem auch im medizinischen Bereich ist die Leitfähigkeitssensorik nicht mehr wegzudenken. So ist es unter anderem üblich, den *Blutverlust* bei der Operation dadurch zu bestimmen, dass man das ausgetretene Blut sammelt, es einschließlich der Wattetupfer in eine bekannte Menge destillierten Wassers einbringt und anschließend durch die Bestimmung der Leitfähigkeit ein direktes Maß für den Blutverlust erhält. Häufig sind sogenannte *Lab-on-Chip-Systeme*, die in der Medizintechnik raumgreifend Anwendung finden, mit konduktometrischen oder impedimetrischen Sensor-Strukturen ausgestattet. Bild 11.4-6 gibt den schematischen Aufbau einer planaren Dünnschicht-Messzelle, inklusive Vier-Elektroden-Leitfähigkeitssensor zur Diagnostik der Mukoviszidose, wieder. Bild 11.4-7 zeigt das typische Impedanzspektrum, das mit dieser impedimetrischen Struktur des Mikrosensorsystems in Proben künstlichen Schweißes bei unterschiedlichen Gehalten an Chlorid, dem Marker für diese Erbkrankheit, aufgenommen wurde.

Derartige Lab-on-Chipsysteme lassen sich auch in Dickschichttechnik herstellen. Abschließend sei auf ein solches, in eine mikrofluidische Anordnung integrierbares und im Bild 11.4-8 dargestelltes, hingewiesen. Es enthält neben mehreren weiteren planaren elektrochemischen Sensoren eine *edelmetallische interdigitale Elektrodenstruktur* (*IDES*), um den Adhäsionsgrad von biologischen Zellen im Zustand des Zellwachstums und des Zellsterbens anhand einer Impedanzmessung kontinuierlich zu bestimmen. Diese Zustände können durch Zugabe von Nährmedien und Cytotoxica eingestellt werden.

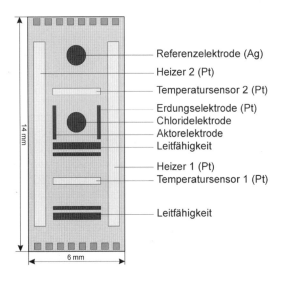

**Bild 11.4-6** Layout eines Multisensorchips in Dünnfilmtechnik zur Mukoviszidose-Diagnostik (Quelle: S. Herrmann, W. Oelßner, W. Vonau: Entwicklung und Einsatz von Mikrosensorchips zur Schweißanalyse. 12. Heiligenstädter Kolloquium Tagungsband 2004, S. 429–436)

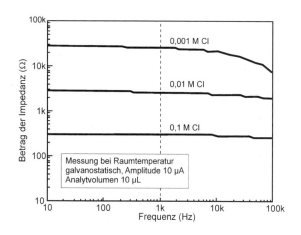

**Bild 11.4-7** Impedanzmessungen in künstlichen Schweißproben mit verschiedenen Chloridgehalten (Quelle: W. Vonau, Kurt-Schwabe-Institut Meinsberg)

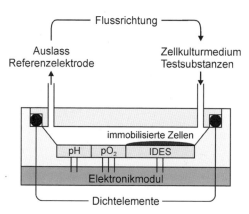

**Bild 11.4-8** Mikrophysiologisches Array in Dickschichttechnik für Einweg-Lab-on-Chip-Systeme mit elektrochemischen Sensoren (Quelle: W. Vonau, U. Enseleit, F. Gerlach, S. Herrmann: Electrochimica Acta 49 (2004), 3745)

# Weiterführende Literatur

Elmau, H.: Bioelektronik nach Vincent und Säuren-Basen-Haushalt in Theorie und Praxis. Haug Verlag, Stuttgart 1985

Frank. K.; Kohler, H.; Guth, U.: Influence of the measurement conditions on the sensitivity of $SnO_2$ gas sensors operated thermo-cyclically, Sensors and Actuators B 141 (2009) 361–369

Guth, U.; Zosel, J.: Electrochemical solid electrolyte gas sensors – hydrocarbon and $NO_x$ analysis in exhaust gases, Ionics 10 (2004) 366–377

Habermann, W.; John, P.; Matschiner, H.; Spähn, H.: Fresenius J. Anal. Chem. 356 (1996) 182

Hässelbarth, U.: Zeitschr. Analyt. Chemie 234 (1968) 22 F. Oehme: Ionenselektive Elektroden. Hüthig, Heidelberg 1986 L. P. Rigdon, G. J. Moody, J. W. Frazer: Analyt. Chemistry 50 (1978) 465 S. Herrmann, F. Berthold, W. Vonau, M. Mayer, W. Bieger: Elektrochemischer Redoxchip für bioanalytische Messungen. In: R. Poll, J. Füssel (Hg.): Dresdner Beiträge zur Medizintechnik, Band 1: 1. Dresdner Medizintechnik-Symposium – Innovation durch Einheit von Therapie und Monitoring. Dresden, TUDpress 2006, S. 55–60

Hersch, P.: Galvaniv Analysis, Reprint 6213, Beckman Instruments Inc., Fullerton, Calif., USA

Hölting, B.: Hydrogeologie. Einführung in die Allgemeine und Angewandte Hydrogeologie. Enke, Stuttgart 1998

Kloock, J. P.; Morenoc, L.; Bratov, A.; Huachupomaa, S.; Xua, J.; Wagner, T.; Yoshinobu, T.; Ermolenko, Y.; Vlasov, Y. G.; Schöning, M. J.: Sensors and Actuators B 118 (2006) 149

Möbius, H.-H.: Solid-State electrochemical potentiometric sensors for gas analysis in: Sensors A Comprehensive Survey ed. W. Göpel, J. Hesse and J. N. Zemel, Vol. 3, p. 1106–51, VCH, Weinheim, 1991

Park, C. O.; Fergus, J. W.; Miura, N.; Park, J.: Solid-state electrochemical gas sensors, Ionics 15 (2009) 261–284

Peters, R.: Zeitschr. Physikal. Chemie 26 (1898) 193

Schwabe, K.; Suschke, H. D.: Angew. Chemie 76 (1969) 763

Simon, W.: Angew. Chemie 82 (1979) 433 C. Baker, I. Trachtenberg: Journal of the Electrochemical Society 118 (1971) 571

Somov, S.; Guth, U.: A parallel analysis of oxygen and combustibles in solid electrolyte amperometric cells, Sensors & Actuators B, 47 (1998) 131–138

Trap, M. J. C.: Sprechsaal 101 (1968) 1103

Ullmann, H.: Keramische Gassensoren, Akademie Verlag, Berlin 1993

Vonau, W.; Guth, U.: J. Solid State Electrochem. 10 (2006) 746

Weidgans, B.; Werner, T.; Wolfbeis, O. S.; Berthold, M.; Müller, R.; Kaden, H.: Scientific Reports, J. Univ. of Appl. Sci. Mittweida 10 (2002) 10

# 12 Biologische und medizinische Sensoren

## 12.1 Biologische Sensorik

### 12.1.1 Biosensorik

Ein Biosensor ist ein *komplexer Messfühler*, der sich *biologische* oder *biochemische Effekte* zu Nutze macht und in ein messbares Sensorsignal umwandelt. Hierbei ist die *biologisch aktive Komponente* (z. B. Enzym, Antikörper, Oligonukleotid, Mikroorganismus, biologische Rezeptoren) direkt mit einem *Signalumwandler* (*Transducer*) verbunden oder in diesem integriert. Ziel ist es, ein elektronisches Signal zu generieren, welches *proportional* zur Konzentration einer spezifischen Substanz oder einer Reihe von Substanzen (*Analyten*) ist. Biosensoren sind Spezialfälle chemischer Sensoren, bei denen ein *Biomolekül* als Erkennungselement (*Rezeptor*) für den Analyten genutzt wird [1].

In der Regel lassen sich alle Biosensoren trotz unterschiedlicher Funktionsprinzipien in ein einheitliches Funktionsschema zusammenfassen (Bild 12.1-1).

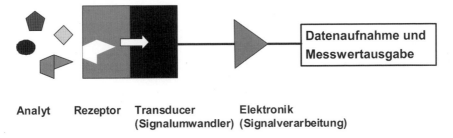

**Bild 12.1-1** Allgemeines Funktionsschema eines Biosensors

Durch das biologische Element (Rezeptor) ist es möglich, sich die Einzigartigkeit der biologischen Molekülspezifität zu Nutze zu machen, da im Bereich der Analytik besonders bei sehr niedrigen Konzentrationen und bei schwierigen Umgebungsbedingungen (Störsubstanzen) Probleme bei der Selektivität und Nachweisempfindlichkeit auftreten.

Es laufen folgende Prozesse nacheinander ab:

1. *Spezifische Erkennung* des Analyten, durch Komplexbildung zwischen Rezeptor und Analyt.
2. *Umwandlung der physikochemischen Veränderung* (z. B. Schichtdicke, Brechungsindex, Adsorption oder elektrischen Ladung), die durch die Wechselwirkung mit dem Rezeptor entstanden ist, in ein messbares elektrisches Signal.
3. *Signalverarbeitung* durch einen Prozessor und Signalverstärkung

Um nach der Messung den Ausgangszustand des Sensors wieder herzustellen, muss die Bindung des Analyten durch den Rezeptor reversibel sein. In Bild 12.1-2 ist das Funktionsprinzip eines Biosensors, der auf einem heterogenen System beruht, dargestellt.

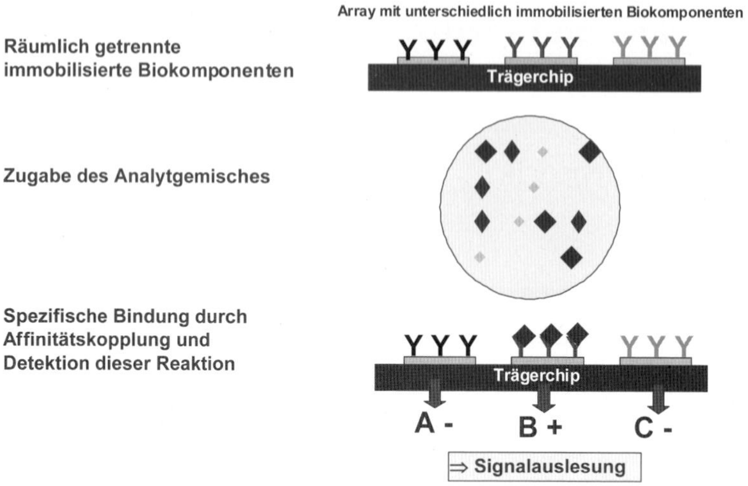

**Bild 12.1-2** Funktionsprinzip eines Biosensors

In einem ersten Schritt werden die Rezeptormoleküle auf einer Oberfläche räumlich getrennt *immobilisiert*. Nach der Zugabe des Analyten oder eines Analytgemisches werden an der Oberfläche des Biosensors nur bestimmte Analyten gebunden, die spezfisch mit dem Rezeptor in Wechselwirkung treten können. Nach Reinigung der Oberfläche können die gebundenen Analyten in Abhängigkeit des Signalausleseverfahrens mit oder ohne Markierung der gebundenen Komplexe detektiert werden.

Grundvoraussetzung für die Funktionsfähigkeit eines Biosensors sind verschiedene biospezifische Wechselwirkungsprozesse. Die zentrale Reaktion vieler biologischer Vorgänge ist die sogenannte *Schlüssel-Schloss-* oder *Induced Fit-Reaktion*, die auf der selektiven Erkennung zweier hochmolekularer Komponenten (*Ligand* und *Rezeptor*) beruht. Die Wechselwirkung zwischen Ligand und Rezeptor basiert dabei auf nicht-kovalenten Bindungen zahlreicher funktioneller Gruppen, was zu einem stabilen dreidimensionalen Komplex, dem sogenannten *Affinitätskomplex* führt. Da die Ausbildung des Affinitätskomplexes ein Zusammenspiel vieler Einzelreaktionen unter Einbeziehung der räumlichen Struktur der Komponenten erfordert, weisen Reaktionen dieses Typs wie beispielsweise Antikörper-Antigen-Reaktion, Protein-Protein-Wechselwirkung, DNA-Hybridisierung, DNA-Protein-Wechselwirkung oder Enzym-Rezeptor-Reaktion eine hohe Spezifität auf. Diese wird in der *Affinitätsanalytik* genutzt, da es möglich ist, mit Hilfe des einen Bindungspartners den anderen nachzuweisen.

Die Tabelle 12.1-1 zeigt die Bindungsenergien aller möglichen Bindungstypen. Sie verdeutlicht, dass nur durch Einbeziehung möglichst vieler nicht-kovalenter Wechselwirkungen ein stabiler Affinitätskomplex gebildet werden kann.

**Tabelle 12.1-1** Bindungsenergien nicht-kovalenter Bindungstypen (nach Alberts, Bray und Lewis [2])

| Bindungstyp | Bindungsenergien [kJ/mol] |
| --- | --- |
| Ionische Wechselwirkungen | 12,5 |
| Wasserstoff-Brückenbindungen | 4 |
| Van-der-Waals-Wechselwirkungen | 0,4 |

Ein durch die Affinitätsreaktion erzeugtes Sensorsignal kann mit Hilfe verschiedenster Methoden detektiert werden (Abschnitt 12.2): dazu zählen oft spektroskopische Methoden wie Fluormetrie, Colorimetrie, aber auch Ellipsometrie und Oberflächen-Plasmonenresonanz. Durch die immer höher werdenden Anforderungen an bestehende Analysenmethoden bezüglich Probendurchsatz, Probenverbrauch und Zeitaufwand liegt das Hauptaugenmerk auf der Entwicklung von Verfahren, die einen hohen *Parallelisierungs-*, *Miniaturisierungs-* und *Automatisierungsgrad* aufweisen. Insbesondere auf dem Gebiet der DNA-Sequenzierung und Diagnostik werden Methoden gefordert, die eine sehr hohe Parallelisierung in der Messwerterfassung zulassen.

### 12.1.2 Echte biologische Sensoren

Unter den sogenannten *echten* biologischen Sensoren werden diejenigen Sensoren zusammengefasst, welche die *Natur* selbst als Sensoren verwendet und zur Erhebung eines oder mehrere Messparameter oder Ereignisse nutzt. Es wird der gesamte lebende Organismus als Sensor eingesetzt. Mit echten biologischen Sensoren ist eine spezifische Analytik zum Nachweis von bestimmten Substanzen nicht möglich. Hiermit kann nur die Summe aller, in der Regel negativen Einflüssen, von außen gemessen und als *Summensignal* ausgewertet werden. Biologische Sensoren werden immer dort eingesetzt, wo eine spezifische Analytik nicht möglich oder eine erste Bewertung von Gefahren oder Wirkungen notwendig ist. Zur Bewertung der *Toxizität* und *Wirkung von Substanzen* werden beispielsweise Zellen als lebender Organismus verwendet und dienen hierbei als Repräsentant für einen komplexen Organismus. Diese *Zelltests* finden vor allem in der Pharmaindustrie ihre Anwendung beispielsweise bei der Entwicklung von pharmazeutischen Wirkstoffen. Um die Toxizität von Substanzen zu bestimmen, werden sogenannte *Zytotoxizitätstests* durchgeführt. Dazu werden Zellen aus bestimmten Spezies (wie beispielsweise Mäusen oder humane Zellen) mit der zu prüfenden Substanz behandelt. Nach Inkubation über einen gewissen Zeitraum werden verschiedene Tests zum Nachweis der Zellschädigung durchgeführt. Dies kann ein mikroskopischer Test sein, um die Zelldichte und subletale Veränderungen im Vergleich zu einer Referenz zu detektieren; zusätzlich werden bestimmte Enzyme wie die *Laktatdehydrogenase* gemessen. Laktatdehydrogenase ist ein Enzym, welche sich im Zytoplasma der Zelle befindet. Finden Schädigungen der Zellmembran statt, kann das Enzym verstärkt freigesetzt werden und führt zu einer Anreicherung des Enzyms im umgebenden Medium. Darüber hinaus werden *Vitalitätstests* durchgeführt. Der basische Farbstoff Neutralrot wird leicht in die Lysosomen intakter Zellen aufgenommen. Bei Schädigung der Zellmembran und lysosomalen Membran kommt es zu einer verringerten Farbstoffretention während eines Waschvorgangs. Die Farbe kann mittels fotometrischer Messungen bestimmt werden.

Um die *Trinkwasserqualität* sicher zu stellen, müssen eine Vielzahl von Analyten detektiert werden. Da es sich hier um einen Summenparameter handelt, eignen sich *kleine Lebewesen* wesentlich besser, da hiermit die Wirkung der verschiedenen Substanzen auf den gesamten Organismus bewertet werden kann, ohne die einzelnen Substanzen genau zu kennen. Zur Bewertung der Trinkwasserqualität werden deshalb heute noch biologische Sensoren eingesetzt. Hierzu zählt z. B. der *Fischeitest*, der die Bestimmung der nicht akut giftigen Wirkung von Abwasser auf die Entwicklung von Fischeiern über Verdünnungsstufen untersucht. Es werden 60 gesunde, befruchtete Eier des *Zebrasäblings* für den Test ausgewählt und untersucht. Die befruchteten Fischeier können sich in giftigen Abwässern nicht richtig entwickeln. Diese Eier werden dann einerseits auf *letale Missbildungen* untersucht wie Koagulation der Eier, nicht vorhandene Anlage der Somiten, kein erkennbarer Herzschlag, keine Ablösung des Schwanzes vom Dotter und andererseits auf *nicht letale Missbildungen* wie Fehlen der Augenanlagen, fehlende Pigmentierung und Deformationen.

Als kontinuierliches Biotestverfahren wird der *Daphnientest* für eine zeitnahe Überwachung von Fließgewässern oder von Rohwässern eingesetzt. Es wird dabei die mittlere Geschwindigkeit, die Geschwindigkeitsverteilung, die Reichweite von Schwimmstößen und die Schwimmstöße pro Zeiteinheit beobachtet. Zusätzlich wird die Schwimmhöhe, Wendungen, Kreisbewegungen und Größe der Daphnien (Wachstum) bestimmt. Zur Auswertung werden die Daten über ein Videosystem aufgenommen und die Bildauswertung aus verschiedenen Messkammern verwendet. In einer Messkammer befinden sich bis zu 10 Daphnien. Diese Untersuchung dient vor allem zur Überwachung auf *Pestizide*, *Neurotoxine* und *Kampfstoffe*. Auch *Muscheln* werden bei kontinuierlichen biologischen Testverfahren verwendet. Sie zeigen eine Empfindlichkeit im Bereich wenige mg/l bis einige µg/l.

Für den *statischen Leuchtbakterientest* (ein Kurzzeittest von 30 min) werden bestimmte marine Bakterien (unter anderem Vibrio fischeri) verwendet, die ein natürliches Leuchten (*Biolumineszenz*) aussenden. Dieses Leuchten, das aufgrund enzymatischer, energiestoffwechselabhängiger Prozesse abläuft, kann durch Schadstoffe gehemmt werden ($EC_{20}$ ca. 0,6 mg/l Dichlorphenol). Beim Leuchtbakterientest selbst wird die Hemmung der Zellvermehrung von Vibrio fischeri nach 7 h Kontaktzeit über Trübungsmessungen bei 436 nm (DIN 38412-L37) ermittelt. Im Gegensatz zum Kurzzeittest wird hier die *chronische Toxizität* erfasst.

Beim *Fischtest* werden Fische über 48 h in ihrem Schwimmverhalten visuell oder mit Bildauswertung überwacht.

Als weiterer biologischer Test gilt der *Algentest*. Hierzu werden einzelligen Grünalgen über eine Inkubationszeit von 15 Minuten belichtet (Fotosynthese) und das abklingende dunkelrote Nachleuchten (680 nm bis 720 nm; verzögerte Fluoreszenz) bestimmt. Fotosynthesegifte verändern die Abklingkinetik, so dass z. B. wenige µg/l an Herbiziden eine signifikante Änderung der Kinetik bewirken.

Neuere Entwicklungen gehen dahin, Zellen direkt mit Transducern zu verknüpfen, in sogenannten *zellbasierten Sensoren*. Hiermit können die verschiedenen Vorgänge des *Zellmetabolismus* direkt mit Hilfe eines Biochips detektiert werden. Eine detaillierte Beschreibung und Anwendungen der zellbasierten Sensorik erfolgt im Abschnitt 12.7.

## 12.2 Funktionsprinzipien der Biosensoren

Die Wechselwirkung des *Analyten* mit dem Rezeptor wird mit Hilfe des Signalumwandlers (*Transducers*) in ein elektrisches Signal übersetzt. Es gibt hierzu eine ganze Reihe von verschiedenen Typen von Transducern, die für eine Anwendung als Biosensor eingesetzt werden können. In der Regel werden die Biosensoren selbst nach der Art des verwendeten Transducers klassifiziert. Dabei werden die Transducer in zwei Gruppen eingeteilt, abhängig davon, ob sie sich auf eine physikalische Messmethode oder auf eine chemische Messmethode zurückführen lassen (Bild 12.2-1). Innerhalb dieser Gruppen gibt es sehr verschiedene Arten von Transducern, denen verschiedene Detektionsmethoden zugrunde liegen. Dies können einerseits *kalorimetrische* oder *mikrogravimetrische* Transducer, andererseits aber auch *optische* oder *elektrochemische* Transducer sein. Innerhalb der chemischen Messmethoden gibt es noch eine zusätzliche Gruppe, die elektrische und optische Messungen vereint – die *elektro-optische* Detektion von biologischen Wechselwirkungen. In Bild 12.2-1 ist die Einteilung der Biosensoren nach der Art des Transducers dargestellt.

## 12.2 Funktionsprinzipien der Biosensoren

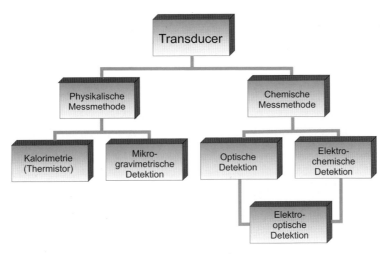

**Bild 12.2-1** Einteilung der Biosensoren nach Art des Transducers

Innerhalb dieser vier bzw. fünf Gruppen von Biosensoren gibt es unterschiedliche Anwendungsbeispiele und Ausführungsformen. In Tabelle 12.2-1 sind die wichtigsten Transducer mit den wichtigsten Sensorbeispielen und die dazugehörige Messgröße zusammengefasst.

**Tabelle 12.2-1** Klassifizierung der Biosensoren nach dem Typ des verwendeten Transducers

| Transducertyp/ Detektionsmethode | Anwendungsbeispiele/ Sensoren | Messgröße |
|---|---|---|
| Kalorimetrisch/thermisch | Thermistor | Temperaturänderung |
| Mikrogravimetrisch/ piezoelektrisch | QCM (Quartz Crystal Microbalance), Mikrocantilever | Resonanzfrequenz |
|  | SAW (Surface Acoustic Wave) | Ausbreitungsgeschwindigkeit akustischer Oberflächenwellen |
| Optisch | TIRF (totally internal reflection fluoreszence), optischer Wellenleiter | Fluoreszenz |
|  | Lumineszenz/ Colorimetrie | Chemilumineszenz/UV/VIS |
|  | Nephelometrie | Lichtstreuung |
|  | Reflektometrie | optische Schichtdicke |
|  | SPR (Oberflächen Plasmonen Resonanz) | Brechungsindex |
| Elektrochemisch | Amperometrie | Strom |
|  | Coulometrie | Ladung |
|  | Impedanz | Widerstand |
|  | Potenziometrie | Spannung |
|  | Konduktometrie | Leitfähigkeit |

Eine weitere Unterteilung der Biosensoren erfolgt dahingehend, ob zur Signalgenerierung ein *Marker* verwendet wird oder nicht. Sensoren, die *keinen Marker* verwenden, haben ein *direktes Biosensorenformat*. Dort werden Änderungen einer Messgröße beobachtet, die durch die Wechselwirkung des Analyten mit dem Rezeptor selbst verursacht werden, wie beispielsweise eine Massenzunahme. Sensoren die einen *Marker* verwenden, haben ein *indirektes Biosensorformat*. Hierbei bewirkt nicht die Komplexbildung (Analyt-Rezeptor) selbst die Änderung der Messgröße, sondern der Marker. Dabei ist die gebundene Menge des Markers mit der Konzentration des Analyten korreliert. Im Folgenden werden einige Transducer bzw. Biosensoren kurz erläutert.

### 12.2.1 Kalorimetrische Sensoren

Tritt bei der Reaktion des Analyten mit dem Rezeptor eine *Enthalpieänderung* auf, kann diese als Änderung der Reaktionswärme direkt gemessen werden. Die daraus resultierende Temperaturerhöhung ist von der Stoffmenge der Reaktionspartner abhängig. Voraussetzung hierbei ist, dass die Temperaturerhöhung ausreichend ist. In der Regel sind diese Effekte sehr klein, so dass diese Messungen in sehr gut isolierten Systemen stattfinden müssen. In Bild 12.2-2 ist schematisch der Aufbau eines kalorimetrischen Biosensors dargestellt. Je mehr Glukose von der Glukose-Oxidase umgesetzt wird, desto mehr Wärme entsteht. Da diese Wärme sehr klein ist, ist nicht nur die Isolierung sehr wichtig, sondern auch, dass die Reaktionspartner vor der Messung auf die exakt gleiche Temperatur gebracht werden müssen. Die Temperaturerfassung erfolgt mit einem miniaturisierten Halbleiter-Thermistor.

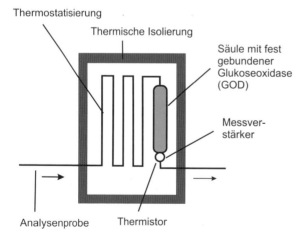

**Bild 12.2-2**
Kalorimetrischer Biosensor zur Bestimmung von Glukose

### 12.2.2 Mikrogravimetrische Sensoren

Mikrogravimetrische Transducer bestehen beispielsweise aus einem *piezoelektrischen System*. Bei der Komplexbildung des Analyten mit dem Rezeptor, der an der Oberfläche eines Piezokristalls gebunden ist, kommt es zu einer Massenzunahme an der Oberfläche, die wiederum die Resonanzfrequenz der piezoelektrischen Kristalle ändert. Mit Hilfe dieses Effektes kann die Komplexbildung detektiert und quantifiziert werden. *Quarzdickenscherschwinger* bestehen aus einem piezoelektrischen Plättchen mit kreisförmigen Goldelektroden auf beiden Seiten. Hier verlaufen die Schwingungen mit einer Ausbreitungsrichtung senkrecht zur sensitiven Oberflä-

## 12.2 Funktionsprinzipien der Biosensoren

che durch das Material, die Auslenkung erfolgt parallel zur Oberfläche. Da als Substrat meist Quarzplättchen verwendet werden, bezeichnet man die Sensoren häufig als *Schwingquarze*.

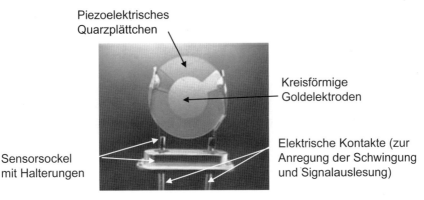

**Bild 12.2-3** Aufbau eines QMB

Wegen ihrer Massensensitivität ist auch die Bezeichnung *Quarzmikrowaage* (quartz crystal microbalance, *QCM* oder *QMB*) gebräuchlich (Bild 12.2-3). Für die Resonanzfrequenz der Schwingungen gilt:

$$f = \frac{n}{2d} v = \frac{n}{2d}\sqrt{\frac{c}{\rho}} = n\frac{N}{d},$$

wobei $d$ die Dicke des Quarzes, $\rho$ seine Dichte und n die n-te Oberschwingung bezeichnet. c ist der Elastizitätskoeffizient in der Ausbreitungsrichtung der akustischen Welle und $v$ die Ausbreitungsgeschwindigkeit.

Die Entwicklung von *Mikrocantilevern* führte zu einer deutlichen Miniaturisierung dieser Sensorsysteme und der Möglichkeit, mehrere Tests parallel auszuführen. In Bild 12.2-4 sind das Schema eines Biosensors auf der Basis eines Mikrocantilevers und ein kommerzielles Produkt dargestellt. In Bild 12.2-4 a) sind verschiedene Funktionalisierungen der Oberfläche der Mikrocantilever schematisch gezeigt.

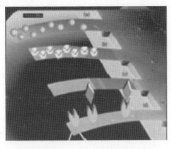

Nanobeads

Proteinrezeptor

Polymerfilm

Affinitätskomplex

a) Mikrocantilever dargestellt als chemischer und biologischer Sensor

b) Rasterelektronenaufnahme eines Cantilever-Chip (Fa. Octosensis)

**Bild 12.2-4** a) Schematische Darstellung eines Mikrocantilevers als Biosensor a) Quelle: M. Sepaniak, Analytical Chemistry, 570-575 (2002)) und b) ein Cantilever-Chip der Firma Octosensis

### 12.2.3 Optische Sensoren

Alle optischen Biosensoren beruhen auf dem Effekt, dass durch die Komplexbildung die optischen Eigenschaften des Systems verändert werden. Hierbei gibt es Systeme, welche die Erzeugung von evaneszenten Feldern nutzen. *Evaneszenzfeld-Sensoren* basieren auf dem Prinzip der *Totalreflexion von Licht* an der Phasengrenzfläche zwischen optisch dichterem Lichtleiter und optisch dünnerem Medium. Es tritt das elektromagnetische Feld der Lichtwelle teilweise in das optisch dünnere Medium ein und klingt dann exponentiell ab. Dieses evaneszente Feld kann zur Detektion der Komplexbildung direkt genutzt werden, wenn der Komplex sehr nahe an der Phasengrenzfläche immobilisiert ist, wie z. B. bei der *Oberflächenplasmonenresonanz (Surface plasmon resonance, SPR)*. Bei der SPR wird polarisiertes, monochromatisches Licht von unten auf eine dünne Edelmetallschicht (z. B. Gold oder Silber) eingestrahlt, an der es zur Totalreflexion kommt (Bild 12.2-5). Die Edelmetallschicht befindet sich auf einem Glasprisma. Das Licht kann nun mit den freien Elektronen des Edelmetalls interagieren, die ein sogenanntes *Elektronenplasmon* ausbilden. Kommt es zu dieser Resonanz, tritt im reflektierten Licht eine Energielücke auf, die einen ganz bestimmten Winkel $\theta$ aufweist. Die Resonanz und damit der Winkel $\theta$ ist direkt proportional zum Beladungsgrad der Oberfläche.

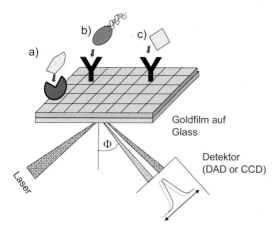

**Bild 12.2-5**
Schematischer Aufbau eines Sensors auf der Basis der Oberflächenplasmonresonanz (SPR) a) Enzym/Substrat, b) Antikörper/Protein, c) Antikörper/Bakterium

Mit der SPR lassen sich markierungsfreie Testsysteme aufbauen. Kommt es zu einer Wechselwirkung zwischen dem Rezeptor und einem potenziellen Liganden, so erhöht sich der Beladungsgrad an der Goldoberfläche. Der hierdurch veränderte Winkel $\theta$ wird mit einem Diode-Array-Detektor (DAD) oder einer CCD-Kamera erfasst.

Neben der evaneszenten Anregung können die Analyt-Rezeptor-Komplexe auch durch die sich ändernde *Lichtstreuung* oder *Schichtdicke* bestimmt werden. Beide Verfahren können ohne Markierung des Affinitätskomplexes genutzt werden. Nachteil der markerfreien Biosensoren ist meist der sehr teure Aufwand im apparativen Aufbau und im anspruchsvollen optischen System, da hierbei die Probleme hinsichtlich unspezifischer Bindung und Matrixeffekte verstärkt auftreten und gelöst werden müssen.

Das evaneszente Feld kann aber auch genutzt werden um beispielsweise Fluoreszenzfarbstoffe, die am Komplex gebunden sind und sich unmittelbar an der Phasengrenzfläche befinden, direkt anzuregen (z. B. mit *TIRF* (*totally internal reflection fluoreszence*)). In Bild 12.2-6 ist ein optischer Wellenleiter dargestellt, der an der Oberfläche einen Komplex gebunden hat, der mit einem Fluoreszenzfarbstoff markiert ist (linke Seite). Mittels Laserlicht wird der Fluoreszenzfarbstoff über den Wellenleiter gezielt angeregt (Bild 12.2-6 rechte Seite).

## 12.2 Funktionsprinzipien der Biosensoren

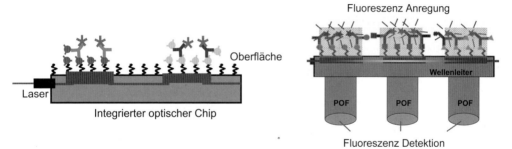

**Bild 12.2-6** Fluoreszenzbasierte Detektion der Bindung eines Fluorophor tragenden Affinitätskomplexes auf der Oberfläche eines optischen Wellenleiters (POF – plastic optical fibers) nach J. Tschmelak [3]

Die Fluoreszenzsignale werden pro Position des Biosensorarrays mittels optischer Fasern (POF) ausgelesen, die direkt an die Array-Positionen des Wellenleiters gekoppelt sind.

Daneben gibt es optische Biosensorsysteme, bei denen ebenfalls die gebundenen Komplexe mit einem Fluoreszenzfarbstoff markiert sind. Hierbei erfolgt die Anregung der Fluoreszenz direkt auf dem Chip (ohne Wellenleiter), da die Affinitätskomplexe beispielsweise auf einfachen Glas- oder Plastikchips immobilisiert sind. Hierbei werden die Signale (über den gesamten Biosensor) beispielsweise mit einer CCD (charged coupled device)-Kamera ausgelesen. Dieses Prinzip wird z. B. bei den von der Firma Affimetrix vertriebenen *DNA-Microarray-System* verwendet (Abschnitt 12.6). Ähnlich funktioniert der *Chemilumineszenz-Biosensor*. Die Komplexe werden mit einem Enzym (*Peroxidase*) markiert, anschließend wird *Luminol* zugegeben. Das Luminol wird vom Enzym direkt oxidiert, was zu einer kurzen Lichtemission bei 425 nm führt, die mit Hilfe einer CCD-Kamera detektiert werden kann. Vorteil hierbei ist: die Chemilumineszenz benötigt keine Anregungslichtquelle; die Energie wird durch das energiereiche Edukt Luminol selbst zur Verfügung gestellt. In Bild 12.2-7 ist das Prinzip der Chemilumineszenz-Detektion bei der Bildung eines Antigen-Antikörper-Komplexes dargestellt, der mit Hilfe eines Sekundärantikörpers mit dem Enzym Peroxidase markiert wurde (a) sowie ein Bild eines chemilumineszierenden Biosensorarrays für den Nachweis von E. coli (b).

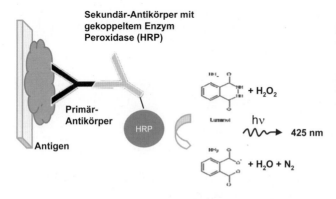

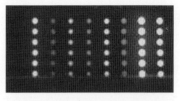

b) Signale eines Chemilumineszenz–Biochiparrays zum Nachweis von E. coli (Quelle: TU München)

a) Antikörperkomplex, Peroxidase markiert und Signalauslesung mittels Chemilumineszenz

**Bild 12.2-7** Schematischer Aufbau eines Biosensors auf der Basis der Chemilumineszenz und Biochiparray

## 12.2.4 Elektrochemische Sensoren

Bei elektrochemischen Transducern bewirkt die Bildung des *Analyt-Rezeptor-Komplexes* eine Änderung der elektrischen Parameter wie Ladung, Strom oder Spannung.

Unter *amperometrischen Sensoren* werden oftmals *Enzym-Elektroden* verstanden, da diese sehr weit verbreitet sind und bereits als Biosensor zum Nachweis von Glukose auf dem Markt verfügbar sind. Diese Sensoren nutzen eine selektive Enzymreaktion zur Produktion oder zum Verbrauch einer elektroaktiven Spezies. Es wird eine konstante Gleichspannung zwischen einer Mess- und einer Bezugselektrode angelegt und dort die Diffusionsgrenzströme gemessen. Das von außen angelegte Potenzial bewirkt, dass die Arbeitselektrode polarisiert ist, aber praktisch kein Strom fließt. Erst in Gegenwart der elektroaktiven Spezies kommt es zur Depolarisation. Der gemessene Strom ist proportional zur Konzentration der elektroaktiven Spezies.

An der Arbeitselektrode gilt die Nernst'sche Gleichung:

$$\frac{C_O}{C_R} = \exp\left[\frac{(E - E^o)nF}{RT}\right] \quad \text{Nernst-Gleichung}$$

$C_O$: Konzentration (Aktivität) der oxidierten Spezies; $C_R$: Konzentration (Aktivität) der reduzierten Spezies; F: Faradaykonstante: 96,486 C/mol; n: Anzahl der Elektronen; R: Gaskonstante; E gemessenes Potenzial zwischen Arbeits- und Referenzelektrode

Bei konstant angelegter Spannung $E^O$ gilt für den *Faradaystrom*:

$$i_f = nFAD_0\left(\frac{d[C_0]}{dx}\right)x = 0$$

*A:* Elektrodenfläche, $i_f$: Faradaystrom; dC/dx: Steigung des Konzentrationsprofils.

Der Strom $i_f$ ist hierbei proportional zum $C_O$-Gradienten und zum Diffusionskoeffizienten $D_O$.

Neben dem amperometrischen Verfahren mittels Enzymelektroden gibt es amperometrische Biosensoren, die auf dem Prinzip des *Redox-Recycling* beruhen. Hierbei wird der Komplex mit Hilfe eines Enzyms markiert. Dieses Enzym dient dazu, eine elektrochemische Substanz freizusetzen, die im oxidierten wie auch im reduzierten Zustand stabil ist und deshalb für die elektrochemische Reaktion wiederholt zur Verfügung steht, also „recycelt" werden kann. Voraussetzung für ein erfolgreiches Redox-Recycling ist deshalb eine *redox-aktive Spezies* (z. B. p-Aminophenol, Ferrocen, Hexocyanoferrat) und ein Elektrodenabstand, der kleiner ist als die Diffusionsweglänge der Redoxspezies.

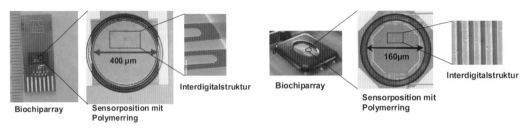

Biochipmicroarray von eBiochip (FHG ISIT)  
(16 Sensorpositionen)

CMOS Biochipmicroarray von Siemens  
(128 Sensorpositionen)

**Bild 12.2-8** Beispiele für amperometrisches Redoxrecycling. Biosensoren mit einer interdigitalen Elektrodenstruktur aus Gold

## 12.2 Funktionsprinzipien der Biosensoren

In Bild 12.2-8 sind Beispiele eines Biochip-Mikroarrays der FHG ISIT (eBiochip Systems GmbH, Biochiparray mit 16 Zielpositionen beispielsweise zur Messung von Penicillin in der Milch) und eines auf CMOS-Technik basierenden Biochip-Mikroarrays von Siemens (128 bis 512 Zielpositionen z. B. zur Verwendung als DNA- oder Protein-Biochip) dargestellt. Beide Biochips haben eine interdigitale Elektrodenstruktur aus Gold mit einem Elektrodenabstand vom kleiner oder gleich 1 µm.

An den Interdigitalelektroden wird eine für die Redoxspezies spezifische Potenzialdifferenz angelegt. Für das in Bild 12.2-9 gezeigte Beispiel mit para-Aminophenol ist ein Potenzialunterschied von 300 mV bis 350 mV zwischen Anode und Kathode erforderlich. Bei Anlegen des Potenzials wird p-Aminphenol an der Anode zu p-Iminochinon oxidiert, welches wiederum an der Kathode zu p-Aminophenol reduziert wird. Dieser Redoxvorgang wird wiederholt, solange das Potenzial anliegt. Wie in der rechten Grafik zu sehen ist, steigt jeweils der Anodenstrom und Kathodenstrom bei Anwesenheit von p-Aminophenol über die Zeit an (Bild 12.2-9).

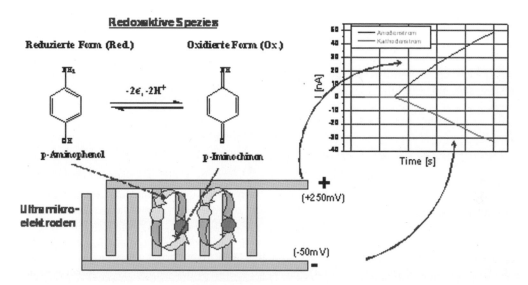

**Bild 12.2-9** Prinzip des Redox-Recycling-Verfahrens

*Potenziometrische Biosensoren* werden bei *ionischen Reaktionsprodukten* ($H^+$, $CO_3^{2-}$, $NH^{4+}$) eingesetzt. Die quantitative Bestimmung dieser Ionen erfolgt anhand ihres elektrochemischen Potenzials an der Messelektrode. Technisch relevant sind allerdings solche Sensoren, bei denen die biologischen Komponenten direkt auf einem Silizium-Halbleiter aufgebracht werden können. Wird durch die Bildung des Analyt-Rezeptor-Komplexes der pH-Wert verändert, eignet sich hier ein sogenannter *ISFET* (Ionen selektiver Feldeffekttransistor). Hierbei übernimmt $H^+$ die Funktion der Ansteuerspannung am Gateanschluss des Transistors, wobei der Stromfluss zwischen Source und Drain bei steigender $H^+$-Konzentration zunimmt. Dieser Sensor liefert also ein der *Protonenkonzentration* proportionales Sensorsignal (Bild 12.2-10).

IS-FET-Sensoren auf der Basis von Halbleitern in CMOS-Technologie können heute sehr kostengünstig und zuverlässig hergestellt werden. Zusätzlich können Auswerteelektronik und verschiedene Sensoren (z. B. Mikroarrays) in einem Chip integriert und zu einem kompakten miniaturisierten Messgerät kombiniert werden.

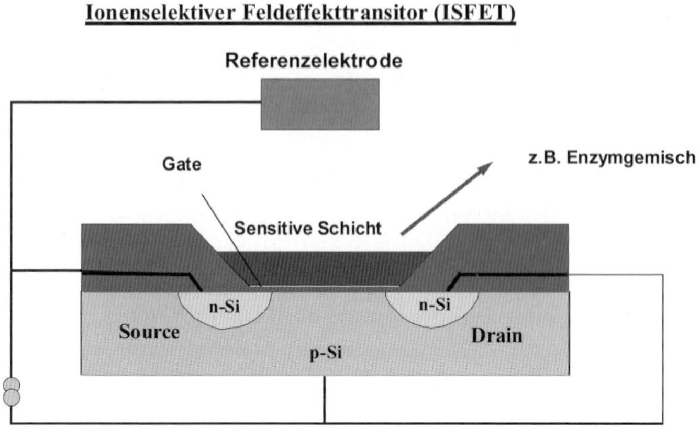

**Ionenselektiver Feldeffekttransitor (ISFET)**

**Bild 12.2-10** Schema eines ISFETs (Ionenselektiver Feldeffekttransistor)

## 12.2.5 Immobilisierungsmethoden

Im Bereich der Biosensorik ist die *Immobilisierung* der Rezeptoren auf der Oberfläche des Transducers ein wesentliches, die Analytik stark beeinflussendes Element. Dies gilt für die Anwendung im Bereich der Enzym-, Immuno- und im Besondern der DNA-Sensoren. Es gibt viele verschiedene Methoden, um Rezeptormoleküle an der Oberfläche zu immobilisieren. Dies hängt einerseits vom zu immobilisierenden Molekül selbst ab und andererseits von der Art der Oberfläche. Es werden zwei grundsätzliche Immobilisierungmethoden unterschieden.

*1. Kovalente Immobilisierung*

Es können Rezeptoren (Antikörper, Proteine, Oligonukleotide, Haptene) *kovalent* an die Transduceroberfläche gebunden werden. Dies führt zu einer *irreversiblen Immobilisierung* mit einer definierten Orientierung des Rezeptors an der Oberfläche. Damit können stabile Oberflächen hergestellt werden. Allerdings ist dies mit einer chemischen Modifizierung des Rezeptors gekoppelt. Die kovalente Kopplung erfolgt durch Modifikation der Oberfläche wie Glas-, $Al_2O_3$- $Si_3N_4$-, Au-, Pd – oder Silikat-Substrate mittels Silanisierung, cross-linker-Chemie (modifizierte Dextrane, NHS-Ester-Kopplung) oder Polymere.

*2. Nicht kovalente Immobilisierung*

Die nicht kovalente Bindung von Rezeptoren an Oberflächen ist sehr vielfältig. Deshalb werden hier nur die wichtigsten Methoden stichpunktartig zusammengefasst.

- *Ligand-Rezeptor-Wechselwirkungen* (z. B. Protein A/Antikörperbindung, Biotin/Avidin-Bindung).
- *Adsorptive Immobilisierung* (hydrophobe Bindung auf silanisierten Glasoberflächen, aktivierte Polystyroloberfläche).
- *Thiolbindung* an Goldoberflächen (Bildung von stabilen „self assembled" Monolagen mit hydrophoben oder hydrophilen Gruppen, mit thiolderivatisierten Oligonukleotiden, durch Kopplung terminal funktionalisierten Thiolen (z. B. mit Aminogruppen) zur kovalenten Bindung des Rezeptors (z. B. des Fc Fragmentes bei Antikörpern)).
- *Langmuir-Blodgettfilme* (hydrophobe Monolagen).
- Immobilisierung von Proteinen mittels *Oligonukleotiden.*

## 12.3 Physikalische und chemische Sensoren in der Medizin

Wesentliche Informationen über den Gesundheits- oder Krankheitszustand eines Menschen können und werden heute über die Untersuchung des *Blutes*, aber auch anderer *Körperflüssigkeiten* wie beispielsweise Urin, Speichel und Liquor gewonnen. Hierzu werden sehr unterschiedliche Parameter untersucht, die für die Funktion des Körpers notwendig sind und sich mit dem Gesundheitszustand des Patienten oder mit Krankheiten korrelieren lassen. Für diese Verfahren und Analysen werden sehr unterschiedliche Nachweisprinzipien verwendet, die mit sehr verschiedenen sensorischen Messverfahren realisiert werden. Diese Verfahren reichen von klassischen physikalischen Sensoren wie Temperatursensoren zu chemischen *pH-Sensor-Elementen* hin zu *enzymatischen* und *immunologischen* Sensorverfahren und den ersten genetischen Untersuchungen mittels *DNA-Sensoren* (Abschnitt 12.6) oder mittels *zellbasierten Sensoren* (Abschnitt 12.7). Physikalische und chemische Sensoren lassen sich analog den Biosensoren aufgrund ihrer verwendeten Messwertwandler (Transducer) einteilen (Bild 12.1-2). Da sich Transducer, die für Biosensoren eingesetzt werden, letztendlich auf die reinen physikalischen oder chemischen Effekte zurückführen lassen, ergibt sich für die Gruppe der physikalisch-chemischen Sensoren in der Medizin ein vergleichbares Bild. Worin sich Biosensoren einerseits und physikalische und chemische Sensoren andererseits unterscheiden, sind ihre Ausführungsformen hinsichtlich der Erzeugung des Sensorsignals. Während für einen Biosensor ein biologischer Rezeptor und biologische bzw. biochemische Effekte (z. B. Antigen-Antikörperwechselwirkung, Enzym-Substrat-Reaktionen, DANN-Hybridisierung) für den Nachweis eines Analyten verwendet werden, nutzt die *chemische Sensorik* chemische Rezeptoren und einen chemischen Effekt wie beispielsweise Säure-Base-Reaktionen oder Redox-Reaktionen, aber auch physikalisch-chemische Effekte wie Wechselwirkungen zwischen Rezeptor und Analyt (z. B. *Gasadsorption*) aus. Die IUPAC (International Union of Pure and Applied Chemistry) verfasste 1991 eine offizielle Definition über chemische Sensoren:

*„Ein chemischer Sensor ist eine Anordnung, die chemische Informationen (z. B. Konzentration eines einzelnen Analyten) in ein analytisch nutzbares Signal umwandelt. Die chemischen Informationen können von einer chemischen Reaktion des Analyten oder von der physikalischen Eigenschaft des untersuchten Systems herrühren."*

*Physikalische Sensoren* messen eine physikalische Größe (z. B. Druck, Temperatur). Das Signal wird über einen physikalischen Vorgang (z. B. Ausdehnung, Säulenstand, Kapillarkräfte, Massenänderung) bestimmt. In Bild 12.3-1 ist eine Übersicht über die physikalisch-chemischen Sensoren dargestellt.

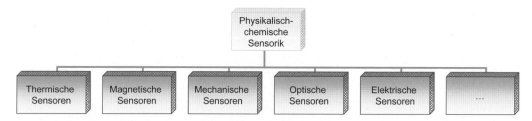

**Bild 12.3-1** Übersicht über physikalisch-chemische Sensoren

## 12.3.1 Physikalisch-chemische Blutanalysen

*Blutgase*

Die *Blutgasanalyse* ist ein Verfahren zur Messung der Gasverteilung (Partialdruck) von $O_2$ (Sauerstoff), $CO_2$ (Kohlendioxid) sowie des pH-Wertes und des Säure- und Basenhaushaltes im Blut. Die Analyse der Blutgase geht auf die Notwendigkeit der Überwachung und Steuerung von Beatmungsparametern zurück und wurde in den sechziger Jahren in ihrer Grundform entwickelt. Im Laufe der Jahre kamen weitere Werte hinzu wie die Messung von Hämoglobin, Bikarbonat, Glukose, Lactat oder Elektrolyte. Inzwischen dient die Blutgasanalye der Überwachung vieler Patienten mit *Atmungsstörungen* und *Sauerstoffmangel* (etwa bei chronisch obstruktiver Lungenerkrankung oder Mukoviszidose). Auf Intensivstationen wird die Blutgasanalyse meist *bettseitig* (bedside), d. h. in unmittelbarer Patientennähe, durchgeführt. Bevorzugt wird dafür arterielles Vollblut aus einer Arterie oder *arterialisiertes Kapillarblut*, beispielsweise aus dem hyperämisierten Ohrläppchen. Insbesondere in der Neugeborenenintensivstation ist entscheidend, dass sehr kleine Probenvolumina (50 µl) für die Analyse ausreichend sind. Venöses Blut ist zur Beurteilung atmungsspezifischer Werte nur mit Einschränkung geeignet, unter anderem wegen des niedrigen Sauerstoffgehaltes.

In der Regel werden bei den heutigen Geräten die pH-Messung (Glaselektrode), $pO_2$-Messung (Clark-Elektrode) und $pCO_2$-Messung (Severinghaus-Elektrode) unabhängig voneinander durchgeführt; Standardbicarbonat ($HCO_3^-$), Basenüberschuss und $O_2$-Sättigung werden berechnet. In Tabelle 12.3-1 sind die Normalwerte der Blutgasparameter zusammengestellt.

**Tabelle 12.3-1** Normalwerte der Blutgase

| Parameter | Norm |
|---|---|
| pH | 7,36 bis 7,44 |
| $pO_2$ (Sauerstoffpartialdruck) | 75 mmHg bis 100 mmHg |
| $pCO_2$ (Kohlendioxidpartialdruck) | 35 mmHg bis 45 mmHg |
| $HCO_3^-$st. (Standardbikarbonat) | 22 mmol/l bis 26 mmol/l |
| BE (Basenüberschuss) | (–2) mmol/l bis (+2) mmol/l |
| $O_2$-Sättigung | 94 % bis 98 % |

*Elektrochemische pH-Wert-Messung*

Ein gängiges Verfahren zur Messung des pH-Wertes ist die *elektrochemische Messung* mit Hilfe eines pH-Meters. Zwischen zwei Lösungen, die einen unterschiedlichen pH-Wert (unterschiedliche $H_3O^+$-Ionen Konzentration) besitzen, existiert eine Potenzialdifferenz U. Diese Potenzialdifferenz lässt sich mit der Nernst'schen Gleichung berechnen.

$$U = 2.303 \cdot \frac{RT}{F} \cdot (pH_2 - pH_1)$$

R = 8,314 J/mol K ; *T* = absolute Temperatur; F = 96485 C/mol.

In einem geschlossenen Stromkreis kann die Spannung $U$ gemessen werden. Ist einer der beiden pH-Werte bekannt, kann daraus der zweite Wert berechnet werden. In Bild 12.3-2 ist ein elektrochemisches pH-Meter abgebildet. Dies besteht aus zwei Silberelektroden, die mit AgCl beschichtet sind und sich in einer Referenzlösung befinden, bestehend aus einer AgCl gesättigter Kaliumchloridlösung. Die Referenzlösung hat einen konstanten pH-Wert. Der Unterschied beider Elektroden besteht nur in der Art des Kontaktes zu der zu messenden Lösung.

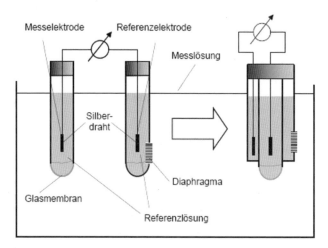

**Bild 12.3-2** Aufbau eines elektrochemischen pH-Meters (Quelle: UNI Aachen Verfahrenstechnik)

Die Referenzelektrode besitzt ein Diaphragma, welches zwar einen geringen Austausch von Ionen ermöglicht, die Lösungen sich aber nicht mischen, d. h., die Lösungen bleiben neutral. Die Messelektrode besitzt eine Glasmembran, durch die $H^+$-Ionen diffundieren können. Hierdurch wird ein Potenzial an den Elektroden aufgebaut, welches über einen großen pH-Bereich dem Nernst'schen Gesetz gehorcht.

### $pO_2$-Wert-Messung (Clark-Elektrode)

Die Clark-Elektrode [4] besteht in der Regel aus einer Platin-Kathode und einer Silber-Anode, die über eine Elektrolytlösung in Verbindung stehen. Daneben gibt es auch andere Anordnungen wie Gold gegen Silber oder Gold gegen Blei. Die Metallelektroden sind durch eine sauerstoffdurchlässige Membran, meist aus Teflon, von der zu messenden Probe getrennt (es gibt auch membranfreie Anordnungen, bei denen die Probe zugleich als Elektrolyt dient).

Im Fall der Pt/Ag-Kombination liegt an der Platin-Kathode eine Polarisationsspannung von $-0,8$ V gegen die Silber-Anode an; andere Kombinationen wie beispielsweise mit Blei, bedürfen keiner Polarisation.

Wird die Membran der Messkammer in die Probe (z. B. in Wasser oder in eine arterielle Blutprobe) zur Bestimmung des Sauerstoffgehalts getaucht, so diffundiert $O_2$ entsprechend seinem Partialdruck durch die Membran in die Messkammer und wird dort an der Kathode reduziert, hierbei entstehen Hydroxylionen ($OH^-$).

An der Anode wird beispielsweise Silber oxidiert und bei Anwesenheit von Chlorid als unlösliches AgCl an die Elektrode angelagert (die Anlagerungen des oxidierten Anodenmetalls müssen regelmäßig entfernt werden, um die ungehinderte Stromgängigkeit der Messanordnung zu erhalten). An der Kathode und der Anode laufen folgende Reaktionen ab:

Kathode: 
$$O_2 + 2e^- + 2\,H_2O \rightarrow H_2O_2 + 2\,OH^-$$
$$H_2O_2 + 2e^- \rightarrow 2\,OH^-.$$

Anode:
$$4\,Ag \rightarrow 4\,Ag^+ + 4e^-$$
$$4\,Ag^+ + 4\,Cl^- \rightarrow 4\,AgCl.$$

Der gemessene Strom $I$ ist dem Partialdruck des Sauerstoffs $p(O_2)$ direkt proportional.

$$p(O_2) \sim I.$$

Bei der Auswertung des Mess-Stromes ist zu berücksichtigen, dass sowohl die Diffusionsrate des Sauerstoffs durch die Membran, als auch die Sauerstofflöslichkeit temperaturabhängig sind.

### pCO₂-Wert-Messung (Severinghaus-Elektrode)

Die Severinghaus-Elektrode [5] ist ein elektrochemischer Sensor zur quantitativen Bestimmung der Konzentration von Kohlenstoffdioxid in einer Lösung (oder auch in Gasen). Sie ist eine pH-Elektrode, der eine Messkammer mit einem Puffer aus Kaliumhydrogencarbonat $KHCO_3$ vorgeschaltet ist (Bild 12.3-3). Über eine gaspermeable Membran dringt Kohlenstoffdioxid aus der Probe entsprechend dem dort herrschenden Partialdruck von $CO_2$ in die Pufferlösung ein und verschiebt deren Dissoziationsgleichgewicht:

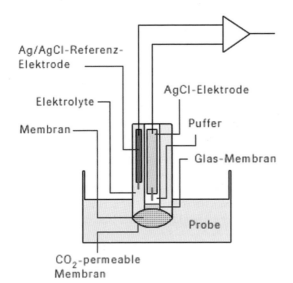

**Bild 12.3-3** Aufbau einer Severinghaus-Elektrode

Es stellt sich im Puffer nach einer kurzen Zeit ein pH-Wert ein, der von der Konzentration des $CO_2$ außerhalb der Membran abhängt. Es gilt folgende Reaktionsgleichung:

$$CO_2 + H_2O \leftrightarrow H_2CO_3 \leftrightarrow HCO_3^- + H^+.$$

### Aufbau eines Blutgasmessgerätes

Es gibt derzeit eine ganze Reihe von verschiedenen Blutgasanalyesystemen im Bereich der medizinischen Labordiagnostik auf dem Markt. Mit ihnen kann man meistens auch noch zusätzlich weitere Messwerte erfassen: Durch Elektrolytmessungen $Na^+$, $K^+$, $Ca^{++}$, $Li^+$ und $Cl^-$,

## 12.3 Physikalische und chemische Sensoren in der Medizin

ferner beispielsweise Hämoglobin, Bikarbonat, Glukose und Lactat. In Bild 12.3-4 sind die pH-, $pO_2$- und $pCO_2$-Sensoren von Geräten der Firma Eschweiler und Bayer dargestellt. Diese Geräte sind so aufgebaut, dass die einzelnen Komponenten als kleine Sensorelemente ausgetauscht werden können.

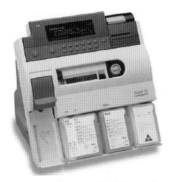
Blutgasgerät Rapidlab (Bayer)

$pCO_2$-Sensor (Severinghaus-Zelle)

**Bild 12.3-4** Kommerzielle Blutgas-Mess-Systeme

### 12.3.2 Klinisch-chemische Blutanalysen

Wegen der großen Anzahl an zu messenden Parametern gibt es in der klinischen Chemie eine Vielzahl von unterschiedlichen Messgrößen und Nachweismethoden. In Tabelle 12.3-2 ist eine kleine Auswahl von klinisch-chemischen Blutwerten aufgelistet.

**Tabelle 12.3-2** Auswahl einiger klinisch-chemischen Blutwerte

| Bilirubin | Harnstoff | Kalium |
|---|---|---|
| Cholesterin | Hämoglobin | Triglyceride |
| Creatinin | HDL-Cholsterin | Harnsäure |
| Laktat | Harnstoff | Rheumafaktor |
| Amphetamine | Barbiturate | Ethanol |
| Methandon | Opiate | Salicylate |
| Dogoxin | Gentamicin | Phenobarbital |

Als Beispiel soll hier der Nachweis von Hämoglobin mit der Hämoglobincyanind-Methode genauer beschrieben werden. Hämoglobin ist ein in den Erythrozyten enthaltenes Chromoprotein mit einer molaren Masse von 64,46 Dalton. Es besteht aus Globin (94 %) und der eisen-(Fe)-haltigen prosthetischen Gruppe Häm (6 %). Das Hämoglobinmolekül ist aus jeweils 4 Peptidketten mit je einem Häm aufgebaut. Normalerweise kommen insgesamt 4 verschiedene Peptidketten ($\alpha$, $\beta$, $\gamma$, $\delta$) vor. In den Komponenten des Hämoglobins sind jeweils 2 Ketten identisch.

Wegen der einfachen Durchführung, der guten Präzision und der guten Farbkonstanz ist die *Hämoglobincyanidmethode* allen anderen überlegen und wird deshalb am Häufigsten eingesetzt. Folgende biochemische Prozesse laufen ab:

Hämoglobin ($Fe^{+2}$) wird durch Kaliumferricyanid (Kaliumhexacyanoferrat) zu Hämiglobin ($Fe^{+3}$, Methämoglobin) oxidiert und anschließend mit Kaliumcyanid (KCN) in Hämiglobincyanid (Hb-$Fe^{+3}$-CN) überführt. Hämiglobincyanid ist ein sehr stabiles Derivat des Hämoglobins, dessen Farbe auch nach 24 Stunden noch unverändert bleibt. Die Extinktion wird gegen eine Transformationslösung (Kaliumhexacyanoferrat III/KCN) bei einer Wellenlänge von 546 nm gemessen.

## 12.4 Enzymatische Methoden – Enzymsensoren

Enzyme sind Proteine, die eine chemische Reaktion katalysieren können. Enzyme spielen eine tragende Rolle im *Stoffwechsel* aller lebenden Organismen: sie katalysieren und steuern den überwiegenden Teil biochemischer Reaktionen – von der Verdauung bis hin zum Kopieren der Erbinformation (DNA-Polymerase). Sie werden anhand der von ihnen katalysierten Reaktion in sechs Enzymklassen eingeteilt:

1. *Oxidoreduktasen*, Katalysierung von Redoxreaktionen.
2. *Transferasen*, Übertragung von funktionellen Gruppen von einem Substrat auf ein anderes.
3. *Hydrolasen*, Spaltung von Bindungen unter Einsatz von Wasser.
4. *Lyasen/Synthasen*, Katalyse von Spaltung oder Synthese komplexerer Produkte aus einfachen Substraten (ohne Spaltung von ATP).
5. *Isomerasen*, Beschleunigung der Umwandlung von chemischen Isomeren.
6. *Ligasen oder Synthetasen*, Katalyse der Bildung von Substanzen, die chemisch komplexer sind als die benutzten Substrate (Unterschied zu den Lyasen: nur unter ATP-Spaltung enzymatisch wirksam).

Manche Enzyme sind in der Lage, mehrere Reaktionen zu katalysieren. Ist dies der Fall, werden sie mehreren Enzymklassen zugerechnet.

Der Aufbau der Enzyme ist sehr unterschiedlich. Viele Enzyme bestehen aus einer Proteinkette (*Monomere*), andere Enzyme bilden *Oligomere* aus mehreren Proteinketten, wieder andere lagern sich mit weiteren Enzymen zu sogenannten *Multikomplexen* zusammen und kooperieren miteinander. Darüber hinaus gibt es einzelne Proteinketten, die mehrere Enzymaktivitäten besitzen. In Bild 12.4-1 ist die Struktur des Enzyms Triosephosphatisomerase (TIM) der Glykolyse dargestellt.

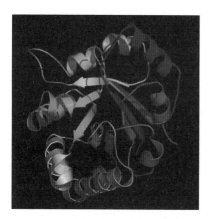

**Bild 12.4-1** „Ribbon-Diagramm" des Enzyms Triose-phosphat-isomerase (stilisierte Darstellung der Proteinstruktur gewonnen durch Röntgenstrukturanalyse nach Wikipedia)

## 12.4 Enzymatische Methoden – Enzymsensoren

Als Biokatalysatoren können Enzyme chemische Reaktionen beschleunigen, indem sie die Aktivierungsenergie ($\Delta G$) herabsetzen. Für diese katalytische Wirksamkeit ist das *aktive Zentrum* des Enzyms verantwortlich. Dort wird das Substrat gebunden und umgewandelt. Dieses aktive Zentrum kann aus gefalteten Polypeptidketten oder reaktiven „Nicht-protein"-Anteilen (z. B. Kofaktoren) bestehen.

Einerseits kann eine bestimmte Raumstruktur des aktiven Zentrums bewirken, dass nur ein strukturell dazu passendes Substrat gebunden werden kann. Andererseits sind bestimmte (nicht–kovalente) Wechselwirkungen (H-Brücken, elektrostatische Wechselwirkungen, hydrophobe Effekte) zwischen Enzym und Substrat für die Bindung notwendig. Erst dadurch kommt es zur Ausbildung des *Enzym-Substrat-Komplexes*. Es passt also ein bestimmtes Substrat zum entsprechenden Enzym wie ein Schlüssel zum zugehörigen Schloss (*Schlüssel-Schloss-Prinzip*). Neben diesem Prinzip existiert auch das (nicht starre) *Induced fit model*. Das aktive Zentrum des Enzyms kann durch die Interaktion mit dem Substrat neu geformt werden und so zur spezifischen Bindung des Substrates beitragen.

Manchmal reichen oft kleine strukturelle Unterschiede in der Raumstruktur oder in der Ladungsverteilung aus, so dass das Substrat nicht mehr erkannt bzw. gebunden wird. Allerdings können Enzyme auch eine *breite Substratspezifität* haben (z. B. bauen Alkoholdehydrogenasen neben Ethanol auch andere Alkohole ab, Hexokinasen können neben Glukose auch andere Hexosen umsetzen).

Generell gilt, dass die Bindung des Enzyms stark genug sein muss, um die oft kleinen Konzentrationen des Substrates zu binden. Die Bindung darf aber nicht zu stark sein, da die Reaktion erst mit der Bildung des Produktes endet. Wichtig ist, dass der Übergangszustand, d. h., der *Substrat-Enzym-Komplex*, stabilisiert wird. Ein wichtiger Faktor hierbei ist die *Reaktionsgeschwindigkeit*, die von der Temperatur, der Salzkonzentration, dem pH-Wert aber auch von der Konzentration des Enzyms, des Substrates und der Produkte abhängt sowie der eigentlichen Enzymaktivität selbst. Die Einheiten der Enzymaktivität sind *Unit* (U) und *Katal* (kat). 1 U ist definiert als die Menge Enzym, welche unter angegebenen Bedingungen ein Mikromol Substrat pro Minute umsetzt (1 U = 1 μmol/min). 1 Katal wird definiert als der Umsatz von 1mol Substrat pro Sekunde (1 kat = 1 mol/s). Die gemessene Enzymaktivität ist proportional zur Reaktionsgeschwindigkeit und hängt deshalb stark von den Reaktionsbedingungen ab. Eine Erhöhung der Temperatur um 5 °C bis 10 °C führt beispielsweise zu einer Verdopplung der Reaktionsgeschwindigkeit und damit zu einer Erhöhung der Enzymaktivität.

Ein Modell zur kinetischen Beschreibung einfacher Enzymreaktionen ist die *Michaelis-Menten-Theorie (MM-Theorie)*. Sie liefert einen Zusammenhang zwischen der *Reaktionsgeschwindigkeit v* einer Enzymreaktion und der *Enzym-* und *Substratkonzentration $[E_0]$* und *$[S]$*. Grundlage ist, dass ein Enzym mit einem Substratmolekül einen Enzym-Substrat-Komplex bildet und dieser entweder in Enzym und Produkt oder in seine Ausgangsbestandteile zerfällt. Was schneller passiert, hängt von den jeweiligen Geschwindigkeitskonstanten $k$ ab.

$$E + S \underset{k_{-1}}{\overset{k_1}{\leftrightarrow}} ES \overset{k_2}{\to} E + P; \quad K_m = \frac{k_{-1}}{k_1}$$

$E$ (Enzymkonzentration), $S$ (Substratkonzentration), $P$ (Produktkonzentration), $K_m$ (Michaeliskonstante).

Die *Michaeliskonstante* ist für jedes Enzym und jedes von ihm umgesetzte Substrat eine charakteristische Größe. Sie hat die Dimension einer Konzentration (mol/l) und ist als diejenige Substratkonzentration zu verstehen, bei der die halb-maximale Umsatzgeschwindigkeit erreicht wird. Je niedriger der $K_m$-Wert ist, desto höher die Affinität eines Enzyms zu seinem Substrat.

Das Modell besagt, dass mit steigender Substratkonzentration auch die Reaktionsgeschwindigkeit steigt. Das geschieht anfangs linear und flacht dann ab, bis eine weitere Steigerung der Substratkonzentration keinen Einfluss mehr auf die Geschwindigkeit des Enzyms hat, da dieses bereits mit Maximalgeschwindigkeit $v_{max}$ arbeitet. Die MM-Gleichung lautet dann wie folgt:

$$v = \frac{k_{cat}[E_0] \cdot [S_0]}{K_m + [S_0]}$$

$k_{cat}$ (Wechselzahl). Die *Wechselzahl* ist ein Maß der maximalen Reaktionsgeschwindigkeit bei Substratsättigung ($V_{max}$), auch *molekulare Aktivität, „turnover number"* oder $k_{cat}$ genannt ($k_{cat} = V_{max}/[E_o]$).

Das Enzym Hexokinase (sie bindet Glucose mit hoher Affinität) hat einen sehr niedrigen $K_m$-Wert von 0,01 mM. Aufgrund des geringen $K_m$-Wertes arbeitet die Hexokinase bezüglich der Glucose sowohl bei einer Blutglucosekonzentration von 4mmol/l in als auch bei 8 mmol/l bis 10 mmol/l Glucose im Sättigungsbereich. Die Hexokinase weist also einen $K_m$-Wert für Glucose auf, der weit unterhalb der niedrigsten Blutglucosekonzentration liegt. Dadurch ist gewährleistet, dass der Muskel oder das Hirn unabhängig von der Stoffwechsellage bei Bedarf Glucose aus dem Blut in die Glykolyse einschleusen kann.

Die medizinische Diagnostik verwendet Enzyme, um Krankheiten zu diagnostizieren. Im Besonderen wird bei diesen Untersuchungsmethoden die hohe Substratspezifität der Enzyme genutzt. Das Prinzip von *enzymatischen Untersuchungsmethoden* in der Diagnostik besteht in Folgendem:

1. Mit Hilfe der *Substratspezifität* eines Enzyms wird die *Konzentration eines Analyten* gemessen. Hierzu wird ein zum Analyten passendes Enzym zur untersuchenden Probe zugegeben (z. B. Serum). Anschließend wird das Reaktionsprodukt des spezifischen Analyten mit einer klassischen Messmethode nachgewiesen (enzymatische Messung).
2. Die *Aktivität des Enzyms* (Enzymkinetik) wird bestimmt. Dabei wird das enzymspezifische Substrat beispielsweise der Serumprobe zugegeben. Die Konzentration des aus dieser Enzym-Substrat-Reaktion hervorgegangenen Produktes wird anschließend innerhalb eines bestimmten Zeitfensters gemessen. Dann kann auf die Aktivität des Enzyms rückgeschlossen werden. Anhand solcher Untersuchungen können Rückschlüsse auf die Schädigung von Organen gezogen werden. Beispielsweise kann eine Leberschädigung durch eine Erhöhung der Enzyme GOT (Glutamat-Oxalacetat-Transaminase), GPT (Glutamat-Pyruvat-Transamina) und γ-GT (Gamma-Glutamyl-Transferase) angezeigt werden.

### 12.4.1 Enzymbasierter Analytnachweis

Als ein klassisches Beispiel für einen *enzymatischen Nachweis* (siehe Punkt 1 des vorigen Abschnitts) gilt die Bestimmung von Glukose im Blut. Hierbei wird die Konzentration des Analyten Glukose mit Hilfe des spezifischen Enzyms Glukoseoxidase, welches eine sehr hohe Substratspezifität zu Glukose hat, bestimmt. Dieser Prozess läuft in folgenden Schritten ab:

*1. Schritt: Enzymatische Reaktion*

$$C_6H_{12}O_6 + GOX(FAD) \rightarrow C_6H_{10}O_6 + GOX(FADH_2)$$
$$(Glucose) \qquad\qquad\qquad (Gluconolacton)$$

$\rightarrow \rightarrow$

$$GOX(FADH_2) + O_2 \rightarrow GOX(FAD) + H_2O_2$$
$$\qquad\qquad\qquad\qquad\qquad\qquad\qquad (Wasserstoffperoxid)$$

GOX: Glukoseoxidase, FAD: Flavine-Adenin-Dinukleotid (Co-Faktor)

## 12.4 Enzymatische Methoden – Enzymsensoren

*2. Schritt: Elektrochemische Detektion des Wasserstoffperoxides*

$$H_2O_2 \rightarrow 2H^+ + O_2 + 2e^- \quad (Anode)$$

$$2e^- + 2H^+ + \tfrac{1}{2}O_2 \rightarrow H_2O \quad (Kathode)$$

Bei diesem Nachweis wird Glukose *indirekt* über die Umsetzung zu Wasserstoffperoxid durch das Enzym Glukoseoxidase bestimmt. Der Nachweis von Glukose erfolgt letztendlich durch eine klassische elektrochemische Bestimmung des gebildeten Wasserstoffperoxids.

Der Glukosenachweis nach L. Clark (1962) war einer der ersten Anwendungsgebiete in der Biosensorik. Das Enzym ist in einer Membran-Sandwich-Anordnung unmittelbar an einer Platinelektrode fixiert (Bild 12.4-2). Das entstandene Wasserstoffperoxid wird dann direkt durch die Platinelektrode umgesetzt (siehe 2. Schritt). Das zur Oxidation notwendige Anodenpotenzial liegt im Bereich von +600 mV gegen eine Ag/AgCl Referenzelektrode. Der bei dieser elektrochemischen Reaktion fließende Strom ist der Glukosekonzentration proportional. Mit Hilfe einer Kalibration des Glukosesensors ist eine quantitative Bestimmung einer unbekannten Glukosekonzentration möglich. Neben Wasserstoffperoxid kann bei der Glukosebestimmung auch die Änderung des pH-Wertes (ISFET, pH-Elektrode), der Sauerstoffgehaltes (Sauerstoffelektrode) oder die Bildung der Reaktionswärme (Kalorimetrie) bestimmt werden. Deshalb gibt es heute eine ganze Reihe von unterschiedlichen Messverfahren.

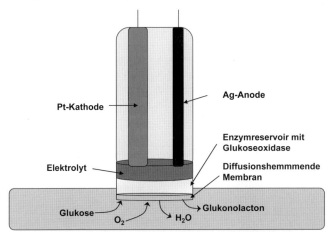

**Bild 12.4-2** Sensor zum Glukosenachweis

### 12.4.2 Bestimmung der Enzymaktivität

Ein Beispiel für den Nachweis der Enzymaktivität erfolgt durch die Bestimmung von *GOT* (Glutamat-Oxalacetat-Transaminase), auch als Aspartat-Aminotransferase (*ASAT*) bekannt. Leberenzyme treten bei Schädigung der Leber in erhöhten Konzentrationen auf. Je nachdem, welche der Enzyme erhöht sind, kann auf die Art der Erkrankung rückgeschlossen werden. Die Höhe des Enzymanstiegs im Serum entspricht dabei dem Ausmaß der Schädigung der Leberzelle. Der Nachweis von GOT ist ein zusammengesetzter 2-stufiger enzymatischer Test mit der Messung der kinetischen Bildung von $NAD^+$ bei den Wellenlängen 334 nm, 340 nm oder 366 nm und läuft in folgenden Schritten ab:

*1. Schritt: Enzymatische Umsetzung des L-Aspartat mittels GOT zu Oxalacetat*

$$L-\text{Aspartat} + 2\text{-Oxoglutarat} \xrightarrow{GOT} \text{Oxalacetat} + L-\text{Glutamat}$$

*2. Schritt: Reduktion des gebildeten Oxalacetats mit Hilfe des Enzyms MHD (Malatdehydrogenase) unter Oxidation von NADH zu Malat*

$$Oxalacetat + NADH + H^+ \xrightarrow{MDH} L-Malat + NAD^+$$

*3. Schritt: Bestimmung der Zunahme von $NAD^+$ bei 37 °C*

Die Geschwindigkeit des Umsatzes von NADH zu $NAD^+$ wird bei einer Wellenlänge von 340 nm gemessen werden; diese ist direkt proportional zur GOT-Aktivität.

In Tabelle 12.4-1 sind beispielhaft einige Enzym/Substrat-Systeme dargestellt, die vor allem in der medizinischen Labordiagnostik ihren Einsatz finden.

**Tabelle 12.4-1** Einige Enzym/Substrat-Systeme

| Enzyme | Substrat/Analyt |
|---|---|
| Glucoseoxidase | Glukose |
| Urease | Harnstoff |
| Kreatinkinase | Kreatinin |

### 12.4.3 Anwendungsfelder enzymatischer Tests

Diese enzymatischen Tests werden vor allem in der klinischen Diagnostik verwendet. Der *Glukose-Nachweis* ist einer der wenigen Tests, die auch sehr erfolgreich in einem mobilen Gerät als Biosensor realisiert wurde und sich auf dem Weltmarkt für Glukosetestsysteme im Bereich *point of care* durchgesetzt hat. 87 % des Marktes für Biosensorik entfallen zurzeit auf den Glukosesensormarkt [6].

**Integrated Devices**

Ein mobiles „Point of Care" Glukosetestgerät der Firma Roche

Integrierte Glukosemess-Systeme von verschiedenen Herstellern wie Ascensia und Pelikan

**Bild 12.4-3** Kommerzielle Blutglukosemessgeräte

Es gibt es eine Reihe von verschiedenen mobilen Geräten zur Messung der Glukose im Blut. *Roche Diagnostics* ist hierbei der Marktführer und hat zusammen mit *Lifescan* einen Marktanteil von 70 %. In Bild 12.4-3 werden einige Produkte vorgestellt.

Daneben dienen Enzyme als Markierungssysteme für andere Diagnostik-Tests und Biosensorsysteme wie beispielsweise *Enzymimmunoassays* (Abschnitt 12.5) oder für DNA-Tests (Abschnitt 12.6). In der Medizin spielen Enzyme eine wichtige Rolle. So können bestimmte Substanzen Enzyme in ihrer Wirkung hemmen oder verstärken.

## 12.5 Immunologische Methoden – Immunosensoren

Im Vergleich zu Enzymsensoren werden als *Immunosensoren* solche Systeme bezeichnet, die als *biomolekulares Erkennungselement* bzw. Rezeptor einen *Antikörper* benutzen. Immunosensoren nehmen innerhalb der Gruppe der Biosensoren eine besondere Rolle ein, da es möglich ist, nahezu für jeden gewünschten Stoff einen Antikörper zu erzeugen.

Antikörper sind von den B-Zellen (B-Lymphozyten) des Immunsystems gebildete *Glycoproteine* und stellen die Antwort des Immunsystems auf den Kontakt mit einer körperfremden Substanz (Antigen = antibody generating) dar. Eine B-Zelle trägt an ihrer Oberfläche einen *spezifischen Rezeptor*, welcher beim ersten Kontakt das Antigen bindet und die sogenannte *primäre Immunantwort* auslöst. Dabei findet eine Vermehrung und Differenzierung der B-Zellen in Plasma- und Gedächtniszellen statt, was bewirkt, dass bei einer weiteren Immunisierung mit demselben Antigen größere Mengen an Antikörpern (*Immunglobulinen*) ausgeschüttet werden (*sekundäre Immunantwort*). Da ein Antigen über verschiedene bindungsfähige Teilstrukturen (Epitope) an B-Zellen-Rezeptoren gebunden werden kann, werden bei unterschiedlichen Typen von B-Zellen Immunreaktionen ausgelöst. Jeder Typ regt die Produktion eines eigenen Antikörperklons an, weshalb man die entstandenen Antikörper als *polyklonale Antikörper* gegen das jeweilige Antigen bezeichnet. Bild 12.5-1 zeigt das Schema der Bindung von *polyklonalen Antikörpern*.

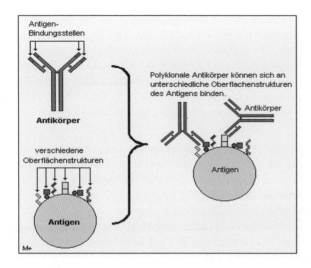

**Bild 12.5-1**
Schema der Bindung von polyklonaren Antikörpern an verschiedenen Oberflächenstrukturen eines Antigens

Durch die zelltechnische Vermehrung von B-Lymphozyten ist es möglich, monospezifische, sogenannte *monoklonale Antikörper* herzustellen. Die B-Zelle wird durch Fusion mit einer permanent wachsenden Tumorzelle (Myelomzelle) verschmolzen. Es entsteht eine sogenannte *Hybridomzelle*, welche die Eigenschaften beider Zelltypen miteinander vereint: die Antikörperproduktion und das permanente Wachstum [7]. Neben den klassischen Herstellmethoden von Antikörpern gibt es die mittels *genetic engineering* hergestellten *rekombinanten* Antikörper. Hierbei werden die Aminosäurensequenzen und die Sequenzlängen der variablen Sequenzen der leichten und schweren Ketten *variiert* und mittels gentechnischer Methoden *vervielfältigt* und somit die *evolutionäre Mutagenese* bei der natürlichen Erzeugung von Antikörpern künstlich nachgeahmt. Die dadurch erhaltenen Antikörperbibliotheken werden durch gezieltes Screening nach gewünschten Zielstrukturen selektiert und die entsprechenden hochspezifischen Antikörper ausgewählt.

Darüber hinaus werden künstlich hergestellte *Templates* hergestellt, welche die Eigenschaften von Antikörpern imitieren können, aber stabiler gegen äußere Einflüsse sind. Meist werden synthetische Polymere als *Antikörper-Templates* verwendet. Die wichtigsten Vertreter dieser Gruppe von Polymeren sind die sogenannten *Molecular Imprinted Polymers*.

Neuere Entwicklungen zur gezielten Herstellung von spezifischen antikörperähnlichen Rezeptoren sind die Verwendung von kurzen, *einzelsträngigen DNA-* oder *RNA-Oligonukleotiden* (25 Basen bis 70 Basen), die ein spezifisches Molekül über ihre 3D-Struktur binden können, sogenannte *Aptamere*. Sie binden an Proteine, niedermolekulare Stoffe und auch an Viruspartikel. Aptamere haben Dissoziationskonstanten im pico- bis nanomolaren Bereich. Das bedeutet, sie binden an ihre Zielmoleküle ähnlich stark wie Antikörper. Diese hohe Spezifität wird erreicht, indem sich die 3D-Struktur des Oligonukleotides genau um den Bindungspartner herumfaltet. Die wichtigsten Interaktionen neben der Passgenauigkeit sind elektrostatische Wechselwirkungen, Wasserstoffbrücken und Basen-Stapelung.

Antikörper sind *Immunglobuline* (*Ig*) und treten in fünf verschiedenen Klassen auf (*IgA, IgD, IgG* und *IgM*). Diese sind zwar strukturell ähnlich aufgebaut, aber erfüllen funktionell unterschiedliche Aufgaben im Ablauf der Steuerung der Immunantwort. Für immunologische Nachweisverfahren werden hauptsächlich Antikörper der Klasse der IgG eingesetzt. Sie besitzen ein Molekulargewicht von ca. 150 kD und stellen den größten Anteil der Gesamtimmunglobuline mit 80 % bzw. 8 mg bis 16 mg IgG pro ml Serum dar. Das Grundgerüst des Glycoproteins stellen zwei Polypeptidketten, die sogenannten *schweren Ketten*, aus etwa 450 bis 550 Aminosäuren dar (ca. 50 kD), die über Disulfid-Brücken kovalent mit den leichten Ketten aus etwa 220 Aminosäuren (ca. 25 kD) verknüpft sind. Die schweren Ketten tragen die für den Namen *Glycoprotein* verantwortlichen Kohlenhydrat-Seitenketten. Bild 12.5-2 zeigt den Y-ähnlichen schematischen Aufbau und das Strukturmodell eines Immunglobulins der Klasse G (IgG).

Die spezifische Bindung zwischen Antigen und Antikörper beruht auf der sogenannten *Schlüssel-Schloss-* oder *Induced Fit-Reaktion*, die auch bei den enzymatischen Reaktionen eine zentrale Rolle spielt. Die Wechselwirkung zwischen Ligand und Rezeptor basiert dabei auf nichtkovalenten Bindungen zahlreicher funktioneller Gruppen. Dies führt zu einem stabilen dreidimensionalen Komplex, dem sogenannten *Affinitätskomplex*. Da die Ausbildung des Affinitätskomplexes ein Zusammenspiel vieler Einzelreaktionen unter Einbeziehung der räumlichen Struktur der Komponenten erfordert, weisen Reaktionen dieses Typs eine *hohe Spezifität* auf. Den speziellen Fall der Affinitätsanalytik, in dem die Affinität des Antikörpers zu einem bestimmten Antigen zunutze gemacht wird, bezeichnet man als *Immunanalytik*. Zum Einsatz kommen unterschiedlich aufgebaute *Immunosensoren* oder *Immunoassays*.

## 12.5 Immunologische Methoden – Immunosensoren

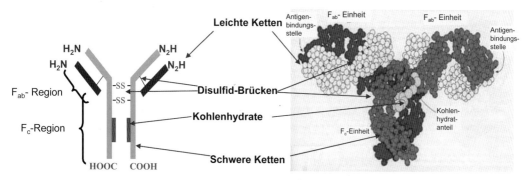

**Bild 12.5-2** Schematischer Aufbau und Strukturmodell eines IgG-Antikörpers (Quelle: Harris, Larsson und Hasel [8])

Die Bindung des Antikörpers erfolgt über *antigene Determinanten*, sogenannte *Epitope* aus 5 bis 8 Aminosäuren und setzt eine *sterische Komplementarität* beider Komponenten voraus. Räumlich betrachtet gibt es für die Ausbildung einer Antikörperbindungsstelle innerhalb des Antigen-Proteins zwei Möglichkeiten:

1. Die beteiligten 5 bis 8 Aminosäuren sind alle kovalent aneinander gebunden und gehören einem Polypeptidstrang an. Dieser Fall wird als *kontinuierliches* oder *lineares Epitop* bezeichnet.
2. Die räumliche Form des Epitops und damit auch die beteiligten Aminosäuren werden durch die räumliche Faltung, also die Quartärstruktur des Proteins festgelegt. Es handelt sich dann um eine *diskontinuierliche* oder *konformationelle Struktur* des Epitops.

Bei der Bindung eines Proteins (Antigen), welches eine Größe von ca. 20 kDa aufweist, beansprucht die Wechselwirkung mit einem Antikörper nur 5 % bis 10 % der Oberfläche des Antigens. Je nach sterischer Beschaffenheit des Antikörpers kann ein Antigen 5 bis 10 Antikörper binden.

Die Spezifität bei der Ausbildung eines *Antikörper-Antigen-Affinitätskomplexes* ist dadurch bedingt, dass die Gesamtheit zahlreicher nicht-kovalenter Bindungen, die in drei Dimensionen zwischen Antigen und der $F_{ab}$-Region des Antikörpers geknüpft werden, die Bindungsenergie bestimmt (Tabelle 12.1.1 in Abschnitt 12.1.1) [9].

Bei der affinen Wechselwirkung wird pro Antikörperbindung eine *Bindungsenergie* ($\Delta G_0$) von etwa 20 kJ/mol bis 90 kJ/mol frei, die sich aus der Summe aller vorkommenden nicht-kovalenten Bindungen zusammensetzt.

Die Antigen(Ag)-Antikörper(Ak)-Bindung hängt also von den physikalischen und chemischen Eigenschaften der *Reaktanten* ab und folgt dem *Massenwirkungsgesetz*:

$$Ak + Ag \rightleftharpoons Ak \cdot Ag$$

$$K = \frac{k_1}{k_2} = \frac{[Ak \cdot Ag]}{[Ak] + [Ag]}$$

K: Affinitätskonstante; $k_1$: Assoziationskonstante; $k_2$: Dissoziationskonstante; [AkZAg]: Konzentration an gebildetem Affinitätskomplex in mol/l; [Ag]: Antigenkonzentration mol/l; [Ak]: Antikörperkonzentration mol/l.

Gemäß dieser Gleichung gibt die Größe von K Auskunft über die Stabilität des Affinitätskomplexes. Kinetische Untersuchungen haben ergeben, dass $k_1$ bei Affinitätsreaktionen Werte in der Größenordnung von $10^7$ l/mol bis $10^8$ l/mol annehmen und sich $k_2$ zwischen $10^{-5}$ l/mol (große Affinität) und $10^3$ l/mol (geringe Affinität) bewegen, was einer Affinitätskonstanten von $10^4$ l/mol bis $10^{13}$ l/mol entspricht [10].

Mit immunologischen Analyseverfahren können sehr unterschiedliche Analyte (Antigene) nachgewiesen werden. Dies sind einerseits Proteine (hierzu gehören Zellrezeptoren wie Tumormarker, Enzyme, Allergene, Hormone aber auch die Antikörper selbst), Viren, Zellen (z. B. Tumorzellen, Bakterien, Mikroorganismen) oder Haptene (also kleinere Moleküle wie Toxine, Medikamente, Antibiotika, Xenobiotika wie z. B. Pestizide, Sprengstoffe). Je nach Analyt wird auch ein unterschiedliches Verfahren, das *Immunoassay-Format* oder *Immunoassay-Design*, angewendet.

Die Testformate können in *homogene* und *heterogene Immunoassays* eingeteilt werden. Bei den *homogenen* Immunoassays befinden sich *alle Komponenten in Lösung*; der Assay wird ohne Waschschritte durchgeführt. Sie werden meist als *immunologischer Schnelltest* eingesetzt (z. B. als Teststreifen). Bei *heterogenen Immunoassays* ist eine Komponente (Antikörper oder auch Antigen) an eine *feste Phase* gebunden, während der *Analyt* in *Lösung* vorliegt. Hierbei muss die fest gebundene und freie Phase voneinander getrennt werden. Diese verschiedenen Verfahren können mit unterschiedlichen Auslesetechniken kombiniert werden.

### 12.5.1 Direkte Immunosensoren

Zur Auslesung der Antigen-Antikörper-Reaktion sind direkte, markierungsfreie Verfahren bekannt. *Direkte Immunosensoren* kommen ohne chemische Modifizierung der biologischen Komponenten aus. Die Beobachtung der Antigen-Antikörper-Wechselwirkung erfolgt in *Realzeit*. Zu dieser Gruppe gehören *piezoelektrische Immunosensoren*, bei denen massensensitive Schwingquarze als Transducer dienen, die über Frequenzänderung Auskunft über die Menge an gebundenem Analyten geben. *Potenziometrische Immunosensoren* werten die durch die Antigen-Antikörper-Reaktion entstandene Potenzialverschiebung an einer Elektrodenoberfläche aus. Mittels optischer Immunosensoren (Ellipsometrie, Oberflächenplasmonenresonanz) wird aus der Schichtdicken-Zunahme durch Ausbildung des Affinitätskomplexes auf die Menge an gebundenem Analyt geschlossen (Abschnitt 12.2).

### 12.5.2 Indirekte Immunosensoren

Indirekte Immunosensoren benötigen zur Detektion eines messbaren Signals eine *Markierung*, d. h., eine chemische Modifizierung einer der Immunokomponenten. Je nach Markierung wird zwischen *Radioimmunoassay* (*RIA*), *Fluoreszenzimmunoassay* (*FIA*) und *Enzymimmunoassay* (*EIA*) unterschieden. Beim Radioimmunoassay ist dieser Marker ein radioaktives Isotop. Durch Messung des Isotopenzerfalls wird die Konzentration an gebundener markierter Substanz bestimmt. Häufiger wird jedoch ein optisches Signal erzeugt. Beim Fluoreszenzimmunoassay beispielsweise trägt eine Komponente einen Fluoreszenzmarker. Die Intensität der Fluoreszenz führt zum Sensorsignal.

Enzymimmunoassays basieren auf der Existenz eines enzymmarkierten Reaktionspartners. Gängige Enzyme sind alkalische Phosphatase, β-Galaktosidase, Urease, Glucoseoxidase und Peroxidase, welche nach Zugabe eines geeigneten Substrats eine Spaltungsreaktion zu einem optisch oder elektrochemisch aktiven Molekül katalysieren. Die Auslesung des Sensorsignals

## 12.5 Immunologische Methoden – Immunosensoren

erfolgt dann entweder optisch (z. B. fotometrisch) oder elektrisch. Aufgrund der schwierigen Handhabung des sehr sensitiven RIA (schneller Isotopenzerfall, Erzeugung radioaktiven Abfalls), werden vor allem FIA und vor allem EIA eingesetzt.

Eine weitere Einteilung der Immunoassays erfolgt nach ihrem Immunoassay-Format in nichtkompetitive, kompetitive (Bild 12.5-3) und Verdrängungsimmunoassays (Bild 12.5-4).

### Nicht-kompetitiver (Sandwich-)Immunoassay

Beim *Sandwich-Immunoassay* wird ein *Fängerantikörper* an die feste Phase gebunden und dessen Reaktion mit dem in Lösung befindlichen Antigen (Analyt) mit einem im Überschuss eingesetzten, markierten Sekundärantikörper ausgelesen. Voraussetzung für diesen Aufbau ist eine *ausreichende Größe des Antigens*, da es über mindestens zwei Epitope verfügen muss (Bild 12.5-3 a)). Das durch die enzymatische Substratspaltung gemessene Signal ist *direkt proportional* der Menge an gebundenem Antigen.

### Kompetitiver Immunoassay

*Kompetitive Immunoassays* werden bevorzugt eingesetzt, wenn das Antigen nicht über zwei bindungsfähige Teilstrukturen (Epitope) verfügt. In diesem Fall wird der Analyt mit einem *enzymmarkierten Antigen* versetzt. Unter kompetitiven Bedingungen stellt sich ein Gleichgewicht zwischen enzymmarkiertem Antigen und in der Lösung vorhandenem unmarkierten Antigen ein, welche beide an den Fängerantikörper binden (Bild 12.5-3 b)). Da die Menge an gebundenem Enzym umso größer ist, je weniger Analyt vorhanden war, ist das gemessene Signal in diesem Fall *umgekehrt proportional* zur Analytmenge.

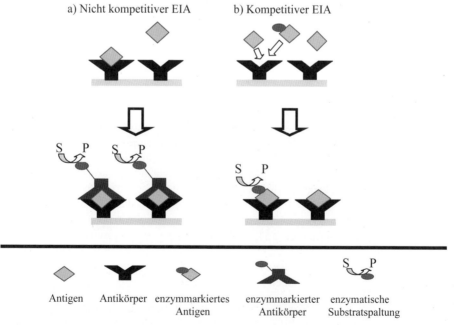

**Bild 12.5-3** a) Schematische Darstellung eines nicht-kompetitiven Sandwichimmunoassays und b) eines kompetitiven enzymmarkierten Immunoassays

## Verdrängungsimmunoassay

Die Funktion des Verdrängungsimmunoassays beruht auf der Verdrängung einer bereits gebundenen markierten Immunokomponente durch den zu bestimmenden Analyten. Da normalerweise die Dissoziationsrate eines Affinitätskomplexes geringer ist als die Assoziationsrate, wird eine gering affine Antigen-Antikörper-Bindung durch eine höher affine Wechselwirkung ersetzt. Durch Analyse der *Abspaltungsprodukte* kann direkt die Menge an vorhandenem Analyten bestimmt werden (Bild 12.5-4).

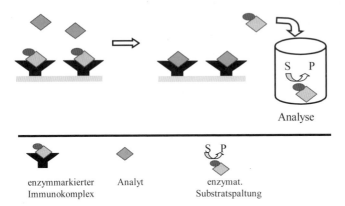

**Bild 12.5-4**
Schematische Darstellung eines Verdrängungsimmunoassays

### 12.5.3 Anwendungsfelder von Immunosensoren

Immunosensoren stellen die Weiterentwicklung der immunologischen Analysenverfahren dar, die heute bereits als beispielsweise als *Mikrotiterplattentest* in der klinischen Diagnostik, zur *Spurenanalyse* von toxischen Substanzen in der pharmazeutischen und der Nahrungsmittelindustrie sowie in der *Umweltanalytik* ihre Anwendung finden. Im Vergleich zu den elektrochemischen Biosensorsystemen für niedermolekulare Stoffwechselprodukte (z. B. Glukose, Laktat), die sich bereits als *Point-of-care-Systeme* etabliert haben, werden Immunosensoren nur in kleiner Anzahl in klinischen und kommerziellen Applikationen eingesetzt. Grund dafür ist, dass die Anwendungsfelder eines Immunosensors im Routinebetrieb eines medizinischen Labors noch nicht geklärt sind. Darüber hinaus sind technologische Probleme wie die *Vergleichbarkeit* der Antikörper auf der jeweiligen Transduceroberfläche, die *Orientierung* und die *spezifischen Eigenschaften* der Antikörper sowie die *Immobilisierung* noch nicht gelöste Probleme. Voraussetzung für eine erfolgreiche Etablierung von Immunosensoren in der klinischen Diagnostik sowie in anderen Anwendungsbereichen ist, dass die Messungen mit einer *hohen Präzision* und *Richtigkeit* ablaufen, das Gerät *vollautomatisierbar* ist sowie *schnelle Analysezeiten* realisierbar sind. Das größte Potenzial solcher Immunosensoren liegt im Bereich der Anwendung als mobiles Analysengerät. Dies können point of care-Anwendungen für den *home care-Bereich* sein, um einen ersten Gesundheitscheck selbst zu Hause durchzuführen und nur bei Bedarf den Arzt aufsuchen zu müssen.

Darüber hinaus könnten Immunosensoren als mobiles Analysengerät für die klinische Analytik im Bereich der Notfallmedizin ihren Einsatz finden: Eine schnelle vor Ort Diagnostik bei Herzinfarkt oder bei anderen lebensbedrohlichen Krankheiten. Zusätzlich werden heute viele Einsatzmöglichkeiten im Bereich der Umweltanalytik gesehen. Die schnelle vor Ort-Analytik zur Bestimmung der Kontamination von Wasser mit Giftstoffen oder Verunreinigung mit Bakterien könnten weitere neue Einsatzfelder solcher Immunosensoren sein. Bild 12.5-5 zeigt ein Beispiel für einen Immunosensor, der für den Einsatz in der klinischen Diagnostik entwickelt wurde. Er dient dazu, quantitativ einen *Herzmarker* cTnI vor Ort nachzuweisen.

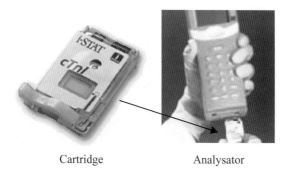

Cartridge       Analysator

**Bild 12.5-5** Ein quantitativer amperometrischer Immunosensor zur Detektion von cTnI (Herzmarker bei Herzinfarkt) von i-STAT

## 12.6 DNA-basierte Sensoren

Die *DNA* (*Desoxyribunukleinsäure*, *DNS*) ist der makromolekulare Baustein der Gene. Sie trägt die *Erbinformation* eines jeden Lebewesens und einiger Viren. Beim Menschen enthält die DNA über 3 Milliarden Basenpaare und somit eine große Menge an wichtiger Information. Diese Information ist in einem *Code* verschlüsselt, der nur aus vier Bausteinen, den Nukleinsäuren *Adenin*, *Thymin*, *Cytosin* und *Guanin* besteht. Die Entschlüsselung des genetischen Codes verschiedenster Organismen ist allerdings nur ein Teilbereich der DNA-Analytik. Die *Genexpressionsanalyse*, welche die Regulation der Genaktivität untersucht sowie die Analyse von *genetischen Mutationen*, insbesondere *Punktmutationen* (single nucleotide polymorphism, SNP), stehen ebenso im Vordergrund.

Als *Gen* bezeichnet man diesen Abschnitt auf der DNA, der die *Grundinformationen* zur Herstellung einer *biologisch aktiven RNA* (Ribonukleinsäure) enthält. Bei diesem Herstellprozess (*Transkription*) wird eine Negativkopie in Form der RNA hergestellt. Die bekannteste RNA ist die mRNA, die während der Translation ein Protein übersetzt. Ein Gen besteht aus zwei unterschiedlichen Bereichen:

1. einem DNA Abschnitt, der die *einzelsträngige* RNA-Kopie erstellt, und
2. allen anderen DNA-Abschnitte, die an der *Regulation* dieses Vorgangs beteiligt sind.

Die DNA selbst ist ein *Doppelhelixmolekül* (Bild 12.6-1 b)). Chemisch gesehen handelt es sich um eine Nukleinsäure, ein langes Kettenmolekül (Polymer) aus Einzelstücken, sogenannten *Nukleotiden*. Jedes Nukleotid besteht aus einem Phosphat-Rest, einem Zucker und eine von vier organischen Basen Adenine und Thymin sowie Cytosin and Guanin. Diese sind über Wasserstoffbrücken miteinander verbunden (Bild 12.6-1 a)). Innerhalb der protein-kodierenden Gene legt die Abfolge der Basen die Abfolge der Aminosäuren des jeweiligen Proteins fest: Im genetischen Code stehen jeweils drei Basen für eine bestimmte Aminosäure.

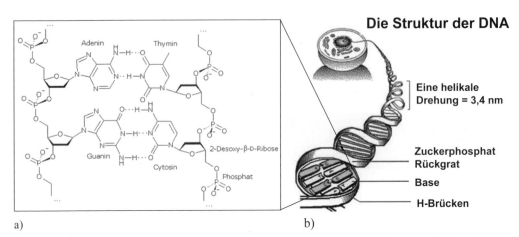

**Bild 12.6-1** a) Wasserstoffbrückenbindung der 4 Nukleotide der DNA und b) das Doppelhelixmolekül der DNA

### 12.6.1 Hybridisierungsdiagnostik

Ein Großteil der DNA-Analysen beruht auf der Hybridisierungsdiagnostik, d. h. der Nachweis der *spezifischen Wechselwirkung zweier DNA-Stränge* hinsichtlich ihrer Komplementarität. Zur Realisierung der Hybridisierungstechnik wird in der Regel die *DNA-Mikroarray-Technologie* verwendet. Auf diesen DNA-Chips können einen Vielzahl von verschiedenen DNA-Sonden immobilisiert und angeordnet werden. Die Notwendigkeit der Parallelisierung wird verständlich, da z. B. für die Sequenzanalyse durch Hybridisierung Oligomere (DNA-Sonden) mit nur einer Länge von 8 Nukleotiden notwendig sind. Zur Sequenzierung werden allerdings ca. 65.000 verschiedene Sonden-Oligonukleotide gebraucht, die auf einem DNA-Chip immobilisiert und parallel gemessen werden müssen. Darüber hinaus ist es notwendig, das System zu miniaturisieren, da durch die, dem DNA-Test vorgeschaltete, PCR (Polymerase Ketten Reaktion) die zu analysierenden DNA-Produkte in nur sehr kleinen Volumina von $< 100$ µl vorliegen. In Bild 12.6-2 ist der Nachweis einer DNA-Sequenz mit Hilfe eines *Fluoreszenz-Mikroarray* dargestellt. Zuerst werden die DNA-Sonden auf der Oberfläche des Chips immobilisiert. Danach wird die Probe zugegeben, die entweder ein PCR-Produkt ist oder eine cDNA, die mit einem Biotinmarker bereits gekoppelt ist. Auf dem Chip binden sich die jeweiligen (einzelsträngigen) DNA-Moleküle gemäß den Hybridisierungsregeln spezifisch an die fixierten Oligonukleotide an der Oberfläche. Nach der Hybridisierung wird ein zweiter Marker (Streptavidin gekoppelt an ein Fluorophor oder an ein Enzym) zugegeben, der an die bereits gebundenen Biotinmoleküle bindet. Bei geeigneter Belichtung oder Zugabe eines spezifischen Enzymsubstrates kann das charakteristische Muster von farbig leuchteten Punkten oder elektrischen Mess-Signalen ausgewertet werden.

Im Bereich der *DNA-Chip-Technologie* sind die Herstellung der Mikroarrays, die parallele Dosierung der DNA und die Immobilisierung der DNA-Sonden auf der Oberfläche des Chips von zentraler Bedeutung. Bei DNA-Chips handelt es sich in der Regel um kleine Plättchen aus einem Trägermaterial wie Glas, Kunststoff oder einer Transduceroberfläche (Au, Si3N4), auf der in einer Punktrasteranordnung viele verschiedene DNA-Oligonukleotide mit bekannten Sequenzen fixiert werden müssen. Die Herstellverfahren der DNA-Chips nutzen Techniken aus der Halbleiterfertigung.

## 12.6 DNA-basierte Sensoren

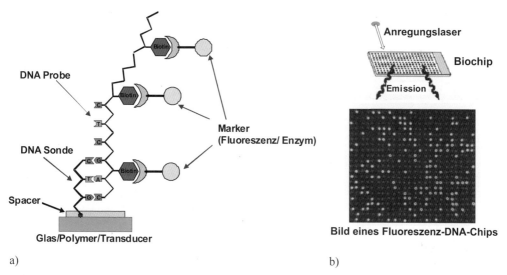

**Bild 12.6-2** a) Schematische Darstellung der Hybridisierung einer DNA Probe auf einem DNA-Chip und b) das Ergebnis einer DNA-Chip-Messung nach Anregung bei fluorenzenz markierten DNA-Proben

Zur Immobilisierung der großen Anzahl von DNA-Sonden werden im Wesentlichen folgende Techniken verwendet:

*1. Fotolithographische Verfahren*

Es werden dabei einzelsträngige DNA-Sequenzen durch lichtgesteuerte Kupplungsreaktionen an den genauen Positionen aufgebaut. Jede Position enthält rund 10 Millionen Moleküle des jeweiligen Oligonukleotids.

*2. Spotting-Techniken*

Um die zur Oligonuklidsynthese benötigen Reagenzien auf die kleinsten Flächen zu dosieren oder bereits vorbereitete einzelsträngige DNA-Sonden zu immobilisieren, werden auch *Nanospotter* verwendet, die ähnlich wie Tintenstrahldrucker funktionieren. Sie können sehr kleine Volumen von 1 nl bis 1,2 nl gezielt auf Oberflächen platzieren.

Es können heute bereits eine Anzahl von 6,5 Millionen Assays auf einer Chipfläche von 1,3 cm$^2$ untergebracht werden (Fa. Affimetrix). Es gibt eine ganze Reihe von verschiedenen vorbeschichteten Chipoberflächen, die zur Fixierung von Oligonukleotiden Verwendung finden können. Dies ist z. B. die Ankopplung über Aldehyde-, Epoxide-, streptavidin-modifizierte Oberflächen, NHS- oder Amino-Oberflächen.

### 12.6.2 Anwendung und Einsatz von DNA-Sensoren

1994 brachte die Firma Affimetrix mit dem *HIV Gene Chip* den ersten kommerziellen DNA-Chip auf den Markt. Heute gibt es für eine breite Anwendung spezielle Arrays für genomische DNA, Plasmide, PCR-Produkte und lange Oligonukleotide die von verschiedenen Herstellern angeboten werden. In Bild 12.6-3 sind zwei kommerzielle DNA-Chips dargestellt (ein optischer Affimetrix-Chip und ein elektrochemischer Combimatrix-Chip).

DNA-Mikroarray

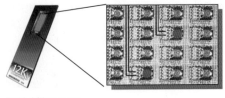

DNA-Mikroarray

Messgerät der Firma Affimetrix für einen optischen DNA-Mikroarray

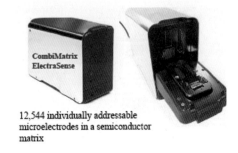

12,544 individually addressable microelectrodes in a semiconductor matrix

Messgerät der Firma Combimatrix für einen elektischen DNA Mikroarray

**Bild 12.6-3** Kommerzielle DNA-Mikroarrays (Werkfotos: Affimetrix und Combimatrix)

Der derzeitige Weltmarkt für DNA Mikro-Arrays liegt bei 800 Millionen US-$, Affimetrix ist der Marktführer.

Zur Untersuchung der *Genexpression* von beispielsweise normalen Zellen und Tumorzellen werden die mRNA oder cDNA aus den Zellen isoliert und mit fluorezierenden Farbstoffen (rot und grün) markiert. Auf dem DNA-Chip sind die Sequenzmotive der Gene als Einzelstrang immobilisiert und können mit den mRNA/c-DNA-Molekülen bei komplementärer Basenfolge hybridisieren. Die Position, Intensität und Wellenlänge der entstehenden Mischfarbe werden mit einer hochauflösenden Laserkamera detektiert und liefern Informationen über die Unterschiede in der Expression der Gene zwischen beiden Proben bzw. Zellen. Es ist hiermit möglich, das Zusammenspiel der Gene in den aktiven Stoffwechselwegen in unterschiedlichen Zellstadien aufzuklären. Auch deshalb sind solche DNA-Chips ein wertvolles Werkzeug in der molekularbiologischen Grundlagenforschung.

Eine weitere wichtige Anwendung ist die *mikrobielle und Virus-Diagnostik*. Die DNA-Chips tragen die charakteristischen DNA-Sequenzen von pathogenen Keimen. Deshalb lassen sich hiermit spezifische Nachweise von Mikroorganismen aus Lebensmitteln, (Ab)Wasser oder Gewebeproben und Blut durchführen. Der große Vorteil des genetischen Nachweises von Mikroorganismen ist die Schnelligkeit der Untersuchung. Während ein normaler Bakterien- oder Virusnachweis mehrere Tage dauern kann, ist mittels DNA-Chip die Analyse in wenigen Stunden durchgeführt.

Ein sehr großes und wichtiges Anwendungsgebiet der DNA-Analytik ist die *Tumordiagnostik*. Es wurde bereits ein Chip entwickelt, der 18.000 verschiedene Varianten von Tumorgenen repräsentiert. Damit können sehr ähnliche Formen eines B-Zell-Lymphoms aufgrund ihres Genaktivitätsmusters unterschieden werden. Es stellte sich dabei heraus, dass eine Form der Krankheit, die rund zwei Fünftel der Fälle ausmacht, auf zytostatische Chemotherapie anspricht, die andere Variante dagegen nicht.

Die sogenannten *Einzel-Nukleotid-Polymorphismens* (*SNP*s) sind kleine Abweichungen in einzelnen DNA-Basenpaaren, die für das Zustandekommen von vielen Krankheiten verantwortlich sind. Sie tauchen in ganzen Genomen (je nach Region) in Abständen von 100 bis 2.000 Basenpaaren auf. Gerade für die schnelle Diagnose solcher *individueller Krankheitsvarianten* bieten sich DNA-Chips an. Es werden hierfür Chips verwendet, die alle Kombinationen eines bestimmten *Oligonukleotids* repräsentieren. Es können anhand der *unterschiedlichen Hybridisierungsmuster* kleine Abweichungen zwischen zwei Individuen erkannt werden. Die Korrelation der individuellen Polymorphismen-Muster mit der variierenden Wirksamkeit und Verträglichkeit von Medikamenten liefern dann Informationen für die individualisierte Therapie.

## 12.7 Zellbasierte Sensorik

Wie bereits in Abschnitt 12.1 über biologische Sensorik abgehandelt, werden Zelltests vor allem in der Pharmaforschung und in der Arzneimittelentwicklung zur Ermittlung der Wirkung, Toxizität und den Einfluss auf den Metabolismus im Körper von bestimmten Stoffen verwendet. Mit den in vorangegangen Abschnitten beschriebenen Biosensoren lassen sich zumeist nur gezielte strukturelle Informationen über Substanzen gewinnen. Das Vorhandensein und die Wirkung (z. B. Enzymaktivität) von bestimmten, vorher bekannten Substanzen, ermitteln jedoch weniger die funktionellen Wirkungen. Gerade im Bereich des *Pharmascreenings* sind die Wirkung von Substanzen und der Einfluss auf den Metabolismus von Zellen von großer Bedeutung, da Arzneimittelwirkungen häufig sehr komplex sind und sich nur in ausgewählten Fällen auf einfache Rezeptor-Ligand-Interaktionen reduzieren lassen. Aus diesem Grund ist es häufig erforderlich, ganze Zellen oder sogar Gewebeteile mit in den Test einzubeziehen. Darüber hinaus gibt es derzeit Ansätze, auch die Qualität von Wasser über einen sogenannten *Wirksensor* wie die *Zellsensorik* zu untersuchen. Statt der aufwendigen Fisch-oder Daphinen-Tests zur schnellen Ermittlung der Wasserqualität und Wassertoxizität werden große Potenziale bei der Verwendung von ganzen Zellen gesehen. Wie bei den Arzneimitteln könnte auch die Wirkung von gefährlichen Substanzen, die sich im Wasser befinden, mit einem Zellsensor ermittelt werden. Wie in Abschnitt 12.2 beschrieben, gibt es im Pharmabereich verschiedene klassische Zelltests, welche die Wirkung von Substanzen untersuchen. Neuere Entwicklungen gehen deshalb dahin, ganze Zellen (oder Gewebe) als Rezeptoroberfläche in Kombination mit unterschiedlichen Transducern in einem *Bio(zell)sensorsystem* zu integrieren. Die lebenden Zellen werden direkt auf der Oberfläche eines Trägers kultiviert und bilden dort einen möglichst homogenen Zellrasen aus. Als Träger wird im Idealfall ein Halbleitermaterial verwendet, in das sich relativ leicht Mikroelektroden, Transistoren (z. B. ISFETs), kleine Sensorelemente oder komplette Halbleiterschaltkreise integrieren lassen. Für solche Arten von Zellchips werden derzeit zwei unterschiedliche Anwendungsfelder gesehen. Dies sind zum Einen der *metabolische Zellchip*, der Parameter des Zellstoffwechsels untersucht, zum Anderen der *Neurochip*, der Nervenzellen stimulieren kann sowie die Ableitung der Potenziale misst und damit die Neurotoxizität von Substanzen ermitteln kann.

### 12.7.1 Metabolischer Zellchip

Es gibt verschiedene Ansätze, den Stoffwechsel von Zellen zu überprüfen, die auch in einem auf Silizium basierten CMOS-Sensor integriert werden können. Die Änderung bzw. die Einflussnahme auf den Stoffwechsel kann beispielsweise über die Zellatmung untersucht werden, die sich in der *Änderung des Sauerstoffverbrauchs* widerspiegelt. Die Zellatmung wie auch der

Glukosestoffwechsel der Zelle kann auch durch die Messung der *Änderung der Ansäuerungsleistung* (d. h. der pH-Wert-Änderung) untersucht werden. Darüber hinaus gibt die *morphologische Änderung* der Zellen oder das Ablösen der Zellen vom Zellchip einen Hinweis auf Stoffwechselprozesse bzw. auf den Zustand einer Zelle. Es gibt verschiedene Ansätze, diese *Stoffwechselparameter* bei Zellen direkt und online zu untersuchen. Bei den meisten Systemen wird allerdings nur einer der oben beschriebenen Parameter gemessen. Derzeit gibt es einen Siliziumchip, der diese Stoffwechselfunktionen in einem System integriert hat. Dieses System von der Firma Bionas besteht aus einem *metabolischen Silicumchip*, der eine Interdigitalstruktur zur Messung der Zelladhäsion, eine Clark-ähnliche Elektrode zur Messung des Sauerstoffverbrauchs und einen ISFET integriert hat, um die *Ansäuerungsleistung* der Zellen zu bestimmen. Der Zellchip ist in einem Modul integriert, welches sich direkt zur Anzüchtung der Zellen eignet. Mit diesem System können gleichzeitig alle drei Parameter online untersucht werden. In Bild 12.7-1 sind der Zellchip, Zellen, die auf dem Zellchip kultiviert wurden, und das gesamte Chipmodul zur Messung von Stoffwechselparametern dargestellt.

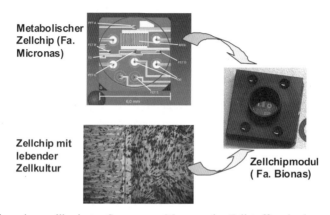

**Bild 12.7-1** Aufbau eines zellbasierten Sensors zur Messung des Zellstoffwechsels

### 12.7.2 Neuro-Chip

Zur Untersuchung der Neurotoxizität beim Pharmascreening, werden sogenannte *Neuro-Chips* verwendet. Diese Neuro-Chips enthalten beispielsweise Feldeffekt-Transistoren (FET), die Potenzialänderung an der Zelle messen können. Kommt es zu einer Interaktion eines Rezeptors mit einem passenden Analyten (Liganden), so wird über eine komplexe Signalkaskade, ein Ionenkanal geöffnet. Durch den *Ionenstrom* kommt es zu einer Potenzialänderung, die erfasst werden muss [11]. Da viele Nervenzellen zudem noch einen elektrischen Reiz für das Schalten eines Ionenkanals benötigen, kann die Zelle zusätzlich durch eine feine Elektrode kontaktiert werden. Alternativ kann die Stimulation durch Mikroelektroden erfolgen, die sich auf dem Siliziumsubstrat befinden. Diese Messanordnung wird auch als *Neuro-Transistor* bezeichnet (Verwendung von Neuronen als Zell-Elemente). In Bild 12.7-2 ist ein Neuro-Chip dargestellt, der an der ETH Zürich zur Untersuchung von Herz- und Nervenzellen entwickelt wurde.

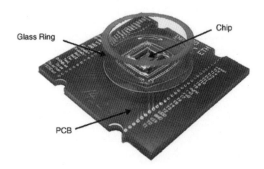

**Bild 12.7-2**
Neuro-Chip zur Messung der Aktivität
von Herz- oder Nervenzellen nach Heer [12]

Es gibt eine Reihe von weiteren Ansätzen und Messanordnungen, um die Funktionalität von elektrogenen Zellen zu untersuchen, beispielsweise mit einem *lichtdurchlässigen Zellchip*. Die Zelle befindet sich direkt über einem Loch im Chip, durch das Laserlicht eingestrahlt wird. Dadurch können in der Zelle Moleküle zur Fluoreszenz angeregt werden, die innerhalb der Signalkaskade zwischen Rezeptor und Ionenkanal aktiviert werden. Ein solcher Ansatz wurde bereits für einen Biosensor zum Nachweis von L-Lymphozyten-Aktivatoren sowie Wirkstoffen realisiert, die mit G-Protein gekoppelten Rezeptoren interagieren [13].

Die Anwendung der zellbasierten Sensoren wird vor allem beim *Screening* von neuen *pharmazeutischen Wirkstoffen* gesehen. Darüber hinaus bieten diese neuartigen Systeme die Möglichkeit, neue Substanzen und Chemikalien auf ihre Toxizität und Stoffwechseleffekte hin zu untersuchen. Dies könnte zukünftig eine neue Untersuchungsmethode bei der *Zulassung* für neue Substanzen sein. Ganz neue Anwendungen werden im Bereich *Wasserqualität* und *Wassersicherheit* gesehen. Derzeit werden zellbasierte Sensoren entwickelt, die in Zukunft sehr schnell erkennen können, wann gesundheitsschädliche Konzentrationen von Stoffen erreicht sind, die durch die Umwelt in den Wasserkreislauf eingetragen oder angereichert wurden (z. B. die Anreicherung von pharmazeutischen Rückständen im Wasser) oder wann toxische Substanzen ins Wasser gelangen (aktiv oder passiv).

# Weiterführende Literatur

[1] Sethi, R. S.: Transducer Aspects of Biosensors, Biosens. Bioelectron (1994), 243–264
[2] Alberts, B.; Bray, D.; Lewis, J.: Molekularbiologie der Zelle. 1990, 2. Auflage (VCH Weinheim)
[3] Tschmelak, J. et al.: Biosensors and Bioelectronics 20 (2005), 1499–1508
[4] Clark, L. C.; Wolf, R.; Granger, D.; Taylor, Z. (1953): Continuous recording of blood oxygen tensions by polarography. J Appl Physiol. 6, 189–193
[5] Severinghaus, J. W.; Astrup, P. B. (1986): History of blood gas analysis. IV. Leland Clark's oxygen electrode. J Clin Monit. 2, 125–139
[6] Newmann, J. D. et al. (2005): Home blood glucose biosensors: a commercial perspective. Biosensors and Bioelectronics 20, 2435–2453
[7] Köhler, G.; Milstein, C.: Continuous cultures of fused cells secreting antibody of predefined specifity. Nature, 1975. 256: pp. 495–497. Roitt, I. M., J. Brostoff, and D.K. Male, Kurzes Lehrbuch der Immunologie. 1995. 3. Aufl., Thieme Verlag, Stuttgart, New York
[8] Harris, L. J.; Larsson, S. B.; Hasel, K. W.: Refined structure of an intact IgG2a monoclonal antibody. Biochemistry, 1997. 36: p. 1581

[9] van Oss, C. J.: Antigen-Antibody-Reactions. Structure of antigens (van Regenmortel, M. H. V.), 1992 (CRC Press, Boca Raton): p. 99–125
[10] Steward, W. M.; Steensgaard, J.: Antibody Affinity: Thermodynamic Aspects and Biological Significance. CRC Press, Florida, 1983. Niessner, R. and e. al., Development of a high sensitive enzyme-immunoassay for the determination of triazine herbicides. Fresenius J. Anal. Chem., 1997. 358: pp. 614–622
[11] Vassanelli, S.; Fromherz, P.: Journal of Neuroscience, 1999, 19(16):6767–6773
[12] Heer, F. et al.: CMOS microelectrode array for the monitoring of electrogenic cells, Biosensors and Bioelectronics, 20 (2), 358–366 (2004)
[13] Zahn, M.; Renken, J., Seeger, S. (1999): Fluorimetric multiparameter cell assay at the single cell level fabricated by optical tweezers.FEBS Lett 443:337–340

# 13 Messgrößen für ionisierende Strahlung

## 13.1 Einführung und physikalische Größen

Der Mensch ist von sehr vielen Arten von Strahlung umgeben. Es seien hier nur die Sonneneinstrahlung, also das Licht, die Wärmestrahlung eines Heizkörpers, die Strahlung eines Mikrowellengerätes oder die kosmische Strahlung aus den Tiefen des Universums erwähnt. Damit gehört Strahlung zu unserer Umwelt; sie kann auf natürliche Art und Weise entstehen oder mit technischen Geräten erzeugt werden (Bild 13.1-1). Strahlung ist ganz allgemein eine Energieform, die sich als *Teilchenfluss* oder als *elektromagnetische Welle* im Raum ausbreitet.

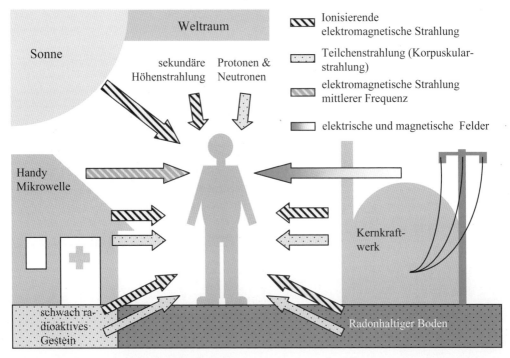

**Bild 13.1-1** Die unterschiedlichen Strahlenarten

Die Energie ist das wichtigste Unterscheidungskriterium zwischen ionisierender und nicht ionisierender Strahlung. *Ionisierende Strahlung* ist eine Bezeichnung für jede Teilchen- oder elektromagnetische Strahlung, die *Atome* oder *Moleküle ionisieren* kann, also in der Lage ist, Elektronen aus der Elektronenhülle zu entfernen. Das sind in der Regel Ionisationsenergien von mehr als 5 eV (entspricht der Energie eines Elektrons beim Durchlaufen einer Spannungsdifferenz von 5 V). Ionisierende Strahlung kann auch von radioaktiven Stoffen ausgehen. Der Begriff radioaktive Strahlung sollte aber vermieden werden; denn nicht die eigentliche Strahlung ist radioaktiv, sondern der Stoff, der die Strahlung aussendet.

- Handelt es sich um *elektromagnetische Strahlung*, entspricht die Ionisationsenergie von 5 eV etwa Wellenlängen von weniger als etwa 200 nm. Es können deshalb nur Gammastrahlung, Röntgenstrahlung und kurzwellige Ultraviolettstrahlung Elektronen aus der Atomhülle lösen bzw. Atombindungen auftrennen.
- *Geladene Teilchen* (z. B. Protonen (p), Elektronen (e) oder Mesonen) werden ab 5 eV auch zur ionisierenden Strahlung gezählt.
- *Neutrale Teilchen* wie Neutronen werden auch zur ionisierenden Strahlung gerechnet. Die Ionisation erfolgt hier über indirekte Kernreaktionen oder Streuprozesse.

In Bild 13.1-2 sind die Verhältnisse verdeutlicht. Wilhelm Conrad Röntgen entdeckte im Jahre 1895 die X-Strahlen, die später in Röntgenstrahlen umbenannt wurden. Es wird darauf hingewiesen, dass zwischen dem *Wellen-* und *Teilchenaspekt* der Strahlung ein *Dualismus* im Sinne der Quantentheorie besteht. So kann eine Welle als Teilchen und umgekehrt aufgefasst werden. Die Wellen- und Teilchenstrahlung können als *kosmische Strahlung* auf die Erde auftreffen oder auch durch technische Anlagen wie Röntgenröhren oder Beschleuniger erzeugt werden. Insofern ist die kosmische Gammastrahlung auch unter der kosmischen Teilchenstrahlung aufgeführt.

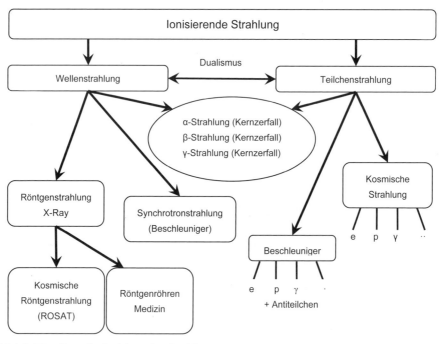

**Bild 13.1-2** Einteilung der ionisierenden Strahlung

Alpha-(α-), Beta-(β-) und Gamma-(γ-)Strahlung entstehen beim *radioaktiven Zerfall*. Bestimmte Atomkerne, die Radionuklide, zerfallen unter Aussendung von radioaktiver Strahlung, bis sie einen stabilen Endzustand erreicht haben (Bild 13.1-3). *Alphastrahlung* besteht aus *doppelt positiv geladenen Heliumkernen*. Diese Strahlung kann weder die Haut eines Menschen noch Papier durchdringen. *Gammastrahlung* ist *hochenergetische elektromagnetische*

## 13.1 Einführung und physikalische Größen

*Strahlung.* Sie weist ein *hohes Durchdringungsvermögen* auf und kann durch Stoffe wie Blei oder Beton abgeschirmt werden. Die *Betastrahlung* besteht aus *Elektronen* oder *Positronen*. Sie weist eine *mittlere Durchdringungsfähigkeit* auf, d. h., in Luft einige Zentimeter bis Meter, im menschlichen Weichteilgewebe bis in den Zentimeterbereich hinein.

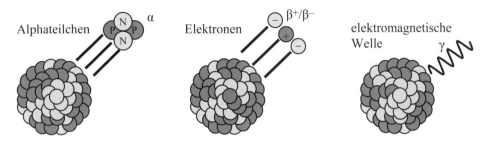

**Bild 13.1-3** Die Entstehung der radioaktiven Strahlung (N: Neutronen, P: Protonen)

Vor radioaktiver Strahlung muss, wie in Bild 13.1-4 zu sehen, mit Warnzeichen gewarnt werden.

**Bild 13.1-4** Warnzeichen vor radioaktiven Stoffen oder ionisierenden Strahlen

Die Wirkungen dieser Strahlung auf den Menschen sind unbestritten und hängen von vielen Faktoren ab. Hierauf wird nur begrenzt eingegangen. Das betrifft ebenso die zahlreichen Anwendungen. Im Folgenden wird die Messung und Bewertung ionisierender Strahlung beschrieben werden. Dazu dienen folgende vier Grundgrößen:

- Strahlungsenergie,
- Aktivität,
- Energiedosis und
- Äquivalentdosis.

### Strahlungsenergie

Die Strahlungsenergie $E$ ist eine wichtige Größe zur Beschreibung von Strahlung. Röntgen- und Gammastrahlen transportieren Energie durch Photonen ohne Ruhemasse. Die Energie $E$ ergibt sich zu:

$$E = h\,f = h\,c/\lambda \tag{13.1.1}$$

h: Plancksches Wirkungsquantum (h = 6,626 · $10^{-34}$ Js), $f$: Frequenz, c: Lichtgeschwindigkeit (c = 2,9979 · $10^8$ m/s), $\lambda$: Wellenlänge.

Beim Durchgang durch Materie gibt diese Strahlung ihre Energie nicht gleichmäßig längs der Bahn ab, sondern punktuell. Man nennt dies *indirekt ionisierend*.

Die Teilchenstrahlen hingegen haben eine Ruhemasse $m$. Die kinetische Energie $E_{kin}$ ist der Masse der Teilchen $m$ und dem Quadrat der Teilchengeschwindigkeit $v$ proportional.

$$E = mv^2/2. \tag{13.1.2}$$

Diese Strahlung wird *direkt ionisierend* genannt und durch die Bethe-Bloch-Formel (Gl. (13.2.3) in Abschnitt 13.2) beschrieben. Befinden sich *unterschiedlich geladene* Teilchen in einem Magnetfeld, können sie über ihre *Ablenkung* unterschieden werden. Ganz allgemein wird die Energie von Strahlung in Elektronenvolt (eV) angegeben werden. Die Energie der Strahlung kann mit *Detektoren* (Abschnitt 13.2) sehr genau bestimmt werden. Das ist die Aufgabe der *Energiespektroskopie*.

## *Aktivität*

Die Einheit der Aktivität $A$ ist das Becquerel. Sie beschreibt die Anzahl der Zerfälle pro Sekunde (d$N$/d$t$):

$$A = dN/dt. \tag{13.1.3}$$

Es gilt das radioaktive Zerfallsgesetz:

$$N = N_0 \, e^{-(\lambda t)}. \tag{13.1.4}$$

Eine bestimmte Anzahl von Kernen $N_0$ zerfällt exponentiell; $\lambda$ ist die Zerfallskonstante und $t$ die Zeit. Die *Halbwertszeit* $T_{1/2}$ ist die Zeit, nach der die Hälfte der anfangs vorhandenen Atomkerne zerfallen ist. Die Aktivität kann mit einem Detektor und einer Zählvorrichtung gemessen werden.

## *Energiedosis*

Die Aktivität eines Strahlers gibt noch keine Auskunft darüber, wie *gefährlich* die Strahlung ist und welche *biologischen Schäden* zu erwarten sind. Als Energiedosis $D$ bezeichnet man die von einem bestrahlten Objekt über einen Zeitraum *absorbierte Energiemenge* d$E$ pro Masseneinheit d$m$. Sie ist abhängig von der Intensität der Bestrahlung, der Absorption des bestrahlten Stoffes, der Strahlungsart, der Strahlungsenergie und geometrischen Größen. Sie wird in Gray (Gy) gemessen (1 Gy = 1 J/kg). Es gilt:

$$D = dE/dm. \tag{13.1.5}$$

Die Messung kann prinzipiell über die geringe Temperaturerhöhung durch Strahlungsabsorption im Volumen erfolgen und ist dementsprechend schwierig (Abschnitt 13.2).

## *Äquivalentdosis*

Die Energiedosis $D$, gemessen in Gy, beschreibt die rein physikalische Energiedeposition. Über die biologische Wirkung der Strahlung kann keine Aussage getroffen werden. Die *relative biologische Wirksamkeit* hängt von der Strahlenart, der Energie, der zeitlichen Einwirkung und weiteren Einflussgrößen ab. Man hat deshalb in Abhängigkeit von der Strahlenart einen Qualitätsfaktor $w_R$ (*Strahlenwichtungsfaktor*) festgelegt. Der Strahlenwichtungsfaktor für einige Strahlenarten ist in Tabelle 13.1.1 zu sehen. Er hängt teilweise auch noch von der Energie der Teilchen oder der Strahlung ab.

**Tabelle 13.1.1** Strahlenwichtungsfaktoren $w_R$ für unterschiedliche Strahlenarten

| Strahlenart | Strahlenwichtungsfaktor |
|---|---|
| α-Strahlen | 20 |
| β-, γ-Strahlen | 1 |
| Röntgenstrahlen | 1 |
| schnelle Neutronen | 10 |
| thermische Neutronen | 3 |
| Protonen | 5 bis 10 |
| schwere Rückstoßkerne | 20 |

Die *Äquivalentdosis H* (gemessen in Sievert; Sv; 1 Sv = 1J/kg)) ist ein Maß für die Stärke der *biologischen Wirkung* einer bestimmten Strahlendosis. Sie ergibt sich durch Multiplikation der Energiedosis $D$ mit dem Strahlenwichtungsfaktor $w_R$, der in vereinfachter Weise die relative biologische Wirksamkeit der betreffenden Strahlung beschreibt. Es gilt:

$$H = w_R\, D. \tag{13.1.6}$$

Der Strahlenwichtungsfaktor $w_R$ ist für Beta- und Gammastrahlung gleich 1; die Äquivalentdosis $H$ ist hier also zahlenmäßig gleich der Energiedosis $D$. Für andere Strahlenarten gelten Faktoren bis zu 20 (z. B. α-Teilchen).

*Ionendosis*

Des Weiteren ist die Ionendosis $I$ von Interesse. Sie ist ein Maß für die *Stärke der Ionisierung*, ausgedrückt durch die freigesetzte Ladung $Q$ pro Masse $m$ (Maßeinheit J/kg) des bestrahlten Stoffes. Sie kann mit Ionisationskammern bestimmt werden (Abschnitt 13.2). Es gilt:

$$I = dQ/dm. \tag{13.1.7}$$

Alle Dosisgrößen können auch pro Zeiteinheit erfasst werden. Dann ergeben sich die entsprechenden *Leistungsgrößen*.

## 13.2 Wechselwirkung von ionisierender Strahlung mit Materie

Im vorherigen Abschnitt wurden die grundlegenden physikalischen Messgrößen beschrieben. Darüber hinaus können je nach physikalischer Fragestellung das zeitliche Auftreten von Strahlung, der Impuls, der Ort, die Reichweite, die Halbwertszeit, der Emissionswinkel oder auch noch andere Größen von Interesse sein. Für den Nachweis von Strahlung ist die *Phänomenologie* der *Wechselwirkung* von ionisierender Strahlung mit Materie ein wichtiges Thema. Bild 13.2-1 gibt hierzu einen Überblick.

Es erfolgt eine grobe Einteilung der Strahlung in *geladene Partikelstrahlung*, *neutrale Partikelstrahlung* und *elektromagnetische Strahlung*. Ionisierende elektromagnetische Strahlung (Gamma- oder Röntgenquanten) ionisieren nicht fortlaufend auf ihrem Weg wie beispielsweise Teilchenstrahlung. Die Wechselwirkung dieser Quanten mit Materie erfolgt im Wesentlichen durch einen der folgenden drei Prozesse: *Fotoeffekt*, *Compton-Effekt* und *Paarbildungseffekt*. Diese werden nachfolgend beschrieben.

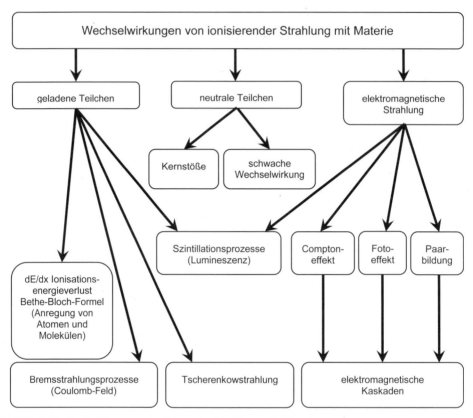

**Bild 13.2-1** Wechselwirkung von ionisierender Strahlung mit Materie

*Fotoeffekt*

Trifft ein hochenergetisches Quant auf ein Atom, so kann es ein Elektron aus den inneren Schalen herauslösen. Als *Sekundärprozess* können eine charakteristische *Röntgenstrahlung* oder ein *Auger-Elektron* entstehen. Bild 13.2-2 verdeutlicht diesen Prozess. Dieser Effekt kann auch am Kern als *Kernfotoeffekt*, im Rahmen des Bändermodells am einfachen Halbleiter oder am pn-Übergang auftreten. Er wird in vielfacher Form für den *Teilchennachweis* genutzt. Das durch die hochenergetische Strahlung erzeugte Elektron kann elektronisch ausgelesen und verstärkt werden.

Wenn das Quant nicht ionisierend ist, sprechen wir vom *lichtelektrischen Effekt* (Bild 13.2-3). Dieser spielt beim Nachweis von ionisierender Strahlung auch dann eine Rolle, wenn über einen Lumineszenz-Effekt die ionisierende Strahlung in sichtbares Licht umgewandelt wird und in einem zweiten Prozess das Licht über den lichtelektrischen Effekt in Elektronen umgewandelt wird.

13.2 Wechselwirkung von ionisierender Strahlung mit Materie

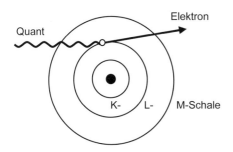

**Bild 13.2-2** Fotoeffekt und Ionisierung eines Atoms

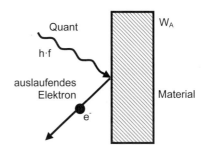

**Bild 13.2-3** Lichtelektrischer Effekt

*Compton-Effekt*

Der Compton-Effekt beschreibt die Wechselwirkung zwischen einem Photon mit einem freien oder quasifreien Elektron. Trifft ein Röntgenquant auf ein Material, dessen Elektronen nur mit geringer Bindungsenergie an das Atomgitter gebunden sind, finden *Stoßprozesse* zwischen den Photonen und den Elektronen statt. Die Energie des Quants $E = hf$ (*f: Frequenz*) wird teilweise auf das Elektron als kinetische Energie $E_{kin}$ übertragen. Das auslaufende Quant hat die Energie $E' = hf'$. Die nachfolgende Gleichung und Bild 13.2-4 verdeutlichen den Sachverhalt:

$$E = hf = hf'' + mv^2/2. \tag{13.2.1}$$

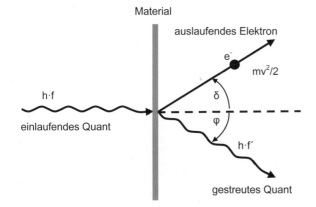

**Bild 13.2-4** Compton-Effekt

Man kann deshalb hinter dem Streuobjekt neben den ungestreuten Photonen auch *gestreute Photonen* nachweisen, die eine *abweichende Wellenlänge* und damit Energie aufweisen. Die Wellenlängendifferenz $\Delta\lambda$ beträgt ($m_0$: Masse des Elektrons):

$$\Delta\lambda = \frac{h}{m_0 c}(1-\cos\varphi). \tag{13.2.2}$$

Die Wellenlängendifferenz $\Delta\lambda$ ist nur vom Winkel $\varphi$ zwischen der Primärstrahlung und der Streustrahlung abhängig. Der Compton-Effekt ist ein wichtiger Effekt für den Nachweis von *Photonen*.

## Paarbildungseffekt

Der Paarbildungseffekt ist zwar für den Teilchennachweis weniger interessant, spielt aber in der Wechselwirkungs-Phänomenologie eine wichtige Rolle. Ein hochenergetisches Quant kann im Coulomb-Feld eines schweren Atoms in ein Elektron und ein Positron zerstrahlen. Der Prozess ist in Bild 13.2-5 dargestellt.

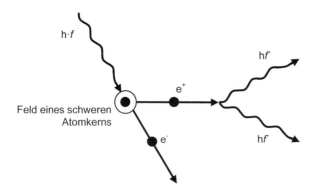

**Bild 13.2-5** Paarbildungseffekt

Welche der oben beschriebenen drei Effekte überwiegen, hängt von der Energie der Photonen und den Massenzahlen der beteiligten Atomkerne ab. Bei geladenen Teilchen findet die *Wechselwirkung* über *Ionisation* und *Anregung* statt. Ein Elektron erzeugt beispielsweise längs eines Weges ionisierte Atome und freie Elektronen. Es findet eine Vielzahl von Stößen statt. Der Energieverlust eines Teilchens beim Durchtritt durch Materie hängt im Wesentlichen von der Ladung, der Geschwindigkeit und den Materieeigenschaften ab. Das wird durch die Bethe-Bloch-Gleichung (Gl. (13.2.3) in vereinfachter Form) beschrieben:

$$\frac{\Delta E}{\Delta x} \approx \frac{z^2 Z}{v^2 A} \ln(\alpha E). \tag{13.2.3}$$

Dabei ist: $\Delta E$: Energieabgabe auf der Strecke $\Delta x$, $z$: Teilchenladung; $Z$: Kernladungszahl des Materials, $v$: Geschwindigkeit des Teilchens, $\alpha$: Materialkonstante, $E$: Teilchen-Gesamtenergie.

Die Reichweite von Alpha-Strahlung oder Beta-Strahlung ist ganz unterschiedlich. So werden Alpha-Teilchen mit einigen MeV Energie schon nach wenigen cm in Luft gestoppt. Die Reichweite von Beta-Strahlung gleicher Energie könnte einige Meter betragen. Die Gl. (13.2.3) muss für sehr hohe Energien erweitert werden. Es gewinnen zusätzliche Strahlungsmechanismen wie die Bremsstrahlung oder die Tscherenkowstrahlung an Bedeutung (Bild 13.2-1).

Der Nachweis von *neutralen Teilchen* ist schwierig und hängt stark von der Teilchenart ab. Hier soll nur kurz auf Neutronen eingegangen werden. In der Regel wird man die *sekundären geladenen Produkte* der Wechselwirkung eines Neutrons mit Kernen oder anderen Teilchen nachweisen. Es können hier *unterschiedliche Prozesse* an Kernen stattfinden (z. B. elastische oder inelastische Streuung oder Absorption mit Teilchenemission).

In Bild 13.2-6 sind die verschiedenen physikalischen Prozesse bei der Wechselwirkung von ionisierender Strahlung mit Materie zu sehen. Die Länge der Prozessketten ist ein Maß für die Reichweiten.

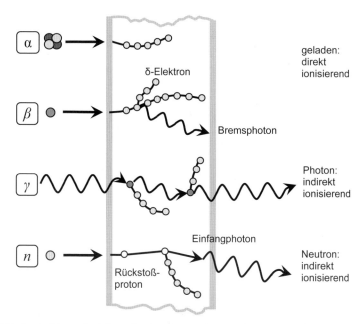

**Bild 13.2-6** Wechselwirkung ionisierender Strahlung mit Materie

*Strahlenbelastung der Menschen*

*Ionisierende Strahlung* tritt in geringer Dosis als *natürliche Strahlenbelastung* auf. Diese besteht unter anderem aus der kosmischen Strahlung und der Strahlung radioaktiver Stoffe, die auf natürliche Weise in der Erde und in der Atmosphäre vorkommen, wie beispielsweise Radionuklide. Prinzipiell kommt der Mensch über Inkorporation mit der Nahrungsaufnahme, Inhalation der Atemluft, Exposition in Form von kosmischer Strahlenbelastung oder Kontamination mit Strahlung in Berührung. Letzteres ist normalerweise nicht der Fall. Die beiden anderen erwähnten Möglichkeiten sind aber im realen Leben gegeben. So senden bestimmte Baumaterialien oder auch Nahrungsmittel ionisierende Strahlung aus. Bei der medizinischen Anwendung von Diagnoseverfahren wie dem Röntgen oder der Computertomografie kommt man sehr wohl mit erhöhten Dosen ionisierender Strahlung in Berührung. Die Strahlentherapie zur Bekämpfung von Krebserkrankungen wendet noch stärkere Strahlungsdosen an.

## 13.3 Einteilung der Sensoren

Die Sensoren oder auch Detektoren zum Nachweis ionisierender Strahlung können nach ihren unterschiedlichen physikalischen Wirk-Prinzipien eingeteilt werden In Tabelle 13.3.1 ist eine Einteilung nach ihrer *Nachweisgröße* zu sehen. Im einfachsten Fall kann die *fotographische* oder *chemische Wirkung* der hochenergetischen Strahlung ausgenutzt werden, wie bei den einfachen *Dosimetern*. Diesbezüglich können auch *Leuchtzentren* genutzt werden. In der überwiegenden Mehrzahl der Fälle werden *elektrische Ladungen* für den Nachweis genutzt, die in *Gaszählern* durch Direktabsorption erzeugt werden. In einem *Halbleiterzähler* kann die Strahlung ebenfalls direkt absorbiert werden oder über den Umweg der Konversion in sichtbares Licht detektiert werden.

**Tabelle 13.3.1** Messprinzipien beim Nachweis und bei der Dosimetrie ionisierender Strahlung

| Nachweisgröße | Detektor |
|---|---|
| Elektrische Ladung | Ionisationskammer |
| | Proportionalzählrohr |
| | Fotomultiplier |
| | Halbleiterdetektor |
| Licht | Szintillationsdetektor (optisch) |
| Leuchtzentren | Thermolumineszensdosimeter |
| | Phosphatgläser |
| Chemische Reaktionen | Eisensulfatdosimeter |
| Fotographische Wirkung | Filmdosimeter |

Eine Übersicht über die vielfältigen Möglichkeiten, insbesondere was die modernen Halbleiterbauelemente betrifft, wird in Bild 13.3-1 dargestellt. Die Festkörperdetektoren (FK-Detektoren) können im Wesentlichen in PIN-Dioden, Avalanche-Dioden (APDs) oder CCD-Elemente (charge coupled devices) unterteilt werden. Diese Bauelemente, wie auch die Fotomultiplier, können auch in Arrays angeordnet werden, was eine Ortsbestimmung erlaubt. Auf Festkörper-Ionisationskammern (FK-IK) und lithiumgedriftete Si- oder Ge-Detektoren soll hier nicht näher eingegangen werden. Es müssen ja, wie schon eingangs erwähnt, die unterschiedlichen Verfahren und Detektoren eingesetzt werden, um etwa Energiespektroskopie zu betreiben, oder wie beim Strahlenschutz Dosimetrie-Messungen durchzuführen.

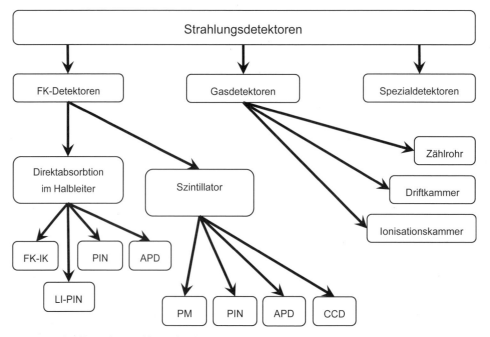

**Bild 13.3-1** Einteilung der Strahlungsdetektoren

## 13.3 Einteilung der Sensoren

Bei den großen Teilchenbeschleunigern hingegen wird sehr häufig neben der Energie die *Ortsinformation* von Bedeutung sein, um eine Spurenrekonstruktion der Teilchen durchzuführen. Die *Halbleiterdetektoren* können in Verbindung mit einem *Szintillator* eingesetzt werden oder als direkt absorbierende Sensoren verwendet werden. Die *Gasdetektoren* können grob in Ionisationskammern, Zählrohre und Driftkammern unterteilt werden. Darüber hinaus gibt es die Nebel-, die Blasen- oder Streamerkammern, die in der Darstellung nicht enthalten sind, da sie heute keine große praktische Bedeutung mehr haben. Auf sie wird im folgenden Abschnitt kurz eingegangen. Es gibt darüber hinaus sehr viele weitere Spezialdetektoren.

Im einfachsten Fall kann ionisierende Strahlung über *Fotoemulsionen* detektiert werden. Durch die Strahlenwirkung verändert sich eine Emulsionsschicht. Die Färbung ist von der Art, der Menge und der Energie der Strahlung abhängig. Diese Strukturen, stellen eine einfache Möglichkeit des dokumentarischen Strahlungsnachweises dar. Die Auswertung ist umständlich und das Verfahren ist ungenau. Es kann in verschiedenen Spielarten zur Personenüberwachung eingesetzt werden. Bild 13.3-2 zeigt verschiedene Filmdosimeter, die in der Nuklearmedizin des Kreiskrankenhauses Gummersbach (KKH GM) zum Einsatz kommen.

**Bild 13.3-2** Verschiedene Filmdosimeter (Werkfoto: Nuklearmedizin KKH GM)

Für die Eichung und Kalibration werden auch kalorimetrische Verfahren eingesetzt, die auf der Temperaturerhöhung von Wasser basieren. Davon wird beispielsweise in der *Absolutdosimetrie* bei der Physikalisch-Technischen Bundesanstalt (PTB) in Form von *Dosisnormalen* Gebrauch gemacht. Das trifft auch in ähnlicher Form auf den Eisen-Sulfat-Detektor zu, bei dem chemische Reaktionen ausgenutzt werden.

Die prinzipielle elektronische Anordnung eines Detektors als Blockschaltbild ist in Bild 13.3-3 dargestellt. Ionisierende Strahlung kann über den *Szintillationseffekt* in *Licht* gewandelt werden oder direkt in einer Fotodiode oder APD absorbiert werden. Nachfolgend wird das elektronische Signal verstärkt, wobei insbesondere das Signal-Rausch-Verhältnis wichtig ist. Der Verstärker kann beispielsweise ein Ladungsverstärker (LEV) oder ein Transimpedanzverstärker sein. Detektor und Verstärker werden häufig integriert und gekühlt, was zur Verbesserung der Auflösung beiträgt. Nachfolgend wird häufig ein Filter zur Impulsformung eingesetzt, etwa zur Erzeugung eines unipolaren Gaußpulses. Dieser kann analog oder digital ausgewertet werden, weitere Verfahren können sich anschließen.

Das Anwendungsspektrum der Strahlungsdetektoren für ionisierende Strahlung ist sehr breit. Im Bereich der *Medizin* werden diese Detektoren im Rahmen der *Strahlendiagnostik*, beispielsweise in der *Computertomografie* oder der *Positron-Emissions-Tomografie* (PET) eingesetzt und in der Strahlentherapie zur punktgenauen Applikation der Strahlung und zur Qualitätskontrolle benutzt.

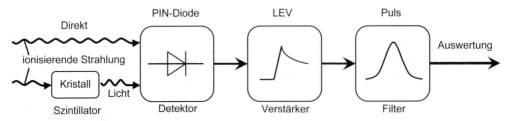

**Bild 13.3-3** Prinzipieller Aufbau eines Strahlungsdetektors

Detektoren für Röntgenstrahlung werden zur Sicherheitskontrolle auf Flughäfen oder in anderen sicherheitskritischen Bereichen eingesetzt. In den Materialwissenschaften werden ionisierende Strahlen zur Strukturanalyse benutzt oder um kritische Schwachstellen (z. B. in Turbinen) zerstörungsfrei zu ermitteln. Die Entschlüsselung des menschlichen Genoms in der Biologie oder die Herstellung ultrakleiner Chips im Rahmen der LIGA-Technologie wird mit Röntgen- oder Partikelstrahlung durchgeführt. Die Anwendungen reichen bis hin zur Kunst oder Archäologie. So können Mumien oder Gemälde mit Röntgenstrahlung untersucht werden, um ihre Herkunft zu klären. Die Altersbestimmung von Knochen kann mit der C-14-Methode erfolgen. Die moderne Umweltanalytik nutzt ionisierende Strahlen.

## 13.4 Gasgefüllte Strahlungssensoren

Die wichtigsten gasgefüllten Detektoren im praktischen Gebrauch sind *Ionisationskammern* und *Zählrohre*. Die *Blasenkammer* ist ein weiterer gasgefüllter Teilchendetektor, der Spuren von geladenen Elementarteilchen sichtbar macht. Die Blasenkammer ist ähnlich aufgebaut wie die Nebelkammer, die in Expansions- oder kontinuierliche Nebelkammer unterteilt werden kann. Es können große Volumina erfasst werden; wegen der fehlenden Triggermöglichkeiten ist die Bedeutung dieser Detektoren gering.

Eine *Blasenkammer* ist häufig mit flüssigem Wasserstoff gefüllt, in den die zu untersuchenden Teilchen eintreten. Kurz vor Eintritt wird der Druck innerhalb der Kammer stark verringert, so dass die Temperatur des Wasserstoffs oberhalb des Siedepunktes liegt. Die einlaufenden Teilchen ionisieren nun Wasserstoffatome, welche als Keime für Gasbläschen dienen. Diese können dann fotografiert und ausgewertet werden. Die Blasenkammer befindet sich üblicherweise in einem Magnetfeld, so dass geladene Teilchen eine gekrümmte Bahn durchlaufen. Daraus lässt sich das Verhältnis von Masse und Ladung, der Impuls und bei zerfallenden Teilchen die Lebensdauer bestimmen. Die Blasenkammer besitzt kaum noch praktische Bedeutung und auch die Weiterentwicklungen wie die Streamerkammer sind heute durch elektronische Detektoren ersetzt worden.

In Tabelle 13.4.1 ist ein Vergleich verschiedener Detektorsysteme für eine Energie von einem MeV zu sehen. Die Werte stellen Richtwerte dar, die im Einzelfall abweichen können.

## 13.4 Gasgefüllte Strahlungssensoren

**Tabelle 13.4.1** Vergleich von verschiedenen Detektorsystemen für eine Energie von 1 MeV

| Kenngröße | Halbleiter (z. B. Silicium) | Gaszählrohr (Proportionalbereich) | Szintillator (z. B. NaJ) |
|---|---|---|---|
| Energieaufwand $w$ für: ein-Teilchen-Loch-Paar ein Ionenpaar ein Sekundärelektron an der Fotokathode | etwa 3,8 eV T = 77 K | etwa 35 eV | etwa 1.000 eV |
| Zahl der Ereignisse Pro MeV, $Z$=1 MeV/$w$ | 330.000 | 30.000 | 1.000 |
| Fano-Faktor $F$ | 0,13 | 0,2 | 1 |
| Statistische Schwankung $\sqrt{ZF}$ | 205 | 81 | 32 |
| Relative Schwankung $\sqrt{F/Z}$ | 0,6 ‰ | 2,5 ‰ | 3 % |
| Halbwertsbreite | 1,5 keV | 6 keV | 70 keV |
| Interne Verstärkung Gasverstärkung SEV-Verstärkung | 1 (oder größer) | größer $10^3$ | größer $10^6$ |
| Signalgröße: Anzahl der Elementarladungen | $330 \cdot 10^3$ | $30 \cdot 10^6$ | $10^9$ |

Einer der einfachsten Strahlungsdetektoren ist die sogenannte *Ionisationskammer*. Die ionisierende Strahlung erzeugt eine spezifische Primärionisation im sensitiven Volumen. Die erzeugten Elektronen und Ionen können in einem konstanten elektrischen Feld eingesammelt werden. In Bild 13.4-1 ist die Kennlinie einer Gasentladung bzw. eines Zählrohres dargestellt.

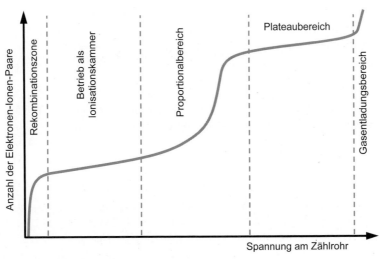

**Bild 13.4-1** Kennlinie eines Zählrohrs

Bei kleinen Spannungen, wie im Bereich der Ionisationskammer, werden wenige Elektronen-Ionenpaare erzeugt: der Detektor arbeitet ohne Verstärkung. Wenn die Spannung weiter gesteigert wird, steigt die Anzahl der Ladungsträger proportional zur einfallenden Strahlung. Im Plateaubereich schwächt sich das Verhalten ab, bevor die Strecke in den Gasentladungsbereich übergeht. Die Ionisationskammer besitzt keine interne Verstärkung wie das Zählrohr. Deshalb benötigt man eine Elektronik mit großer Verstärkung.

In Bild 13.4-2 sind verschiedene Ionisationskammern dargestellt. Das Prinzip ist in Bild 13.4-3 dargestellt. Es gibt unterschiedliche Bauformen und Größen für die einzelnen Strahlenarten und Dosisbereiche. Die gelieferte Stromstärke ist der Dosisleistung proportional. Mit einer Ionisationskammer können die *Ionendosis*, die *Ionendosisleistung* und andere Dosisgrößen sehr gut bestimmt werden. Diese Kammer ist besonders für die *Alpha-Spektroskopie* geeignet, da diese Partikel ihre gesamte Energie im Kammervolumen deponieren. So können beispielsweise Parallelplatten-Ionisationskammern für Belichtungsautomaten mit bestimmten Dosisleistungsbereichen oder Ionisations-Flachkammern für die Röntgendiagnostik gut eingesetzt werden.

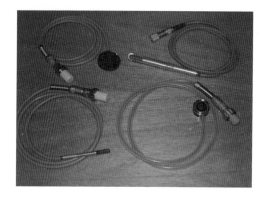

**Bild 13.4-2**
Unterschiedliche Ionisationskammern
(Werkfoto: Nuklearmedizin KKH GM)

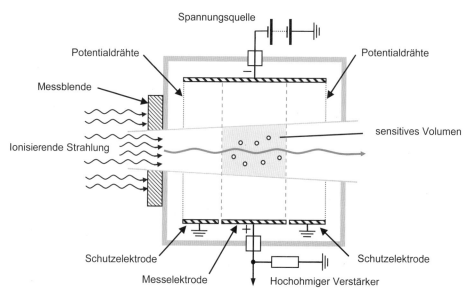

**Bild 13.4-3** Prinzip der Ionisationskammer

## 13.4 Gasgefüllte Strahlungssensoren

Die Ionisationskammer ist ein einfacher robuster Detektor und ist für folgende Messaufgaben bzw. Anwendungen besonders geeignet:

- Reaktormesstechnik,
- Strahlenschutz und Dosimetrie,
- Kernphysikalische Spektroskopie und
- Mess-, Steuer- und Regelungstechnik.

Das Prinzip einer Ionisationskammer ist in Bild 13.4-3 dargestellt.

Wie bereits erläutert, kann die Energiedosis schlecht gemessen werden, so dass die *Äquivalentdosis* meist mit entsprechend geeichten Gasdetektoren gemessen wird. Ein sehr einfaches Gerät ist das *Stabdosimeter*, das mit einer Spannung aufgeladen wird. Durch die im Gas deponierte Primärionisation sinkt die Spannung, was an einem Quarzfaden an einer geeichten Skala abgelesen werden kann. Das Ganze kann dann in Einheiten der Äquivalentdosis in Sievert geeicht werden. Das nachfolgende Bild 13.4-4 zeigt den Prinzipaufbau und ein Gerät.

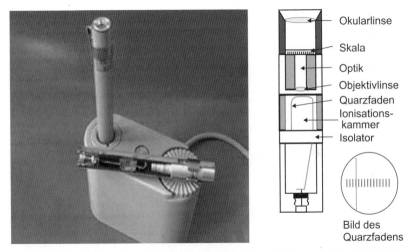

**Bild 13.4-4** Aufbau und Ansicht eines Stabdosimeters (Werkfoto: Nuklearmedizin KKH GM)

Das *Zählrohr* ist ein weiterer wichtiger Gasdetektor. Der Hauptbestandteil ist ein Metallrohr, das die Kathode bildet. In der Mitte befindet sich ein Draht, die Anode. Zählrohre, die für die Detektion von Alphastrahlung eingesetzt werden, besitzen ein strahlendurchlässiges Fenster (z. B. aus Mylar). Mit diesem Zählrohr kann auch Alphastrahlung detektiert werden, weil deren Reichweite gering ist. Sollen nur Beta- oder Gammastrahlung bestimmt werden, kann das Fenster entfallen, da es konstruktive Probleme bereitet. Im Inneren des Rohres befindet sich ein Edelgas mit niedrigem Druck. Zwischen den Elektroden liegt eine Gleichspannung von mehreren hundert Volt an, die die ionisierten Atome und die Elektronen trennt. Die Elektronen werden in Richtung Anode beschleunigt und erzeugen dabei über Stoßionisation lawinenartig weitere Elektronen. Der daraus resultierende Strom wird an einem Lastwiderstand abgegriffen. Der Widerstand muss hochohmig sein, damit der Strom begrenzt wird und die Entladung gelöscht wird. In Bild 13.4-5 ist das Prinzip dargestellt.

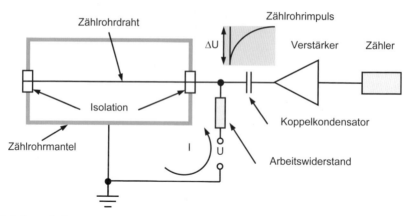

**Bild 13.4-5** Schematische Darstellung eines Zählrohres mit Nachweiselektronik

Das Zählrohr kann in *verschiedenen Betriebsbereichen* wie dem Anlauf-, Proportional- oder Geiger-Müller-Bereich betrieben werden (Bild 13.4-1). Um die Dosisleistung und die Aktivität einer Strahlungsquelle zu messen, werden die *Impulse* gezählt. Im Proportionalbereich ist der gemessene *Strom proportional* zur *Energie* der einfallenden Strahlung. In diesem Bereich arbeiten die beschriebenen Ionisationskammern oder die Proportionalzählrohre zur Messung der Energiedosis oder der Dosisleistung einer Strahlung. Die *Impulshöhe* ist der *Primärionisation proportional*. Das Proportional-Zählrohr kann auch zur *Energiebestimmung* und zur *Teilchenunterscheidung* eingesetzt werden. Wenn man die Spannung in einem Zählrohr weiter erhöht, löst jedes Teilchen einen Sättigungsstrom aus. Dies ist der eigentliche Betriebsbereich, der sogenannte *Geiger-Müller-Bereich*. Ab einer bestimmten Spannung löst jedes einfallende Teilchen eine Kaskade von Sekundärteilchen aus, die das Zählrohr „sättigt"; jedes Teilchen erzeugt unabhängig von seiner Energie den gleichen Strom im Zählrohr. Dieser Bereich ist der eigentliche Zähl- oder Plateaubereich und wird zum *Zählen* der Teilchen verwendet. Bei weiterer Erhöhung der Spannung wird das Zählrohr zerstört.

Nach Auslösen einer Gasentladung ist das Zählrohr für eine kurze Zeit, die *Totzeit*, nicht sensitiv für weitere Impulse. Die positiv geladenen Ionen schirmen das Anodenfeld ab. Der Effekt hängt vom Zählrohr ab und kann durch Zusätze beeinflusst werden. Zählrohre werden von vielen Herstellern für die *Aktivitäts-*, *Dosisleistungs-*, und *Kontaminationsmessung* angeboten. Mit Zählrohren kann keine oder kaum Gammastrahlung bestimmt werden, da die Effektivität zu gering ist. Das stellt eine Einschränkung dar.

In den großen Beschleunigerexperimenten werden *Proportional-* und *Driftkammern* eingesetzt, die auf dem Zählrohr basieren. Sie stellen Weiterentwicklungen dar, weisen sehr viele Drähte auf und können in größeren sensitiven Volumina den *Teilchenort* bestimmen.

## 13.5 Strahlungssensoren nach dem Anregungsprinzip

Die Strahlungssensoren nach dem Anregungsprinzip oder auch Anregungsdetektoren sind eine wichtige Detektorklasse. Das Prinzip besteht darin, dass ein physikalisches System durch ionisierende Strahlung angeregt wird und beim Übergang in den Grundzustand elektromagnetische Lumineszenzstrahlung ausgesendet wird. Diese Detektoren können grob in *Szintillations-Detektoren*, *Thermolumineszens-Detektoren* und *Tscherenkow-Detektoren* unterteilt werden.

## 13.5 Strahlungssensoren nach dem Anregungsprinzip

Um einen Szintillationsdetektor aufzubauen, benötigt man einen *optischen Detektor* und einen *Szintillator*. Das ist ein Stoff, der beim Durchgang von ionisierender Strahlung angeregt wird und die Anregungsenergie in Form von Licht wieder abgibt. Den *Szintillationseffekt* nutzt man zur Messung der *Energie* und der *Intensität* ionisierender Strahlung. Der Szintillationsdetektor wird in Tabelle 13.4.1 mit dem Gaszähler und dem Halbleiterzähler verglichen. Er liegt zwischen den beiden Detektoren. Es ist ein mittlerer Energieaufwand von etwa 35 eV für die Erzeugung eines Elektrons am Fotomultiplier nötig. Die erreichbaren Auflösungen liegen bei etwa 6 keV (bezogen auf 1 MeV Primärenergie).

Die im Szintillator deponierte Energie kann mit dem Fotomultiplier, einer Fotodiode oder einem ladungsgekoppelten Bauelement (CCD) nachgewiesen werden. Das sind neben dem Fotomultiplier vorwiegend Halbleiterbauelemente, die im nachfolgenden Abschnitt beschrieben werden. Für den Aufbau eines *Anregungsdetektors* wird ein Szintillator konfiguriert, also im einfachsten Fall in einem lichtdichten Gehäuse mit Reflektor untergebracht. Bild 13.5-1 zeigt das Prinzip. Die Halbleiterdetektoren wie PIN-Diode oder APD werden im nachfolgenden Abschnitt behandelt. Ein *Fotomultiplier* ist ein Vakuum-Fotobauelement, das auf dem Fotoeffekt basiert, d. h. die Photonen werden in Elektronen gewandelt und durch die im Bild angedeuteten Dynoden wird eine Ladungsvervielfachung erreicht. Der Fotomultiplier ist ein seit langem bekanntes Bauelement und zählt zu den *empfindlichsten Detektoren*. Nachteilig sind die große Rauschrate, die Magnetfeldabhängigkeit und die Größe. Darüber hinaus benötigt man eine Hochspannung. Die optische Verbindung zwischen Eintrittsfenster des Fotomultipliers und dem Szintillator ist besonders wichtig: hier sollten möglichst wenige Photonen verloren gehen.

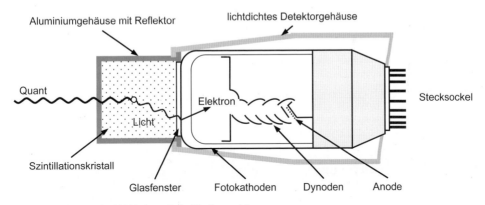

**Bild 13.5-1** Prinzipschaltbild eines Szintillationszählers

Es gibt eine Vielzahl von Szintillatoren, die in *anorganische* wie Natriumjodid oder *organische* wie beispielsweise Anthracen oder dotierte Kunststoffe eingeteilt werden können. Mit dem Szintillationseffekt können auch neutrale Teilchen indirekt, über Folgereaktionen und der Entstehung nachfolgender geladener Teilchen, nachgewiesen werden. Die Szintillatoren können auch in flüssiger oder gasförmiger Form verwendet werden. Die Zeitauflösung ist generell sehr gut und kann im Nanosekundenbereich ($10^{-9}$ s) liegen. Es gibt eine Vielzahl von Dosimetern für die empfindliche Dosisleistungsmessung, die mit Szintillatoren aufgebaut werden können. Das Ansprechvermögen für Gammastrahlung ist gut, der Effekt kann also für die *Gammaspektroskopie* eingesetzt werden.

Die wichtigsten Vorteile sind:

- gute Lichtausbeute,
- kurze Abklingzeit des Lumineszenseffektes,
- gute Ankopplung an den Fotomultiplier möglich und
- vielseitig einsetzbar.

Die *Thermolumineszens-Detektoren* (TLD) basieren auf dem Thermolumineszens-Effekt. Man versteht darunter den Effekt, dass die auf einen Stoff einwirkende ionisierende Strahlung in Form von langlebigen Zuständen der Kristallelektronen gespeichert werden kann. Durch Erwärmen kann diese Energie wieder frei gesetzt werden. Dieses Messverfahren ist nur für die *relative Dosimetrie* geeignet und soll hier nicht näher diskutiert werden, ist aber auch für die Eichung und Kalibration wichtig. In Bild 13.5-2 ist ein TLD-Detektor zu sehen.

**Bild 13.5-2**
Thermolumineszens-Detektor (Werkfoto: Nuklearmedizin KKH GM)

Für den Teilchennachweis spielt der *Tscherenkow-Effekt* eine Rolle, insbesondere in der Hochenergiephysik. Tscherenkow-Strahlung entsteht, wenn sich *geladene Teilchen* in Materie mit *höherer Geschwindigkeit* als der *Phasengeschwindigkeit* elektromagnetischer Wellen in diesem Medium bewegen. Durch kurzzeitige *Polarisationseffekte* entsteht eine kegelförmige Wellenfront, die als *Tscherenkow-Licht* mit einem Fotomultiplier oder einem Halbleiterdetektor bestimmt werden kann. Es gibt weitere Detektoren, wie den *Übergangsstrahlungsdetektor*, der in der Hochenergiephysik bei großen Energien von Bedeutung ist.

## 13.6 Halbleitersensoren

Die Halbleitersensoren oder auch Halbleiterdetektoren nutzen die elektrischen Eigenschaften von Halbleitern aus, um ionisierende Strahlung nachzuweisen. Von großer praktischer Bedeutung sind der *Standard-pn-Übergang*, die *PIN-Diode* und die *Avalanche-Fotodiode*. Die Halbleitereigenschaften können im Rahmen des Bändermodells beschrieben werden. Die Strahlung kann im Halbleiter freie Elektron-Loch-Paare erzeugen, die in einem elektrischen Feld ausgelesen werden. Ein Elektron wird aus dem Valenzband ins Leitungsband gehoben: zurück bleibt im Valenzband ein *Defektelektron*. Das entsprechende Stromsignal wird verstärkt und kann weiter für die unterschiedlichsten Aufgaben zur Verfügung stehen. Die Halbleiterdetektoren sind häufig aus Silicium, GaAs oder Germanium, aber auch, je nach Anwendung, aus anderen Materialien wie Cadmium-Tellurid aufgebaut. Die Bandlücke bestimmt, wie viel Energie für die Erzeugung eines Elektron-Loch-Paares nötig ist.

Der Effekt kann im Standard-Halbleiter oder an einer Sperrschicht erfolgen, wie auch Bild 13.6-1 zeigt. In der Regel wird monokristallines Silicium verwendet. Es kann aber auch amorphes Silicium ohne Kristallstruktur verwendet werden. Diese Detektoren werden durch Deposition aus der Gasphase auf einem Substrat abgeschieden. Das Empfindlichkeitsmaximum ist hier zum UV-Bereich hin verschoben, was beispielsweise für Szintillationsdetektoren günstig ist. Darüber hinaus können diese Detektoren in einem *großen Strahlenuntergrund* eingesetzt werden, da die Empfindlichkeit für Strahlenschäden (radiation damage) geringer ist.

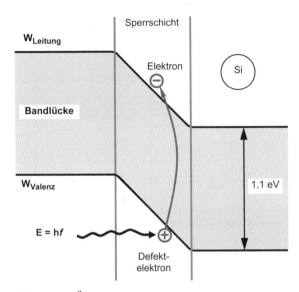

**Bild 13.6-1** Bändermodell eines pn-Übergangs

In Halbleitern kann die Leitfähigkeit durch Dotieren in weiten Grenzen beeinflusst werden. Das wird gezielt ausgenutzt. In einer *Festkörper-Ionisationskammer*, die der Gaskammer nachempfunden ist, reichen im Halbleiter schon Energien in Höhe von 3 eV, um ein Elektron-Loch-Paar im Hableiter zu erzeugen. Hier wird der Fotoeffekt am einfachen Halbleiter ohne pn-Übergang ausgenutzt. Die Energieauflösung in Halbleitern übertrifft die der Gas- oder Anregungsdetektoren bei weitem, weshalb sie häufig zur *Spektroskopie* eingesetzt werden. Bei entsprechender Segmentierung sind sie *ortsselektiv* und werden in der Forschung angewendet. Geladene Partikel erzeugen auch hier entlang ihrer Spur Ladungsträger, während Photonen an einem Punkt wechselwirken, also absorbiert werden. Silicium-Fotodioden zur Strahlungsdetektierung sind meist in Sperrrichtung betriebene PIN-Dioden. Der prinzipielle Verlauf einer Strom-Spannungs-Kennlinie ist in Bild 13.6-2 dargestellt. Es ist eine Kennlinie mit bzw. ohne äußere Einstrahlung zu sehen. Der Betrieb im dritten oder vierten Quadranten ist möglich. In der überwiegenden Mehrzahl wird ein Betrieb im dritten Quadranten angestrebt. Der pn-Übergang ist in Rückwärtsrichtung vorgespannt, der Detektor hat damit eine sehr kleine Sperrschichtkapazität.

Die PIN-Diode ist einer der der wichtigsten Halbleiterdetektoren. Sie besteht beispielsweise aus schwach n-leitendem oder intrinsisch leitendem Silicium-Grundmaterial, das auf der einen Seite üblicherweise mit einer hochdotierten p- und auf der anderen Seite mit einer entsprechend n-dotierten Implantation versehen ist. Eine intrinsisch leitende Schicht ist eine nichtdotierte Halbleiterschicht, in der nur wenige Ladungsträger vorhanden sind, die beispielsweise durch thermische Prozesse erzeugt werden können. Zur Kontaktierung sind beide Bereiche mit Metallisierungen (z. B. aus Aluminium) versehen. Der prinzipielle Aufbau ist in Bild 13.6-3 zu sehen. Die Sperrspannung erzeugt die Raumladungszone, so dass die Diode über ihre gesamte Tiefe verarmt ist. Dadurch wird die Kapazität minimal und man erhält ein großes strahlungsempfindliches Volumen. Die *Kapazität* sollte *möglichst klein* sein, was aus rauschtechnischen und dynamischen Gründen empfehlenswert ist.

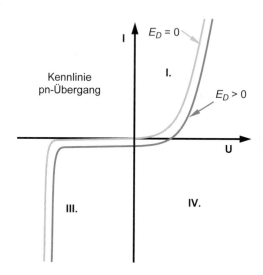

**Bild 13.6-2** Strom-Spannungs-Kennlinie einer Fotodiode

Die Kapazität $C$ von PIN-Dioden kann näherungsweise mit dem Plattenkondensatormodell berechnet werden. Sie hängt neben der Permittivitätszahl $\varepsilon_r$ von der aktiven Fläche des Detektors $A$ und der Tiefe der Raumladungszone $d$ ab. Es gilt:

$$C = \varepsilon_0\, \varepsilon_r\, A/d. \tag{13.6.1}$$

Die Kapazität $C$ sollte sehr klein sein und liegt je nach Detektor im *pF-Bereich* oder darüber. Die Abhängigkeit von der Sperrspannung verläuft in Form einer Wurzelfunktion. In der Realität wird man einen Kompromiss zwischen dem Detektorvolumen, der Größe der Sperrspannung, der Sperrschichtkapazität und anderen Parametern finden müssen.

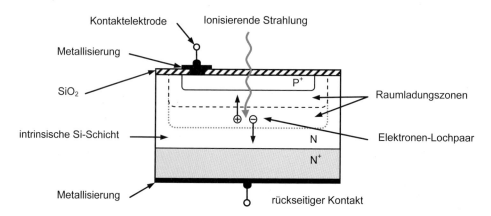

**Bild 13.6-3** Prinzipaufbau einer Si-PIN-Diode

## 13.6 Halbleitersensoren

Ein wichtiges Kriterium einer PIN-Diode ist der *Dunkelstrom*. Er entsteht durch thermische Effekte und Oberflächeneffekte und nimmt exponentiell mit der Temperatur zu. Er sollte relativ klein sein. Da er von der Größe des *sensitiven Volumens* abhängt, sollte dieses nicht größer sein als für das Ansprechvermögen erforderlich. Darüber hinaus *rauschen* PIN-Dioden. Sie weisen im Wesentlichen Schrotrauschen und thermisches Rauschen auf. Dieses kann, ebenso wie der Dunkelstrom, durch Kühlung vermindert werden. Man kann PIN-Dioden in Kombination mit Peltier-Elementen wirkungsvoll kühlen. Da die angekoppelte Elektronik die Gesamtperformance der Mess-Schaltung bestimmt, wird häufig auch die erste Stufe der Elektronik, die besonders wichtig ist, mitgekühlt. Die *Optimierung* der gesamten Messkette kann heute durch den Einsatz von elektronischen Simulatoren wie PSPICE oder SABER wirkungsvoll unterstützt werden.

**Bild 13.6-4** PIN-Diode für die Strahlungssensorik (Werkfoto: Silicon-Sensor)

In Bild 13.6-4 ist eine PIN-Diode für die Strahlungssensorik im TO-Gehäuse zu sehen. Diese Dioden können für den Nachweis von ionisierender Strahlung in Verbindung mit Szintillatoren eingesetzt werden. Sie besitzen eine wellenlängenoptimierte höhere Empfindlichkeit im blauen Spektralbereich. Sie können auch mit größeren Dicken bis zu etwa 0,5 mm hergestellt werden. Sie lassen sich dann mit einem Beryllium-Fenster lichtdicht abdecken und weisen die Strahlung durch Direktabsorption im Silicium nach. Die Dioden können in *verschiedenen Bauformen* gefertigt werden, bis hin zu Arrays oder anderen Strukturen.

Ein wichtiges Kriterium ist die *erreichbare Auflösung* eines Halbleiterdetektors, also etwa einer PIN-Diode. Durch die relativ kleinen Detektorvolumina sind PIN-Dioden nur sehr bedingt für Dosismessungen geeignet, weisen aber eine *gute Energieauflösung* und ein *gutes zeitliches Ansprechvermögen* auf. Die *Energieauflösung* eines Spektrometers wird als *Halbwertsbreite* eines *gemessenen Spektrums* definiert und hängt sehr stark von der nachgeschalteten Elektronik, der Kühlung, der Pulsform und der zeitlichen Auflösung ab. Die erreichbaren Werte liegen zwischen etwa 120 eV, was den unteren praktischen Bestwert darstellt und 1 keV für größere, einfache nicht gekühlte Systeme. Das gilt für Strahlungsenergien unter 10 keV. Sehr häufig wird das Fe55-Präparat eingesetzt, das einen radioaktiven Gamma-Strahler bei 5,9 keV darstellt.

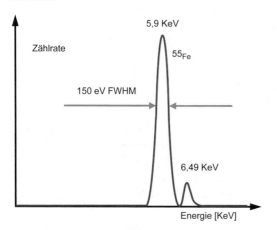

In Bild 13.6-5 ist eine solche Energieverteilung mit einer Auflösung von 150 eV zu sehen, was einen sehr guten Wert darstellt. Die Auflösung ist die volle Breite des Spektrums bei halber Höhe *(FWHM: full width at half maximum)*. Das Spektrum weist noch eine zweite Linie bei 6,49 keV auf, die bei entsprechender guter Auflösung zusätzlich detektiert werden kann.

**Bild 13.6-5**
Energieauflösung eines Halbleiterdetektors

Des Weiteren müssen an dieser Stelle die mit *Lithium angereicherten* Silicium- und Germaniumdetektoren erwähnt werden. Wie schon oben beschrieben, lassen sich große Detektorvolumina in PIN-Dioden nur mit einigen Nachteilen herstellen. Durch den Einbau von Lithium-Ionen in Silicium lässt sich eine große Verarmungszone mit nahezu konstanter Feldstärke erzielen. In der Regel werden bei höheren Ansprüchen an die Auflösung diese Detektoren mit flüssigem Stichstoff betrieben. Das ist in der Handhabung etwas kompliziert. Deshalb ist die Bedeutung dieser Detektoren in den letzten Jahren zurückgegangen.

Halbleiterdetektoren können mit unterschiedlichen Empfindlichkeiten für den Nachweis der einzelnen Strahlenarten eingesetzt werden. Für den Nachweis von Gammastrahlung müssen speziell bei hohen Energien, und damit verringerter Absorptionswahrscheinlichkeit, möglichst dicke Detektoren mit den schon beschriebenen Nachteilen aus möglichst schweren Materialien eingesetzt werden. Setzt man leichte und dünnere Halbleiter ein, überwiegt die Compton-Streuung, was die Energieauflösung verschlechtert, weil ein Teil der Strahlung nicht absorbiert wird.

*Betastrahlung* bzw. *Elektronen* dringen tief in einen Detektor ein. Sie erzeugen entlang ihrer Bahn eine gleichmäßige Dichte von *Elektron-Loch-Paaren* gemäß der Bethe-Bloch Formel (Gl. (13.2.3)). Sie können relativ gut detektiert werden. *Neutronen* können durch *Rückstoß-Effekte* am Kern nachgewiesen werden. Halbleiterdetektoren sind zum Nachweis dieser Teilchen weniger geeignet. *Alpha-Teilchen* werden nur im *Mikrometer-Bereich* in den Detektor eindringen. Hier ist durch eine geeignete Konstruktion sicher zu stellen, dass diese überhaupt nachgewiesen werden können. Hochenergetisch andere geladene Teilchen wie beispielsweise *Pionen* oder *Protonen* erzeugen ebenfalls Elektron-Loch-Paare entlang ihrer Bahn und können detektiert werden.

Zur Detektion von *hochenergetischer Strahlung* bis hin zu einzelnen Quanten werden auch *Lawinenfotodioden* (Avalanche Photo Diode: APD) eingesetzt (Bild 13.6-6). Sie sind auch für Messungen mit hoher Zeitauflösung geeignet. Der Entstehungsmechanismus der Elektron-Loch-Paare ist derselbe wie bei der PIN-Diode. Das Einsatzspektrum der APDs bezüglich des Strahlungsnachweises ist mit dem der PIN-Diode vergleichbar.

**Bild 13.6-6**
APD für die Strahlungssensorik
(Werkfoto: Silicon-Sensor)

Durch höhere Feldstärken werden aber die Elektronen im Leitungsband so stark beschleunigt, das zahlreiche weitere Elektronen-Prozesse entstehen. Der *Lawinendurchbruch* ist mit einer *starken Trägermultiplikation* verbunden und ist eine von verschiedenen Durchbruchsszenarien in Halbleiterbauelementen. Unter einem *Durchbruch* eines pn-Übergangs versteht man einen *starken Anstieg des Sperrstroms* ab einer bestimmten Sperrspannung. Man unterscheidet im Wesentlichen in *Wärmedurchbruch, Zener-* und *Avalanchedurchbruch*. Der Lawineneffekt ist ein umkehrbarer Effekt, wenn die zulässige Gesamtverlustleistung des Bauelementes nicht überschritten wird. Beim Lawinendurchbruch steigt der Strom im Vergleich zum Zenerdurchbruch sehr stark mit der Spannung an. Der *Zenerdurchbruch* wird in der Elektronik in

## 13.6 Halbleitersensoren

Form der Zenerdiode für die *Spannungsstabilisierung* eingesetzt. Bei steigender Temperatur setzt der Lawinendurchbruch im Gegensatz zum Zenerdurchbruch erst bei höherer Spannung ein. Der *Lawinendurchbruch* weist einen *positiven Temperaturkoeffizienten* auf, der *Zener-Durchbruch* hingegen einen *negativen* Temperaturkoeffizienten. Beide Effekte gehen teilweise ineinander über.

Ladungsträger, die vom Valenz- in das Leitungsband durch Strahlungseinwirkung gehoben werden, können durch Stoßionisation Valenzelektronen aus den ansonsten im Rahmen des Bändermodells unbeteiligten Atomen, herausschlagen und sie zusätzlich in das Leitungsband befördern. Durch die sehr hohe Feldstärke können diese wieder ionisieren. Es wächst die Anzahl freier Ladungsträger im Leitungsband lawinenartig mit einer exponentiellen Charakteristik an. Bei einer PIN-Diode wird dieser interne Verstärkungseffekt folgendermaßen erreicht: Das Dotierungsprofil einer APD grenzt sich von dem einer PIN-Diode durch Einbau einer *weiteren p-Schicht* ab (Bild 13.6-7). Das hat am pn-Übergang eine starke *lokale Erhöhung* der *Feldstärke* zur Folge. Durch diese Erhöhung können der schon beschriebene Prozess der Stoßionisation und der damit verbundene Lawinenprozess in Gang gebracht werden.

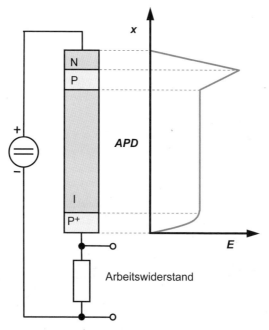

**Bild 13.6-7** Prinzipaufbau und Feldstärkeverlauf einer APD

Bild 13.6-8 zeigt die prinzipielle Kennlinie einer APD. Bei sehr kleinen Spannungen wirkt die APD wie eine PIN-Diode mit der Verstärkung von etwa 1. Bei weiterer Erhöhung der Spannung, aber unterhalb der Durchbruchspannung, tritt eine sperrspannungs- und temperaturabhängige *Verstärkung* auf. Sie kann zum Aufbau hochempfindlicher und proportionaler Fotodetektoren verwendet werden. Die Verstärkung liegt hier üblicherweise zwischen 10 und 1.000. Dieser Bereich wird als *Anlauf-* oder *Proportionalbereich* bezeichnet. Die nachgeschaltete Elektronik kann ähnlich wie bei der PIN-Diode ein Ladungsverstärker oder ein Transimpedanzverstärker sein. Die Kennlinie ähnelt der eines Zählrohres.

Werden APDs *oberhalb* der *Durchbruchspannung* im sogenannten *Geiger-Modus* betrieben, erreichen sie eine Verstärkung von bis zu $10^6$. Ein einzelnes Photon löst eine Lawine aus. Man bezeichnet das als *Quenching-Verhalten* oder *Quenchmode*. Die nachfolgende meist digitale Elektronik garantiert, dass die Diode nicht zerstört und anschließend wieder zurückgesetzt wird. Das kann auch durch sogenanntes analoges passives Quenching auf einfache Art und Weise erreicht werden, indem die APD über einen Vorwiderstand betrieben wird. In dem Moment, in dem der Strom lawinenartig ansteigt, fällt an dem in Reihe geschalteten Vorwiderstand eine höhere Spannung ab, so dass die effektive Spannung an der APD geringer wird und die Lawine zum Erlöschen kommt.

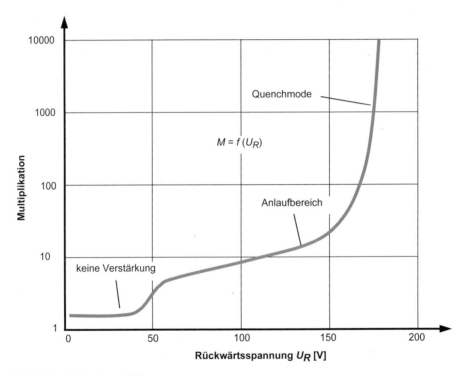

**Bild 13.6-8** Kennlinie einer APD

Die APDs besitzen wegen des statistischen Lawinenprozesses eine *höhere äquivalente Rauschleistung* als PIN-Fotodioden. Es lassen sich dennoch bei sorgsamer Auswahl und gutem Aufbau rauscharme Fotoempfänger aufbauen. Ein entscheidender Faktor ist die Kühlung. Mit APDs lassen sich Detektoren aufbauen, die *einzelne Photonen* nachweisen können. Das Anwendungsspektrum reicht sehr weit. Im Wesentlichen trifft das bei den PIN-Dioden beschriebene Verhalten beim Strahlungsnachweis auch auf APDs zu. *Ionisierende Strahlung* kann auch bei den APDs direkt über die *Absorption am Kristallgitter* oder indirekt über *Szintillatoren* mit Strahlungsempfängern aus Silicium nachgewiesen werden. Dazu sind teilweise sehr große Absorptionsvolumina und extrem kleine Dunkelströme bei gleichzeitig stark ausgedehnter Raumladungszone erforderlich.

Zum Nachweis von Photonen können auch *ladungsgekoppelte Bauelemente* (CCD: Charge Coupled Device) eingesetzt werden. Die Grundlage für diese Detektoren ist das *MOS-*

## 13.6 Halbleitersensoren

*Kondensator-Element.* Ein Silicium-Substrat kann durch eine isolierende Schicht von einer Gateelektrode getrennt werden. Durch Lichteinfall können Photonen über den beschriebenen fotophysikalischen Effekt erzeugt und nachgewiesen werden. Die ionisierende Strahlung muss also wie bei den Anregungsdetektoren vorher über einen Szintillator in Licht gewandelt werden. Der *Vorteil* der CCD-Strukturen liegt in ihrer *Pixelstruktur*. Sie sind allerdings *sehr langsame Strukturen*, da die einzelnen Pixel nicht adressierbar sind und über ein Protokoll und eine Analog-Pipeline ausgelesen werden müssen. Diesen Nachteil vermeiden *CMOS-Sensoren*, die in letzter Zeit in immer stärkerem Maße eingesetzt werden. Die *Halbleiter-Strahlungssensorik* entwickelt sich rasant weiter, was sehr stark durch die großen Beschleunigerexperimente am LHC (Large Hadron Collider) im europäischen Teilchenphysik-Zentrum CERN oder auch durch nationale Zentren wie das DESY in Hamburg befördert wird. Hier wird man insbesondere im Wechselwirkungsbereich der Kollisionszonen eine genaue Ortsinformation benötigen. Dies erreicht man durch *Streifen-* und *Pixeldetektoren*, die letztlich auf den beschriebenen Grundstrukturen wie PIN, APD, CCD oder CMOS basieren. In letzter Zeit kann insbesondere ein Verschmelzen der relativ alten Vakuumtechnologien wie dem Fotomultiplier mit der Halbleitertechnologie beobachtet werden. Das hat zu Sensoren mit völlig neuen Eigenschaften geführt, auf die hier nicht näher eingegangen werden soll.

In den einzelnen Abschnitten wurden schon eine Reihe von Anwendungen der ionisierenden Strahlung neben der wichtigen Dosismessung erwähnt. Hier sollen noch einige weitere Beispiele folgen. Die von der Firma Silicon Sensor entwickelte *intraoperative Gamma-Sonde* erlaubt eine genauere Entfernung von Tumoren, wie beispielsweise dem Mammakarzinom oder dem malignen Melanom. Der betroffene Patient bekommt ein Radionuklid gespritzt, das eine Energie von etwa 150 keV und einer Halbwertszeit von einigen Stunden besitzt. Mit der Sonde wird die im Tumor angereicherte Strahlungsaktivität gemessen. Der Chirurg ist damit imstande, über einen Rechner und eine Anzeigeeinheit zu sehen, wie dicht er am Tumor ist, bzw. ob noch Gewebe ausgeräumt werden muss. Damit kann der Tumor schonender und genauer entfernt werden. Darüber hinaus kann man häufig den sehr kleinen Wächter-Lymphknoten, wie beim Mammakarzinom finden und entfernen. Erst wenn das gelungen ist, kann der Patient als geheilt betrachtet werden. Bild 13.6-9 zeigt einen intraoperativen Gamma-Finder. Das „Innenleben" besteht aus einer PIN-Diode und einer nachfolgenden Elektronik, bestehend aus Verstärkern und Filtern. Im Bereich der Medizin werden insbesondere Halbleiterdetektoren in der Strahlentherapie und der Diagnostik eingesetzt.

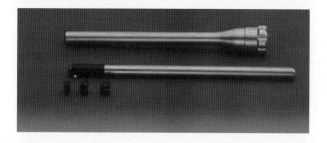

**Bild 13.6-9**
Intraoperativer Gammafinder
(Werkfoto: Silicon-Sensor)

In Bild 13.6-10 sind zwei Monitorsonden zu sehen, die als *Spektroskopie-* und *Zählsensor* oder aber auch als *Monitorsensor* zur *integralen Intensitätsmessung* eingesetzt werden können. Sie detektieren Röntgenstrahlung und die Strahlenarten aus dem radioaktiven Zerfall, sowie Synchrotronstrahlung in verschiedenen Energiebereichen. Die Sensoren sind mit einer Elektronik ausgestattet, üblicherweise einem Transimpedanz- oder Ladungsverstärker.

**Bild 13.6-10**
Monitorsensoren
(Werkfoto: Silicon-Sensor)

Diese Sensoren haben folgende Eigenschaften:

*Monitorsensor zur integralen Intensitätsmessung:*

- Messung im Strommode,
- Dosisleistungsmessung,
- direkt anschließbar an ein Spannungsmessgerät oder einen A/D-Wandler und
- mit AD-Wandlerkarte zum PC-Mess-System konfigurierbar.

*Spektroskopie- und Zählsensor:*

- Messung im Spektral- und Zählmode mit Analog- und Digitalausgang,
- Dosismessung und Dosisleistungsmessung am Digitalausgang,
- direkt anschließbar an Zähler und Impulsdichtemesser,
- mit Zählerkarte zum PC-Mess-System konfigurierbar und
- mit MCA-Karte zum kompletten PC-Spektrometer konfigurierbar.

Diese und andere Geräte bzw. Detektoren können für folgende wichtige Messaufgaben in der Forschung oder der Industrie eingesetzt werden: Nukliderkennung und Nachweis, α-, β- und γ-Kernstrahlungsspektroskopie, Röntgendiffraktometrie, Schichtdickenmessungen, Koinzidenzmessungen, Kontaminationsmessungen, energiedispersive Dosis- und Dosisleistungsmessungen, Dosimetrie, Absorptionsmessungen, Dichtemessungen, Dickenmessungen, Flächenmassebestimmung, Schichtdickenmessungen, Staubdichtemessungen, Nuklearmedizin, PET-Radiochemie, Gammasonden, Bohrlochsonden, Füllstandsmesstechnik, Dichtescanner, Materialtomografie, Koffer- und Containerinspektionsgeräte, Röntgen- und Synchrotronmessungen. Damit ist auch gleichzeitig ein großes Spektrum der Anwendungen aufgezeigt.

# Weiterführende Literatur

Bundesamt für Strahlenschutz (BfS): http://www.bfs.de/bfs

Grupen, Claus: Grundkurs Strahlenschutz: Praxiswissen für den Umgang mit radioaktiven Stoffen [Gebundene Ausgabe], 4., überarbeitete und ergänzte Auflage, Springer Verlag, Berlin 2008

Kleinknecht, Konrad: Detektoren für Teilchenstrahlung [Broschiert], 4., überarbeitete Auflage, Vieweg+Teubner Verlag, Wiesbaden 2005

Physikalisch-Technische Bundesanstalt (PTB): http://www.ptb.de/

Stolz, Werner: Radioaktivität. Grundlagen – Messung – Anwendungen [Taschenbuch], 5., durchges. Auflage, Vieweg+Teubner Verlag, Wiesbaden 2005

Tietze, Ulrich; Schenk, Christoph; Gamm, Eberhard: Halbleiter-Schaltungstechnik [Gebundene Ausgabe], 13., neu bearb. Auflage, Springer Verlag, Berlin 2009

# 14 Fotoelektrische Sensoren

## 14.1 Strahlung

Unter Strahlung versteht man einerseits *Materiestrahlung*, also z. B. Alpha-, Beta-, Protonen- und Neutronenstrahlung und andererseits *elektromagnetische Strahlung*. Materiestrahlung wird im Allgemeinen indirekt nachgewiesen, also z. B. mittels eines Szintillators in Licht umgewandelt und dann als elektromagnetische Strahlung nachgewiesen. Daneben gibt es noch den Nachweis über die ionisierende Wirkung mithilfe eines Geiger-Müller-Zählrohrs.

Der Bereich elektromagnetische Strahlung erstreckt sich von seinen äußersten Rändern mit Photonenenergien von über $10^{12}$ eV für kosmische Gammastrahlung bis zu Radiowellen niedriger Frequenz mit Photonenergien von unter $10^{-10}$ eV. Dieser Abschnitt beschäftigt sich mit dem Bereich zwischen Röntgenstrahlung und dem fernen Infrarot.

Für diesen weiten Bereich an verschiedener elektromagnetischer Strahlung gibt es je nach Wellenlänge verschiedene grundlegende Messprinzipien, die mit Ausnahme der thermischen Detektoren ihrerseits wiederum je nach Unterwellenlängenbereich auf den *fotoelektrischen Eigenschaften* verschiedener Materialien beruhen (Bild 14.1-1).

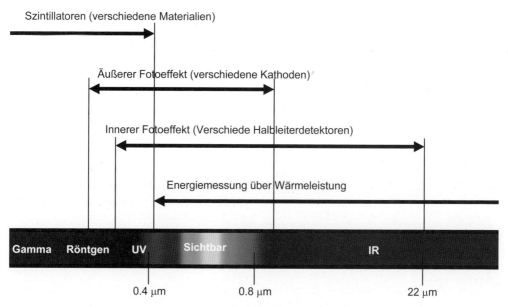

**Bild 14.1-1** Messprinzipien für verschiedene Bereiche optischer Strahlung

Bei Detektoren für optische Strahlung unterscheidet man *Photonendetektoren* und *thermische Detektoren*. Während thermische Detektoren unspezifisch die Energie der elektromagnetischen Strahlung messen, wird bei Photonendetektoren im Material des Detektors ein optischer oder fotoelektrischer Prozess von Photonen eines bestimmten Energiebereiches ausgelöst, mit dem das Licht nachgewiesen wird. Im Falle von *Szintillatoren* als Primärdetektor führt dieser Prozess zur Umwandlung von hochenergetischen, schlecht nachweisbaren Photonen in Lichtquanten im sichtbaren oder UV Bereich, die leicht (z. B. mit Fotodioden oder Fotomultiplier) nachweisbar sind.

## 14.2 Szintillatoren

Szintillatoren wandeln Strahlung, insbesondere auch elektromagnetische Röntgen- und Gammastrahlung in langwelligere Strahlung, meist UV oder sichtbares Licht um. Dies wird dann in einem weiteren Schritt – meist mit einer Lawinenfotodiode oder einem Fotomultiplier gemessen.

Als Materialien verwendet man anorganische Kristalle, Kunststoffe und manchmal (verflüssigte) Edelgase und Stickstoff. Kunststoffe erzeugen UV-Strahlung, die im Kunststoff selbst schnell wieder absorbiert wird. Sie sind daher im sichtbaren Spektralbereich mit fluoreszierenden Farbstoffen versehen, sodass die UV-Strahlung in sichtbares Licht umgewandelt wird, das dann mit einem Fotodetektor nachgewiesen werden kann.

Die Abklingzeit der Lichtemission liegt je nach Material ungefähr zwischen 1 ns und 1 ps. Organische Szintillatoren reagieren im Allgemeinen schneller, altern aber aufgrund der Strahlung. Gase reagieren sehr schnell, altern nicht, haben allerdings (unverflüssigt) eine geringe Lichtausbeute. Gewünschte Eigenschaften wie

- einfache Handhabbarkeit,
- Langlebigkeit,
- günstiges Emissionsspektrum für den Nachweis,
- möglichst hohe Quantenausbeute und
- kurze Abklingzeit der Lichtemission

sind oft nicht alle miteinander vereinbar. Daher hängt die Wahl des Szintillators stark von der Anwendung ab.

Typische Anwendungen sind:
- röntgensensitive Zeilen in Gepäckprüfanlagen (Bild 14.2-1),
- Flächensensoren für Materialprüfung und den Medizinbereich (Bild 14.2-2) und
- Teilchendetektoren in der Forschung.

**Bild 14.2-1** Fotodiodenzeilen auf beiden Seiten einer Platine, jeweils mit Szintllator unterschiedlicher Dicke beklebt (Werkfoto: PerkinElmer Optoelectronics)

## 14.3 Äußerer Fotoeffekt

Röntgenstrahlung unterschiedlicher Härte trifft auf den dünnen Szintillator. Dabei wird der weichere Anteil größtenteils in Licht umgewandelt, das mit den Fotodioden auf der Oberseite nachgewiesen wird. Die härtere Röntgenstrahlung wird auf dem dickeren, unteren Szintillator in Licht umgewandelt und detektiert. Auf dieser Weise entsteht eine *Zweikanal-Röntgendetektorzeile*, die in Gepäckprüfanlagen an Flughäfen eingesetzt wird.

**Bild 14.2-2** Digitaler Röntgenbildgeber, basierend auf einem Array aus Polysilicium-Fotodioden und einem Szintillator aus Gadoliniumoxosulfit (technische Anwendungen) oder Cäsiumjodit (hohe Empfindlichkeit und Auflösung im Medizinbereich) (Werkfoto: PerkinElmer Optoelectronics)

## 14.3 Äußerer Fotoeffekt

Reicht die Photonenenergie h$f$ (h: Plancksches Wirkungsquantum, $f$: Frequenz des Lichtes), um die Austrittarbeit $W$ eines Leiters zu überwinden, so werden Elektronen aus dem Leiter befreit, die eine kinetische Energie $E_{kin}$ von maximal $E_{kin} = hf - W$. Diese als *äußerer Fotoeffekt* (Fotoelektrischer Effekt, lichtelektrischer Effekt) bezeichnete Beobachtung wurde 1905 von Albert Einstein mit Hilfe der Quantentheorie erklärt. Er bildet die Grundlage für zahlreiche optische Sensoren.

### 14.3.1 Fotomultiplier

Auch im Deutschen wird im Allgemeinen der englische Ausdruck „Fotomultiplier" statt „Fotomultiplikator" benutzt. Mittels des äußeren Fotoeffektes befreien Lichtquanten in einer Fotokathode Elektronen. Diese werden im elektrischen Feld beschleunigt und erzeugen beim Auftreffen auf einer Elektrode, einer sogenannten *Dynode*, weitere Sekundärelektronen, die wiederum beschleunigt werden und auf weiteren Dynoden vervielfacht werden. Pro Dynode tritt eine Vervielfachung um einen Faktor 3 bis 10 auf, sodass bei einem Fotomultiplier mit 10 Dynoden pro nachgewiesenes Photon etwa 10 Millionen Elektronen erzeugt werden. Der so erzeugte vervielfachte Fotostrom kann entweder linear als Maß für das empfangene Licht ausgewertet werden, oder bei sehr geringer Beleuchtung können mittels der elektrischen Impulse die empfangenen Photonen gezählt werden.

Fotokathoden werden entweder *transmissiv* (Lichteinfall auf der Vorderseite, Sekundärelektronen verlassen die Kathode auf der Rückseite) im sogenannten „*Head-on Photomultipier*" oder *reflektiv* (Lichteinfall auf der Vorderseite, Sekundärelektronen verlassen die Kathode ebenfalls auf der Vorderseite) im sogenannten „*Side-on Photomultipier*" gebraucht. Die Quanteneffizienz ist für reflektive Fotokathoden etwas höher und liegt bei 30 % bis 35 % im Gegensatz zu transmissiven Fotokathoden mit ungefähr 20 % bis 25 % Ausbeute.

Je nach gewünschter spektraler Empfindlichkeit werden Kathodenmaterialien aus Cäsiumiodid, Cäsiumtellurid, und Alkalimetall-Legierungen verwendet. Die Fenster sind aus Magnesiumfluorid für UV-Strahlung bis 115 nm, Quarz oder UV-durchlässigem Glas. Je nach Kombination aus Eintrittsfenster und Kathode werden spektrale Empfindlichkeiten in verschiedenen Bereichen zwischen 115 nm bis 900 nm realisiert.

Da die Bahn von Elektronen durch ein Magnetfeld abgelenkt wird, verringert sich die Empfindlichkeit eines Fotomultipliers im Magnetfeld reversibel.

### 14.3.2 Channel-Fotomultiplier

Im *Channel-Fotomultiplier* wird ein schwach leitfähiger gebogener Kanal zur Vervielfachung der Elektronen anstelle einzelner Dynoden verwendet (Bild 14.3-1 oben). Die Leitfähigkeit des Kanals wird erreicht, indem die Glasröhre aus Bleiglas mithilfe von Wasserstoff an der Oberfläche reduziert wird, bevor der Channel-Fotomultiplier in der Produktion evakuiert und versiegelt wird. Im Betrieb führt ein geringer Strom zu einem Spannungsabfall entlang des Kanals. Elektronen, die an der transmissiven Fotokathode erzeugt werden, werden entlang des Kanals beschleunigt und erzeugen Sekundärelektronen bei jedem Zusammenprall mit den Wänden des Kanals. Channel-Fotomultiplier zeichnen sich durch ein *niedrigeres Rauschen* (das Dynodenrauschen entfällt) und durch eine deutlich geringere Abhängigkeit der Verstärkung von einem externen Magnetfeld aus.

**Bild 14.3-1**  Oben: Channel-Fotomultiplier-Röhre. Gebogener Kanal, Eintrittsfenster (rechts) und (transmissive) Fotokathode sind deutlich sichtbar. Unten: Channel-Fotomultiplier-Module mit Schutzgehäuse in verschiedenen Größen (Werkfoto: PerkinElmer Optoelectronics)

## 14.3.3 Bildaufnahmeröhren

**Bild 14.3-2**
Vidikon Bildaufnahmeröhre mit einer Speicherschicht aus SeAsTe (Saticon©)
(Werkfoto: PerkinElmer Optoelectronics)

Grundprinzip der Bildaufnahmeröhre (Bild 14.3-2) ist die *Wandelung* des *optischen Bildes* in ein *elektrisches Bild* auf einer Speicherschicht sowie das Auslesen dieses Bildes mit einem Elektronenstrahl. Die Erzeugung des Bildes geschieht entweder mittels des äußeren Fotoeffektes beim Ikonoskop und beim Orthikon (beide heutzutage bedeutungslos) oder mittels des inneren Fotoeffektes (folgendes Kapitel) beim Vidikon, Endikon, Kvantikon oder Plumbikon. Beim *Vidikon* wird die halbleitende fotoempfindliche Schicht zur Erzeugung und Speicherung des elektrischen Bildes verwendet, die dann mit einem Elektronenstrahl lokal leitfähig gemacht und entladen wird. Diese Entladung wird kapazitiv abgegriffen und entspricht der Bildinformation auf der jeweiligen Position.

Vidikon-Bildaufnahmeröhren werden heute immer noch gefertigt, obwohl leistungsfähige CCD-Bildsensoren sie in vielen Bereichen abgelöst haben. Die Strahlungsfestigkeit prädestiniert Bildaufnahmeröhren jedoch immer noch für deren Einsatz unter extremen Bedingungen wie in kerntechnischen Anlagen und im Weltraum. Bildaufnahmeröhren eignen sich für den Wellenlängenbereich von etwa 350 nm bis 700 nm.

## 14.4 Innerer Fotoeffekt

Beim inneren Fotoeffekt werden in einem Halbleitermaterial Elektronen vom Valenz- in das Leitungsband angeregt. Dabei muss die Photonenenergie den Bandabstand, also die Energiedifferenz zwischen den Bändern überwinden. Durch die Anregung bleibt eine bewegliche positive Ladung im Valenzband zurück, während das energetisch angeregte Elektron sich frei im Leitungsband bewegen kann. Diese Ladungsträgerpaare können entweder in einer *Fotodiode* im elektrischen Feld getrennt werden und führen zu einem Fotostrom, oder direkt als freie Ladungsträger im *Fotowiderstand* den Widerstand des Halbleitermaterials zwischen zwei Elektroden verringern.

Die spektrale Empfindlichkeit einer Fotodiode oder eines Fotowiderstandes ergibt sich einerseits aufgrund des Bandabstandes des verwendeten Halbleitermaterials, da dieser die Mindestenergie der Photonen bestimmt. Andererseits müssen die Elektronen an der richtigen Stelle im Halbleiterbauteil angeregt werden (im Falle einer Fotodiode in der Verarmungsschicht), damit sie zum Stromfluss beitragen können. Für verschiedene zu detektierende Wellenlängenbereiche werden daher verschiedene Halbleitermaterialien verwendet (Tabelle 14.4-1). Für den Nachweis von Photonen mit geringeren Energien müssen Halbleiterdetektoren je nach Anforderung an die Messung gekühlt werden. MCT-Detektoren werden immer (oft mit flüssigem Stockstoff) gekühlt.

**Tabelle 14.4-1** Verschiedene Halbleitermaterialien und deren ungefähre Einsatzbereiche in Wellenlänge und Photonenenergie

| Material | Detektierbare Wellenlänge $\lambda/\mu m$ | | Detektierbare Photonenenergie $W/eV$ | |
|---|---|---|---|---|
| | Min. | Max. | Min. | Max. |
| Verschiedene Legierungen aus Quecksilber-Cadmium-Teluride (MCT) | 5.5 | 22 | 0.056 | 0.23 |
| Indium-Antimonid (InSb) | 1.5 | 5.5 | 0.23 | 0.83 |
| Bleisulfid (PbS) | 1.2 | 4 | 0.31 | 1.0 |
| Indium-Arsenid (InAs) | 1.2 | 3 | 0.41 | 1.0 |
| Indium-Gallium-Arsenid (InGaAs) | 0.8 | 1.7 | 0.73 | 1.6 |
| Germanium (Ge) | 0.88 | 1.4 | 0.9 | 1.4 |
| Silicium (Si) – Verschiedene Detektorgeometrien | 0.3 | 1.1 | 1.1 | 4.1 |
| Siliciumcarbid (SiC) | 0.21 | 0.4 | 3.1 | 5.9 |

## 14.4.1 Fotoleiter

Fotoleiter haben gegenüber Fotodioden zahlreiche Vorteile: Sie können (je nach Typ) mit bis zu 400 V betrieben und somit direkt am Netzstromkreis z. B. zur Steuerung eines Relais eingesetzt werden. Das Halbleitermaterial ist, je nach erforderlicher spektraler Empfindlichkeit, unterschiedlich dotiertes Cadmiumsulfid. Die spektrale Empfindlichkeit von Fotoleitern hat ein Maximum bei 500 nm bis 600 nm und ähnelt der Empfindlichkeit des menschlichen Auges. Sie eignen sich außerdem als optisch steuerbare Widerstände z. B. in analogen Optokopplern.

Die Reaktion von Fotoleitern auf die Beleuchtung wird durch Generation und Rekombination von Ladungsträgern bestimmt. Da die *Rekombinationsrate* durch das Massenwirkungsgesetz beschrieben wird und somit proportional zur Anzahl der positiven sowie proportional zur Anzahl der negativen Ladungsträger ist, verringert sich die durchschnittliche Lebenszeit der Ladungsträger mit ihrer Konzentration im Halbleiter. Umgekehrt erhöht sich die durchschnittliche Lebenszeit der Ladungsträger, wenn sich ihre Anzahl im Material verringert. Daher sind Fotoleiter sehr *nichtlinear* und reagieren auf *geringe Beleuchtungsstärken* sehr viel *empfindlicher* (oft gewünscht) und *langsamer*. So ist der Widerstand nach Beleuchtung nach 5 Sekunden anschließender absoluter Dunkelheit noch bis zu 3-mal höher als nach einer Sekunde.

Trotz des Nachteils der langsamen Reaktion bei niedrigen Beleuchtungsstärken gibt es zahlreiche Anwendungsgebiete für Fotoleiter. Wegen der Umweltschädlichkeit des Halbleitermaterials Cadmium-Sulfid und der Einführung entsprechender Selbstverpflichtungen der Industrie und Gesetzgebung[1] in vielen Ländern weltweit haben sie allerdings gegenüber Fotodioden an Bedeutung verloren. Bild 14.4-1 zeigt einige Bauformen für Fotoleiter.

---

[1] Zum Beispiel in Europa: „Restriction of the use of certain hazardous substances in electrical and electronic equipment" (RoHS); in China: „Measures for Administration of the Pollution Control of Electronic Information Products" sog. „China-RoHS"; in Japan die selbstverpflichtung der Industrie, die sog. JGPSSI (Japan Green Procurement Survey Standardization Initiative). Weiter Initiativen bestehen weltweit, z. B. in Kalifornien und andern US-amerikanischen Staaten.

14.4 Innerer Fotoeffekt

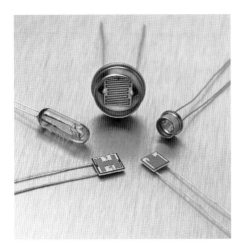

**Bild 14.4-1**
Fotoleiter, basierend auf dem inneren Fotoeffekt
(Werkfoto: PerkinElmer Optoelectronics)

## 14.4.2 Fotodioden

Fotodioden enthalten einen pn-Übergang, der parallel zur Oberfläche der Diode angeordnet ist. Die stark dotierte oberste Ebene dient zur Ableitung der Ladungsträger zum metallisierten Rand der Diode und ist selbst nicht sehr lichtempfindlich. Darunter liegt die *Verarmungszone* (engl.: depletion layer), aus der durch ein elektrisches Feld alle Ladungsträger entfernt werden, wenn die Diode spannungsfrei oder in Sperrrichtung betrieben wird. Werden in der Verarmungszone durch Photonen Ladungsträger erzeugt, so fließen sie in Richtung Ober- und Unterseite der Diode ab und tragen zum Fotostrom bei. Bild 14.4-2 zeigt eine Fotodiode.

**Bild 14.4-2**
Silicium-Fotodiode (Werkfoto: PerkinElmer Optoelectronics)

Fotodioden kann man entweder spannungsfrei im *Kurzschluss* (fotovoltaischer Modus, engl.: photovoltaic mode) oder mit *negativer Vorspannung* (engl.: photoconductive mode) betreiben. Die entsprechenden Schaltungen zeigt Bild 14.4-3. Der Vorteil am fotovoltaischen Modus ist die Tatsache, dass die einzige Energiequelle für einen möglichen Stromfluss aus dem zu messenden Licht stammt, und daher bei Abwesenheit von Licht kein Strom fließen kann. Damit ist der Nullpunkt offsetfrei und kann sehr genau gemessen werden. Diese Schaltung ist zur Messung sehr kleiner Lichtintensitäten mit geringer Frequenz geeignet. Beim Schaltungsentwurf verwendet man einen Operationsverstärker mit niedrigem Eingangsoffsetstrom (engl.: bias current), wie beispielsweise den OPA 128 von BurrBrown.

**Fotovoltaischer Modus:**

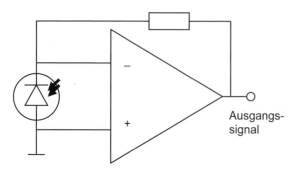

**Betrieb mit negativer Vorspannung:**

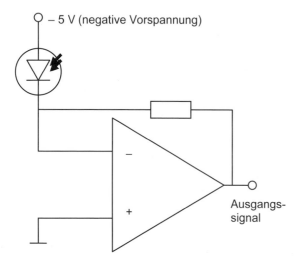

Wird die Fotodiode mit negativer Vorspannung betrieben, fließt immer ein temperaturabhängiger Sperrstrom. Damit ist der Nullpunkt nicht mehr genau definiert und geringe Lichtintensitäten niedriger Frequenz können nicht mehr so genau gemessen werden. Der Vorteil dieser Schaltung ist allerdings, dass sich aufgrund der Sperrspannung die Verarmungszone in der Diode vergrößert und sich damit die Diodenkapazität verkleinert. Signale hoher Frequenz können so besser gemessen werden.

**Bild 14.4-3**
Betriebsarten einer Fotodiode

### *PIN-Dioden*

PIN-Fotodioden haben zwischen der p- und der n- dotierten Schicht noch eine undotierte, intrinsische Schicht. Damit *vergrößert* sich die *Verarmungszone* um die Dicke der intrinsischen Schicht. Vorteile sind die geringere Kapazität und damit die höhere Reaktionsgeschwindigkeit der Diode sowie die größere Dicke der lichtempfindlichen Schicht. Letzteres erhöht die Empfindlichkeit der Diode bei großen Wellenlängen, deren Eindringtiefe entsprechend größer ist.

### *Lawinen-Fotodioden*

Bei Lawinen-Fotodioden (Bild 14.4-4, kurz: *APD*, engl.: avalanche photodiodes) wird eine sehr hohe Sperrspannung in der Größenordnung von 150 V bis 400 V für Silicium-APDs und 40 V bis 90 V für InGaAs-APDs an die Diode angelegt. Dadurch werden von Lichtquanten erzeugte Elektronen im Bauteil derart beschleunigt, dass sie durch Stossionisation im Halbleitermaterial selbst wieder freie Elektronen erzeugen und damit den Fotostrom vervielfachen.

## 14.4 Innerer Fotoeffekt

Die Spannung, ab der eine Ladungslawine nicht mehr von alleine zum Erliegen kommt, sondern zu einen kontinuierlichen Durchbruch führt, nennt man *Durchbruchspannung* (engl.: break down voltage). Oberhalb der Durchbruchspannung kann man geeignete Lawinen-Fotodioden im sogenannten *„Geigermodus"* betreiben, unterhalb werden sie im sogenannten *„linearen Modus"* betrieben. Die jeweilige Betriebsspannung bezieht sich auf die Durchbruchspannung. Da letztere temperaturabhängig ist, muss die Betriebsspannung der Lawinenfotodiode entsprechend ihrer Temperatur geregelt werden.

Lawinen-Fotodioden kann man im sogenannten *Geiger-Modus* (benannt nach dem Funktionsprinzip des Geiger-Müller Zählrohrs) betreiben und *einzelne Photonen zählen*. Dabei wird die Sperrspannung and der Diode so hoch eingestellt, dass ein einzelnes Photon einen dauerhaften Lawinendurchbruch in der Diode zünden kann. Dieser Lawinendurchbruch muss sofort durch Abschalten der Spannung gelöscht werden, damit das Bauteil nicht überhitzt. Mit jedem Lawinendurchbruch wird so ein einzelnes Photon gezählt. Der Geiger-Modus eignet sich zum Nachweis extrem *geringer Lichtmengen sehr niedriger Frequenz*.

Im sogenannten *linearen Modus* verstärkt der Lawineneffekt nur den Fotostrom der Diode, ohne dass ein kontinuierlicher Durchbruch erfolgt. Die Verstärkung des Fotostroms durch den linearen Lawineneffekt liegt im Größenordnungsbereich zwischen 1 und 500, abhängig von der Fotodiode (insbesondere dem verwendeten Halbleitermaterial), der Temperatur des Bauteils und der angelegten Sperrspannung. Dabei erreicht man für Silicium zwei bis *dreistellige Verstärkungen*, während für InGaAs lediglich ein- bis zweistellige Verstärkungen möglich sind (Bild 14.4-4).

In linearen Modus lassen sich auf Grund des hohen Offsetstroms geringe Lichtmengen niedriger Frequenz schwer nachweisen, allerdings reagiert eine APD im linearen Modus extrem gut auf schnelle Änderungen der empfangen Lichtmenge. Schnelle, kleine Signale wie beispielsweise der bei einer Entfernungsmessung mit *LIDAR* (Light Detection and Ranging) am Messobjekt gestreute Laserblitz werden im linearen Modus mit einer APD zuverlässig detektiert.

**Bild 14.4-4** InGaAs-APD mit angebauter Glasfaser (links), Silicium-APD im Kunststoffgehäuse (rechts) (Werkfotos: PerkinElmer Optoelectronics)

### 14.4.3 Fototransistor, Fotothyristor und Foto-FET

Der *Fototransistor* nutzt den gleichen physikalischen Effekt wie die Diode – es werden Ladungsträger in einer Halbleiterschicht generiert. Die entstehenden Ladungsträger haben dabei die Funktion des Basisstroms. Durch die Verstärkungswirkung der Transistorstruktur lässt sich damit ein *höherer Ausgangsstrom* als mit einer Diode erzeugen. Der Nachteil ist die *niedrige Grenzfrequenz* im Bereich von kHz durch die hohen Sperrschichtkapazitäten.

Fototransistoren werden vor allem in Optokopplern zum Schalten digitaler Signale eingesetzt. Mit der Verstärkung wird dabei der niedrige Wirkungsgrad der Leuchtdioden kompensiert, so dass eine Stromübertragung von 1:1 möglich wird.

Beim *Fotothyristor* wird die eingebrachte Ladung zum Zünden des Bauelementes eingesetzt. Er wird vor allem in der Leistungselektronik angewandt. Der Vorteil besteht hier in der galvanischen Trennung von Steuer- und Lastkreis.

Beim *Foto-FET* ist die Gate-Elektrode als fotoempfindliche Schicht ausgebildet. Auch hier wird die Verstärkung des FET ausgenutzt, um größere Ströme zu schalten. Die verbreitetste Anwendung sind *optische Relais*. Der Einsatz von Foto-FETs erfolgt aber auch bei bildgebenden Systemen. Hier nutzt man die große Verstärkung des Bauelementes, um Kameras mit einer niedrigen Dunkelschwelle zu realisieren.

### 14.4.4 CMOS-Bildsensoren

Im Gegensatz zu den im Abschnitt 14.5 beschriebenen CCD-Sensoren beruhen CMOS-Bildsensoren auf der Basis von Fotodioden. Diese werden in einer Zeile oder Matrix angeordnet und können durch eine Zeilen- und Spaltenadressierung direkt und in beliebiger Reihenfolge angesprochen werden. Eine komfortable Pixelzelle zeigt Bild 14.4-5.

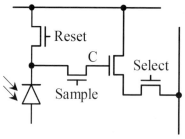

**Bild 14.4-5**
Pixelschaltung eines CMOS-Sensors
(Werkfoto: Fillfactory IBIS5)

Die Sperrschicht der Fotodiode wird durch die einfallende Strahlung aufgeladen (Elementbetrieb). Nach der Belichtungszeit X wird diese Ladung über den „Sample-Transistor" auf das Gate des dritten Transistors übertragen. Mit dem Signal „select" (Zeilenleitung) wird der Speichertransistor auf die Spaltenleitung geschaltet, welche an einem Multiplexer endet. Nach der Abtastung der Ladung wird die Restladung auf der Fotodiode gelöscht, so dass ein neuer Belichtungszyklus beginnen kann. CMOS-Sensoren sind von ihren optischen Eigenschaften schlechter bis gleichwertig zu CCD-Sensoren, wenn man die hochdynamischen Sensoren nicht mit betrachtet. Der Vorteil liegt in der Integration von anderen logischen Komponenten auf einem Chip, wie AD-Wandler, Timing-Generatoren und der wahlfreie Zugriff auf die Pixel.

### 14.4.5 Hochdynamische CMOS-Bildsensoren

Das menschliche Auge kann in einem Bild eine *Dynamik* von bis zu *140 dB* verarbeiten. Das bedeutet, dass der hellste Punkt im Bild um den Faktor $10^7$ mal heller ist als der dunkelste Punkt. Ein normaler CMOS- oder CCD-Sensor kann bedingt durch die verwendbaren elektrischen Schaltungen auf und um den Chip etwa 60 dB bis 70 dB abdecken. Dies kann bei ausgewählten wissenschaftlichen Sensoren bis auf 90 dB gesteigert werden.

## 14.4 Innerer Fotoeffekt

Die Grundhelligkeit in einem Bild wird durch die Wahl der Belichtungszeit eingestellt. Es wird aber in vielen Anwendungen immer den Fall geben, dass Bildteile unter- oder überbelichtet sind. Dies ist besonders bei der Bilderfassung im natürlichen Umfeld der Fall. Typische Beispiele dafür sind Fahrassistenzsysteme aller Art oder die Schnittkantenmessung bei Mähdreschern. Die Bilddynamik wird hier vor allem beim Auftreten von Schlagschatten, Gegenlicht oder schnellen Helligkeitsänderungen (z. B. bei der Fahrt in oder aus einem Tunnel) beansprucht.

Da es beim CMOS-Sensor möglich ist, lineare und digitale Schaltungen mit zu integrieren, sind vor allem mit diesem mehrere Lösungen für den Bau von Bildsensoren mit erhöhter Dynamik entstanden. Die wichtigsten Ansätze dabei sind:

- *Logarithmische Kennlinie*
  Die vom sensitiven Element kommende Spannung wird durch einen Verstärker mit logarithmischer Kennlinie weiter verarbeitet. Damit sinkt die Verstärkung mit steigender Eingangsspannung.
- *Approximierte nichtlineare Kennlinie*
  Durch geschaltete Hilfsströme in Abhängigkeit vom Ladezustand des Sensorelementes wird die Steilheit der Ladung beeinflusst. Damit lässt sich die Übertragungskennlinie dem Zielprozess anpassen. Ein Vertreter dieser Sensorart war der LM9618 von National Semiconductor, dessen Kennlinie Bild 14.4-6 zeigt. Mit diesem Prinzip werden im linearen Mode 62 dB erreicht, bei nicht linearer Kennlinie können 110 dB erfasst werden.

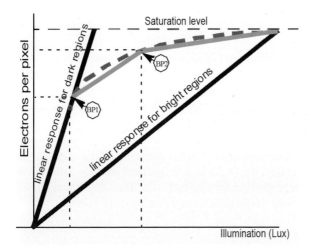

**Bild 14.4-6**
Belichtungskennline des LM9618
(Quelle: NSC)

- *Mehrfachbelichtungen*
  Bei der Mehrfachbelichtung werden kurz hintereinander mehrere Bilder der gleichen Szene aufgenommen. Dabei hat jedes Bild eine andere Belichtungszeit. Diese Bilder werden anschließend „übereinander" gelegt und zu einem Bild mit größerer Dynamik verrechnet. Die technische Grenze bildet hier vor allem die Auslesegeschwindigkeit und Bewegungsdynamik des Objektes.
- *Gestufte Belichtung*
  Es wird mit einem einfachen Pixel die Strahlung erfasst, wodurch die Spannung ansteigt. Nach einer kurzen Belichtungszeit wird abgefragt, ob die Fotospannung den halben Arbeitsbereich überschritten hat. Ist dies der Fall, wird die Integration bei diesem Pixel been-

det – die Zeitstufe wird beim Pixel gespeichert. Alle anderen Pixel integrieren weiter. Nach der 2-, 4-, 8- und 16-fachen Zeit wird dieser Vorgang wiederholt. Am Ende haben alle Pixel einen Spannungspegel, welcher durch die Integrationszeit dividiert werden muss, da das hellste Pixel zuerst fertig war (also durch 1) und das dunkelste Pixel am längsten gebraucht hat (durch 16). Einen Signalverlauf dazu zeigt Bild 14.4-7.

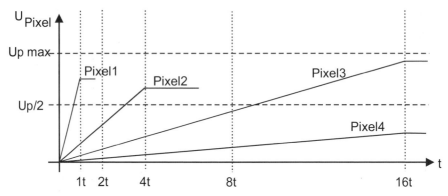

**Bild 14.4-7** Verlauf der Spannungen bei gestufter Belichtung (Quelle: Silicon Vision – LARS)

## 14.5 CCD-Sensoren

„CCD" (*Charge Coupled Device*) beschreibt die Art des *kontrollierten Ladungstransportes* mit Hilfe wandernder elektrischer Felder in einer Halbleiterschicht. „CCD" ist aber zum Synonym für Bildsensoren geworden, bei denen die durch ein *optisches Bild erzeugte Ladungsverteilung* auf einem Siliciumchip mit Hilfe dieser Technik ausgelesen wird.

Beim CCD-Bildsensor wirkt mittels durchsichtiger Elektroden auf der Oberseite des Sensors ein elektrisches Feld auf eine Siliciumoberfläche. Durch Photonen erzeugte Ladungsträgerpaare im Silicium werden durch das Feld getrennt und bleiben im Potenzialgefälle unter der jeweiligen Elektrode gefangen, bis sie mittels der CCD-Technik ausgelesen werden. Zum Nachweisen werden die Potenziale an den Elektroden derart umgeschaltet, dass die Ladungen schrittweise weiterwandern, bis sie an geeigneter Stelle seriell ausgelesen werden können.

### 14.5.1 Zeilensensoren

Zur Verdeutlichung dient Bild 14.5-1, welches den Anfang des Ladungstransfers darstellt. Im Teilbild A) wird die Ladung gesammelt. Dieser Zustand entspricht auch der Belichtungszeit. Durch das Zuschalten von P2 wird die Ladungswanne vergrößert und die Ladungsträger unter die Abdeckung gezogen (B). Mit dem Abschalten von P1 konzentriert sich die gesamte Ladung über der Elektrode an P2 (C). Dieser Vorgang wird fortgesetzt, bis die Ladung den Rand der Anordnung erreicht hat und dort ausgewertet wird. Da ein Vorbeiführen der Ladungen an den nachfolgenden optisch aktiven Flächen zu einer Veränderung der Ladung führt, erfolgt im ersten Schritt eine Verschiebung in einen parallel liegenden Pfad, welcher völlig abgedunkelt ist.

## 14.5 CCD-Sensoren

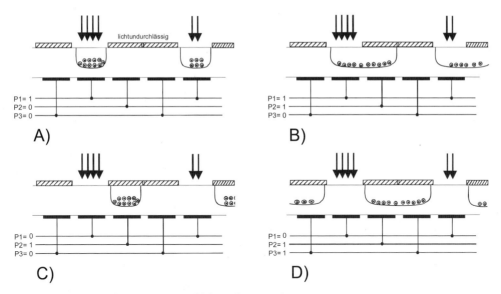

**Bild 14.5-1** Phasen eine Ladungsverschiebung im CCD-Sensor

Das Blockschaltbild eines Zeilensensors in Bild 14.5-2 zeigt deutlich die parallele Struktur zum Auslesen der Bilddaten. Zum Start der Bildaufnahme werden alle Pixel über das shutter gate entladen. Danach beginnt die Belichtungszeit, welche mit der Ladungsübergabe aus den Pixeln in das analoge Schieberegister beendet wird. Von hier aus werden die Ladungen nach links zum Ausgang verschoben und dort verstärkt ausgegeben.

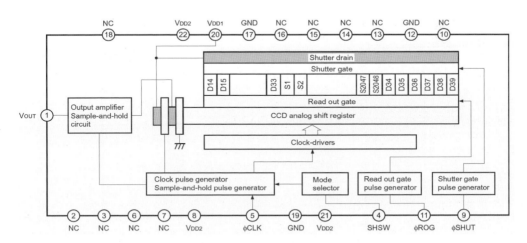

**Bild 14.5-2** Blockschaltbild eines Zeilensensors (Quelle: Sony ILX751)

Zeilensensoren gibt es von 64 Pixel bis zu über 10.000 Pixel. Sie werden viel im industriellen Bereich angewandt, vor allem wo die zweite Dimension durch die Bewegung des Objektes selbst erzeugt wird (Bild 14.5-3). Dazu zählen Transportprozesse aller Art, wie die Fadenüberwachung an Webmaschinen bis zur Fehleranalyse von Brettern bei der Möbelfertigung. Als Beispiel für statische Prozesse sei der Strichcodescanner genannt.

**Bild 14.5-3** CCD Zeilensensor für die Anwendung in der Spektroskopie (Werkfoto: PerkinElmer Optoelectronics)

### 14.5.2 CCD-Matrixsensoren

Um statische, zweidimensionale Bilder zu erfassen, muss auch der Sensor zweidimensional werden. Dies erreicht man durch eine matrixförmige Anordnung der sensitiven Elemente, gekoppelt mit einer Ausleselogik nach dem CCD-Prinzip. Ein Beispiel dazu zeigt Bild 14.5-4. Der Auslesevorgang erfolgt zuerst in das vertikale Register, welches 1 Zeile nach unten geschoben wird und im horizontalen Register nach links zum Ausgang. Der Nachteil des CCD-Matrixsensor ist, dass immer nur *komplette Bilder* ausgelesen werden können. Die Abfrage eines Bildausschnittes ist dabei nicht oder nur unter erheblichen Aufwand in der Ansteuerung möglich.

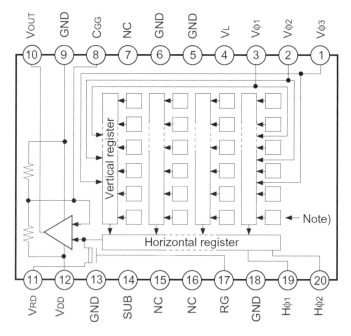

**Bild 14.5-4** Blockschaltbild eines CCD Matrixsensor (Quelle: Sony ICX085AL)

## 14.6 Quantum Well Infrared Photodetector QWIP

Beim QWIP werden (Größenordnung 50) dünne Schichten aus einem Halbleiter mit geringerem Bandabstand zwischen Schichten aus einem Halbleiter mit größerem Bandabstand eingebettet. Dabei werden Halbleiterlegierungen verwendet, die eine Anpassung der Gitterkonstanten erlauben, beispielsweise GaAs/AlGaAs (Gallium-Arsenid: Niedriger Bandabstand, Aluminuim-Gallium-Arsenid: Höherer Bandabstand) oder GaInAs/InP (Gallium-Indium-Arsenid: Niedriger Bandabstand, Indium-Phosphid: Höherer Bandabstand).

In dem Material mit dem geringeren Bandabstand bilden sich sowohl für Elektronen *eindimensionale Quantentöpfe* im Leitungsband als auch eindimensionale Quantentöpfe für Löcher im Valenzband aus. Die Schichtdicke des Materials mit niedrigem Bandabstand entspricht der Breite des Quantentopfes und bestimmt damit die Lage der quantisierten Energieniveaus. Im Folgenden wird nur der Quantentopf für Elektronen, der im Leitungsband gebildet wird, betrachtet. Seine Breite wird meist so ausgelegt, dass sein erster angeregter Zustand auf dem Energielevel des Leitungsbandes des Materials mit dem größeren Bandabstand liegt (Bild 14.6-1).

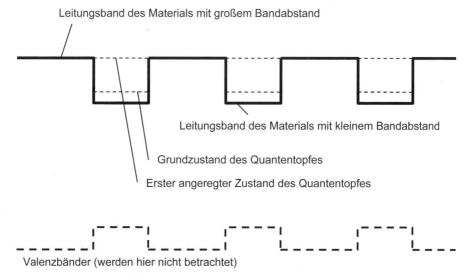

**Bild 14.6-1** Bandschema im QWIP

Das Halbleitermaterial wird so dotiert, dass die Grundzustände der Quantentöpfe mit Elektronen besetzt sind. Durch Photonen mit einer ausreichend hohen Energie können Elektronen vom Grundzustand in den ersten angeregten Zustand des Quantentopfes angehoben werden und sich dann im Halbleiter frei bewegen. Diese Fotoleitfähigkeit dient zur Detektion von *Infrarot-Lichtquanten*. QWIP-Detektorarrays werden im Allgemeinen als Arrays zur *Infrarotbildgebung* (*Thermografie*) mit hoher Auflösung verwendet. Entsprechend kann auch eine Fotoleitfähigkeit von Löchern im Valenzband erreicht werden. Aufgrund der niedrigeren Beweglichkeit der Löcher wird dieser Effekt allerdings meistens nicht verwendet.

## 14.7 Thermische optische Detektoren

Im Gegensatz zu den oben beschrieben Quantendetektoren reagieren thermische Detektoren nicht auf einzelne Photonen, sondern auf die Energie, die mit der optischen Strahlung transportiert wird. Die IR-Strahlung wird dabei auf einer Absorberfläche im Sensor in Wärme umgewandelt. Diese wird ihrerseits nachgewiesen und ermöglicht damit einen indirekten Strahlungsnachweis. Dadurch sind thermische Detektoren einerseits *wesentlich langsamer* und *weniger empfindlicher*, anderseits aber unabhängig von der Quantenenergie bzw. der Wellenlänge der Photonen. Ihr Signal ist proportional zur Gesamtenergie der gemessenen Strahlung und unabhängig von deren Wellenlänge. Insbesondere im Bereich des mittleren und fernen Infrarotes, in dem Quantendetektoren gekühlt werden müssen, werden oft thermische Detektoren verwendet, da diese nicht prinzipiell gekühlt werden müssen.

*Anwendungen*

Anwendungen thermischer Detektoren sind die *kontaktlose Temperaturmessung* und *IR-Bildgebung* im unteren Preissegment, *Gasdetektion*, *Spektrometrie* und überall dort, wo die intrinsischen Vorteile wie *große optische Bandbreite* und die Möglichkeit, auf Kühlung zu verzichten, die Nachteile wie langsame Reaktion und geringe Detektivität kompensieren. Vorteile thermischer IR-Detektoren sind:

- *Kühlung ist nicht prinzipiell notwendig* (in den meisten Fällen werden ungekühlte Detektoren verwendet).
- Empfindlichkeit ist *unabhängig* von der Wellenlänge,
- Passive Detektorprinzipien bei Thermosäulensensoren und pyroelektrischen Detektoren (Ausgangssignal ist Null bei Null Eingangssignal). Dies erlaubt einen *empfindlichen Nachweis kleiner Signale*.

Tabelle 14.6.1 Anwendungsgebiete thermischer IR-Detektoren

| Anwendungen | Sensor | Kommentar |
|---|---|---|
| Temperaturmessung | Thermosäulen, pyroelektrische Detektoren (mit Unterbrecher) | Thermosäulen: Detaillierte Beschreibung in Abschnitt 14.7.1<br>Pyroelektrische Detektoren: Da diese Detektoren keine konstanten Signale messen können, wird zur Temperaturmessung ein optisches Unterbrecherrad „Chopper" verwendet. |
| Spektrometrie | Thermosäulen | Wegen ihrer wellenlängenunabhängigen Empfindlichkeit im (nahen,) mittleren und fernen IR. |
| Wärmebildgebung | grob: Thermosäulen, fein: Bolometer | Vorteilhaft wegen der Größe jedes Sensorelements sind Thermosäulenarrays größer 10 x 10 Bildpunke nicht sinnvoll und Arrays größer 4 x 4 Bildpunkte kommerziell nicht verfügbar.<br>Zur IR-Bildgebung werden typischerweise Mikrobolometerarrays verwendet. |
| Personendetektion | pyroelektrische Detektoren | Anwendungen: Gebäudeüberwachung, automatische Lichtschalter, automatische Wasserhähne |
| Gasmessung | Thermosäulen, pyroelektrische Detektoren | Beschreibung, Bild 14.6-2 |

## 14.7 Thermische optische Detektoren

Nachteile sind:

- langsame Reaktion und
- geringe Detektivität.

Einen Überblick über typische Anwendungen gibt Tabelle 14.6.1.

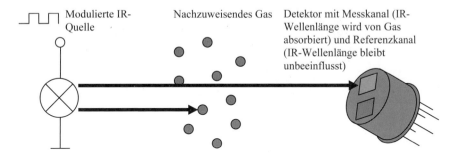

**Bild 14.6-2** Funktionsprinzip der fotoabsortiven Gasmessung mit thermischen Detektoren (pyroelektrische Detektoren oder Thermosäulen)

**Bild 14.6-3** Optische Gassensoren basierend auf thermischen IR-Detektoren. Links: für Anwendungen im Medizinbereich, rechts Low-Cost $CO_2$-Sensor (Werkfotos: PerkinElmer Optoelectronics)

### 14.7.1 Thermosäulen

Ein moderner Thermosäulensensor (Bild 14.7-1) basiert auf einer dünnen, schlecht Wärme leitenden Membran mit einer schwarzen Absorberschicht, die von der einfallenden IR-Strahlung erwärmt wird. Die Membran wird gehalten von einem Rahmen aus gut Wärme leitendem Silicium im thermischen Kontakt mit der Umgebung. Seine Temperatur wird durch mögliche IR-Absorption nicht nennenswert beeinflusst.

Zwischen Zentrum (Membran) und Peripherie (Silicium) sind zahlreiche (Größenordnung 100) Thermopaare so angebracht, dass die *warmen Kontakte* im Zentrum liegen, während die *kalten* Kontakte die Referenztemperatur der Peripherie bzw. der Umgebung messen (Bild 14.7-1). Die mit der aufgenommenen IR-Strahlung transportierte Leistung wird im Absorber auf der

Membran in Wärme umgewandelt, die sich aufgrund des thermischen Widerstandes der Membran in einen *Temperaturunterschied* zwischen den warmen und kalten Kontakten der Thermosäule umwandelt. Die *Thermosäule* wandelt ihrerseits diesen Temperaturunterschied in eine *Spannung* um (Abschnitt 2.10).

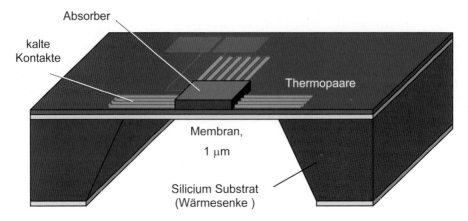

**Bild 14.7-1** Schematischer Schnitt durch einen MEMS-Thermosäulensensor

Moderne Thermosäulensensoren (Bild 14.7-2) werden in einem *MEMS-Prozess* hergestellt. Dabei wird mit anisotropen (alkalischen) Ätzen, oder mit „Reactive Ion Etching (RIE)" ein großflächiges Loch (1 mm$^2$) auf die Rückseite von Silicium geätzt. Auf der Vorderseite befinden sich eine Oberfläche aus Siliciumoxid/Silciumnitrid und die Thermosäule. Die dünne Oxid/Nitrid- Membran bleibt nach dem Ätzen zurück. Auf ihr befinden sich die warmen Kontakte der Thermosäule, während sich die kalten Kontakte über dem zurückgebliebenen Silcium in der Peripherie neben dem Loch befinden. Typische Materialien für die Thermopaare sind Wismut/Antimon oder Polysilcium/Aluminium.

**Bild 14.7-2** Links Thermosäulensensor. Rechts: Thermosäulensensorarry aus 4 x 4 Detektoren (Mitte im Bild) mit ASIC zur Signalverarbeitung (unten im Bild) (Werkfotos: PerkinElmer Optoelectronics)

## 14.7 Thermische optische Detektoren

Bei Verwendung einer Thermosäule aus Polysilicium/Aluminium ist der Herstellungsprozess CMOS-kompatibel. Ein solcher Sensor erreicht typischerweise 55 V/W Empfindlichkeit bei einem Widerstand der Thermosäule von 75 kΩ.

### 14.7.2 Pyroelektrische Detektoren

Im Gegensatz zu einer Thermosäule reagiert ein pyroelektrischer Detektor (Abschnitt 2.13) nicht auf ein kontinuierliches Signal, sondern auf die *Änderung* der empfangenen *IR-Strahlung*. Infrarotstrahlung wird absorbiert und erwärmt pyroelektrische Materialien, im Allgemeinen Blei-Zirkonium-Titanat (PZT-Keramiken) oder Lithium–Tantalat–Kristalle, die auf Erwärmung mit einer starken Änderung der elektrischen Polarisierung reagieren. Diese wird mithilfe von Elektroden auf dem Material kapazitiv abgenommen und verstärkt.

**Bild 14.7-3** Infrarotdetektor, basierend auf den pyroelektrischen Eigenschaften von PZT-Keramik (Werkfotos: PerkinElmer Optroelektronics)

Bild 14.7-3 zeigt einen solchen IR-Detektor. Durch die Elektroden werden mehrere Felder so definiert, dass ein sich auf dem Detektor bewegendes IR-Bild zu einem Signal führt. Derartige Sensoren werden im Allgemeinen in Bewegungsmeldern eingesetzt.

**Bild 14.7-4** Infrarotdetektor, basierend auf den pyroelektrischen Eigenschaften von Lithium-Tantalat (Bildmaterial: PerkinElmer Optroelektronics)

Das Modul enthält 4 Lithium-Tantalat Kristalle (Bild 14.7-4), von denen jeweils zwei einem optischen Kanal zugeordnet sind. *Ein Kristall* ist jeweils mit einer *IR-Strahlung absorbierenden Oberfläche* versehen und dient dem *Strahlungsnachweis*. Der jeweils andere Kristall ist mit einer *IR-reflektierenden Beschichtung* versehen und dem IR-messenden Kristall entgegengeschaltet. Es dient zur *Kompensation* von *Umgebungstemperaturschwankungen*. Die gezeigten Sensoren enthalten jeweils zwei solche Kanäle für verschiedene IR-Wellenlängen.

### 14.7.3 Bolometer

Beim Bolometer wird *Infrarotstrahlung absorbiert* und erwärmt einen temperaturabhängigen Widerstand, beispielsweise einen Thermistor, der wiederum über die Änderung seines Widerstandes ein elektrisches Signal erzeugt. Im Gegensatz zu Thermosäulen oder pyroelektrischen Detektoren können Thermistoren sehr gut *miniaturisiert* werden, sodass eine große Anzahl von Thermistoren als Mikrobolometerarray zur Infrarotbildgebung (*Thermografie*) auf einem Sensor integriert werden können. Bolometerarrays können bei Raumtemperatur arbeiten, müssen allerdings temperatur-stabilisiert werden und verwenden einen *optischen Chopper* (Shutter), um die Nullpunktdrift der Bildpunkte zu messen und ausgleichen zu können.

# 15 Signalaufbereitung und Kalibrierung

Sensoren wandeln die zu messende physikalische Größe in ein elektrisches Signal um. Dabei sind drei Punkte zu beachten:
1. Das Sensorsignal ist meist *sehr klein*. Es muss deshalb auf einen *Normpegel* verstärkt werden, damit es von einer Steuerung verarbeitet werden kann.
2. Es müssen Beeinflussungen von *Störgrößen* beachtet werden (z. B. Einfluss der Temperatur auf die Kennlinie eines Feuchtesensors).
3. Kennlinien müssen sehr oft *gefiltert* und *linearisiert* werden.

Eine Sonderstellung hat hier die *Temperaturmessung*. Es gibt Messelemente mit *ungestörtem* und *linearem* Charakter (z. B. PT100 und Thermoelement). Diese Elemente können oft direkt an spezielle Eingänge von Steuerungen angeschlossen werden. In diesem Sinne bilden sie einen *eigenen Signalstandard*.

## 15.1 Signalaufbereitung

Bei der Vielzahl an Sensorelementen wird das Ausgangssignal durch relativ wenige physikalische Effekte erzeugt, welche man wie folgt zusammenfassen kann:

- Erzeugung einer *Ladung* oder einer *Spannung* (z. B. Piezoeffekt, Thermoelement, Fotoelement).
- Veränderung eines *Widerstandes* oder eines *Leitwertes* (z. B. Dehnmess-Streifen, Fotowiderstand, Änderung des Kanalwiderstandes von FETs durch Ionen).
- Änderung der *Kapazität* oder der *Induktivität* und daraus folgend eines *Wechselspannungswiderstandes* (z. B. Feuchte, Abstand und Wege).

Bei den diskret arbeitenden Sensorsystemen existieren sehr viele und spezifische Methoden der Signalgewinnung. Das reicht von der reinen *Binärinformation* über die Bildung von *Impulsen* und *Impulsgruppen* bis zu *komplexen Datenmengen* bei der Bildauswertung. In dieser Gruppe hat die Zeit bzw. die Frequenz als informationstragende Größe eine große Verbreitung.

Die folgenden Abschnitte behandeln die grundsätzlichen Möglichkeiten der Signalaufbereitung. Diese Betrachtungen werden exemplarisch an einem resistiven Sensorelement ausgeführt, da in diesem Falle die Methoden sehr gut verdeutlicht werden können.

### 15.1.1 Analoge (diskrete) Signalaufbereitung

Die klassische, analoge Signalaufbereitung hat immer noch ihre Bedeutung, wenn es um *rauscharme Sensorsignale* geht. Durch die einfache Schaltungstechnik sind kaum zusätzliche Rauschquellen vorhanden. Auch bietet sich diese Methode an, wenn ein Signal in einer niederen Qualität, beispielsweise für Schaltzwecke, benötigt wird.

Bei der Schaltung in Bild 15.1-1 wird das sensitive Element durch die Widerstände R1 bis R4 gebildet. Das verfügbare Ausgangssignal der Brücke wird mit dem Differenzverstärker IC1A symmetrisch abgegriffen und mit IC1B asymmetrisch auf den Normpegel verstärkt. Der Nullabgleich erfolgt mit dem Widerstand R5, der Abgleich auf Vollausschlag mit dem Widerstand R7.

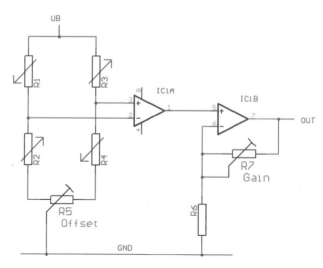

**Bild 15.1-1** Grundschaltung analoge Signalaufbereitung

## 15.1.2 Signalaufbereitung mit Systemschaltkreisen

Im Zusammenhang mit häufig auftretenden Aufgabenstellungen wurden von der Industrie Systemschaltkreise entwickelt, welche die Ankopplung unterschiedlicher Sensorelemente erlauben und diese auf ein Normsignal umsetzen. In Bild 15.1-2 wurde als Beispiel ein IC von Texas Instruments gewählt, welcher zur Umsetzung eines Thermowiderstandes auf ein Stromschleifensignal verwendet wird.

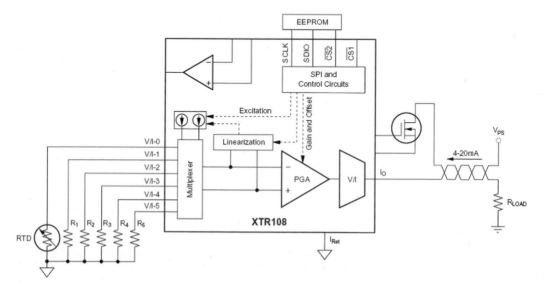

**Bild 15.1-2** Systemschaltkreis XTR108 (Quelle: Texas Instruments)

Wie für Systemschaltkreise typisch, beinhaltet dieser außer den Verstärkern auch die notwendigen Zusatzkomponenten, wie Stromquellen und Multiplexer. Im Beispiel werden die notwendigen Einstellungen in einem externen EEPROM gespeichert.

### 15.1.3 Signalaufbereitung mit ASICs

Bei Standardmessaufgaben wie Temperatur-, Druck- oder Wegmessungen bietet es sich an, Schaltkreise zu entwickeln, welche auf die spezifischen Messaufgaben der einzelnen Sensorelemente angepasst sind. Es entstehen hochkomplexe Bauelemente, welche durch eine große Anzahl einstellbarer Parameter den kompletten Aufgabenbereich von der Signalerfassung, -aufbereitung und -korrektur bis zur analogen oder digitalen Datenausgabe abdecken.

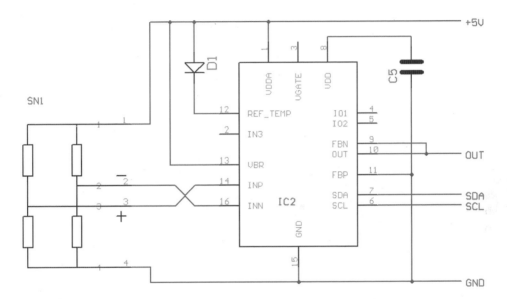

**Bild 15.1-3  ASIC für Drucktransmitter**

Als Beispiel wurde der ZMD31050 herausgegriffen, der in Bild 15.1-3 in der Prinzipschaltung für einen ratiometrischen Drucktransmitter dargestellt ist. Er verfügt über einen 16 Bit AD-Wandler, einen Eingangsfilter und einen 11 Bit DA-Wandler. Mit der Diode D1 wird die Temperatur der Brücke bestimmt, welche zur Kompensation der Druckkennlinie benötigt wird. Das Ausgangssignal wird durch das Lösen einer Gleichung dritten Grades mit beiden Eingangsgrößen errechnet.

### 15.1.4 Signalaufbereitung mit Mikrocontrollern

Eine Aufbereitung der Sensorsignale kann auch direkt mit einem Mikrocontroller erfolgen. Die wichtigste Anforderung ist dabei ein Analog-Digital-Wandler mit einer entsprechenden Genauigkeit und der Möglichkeit zur Ausgabe eines analogen Signals. Dies kann durch einen DA-Wandler oder eine PWM-Einheit realisiert werden. Diese Einheiten müssen dazu nicht zwingend im Controller integriert sein.

Wenn die Signalerfassung und Verarbeitung mit einem Prozessor erfolgt, dann ist diese immer im Zusammenhang mit einer Justage zu finden.

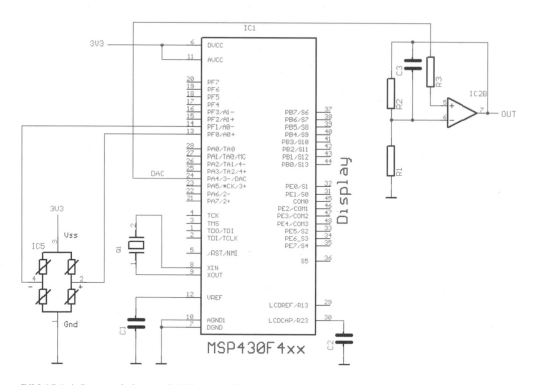

**Bild 15.1-4** Sensorschaltung mit Mikrocontroller

Der Vorteil dieses Verarbeitungsweges ist, dass auch mit analogen Mitteln nicht umsetzbare Kennlinien auf Ein- und Ausgangsseite realisiert werden können. Dies wird durch den Einsatz von Software ermöglicht. In Bild 15.1-4 ist ein Schaltungsausschnitt für einen Sensor mit einer Widerstandsbrücke gezeigt, welcher einen Spannungsausgang von beispielsweise 0 V bis 10 V realisiert.

Dieser Weg hat allerdings den Nachteil, dass die Signalverarbeitung mit Software immer langsamer ist als in einem analogen Signalpfad. Sie wird umso langsamer, je komplexer der Korrekturalgorithmus und die Signalaufbereitung wird (Abschnitt 15.2.3).

## 15.2 Sensorkalibrierung

Der Begriff der Sensorkalibrierung hat sich im Sprachgebrauch zwar eingebürgert, ist aber im technischen Sinne falsch. Beim *Kalibrieren* wird die *Abweichung* einer Messgröße von einem *Standard* dokumentiert. Wenn das *Signal* eines Sensors auf einen *Sollwert* eingestellt wird, handelt es sich um ein *Justieren*. Die Sensorjustage hat die Aufgabe, durch technische oder mathematische Maßnahmen das Mess-Signal von Nichtlinearitäten und Störgrößen zu befreien. Die Hauptstörgröße ist meistens die Temperatur.

## 15.2.1 Passive Kompensation

Für einfache Anwendungsfälle, beispielsweise im Zusammenhang mit der Schaltung in Bild 15.2-1, kann eine passiv kompensierte Messbrücke verwendet werden. Dieses kompensierte Sensorelement erzeugt dann ein definiertes Ausgangssignal und kann somit mit einem fest eingestellten einfachen Verstärker aufbereitet werden. Die Justage der Widerstände R1 bis R4 erfolgt dabei im Rahmen der Sensorherstellung. Bild 15.2-1 zeigt das Schema.

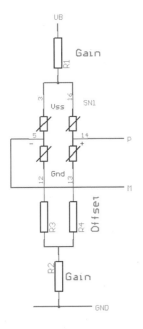

Mit den Widerständen R3 und R4 erfolgt ein Nullabgleich der Brücke. Dabei ist, abhängig vom Vorzeichen des Offset, der eine oder der andere Widerstand zu verstimmen.

Aus dem Gesamtwiderstand der Brücke und der Widerstandsänderung durch die Messgröße ergibt sich eine *Steilheit*, welche in mV/V(Ub) angegeben wird. Dieses Verhältnis kann man durch die Widerstände R1 und R2 so verändern, dass die Steilheit einen definierten Wert annimmt. Dieser Zielwert ist dabei immer kleiner als die mögliche Steilheit. Der dafür bestimmte Widerstandswert wird auf R1 und R2 je zur Hälfte angewendet, damit die Ausgangsspannung der Brücke bei Ub/2 bleibt.

**Bild 15.2-1** Passiv kompensierte Messbrücke

## 15.2.2 Justage mit analoger Signalverarbeitung

Wenn die erforderlichen Korrekturmaßnahmen und Eigenschaften für ein Sensorelement bekannt sind, kann die erforderliche Gleichung als Folge linearer und nichtlinearer Verstärkerelemente nachgebildet werden. In Bild 15.2-2 wird als Beispiel dafür ein älterer analoger ASIC herangezogen. Die gesamte Schaltung setzt sich aus Verstärkern und multiplizierenden DA-Wandlern zusammen. Im Ergebnis wird für das Nutzsignal eine lineare Kennlinie mit Offset- und Gainkorrektur realisiert, welche in einen zweiten Zweig durch die gemessene Temperatur mit einer Kennlinie 2. Grades beeinflusst wird.

Der Ablauf der Justage erfolgt in drei Schritten:

1. Bei Raumtemperatur erfolgt die Einstellung von Offset (linke zwei Stufen) und Gain (mittlere Stufe) als direkter Zusammenhang zwischen Eingangs- und Ausgangssignal.
2. Dann erfolgt der Abgleich bei einer höheren Temperatur bei Wiederholung der Eingangsbedingungen durch Änderung von Offset und Gain des Temperaturzweiges.
3. Dieser Vorgang wird bei einer niedrigeren Temperatur wiederholt.

Sollten höhere Genauigkeiten notwendig sein, so müssen diese Abgleiche mehrfach durchlaufen werden, da die Einstellungen der einzelnen Register nicht rückwirkungsfrei zu den anderen Einstellungen sind. Die gefundenen Einstellungen werden in einem Speicher im ASIC permanent hinterlegt. Der ASIC selbst arbeitet allgemein ratiometrisch, d. h., das Ausgangssignal verhält sich auch proportional zur Versorgungsspannung.

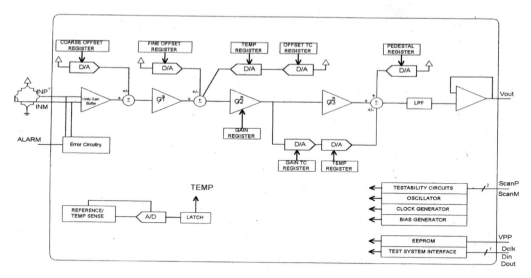

**Bild 15.2-2** ASIC mit analoger Signalverarbeitung (SCA2096)

### 15.2.3 Justage mit digitaler Signalverarbeitung

Bei der digitalen Signalverarbeitung existiert ein breites Spektrum von Lösungen. So gibt es zwischen dem ASIC mit rein analogem Signalpfad und der reinen Rechnerlösung ein breites Spektrum an ICs, welche mit einem analogen Front-End ausgestattet sind und intern über eine spezielle, fest programmierte Rechnerstruktur verfügen. Zu diesen zählt als Beispiel auch der in Bild 15.1-3 gezeigte Schaltkreis, mit welchem eine arithmetische Justage realisiert wird.

Die Grundstruktur bei der digitalen Signalverarbeitung besteht immer aus einer Eingangsstufe mit Offsetkorrektur und einem hochauflösenden AD-Wandler und einer Ausgangsstufe als DA-Wandler. Dabei ist es unerheblich, ob dies durch separate Komponenten gebildet wird oder in einem ASIC oder Prozessorbaustein integriert ist. Den Startwert für die Verarbeitung bildet immer der Wert des Eingangswandlers, welcher durch eventuell auf weiteren Kanälen gemessenen Größen von Störsignalen ergänzt wird. Als Ergebnis der Operation muss ein Wert für den Ausgangs-DA-Wandler entstehen, für dessen Bestimmung es mehrere Methoden gibt.

*Arithmetische Methode*

Um diese Methode anwenden zu können, muss die *Korrekturfunktion* durch eine geschlossene mathematische Darstellung als *Gleichung* vorliegen. Der Prozessor arbeitet im Betrieb diese Rechenvorschrift zyklisch ab, unter Verwendung der Eingangsgrößen und der bei der Kalibrierung bestimmten Koeffizienten.

Für die Bestimmung der Koeffizienten ist entsprechend des Grades der Funktionen ein Gleichungssystem mit n Unbekannten zu lösen. Im Beispiel des ZMD31050 sind das 7 bis 9 Gleichungen wozu eine entsprechende Zahl von Messwerten notwendig ist. Diese Messwerte werden gewonnen, indem der komplette Transmitter z. B. auf unterschiedliche Temperatur/Druck-

## 15.2 Sensorkalibrierung

Kombinationen eingestellt wird und die zugehörigen AD-Werte für Druck und Temperatur ausgelesen werden. Die Lösung des Gleichungssystems erfolgt dann in einem externen Rechner, und die Ergebnisse werden im ASIC eingespeichert. Bild 15.2-3 zeigt die Gleichungen des ZMD31050. Der rechnerische Aufwand kann hier leicht überschlagen werden.

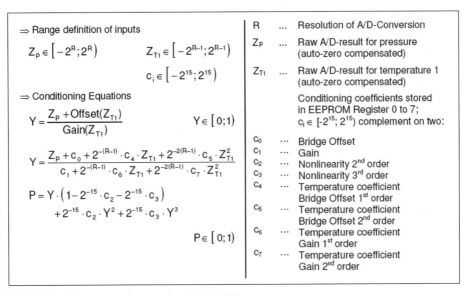

**Bild 15.2-3** Gleichungen zur Justage des ZMD31050

Dieser Weg lässt in dem Beispielfall eine hohe Messrate zu (bis zu 4.000 Messungen/s), da es sich um eine auf die Gleichung angepasste Rechnerstruktur handelt. Wird dieser Weg mittels allgemeiner Prozessoren beschritten, können sich sehr große Rechenzeiten ergeben, welche die Messrate drastisch senken. Etwas Zeit kann man durch den Verzicht auf eine Gleitpunktarithmetik gewinnen, was aber eine exakte Kenntnis der Messelemente und deren Streuung voraussetzt.

### *Kennlinien-Interpolation*

Wenn der arithmetische Weg nicht begangen werden kann, weil beispielsweise keine geschlossene Gleichung erstellt werden kann, ist der Weg der Kennlinien-Interpolation möglich. Hier werden aus der Eingangskennlinie mehrere Stützstellen bestimmt. Die Positionen der Stützstellen (X-Achse) werden im Rechner hinterlegt und aus den Messwerten benachbarter Werte der Anstieg und Offset des Kennlinienbereiches zwischen beiden bestimmt. Durch Verwendung mehrerer Stützstellen kann der Kennlinienabschnitt auch durch eine Funktion höheren Grades dargestellt werden. Während der Ausführung des Programms wird bestimmt, zwischen welchen Stützstellen sich das Eingangssignal befindet und der entsprechende Koeffizientensatz für die Bearbeitung ausgewählt. Die Berechnung gestaltet sich dann relativ einfach.

Werden in die Verarbeitung noch Störgrößen einbezogen, so erweitert sich die Kennlinie zur Fläche oder zum Raum. Es wird dann für jede Richtung und jedes Stützstellenpaar ein Koeffizientensatz abgelegt und die Dimensionen sequenziell abgearbeitet.

Werden die Stützstellen eng angeordnet, dann reicht allgemein eine lineare Interpolation zur Bestimmung des Ausgangswertes.

Die Kennlinien-Interpolation ist in der Ausführung schneller als die arithmetische Methode, da sie auf einfacheren Operationen aufbaut. Der Nachteil besteht in der großen Anzahl von notwendigen Messpunkten und dem relativ großen Koeffizientenspeicher.

*Look-up-Tabelle*

Die schnellste und speicheraufwändigste Form ist die Korrektur der Daten über eine Look-up-Tabelle (LUT). Bei der einfachen Kennlinie werden dazu in einer Tabelle zu jedem möglichen Eingangswert ein entsprechender Ausgangswert hinterlegt. Diese Zuordnung kann ebenfalls mehrdimensional erfolgen. Auf diese Weise kann man sehr hohe Genauigkeiten erzielen. Da dazu aber viele Tabellen erforderlich sind, wird häufig eine *reduzierte Tabelle* angelegt, in der Zwischenpositionen durch Interpolation gewonnen werden. Man kann dies auch als eine *Kennlinien-Interpolation* mit *hoher Stützstellenanzahl* betrachten.

Der eindeutige Vorteil liegt aber in der *Bearbeitungsgeschwindigkeit*, da es sich nur um Speicherzugriffe handelt. Wenn man bei der interpolierten LUT die Stützstellen auf binäre Werte legt, beispielsweise auf jeden vierten Eingangswert, dann lässt sich die Interpolation auf Addition, Subtraktion und Schiebeoperationen beschränken, so dass auch hier große Bearbeitungsgeschwindigkeiten erreicht werden.

## 15.3 Energiemanagement bei Sensoren

Nicht nur durch das gewachsenen Umweltbewusstsein ist Energiemanagement ein aktuelles Thema, sondern auch durch eine Vielzahl neuer Anwendungen. Sensorapplikationen werden heute zunehmend auch in mobilen und autarken Systemen eingesetzt, die mit Energie versorgt werden müssen. Um den Energieverbrauch möglich gering zu halten, muss der Stromverbrauch im Sensor möglichst gering sein.

Für ein Energiemanagement gibt es zwei grundlegende Wege: Entweder baut man einen *extrem stromsparenden* Sensor (z. B. die Verbrauchsmessung am Heizkörper) oder man *verringert* die *aktive Zeit* des Sensors. Vor allem die letztere Variante setzt einen Prozessor voraus, welcher diesen Steuervorgang realisiert.

Um einen energiearmen Sensor herzustellen, müssen mehrere Faktoren und Einflüsse beachtet werden. Bei den Betrachtungen wird davon ausgegangen, dass in der Signalverarbeitung ein Prozessorkern vorhanden ist.

*Schaltungstechnische Maßnahmen und Ruhestrom*

Der verwendete Prozessor muss selbst über ein internes Energiemanagement verfügen, d. h., dass die Peripherieeinheiten *schaltbar* sein müssen. Damit können nur die benötigten Teile aktiviert werden. Zudem soll der Strombedarf in einem Schlafmode möglichst gering sein, wobei Basisfunktionen in diesem Zustand noch aktiv sein müssen, wie die Uhr und eventuell ein Display. Diese konstruktiven Anforderungen gelten in gleichem Maße auch für die Außenbeschaltung. So müssen das Sensorelement, eventuelle externe Verstärker und die Bereiche der Datenkommunikation, ebenfalls schaltbar sein.

## 15.3 Energiemanagement bei Sensoren

Die mit aktuellen Prozessoren erreichbaren Werte für den Ruhestrom liegen im Bereich weniger µA. Als Beispiel werden mit der Schaltung aus Bild 15.1-4 im Ruhezustand bei laufendem Display 13 µA erreicht.

### *Messdauer und Aktivstrom*

Die beiden Größen stehen in einem Zusammenhang, da sie sich unmittelbar beeinflussen. Bei CMOS-Schaltungen steht der *Stromverbrauch* immer im Zusammenhang mit der *Taktgeschwindigkeit*. Je schneller ein Prozessor arbeitet, umso höher ist sein Strombedarf. Dagegen steht aber, dass der Messvorgang bei einem schnelleren Prozessor schneller abgeschlossen ist. Der Energieverbrauch berechnet sich als Produkt aus Zeit und Strom. Es müssen also andere Kriterien gefunden werden, die eine schnelle Ausführung bei niederer Taktfrequenz ermöglichen. Dazu zählen beispielsweise:

- Der Einfluss der gewählten *Software* bzw. die *Programmiersprache*.
  Die Programmierung der Funktionen sollte in einer minimalistischen Form erfolgen. Der Einsatz der gängigen Hochsprachen ist dabei selten optimal, da zu viele unnötige Funktionen mitgeschleppt werden. Da die Aufgaben zur Signalverarbeitung kompakt sind, sollte man auch die Assemblerprogrammierung mit in Betracht ziehen.
- Der Einfluss der *Korrekturalgorithmen*.
  Wie in Abschnitt 15.2 bereits erwähnt, nimmt man durch die Wahl des Korrekturweges einen starken Einfluss auf den Rechenaufwand und die Ausführungsgeschwindigkeit.
- Die Wahl des *Zahlenformates*.
  Eine Signalkorrektur im Gleitkommaformat zu rechnen, ist der einfachste Weg, aber auch der langsamste. Es ist deshalb zu überlegen, die Rechnungen ohne Gleitkomma im Integerformat auszuführen. Das erfordert allerdings mehr Aufwand, da im Vorfeld eine Abschätzung des Zahlenbereiches im Zusammenhang mit der Abfolge der arithmetischen Operationen erfolgen muss.
- *Ort* der Verarbeitung.
  Es kann zugunsten der Aktivzeit auch ein Teil der Korrekturaufgaben in das übergeordnete Rechnersystem verlagert werden. Damit werden zeitaufwändige Funktionen an einen Ort ohne Energieprobleme delegiert.

### *Messzyklus*

Die Häufigkeit der Messung beeinflusst die *Energiebilanz* ebenfalls, da damit das Verhältnis von Aktivzeit zu Ruhezeit bestimmt wird. Aus diesem Grund ist genau zu definieren, wie häufig im konkreten Fall gemessen werden muss. Das Intervall der Messungen kann dabei zwischen Sekunden bei technischen Anwendungen und Stunden bei klimatischen Sensoren liegen.

Bild 15.3-1 zeigt den Energiebedarf eines digitalen Manometers für ein Jahr als Funktion des Messzyklus. Der Ruhestrom ist dabei 13 µA, der Aktivstrom 3,7 mA und die Aktivzeit 50 ms.

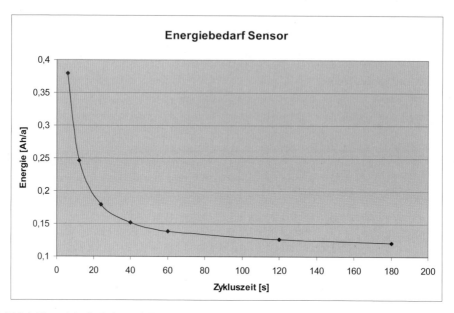

**Bild 15.3-1** Energiebedarf als Funktion der Aktivzeit

## Weiterführende Literatur

Beschreibung EVAL-Kit zum ZMD31050: ZMD31050 Application Kit Description; Seite 27 über: http://www.zmd-gmbh.de/products.php.
Datenblatt „Two-Wire Transmitter XTR108"; über: http://www.ti.com/
Datenblatt „ZMD31050" über : http://www.zmd-gmbh.de/products.php

# 16 Interface

Um die Messwerte der Transmitter zur Auswerteeinheit zu übertragen, werden *standardisierte Interfaces* verwendet. Diese erlauben dem Anwender eine einfache Anschaltung von Transmittern unterschiedlichster Hersteller. Die Möglichkeiten bei der analogen Signalübertragung basieren dabei auf wenigen physikalischen Größen. Die Übertragung auf digitaler Basis beschränkt sich auf die wesentlichsten Vertreter, welche für die Sensorik entscheidend sind.

## 16.1 Analoge Interfaces

Zur Signalübertragung in analoger Form finden *Spannung, Strom, Frequenz* oder *Pulsweite* Anwendung. Diese Ausgangsgrößen sind in der Praxis einfach zu beherrschen und lassen sich mittels zwei oder drei Anschlussleitungen übertragen. Bei den analogen Signalen erfolgt immer die *Abbildung der Messgröße* auf den *spezifizierten Signalbereich*. Dies kann bedeuten, dass beispielsweise ein Druck von 0 bar bis 20 bar oder eine Temperatur von −20 °C bis 50 °C auf ein Signal von 0 V bis 10 V abgebildet wird. Damit ist der erste grundsätzliche Nachteil ersichtlich: Am anderen Ende der Leitung liegt keine Information mehr über die Messgröße vor.

Der zweite wesentliche Nachteil der analogen Transmitter ist die *Verkabelung* in einer *Stern-Topologie*, d. h. jeder Messwert wird einzeln zur Verarbeitungseinheit geführt. Der dadurch entstehende Verkabelungsaufwand ist bei dem zunehmenden Einsatz von Sensoren leicht vorstellbar.

**Tabelle 16.1.1** Eigenschaften analoger Übertragungswege

| Informationsträger | Reichweite | Auflösung | Vorteile | Nachteile |
|---|---|---|---|---|
| Spannung | mehrere Meter | bis 16 Bit | einfache Generierung<br>relativ geringer Leistungsverbrauch | Spannungsabfall auf Übertragungsstrecke (Fehler durch Übertragung) |
| Strom<br>2-Leiter | bis km | bis 16 Bit | große Übertragungsstrecke, da kein Fehler durch Übertragung<br>nur zweipoliger Anschluss | hohe Verlustleistung<br>nur Sensoren mit geringem Eigenbedarf |
| Strom<br>3-Leiter | bis km | bis 16 Bit | große Übertragungsstrecke, da kein Fehler durch Übertragung<br>mehr Strom für Sensorelement verfügbar | hohe Verlustleistung |
| Frequenz | medienabhängig | bis 20 Bit | hohe Dynamik der Messgröße<br>stabile Referenzgröße (Zeit)<br>alternative Übertragungsmedien möglich | hohe Übertragungsbandbreite erforderlich |
| Phase / PWM | medienabhängig | bis 12 Bit | stabile Referenzgröße (Zeit)<br>alternative Übertragungsmedien möglich | hohe Übertragungsbandbreite erforderlich<br>Fehler durch Laufzeit und Bandbreite |

Die wichtigsten Eigenschaften der analogen Interfaces werden in Tabelle 16.1.1 zusammengefasst.

Die analogen Größen Frequenz und Phase heben sich von Spannung und Strom dadurch ab, dass sie keine statische Signalübertragung darstellen. Sie sind in ihrer Auflösung zwar unendlich fein stufbar, was sie als analoges Signal kennzeichnet, verhalten sich aber bei der Übertragung wie ein Hochfrequenzsignal.

### 16.1.1 Spannungsausgang

Das Einheitssignal 0 V bis 10 V stellt den Grundtyp des Spannungsausgangs dar. Dieses ist unabhängig von der verwendeten Versorgungsspannung des Transmitters, welche typischerweise im Bereich von 15 V bis 30 V liegt. Der Lastwiderstand beträgt in der Regel mehr als 10 k$\Omega$.

Der Nachteil eines Spannungsausganges besteht vor allem darin, dass das Ausgangssignal durch lange Übertragungswege verfälscht wird, da deren Widerstand einen Spannungsabfall verursacht. In gleicher Weise kann eine Offsetspannung durch den vom Betriebsstrom verursachten Spannungsabfall auf der Masseleitung entstehen.

Der Vorteil dieses Interfaces liegt in der *einfachen Signalauswertung*, da sich dieser Spannungsbereich mit einfachen Mitteln digitalisieren und verarbeiten lässt.

Auf dem Markt existieren noch einige Sondervarianten, die sich im Bereich der Ausgangsspannung unterscheiden. So ist beispielsweise die Variante 0 V bis 5 V gelegentlich zu finden, welche dann mit einer geringeren Versorgungsspannung auskommt. Durch die Verschiebung des Nullpunktes auf beispielsweise 1 V können Probleme mit dem Nullpunkt umgangen werden, die bei einfachen Ausgangsstufen in den Transmittern entstehen können.

### 16.1.2 Ratiometrischer Spannungsausgang

Eine eigene Form stellt der ratiometrische Spannungsausgang dar. Er hat die Besonderheit, dass der Messwert einem *Prozentsatz der Versorgungsspannung* $U_V$ zugeordnet wird. Dieser Transmittertyp wird allgemein mit 5 V betrieben. Der verfügbare Bereich der Ausgangsspannung liegt dann bei 5 % bis 95 % $U_V$ (0,25 V bis 4,75 V) oder 10 % bis 90 % $U_V$ (0,5 V bis 4,5 V). Damit sind Probleme der Ausgangsstufen im Bereich der Versorgungsspannung und Masse bereits umgangen.

Der Vorteil dieses Interfaces liegt in der *unkomplizierten Analog-Digital-Wandlung*, da hier die Versorgungsspannung als Referenz für den Wandler verwendet werden kann. Schwankungen in der Versorgungsspannung heben sich auf. Dieser Interfacetyp wird oft bei kompakten Systemen innerhalb von Geräten eingesetzt. Da er technisch einfach aufgebaut ist, handelt es sich um den preiswertesten Typ.

### 16.1.3 Stromausgang

Der wichtigste Vorteil dieses Interfacetyps sei vorangestellt: Er kann bei fast beliebig langen Leitungen eingesetzt werden. Der durch den Transmitter generierte Strom verursacht auf den Anschlussleitungen zwar einen Spannungsabfall und steigert dadurch die notwendige Versorgungsspannung des Systems; die Messgröße selbst wird aber davon nicht beeinflusst.

## 16.1 Analoge Interfaces

An der Steuerung, von wo aus die Speisung erfolgt, wird der fließende Strom über einem Widerstand, welchen man als *Bürde* bezeichnet, in eine Spannung gewandelt. Typische Werte für diesen Widerstand sind 100 Ω oder 200 Ω. Der maximale Wert liegt allgemein systembedingt bei 600 Ω.

In der Praxis kommen zwei Varianten des Strominterface zum Einsatz: eine Zweileiter- und eine Dreileiter-Beschaltung.

### *Zweileiterinterface*

Beim Zweileiterinterface wird nur die Versorgungsspannung angeschlossen und der Stromverbrauch des Transmitters moduliert (Bild 16.1-1 und Bild 16.1-2). Da die Elektronik zur Signalverarbeitung einen Eigenverbrauch hat, kann der Strom für den kleinsten Messwert demzufolge nicht bei Null liegen. Als Standard hat sich hier ein Wertebereich von 4 mA bis 20 mA für den Messwert durchgesetzt. Dieser Typ lässt sich jedoch nur einsetzen, wenn die Elektronik mit dem verbleibenden Basisstrom von weniger als 4 mA auskommt.

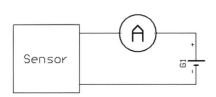

**Bild 16.1-1** Stromtransmitter mit Strommessung

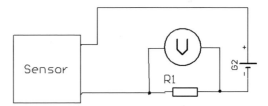

**Bild 16.1-2** Stromtransmitter mit Spannungsmessung an Bürde

### *Dreileiterinterface*

Beim Dreileiterinterface erfolgt ein normaler Anschluss an eine Versorgungsspannung. Der stromtreibende Ausgang wird mit der Bürde nach Masse beschaltet (Bild 16.1-3 und Bild 16.1-4). Durch diese Anschlussversion kann der Transmitter selbst einen höheren Eigenverbrauch aufweisen. Hier hat sich als Standard der Strombereich von 0 bis 20 mA durchgesetzt. Es wird aber oft auch hier die Variante mit 4 mA bis 20 mA angeboten, um eine einheitliche Systemgestaltung zu gewährleisten.

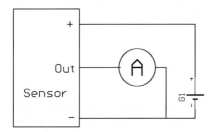

**Bild 16.1-3** Dreileiterinterface mit Strommessung

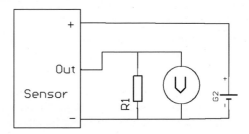

**Bild 16.1-4** Dreileiterinterface mit Spannungsmessung

### 16.1.4 Frequenzausgang und Pulsweitenmodulation

Die Verwendung zeitbasierter Größen hat den Vorteil, dass die einfache Übertragung durch eine einfache Digitalisierung und eine gute Auflösung begleitet wird. Eine Frequenzinformation lässt sich nach einer großen Übertragungsstrecke gut rekonstruieren.

*Frequenzausgang*

Bei einer Informationsübertragung mit einem analogen Signal besteht eine technisch bedingte Begrenzung der möglichen Auflösung des Mess-Signals (Bild 16.1-5). Das kann beispielsweise an den Verlustwiderständen des Übertragungsweges oder am Signalrauschen liegen. Der ohmsche Verlust bei einer Übertragung eines frequenzmodulierten Signals ist durch einen Trigger am Endpunkt behebbar, da die Amplitude des Signals keinen Einfluss auf die Information hat. Damit entsteht auch kein Fehler durch Rauschen.

Auf Grund der beschriebenen Vorteile wird eine Frequenz als Informationsträger vor allem bei Sensoren mit einer hohen Dynamik eingesetzt. Ein Beispiel hierfür sind Lichtsensoren, welche eine Dynamik von $10^4$ und mehr haben.

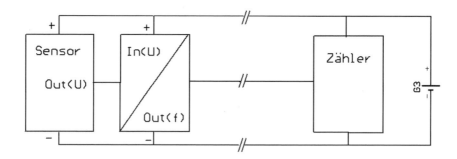

**Bild 16.1-5** Sensor mit Frequenzausgang durch U/f-Wandler

*Pulsweitenmodulation*

Bei der Pulsweitenmodulation (*PWM*) wird ein Rechtecksignal übertragen, bei dem das *Verhältnis* von *Periodendauer* (steigende Flanke bis steigende Flanke) und *High-Dauer* (steigende Flanke bis fallende Flanke) als Informationsträger verwendet wird. Diese Signalform ist unabhängig von der verwendeten Frequenz und deren Stabilität (Bild 16.1-6).

Der *Vorteil* dieses Interfaces liegt in der *einfachen Realisierung* von Sender und Empfänger. Die meisten Mikrocontroller verfügen über eine PWM-Einheit.

Der *Nachteil* liegt in den verwendeten *Rechtecksignalen*, da diese eine große Anzahl von Oberwellen erzeugen und damit hohe Anforderungen an den Übertragungsweg gestellt werden. Da die Zeit zwischen zwei Signalflanken die Information trägt, führen verschliffene Flanken, hervorgerufen durch begrenzte Bandbreiten, zu einem Übertragungsfehler. Dies wird besonders extrem, wenn kleine Signalwerte übertragen werden. Dann hat der verbleibende Nadelimpuls eine 1000mal größere erforderliche Bandbreite als die Arbeitsfrequenz. Aus diesen Gründen arbeiten PWM-Interfaces im Frequenzbereich von einigen 100 Hz bis zu wenigen kHz und verfügen üblicherweise über eine Auflösung von 10 Bit bis 12 Bit.

16.1 Analoge Interfaces

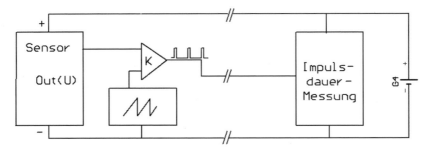

**Bild 16.1-6** Generierung eines PWM-Signales

## 16.1.5 4-/6-Draht-Interface

Das 4- und 6-Draht-Interface nimmt in der Sensorik eine Sonderstellung ein, da es keinen Pegelbereichen zugeordnet ist, sondern eine Schaltungsmethode darstellt (Bild 16.1-7). Es kommt vor allem im Zusammenhang mit passiven Messelementen vor (z. B. Temperatursensoren, Abschnitt 6).

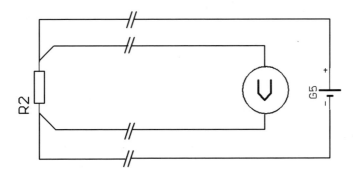

**Bild 16.1-7** Anordnung für ein Vierdrahtinterface

Grundlage ist die *Trennung* von *Speise-* und *Messleitungen* an einem Sensorelement. Ziel ist dabei, den Spannungsabfall auf den Speiseleitungen für die Messung zu kompensieren, indem durch getrennte Messleitungen direkt am Sensorelement gemessen wird. Da die Messverstärker hochohmig sind, fließt auf den Messleitungen kein Strom und es entsteht somit kein Spannungsabfall. Dadurch ist es möglich, auch auf langen Leitungen sehr genau kleine Spannungen zu messen. Diese Schaltungstechnik wird deshalb eingesetzt, wenn sehr kleine Signale mit einer sehr hohen Auflösung gemessen und übertragen werden sollen. Es sind so Messauflösungen bis 24 Bit möglich, was beispielsweise beim Einsatz von Dehnmess-Streifen praktiziert wird.

Bei der 6-Draht-Schaltung kommen zu den Speiseleitungen und den Messleitungen zusätzlich Referenzleitungen hinzu, welche ebenfalls nicht belastet werden dürfen. Das ist notwendig, wenn bei einer Brückenschaltung die Spannung der Brücke und die Messgröße übertragen werden muss. Es wird dann die Brückenspannung als Referenzspannung für die AD-Wandlung verwendet (Bild 16.1-8).

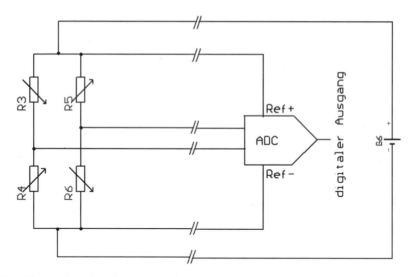

**Bild 16.1-8** Einsatz eines 6-Draht-Interface für Brückenanwendungen

## 16.2 Digitale Interfaces

Beim digitalen Interface erfolgt die Übertragung zwar ebenfalls auf Basis von Spannungs- oder Strommodulationen. Die freie Gestaltung des Protokolls erlaubt eine große Variantenvielfalt. Digitale Interfaces sind oft als Bus gestaltet, was die Verkabelung vereinfacht. In der Praxis kommen aber alle aus der Netzwerktechnik bekannten Strukturen, wie Stern-, Ring- und Bus-Topologie vor.

Der wesentlichste Vorteil der digitalen Interfaces ist die Übertragung *umfangreicherer Informationen* für jeden Sensor. So steht der Verarbeitungseinheit nicht nur der normierte Messwert zur Verfügung, sondern beispielsweise auch *Informationen* über den *Messbereich*, die *Messgrößen*, mögliche *Grenzwerte des Sensors* und viele weitere Informationen. Erst diese Informationen erlauben es, ein Netzwerk aus mehreren hundert Sensoren automatisch zu administrieren und zu warten.

Bei der digitalen Übertragung sollten auch Eigenschaften wie die gesicherte Datenübertragung, die Fehlerkorrektur und die bidirektionale Kommunikation mit dem Sensor erwähnt werden.

Tabelle 16.2.1 gibt einen Überblick über ausgewählte Interfaces.

Der Hinweis in Tabelle 16.2-1 auf erforderliche Lizenzen bezieht sich jeweils auf den Hersteller entsprechender Komponenten und nicht auf den Anwender.

Die digitalen Interfaces erfordern allgemein ein *umfangreiches Softwareprotokoll*, welches den Datenverkehr zwischen Sensor und Applikation absichert. Damit ist sowohl auf Transmitterseite als auch in der übergeordneten Steuerung eine entsprechende Rechnerstruktur erforderlich.

Die hier ausgewählten Typen stellen eine kleine Auswahl aus dem Anwendungsbereich der Sensorik dar.

## 16.2 Digitale Interfaces

**Tabelle 16.2.1** Eigenschaften digitaler Übertragungswege

| Interface | Reichweite | Datenrate | Vorteile | Nachteile |
|---|---|---|---|---|
| CAN | bis 1.500 m | bis 1 MBit/s | Gute Reichweite<br>Einfache Treiber<br>In modernen Prozessoren implementiert | Umfangreiche Protokollsoftware erforderlich<br>Vielzahl von Sub-Protokollen und Spezialversionen<br>Lizenz erforderlich<br>Kleine Datenpakete von 8 Byte |
| LON | bis 2.700 m | bis etwa 1 MBit/s<br>typ. 78 kBit/s | Sehr große Netzwerke<br>Hierarchisch strukturiert | Umfangreiche Protokollsoftware erforderlich<br>hoher Hardwareaufwand<br>Lizenz erforderlich – auch für Software je Knoten |
| HART | mehrere 100 m | etwa 100 Byte/s | Nur zwei Adern zum Anschluss<br>Alte Verkabelung kann verwendet werden | Umfangreiche Protokollsoftware erforderlich<br>Sehr langsam<br>Nur Stern-Topologie<br>Lizenz erforderlich |
| RS485 | mehrere km | 1...15 MBit/s | Technische Basis für andere Interfaces<br>Einfache Implementation (UART in CPUs meist vorhanden) | Keine standardisierte Software |
| Profibus | bis 9 km | 1...12 MBit/s | Einfache Hardware<br>Große Ausdehnung<br>Hohe Datenrate | Umfangreiche Protokollsoftware erforderlich<br>Kleine Datenpakete<br>Lizenz erforderlich |
| IO-Link | 20 m | 4.800 Bd<br>38.400 Bd<br>230.400 Bd | Verwendung einfacher (vorhandener) Kabel<br>Mischbar mit „normalen" Sensoren | Nur Punkt-zu-Punkt-Verbindung<br>Umfangreiche Protokollsoftware erforderlich<br>Lizenz erforderlich |
| I2C | Board | bis 400 kBit/s | Kein Overhead definiert – dadurch einfache Implementierung<br>In vielen Mikrocontrollern implementiert<br>Bus-Topologie | Nur lokaler Einsatz<br>Lizenz erforderlich bei Hardwareimplementation |
| SPI | Board | bis 10 MBit/s | Kein Overhead definiert – dadurch einfache Implementierung<br>In vielen Mikrocontrollern implementiert<br>Keine Lizenz erforderlich | Nur lokaler Einsatz<br>Nur Punkt-zu-Punkt-Verbindung |
| IEEE 1451 | Board | ab 2 kBit/s | Von vielen Mikrocontrollern unterstützt, da SPI-basiert<br>„Busfähige" SPI-Variante<br>Lizenzfrei | Nur lokaler Einsatz<br>Einfaches Protokoll muss implementiert werden |

## 16.2.1 CAN-Gruppe

Unter dem Oberbegriff „CAN" ordnen sich mehrere Übertragungsprotokolle ein. Der CAN-Bus selbst wird von ihnen zumeist lediglich als Datenübertragungs- und -sicherungselement eingesetzt. Analog zum ISO-OSI-Schichtenmodell spricht man von Higher-Level- oder Anwendungsschicht-Protokollen.

### CAN

Das CAN-Protokoll ist im Standard ISO 11898 spezifiziert. Es handelt sich um ein *nachrichtenorientiertes Protokoll*. Prinzipiell sind alle Teilnehmer für den Buszugriff gleichberechtigt. Die Priorisierung der Nachrichten erfolgt über einen 11 Bit oder 29 Bit langen Identifier. Pro Übertragungspaket werden bis zu 8 Byte Nutzdaten transportiert. Die Ausdehnung des Netzes ist umgekehrt proportional zur Übertragungsgeschwindigkeit. Sie kann zwischen 100 m bei 500 kBit/s und 1.500m bei 50 kBit/s oder noch mehr betragen. Die Übertragungsgeschwindigkeit beträgt maximal 1MBit/s. Die Anzahl der Teilnehmer am Netz ist durch die gewählten Treiberbausteine begrenzt. Üblich sind heute 64 Teilnehmer pro Netz. Als Übertragungsmedium kommen häufig verdrillte Zweidrahtleitungen zum Einsatz. Auch Glasfaserleitungen werden gelegentlich eingesetzt.

Durch die Priorisierung mittels Identifier können trotz hoher Buslast wichtige Meldungen mit kurzer Latenz übertragen werden. Damit wird dem Systemintegrator die Fehlerbehandlung trotz Überlast ermöglicht.

### CAN open

Die Anwendervereinigung CAN in Automation e.V. (CiA) spezifiziert mehrere Mechanismen zur Steuerung und Implementation von Netzwerkknoten. Mittels Netzwerkmanagment-Nachrichten werden die einzelnen Teilnehmer in ihrem Sende- und Empfangsverhalten justiert. Die zugehörigen Mechanismen sind in der Vorschrift CiA DS 301 zusammengefasst. Über das LSS-Verfahren (CiA DS 305) werden die einzelnen Teilnehmer in Bezug auf Übertragungsgeschwindigkeit und Identifier konfiguriert.

Ein elektronisches Datenblatt (electronic Datasheet, EDS) gibt Auskunft über die Funktionalität der einzelnen Teilnehmer. Es wird separat als Datei mitgeführt oder aus dem Gerät direkt ausgelesen.

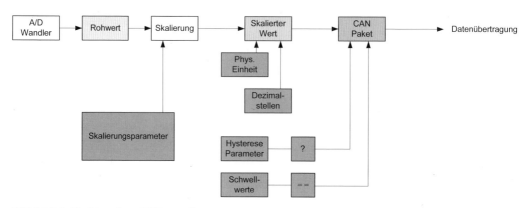

**Bild 16.2-1** Struktur eines CANopen-Sensors

## 16.2 Digitale Interfaces

Die einzelnen Anwendungsbereiche werden von sogenannten Geräteprofilen bedient. Für den Bereich der Sensorik ist das Profil CiA DS 404 festgeschrieben. Darin sind die konkreten Kenndaten zur digitalen Übermittlung der analogen Messwerte fixiert. Neben der Codierung der Messdaten sind auch Parameter zur digitalen Nachbearbeitung des Mess-Signals vorhanden. Eine grobe Übersicht der standardisierten Möglichkeiten zeigt Bild 16.2-1.

Es existiert eine Vielzahl weiterer Geräte- und Anwendungsprofile. Durch die Anwendervereinigung werden ständig neue Profile definiert. Dies ermöglicht eine weite Verbreitung und vergleichsweise universelle Einsatzmöglichkeiten des CANopen-Protokolls. Die Konformität eines Gerätes mit dem CANopen Protokoll wird von der CiA in einem Konformitätstest bestätigt.

### *SAE J1939*

Die Society of Automotive Engineers (SAE) hat mit dem Protokoll J1939 ein CAN-basierendes Anwendungsprotokoll, speziell für den Einsatz in Nutzfahrzeugen eingeführt.

Es setzt grundlegend den 29 Bit-CAN-Identifier ein. Die Übertragungsgeschwindigkeit ist momentan auf 250 kBit/s fixiert. Damit ergeben sich die physikalischen Randparameter des CAN-Netzwerkes automatisch. Die konkrete Identifier Zuordnung ist in einen automatischen Prozess eingegliedert, welcher von jedem Gerät unterstützt wird.

Durch die spezifische Ausrichtung auf den Nutzfahrzeugbereich ist eine Konformitätsprüfung seitens der SAE nicht vorgesehen. Die einzelnen Teilnehmer werden üblicherweise herstellerspezifisch konfiguriert. Auch die Codierung der Nutzdaten erfolgt nach Herstellervorgabe. Die Konformität mit dem ID-Vergabe Automatismus wird auf sogenannten „PlugFest"-Veranstaltungen nachgeprüft. Dort werden J1939 Geräte wahllos miteinander verbunden und in Betrieb genommen.

Aufsetzend auf die Funktionen des J1939 wurden weitere Funktionalitäten spezifiziert. Namhaft sind speziell für Nutzfahrzeuge im Bereich der Landwirtschaft der ISOBUS nach ISO11783, das „Truck & Trailer Interface" nach ISO 11992 und speziell für Fahrzeuge im maritimen Bereich der Aufsatz NMEA2000. Auch hier werden alle Teilnehmer herstellerspezifisch konfiguriert.

### *Weitere CAN-basierte Systeme*

Durch die weite Verbreitung der CAN-Schnittstelle in einer Vielzahl Mikrocontroller und das vergleichweise leichte Handling haben sich auf dem Markt eine Vielzahl weiterer Protokolle etabliert. Auch nutzen viele Hersteller den CAN-Bus für proprietäre Übertragunsprotokolle. Zu den populären, genormten Protokollen gehört noch das DeviceNet. Dieses wird von der Open DeviceNet Vendor Association (ODVA) gepflegt und verwaltet und ist zum Großteil im amerikanischen Wirtschaftsraum verbreitet.

### 16.2.2 LON

Der LON-Bus (local operating network) ist für den Anschluß großer Mengen von Sensoren und Aktoren ausgelegt. Das Netzwerk ist hierarchisch aufgebaut. Die Ebenen werden in Domains, Sub-Netze und Knoten unterteilt, wobei eine Domain 32.385 Knoten enthalten kann. Die Verbindung von bis zu 248 Domains in einem System ist möglich.

Die Gesamtausdehnung des Netzes kann einige km betragen. Die mögliche Übertragungsrate ist von der Topologie und Ausdehnung des Netzwerkes abhängig und kann zwischen 2 kBit/s und 1,25 MBit/s liegen.

Durch diese umfassende Struktur ist eine entsprechende Software in den Knoten erforderlich. Aus diesem Grund wurde von der Firma Echelon ein „Neuron"-Prozessor entwickelt, der diese Funktionen beinhaltet.

Die Belange des LON-Netzwerkes werden in Deutschland durch die LNO (www.lno.de) vertreten.

### 16.2.3 HART

Das HART-Interface stellt einen Kompromiss zwischen der analogen Welt und dem Wunsch nach mehr Informationen des Sensors dar. Die Basis bildet dabei ein Transmitter mit Strominterface, welches normalerweise als Zweileitersystem ausgeführt wird. Über diesen Pfad wird unverändert der analoge Messwert übertragen (Bild 16.2-2).

Die *digitale Datenübertragung* erfolgt durch *Modulation* einer *Wechselspannung* auf den *analogen Stromwert*. Da diese Wechselspannung den Mittelwert Null hat, beeinflusst sie das analoge Messergebnis nicht. An beiden Enden der Übertragungsstrecke wird ein HART-Modem installiert, welches die Modulation vornimmt bzw. die Wechselspannung zur Analyse herausfiltert. Durch diesen Aufbau können Kommandos zum Sensor gesendet und auch eine Antwort von diesem generiert werden.

Bei dem Protokoll handelt es sich um ein *asynchrones Halbduplex-Verfahren*. Die Daten werden nach einem *Frequenz-Shift-Verfahren* (*FSK*) codiert, wobei der „0" die Frequenz 2,2 kHz und der „1" die Frequenz 1,2 kHz zugeordnet ist. Die Datenübertragung ist mit etwa 100 Byte/s relativ langsam. Die Übertragung erfolgt immer als *Punkt-zu-Punkt-Verbindung* (Stern-Topologie). Ein Betrieb als Bus ist möglich, wobei man dann allerdings auf den analogen Messwert verzichten muss. Die Belange der HART-Anwender werden durch die HART-Foundation international vertreten.

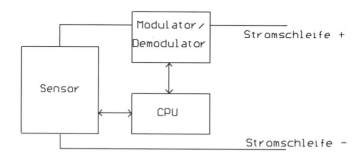

**Bild 16.2-2** Sensorstruktur für einen HART-Sensor

### 16.2.4 RS485

Die Datenübertragung nach RS485 stellt einen alten Standard dar, der mehr die physikalischen Bedingungen als Inhalt und Form der Übertragung definiert. Es handelt sich hier um eine *asynchrone* Übertragung im *Halb-Duplex-Verfahren*, d. h. es wird nacheinander vom Master

## 16.2 Digitale Interfaces

gesendet oder empfangen. Als Bus dient eine verdrillte Zweidrahtleitung von 0,75 mm² Querschnitt, die an den Enden mit je 120 Ω abgeschlossen wird. Die Daten werden als differentielles Spannungssignal gesendet und sind dadurch resistent gegen Störungen. Es können typischerweise bis zu 32 Teilnehmer angeschlossen werden, die sich auf mehreren hundert Metern Buslänge verteilen können. Mit modernen Treiberschaltkreisen werden auch höhere Teilnehmerzahlen erreicht.

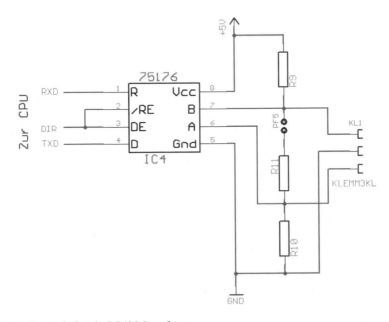

**Bild 16.2-3** Treiberstufe für ein RS485-Interface

Dieses Interface wird in der Industrieautomatisierung angewendet und bildet auch die Grundlage für andere Interfaces, beispielsweise für den Profibus.

Bei der in Bild 16.2-3 dargestellten Treiberstufe übernimmt der Widerstand R11 die Funktion des Leitungsabschlusses, welcher jeweils am Ende des Busses zu aktivieren ist. Sein Wert beträgt 120 Ω und entspricht damit dem Wellenwiderstand der verdrillten Zweidrahtleitung.

Bei ausgewählten Industrieanwendungen, z. B. einer S7 von Siemens, wird diese Ausgangsstufe zur Verbesserung der Pegel mit den Widerständen R9 und R10 modifiziert. In diesem Fall kommen R11 = 220 Ω und R9 = R10 = 390 Ω zur Anwendung. Der Abschlusswiderstand ist dann ebenfalls nahe 120 Ω.

### 16.2.5 IO-Link

Das IO-Link-Interface ist entstanden aus der Notwendigkeit, parametrierbare Sensoren, wie z. B. Druckschalter, über ihr *eigentliches Prozess-Interface* zu parametrieren, ohne Notwendigkeit einer zusätzlichen Schnittstelle oder von Bedienelementen am Sensor. In diesem Zusammenhang war eine bidirektionale Kommunikation mit der Steuerungsebene erforderlich, welche sich in logischer Konsequenz auch zur Kommunikation mit messenden Sensoren und Aktoren eignet.

Das Interface hat in seiner Dimensionierung den Vorteil, dass es auf die vorhandene dreipolige Verkabelung bei Sensoren aufsetzt. Bei Aktuatoren mit getrennt abschaltbarer Versorgung ist es die bestehende fünfpolige Verdrahtung. Die bidirektionale IO-Link Kommunikation eignet sich, wie bereits erwähnt, auch hervorragend zur Übertragung digitalisierter Messwerte. Damit ist ein kostengünstiger Umstieg von analogen auf digitale Sensoren möglich. Die Kommunikation ist wie die Versorgung auf die im Anlagenbau üblichen 24 V festgelegt, was auf Grund des hohen Pegels auch zu großen Störabständen führt. Ein IO-Link-Sensor verfügt mindest über die Versorgungsanschlüsse (Pin 1 und Pin 3) und einen kombinierten Signal-Ein/Ausgang (Pin 4). Der Sensor kann im sogenannten SIO-Modus, also dem Standard-IO-Modus betrieben werden. In diesem Fall verhält sich Pin 4 wie der Schaltausgang eines binären Sensors. Im IO-Link Modus übernimmt Pin 4 die bidirektionale Kommunikation mit 3 verschiedenen Baudraten. Die gebräuchlichsten Anschluss-Stecker sind M12-Steckverbinder (Bild 16.2-4), es sind jedoch auch Steckverbinder M8 und M5 spezifiziert. Die Verwendung von Pin 2 beim Sensor ist dem Hersteller freigestellt. Bei Aktuatoren mit getrennt abschaltbarer Versorgungsspannung werden hierfür Pin 2 und Pin 5 verwendet.

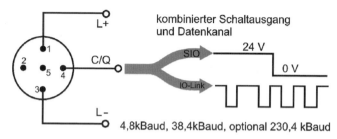

**Bild 16.2-4** Pinbelegung eines IO-Link Sensors mit M12-Steckverbinder (Quelle: IO-Link Konsortium)

Beim IO-Link handelt es sich um eine *Punkt-zu-Punkt-Verbindung*. Die Integration in die verschiedenen Bussysteme erfolgt durch IO-Link Master, die typischerweise über mehrere IO-Link-Ports verfügen. Der IO-Link Master ist damit auch gleichzeitig ein Gateway von der IO-Link Kommunikation in das jeweilige Bussystem.

Die IO-Link Kommunikation zwischen IO-Link Master und IO-Link Device basiert auf dem Übertragungsformat einer UART und besteht aus einem Startbit, 8 Datenbit und Paritäts- und Stoppbit. Bei der Geschwindigkeit sind die Baudraten 4.800, 38.400 und 230.400 festgelegt.

Beim Power-on eines IO-Link-Devices geht dieses immer zuerst in den Standard-IO-Mode (SIO). Dadurch ist gewährleistet, dass es sich jederzeit wie ein Standard binärer Sensor betreiben lässt. Ist in der Portkonfiguration des Masters für diesen Port SIO festgelegt, belässt der Master das Device im SIO-Mode und überträgt lediglich den Zustand des Schaltausgangs als 1 Prozessdatenbit. Wurde in der Portkonfiguration des Masters für diesen Port der IO-Link Kommunikationsmodus spezifiziert, führt der Master eine Aufweck-Prozedur (Wake up) mit dem IO-Link Device durch, um es so in den Kommunikationsmodus zu versetzen. Danach werden Gerätedaten ausgelesen (z. B. Geräteidentifikation, Diagnosedaten) und das Gerät wird bei Bedarf parametriert. Daran anschließend wird zum zyklischen Datenaustausch der Prozessdaten übergegangen. Der Master kann das Device nach erfolgter Parametrierung jederzeit in den SIO-Mode zurückversetzen. Sinnvoll ist das bei Devices, die lediglich ein Bit Prozessdaten haben welches einfach im SIO Mode übertragen werden kann. Wird die Kommunikation unterbrochen – z. B. durch Abziehen des Sensors – versucht der Master erneut, mittels der Aufweck-Prozedur eine Datenverbindung herzustellen.

## 16.2 Digitale Interfaces

In den Sensoren ist ein umfangreiches Softwaresystem zu implementieren, welches die notwendigen Datenstrukturen bereitstellt und die Kommunikationsregeln absichert. Zum Betrieb eines IO-Link-Devices ist eine Vendor-ID erforderlich, welche durch das IO-Link Konsortium vergeben wird.

### 16.2.6 Profibus

Der Profibus ist im industriellen Bereich weit verbreitet, da er sehr große Leitungslängen zulässt und einen einfachen physischen Anschluss erlaubt. Er basiert technisch auf dem RS485-Interface, welchem mehrere Softwareebenen nach dem OSI-Modell überlagert sind, um die Netzwerkfunktionalität zu sichern (Bild 16.2-5).

Die Übertragungsrate liegt typischerweise im Bereich von 1 MBit/s und kann bei verringerter Ausdehnung bis zu 12 MBit/s betragen. Es können an jedem Segment maximal 31 Telnehmer angeschlossen werden, wobei sich das Netz über bis zu vier in Reihe liegende Segmente ausdehnen kann. Der maximale Abstand zwischen zwei Teilnehmern kann bis zu 1,2 km betragen, die Gesamtausdehnung des Netzes kann mittels Repeater bis über 9 km erreichen.

Die Belange der Profibus-Anwender werden durch die Profibus-Nutzer-Organisation (PNO) international vertreten.

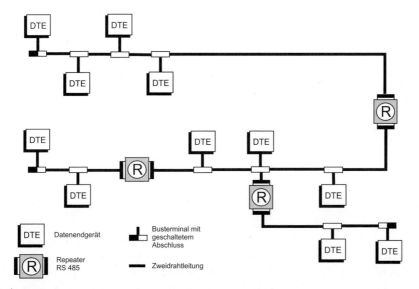

**Bild 16.2-5** Beispiel eines Profibus-Netzwerkes (Quelle: M.Felser)

### 16.2.7 I²C

Beim I²C, auch als I2C geschrieben, handelt es sich um ein *serielles, byteorientiertes Interface*, welches zur Verbindung von Schaltkreisen auf dem Board im Bereich der Audio- und Videotechnik entwickelt wurde. Es handelt sich hierbei um ein *synchrones Zweidraht-Interface*, welches aus einer Daten- und einer Taktleitung besteht. Beide Leitungen sind bidirektional nutzbar und können als Bus aufgebaut werden. Die Anzahl der möglichen Busteilnehmer wird durch den definierten Adressbereich von 7 Bit auf 128 begrenzt.

Durch die synchrone Datenübertragung stellt dieses Interface keine Anforderungen an die Stabilität von Takten, wodurch es sich auch gut für eine reine Softwareimplementation eignet. Viele Mikrocontroller bieten aber dieses Interface auch als Hardwareeinheit an. Da dieser Bus ohne Treiberschaltkreise arbeitet, ist seine Übertragungslänge auf einige 10 cm beschränkt.

Beim I2C erfolgt die Datenübertragung mit einem einfachen Hardwareprotokoll mit bis zu 400 kBit/s. Der Datensatz wird dabei von einem Start- und Stopp-Signalspiel eingerahmt. Das erste Byte nach dem Start enthält die Zieladresse und als 8. Bit die Richtungsinformation in Form des Lese-Schreib-Bit. Die nachfolgenden Bytes enthalten die zu übertragenden Daten, deren Struktur vom jeweiligen Baustein bestimmt wird. Alle übertragenen Bytes werden durch ein Bestätigungsbit (ACK/NACK) quittiert. Theoretisch kann jeder Busteilnehmer als Master oder Slave arbeiten, praktisch werden aber die meisten Komponenten, wie Sensoren, AD-Wandler oder DA-Wandler als Slave konfiguriert (Bild 16.2-6).

Da das Interface unaufwändig und stromsparend ist, wird es oft als Kommunikationsweg in hochintegrierten Sensorelementen verwendet.

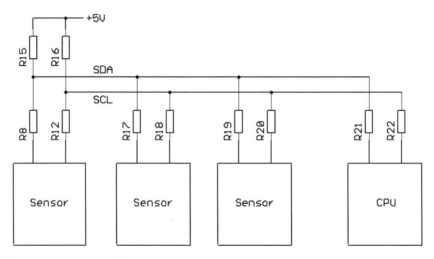

**Bild 16.2-6** Sensorsystem mit I2C-Bus

Da die Ausgangsstufen eines I2C-Interface als open-Drain gestaltet sind, muss der Bus einen Arbeitswiderstand bekommen (R15 und R16 in Bild 16.2-6). Die Widerstände an den Sensoren schützen die Ausgangsstufen vor allem für die Zeit der Richtungsumschaltung auf dem Bus. Dies ist vor allem notwendig, wenn auch die Sensorseite durch eine CPU dargestellt wird, welche im Sendefall eine vollwertige Gegentaktausgangsstufe auf den Bus schaltet.

## 16.2.8 SPI

Das SPI-Interface wurde ebenfalls für die Verbindung von Peripheriebausteinen mit einem Prozessor innerhalb eines Boards entwickelt. Der Ausgangspunkt war dabei der *schnelle Datenaustausch* über gekoppelte Schieberegister. Dabei wird auf jeglichen Overhead in Hard- und Software verzichtet, wodurch auch hohe Datenraten erreicht werden.

## 16.2 Digitale Interfaces

Die Übertragung der Daten erfolgt synchron mittels Takt- und zweier Datenleitungen. Die Synchronisation des Datensatzes erfolgt durch eine vierte Leitung als CE (chip enable) oder SE (slave enable). Bei den beiden Datenleitungen führt eine vom Master zum Slave und die zweite zurück. Die Richtung der Leitungen bleibt dabei stabil, so dass Treiber eingesetzt werden können. Bei einem Master-Slave-Wechsel werden die Leitungen intern getauscht. Den Takt generiert immer der Master. Bild 16.2-7 zeigt das Blockdiagramm eines SPI-Interfaces.

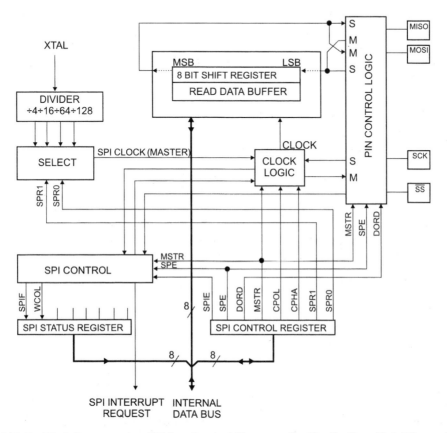

**Bild 16.2-7** Blockdiagramm eines SPI-Interface im Mikrocontroller (Quelle: Datenblatt AT-mega128 von Atmel)

Das SPI-Interface lässt sich bei entsprechender Gestaltung der Ausgangsstufen auch als Bus aufbauen. In diesem Fall ist aber die Master-Slave-Struktur festzulegen. Ein Beispiel dafür ist das in Abschnitt 16.2.9. beschriebene generische SPI.

### 16.2.9 IEEE 1451

Der IEEE 1451 ist eine Familie von Standards, welche die Verbindung zwischen Sensor oder Aktor und einem Netzwerk definieren. Den Kern bildet dabei ein elektronisches Datenblatt, das TEDS (*Transducer Electronic Data Sheet*), welches unabhängig vom verwendeten Interface ist. Es setzt sich aus Informationen zur *Identifikation*, den *Kalibrierdaten*, dem *Mess-*

*bereich* sowie herstellerspezifischen Daten zusammen. Es werden derzeit folgende sieben Unterstandards unterschieden:

| | |
|---|---|
| IEEE 1451.0 | Kommandos und Operationen sowie den TEDS als Basiskommunikation zwischen dem Transducer und einem Netzwerkknoten (NCAP – Network Capable Application Processor). |
| IEEE 1451.1 | Beschreibung des Interfaces als Objekte für eine Client-Server-Struktur. |
| IEEE 1451.2 | Definiert ein Sensor-NCAP-Interface für eine Punkt-zu-Punkt-Verbindung auf Basis eines erweiterten SPI-Interface. |
| IEEE 1451.3 | Wie IEEE 1451.2, jedoch als Bus. |
| IEEE 1451.4 | Definiert den TEDS und die Kommunikation für den Fall analoger Sensoren, die keinen Prozessor enthalten. |
| IEEE 1451.5 | Beschreibt das Sensor-NCAP-Interface und TEDS, speziell für die Zusammenarbeit mit wireless-Standards. |
| IEEE 1451.6 | Beschreibt das Sensor-NCAP-Interface und TEDS für den speziellen Einsatz im Zusammenhang mit high-speed CANopen. |

Die Verfügbarkeit der Informationen aus dem TEDS ermöglicht es, große Bestände von Sensoren und Aktoren in einem *Netzwerk* zu *verwalten*. Die Möglichkeiten reichen dabei von *Funktionstests* und *Parametrierung* bis zur *Überprüfung von Verfallsdaten* (z. B. beim Verbrauch von Substanzen in Gassensoren) und Generierung von *Wartungsplänen*.

Es besteht außerdem der Vorteil, dass durch das standardisierte Interface die Fertigung der Systeme in die beiden Teile: *Sensoren* und *Netzwerkknoten* aufteilt. Damit vereinfacht sich für den Anwender die Lagerhaltung, da er nicht jeden Sensortyp für jeden Netzwerktyp benötigt, und für den Hersteller, da er nur noch einen Interfacetyp fertigen muss. Die nachfolgenden Standards sind typisch für Anwendungen in der Sensorik.

## *IEEE 1451.4*

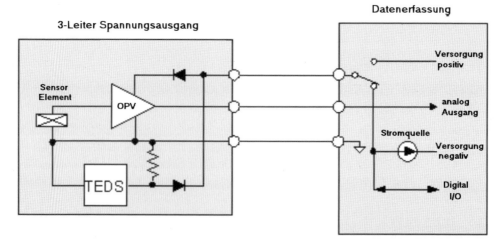

**Bild 16.2-8** Beispiel eines IEEE 1451.4, Class 1, Two-wire Interface (Quelle: Steven Chan: „Update on the IEEE 1451 Smart Transducer Interface Standard"; AEPTEC Microsystems / 3E Technologies)

Den Kern beim IEEE 1451.4 bildet ein meist passives Messelement, beispielsweise eine resistive Brücke. Diesem Messelement wird ein Speicherschaltkreis zugeschaltet, welcher die zum Messelement relevanten Daten enthält. Um dafür keine zusätzlichen Leitungen einzusetzen, erfolgt die Umschaltung zwischen Messelement und Speicher beispielsweise durch Umpolung der Betriebsspannung. Der Standard definiert hier vor allem die Struktur der Daten im Speicher und deren Übertragung (Bild 16.2-8). Die Speichergröße ist dabei auf lediglich 256 Bit definiert. Der Einsatz erfolgt z. B. im Zusammenhang mit Dehnmess-Streifen (DMS).

## *IEEE 1451.2*

Beim IEEE 1451.2 wird davon ausgegangen, dass sich am Sensorelement eine Controllerstruktur befindet. Diese erlaubt eine Datenübertragung mittels Protokoll und ist auch in der Lage, einen etwas umfangreicheren TEDS zu verwalten. Der Sensorteil wird als STIM (*Smart Transducer Interface Module*) bezeichnet. Dieser kommuniziert direkt oder über einen Bus mit dem NCAP (*Network Capable Application Processor*), welcher eine Umsetzung des IEEE-Protokolls auf das gewünschte Zielinterface vornimmt (Bild 16.2-9).

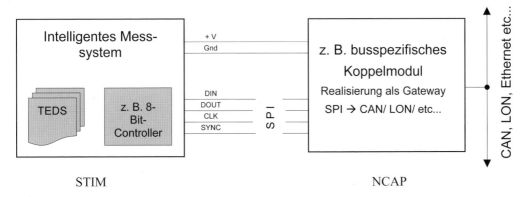

**Bild 16.2-9** Prinzip einer Sensorstruktur für ein IEEE 1451.2-interface (Quelle: Leitfaden generisches SPI-interface)

Das verwendete Interface des STIM basiert auf einem erweiterten SPI-Interface. Mit den zusätzlichen vier Leitungen erfolgt unter anderem die Busarbitrierung. Es können am Bus sowohl Sensoren als auch Aktoren angeschlossen werden.

Der Standard enthält eine Kommandoliste, welche als Basis der Kommunikation dient. Über diese wird auf die Messdaten und die Objekte des TEDS zugegriffen. Der TEDS ist hier sehr ausführlich und kann die Größe von mehreren Gigabyte in folgenden sieben Objekten annehmen:

- Meta-TEDS              enthält globale Daten des Sensors,
- Adress-TEDS            enthält adressspezifisch Datenformate und Zeitbedingungen,
- Meta-Ident-TEDS        enthält Angaben zum Hersteller und Typbezeichnungen,
- Adress-Ident-TEDS      enthält adressspezifische Herstellerangaben,
- Kalibrier-TEDS         enthält Kalibriervorschrift(en),
- Kalibrier-Ident-TEDS   enthält Beschreibung zu den Kalibrierdaten,
- End-User-TEDS          enthält durch den Hersteller definierte Datenfelder.

In einem STIM können mehrere Messkanäle implementiert sein, was dann zum mehrfachen Auftreten einzelner TEDS-Objekte führt.

### Generisches SPI (gSPI)

Beim gSPI handelt sich um eine reduzierte Form des IEEE 1451.2. Bild 16.2-10 zeigt einen gSPI-fähigen Drucksensor. Diese Implimentierung kann mit minimalen Ressourcen auskommen und ist trotzdem kompatibel zum Standard. Erreicht wurde die erforderliche Reduzierung durch eine Limitierung der Größe der TEDS-Objekte auf jeweils maximal 252 Byte. Dies ist in der Praxis ausreichend, da das meiste Volumen im TEDS durch beschreibende Texte entsteht, welche zudem in mehreren Sprachen hinterlegt werden können. Eine praktische Implementierung benötigt danach für einen einkanaligen Sensor etwa 370 Byte, bei einem zweiten Kanal erhöht sich der Wert auf 480 Byte.

**Bild 16.2-10** gSPI-fähiger Drucksensor mit 8-Bit-Controller (Speicher 2 KB). Der Controller enthält das Interface und eine Kennlinienkorrektur (Quelle: Prignitz Mikrosystemtechnik GmbH)

**Quellenangabe:**

Dieses Kapitel wurde dem Buch „Messtechnik mit dem ATmega" (ISBN: 978-37723-5927-9) entnommen. Erschienen beim FRANZIS Verlag GmbH, 85540 Haar bei München.

## Weiterführende Literatur

Bittkow, Michael: „Wer ist der beste Bus?". In: www.elektronik-kompendium.de
Drunk, Gerhard; Feinäugle, Albert: „IO-Link – die USB-Schnittstelle für die Sensor-Aktor-Ebene"; über: www.xpertgate.de/magazin/report/Branchenreport-IO-Link.pdf
Felser, Max: PROFIBUS Kompetenzzentrum (PICC); Berner Fachhochschule; Juni 2007; http://www.profibus.felser.ch/einfuehrung/profidp.pdf
Informationen zum IEEE 1451; über: http://ieee1451.nist.gov/
IO-Link-Konsortium: http://www.io-link.com/de/index.php
Leitfaden „Generisches SPI-Interface", © AMA Fachverband für Sensorik e.V., April 2004, über http://www.ama-sensorik.de/download/AMA %20Leitfaden.pdf
Schäppi, Urs: Das HART Protokoll, Berner Fachhochschule Hochschule für Technik und Informatik HTI; über: https://prof.hti.bfh.ch/uploads/media/HART.pdf

# 17 Sicherheitsaspekte bei Sensoren

## 17.1 Eigenschaften zur Funktionsüberwachung

Die Dezentralisierung der Datenverarbeitung erfordert die Übertragung und Erhöhung der Intelligenz auf der untersten Ebene, der Sensoren- und Aktuator-Ebene. Dies setzt zusätzliche Funktionen zur Parametrierung und Diagnose der Systeme von zentraler Stelle voraus.

Unabhängig vom Intelligenzgrad müssen die Sensoren für industrielle Anwendungen bestimmte Schutzfunktionen enthalten. Hier soll der Näherungsschalter NS als technisches Beispiel dienen. Diese Schutzfunktionen gelten aber grundsätzlich für alle Arten von Sensoren, unabhängig von ihrer Funktionalität und der Art ihres Ausgangssignales.

*Hauptschutzfunktionen*

Als Grundfunktion eines Sensors muss die Sicherung seines eigenen „Überlebens" sein. Dies ist unabhängig von seiner Funktionalität. Die wichtigsten Hauptschutzfunktionen bei Sensoren sind:

a) Die *Kurzschluss-Schutzfunktion* schützt den Sensor beim Auftreten eines Kurzschlusses im Ausgangskreis. In der Praxis findet man zwei Arten von solchen Schutzfunktionen. Die einfachste Variante enthält einen NTC-Heißleiter im NS-Ausgangskreis. Der Kurzschlusslaststrom erhöht rapide die Temperatur des NTC-Halbleiters. Sein Widerstand nimmt zu und begrenzt den Laststrom auf ungefährliche Werte. Der Nachteil ist der Widerstand des NTC im Lastkreis.

Die meist implementierte Lösung weist ein astabiles Verhalten auf. Im Kurzschlussfall wird der Ausgang sofort ausgeschaltet. Nach einer bestimmten Wartezeit (unter 100 ms) wird der Schaltausgang für eine kurze Prüfzeit (unter 100 µs) wieder eingeschaltet, um festzustellen, ob der Kurzschlussfall weiterhin besteht. Die Zeit ist kurz genug, damit der NS den Störeinflüssen standhalten kann. Ist der Kurzschluss verschwunden bzw. wurde beseitigt, nimmt der NS unmittelbar seine normale Funktion wieder auf.

b) Die *Drahtbruch-Schutzfunktion* hat die Aufgabe, fehlerhafte Sensorfunktion bei der unerwünschten Unterbrechung einer oder mehrerer Sensorzuleitungen zu vermeiden. In solchen Havariefällen müssen parasitäre Versorgungspfade und dadurch mögliche falsche Schaltungen der Last verhindert werden.

Ein Drahtbruch in der positiven Zuleitung oder in der Lastzuleitung bei dem plusschaltenden Ausgang bzw. der negativen Zuleitung oder in der Lastzuleitung bei dem minusschaltenden Ausgang führt zu einer intrinsischen Schutzfunktion: der Sensor bzw. die Last werden stromlos (Bild 17.1-1).

Im Gegensatz dazu könnte es vorkommen, dass bei der Unterbrechung der negativen Zuleitung bei dem plusschaltenden Ausgang der Sensor sich parasitär über die zwei intakten Zuleitungen versorgt und die Last fälschlicher Weise ansteuert. Gleiches gilt adäquat für den minusschaltenden Ausgang. Diese Gefahr wird durch die Implementierung einer Drahtbruch-Schutzfunktion beseitigt.

c) Die *Verpolungs-Schutzfunktion* verhindert eine Störung bzw. Zerstörung des NS als Folge von verpolten Anschlüssen zur Versorgungsquelle und/oder zur Last.

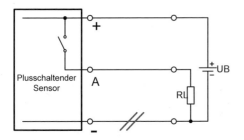 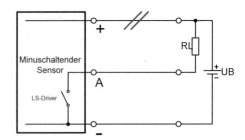

**Bild 17.1-1** Drahtbruchempfindliche Zuleitungen eines plus- bzw. minusschaltenden Ausgangs

Für ein System mit drei Anschlüssen gibt es 3! = 6 Anschlussmöglichkeiten. Diese sind für die plusschaltenden Schaltausgang in Bild 17.1-2 dargestellt. Neben der richtigen Polung erkennt man 5 einfache bzw. doppelte Verpolfälle. Ein adäquater Schutz gewährleistet eine Absicherung gegen die Sensorzerstörung (minimale Anforderung) und – wenn möglich – auch vernachlässigbare Verpolströme.

0. Richtige Polung

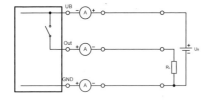

3. Mehrfache Verpolung

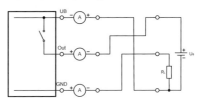

1. Einfache Verpolung

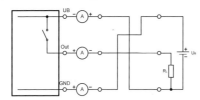

4. Einfache Verpolung

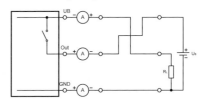

2. Einfache Verpolung

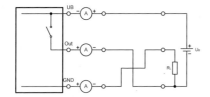

5. Mehrfache Verpolung

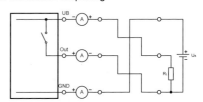

**Bild 17.1-2** Darstellung der richtigen bzw. verpolten Anbindungen eines plusschaltenden Schalters

## 17.1 Eigenschaften zur Funktionsüberwachung

*Diagnose-Informationen*

Das Konzept intelligenter Sensoren setzt die folgenden drei Diagnosefunktionen voraus:

a) *Überwachung* der vollständigen Funktionsfähigkeit des Sensors. Es wird nicht nur der Zustand des Sensorausgangs, sondern auch die Plausibilität des Zustandes gemeldet.
b) *Meldung eines aufgetretenen Sensorausfalls.* Ein Ausfall des Sensors soll eindeutig signalisiert werden. Es muss gesichert werden, das der angezeigte Ausgangszustand nicht durch einen defekten Sensor entstanden ist.
c) *Vorwarnfunktion.* Die Verringerung der Funktionsreserve beispielsweise infolge einer Verschmutzung oder einer Dejustage eines Sensors soll eine Warnmeldung auf der Steuerungsebene erzeugen.

Die ersten zwei Stufen beschreiben eine minimale Anforderung an *intelligente Sensoren mit Diagnosefunktion*. Die zusätzliche Implementierung der Vorwarnfunktion wird zunehmend gefordert. Die schaltungstechnische Implementierung dieser Funktionen in die moderne Sensorelektronik ist heutzutage unproblematisch.

Für die Ausgabe der Diagnoseinformation gibt es grundsätzlich zwei Möglichkeiten:

1. Verwendung eines *Extraausgangs* am Sensor. Die Ergebnisse der Diagnosefunktionen werden codiert und durch statische oder dynamische Signale ausgegeben. Die Ausführungen sind einfach zu realisieren und evaluieren. Nachteilig ist nur die Anwesenheit des zweiten Diagnoseausgangs und der zusätzlich steuerungsseitig notwendige Eingang.
2. *Mehrfache Funktionsbelegung* des einzigen herkömmlichen NS-Anschlusses. Diese Lösung setzt keinerlei Ergänzung oder Abweichung von der Standardausgangsausführung (nur drei Zuleitungen wie in Bild 17.1-1) voraus und soll sowohl Standardanwendungen, als auch Einsätze mit zusätzlichen Diagnosemeldungen ermöglichen.

Eine bekanntes Diagnosekonzept verwirklicht die *Balluff Basis-Diagnoseausführung*, die in einer intelligenten patentgeschützten Art die ersten zwei Diagnoseanforderungen: Überwachung und Meldung Sensorausfall löst. Wie aus seinem Anschluss-Schaltbild hervorgeht (Bild 17.1-3), hat der Näherungsschalter (NS) drei Norm-Anschlüsse. Spezifisch ist sein Ausgangssignal mit aufmodulierten Impulsen (Bild 17.1-4). Wie ein klassischer NS liefert der Sensor ein Ausgangssignal mit zwei Pegeln. Neu ist die Anwesenheit von kurzen Impulsen mit 300 µs Pulsdauer und 6,6 ms Wiederholperiode, überlagert vom statischen Ausgangssignal. Diese Pulse haben einen entgegengesetzten Pegel. Sie entstehen durch eine interne künstliche Betätigungssimulation im NS-Sensorelement, pflanzen sich durch den Sensor und seine Ausgangszuleitungen fort und können in der Applikation ausgewertet werden. Die Impulse sind vorhanden, solange der NS fehlerfrei funktioniert und erlöschen im Fehlerfall.

Vorteilhaft unterstützt der Sensor zwei mögliche Beschaltungen an seinem Ausgang:

- Ein *herkömmlicher Verbraucher*, wie ein Relais, kann unmittelbar am Ausgang angeschlossen werden (Widerstandsymbol $R_L$ in Bild 17.1-3). Der Takt der überlagerten Impulse wurde so festgelegt, dass sämtliche Relais auf diese kurzen Pulse nicht reagieren; das Relais wertet nur die *statischen Pegel* aus.
- Möchte man die *Funktionsdiagnose* anwenden, so wird ein Auswertegerät zwischen dem NS und dem Verbraucher eingefügt (Bild 17.1-3). Das Gerät wertet das komplexe Ausgangssignal des NS aus und liefert zwei statische Signale: ein *Sensorausgangssignal*, das dem Sensorbetätigungszustand entspricht sowie ein *Diagnoseausgangssignal*, dessen Zustand die Anwesenheit/Abwesenheit der überlagerten Pulse signalisiert und dadurch die Information Sensor funktionsfähig bzw. fehlerhaft liefert.

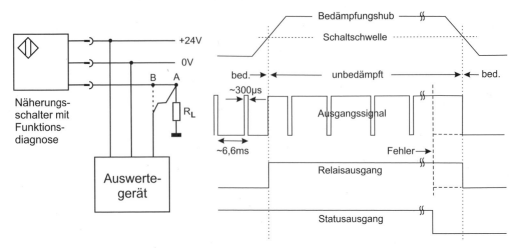

**Bild 17.1-3** Anschluss-Schaltbild des NS mit integrierter Funktionsdiagnose mit überlagerten Pulsen

**Bild 17.1-4** Impulsdiagramme eines Näherungsschalters mit Funktionsdiagnose

Ein höherwertiges Diagnosekonzept ist das *Balluff DSC-Konzept* (Dynamic Sensor Control), das eine Vollversion der Diagnose umfasst. Wie in Bild 17.1-3 dargestellt, hat der DSC-fähige NS weiterhin nur drei Norm-Anschlüsse. Ferner weist sein Ausgangssignal aufmodulierten Impulse auf, die unterschiedliche Wiederholperioden haben. Als zusätzliche Informationen sind datailliertere Fehlerinformationen erhältlich, die durch Wiederholperioden codiert sind.

## 17.2 Elektromagnetische Verträglichkeit (EMV)

Im Zusammenhang mit einer immer komplexer und sensitiver werdenden Elektronik kommt die Frage nach dem Einfluss durch äußere Störungen. Ein Sensor soll einen ungestörten Messwert liefern in einer zunehmend gestörten Umgebung. Dazu zählen gewollte Störgrößen, wie sie durch Funkbetrieb entstehen, aber auch ungewollte, welche zwischen Schaltvorgängen und kosmischer Strahlung entstehen können.

Aus diesen Grundgedanken heraus beinhaltet die EMV zwei Fragerichtungen:

1. *Sicherung* und *Prüfung* eines Sensors gegen die Wirkung äußerer Störungen elektromagnetischer und elektrostatischer Herkunft (Immission) und

2. die *Vermeidung* und *Prüfung* eines Sensors gegen die Ausstrahlung solcher Felder (Emission).

Die Problemstellungen der EMV sind durch ein umfassendes Normenwerk geregelt. Es muss von dem betrachteten Sensorelement und den konkreten Anforderungen im Einsatz definiert werden, welche dieser Normen konkret anzuwenden sind.

Im nachfolgenden Abschnitt werden einige ausgewählte Zusammenhänge am Beispiel von Näherungsschaltern dargestellt.

Die Normvorgaben bzw. die typischen zeitaktuellen Werte (fett dargestellt) von diesen Kenngrößen für Sensoren sind in der Tabelle 17.2-1 zu finden.

## 17.2 Elektromagnetische Verträglichkeit (EMV)

*Vorspann*

*Der Nachweis der elektromagnetischen Verträglichkeit im akkreditierten EMV-Prüflabor enthält folgende Prüfungen:*

– Störfestigkeit gegenüber *Entladung statischer Elektrizität* (ESD = Electrostatic Discharge),
– Störfestigkeit gegenüber *elektromagnetischen Feldern* (RFI = Radio Frequency Interference),
– Störfestigkeit gegenüber *schnellen, transienten Impulsen* (*Burst*, EFT = Electrical Fast Transient),
– Störfestigkeit gegenüber *Stoßspannungen* (*Surge*),
– Störfestigkeit gegenüber *leitungsgeführten Störgrößen, induziert durch hochfrequente Felder* und
– Störfestigkeit gegenüber *Magnetfeldern mit energietechnischen Frequenzen.*

- Die Prüfbedingungen in Bezug auf Betätigung, Versorgung oder Einbau sind sehr präzise spezifiziert. Zerstörungen des Sensors sind nicht erlaubt; für das Gesamtverhalten des Sensors gelten folgende drei Annahmekriterien (ANK):
  1. *Kriterium A:* während der Prüfung dürfen keine Fehlimpulse länger als 0,1 ms am Sensor-Ausgang auftreten.
  2. *Kriterium B:* während der Prüfung dürfen keine Fehlimpulse länger als 1 ms am Sensor-Ausgang auftreten.
  3. *Kriterium C:* wenn der Schaltzustand länger als 1 ms sich ändert oder ein Verlust des Verhaltens ein Sensor-Zurücksetzen verlangt.

Tabelle 17.2-1 Zusammenfassung der wichtigsten EMV-Anforderungen und -Testbedingungen
(Normanforderungen an NS – siehe 3.4.1 – sind mit fett und unterstrichen gekennzeichnet)

| Störfestigkeit gegenüber: | Entstehung, Merkmale | Geltende Norm | Prüfaufbau bzw. Prüfsignalkenndaten und Prüfhäufigkeit | Norm-Prüfschärfegrade und **Anforderung für NS** |
|---|---|---|---|---|
| Entladung statischer Elektrizität (ESD) | Die Entladung entsteht bei Personen oder Gegenständen, die sich aufladen und beim Kontakt mit leitfähigen Materialien entladen | IEC 61000-4-2 | • Kurzzeitige und einmalige Entladung im ns-Bereich mit Spannungen bis zu 30 kV<br>• 10 Einzelimpulse im Abstand von 1 s<br>• Direkt durch Kontakt- oder Luftentladung bzw. indirekt durch Koppelplatte | Kontakt-/Luftentladung:<br>1: 2 kV / 2 kV<br>**2: 4 kV** / 4 kV<br>**3:** 6 kV / **8 kV**<br>4: 8 kV / 15 kV<br>**ANK: B** |
| Elektromagnetischen Feldern (RFI) | Elektromagnetische Strahlung von Funksendern, Mobiltelefonen, Radaranlagen und auch Geräten im Nahbereich | IEC 61000-4-3 | • Schmales Frequenzband durchgestimmt bis 2,7 GHz, oft gerichtete Energie, frequenz- oder amplitudenmoduliert<br>• Prüfstärke $\leq$ 100 V/m<br>• AM-Modulation: 1 kHz, sinusförmig, 80 % | 1: 1 V/m<br>**2: 3 V/m**<br>3: 10 V/m<br><br>**ANK: A** |

**Tabelle 17.2-1** Fortsetzung

| Störfestigkeit gegenüber: | Entstehung, Merkmale | Geltende Norm | Prüfaufbau bzw. Prüfsignalkenndaten und Prüfhäufigkeit | Norm-Prüfschärfegrade und Anforderung für NS |
|---|---|---|---|---|
| **Schnellen, transienten Impulsen (Burst)** | Ein- und Ausschalten induktiver Lasten (z. B. Relais, Motoren). Energiearme Störungen mit breitbandigem Spektrum bis 300 MHz und Amplituden bis einige kV. | IEC 61000-4-4 | • Dreieckförmige Impulse mit 50 ns Breite<br>• 5 kHz Wiederholrate ⇒75 Impulse/Paket<br>• Paketbreite: 15 ms<br>• Wiederholperiode der Pakete: 300 ms<br>• Prüfspannung zw. geerdetem NS-Gehäuse und allen Leitungen kapazitiv eingekoppelt | 1: 0,5 kV<br>2: 1,0 kV<br>**3: 2,0 kV**<br>4: 4,0 kV<br><br><br><br>ANK: **B** |
| **Stoßspannungen (Surge)** | Blitzschlag, Kurzschlüsse und Schaltvorgänge in energiereichen Netzen.<br><br>Hohe Energien, Spannungen und Ströme.<br><br>Anstiegszeiten im μs-Bereich, breitbandiges Spektrum bis einige MHz. | IEC 61000-4-5 | • Dreieckförmige Impulse mit 50 μs Breite<br>• Einzelne Impulse mit positiver und negativer Polarität sowie alternierende Pulsfolgen<br>• Prüfspannung zwischen jeweiligen zwei NS-Anschlüssen angelegt<br>• Generator-Innenwiderstand 500 Ω | 1: 0,5 kV<br>**2: 1,0 kV**<br>3: 2,0 kV<br>4: 4,0 kV<br><br><br><br>ANK: keine Zerstörung |
| **Leitungsgeführten Störgrößen, induziert durch hochfrequente Felder (LGS)** | Störimpulse, die dadurch entstehen, dass elektromagnetische Felder über Kabel eingestreut werden.<br><br>Schmales Frequenzband, frequenz- oder amplitudenmoduliert, Dauerstörung. | IEC 61000-4-6 | • Frequenzbereich: 150 kHz bis 80 MHz, in 1-%-Schritten<br>• AM-Modulation: 1 kHz, sinusförmig, 80 %<br>• Störungen über ein Koppel-/Entkoppel-Netzwerk eingekoppelt | 1: 1Veff<br>**2: 3Veff**<br>3: 10Veff<br><br><br><br>ANK: **A** |
| **Magnetfeldern mit energietechnischen Frequenzen** | Entstehung durch Ströme in Stromanschlüssen, Stromschienen, Einrichtungen mit hoher Leistung.<br><br>Konstante Magnetfelder bis 100 A/m bzw. kurzzeitige Magnetfelder bis 1.000 A/m | IEC 61000-4-8 | • Feld durch eine Induktionsspule quadratisch 1 m × 1 m erzeugt<br>• Frequenz 50 Hz | 1: 1 A/m, dauernd<br>2: 3 A/m, dauernd<br>3: 10A/m, dauernd<br>**4: 30A/m, dauernd**<br>5: 100A/m, dauernd<br><br>ANK: **A** |

Die hier angegebenen Prüfbedingungen sind beispielhaft für einen konkreten Einsatzfall. So ist bei der Surge-Prüfung ein Generator-Innenwiderstand von 500 Ω angegeben. Dieser kann in anderen Applikationen auch nur 40 Ω oder 4 Ω betragen, was andere Schutzschaltungen erfordert. Die Abstimmung der Konstruktion und Prüfung muss deshalb immer im Zusammenhang mit dem Einsatzziel erfolgen.

Ein Beispiel für eine EMV-Beschaltung zeigt Bild 17.2-1. Hier ist der einfache Fall einer Schutzschaltung für einen Zweileiter-Stromtransmitter dargestellt.

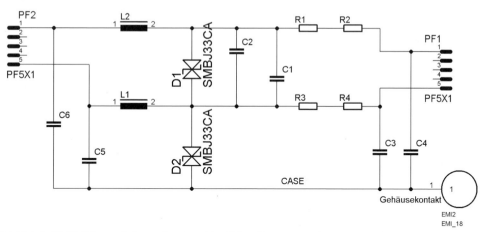

**Bild 17.2-1** EMV-Schutzschaltung für einen Zweileiter-Stromtransmitter

Auf der rechten Bildseite erfolgt der Anschluss der Versorgung – auf der linken Seite die Elektronik des Transmitters. Die Widerstände im Eingang begrenzen den Impulsstrom und bilden mit den Kondensatoren zusätzlich einen Tiefpass, welcher auch die Ansprechzeit der Supressordioden überbrückt. Die Diode D1 muss die gesamte Störenergie aufnehmen. Der dann fast unbelastete Pfad zum Transmitter wird durch einen weiteren Tiefpass gefiltert.

Hier im Beispiel hat die Diode D2 die Aufgabe die Funktion von D1 für die Isolation zum Gehäuse zu erbringen. Sollten hier als Isolationsspannung nicht nur 30 V sonder 500 V gefordert werden, so ergeben sich umfangreiche Änderungen in der Schaltung, da die Kondensatoren C3 bis C6 für diese Spannungen ausgelegt werden müssen. Zusätzlich ist eine sehr hochohmige Entladeschaltung vorzusehen, damit diese Kondensatoren nicht auf die Störspannung geladen stehen bleiben.

Die gesamte Schutzschaltung übertrifft im Aufwand schnell die des eigentlichen Sensors.

## 17.3 Funktionale Sicherheit (SIL)

Bei der Funktionalen Sicherheit geht es um die *Reduzierung von Risiken* bei der Nutzung technischer Einrichtungen. Ziel ist es dabei, das bestehende Risiko beim Betrieb einer Einrichtung abzuschätzen und es in Folge auf ein vertretbares Maß zu reduzieren. Ein Risiko ist dabei definiert als:

Risiko = Wahrscheinlichkeit des Eintretens eines gefährlichen Ereignisses
\* verursachte Kosten durch dieses Ereignis.

Die funktionale Sicherheit (SIL = Safety Integrity Level) umfasst mehrere Normenwerke, so beispielsweise:

DIN EN IEC 61508   als Basisnorm,
DIN EN IEC 61511   als spezifische Norm für die Prozessindustrie,
DIN EN IEC 62061   als spezifische Norm zur Maschinensicherheit,
DIN EN IEC 61513   als spezifische Norm für die Nuklearindustrie.

Sie ist auf sicherheitsrelevante Systeme anzuwenden, wenn diese

- ein elektrisches Gerät,
- ein elektronisches Gerät oder
- ein programmierbares elektronisches Gerät

enthalten. Sie ist demzufolge für Sensoren im Sicherheitsbereich anzuwenden. Dabei sind die Betrachtungen immer für das gesamte System erforderlich, also vom Sensor über die Signalverarbeitung bis zum Aktor.

Die SIL-Stufen beschreiben *unterschiedliche Ausfallwahrscheinlichkeiten* für ein System. Dies reicht im einfachsten Fall von einem *sicherheitsorientierten Design* bis zum *mehrfach redundanten System* bei höchsten Anforderungen. Ein sicherheitsorientiertes Design beginnt mit der Einhaltung von Bauelementeparametern, Zuverlässigkeitsuntersuchungen von Komponenten und Technologie und einer Rückverfolgbarkeit der Produktion.

Die den SIL-Stufen zugeordneten Ausfallwahrscheinlichkeiten werden zusätzlich unterschieden nach hohen und niedrigen Anforderungen. Dabei bedeutet „niedrig", dass die Sicherheitseinrichtung nicht öfter als einmal pro Jahr aktiv wird. Der Fall hoher Anforderungen bedeutet, dass die Sicherheitseinrichtung ständig oder öfter als einmal jährlich aktiv ist.

In Bild 17.3-1 ist ein Risikograf für die Bestimmung des erforderlichen SIL-Level beispielhaft dargestellt. Er muss auf die jeweils konkrete Situation angepasst werden.

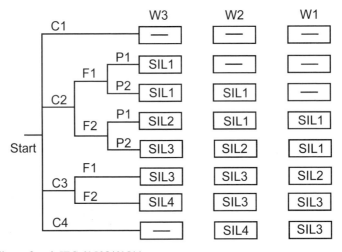

**Bild 17.3-1** Risikograf nach IEC 61508/61511

Dabei gelten die folgenden Zuordnungen:

- C  Schadenausmaß

    C1 leichte Verletzung einer Person oder kleiner schädliche Umwelteinflüsse.

    C2 schwere, irreversible Verletzung einer/mehrerer Personen oder Tod einer Person oder vorübergehend größere schädliche Umwelteinflüsse.

    C3 Tod mehrerer Personen oder lang andauernde größerer schädliche Umwelteinflüsse.

    C4 katastrophenartige Umweltschäden, sehr viele Tote.

- F  Aufenthaltsdauer
    F1    selten bis öfter,
    F2    häufig bis dauernd.
- P  Gefahrenabwehr
    P1    möglich unter bestimmten Bedingungen,
    P2    kaum möglich.
- W  Eintrittswahrscheinlichkeit
    W1    sehr gering,
    W2    gering,
    W3    relativ hoch.

Aus dem bestimmten Sicherheitslevel ergeben sich dann technische Anforderungen für den Sensor. Das technische Produkt wird nach Abschluss des Verfahrens durch eine zugelassene Stelle zertifiziert. Eine Zulassung für den explosionsgefährdeten Bereich (ATEX) kann dabei auch Bestandteil einer SIL-Zulassung sein.

## 17.4  Sensoren in explosiver Umgebung (ATEX)

Werden Sensoren in einer *explosiven*, d. h. *zündfähigen* Umgebung eingesetzt, so gelten besondere Vorschriften. Es gibt an dieser Stelle eine große Schnittmenge mit den Anforderungen von SIL. Es geht aber nicht nur darum, das Risiko einer Schädigung von Personen und Anlagen zu minimieren, sondern dieses auszuschließen. Erreicht werden kann dies sowohl durch bautechnische Maßnahmen als auch mit entsprechend gestalteten elektronischen Mitteln.

Es existieren im Explosionsschutz zwei grundsätzlich unterschiedliche Betrachtungsweisen zur Lösung der Aufgabe:

1. Es ist durch die *Dimensionierung der Anordnung* sicher zu stellen, dass kein Funke entstehen kann oder keine Komponente sich so erhitzt, dass ein umgebendes Gemische explodiert, oder
2. wenn sich eine Funkenbildung oder ein Hotspot technisch nicht vermeiden lassen (z. B. in Leistungsschaltern), dann muss der Sensor so *gekapselt* werden, dass diese Zündquelle keine Auswirkungen auf die Umgebung hat. Dabei sind auch lokal begrenzte Explosionen denkbar.

Der nachfolgende Abschnitt gibt eine kurze Einführung in diese Problematik. Die ausführliche Darstellung der Anforderungen erfolgt auch hier in einem umfassenden Werk von Standards, welche inzwischen auf europäischer Ebene harmonisiert sind. Korrespondierende Standards finden sich beispielsweise im UL (USA) und im CSA (Canada). Eine europäische Zulassung wird auch in vielen außereuropäischen Ländern anerkannt oder kann dort als Grundlage für eine nationale Zulassung dienen.

### 17.4.1  Grundlagen des ATEX

Die umfangreichen Standards und begleitenden Bestimmungen im Rahmen der EG-Richtlinien zum Explosionsschutz und deren Umsetzung in Europanormen lassen sich in diesem Werk nicht abhandeln. Es werden aber einige Grundbegriffe vermittelt.

Im ersten Schritt erfolgt eine Einstufung der Einsatzumgebung nach der Häufigkeit und Art des Auftretens der Gefährdung. Es ergibt sich daraus eine *Gerätegruppe* und eine *Gerätekategorie*, wie sie in Tabelle 17.4-1 zu finden sind.

Die Basisnorm bildet die *DIN EN 60079-0*, welche seit dem 01.12.2004 gilt. Auf ihr bauen mehrere Unternormen auf, welche die unterschiedlichen Zündschutzarten definieren.

Es wird damit eine *Risikoeinstufung* vorgenommen, aus der sich ein Katalog von konstruktiven Maßnahmen und elektrischen Dimensionierungen ableitet. Es wird dabei innerhalb der Kategorie nochmals in die *Zone x* und *Zone 2x* unterschieden. Dabei gilt Zone x für Luft, Gase und Dämpfe und die Zone 2x für Stäube. Aus dieser Unterscheidung leiten sich unterschiedliche Prüfanforderungen ab, da sich beispielsweise Staub auf einem Transmitter ablagern kann und dadurch Kurzschlüsse oder Brandherde entstehen können, wogegen ein Gasgemisch unmittelbar zu einer Explosion führt.

**Tabelle 17.4-1** Zuordnung von Gerätegruppe und -kategorie

| Gerätegruppe | Gerätekategorie | Wahrscheinlichkeit der EX-Atmosphäre | Maß der zu gewährleisteden Sicherheit | Ausreichende Sicherheit bei | Zoneneinteilung |
|---|---|---|---|---|---|
| Gruppe II Alle Bereiche ausser Bergbau | 1 | ständig, langzeitig oder häufig vorhanden | sehr hoch | Schutz gegen zwei unabhängige Fehler | Zone 0 Zone 20 |
| | 2 | gelegentlich vorhanden | hoch | vermeiden von Zündquellen bei Betrieb und Betriebsstörungen | Zone 1 Zone 21 |
| | 3 | nur selten und dann kurzzeitig vorhanden | normal | Normalbetrieb | Zone 2 Zone 22 |
| Gruppe I Bergbau (besonders Grubengase und -stäube) | M1 | vorhanden | sehr hoch | Schutz gegen zwei unabhängige Fehler | |
| | M2 | bei Auftreten der EX-Atmosphäre abschaltbar | hoch | Zündquellen auch bei erschwerten Bedingungen unwirksam | |

Als zweiter Schritt erfolgt die Zuordnung in eine *Zündschutzart*. Sie beschreibt bereits den für den Schutz beschrittenen Weg. Die Standards unterscheiden 11 verschieden Schutzarten, wobei für die Sensorik vor allem der Schutz durch *Eigensicherheit* und die *druckfeste Kapselung* von Bedeutung sind. Auf beide Schutzarten wird im nächsten Abschnitt genauer eingegangen.

Als dritter Teil erfolgt die Einstufung der *thermischen Gefährdung*. Dabei werden Temperaturklassen definiert, die eine Temperaturgrenze festlegt, welche die Baugruppe auch im Störfall nicht überschreiten darf. Gemeinsam mit den drei Explosionsuntergruppen ergibt sich dann eine Matrix von Stoffen, die in der Umgebung auftreten dürfen. Für Sensoren sind dabei die Klassen T4, T5 und T6 von Bedeutung, welche einen Bereich bis zu 200 °C Oberflächentemperatur abdecken. Im Allgemeinen wird auf T4 zugelassen, da es nur einen Stoff gibt (Schwefelkohlenstoff), der eine T6 erfordert. Es muss aber darauf geachtet werden, ob ein Sensorprin-

17.4 Sensoren in explosiver Umgebung (ATEX)

zip intern höhere Temperaturen generiert, wie es gelegentlich bei Gas- oder Strömungssensoren vorkommt.

Aus diesen besprochenen Teilen setzt sich auch die Kennzeichnung einer Baugruppe für den Einsatz im explosionsgefährdeten Bereich zusammen:

EX 2G ia IIC T4

mit der Bedeutung

| | |
|---|---|
| EX | eine ATEX-Komponente. Früher auch EEX mit dem ersten ‚E' für europäisch, was entfällt, da es keine nationalen Varianten mehr gibt. |
| 2G | Gerätekategorie 2 für Gase |
| ia | Schutzart eigensicher mit gewährleistetem Schutz bei zwei unabhängigen Fehlern. Mit ‚ib' besteht der Schutz nur noch nach einem Fehler. |
| II | Gerätegruppe II |
| C | Explosionsuntergruppe C bei Gasen |
| T4 | Temperaturgruppe T4, was einer maximalen Oberflächentemperatur von 135 °C bis 200 °C entspricht. |

Die Prüfung und Bestätigung der Anwendbarkeit einer Baugruppe für den Einsatz im EX-Bereich erfolgt durch eine ermächtigte Einrichtung. Diese erteilt eine Prüfnummer und entsprechende Zertifikate. Die Fertigung von EX-Baugruppen erfordert zusätzlich eine zwingend notwendige QS-Zulassung, welche auf der ISO 9001-Zertifizierung aufsetzt.

### 17.4.2 Zündschutzart Eigensicherheit

Die Zündschutzart „Eigensicher" ist im Standard *DIN EN 60079-11* (alt DIN EN 50020) definiert. Sie beruht auf der *Vermeidung von Funken* bildenden Energiemengen und Spannungen im Sensor, sowie einer *Begrenzung* der auftretenden *Verlustleistungen*. Sie ist im Bereich der Sensoren häufig zu finden, da für diese die limitierten Energiemengen ausreichend sind.

Eine eigensichere Baugruppe tritt immer im Zusammenspiel mit einem zugeordneten Betriebsmittel auf. Die alleinige Eigensicherheit des Sensors ist nicht ausreichend – es ist eine gesicherte Datenübertragung und Speisung des Stromkreises erforderlich.

Die Speisung eines eigensicheren Stromkreises erfolgt über einen *Speisetrenner*, welcher eine Isolation des Datenkreises vornimmt und die mögliche auftretende Energie im Kreis begrenzt. Der einfachste Fall ist dabei ist der Einsatz eines *Zweileiter-Stromtransmitters*, welcher den Messwert auf das Betriebssignal im Bereich von 4 mA bis 20 mA moduliert. Es existieren damit keine gesonderten Datenleitungen, welche gesichert werden müssen.

Die Speisung besteht damit nur aus Zenerdioden und Widerständen, wie sie Bild 17.4-1 zeigt. Sie wird auch als *Zenerbarriere* bezeichnet. Die drei Zenerdioden unterdrücken kurzzeitige Überspannungen und zerstören bei längeren Störungen die Sicherung. Die Parallelschaltung dient der Ausfallredundanz, falls eine Diode auf eine Überlastung mit einer Unterbrechung reagiert. Der Längswiderstand begrenzt den maximalen Stromfluss im System.

Mit der angegebenen Dimensionierung der Zenerdioden können maximal 27 V auftreten. Der Widerstand von 200 Ω begrenzt den Ausgangsstrom auf 125 mA im Fall eines Kurzschlusses. Die verwendeten Bauteile dürfen dabei nur maximal 50 % ihrer zulässigen Verlustleistung ausschöpfen.

Bei dieser Anordnung handelt es sich um eine Speisung mit linearer Kennlinie.

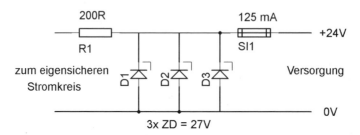

**Bild 17.4-1** Schaltung einer Zenerbarriere

Auf der Seite des Sensors ist ebenfalls dafür zu sorgen, dass mögliche Ausfälle von Bauteilen zu keinen unzulässigen Zuständen führen. Dies wird ergänzt durch die Forderung nach einer Isolation für 500 VAC zwischen Sensorsignal und Gehäuse.

Außerdem ist für die Elektronik selbst ein Isolationsabstand von mindestens 0,7 mm zwischen allen (kritischen) spannungsführenden Teilen zu gewährleisten. Da dies bei modernen Halbleiterbauelementen nicht möglich ist, sind diese in der Schaltung prinzipiell als Kurzschluss zu betrachten.

Ein zweiter Punkt zur Beschränkung der zündfähigen Energien geschieht durch die Vermeidung von Energiespeichern wie Induktivitäten und Kapazitäten. Diese unterliegen bei ihrem Einsatz starken Beschränkungen.

Bild 17.4-2 zeigt einen Auszug der Ausgangsstufe eines Transmitters mit 4 mA bis 20 mA.

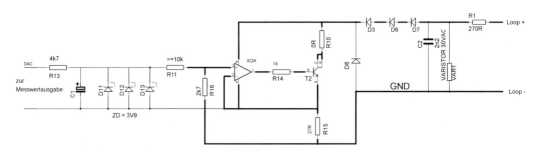

**Bild 17.4-2** Schaltung einer Ausgangsstufe für Stromschleife

Der kritischste Strompfad (fett) ist der bei Kurzschluss von T2 oder dem OPV. In diesem Fall sind im Pfad nur noch die Widerstände R1 und R15 enthalten. Der Gesamtstrom im Kreis wird dann durch die maximalen 27 V Versorgung, den 200 Ω in der Zenerbarriere und den etwa 300 Ω im Sensor bestimmt. Dazu kommen noch 100 Ω als Messwiderstand zum Auskoppeln des Messwertes. Es ergeben sich damit ein Kurzschluss-Strom von 45 mA und eine anteilige Verlustleistung am Sensor von etwa 610 mW.

Der Filterkondensator C1 darf sich im Defektfall des OPV nicht auf eine gefährliche Spannung aufladen. Deshalb ist auch dieser mittels einer Zenerbarriere gesondert zu begrenzen. Bei den hier gewählten 3,9 V kann die Kapazität im µF-Bereich liegen. Im normalen Fall darf sie bei 27 V nur im Bereich von 50 nF liegen, wobei die Anschlusskabel mit einzurechnen sind.

### 17.4.3 Zündschutzart druckfeste Kapselung

Die Zündschutzart „druckfeste Kapselung" ist im Standard *DIN EN 60079-1* (alt DIN EN 50018) definiert. Hierbei wird der alternative Ansatz verfolgt, dass eine *Zündquelle vermieden* wird – und sollte sie auftreten, dies keine Auswirkungen auf die Umgebung hat.

Bei der druckfesten Kapselung wird davon ausgegangen, dass die *Elektronik* in einem *verschlossenen Behälter* untergebracht wird. Dieser darf keinen oder nur einen durch schmale Spalte entstehenden Austausch der Gase im Inneren mit der Umgebung haben.

Sollten sich dennoch im Inneren ein explosives Gemisch ansammeln, so muss der Behälter so sicher sein, dass er selbst durch die Explosion nicht zerstört wird und keinerlei Flammen oder heiße Gase austreten.

Die Eigenschaften der Elektronik sind dabei weitgehend untergeordnet. Es muss aber gegebenenfalls gesichert werden, dass nicht beim An- oder Abstecken von Kabeln Funken entstehen können.

Diese Zündschutzart eignet sich gut für Sensoren, da man in der Elektronik frei gestalten kann und die Sicherung bei Explosion bei den meist geringen Volumen gut zu beherrschen ist.

## Weiterführende Literatur

BARTEC GmbH, Bad Mergentheim, http://www.bartec.de
Endress+Hauser, www.de.endress.com/SIL
Fritsch, A.: „Funktionale Sicherheit und Explosionsschutz; Firmenschrift der Firma Stahl; 2005
Leuze Electronic: „Ex-Schutz Grundlagen", http://www.leuze.de/news/atex/p_05_de.html
Pepperl + Fuchs: „Handbuch Exschutz", Firmenschrift 2007, www.pepperl-fuchs.com

# 18 Messfehler, Messgenauigkeit und Messparameter

Die Messung von physikalischen, chemischen und biologischen Größen durch Sensoren unterliegen Abweichungen. Die *Abweichung d* ist die Differenz zwischen einem Messwert $x_i$ und einem *wahren Wert* $x_0$. Diese Abweichung stellt einen Fehler dar. Es gilt:

$$d = x_i - x_0.$$

Der wahre Wert kann entweder eine *Normale* sein oder aber ein durch eine Vielzahl von Messungen ermittelter *wahrscheinlicher Wert*. Normale können vorgegebene Messgrößen sein oder sich aber auf die physikalischen Basisgrößen für Zeit (s), Länge (m), Masse (kg), elektrische Stromstärke (A), Temperatur (K), Lichtstärke (cd) oder die Stoffmenge (mol) beziehen. Auf diese Basiseinheiten des SI-Maßsystems (SI: Standard International) lassen sich alle physikalischen Messgrößen zurückführen.

Durch *statistische* Verfahren wird ein *wahrscheinlicher* Wert ermittelt. Unter gewissen Voraussetzungen ist dies der *arithmetische Mittelwert* (Abschnitt 18.2).

## 18.1 Einteilung der Messfehler nach ihrer Ursache

Teilt man die Messfehler nach ihrer Ursache ein, so gibt es vier grundlegende Arten:

- den *systematischen* Messfehler,
- den *zufälligen* Messfehler,
- den *groben* Messfehler und
- den *methodischen* Messfehler.

Der *systematische Messfehler* hat seine Ursache in der Mess-Schaltung, dem Messverfahren, den Eigenschaften des Referenzmesspunktes und den Eigenschaften der verwendeten Mess-Komponenten. Ein *systematischer* Messfehler zeigt immer *Abweichungen in eine Richtung* (zu wenig oder zu viel; die Gauß'sche Verteilung trifft nicht zu). Er bringt unter gleichen Bedingungen reproduzierbare Ergebnisse. Deshalb kann er technisch in der Schaltung oder der Signalverarbeitung berücksichtigt werden und ist damit *korrigierbar*.

Das klassische Beispiel ist hier die Spannungsmessung an einer Quelle mit einem Innenwiderstand größer Null und einem Messgerät mit einem Innenwiderstand kleiner unendlich. Es zählen aber genauso die thermischen Eigenschaften der verwendeten Bauelemente dazu.

Diese Problemstellung wird oft vernachlässigt, da heutige Messgeräte über sehr hohe Eingangswiderstände verfügen. Im Bereich der Sensoren wird aber mit sehr praktischen Größen umgegangen. So hat eine Messbrücke einen Innenwiderstand von mehreren kΩ und der AD-Wandler als Messgerät wenige Hundert kΩ Eingangswiderstand. Diese Konstellation ergibt schnell systematische Fehler im Bereich von Prozent, welche beachtet werden müssen.

Der *zufällige Messfehler* tritt bei Messreihen auf und zeigt sich in schwankenden Messwerten. Hier liegt eine *Gauß'sche Verteilung* vor (Abschnitt 18.2.1; Bild 18.2-1). Die Ursache können statistisch verlaufende Vorgänge in Bauelementen oder der Umgebung sein (z. B. Strahlung oder Temperaturschwankungen). Ursache zufälliger Fehler sind auch wechselnde Messbedingungen, der Experimentator oder das Rauschen.

Zufällige Messfehler lassen sich mit statistischen Methoden bestimmen und verringern. Soweit das Rauschen als Ursache bestimmt wird, können auch schaltungstechnische Maßnahmen, wie Filter oder rauscharme Komponenten, zur Verringerung beitragen.

Der *grobe Messfehler* zeigt sich in Form einzelner *Ausreißer* in einer Messreihe. Diese können durch externe Ereignisse verursacht werden, wie beispielsweise Schaltvorgänge in der Umgebung. Ihnen begegnet man am Besten mit einer *Filterung* der Messwerte, wobei sich der *Medianfilter* hier besonders anbietet.

Der *methodische Messfehler* zählt der Wirkung nach zu den systematischen Fehlern, verfügt aber über eine zufällige Komponente. Im Gegensatz zu diesem lässt er sich nicht ohne weiteres korrigieren. Der methodische Messfehler tritt vor allem im Bereich der Digitaltechnik auf. Zu ihm zählen außer dem *Quantisierungsfehler* auch *Fehler* bei der *Übertragung* der Messwerte. Der bekannteste Vertreter ist der *digitale Restfehler* (Abschnitt 5.2). Er lässt sich exakt definieren, sein Auftreten unterliegt aber zufälligen Zusammenhängen. Eine Beseitigung ist nur mit unangemessen hohem Aufwand möglich.

## 18.2 Darstellung von Messfehlern

### 18.2.1 Arithmetischer Mittelwert, Fehlersumme und Standardabweichung

Für zufällige Fehler gelten folgende Zusammenhänge. Werden die Messwerte $x_i$ nach ihrer *Häufigkeit* in einem *Histogramm* grafisch ausgewertet, so ergibt sich als Häufigkeitsverteilung die *Gauß'sche Verteilung* (Gauß'sche Glockenkurve; Bild 18.2-1). Die Häufigkeiten sind symmetrisch zu einem am häufigsten gemessenen Wert, dem sogenannten *Erwartungswert* $\mu$.

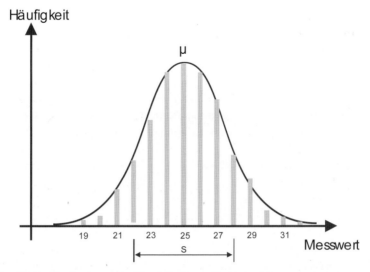

**Bild 18.2-1** Gauß'sche Glockenkurve der Häufigkeitsverteilung von Messwerten

Der Erwartungswert $\mu$ als häufigster Messwert wird durch den *arithmetischen Mittelwert* bestimmt. Es gilt:

$$\overline{x} = \frac{1}{N}\sum_{i=1}^{N} x_i.$$

mit N: Anzahl der Messungen und $x_i$: Messwert der Messung i.

Als Fehler bezeichnet man die Abweichung $d$ des aktuellen Messwertes $x_i$ vom arithmetischen Mittelwert $\overline{x}$. Es gilt: $d = x_i - \overline{x}$.

Die *Fehlersumme* FS errechnet sich als Summe der *quadratischen Abweichungen* von einem Festwert $x_0$: FS = $(x_i - x_0)^2$. Wird für den Festwert $x_0$ der arithmetische Mittelwert $\overline{x}$ eingesetzt, so ist die Fehlersumme *minimal* ($FS_{min}$). Es gilt:

$$FS_{min} = \sum_{i=1}^{N}(x_i - \overline{x})^2.$$

Die *Standardabweichung s* ist ein Maß für die Breite der Gauß'schen Glockenkurve. Sie errechnet sich zu:

$$s = \sqrt{\frac{FS_{min}}{N-1}}.$$

In einem Abstand *s* vom arithmetischen Mittelwert (Bild 18.2-1) befinden sich etwa 2/3 aller Messwerte. Das bedeutet, dass eine *schmale* Glockenkurve mit einer kleineren Standardabweichung *genauere* Messwerte aufweist als eine *breite* Glockenkurve mit einer größeren Standardabweichung.

### 18.2.2 Absoluter Fehler

Für die Messung ist letztendlich von Interesse, welche Wirkung die Fehler auf das Ergebnis haben. Die Aussage, dass ein Fehler bei der Spannungsmessung von 2 mV vorliegt, stellt noch keine verwertbare Information dar. Es ist demzufolge notwendig, die Fehlergrößen in einen Bezug zur Messung zu stellen, um eine Aussage zum Mess-System zu erhalten. Der absolute Fehler $F_{abs}$ gibt die Abweichung zwischen dem Soll-Messwert $MW_{soll}$ und dem tatsächlichen Wert der Messgröße $MW_{mess}$ an. Er trägt die Einheit der Messgröße. Er gilt nur für den bezeichneten Messpunkt. Ist sein Wert über die gesamte Kennlinie gleich, so liegt ihm ein Offsetfehler der Messanordnung zu Grunde und es gilt:

$$F_{abs} = MW_{mess} - MW_{soll}.$$

Der absolute Fehler kommt seltener zur Anwendung, da er auf Grund seiner Bindung an den konkreten Messwert keine Vergleiche zulässt. Der Fehler von 100 mV stellt für einen Messwert von 100 V eine hohe und bei 5 V Messwert eine geringe Genauigkeit dar.

Ein Tachometer im Kraftfahrzeug hat üblicherweise einen voreingestellten absoluten Fehler von wenigen km/h. Dadurch wird sicher gestellt, dass man mit den größeren Winterreifen nicht die zulässige Geschwindigkeit überschreitet, da die Messung der Geschwindigkeit über die Drehzahl und nicht über den Reifenumfang erfolgt.

## 18.2.3 Relativer Fehler

Der häufig berechnete relative Fehler bezieht die Messabweichung auf den Messbereich. Dadurch erlaubt diese Fehlerdarstellung auch einen Vergleich unterschiedlicher Sensoren miteinander. Der Fehler besitzt keine Maßeinheit und wird praktisch in Prozent angegeben. Für den relativen Fehler sind drei Darstellungen gebräuchlich.

### *Relativer Fehler bezogen auf den Endwert*

Der relative Fehler $F_{rel(FS)}$ kann auf den Maximalwert einer Messung $MW_{max}$ bezogen werden. Das bedeutet z. B., dass eine Spannungsmessung mit einem Bereich von 10 V und einem absoluten Fehler von 100 mV einen relativen Fehler aufweist von:

$$F_{rel(FS)} = \frac{MW_{mess} - MW_{soll}}{MW_{max}} = \frac{0{,}1V}{10V} = 0{,}01 = 1\,\%FS$$

hat. Dieser Wert erscheint in den Datenblättern als 1 % F.S. (full scale) oder auch als 1 % EW (Endwert). Steht hinter der Prozentangabe keine weitere Bezeichnung, kann man immer von einem Bezug auf den Endwert ausgehen.

Außer diesen Angaben kann auch noch ein Bezug auf „die Spanne" erfolgen. Das bedeutet, dass der Fehler auf den *Bereich* und nicht auf den Endwert des Ausgangssignals bezogen wird. Als Beispiel: Bei einem Transmitter mit 4 mA bis 20 mA Ausgangsstrom ist der Maximalwert 20 mA, die Spanne ist jedoch nur 16 mA.

### *Relativer Fehler bezogen auf den Messwert*

Der Nachteil des Bezuges auf den Endwert ist, dass der dabei verwendete relativer Fehler auch bei kleinen Messwerten gilt. Das bedeutet, die oben genannte Messung mit einem Messwert von 200 mV und dem gleichen absoluten Fehler von 100 mV kann dann bereits eine Abweichung von 50 % darstellen.

Aus diesem Grund wird bei anspruchsvolleren Messanordnungen der Fehler auf den *aktuellen Messwert* $MW_{mess}$ bezogen, welcher dann in % MW angegeben wird.

$$F_{rel(MW)} = \frac{MW_{mess} - MW_{soll}}{MW_{mess}} = \frac{0{,}1V}{0{,}2V} = 0{,}5 = 50\,\%\ MW\ . \qquad (18.2.1)$$

Aus dieser Formel ist ersichtlich, dass vor allem Offsetfehler hier zu drastischen Fehlerwerten führen. Der Umkehrschluss zu dieser Fehlerangabe ist aber auch, dass die Messanordnung eine erheblich höhere Präzision anbieten muss, als bei einer Fehlerangabe bezogen auf den Endwert.

### *Relativer Fehler bezogen auf den Kleinstwert (BFSL)*

Beim relativen Fehler nach FS wird als Bezugsgröße eine *Referenzgerade* betrachtet, welche durch den Nullpunkt und Endwert der Sollgrösse geht. Damit entsteht der größte Fehler an den Punkten der größten Nichtlinearität der Messkennlinie.

Bei der *BFSL-Methode* (Best Fit Straight Line) wird die Referenzgerade so über die Messkennlinie gelegt, das die maximale positive und negative Abweichung *gleich groß* ist (Bild 18.2-2).

In der Praxis ist der resultierende Fehlerwert um den Faktor 2 bis 4 kleiner als bei einer Angabe mit dem Bezug auf den Endwert. Die Ursache liegt darin, dass die Kennlinie so optimiert wird, dass die Abweichungen ein Minimum erreichen und der Offsetfehler nicht berücksichtigt wird. In der Anwendung setzt das voraus, dass die nachfolgende Verarbeitungsstufe eine Anpassung an die gedachte Referenzkennlinie erlaubt.

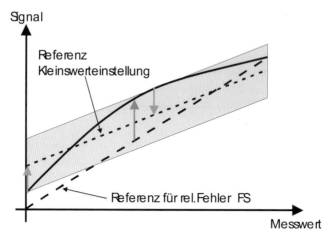

**Bild 18.2-2** Messfehler nach BFSL

*Fehlerdarstellung in Datenblättern*

Die Darstellung der Messfehler ist in der Praxis nicht eindeutig geregelt und jeder Hersteller versucht, seine Produkte in ein günstiges Licht zu setzen. Aus diesem Grund ist es oft schwierig, aus den Angaben im Datenblatt den tatsächlichen Fehler zu ermitteln.

Tabelle 18.2-1 zeigt einen Auszug aus dem Datenblatt eines Drucktransmitters.

**Tabelle 18.2-1** Fehlerangaben in einem Datenblatt

| | | |
|---|---|---|
| Kennlinienabweichung * | % d. Spanne | < 0,10 (< 0,3 für Messbereiche > 1000 bar) |
| Hysterese | % d. Spanne | < 0,04 |
| Reproduzierbarkeit | % d. Spanne | < 0,05 |
| Stabilität pro Jahr | % d. Spanne | < 0,1 (bei Referenzbedingungen) |
| Zulässige Temperaturen | | |
|   Mess-Stoff | °C | -40 ... +105 |
|   Umgebung | °C | -40 ... + 80 |
|   Lagerung | °C | -40 ... + 85 |
| Gesamtfehler bei +10 ... +40 °C | % | < 0,15 (< 0,6 für Messbereiche größer 1000 bar) |
| Kompensierter Temperaturbereich | °C | -20 ... +80 |
| Temperaturkoeffizienten im kompensierten Temperaturbereich: | | (Temperaturfehler im Bereich +10 ... +40 °C im Gesamtfehler enthalten) |
|   mittlerer TK | % d. Spanne | < 0,1 pro 10 K (des Nullpunktes und der Spanne) |

\* Einschließlich Linearität, Hysterese und Wiederholbarkeit, Grenzpunkteinstellung kalibriert bei senkrechter Einbaulage Druckanschluss nach unten.

Diese Tabelle kann wie folgt interpretiert werden:
- Die Grundangaben gelten immer für Raumtemperatur und werden hier in den ersten drei Zeilen mit 0,1 % FS angegeben. Zum Nullpunktfehler erfolgt keine Angabe.
- Der Gesamtfehler im Bereich +10 °C bis +40 °C wird mit 0,15 %FS angegeben, was in diesem Temperaturbereich die Summe aller Fehler umfassen sollte.
- Unterschreitet man die Temperatur von −20°C, so existiert gar keine Fehlerangabe mehr, da nur bis an diesen Punkt kompensiert wurde.
- Im Bereich von −20 °C bis +10 °C und von 40 °C bis 80 °C kommt ein Fehler von 0,1 %/10K hinzu, so dass sich beispielsweise bei 70 °C ein Fehler von maximal 0,45 %FS ergibt.

Zu den Fehlerangaben in der Tabelle wäre noch der Einfluss der Betriebsspannung und der Belastung des Signalausganges auf die Messung zu ergänzen.

Bei der Auswahl eines Transmitters müssen die Datenblattangaben sehr gründlich mit den konkreten Einsatzbedingungen verglichen und bewertet werden. Es ist nicht selten, dass die einzelnen Fehlerquellen, wie Offset, Gain, Linearität und Temperatur getrennt angegeben werden. Da man nicht weiß, ob die einzelnen Parameter voneinander abhängen, muss man sie linear addieren.

## 18.3 Messparameter

Die Ausgangssignale von Sensoren oder Sensorelementen bestehen aus einem Signal, welches von unterschiedlichsten Störungen und Fehleranteilen überlagert wird. Um diese in den Datenblättern mit auszuweisen, bedient man sich *statistischer Verfahren* zur Beschreibung der Eigenschaften.

Im folgenden Abschnitt werden einige wichtige Werte beschrieben. Als Beispiel für die Messungen werden hier Analog-Digital-Wandler verwendet.

### 18.3.1 Streuung von Messwerten

Durch das Rauschen einer Messanordnung steht der Messwert nicht fest, sondern er „bewegt" sich um den wahren Wert, den arithmetischen Mittelwert (Abschnitt 18.1, Bild 18.2-1). Die grafische Darstellung der Messwerte über die Abtastungen in einem Histogramm ergibt dabei im Normalfall eine Gaussverteilung. In Bild 18.3-1 wird dieses Histogramm für einen Wandler mit 24 Bit Auflösung gezeigt.

Das Messergebnis streut im verwendeten Beispiel über eine Breite von 28 Codestufen. Berechnet wird die *Streuung d* mit

$$d = \frac{1}{n}\sum_{i=1}^{n}(x_i - \bar{x})$$

mit  $n$  Anzahl der Messwerte
 $x_i$  Messwert i
 $\bar{x}$  arithmetischer Mittelwert aller Messwerte.

Wird das Ergebnis auf die Auflösung des AD-Wandlers bezogen, so ergibt das einen Verlust von 4,5 Bit, weshalb im Datenblatt auch nur eine effektive Auflösung von 19,5 Bit angegeben wird.

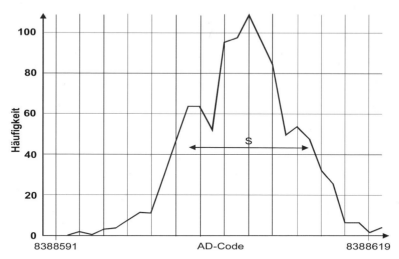

**Bild 18.3-1** Histogramm der Umsetzergebnisse bei 0 V Eingangssignal (Mittenstellung) eines AD7791 (Quelle: Analog Devices)

### 18.3.2 Auflösung von Messwerten

Die Auflösung bezeichnet die kleinste unterscheidbare Änderung der Messgröße, die im Ausgangssignal nachgewiesen werden kann. Das wäre bei einem AD-Wandler theoretisch 1 Bitstufe. Die oben durchgeführten Betrachtungen zur Streuung können aber dazu führen, dass das kleinste unterscheidbare Signal auch größer als eine Bitstufe sein kann.

$$R_{max} = \frac{\Delta x_{min}}{x_{max} - x_{min}} \cdot 100\,\%$$

mit $R_{max}$    maximale Auflösung des Messbereiches/der Mess-Spanne
$x_{max}$    größter Messwert
$x_{min}$    kleinster Messwert
$\Delta x_{min}$    kleinster nachweisbarer Unterschied.

Mit den Werten des oben verwendeten Beispiels ergeben sich dann:

$$R_{max} = \frac{28}{2^{24} - 0} \cdot 100\,\% = 0,0001669\,\%\,. \tag{18.3.1}$$

Nicht weniger oft wird die Umkehrung dieser Rechnung benutzt, um aus vorgegebenen Messgrößen die erforderliche *Wandlerauflösung* zu bestimmen.

Bei sehr hohen Verhältnissen zwischen kleinst möglichem Messwert und Spanne wird der Wert auch in Form der *Messdynamik in dB* angegeben.

## 18.3.3 Signal-Rausch-Abstand und Dynamik von Messwerten

Die Messdynamik beschreibt grundsätzlich den gleichen Sachverhalt wie die Auflösung – es geht um das Verhältnis von kleinst möglichem zu größt möglichem Messwert. Dabei werden die Grenzen durch das *Signal-Rausch-Verhältnis* (*SNR*) beschrieben.

In Anlehnung an die Gl. (18.2.1) im Abschnitt 18.2.2 lässt sich das Verhältnis von Mess-Spanne und kleinstem Messwert auch angeben durch

$$x_{dyn}[dB] = 20 \lg \left( \frac{x_{max} - x_{min}}{\Delta x_{min}} \right). \quad (18.3.2)$$

Mit den Werten aus dem Beispiel im vorherigen Abschnitt ergibt das eine Messdynamik von 115 dB Der theoretische Wert für einen 24 Bit AD-Wandler liegt bei 144,5 dB. Man verliert durch das Rauschen der Umsetzung einen grossen Teil der Mess-Stufen.

Da es zu aufwändig ist, die kleinste nachweisbare Messwertstufe zu bestimmen, kann man das auf den kleinsten überhaupt messbaren Wert reduzieren. Es wird davon ausgegangen, dass man *unterhalb* der Rauschbandes *nichts* mehr messen kann. Der erste detektierbare Wert muss demzufolge größer als der Rauschpegel sein. Damit ist der Rauschpegel gleich $\Delta x_{min}$. Es lässt sich damit die Gleichung (18.2) abwandeln zu

$$\frac{S}{N}[dB] = 20 \lg \left( \frac{U_{spanne}}{U_{Rausch}} \right),$$

wobei *S/N* das Signal-Rausch-Verhältnis,
$U_{Spanne}$ der Messbereich und
$U_{Rausch}$ die Rauschspannung ist.

Das Ergebnis gibt Auskunft über die höchst mögliche Genauigkeit, mit der ein Signal gemessen werden kann.

## Weiterführende Literatur

Beyer, Michele: „Wie genau ist Ihr Sensor? – Ein Wegweiser durch den Dschungel der Genauigkeitsangaben"; WIKA-Sonderdruck aus MSR Magazin 4/2008

# Sachwortverzeichnis

## A

Abbildungsoptik 224
A/B-Schnittstelle 259, 366
Absolut
– -dosimetrie 597
– -druck 331
– -kraft 320
absorbiert 113
Abstandsensoren 127, 268
Abstandsmessung 354
Abtasttheorem 349
adsorptive Immobilisierung 562
Affinitätsanalytik 552
Aktivität 590
akustische
– Effekte 108
– Materialprüfung 471
Akzelerometer 372
Alkalifehler 525
All-Solid-State-Referenzelektroden 519
Alpha-Spektroskopie 588, 600
amperometrische Sensoren 92, 96, 530, 560
analoger Oszillograf 357
analoge Signalaufbereitung 633
analoger ASIC 637
analoges Interface 643
Analyt-Rezeptor-Komplexes 560
Anemometer 501
– thermisches 503
Anionenaktivität 518
Anisotrope Magneto Resistance (AMR) 13, 239
Anstellwinkel 202
Anstiegszeiten 361
Antastung 302
Approximation, sukzessive 414
Äquipotenziallinien 430
Arbeit 431
Arbeitsplatz-Grenzwerte 97
arithmetische Methode 638
arithmetischer Mittelwert 675 f.
Aspirationspsychrometer 478
Assmann-Psychrometer 478, 493
Atmosphère Explosive (ATEX) 669
Atomic Force Microscope (AFM) 307
Auger-Elektron 592

Ausgleichsfeuchte 486
Auto Ident-Kamera 285, 292
Autokollimationsoptik 168
Autoxidierbarkeit 513
Avalanche Photo Diode (APD) 164, 604, 608

## B

Balluff-Induktive-Wegsensoren
    (BIW-Positionssensoren) 145 f.
Barber-Pole-Anordnung 14
Barcodeleser 285, 290
Baukastensystem induktiver Sensoren 129
Bayer-Pattern 460
Beaufort-Skala 502
Befeuchtung der Luft 498
Beleuchtungsmesser 453
Beleuchtungsstärke 86, 450 f.
Belichtung, gestufte 623
Bemessungsschaltabstand 271
Benetzungsfühler 494
Berkovich-Indenter 341
Bernoulli 502
berührungslose Abstandserfassung 130
Beschleunigungssensoren 371 f.
Best Fit Straight Line (BFSL) 677
Bestrahlungsstärke 444
Betastrahlung 589
Betauung 494
Bethe-Bloch-Formel 608
Beugungsgitter 226
Bewegung(s)
– -erfassung 73, 283
– -richtung 283
biaxiale Optik 168
Biegebalken 265, 328
Bildaufnahmeröhre 617
bildgebende Sensoren 301
Bildsensoren 622
BIL-Wegsensoren 156
Bimetall-Thermometer 398
Bindungsenergie 75
Biokatalysatoren 569
biologische
– Grenzwerte 97
– Wirksamkeit, relative 590
Biolumineszenz 554

# Sachwortverzeichnis

Blasenkammer 598
Blindleistung 433
Blindwiderstand 36, 426
Blindzone 168, 179
Blutgasanalyse 564, 566
Bolometer 632
Boltzmannkonstante 388
Bougert-Lambert-Beer'sche Gesetz 490
Brechung 87, 113 f.
Brinell-Härte 337 f.
Brunauer-Emmet-Teller(BET)-Methode 103 f.
Bulk-Durchflussmessung 379
Bürde 645
Burst 665

## C

Calciumcarbid-Methode 487
Calciumhydrid-Methode 488
CAN-Bus 650
candela 449
CAN-Protokoll 650
Capture-Einheit 347
Cerdioxid 388
Cermet 189
Channel-Fotomultiplier 616
Charge Coupled Device (CCD) 166, 610, 624, 626
Chemilumineszenz-Biosensor. 559
Chemisorption 59, 99, 542
chirp 281
CIE1931 458
Clark-Sensoren 97, 529, 565
Clausius-Clapeyron'sche Gleichung 400
CMOS-Bildsensoren 117, 622
CMYK-Farbraum 459
Codes, direkt markierte 294
Codescheibe 227
Color correction 460
Colorimetrie 553
Colossal Magneto Resistance (CMR) 17
Colpitts-Oszillator 438
Commission Internationale de l'Éclairitage 455
Compton-Effekte 78, 591, 593
Computertomografie 598
Coriolis-Kraft 374
$\cos \varphi$ 433
Coulometrie 92, 420, 541
Cu-Konstantan/Fe-Konstantan 394
CW-Radar 280

## D

Dampfdruckkurve 381
Daphnientest 554
Darrwaage 485
Dehmmess-Streifen (DMS) 7, 265, 327
Dehnung 326
Depth Of Field (DOF) 288
Detektion inhomogener Zonen 136
Diagnosefunktionen 663
Dickenmessung 136
Dickschicht 189
Dielektrikum 33
Differenzdruck 331, 502
Differenzial-Kondensator 34
Differenzialtransformator-Sensoren 129
diffraktive Messung 226
digitale
– Interfaces 648
– Oszillografen 358
– Restfehler 345
– Schnittstellen 259
– Signalverarbeitung 638
Diodenkennlinie 391
Direct Digital Synthesis (DDS) 348
Distributed Temperature Sensing 405
DNA-Chip-Technologie 553, 580
Doppler-Effekte 120 f., 281, 368
Doppler-Navigations-Satellit 123
Dörr-Wäge-Methode 485
Dosierbandwaage 378
Dosimeter 595
Drahtbruch-Schutzfunktion 661
Drahtpotenziometer 186, 188
**Drehbewegung** 214 ff.
**Drehgeber** 214 ff.
– absolut codierte 227
– kapazitive 247
– magnetisch codierte 232
– optische 227
Drehmoment 335
Dreh-Schwenk-Gelenk 305
Drehzahl 365
dreidimensionale Koordinatenmessung 301
Dreileiterinterface 645
Dreiphasen-Synchrontransformator 253
Driftgeschwindigkeit 45
Driftkammer 602
Druck 329
Druckeinheiten 329

Druckschalter 334
Drucktransmitter 333
Durchfluss 376, 505
– -messung, direkte 505
Dynamik 622

**E**
edelmetallische interdigitale Elektrodenstruktur
   (IDES) 548
Effektivwert 410, 415
Electrical Fast Transient (EFT) 665
Eigensicherheit 670
Einmesskugel 305
elastische Kraft 319
elektrische
– Eigenschaften von Wasser 488
– Feldstärke 429
– Ladung 419
– Polarisation 3, 69
– Spannung 3
elektrochemische
– Kohlendioxidsensoren 531
– Messung 564
– Sensoren 92
elektrolytische(r)
– Sensoren 264
– Trog 430
elektromagnetische
– Kraftwirkung 322
– Strahlung 588, 591, 613
– Verträglichkeit 664
– Welle 112
Elektrometer 409, 421
elektromotorische Kraft 392
Elektronenplasmon 558
Elektronenstrahlen 357
elektro-optische
– Detektion 554 f.
– Effekte 87
elektrostatische Spannung 408
Eley-Rideal-Mechanismus 104
Ellipsometrie 553
EMV 664
Energie 431
– -dichte 444
– -dosis 590
– -management 640
– -spektroskopie 590
– -stromdichte 444
– -zähler 434
Engewiderstand-Temperatur-Sensoren 389

Entfernungsmessung 353
Entfeuchten von Räumen 499
Enthalpie 475
– -änderung 556
Entladung statischer Elektrizität (ESD) 665
enzymatischer Nachweis 570
Enzymimmunoassay (EIA) 576
Equivalent Series Inductance (ESL) 419
Equivalent Series Resistance (ESR) 419
Evaneszenzfeld-Sensoren 558
Explosionsschutz 669
extrinsische
– Fehlordnung 106
– Sensoren 406

**F**
Farb
– -doppler 124
– -empfinden 455
– -filter 459
– -korrektur 460
– -sensoren 86, 462
Faser-Bragg-Gitter 328
Fasertaster 307
Federkonstante 319
Federkraft 319
Fehler
– absoluter 676
– -darstellung 678
– relativer 677
– -summe 675, 676
Feldplatte 45, 439
femto-Sekunden Laser 91
Fermienergie 56
Ferrais-Zähler 434
ferromagnetische(s)
– Folienstapel 192
– Zahnrad 27
Festelektrolyt-Gassensoren 532
Festkörper-Ionisationskammer 605
Festkörpersensoren 104
Feuchtegehalt der Umgebungsluft 495
Fast Fourier Transformation (FFT) 409
Fick'sches Gesetz 102 f.
Figaro-Sensoren 97, 542
Fluoreszenzimmunoassay (FIA) 576
Fluormetrie 553
Flüssigkeitsthermometer 399
Flusskonzentrator 441
Folienpotenziometer 191

Förder
- -bänder 378
- -schnecken 378
Fotodioden 79, 617, 619
- positionsempfindliche 83
Fotoeffekt 591
- äußerer 75, 615
- innerer Fotoeffekt 75, 79, 617
fotoelektrische(r)
- Abtastung 174
- Effekt 75
- Eigenschaften 613
Foto-FET 622
Fotoionisation 75, 78
Fotolawinendiode 79
Fotoleitung 77, 618
fotometrische Größen 444, 448, 451
Fotomultiplier 76, 80, 604, 615
Fotothyristor 79, 622
Fototransistor 79, 621
fotovoltaischer
- Effekt 75, 78
- Modus 619
Fotowiderstand 79, 617
Foucault-Current-Sensoren 129
Fourier-Transformation 409
- diskrete 356
Fremdlicht 167
Frequenz 343
- -ausgang 646
- -messung 344
- -normale 346
- -Spannungs-Wandlung 348
- -verhältnismessung 346
- -verschiebung 120
Freundlich-Gleichung 103
Füllstandsmessung 35

**G**

galvanomagnetischer Effekt 43
Gammaspektroskopie 603
Gammastrahlung 588
Gas
- -detektor 597
- -feuchte 484
- -konzentration 102
- -thermometer 400
- -warnsystemen 543
Gauß-Effekt 43
Geiger-Modus 610, 621
Geiger-Müller-Zählrohr 602, 613

geladene
- Partikelstrahlung 591
- Teilchen 588
Genauigkeitsklassen 128
Geometrie von Werkstücken 301
Gerätekategorie 670
Geräusch 463
Geschwindigkeit 368
Gestenerkennung 284
Gewichtskraft 318
Giant Magneto Resistance (GMR) 15, 242, 439
Gittermodell 309 f.
Gleichgewicht(s)
- -dampfdruck 473
- -feuchte 486
- -konstante 101
Gleichspannung 410
Glimmentladungsanemometer 504
Glukose-Nachweis 572
Graugrade 461
Grauwertverschiebung 169
gravimetrischer Wassergehalt 485
Gravitationskraft 261, 316
Gyroskop 261, 374

**H**

Haarhygrometer 481
Halbwertszeit 590
Hall
- -Effekt 47
- -Schalter 440
- -Sensoren 439
- -Widerstand 48
- -Winkel 46
Hammond-Orgel 125
Hämoglobincyanidmethode 567
Handlesegeräte 285
HART-Interface 652
Hauptschutzfunktionen 661
Heißleiter 64
Helligkeitssensoren 449, 454
Henry-Konstante 100
Henry'sche Gesetz 529
Hochtemperatur-Ionenleitung 388
Höhenformel, internationale 501
Höhenprofil 309
Hooke'sche Gesetz 326
Hörschwelle 464
HSB-Farbmodell 459
Hunzawasser 512

hydroakustischer Wandler 506
hydrometrische Flügel 509
Hyperschall 108
Hysterese 186, 271

## I

Identifikation, automatische 285
Immobilisierung 562
– irreversible 562
– kovalente 562
– nicht kovalente 562
Immunglobuline 574
Immunoassay 574, 576
Immunosensoren 574
Impedimetrie 92, 545, 548
Impulsdauermessung 350
Impulsintegration 353
Impuls-Radar 281
Inclinometer 262
Induced-Fit-Modell 569, 552
Induktion 25, 52
induktive
– Abstandssensoren 128
– Leitfähigkeitsmesssung 546
– Näherungssensoren (INS) 130
– Wegsensoren (IWS) 128
Induktivität(en) 437
– Verhältnis zweier 159
Induktivsensoren 128 f.
Induktosyn 129
Infraschall 108
Inkrementalgeber 214, 259, 366
Integration von Lichtimpulsen 354
integrierte kapazitive Feuchtesensoren 483
Intensität (Schall) 110
Interfaces 643
Interferenzen 115
Interferometer 177
interferometrische Längenmessung 176
intrinsische
– Fehlordnung 106
– Sensoren 405
IO-Link 653
ionenselektive Feldeffekttransistoren (ISFET) 92, 525, 561
Ionenanalytik 93
Ionendosis 591
Ionenleitung, unipolare 532
ionenselektive
– Elektroden (ISE) 92, 520
– Membrane 93

ionensensitive Schicht 96
Ionisationskammer 598
ionisierende Strahlung 587
Ionophore 526
IR-Bildgebung 628

## J

Jitter 231
Jordan-Reihenersatzschaltung 131
Josephson-Tunnelelement 408
Joule-Effekt 21
Justieren 636

## K

Kalibrieren 636
Kalium-Valinomycin-Komplex 526
Kaltleiter 64
Kapazität 32, 37, 419
kapazitive(r)
– Beschleunigungssensoren 41
– Drehgeber 247
– Effekt 32
– Feuchtesensoren 482
– Sensoren 38
Kapselung, druckfeste 670, 673
Karl-Fischer-Titration 485, 487
katalytische Gifte 514
Kennlinien
– approximierte nichtlineare 623
– -Interpolation 639
Keramiken, polykristalline 64
Keramikwiderstände, halbleitende 64
Kernfotoeffekt 592
Kerr-Effekt 88
Knall 463
Knoop 338
Kohlenstoff-Nanoröhrchen 318
Kohlrausch-Messzelle 545
Kompass-Sensoren 263
Kompensation 428
Konduktometrie 92, 97
Kontaktspannung 408
Kontaminationsmessung 602
Konturverfolgung 136
kooperatives Target 127
Koordinatenmessung 301
Kopplungsfaktor 250
Körperflüssigkeiten 563
Korrekturalgorithmen 641
Korrelationsmesstechnik 369
Kraft 318

Kraftmessung, indirekte 320
Kraft-Messring 324
Kratzschleifer 191
Kreiselkompass 374
Kreuzspuleninstrument 434
Kufenschleifer 191
Kupfer-Konstantan 58
Kurzschluss-Schutzfunktion 661

## L

Lab-Farbraum 458
ladungsgekoppelte Bauelemente 610
Ladung(s)
– -menge 32
– -teilung 423
– -verschiebung 4
Lageerkennung 136
Laktatdehydrogenase 553
Lambda
– -Sensoren 535, 537
– -Sonden 107
Lambert'sches Cosinus-Gesetz 446
Längenänderung 326
Langmuir
– -Blodgettfilme 562
– -Hinshelwood-Mechanismus 104
Langmuir'sche Adsorptionsisotherme 103
Laser 116, 163
– -Doppler-Anemometrie 123 f., 504
– -klassen 164
– -Laufzeitmessung 369
– -scanner 119, 284
– -scanner, Barcode- 285
– -Scanning-Mikroskopie 307
– -triangulation 302
Laufzeitmessung 351
– direkte 353
– mit moduliertem Licht 353
Lautheit 467
Lautheitsempfinden 466
Lautstärke 466
Lawinenfotodioden 608, 620
LCh-Farbraum 459
LC-Schwingkreis 29
LED 163
Leistung 431
Leistungsfaktor 433
Leitfähigkeit 97
– spezifische elektrische 425
Leitplastik-Potenziometer 184
Lenkwinkel 245

Lenz'sche Regel 52
Lesestifte 285
Leslie-Lautsprecher 125
Leuchtdichte 450 f.
License-Plate-Verfahren 296
Lichtausbeute 450
Licht, elliptisch polarisiertes 88
Lichtgeschwindigkeit 112, 353
Lichtlaufzeitmessung 284
Lichtmenge 449
Lichtmessung 86
Lichtmodulation 88
Lichtschnitt 308
Lichtschnittmessung 309
Lichtschranke 83, 118
Lichtstärke 449
Lichtstrom 86, 449 ff.
Lichttaster 84
lichttechnische Größe 444
Lichtvorhang 85
Lichtwellenleiter (LWL) 113
Ligand 552
Light Detection and Ranging
   (LIDAR) 621
Linienprojektion 308
Lobing 303
logarithmische Kennlinien 623
Logicanalyser 359
LON-Bus 651
Longitudinalwellen 108, 463
Look-up-Tabelle (LUT) 640
Lorentz
– -Kraft 13, 43, 47
– -Transformation 429
Luftdruck 500
Luftfeuchtigkeit 473
– absolute 474
– relative 474, 493
– spezifische 474
Luftstrom 501
lumen 449
Luv-Farbraum 458
Luxmeter 453
Linear Variable Differential Transformer
   (LVDT)-Sensorelement 140
Lysosome 553

## M

Magnetfelder mit energietechnischen
   Frequenzen 665
magnetisch codierte Maßverkörperung 204

magnetische(r)(s)
- Feld 13
- Feldkonstante 13
- Feldstärke 438
- Flussdichte 438
- Wechselfeld 52
- Widerstand 26
Magneto Dependent Resistor (MDR) 45
magnetoresistiver
- Effekt 12
- Inclinometer 262
Magnetostriktion 21
magnetostriktive(r)
- Effekt 21, 197
- Sensoren 22
- Wegsensoren 194
Magnetresonanztomografie 439
Magnetsensoren 261, 417
Magnus-Formel 473
Manometer 332
Martenshärte 338
Masse 316
Massedurchfluss 376
Massensensitivität 557
Materialfeuchte 484
Materiestrahlung 613
Matrixcode 292
Matteucci-Effekt 21
Matthiesen-Regel 387
Maximale Arbeitsplatz-Konzentration(MAK)-Grenzwerte 97
Mehrfachbelichtung 623
Mehrgangpotenziometer 238
Messbrücke, passiv kompensierte 637
Messdauer und Aktivstrom 641
Messfehler
- grobe 674 f.
- methodische 674 f.
- relative 412
- systematische 674
- zufällige 674
Messmethode
- berührungslose 301
- inkrementale 175
- magnetisch-induktive 508
- tastende 3D- 302
Messrinnen 505
Messung
- Häufigkeit 641
- konduktometrische 547
- ratiometrische 426

- tensiometrische 490
- volumetrische 505
- von Sauerstoff in flüssigen Metallen 539
Messwehre 505
Messwerte
- Auflösung 680
- Streuung 679
Michaelis-Menten-Theorie 569
Micro-Electro-Mechanical System (MEMS) 264 f., 283, 373, 630
Mikrocantilever 557
Mikrocontroller 635
mikrogravimetrisch 554
Mikrosyn 129
M-In-Track 129
Mischphasenfehlordnung 106
Mischpotenzialsensoren 538
Mixed Signal Oscilloscopes (MSO) 359
Modal-Analyse 470
Mohs'sche Härteskala 337
Molekülspezifität 551
Mollierdiagramm 475
Monte-Carlo-Methode 412, 416
Mößbauer-Spektroskopie 124
Motorfeedback-System 221
Mukoviszidose 548
Multiplexverfahren 357
Multiturn-Drehgeber 223, 238

**N**
Nachhallzeit 472
Näherungsschalter 29, 268
Nahfeld-Navigation 375
Nanoindentation 338, 341
Navigationssatelliten 343
Negative Temperatur Coeffizient (NTC) 64, 67, 388
Neigungssensoren 261
Nentsche-Gleichung 94
Nernst-Gleichung 511
Nernst'sche Gleichung 92, 100
Neuro-Chips 584
neutrale
- Partikelstrahlung 591
- Teilchen 588
Newton'sches Aktionsgesetz 316
Nickel-Widerstand 385
NiCr-Ni/Ni-Konstantan 394
Nikolskij-Gleichung 94, 525
Normal
- -frequenz 345

- -kraft 319
- -spektralwerte 456
Normfarbwerte 456
Normvalenz-System 456
Nuklear-Magnetisches-Resonanz-Verfahren (NMR) 491
Nutzschaltabstand 271

## O

Oberflächenplasmonenresonanz 558
Objekteinflüsse 181
Öffnungswinkel 179
Ohm'sches Gesetz 416
optische
- Bandwaage 379
- Effekte 112
- Eigenschaften von Wasser 489
- Einzelpunktsensoren 305
- Kohärenztomografie (OCT) 307
- schaltende Sensoren 304
optoelektronische Abstands- und Wegsensoren 162
Optokoppler 77
Oszillograf 351, 356

## P

Paarbildungseffekt 594
Pantone-Farben 459
Partialdruck 100
Pegel 464
Pellistoren 544
Peltier-Effekt 481
Periodendauer 409
Periodendauermessung 350
periodische Schwingungen 344
Permanent Linear Contactless Displacement Sensoren (PLCD-Wegsensoren) 152, 154
Permittivitätszahl 32, 482
Perowskit-Struktur 17
Peters-Gleichung 511
PETERS-Gleichung 512
Phase 346, 351, 363, 433
Phase Locked Loop (PLL) 350
Phasen- oder Frequenzlaufzeitverfahren 171
pH-Elektroden 94, 512
phon 466
photoconductive mode 619
Photonen 112
- -detektoren 613

pH
- -Sensoren 523
- -Wert 521
physikochemische Veränderung 551
Physisorption 99
piezoelektrische
- Dehnungskoeffizienten 4
- Effekte 3 f.
- Effekte, inverse 4
- Immunosensoren 576
- Keramiken 5
- Koeffizienten 4
- Kraftmessringe 321
- Kristalle 5
- Systeme 556
piezoresistive
- Effekte 8
- Konstante 10
- Neigungssensoren 265
PIN-Diode 603 ff., 620
Pionen 608
Planarspule 138, 157
Planck'sches Wirkungsquantum 115, 589
Plasmonenresonanz 553
Platinwiderstand 385 f.
Pockels-Effekt 87 f.
Poisson-Zahl 326
Polarisator 115
Polarogramm 520
Position(s)
- -erkennung 440
- -geber 128, 197, 245
Positive Temperature Coefficient (PTC) 63 ff., 388
Positron-Emissions-Tomografie 598
Potenziometerbasis 184
potenziometrisch(e) 92
- Immunosensoren 576
- Messketten 512
- Sauerstoffmessung 532, 535
- Sensoren 92, 188
Poynting-Vektor 444
Prallplattenwaage 378
Präsenzdetektion 283
Präzisionspotenziometer 186
Profibus 655
Programmiersprache 641
Protonenkonzentration 561
proximity switches 268
PSD-Element 83, 166 ff., 170 f., 304 f.

Psychrometer 477 ff.
Pt-Dünnschichtsensoren 63
Pulsbreite 349
Pulslaufzeitverfahren 171
Puls-Weiten-Modulation (PWM) 349, 432, 646
pyroelektrische Sensoren 69 ff., 281, 283, 631
Pyrometer 402, 404
PZT (Blei, Zirkon, Titanat) 281

## Q

quadratische Abweichungen 676
Quadratursignal 215
Quanteneffizienz 616
Quantum Well Infrared Photodetector (QWIP) 627
Quartz Crystal Microbalance (QCM) 557
Quarzmikrowaage 557
Quenching-Verhalten 610

## R

Radar 280
radiale Bewegung 136
radioaktiver Zerfall 588, 590
Radiofrequenzidentifikation (RFID) 285, 296 f.
– aktive 296
– passive 296
Radioimmunoassay (RIA) 576
Radiometrie 444
RAL-Farben 459
Raman-Effekt 402
ratiometrischer
– Drucktransmitter 635
– Spannungsausgang 644
Rauchmelder 543
Raumakustik 472
Raumwinkel 445
Rauschspannung 408
RC-Generator 423
Reaktanz 128, 426
Realschaltabstand 271
Redox
– -elektroden 513
– -elektroden, teilselektive 528
– -gleichgewicht 513
– -potenzial 511
– -recyling 560
– -scanner 513
redundantes System, mehrfach 668

Reflektion 111, 113
Reflexionsspektrum 169
Regenmesser 493
Reibungskraft 319
Rekombinationsrate 618
Relativdruck 331
Resistanz 426
resistive Effekt 6
Resolver 129, 222, 250, 253
Rezeptor 552
RGB-Farbmodell 458
rH-Wert 511
Richtcharakteristik 469
R-In-Track 129
Rockwell-Härte 337
Rohrfedermanometer 332
Röntgenstrahlung 592, 615
rotierende Objekte 136
Ruthenium-Oxid 189

## S

Safety Integrity Level (SIL) 667 f.
Sagentia 148
Sägezahngenerator 357
Sampling-Prinzip 360
Sättigungsdampfdruck 473
Sättigungsfeuchte 474
Sättigungsstrom, temperaturabhängiger 391
Sauerstoff
– in Abgasen 535
– -partialdruck 104
– potentiometrische Messung 532, 535
– -stöchiometrie 543
Scan-Bereich 284
Scanning
– -bahn 306
– -Mikroskopie, konfokale 307
Schall 108
– -absorption 110
– -dämmung 471
– -druck 463
– -empfindung 463
– -geschwindigkeit 109, 279, 463
– -impedanz 464
– -intensität 464 f.
– -keule 179, 278
– -leistung 464
– -schnelle 108, 463
– -wandler 467
Schalenanemometer 501
Schaltabstand, gesicherter 271

Schärfentiefebereich 288
Scherstabwägezelle 318
Schichtdickenmessung 54
Schleuder-Psychrometer 480
Schlüssel-Schloss-Prinzip 569
Schmelzdruckkurve 381
Schmerzschwelle 464
Schüttstrommesser 378
Schwebung 348, 363, 365
Schwingkreis 438
Schwingquarz 343
Seebeck
– -Effekt 56, 392
– -Koeffizient 56, 392
Segerkegel 401
seitliche Annäherung 136
Sekundärelektronenvervielfacher (SEV) 80
Selbsterwärmung(s) 62
– -koeffizient 62
Sensorschaltung mit Mikrocontroller 636
Serial Peripheral Interface (SPI-Interface) 656
Servo
– -inclinometer 266
– -motor 221
– -umsetzer 414
Severinghaus-Prinzip 529, 566
Shockley-Gleichung 391
Shore-Härte 337
Sicherheit, funktionale 667
sicherheitsorientiertes Design 668
Sigma-Delta-Wandler 413
Signal-Rausch-Verhältnis (Signal Noise Ratio – SNR) 681
Signal
– -schreiber 356
– -triggerung 357
Silizium-
– drucksensoren 333
– und Germaniumdetektoren, Lithium angereicherte 608
sin/cos
– -Resolver 252
– -Schnittstelle 258
Singleturn-Sensorik 237
smartsens-BIL 156
Snellius'sches Brechungsgesetz 114
sone 467
Sonografie 124
Spannung(s) 408
– -ausgang 644

Spinell-Struktur 68
Spin
– -Valve-Prinzip 16
– -Ventil 16
Spitzenspannung 409, 415
Spitzenwert-Gleichrichter 415
Sprachverständlichkeit 472
Spulen
– -güte 128
– -induktivität 157
– -induktivität, wegabhängige Änderung 157
Spurenfeuchte 487
Square-Wave-Voltammetrie 520
Stäbchen 455
Stabdosimeter 601
Standard
– -abweichung 675
– -Resolver 254
– -Wasserstoffelektrode (SHE) 517
Stefan-Bolzmann'sches Gesetz 402
Steinhart-Hart-Gleichung 68, 388
steradiant 445
Stern-Topologie 643
Stokes-Bande 405
Störgröße, induziert durch hochfrequente Felder 665
Störsubstanzen 551
Stoßspannung 665
Strahldichte 446
Strahlen
– -belastung, natürliche 595
– -wichtungsfaktor 590
Strahlstärke 445
Strahlung(s) 587
– -äquivalent, fotometrisches 450
– -energie 445, 589
– kohärente 117
– kosmische 588
– -leistung 445
– -thermometer 402
strahlungsphysikalische Größen 444
Streifenprojektion 310
Strichscheiben 365
Stroboskop 365
Strom
– -ausgang 644
– -pfad, kritischster 672
– -stärke 416
– -teiler 417
– -zange 441

Sublimationskurve 381
Superconducting Quantum Interference Device (SQUID) 439
Surface Near Field Optical Microscope (SNOM) 307
Surface Plasmon Resonance (SPR) 558
Surge 665
Synchro 129
System
– -schaltkreise 634
– -toleranz 155
Szintillationseffekt 491, 597, 603, 613 f.

## T

Taguchi-Sensoren 97, 542
taktile Sensoren 302
Target 127
Taststift 302
Taupunkt 475
– -spiegel 480
– -temperatur 475
Teach-in-Verfahren 134
TEDS 657
Teilchenstrom 112
telezentrische Optik 311
Temperatur 381
– -effekt bei Halbleitern 64
– -fixpunkt 381
– -koeffizient 61, 187, 384
– -koeffizient, positiver 388
– -Messring 402
– -messung, kontaktlose 628
– -messung mit Ionenleitern 388
Tensions-Thermometer 400
Tensoren 87
thermische
– Ansprechzeit 62
– Detektoren 74, 613, 628
Thermistor 64, 388
Thermochromie 401
thermodynamischer Gleichgewichtszustand 381
thermoelektrischer Effekt 481
Thermokraft, differenzielle 57
Thermolacke 401
Thermolumineszens-Detektoren 602, 604
Thermopaar 59, 396
Thermosäulensensoren 60, 629
Thermospannung 56 f., 381, 392, 408
Thermowiderstand 60
Thoriumoxid 388

Tilt-Sensoren 262
Time Delay Converter (TDC) 352
Ton 463
Torsion 195, 336
Torzeit 345
Totally Internal Reflection Fluoreszence (IRF) 558
Toxizität 553
Transducer Electronic Data Sheet 657
Transformator
– stromgespeister 417
– variabler 250
Transmission 111
Triangulationsverfahren 170
Triggerimpuls 357
Trinkwasserqualität 553
Tripelpunkt 381
Trogkettenförderer 378
Tscherenkow-Effekt 602, 604
Tunnel Magneto Resistance (TMR) 17

## U

Ultraschall 108, 278
– -durchflussmessung 507
– -keulen 278
– -messung 506
– -sensoren 177
– -wandler 178
– -windsensoren 504
umdrehungszählend 223, 237
Umgebungsklimawerte 496
Umwelteinflüsse 182
Umweltlärm 470
Urandioxid 388

## V

van-der-Waals'sche Kräfte 99
Venturi-Düsen 502
Verdunstungskälte 477
Verpolungs-Schutzfunktion 661
Verschmutzungsanzeige 168
Verzögerung 371
Vibrationsanalyse 373
Vickers-Härte 338
Vidikon-Bildaufnahmeröhre 617
Vier-Draht-Messung 427
Vier-Elektroden-Messszelle 546
Vier- und Sechs-Draht-Interface 647
Villary-Effekt 21
Voltammetrie 92, 520
Volumenleitfähigkeit 543

Volumenmodell 310
Volumenstrom 501

## W

Wägetechnik 318, 377
Wärme
– -ausdehnung 396 f.
– -kapazität 492
– -leitfähigkeit 492
Wasser
– -aktivität 486
– -dampfpartialdruck 473
– -gehalt, volumetrischer 485, 489
– -strömung 505
Wechselspannung 409
Weg
– -sensoren 127
– - und Abstandsensoren 127 f.
– - und Winkelmesstechnik 184
– -Zeit-Messung 368
Weißabgleich 461
Weiss'sche Bezirke 13
Wellenlänge 113
Weston-Normalelement 408
Wetterstation 493
Wheatstone'sche Brückenschaltung 9, 11, 265
WhitePoint-Sensoren 307
Widerstand, spezifischer elektrischer 384
Wiedemann-Effekt 21
Wiegandsensoren 240 f.
Windmessung 501
Winkel 214
– -beschleunigung 374

– -codierer 365
– -encoder 214
Wirbelstrom 28 f.
– -Effekte 52, 131
– -Induktivsensoren 129
– -sensoren 53
Wirkleistung 432 f.
Wirkwiderstand 426

## X

X-Magneto-Resonance(XMR)-Technologie 17

## Z

Zählen/Verfolgen 283
Zahlenformat 641
Zählersteuerung 346
Zählrohre 598, 601
Zapfen 455
Zeigerinstrumente 410
Zeilensensoren 624 f.
Zeit 343
– -ablenkung 357
– -messung 344
– -zeichensender 343
zeitliche Änderung der Kraft 4
zellbasierte Sensoren 554
Zenerbarriere 671
Zentripetalkraft 319
Zirkoniumdioxid 388
Zündschutzart 670
Zweiflankenumsetzer 411, 413
Zweileiterinterface 645
Zytotoxizitätstest 553

Printing: Bariet Ten Brink, Meppel, The Netherlands
Binding: Bariet Ten Brink, Meppel, The Netherlands